HANDBUCH DER WISSENSCHAFTLICHEN UND ANGEWANDTEN PHOTOGRAPHIE

ERGÄNZUNGSWERK

HERAUSGEGEBEN VON

KURT MICHEL
JENA

ERSTER BAND

OBJEKTIV · KLEINBILDKAMERA · ELEKTRISCHE
BELICHTUNGSMESSER · POLARISATIONSFILTER
FARBENPHOTOGRAPHIE · MIKROPHOTOGRAPHIE

WIEN
SPRINGER-VERLAG
1943

OBJEKTIV · KLEINBILDKAMERA ELEKTRISCHE BELICHTUNGSMESSER POLARISATIONSFILTER · FARBEN=PHOTOGRAPHIE MIKROPHOTOGRAPHIE

BEARBEITET VON

M. HAASE · G. HEYMER · W. MERTÉ
K. MICHEL · G. NIDETZKY
K. PRITSCHOW

MIT 555 ABBILDUNGEN IM TEXT UND AUF
4 FARBIGEN TAFELN

WIEN
SPRINGER=VERLAG
1943

ISBN 978-3-7091-5804-3   ISBN 978-3-7091-5813-5 (eBook)
DOI 10.1007/978-3-7091-5813-5

ALLE RECHTE, INSBESONDERE DAS DER ÜBERSETZUNG
IN FREMDE SPRACHEN, VORBEHALTEN

COPYRIGHT 1943 BY SPRINGER-VERLAG IN VIENNA

Vorwort.

Seit dem Abschluß des „Handbuches der wissenschaftlichen und angewandten Photographie" ist nunmehr etwa ein Jahrzehnt vergangen. In diesen zehn Jahren haben sich große Gebiete der Photographie in ungeahnter Weise entwickelt: Die Kleinbildphotographie hat sich überall durchgesetzt, und damit wurde der Entwicklung des ganzen Gebietes eine besonders charakteristische und augenfällige Richtung gegeben.

Sollte das „Handbuch" seinem Zweck, über den heutigen Stand der wissenschaftlichen und angewandten Photographie unter besonderer Hervorhebung alles Wesentlichen zu berichten, auch weiterhin gerecht werden, so war eine Ergänzung dringend notwendig geworden. Die Vorarbeiten dazu waren gerade abgeschlossen, als der derzeitige Krieg ausbrach. Trotz der damit sich von Monat zu Monat steigernden Schwierigkeiten ist es gelungen, das Werk zu einem guten Ende zu führen und den vorliegenden stattlichen ersten Band des Ergänzungswerkes, wenn auch mit einiger Verzögerung, heute fertigzustellen. Wenn das gelang, so gebührt das Verdienst daran in erster Linie den Verfassern der einzelnen Beiträge, die trotz der durch die Verhältnisse bedingten, zum Teil erheblichen Vermehrung ihrer dienstlichen Inanspruchnahme, doch noch die Zeit und Arbeitskraft aufbrachten, ihre Beiträge fertigzustellen, sowie dem Verlag, dessen Leitung keine Mühe und Kosten scheute, wo es galt, den Verfassern oder dem Herausgeber behilflich zu sein. Insbesondere wäre die vorzügliche Ausstattung des Bandes mit Abbildungs- und Tafelmaterial ohne das Entgegenkommen des Verlags nicht möglich gewesen. Einige größere Firmen der photographischen Industrie haben in entgegenkommender Weise zahlreiche Druckstöcke zur Verfügung gestellt, sowie durch ihre Unterstützung die Herstellung der farbigen Tafeln ermöglicht (I. G. Farbenindustrie A. G. und Kodak A. G.), wofür ihnen auch an dieser Stelle gedankt sei.

Es ist selbstverständlich, daß es unmöglich ist, in einem Band alle Fortschritte einer zehnjährigen Entwicklung zusammenzufassen. Es wurden zunächst nur solche Gebiete berücksichtigt, auf denen diese besonders augenfällige Ergebnisse gezeitigt hat. Die Darstellung anderer Gebiete muß weiteren Bänden des Ergänzungswerkes vorbehalten bleiben, zu deren Inangriffnahme sich hoffentlich bald Möglichkeiten bieten.

Jena, im Januar 1943.

Der Herausgeber.

Inhaltsverzeichnis.

	Seite
Das photographische Objektiv seit dem Jahre 1929. Von Dr. WILLY MERTÉ, Jena. (Mit 102 Abbildungen.)	1—98
Die Kleinbildkamera. Von Oberingenieur KARL PRITSCHOW, Braunschweig. (Mit 75 Abbildungen.)	99—233
Elektrische Belichtungsmesser. Von Dr. GUSTAV NIDETZKY, Wien. (Mit 40 Abbildungen.)	234—285
Die Polarisationsfilter und das polarisierte Licht in der Photographie. Von Dr. MAX HAASE, Jena. (Mit 67 Abbildungen.)	286—336
Die neuere Entwicklung der Farbenphotographie. Von Dr. GERD HEYMER, Berlin. (Mit 72 Abbildungen.)	337—463
Mikrophotographie. Von Dr. KURT MICHEL, Jena. (Mit 199 Abbildungen.)	464—683
Tabellenverzeichnis	684—686
Sachverzeichnis	687—698

Das photographische Objektiv seit dem Jahre 1929.[1]

Von W. MERTÉ, Jena.

Mit 102 Abbildungen.

Inhaltsverzeichnis.

	Seite
1. Einleitung	1
2. Neue Werkstoffe und Fabrikationsverfahren	2
3. Neues aus Theorie und Praxis des photographischen Objektivs	12
4. Bauarten neuer photographischer Objektive	16
a) Einleitung	16
b) Objektive aus drei unverkitteten Linsen, von denen die beiden äußeren sammeln, während die dritte (innere) zerstreut	19
c) Objektive aus einer einfachen und einer verkitteten Sammellinse, die eine einfache Zerstreuungslinse, von dieser durch Luft getrennt, einschließen	20
d) Weitere aus der TAYLORschen Drillingslinse ableitbare Objektive	24
e) Doppelobjektive mit gestorter Symmetrie	30
f) Objektive größten Öffnungsverhältnisses	32
g) Teleobjektive	75
h) Weitwinkelobjektive	79
i) Linsenanordnungen mit optischen Zusatzen und Sonderobjektive	91
Literaturverzeichnis	97

1. Einleitung.

In der seit dem Erscheinen des 1. Bandes[2] des „Handbuches der wissenschaftlichen und angewandten Photographie" verflossenen Zeit ist eine betrachtliche Zahl neuer photographischer Objektive bekannt geworden.

Zu ihrer Errechnung haben gewisse Teilgebiete der photographischen Technik Anlaß und Anreiz gegeben; beispielsweise seien genannt der umfangreiche Ausbau der Kleinbildphotographie, die Weiterentwicklung der Fliegerphotographie, der Röntgenphotographie, der Mikrophotographie und der Projektion.

Hierbei wurden Forderungen nach Objektiven besonderer Lichtstärken oder Bildfelder oder besonderer Schärfe erhoben, welche die rechnenden Optiker durch Schaffung neuer Objektive mehr oder weniger erfolgreich erfüllten. Bei der Besprechung dieser Linsenanlagen werden hier im wesentlichen solche berücksichtigt, die nach 1928 bis Ende 1940 dem Verfasser bekannt wurden (vgl. Fußnote 2, Bd. I, S. 244).

Bevor aber auf die Darstellung der Bauarten der einzelnen neuen photographischen Objektive eingegangen wird, soll kurz auf Neues in der Herstellung,

---

[1] Ergänzung zu „Handbuch der wiss. u. angew. Photographie", Bd. I.
[2] Im folgenden immer kurz 1. Band oder Band I genannt.

der Prüfung und der Theorie solcher Linsenfolgen aus etwa dem letzten Jahrzehnt verwiesen werden.

Dabei sei hier ausdrücklich betont, daß die nachfolgenden Ausführungen nichts weiter als durch die Fortentwicklung notwendig gewordene Ergänzungen sein sollen, und daß eine ausreichende Unterrichtung über Fragen der photographischen Optik natürlich nur unter Hinzuziehung des 1. Bandes möglich ist.

Verständlicherweise geht es aber nicht an, Abschnitt für Abschnitt des 1. Bandes zu ergänzen, vielmehr erfolgt hier die Stoffgliederung so, daß in einem besonderen Abschnitt über neue Werkstoffe und Fabrikationsverfahren, in einem anderen über Neues aus Theorie und Praxis des photographischen Objektivs und schließlich in einem weiteren über Bauarten neuer photographischer Objektive berichtet wird. Die beiden ersten Abschnitte fassen also Gebiete zusammen, die im 1. Band in einer ganzen Reihe von Kapiteln getrennt behandelt sind, während der letzte Abschnitt sich so eng wie möglich an das Kapitel Bauarten der photographischen Objektive des 1. Bandes anlehnt.

2. Neue Werkstoffe und Fabrikationsverfahren.

Die Zahl der optischen Glasarten ist gestiegen. In Abb. 1 ist eine Darstellung der von SCHOTT & GEN., Jena, hergestellten Glasarten gegeben, wie sie der Glasliste Nr. 2047 aus dem Jahre 1923 beigefügt ist, in Abb. 2 eine entsprechende Darstellung der Glasliste Nr. 5858 aus dem Jahre 1937. Aus dem Vergleich beider Bilder erkennt man, daß die Liste Nr. 5858 über 40 neue Glasarten enthält.

In dem A.P.[1] Nr. 2 150 694 finden sich Glasarten angegeben, deren Brechzahlen und ν-Werte aus der nebenstehenden Tabelle 1 ersichtlich sind.

Photographische Objektive, die Linsen aus solchem Glas enthalten, sind bisher wohl nicht auf dem Markt. Vermutlich läßt insbesondere die Homogenität dieser neuen Glasarten noch viel zu wünschen übrig, so daß sie für allgemeinen Gebrauch in Lichtbildlinsen nicht in Frage kommen. In dem F.P. Nr. 838 238 befindet sich aber in Zahlenbeispielen solches neues Glas benutzt (s. Abb. 29 und 79).

Hingegen ist Lithiumfluorid mit der optischen Lage $n_e = 1{,}39305$, $\nu = 99{,}8$ neuerdings für Spezialobjektive in der Praxis angewandt worden; seine Halt-

Tabelle 1. Brechzahlen und ν-Werte neuer Glasarten nach A.P. Nr. 2 150 694.

Glasart	n_C	n_D	n_F	n_G	ν
A	2,008	2,022	2,061	2,097	19,1
C	1,996	2,008	2,036	2,063	25,2
D	—	1,893	—	—	30,8
E	1,835	1,842	1,858	1,873	35,5
F	1,984	1,995	2,021	2,044	26,6
G	—	1,8107	—	—	
I	1,798	1,805	1,818	—	40,3
J	1,795	1,800	1,816	—	38,4
K	1,801	1,809	1,825	—	35
L	—	1,848	—	—	32,5
M	—	1,898	—	—	39,6
N	1,6820	1,6861	1,6839	—	58,0
O	1,6545	1,6576	1,6658	—	58,1
P	—	1,85	—	—	42
R	1,7132	1,7175	1,7266	1,7360	53,5
S	1,7179	1,7227	1,7313	1,7392	54,1
T	1,7624	1,7667	1,7773	1,7856	51,4
U	1,8060	1,8119	1,8258	—	41,15
V	1,7985	1,8037	1,8175	1,8288	42,38

---

[1] Es bedeuten die Abkürzungen: A.P. = Amerikanisches Patent, D.R.P. = Deutsches Reichspatent, D.R.G.M. = Deutsches Reichsgebrauchsmuster, E.P. = Englisches Patent, F.P. = Französisches Patent, It.P. = Italienisches Patent, Ö.P. = Österreichisches Patent, Schw.P. = Schweizer Patent.

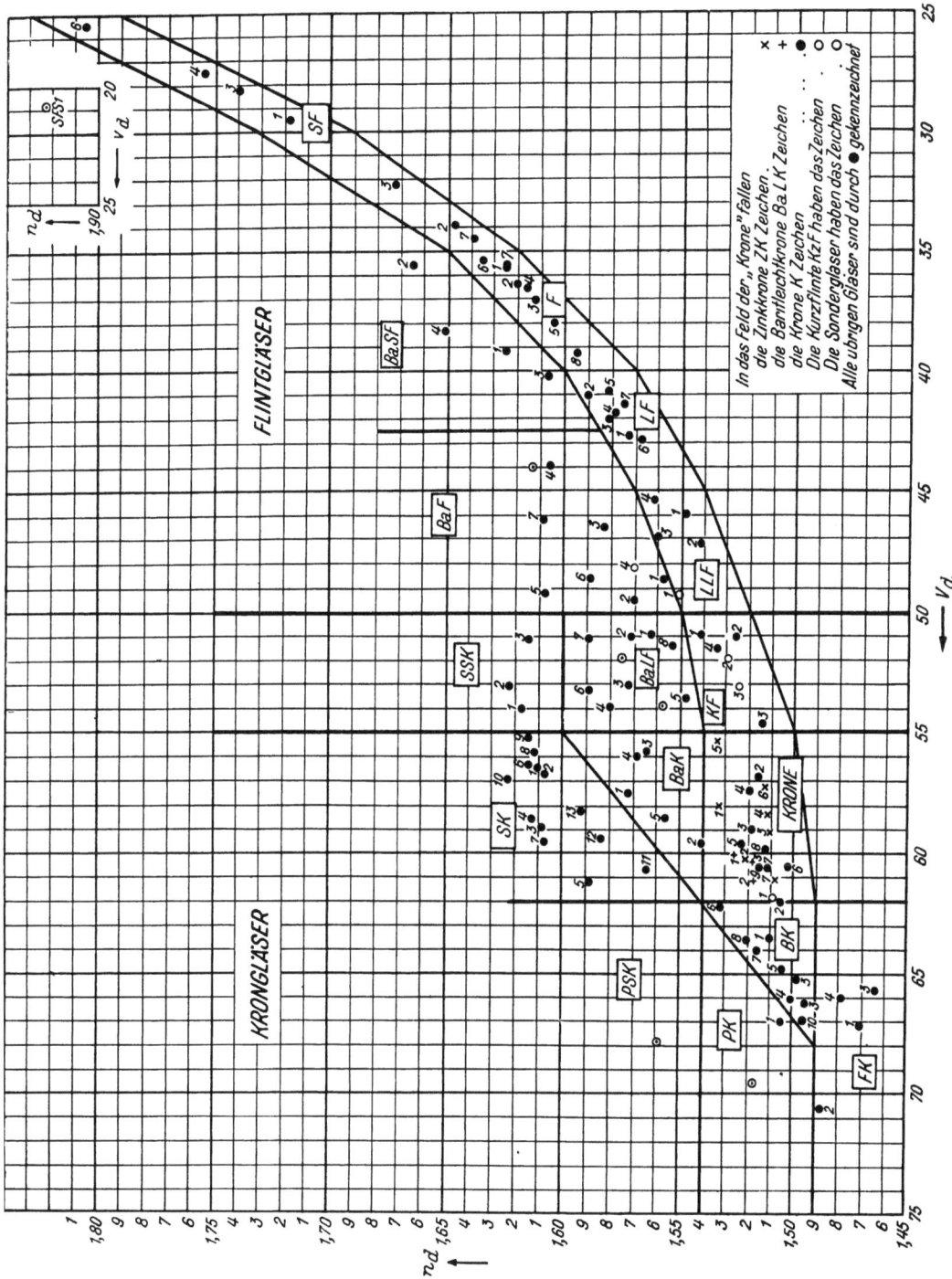

Abb. 1. Übersichtsplan für die optischen Glasarten der Liste 2047 aus dem Jahre 1923 von Schott & Gen., Jena.

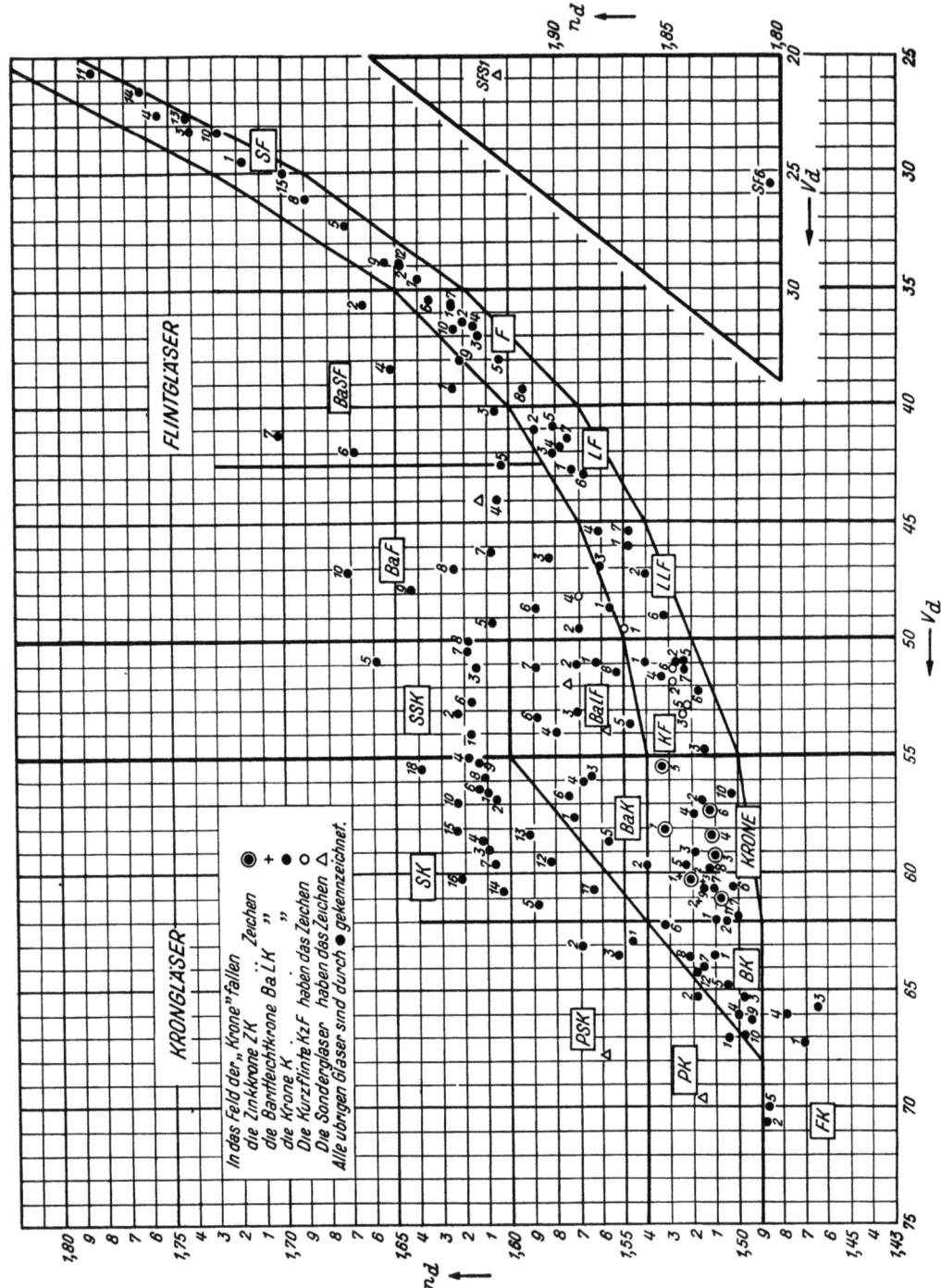

Abb. 2. Übersichtsplan für die optischen Glasarten der Liste 5858 aus dem Jahre 1937 von SCHOTT & GEN., Jena.

barkeit genügt für die meisten Zwecke. In dem Schwz. P. Nr. 209992 über ein achromatisches, ultraviolettdurchlässiges Linsensystem finden sich einige Ausführungsbeispiele; auch sind von C. ZEISS, Jena, nach dieser Erfindung, die R. RICHTER ausarbeitete, Linsenanlagen hergestellt worden, die aus Quarz und Lithiumfluorid bestehen, gut lichtdurchlässig und gegen Verwitterung widerstandsfähig sind.

An Stelle des wenig haltbaren Steinsalzes oder Sylvins oder des seltenen Flußspates läßt sich also Lithiumfluorid bei gleichzeitiger Verwendung von Quarz zu achromatischen Linsenfolgen benutzen, die eine weit ins ultraviolette Strahlengebiet reichende Durchlässigkeit haben und haltbar sind.

In Tabelle 2 stehen Brechzahlen des Lithiumfluorids für verschiedene Wellenlangen vom ultraroten bis ins ultraviolette Gebiet.

Tabelle 3 bringt Brechzahlen geschmolzenen Quarzes ebenfalls für den genannten Bereich.

Tabelle 2. Brechzahlen[1] für Lithiumfluorid.

Wellenlänge λ in mμ	n_λ	$n_\lambda - n_F$ (absoluter Betrag)	Relative Teilzerstreuung
1083	1,38650	0,00831	2,111
1014	711	770	1,956
960[2]	760	721	1,830
900[2]	808	673	1,709
842	862	619	1,571
811	895	586	1,487
768	939	542	1,376
728	984	497	1,262
656	1,39088	393	1,000
589	208	273	0,695
587	211	270	0,687
546	305	176	0,449
486	481	000	0,000
436	682	201	0,512
434	691	210	0,534
405	849	368	0,936
391	936	455	1,158
366	1,40111	630	1,603
334	408	927	2,359
313	657	0,01176	2,992
302	811	330	3,384
281,2	1,41088	607	4,089
265	473	992	5,069
253,7	776	0,02295	5,840
237,3	1,42267	786	7,089
213,7	1,43225	0,03744	9,527
199	1,44030	0,04549	11,575
193,6	391	910	12,494
185,3	1,45000	0,05519	14,043

Tabelle 3. Brechzahlen[1] für geschmolzenen Quarz.

Wellenlänge λ in mμ	n_λ	$n_\lambda - n_F$ (absoluter Betrag)	Relative Teilzerstreuung
1083	1,44965	0,01376	2,036
1014	1,45057	284	1,899
960[2]	126	215	1,797
912	185	156	1,710
842	291	050	1,553
811	339	002	1,482
768	414	0,00927	1,371
728	493	848	1,254
656	665	676	1,000
589	869	472	0,698
587	875	466	0,690
546	1,46036	305	0,451
486	341	000	0,000
436	699	358	0,529
434	714	373	0,552
405	992	651	0,963
391	1,47151	810	1,198
366	470	0,01129	1,670
334	1,48015	674	2,476
313	475	0,02134	3,157
302	762	421	3,581
280	1,49450	0,03109	4,599
264	1,50105	764	5,568
248	895	0,04554	6,737
229	1,52169	0,05828	8,621
214	1,53514	0,07173	10,611
203	1,54643	0,08302	12,281
199	1,55249	908	13,178
193,5	1,56053	0,09712	14,367

Tabelle 4 gibt für ein Lithiumfluoridstück von 15,02 mm Dicke zu verschiedenen Wellenlängen unter Berücksichtigung der Reflexion die UV-Durchlässigkeiten in Prozenten des einfallenden Lichtes; die Messungen beziehen sich auf ein

---

[1] Die Zahlenwerte sind von Herrn Dr. H. KESSLER, dem Leiter der Zentralen Prüfabteilung des Zeißwerkes in Jena, angegeben.

[2] Keine gemessenen, sondern graphisch interpolierte Werte. Genauigkeit: ± 0,00005.

besonders klares Stück. Die Durchlässigkeiten von verschiedenen Stücken pflegen nicht ganz genau übereinzustimmen.

Tabelle 4. UV-Durchlässigkeit[1] eines Lithiumfluoridstuckes von 15,02 mm Dicke

beträgt... bei Wellenlänge...	0%	5%	10%	20%	40%	60%	80%	90%
	204 mµ	—	—	206 mµ	236 mµ	267 mµ	310 mµ	398 mµ

Tabelle 5. Durchlassigkeit[1] von Homosil (geschmolzener Quarz von W. C. Heraeus, Hanau).

Wellenlänge λ in mµ	Durchlassigkeit in Prozent		
	fur 16,1 mm gemessen	fur 1 mm berechnet	$D = (1 - R)^2$ berechnet
500	92,5	93,0	93,1
480	92,4	93,0	93,1
460	92,4	93,0	93,0
440	92,4	92,9	93,0
420	91,9	92,7	92,9
400	91,8	92,8	92,9
380	91,4	92,7	92,8
366	91,4	92,7	92,8
334	91,5	92,6	92,7
313	90,1	92,4	92,6
302	89,5	92,3	92,5
297	89,3	92,2	92,4
289	88,3	92,1	92,4
280	88,6	92,1	92,3
265	87,2	91,8	92,2
253	70,9	90,5	92,0

Aus Tabelle 5 lassen sich aus der zweiten Spalte die gemessenen Durchlässigkeitswerte einschließlich der Reflexionsverluste einer Quarzplatte von 16,1 mm Dicke ablesen; in einer weiteren Spalte dieser Tabelle sind die Durchlässigkeitswerte für 1 mm Dicke nach den Meßwerten der zweiten Spalte berechnet und in der letzten Spalte stehen die berechneten Durchlässigkeitswerte $D = (1 - R)^2$, wobei $R = \left(\dfrac{n-1}{n+1}\right)^2$ ist, bei Annahme von reiner Reflexion an beiden Plattenflächen, d. h. ohne Berücksichtigung der Absorption.

Neben neuen Glasarten oder anderen neuen Werkstoffen, aus denen Linsen photographischer Objektive hergestellt werden können, sind seit Erscheinen des 1. Bandes auch neue Farbgläser bekannt geworden. In Tabelle 6 sind solche Farbgläser, von denen manche auch bereits für photographische Zwecke benutzt worden sind, an Hand der Listen 4777 und 5990 der Jenaer Farb- und Lichtfiltergläser von Schott & Gen. zusammengestellt, und zwar sind alle die Glasarten aufgeführt, die in der entsprechenden Zusammenstellung auf S. 355 bis 357 des 1. Bandes noch nicht genannt sind. Es kommen also 46 neu hinzu, das sind mehr, als die Zusammenstellung des 1. Bandes überhaupt enthält.

Daß die fabrikationsmäßige Herstellung von plattenförmigen Polarisationsfiltern für photographische Zwecke im vergangenen Jahrzehnt an mehreren Stellen, nämlich in Deutschland und in Amerika, gelungen ist, sei hier nur der Vollständigkeit halber kurz erwähnt, da auch S. 298 bis 306 dieses Bandes ausführlich darüber berichtet wird.

Es ist schon lange bekannt, daß die Reflexionsverluste an den Grenzflächen zwischen Glas und Luft klein oder sogar verschwindend klein gemacht werden können, indem auf diesen Flächen Interferenzerscheinungen nach Art der Farben dünner Blättchen herbeigeführt werden. Auch dieses Verfahren ist in den letzten Jahren zur Fabrikationsreife gelangt.

Hierüber berichtet A. Smakula (16). Danach blieb das Anbringen dünner Schichten auf chemischem Wege, d. h. durch Ätzen der Glasoberflächen, bei dem Bestandteile aus dem Glas herausgelöst werden, so daß eine dünne Schicht mit kleinerer Brechzahl, als die des Glases ist, übrig bleibt, bisher noch ohne Be-

---

[1] S. Fußnote 1, S. 5.

Tabelle 6. Reflexionsfaktoren und Durchlässigkeitszahlen für neue Farb- und Lichtfiltergläser von SCHOTT & GEN.

Glasart	Bemerkungen	Reflexionsfaktor R_d	Dickeneinheit e mm	Durchlässigkeitszahlen D für															ultraviolette und sichtbare / ultrarote	Wellen in mμ
				281 / 850	302 / 950	312 / 1050	334 / 1150	366 / 1300	405 / 1450	436 / 1600	480 / 1800	509 / 2000	546 / 2200	578 / 2400	644 / 2600	700 / 2800	775 / 3000		
UG 3	Helleres Violettglas	0,901	1,0	— / 0,79	— / 0,93	0,04 / 0,97	0,55 / 0,98	0,91 / 0,99	0,85 / 0,99	0,50 / 0,99	0,17 / 0,99	0,12 / 0,99	0,15 / 0,99	0,21 / 0,98	0,35 / 0,96	0,46 / 0,92	0,64 / 0,86		
UG 4	Ähnlich UG 1 mit hoher Wärmefestigkeit	0,925	1,0	— / 0,39	0,09 / 0,39	0,22 / 0,37	0,59 / 0,32	0,77 / 0,28	0,07 / 0,27	0,01 / 0,26	0,02 / 0,25	0,01 / 0,32	0,02 / 0,41	— / 0,51	— / 0,55	0,21 / 0,50	0,52 / 0,35	203 / —	
UG 5	Dunkles Violettglas mit gesteigerter Durchlässigkeit im kurzwelligen Ultraviolett	0,913	1,0	0,93 / 0,50	0,98 / 0,51	0,99 / 0,53	0,98 / 0,46	0,91 / 0,30	0,39 / 0,25	0,11 / 0,27	0,03 / 0,31	0,01 / 0,36	— / 0,37	— / 0,34	0,01 / 0,29	0,72 / 0,22	0,57 / 0,08	229	0,27
UG 6	Nur für Wärmestrahlen durchlässiges Filterglas	0,911	1,0	— / 0,10	— / 0,50	— / 0,77	— / 0,89	— / 0,96	— / 0,98	— / 0,99	— / 0,99	— / 0,99	— / 0,99	— / 0,99	— / 0,98	— / 0,95	— / 0,70	254	0,73
UG 7	Ähnlich UG 6 mit gesteigerter Wärmefestigkeit	0,921	1,0	— / 0,54	— / 0,80	— / 0,91	— / 0,95	— / 0,98	— / 0,99	— / 0,99	— / 0,99	— / 0,99	— / 0,99	— / 0,99	0,01 / 0,97	0,05 / 0,92	0,25 / 0,65		
BG 12	Blauglas, ähnlich BG 1 ohne Durchlässigkeit für Rot und Ultrarot	0,920	1,0	— / 0,08	— / 0,12	0,02 / 0,18	0,39 / 0,18	0,75 / 0,16	0,86 / 0,19	0,85 / 0,22	0,48 / 0,27	0,12 / 0,53	0,02 / 0,68	0,01 / 0,79	— / 0,81	0,04 / 0,71	0,08 / 0,55		
BG 13	Mittleres Blau wie Kupfersulfatlösung	0,915	1,0	— / 0,14	— / 0,19	— / 0,24	— / 0,30	0,35 / 0,43	0,77 / 0,52	0,87 / 0,61	0,87 / 0,73	0,85 / 0,81	0,77 / 0,87	0,64 / 0,88	0,35 / 0,84	0,21 / 0,76	0,14 / 0,59		
BG 14	Helles Blau wie Kupfersulfatlösung	0,920	1,0	— / 0,27	— / 0,35	0,13 / 0,45	0,71 / 0,55	0,92 / 0,69	0,98 / 0,78	0,98 / 0,84	0,98 / 0,90	0,96 / 0,93	0,90 / 0,94	0,75 / 0,94	0,46 / 0,94	0,30 / 0,87	0,24 / 0,63		
BG 15	Wärmeschutzglas mit höchster Wärmefestigkeit	0,925	1,0	— / 0,36	— / 0,28	0,03 / 0,24	0,33 / 0,24	0,73 / 0,30	0,86 / 0,41	0,89 / 0,45	0,90 / 0,49	0,90 / 0,54	0,90 / 0,59	0,89 / 0,61	0,80 / 0,64	0,65 / 0,59	0,47 / 0,51		
BG 16	Dunkleres BG 9 mit stärkerer Wärmeabsorption	0,917	1,0	— / 0,25	— / 0,20	0,03 / 0,18	0,04 / 0,17	0,57 / 0,21	0,80 / 0,28	0,84 / 0,38	0,86 / 0,44	0,86 / 0,44	0,84 / 0,49	0,81 / 0,55	0,68 / 0,56	0,54 / 0,52	0,36 / 0,44		
BG 17	Fast farbloses Glas mit starker Wärmeabsorption	0,917	1,0	— / 0,61	0,03 / 0,42	0,11 / 0,32	0,46 / 0,30	0,89 / 0,33	0,97 / 0,36	0,98 / 0,43	0,98 / 0,46	0,98 / 0,42	0,98 / 0,38	0,98 / 0,39	0,97 / 0,38	0,93 / 0,34	0,78 / 0,27		
BG 18	Blaugrünes Glas mit steilem Rotabfall	0,916	1,0	— / 0,07	— / 0,09	— / 0,13	0,03 / 0,20	0,21 / 0,32	0,50 / 0,45	0,70 / 0,59	0,87 / 0,72	0,90 / 0,80	0,87 / 0,81	0,68 / 0,80	0,25 / 0,74	0,12 / 0,62	0,08 / 0,32		
BG 19	Fast farbloses, stark wärmeabsorbierendes Glas mit guter Wärmefestigkeit	0,921	1,0	0,04 / 0,21	— / 0,08	0,38 / 0,04	0,60 / 0,02	0,95 / 0,06	0,96 / 0,04	0,97 / 0,06	0,96 / 0,09	0,95 / 0,10	0,94 / 0,08	0,92 / 0,09	0,83 / 0,11	0,67 / 0,13	0,43 / 0,05		
BG 20	Rötlichblaues Glas mit starken Didymbanden	0,908	1,0	0,04 / 0,98	0,09 / 0,99	0,41 / 0,99	0,87 / 0,99	0,91 / 0,98	0,95 / 0,89	0,89 / 0,90	0,82 / 0,94	0,81 / 0,91	0,99 / 0,95	0,33 / 0,90	0,99 / 0,88	0,99 / 0,90	0,98 / 0,82		

Tabelle 6 (Fortsetzung).

Glasart	Bemerkungen	Reflexionsfaktor R_d	Dickeneinheit e mm	\multicolumn{14}{c}{Durchlässigkeitszahlen D für}														ultraviolette und sichtbare	ultrarote	Wellen in mμ
				281	302	312	334	366	405	436	480	509	546	578	644	700	775			
				850	950	1050	1150	1300	1450	1600	1800	2000	2200	2400	2600	2800	3000			
BG 21	Wie BG 19 mit noch geringerer Färbung	0,921	1,0	0,01 0,48	0,26 0,29	0,46 0,19	0,75 0,16	0,93 0,15	0,97 0,18	0,98 0,23	0,99 0,29	0,99 0,30	0,99 0,28	0,98 0,29	0,93 0,31	0,85 0,30	0,65 0,12			
BG 22	Leicht blaugrünes, wärmeabsorbierendes Glas hoher Wärmefestigkeit	0,919	1,0	— 0,49	— 0,44	0,03 0,44	0,42 0,45	0,83 0,51	0,92 0,59	0,94 0,66	0,94 0,71	0,94 0,71	0,94 0,73	0,93 0,75	0,83 0,75	0,73 0,72	0,58 0,43			
BG 23	Reines mittleres Blau wie Kupfersulfatlösung	0,920	1,0	— 0,06	— 0,10	0,01 0,17	0,33 0,26	0,81 0,40	0,93 0,53	0,94 0,65	0,94 0,77	0,91 0,84	0,76 0,89	0,50 0,92	0,19 0,92	0,10 0,91	0,05 0,72			
BG 24	Rötlichblaues Glas mit weitgehender Ultraviolettdurchlässigkeit	0,915	1,0	0,92 0,92	0,96 0,88	0,97 0,84	0,99 0,81	0,99 0,75	0,97 0,73	0,89 0,72	0,35 0,71	0,19 0,70	0,11 0,65	0,04 0,58	0,24 0,50	0,91 0,39	0,95 0,21	203 0,02	229 0,62	254 0,84
VG 4	Grünlichgelbes Glas	0,915	1,0	— 0,59	0,63 0,67	0,67 0,71	0,78 0,83	0,83 0,87	0,91	0,94	0,95	0,96	0,96	0,96	0,95	0,85			
VG 5	Helles gelblichgrünes Glas	0,913	1,0	— 0,52	0,59 0,66	0,72 0,80	0,87 0,91	0,03 0,94	0,55 0,95	0,87 0,96	0,79 0,96	0,50 0,96	0,46 0,94	0,48 0,79					
VG 6	Helles bläulichgrünes Glas	0,911	1,0	— 0,15	0,21 0,30	0,39 0,54	— 0,65	0,07 0,74	0,32 0,83	0,69 0,87	0,80 0,90	0,77 0,91	0,60 0,92	0,23 0,90	0,17 0,66	0,15			
VG 7	Ähnlich VG 4	0,915	1,0	— 0,70	0,75 0,79	0,83 0,87	— 0,90	0,02 0,92	0,15 0,94	0,50 0,95	0,75 0,95	0,84 0,95	0,78 0,94	0,58 0,87	0,61 0,63	0,67			
VG 8	Dunkleres VG 6	0,912	1,0	— 0,09	0,14 0,21	0,21 0,31	0,45 0,57	0,03 0,65	0,16 0,75	0,55 0,82	0,73 0,88	0,71 0,92	0,48 0,93	0,13 0,91	0,08 0,75	0,08			
VG 9	Gelbgrünes Glas wie VG 2	0,911	1,0	— 0,06	0,09 0,16	0,16 0,25	0,39 0,54	0,03 0,65	0,47 0,76	0,69 0,82	0,64 0,87	0,44 0,90	0,10 0,91	0,07 0,89	0,06 0,65				
GG 13	Fast farbloses, gegen Strahlung beständiges Glas zur Ultraviolettabsorption	0,904	1,0	0,99	0,99	0,99	0,99	0,20 0,99	0,92 0,99	0,98 0,99	0,99 0,99	0,99 0,99	0,99 0,99	0,98 0,98	0,99 0,95	0,99 0,89	0,99 0,68			
GG 14	Dunkles Gelb mit sehr steilem Blauabfall	0,914	1,0	0,99	0,99	0,99	0,99	0,99	0,99	0,99	0,99	0,95 0,99	0,99 0,99	0,99 0,98	0,99 0,96	0,99 0,92	0,99 0,68			
GG 15	Sehr helles Gelbglas	0,915	1,0	0,01 0,99	0,05 0,99	0,08 0,99	0,15 0,99	0,26 0,99	0,46 0,99	0,94 0,99	0,99 0,99	0,99 0,99	0,99 0,98	0,99 0,97	0,99 0,96	0,99 0,94	0,99 0,74			
OG 4	Orangegelb	0,914	1,0	0,99	0,99	0,99	0,99	0,99	0,99	0,02 0,99	0,99	0,64 0,99	0,97 0,99	0,99 0,99	0,99 0,98	0,99 0,94	0,99 0,72			
OG 5	Leicht rötliches Orange	0,914	1,0	0,99	0,99	0,99	0,99	0,99	0,99	0,99	0,99	0,99	0,92 0,99	0,99 0,98	0,99 0,96	0,99 0,92	0,99 0,65			

Neue Werkstoffe und Fabrikationsverfahren.

																203	229	254
RG 6	Blutfarbiges Goldrubin	0,917	1,0	— / 0,99	0,12 / 0,99	0,20 / 0,99	0,34 / 0,99	0,44 / 0,99	0,49 / 0,99	0,50 / 0,99	0,44 / 0,99	0,31 / 0,99	0,18 / 0,98	0,40 / 0,96	0,93 / 0,92	0,98 / 0,84	0,99 / 0,63			
RG 7	Ultrarotfilter; nur durchlässig für Wärmestrahlen	0,879	1,0	— / 0,41	— / 0,74	— / 0,91	— / 0,96	— / 0,97	— / 0,98	— / 0,99	— / 0,99	— / 0,99	— / 0,99	— / 0,99	— / 0,98	— / 0,92	0,02 / 0,85	0,18 /		
RG 8	Sehr dunkles Rot	0,914	1,0	— / 0,99	— / 0,99	— / 0,99	— / 0,99	— / 0,99	— / 0,99	— / 0,99	— / 0,99	— / 0,98	— / 0,97	— / 0,92	0,01 / 0,79	0,71 / 0,58	0,99 /		
RG 9	Filterglas für das kurzwellige Infrarot	0,917	1,0	— / 0,95	— / 0,83	— / 0,65	— / 0,42	— / 0,25	— / 0,22	— / 0,23	— / 0,28	— / 0,37	— / 0,49	— / 0,61	— / 0,67	0,23 / 0,64	0,94 / 0,45			
RG 10	Nur für das äußerste Rot und Wärmestrahlen durchlässig	0,915	1,0	— / 0,92	— / 0,94	— / 0,96	— / 0,98	— / 0,99	— / 0,99	— / 0,99	— / 0,99	— / 0,99	— / 0,99	— / 0,99	0,09 / 0,97	0,20 / 0,92	0,75 / 0,69			
NG 6	Sehr helles Neutralglas	0,895	1,0	— / 0,86	— / 0,87	0,07 / 0,89	0,53 / 0,91	0,89 / 0,93	0,95 / 0,96	0,92 / 0,96	0,89 / 0,96	0,89 / 0,97	0,89 / 0,96	0,87 / 0,93	0,86 / 0,85	0,85 / 0,72			
NG 7	Blaugraues Glas	0,921	1,0	— / 0,29	— / 0,24	— / 0,21	0,01 / 0,21	0,17 / 0,22	0,37 / 0,26	0,44 / 0,34	0,34 / 0,40	0,29 / 0,43	0,33 / 0,44	0,26 / 0,42	0,19 / 0,36	0,34 / 0,25			
NG 8	Sehr helles Neutralglas etwas dunkler als NG 6	0,923	1,0	— / 0,73	— / 0,67	0 / 0,65	0,17 / 0,65	0,65 / 0,69	0,78 / 0,76	0,80 / 0,79	0,83 / 0,80	0,84 / 0,81	0,87 / 0,83	0,86 / 0,83	0,83 / 0,74	0,82 / 0,63			
NG 9	Dunkleres Neutralglas als NG 3	0,923	1,0	— / 0,06	— / 0,04	— / 0,03	— / 0,04	0,02 / 0,07	0,04 / 0,12	0,04 / 0,16	0,04 / 0,18	0,04 / 0,20	0,04 / 0,26	0,04 / 0,30	0,08 / 0,32	0,09 / 0,27	0,13			
WG 1	Bis etwa 360 mμ durchlässiges farbloses Glas	0,867	1,0	1,00 / 1,00	— / 1,00	— / 1,00	— / 1,00	0,46 / 1,00	0,98 / 1,00	1,00 / 1,00	1,00 / 1,00	1,00 / 1,00	1,00 / 1,00	1,00 / 1,00	1,00 / 0,99	1,00 / 0,97	1,00 / 0,84			
WG 2	Bis etwa 340 mμ durchlässiges farbloses Glas	0,887	1,0	1,00 / 1,00	— / 1,00	— / 1,00	0,03 / 1,00	0,86 / 1,00	0,99 / 1,00	1,00 / 1,00	1,00 / 1,00	1,00 / 1,00	1,00 / 1,00	1,00 / 0,99	1,00 / 0,98	1,00 / 0,96	1,00 / 0,81			
WG 3	Bis etwa 325 mμ durchlässiges farbloses Glas	0,881	1,0	1,00 / 1,00	— / 1,00	— / 1,00	0,60 / 1,00	0,97 / 1,00	1,00 / 1,00	1,00 / 1,00	1,00 / 1,00	1,00 / 1,00	1,00 / 1,00	1,00 / 0,99	1,00 / 0,98	1,00 / 0,97	1,00 / 0,82			
WG 4	Bis etwa 315 mμ durchlässiges farbloses Glas	0,893	1,0	1,00 / 1,00	— / 1,00	0,24 / 1,00	0,88 / 1,00	0,99 / 1,00	1,00 / 1,00	1,00 / 1,00	1,00 / 1,00	1,00 / 1,00	1,00 / 1,00	1,00 / 0,99	1,00 / 0,98	1,00 / 0,96	1,00 / 0,79			
WG 5	Bis etwa 300 mμ durchlässiges farbloses Glas	0,908	1,0	1,00 / 1,00	0,23 / 1,00	0,68 / 1,00	0,96 / 1,00	1,00 / 1,00	1,00 / 1,00	1,00 / 1,00	1,00 / 1,00	1,00 / 1,00	1,00 / 1,00	1,00 / 0,99	1,00 / 0,98	1,00 / 0,95	1,00 / 0,77			
WG 6	Bis etwa 280 mμ durchlässiges farbloses Glas	0,923	1,0	0,25 / 1,00	0,73 / 1,00	0,87 / 1,00	0,97 / 1,00	1,00 / 1,00	1,00 / 1,00	1,00 / 1,00	1,00 / 1,00	1,00 / 1,00	1,00 / 1,00	1,00 / 0,98	1,00 / 0,97	1,00 / 0,94	1,00 / 0,89	1,00 / 0,57			
WG 7	Bis etwa 265 mμ durchlässiges farbloses Glas	0,919	1,0	0,60 / 1,00	0,89 / 1,00	0,94 / 1,00	0,99 / 1,00	1,00 / 1,00	1,00 / 1,00	1,00 / 1,00	1,00 / 1,00	1,00 / 1,00	1,00 / 1,00	1,00 / 0,99	1,00 / 0,98	1,00 / 0,97	1,00 / 0,96	1,00 / 0,92	1,00 / 0,66	203 / 0,35	229 / 0,74	254 / 0,08
WG 8	Bis ins kurzwellige Ultraviolett durchlässig	0,915	1,0	0,96 / 1,00	0,98 / 1,00	0,99 / 1,00	1,00 / 1,00	1,00 / 0,99	1,00 / 0,98	1,00 / 0,96	1,00 / 0,92	1,00 / 0,86	1,00 / 0,79	1,00 / 0,71	1,00 / 0,62	1,00 / 0,51		203 / 0,35	229 / —	254 / 0,88

10 W. Merté: Das photographische Objektiv seit dem Jahre 1929.

deutung für die Praxis, während das physikalische Verfahren, bei dem die Glasoberfläche mit einer dünnen niedrig brechenden Schicht überzogen wird, in Deutschland und Amerika (2) weiter ausgebaut werden konnte.

A. Smakula hat bei C. Zeiss, Jena, das physikalische Verfahren von der laboratoriumsmäßigen Anwendung bis zur fabrikatorischen Verwertung entwickelt.

Abb. 3. Flaue, durch ein Spiegelbild gestörte Aufnahme mit gewöhnlichem photographischem Objektiv bei Blende 1 16 und schwieriger Beleuchtung.

Um die Reflexion zum Verschwinden zu bringen, müssen die „Amplitudenbedingung" und die „Phasenbedingung" erfüllt sein, d. h. es müssen:

$n_s = \sqrt{n}$ (Amplitudenbedingung),

$d = \dfrac{x \cdot \lambda}{4\sqrt{n_s^2 - \sin^2 \alpha}}$ (Phasenbedingung)

sein, worin

$x =$ eine ganze ungerade Zahl,
$n_s =$ die Brechzahl der Schicht
$n =$ die Brechzahl des der Schicht anliegenden optischen Teiles $\Big\}$ für die Wellenlänge λ,
$d =$ die Dicke der Schicht und
$\alpha =$ Einfallswinkel des Lichts sind.

Abb. 4. Klare, durch kein Spiegelbild gestörte Aufnahme. Die Aufnahmebedingungen stimmen mit denen der Abb. 3 völlig überein, nur waren die Glas-Luftflächen des Objektivs mit Zeiß-T-Belag vergütet.

Die Reflexion läßt sich danach nur für eine Wellenlänge völlig beseitigen, wird aber auch für die anliegenden Teile des Spektralgebietes in ihrer Stärke erheblich verringert, so daß man die Erhöhung der Lichtstärke bei den heute üblichen hochwertigen photographischen Objektiven und für die in Frage kommenden Filmemulsionen durch die Vergütung der Flächen mit dem ZEISS-T-Belag nach Mitteilungen von R. RICHTER (*14*) im Durchschnitt auf etwa 30% bewerten kann.

Neben diesem Lichtgewinn mag die Verminderung der Intensität der Spiegelbilder und Blendenflecke oft noch wichtiger sein. Von solchen Reflexen wird die Brillanz der Bilder beeinflußt, ja es kann durch ausgeprägte Spiegelbilder und Blendenflecke bei ungünstigen Beleuchtungsverhältnissen manche Aufnahme völlig verdorben werden.

In Abb. 3 und 4 sind zwei Aufnahmen unter sonst gleichen Bedingungen gezeigt. Während aber das photographische Objektiv bei der Aufnahme der Abb. 3 ohne T-Belag benutzt wurde, ist es bei der Abb. 4 mit diesem versehen gewesen. Die Aufnahme der Abb. 4 ist gegenüber der Aufnahme der Abb. 3 brillanter und frei von Lichtflecken.

In den letzten Jahren sind die Verfahren zur Herstellung asphärischer Flächen weiter vervollkommnet worden; hochwertige photographische Objektive mit asphärischen Flächen, die serienmäßig hergestellt werden, sind aber auch heute noch nicht auf dem Markt.

In dem „Magnar" hingegen, einem 4fach vergrößernden Vorschaltfernrohr von C. ZEISS, Jena, befindet sich übrigens eine asphärische Fläche. Auch zeigt die Patentliteratur ein zunehmendes Interesse der optischen Konstrukteure an der Ausnutzung der durch asphärische Flächen gegebenen Korrektionsmöglichkeiten (s. z. B. D.R.P. Nr. 645202, A.P. Nr. 2100290).

3. Neues aus Theorie und Praxis des photographischen Objektivs.

Im 1. Band sind die theoretischen Fragen der photographischen Optik und die Prüfungsverfahren zur Feststellung der Eigenschaften der photographischen Objektive eingehend behandelt worden. Es mag daher hier genügen, nur darauf hinzuweisen, welche Themen aus diesen Gebieten seit 1929 im Vordergrund des Interesses standen.

Da sind zu nennen Betrachtungen über die Lichtstärke der photographischen Objektive, wie sie z. B. K. LEISTNER (*9*) im kurz zusammenfassenden Überblick gibt, und ferner Mitteilungen über moderne lichtstarke Objektive. Eine zusammenhängende Darstellung solcher Objektive wird von R. KINGSLAKE (*7*) gegeben. Auch auf dem Gebiete der Weitwinkelobjektive gelangen Fortschritte; über sie wird auf S. 79 bis 91 gesprochen werden. Eine kurze entwicklungsgeschichtliche, bis in die letzte Zeit reichende Übersicht über Weitwinkelobjektive findet sich bei M. RUSSINOW (*15*).

Neben den Erfolgen auf den Gebieten der lichtstarken und der weitwinkligen Objektive möge hier die lebhafte Tätigkeit in der Ultrarotphotographie erwähnt sein. Diese erstreckte sich verständlicherweise mehr auf photochemische Fragen und Untersuchungen; einige Worte vom Standpunkt der photographischen Optik sind aber hier doch zu sagen.

Für Liebhaberaufnahmen mit Objektiven kleinerer oder mittlerer Brennweiten genügen die üblichen photographischen Objektive durchaus; es ist also im allgemeinen nicht nötig, derartige Linsenanlagen speziell für Ultrarot zu korrigieren, nur ist es zweckmäßig, gegenüber den Aufnahmen mit gewöhnlichem Tageslicht den Auszug ein wenig zu verlängern. Der Größenordnung nach liegt diese Verlängerung bei vielen Amateurobjektiven etwa bei $3^0/_{00}$ der Brennweite.

Bei Fernaufnahmen mit ultrarotem Licht, wie sie z. B. die militarische Erkundung aus der Luft oder von der Erde aus nicht selten benutzt, werden lange Brennweiten verwandt und meist höchste Anforderungen an die Bildfehlerberichtigung gestellt. In diesem Falle ist in der Regel Korrektion für das besondere Spektralgebiet nötig. Werden solche Ultrarotfernaufnahmen manchmal aber doch mit eigentlich für panchromatische oder sogar orthochromatische Schichten korrigierten Objektiven und dafür eingerichteten Kammerauszügen gemacht, so wird man dem vor oder hinter das Objektiv geschalteten Filter, der das Ultrarotlicht für die Abbildung durchläßt, eine geringe Brechkraft geben, um bei Ultrarotaufnahmen das Bild an die gleiche Stelle zu bringen, an der das panchromatische oder orthochromatische Bild liegt. Damit wird wenigstens ein Auszugsfehler vermieden, wenn sich auch an der nicht optimalen Korrektion des Objektivs für Ultrarot natürlich nichts ändert.

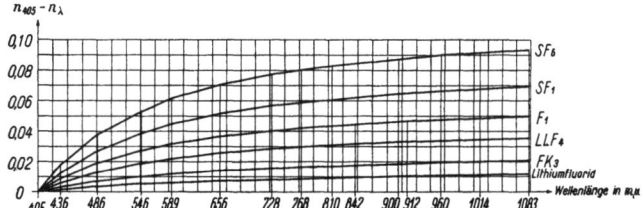

Abb. 5. Für die auf der Abszissenachse mit ihren Zahlenwerten genannten Wellenlängen sind die jeweiligen zugehörigen Meßwerte $n_{405} - n_\lambda$ der in den Tabellen 2 und 7 angegebenen optischen Werkstoffe als Ordinaten aufgetragen.

Brechzahlen optischer Glasarten für das ultrarote Gebiet sind zur Zeit in der Literatur noch selten zu finden. In Tabelle 7 sind daher für einige Schmelzungen Brechzahlen im sichtbaren und ultraroten Gebiet angegeben. Danach sind für diese Glasarten und für Lithiumfluorid (vgl. Tab. 2) in Abb. 5 Schaulinien der Dispersionsverläufe im sichtbaren und ultraroten Bereich gezeichnet.

Tabelle 7. Brechzahlen[1] für sichtbares und ultrarotes Gebiet einiger Schmelzungen von SCHOTT & GEN., Jena.

Schmelzungs-nummer	23 590	21 849	25 120	6296	8065
Glasart	SF 6	SF 1	F 1	LLF 4	FK 3
Wellenlängen in mμ					
405	1,87491	1,75962	1,65599	1,58322	1,47627
436	1,85700	1,74686	1,64714	1,57721	1,47315
486	1,83706	1,73241	1,63697	1,57019	1,46938
546	1,82151	1,72100	1,62877	1,56443	1,46617
589	1,81354	1,71506	1,62449	1,56139	1,46443
656	1,80448	1,70826	1,61954	1,55780	1,46231
728	1,79772	1,70304	1,61571	1,55496	1,46061
768	1,79460	1,70076	1,61397	1,55372	1,45978
810	1,79193[2]	1,69878[2]	1,61237[2]	1,55254[2]	1,45898[2]
842	—	—	1,61134	1,55179	—
900	1,78742[2]	1,69514[2]	—	—	1,45756[2]
912	—	—	1,60931	1,55021	—
960	1,78497[2]	1,69316[2]	1,60834[2]	1,54949[2]	1,45676[2]
1014	1,78311	1,69162	1,60732	1,54852	1,45611
1083	1,78117	1,69002	1,60608	1,54743	1,45533

Auf der Abszissenachse sind die Wellenlängen λ aufgetragen, für welche die Meßwerte vorliegen, und von dort aus parallel zur Ordinatenachse die Werte $n_{405} - n_\lambda$; die so gewonnenen Punkte sind mit den beiden Nachbarpunkten

---

[1] S. Fußnote 1 auf S. 5.
[2] Werte sind nicht gemessen, sondern graphisch interpoliert. Genauigkeit: ± 0,00005.

für jede Glasart gesondert durch gerade Linienstücke verbunden. Die Neigung eines solchen geraden Stückes gegen die Abszissenachse ist also ein Maß für die jeweilige Teildispersion, während der gesamte Linienzug den Dispersionsverlauf von $\lambda = 405\,\text{m}\mu$ bis $\lambda = 1083\,\text{m}\mu$ zeigt. Ergänzend zu den Schaulinien sei bemerkt, daß geschmolzener Quarz (vgl. Tabelle 3) in dem hier dargestellten Bereich fast den gleichen Dispersionsverlauf hat wie das Glas FK 3. Aus der bildlichen Darstellung kann man erkennen, wie außerordentlich viel geringer die Dispersion der angegebenen Werkstoffe in dem ultraroten Gebiet gegenüber dem sichtbaren ist.

Damit hängt es zusammen, daß die chromatische Korrektion im Ultraroten, z. B. für die Farben der beiden Wellenlängen $\lambda = 810\,\text{m}\mu$ und $\lambda = 1083\,\text{m}\mu$ schwieriger sein kann als für die übliche photographische Korrektion, d. h. für die Wellenlängen $\lambda = 587\,\text{m}\mu$ und $\lambda = 434\,\text{m}\mu$.

In Band I werden auf S. 364 und 365 Bilder gezeigt, welche die Wiedergabe der Ferne bei Aufnahmen mit ultraviolettem Licht, sichtbarem Licht und ultrarotem

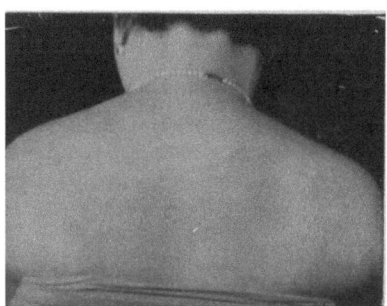 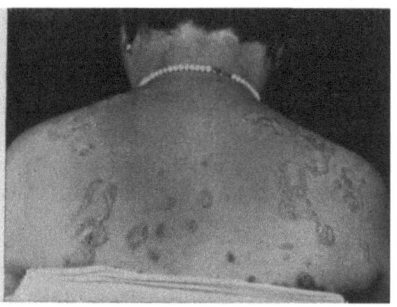

Abb. 6. Aufnahme mit ultrarotem Licht. Von einem Ausschlag auf dem Rucken ist nichts zu sehen.

Abb. 7. Die gleiche Aufnahme wie in Abb. 6, aber mit sichtbarem Licht. Der rote Ausschlag auf dem Rucken tritt deutlich hervor.

Licht demonstrieren. Während dort die Ultrarotaufnahme die Ferne am besten wiedergibt, die in der Ultraviolettaufnahme völlig unsichtbar bleibt, können aber auch umgekehrt bei der Ultrarotaufnahme Unterschiede verschwinden, die bei Aufnahmen mit sichtbarem oder mit ultraviolettem Licht deutlich erscheinen. Von den Abb. 6 und 7 zeigt die erste eine Ultrarotaufnahme,[1] die zweite eine Aufnahme[1] bei sichtbarem Licht. Der tiefrote Ausschlag auf der Haut eines Mädchens tritt nur bei der Aufnahme mit sichtbarem Licht hervor.

Die neuerdings beschriebenen Prüfungsverfahren der photographischen Objektive stützen sich, soweit es sich um Schärfefeststellungen handelt, vorwiegend auf die Messungen des Auflösungsvermögens. Wenn dieses für die Bildschärfe auch nicht allein maßgebend ist, so hat es vor etwa subjektiven Beurteilungen der Bildgüte den Vorzug der Meßbarkeit. Neben den Testobjekten, wie Buchstaben, Ziffern, wurden und werden besonders Gitter zu solchen Messungen benutzt, und als ein Gitter, ein Radialgitter, läßt sich auch der Teststern nach P. G. Nutting und L. E. Jewell (6) bezeichnen, der neuerdings an verschiedenen Stellen gern verwandt wird.

W. Ströble (17) z. B. beschreibt ausführlich ein bei der Siemens & Halske A. G. durchgebildetes Verfahren, bei dem man Objektive durch eine Reihe derartiger Sternaufnahmen über ihr ganzes Bildfeld hin serienweise prüfen kann.

---

[1] Beide Aufnahmen verdanke ich Herrn Dr. K. Leistner.

Die dabei benutzten Teststerne, von denen Abb. 8 eine Vorstellung gibt, bestehen aus 72 schwarzen und weißen Sektoren, die nach der Mitte zu immer enger zusammenlaufen. Elf solcher von hinten durchleuchteter Teststerne sind über die Prüftafel verteilt. Von der Grenze der Auflösungsfähigkeit des zu prüfenden Objektivs ab werden die Sektoren von diesem nicht mehr getrennt, sondern als kleine graue Flächen abgebildet. Der oder die Durchmesser dieser Flachen sind ein Maß für das Auflösungsvermögen des Objektivs. Für jedes Objektiv sind 11 Teststernbilder in sagittaler und tangentialer Richtung zu messen. Um Zeit und Arbeitskraft zu sparen, ist ein besonderes Gerät, der μ-Schreiber entwickelt worden, mit dem sich die Ausmessungen schnell und ohne Ermüdung bewerkstelligen lassen.

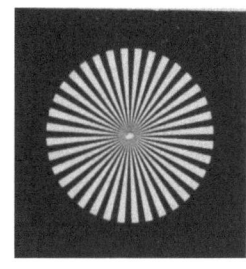

Abb 8. Teststern (nach P. G. NUTTING und L. E. JEWELL).

Ein neuerer, erwähnenswerter Versuch, das Auflösungsvermögen photographischer Objektive zu messen, findet sich in der 1934 veröffentlichten Arbeit „The Sharpness of Photographic Lenses" von V. H. RECKMEYER (13). In ihr wird die Abhangigkeit des Auflösungsvermögens von der Abblendung untersucht. Dabei wird der Ausdruck „kritische Blende" geprägt, bei der das Auflösungsvermögen des Objektivs am besten ist, d. h. bei weiterer Ab- oder Aufblendung gegenüber der kritischen Blende sinkt die Bildgüte.

Im Zusammenhang hiermit mag auch der Begriff „kritische Brennweite" erwahnt sein, womit G. HANSEN (4) diejenige Brennweite eines Objektivtypus bezeichnet, von der ab sich dieser wie ein abweichungsfreies Objektiv verhält. Wird er also mit einer kleineren Brennweite als der kritischen Brennweite ausgeführt, so kann das Objektiv keinen weiteren Schärfegewinn haben; wird der Objektivtypus aber in einer Brennweite hergestellt, deren Wert über dem der kritischen Brennweite liegt, so nimmt seine Schärfe ab. Beide Begriffe „kritische Blende" und „kritische Brennweite" sind von der bildseitigen Strahlenvereinigung abhängig und ändern sich eigentlich in ihren Werten mit der untersuchten Stelle des Bildfeldes; man könnte also der Eindeutigkeit wegen beide Begriffe nur auf die Bildmitte beziehen.

Weiter sei hier noch auf den Aufsatz „Die Belichtungszeiten bei Luftbildaufnahmen" von C. A. TRANKLE (19) verwiesen. Dieser untersucht, welche Bedingungen bei der Beleuchtung der Außenwelt, bei der Strahlungsvermittlung durch das Objektiv in seine Bildebene, bei den Belichtungszeiten, bei den durch das Flugzeug hervorgerufenen Bewegungsunschärfen und bei dem Auflosungsvermögen der Objektive erfüllt sein müssen oder können, um zu richtig belichteten, scharfen Aufnahmen zu gelangen.

Ein photographisches Objektiv oder ein Projektionsobjektiv pflegt meist durch Aufgravieren der Brennweite und des Öffnungsverhältnisses gekennzeichnet zu werden. Dabei kann die Brennweite als maßgebend für die Größe der Bildfiguren betrachtet werden und das Öffnungsverhältnis als Anhalt für die Beleuchtungsstärke in der Bildebene. Diese beiden für die optische Leistung einer Lichtbildlinse wichtigen Zahlen unterliegen seit 1. Januar 1938, um eine gewisse Leistungsgarantie der Erzeugnisse verschiedener Herstellerfirmen zu erhalten, durch Beschluß der Wirtschaftsgruppe Feinmechanik und Optik im Deutschen Reich folgenden Bindungen:

„... 3. Die Brennweite ist das Verhältnis der linearen Größe des Bildes eines unendlich fernen Objekts zu dessen scheinbarer Größe, und zwar der Grenzwert, dem sich dieses Verhältnis mit abnehmender scheinbarer Größe des Objekts nähert (I. HARTMANN, Zeitschrift für Instrumentenkunde, Bd. 24, S. 34 und 35, 1904). Die Schärfeeinstellung wird dabei mit voller Öffnung des Objektivs vorgenommen. Der gemessene wahre Wert der Brennweite darf nicht um mehr als 6% des angegebenen Wertes von diesem abweichen. Die Angaben beziehen sich auf die mittleren Strahlen des sichtbaren Spektrums ($\lambda = 550$ mμ), sofern nicht etwas anderes bemerkt ist oder aus der Sachlage hervorgeht.

4. Die relative Öffnung ist das Verhältnis des für die Bildfeldmitte wirksamen Durchmessers der Eintrittspupille bei ganz geöffneter Blende zur wahren Brennweite des Objektivs. Der Durchmesser der Eintrittspupille ist im allgemeinen zahlenmäßig nicht identisch mit dem freien Durchmesser der Frontlinse des Objektivs. Ist die Eintrittspupille nicht kreisrund, so ist ihr eine kreisrunde Pupille von gleichem Flächeninhalt gleichzusetzen und der Durchmesser dieser Kreisfläche gilt als Durchmesser der Eintrittspupille. Der gemessene Wert der relativen Öffnung darf nicht um mehr als 5% des angegebenen Wertes hinter diesem zurückbleiben. Zur Messung des wirksamen Durchmessers der Eintrittspupille dient ein senkrecht zur optischen Achse verschiebbares Meßmikroskop, welches auf das am kleinsten erscheinende Bild aller Strahlenbegrenzungen im Objektiv von der Dingseite aus eingestellt wird.

5. Für Projektionsobjektive gelten dieselben Regeln, nachdem sinngemäß Objekt und Bild ihre Rollen miteinander vertauscht haben. ..."

Schließlich sei an dieser Stelle zweier um die photographische Optik hervorragend verdienter Männer gedacht, die in dem hier betrachteten Zeitabschnitt abberufen wurden. Es starben PAUL RUDOLPH, ein Meister in der Errechnung wertvoller Anastigmate, am 8. März 1935 und der Mitherausgeber dieses Handbuches, MORITZ VON ROHR, am 20. Juni 1940, der durch zahlreiche Veröffentlichungen, insbesondere durch seine „Theorie und Geschichte des photographischen Objektivs" der Entwicklung der photographischen Optik stärksten Antrieb gab.

4. Bauarten neuer photographischer Objektive.

a) Einleitung.

Von den nach 1928 bekannt gewordenen Objektiven wird hier eine Auswahl besprochen, die nach den gleichen Gesichtspunkten getroffen ist, wie in dem Kapitel „Bauarten der photographischen Objektive" des 1. Bandes, d. h. also nach der optischen Leistung, der kommerziellen Bedeutung und der entwicklungsgeschichtlichen Wichtigkeit der Linsenanlagen.

Hier sei zunächst auf eine Zusammenstellung in- und ausländischer Schutzschriften verwiesen, die K. LEISTNER (10) in „Ergebnisse der angewandten physikalischen Chemie" gibt; darin stehen die etwa seit 1928 bis 1938 bekannt gewordenen Patentschriften und Gebrauchsmuster möglichst vollständig verzeichnet, aber ohne Zahlenbeispiele und Bildfehlerkurven.

Auch die Anordnung des 1. Bandes, bei der die Besprechung der Objektive im wesentlichen nach den Eigentümlichkeiten ihrer Bauart erfolgt, ist möglichst beibehalten. Von den dortigen 9 Objektivgruppen, die in den Zusammenstellungen 1 bis 9 stehen, fallen hier die Gruppen 1, 2 und 6 aus, da in ihnen keine erwähnenswerten Objektive neu bekannt geworden sind. Um aber mit Band I in Übereinstimmung zu bleiben, wird die dortige Numerierung der Zusammenstellungen beibehalten, so daß also hier die Zusammenstellungen 1, 2 und 6 fehlen.

Zwei weitere Zusammenstellungen, nämlich 10 und 11, kommen neu hinzu. In Zusammenstellung 10 werden die Konstruktionsdaten neuer Weitwinkel mitgeteilt, und zwar ist hierbei absichtlich von unserer sonstigen Einteilung nach der Bauart abgewichen worden, um diese neuen Weitwinkelobjektive gemeinsam besprechen zu können.

In Zusammenstellung 11 finden sich Linsenanordnungen, die optische Zusätze zum eigentlichen photographischen Objektiv enthalten; denn ein besonderes Kapitel für solche Zusätze wie in Band I lohnt sich hier nicht.

Für die Beurteilung der optischen Leistung der besprochenen Objektive werden wieder die Kurven a der sphärischen Längsaberrationen und der Abweichungen von der Sinusbedingung, ferner die Kurven b der sagittalen und tangentialen Bildkrümmungen und schließlich die Kurven c der Verzeichnung angegeben.

Die Darstellung der meridionalen Koma, obwohl sie im Gegensatz zu den umständlich und langwierig festzustellenden windschiefen Strahlen regelmäßig in den optischen Rechenstuben berechnet zu werden pflegt, unterbleibt auch diesmal wieder, da ein Vergleich der Fehlerkurven meridionaler Koma für die verschiedenen Objektivarten schwer ist und nicht ohne weiteres die Beurteilung der Bildqualität bei größerer Öffnung in den seitlichen Teilen des Bildfeldes zuläßt.

Trotzdem ist natürlich die Untersuchung der Koma mit wachsender Lichtstärke der Objektive von zunehmender Bedeutung. Ergänzt man die Rechenergebnisse noch durch geeignete Versuche an Musterobjektiven, so kann man sich wohl stets hinreichend über die Güte der bildseitigen Strahlenvereinigung geneigter dingseitiger Strahlenbündel unterrichten.

Überhaupt sei hier ausdrücklich betont, daß die mitgeteilten Fehlerkurven a, b und c nicht ohne weiteres bindende Schlüsse auf die optische Leistung eines Objektivs zulassen. Das leuchtet schon deswegen ein, weil z. B. die Kurven b und c erheblich von der Blendenlage, die der Rechnung zugrunde gelegt wird, abhängig sein können, während die Begrenzung oder Auswahl der Strahlung bei voll geöffneter Blende nicht durch diese, sondern durch Linsenränder zu erfolgen pflegt. Objektivtypen, deren b- und c-Kurven sich mit einer Verschiebung der Blende beträchtlich ändern, sind für große Öffnungsverhältnisse meist wenig brauchbar.

Trotz allem ist die Bedeutung der Kurven a, b und c nicht leicht zu überschätzen; bei günstigem Verlauf geben sie, wenn auch nicht hinreichende, so doch stets notwendige Bedingungen für gute optische Leistung des Objektivs.

An der Art der v. ROHRschen Darstellung ist bewußt unverändert festgehalten worden, und zwar nicht nur, um in Übereinstimmung mit dem 1. Band zu bleiben. Vorschläge verschiedener Autoren, wie etwa bei den a-Kurven durch eine andere Wahl der Ordinaten das größere Gewicht der Randstrahlen gegenüber den der Achse näheren Strahlen zum Ausdruck zu bringen oder bei den b-Kurven z. B. als Ordinaten nicht die dingseitigen Hauptstrahlneigungswinkel aufzutragen, sondern deren trigonometrische Tangenten, mögen manches für sich haben, können aber doch nicht als so gewichtig eingeschätzt werden, um die allgemein üblich gewordene v. ROHRsche Darstellung zu verlassen, zumal sie der Fachmann — lediglich für dessen Gebrauch sind ja schließlich derartige Fehlerkurven bestimmt — stets richtig deuten wird. Außerdem liegt zur Zeit eine Einigung auf bestimmte neue Darstellungsarten überhaupt nicht vor.

An manchen Stellen ist die Neigung spürbar, die SEIDELschen Ausdrücke zur Beurteilung photographischer Objektive entscheidend heranzuziehen. Das ist für alle hochwertigen Lichtbildlinsen, darunter seien solche verstanden, die hohe Lichtstärke oder großes Bildfeld oder beides haben, abzulehnen.

Unbestritten sind die SEIDELschen Summen hervorragend geeignet zur Vorrechnung für die Bestimmung einer neuen Linsenanlage, auch lassen sie bei vorliegenden Linsenfolgen den Anteil der einzelnen brechenden oder spiegelnden Flächen an der Art der bildseitigen Strahlenvereinigung oft bequem abschätzen, doch auch die trigonometrische Durchrechnung kann zur Feststellung der Wirkung der einzelnen Flächen gute oder bessere Dienste leisten.

Schließlich sei noch Folgendes bedacht. Aus den SEIDELschen Ausdrücken werden analytisch die Koeffizienten der zweitniedrigsten Potenzen (die niedrigsten geben die GAUSSsche Abbildung) von Reihen gebildet, die die bildseitigen Strahlen darzustellen haben; je nach der Art und dem Grad der Konvergenz dieser Reihen wird die näherungsweise Darstellung des tatsächlichen Strahlenverlaufs durch die SEIDELschen Ausdrücke besser oder schlechter sein.

Ein Zahlenbeispiel, bei dem zum Vergleich Durchstoßungsfiguren der Strahlen in gewissen achsensenkrechten Ebenen gezeichnet sind, und zwar einmal nach genauer Berechnung der windschiefen Strahlen und dann nach näherungsweiser mit Hilfe der SEIDELschen Ausdrücke, hat W. MERTÉ (*11*) veröffentlicht.

Nach unseren Darlegungen erscheint es bedenklich, die Beurteilung von Linsenanlagen beträchtlicher Lichtstärke oder Bildausdehnung vorwiegend auf die SEIDELschen Ausdrücke zu stützen. Dafür sind die Ergebnisse der trigonometrischen Durchrechnung zuverlässiger, wie sie durch unsere Kurven a, b und c dargestellt werden.

Für die Zeichnungen der Kurven und Linsenachsenschnitte gelten die gleichen Festsetzungen wie in Band I, die hier kurz angeführt werden. Die sphärischen Längsaberrationen und die Abweichungen von der Sinusbedingung werden als Kurven a in ein gemeinsames Koordinatenkreuz eingetragen, und zwar die Kurven der sphärischen Längsaberrationen ausgezogen und die der Abweichungen von der Sinusbedingung gestrichelt; ebenso werden die sagittalen und tangentialen Bildkrümmungen als ausgezogene bzw. gestrichelte Kurven b in ein rechtwinkliges Koordinatenkreuz eingezeichnet.

Die Werte der Konstruktionsdaten in den Zusammenstellungen und die Bildfehlerbeträge gelten für die Brennweite $f = 100$ mm, und zwar fast ausschließlich für Licht der D- oder d-Linie, deren Brechzahlen sich wenig voneinander unterscheiden, nur die Zahlenangaben und Kurven der Objektive 3/8 41/8 und 5/9 beziehen sich auf andere Farben, die ersten beiden nämlich auf Licht der F-Linie und das dritte auf Licht der C-Linie (s. Abb. 32, 70 und 84).

Die Kurven sind graphisch interpoliert aus einigen, meist drei, errechneten Werten. Diese Rechnungswerte sind in den Kurvenbildern a und b durch Horizontallinien kenntlich gemacht. Die Bildfehler sind für die unendlich ferne Dingebene bestimmt. Die Linsenachsenschnittzeichnungen entsprechen vier Fünftel ihrer natürlichen Größe, wie sie sich aus den mitgeteilten Konstruktionswerten ergeben würde; nur die Achsenschnitte der Objektive 8/10 und 9/10 machen davon eine Ausnahme, sie sind aus Raumgründen in einem Fünftel ihrer Größe dargestellt (s. Abb. 97 und 98).

Bei den Kurven c sind auf den Abszissen die dingseitigen Hauptstrahlwinkel in Graden eingetragen, auf den Ordinaten die Verzeichnungsbeträge in Prozenten der sogenannten idealen Bildhöhe. Auch die Kurven c sind graphisch interpoliert aus meist drei errechneten Werten, die in den Kurvenbildern durch Vertikallinien gekennzeichnet sind.

Die Bildfehlerbeträge der Kurven a, b und c sind ohne weiteres aus den Maßstäben auf der Abszissenachse und der Ordinatenachse zu erkennen. Bei den Kurven a und b geben die Zahlen auf der Abszissenachse die Abweichungen in Millimetern oder, da die Brennweite $f = 100$ mm ist, in Prozenten von f; die Zahlen auf der Ordinatenachse geben bei den Kurven a die Einfallshöhen in

Millimetern, bei den Kurven b die Winkel der dingseitigen Hauptstrahlen gegen die Achse in Graden.

Um bequeme Vergleichbarkeit der Kurven untereinander zu haben, ist der Maßstab der a- und b-Kurven überall der gleiche. Die großen Unterschiede, die bei den Verzeichnungswerten in einigen Fällen vorkommen, führten aus Platzgründen dazu, die Ordinaten aller Verzeichnungskurven nicht sämtlich in einem einheitlichen Maßstab darzustellen; vielmehr werden im 1. Band drei verschiedene Maßstäbe verwandt, die im Verhältnis 1:10:100 stehen und von der Ordinatenachse der jeweiligen Kurve c abzulesen sind; der der Zahl 1 entsprechende Maßstab wird im Ergänzungsband überhaupt nicht verwandt, am häufigsten benutzt wird der dem Wert 10 entsprechende Maßstab.

Eine Ausnahme machen aus Raumgründen die Objektive 8/10 und 9/10, und zwar nicht nur für die c-Kurven, sondern auch für die b-Kurven.

Die folgenden Linsen und ihre Fehlerkurven sind der Sammlung des Photo-Rechenbüros im Zeißwerk entnommen. Diese wurde seinerzeit im Anschluß an M. v. Rohrs „Theorie und Geschichte des photographischen Objektivs" angelegt. Einen gewissen Anhalt für das Ausmaß der konstruktiven Tätigkeit in aller Welt auf dem Gebiete der photographischen Optik mag man daraus erhalten, daß der Verfasser bei der Übernahme der Zeissschen Sammlung Anfang 1913 die Unterlagen von etwa 300 Objektiven vorfand, diese Zahl bis Ende 1928, dem Abschlußtermin des 1. Bandes, auf rund 800 steigerte, und schließlich bis Ende 1940 auf fast 1400 bringen konnte.

Die Konstruktionsdaten sämtlicher Objektive, die im folgenden behandelt werden, sind veröffentlicht, und zwar sind sie weit überwiegend der Patentliteratur entnommen.

Auf dem Markt befindliche Objektive, die unter ein Patent fallen, werden natürlich in ihrer Konstruktion im allgemeinen nicht mit einem Beispiel der Patentschrift völlig übereinstimmen, so daß aus dem errechneten Korrektionszustand eines solchen Zahlenbeispiels nicht ohne weiteres auf die Leistung eines Objektivs des Handels geschlossen werden darf.

b) Objektive aus drei unverkitteten Glaslinsen, von denen die beiden äußeren sammeln, während die dritte (innere) zerstreut.

Wie schon oben bemerkt, beginnen wir mit der Zusammenstellung 3, die unverkittete Drillingslinsen zusammenfaßt. Die Vorzüge, die im Verhältnis zum

Objektivzusammenstellung 3.[1] Unverkittete Drillingslinsen.

	Krummungs-radien	Dicken, Abstände, Blendenent-fernungen	Glasarten		Errechner des Objektivs	Literatur-nachweis	Patentinhaber oder Herstellerfirma
			n_d	ν			
1	$r_1 = 23{,}2$ $r_2 = $ plan $r_3 = 78{,}6$ $r_4 = 22{,}8$ $r_5 = 205{,}0$ $r_6 = 60{,}0$	$d_1 = 4{,}5$ $l = 3{,}7$ $d_2 = 1{,}3$ $b_1 = 5{,}0$ $b_2 = 5{,}0$ $d_3 = 2{,}5$	$L_1 = 1{,}6227$ $L_2 = 1{,}6128$ $L_3 = 1{,}6423$	56,9 37,0 48,0	R. Richter	E.P. Nr. 364994, 1932	Carl Zeiss, Jena
2	$r_1 = 26{,}2$ $r_2 = 1201{,}7$ $r_3 = 83{,}5$ $r_4 = 25{,}7$ $r_5 = 302{,}6$ $r_6 = 54{,}8$	$d_1 = 4{,}9$ $l = 4{,}0$ $d_2 = 1{,}0$ $b_1 = 4{,}8$ $b_2 = 6{,}1$ $d_3 = 2{,}6$	$L_1 = 1{,}6739$ $L_2 = 1{,}6481$ $L_3 = 1{,}6515$	51,3 35,4 56,3	A. W. Tronnier	A.P. Nr. 1987878, 1935	A. W. Tronnier, Kreuznach

[1] S. Fußnote 1 auf S. 2.

einfachen Bau große Leistungsfähigkeit und vielseitige Verwendbarkeit dieser Objektivart, haben die Konstrukteure bis in die jüngste Zeit zur Errechnung immer neuer Formen gereizt, und fast jede Fabrik photographischer Objektive stellt heute laufend derartige „Triplets" her, dabei bemüht, deren Eigenschaften dauernd zu verbessern. Soweit es auf dem viel beackerten Feld noch gelang oder überhaupt wünschenswert erschien, Schutzrechte zu ernten, mögen diese die Unterlagen für die Fabrikation geben; manche in hohen Stückzahlen auf den Markt kommenden Objektive dieser

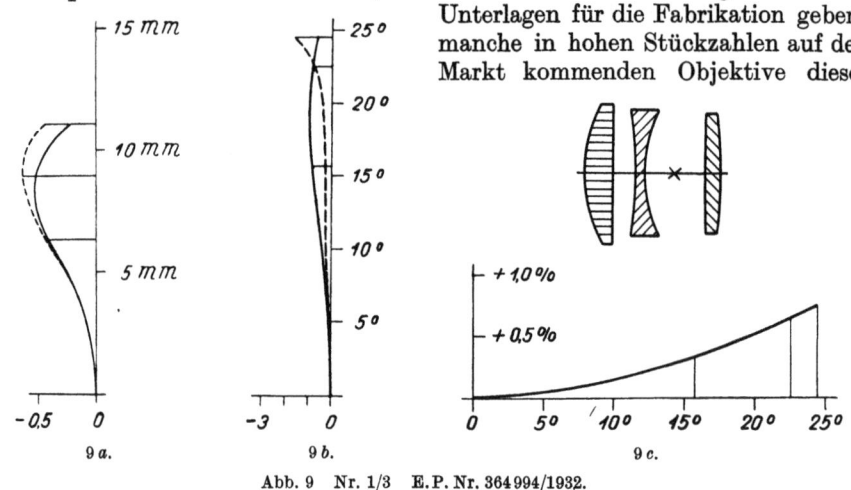

Abb. 9 Nr. 1/3 E.P. Nr. 364994/1932.

Bauart sind von ausgezeichneter Leistungsfähigkeit, wenn auch nicht geschützt. Sofern die Konstruktionsunterlagen solcher Objektive nicht irgendwo druckschriftlich veröffentlicht sind, können sie nach den von uns getroffenen Festsetzungen nicht genannt werden.

In der vorstehenden Zusammenstellung 3 sind zwei Patentbeispiele angeführt. Das erste enthält in der hinteren Sammellinse neues hochbrechendes Glas, das zweite sogar in beiden Sammellinsen.

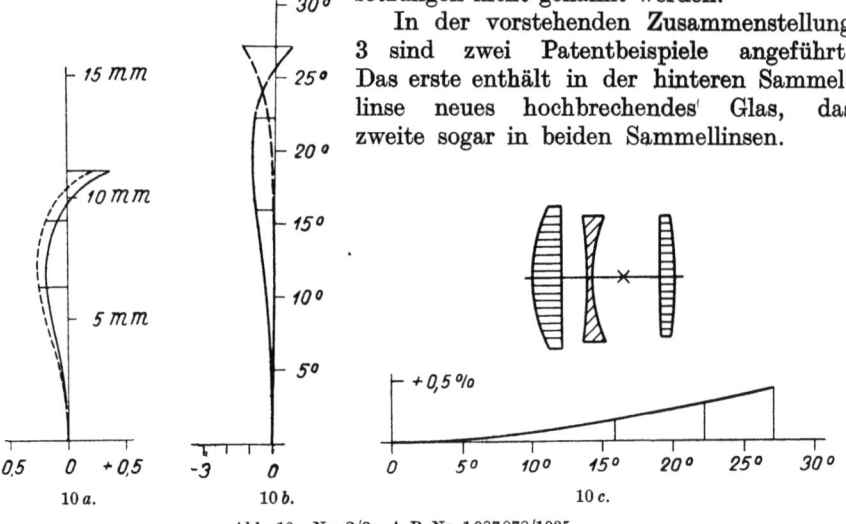

Abb 10. Nr 2/3. A.P. Nr. 1987878/1935

c) **Objektive aus einer einfachen und einer verkitteten Sammellinse, die eine einfache Zerstreuungslinse, von dieser durch Luft getrennt, einschließen.**

Wohl die glücklichste Schöpfung P. RUDOLPHs hinsichtlich ihrer optischen Eigenschaften wie ihrer wirtschaftlichen Bedeutung ist das „Tessar". Es wird dem

Objektivzusammenstellung 4.[1] Objektive aus einer einfachen und einer verkitteten Sammellinse, die eine einfache Zerstreuungslinse, von dieser durch Luft getrennt, einschließen.

	Krummungs-radien	Dicken, Abstände, Blendenent-fernungen	Glasarten		Errechner des Objektivs	Literatur-nachweis	Patentinhaber oder Herstellerfirma
			n_d	ν			
1	$r_1 = 26,9$ $r_2 = $ plan $r_3 = 53,7$ $r_4 = 24,0$ $r_5 = $ plan $r_6 = 24,0$ $r_7 = 41,8$	$d_1 = 6,0$ $l = 6,4$ $d_2 = 1,1$ $b_1 = 4,9$ $b_2 = 3,3$ $d_3 = 1,1$ $d_4 = 4,9$	$L_1 = 1,5410$ $L_2 = 1,5410$ $L_3 = 1,5220$ $L_4 = 1,6140$	60,3 47,2 51,1 58,2	A. W. Tronnier	D.R.P. Nr. 581 472, 1929 Beispiel III	Jos. Schneider u. Co., Kreuznach
2	$r_1 = 27,0$ $r_2 = $ plan $r_3 = 63,5$ $r_4 = 24,6$ $r_5 = 366,4$ $r_6 = 27,0$ $r_7 = 44,2$	$d_1 = 4,0$ $l = 4,9$ $d_2 = 1,8$ $b_1 = 3,6$ $b_2 = 1,9$ $d_3 = 2,3$ $d_4 = 6,9$	$L_1 = 1,5889$ $L_2 = 1,5491$ $L_3 = 1,5285$ $L_4 = 1,6202$	61,1 45,3 51,2 60,4	A. W. Tronnier	D.R.P. Nr. 581 472, 1929 Beispiel V	Jos. Schneider u. Co., Kreuznach
3	$r_1 = 23,4$ $r_2 = $ plan $r_3 = 81,3$ $r_4 = 22,4$ $r_5 = 322,0$ $r_6 = 27,6$ $r_7 = 48,3$	$d_1 = 4,3$ $l = 2,3$ $d_2 = 2,5$ $b_1 = 4,2$ $b_2 = 1,3$ $d_3 = 0,6$ $d_4 = 4,7$	$L_1 = 1,5832$ $L_2 = 1,5822$ $L_3 = 1,5822$ $L_4 = 1,6711$	59,3 42,0 42,0 47,3	W. Merté	D.R.P. Nr. 603 325, 1930 Beispiel I	Carl Zeiss, Jena
4	$r_1 = 24,2$ $r_2 = 555,0$ $r_3 = 96,0$ $r_4 = 21,0$ $r_5 = 166,0$ $r_6 = 21,0$ $r_7 = 45,2$	$d_1 = 4,1$ $l = 2,2$ $d_2 = 3,1$ $b_1 = 3,4$ $b_2 = 2,6$ $d_3 = 0,7$ $d_4 = 4,4$	$L_1 = 1,6711$ $L_2 = 1,6200$ $L_3 = 1,5822$ $L_4 = 1,6711$	47,3 36,3 42,0 47,3	W. Merté	D.R.P. Nr. 603 325, 1930 Beispiel II	Carl Zeiss, Jena
5	$r_1 = 32,4$ $r_2 = 579,8$ $r_3 = 58,5$ $r_4 = 27,6$ $r_5 = 579,8$ $r_6 = 26,2$ $r_7 = 42,4$	$d_1 = 6,0$ $l = 6,6$ $d_2 = 2,9$ $b_1 = 4,0$ $b_2 = 2,6$ $d_3 = 2,2$ $d_4 = 8,8$	$L_1 = 1,6202$ $L_2 = 1,5785$ $L_3 = 1,5315$ $L_4 = 1,6202$	60,0 42,3 49,1 60,0	A. W. Tronnier	A.P. Nr. 2 084 714, 1937	Jos. Schneider u. Co., Berlin
6	$r_1 = 30,0$ $r_2 = 386,0$ $r_3 = 77,7$ $r_4 = 25,9$ $r_5 = 81,2$ $r_6 = 20,9$ $r_7 = 113,7$	$d_1 = 5,0$ $l = 5,5$ $d_2 = 3,7$ $b_1 = 3,9$ $b_2 = 3,0$ $d_3 = 8,0$ $d_4 = 2,0$	$L_1 = 1,6200$ $L_2 = 1,5750$ $L_3 = 1,6370$ $L_4 = 1,5230$	60,4 41,4 56,1 50,5	—	F.P. Nr. 838 237, 1938 Beispiel I	Kodak-Pathé, France (Seine)

Ruhm dieses erfolgreichen Errechners photographischer Objektive nichts genommen, wenn gesagt wird, daß die heutigen Spitzenleistungen der Tessarformen, wie sie z. B. durch die „Tessare" 1:3,5 an der „Rolleiflex" der Firma Franke & Heidecke, Braunschweig, oder durch die „Tessare" 1:2,8 an der „Ikoflex" der Zeiss Ikon A. G., Dresden, an der „Exakta" des Ihagee-Kamerawerks, Dresden, oder

[1] S. Fußnote 1 auf S. 2.

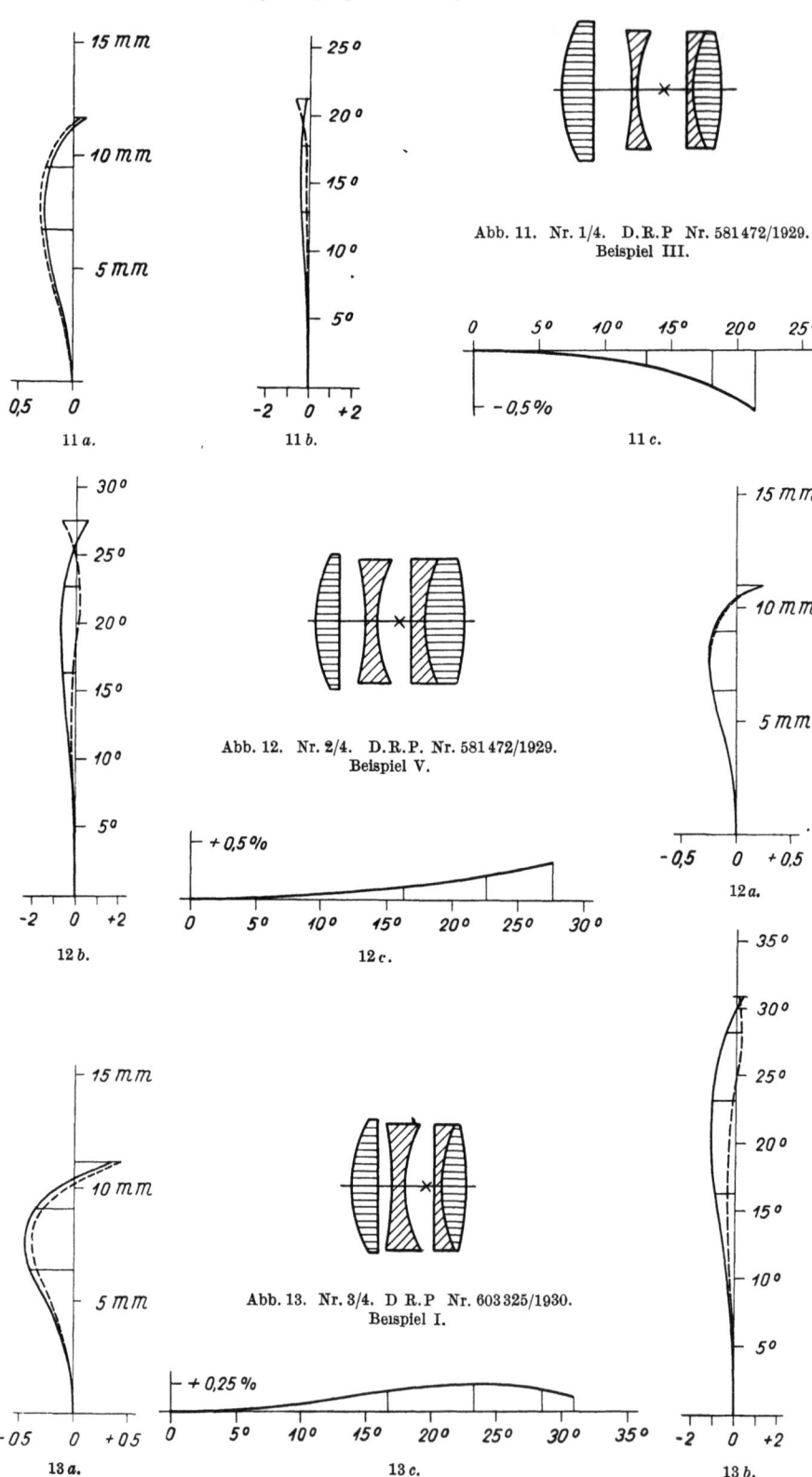

Abb. 11. Nr. 1/4. D.R.P Nr. 581472/1929. Beispiel III.

Abb. 12. Nr. 2/4. D.R.P. Nr. 581472/1929. Beispiel V.

Abb. 13. Nr. 3/4. D R.P Nr. 603325/1930. Beispiel I.

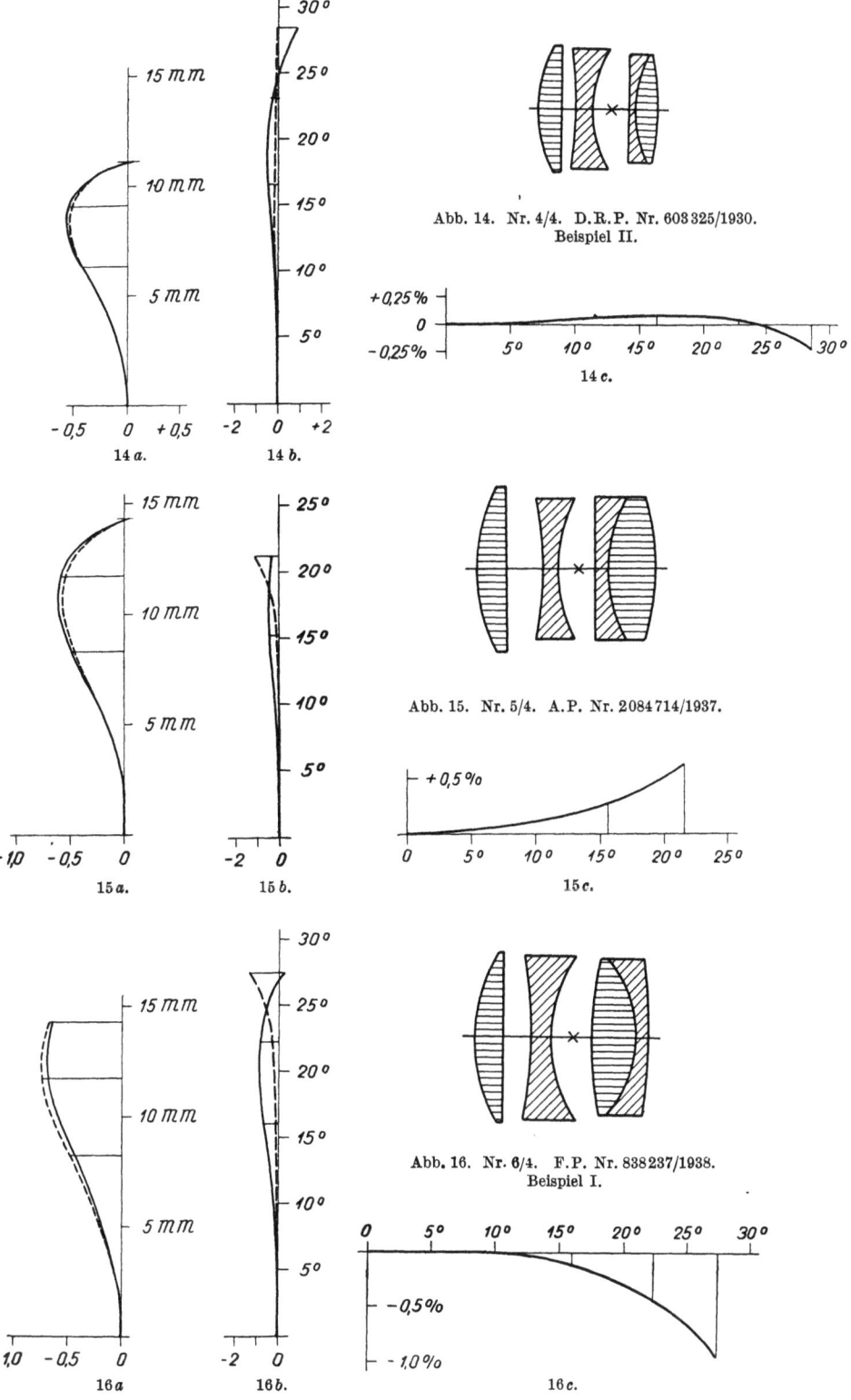

Abb. 14. Nr. 4/4. D.R.P. Nr. 603325/1930. Beispiel II.

14c.

Abb. 15. Nr. 5/4. A.P. Nr. 2084714/1937.

15c.

Abb. 16. Nr. 6/4. F.P. Nr. 838237/1938. Beispiel I.

16c.

an der „Robot" der Firma BERNING & Co., Düsseldorf, verkörpert werden, von dem Standpunkt der rechnenden Optik aus als erfolgreiche Neuschöpfungen zu bezeichnen sind, die übrigens auch einen eigenen Patentschutz haben.

Auch das „IR-Tessar" 1:5, $f = 50$ cm, kann trotz seines nur mittleren Öffnungsverhältnisses und seines nicht gerade großen angularen Bildfeldes von 40° wegen der weit getriebenen Fehlerberichtigung in den seitlichen Teilen des Bildfeldes zu den Gipfelleistungen gezählt werden. Es wurde 1934 als Sonderobjektiv für Luftbildaufnahmen berechnet und seitdem viel an Fliegerkammern verwendet. Seit fast vier Jahrzehnten stellt C. ZEISS, Jena, „Tessare" her, seit reichlich $2^1/_2$ Jahrzehnten[1] beruht die Entwicklung des Tessartyps im Zeißwerk im wesentlichen auf Arbeiten W. MERTÉs.

Das „Elmar" 1:3,5, $f = 3,5$ cm, von E. LEITZ, Wetzlar, ähnelt im äußeren Aufbau dem „Tessar" und deckt an der „Leica" ein angulares Bildfeld von über 60°, und ist deswegen bei Berücksichtigung seiner Lichtstärke und seines einfachen Baues aus vier Linsen ebenfalls zu den Spitzenschöpfungen zu rechnen.

Alle eben genannten Tessarformen, von denen also jede in ihrer Art besondere unübertroffene Vorzüge hat, sind nicht druckschriftlich veröffentlicht, so daß sie hier auch nicht mitgeteilt werden sollen.

In der Zusammenstellung 4 befinden sich aus der ziemlich großen Zahl der existierenden tessarähnlichen Linsenanlagen einige Beispiele aus der neueren Patentliteratur. Die unter 1, 2 und 5 genannten Objektive sind von A. W. TRONNIER berechnet und zeigen eine sorgfältige Fehlerberichtigung. An den unter 3 und 4 aufgeführten Objektiven ist bemerkenswert, daß in ihnen das neue Glas BaF 10 benutzt ist, und bei dem letzten Objektiv der Zusammenstellung 4 liegt der ziemlich seltene Fall vor, daß die im Hinterglied befindliche sammelnde Kittfläche ihre hohle Seite der Blende zukehrt.

d) Weitere aus der TAYLORschen Drillingslinse ableitbare Objektive.

In der Zusammenstellung 5 sind Linsenanlagen angeführt, die aus Drillingslinse, „Tessar" oder „Heliar" abgeleitet gedacht werden können. So mögen die Objektive 3 und 6 rein äußerlich als Tessarformen mit hinter- bzw. vorgeschalteter Sammellinse bezeichnet werden, das Objektiv 5 als ein „Heliar" mit vorgeschalteter Sammellinse, während das Objektiv 4 im äußeren Aufbau einem „Heliar" ähnelt und die Objektive 1 und 2 als Weiterentwicklungen aus dem „Heliar" bzw. „Tessar" gedeutet werden können.

Für die einfache Drillingslinse oder für das „Tessar" kann man nach dem derzeitigen Stand als obere Grenze des Öffnungsverhältnisses etwa den Wert 1:2,8 ansetzen. Gewiß lassen sich schon einfache Triplets für ein Öffnungsverhältnis 1:2 korrigieren, wenn man sich entweder nur mit einem recht kleinen Bildfeld bescheidet — man kann dann aber nicht mehr von einem Anastigmat reden, sondern vielleicht von einem Aplanat oder sogar nur noch von der Bildfeldausdehnung eines Fernrohrobjektivs — oder wenn man auf gute Schärfe und Brillanz verzichtet und dabei vielleicht aus der Not eine Tugend macht und von einem Objektiv mit „künstlerischer Weichheit" spricht.

Bestenfalls in ganz kleinen Brennweiten in der Größenordnung von ungefähr 1 cm kann ein einfaches Triplet beim Öffnungsverhältnis 1:2 mit guter Schärfe ein nennenswertes angulares Bildfeld decken, etwa das Bildfeld des 8 mm Schmalfilms.

Benutzt man aber „Triplets" oder „Tessare", wie sie normalerweise an Kleinbildkammern gebraucht werden, so ist man bei hohen Anforderungen an die

---

[1] S. Bd. I, S. 283 bis 285.

Objektivzusammenstellung 5.[1] Weitere aus der Grundform der TAYLORschen Drillingslinse ableitbare Objektive, deren Glieder teils aus einfachen, teils aus verkitteten Glaslinsen bestehen.

	Krummungsradien	Dicken, Abstande, Blendenentfernungen	Glasarten n_d	ν	Errechner des Objektivs	Literaturnachweis	Patentinhaber oder Herstellerfirma
1	$r_1 = 39{,}4$ $r_2 = 71{,}9$ $r_3 = 378{,}5$ $r_4 = 65{,}5$ $r_5 = 29{,}5$ $r_6 = 31{,}5$ $r_7 = 74{,}2$ $r_8 = 34{,}5$ $r_9 = 87{,}7$	$d_1 = 11{,}8$ $d_2 = 4{,}5$ $b_1 = 1{,}0$ $b_2 = 2{,}9$ $d_3 = 6{,}0$ $d_4 = 4{,}0$ $l = 6{,}0$ $d_5 = 5{,}0$ $d_6 = 7{,}5$	$L_1 = 1{,}6190$ $L_2 = 1{,}6100$ $L_3 = 1{,}6750$ $L_4 = 1{,}5890$ $L_5 = 1{,}5290$ $L_6 = 1{,}6190$	— — — — — —	M. BEREK	M. BEREK: Grundlagen der praktischen Optik, S. 70. Verlag Walter de Gruyter u. Co., 1930	ERNST LEITZ, G. M. B. H., Wetzlar
2	$r_1 = 43{,}3$ $r_2 = 160{,}0$ $r_3 = 560{,}0$ $r_4 = 61{,}5$ $r_5 = 27{,}8$ $r_6 = 38{,}0$ $r_7 = 95{,}2$ $r_8 = 65{,}4$	$d_1 = 9{,}6$ $d_2 = 4{,}0$ $b_1 = 2{,}0$ $b_2 = 3{,}8$ $d_3 = 6{,}2$ $d_4 = 3{,}2$ $l = 8{,}2$ $d_5 = 6{,}4$	$L_1 = 1{,}6240$ $L_2 = 1{,}6220$ $L_3 = 1{,}6240$ $L_4 = 1{,}5670$ $L_5 = 1{,}6240$	58,2 36,1 44,8 42,8 58,2	—	D.R.P. Nr. 526308, 1930 Beispiel II	ERNST LEITZ G. M. B. H., Wetzlar
3	$r_1 = 42{,}2$ $r_2 =$ plan $r_3 = 65{,}4$ $r_4 = 42{,}9$ $r_5 = 213{,}1$ $r_6 = 36{,}7$ $r_7 = 52{,}1$ $r_8 = 252{,}5$ $r_9 = 252{,}5$	$d_1 = 7{,}2$ $l_1 = 11{,}4$ $d_2 = 2{,}5$ $b_1 = 8{,}0$ $b_2 = 1{,}2$ $d_3 = 2{,}4$ $d_4 = 9{,}6$ $l_2 = 1{,}1$ $d_5 = 4{,}8$	$L_1 = 1{,}6580$ $L_2 = 1{,}6741$ $L_3 = 1{,}5821$ $L_4 = 1{,}6580$ $L_5 = 1{,}6513$	51,4 32,0 42,0 51,4 38,3	W. F. BIELICKE	E.P. Nr. 375723, 1932	W. F. BIELICKE, Berlin
4	$r_1 = 43{,}0$ $r_2 = 85{,}0$ $r_3 =$ plan $r_4 = 58{,}0$ $r_5 = 34{,}5$ $r_6 = 130{,}0$ $r_7 = 20{,}5$ $r_8 = 57{,}5$	$d_1 = 9{,}0$ $d_2 = 3{,}0$ $l = 7{,}0$ $d_3 = 4{,}0$ $b_1 = 5{,}0$ $b_2 = 4{,}0$ $d_4 = 10{,}0$ $d_5 = 3{,}0$	$L_1 = 1{,}6577$ $L_2 = 1{,}5813$ $L_3 = 1{,}5813$ $L_4 = 1{,}6577$ $L_5 = 1{,}6070$	51,2 40,8 40,8 51,2 40,2	H. DESER	D.R.P. Nr. 636166, 1933	VOIGTLÄNDER & SOHN A.-G., Braunschweig
5	$r_1 = 82{,}9$ $r_2 = 172{,}6$ $r_3 = 43{,}9$ $r_4 = 69{,}0$ $r_5 = 1242{,}8$ $r_6 = 69{,}0$ $r_7 = 33{,}5$ $r_8 = 269{,}3$ $r_9 = 40{,}0$ $r_{10} = 42{,}7$	$d_1 = 4{,}1$ $l_1 = 0{,}4$ $d_2 = 6{,}2$ $d_3 = 1{,}7$ $l_2 = 6{,}6$ $d_4 = 3{,}7$ $b_1 = 4{,}3$ $b_2 = 4{,}0$ $d_5 = 3{,}5$ $d_6 = 7{,}2$	$L_1 = 1{,}6202$ $L_2 = 1{,}5604$ $L_3 = 1{,}5605$ $L_4 = 1{,}5827$ $L_5 = 1{,}5145$ $L_6 = 1{,}6375$	60,4 60,7 45,3 40,8 54,7 56,1	A. W. TRONNIER	A.P. Nr. 2076686, 1935	JOS. SCHNEIDER U. CO., Kreuznach
6	$r_1 = 43{,}2$ $r_2 = 1223{,}4$ $r_3 = 54{,}2$ $r_4 = 85{,}2$ $r_5 = 72{,}4$ $r_6 = 32{,}9$ $r_7 = 203{,}9$ $r_8 = 39{,}1$ $r_9 = 39{,}4$	$d_1 = 5{,}7$ $l_1 = 0{,}4$ $d_2 = 4{,}1$ $l_2 = 4{,}9$ $d_3 = 1{,}6$ $b_1 = 6{,}0$ $b_2 = 2{,}2$ $d_4 = 2{,}8$ $d_5 = 7{,}4$	$L_1 = 1{,}5890$ $L_2 = 1{,}6375$ $L_3 = 1{,}6045$ $L_4 = 1{,}5145$ $L_5 = 1{,}6025$	61,2 56,1 37,8 54,7 59,5	A. W. TRONNIER	E.P. Nr. 476349, 1937 Beispiel I	JOS. SCHNEIDER U. CO., Kreuznach

[1] S. Fußnote 1 auf S. 2.

26 W. MERTÉ: Das photographische Objektiv seit dem Jahre 1929.

Bildgüte zur Zeit noch nicht über das Öffnungsverhältnis von 1:2,8 gekommen. Dabei lassen sich die Brennweiten solcher Drillingslinsen oder „Tessare", die für 1:2,8 und ein Bildfeld von etwa 40° bis 50° korrigiert sind, auch nicht gut über 10 cm steigern, da sonst die Schärfe zu gering wird.

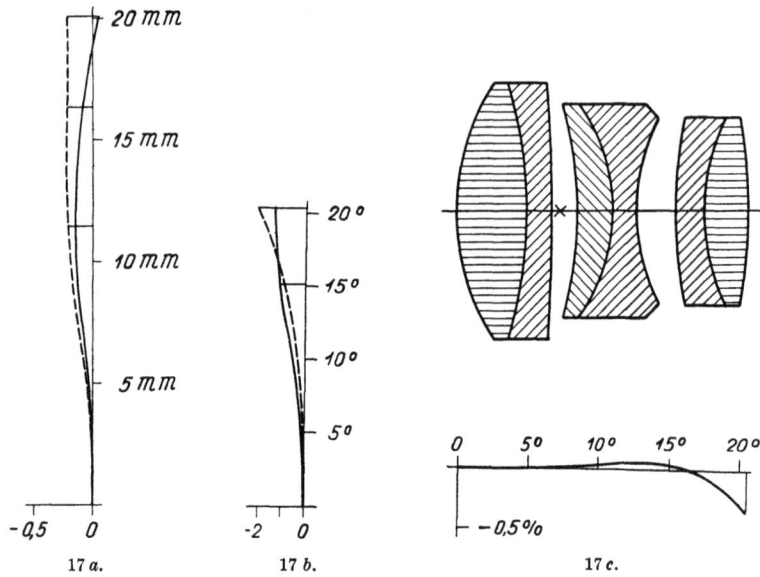

Abb. 17. Nr. 1/5. M. BEREK· Grundlagen der praktischen Optik, S. 70.

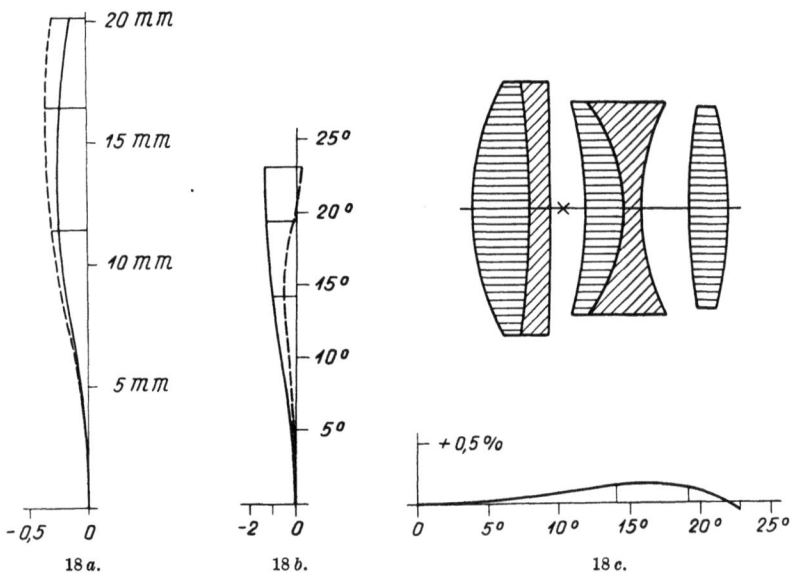

Abb. 18. Nr. 2/5. D.R.P. Nr. 526308/1930. Beispiel II.

Soweit man sich auf die Durchrechnungsergebnisse von Patentbeispielen stützen darf, läßt sich an Hand der Kurven *a* mindestens für einige Objektive der Zusammenstellung 5 annehmen, daß sie für ein größeres Öffnungsverhältnis als 1:2,8 noch brauchbare Bilder geben.

Bauarten neuer photographischer Objektive. 27

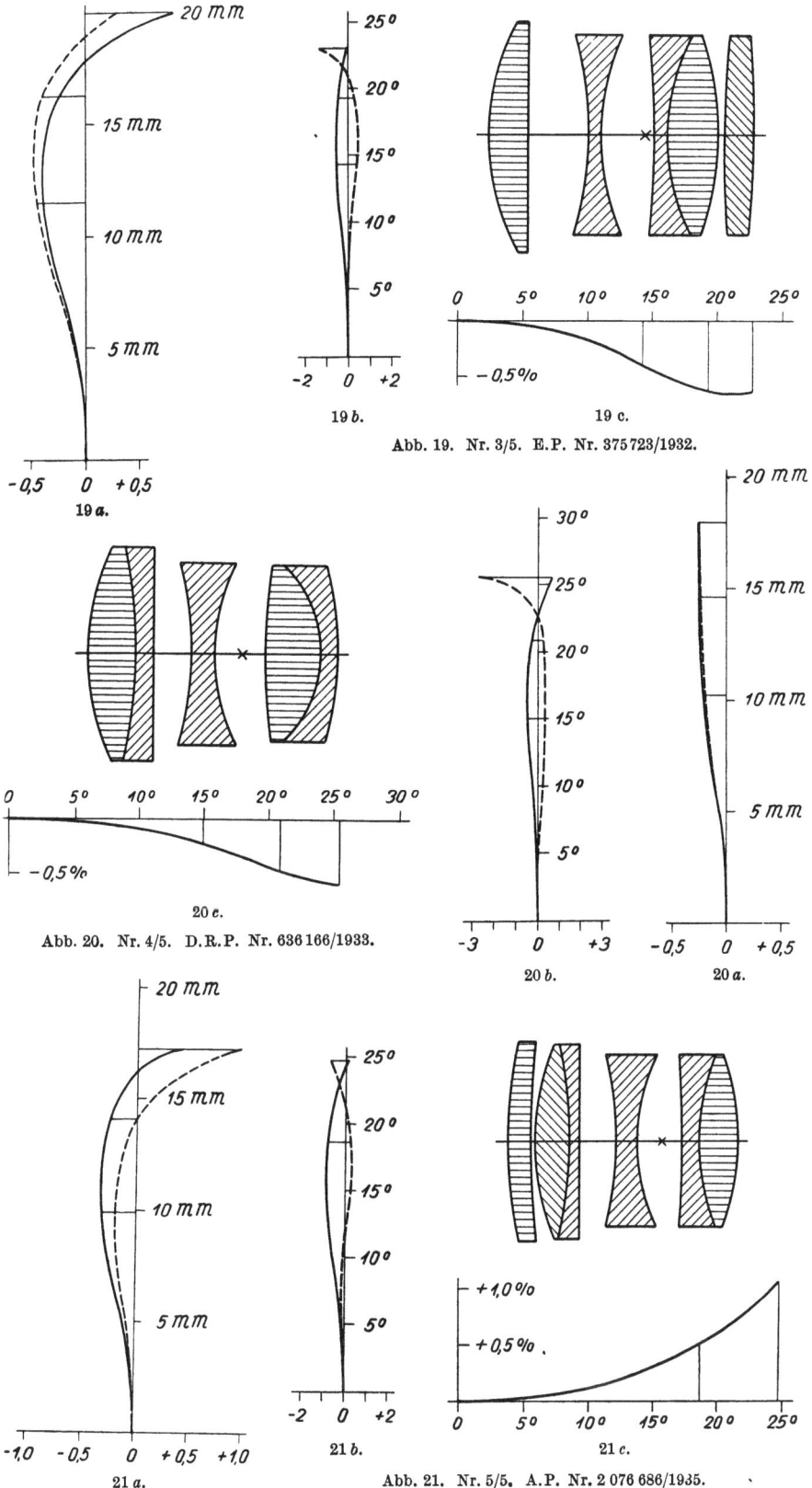

Abb. 19. Nr. 3/5. E.P. Nr. 375723/1932.

Abb. 20. Nr. 4/5. D.R.P. Nr. 636166/1933.

Abb. 21. Nr. 5/5. A.P. Nr. 2076686/1935.

28 W. Merté: Das photographische Objektiv seit dem Jahre 1929.

In den Abb. 23 und 24 sind Linsenachsenschnitte und Bildfehlerkurven zweier Objektive gezeigt, die in einer gewissen Verwandtschaft zu den Linsenfolgen der Zusammenstellungen 3 und 4 stehen, von denen sie sich aber dadurch unterscheiden, daß sie nur aus zwei in Luft stehenden Gliedern gebildet sind. Man kann sich die erstere der beiden Linsenanlagen aus der einfachen Taylorschen Drillingslinse und die zweite aus dem „Tessar" entwickelt

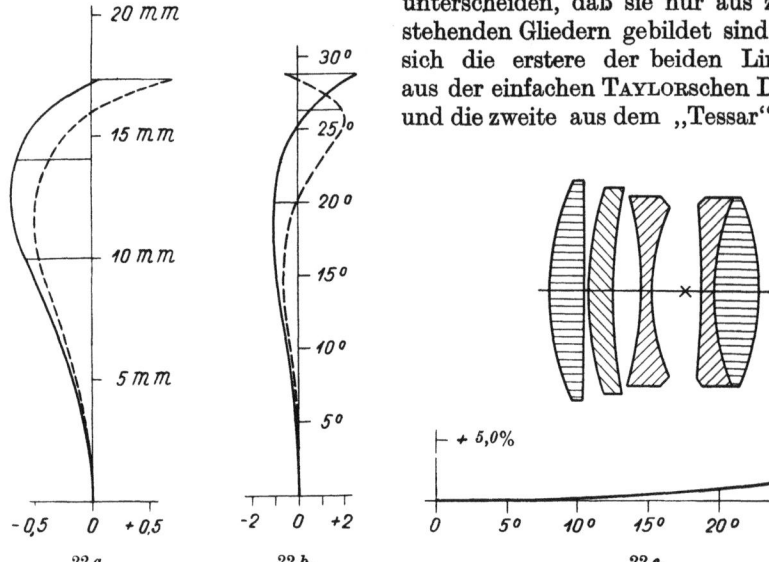

Abb. 22. Nr. 6/5. E.P. Nr. 476349/1937. Beispiel I.

denken: Die Luftlinse zwischen der Vorder- und Mittellinse der beiden genannten Typen ist gewissermaßen durch eine Glaslinse ersetzt.

Schon die Kurven a, b und c der Abb. 23 und 24 lassen vermuten, daß die Bildfehlerberichtigungen dieser Objektive unter Berücksichtigung der Größe des Öffnungsverhältnisses und Bildfeldes der Korrektion **bester** „Triplets" bzw. „Tessare" nahekommen. Ausführungsmuster ähnlicher Bauart haben auch im Versuch die hohe optische Leistungsfähigkeit dieser Linsenanlage bestätigt.

Die Abb. 23 und 24 verkörpern die Zahlenbeispiele 1 und 2 des D.R.P. Nr. 652882, dessen Erfinder S. Huber ist. Die Zahlenwerte, die für eine Brennweite $f = 100$ mm gelten, folgen hier:

			n_d	ν	
$r_1 = 30{,}6$	$d_1 = 11{,}5$	$L_1 = 1{,}6722$	47,0	Beispiel I
$r_2 = $ plan	$d_2 = 11{,}5$	$L_2 = 1{,}4930$	66,0	
$r_3 = 39{,}9$	$d_3 = 2{,}9$	$L_3 = 1{,}7214$	29,3	
$r_4 = 25{,}1$	$b_1 = 3{,}8$	$L_4 = 1{,}7581$	27,4	
$r_5 = 76{,}7$	$b_2 = 4{,}0$			
$r_6 = 112{,}8$	$d_4 = 9{,}9$			

			n_d	ν	
$r_1 = 30{,}1$	$d_1 = 7{,}1$	$L_1 = 1{,}6722$	47,0	Beispiel II
$r_2 = $ plan	$d_2 = 6{,}3$	$L_2 = 1{,}4671$	65,6	
$r_3 = 37{,}1$	$d_3 = 3{,}1$	$L_3 = 1{,}6162$	36,7	
$r_4 = 24{,}3$	$b_1 = 3{,}3$	$L_4 = 1{,}5333$	48,9	
$r_5 = 187{,}3$	$b_2 = 3{,}1$	$L_5 = 1{,}6722$	47,0	
$r_6 = 29{,}6$	$d_4 = 2{,}4$			
$r_7 = 57{,}3$	$d_5 = 7{,}3$			

Zu den Verwandten oder Abwandlungen der Drillingslinse gehören auch die „Ernostare", über deren Formen mit Öffnungsverhältnissen von mindestens 1:2

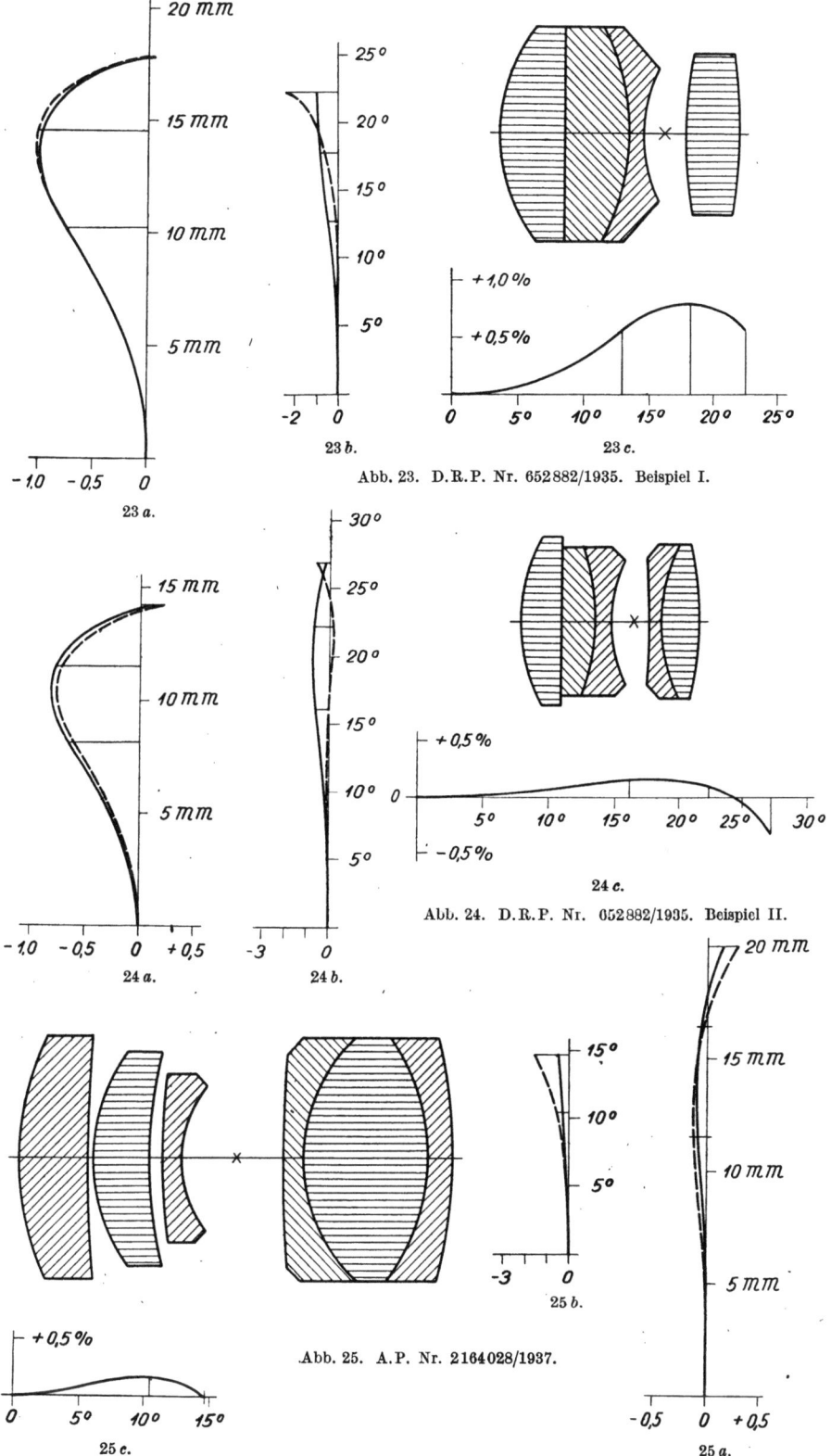

Abb. 23. D.R.P. Nr. 652882/1935. Beispiel I.

Abb. 24. D.R.P. Nr. 652882/1935. Beispiel II.

Abb. 25. A.P. Nr. 2164028/1937.

auf S. 47 bis 53 gesprochen wird. Als eine etwas lichtschwächere, dem Ernostartypus nahestehende Linsenfolge kann das Zahlenbeispiel des A. P. Nr. 2164028, das M. BEREK als Erfinder nennt, betrachtet werden. Der Linsenachsenschnitt und die Bildfehlerkurven dieses Beispiels sind in Abb. 25 zu sehen und seine Zahlenwerte für die Brennweite $f = 100$ mm sind die folgenden:

		n_d	v
$r_1 = 50{,}6$	$d_1 = 13{,}3$	$L_1 = 1{,}6030$	61
$r_2 = 251{,}0$	$l_1 = 0{,}3$	$L_2 = 1{,}6700$	47
$r_3 = 32{,}0$	$d_2 = 10{,}7$	$L_3 = 1{,}6890$	31
$r_4 = 77{,}0$	$l_2 = 2{,}7$	$L_4 = 1{,}5010$	57
$r_5 = 127{,}1$	$d_3 = 3{,}6$	$L_5 = 1{,}6700$	47
$r_6 = 19{,}9$	$b_1 = 10{,}0$	$L_6 = 1{,}6730$	32
$r_7 = 262{,}0$	$b_2 = 8{,}7$		
$r_8 = 28{,}7$	$d_4 = 3{,}6$		
$r_9 = 35{,}6$	$d_5 = 23{,}1$		
$r_{10} = 85{,}5$	$d_6 = 4{,}4$		

e) Doppelobjektive mit gestörter Symmetrie.

Objektivzusammenstellung 7 [1] Doppelobjektive mit gestörter Symmetrie.

	Krummungs-radien	Dicken, Abstande, Blendenentfernungen	Glasarten n_d	v	Errechner des Objektivs	Literaturnachweis	Patentinhaber oder Herstellerfirma
1	$r_1 = 23{,}4$ $r_2 = 10{,}0$ $r_3 = 41{,}4$ $r_4 = 20{,}7$ $r_5 = 20{,}7$ $r_6 = 41{,}4$ $r_7 = 10{,}0$ $r_8 = 22{,}4$	$d_1 = 1{,}2$ $d_2 = 4{,}0$ $d_3 = 1{,}2$ $b_1 = 2{,}0$ $b_2 = 2{,}0$ $d_4 = 1{,}2$ $d_5 = 4{,}0$ $d_6 = 2{,}0$	$L_1 = 1{,}6035$ $L_2 = 1{,}5715$ $L_3 = 1{,}4631$ $L_4 = 1{,}4631$ $L_5 = 1{,}5715$ $L_6 = 1{,}6035$	38,0 50,8 64,9 64,9 50,8 38,0	A. W. TRONNIER	D.R.P. Nr. 579788, 1930	JOS. SCHNEIDER u. Co., Kreuznach
2	$r_1 = 30{,}0$ $r_2 = 12{,}5$ $r_3 = 25{,}9$ $r_4 = 25{,}5$ $r_5 = 77{,}1$ $r_6 = 26{,}7$ $r_7 = 19{,}8$ $r_8 = 57{,}4$ $r_9 = 18{,}9$ $r_{10} = 19{,}2$ $r_{11} = 9{,}3$ $r_{12} = 22{,}3$	$d_1 = 1{,}3$ $d_2 = 3{,}1$ $l_1 = 1{,}0$ $d_3 = 4{,}1$ $d_4 = 1{,}0$ $b_1 = 1{,}8$ $b_2 = 1{,}8$ $d_5 = 0{,}8$ $d_6 = 3{,}1$ $l_2 = 0{,}8$ $d_7 = 2{,}3$ $d_8 = 1{,}0$	$L_1 = 1{,}5472$ $L_2 = 1{,}5186$ $L_3 = 1{,}6437$ $L_4 = 1{,}5290$ $L_5 = 1{,}5290$ $L_6 = 1{,}6437$ $L_7 = 1{,}5186$ $L_8 = 1{,}5472$	45,8 60,3 48,3 51,6 51,6 48,3 60,3 45,8	H. W. LEE	E. P. Nr. 376044, 1932	H. W. LEE und KAPELLA LTD., Leicester
3	$r_1 = 26{,}0$ $r_2 = 26{,}0$[2] $r_3 = 26{,}0$[2] $r_4 = $ plan $r_5 = 26{,}0$	$d_1 = 12{,}1$ $b_1 = 0{,}5$ $b_2 = 0{,}5$ $d_2 = 9{,}8$ $d_3 = 2{,}3$	$L_1 = 1{,}6197$ $L_2 = 1{,}6197$ $L_3 = 1{,}6205$	60,2 60,2 36,2	W. MERTÉ	D.R.P. Nr. 645202, 1934 Beispiel III	CARL ZEISS, Jena
4	$r_1 = 71{,}7$ $r_2 = 96{,}3$ $r_3 = 68{,}2$ $r_4 = 1621{,}9$ $r_5 = 860{,}4$ $r_6 = 79{,}4$ $r_7 = 222{,}5$ $r_8 = 84{,}4$	$d_1 = 11{,}6$ $l_1 = 1{,}2$ $d_2 = 4{,}1$ $b_1 = 10{,}6$ $b_2 = 10{,}6$ $d_3 = 4{,}1$ $l_2 = 1{,}7$ $d_4 = 8{,}7$	$L_1 = 1{,}6109$ $L_2 = 1{,}6168$ $L_3 = 1{,}8049$ $L_4 = 1{,}9007$	57,2 36,6 25,5 42,5	—	F. P. Nr. 838238, 1938 Beispiel III	KODAK-PATHÉ, France (Seine)

[1] S. Fußnote 1, S. 2.
[2] Darstellung der Meridiankurve der deformierten Flachen 2 und 3 in Polar-

In der Zusammenstellung 7, deren Objektive man sich aus symmetrischen Linsenfolgen entwickelt denken kann, ist das unter 1 genannte Objektiv als Doppelobjektiv zu betrachten, gebildet aus zwei an sich bekannten verkitteten Dreilinsern. Aus seinen Kurven b läßt sich schließen, daß dieses Doppelobjektiv durch geringe Änderungen für ein Bildfeld von etwa 75° mit genügend kleinen Zwischenfehlern anastigmatisch korrigierbar sein mag. Das würde ein um einige Grad größeres Bildfeld geben, als bei diesem Typus sonst üblich ist.

Bei dem unter 2 angegebenen Objektiv entspricht dem verhältnismäßig großen Aufwand an Linsen keineswegs ein bemerkens-

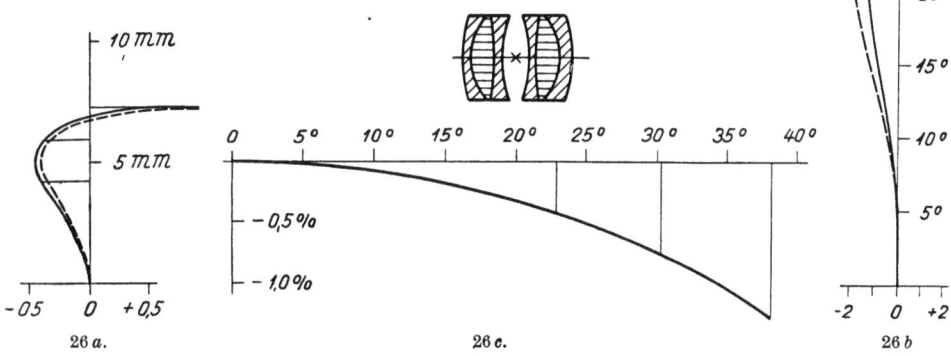

Abb. 26. Nr. 1/7. D.R.P. Nr. 579 788/1930.

werter Fortschritt in der Berichtigung der für die Bildschärfe maßgebenden Fehler; wohl aber ist die Verzeichnung fast ideal gehoben.

Das Objektiv 3 zeigt ziemlich weitgehende Symmetrie. Zwar ist das hinter der Blende stehende Glied in zwei miteinander verkittete Linsen aufgeteilt, doch wirkt diese Teilung nur auf die chromatische Korrektion. Die anastigmatische Bildebnung ist im wesentlichen durch die Formgebung der beiden Menisken erreicht, die Berichtigung der sphärischen Längsaberrationen und der Abweichungen

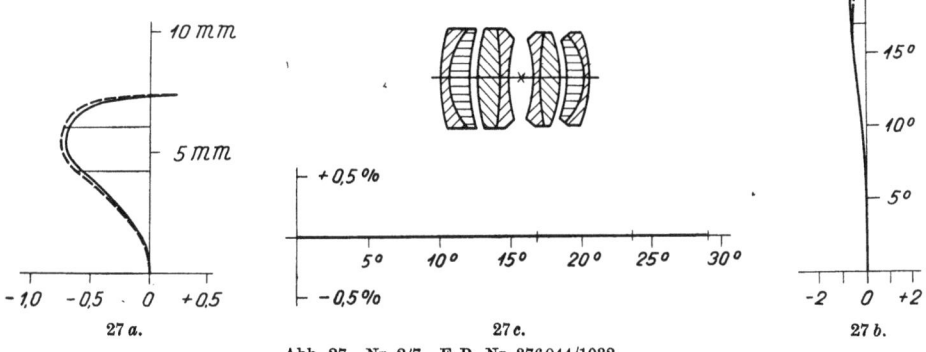

Abb. 27. Nr. 2/7. E.P. Nr. 376 044/1932.

von der Sinusbedingung durch Deformation der beiden einander zugekehrten, erhabenen Linsenflächen.

Das Objektiv 4 enthält in seiner vierten Linse neuartiges Glas.

---

koordinaten durch $\varrho = 26{,}0 + 26{,}0^4 \cdot \varphi^4 \cdot 2{,}29139 \cdot 10^{-6} - 26{,}0^6 \cdot \varphi^6 \cdot 3{,}67991 \cdot 10^{-9} + 26{,}0^8 \cdot \varphi^8 \cdot 1{,}12987 \cdot 10^{-11} - 26{,}0^{10} \cdot \varphi^{10} \cdot 1{,}34521 \cdot 10^{-14}$, wobei ϱ der Radiusvektor, φ seine Neigung gegen die Polarachse, die mit der optischen Achse zusammenfällt, und der Krümmungsmittelpunkt des Scheitels der deformierten Fläche 2 bzw. 3 der Pol ist.

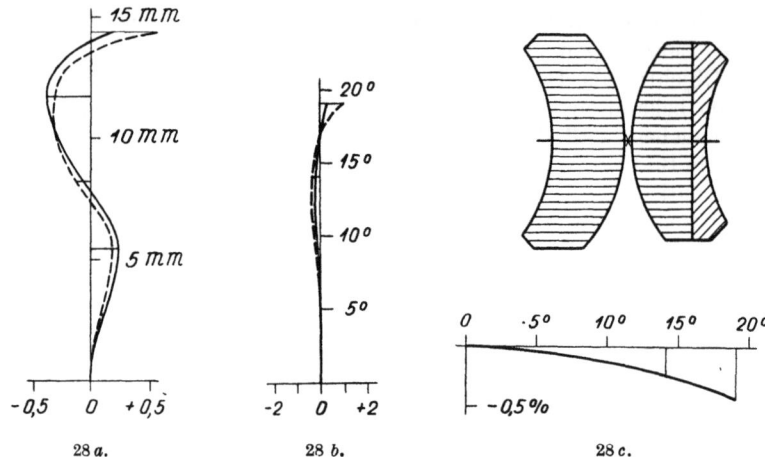

Abb. 28. Nr. 3/7. D.R P. Nr 645202/1934. Beispiel III.

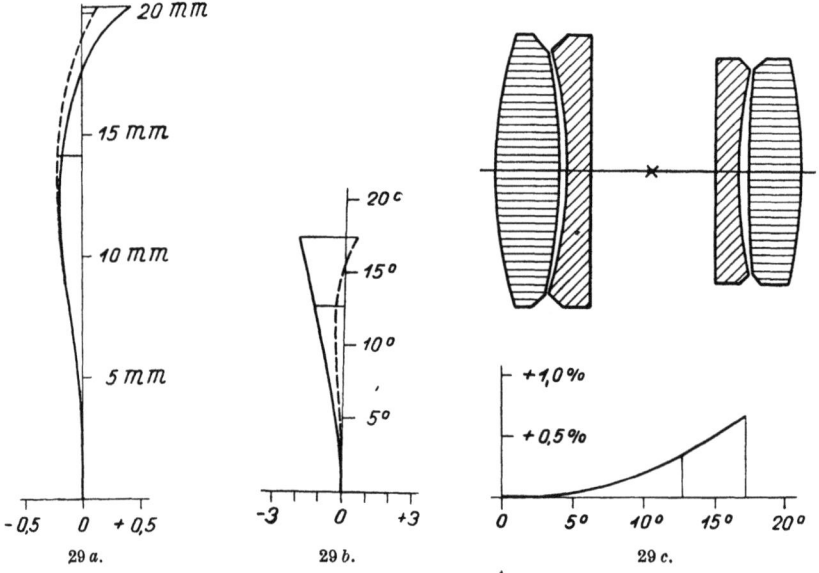

Abb. 29 Nr. 4/7. F.P. Nr 838238/1938. Beispiel III.

f) Objektive größten Öffnungsverhältnisses.

Es wurde schon in der Einleitung des Kapitels über photographische Objektive angedeutet, daß ein wichtiger Antrieb für die Schaffung neuer photographischer Objektive während des Zeitabschnittes nach 1928 in der starken Verbreitung der Kleinbildkammern im letztvergangenen Jahrzehnt zu suchen ist.

Je nach Brennweite waren verschiedene Ansprüche an die Ausdehnung des Bildfeldes zu stellen, die in den Grenzfällen entweder bei kleinstmöglicher Brennweite zu besonders hohen Anforderungen an die Größe des Bildwinkels führten oder bei größtmöglichen Brennweiten weitgehende Berichtigung im kleinen angularen Bildfeld verlangten. In jedem Falle waren die Schärfeforderungen der Liebhaberphotographie gegenüber früher gestiegen, da die Aufnahmen der Kleinbildphotographie stets vergrößert werden, und zwar oft recht erheblich.

Von der Filmseite her ist gleichfalls viel geschehen, was die Forderungen der neuen Bildtechnik erfüllt. Es sind Schichten hoher Lichtempfindlichkeit und dabei doch feiner Körnigkeit und Auflösung geschaffen worden. Ja, die Emulsionstechnik hat es fertig gebracht, daß die für viele hochwertig korrigierten Objektive gültigen Worte des 1. Bandes, daß das Auflösungsvermögen des Objektivs über die Wiedergabefähigkeit der allgemein gebräuchlichen photographischen Schichten hinausgehe, nicht mehr immer zu Recht bestehen.

Die mögliche Benutzung kleiner Aufnahmebrennweiten an der Kleinbildkammer forderte den Wunsch nach hoher Lichtstärke heraus, da ja auch bei großem Öffnungsverhältnisse die Schärfentiefe für viele Aufnahmen groß genug bleibt, wofern nur die Brennweite entsprechend klein ist.

Wenn also natürlich auch die anderen Anwendungsgebiete lichtstarker Objektive, wie Bildnisphotographie, Projektion, Kino-Aufnahme und -Wiedergabe, Mikrophotographie, Röntgenphotographie, Fernsehen, Tonaufnahme u. a., weiterhin Veranlassung zur Errechnung neuer Objektive hoher Lichtstärke gaben, hat gerade die Kleinbildkammer die Entwicklung der lichtstarken Objektive gefördert.

Die meisten Kleinbildkammern lassen sich mit Objektiven des Öffnungsverhältnisses 1:2 oder noch größer, bis etwa 1:1,4, ausstatten. Es werden allerdings nur selten Aufnahmen bei diesen großen Öffnungen gemacht. Die aber für besonders schlechte Beleuchtungsverhältnisse zur Verfügung stehende Lichtreserve ist vielen Erwerbern von Kleinbildkammern wichtig genug, um solche Objektive sehr hohen Öffnungsverhältnisses zu bevorzugen, zumal die notwendig weitgehende Berichtigung der Bildfehler die bei 1:1,4 oder 1:2 scharf zeichnenden Objektive den besten Objektiven kleinerer Anfangsöffnung bei gleicher Abblendung in der Bildgüte ebenbürtig oder sogar überlegen sein läßt.

Für besondere Zwecke, z. B. für Röntgenkinematographie, ist man im Öffnungsverhältnis noch weiter gegangen. Als lichtstärkstes Objektiv mit brauchbarer Schärfe erschien 1933 das „R-Biotar" von C. Zeiss, Jena, auf dem Markt, das bei einem größten Öffnungsverhältnis von 1:0,85 ein Bildfeld von einem Durchmesser etwa gleich einem Viertel der Objektivbrennweite in der Brennebene mit einer für seinen Aufgabenbereich guten Schärfe auszeichnet.

Objektive noch größeren Öffnungsverhältnisses, die aus Frankreich angeboten wurden, zeigen eine nach Ansicht des Verfassers für die meisten in Frage kommenden photographischen Zwecke kaum tragbare Geringwertigkeit der Bildbeschaffenheit. Dabei sei hier daran erinnert, daß die höchsterreichbare Grenze des Öffnungsverhältnisses 1:0,5 ist. Denn soll nicht nur der unendlich ferne Achsenpunkt, sondern auch seine unmittelbare Umgebung scharf abgebildet werden, so ist die Sinusbedingung $\frac{h}{\sin \mu'} = f_0$ (vgl. Bd. I, S. 189) zu erfüllen. Der theoretisch mögliche Maximalwert von h ist demnach f_0. Daher kann der Durchmesser d der Eintrittspupille des Objektivs höchstens $2 f_0$ werden oder das Öffnungsverhältnis $\frac{d}{f_0}$ höchstens $\frac{2 f_0}{f_0} = 2 = \frac{1}{0,5}$ sein, wenigstens sofern der unendlich ferne Achsenpunkt und seine Umgebung scharf abgebildet werden sollen.

Bei dem Wert 1:0,5 des Öffnungsverhältnisses kann es sich, wenn das Bild auf einer achsensenkrechten lichtempfindlichen Schicht aufgefangen werden soll, nur um einen praktisch nicht nutzbaren Grenzwert handeln, da ja die senkrecht zur Achse aus dem Objektiv austretenden Strahlen streifend in die Schicht eintreten und damit einer völligen Diffusion verfallen.

Das „R-Biotar" ist eine Linsenanlage, deren äußerer Bau im D. R. P. Nr. 607 631 beschrieben ist. Das Zahlenbeispiel dieser Schutzschrift findet man in der Objektivzusammenstellung 8 unter Nr. 48 angegeben. Es ist bekannt, daß mit der Dingentfernung der Korrektionszustand eines Objektivs sich verändert, und daß diese Abhängigkeit der Korrektionslage mit wachsendem Öffnungsverhältnis sich meist steigert. Wie empfindlich gegenüber der Aufnahmeweite die Bildfehlerberichtigung z. B. beim „R-Biotar" ist, möge daraus ersehen werden, daß das „R-Biotar" für Maßstab $1:\infty$ korrigiert schon beim Maßstab $1:20$ deutlich schlechtere Bilder als bei $1:\infty$ gibt. Wenn man also befriedigende Bilder in der Röntgenphotographie, bei der ja nur bestimmte endliche Verkleinerungen vorzukommen pflegen, mit einem derartigen Objektiv haben will, muß es am besten speziell für den in Frage kommenden Abbildungsmaßstab korrigiert und auch nur für diesen benutzt werden. Deswegen und auch aus anderen naheliegenden Gründen sind Objektive mit derart weit getriebenen Öffnungsverhältnissen für allgemeine Zwecke nicht verwendbar, wohl aber sind für universalen Gebrauch Objektive mit Öffnungsverhältnissen von $1:2$ bis $1:1,4$ immer beliebter geworden.

Daher hat sich die erfinderische Tätigkeit in der photographischen Optik für den seit dem Erscheinen des 1. Bandes vergangenen Zeitraum vorwiegend auf die Errechnung solcher lichtstarken Objektive erstreckt, die zudem nicht nur für Kleinbildkammern, sondern, wie schon oben angedeutet, auch auf anderen Gebieten der Technik gut verwendet werden können.

In der Zusammenstellung 8 sind Objektive „höchster Lichtstärke" angegeben, worunter Objektive verstanden sein sollen, deren Öffnungsverhältnis mindestens $1:2$ beträgt. Dieses gemeinsame Merkmal der Lichtstärke hat natürlich wenig mit dem äußeren Aufbau der Linsenfolgen zu tun; vielmehr gibt es eine ganze Reihe von Bauarten ohne innere Verwandtschaft, die für die Ausbildung zu lichtstarken Objektiven geeignet sind.

Um daher eine gewisse Ordnung in die Fülle der Linsenanlagen der Zusammenstellung 8 zu bringen, sind diese in Gruppen ähnelnden Baues zusammengefaßt worden. Bei einer derartigen Einteilung sind natürlich die Grenzen fließend; auch soll mit ihr nicht behauptet werden, daß die einzelnen Objektive etwa aus den hier angenommenen Grundtypen tatsächlich entwickelt worden seien. Es können viele Wege zum Ziele führen. Es wäre möglich, vielleicht andere Grundtypen zur Einteilung heranzuziehen, als es hier geschieht. Wie dem auch sei, die gegebene Anordnung wird dem Leser zweifellos die Übersicht über die zahlreichen Objektive höchster Lichtstärke erleichtern.

Einige Linsenanlagen, die schon vor 1929 bekannt geworden sind, aber in Band I unerwähnt blieben, sind hier in die Zusammenstellung 8 zur Vervollständigung des Gesamtüberblickes über die Objektive höchster Lichtstärke aufgenommen worden

Die Objektive 1 bis 8 mögen als Abkömmlinge oder Verwandte des „Petzval"-Objektivs (vgl. Abb. 296, Bd. I) betrachtet werden. Für Öffnungsverhältnisse $1:2$ und auch größer haben sie für die Bildmitte und deren Umgebung meist nur kleine Zwischenfehler, während jedoch die Kurven a des Beispiels 3, das ungefähr für $1:1,3$ auskorrigiert ist, erhebliche Restfehler zeigen.

Bis auf das Objektiv 7, dessen Bildfeld durch Hinzufügung einer Smythschen Linse für eine Ausdehnung von über $30°$ anastigmatisch geebnet ist, sind die übrigen Linsenanlagen keine Anastigmate und vielleicht für ein Bildfeld von $10°$ bis $15°$ brauchbar. Bei einigen Verzeichnungskurven ist aus Raumgründen für die Ordinaten[1] ein Zehntel des sonst vorwiegend benutzten Maßstabes genommen; bei den kleinen Bildfeldern von $10°$ bis $15°$ dürfte aber die verhältnismäßig große Verzeichnung meist nicht stören.

---

[1] S. S. 19.

Überall da, wo hohe Lichtstärke, gute Schärfe und nur kleines angulares Bildfeld gebraucht werden, sind die Abwandlungen oder Weiterbildungen der nunmehr 100 Jahre alten PETZVAL-Linse mit Erfolg zu verwenden. So werden derartige Objektive, wie z. B. die „Neo-Kino"-Objektive der Firma EMIL BUSCH A. G., Rathenow, oder die „Kipronare" von CARL ZEISS, Jena, gern als lichtstarke Kino-Projektionsobjektive verwandt.

Objektivzusammenstellung 8.[1] Photographische Objektive besonders großen Öffnungsverhältnisses.

1. Abkömmlinge oder Verwandte des „PETZVAL"-Objektivs.

	Krummungs-radien	Dicken, Abstande, Blendenent-fernungen	Glasarten		Errechner des Objektivs	Literatur-nachweis	Patentinhaber oder Herstellerfirma
			n_d	v			
1	$r_1 = 68{,}2$ $r_2 = 66{,}1$ $r_3 = $ plan $r_4 = 73{,}7$ $r_5 = 45{,}5$ $r_6 = 58{,}4$ $r_7 = 40{,}9$ $r_8 = 173{,}8$	$d_1 = 12{,}6$ $d_2 = 3{,}0$ $b_1 = 20{,}0$ $b_2 = 25{,}2$ $d_3 = 3{,}0$ $l = 3{,}9$ $d_4 = 14{,}4$ $d_5 = 2{,}6$	$L_1 = 1{,}5103$ $L_2 = 1{,}6267$ $L_3 = 1{,}6267$ $L_4 = 1{,}5714$ $L_5 = 1{,}6267$	59,1 38,9 38,9 53,0 38,9	—	D.R.P. Nr. 481830, 1927 Beispiel I	ZEISS-IKON A. G., Dresden
2	$r_1 = 68{,}2$ $r_2 = 66{,}1$ $r_3 = $ plan $r_4 = 73{,}7$ $r_5 = 52{,}2$ $r_6 = 46{,}1$ $r_7 = 58{,}3$ $r_8 = 152{,}5$	$d_1 = 12{,}6$ $d_2 = 3{,}0$ $b_1 = 20{,}0$ $b_2 = 25{,}2$ $d_3 = 10{,}9$ $d_4 = 2{,}6$ $l = 4{,}3$ $d_5 = 8{,}7$	$L_1 = 1{,}5103$ $L_2 = 1{,}6267$ $L_3 = 1{,}5714$ $L_4 = 1{,}6267$ $L_5 = 1{,}5714$	59,1 38,9 53,0 38,9 53,0	—	D.R.P. Nr. 481830, 1927 Beispiel II	ZEISS-IKON A. G., Dresden
3	$r_1 = 73{,}0$ $r_2 = 58{,}8$ $r_3 = 2598{,}6$[2] $r_4 = 146{,}5$ $r_5 = 32{,}7$ $r_6 = 56{,}1$ $r_7 = 124{,}6$	$d_1 = 30{,}1$ $d_2 = 2{,}1$ $b_1 = 14{,}6$ $b_2 = 19{,}9$ $d_3 = 3{,}4$ $d_4 = 7{,}8$ $d_5 = 11{,}7$	n_F $L_1 = 1{,}5240$ $L_2 = 1{,}6320$ $L_3 = 1{,}6320$ $L_4 = 1{,}5240$ $L_5 = 1{,}6210$	59,0 37,0 37,0 59,0 56,3	—	D.R.P. Nr. 535883, 1929	H. J. GRAMATZKI, Berlin
4	$r_1 = 72{,}0$ $r_2 = 61{,}1$ $r_3 = $ plan $r_4 = 169{,}1$ $r_5 = 41{,}8$ $r_6 = 30{,}4$ $r_7 = 113{,}1$	$d_1 = 23{,}4$ $d_2 = 3{,}6$ $b_1 = 16{,}0$ $b_2 = 16{,}0$ $d_3 = 2{,}7$ $d_4 = 1{,}4$ $d_5 = 13{,}5$	$L_1 = 1{,}5827$ $L_2 = 1{,}7174$ $L_3 = 1{,}5182$ $L_4 = 1{,}6646$ $L_5 = 1{,}5160$	46,5 29,5 59,0 35,7 56,8	—	D.R.P. Nr. 552789, 1930	H. J. GRAMATZKI, Berlin
5	$r_1 = 73{,}7$ $r_2 = 73{,}7$ $r_3 = $ plan $r_4 = 67{,}4$ $r_5 = 38{,}0$ $r_6 = 155{,}0$	$d_1 = 12{,}0$ $d_2 = 3{,}5$ $b_1 = 36{,}0$ $b_2 = 37{,}3$ $d_3 = 11{,}0$ $d_4 = 2{,}5$	$L_1 = 1{,}5111$ $L_2 = 1{,}6199$ $L_3 = 1{,}5111$ $L_4 = 1{,}6199$	60,6 36,3 60,6 36,3	R. RICHTER	D.R.P. Nr. 544429, 1930	CARL ZEISS, Jena
6	$r_1 = 78{,}4$ $r_2 = 70{,}1$ $r_3 = 403{,}7$ $r_4 = 43{,}3$ $r_5 = 69{,}6$ $r_6 = 61{,}7$ $r_7 = 152{,}0$	$d_1 = 11{,}9$ $d_2 = 2{,}4$ $b_1 = 53{,}9$ $b_2 = 35{,}6$ $d_3 = 10{,}7$ $l = 0{,}4$ $d_4 = 2{,}4$	$L_1 = 1{,}5178$ $L_2 = 1{,}6520$ $L_3 = 1{,}6135$ $L_4 = 1{,}6520$	60,3 33,5 59,4 33,5	A. WAR-MISHAM	E.P. Nr. 376025, 1932	A. WAR-MISHAM und KAPELLA LTD., Leicester

---

[1] S. Fußnote 1 auf S. 2.
[2] Ist in der Patentschrift wohl irrtumlich mit 267,6 angegeben.

Fortsetzung der Objektivzusammenstellung 8.

	Krümmungs-radien	Dicken, Abstände, Blendenentfernungen	Glasarten		Errechner des Objektivs	Literaturnachweis	Patentinhaber oder Herstellerfirma
			n_d	ν			
7	$r_1 = 70,4$ $r_2 = 67,3$ $r_3 = 922,7$ $r_4 = 34,3$ $r_5 = 52,6$ $r_6 = 232,2$ $r_7 = 34,3$ $r_8 = 243,3$	$d_1 = 21,6$ $d_2 = 3,5$ $b_1 = 7,2$ $b_2 = 69,0$ $d_3 = 17,3$ $d_4 = 3,5$ $l = 19,3$ $d_5 = 2,0$	$L_1 = 1,5263$ $L_2 = 1,6164$ $L_3 = 1,5139$ $L_4 = 1,6164$ $L_5 = 1,6164$	59,6 36,6 64,0 36,6 36,6	D. L. Wood	A. P. Nr. 2 076 190, 1937	Eastman Kodak Co, New Jersey
8	$r_1 = 93,2$ $r_2 = 75,1$ $r_3 = 2097,0$ $r_4 = 67,3$ $r_5 = 60,5$ $r_6 = 411,0$ $r_7 = 85,0$ $r_8 = 48,9$ $r_9 = 800,0$	$d_1 = 28,5$ $d_2 = 4,8$ $b_1 = 38,2$ $b_2 = 38,1$ $d_3 = 14,6$ $d_4 = 3,6$ $l = 3,3$ $d_5 = 14,6$ $d_6 = 3,6$	$L_1 = 1,5224$ $L_2 = 1,6164$ $L_3 = 1,5163$ $L_4 = 1,5750$ $L_5 = 1,5163$ $L_6 = 1,5750$	59,6 36,6 64,0 42,7 64,0 42,7	W. Schade	A. P. Nr. 2 158 202, 1939	Eastman Kodak Company, Rochester

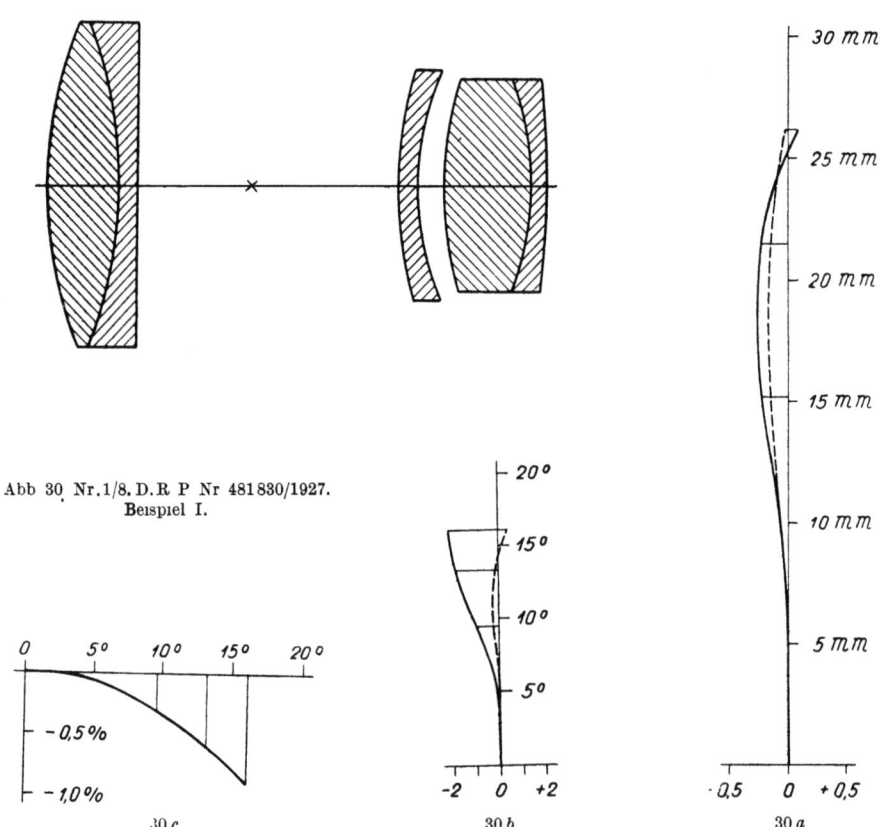

Abb 30 Nr. 1/8. D. R P Nr 481 830/1927. Beispiel I.

30 c   30 b   30 a

Bauarten neuer photographischer Objektive.

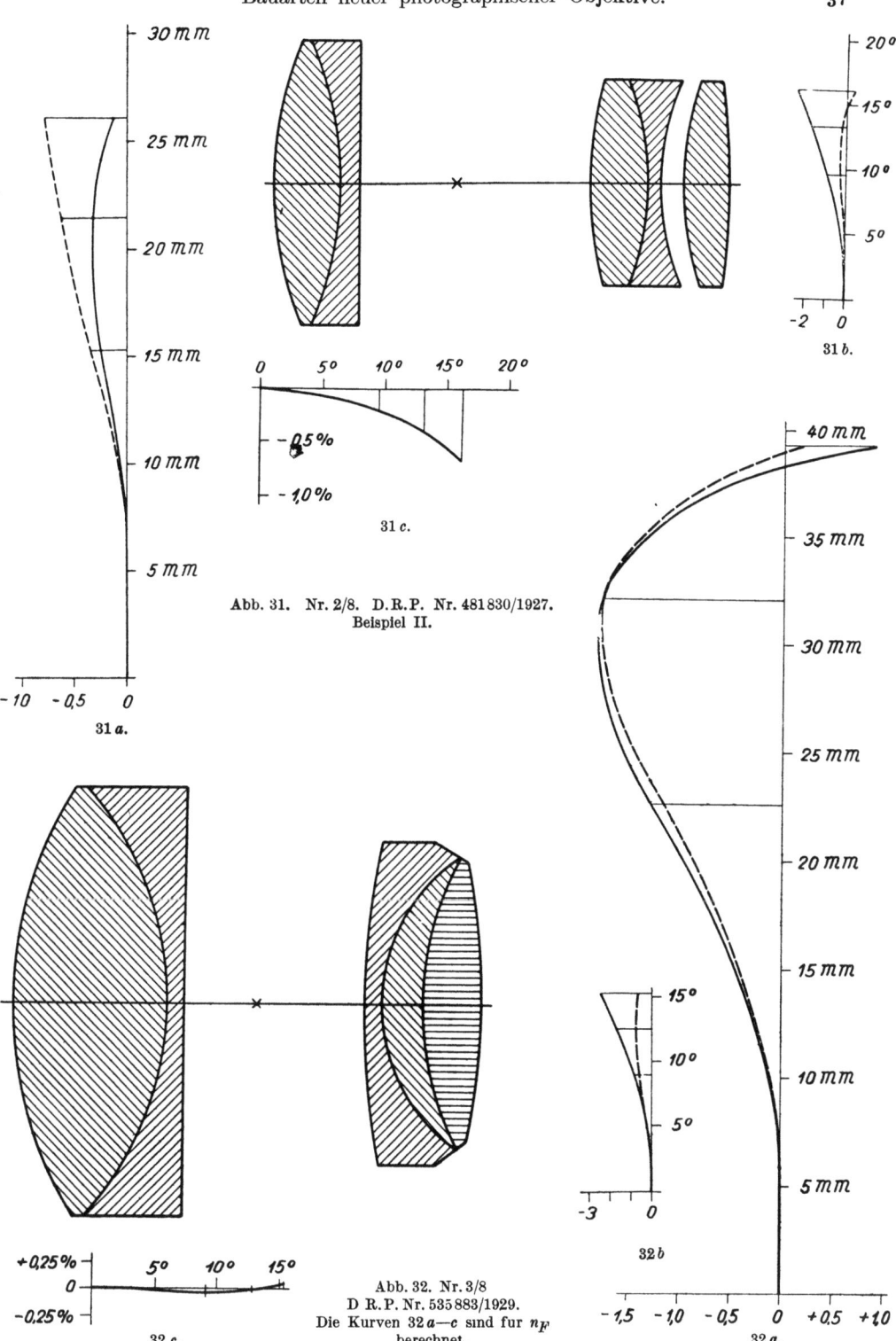

Abb. 31. Nr. 2/8. D.R.P. Nr. 481830/1927. Beispiel II.

Abb. 32. Nr. 3/8 D.R.P. Nr. 535883/1929. Die Kurven 32 a—c sind für n_F berechnet.

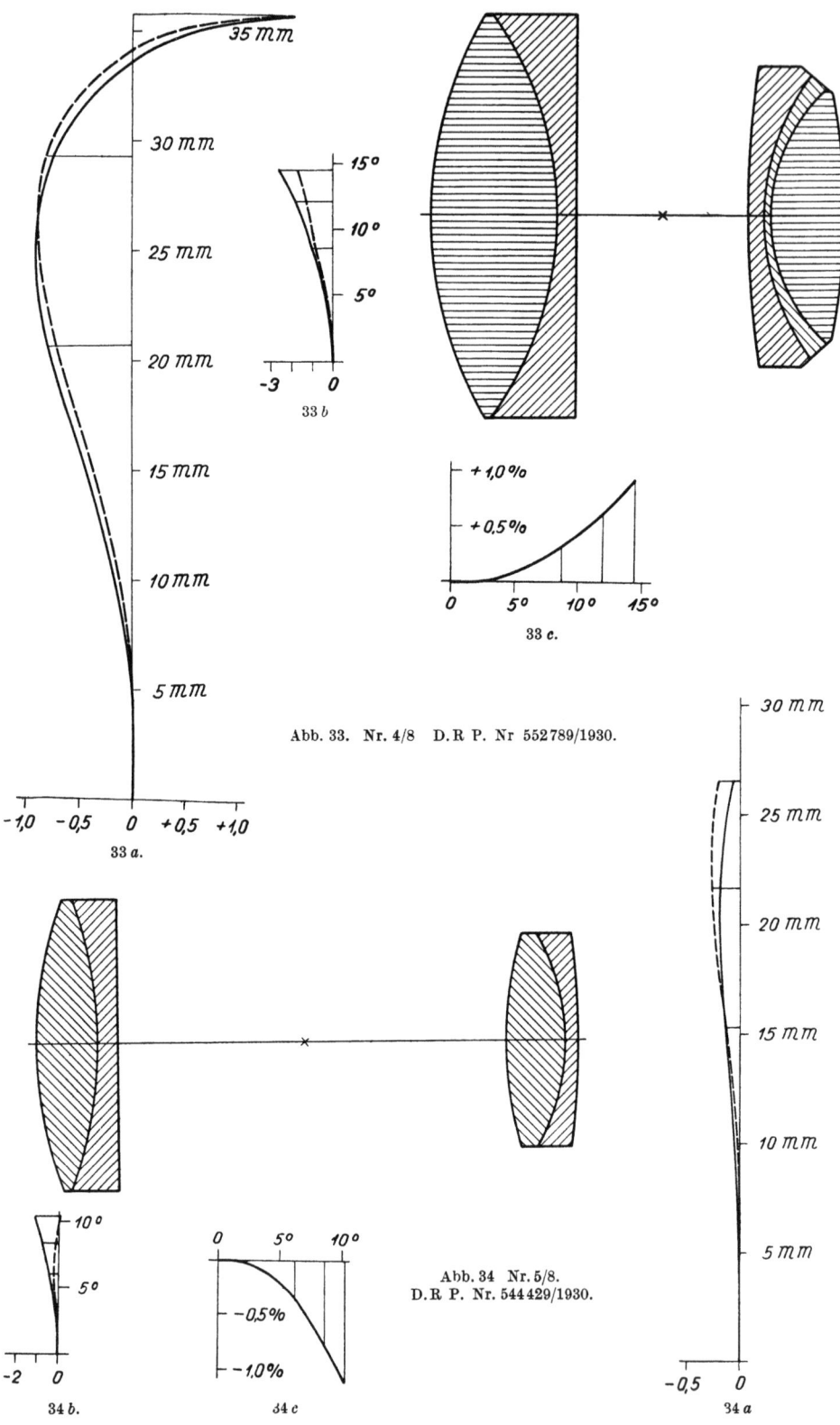

Abb. 33. Nr. 4/8 D.R.P. Nr 552789/1930.

Abb. 34 Nr. 5/8.
D.R.P. Nr. 544429/1930.

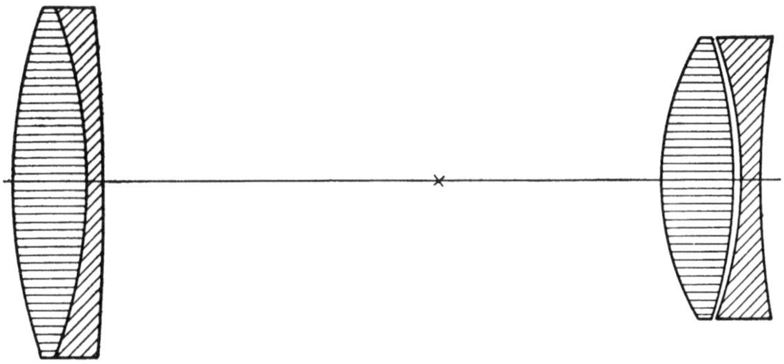

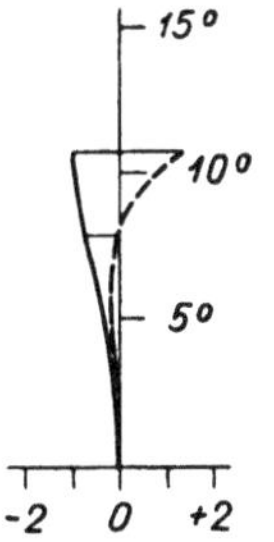

Abb. 35. Nr. 6/8. E.P. Nr. 376025/1932.

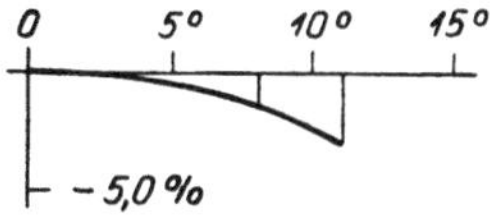

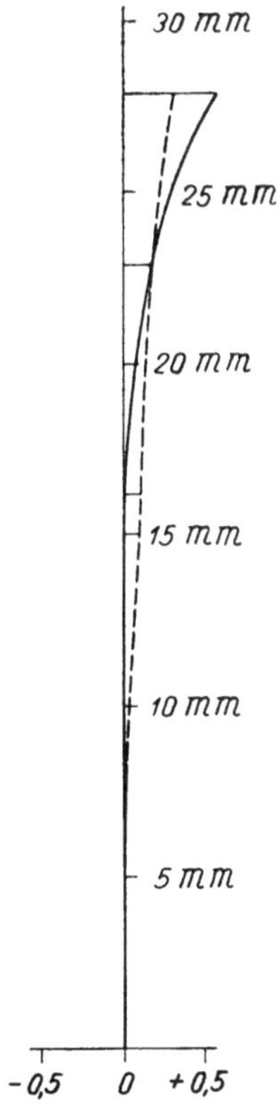

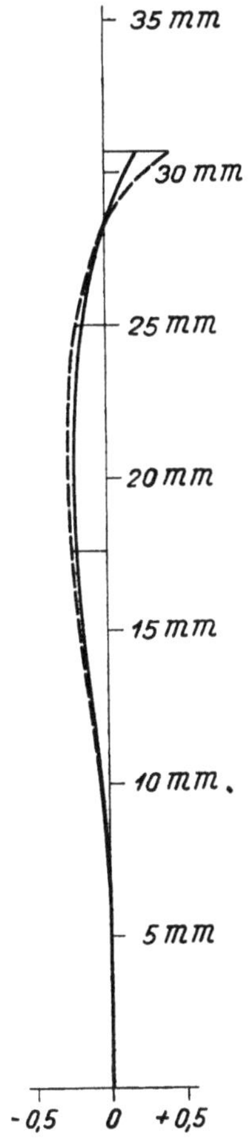

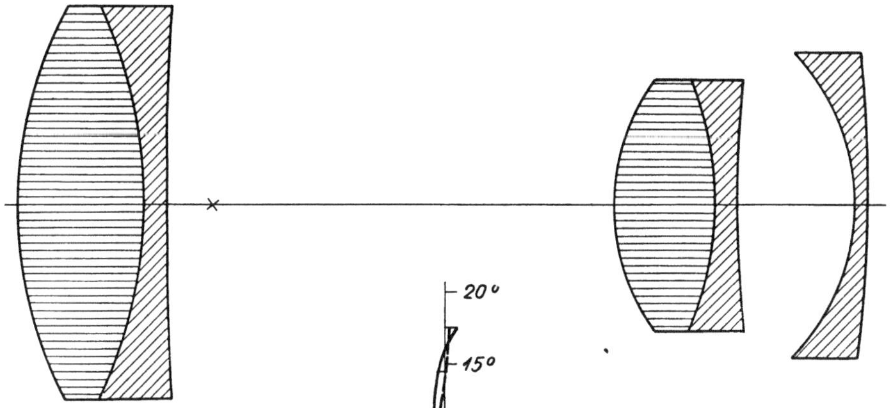

Abb. 36. Nr. 7/8. A.P. Nr 2076190/1937.

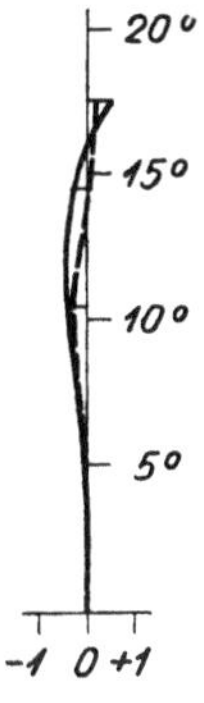

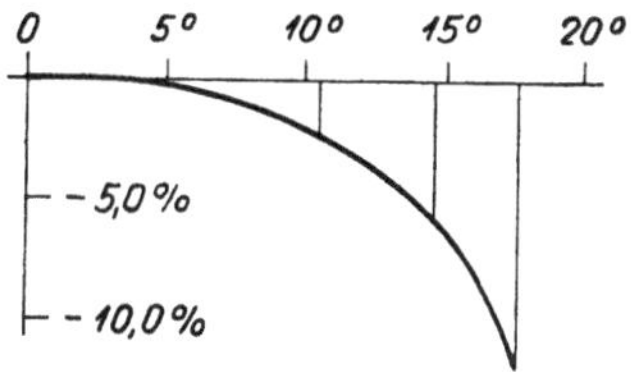

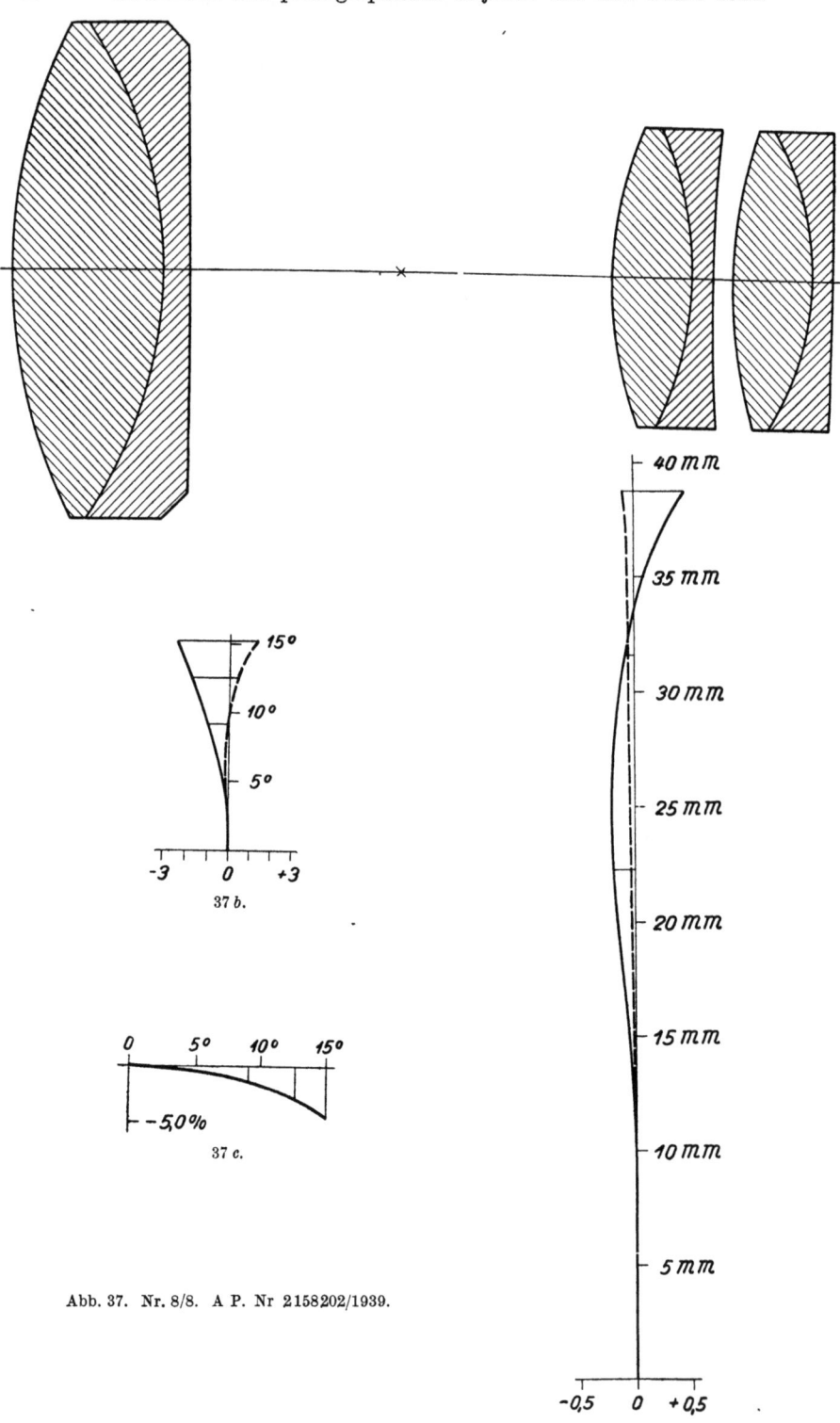

Abb. 37. Nr. 8/8. A P. Nr 2158202/1939.

Bauarten neuer photographischer Objektive.

Die Objektive 9 bis 16 der Zusammenstellung 8 seien als ableitbar aus der TAYLORschen Drillingslinse, dem „Tessar" oder dem „Heliar" angesehen. Sie unterscheiden sich von den ihnen verwandten Bauarten der Zusammenstellung 5 dadurch, daß sie für ein Öffnungsverhältnis von mindestens 1:2 korrigiert sind.

Aus den Kurven a sieht man, daß trotz dieser großen Öffnung einige der Linsenfolgen 9 bis 16 in der Bildmitte und ihrer Umgebung eine gute Fehlerberichtigung haben. Die durch die Kurven b gegebenen Fehler sind für Hauptstrahlneigungen von über 15° gegen die Achse durchweg schon etwas groß, so daß unsere Zahlenbeispiele in den seitlichen oder Randteilen des Bildfeldes brauchbare Schärfe nur dann erwarten lassen, wenn sie in kleinen Brennweiten ausgeführt werden.

Mit steigendem Öffnungsverhältnis muß übrigens die Fehlerberichtigung natürlich verfeinert werden; ferner nimmt auch der Einfluß der Koma zu, so daß die Kenntnis der durch die Kurven b dargestellten Fehler zur Beurteilung der Bildgüte in von der Achse entfernten Bildpunkten immer weniger ausreicht.

Der Linsenachsenschnitt des Objektivs 12 erinnert an die Linsenanlage des „Hektors" 1:1,9, $f = 7,3$ cm von E. LEITZ, Wetzlar, das zu der Objektivausrüstung der „Leica" gehört.

Fortsetzung der Objektivzusammenstellung 8.
2. *Abkömmlinge oder Verwandte der* TAYLOR*schen Drillingslinse.*

	Krummungsradien	Dicken, Abstände, Blendenentfernungen	Glasarten		Errechner des Objektivs	Literaturnachweis	Patentinhaber oder Herstellerfirma
			n_d	ν			
9	$r_1 = 73,5$ $r_2 = $ plan $r_3 = 64,0$ $r_4 = 77,0$ $r_5 = 447,0$ $r_6 = 61,5$ $r_7 = 99,6$ $r_8 = 83,0$ $r_9 = $ plan	$d_1 = 7,0$ $l_1 = 25,0$ $d_2 = 1,4$ $b_1 = 13,0$ $b_2 = 9,5$ $d_3 = 7,7$ $l_2 = 4,0$ $d_4 = 7,7$ $d_5 = 1,4$	$L_1 = 1,6118$ $L_2 = 1,6214$ $L_3 = 1,6135$ $L_4 = 1,6135$ $L_5 = 1,6501$	59,0 36,1 59,0 59,0 33,6	W. LEE	E.P. Nr. 299 983, 1928 Beispiel I	W. LEE und KAPELLA LTD., Leicester
10	$r_1 = 66,0$ $r_2 = 385,0$ $r_3 = 59,0$ $r_4 = 69,0$ $r_5 = 120,0$ $r_6 = 91,6$ $r_7 = 55,0$ $r_8 = 85,0$ $r_9 = 207,0$	$d_1 = 10,0$ $l_1 = 25,0$ $d_2 = 2,0$ $b_1 = 14,0$ $b_2 = 13,0$ $d_3 = 2,0$ $d_4 = 10,0$ $l_2 = 1,0$ $d_5 = 6,0$	$L_1 = 1,6134$ $L_2 = 1,6214$ $L_3 = 1,6501$ $L_4 = 1,6135$ $L_5 = 1,6135$	56,3 36,1 33,6 59,0 59,0	W. LEE	E.P. Nr. 299 983, 1928 Beispiel II	W. LEE und KAPELLA LTD., Leicester
11	$r_1 = 62,2$ $r_2 = 41,1$ $r_3 = $ plan $r_4 = 59,5$ $r_5 = 44,0$ $r_6 = 179,8$ $r_7 = 45,3$ $r_8 = 38,1$ $r_9 = 64,7$ $r_{10} = $ plan $r_{11} = 54,2$ $r_{12} = 104,8$	$d_1 = 29,7$ $d_2 = 1,8$ $b_1 = 3,0$ $b_2 = 14,0$ $d_3 = 1,6$ $l_1 = 10,0$ $d_4 = 1,6$ $d_5 = 21,5$ $d_6 = 2,0$ $l_2 = 0,4$ $d_7 = 2,0$ $d_8 = 14,0$	$L_1 = 1,6200$ $L_2 = 1,6140$ $L_3 = 1,6520$ $L_4 = 1,5290$ $L_5 = 1,6130$ $L_6 = 1,5290$ $L_7 = 1,5290$ $L_8 = 1,6234$	zirka 56,9 56,3 33,9 51,0 58,6 51,0 51,0 56,9	A. WARMISHAM	E.P. Nr. 320 795, 1929	A. WARMISHAM und KAPELLA LTD., Leicester

Fortsetzung der Objektivzusammenstellung 8.

	Krummungs-radien	Dicken, Abstände, Blendenent-fernungen	Glasarten		Errechner des Objektivs	Literatur-nachweis	Patentinhaber oder Herstellerfirma
			n_d	ν			
12	$r_1 = 48,8$ $r_2 = 69,3$ $r_3 = 208,4$ $r_4 = 53,7$ $r_5 = 27,6$ $r_6 = 37,1$ $r_7 = 81,7$ $r_8 = 47,8$ $r_9 = 63,2$	$d_1 = 18,0$ $d_2 = 5,7$ $b_1 = 2,0$ $b_2 = 5,9$ $d_3 = 8,2$ $d_4 = 4,9$ $l = 9,0$ $d_5 = 11,4$ $d_6 = 4,1$	$L_1 = 1,6240$ $L_2 = 1,6220$ $L_3 = 1,6240$ $L_4 = 1,5670$ $L_5 = 1,6240$ $L_6 = 1,5410$	58,2 36,1 58,2 42,8 58,2 47,2	—	D.R.P. Nr. 526 308, 1930 Beispiel I	E. Leitz, Wetzlar
13	$r_1 = 51,2$ $r_2 = 148,9$ $r_3 = 132,0$ $r_4 = 153,6$ $r_5 = 57,5$ $r_6 = 30,6$ $r_7 = 39,4$ $r_8 = 120,9$ $r_9 = 33,6$ $r_{10} = 63,5$	$d_1 = 9,1$ $l_1 = 1,0$ $d_2 = 8,1$ $b_1 = 0,7$ $b_2 = 5,0$ $d_3 = 9,1$ $d_4 = 5,0$ $l_2 = 7,6$ $d_5 = 4,0$ $d_6 = 12,1$	$L_1 = 1,6185$ $L_2 = 1,6185$ $L_3 = 1,6890$ $L_4 = 1,6034$ $L_5 = 1,6034$ $L_6 = 1,6580$	60,5 60,5 31,2 38,0 38,0 51,4	M. Berek	E.P. Nr. 381 135, 1932 Beispiel I	E. Leitz, Wetzlar
14	$r_1 = 62,5$ $r_2 = $ plan $r_3 = 54,4$ $r_4 = 92,2$ $r_5 = 619,7$ $r_6 = 47,3$ $r_7 = 73,9$ $r_8 = 67,8$ $r_9 = $ plan	$d_1 = 14,8$ $l_1 = 21,0$ $d_2 = 1,5$ $b_1 = 6,0$ $b_2 = 1,7$ $d_3 = 14,6$ $l_2 = 8,1$ $d_4 = 18,4$ $d_5 = 6,2$	$L_1 = 1,6138$ $L_2 = 1,6477$ $L_3 = 1,6138$ $L_4 = 1,5229$ $L_5 = 1,6200$	56,3 33,9 56,3 60,2 36,3	—	D.R.G.M. Nr. 1 374 730, 1936	G. Rodenstock, München
15	$r_1 = 52,3$ $r_2 = 397,3$ $r_3 = 146,4$ $r_4 = 41,8$ $r_5 = 303,2$ $r_6 = 62,7$ $r_7 = 62,7$ $r_8 = 397,3$ $r_9 = 73,2$	$d_1 = 15,7$ $l_1 = 6,3$ $d_2 = 5,2$ $b_1 = 25,1$ $b_2 = 10,5$ $d_3 = 17,8$ $l_2 = 2,1$ $d_4 = 10,5$ $d_5 = 5,2$	$L_1 = 1,6090$ $L_2 = 1,6480$ $L_3 = 1,6030$ $L_4 = 1,6210$ $L_5 = 1,5320$	59,0 34,0 61,0 60,0 49,0	—	D.R.G.M. Nr. 1 405 484, 1936	E. Busch A. G., Rathenow
16	$r_1 = 54,2$ $r_2 = 53,5$ $r_3 = 486,7$ $r_4 = 63,5$ $r_5 = 36,1$ $r_6 = 39,8$ $r_7 = 34,2$ $r_8 = 78,2$ $r_9 = 38,3$ $r_{10} = 93,6$	$d_1 = 16,1$ $d_2 = 2,4$ $l = 5,0$ $d_3 = 2,4$ $d_4 = 16,1$ $d_5 = 2,4$ $b_1 = 4,0$ $b_2 = 2,2$ $d_6 = 2,4$ $d_7 = 12,6$	$L_1 = 1,6130$ $L_2 = 1,5290$ $L_3 = 1,5290$ $L_4 = 1,6130$ $L_5 = 1,5290$ $L_6 = 1,5290$ $L_7 = 1,6130$	59,7 51,6 51,6 59,7 51,6 51,6 59,7	W. Lee	E.P. Nr. 477 448, 1937	W. Lee und Kapella Ltd., Leicester

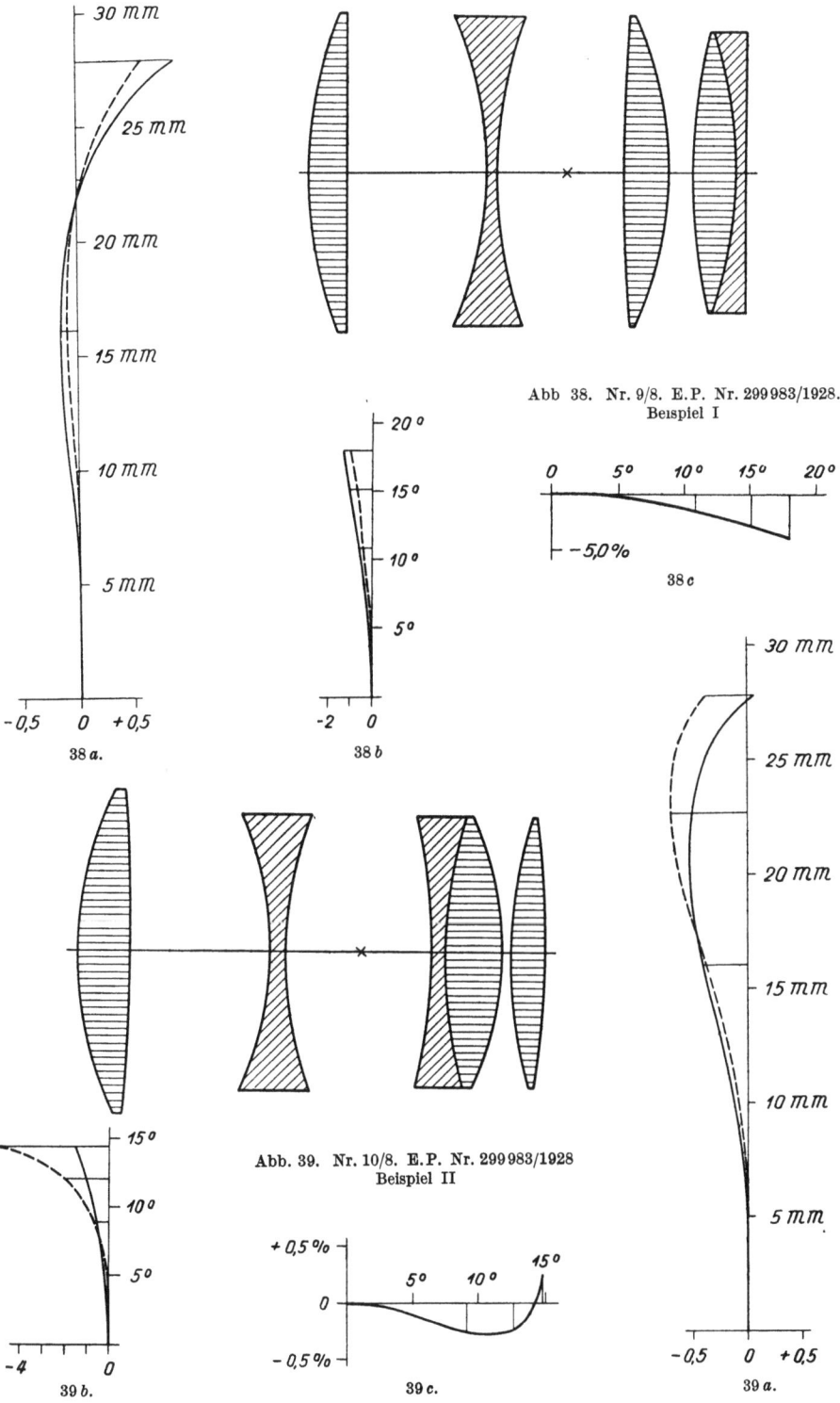

Abb 38. Nr. 9/8. E.P. Nr. 299983/1928.
Beispiel I

Abb. 39. Nr. 10/8. E.P. Nr. 299983/1928
Beispiel II

40 a.

40 c.

40 b.

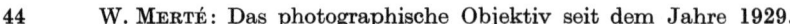

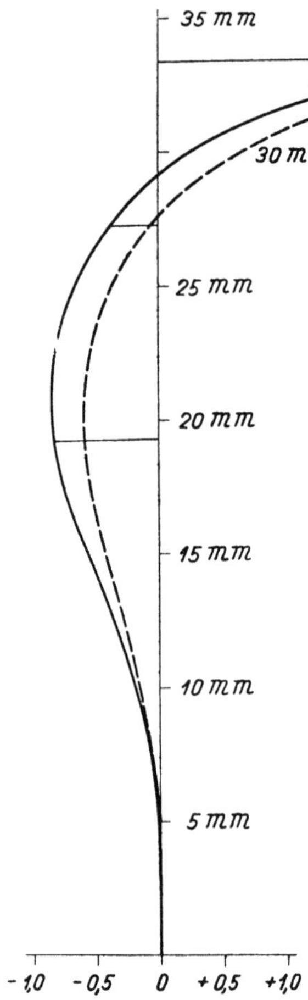

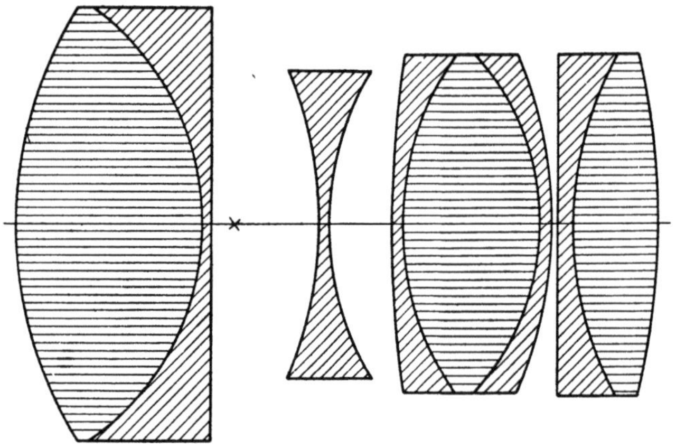

Abb. 40. Nr. 11/8. E.P. Nr. 320795/1929.

41 c.

41 b.

41 a

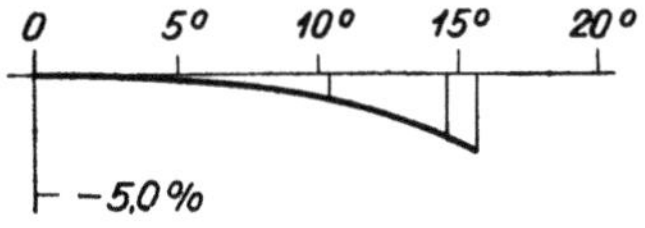

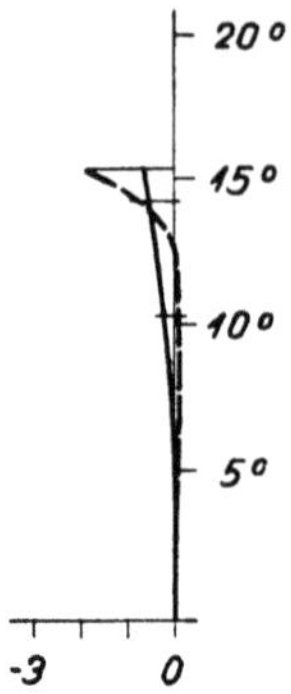

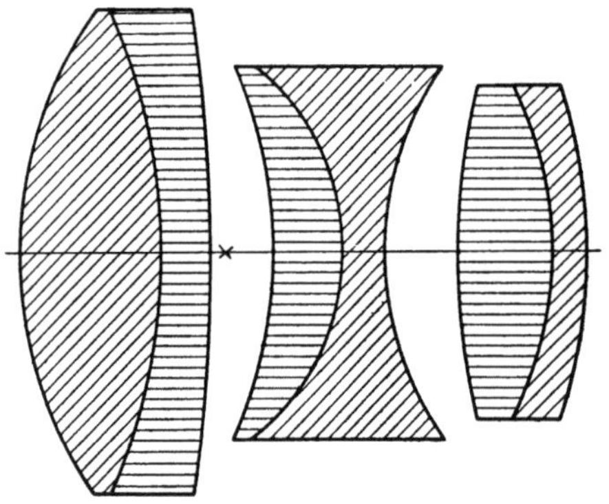

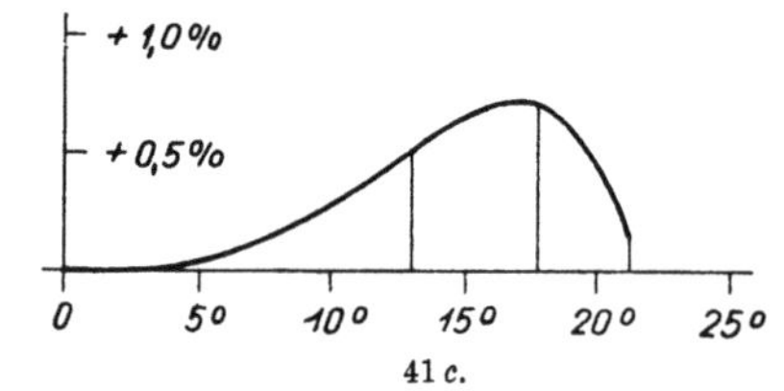

Abb. 41. Nr. 12/8 D.R.P. Nr. 526308/1930.
Beispiel I

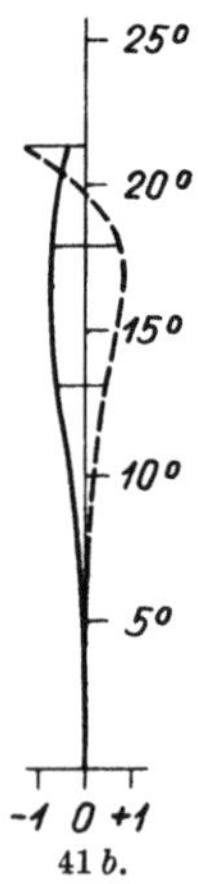

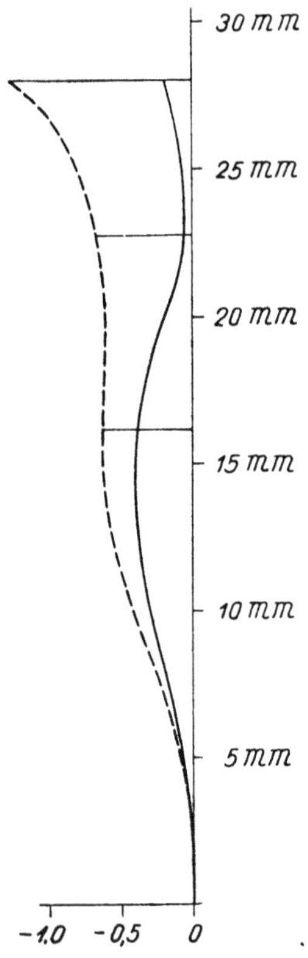

Bauarten neuer photographischer Objektive.

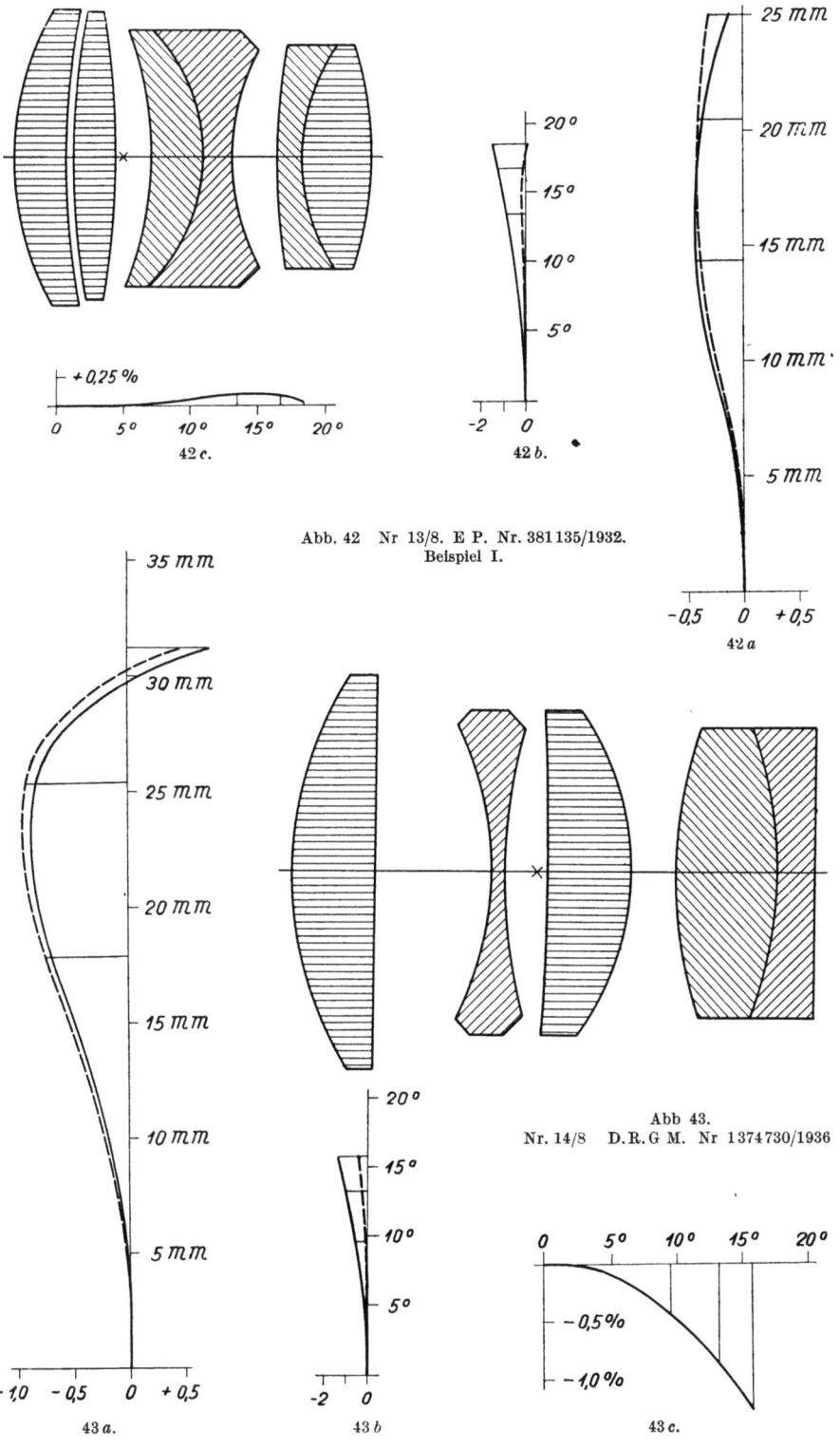

Abb. 42 Nr 13/8. E P. Nr. 381135/1932.
Beispiel I.

Abb 43.
Nr. 14/8   D.R.G M. Nr 1374730/1936

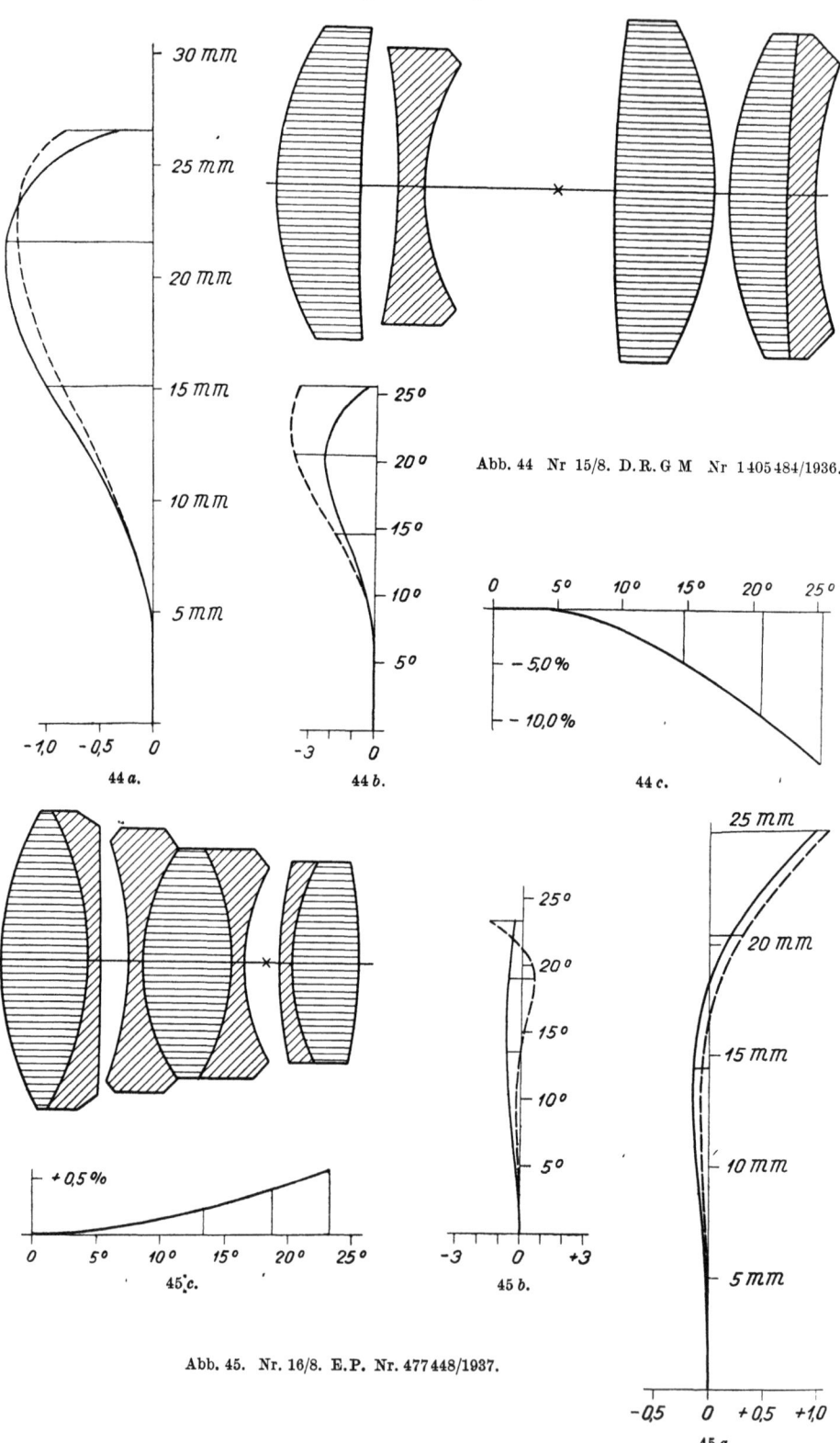

Abb. 44 Nr 15/8. D.R.G M Nr 1405484/1936.

Abb. 45. Nr. 16/8. E.P. Nr. 477448/1937.

Im 1. Band ist als Nr. 10 der Zusammenstellung 8 das Patentbeispiel des D.R.P. Nr. 436260 mitgeteilt und in Abb. 306 sind der zugehörige Linsenachsenschnitt und die Kurven a, b und c angegeben. Die leistungsfähigsten „Ernostare" der seinerzeitigen ERNEMANN-Werke A. G., Dresden, stimmten mit dem genannten Patentbeispiel im äußeren Aufbau überein. Da sie gegenüber den damals bekannten Objektiven einen offensichtlichen Fortschritt bedeuteten, ist diese Linsenanordnung, die an sich zu der Gruppe der Triplets und deren Verwandten gerechnet werden könnte, als vorzüglicher Leistung fähig hervorzuheben und deswegen hier als besonderer Typus behandelt. Seine äußere Form ist die einer Drillingslinse, der zwischen die erste sammelnde Linse und die mittlere Zerstreuungslinse eine meniskenförmige bis plankonvexe Sammellinse eingefügt ist (vgl. Objektive 24 und 23); dabei können die einzelnen Glieder zur weiteren Verfeinerung der Korrektion aus zwei oder mehr Linsen zusammengesetzt werden.

Die „Ernostare" sind in Lichtstärken von 1:2 bis 1:1,4 auf den Markt gekommen. Bei den kleineren Öffnungsverhältnissen, z. B. 1:1,8, zeichnen sie ohne Abblendung ein Bildfeld von reichlich 40° aus, während die „Ernostare" 1:1,4 und 1:1,5 immer noch ein Bildfeld von 35° mit guter Schärfe decken. Die „Ernostare" verdanken ihren Erfolg nicht nur der recht befriedigenden Fehlerberichtigung der weit geöffneten Strahlenbündel der mittleren Bildteile und der bei nur kleinen Restfehlern gelungenen anastigmatischen Ebnung, sondern auch die Koma der Strahlenbündel der Seiten- und Randteile des Bildfeldes ist weitgehend korrigiert.

Zur Zeit werden „Ernostare" nicht mehr regelmäßig gefertigt, wohl aber wird z. B. das Projektionsobjektiv „Kipro-Anastigmat" von CARL ZEISS, Jena, hergestellt, das in enger Verwandtschaft zum Objektiv Nr. 24 steht. Das „Primoplan" 1:1,9, ein Erzeugnis der Firma HUGO MEYER & Co., Görlitz, gleicht im äußeren Aufbau dem Objektiv 22. In der Brennweite 10 cm wird es z. B. für die „Reflex-Korelle" 6×6 cm² des „Korelle"-Werks G. H. BRANDTMANN & Co., Dresden, angeboten.

Fortsetzung der Objektivzusammenstellung 8.

3. „Ernostare" und Abkömmlinge oder Verwandte des „Ernostars".

	Krümmungs-radien	Dicken, Abstände, Blendenent-fernungen	Glasarten		Errechner des Objektivs	Literatur-nachweis	Patentinhaber oder Herstellerfirma
			n_d	ν			
17	$r_1 = 50,5$ $r_2 = 37,7$ $r_3 = 36,3$ $r_4 = $ plan $r_5 = 38,1$ $r_6 = 53,0$ $r_7 = 152,6$ $r_8 = 29,1$ $r_9 = 89,6$ $r_{10} = 76,0$	$d_1 = 1,9$ $l_1 = 0,8$ $d_2 = 12,4$ $l_2 = 0,5$ $d_3 = 7,6$ $b_1 = 5,7$ $b_2 = 1,2$ $d_4 = 1,4$ $l_3 = 21,9$ $d_5 = 9,5$	$L_1 = 1,6086$ $L_2 = 1,6086$ $L_3 = 1,6086$ $L_4 = 1,6473$ $L_5 = 1,6086$	40,2 59,4 59,4 33,8 59,4	L. BERTELE	D.R.P. Nr. 428657, 1925 Beispiel I	ERNEMANN-Werke A.G., Dresden
18	$r_1 = 48,6$ $r_2 = 952,5$ $r_3 = 38,1$ $r_4 = 48,2$ $r_5 = 223,8$ $r_6 = 27,4$ $r_7 = 200,0$ $r_8 = 56,2$ $r_9 = 51,4$ $r_{10} = 56,2$	$d_1 = 8,6$ $l_1 = 0,5$ $d_2 = 9,5$ $l_2 = 5,7$ $d_3 = 2,9$ $b_1 = 12,0$ $b_2 = 7,1$ $d_4 = 2,9$ $l_3 = 0,5$ $d_5 = 14,3$	$L_1 = 1,6068$ $L_2 = 1,6068$ $L_3 = 1,6477$ $L_4 = 1,6068$ $L_5 = 1,6068$	59,5 59,5 33,9 59,5 59,5	L. BERTELE	D.R.P. Nr. 428657, 1925 Beispiel II	ERNEMANN-Werke A.G., Dresden

Fortsetzung der Objektivzusammenstellung 8.

	Krummungs-radien	Dicken, Abstande, Blendenent-fernungen	Glasarten		Errechner des Objektivs	Literatur-nachweis	Patentinhaber oder Herstellerfirma
			n_d	ν			
19	$r_1 = 100{,}8$ $r_2 = 873{,}9$ $r_3 = 67{,}8$ $r_4 = 211{,}7$ $r_5 = 77{,}2$ $r_6 = 123{,}9$ $r_7 = 197{,}6$ $r_8 = 62{,}6$ $r_9 = 105{,}9$ $r_{10} = 145{,}7$ $r_{11} = 84{,}7$ $r_{12} = 415{,}5$	$d_1 = 13{,}4$ $l_1 = 0{,}0$ $d_2 = 24{,}0$ $d_3 = 10{,}6$ $d_4 = 1{,}4$ $l_2 = 8{,}1$ $d_5 = 2{,}1$ $b_1 = 11{,}2$ $b_2 = 10{,}0$ $d_6 = 8{,}5$ $l_3 = 0{,}0$ $d_7 = 8{,}5$	$L_1 = 1{,}6068$ $L_2 = 1{,}5606$ $L_3 = 1{,}6502$ $L_4 = 1{,}6272$ $L_5 = 1{,}6751$ $L_6 = 1{,}6220$ $L_7 = 1{,}6220$	zirka 58,9 60,7 33,9 39,1 32,2 53,1 53,1	L. Bertele	D.R.P. Nr. 441594, 1925	Zeiss-Ikon A. G., Dresden
20	$r_1 = 116{,}5$ $r_2 = 1200{,}0$ $r_3 = 52{,}6$ $r_4 = 88{,}6$ $r_5 = 46{,}6$ $r_6 = 88{,}6$ $r_7 = 77{,}5$ $r_8 = 160{,}2$ $r_9 = 82{,}6$ $r_{10} = 136{,}2$ $r_{11} = 136{,}2$	$d_1 = 9{,}3$ $l_1 = 0{,}4$ $d_2 = 20{,}9$ $d_3 = 4{,}1$ $b_1 = 10{,}0$ $b_2 = 6{,}6$ $d_4 = 3{,}1$ $l_2 = 5{,}2$ $d_5 = 10{,}3$ $l_3 = 0{,}4$ $d_6 = 10{,}3$	$L_1 = 1{,}6513$ $L_2 = 1{,}5891$ $L_3 = 1{,}6477$ $L_4 = 1{,}6166$ $L_5 = 1{,}6223$ $L_6 = 1{,}6223$	zirka 38,3 61,2 33,9 36,6 53,1 53,1	—	D.R.P. Nr. 538872, 1930	W. F. Bielicke, Berlin
21	$r_1 = 93{,}6$ $r_2 = 324{,}1$ $r_3 = 71{,}3$ $r_4 = 99{,}8$ $r_5 = 445{,}7$ $r_6 = 108{,}8$ $r_7 = 40{,}8$ $r_8 = 34{,}0$ $r_9 = 62{,}8$ $r_{10} = 54{,}7$ $r_{11} = 69{,}7$	$d_1 = 8{,}9$ $l_1 = 0{,}4$ $d_2 = 19{,}6$ $d_3 = 5{,}3$ $b_1 = 5{,}0$ $b_2 = 6{,}1$ $d_4 = 10{,}7$ $d_5 = 5{,}3$ $l_2 = 12{,}0$ $d_6 = 4{,}5$ $d_7 = 12{,}5$	$L_1 = 1{,}6240$ $L_2 = 1{,}6240$ $L_3 = 1{,}6219$ $L_4 = 1{,}6242$ $L_5 = 1{,}5673$ $L_6 = 1{,}5407$ $L_7 = 1{,}6240$	58,2 58,2 36,1 44,8 42,8 47,2 58,2	M. Berek	E.P. Nr. 381135, 1932 Beispiel II	E. Leitz, Wetzlar
22	$r_1 = 70{,}2$ $r_2 = 1450{,}1$ $r_3 = 43{,}3$ $r_4 = 26{,}9$ $r_5 = 54{,}0$ $r_6 = 193{,}0$ $r_7 = 32{,}9$ $r_8 = 82{,}8$ $r_9 = 52{,}8$	$d_1 = 10{,}9$ $l_1 = 0{,}7$ $d_2 = 3{,}6$ $d_3 = 10{,}9$ $b_1 = 5{,}1$ $b_2 = 5{,}1$ $d_4 = 3{,}6$ $l_2 = 11{,}2$ $d_5 = 23{,}6$	$L_1 = 1{,}6570$ $L_2 = 1{,}6480$ $L_3 = 1{,}6230$ $L_4 = 1{,}6870$ $L_5 = 1{,}6210$	51,1 33,8 57,1 31,3 53,2	—	D.R.G.M. Nr. 1387593, 1936	Hugo Meyer, Gorlitz
23	$r_1 = 92{,}0$ $r_2 = 372{,}1$ $r_3 = 52{,}3$ $r_4 = \text{plan}$ $r_5 = 408{,}9$ $r_6 = 30{,}9$ $r_7 = 56{,}3$ $r_8 = 137{,}1$	$d_1 = 11{,}0$ $l_1 = 0{,}5$ $d_2 = 29{,}4$ $l_2 = 0{,}8$ $d_3 = 15{,}9$ $b_1 = 4{,}9$ $b_2 = 14{,}8$ $d_4 = 8{,}7$	$L_1 = 1{,}6138$ $L_2 = 1{,}6138$ $L_3 = 1{,}7492$ $L_4 = 1{,}6529$	56,3 56,3 27,8 46,2	A. War-misham	E.P. Nr. 477424, 1937	A. War-misham und Kapella Ltd., Leicester
24	$r_1 = 85{,}4$ $r_2 = 500{,}0$ $r_3 = 44{,}5$ $r_4 = 70{,}0$ $r_5 = 135{,}0$ $r_6 = 34{,}3$ $r_7 = 146{,}0$ $r_8 = 46{,}8$	$d_1 = 7{,}7$ $l_1 = 0{,}5$ $d_2 = 19{,}0$ $b_1 = 2{,}3$ $b_2 = 2{,}2$ $d_3 = 2{,}0$ $l_2 = 19{,}0$ $d_4 = 8{,}0$	$L_1 = 1{,}6138$ $L_2 = 1{,}6138$ $L_3 = 1{,}7174$ $L_4 = 1{,}6138$	56,3 56,3 29,5 56,3	R. Richter	E.P. Nr. 496865, 1938	Carl Zeiss, Jena

Bauarten neuer photographischer Objektive. 49

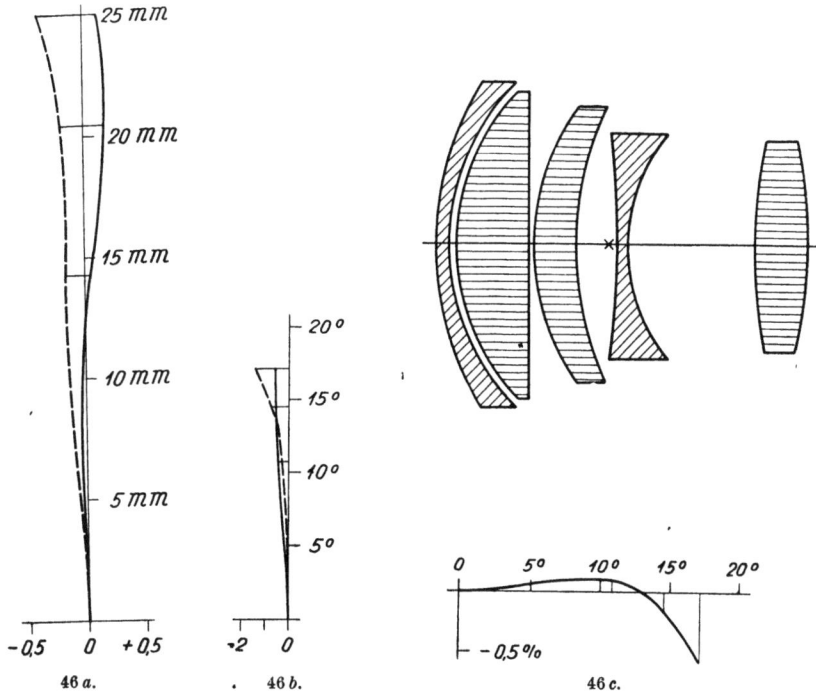

Abb. 46. Nr. 17/8. D.R.P. Nr. 428657/1925. Beispiel I.

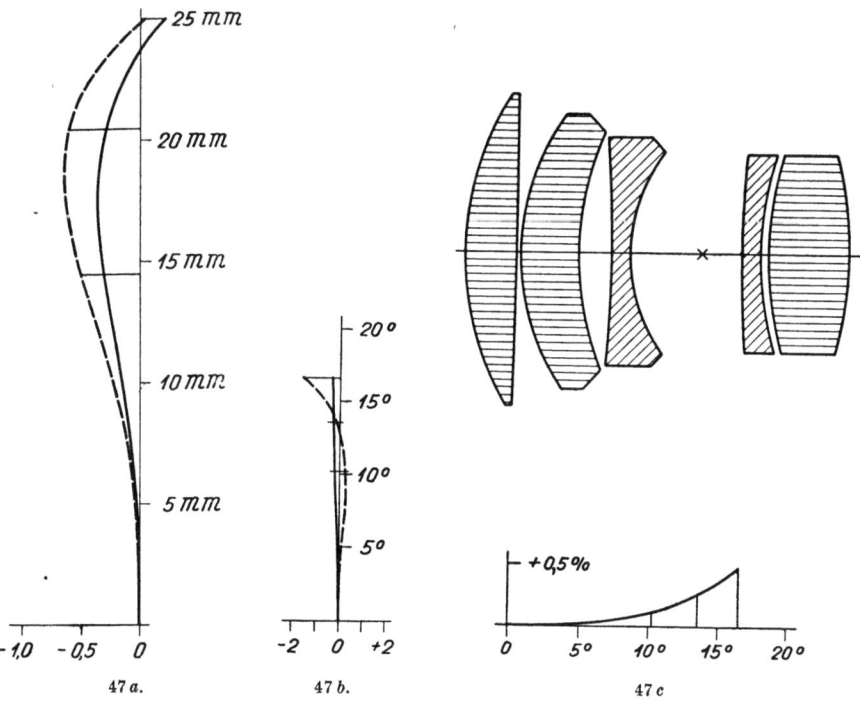

Abb. 47. Nr. 18/8. D.R.P. Nr. 428657/1925. Beispiel II.

Hdb. d. Photographie, Erg.-Bd. I.

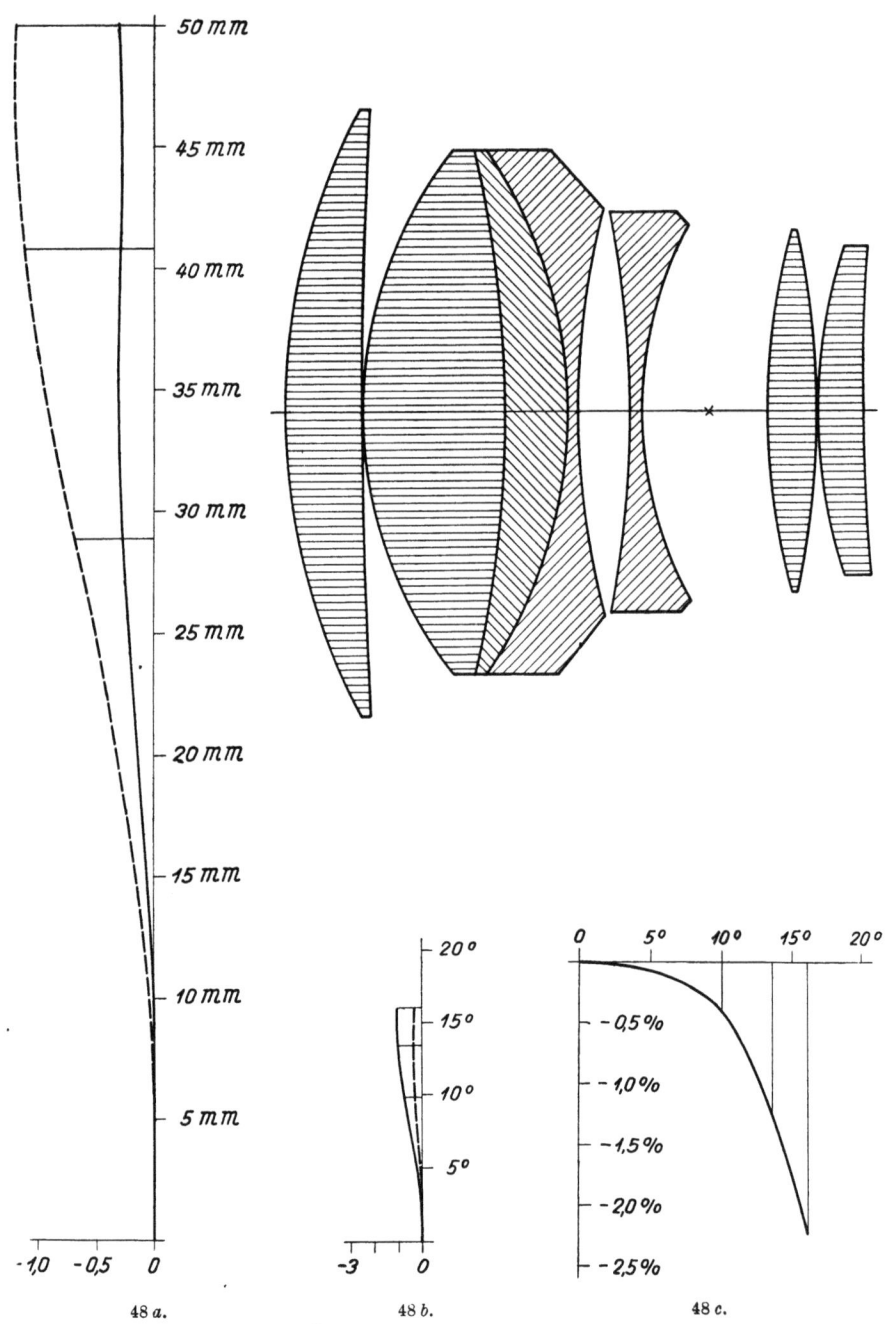

Abb. 48. Nr. 19/8 D.R.P Nr. 441594/1925.

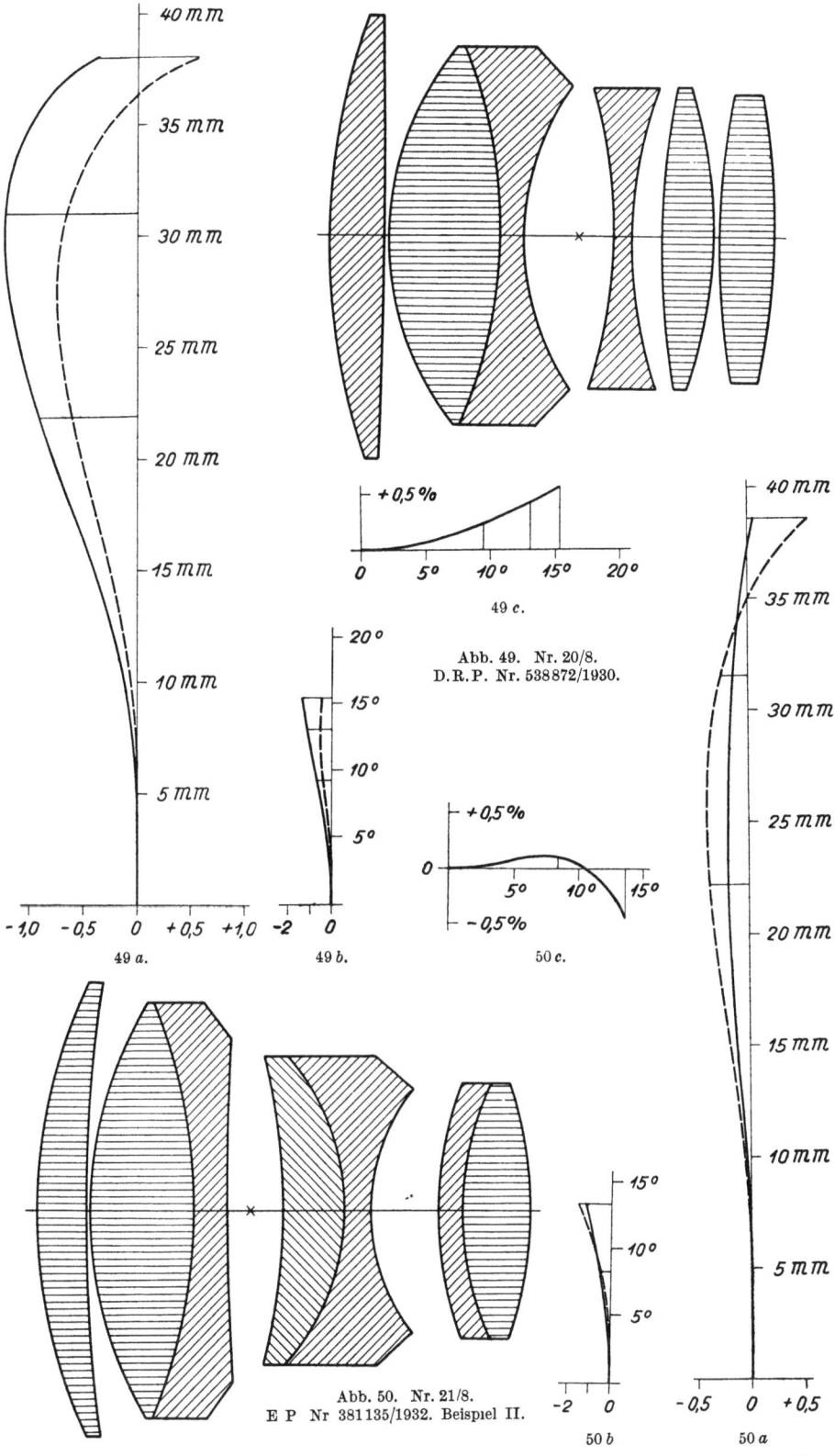

Abb. 49. Nr. 20/8.
D.R.P. Nr. 538872/1930.

Abb. 50. Nr. 21/8.
E P Nr 381135/1932. Beispiel II.

52   W. Merté: Das photographische Objektiv seit dem Jahre 1929.

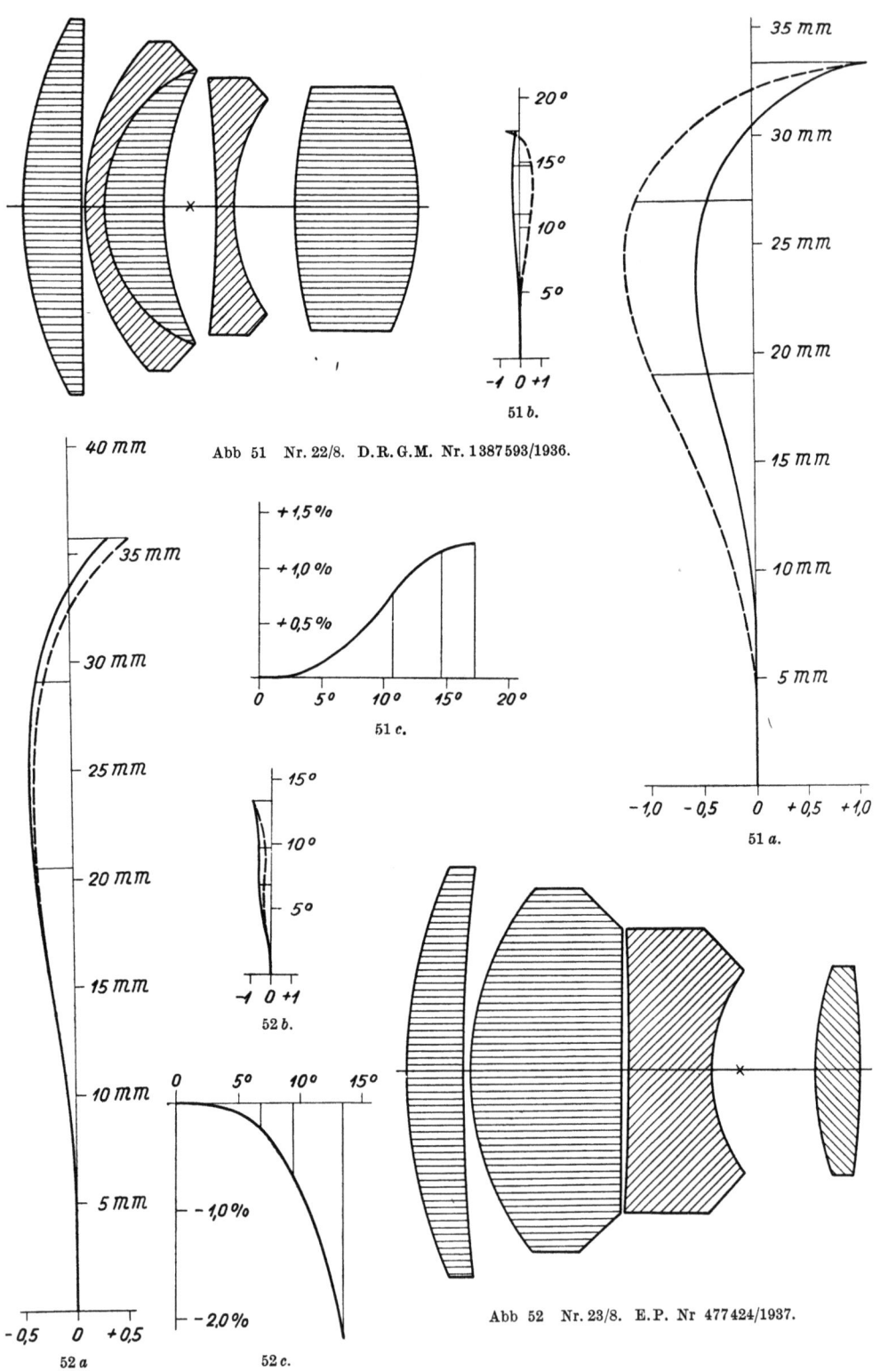

Abb 51 Nr. 22/8. D.R.G.M. Nr. 1387593/1936.

Abb 52 Nr. 23/8. E.P. Nr 477424/1937.

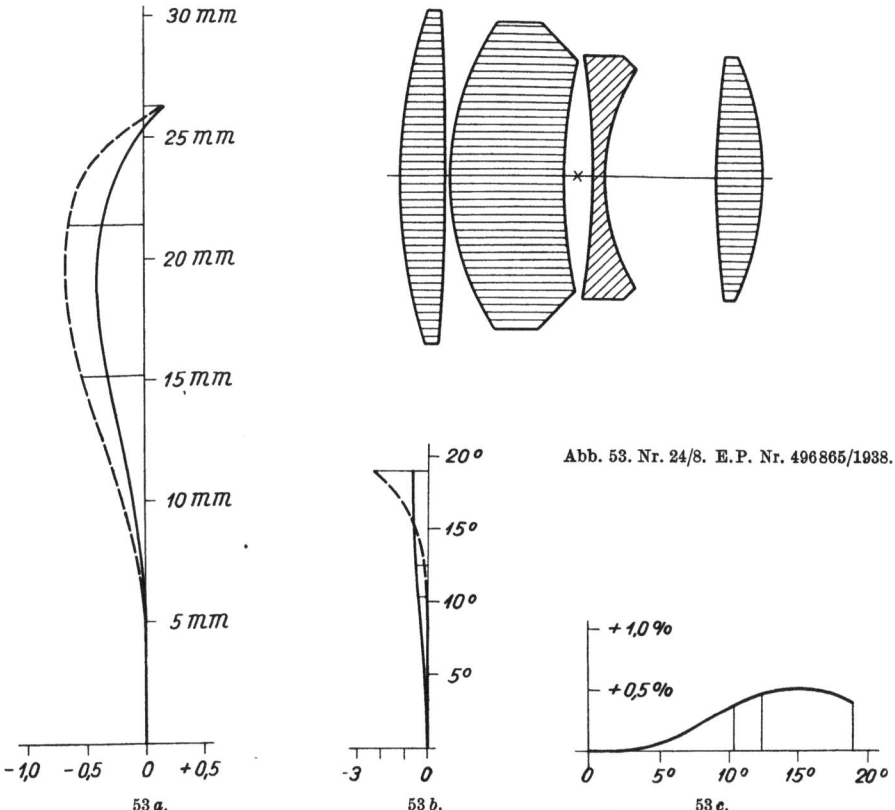

Abb. 53. Nr. 24/8. E.P. Nr. 496865/1938.

53a. 53b. 53c.

L. BERTELE, der Errechner der „Ernostare", überbot seine eigene Schöpfung in mancher Hinsicht durch die „Sonnare". Sowohl für das Anfangsöffnungsverhältnis 1:2 als auch 1:1,5 gelingt mit 5 cm Brennweite die Auszeichnung des „Contax"-Formats 2,4×3,6 cm² bis in die Ecken mit schöner Schärfe; das Bildfeld dieser lichtstarken „Sonnare" mißt also angular etwa 45°. Dabei hat das „Sonnar" gegenüber dem „Ernostar" mit seinen acht an Glas und Luft grenzenden Linsenflächen deren nur sechs.

Nebenbei sei hier bemerkt, daß die „Sonnare" auch für kleinere Öffnungsverhältnisse, z. B. für 1:2,8 und 1:4 und die zugehörigen Brennweiten 18 cm bzw. 13 cm gleichfalls für die „Contax" ausgebildet worden sind, d. h. also mit verhältnismäßig kleinen Bildfeldern. Die Bildqualität aller dieser „Sonnare", seien sie nun für größere oder kleinere Öffnungsverhältnisse oder Bildfelder korrigiert, kann in jedem Falle als Gipfelleistung für das betreffende Öffnungsverhältnis und Bildfeld bezeichnet werden.

Als Grundform der „Sonnare", die von CARL ZEISS, Jena, hergestellt werden, läßt sich der Linsenachsenschnitt des Objektivs 25 in Zusammenstellung 8 betrachten: Zwei in Luft stehende sammelnde Glieder, die einen ebenfalls in Luft stehenden zerstreuenden, seine erhabene Fläche dem Vorderglied zukehrenden Meniskus einschließen.

Die zur Zeit verbreitetsten „Contax-Sonnare", das „Sonnar" 1:2, $f = 5$ cm und das „Sonnar" 1:1,5, $f = 5$ cm ähneln in ihrem Bau den Objektiven 27 bzw. 28. Einfacher gebaut, und zwar äußerlich an den Linsenachsenschnitt des

Objektivs 25 erinnernd, ist das „Sonnar" 1:2, $f = 1$ cm, das an der „Movikon 8" verwandt wird, einer Kinoaufnahmekammer für 8 mm Schmalfilm, die ebenso wie die „Contax" von der ZEISS-IKON A. G., Dresden, hergestellt wird.

Fortsetzung der Objektivzusammenstellung 8.
4. „Sonnare" und Abkömmlinge oder Verwandte des „Sonnars".

	Krummungs-radien	Dicken, Abstände, Blendenentfernungen	Glasarten		Errechner des Objektivs	Literaturnachweis	Patentinhaber oder Herstellerfirma
			n_d	ν			
25	$r_1 = 75{,}9$ $r_2 = 375{,}0$ $r_3 = 42{,}3$ $r_4 = 141{,}0$ $r_5 = 27{,}6$ $r_6 = 75{,}0$ $r_7 = 204{,}0$	$d_1 = 10{,}5$ $l = 0{,}6$ $d_2 = 24{,}0$ $d_3 = 9{,}0$ $b_1 = 2{,}0$ $b_2 = 19{,}0$ $d_4 = 7{,}5$	$L_1 = 1{,}6228$ $L_2 = 1{,}5888$ $L_3 = 1{,}7174$ $L_4 = 1{,}6261$	59,9 61,0 29,5 39,1	L. BERTELE	D.R.P. Nr. 530 843, 1929 Beispiel I	ZEISS-IKON A. G., Dresden
26	$r_1 = 67{,}6$ $r_2 = 587{,}8$ $r_3 = 38{,}0$ $r_4 = 72{,}2$ $r_5 = 173{,}4$ $r_6 = 25{,}3$ $r_7 = 67{,}6$ $r_8 = 826{,}8$	$d_1 = 6{,}4$ $l = 0{,}1$ $d_2 = 5{,}8$ $d_3 = 20{,}8$ $d_4 = 1{,}5$ $b_1 = 1{,}9$ $b_2 = 24{,}4$ $d_5 = 4{,}0$	$L_1 = 1{,}6073$ $L_2 = 1{,}6073$ $L_3 = 1{,}5101$ $L_4 = 1{,}7224$ $L_5 = 1{,}6738$	59,5 59,5 63,4 29,5 32,1	L. BERTELE	D.R.P. Nr. 530 843, 1929 Beispiel II	ZEISS-IKON A. G., Dresden
27	$r_1 = 57{,}0$ $r_2 = 146{,}3$ $r_3 = 36{,}2$ $r_4 = 110{,}0$ $r_5 = 300{,}0$ $r_6 = 23{,}7$ $r_7 = 200{,}0$ $r_8 = 30{,}7$ $r_9 = 152{,}6$	$d_1 = 8{,}0$ $l = 0{,}4$ $d_2 = 10{,}0$ $d_3 = 6{,}0$ $d_4 = 6{,}8$ $b_1 = 10{,}0$ $b_2 = 5{,}0$ $d_5 = 2{,}0$ $d_6 = 12{,}0$	$L_1 = 1{,}6185$ $L_2 = 1{,}6711$ $L_3 = 1{,}4645$ $L_4 = 1{,}6890$ $L_5 = 1{,}5647$ $L_6 = 1{,}6711$	60,5 47,3 65,7 31,2 55,8 47,3	L. BERTELE	D.R.P. Nr. 570 983, 1931 Beispiel I	ZEISS-IKON A. G., Dresden
28	$r_1 = 83{,}0$ $r_2 = 1276{,}6$ $r_3 = 45{,}7$ $r_4 = 144{,}1$ $r_5 = 235{,}3$ $r_6 = 27{,}6$ $r_7 = 395{,}7$ $r_8 = 37{,}7$ $r_9 = 50{,}0$ $r_{10} = 103{,}6$	$d_1 = 8{,}5$ $l = 1{,}0$ $d_2 = 14{,}9$ $d_3 = 12{,}8$ $d_4 = 4{,}3$ $b_1 = 7{,}6$ $b_2 = 2{,}0$ $d_5 = 1{,}5$ $d_6 = 20{,}9$ $d_7 = 32{,}9$	$L_1 = 1{,}6202$ $L_2 = 1{,}7015$ $L_3 = 1{,}5687$ $L_4 = 1{,}7845$ $L_5 = 1{,}5325$ $L_6 = 1{,}7015$ $L_7 = 1{,}5687$	60,2 41,2 63,1 25,7 48,9 41,2 63,1	L. BERTELE	D.R.P. Nr. 673 861, 1932 Beispiel II	ZEISS-IKON A. G., Dresden
29	$r_1 = 121{,}5$ $r_2 = 310{,}7$ $r_3 = 73{,}3$ $r_4 = 118{,}5$ $r_5 = 50{,}4$ $r_6 = 105{,}2$ $r_7 = 29{,}0$ $r_8 = 59{,}4$ $r_9 = 190{,}6$	$d_1 = 8{,}8$ $l_1 = 0{,}5$ $d_2 = 8{,}4$ $l_2 = 0{,}5$ $d_3 = 33{,}7$ $d_4 = 3{,}4$ $b_1 = 20{,}0$ $b_2 = 2{,}9$ $d_5 = 13{,}7$	$L_1 = 1{,}6135$ $L_2 = 1{,}6135$ $L_3 = 1{,}6062$ $L_4 = 1{,}6945$ $L_5 = 1{,}6135$	59,4 59,4 59,8 30,7 59,4	W. LEE	E.P. Nr. 419 552, 1934 Beispiel I	W. LEE und KAPELLA LTD., Leicester

Bauarten neuer photographischer Objektive.

Fortsetzung der Objektivzusammenstellung 8.

	Krümmungs-radien	Dicken, Abstände, Blendenent-fernungen	Glasarten n_d	ν	Errechner des Objektivs	Literatur-nachweis	Patentinhaber oder Herstellerfirma
30	$r_1 = 51,8$ $r_2 = 179,3$ $r_3 = 34,0$ $r_4 = 76,4$ $r_5 = 707,3$ $r_6 = 22,3$ $r_7 = 298,6$ $r_8 = 30,2$ $r_9 = 285,9$ $r_{10} = 114,4$ $r_{11} = 297,0$	$d_1 = 8,0$ $l_1 = 0,6$ $d_2 = 8,9$ $d_3 = 5,0$ $d_4 = 2,8$ $b_1 = 3,6$ $b_2 = 3,6$ $d_5 = 3,9$ $d_6 = 10,8$ $l_2 = 15,6$ $d_7 = 9,7$	$L_1 = 1,6203$ $L_2 = 1,6716$ $L_3 = 1,5163$ $L_4 = 1,6890$ $L_5 = 1,5017$ $L_6 = 1,6716$ $L_7 = 1,6716$	60,4 47,2 64,0 31,0 56,5 47,2 47,2	L. Bertele	F.P. Nr. 786127, 1935	Zeiss-Ikon A. G., Dresden
31	$r_1 = 68,4$ $r_2 = 384,3$ $r_3 = 34,4$ $r_4 = 63,9$ $r_5 = 362,6$ $r_6 = 24,3$ $r_7 = 128,8$ $r_8 = 44,8$ $r_9 = 41,8$ $r_{10} = 88,4$	$d_1 = 6,9$ $l = 0,4$ $d_2 = 7,3$ $d_3 = 7,6$ $d_4 = 1,9$ $b_1 = 9,0$ $b_2 = 0,5$ $d_5 = 10,9$ $d_6 = 1,1$ $d_7 = 22,5$	$L_1 = 1,6200$ $L_2 = 1,7015$ $L_3 = 1,5487$ $L_4 = 1,6883$ $L_5 = 1,6200$ $L_6 = 1,5150$ $L_7 = 1,6682$	60,3 41,2 45,8 30,0 60,3 50,0 48,8	L. Bertele	It.P. Nr. 363704, 1938	Zeiss-Ikon A. G., Dresden
32	$r_1 = 69,2$ $r_2 = 433,7$ $r_3 = 35,8$ $r_4 = 85,7$ $r_5 = 646,1$ $r_6 = 23,5$ $r_7 = $ plan $r_8 = 50,8$ $r_9 = 22,0$ $r_{10} = 102,3$	$d_1 = 9,3$ $l = 0,4$ $d_2 = 11,8$ $d_3 = 7,0$ $d_4 = 1,9$ $b_1 = 13,3$ $b_2 = 1,9$ $d_5 = 2,5$ $d_6 = 19,8$ $d_7 = 4,6$	$L_1 = 1,6710$ $L_2 = 1,6705$ $L_3 = 1,4892$ $L_4 = 1,7394$ $L_5 = 1,5234$ $L_6 = 1,6568$ $L_7 = 1,5894$	47,2 47,2 70,1 28,2 51,5 51,2 61,2	L. Bertele	Fällt unter F.P. Nr. 837616, 1938 Beispiel I	Zeiss-Ikon A. G., Dresden
33	$r_1 = 92,3$ $r_2 = 461,2$ $r_3 = 53,6$ $r_4 = 137,8$ $r_5 = 271,1$ $r_6 = 32,4$ $r_7 = 52,2$ $r_8 = $ plan $r_9 = 286,3$ $r_{10} = $ plan	$d_1 = 14,4$ $l_1 = 0,6$ $d_2 = 16,4$ $d_3 = 16,1$ $d_4 = 12,8$ $b_1 = 5,0$ $b_2 = 18,6$ $d_5 = 10,0$ $l_2 = 0,0$ $d_6 = 5,6$	$L_1 = 1,6664$ $L_2 = 1,6203$ $L_3 = 1,4645$ $L_4 = 1,7552$ $L_5 = 1,7015$ $L_6 = 1,7015$	48,6 60,2 65,7 27,5 41,2 41,2	L. Bertele	E.P. Nr. 483802, 1938 Beispiel II	Zeiss-Ikon A. G., Dresden

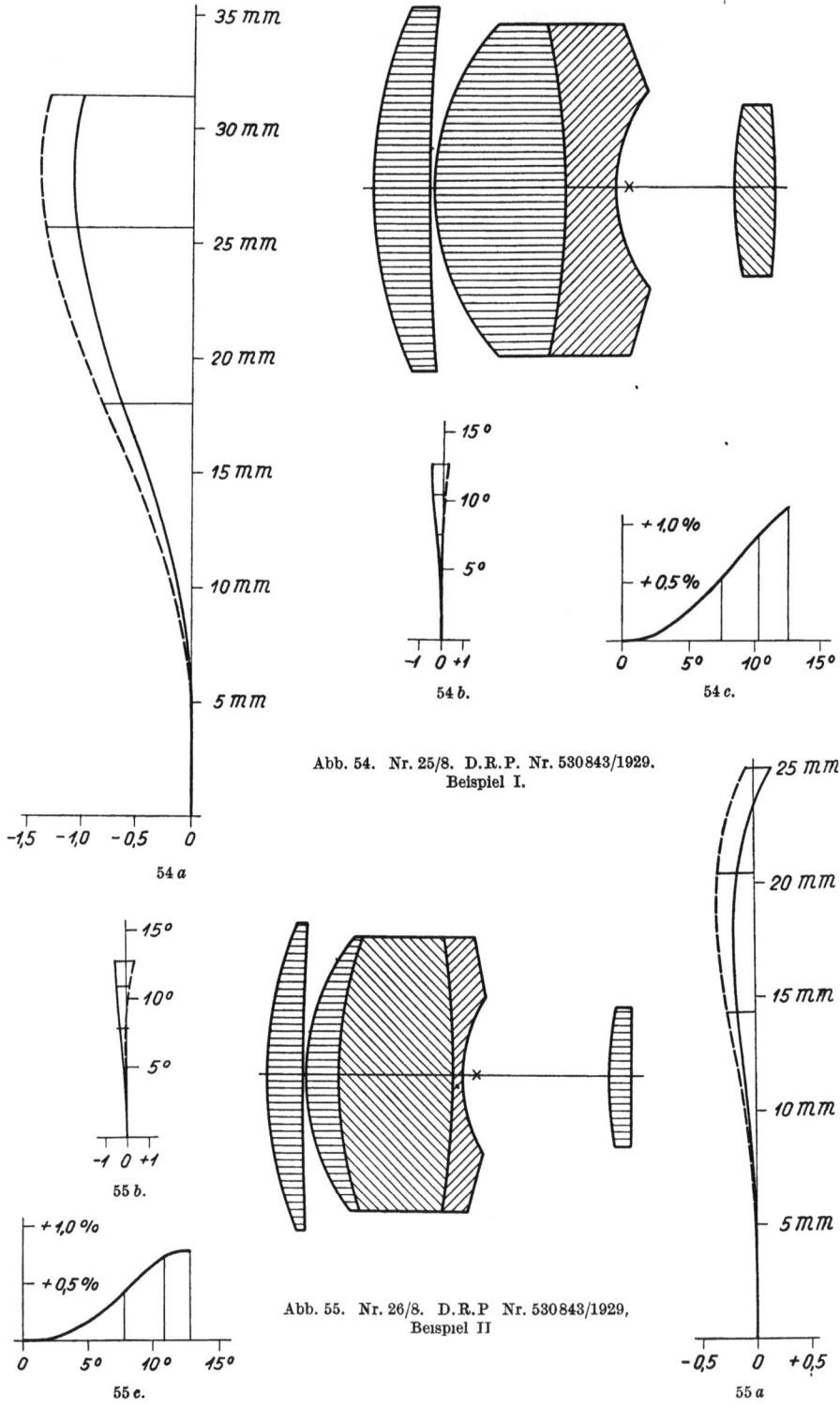

Abb. 54. Nr. 25/8. D.R.P. Nr. 530843/1929. Beispiel I.

Abb. 55. Nr. 26/8. D.R.P Nr. 530843/1929, Beispiel II

Bauarten neuer photographischer Objektive.

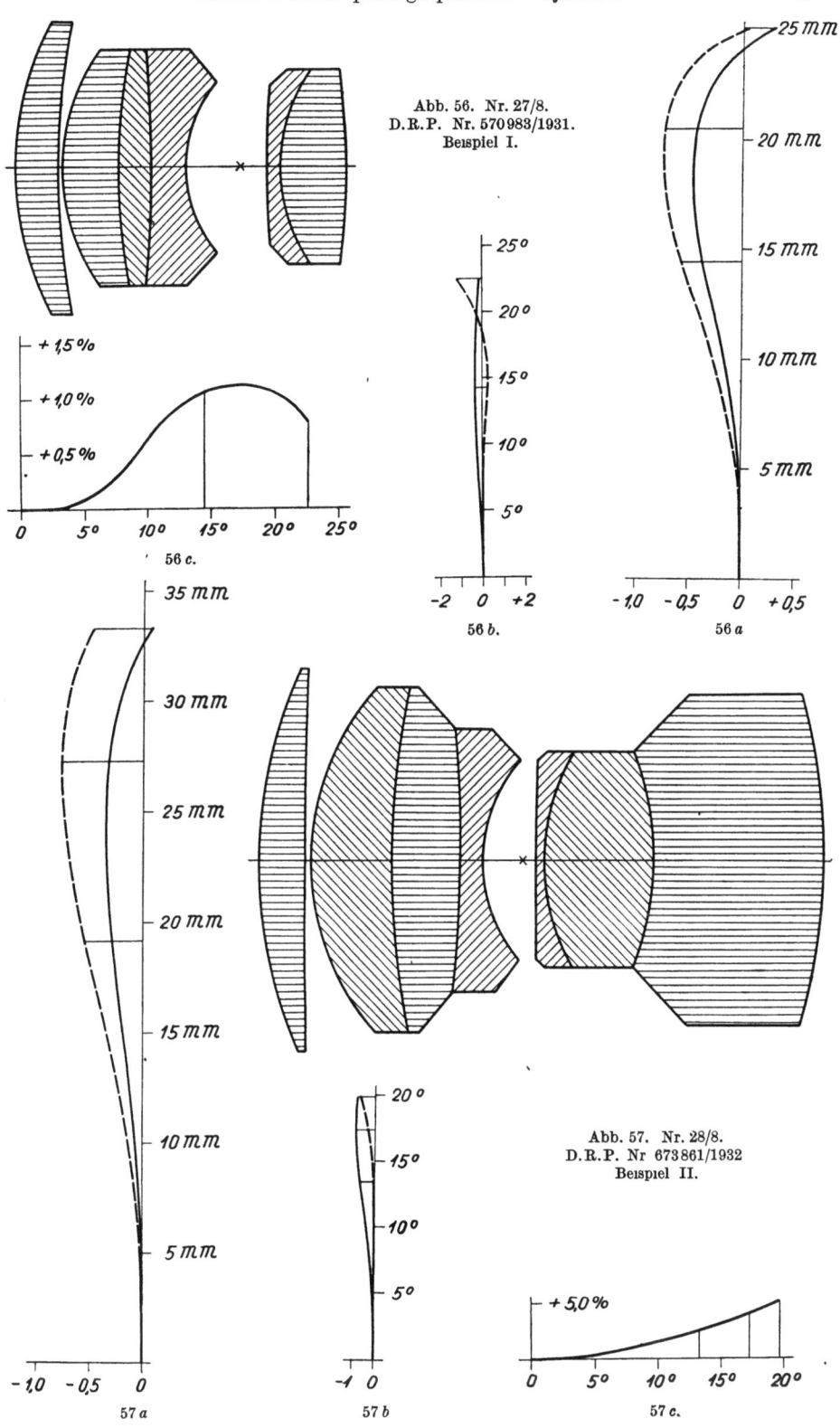

Abb. 56. Nr. 27/8.
D.R.P. Nr. 570983/1931.
Beispiel I.

Abb. 57. Nr. 28/8.
D.R.P. Nr 673861/1932
Beispiel II.

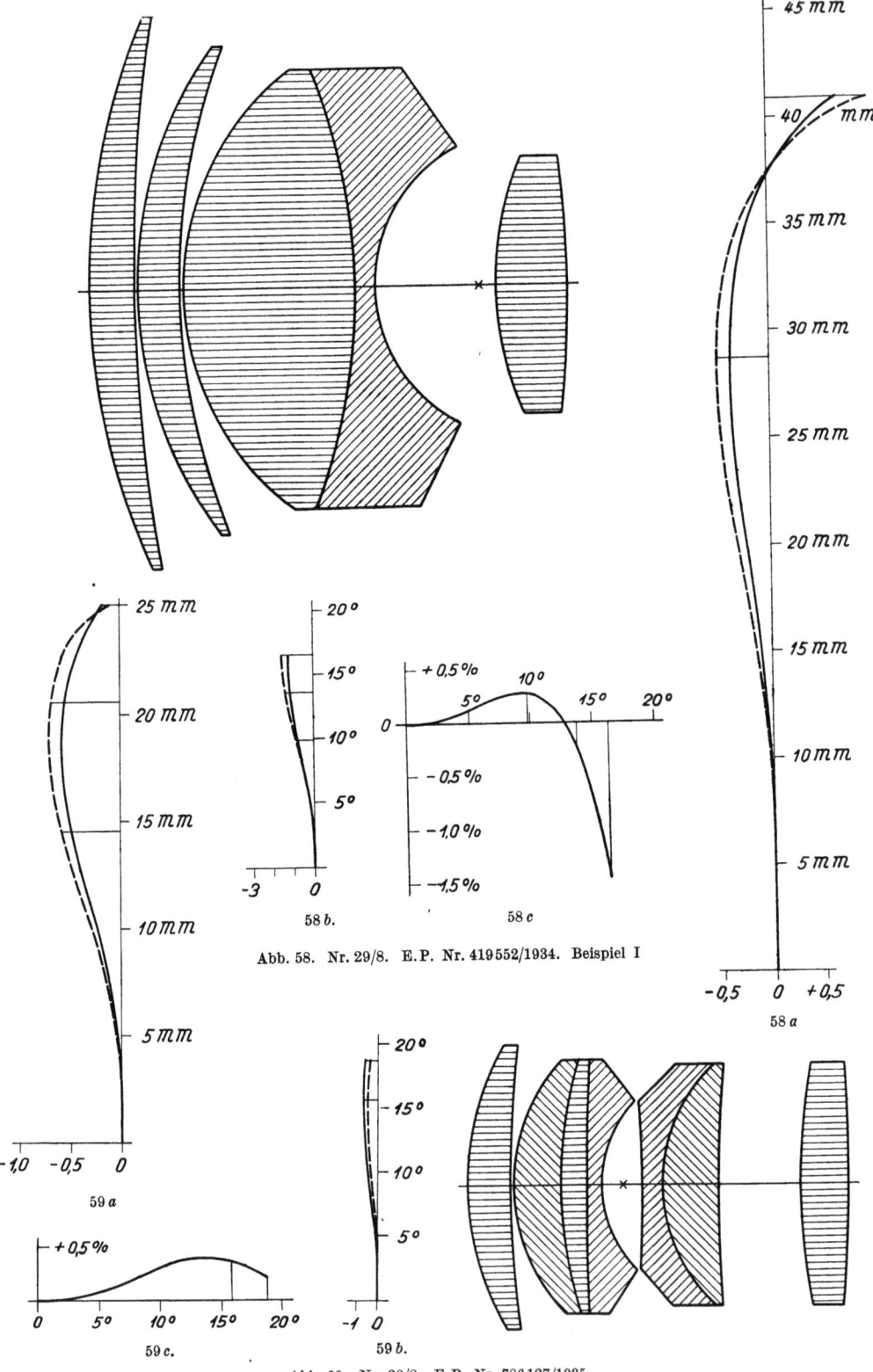

Abb. 58. Nr. 29/8. E.P. Nr. 419552/1934. Beispiel I

Abb 59. Nr. 30/8 F.P. Nr. 786127/1935.

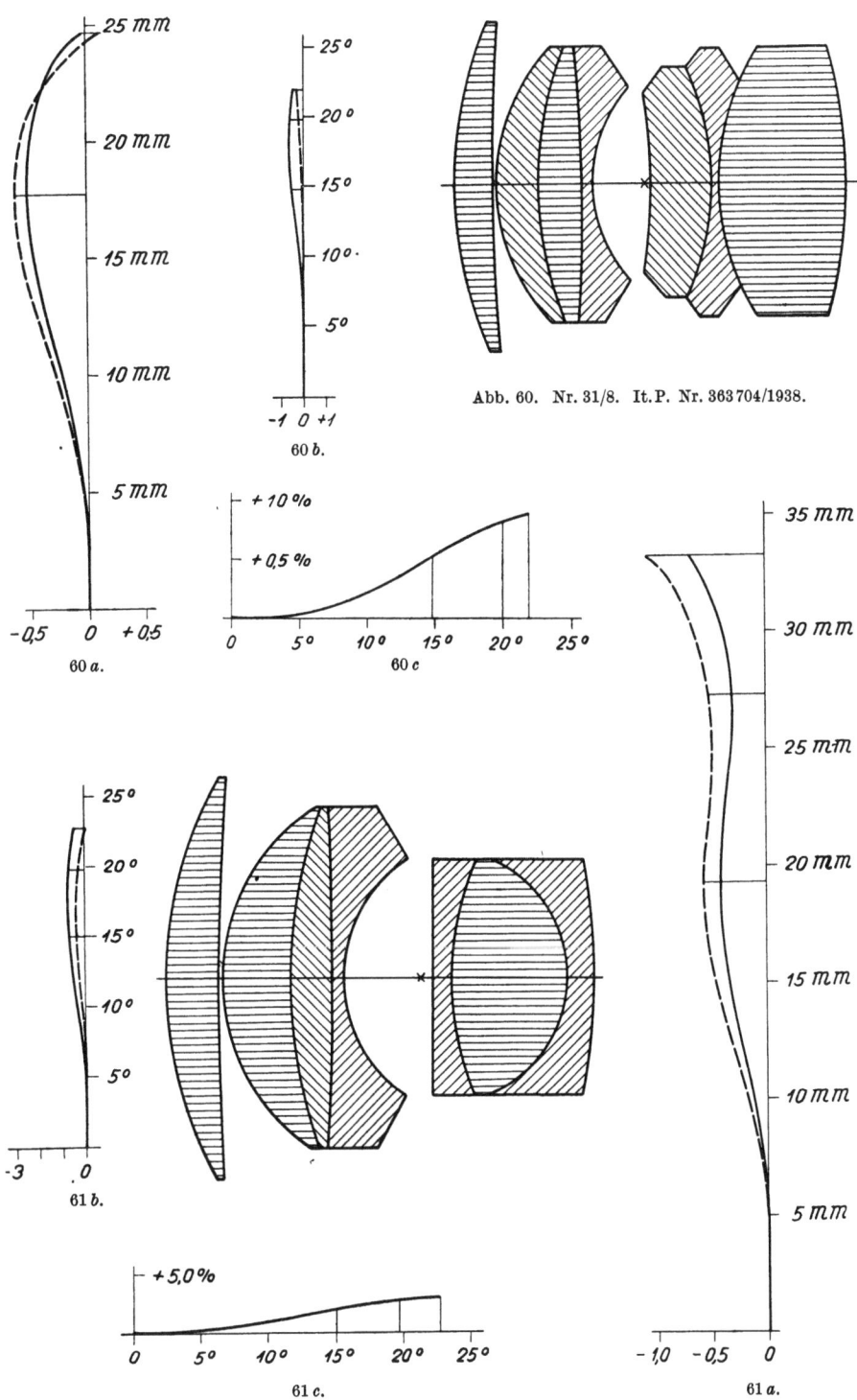

Abb. 60. Nr. 31/8. It. P. Nr. 363704/1938.

Abb. 61. Nr. 32/8. Fällt unter F.P. Nr. 837616/1938. Beispiel I.

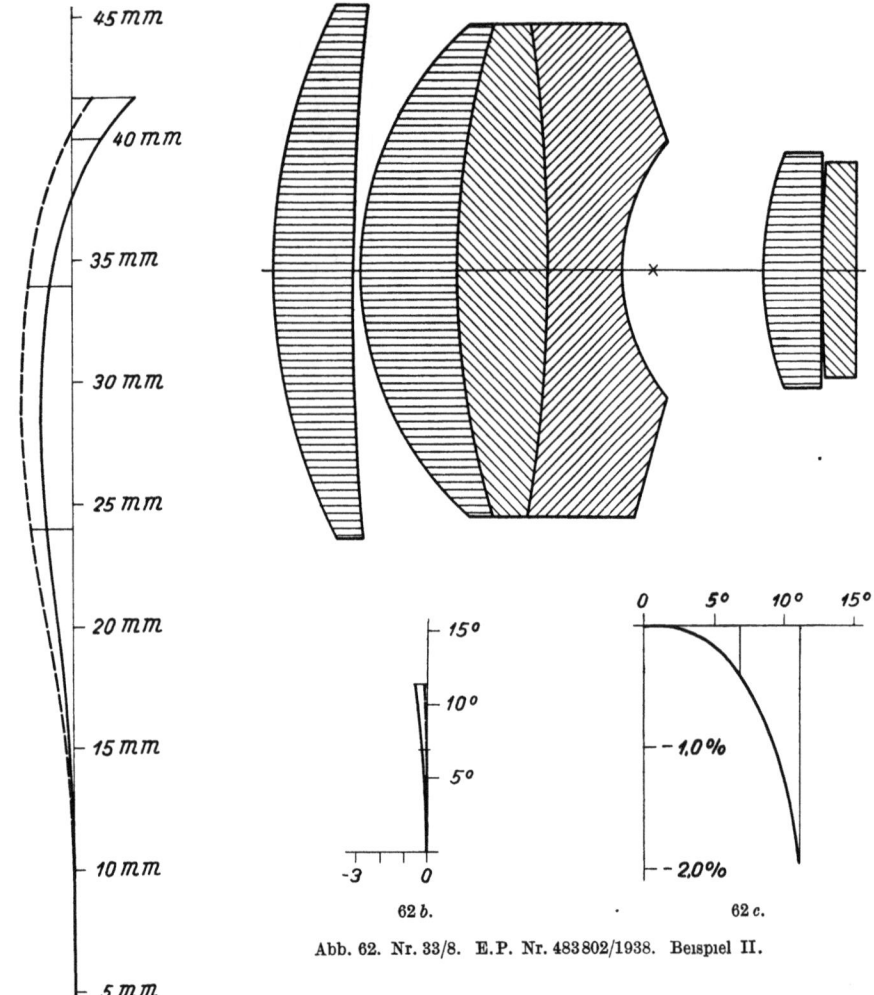

Abb. 62. Nr. 33/8. E.P. Nr. 483802/1938. Beispiel II.

Wie das „Sonnar", ist nach dem derzeitigen Stand noch eine zweite Form als Spitze der Objektive höchster Lichtstärke zu bezeichnen. Es sind das Linsenfolgen mit Öffnungsverhältnissen von mindestens 1:2, die man als eine Weiterentwicklung des alten „Gauss"-Objektivs betrachten kann. Schon 1920 wird in dem E.P. Nr. 157040 ein Zahlenbeispiel solcher Bauart gegeben, dessen a- und b-Kurven für die Öffnung 1:2 und ein Bildfeld von etwa 50° eine recht gute Fehlerberichtigung verrieten. Störendes Licht, durch Koma und Reflexe verursacht, machten aber diese Linsenfolge und andere Objektive ähnlicher Anlage für eine allgemeine Verwendung ungeeignet. Wohl zuerst gelang es W. Merté (12), bei diesem sonst so gut korrigierbaren Linsentypus den geschilderten Mangel trotz großen Öffnungsverhältnisses weitgehend zu beseitigen.

In der Zusammenstellung 8 des 1. Bandes sind unter Nr. 14 und 15 zwei Formen der Neuerung angegeben. Dem dortigen Linsenachsenschnitt Nr. 14 ahneln die von Carl Zeiss, Jena, hergestellten „Biotare" 1:1,4 und 1:2. Während die „Biotare" 1:1,4 und 1:1,5 für ein Bildfeld von etwa 40° korrigiert sind, umfaßt das Bildfeld des „Biotars" 1:2 reichlich 50° und zeichnet sich durch besonders hohes Auflösungsvermögen aus.

„Biotare" 1:2 finden sich z. B. an der „Robot"-Kammer der Firma BERNING & Co., Düsseldorf, und an der „Nacht-Cine-Exakta" $2,4 \times 3,6$ cm² des IHAGEE-Kamerawerks, Dresden, die auch für die Benutzung von „Biotaren" 1:1,5 eingerichtet ist. Mit „Biotaren" 1:1,5, $f = 12,5$ mm werden 8-mm-Schmalfilmaufnahme-Kinokammern der Firma NIEZOLDI & KRÄMER, München, ausgerüstet.

Fortsetzung der Objektivzusammenstellung 8.
5. *Abkömmlinge oder Verwandte des* GAUSS-*Doppelobjektivs.*

	Krummungs-radien	Dicken, Abstande, Blendenent-fernungen	Glasarten n_d	ν	Errechner des Objektivs	Literatur-nachweis	Patentinhaber oder Herstellerfirma
34	$r_1 = 107,3$	$d_1 = 8,2$	$L_1 = 1,6160$	59,5	W. LEE	E.P. Nr. 298 769, 1928	W. LEE und KAPELLA LTD., Leicester
	$r_2 = 680,0$	$l_1 = 1,0$	$L_2 = 1,5837$	56,1			
	$r_3 = 51,7$	$d_2 = 17,6$	$L_3 = 1,6501$	33,6			
	$r_4 = 79,0$	$d_3 = 1,9$	$L_4 = 1,5523$	51,4			
	$r_5 = $ plan	$d_4 = 1,9$	$L_5 = 1,5523$	51,4			
	$r_6 = 37,1$	$b_1 = 9,75$	$L_6 = 1,6715$	32,3			
	$r_7 = 38,0$	$b_2 = 9,75$	$L_7 = 1,6126$	56,7			
	$r_8 = $ plan	$d_5 = 1,9$	$L_8 = 1,6160$	59,5			
	$r_9 = 43,9$	$d_6 = 1,9$					
	$r_{10} = 49,8$	$d_7 = 17,6$					
	$r_{11} = 380,5$	$l_2 = 1,0$					
	$r_{12} = 85,9$	$d_8 = 6,8$					
35	$r_1 = 64,7$	$d_1 = 7,9$	$L_1 = 1,6122$	zirka 58,6	J. W. HASSELKUS und G. A. RICHMOND	E.P. Nr. 323 138, 1929	J. W. HASSELKUS und G. A. RICHMOND
	$r_2 = 289,1$	$l_1 = 1,3$	$L_2 = 1,6122$	58,6			
	$r_3 = 37,6$	$d_2 = 6,2$	$L_3 = 1,6534$	33,9			
	$r_4 = 64,7$	$d_3 = 5,9$	$L_4 = 1,6534$	33,9			
	$r_5 = 27,6$	$b_1 = 8,0$	$L_5 = 1,6122$	58,6			
	$r_6 = 26,8$	$b_2 = 8,0$	$L_6 = 1,6122$	58,6			
	$r_7 = 64,7$	$d_4 = 5,1$					
	$r_8 = 33,0$	$d_5 = 6,6$					
	$r_9 = 564,7$	$l_2 = 1,3$					
	$r_{10} = 75,5$	$d_6 = 9,0$					
36	$r_1 = 97,0$	$d_1 = 12,6$	$L_1 = 1,6151$	59,4	A. W. TRONNIER	D.R.P. Nr. 565 566, 1930	JOSEPH SCHNEIDER u. Co., Kreuznach
	$r_2 = 456,3$	$l_1 = 1,3$	$L_2 = 1,6151$	59,4			
	$r_3 = 54,5$	$d_2 = 24,0$	$L_3 = 1,5684$	46,7			
	$r_4 = $ plan	$d_3 = 4,0$	$L_4 = 1,6525$	33,4			
	$r_5 = 33,3$	$b_1 = 15,0$	$L_5 = 1,6202$	56,2			
	$r_6 = 46,2$	$b_2 = 10,1$	$L_6 = 1,6202$	56,2			
	$r_7 = 63,9$	$d_4 = 5,4$	$L_7 = 1,6202$	36,5			
	$r_8 = 63,9$	$d_5 = 26,2$	$L_8 = 1,6423$	44,8			
	$r_9 = 97,0$	$l_2 = 0,6$					
	$r_{10} = $ plan	$d_6 = 9,1$					
	$r_{11} = 142,3$	$l_3 = 0,6$					
	$r_{12} = 97,0$	$d_7 = 2,9$					
	$r_{13} = 310,3$	$d_8 = 24,0$					

Fortsetzung der Objektivzusammenstellung 8.

	Krummungs-radien	Dicken, Abstände, Blendenent-fernungen	Glasarten		Errechner des Objektivs	Literatur-nachweis	Patentinhaber oder Herstellerfirma
			n_d	ν			
37	$r_1 = 254{,}7$ $r_2 = \text{plan}$ $r_3 = 647{,}9$ $r_4 = 107{,}5$ $r_5 = 83{,}1$ $r_6 = 494{,}7$ $r_7 = 50{,}1$ $r_8 = 461{,}9$ $r_9 = 33{,}7$ $r_{10} = 34{,}3$ $r_{11} = 301{,}0$ $r_{12} = 46{,}2$ $r_{13} = 263{,}9$ $r_{14} = 102{,}2$	$d_1 = 20{,}1$ $l_1 = 0{,}7$ $d_2 = 3{,}4$ $l_2 = 170{,}9$ $d_3 = 10{,}4$ $l_3 = 1{,}3$ $d_4 = 12{,}7$ $d_5 = 5{,}8$ $b_1 = 10{,}05$ $b_2 = 10{,}05$ $d_6 = 5{,}8$ $d_7 = 12{,}7$ $l_4 = 1{,}3$ $d_8 = 10{,}4$	$L_1 = 1{,}6510$ $L_2 = 1{,}6135$ $L_3 = 1{,}5730$ $L_4 = 1{,}6135$ $L_5 = 1{,}6120$ $L_6 = 1{,}5790$ $L_7 = 1{,}6235$ $L_8 = 1{,}5730$	33,7 59,4 57,3 59,4 38,0 40,4 56,3 57,3	W. LEE	E.P. Nr. 355452, 1931 Beispiel I	W. LEE und KAPELLA LTD., Leicester
38	$r_1 = 80{,}4$ $r_2 = 1068{,}5$ $r_3 = 45{,}4$ $r_4 = 387{,}6$ $r_5 = 26{,}2$ $r_6 = 33{,}2$ $r_7 = 43{,}5$ $r_8 = 60{,}5$ $r_9 = 176{,}8$ $r_{10} = 71{,}2$ $r_{11} = 139{,}9$ $r_{12} = 191{,}0$	$d_1 = 12{,}3$ $l_1 = 0{,}4$ $d_2 = 17{,}0$ $d_3 = 5{,}7$ $b_1 = 11{,}8$ $b_2 = 10{,}0$ $d_4 = 5{,}7$ $d_5 = 18{,}9$ $l_2 = 0{,}4$ $d_6 = 9{,}5$ $l_3 = 0{,}4$ $d_7 = 9{,}5$	$L_1 = 1{,}6202$ $L_2 = 1{,}6202$ $L_3 = 1{,}5814$ $L_4 = 1{,}5822$ $L_5 = 1{,}6202$ $L_6 = 1{,}6202$ $L_7 = 1{,}6202$	60,4 60,4 40,8 42,0 60,4 60,4 60,4	—	D.R.P. Nr. 647830, 1934	ERNST LEITZ G.M.B.H., Wetzlar
39	$r_1 = 87{,}2$ $r_2 = 323{,}7$ $r_3 = 47{,}5$ $r_4 = \text{plan}$ $r_5 = 647{,}2$ $r_6 = 29{,}5$ $r_7 = 40{,}5$ $r_8 = 56{,}7$ $r_9 = 113{,}2$ $r_{10} = 69{,}0$ $r_{11} = 82{,}0$	$d_1 = 11{,}3$ $l_1 = 1{,}6$ $d_2 = 16{,}4$ $l_2 = 1{,}6$ $d_3 = 2{,}2$ $b_1 = 13{,}4$ $b_2 = 8{,}0$ $d_4 = 16{,}4$ $l_3 = 0{,}2$ $d_5 = 16{,}4$ $d_6 = 2{,}2$	$L_1 = 1{,}6230$ $L_2 = 1{,}6230$ $L_3 = 1{,}5490$ $L_4 = 1{,}6480$ $L_5 = 1{,}6106$ $L_6 = 1{,}6480$	57,1 57,1 45,7 33,8 55,6 46,5	—	D.R.P. Nr. 665520, 1934	JULIUS LAACK SOHNE, Rathenow
40	$r_1 = 77{,}6$ $r_2 = 400{,}4$ $r_3 = 40{,}7$ $r_4 = 105{,}0$ $r_5 = 106{,}0$ $r_6 = 26{,}1$ $r_7 = 32{,}0$ $r_8 = 50{,}2$ $r_9 = 50{,}7$ $r_{10} = 42{,}2$ $r_{11} = 142{,}0$ $r_{12} = 102{,}4$	$d_1 = 8{,}2$ $l_1 = 0{,}5$ $d_2 = 15{,}2$ $l_2 = 0{,}1$ $d_3 = 4{,}4$ $b_1 = 11{,}15$ $b_2 = 11{,}15$ $d_4 = 4{,}6$ $l_3 = 0{,}2$ $d_5 = 15{,}9$ $l_4 = 0{,}5$ $d_6 = 8{,}2$	$L_1 = 1{,}6100$ $L_2 = 1{,}6150$ $L_3 = 1{,}6134$ $L_4 = 1{,}6469$ $L_5 = 1{,}6437$ $L_6 = 1{,}6234$	53,3 56,1 36,9 33,7 48,3 56,3	W. LEE	E.P. Nr. 427008, 1935	W. LEE und KAPELLA LTD., Leicester

Fortsetzung der Objektivzusammenstellung 8.

	Krummungs-radien	Dicken, Abstände, Blendenent-fernungen	Glasarten n_d	ν	Errechner des Objektivs	Literatur-nachweis	Patentinhaber oder Herstellerfirma
41	$r_1 = 61{,}0$ $r_2 = 159{,}9$ $r_3 = 38{,}8$ $r_4 = 162{,}1$ $r_5 = 159{,}9$ $r_6 = 24{,}9$ $r_7 = 28{,}6$ $r_8 = $ plan $r_9 = 61{,}0$ $r_{10} = 43{,}1$ $r_{11} = 371{,}1$ $r_{12} = 61{,}0$	$d_1 = 5{,}5$ $l_1 = 0{,}2$ $d_2 = 6{,}6$ $l_2 = 6{,}3$ $d_3 = 2{,}9$ $b_1 = 10{,}0$ $b_2 = 7{,}1$ $d_4 = 3{,}0$ $d_5 = 1{,}7$ $d_6 = 8{,}0$ $l_3 = 2{,}4$ $d_7 = 6{,}3$	n_F $L_1 = 1{,}6281$ $L_2 = 1{,}6178$ $L_3 = 1{,}5918$ $L_4 = 1{,}5918$ $L_5 = 1{,}6359$ $L_6 = 1{,}6311$ $L_7 = 1{,}6455$	60,4 58,7 40,6 40,6 36,7 56,0 56,2	A. W. Tronnier	A. P. Nr. 2 106 077, 1936	Joseph Schneider u. Co., Berlin
42	$r_1 = 63{,}9$ $r_2 = 240{,}3$ $r_3 = 39{,}5$ $r_4 = 220{,}5$ $r_5 = 24{,}5$ $r_6 = 28{,}7$ $r_7 = 78{,}8$ $r_8 = 37{,}9$ $r_9 = 161{,}9$ $r_{10} = 103{,}2$	$d_1 = 7{,}9$ $l_1 = 0{,}5$ $d_2 = 14{,}5$ $d_3 = 4{,}0$ $b_1 = 9{,}95$ $b_2 = 9{,}95$ $d_4 = 4{,}0$ $d_5 = 12{,}9$ $l_2 = 0{,}5$ $d_6 = 8{,}0$	$L_1 = 1{,}6100$ $L_2 = 1{,}6234$ $L_3 = 1{,}6083$ $L_4 = 1{,}6054$ $L_5 = 1{,}6209$ $L_6 = 1{,}6234$	53,3 56,2 39,6 38,0 57,2 56,2	W. Lee	E. P. Nr. 461 304, 1936 Beispiel III	W. Lee und Kapella Ltd., Leicester
43	$r_1 = 68{,}9$ $r_2 = 123{,}0$ $r_3 = 1956{,}5$ $r_4 = 33{,}2$ $r_5 = 46{,}2$ $r_6 = 23{,}5$ $r_7 = 28{,}2$ $r_8 = 88{,}5$ $r_9 = 37{,}9$ $r_{10} = 1956{,}5$ $r_{11} = 67{,}1$	$d_1 = 10{,}8$ $d_2 = 3{,}0$ $l_1 = 0{,}2$ $d_3 = 9{,}8$ $d_4 = 3{,}0$ $b_1 = 11{,}6$ $b_2 = 9{,}1$ $d_5 = 3{,}0$ $d_6 = 10{,}8$ $l_2 = 0{,}2$ $d_7 = 4{,}9$	$L_1 = 1{,}5338$ $L_2 = 1{,}6727$ $L_3 = 1{,}6700$ $L_4 = 1{,}6645$ $L_5 = 1{,}5673$ $L_6 = 1{,}6204$ $L_7 = 1{,}6074$	55,4 32,2 47,2 35,9 42,8 60,3 56,7	—	D. R. P. Nr. 685 572, 1936	Ernst Leitz G. m. b. H., Wetzlar
44	$r_1 = 69{,}9$ $r_2 = 265{,}9$ $r_3 = 38{,}9$ $r_4 = 70{,}6$ $r_5 = 20{,}3$ $r_6 = 25{,}3$ $r_7 = 29{,}2$ $r_8 = 21{,}5$ $r_9 = 505{,}2$ $r_{10} = 41{,}1$ $r_{11} = 265{,}9$ $r_{12} = 89{,}5$	$d_1 = 8{,}3$ $l_1 = 0{,}1$ $d_2 = 6{,}3$ $d_3 = 4{,}0$ $d_4 = 5{,}5$ $b_1 = 8{,}1$ $b_2 = 8{,}1$ $d_5 = 5{,}5$ $d_6 = 4{,}0$ $d_7 = 4{,}5$ $l_2 = 0{,}1$ $d_8 = 6{,}1$	$L_1 = 1{,}6130$ $L_2 = 1{,}6210$ $L_3 = 1{,}5760$ $L_4 = 1{,}6210$ $L_5 = 1{,}6210$ $L_6 = 1{,}5760$ $L_7 = 1{,}6230$ $L_8 = 1{,}6230$	59,3 60,4 41,4 60,4 60,4 41,4 56,4 56,4	A. Warmisham	E. P. Nr. 470 522, 1937 Beispiel I	A. Warmisham und Kapella Ltd., Leicester

Fortsetzung der Objektivzusammenstellung 8.

	Krummungs-radien	Dicken, Abstande, Blendenent-fernungen	Glasarten		Errechner des Objektivs	Literatur-nachweis	Patentinhaber oder Herstellerfirma
			n_d	ν			
45	$r_1 = 57,8$ $r_2 = 523,6$ $r_3 = 31,0$ $r_4 = 69,3$ $r_5 = 21,8$ $r_6 = 33,0$ $r_7 = 22,7$ $r_8 = 571,4$ $r_9 = 1234,6$ $r_{10} = 53,9$ $r_{11} = 110,1$ $r_{12} = 134,8$	$d_1 = 10,8$ $l_1 = 0,3$ $d_2 = 10,8$ $d_3 = 4,2$ $b_1 = 10,0$ $b_2 = 9,3$ $d_4 = 6,9$ $d_5 = 3,1$ $l_2 = 0,8$ $d_6 = 5,8$ $l_3 = 0,3$ $d_7 = 8,1$	$L_1 = 1,5640$ $L_2 = 1,6200$ $L_3 = 1,6730$ $L_4 = 1,5920$ $L_5 = 1,5330$ $L_6 = 1,6200$ $L_7 = 1,6200$	61,0 60,0 32,0 58,0 49,0 60,0 60,0	M. Berek	E.P. Nr. 481710, 1938	Ernst Leitz G. M. B. H., Wetzlar
46	$r_1 = 99,8$ $r_2 = 57,9$ $r_3 = 231,0$ $r_4 = 33,0$ $r_5 = 22,4$ $r_6 = 31,0$ $r_7 = 171,7$ $r_8 = 38,7$ $r_9 = 261,9$ $r_{10} = 86,3$	$d_1 = 16,5$ $d_2 = 3,5$ $l_1 = 0,2$ $d_3 = 17,2$ $b_1 = 13,0$ $b_2 = 13,2$ $d_4 = 5,2$ $d_5 = 12,4$ $l_2 = 0,2$ $d_6 = 8,3$	$L_1 = 1,5650$ $L_2 = 1,6730$ $L_3 = 1,6260$ $L_4 = 1,5960$ $L_5 = 1,6200$ $L_6 = 1,6200$	56,0 32,0 34,0 39,0 60,0 60,0	M. Berek	E.P. Nr. 480643, 1938	Ernst Leitz G. M. B. H., Wetzlar

Wenn die Objektive 34 bis 46 als Verwandte oder Abkömmlinge eines Doppelobjektivs bezeichnet werden, das aus zwei Gauss-Objektiven zusammengesetzt ist, so bezieht sich diese Ausdrucksweise lediglich auf die äußere Erscheinungsform. In Wirklichkeit erhält man eine gute optische Leistung bei einem großen Öffnungsverhältnis nur dann, wenn das Doppelobjektiv als in sich geschlossenes Ganzes korrigiert ist, von einer Symmetrie, Hemisymmetrie oder auch gestörten Symmetrie aber keineswegs gesprochen werden kann, und wenn insbesondere die beiden Teilglieder für sich allein keine ausreichende Fehlerberichtigung haben. Das bedeutet natürlich nicht, daß mit abgeblendeten Teilgliedern überhaupt keine brauchbaren Aufnahmen gemacht werden könnten.

Aus unserer Zusammenstellung ersieht man, daß diese Gruppe von lichtstarken Objektiven im In- und Ausland fleißig bearbeitet worden ist. Als hierher gehörige bekannte Objektive seien noch genannt die „Summare" und die jüngeren „Summitare", die von Ernst Leitz, Wetzlar, hergestellt werden. Wie die „Biotare", haben sie acht an Glas und Luft grenzende Flächen. Bei einer Lichtstärke von 1:2 und der Brennweite $f = 5$ cm decken sie das „Leica"-Format mit guter Schärfe.

Das „Xenon" 1:1,5, $f = 2,5$ cm, ein Erzeugnis der Firma Josef Schneider & Co., Kreuznach, das zehn an Glas und Luft grenzende Flächen hat, wird erfolgreich an 16-mm-Schmalfilm-Kinokammern der Siemens & Halske A. G., Berlin-Siemensstadt, verwandt.

Die hier besprochenen Objektive mit ihren mindestens acht Glas-Luft-Flächen haben nicht unerhebliche Lichtverluste durch Reflexion und 28 Spiegelbilder (vgl. Bd. I, S. 119). Durch den Zeiss-T-Belag kann man den Lichtverlust beträchtlich verringern und Störungserscheinungen durch Spiegelung stark einschränken.

Bauarten neuer photographischer Objektive.

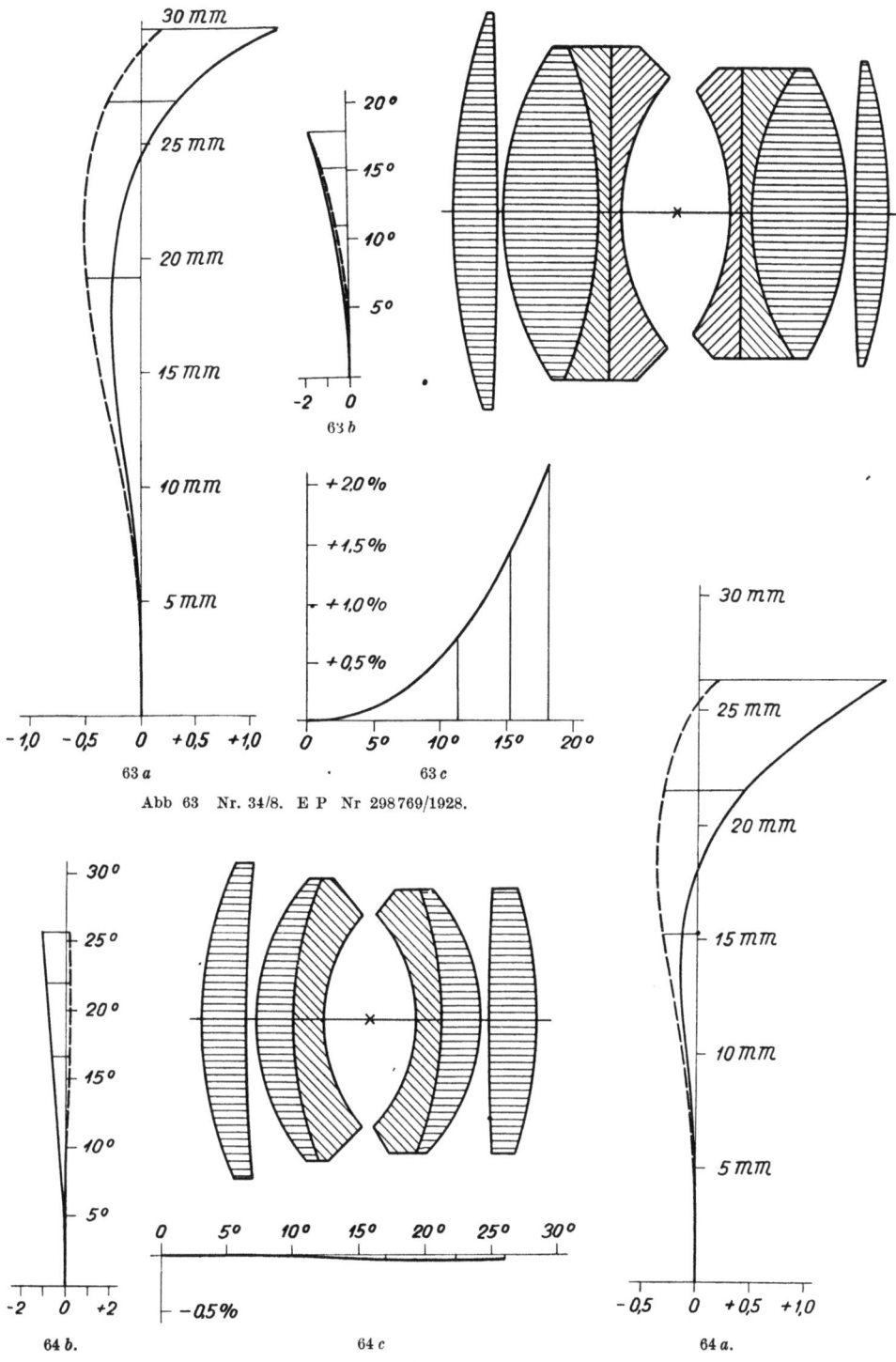

Abb 63 Nr. 34/8. E P Nr 298769/1928.

Abb. 64. Nr. 35/8. E P Nr. 323138/1929.

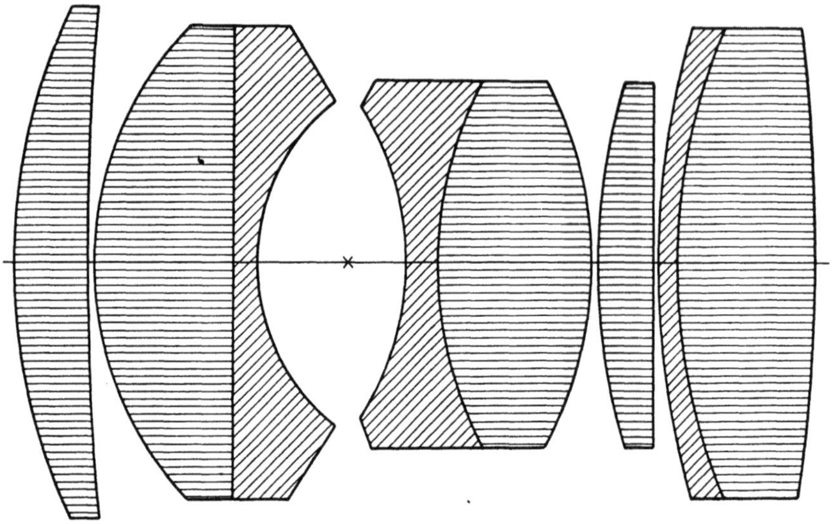

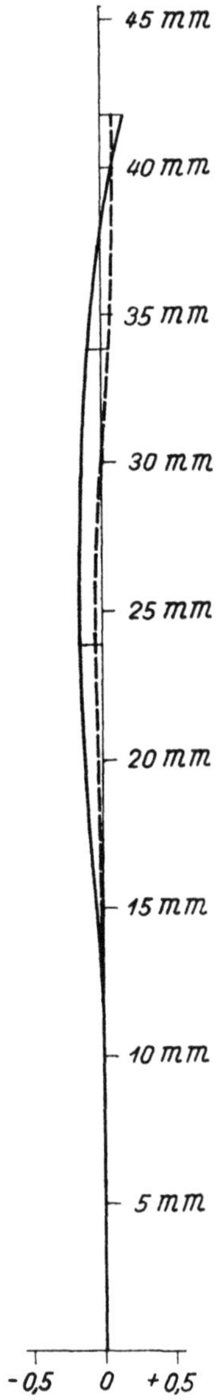

66 W. Merté: Das photographische Objektiv seit dem Jahre 1929.

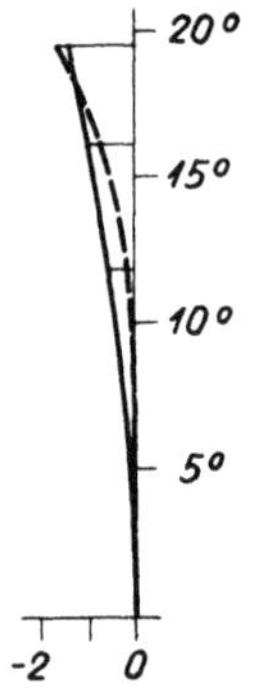

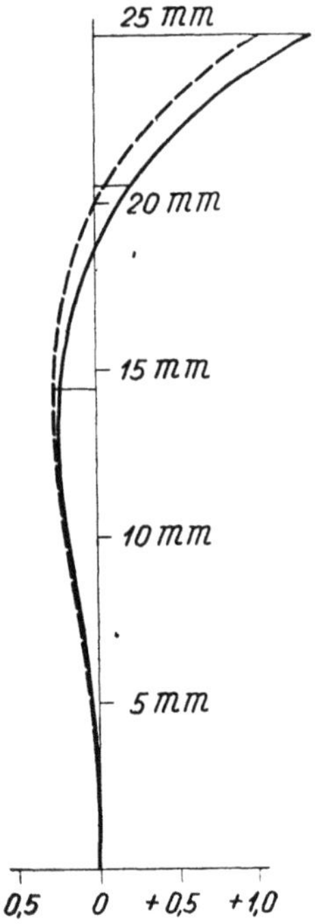

Abb. 65. Nr. 36/8.
D R.P. Nr. 565566/1930.

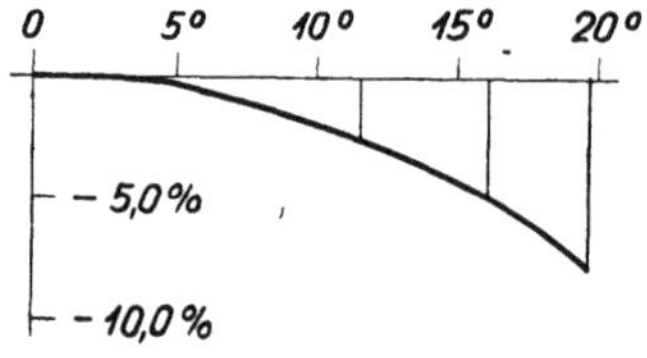

Abb. 66. Nr. 37/8.
E.P. Nr. 355452/1931.
Beispiel I
Der zweite Luftraum ist aus Platzgründen verkürzt dargestellt

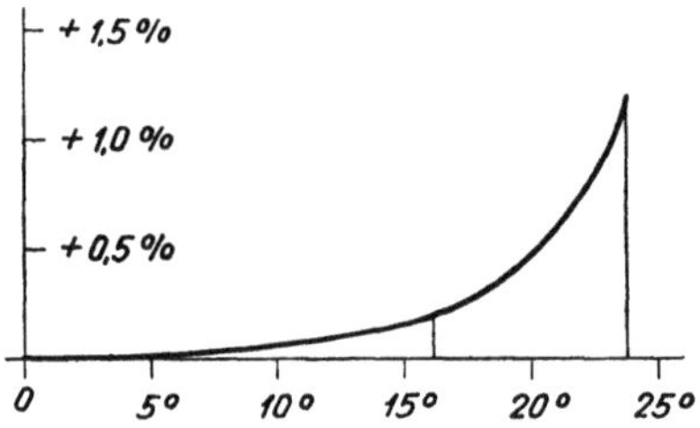

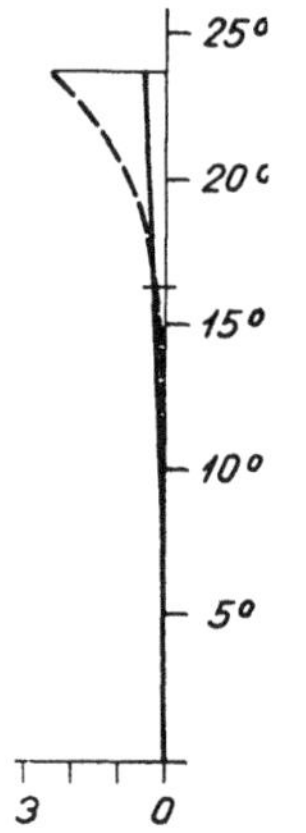

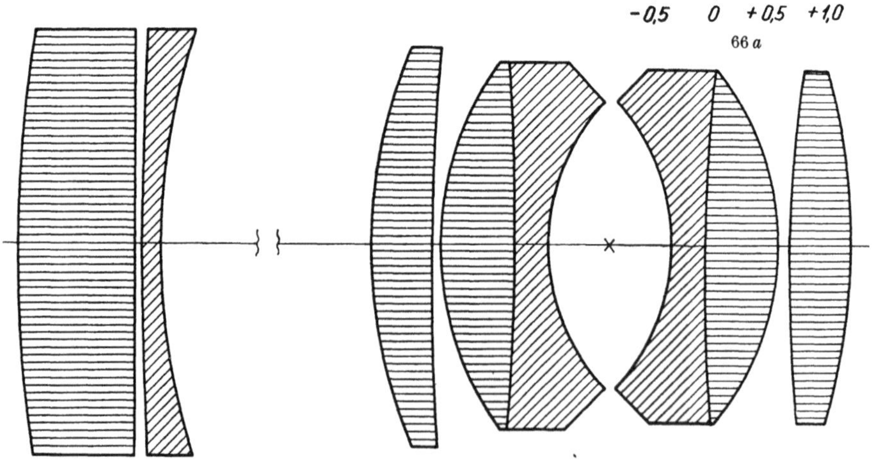

Bauarten neuer photographischer Objektive.

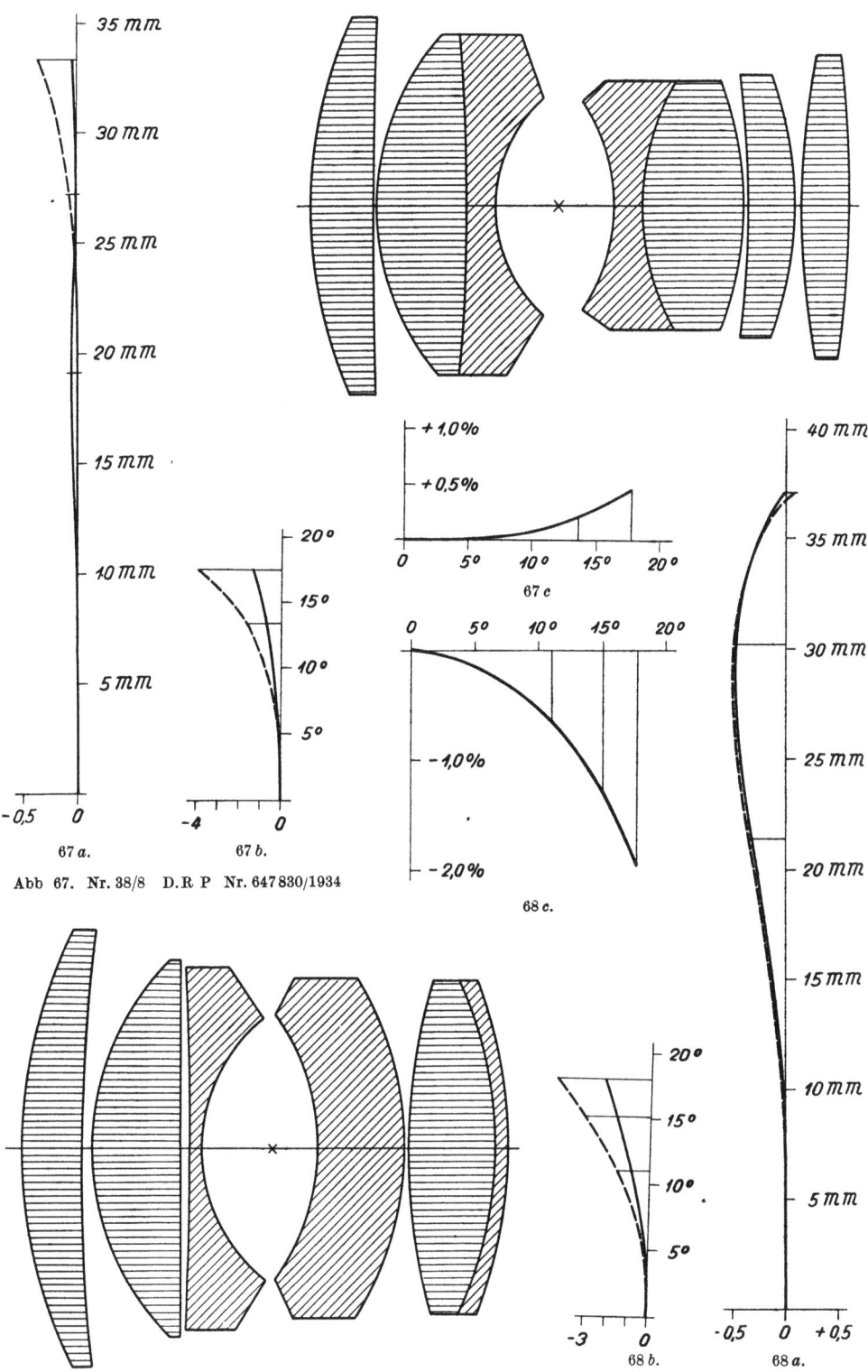

Abb 67. Nr. 38/8 D.R P Nr. 647830/1934

Abb. 68. Nr. 39/8. D.R P. Nr. 665520/1934.

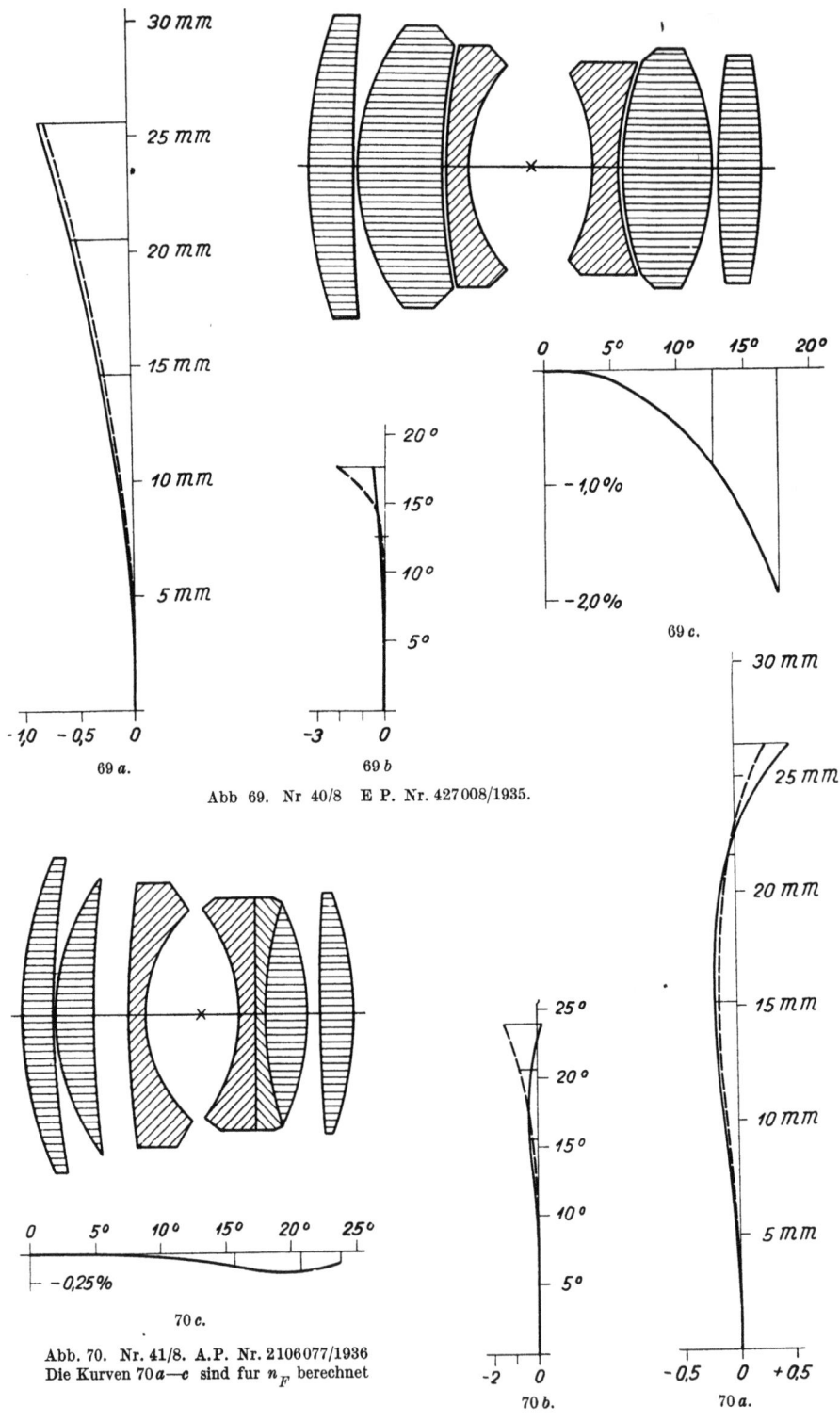

Abb. 69. Nr 40/8   E P. Nr. 427 008/1935.

Abb. 70. Nr. 41/8. A.P. Nr. 2 106 077/1936
Die Kurven 70 a—c sind für n_F berechnet

Bauarten neuer photographischer Objektive.

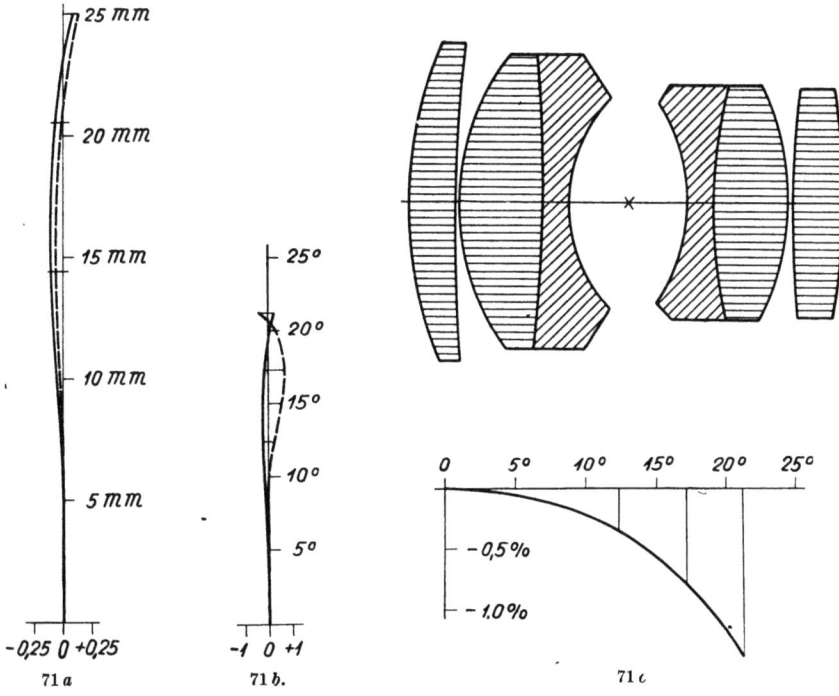

Abb. 71. Nr. 42/8. E.P. Nr 461304/1936 Beispiel III

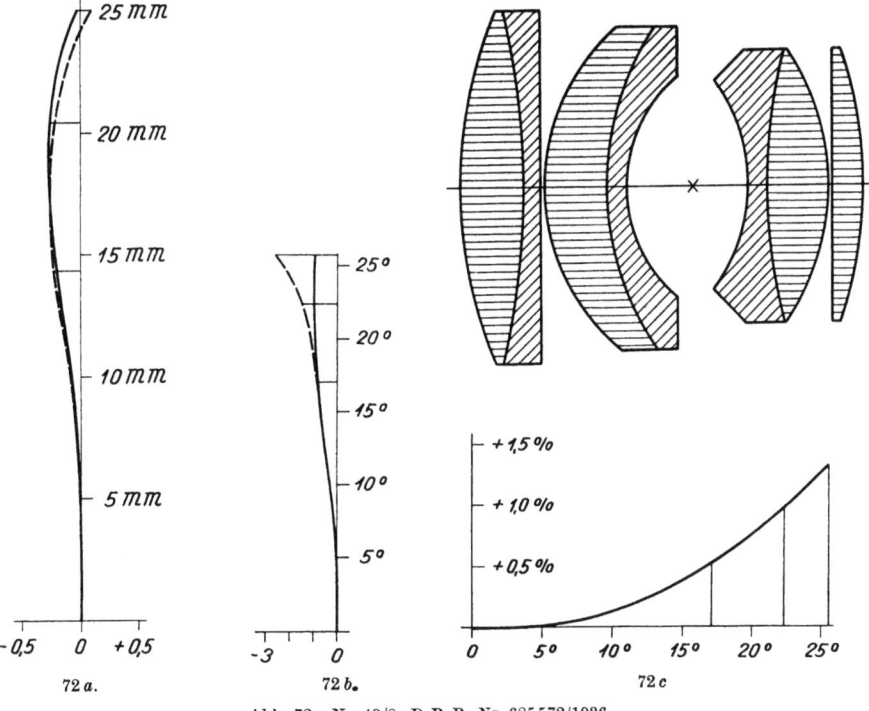

Abb. 72. Nr. 43/8. D.R.P. Nr. 685572/1936

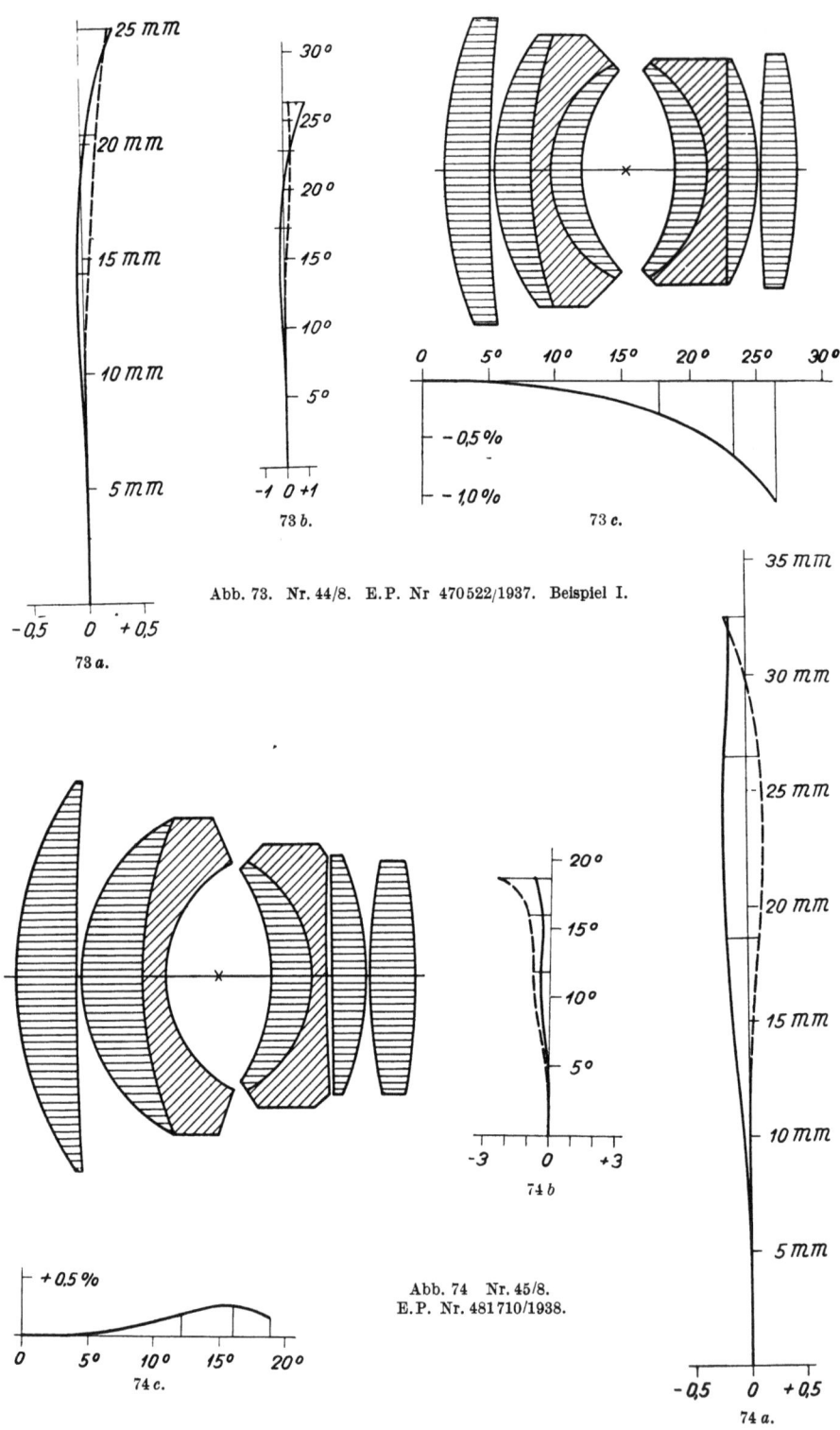

Abb. 73. Nr. 44/8. E.P. Nr 470522/1937. Beispiel I.

Abb. 74 Nr. 45/8. E.P. Nr. 481710/1938.

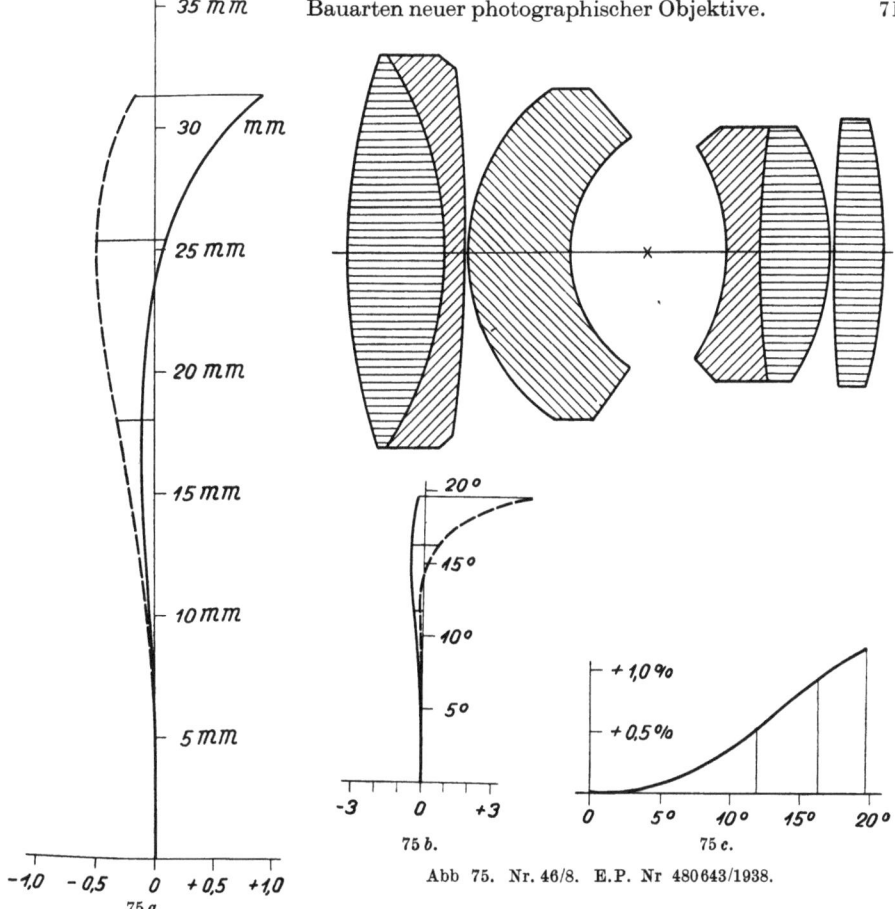

Abb 75. Nr. 46/8. E.P. Nr 480643/1938.

Fortsetzung der Objektivzusammenstellung 8.
6. *Linsenformen, die bisher für Objektive besonders großen Öffnungsverhältnisses selten verwandt wurden.*

	Krümmungs-radien	Dicken, Abstände, Blendenent-fernungen	Glasarten n_d	ν	Errechner des Objektivs	Literatur-nachweis	Patentinhaber oder Herstellerfirma
47	$r_1 = 83{,}3$ $r_2 = 137{,}1$ $r_3 = 66{,}1$ $r_4 = 74{,}8$ $r_5 = 167{,}4$ $r_6 = 68{,}4$ $r_7 = $ plan $r_8 = 37{,}0$ $r_9 = 70{,}7$ $r_{10} = 241{,}4$	$d_1 = 9{,}1$ $l_1 = 0{,}2$ $d_2 = 21{,}7$ $d_3 = 3{,}0$ $b_1 = 6{,}6$ $b_2 = 5{,}7$ $d_4 = 17{,}0$ $d_5 = 1{,}9$ $l_2 = 8{,}5$ $d_6 = 18{,}9$	$L_1 = 1{,}5735$ $L_2 = 1{,}5181$ $L_3 = 1{,}6521$ $L_4 = 1{,}6437$ $L_5 = 1{,}5635$ $L_6 = 1{,}6437$	57,5 60,3 33,5 48,3 42,9 48,3	A. War-misham	E.P. Nr. 342889, 1931	A. War-misham und Kapella Ltd., Leicester
48	$r_1 = 135{,}1$ $r_2 = 183{,}0$ $r_3 = 129{,}0$ $r_4 = 1813{,}8$ $r_5 = 97{,}7$ $r_6 = $ plan $r_7 = 60{,}2$ $r_8 = 59{,}8$ $r_9 = 369{,}2$	$d_1 = 30{,}0$ $l_1 = 9{,}8$ $d_2 = 11{,}7$ $b_1 = 43{,}8$ $b_2 = 16{,}6$ $d_3 = 23{,}8$ $l_2 = 22{,}6$ $d_4 = 15{,}1$ $d_5 = 3{,}4$	$L_1 = 1{,}6375$ $L_2 = 1{,}7582$ $L_3 = 1{,}4645$ $L_4 = 1{,}6220$ $L_5 = 1{,}7582$	56,1 27,4 65,8 53,1 27,4	W. Merté	D.R.P. Nr. 607631, 1932	Carl Zeiss, Jena

Fortsetzung der Objektivzusammenstellung 8.

	Krümmungs-radien	Dicken, Abstände, Blendenent-fernungen	Glasarten n_d	ν	Errechner des Objektivs	Literatur-nachweis	Patentinhaber oder Herstellerfirma
49	$r_1 = 99{,}1$ $r_2 = 419{,}1$ $r_3 = 55{,}0$ $r_4 = 33{,}0$ $r_5 = 71{,}6$ $r_6 = 110{,}1$ $r_7 = 176{,}1$	$d_1 = 11{,}5$ $b_1 = 50{,}0$ $b_2 = 5{,}0$ $d_2 = 4{,}9$ $d_3 = 29{,}7$ $l = 0{,}6$ $d_4 = 11{,}0$	$L_1 = 1{,}6150$ $L_2 = 1{,}6525$ $L_3 = 1{,}6205$ $L_4 = 1{,}6575$	56,3 33,7 53,1 51,3	—	D.R.P. Nr. 689 199, 1935	Joseph Schneider u. Co., Berlin
50	$r_1 = 95{,}7$ $r_2 = 178{,}2$ $r_3 = 87{,}4$ $r_4 = 3649{,}3$ $r_5 = 1917{,}9$ $r_6 = 89{,}2$ $r_7 = 341{,}4$ $r_8 = 78{,}7$	$d_1 = 11{,}9$ $l_1 = 1{,}8$ $d_2 = 4{,}2$ $b_1 = 12{,}8$ $b_2 = 5{,}0$ $d_3 = 4{,}2$ $l_2 = 2{,}7$ $d_4 = 7{,}9$	$L_1 = 1{,}9007$ $L_2 = 1{,}7616$ $L_3 = 1{,}7616$ $L_4 = 1{,}9007$	42,5 26,5 26,5 42,5	—	F.P. Nr. 838 238, 1938 Beispiel I	Kodak-Pathé, France (Seine)

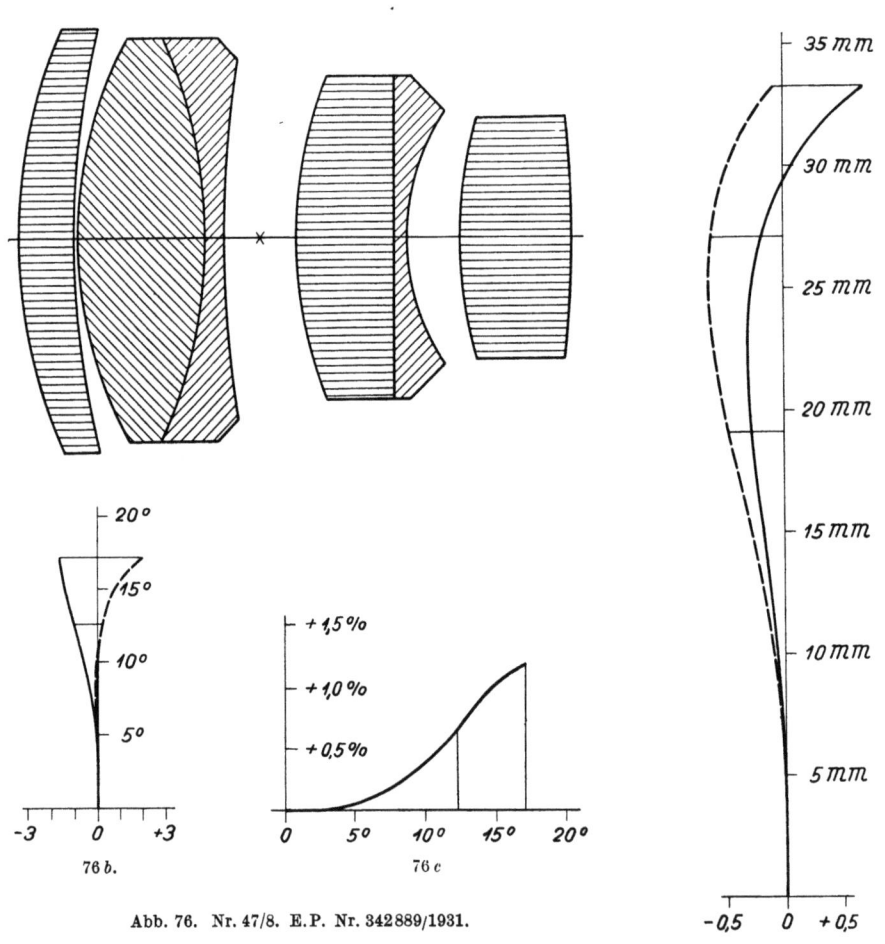

Abb. 76. Nr. 47/8. E.P. Nr. 342 889/1931.

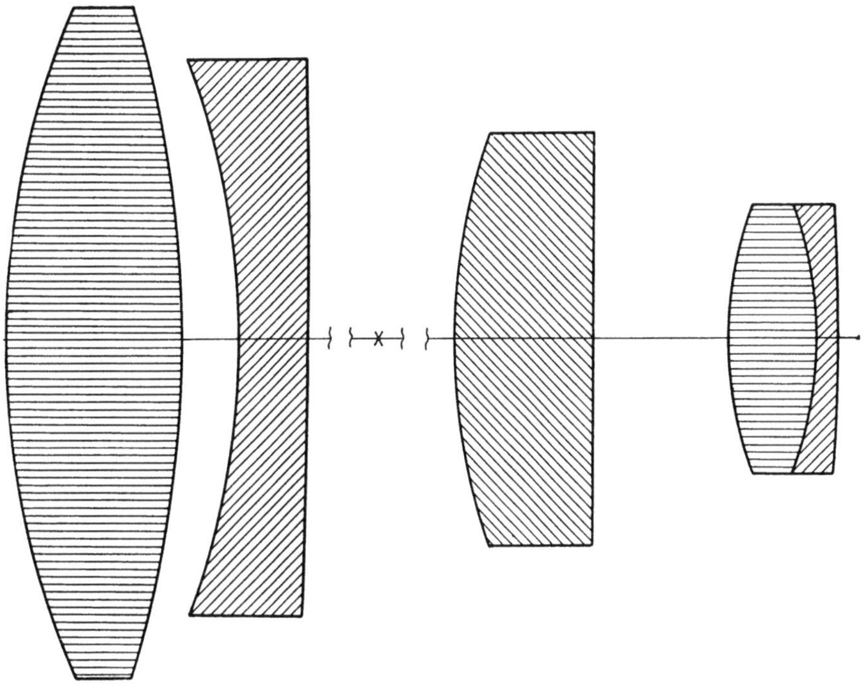

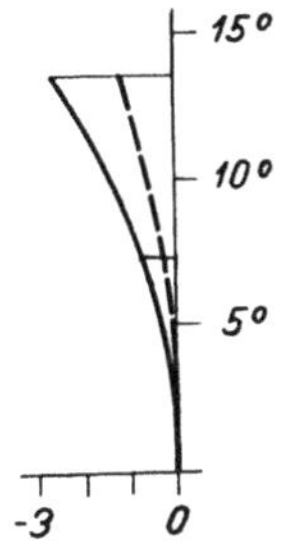

Abb. 77. Nr. 48/8. D.R.P. Nr. 607631/1932.
Der Blendenraum ist aus Platzgründen verkürzt dargestellt.

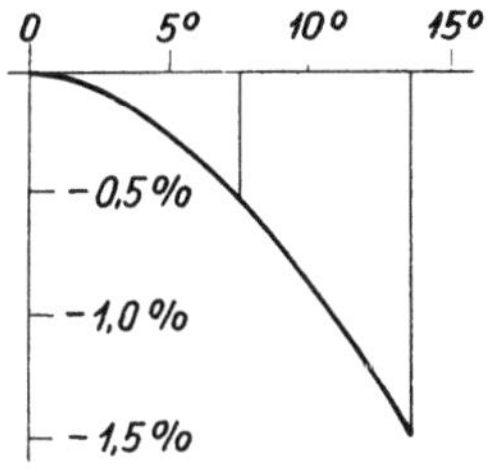

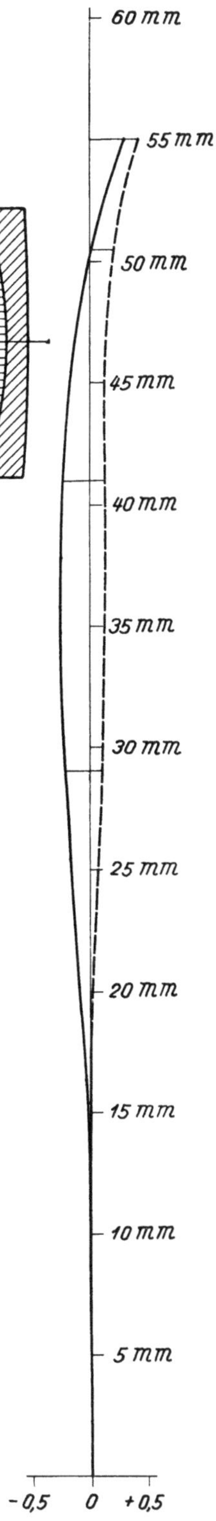

Die Nummern 47 bis 50 der Zusammenstellung 8 bringen einige Formen, die unter den lichtstarken Objektiven bisher selten zu finden sind. Daher bleiben sie gewissermaßen als Einzelgänger bei unserer Zusammenfassung in Gruppen übrig. Objektiv 47 ist hier aufgeführt, um der Vollständigkeit halber auch diese Linsenanlage gebracht zu haben; Linsenfolge 48 ist als „R-Biotar" auf S. 33 und 34 besprochen, unter Nr. 49 ist eine Art umgekehrtes „Sonnar" gegeben und Objektiv 50 ist wegen der Verwendung neuartigen Glases in seinen beiden Sammellinsen interessant.

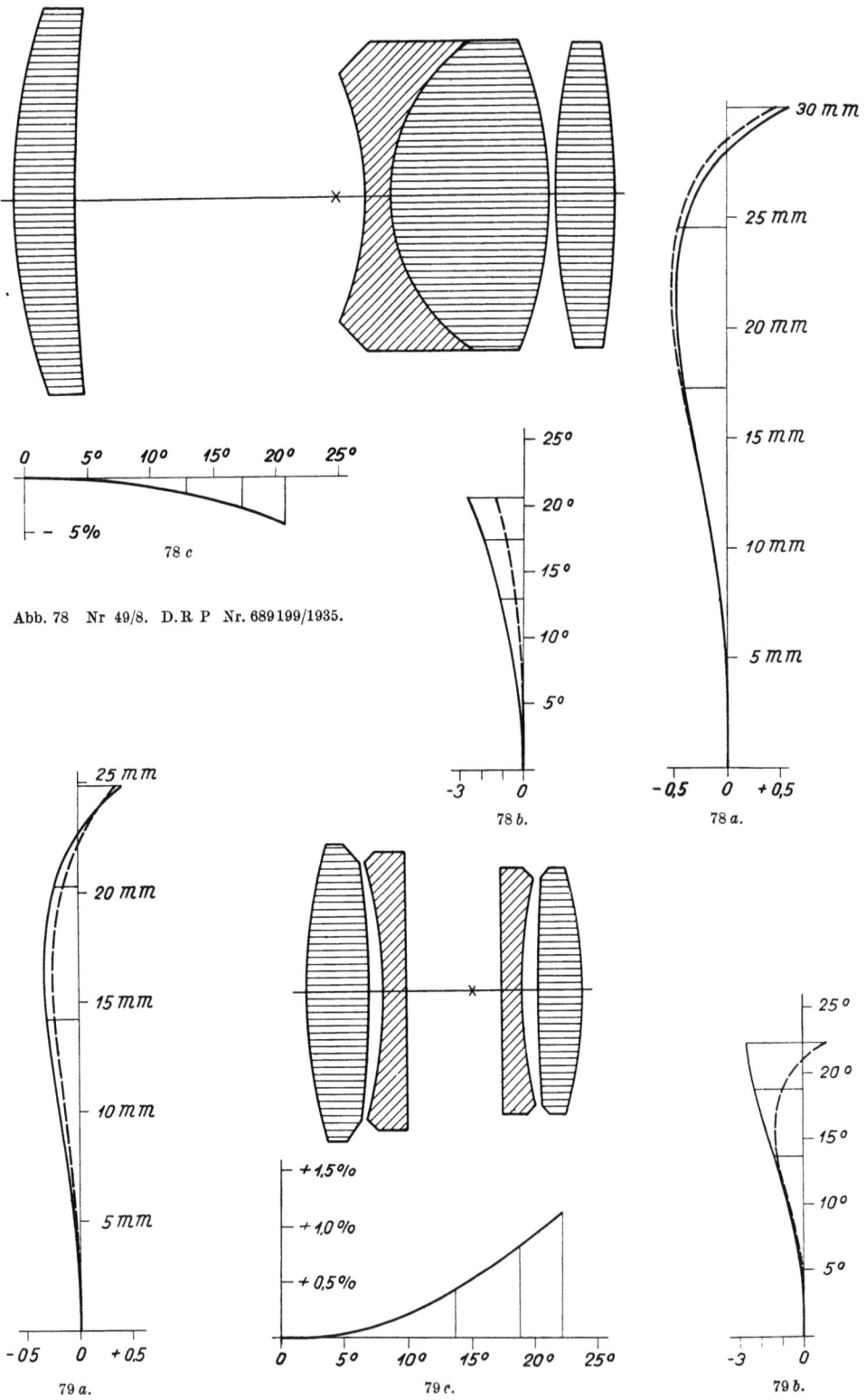

Abb. 78. Nr 49/8. D.R.P. Nr. 689199/1935.

Abb. 79. Nr. 50/8. F.P. Nr. 838238/1938. Beispiel I.

g) Teleobjektive.

In Band I ist ausführlich über Wesensart und Eigenschaften des Teleobjektivs gesprochen worden. Es bleibt uns hier nicht viel mehr übrig, als die Konstruktionsdaten einiger neuerdings bekanntgewordener Teleobjektive in der Zusammenstellung 9 zu geben und die dazugehörigen Kurven a, b und c nebst Linsenachsenschnitten in den Abb. 80 bis 86.

Ein grundsätzlicher Fortschritt gegenüber den in Band I angeführten Teleobjektiven ist darin zu erblicken, daß unter den neuen Formen einige sind, bei

Objektivzusammenstellung 9.[1] Teleobjektive.

	Krümmungs-radien	Dicken, Abstände, Blendenent-fernungen, Schnitt-weite, Gesamtlänge	Glasarten		Errechner des Objektivs	Literatur-nachweis	Patentinhaber oder Herstellerfirma
			n_d	ν			
1	$r_1 = 29{,}0$ $r_2 = 34{,}3$ $r_3 = $ plan $r_4 = 41{,}2$ $r_5 = 28{,}7$ $r_6 = 301{,}8$ $r_7 = 40{,}4$	$d_1 = 5{,}5$ $d_2 = 1{,}5$ $b_1 = 9{,}0$ $b_2 = 4{,}3$ $d_3 = 1{,}3$ $l = 3{,}8$ $d_4 = 2{,}5$ $s'^2 = 63{,}7$ $L^2 = 91{,}6$	$L_1 = 1{,}6143$ $L_2 = 1{,}6462$ $L_3 = 1{,}5835$ $L_4 = 1{,}6462$	56,4 33,9 41,9 33,9	H. Deser	D.R.P. Nr. 444150, 1925 Beispiel II	Voigt-länder & Sohn A.-G., Braun-schweig
2	$r_1 = 20{,}8$ $r_2 = 55{,}5$ $r_3 = 70{,}9$ $r_4 = 13{,}1$ $r_5 = 39{,}1$ $r_6 = 23{,}7$ $r_7 = 59{,}5$ $r_8 = 40{,}7$	$d_1 = 5{,}5$ $d_2 = 1{,}6$ $b_1 = 10{,}0$ $b_2 = 16{,}0$ $d_3 = 0{,}9$ $d_4 = 1{,}6$ $l = 0{,}1$ $d_5 = 1{,}6$ $s'^2 = 49{,}1$ $L^2 = 86{,}4$	$L_1 = 1{,}5163$ $L_2 = 1{,}6202$ $L_3 = 1{,}5163$ $L_4 = 1{,}6489$ $L_5 = 1{,}5250$	63,7 36,0 63,7 33,9 62,3	A. W. Tronnier	D.R.P. Nr. 471565, 1927	Joseph Schneider u. Co., Kreuznach
3	$r_1 = 29{,}1$ $r_2 = 33{,}5$ $r_3 = $ plan $r_4 = 15{,}4$ $r_5 = $ plan $r_6 = 27{,}5$	$d_1 = 6{,}2$ $d_2 = 2{,}0$ $b_1 = 8{,}0$ $b_2 = 34{,}9$ $d_3 = 2{,}0$ $d_4 = 2{,}9$ $s'^2 = 25{,}3$ $L^2 = 81{,}3$	$L_1 = 1{,}5163$ $L_2 = 1{,}6164$ $L_3 = 1{,}6102$ $L_4 = 1{,}6030$	64,1 36,6 56,5 38,0	C. W. Frederick und W. S. Eichel-berger	A.P. Nr. 1897896, 1933	Eastman Kodak Company, Rochester
4	$r_1 = 26{,}1$ $r_2 = $ plan $r_3 = 25{,}9$ $r_4 = 9{,}1$ $r_5 = 24{,}6$ $r_6 = 18{,}5$ $r_7 = 39{,}1$ $r_8 = 53{,}6$	$d_1 = 4{,}5$ $b_1 = 10{,}4$ $b_2 = 7{,}2$ $d_2 = 1{,}8$ $d_3 = 7{,}4$ $d_4 = 5{,}2$ $l = 8{,}0$ $d_5 = 2{,}5$ $s'^2 = 51{,}2$ $L^2 = 98{,}2$	$L_1 = 1{,}5523$ $L_2 = 1{,}5674$ $L_3 = 1{,}5891$ $L_4 = 1{,}5967$ $L_5 = 1{,}6717$	63,3 42,8 61,3 39,1 32,3	W. Merté	E.P. Nr. 493650, 1938 Beispiel I	Carl Zeiss, Jena

---

[1] S. Fußnote 1 auf S. 2.
[2] s' = bildseitige Schnittweite des Fernobjektivs. L = Gesamtlänge, d. i. die Entfernung vom Scheitel der Frontlinse bis zur bildseitigen Brennebene.

Fortsetzung der Objektivzusammenstellung 9.

	Krummungs-radien	Dicken, Abstande, Blendenent-fernungen, Schnitt-weite, Ge-samtlange	Glasarten		Errechner des Objektivs	Literatur-nachweis	Patentinhaber oder Herstellerfirma
			n_d	ν			
5	$r_1 = 25{,}0$ $r_2 = 31{,}3$ $r_3 = 321{,}2$ $r_4 = 22{,}8$ $r_5 = 32{,}9$ $r_6 = 296{,}5$ $r_7 = 16{,}6$ $r_8 = 40{,}6$ $r_9 = 32{,}5$ $r_{10} = 222{,}7$	$d_1 = 5{,}2$ $d_2 = 1{,}2$ $l_1 = 0{,}0$ $d_3 = 1{,}3$ $l_2 = 7{,}8$ $d_4 = 2{,}2$ $b_1 = 2{,}3$ $b_2 = 16{,}0$ $d_5 = 3{,}3$ $d_6 = 0{,}7$ $s'^1 = 45{,}0$ $L^1 = 85{,}0$	n_C $L_1 = 1{,}5670$ $L_2 = 1{,}6206$ $L_3 = 1{,}6177$ $L_4 = 1{,}6660$ $L_5 = 1{,}4649$ $L_6 = 1{,}6680$	63,1 35,7 60,4 41,8 65,2 47,0	W. Merté	E.P. Nr. 493 650, 1938 Beispiel II	Carl Zeiss, Jena
6	$r_1 = 20{,}3$ $r_2 = 49{,}8$ $r_3 = 87{,}4$ $r_4 = 12{,}5$ $r_5 = 75{,}4$ $r_6 = 150{,}0$ $r_7 = 42{,}0$	$d_1 = 3{,}1$ $d_2 = 1{,}2$ $b_1 = 14{,}5$ $b_2 = 15{,}6$ $d_3 = 1{,}0$ $l = 0{,}1$ $d_4 = 1{,}9$ $s'^1 = 42{,}2$ $L^1 = 79{,}6$	$L_1 = 1{,}5601$ $L_2 = 1{,}7283$ $L_3 = 1{,}5163$ $L_4 = 1{,}6200$	48,7 28,3 64,0 36,3	R. Richter	It.P. Nr. 382 977, 1940 Beispiel I	Carl Zeiss, Jena
7	$r_1 = 21{,}1$ $r_2 = 40{,}0$ $r_3 = 40{,}2$ $r_4 = 71{,}0$ $r_5 = 13{,}0$ $r_6 = 70{,}0$ $r_7 = $ plan $r_8 = 33{,}2$	$d_1 = 3{,}2$ $l_1 = 0{,}1$ $d_2 = 1{,}2$ $b_1 = 14{,}2$ $b_2 = 16{,}1$ $d_3 = 1{,}0$ $l_2 = 0{,}1$ $d_4 = 1{,}9$ $s'^1 = 41{,}6$ $L^1 = 79{,}4$	$L_1 = 1{,}6080$ $L_2 = 1{,}7283$ $L_3 = 1{,}6080$ $L_4 = 1{,}7283$	45,0 28,3 46,2 28,3	R. Richter	It.P. Nr. 382 977, 1940 Beispiel II	Carl Zeiss, Jena

denen die Verzeichnung wirklich korrigiert ist. Sämtliche Teleobjektive des Bandes I haben, wie ihre Verzeichnungskurven erkennen lassen, in ihrem Bildfeld eine kissenförmige Verzeichnung. Dabei schwanken die Verzeichnungswerte der verschiedenen Linsenanlagen zwar erheblich, nirgends kann aber von einer eigentlichen Korrektion die Rede sein.

Auch bei den hinsichtlich der Verzeichnung günstigsten Formen ist diese immerhin noch groß genug, daß sie bei dem in Band I für die c-Kurven der Teleobjektive durchweg benutzten kleinsten Maßstab deutlich zur Darstellung gelangt. In diesem kleinsten Maßstab sind auch hier die c-Kurven der Teleobjektive 1 bis 3 gezeichnet, während der Maßstab der Ordinaten der c-Kurven der Zahlenbeispiele 4 bis 7, bei denen die Verzeichnung mehr oder weniger korrigiert ist, zehnmal größer ist, also mit unserem mittleren, normalen Maßstab der c-Kurven übereinstimmt.

Korrektion der Verzeichnung der Teleobjektive bei gleichzeitiger guter Berichtigung der auf die Schärfe einwirkenden Bildfehler macht diese Objektive

---

[1] s' = bildseitige Schnittweite des Fernobjektivs. L = Gesamtlänge, d. i. die Entfernung vom Scheitel der Frontlinse bis zur bildseitigen Brennebene.

Bauarten neuer photographischer Objektive.

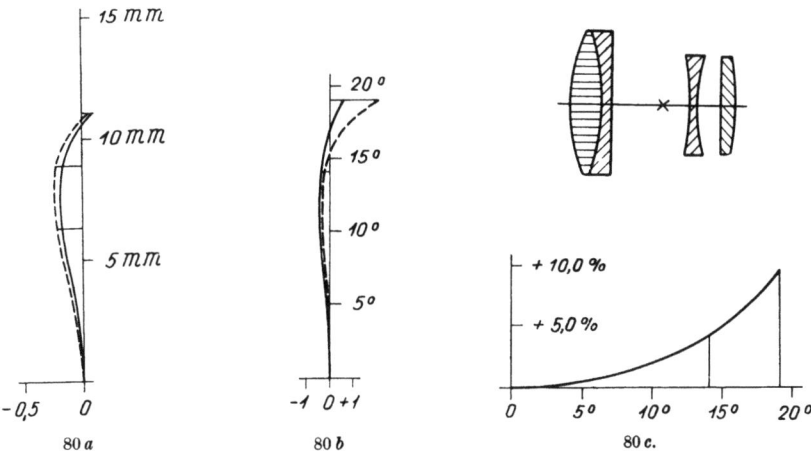

Abb. 80. Nr. 1/9. D R P. Nr. 444150/1925. Beispiel II.

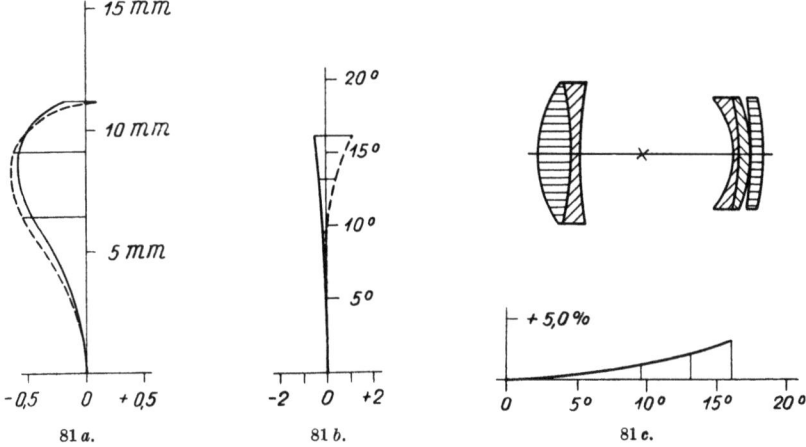

Abb. 81. Nr. 2/0. D R.P. Nr. 471565/1927.

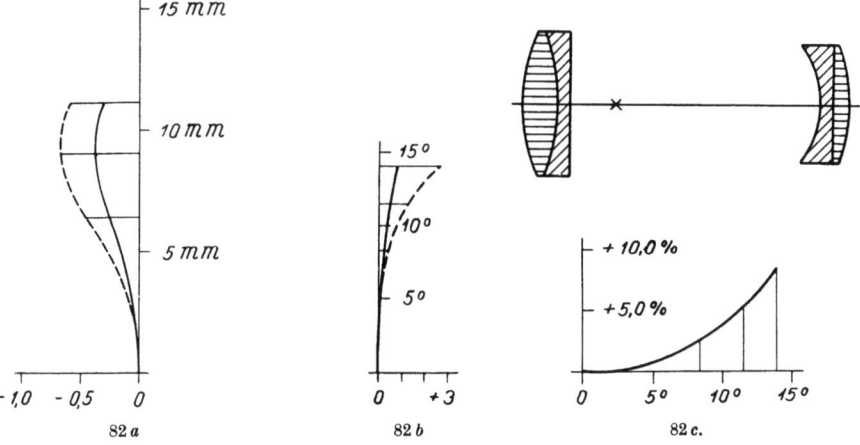

Abb. 82. Nr. 3/9. A P. Nr. 1897896/1933

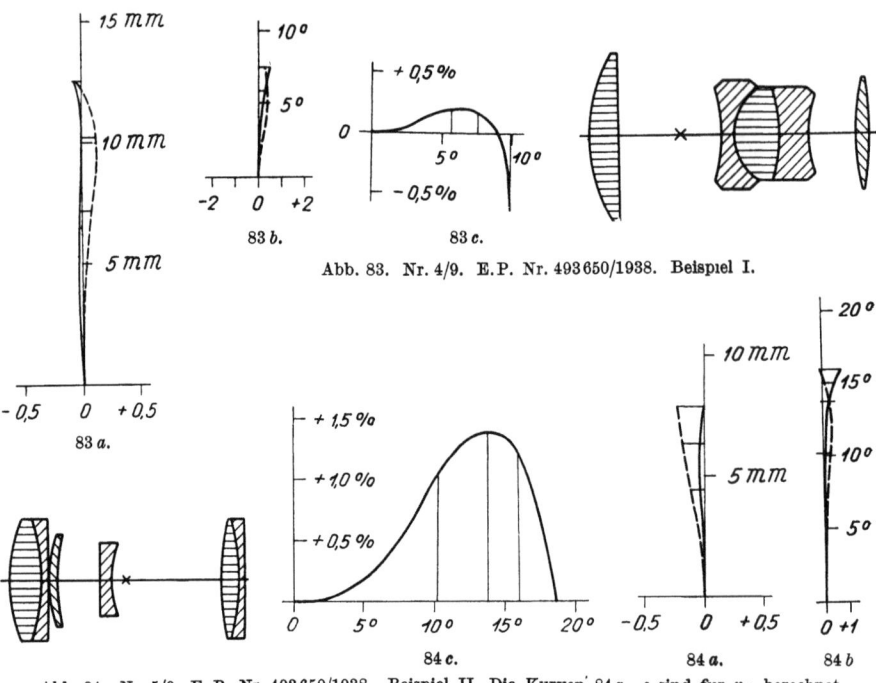

Abb. 83. Nr. 4/9. E.P. Nr. 493650/1938. Beispiel I.

Abb. 84. Nr. 5/9. E.P. Nr. 493650/1938. Beispiel II. Die Kurven 84a—c sind für n_C berechnet.

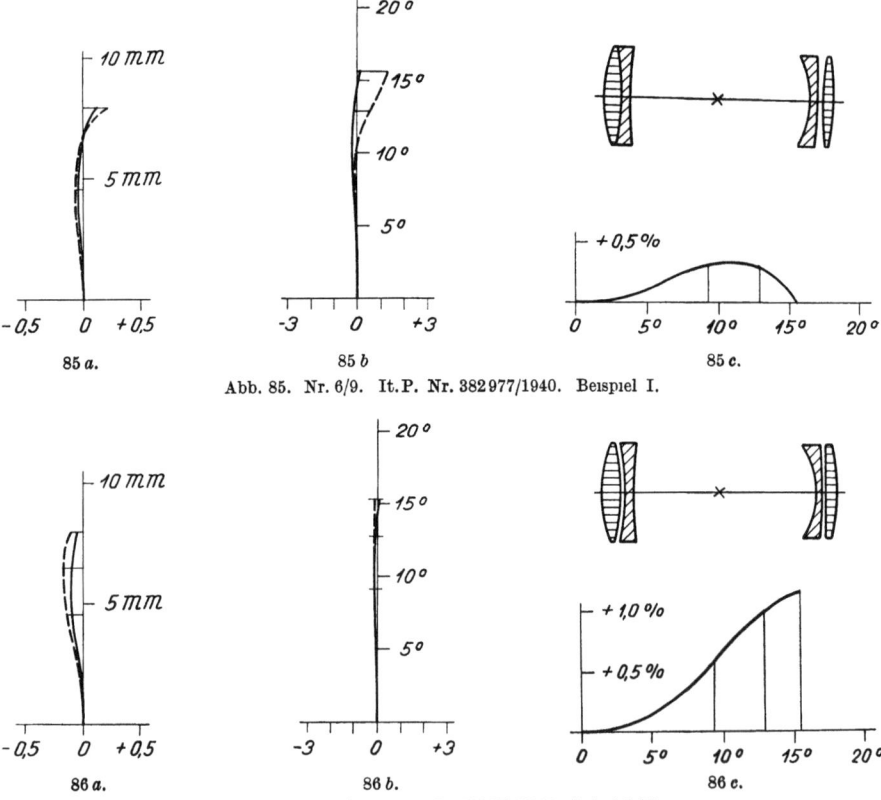

Abb. 85. Nr. 6/9. It.P. Nr. 382977/1940. Beispiel I.

Abb. 86. Nr. 7/9. It.P. Nr. 382977/1940. Beispiel II.

mit kleiner Schnittweite und geringer Gesamtlänge für manches Anwendungsgebiet besser als bisher verwendbar.

Der nicht seltene Irrtum, daß Teleobjektive kissenförmige Verzeichnung haben müßten, läßt sich theoretisch leicht aufklären.

Nach Band I, Gleichung (4) auf S. 193 beträgt für ein unendlich fernes Ding die Verzeichnung

$$V_{N=\infty} = \frac{x_0' + \delta'}{f} \cdot \frac{\operatorname{tg} w'}{\operatorname{tg} w} - 1,$$

sie ist also korrigiert, wenn die rechte Seite der Gleichung verschwindet. Der Ausdruck $\frac{\operatorname{tg} w'}{\operatorname{tg} w}$ ist bei Teleobjektiven in der Regel größer als 1 (bei dem Linienzug 4/9 in Abb. 87 sieht man aber, daß für $w > 8{,}3°$ $\frac{\operatorname{tg} w'}{\operatorname{tg} w}$ kleiner als 1 ist) und dieser Tatbestand hat vermutlich zu dem obengenannten Irrtum geführt.

In Abb. 87 ist durch Linienzüge für die sieben Objektive unserer Zusammenstellung 9 der Verlauf des Wertes von $\frac{\operatorname{tg} w'}{\operatorname{tg} w}$ dargestellt; dabei ist die Zugehörigkeit des jeweiligen Linienzuges zu seinem Objektiv durch dessen Nummer

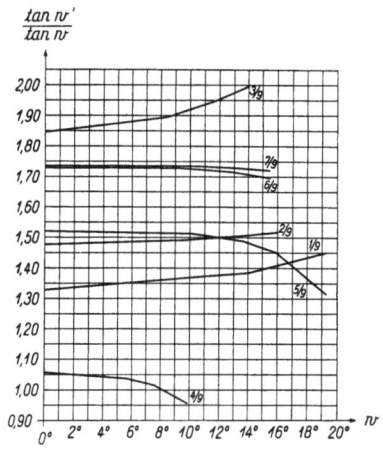
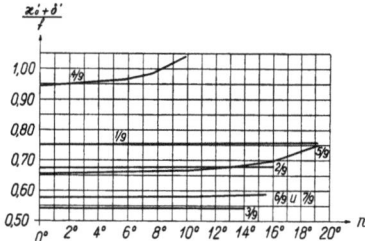

Abb. 87. Abhängigkeit des Ausdruckes $\frac{\operatorname{tg} w'}{\operatorname{tg} w}$ von w für die Objektive der Zusammenstellung 9.

Abb. 88. Abhängigkeit des Ausdruckes $\frac{x_0' + \delta'}{f}$ von w für die Objektive der Zusammenstellung 9.

kenntlich gemacht. Die Linienzüge der Abb. 88 zeigen in entsprechender Weise die Abhängigkeit des Ausdruckes $\frac{x_0' + \delta'}{f}$ von w. Für $\lim w = 0$ sind natürlich in jedem Falle die Ausdrücke $\frac{\operatorname{tg} w'}{\operatorname{tg} w}$ und $\frac{x_0' + \delta'}{f}$ der Kehrwert voneinander, und zwar gleich der paraxialen ding- bzw. bildseitigen Pupillenvergrößerung; je mehr $\frac{\operatorname{tg} w'}{\operatorname{tg} w}$ bei endlichem w von $\frac{f}{x_0' + \delta'}$ abweicht, desto größer ist natürlich die Verzeichnung.

Nebenbei sei hier bemerkt, daß das Zahlenbeispiel des E. P. Nr. 222709 wohl eine unkorrigierte, aber ausgeprägt tonnenförmige Verzeichnung hat. Dabei ist diese Linsenform ein echtes Teleobjektiv; sie hat eine Schnittweite $s' = 43$ mm und eine Gesamtlänge $L = 80{,}4$ mm bei einer Brennweite von 100 mm; der hintere Hauptpunkt des Objektivs liegt also fast 20 mm vor der vorderen Linsenfläche.

h) Weitwinkelobjektive.

Ein lang erstrebtes Ziel der rechnenden Optik, das aber erst in letzter Zeit erreicht wurde, ist die Schaffung eines Weitwinkels ausreichender Lichtstärke. Das hinsichtlich Ausdehnung des Bildfeldes (gegen 140°), Beseitigung

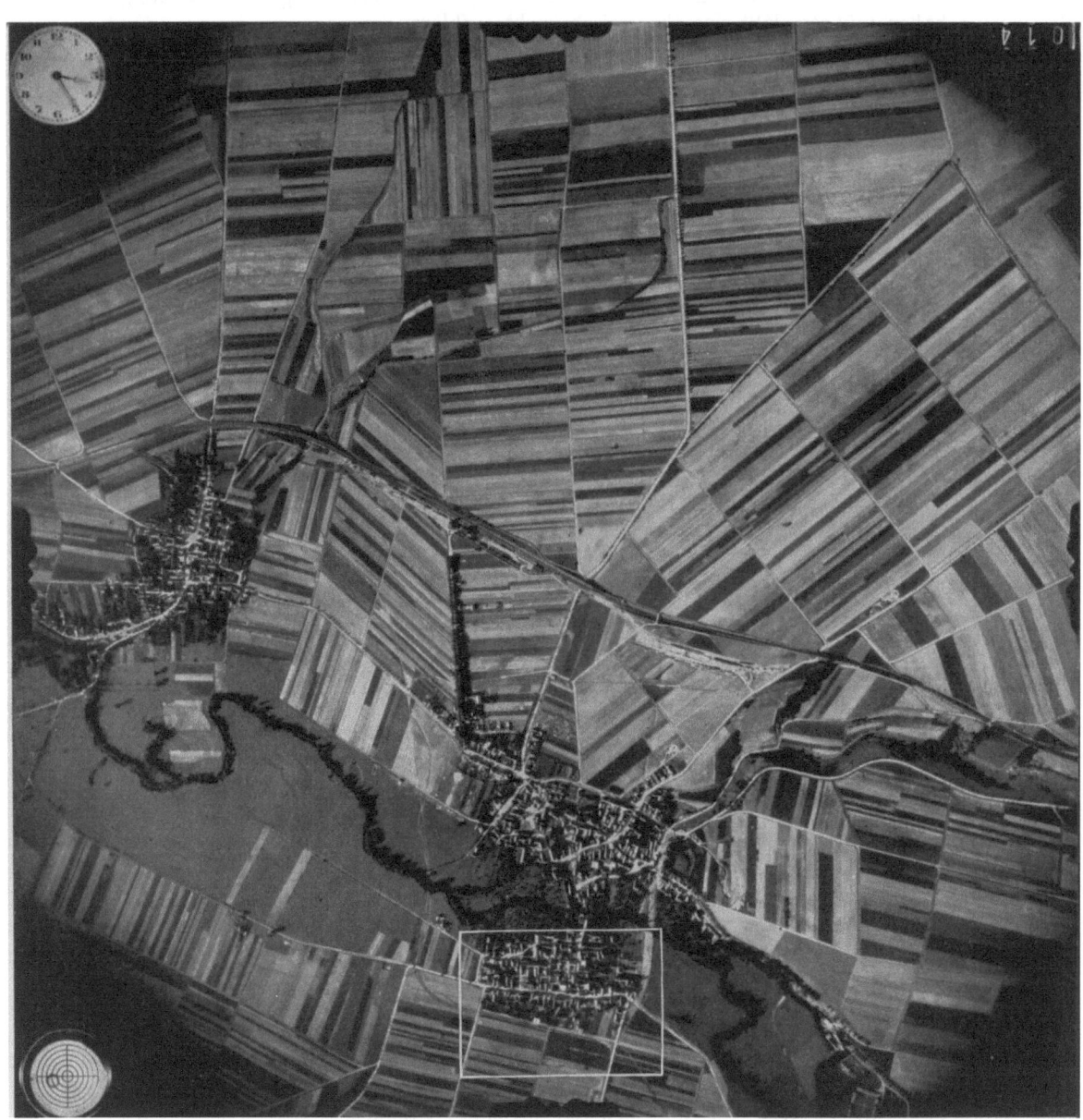

Abb. 89. Auf zirka 16 × 16 cm² verkleinerte 18 × 18 cm²-Aufnahme mit Topogon 1,6,3 $f = 10$ cm. Um die durch Rasterung verlorengegangenen Feinheiten der Originalaufnahme einigermaßen zu zeigen, ist das durch ein weißes Rechteck gekennzeichnete Feld obenstehender Wiedergabe in Abb. 89a zirka 4½fach vergrößert dargestellt. (Freigegeben durch Verf. d. R. L. M. Nr. 24 526 vom 2. September 1938.)

Bauarten neuer photographischer Objektive. 81

des Astigmatismus, der Bildkrümmungen und der Verzeichnung kaum zu überbietende „Hypergon" kann wegen seiner sphärischen Abweichungen und Farbfehler bei seinen marktgängigen Brennweiten höchstens mit dem Öffnungsverhältnis 1:22 benutzt werden und bedarf bei höheren Schärfeansprüchen an die Aufnahme sogar noch der Abblendung.

Andere Weitwinkel mit 100° Bildfeld hatten schon größere Lichtstärken, wie sie etwa durch 1:18 oder gar durch 1:9 gegeben werden, wobei man allerdings die volle Öffnung bei 1:9 meist nur für die Einstellung benutzte, während die Aufnahme

Abb 89a Siehe Legende zu Abb. 89. Hier sind z. B. Fruchthaufen, die in Abb. 89 auch mit der Lupe nicht zu erkennen sind, auf den Feldern deutlich sichtbar. (Freigegeben durch Verf. d. R. L. M. Nr. 24526 vom 2. September 1938.)

besser bei 1:18 oder noch stärkerer Abblendung gemacht wurde. Zwar kam es vor, daß Objektive mit Bildfeldern von über 90° bei einem Öffnungsverhältnis 1:6,3 angepriesen wurden, doch konnten solche Objektive auch bescheidene Ansprüche an Bildqualität innerhalb des angegebenen Bildfeldes nicht befriedigen.

Einen bemerkenswerten Fortschritt in der Lösung der schwierigen Aufgabe, bei nicht unerheblicher Lichtstärke ein möglichst großes Feld scharf abzubilden, brachte das seit dem Jahre 1935 regelmäßig hergestellte „Topogon" von C. ZEISS, Jena. Bei einem Öffnungsverhältnis von 1:6,3 deckt es ein Bildfeld von etwa 100° mit guter Schärfe. Sein Hauptanwendungsgebiet wurde zunächst die Fliegeraufnahme. Die Lichtstärke des Topogons reichte ja aus, genügend kurze Aufnahmen aus dem sich schnell bewegenden Flugzeug zu machen, und sein großes Bildfeld gestattete unter sonst gleichen Bedingungen die Erfassung eines viel größeren Geländeausschnittes als bei den bisher verwandten Fliegerobjektiven kleineren Bildwinkels.

Gegenüber dem bisherigen Verfahren, den Mangel zu kleinen Bildwinkels durch Vereinigung von mehreren Einfachkammern zu einer Mehrfachkammer auszugleichen, gewährt die weitwinklige lichtstarke Einfachkammer aus naheliegenden Gründen grundsätzliche Vorzüge.

Da das „Topogon" über sein ganzes scharfes Bildfeld hin auch praktisch verzeichnungsfrei ist, liefert es weitwinklige Meßbilder, die unmittelbar auswertbar sind. Abb. 89 zeigt eine Aufnahme mit Reihenmeßkammer RMKP 10 der ZEISS-Aerotopograph G. m. b. H., Jena. Diese Weitwinkelreihenmeßkammer ist mit einem „Topogon" 1:6,3, $f = 10$ cm ausgerüstet, das in dem Kammerformat 18×18 cm² einen Kreis mit 21 cm Durchmesser so deckt, daß nur die äußersten Ecken des quadratischen Formats für Abbildungen von Meß- und Zähleinrichtungen frei bleiben. Das von R. RICHTER errechnete „Topogon" 1:6,3 fällt unter das D.R.P. Nr. 636167, dessen Zahlenbeispiele 2 und 3 in der Objektivzusammenstellung 10 unter Nr. 1 und 2 zu finden sind.

Beide Ausführungsbeispiele sind nach Angaben der Patentschrift bis zum Öffnungsverhältnis 1:6,3 gut brauchbar, nach den Fehlerkurven b der Abb. 90 und 91 sind Astigmatismus und Bildkrümmungen für ein Bildfeld von 100° bis auf geringe Zwischenfehler beseitigt. Während das erstgenannte Beispiel aus vier freistehenden, ziemlich stark durchgebogenen, mit ihren hohlen Flächen einer Mittelblende zugekehrten Menisken, von denen die beiden äußeren sammeln und die inneren zerstreuen, den schematischen Aufbau des erwähnten Flieger-Topogons zeigt, ist unser zweites Beispiel ein symmetrisches Objektiv, das außer den vier gegen den Blendenort hohlen Linsen noch zwei außenliegende planparallele Platten hat.

Als symmetrisches Objektiv ist es natürlich für den Abbildungsmaßstab 1:1 ideal verzeichnungsfrei, aber bis auf kleine Zwischenfehler ist auch für den Maßstab 1:∞ die Verzeichnung weitgehend gehoben. Für letztere Abbildung, also für ein unendlich fernes Ding, könnte natürlich die vordere Planplatte als wirkungslos fortfallen. Dieses Objektiv gleicht dann in schematischer Bauart dem Weitwinkelsonderobjektiv „ZEISS-Topogon" an dem Phototheodolit „TAL" der ZEISS-Aerotopograph G. m. b. H., Jena, dessen Brennweite 5,5 cm beträgt und dessen größte Blende 1:6,3 ist. Dieses „Topogon" hat nämlich in seiner Bildebene eine Planplatte.

Das A.P. Nr. 2116264, dessen Zahlenbeispiel in der Zusammenstellung 10 unter Nr. 3 steht, zeigt, wie aus Abb. 92 zu ersehen ist, eine Objektivform, die aus dem eben besprochenen „Topogon" durch Aufteilung des hinteren Meniskus entstanden ist, aber durch diese Aufspaltung keinen Fortschritt bringt, allenfalls eine Verringerung der Leistung durch erhöhte Schwierigkeiten der Herstellung.

Neuartig sind auch die Weitwinkelformen nach E.P. Nr. 487712, deren Zahlenbeispiele 1 und 2 in Zusammenstellung 10 unter 4 und 5 gegeben sind.

Das erste Zahlenbeispiel dieser Schutzschrift ist beim Öffnungsverhältnis 1:6 für ein Bildfeld von etwa 80° brauchbar. Interessant ist dieses Objektiv einmal, weil es trotz Hinterblende eine durchaus befriedigende Korrektion der Verzeichnung hat, und weil es ferner für sämtliche in Frage kommenden Dingentfernungen praktisch reflexfrei ist.

Tabelle 8. Lage von Reflexbildern des Objektivs 4/10.

Das Reflexbild liegt nach Reflexion an Flächen	bei Abbildungsmaßstab		
	1:∞	1:1	
4 und 1	24,18 mm	22,33 mm	
5 „ 1	46,70 „	46,54 „	
8 „ 1	56,01 „	52,76 „	vor der Blende
5 „ 4	15,39 „	15,27 „	
8 „ 4	20,41 „	20,19 „	
8 „ 5	0,95 „	0,77 „	

Objektivzusammenstellung 10.[1] Neuartige Weitwinkelobjektive.

	Krummungs-radien	Dicken, Abstande, Blendenent-fernungen	Glasarten		Errechner des Objektivs	Literatur-nachweis	Patentinhaber oder Herstellerfirma
			n_d	ν			
1	$r_1 = 16{,}6$ $r_2 = 23{,}3$ $r_3 = 13{,}2$ $r_4 = 10{,}9$ $r_5 = 10{,}9$ $r_6 = 13{,}2$ $r_7 = 24{,}9$ $r_8 = 17{,}0$	$d_1 = 6{,}4$ $l_1 = 0{,}03$ $d_2 = 0{,}7$ $b_1 = 10{,}1$ $b_2 = 10{,}1$ $d_3 = 0{,}7$ $l_2 = 0{,}03$ $d_4 = 6{,}7$	$L_1 = 1{,}6185$ $L_2 = 1{,}7261$ $L_3 = 1{,}7261$ $L_4 = 1{,}6185$	$60{,}5$ $29{,}0$ $29{,}0$ $60{,}5$	R. Richter	D.R.P. Nr. 636167, 1933 Beispiel II	Carl Zeiss, Jena
2	$r_1 = $ plan $r_2 = $ plan $r_3 = 17{,}0$ $r_4 = 25{,}5$ $r_5 = 13{,}9$ $r_6 = 11{,}1$ $r_7 = 11{,}1$ $r_8 = 13{,}9$ $r_9 = 25{,}5$ $r_{10} = 17{,}0$ $r_{11} = $ plan $r_{12} = $ plan	$d_1 = 16{,}0$ $l_1 = 0{,}8$ $d_2 = 6{,}8$ $l_2 = 0{,}03$ $d_3 = 0{,}8$ $b_1 = 9{,}8$ $b_2 = 9{,}8$ $d_4 = 0{,}8$ $l_3 = 0{,}03$ $d_5 = 6{,}8$ $l_4 = 0{,}8$ $d_6 = 16{,}0$	$L_1 = 1{,}5163$ $L_2 = 1{,}6201$ $L_3 = 1{,}7172$ $L_4 = 1{,}7172$ $L_5 = 1{,}6201$ $L_6 = 1{,}5163$	$64{,}0$ $60{,}4$ $29{,}5$ $29{,}5$ $60{,}4$ $64{,}0$	R. Richter	D.R.P. Nr. 636167, 1933 Beispiel III	Carl Zeiss, Jena
3	$r_1 = 18{,}6$ $r_2 = 27{,}8$ $r_3 = 15{,}1$ $r_4 = 12{,}2$ $r_5 = 12{,}2$ $r_6 = 15{,}1$ $r_7 = 28{,}6$ $r_8 = 22{,}6$ $r_9 = 24{,}6$ $r_{10} = 20{,}0$	$d_1 = 7{,}4$ $l_1 = 0{,}03$ $d_2 = 0{,}8$ $b_1 = 10{,}4$ $b_2 = 10{,}4$ $d_3 = 0{,}8$ $l_2 = 0{,}03$ $d_4 = 3{,}2$ $l_3 = 0{,}03$ $d_5 = 5{,}5$	$L_1 = 1{,}6202$ $L_2 = 1{,}7174$ $L_3 = 1{,}7174$ $L_4 = 1{,}6202$ $L_5 = 1{,}6202$	$60{,}4$ $29{,}5$ $29{,}5$ $60{,}4$ $60{,}4$	J. W. Hasselkus und G. A. Richmond	A.P. Nr. 2116264, 1937	J. W. Hasselkus und G. A. Richmond, Clapham, London
4	$r_1 = 66{,}7$ $r_2 = 25{,}3$ $r_3 = 33{,}9$ $r_4 = 43{,}3$ $r_5 = 20{,}2$ $r_6 = 602{,}0$ $r_7 = 8{,}7$ $r_8 = 21{,}5$	$d_1 = 10{,}1$ $d_2 = 10{,}9$ $d_3 = 4{,}4$ $l = 0{,}8$ $d_4 = 8{,}1$ $d_5 = 1{,}0$ $d_6 = 3{,}3$ $b = 3{,}2$	$L_1 = 1{,}6082$ $L_2 = 1{,}4927$ $L_3 = 1{,}6082$ $L_4 = 1{,}6705$ $L_5 = 1{,}5475$ $L_6 = 1{,}4665$	$59{,}5$ $69{,}7$ $59{,}5$ $47{,}2$ $45{,}9$ $65{,}4$	W. Merté	E.P. Nr. 487712, 1938 Beispiel I	Carl Zeiss, Jena
5	$r_1 = 62{,}4$ $r_2 = 23{,}7$ $r_3 = 31{,}6$ $r_4 = 40{,}7$ $r_5 = 20{,}7$ $r_6 = 565{,}0$ $r_7 = 9{,}7$ $r_8 = 23{,}4$ $r_9 = 1580{,}0$ $r_{10} = $ plan	$d_1 = 3{,}9$ $d_2 = 12{,}6$ $d_3 = 3{,}2$ $l = 0{,}8$ $d_4 = 6{,}3$ $d_5 = 1{,}4$ $d_6 = 4{,}5$ $b_1 = 2{,}3$ $b_2 = 7{,}8$ $d_7 = 23{,}4$	$L_1 = 1{,}6000$ $L_2 = 1{,}4888$ $L_3 = 1{,}6000$ $L_4 = 1{,}6702$ $L_5 = 1{,}5475$ $L_6 = 1{,}4658$ $L_7 = 1{,}6000$	$60{,}9$ $69{,}9$ $60{,}9$ $47{,}2$ $45{,}9$ $65{,}4$ $60{,}9$	W. Merté	E.P. Nr. 487712, 1938 Beispiel II	Carl Zeiss, Jena

[1] S. Fußnote 1 auf S. 2.

Fortsetzung der Objektivzusammenstellung 10.

	Krummungs-radien	Dicken, Abstände, Blendenent-fernungen	Glasarten		Errechner des Objektivs	Literatur-nachweis	Patentinhaber oder Herstellerfirma
			n_d	ν			
6	$r_1 =$ plan $r_2 = 23{,}5$ $r_3 = 24{,}3$ $r_4 = 13{,}1$ $r_5 = 11{,}1$ $r_6 =$ plan $r_7 =$ plan $r_8 = 11{,}1$ $r_9 = 13{,}1$ $r_{10} = 24{,}3$ $r_{11} = 28{,}3$ $r_{12} = 397{,}9$	$d_1 = 2{,}2$ $l_1 = 7{,}9$ $d_2 = 11{,}2$ $d_3 = 2{,}0$ $d_4 = 8{,}5$ $b_1 = 1{,}3$ $b_2 = 1{,}3$ $d_5 = 8{,}5$ $d_6 = 2{,}0$ $d_7 = 11{,}2$ $l_2 = 28{,}6$ $d_8 = 2{,}2$	$L_1 = 1{,}5100$ $L_2 = 1{,}7172$ $L_3 = 1{,}5399$ $L_4 = 1{,}5480$ $L_5 = 1{,}5484$ $L_6 = 1{,}5399$ $L_7 = 1{,}7172$ $L_8 = 1{,}5100$		M. Russinow und A. F. Kosyrew	Aus: Untersuchungen über Aerover-messungen u. Photogrammetrie von M. Russinow, herausgeg. v. Zentral-Wis-senschaftl. Forsch.-Inst. der Geodäsie, Aerovermessung und Kartographie. Moskau 1939. Zusammenstellung 2	
7	$r_1 = 53{,}5$ $r_2 = 157{,}2$ $r_3 = 33{,}3$ $r_4 = 62{,}9$ $r_5 =$ plan $r_6 = 25{,}9$ $r_7 = 417{,}6$ $r_8 = 40{,}9$ $r_9 = 78{,}6$ $r_{10} = 47{,}2$ $r_{11} = 168{,}0$	$d_1 = 12{,}9$ $l_1 = 1{,}6$ $d_2 = 5{,}5$ $d_3 = 5{,}2$ $d_4 = 1{,}9$ $b_1 = 6{,}0$ $b_2 = 1{,}6$ $d_5 = 1{,}9$ $d_6 = 37{,}7$ $l_2 = 6{,}3$ $d_7 = 25{,}2$	$L_1 = 1{,}6716$ $L_2 = 1{,}6716$ $L_3 = 1{,}4645$ $L_4 = 1{,}6890$ $L_5 = 1{,}4645$ $L_6 = 1{,}6716$ $L_7 = 1{,}5333$	47,2 47,2 65,7 31,0 65,7 47,2 48,9	L. Bertele	E. P. Nr. 459 739, 1937	Zeiss-Ikon A. G., Dresden
8	$r_1 =$ plan $r_2 = 215{,}6$ $r_3 = 42{,}7$ $r_4 = 21{,}2$ $r_5 = 16{,}2$ $r_6 = 100{,}9$ $r_7 = 23{,}1$	$d_1 = 6{,}6$ $b_1 = 110{,}3$ $b_2 = 2{,}4$ $d_2 = 6{,}8$ $l = 1{,}3$ $d_3 = 3{,}0$ $d_4 = 6{,}4$	$L_1 = 1{,}6231$ $L_2 = 1{,}5175$ $L_3 = 1{,}5509$ $L_4 = 1{,}6028$	57,0 58,9 49,6 60,6	W. Merté	D. R. P. Nr. 672 393, 1935	Carl Zeiss, Jena
9	$r_1 = 401{,}8$ $r_2 = 158{,}9$ $r_3 = 260{,}0$ $r_4 = 73{,}5$ $r_5 = 525{,}3$ $r_6 = 49{,}8$ $r_7 = 145{,}1$ $r_8 = 486{,}3$ $r_9 = 385{,}0$	$d_1 = 21{,}0$ $l_1 = 119{,}3$ $d_2 = 13{,}2$ $b_1 = 144{,}5$ $b_2 = 0{,}0$ $d_3 = 39{,}6$ $d_4 = 15{,}6$ $l_2 = 137{,}9$ $d_5 = 49{,}8$	$L_1 = 1{,}5400$ $L_2 = 1{,}5400$ $L_3 = 1{,}6138$ $L_4 = 1{,}6364$ $L_5 = 1{,}6074$	59,6 59,6 56,3 35,4 56,7	H. Schulz	D. R. P. Nr. 620 538, 1932	Allge-meine Elektrizi-täts-Ge-sellschaft, Berlin

In der Tabelle 8 (S. 82) sind für die jeweilig sechs möglichen, durch zweimalige Reflexionen an den vier Glasluftflächen des Objektivs entstehenden Reflexbilder des unendlich fernen Achsendingpunkts und des zwei Brennweiten vor dem vorderen Hauptpunkt liegenden Achsendingpunktes die Bildschnitt-weiten angegeben; für beide Abbildungen, d. h. also für die Abbildungsmaßstäbe 1:∞ und 1:1, und damit für alle praktisch in Frage kommenden Abbildungen überhaupt liegen sämtliche Reflexbilder vor der Blende, können also im Bild-raum nicht stören.

Bauarten neuer photographischer Objektive. 85

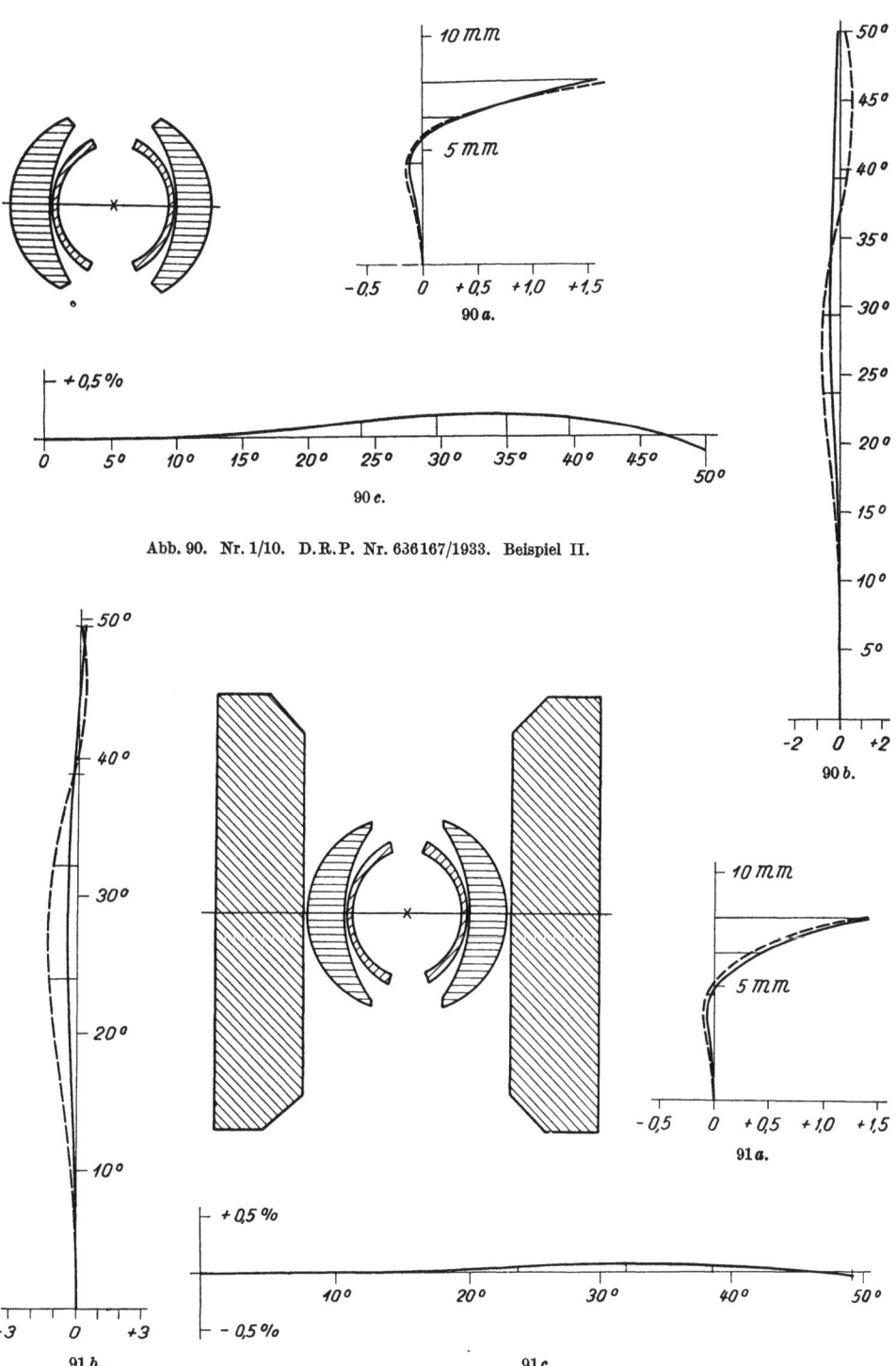

Abb. 90. Nr. 1/10. D.R.P. Nr. 636167/1933. Beispiel II.

Abb. 91. Nr. 2/10. D.R.P. Nr. 636167/1933. Beispiel III.

86 W. Merté: Das photographische Objektiv seit dem Jahre 1929.

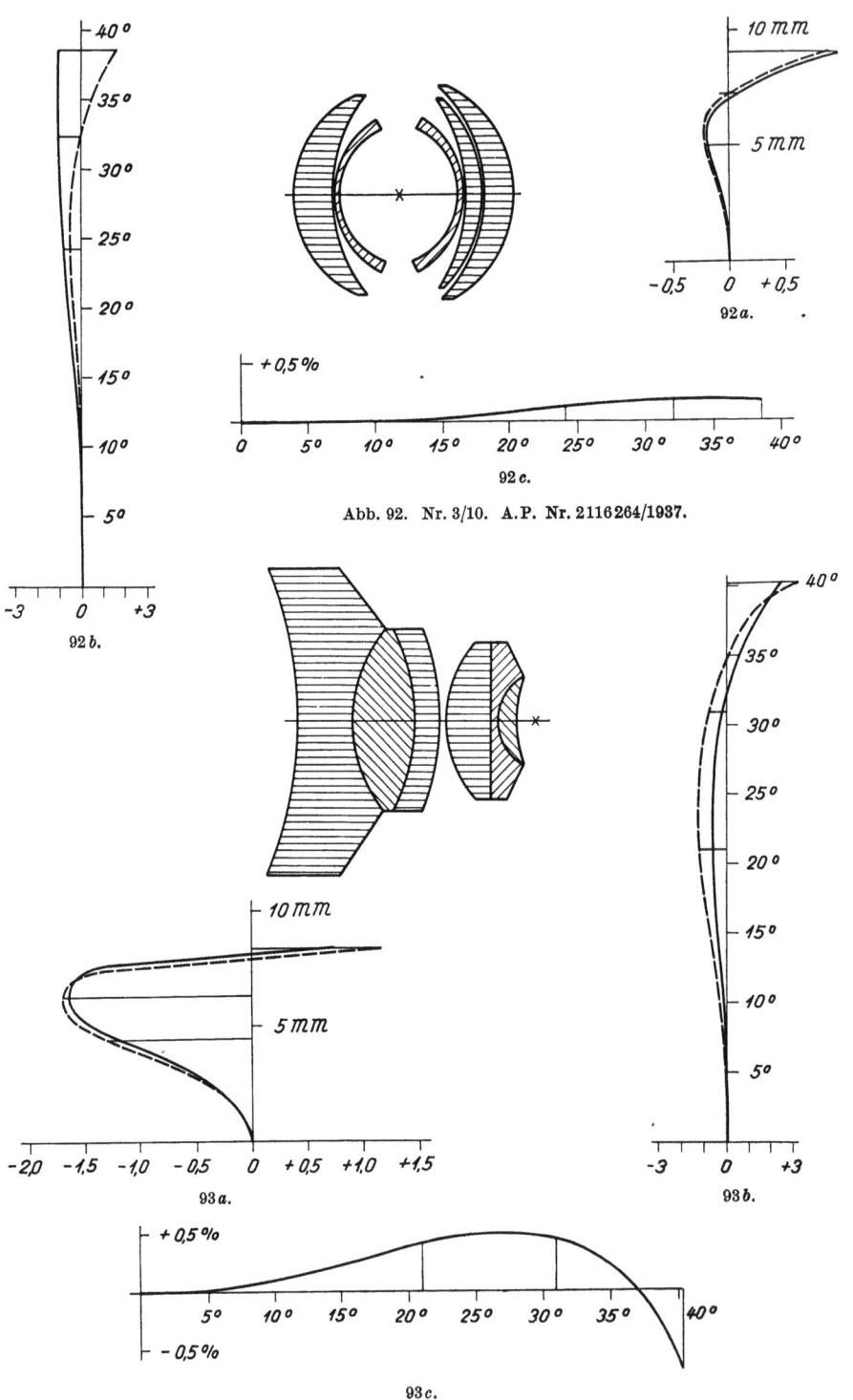

Abb. 92. Nr. 3/10. A.P. Nr. 2116264/1937.

Abb. 93. Nr. 4/10. E.P. Nr. 487712/1938. Beispiel I.

Bauarten neuer photographischer Objektive.

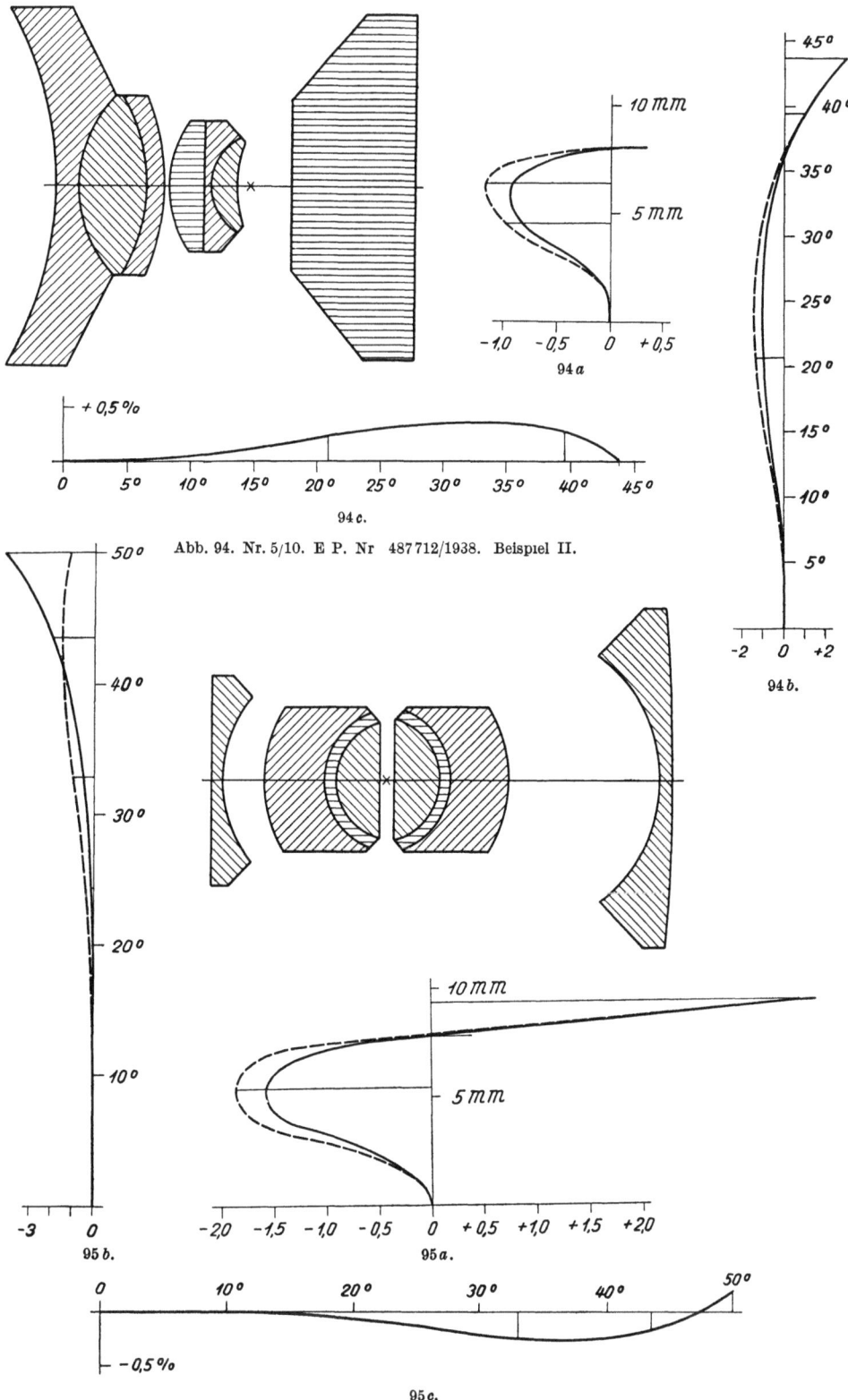

Abb. 94. Nr. 5/10. E P. Nr 487712/1938. Beispiel II.

Abb. 95. Nr. 6/10. Aus: Untersuchungen über Aerovermessungen und Photogrammetrie, Moskau 1939.

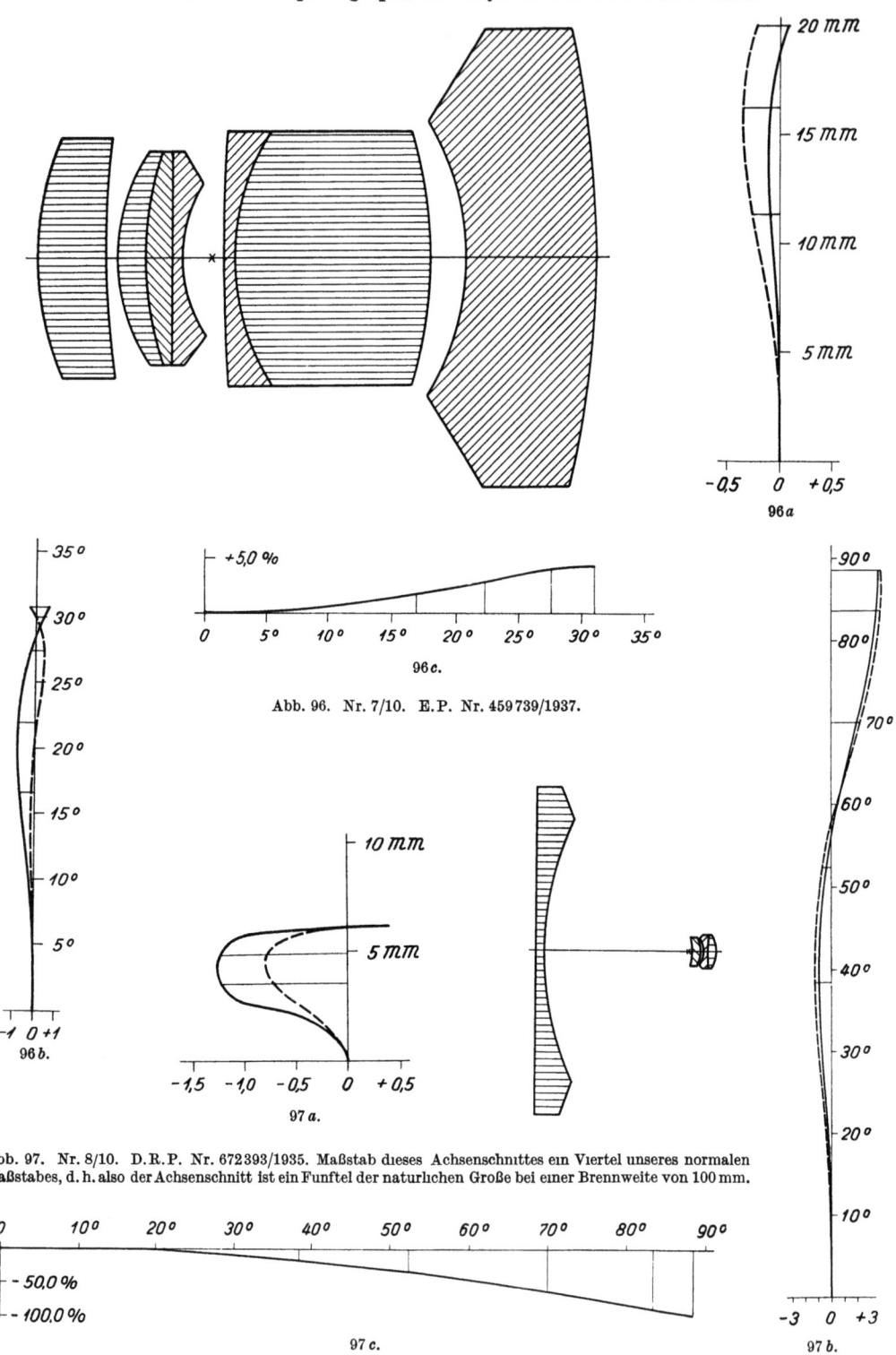

Abb. 96. Nr. 7/10. E.P. Nr. 459739/1937.

Abb. 97. Nr. 8/10. D.R.P. Nr. 672393/1935. Maßstab dieses Achsenschnittes ein Viertel unseres normalen Maßstabes, d. h. also der Achsenschnitt ist ein Fünftel der natürlichen Größe bei einer Brennweite von 100 mm.

Bei 97b und 97c sind die besonderen Maßeinheiten der Koordinaten zu beachten!

Bauarten neuer photographischer Objektive.

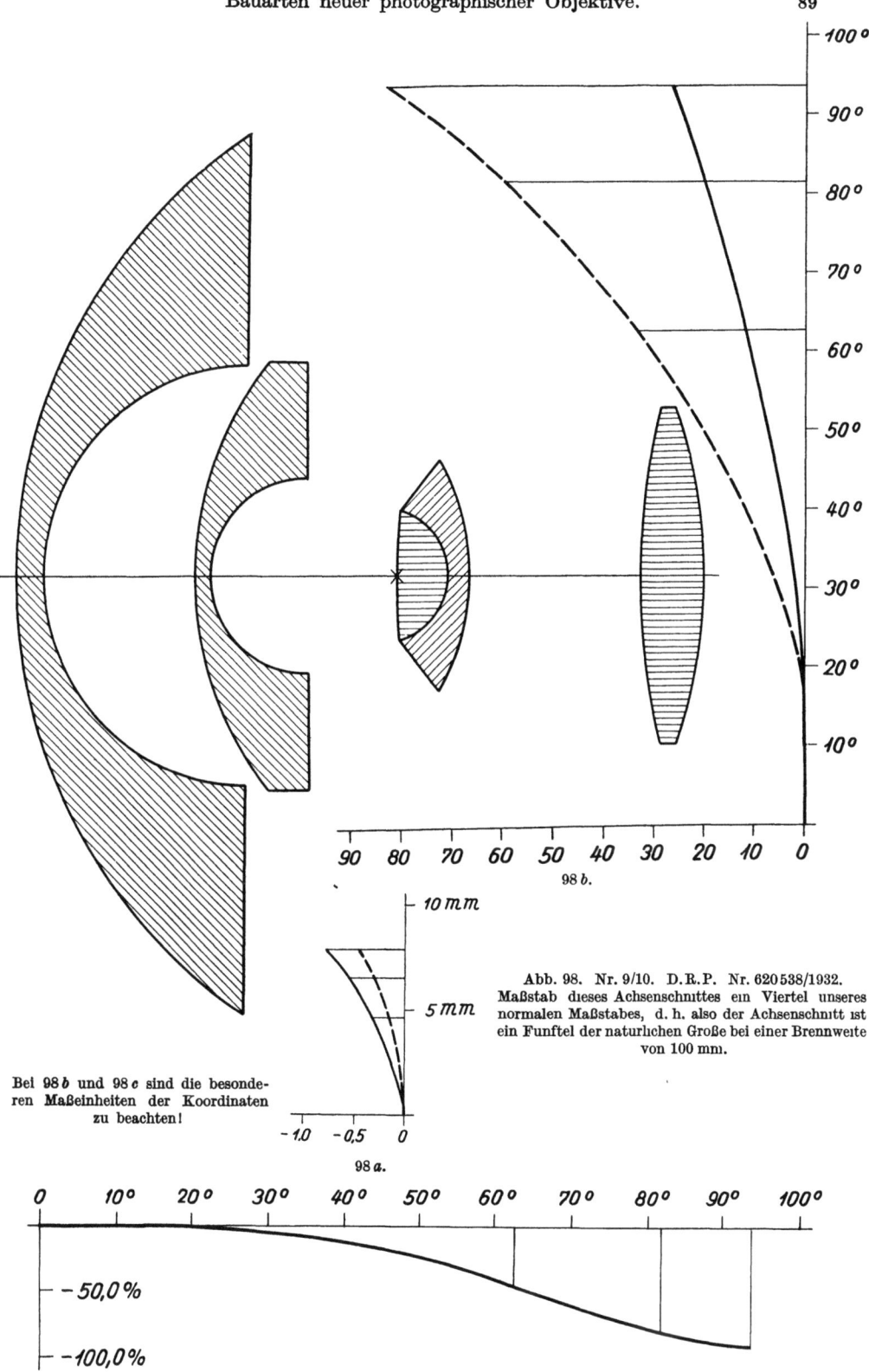

Abb. 98. Nr. 9/10. D.R.P. Nr. 620538/1932. Maßstab dieses Achsenschnittes ein Viertel unseres normalen Maßstabes, d. h. also der Achsenschnitt ist ein Fünftel der natürlichen Größe bei einer Brennweite von 100 mm.

Bei 98 b und 98 c sind die besonderen Maßeinheiten der Koordinaten zu beachten!

Diese Zahlenwerte sind zwar für den Paraxialraum berechnet worden, gelten aber ausreichend, wie durch Versuch erhärtet ist, gleichfalls für endliche Öffnungsverhältnisse und Ausdehnungen des Bildfeldes. Da das Objektiv Hinterblende hat, ist auch das Auftreten eines Blendenfleckes ausgeschlossen. Gerade bei Weitwinkelobjektiven ist diese Eigenschaft der völligen Reflexfreiheit erwünscht, da bei Weitwinkelaufnahmen, und zwar besonders in Innenräumen, die Gefahr störender Reflexe verhältnismäßig groß ist.

Das zweite Beispiel von E.P. Nr. 487712 ähnelt dem ersten im äußeren Aufbau, hat aber hinter der Blende noch eine dicke plattenähnliche Linse; dadurch wird das Bildfeld fast auf 90° gestreckt, und die sphärischen Längsabweichungen werden für das Öffnungsverhältnis 1:6 noch etwas verkleinert. Die Reflexfreiheit des Objektivs ist aber bei dieser Form verständlicherweise verlorengegangen.

Nicht ohne Erfolg ist an lichtstarken Weitwinkeln in neuerer Zeit auch in Rußland gearbeitet worden. Nach Mitteilungen (15) von M. Russinow wurde von diesem gemeinsam mit A. F. Kosyrew im Jahre 1933 das „Liar 6" berechnet, dessen Bildfeld bei einem Öffnungsverhältnis von 1:5,4 mit 100° angegeben wird. Die Konstruktionsdaten des „Liar 6" finden sich in 6/10.

Erwähnt sei weiter das „Russar 16", das nach seinem Errechner M. Russinow bei einem Öffnungsverhältnis von 1:12 und einer Brennweite von 60 mm ein Bildfeld von 126° auszeichnet. Da Zahlenwerte für das „Russar 16" an der unserer Darstellung zugrunde liegenden Literaturstelle nicht angegeben sind, können sie und die aus ihnen zu berechnenden Fehlerkurven hier nicht mitgeteilt werden.

Wenn es auch nicht als Weitwinkelobjektiv im eigentlichen Sinne zu bezeichnen ist, so sei hier doch das von C. Zeiss hergestellte „Biogon" 1:2,8, $f = 3,5$ cm genannt, dessen äußerer Aufbau dem Objektiv 7/10 ähnelt. Das zweite Glied des „Biogons" wird aber nur aus zwei Linsen gebildet, so daß das ganze Objektiv also aus sechs Linsen besteht. Es ist bisher das einzige Objektiv auf dem Markt, das bei diesem großen Öffnungsverhältnis ein Bildfeld von über 60° mit guter Schärfe auszeichnet.

Eine besondere Gruppe von Weitwinkeln bilden die Linsenanlagen, die man als Weiterbildungen einer Linsenanordnung R. Hills (5) betrachten kann. R. Hill hatte eine meniskenförmige negative Vorsatzlinse vor ein photographisches Objektiv gesetzt, mit deren Hilfe sich ein Ausschnitt von 180° aus dem Dingraum auf die Platte bringen läßt. Prinzipiell sind diese Objektive mit nach dem Rand des Bildfeldes stark zunehmender Verzeichnung behaftet, die zu verzerrten Bildern führt. Geeignete Einrichtungen zur Entzerrung dieser Bilder zu schaffen, dürfte außerordentlich schwierig sein, wenigstens wenn man Bildfelder von 180° oder sogar noch größere ausnutzen will.

Die Linsenanlagen 8/10 und 9/10, die für Bildfelder von ungefähr 180° berechnet sind, weichen in ihren äußeren Abmessungen soweit von den üblichen Größenverhältnissen photographischer Objektive ab, daß ihre Linsenachsenschnitte viermal kleiner gezeichnet sind gegenüber den in sonst völlig einheitlichem Maßstab dargestellten Achsenschnitten aller übrigen Objektive. Auch die Kurven b und c der Linsenanlagen 8/10 und 9/10 lassen sich nicht mit anderen Kurven b und c unmittelbar vergleichen, sondern nur unter Berücksichtigung der an ihre Abszissen- und Ordinatenachse geschriebenen besonderen Maßeinheiten.

Bei dem Beispiel 9/10 kann von anastigmatischer Bildfeldebenung keine Rede sein, wohl aber ist sie bei Linsensystem 8/10 recht gut für das außerordentlich ausgedehnte Bildfeld gelungen. Zur Vermeidung von schädlicher chromatischer Vergrößerungsdifferenz ist aber bei Aufnahmen mit diesem Objektiv entweder ein strenges Filter zu verwenden oder aber das große dingseitig gelegene Negativlinsenglied zur Beseitigung der Farbenabweichungen in den Bildhöhen aus mehr als einer Linse zu bilden.

In Abb. 99 ist eine ungefähr dreieinhalbfache Vergrößerung einer Contaxaufnahme gezeigt, die ohne Filter bei voller Öffnung eines Objektivs 1:8 gemacht wurde, dessen Brennweite 16 mm ist und das eng verwandt mit der Linsenfolge 8/10 ist. Bei dem benutzten Aufnahmeobjektiv ist das vordere Negativglied zwecks

Abb. 99. Etwa $3^1/_2$fache Vergrößerung einer Contaxaufnahme bei Blende $^1/_8$ mit einem Weitwinkelobjektiv nach Art der Linsenanlage 8/10. Das Bildfeld entspricht einem Ausschnitt von etwa 165° aus dem Dingraum.

chromatischer Korrektion aus mehreren Linsen zusammengesetzt. Es machen sich daher auch bis an den Rand des Bildfeldes keine störenden Farbfehler bemerkbar.

i) Linsenanordnungen mit optischen Zusätzen und Sonderobjektive.

Schließlich soll nun noch von einigen Linsensystemen die Rede sein, die lediglich für Spezialzwecke bestimmt sind. Schon im 1. Band (S. 282, 323, 347 bis 350, 351, 358 bis 360) wird von Linsenanlagen mit änderbarer Brennweite gesprochen. Das Interesse für derartige Linsenfolgen ist während des letztvergangenen Jahrzehnts kaum geringer geworden. Auch wurden dabei Fortschritte erzielt; von ihnen wird hier kurz berichtet.

In der Zusammenstellung 11 ist unter Nr. 1 das Zahlenbeispiel des E.P. Nr. 398307 angegeben, das in den beiden Grenzstellungen seiner Glieder eine größte Brennweite von $f = 100$ mm und eine kleinste Brennweite von $f = 28$ mm hat. Die ganze Linsenanordnung besteht aus drei Gliedern, einem für sich gut korrigierten Mittelglied sammelnder Wirkung und zwei zerstreuenden Gliedern, von denen das eine vor und das andere hinter das sammelnde Innenglied geschaltet ist. Die beiden Luftabstände — es sind dies l_2 und l_5 — zwischen den drei Gliedern lassen sich nach Maßgabe der Zahlenwerte in Nr. 1 der Zusammenstellung 11 zur Veränderung der Brennweite des Gesamtsystems erheblich ändern. So werden zur Vergrößerung der Brennweite die beiden äußeren Glieder auf das Innenglied zu bewegt, während gleichzeitig dieses selbst, um die Einstellung auf ein bestimmtes Objekt festzuhalten, von seiner Bildebene entsprechend fortbewegt wird.

Objektivzusammenstellung 11.[1] Lichtbildlinsen mit optischen Zusatzen.

	Krümmungs- radien	Dicken, Abstande, Blendenent- fernungen	Glasarten		Errechner des Objektivs	Literatur- nachweis	Patentınhaber oder Herstellerfirma
			n_d	ν			
1	$r_1 = 101,8$ $r_2 = 47,0$ $r_3 = 72,1$ $r_4 = $ plan $r_5 = 66,5$ $r_6 = 29,1$ $r_7 = 322,6$ $r_8 = 18,1$ $r_9 = $ plan $r_{10} = 12,8$ $r_{11} = 14,6$ $r_{12} = $ plan $r_{13} = 18,3$ $r_{14} = 70,3$ $r_{15} = 33,9$ $r_{16} = 45,3$ $r_{17} = 14,9$ $r_{18} = 143,1$	$d_1 = 8,3$ $d_2 = 2,1$ $l_1 = 3,8$ $d_3 = 2,8$ $l_2 = 10,3^2$ $d_4 = 4,4$ $l_3 = 0,7$ $d_5 = 4,7$ $d_6 = 2,0$ $b_1 = 3,6$ $b_2 = 3,4$ $d_7 = 2,0$ $d_8 = 4,7$ $l_4 = 0,7$ $d_9 = 4,4$ $l_5 = 5,3^2$ $d_{10} = 4,7$ $d_{11} = 2,6$	$L_1 = 1,6206$ $L_2 = 1,6210$ $L_3 = 1,6252$ $L_4 = 1,5726$ $L_5 = 1,5108$ $L_6 = 1,5791$ $L_7 = 1,5791$ $L_8 = 1,5108$ $L_9 = 1,5108$ $L_{10} = 1,6940$ $L_{11} = 1,6210$	36,3 56,9 56,3 57,3 64,3 41,4 41,4 64,3 64,3 30,7 36,3	A. War- misham	E.P. Nr. 398 307, 1933	A. War- misham und Kapella Ltd., Leicester
2	$r_1 = 36,6$ $r_2 = 1006,0$ $r_3 = 55,6$ $r_4 = 36,9$ $r_5 = 204,8$ $r_6 = 42,5$	$d_1 = 4,9$ $l = 9,3$ $d_2 = 1,9$ $b_1 = 3,0$ $b_2 = 7,7$ $d_3 = 5,8$	$L_1 = 1,6231$ $L_2 = 1,6369$ $L_3{}^3 = 1,6231$ $s'^4 = 83,3$ $f = 100,0$	57,0 35,3 57,0	W. Merté	It.P. Nr. 379 226, 1940, Fig. 1	Carl Zeiss, Jena
	$r_1 = 39,3$ $r_2 = 259,2$ $r_3 = 54,7$ $r_4 = 30,4$ $r_5 = 48,6$ $r_6 = 19,5$ $r_7 = 1891,0$ $r_8 = 204,8$ $r_9 = 42,5$	$d_1 = 13,0$ $d_2 = 1,6$ $l_1 = 0,0$ $d_3 = 4,9$ $b_1 = 25,9$ $b_2 = 6,5$ $d_4 = 1,6$ $l_2 = 9,1$ $d_5 = 5,8$	$L_1 = 1,6184$ $L_2 = 1,6992$ $L_3 = 1,5717$ $L_4 = 1,6204$ $L_5{}^3 = 1,6231$ $s'^4 = 83,3$ $f = 180,4$	50,4 30,1 57,5 60,3 57,0		Fig. 2	
3	$r_1 = 67,4$ $r_2 = 79,3$ $r_3 = 671,4$ $r_4 = 118,9$ $r_5 = 28,5$ $r_6 = 87,6$ $r_7 = 175,0$ $r_8 = 235,0$	$d_1 = 8,3$ $d_2 = 2,4$ $b_1 = 49,2$ $b_2 = 1,6$ $d_3 = 7,1$ $d_4 = 1,6$ $l = 4,8$ $d_5 = 61,9$	$L_1 = 1,5333$ $L_2 = 1,6057$ $L_3 = 1,5333$ $L_4 = 1,6263$ $L_5 = 1,5164$	58,0 43,9 58,0 39,1 64,0	—	D.R.P. Nr. 481 561, 1927	Zeiss-Ikon A. G., Dresden

[1] S. Fußnote 1 auf S. 2.
[2] Die Luftabstande l_2 und l_5 sind veränderlich. Die obigen Werte ergeben die großtmogliche Brennweite $f = 100,0$ mm. Vergrößert man die Luftabstande l_2 und l_5 auf folgende Werte: $l_2 = 113,3$ und $l_5 = 31,6$, so ändert sich die Brennweite auf den kleinstmöglichen Betrag $f = 28,0$ mm.
[3] Die Linsen L_3 von Fig. 1 und L_5 von Fig. 2 sind identisch.
[4] $s' = $ Abstand vom Scheitel der letzten Fläche bis zur Brennebene.

Die Durchrechnung des Zahlenbeispiels 1/11 ergibt für die beiden Grenzstellungen die in den Abb. $100a_1$, $100b_1$, $100c_1$ und $100a_2$, $100b_2$, $100c_2$ gezeigten Bildfehlerkurven. Im Hinblick auf die ziemlich starke Brennweitenänderung — die kleinste beträgt nicht vielmehr als ein Viertel der größten Brennweite — sind diese Kurven als recht günstig zu bezeichnen. Solche Objektive mit kontinuierlicher Maßstabsänderung bei ruhendem Objekt und festem Aufnahmestandpunkt können z. B. Kinoaufnahmen ergeben, die projiziert Bewegungen vortäuschen.

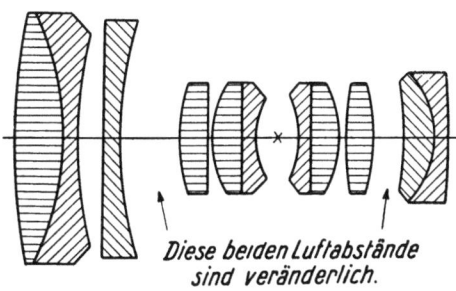

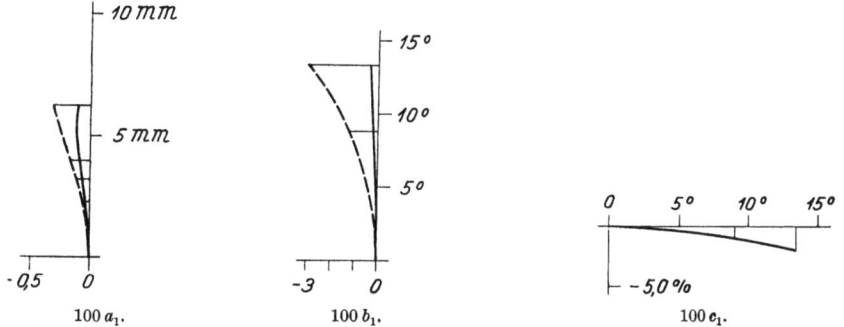

Die Kurven mit Index 1 gelten für die größtmögliche Brennweite, wie immer dargestellt für $f = 100$ mm.

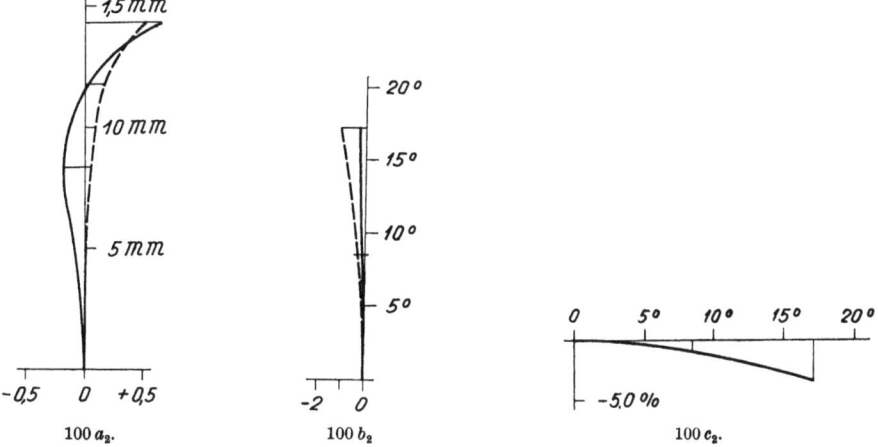

Die Kurven mit Index 2 gelten für die kleinstmögliche Brennweite, wie immer dargestellt für $f = 100$ mm.

Abb. 100. Nr. 1/11. E. P. Nr. 398307/1933. Achsenschnitt für die größtmögliche Brennweite $f = 100$ mm.

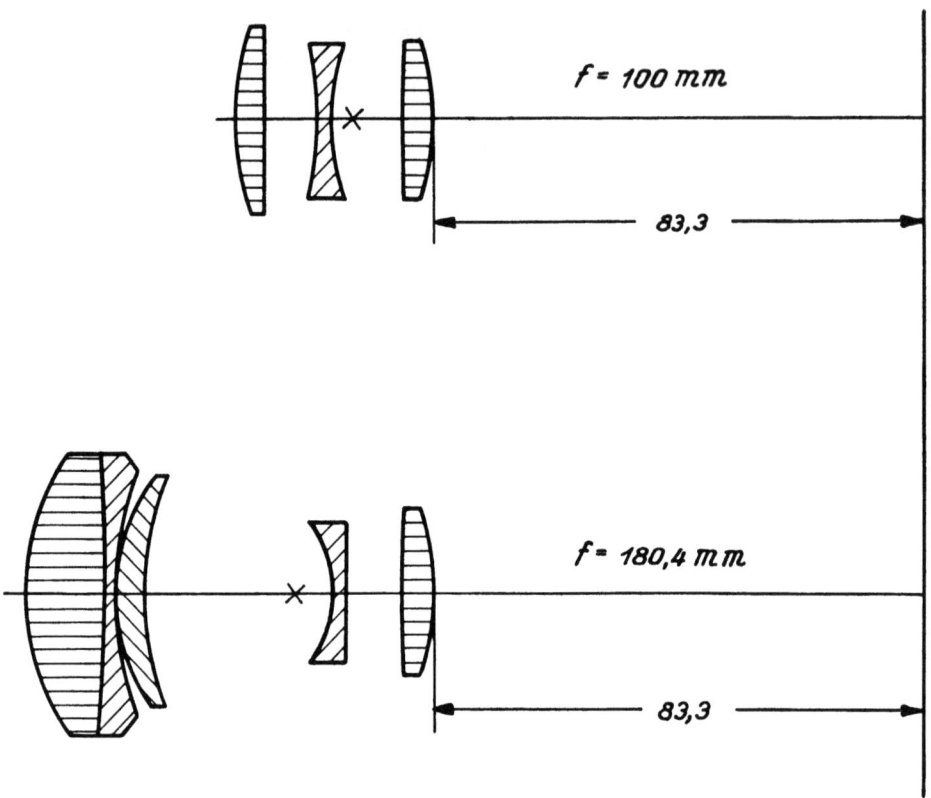

Abb. 101. Nr. 2/11. It. P. Nr. 379226/1940 (Fig. 1 und Fig. 2).

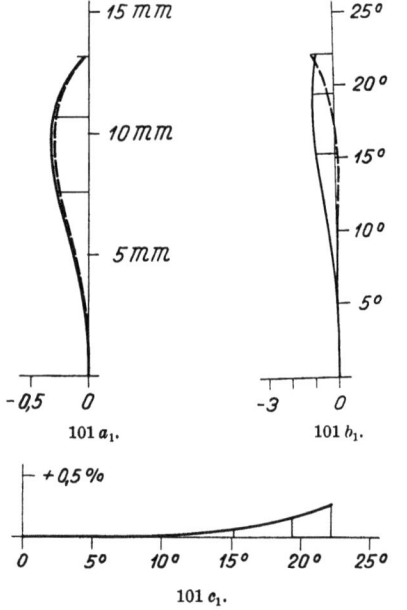

Die Kurven mit Index 1 gelten für das einfache Triplet, wie immer dargestellt für $f = 100$ mm.

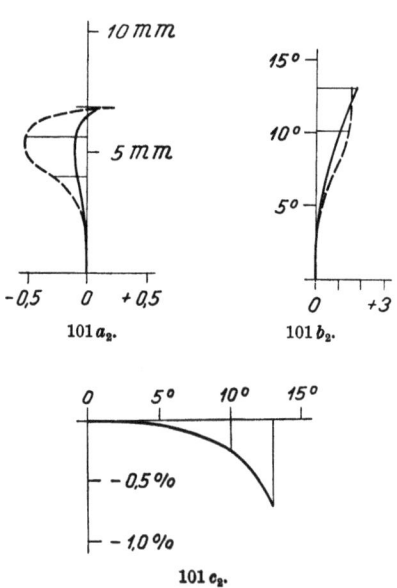

Die Kurven mit Index 2 gelten für die Anordnung Vorschaltglied und Hinterlinse des Triplets, wie immer dargestellt für $f = 100$ mm.

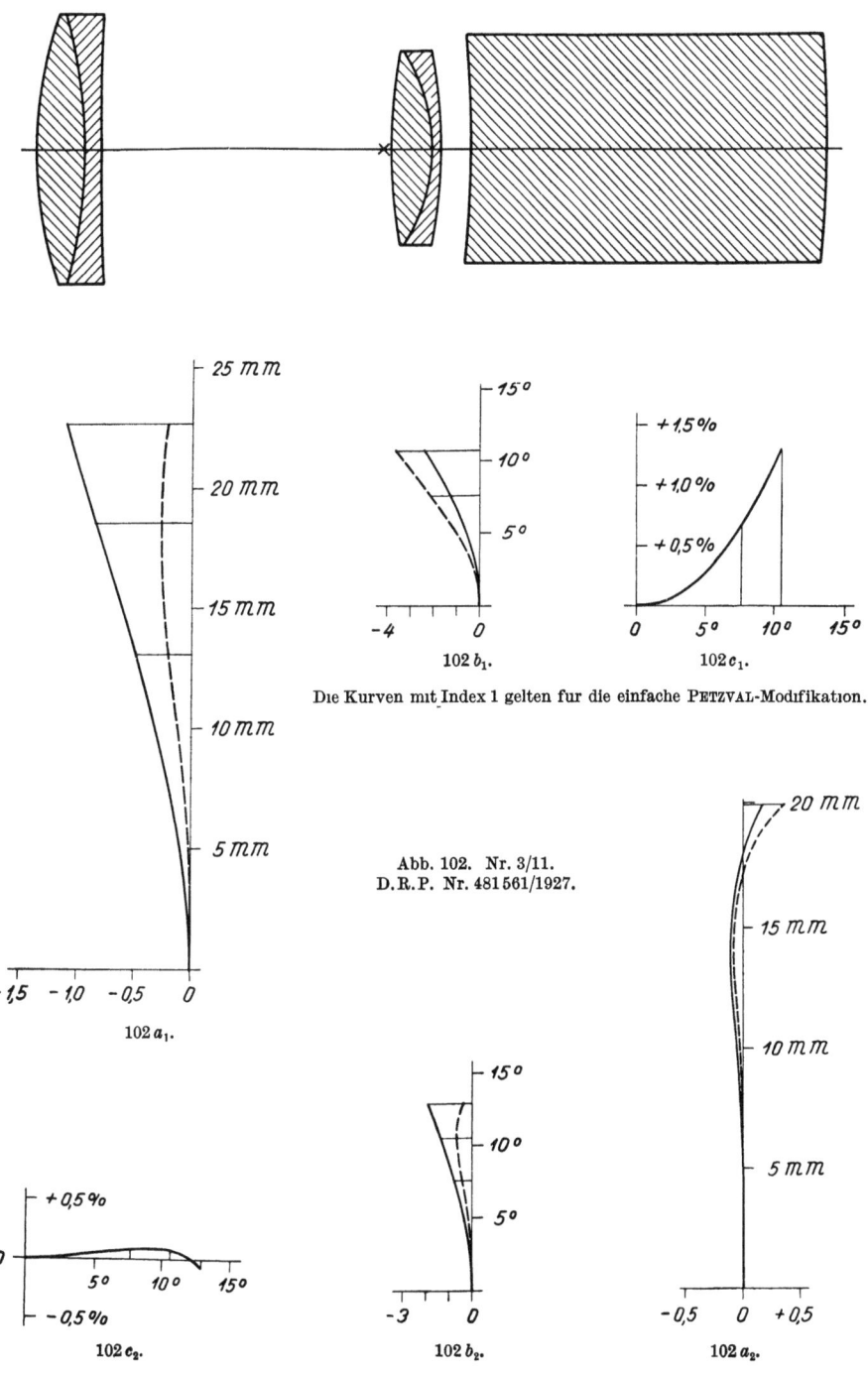

Abb. 102. Nr. 3/11.
D.R.P. Nr. 481561/1927.

Die Kurven mit Index 1 gelten für die einfache PETZVAL-Modifikation.

Die Kurven mit Index 2 gelten für PETZVAL-Modifikation samt Ausgleichglied.

Als eine derartige Lichtbildlinse änderbarer Brennweite beschreiben A. WARMISHAM, der Erfinder des E.P. Nr. 398307, und A. R. F. MITCHELL (*20*) die „Cooke Varo Lens" und deren mechanische Einrichtung zur richtigen Bewegung der Glieder. Wie 1/11, besteht auch die „Cooke Varo Lens" aus drei verschiebbaren Gliedern, um bei Festhaltung der Bildebene die Brennweite ändern zu können.

An dieser Stelle sei noch erwähnt das „Vario-Neo-Kino", ein Kinoprojektionsobjektiv nach D.R.P. Nr. 590881. Es wird von der Firma E. BUSCH A. G., Rathenow, hergestellt, und zwar für einen Brennweitenbereich von 70 bis 140 mm; die größte und kleinste Brennweite stehen also im Verhältnis 2:1.

Eine Linsenanordnung, zwar nicht mit kontinuierlicher Variierung der Brennweite, sondern einer Veränderung der Brennweite nach der Art eines Satzobjektivs, ist auf S. 323, Bd. I nach D.R.P. Nr. 472234 geschildert. Bei einer einfachen Drillingslinse ist dort die vordere Sammellinse und die Zerstreuungslinse durch eine Linsenfolge ersetzt, so daß die Brennweite des neuen Gesamtsystems wesentlich größer wird, ohne daß aber die Bildschnittweite sich verändert.

Während die Zahlenbeispiele nach D.R.P. Nr. 472234 für die Objektive mit vergrößerter Brennweite völlig ungenügende Korrektion zeigen, ist es neuerdings gelungen, auch diese besonders geartete Form des Satzobjektivs befriedigend zu korrigieren; dabei war es nicht einmal nötig, das Auswechselglied wesentlich komplizierter zu bauen, sondern die bloße Vermehrung seiner Linsenzahl von drei auf vier und geeignete Formgebung und Stellung dieser Linsen genügten.

Das Beispiel 2/11 gibt zunächst die Konstruktionsdaten eines Triplets 1:3,5, $f = 100$ mm, dann folgen die Zahlenwerte für das Austauschglied, dessen Kombination mit der Hinterlinse der Drillingslinse eine Gesamtbrennweite von 180,4 mm hat. In den Abb. $101a_1$, $101b_1$, $101c_1$ und $101a_2$, $101b_2$, $101c_2$ sind die Fehlerkurven für die Drillingslinse und für die Kombination dargestellt, und zwar in beiden Fällen für $f = 100$ mm. Dabei sei noch einmal hervorgehoben, daß die Bildschnittweiten der Drillingslinse und der Kombination, obwohl deren Brennweite 1,8mal so groß wie die der Drillingslinse ist, die gleichen sind, nämlich $s' = 83,3$ mm, bei einer Brennweite von $f = 100$ mm der Drillingslinse und von $f = 180,4$ mm der Kombination.

Das angulare Bildfeld der Kombination darf natürlich entsprechend ihrer längeren Brennweite wesentlich kleiner sein als das der zugehörigen Drillingslinse. Die Bildfehlerberichtigung der Kombination ist immerhin so befriedigend, daß, wie Ausführungsmuster zeigen, die Kombination von Blende 1:8 ab Bilder guter Schärfe gibt, die auch bis in die Ecken ausreichend ausgeleuchtet sind. Die Abblendung der Kombination erfolgt zwecks besserer Lichtverteilung durch eine besondere Irisblende des Austauschgliedes, während die Irisblende des ursprünglichen Triplets voll geöffnet bleibt.

Von Vorschaltfernrohren zur Veränderung der Brennweite eines Objektivs, die natürlich dessen Einstellung auf die Brennebene nicht verschieben, dabei aber die Äquivalentbrennweite vergrößern, seien hier genannt das vierfach vergrößernde „Magnar" von CARL ZEISS, Jena, für die „Rolleiflex" 6×6 cm² von FRANKE & HEIDECKE, Braunschweig, und das zweifach vergrößernde „Tele-Longar" von JOSEPH SCHNEIDER, Kreuznach, für die 8-mm-Schmalfilm-Kinokammer C 8 der Firma SIEMENS & HALSKE A. G., Berlin-Siemensstadt.

Ein Vorsatzsystem zur stetigen Veränderung der Brennweite eines Aufnahmeobjektivs ist in D.R.P. Nr. 622046 beschrieben. Nach dieser Erfindung ist das unter dem Namen „Transfokator" (*3*), Erzeugnis der ASTRO G. M. B. H., Berlin, bekanntgewordene Zusatzsystem zu kinematographischen Aufnahmeobjektiven gebaut.

Eine Planplatte oder plattenähnliche Linse großer Dicke darf nicht ohne weiteres hinter eine gut auskorrigierte Lichtbildlinse geschaltet werden, sonst würde die Bildfehlerberichtigung zerstört. Solche Platten oder Prismen können z. B. bei Stereoanordnungen vorkommen oder bei Farbaufnahmekammern mit für die Farben getrennten Bildfeldern.

Die Linsenfolge 3/11, die für Kinoapparate mit optischem Ausgleich der Bildwanderung bestimmt ist, hat eine solche dicke plattenähnliche Linse. Deswegen ist das einer PETZVAL-Linse ähnliche System keineswegs auskorrigiert, sondern absichtlich sind ihm Bildfehler gelassen, die durch das Glied für den optischen Ausgleich aufgehoben werden. Dieser Tatbestand ist aus den Kurven der Abb. $102 a_1$, $102 b_1$, $102 c_1$ und $102 a_2$, $102 b_2$, $102 c_2$ zu ersehen, von denen die ersten die Bildfehler der modifizierten PETZVAL-Linse zeigen und die zweiten die Fehlerreste der als Ganzes korrigierten Linsenanlage unter Einschluß des beweglichen Ausgleichgliedes in dessen Achsenlage.

Weiter sei erwähnt, daß auch Abbildungen künstlerischer Weichheit und erhöhter Tiefe in dem von uns betrachteten Zeitabschnitt gelegentliches Interesse fanden. Die „Duto-Linse", eine Planscheibe mit einpolierten konzentrischen Ringen, nach Angaben von M. TÓTH (*18*), hat in den letzten Jahren eine gewisse Verbreitung gefunden.

Für die „Leica" wird das „Thambar" 1:2,2, $f = 9$ cm, ein Erzeugnis von E. LEITZ, Wetzlar, bei voller Öffnung oder mäßiger Abblendung als Weichzeichner empfohlen.

In gemeinsamer Arbeit schufen H. KÜHN und F. STAEBLE die Konstruktionsunterlagen des weichzeichnenden Objektivs „Imagon", das die Firma G. RODENSTOCK, München, herstellt.

Einige photographische Linsensysteme für Sonderzwecke, nämlich für Mikrophotographie und Mikroprojektion, brauchen hier nur genannt zu werden, da auf S. 514—536 dieses Bandes diese Dinge eingehend besprochen werden. So berichtet A. KÖHLER (*8*) von neuen mikrophotographischen Objektiven „Mikrotaren" (Errechner W. MERTÉ) und H. BOEGEHOLD (*1*) von neuen Mikroskopobjektiven mit verbessertem Bildfeld „Planachromaten" (Errechner H. BOEGEHOLD). Beide Objektivarten werden von CARL ZEISS, Jena, hergestellt.

Literaturverzeichnis.

1. BOEGEHOLD, H.: Die Verbesserung des Bildfeldes der Mikroskopobjektive (Planachromate). Z. Mikroskop. **55**, 17—25 (1938).
2. CARTWRIGHT, C. H.: Treatment of Camera Lenses with Low Reflecting Films. J. opt. Soc. America **30**, 110—114 (1940).
3. GRAMATZKI, H. J.: Der Transfokator. Kinematographie des imaginären Bildes. Kinotechn. **18**, 395—396 (1936).
4. HANSEN, G.: Das photographische Auflösungsvermögen als maßgebender Faktor bei der Konstruktion optischer Instrumente. Photographische Ind. **36**, 692—694, 716—720 (1938).
5. HILL, R.: A Lens for whole sky Photography. Proc. Opt. Conv. **2**, 878—883 (1926).
6. JEWELL, L. E.: A chart method of testing photographic lenses. J. opt. Soc. America **2—3**, 51—61 (1919).
7. KINGSLAKE, R.: The Design of Wide-Aperture Photographic Objektives. J. appl. Physics **11**, 56—69 (1940).
8. KÖHLER, A.: Über neue Systeme für Mikrophotographie und Mikroprojektion. Z. Instrumentenkunde **55**, 407—415 (1935).
9. LEISTNER, K.: Photographische Optik. Ergebn. angew. physik. Chem. **6**, 37—41 (1940).
10. — Photographische Optik. Ergebn. angew. physik. Chem. **6**, 66—73 (1940).

11. MERTÉ, W.: Handbuch der Physik, herausgegeben von H. GEIGER und K. SCHEEL, Bd. XVIII, S. 122—126, 134—137. Berlin: Springer, 1927.
12. — Das Zeiß-Biotar 1:1,4, ein neues Objektiv für Kinoaufnahmen. Kinotechn. 10, 452—453 (1928).
13. RECKMEYER, V. H.: The Sharpness of Photographic Lenses. Amer. Ann. Photography 1934, 220—237.
14. RICHTER, R.: Die Bedeutung der Zeiß-T-Optik für die Photographie und Projektion. Zeiß-Nachr., Sonderh. 5, Dez. 1940, S. 1—12.
15. RUSSINOW, M.: Das neue Weitwinkel-Photo-Objektiv Russar 16. Aus M. M. RUSSINOW: Untersuchungen über Aerovermessung und Photogrammetrie, herausgegeben vom Zentral-Wissenschaftl. Forsch.-Inst. d. Geodäsie, Aerovermessung u. Kartographie, Moskau, Zusammenstellung 2, 27—31 (1939) (russischer Text).
16. SMAKULA, A.: Über die Erhöhung der Lichtstärke optischer Geräte. Z. Instrumentenkunde 60, 33—36 (1940).
17. STRÒBLE, W.: Verfahren zur serienmäßigen Prüfung und Einstellung von Aufnahmeobjektiven. Z. techn. Physik 19, 332—336 (1938).
18. TÓTH, M.: Vorsatzscheibe zum Erzielen einer Weichzeichnung im Bilde. D.R.P. Nr. 633406.
19. TRAENKLE, C. A.: Die Belichtungszeiten bei Luftbildaufnahmen. Z. Instrumentenkunde 58, 241—250 (1938).
20. WARMISHAM, A. and R. F. MITCHALL: The Bell and Howell Cooke Varo-Lens. J. Soc. Motion Picture Engr. 19, 329—339 (1932).

Die Kleinbildkamera.[1]

Von K. PRITSCHOW, Braunschweig.

Mit 75 Abbildungen.

Inhaltsverzeichnis.

	Seite
1. Einleitung	100
a) Allgemeine Geschichte der Photographie — ein kurzer Ruckblick	100
b) Theorie der Kleinbildtechnik	107
2. Der Normalkinefilm als Bildträger	110
a) Die erste Verwendung des Films in der photographischen Kamera	110
b) Die Fortschaltung des Films um eine Bildlange	113
c) Das Bildformat	119
d) Die Planlage des Films	122
e) Einrichtungen zur Verhinderung von Doppelbelichtungen und Blindaufnahmen	125
f) Scheinergrade—Dingrade	126
3. Die Optik der Kleinbildkamera	128
a) Die Normalbrennweite	129
b) Die langen Brennweiten	131
c) Die kurzen Brennweiten	133
d) Das Bildfeld der Kleinbildkamera	134
e) Die Lichtstärke des Objektivs	135
f) Die Tiefenschärfeeinrichtungen	138
4. Die Einstellung auf Bildschärfe	144
a) Die axiale Verstellung des ganzen Objektivs	144
b) Die axiale Verstellung der Objektivfrontlinse	147
c) Vorsatzlinsen	150
5. Die Auswechseloptik als mechanisches Problem	152
6. Die Suchereinrichtungen der Kleinbildkamera	154
a) Der Aufsichtsucher	154
b) Der Durchsichtsucher	155
α) Der Fernrohrsucher mit virtuellem Bild	155
β) Der Fernrohrsucher mit reellem Bild	156
γ) Der Kollimatorsucher	157
c) Einrichtung zur Beobachtung der horizontalen Lage der Kamera	159
d) Die Sucherparallaxe	160
7. Der Entfernungsmesser der Kleinbildkamera	164
a) Der Spiegelbasis-Entfernungsmesser als Konstruktionselement	164
b) Der Basisentfernungsmesser mit Schwenkkeilen nach ABAT	170
c) Der Basisentfernungsmesser mit Drehkeilen nach BOSCOVICH	173
d) Der Basisentfernungsmesser mit verschiebbarer Negativlinse	177
e) Der Basisentfernungsmesser mit reeller Bildebene	179
f) Der Raumbildentfernungsmesser an der Kleinbildkamera	181
g) Optische Naheinstellgerate	182
h) Die Vereinigung aller Einstellvorrichtungen	185

---

[1] Ergänzung zu K. PRITSCHOW, „Die photographische Kamera und ihr Zubehör" in Handbuch der wiss. und angew. Photographie, Bd. II.

	Seite
8. Die Bildeinstellung mit Hilfe der Mattscheibe	186
9. Die Bildeinstellung durch Beobachtung des Luftbildes	194
10. Belichtungsmesser in Verbindung mit der Kleinbildkamera	195
11. Der Aufbau und die Gliederung der Kleinbildkamera	200
12. Besondere Bauformen der Kleinbildkamera	208
a) Panoramakameras	208
b) Kameras mit Federwerk	209
c) Stereokleinbildkameras	210
13. Die Verschlüsse der Kleinbildkamera	215
a) Der Zentralverschluß	215
b) Der Schlitzverschluß	219
c) Einscheiben-Rotations-Verschluß zwischen Objektiv und Bildebene	221
14. Schlußbetrachtung	223
Literatur- und Patentschriftenverzeichnis	229

1. Einleitung.

a) Allgemeine Geschichte der Photographie — ein kurzer Rückblick.

Wenn man die Erfindung der Photographie gewissermaßen von der kulturellen Warte aus betrachtet, so kann man sie nicht ohne Berechtigung in Parallele zu der Erfindung der Buchdruckerkunst bringen, denn was diese für das gesprochene Wort war, das wurde in glücklicher Ergänzung die Lichtbildnerei für die bildliche Darstellung. Es ist leider immer noch lange nicht bekannt, daß und in welch hohem Maße Deutschland an der Entwicklung der Lichtbildnerei beteiligt ist, und es muß hier entschieden der Ansicht entgegengetreten werden, als sei die Photographie eine rein ausländische Erfindung. So war es ein deutscher Professor, HEINRICH SCHULZE, der bereits im Jahre 1727 als erster nachgewiesen hat, daß Silbersalze im Licht Veränderungen erleiden. Diese Erkenntnis war für die ganze spätere Entwicklung bahnbrechend, und erst etwa hundert Jahre später setzten die Franzosen NICÉPHORE NIÈPCE und JACQUES LOUIS MANDÉ DAGUERRE, ohne Kenntnis voneinander zu haben, ihre Arbeiten in der gleichen Richtung mit Erfolg fort; sie wurden durch den Optiker CHARLES CHEVALIER etwa um 1829 miteinander in Verbindung gebracht. NIEPCE wurde durch die Arbeiten des Deutschen SENEFELDER bereits um 1813 zu seinen Versuchen angeregt; er starb im Jahre 1833. Das erste photographische Verfahren, das später den Namen seines Erfinders DAGUERRE trug, bestand darin, daß polierte Silberschichten auf Kupferplatten aufgelegt und Joddämpfen ausgesetzt wurden, wodurch sich eine lichtempfindliche Jodsilberschicht bildete, die in der Kamera belichtet und schließlich in einer Fixiernatronlösung lichtbeständig gemacht wurde. Eine Kopierung, d. h. Vervielfältigung, war allerdings noch nicht möglich (*4*). In öffentlicher Sitzung der Akademie der Wissenschaften zu Paris am 19. August 1839 wurde das neue Verfahren in seinen Einzelheiten bekanntgegeben und später „DAGUERRE-Otypie" genannt. Die Aufnahmekamera bestand aus zwei für die Scharfeinstellung ineinander verschiebbaren Holzkasten. Das Objektiv war eine einfache Sammellinse; das Bild wurde auf der Mattscheibe eingestellt, hinter welcher sich in einem Winkel von 45° ein Spiegel befand, so daß das kopfstehende Mattscheibenbild aufrecht erschien.

Die erste Metallkamera baute im Jahre 1840/41 der Optiker FRIEDRICH VOIGTLÄNDER in Wien, zu welcher der Mathematiker Professor JOSEPH PETZVAL ein sehr gut korrigiertes und besonders lichtstarkes Objektiv berechnet hatte (vgl. Handbuch, Bd. II, S. 2, Abb. 1 und 2).

Über die weitere Entwicklung der Photographie hat STENGER des öfteren und ausführlich berichtet (*68* bis *72*). Als Marksteine der Gesamtentwicklung seien nur einige Zahlen kurz erwähnt: Das erste Negativ-Positiv-Verfahren (Talbotypie) 1841, Emulsionen auf Glas (das nasse Verfahren) 1850/51, Ersatz der Kollodiumschicht durch Gelatineemulsion durch MADDOX (das trockene Verfahren) 1871, die farbenempfindliche Negativschicht von H. W. VOGEL 1873, Erfindung der Gaslichtpapiere durch EDER 1883, Erfindung des Films durch H. GOODWIN 1886 (305); das USA. Patent angemeldet 1887, erteilt erst 1898 infolge langjähriger Streitigkeiten mit der EASTMAN COMPANY (Nr. 610861). Wie die vorstehenden Ausführungen erkennen lassen, ist die erste und älteste deutsche Kamera diejenige der Firma VOIGTLÄNDER & SOHN in Wien gewesen; sie ist es, die, vollständig aus Metall, nicht nur in großer Menge fabrikmäßig hergestellt wurde, sondern auch als Ausgang für die ganze spätere Entwicklung betrachtet werden muß. Zwar kann nicht bestritten werden, daß gerade im Hinblick auf den Kernpunkt der vorliegenden Arbeit „Die Kleinbildkamera" auch STEINHEIL in München ein gewisses Verdienst zukommt, insofern, als auch er nicht nur ein Wegbereiter der Photographie war, sondern im gewissen Sinn bewußt der erste Vertreter der Kleinbildphotographie. LOHER (40) schreibt darüber in seiner diesbezüglichen Arbeit interessante Einzelheiten; u. a. heißt es dort in der von ihm zitierten Münchner Zeitung wörtlich:[1] „Solange die Camera obscura so groß ist, als es DAGUERRE will, ist an bequeme Transportabilität und wegen des hohen Preises derselben an allgemeine Verbreitung nicht zu denken. Es scheint daher vorteilhafter und durch die Feinheit der Lichtzeichnung indiziert, die DAGUERRESCHEN Bilder weit kleiner zu machen als bisher. Nur alsdann ist das bequeme Mitsichtragen des compendiösen Apparates, ein geringer Preis für die Platten und die Leichtigkeit, fehlerfreye Bilder zu erlangen, erzielt. Diese Miniaturbilder aber enthalten eben soviele Details, als die größeren Platten und können, wenn man mehr zu sehen verlangt, als das freye Auge wahrnimmt, bei Gelegenheit durch eine eigene Vorrichtung betrachtet werden, bei welcher die Größe des Bildes ganz indifferent wird. Sie erscheinen dabei unter einem Gesichtswinkel von 90 bis 100°... Außer den angeführten Vorteilen besitzt aber die kleine Camera obscura noch den wesentlichen, daß nahe und ferne Gegenstände zugleich deutlich erscheinen, also auch Vorgründe in die Bilder gebracht werden können" (Tiefenschärfe!).

Um zu der von STEINHEIL und VON KOBELL vorgeschlagenen fernrohrahnlichen Kamerakonstruktion vom Jahre 1839 Stellung nehmen zu können, ist es wissenswert, deren optische Daten zu kennen: Das Objektiv, das einem der bekannten Theatergläser galileischer Bauart entnommen war, hatte einen Durchmesser von etwa 54 mm und eine Brennweite von $f = 135$ mm, also das große Öffnungsverhältnis von 1:2,5. Der Träger des Objektivs war ein innen geschwärztes und mit Blenden versehenes Papprohr, an dessen einem Ende die lichtempfindliche Schicht zwischen zwei Glimmerplättchen untergebracht war, während das andere Ende das zwecks Einstellung axial verstellbare Objektiv trug. Zur Erzeugung dieser frühen Proben der Photographie wurde Chlorsilberpapier verwandt; die Bilder hatten einen Durchmesser von nur 40 mm (Abb. 1). Vergleicht man damit die Bauart der ersten VOIGTLÄNDER-Metallkamera, so sind deren Dimensionen allerdings etwas größer, dafür aber auch die Leistung dementsprechend; das Objektiv — das berühmte optische System von PETZVAL gerechnet und von VOIGTLÄNDER ausgeführt — hatte eine Brennweite von zirka 143 mm und eine Lichtstärke von 1:3,7 (freie, d. h. optisch wirksame Öffnung zirka 39 mm). Das Bild, und zwar sowohl die Mattscheibe als die Jodsilberplatte, war rund und hatte einen Durchmesser von zirka 95 mm; daraus ergab sich ein größtes

---
[1] Munchner politische Zeitung Nr. 309 vom 31. Dezember 1839.

Gesichtsfeld von etwa 37°. Rechteckige Bilder hingegen hatten eine Größe von z. B. 67×67 oder 60×72 mm. Das Objektiv war, wie bereits erwähnt, in der später allgemein üblichen Form gegenüber der Mattscheibe axial verstellbar, nämlich durch Zahn und Trieb. Die Schärfe der Einstellung wurde mit Hilfe einer am Träger der Mattscheibe befestigten Lupe von etwa $2^1/_2$facher Vergrößerung kontrolliert. Weitere Einzelheiten, besonders über das Objektiv, finden sich u. a. in der unten aufgeführten Abhandlung, ferner bei M. v. ROHR[1] und bei W. MERTÉ (S. 323, 324).

Stellt man in objektiver Weise die Leistungen STEINHEILS und VOIGTLÄNDERS einander gegenüber, so hat der erstere zwar in richtiger Erkenntnis die Vorzüge einer Kleinbildlinse erkannt und darauf hingewiesen; letzterer hingegen hat im Verein mit PETZVAL weitgehende und positive Ergebnisse erzielt, mit zäher Energie unermüdlich ausgebaut und erst dann seine Erfolge weiteren Kreisen zugänglich gemacht. Die VOIGTLÄNDER-Kamera muß daher als das „Urmodell" deutscher Herkunft bezeichnet werden, und es dürfte interessieren, daß bereits im Jahre 1842 — also ein Jahr später — 600 vollständige Apparate von der Fabrik in Wien hergestellt und geliefert wurden (Abb. 2).

Abb. 1. Erste Kleinbildkamera für Papierbilder. (STEINHEIL und KOBELL, Baujahr 1839, Photographie auf Chlorsilberpapier.)

Es ist im Rahmen dieser Arbeit weder beabsichtigt noch möglich, die nunmehrige weitere Entwicklung des Baus photographischer Apparate im allgemeinen und diejenige der Kleinbildkamera im besonderen zu beschreiben; im Interesse der in jüngster Zeit — besonders seit etwa 1925 bis 1930 — einsetzenden großen Fortschritte auf dem Gebiet der Kleinbildkamerakonstruktion sei nur auf das Wichtigste in dieser Hinsicht hingewiesen und auch das nur unter Berücksichtigung der Tatsache, daß die Feier der hundertjährigen Wiederkehr des Tages, an dem die VOIGTLÄNDER-Kamera geschaffen wurde, mit dem Schreiben dieser Zeilen zeitlich zusammenfällt. Außerdem muß betont werden, daß zwischen dem Erscheinen des Bandes II des Handbuches und dieser Arbeit etwa zwölf Jahre liegen.

Wie nicht anders zu erwarten war, wurde die Photographie zunächst die Domäne der Berufsphotographen, und daher darf es nicht wundern, wenn für die damalige Frühzeit der Photographie Apparate für große Bildformate und mit dementsprechenden Abmessungen an der Tagesordnung waren. J. M. EDER (5) hat aber u. a. bereits berichtet, daß zusammenlegbare Kameras (sogenannte Reisekameras) schon im Jahre 1852 bekanntgeworden sind. Einen verhältnismäßig großen Erfolg hatte DISDÉRI, der um 1860 Portraits auf Visitkarten einführte, wobei er aber unter Benutzung einer größeren Platte mehrere kleine Aufnahmen auf ein und dieselbe Platte machte. — Besondere Erwähnung verdient PIAZZI SMYTH, der etwa um 1865 Aufnahmen in der Größe von $2^1/_2 \times 2^1/_2$ cm machte, also Kleinbildaufnahmen in des Wortes vollster Bedeutung herstellte. — Auch die Künstlerkamera von E. P. LIESEGANG (1885) ist ein Vorläufer der

---

[1] „Theorie und Geschichte des photogr. Objektives", S. 248 bis 271. Springer, 1899.

Einleitung.

späteren Kleinbildkamera; sie wurde hergestellt für die Bildgrößen 3×3, 5×5 cm und noch größere Formate.[1]

Nicht unerwähnt sei die im Handbuch, Bd. II, S. 217, abgebildete Reisekamera in Kofferform von E. LIESEGANG.[2] Reisekameras mit doppeltem Auszug stammen etwa aus dem Jahre 1891, und in dieselbe Zeit fallen die Versuche, die zusammenlegbare Kamera nicht aus Holz, sondern ganz aus Metall herzustellen, und zwar aus Aluminiumblech bzw. ab 1924 aus Spritzguß.

Nachdem die Trockenplatte Eingang in das Gebiet der Photographie gefunden hatte (1871) und der unzerbrechliche Film aufgetaucht war (etwa 1890), ging man schon mit etwas größerem Erfolg auch an die Herstellung von Kameras für kleine Bildgrößen heran. Während um diese Zeit das Format 13×18 cm allgemein benutzt wurde und daneben 9×12 und 6½×9 cm allmählich Auf-

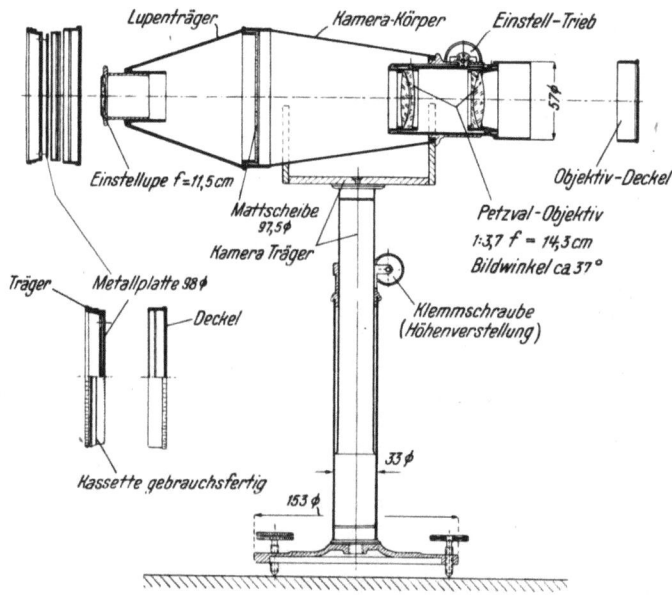

Abb. 2. Ur-Modell VOIGTLANDER (Baujahr 1840/41). Erste Metallkamera für die Verwendung von nassen Metallplatten in Kassetten. PETZVAL-Objektiv 1:3,7.

nahme fand, wurden damals doch auch schon Kameras für noch kleinere Bildmaße, wie z. B. 3×4 cm, in den Handel gebracht.[3] Schließlich sei noch die STIRNsche Geheimkamera (100), die KRÜGERsche Taschenbuchkamera, das photographische Opernglas, der photographische Hut und die photographische Krawatte erwähnt, alles Apparate, die das unbemerkte Photographieren erleichtern sollten. Hierüber hat G. SEEBER (64, 65) interessante Mitteilungen gemacht mit dem Titel: „Geschichte der Geheimkameras".

Neben der systematischen Verkleinerung der für den Handgebrauch bestimmten photographischen Kamera spielte naturgemäß die rasche Bereitschaft bei der Aufnahme eine sehr große Rolle, und obgleich es schon um die Jahrhundertwende Kameras gab, die nach einem einzigen Druck in die Ge-

---

[1] Vgl. „Geschichte der Kleinbildkamera", Photographische Ind. **1933**, 816 und 1135.

[2] D. R. P. Nr. 697 vom Jahre 1877.

[3] Vgl. F. P. LIESEGANG: „Zur Geschichte der Kleinbildkamera", Photographische Ind. **1935**, 896, sowie D. R. P. Nr. 159 929/1903.

brauchsstellung gebracht wurden, ging die Entwicklung verhältnismäßig langsam (*101*). Eine Erfindung verdient ganz besondere Erwähnung, und zwar ist das die Konstruktion der sogenannten „Umlege- oder Kippstandarte", deren Grundgedanke erstmalig von Voigtländer erwähnt wurde (*102*); das wesentliche Kennzeichen dieser genialen Idee war, daß der Objektivträger um eine in seinem unteren Teil befindliche Achse derart drehbar gelagert ist, daß er sich zwecks Schließen der Kamera selbsttätig nach vorne, d. h. gegen das Laufbrett, umlegen kann. Wünsche hat diese Konstruktion später noch weiter ausgebaut.[1] K. Pritschow (*54*) hat hierüber zusammenhängende Ausführungen gebracht.

Der im Jahre 1892 eingeführte symmetrische Doppelanastigmat verschwand allmählich wieder und mußte lichtstärkeren Objektiven Platz machen, die fast ausschließlich unsymmetrischen Aufbau hatten. Gleichzeitig wurde damit leider der doppelte und dreifache Kameraauszug aufgegeben. Es trat eine lebhafte Entwicklung in mechanischer Hinsicht ein, und nacheinander entstanden in dieser Richtung eine Reihe sehr interessanter kinematischer Probleme. Ein Ersatz für die längeren Brennweiten der Einzelglieder der Doppelanastigmate wurde später durch die Einführung von Vorsatzlinsen geschaffen. Hier dürfte eine kurze Zwischenbetrachtung nicht unangebracht sein über die Definition des Begriffs Kleinbildkamera, bzw. der Bezeichnung „Großformat" und „Kleinformat". Im Laufe der Zeit hat sich die Grenze zwischen diesen beiden Gebieten nicht unbeträchtlich verschoben, denn vor einer Reihe von Jahren war 6×9 cm ein ausgesprochenes Kleinformat, während es heute schon zu den großen Formaten zählt. Streng genommen müßten mit Großformat alle jene Apparate bezeichnet werden, deren Bilder nicht unbedingt vergrößert werden müssen, also 6×9, $5 \times 7^{1}/_{2}$, 6×6, $4^{1}/_{2} \times 6$ und $4 \times 6^{1}/_{2}$ cm; folgerichtig sind dann mit Kleinformat alle jene Größen zu bezeichnen, die darunter liegen, also 30×40, 24×36 und 24×24 mm. Das Format 24×36 mm mit perforiertem Normalkinefilm ist seit einer Reihe von Jahren — von wenigen Ausnahmen abgesehen — das unbestrittene Aufnahmeformat für die Kleinbildkamera geworden.

Bei dieser Gelegenheit darf nicht unerwähnt bleiben, daß sich u. a. die Firma Ernemann bereits in den Jahren 1925 bis 1927 mit der Konstruktion von Kleinbildapparaten beschäftigt hat, und es sei nur an die Modelle „Unette" und „Bobette" (mit „Ernostar" $1:2$, $f = 40$ mm) erinnert, die für ein Aufnahmeformat von 22×33 mm auf unperforierten Kinefilm in den Handel gebracht wurden. Die weitere Entwicklung war nun nicht mehr aufzuhalten, und zwar um so weniger, als von mehreren Stellen aus und fast gleichzeitig dem Problem der Kleinbildphotographie erhöhte Aufmerksamkeit geschenkt wurde. Die unverkennbaren Vorteile dieses Sondergebiets der Photographie, wie z. B. die geringen Abmessungen der Kamera, das leichtere Arbeiten infolge der kurzen Objektivbrennweite bei gesteigerter Tiefenschärfe und der geringe Materialverbrauch, waren wohl geeignet, weiteste Kreise für die Kleinbildphotographie zu gewinnen. Die Entwicklungsperiode der Kamera für Kleinbildaufnahmen gehört unbedingt zu den erfolgreichsten Zeitabschnitten der Photographie. Wie bereits erwähnt, ist der triftigste Grund, der für die Kleinbildkamera spricht, die kurze Brennweite; eine Folge davon ist bekanntlich, trotz der zur Verwendung kommenden lichtstarken Objektive, die große Tiefenschärfe. Wird z. B. bei einer Kleinbildkamera, deren Objektiv eine Brennweite von $f = 50$ mm besitzt, das Bild von der Größe 24×36 mm auf das Format 13×18 cm vergrößert, so bedeutet das eine etwa 5,2fache Vergrößerung, d. h. die Äquivalentbrennweite $f = 5 \times 5,2 = 26$ cm. Da der normale kürzeste Betrachtungsabstand eines Bildes von der Größe 13×18 cm etwa 25 bis 30 cm

---

[1] D. R. P. Nr. 180 509/1906.

Einleitung.

beträgt, so kommt der errechnete Wert diesem Abstand also sehr nahe (vgl. Tabelle 1, S. 108). Schon auf Grund der bisherigen Ausführungen kann die zeitgemäße Kleinbildkamera als das folgerichtige Produkt einer geschichtlichen Entwicklung betrachtet werden. Wenn man von den im Handbuch, Bd. II, Abschnitt III/F, S. 206 bis 216, eingehend beschriebenen Vorläufern der ersten Konstruktion von Kleinbildkameras zunächst absieht, so zeigte sich die systematische Fortentwicklung anfangs in zwei bestimmten Richtungen: Den einen Weg ist BARNACK, der Schöpfer der „Leica", im Jahre 1913 gegangen, dadurch, daß er als Negativträger den Normalkinefilm mit Perforation genau in der äußeren Form verwandte, wie er in der Kinotechnik lange vorher bereits Eingang gefunden hatte (Abb. 3). Als im Jahre 1925 die „Leica" fabrikatorisch hergestellt wurde, bedeutete das die Einleitung eines neuen Zeitalters der Lichtbildkunst. Es folgte nun die wichtige Periode, in der unsere photochemischen Werke dadurch die Wege zu weiteren Triumphen der Kleinbildphotographie ebneten, daß sie ihr einen Rollfilm von bisher unerreichter Feinkörnigkeit, daneben aber auch von hoher Allgemeinempfindlichkeit, von ausgezeichneter Orthochromasie und praktisch völliger Lichthoffreiheit schufen. Diese hervorragenden Leistungen unserer Filmindustrie mußten unbedingt zur Folge haben, daß das Beispiel, das mit der „Leica" gegeben war und deren Erscheinen auf dem Markt immerhin einen gewissen Mut bewies, zur Nachahmung reizte. Erst der hochempfindliche Feinkornfilm schuf die Vorbedingung, unter der damals die Kamera des Formats 3×4 cm entstand. Bekanntlich ist diese Bildgröße durch Zweiteilung des Formats 4×6^1/$_2$ entstanden (Filmspule A/8), und dieses war der andere Weg, den die Kamerakonstrukteure damals gingen. Der Vollständigkeit halber sei hier erwähnt, daß sich die Unterteilung des Bildfeldes 6×9 cm in die Abschnitte 6×6 bzw. 4^1/$_2$×6 cm unter Benutzung einer Einlegemaske (*281* bis *283*) bis auf den heutigen Tag erhalten hat; dieser Fortschritt, der allerdings nur unter Beibehaltung der Objektivbrennweite möglich war, konnte nur erzielt werden, nachdem die Filme B II/8, bzw. der

Abb. 3.[1] Ur-Leica. Kleinbildkamera für Normalkinefilm (36 Aufnahmen) von BARNACK, Baujahr 1913.

Aufdruck auf dem Papierschutz von allen Firmen übereinstimmend ausgeführt wurde (Normenblatt DIN 4523 v. J. 1937). Voraussetzung für die Möglichkeit dieser Ausführung war die Anordnung eines zweiten Bildfensters in der Kamerarückwand (Zweiformatkameras). Wie bereits angedeutet, mußte die Objektivbrennweite schon aus rein praktischen Gründen beibehalten werden, so daß sich leider kein Vorteil in bezug auf die Tiefenschärfe ergab, wenn z. B. statt acht Aufnahmen 6×9 cm deren 16 vom Format 4^1/$_2$×6 cm gemacht wurden. Selbstverständlich änderte sich auch der Bildwinkel; er wurde im selben Verhältnis kleiner wie das Bildformat, d. h. um etwa 50%.

Etwas anders lagen die Dinge beim Film A/8, der vorzugsweise für das Format 4×6^1/$_2$ cm Verwendung fand; zwar wurde auch hier zunächst eine Bildteilung vorgenommen derart, daß sowohl das ganze Format 4×6^1/$_2$, als auch seine beiden Hälften wahlweise Verwendung finden konnten (Bildformat 3×4 cm). Fast allgemein wurde für das Format 4×6^1/$_2$ die Brennweite des Objektivs mit $f = 75$ mm eingeführt; unter Zugrundelegung dieses Wertes ergeben sich

---

[1] In der Abb. 3 ist bereits der Schuh für den aufschiebbaren Basis-Entfernungsmesser sichtbar. Einzelheiten vgl. Bd. II des Handbuches Abschnitt 101, S. 341.

Bildwinkel (gemessen über die Diagonale) von etwa 54° für das größere Bild ($4 \times 6^1/_2$ cm) und nur 37° für das kleine Format 3×4 cm. Sehr bald zeigte es sich jedoch, daß dieser Nachteil nicht gern in Kauf genommen wurde, und es entstanden eine Reihe von Spezialmodellen, die zwar auch auf der Grundlage der ausschließlichen Benutzung der Filmspule A/8 konstruiert waren, aber mit dem Unterschied, daß nur Bilder von der Größe 3×4 cm, und zwar 16 Stück, aufgenommen werden konnten. Der Gedanke war zweifellos bestechend. Als Bildwinkel ergab sich nunmehr — unter Voraussetzung einer Brennweite des Aufnahmeobjektivs von $f = 50$ mm — ein größerer Wert, und zwar zirka 53°, wie bei der Standard-Rollfilmkamera größeren Formats (6×9 cm). Der weitaus größte Vorteil dieser Kleinbildkamera war neben ihrem kleinen Volumen und Gewicht die erheblich größere Tiefenschärfe und damit die Möglichkeit, entsprechend stärkere Vergrößerungen herzustellen. Eine bedauerliche Feststellung mußte leider bei der Benutzung des A/8-Films in der Kleinbildkamera 3×4 cm gemacht werden: die unbefriedigende Planlage des Films im Bildfenster. Wenn diese äußerst wichtige Forderung nicht immer erfüllt wurde — und es ist kein Zweifel daran —, so liegt die Begründung dafür wesentlich in der Tatsache, daß die A/8-Filmrollen auf Metallspulen mit sehr dünnem Kern aufgewickelt werden; dieser hat einen Durchmesser von nur etwa 5 mm gegenüber 12 mm bei der B II/8-Spule für 6×9 cm. Daraus ergibt sich als Folgeerscheinung, daß der Film schon nach relativ kurzer Lagerung die Neigung zeigt, sich wie eine Feder zusammenzurollen. Das im Inneren der Spule liegende Stück Film der letzten Aufnahme hat demnach einen viel kleineren Durchmesser als dasjenige der ersten. Es ist ohne weiteres verständlich, daß es Schwierigkeiten macht, einen Film von 3 cm Länge (Format 3×4 cm), der stets das Bestreben hat, sich zusammenzurollen, im Bildfenster zu zwingen, vollkommen eben zu liegen. Dies wird noch schlimmer, wenn es sich um einen Film mit dicker Rückschicht handelt. Außerdem kommt noch hinzu, daß der mit dem Film gleichzeitig zusammenlaufende Schutzpapierstreifen das Sträuben des Films noch unterstützt, trotzdem derselbe nur an seinem Anfang mit dem Film verbunden ist. Es kommen hier also eine Reihe von Schwierigkeiten zusammen; daß auch die Andruckplatte, bzw. deren sachgemäße Gestaltung dabei eine nicht zu unterschätzende Rolle gespielt hat, sei nur nebenbei erwähnt (vgl. NIDETZKY 44).

Letzten Endes hat sich gezeigt, daß die Planlage des Films bei den erwähnten Kameramodellen des Formats 3×4 cm bei Benutzung des A/8-Films erheblich zu wünschen übrig ließ, so daß bei der relativ hohen Lichtstärke (1:4,5 bzw. 1:3,5) der Aufnahmeobjektive eine zufriedenstellende Bildgüte, die mindestens eine dreimal lineare Vergrößerung erlaubte, nur selten erreicht wurde. Schon damals (etwa 1930) wurde darauf hingewiesen, daß der Gestaltung der Auflagefläche des Films in der Längsrichtung größere Aufmerksamkeit geschenkt werden müsse, und die heute bei allen zeitgemäßen Kleinbildkameras eingeführten polierten Metallgleitschienen beweisen die Richtigkeit der damaligen Anschauungen. K. WOLTER (81) hat in einer diesbezüglichen Arbeit auf diese Forderung hingewiesen. Darüber hinaus wurde bezüglich der beiden Querstege, die das Bild auf seiner 4 cm langen Kante beiderseits begrenzen, vorgeschlagen, diese aus kleinen Neusilberrollen herzustellen, deren oberste Kanten des Zylindermantels in genau gleicher Höhe liegen wie die oberen Gleitflächen der seitlichen Auflageschienen. G. SEEBER (63) berichtet darüber, daß man mit derartigen „Rollenfenstern", wie er sie bereits in der kinematographischen Berufskamera eingeführt hatte, die allerbesten Erfahrungen gemacht habe.

Die obigen Ausführungen können mit der interessanten Feststellung abgeschlossen werden, daß beinahe alle, etwa von 1930 ab entstandenen Vorläufer der heutigen

Kleinbildkamera, welche die Verwendung des Films A/8 für 16 Bilder des Formats 3×4 cm zur Voraussetzung machten, mehr oder weniger vom Markt wieder verschwunden sind; sie haben die Erwartungen nicht erfüllt, die in sie gesetzt wurden, und die Bemühungen unserer Konstrukteure gingen nunmehr durchwegs dahin, den Normalkinefilm von 35 mm Breite, und zwar fast ausschließlich mit Perforation, ihren Überlegungen zugrunde zu legen. In jüngster Zeit (1941) ist allerdings noch ein Modell aufgetaucht, das erwähnenswert ist, weil es schon wegen des niedrigen Preises eine glückliche Neuschöpfung zu sein scheint und als Volkskamera für die Jugend bezeichnet werden darf. — Es ist dies die „Brownie-Reflex" der EASTMAN KODAK Co. in Rochester, N. Y.

Die charakteristischen Merkmale dieses Modells sind folgende: Bildgröße 4×4 cm, 12 Aufnahmen, Objektiv: einfache Meniskuslinse von 50 mm Brennweite, Lichtstärke ≈ 1:12. Senkrecht stehende Metallfilmspule für den Film A/8 (USA. Film Nr. 127) auf einem Träger mit gewölbter Filmbahn. Der Zentralverschluß hat eine Geschwindigkeit von etwa $^1/_{40}$ Sekunde und ist eingerichtet für Ball-Zeitaufnahmen. Die Auslösung des Verschlusses — senkrecht zur optischen Achse — ist nach Ansicht des Verfassers wegen Gefahr des Verwackelns verfehlt! Ein besonderes Kennzeichen dieser „Fixfocus-Kamera" ist der Reflexsucher; dieser ist in ganz ähnlicher Form ausgeführt, wie ihn bereits im Jahre 1932 der Verfasser entwickelt und für die Ausführung der Brillant-Kamera der VOIGTLÄNDER & SOHN A. G. vorgeschlagen hat. Er besteht aus einer sehr lichtstarken Sammellinse von etwa 25 mm Durchmesser, einer quadratischen Feldlinse von der Größe 36×36 mm und dazwischen angeordnetem, unter 45° geneigtem Spiegel.

Sowohl das Gehäuse der Kamera als auch der als ganzes herausnehmbare Spulenträger ist aus widerstandsfähigem Preßmaterial hergestellt. Das Gewicht der „Brownie-Reflex" beträgt 400 g.

Mit der Geschichte der Photographie in den letzten 100 Jahren hat sich sehr eingehend und erfolgreich E. STENGER beschäftigt (*68* bis *72*). Außerdem sei auf das „Ausführliche Handbuch der Photographie" hingewiesen, in dem J. M. EDER „Die Geschichte der Photographie" erschöpfend behandelt.[1]

b) Theorie der Kleinbildtechnik.

Wie schon das Wort „Kleinbildkamera" eindeutig erkennen läßt, ist das charakteristische Merkmal dieser Art photographischer Apparate in erster Linie das **kleine Bild**; daraus ergibt sich ohne weiteres — d. h. wenn vorausgesetzt wird, daß der bisher übliche Bildwinkel von den Kameras mit größerem Format übernommen wird —, **daß auch die Brennweite des Objektivs entsprechend kürzer und damit das ganze System räumlich kleiner wird und damit die äußeren Abmessungen der Kamera ebenfalls.**

Derartig relativ kleine Modelle sind zwar schon vor etwa 100 Jahren bekannt geworden, doch nur insoweit, als es sich um das kleine Bild von etwa 40 mm Durchmesser gehandelt hat (z. B. Modell STEINHEIL-KOBELL); der wesentliche Unterschied zwischen beiden Kameraarten ist aber der, daß zur damaligen Frühzeit der Photographie weder die Absicht noch die Möglichkeit bestand, die Originalbilder nachträglich zu vergrößern, während bei zeitgemäßen Kleinbildkameras diese beiden Voraussetzungen überhaupt die Grundlage der neuen Richtung bildeten.

Es bedarf dabei keines besonderen Hinweises, daß unter diesem Gesichtspunkt, der sowohl die Optik des Aufnahmesystems als die Beschaffenheit des Negativfilms und des Positivträgers einschließt, die photographische Technik vor sehr großen Aufgaben stand, deren Umfang mit ihrer Entwicklung immer mehr zunahm.

---

[1] Bd. 1, Teil 1 und 2, Halle 1932.

An dieser Stelle interessieren zunächst die Aufnahmeoptik und deren Träger, d. h. die mechanischen Teile der Kamera.

Neben einer Reihe von Kleinbildkameras, die im Handbuch, Bd. II, Erwähnung fanden, sei an dieser Stelle daran erinnert, daß auf einem Spezialgebiet der Photographie, nämlich dem der Stereoskopie, der Konstrukteur bereits ähnliche Probleme zu lösen hatte; das bekannte Modell 4,5 × 10,7 cm lieferte zwei Teilbilder von der Größe 4 × 4 cm, die durch einen Zwischenraum von etwa 20 mm voneinander angeordnet und durch zwei identische Objektive von der Brennweite $f = 60$ mm entworfen wurden. Daraus ergab sich ein Gesamtwinkel (bezogen auf die Diagonale von $D = 56$ mm) von zirka 50°.

Im Vergleich zum Kleinbild 24 × 36 mm mit Normalobjektiv von $f = 50$ mm, das mit einem größten Winkel von nur etwa 46,5° beansprucht wird, weist das Stereoobjektiv nominell bereits eine Mehrleistung auf.

Das ist aber nicht das Entscheidende, sondern die Tatsache, daß auch diese kleinen Bilder 4 × 4 cm nebst ihren Fehlern stets vergrößert wurden, und zwar entweder — und das war meist der Fall — im Stereobetrachtungsapparat oder aber durch Projektion.

Wenn die Brennweiten der Okularlinsen des „Stereoskops" im Sinne einer richtigen Perspektive gleich denjenigen bei der Aufnahme gewählt wurden, dann erfolgte — verglichen mit der kürzesten deutlichen Sehweite — eine etwa vierfache Vergrößerung (250 : 60 ≈ 4mal). Nun ist mit Sicherheit anzunehmen, daß die Anforderungen, die in der Frühzeit der Photographie an die Güte des mit einem PETZVAL-VOIGTLÄNDER-Objektiv aufgenommenen Bildes gestellt wurden, nicht sehr hohe waren; noch weniger kann dies der Fall gewesen sein bei dem mit einem Fernrohrobjektiv aufgenommenen Bild der STEINHEIL-KOBELL-Kamera (1839). Dagegen liegen die Verhältnisse erheblich anders bei der Kleinbildkamera der Jetztzeit! Hier wird trotz größter Beschränkung in bezug auf Umfang und Gewicht des ganzen Aufnahmeapparats sowie möglichst großer Sparsamkeit hinsichtlich des Filmverbrauches Höchstleistung in bezug auf das Objektiv, d. h. auf Bildgüte, gefordert. Das z. B. auf das Format 6 × 9 cm vergrößerte Kleinbildnegativ (lineare Vergrößerung etwa $2^1/_2$mal) soll sich im Vergleich zu dem mit einer Brennweite von etwa 100 mm direkt aufgenommenen Bild des Formats 6 × 9 cm bei der Betrachtung aus der kürzesten deutlichen Sehweite bezüglich Güte des Bildes in nichts unterscheiden. Das ist die energische Forderung des Lichtbildners!

Eine Ausnahme muß hierbei allerdings gemacht werden, und das ist die Tiefenschärfe!

Gleicher Standpunkt des Aufnehmenden vorausgesetzt, ergibt sich z. B. bei einer Scharfeinstellung in der Entfernung von 3 m bei verschiedenen Blenden folgende Gegenüberstellung. Die angegebenen Zerstreuungskreise 0,1 bzw. 0,033 verhalten sich wie die Formate, nämlich' wie 6 × 9 zu 24 × 36.

Tabelle 1.

Brennweite	Tiefenschärfe in Metern bei einer Dingentfernung von 3 m				
$f = 105$ mm $f = 50$ „ Blende	2,74—3,30 2,64—3,48 1 : 3,5	2,68—3,40 2,55—3,64 1 : 4,5	2,62—3,52 2,46—3,85 1 : 5,6	2,48—3,80 2,28—4,38 1 : 8	$z = 0,10$ $z = 0,033$
$f = 105$ mm $f = 50$ „ Blende	2,33—4,22 2,19—5,29 1 : 11	2,11—5,18 1,84—8,10 1 : 16	1,90—7,11 1,61—12,22 1 : 22		$z = 0,10$ $z = 0,033$

Einleitung.

Da es also gelingt, unter sonst gleichen Umständen, wie die Tabelle 1 zeigt, mit der kurzbrennweitigen Optik der Kleinbildkamera eine erheblich größere Tiefenschärfe zu erzielen, so ist damit der größte Vorzug dieses Sonderzweiges der Phototechnik zahlenmäßig genügend gekennzeichnet.

Bei der mathematischen Berechnung des Objektivs, die im Interesse von Vergleichsmöglichkeiten zweckmäßig stets für die Brennweite $f = 100$ mm durchgeführt wird, verbleiben nicht zu beseitigende Fehlerreste, welche allgemein eine Größenordnung haben, die in Abhängigkeit von dem absoluten Wert der Brennweite ist. Für $f = 50$ mm wären diese daher nur etwa halb so groß, eine Tatsache, die schon von erheblicher Bedeutung ist.

Infolge der dreimaligen Vergrößerung des Bildes von 24×36 mm auf 6×9 cm muß eine Verschlechterung der Bildeinzelheiten eintreten, die derjenigen einer Brennweite von $3 \times 50 = 150$ mm entspräche. D. h. aber nichts anderes, als daß das vergrößerte Bild an Güte dem direkt aufgenommenen nachsteht. Es ist daher selbstverständlich, daß dem Grade der jeweiligen Vergrößerung des Kleinbildes gewisse Grenzen gesetzt sind auf Grund der Tatsache, daß die entstehende Unschärfe des Bildes eine unvermeidliche Folge davon ist.

Diese Erscheinung kann dadurch ausgeglichen werden, daß der Betrachtungsabstand in Beziehung zum vergrößerten Bild gebracht wird, wodurch auf natürliche Weise eine nur scheinbare Bildgüte erzeugt wird. Wird z. B. statt einer dreimaligen Vergrößerung des Negativs vom Format 24×36 mm eine zehnmalige lineare gewählt, so müßte — streng genommen — ein Betrachtungsabstand von etwa 75 cm gewählt werden, um die entstandene Unschärfe zu überbrücken.

Es muß infolgedessen bei der mathematischen Berechnung von Kleinbildobjektiven im allgemeinen und ganz besonders bei solchen von außergewöhnlich hoher Lichtstärke von Anfang an darnach gestrebt werden, daß die verbleibenden optischen Fehlerreste, d. h. der Zerstreuungs- oder Unschärfekreis, so klein wie nur irgend möglich sind. Diese Forderung ist bei zeitgemäßen optischen Systemen zum Teil bereits in Erfüllung gegangen, insofern als ihre Größenordnung für die Restfehler der Brennweite $f = 50$ mm nur etwa ein Drittel von derjenigen bei $f = 100$ mm beträgt. Durch den glücklichen Umstand, daß der größte Bildwinkel der Kleinbildnormalobjektive von $f = 50$ mm in zweifellos richtiger Erkenntnis der zu überwindenden Schwierigkeiten nur etwa $46,5°$ (gegenüber $53°$ bei 6×9 cm mit $f = 105$ mm) beträgt, wurde die dem optischen Rechner übertragene Arbeit nicht unwesentlich erleichtert. Was die Betrachtung des Bildes aus der kürzesten deutlichen Sehweite betrifft, so ist das, wie bekannt, kein scharf umrissener Begriff, denn der Jugendliche mit normaler Sehkraft ist imstande, infolge seines starken Akkommodationsvermögens unter Umständen ohne Hilfsmittel das Kleinbild vom Format 24×36 mm sogar aus einem wesentlich kürzeren Abstand als dem der sogenannten deutlichen Sehweite nicht nur zu betrachten, sondern Einzelheiten scharf zu erfassen.

Was die in der Tabelle 1 angegebenen Zerstreuungskreise von 0,033 bzw. 0,1 mm betrifft, so sind diese teilweise auf Grund von praktischen Erfahrungen und teils aus Erkenntnissen der Sensitometrie und der physiologischen Optik entstanden.

Bekanntlich entspricht der Durchmesser der Netzhautgrube etwa einem Winkelgrad. In diesem kleinen Abschnitt des Gesichtsfeldes ist nach H. HELMHOLTZ (21) die Genauigkeit des Sehens so groß, daß Abstände zweier Punkte von einer Winkelminute (tg $\alpha = 0,00291$) vom Auge noch unterschieden werden können. Dieser Abstand entspricht der Breite eines Zapfens der Netzhaut.

Auf den mittleren Abstand der deutlichen Sehweite (250 mm) bezogen, bedeutet diese Definition, daß zwei Striche oder Punkte, die sich in Abständen von $250 \times 0{,}000291 = 0{,}075$ mm befinden, vom normalen Auge noch scharf erfaßt werden. (In der Praxis hat sich dafür der nach oben abgerundete Wert von 0,1 mm eingeführt.) Anderseits geht daraus hervor, daß sich zwei solche Punkte, die vom Normalobjektiv ($f = 50$ mm) der Kleinbildkamera in der Bildebene abgebildet wurden, in einem absoluten Abstand (gleichgültig in welchem Dingabstand) befinden, der sich aus der Beziehung errechnet

$$\operatorname{tg} \beta = \frac{0{,}075 \cdot 50}{250} = 0{,}015.$$

Aus den vorstehenden Ausführungen ist zu entnehmen, daß die allgemein üblichen Angaben der Werte von Zerstreuungskreisen nicht ausschließlich als Funktionen der jeweiligen bei der Aufnahme verwandten Objektive zu betrachten sind; es ist dagegen fast stets anzunehmen, daß das ganze Kleinbildnegativ mindestens dreimal (d. h. z. B. auf das Format 6×9 cm) vergrößert wird; dabei ist die eindeutige allgemein gültige Folgerung gezogen, daß die Betrachtung meist in der deutlichen Sehweite unter Zulassung eines Zerstreuungskreises von rund 0,1 mm Durchmesser erfolgt. Rückwärts rechnend ergibt sich dabei für das Objektiv der Aufnahmekamera folgerichtig ein Zerstreuungskreis von $0{,}1:3 = 0{,}033$ mm Durchmesser. Würde hingegen eine Vergrößerung des ganzen Kleinbildnegativs auf das Format 10×15 cm vorgenommen und die Annahme der Betrachtung des Bildes ebenfalls aus der deutlichen Sehweite beibehalten, so wäre infolge der noch stärkeren Vergrößerung des Negativs (zirka 4,2mal) nur noch ein Zerstreuungskreis von $0{,}1:4{,}2 = 0{,}024$ mm zulässig.

Aber auch diese Betrachtungen geben nur einen ungefähren Anhalt für weitere Überlegungen in Sonderfällen; sie sind ohne Rücksichtnahme sowohl auf das Auflösungsvermögen, bzw. die Struktur des betreffenden Negativmaterials (Films) als auf die chemische Beschaffenheit des Positivs bei der Vergrößerung vorgenommen worden (vgl. Abschnitt Sensitometrie).

2. Der Normalkinefilm als Bildträger.

a) Die erste Verwendung des Films in der photographischen Kamera.

Über die Entstehung und Fortentwicklung der ersten Rollfilmkammern wird in Bd. II des Handbuches, Abschnitt III B, S. 93 bis 133, ausführlich berichtet und in der Einleitung darauf hingewiesen (*103, 104*), daß GEORGE EASTMAN in USA. einer der bedeutendsten Pioniere der Photographie war. Etwa um 1884 kam ihm der große Gedanke, Rollfilme statt Platten zu benutzen, in der richtigen Erkenntnis, daß dies das richtige Aufnahmematerial für die große Menge sei, die nicht schwer tragen und noch weniger viel denken will. EDER schreibt in seiner Geschichte der Photographie (1932) ausführliche Einzelheiten über den Patentstreit zwischen EASTMAN KODAK und dem Erfinder Dr. HANNIBAL GOODWIN (S. 681 bis 684). Daselbst auch Literaturangaben.

Im Zusammenarbeiten mit dem Kamerakonstrukteur WILLIAM H. WALKER lieferte EASTMAN sehr bald das Modell einer Handkamera, die auf einem Streifen von sogenanntem „Stripping-film" 24 bis 100 Aufnahmen nacheinander zu machen gestattete.

Es dürfte an dieser Stelle interessieren, zu erfahren, daß nach Gründung der Firma „EASTMAN DRY-PLATE AND FILM-CO. OF ROCHESTER" im Jahre 1888 auch bereits der Name für die automatische Amateurphotokamera gegeben wurde; er lautete „Kodak".

Der Negativträger bestand zunächst aus Papier, auf welches eine Bromsilbergelatineschicht aufgetragen war; mit Rücksicht auf das grobe Korn des Papiers, das sehr störte, ging EASTMAN zum Abziehfilm über, der im Prinzip schon von

WARNECKE her bekannt war. Nach dem Wässern wurde die Gelatineschicht vom Papierträger abgezogen und auf Glas übertragen.

Der „Kodak Nr. 1" vom Jahre 1888 war eine Kastenkamera mit zwei Spulen und einem Abziehfilm für 100 Aufnahmen; diese waren kreisrund und hatten einen Durchmesser von 65 mm.

Nach erfolgter Belichtung des ganzen Filmstreifens mußte die Kamera an die Fabrik eingesandt werden, wie dies heute nach 100 Jahren in ähnlicher Weise wieder der Fall ist (Agfacolor- bzw. Kodacolor-Film); dort wurde der Film entwickelt und ein neuer Streifen in die Kamera eingesetzt.

EASTMAN war mit dieser Lösung des Problems der Photographie nicht einverstanden und schuf (1888) in gemeinsamer Arbeit mit HENRY N. REICHENBACH den durchsichtigen Film aus Zelluloid.

Die später überall eingeführte Tageslichtpackung mit schwarzem Papierstreifen und aufgedruckten Zahlen, der den Zelluloidfilm auf seine ganze Länge schützte, ist eine Erfindung von S. N. TURNER aus Boston (1894). In Amerika wurden durch W. v. ESMOND bereits damals Filmspulen bekannt, deren Film nur an beiden Enden einen Papierstreifen hat, während der Film selbst nicht mit Papier hinterklebt ist (284); das sind die Vorläufer unserer heutigen Tageslichtspulen für die Kleinbildkamera. Die zusammenklappbare Rollfilmkamera von EASTMAN gibt es seit 1898.

In Deutschland wurde diese heute allgemein gebräuchliche Form photographischer Kammern besonders von R. KRÜGENER eingeführt und laufend vervollkommnet, worüber eine kleine Schrift interessante Aufschlüsse gibt (32). Wirft man einen Blick auf die Patentschriften der damaligen Zeit (etwa um 1890), so zeigt sich die interessante Erscheinung von Problemen, die uns auch heute noch, wo wir — bezogen auf die Kleinbildkamera — gewissermaßen auf dem Höhepunkt der Entwicklung stehen — in ganz ähnlicher Weise beschäftigen; gedacht ist dabei u. a. an die Lagerung der Spulen, Leitrollen, Markier- und Einschneidbzw. Abschneidvorrichtungen, Federbremse, automatischen Filmtransport, Filmandruckplatte, Berücksichtigung des Umstandes, daß die Aufwickelspule beim Fortschalten an Durchmesser größer wird usw.

Von besonderer Bedeutung ist die Erfindung Dr. RUDOLF KRÜGENERs vom Jahre 1899, die der damaligen Zeit allerdings vorauseilte; sie betrifft eine Rollfilmkamera für sogenannte Tageslichtspulen (Kleinbildkamera), die nicht mit schwarzem Papier hinterlegt waren, und bezieht sich auf das Anzeigen des Augenblicks, in welchem genügend Film für eine neue Aufnahme abgerollt ist (105); die Neuerung bestand in einem mit einer Marke versehenen Schlitten, der mit federnden Stiften in Aussparungen eingreift, die im Bildband in Abständen von je einer Bildbreite angeordnet sind; der Schlitten wird von dem Bildband bei dessen Bewegung mitgenommen, und zwar so lange, bis seine Marke unter einem Schauloch sichtbar wird.

Bei der amerikanischen Kleinbildkamera, Modell Bantam (KODAK, USA.), ist ebenfalls keine Perforation des Films in unserem Sinn vorhanden, sondern lediglich seitlich zum Sperren dienende kleine Löcher im Abstande einer Schaltungslänge zwischen je zwei Bildern (Größe 28×40 mm) vorgesehen (106).

Eine beachtenswerte Verbesserung brachte B. ACRES in England, und zwar handelt es sich um eine interessante Gestaltung des Filmfensters zum Ablesen der Nummern auf dem Filmschutzpapier; das besondere Kennzeichen war, daß das Fenster auf dem Filmband federnd auflag und zur Abhaltung des Nebenlichts mit der Kamera durch einen kleinen Balg verbunden war (107).

Die Einführung des heute bei allen Kleinbildkameras des Formats 24×36 mm zugrunde gelegten Films ist THOMAS ALVA EDISON zu verdanken (1847 bis 1931).

Dieser geniale Erfinder, auf dessen Namen etwa 1300 Patente lauten, hat im Zeitalter der Technik unendlich viel für die Menschheit geschaffen; wenn er sich auch vorzugsweise auf elektrischem Gebiet beschäftigte, so ist er doch wohl zuerst durch seinen Phonographen berühmt geworden. Im Jahre 1887 kam er auf die Idee, daß es möglich sein müßte, einen Apparat zu erfinden, der für das Auge denselben Dienst leisten müßte, wie der Phonograph für das Ohr.

Nach vielen zum Teil unbefriedigenden Versuchen entschloß er sich endlich, ein Filmband zu benutzen, das an beiden Seiten in gleichmäßigen Abständen Perforation aufwies und eine Breite von $1^3/_8$ Zoll besaß, d. i. 34,9 mm.

Diese Abmessung und die von EDISON gegebene Form wurde nach SEEBER (*63*) für die Filmbänder, die uber die ganze Welt verbreitet sind, vorbildlich (1891).

Weitere Einzelheiten über die damalige Herstellung und Entwicklung des Filmbandes finden sich u. a. in der Veröffentlichung von C. FORCH (*10*). Dort finden sich auf S. 75 usw. nähere Angaben über die Größe des Einzelbildes, dessen Abmessungen bekanntlich 18×24 mm waren, das also eine Fläche von 432 mm² besaß (Abb. 4).

Es ist das Verdienst von O. BARNACK, als er sich seinerzeit mit den ersten Entwürfen zur Kleinbildkamera „Leica" beschäftigte, erkannt zu haben, daß dieses Bild als Negativ zu klein sei; daher entschloß er sich, den bereits in der Kinotechnik allgemein eingeführten sogenannten „Normalfilm" von 35 mm Breite zwar beizubehalten, aber das Format doppelt so groß zu wählen. Von

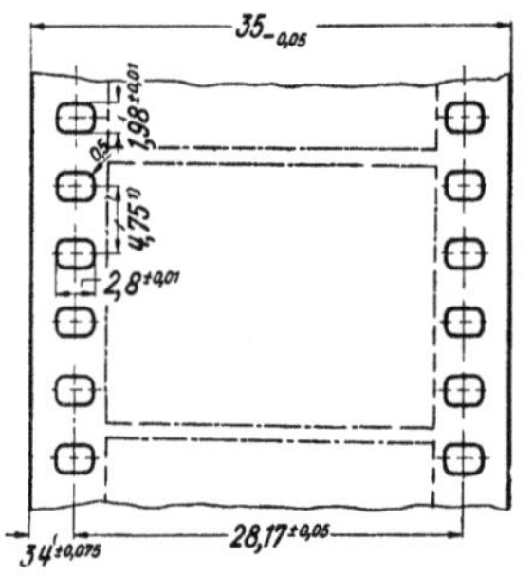

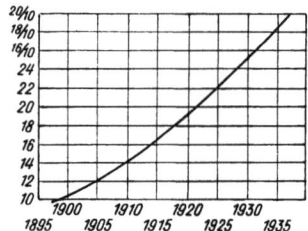

Abb. 4. Perforierter Normalkinefilm 35 mm (in nat. Größe). Vgl Normenblatt DIN KIN 3501
Die strichpunktierten Linien geben die Umrisse des Kinobildes beim Stummfilm 18×24 mm an.

Abb 5 Graphische Darstellung der Steigerung der Filmempfindlichkeit in den Jahren von 1895 bis 1935.
Ordinaten: Filmempfindlichkeit,
Abszissen: Zeitabschnitte.

18×24 mm ging er auf 24×36 mm über, wodurch eine Bildfläche von 864 statt 432 mm² entstand. Gleichzeitig mit dieser Änderung der absoluten Maße des Bildformats ging Hand in Hand diejenige des Seitenverhältnisses von 3:4 in 2:3 (wie beim Standardformat 6×9 cm).

Bei dieser Gelegenheit soll, in Kürze wenigstens, an die chronologische Entwicklung des Kleinbildfilms einmal erinnert werden, an welcher alle maßgebenden Firmen und besonders die Firma OTTO PERUTZ in München (denen der Verfasser die nachfolgenden Angaben verdankt) erheblichen Anteil genommen haben.

Für die „Leica" wurde als selbstverständliche Forderung ein Film verlangt, der Schärfe und Vergrößerungsfähigkeit in höherem Maße als der Grünsiegelfilm gewährleistete. Der seit 1924 hergestellte Feinkorn-Spezial-Fliegerfilm zeigte die erforderlichen Eigenschaften und wurde der erste „Leica"-Film. Seine besonderen Eigenschaften waren: orthochromatisch, mit Erythrosin sensibilisiert, kräftige Gradation, Empfindlichkeit 19° Scheiner, Korngröße 0,8 bis 1,2 μ.

Bereits in den Jahren 1929/30 wurden panchromatische Kinofilme auch für die „Leica" geliefert; außerdem Spezialfilm, durch Lichthofschutz verbessert —

brauner Untergrund —, mit großem Gewinn an Schärfe (Feinkorn-Spezialfilm Antihalo). Mit Steigerung der Empfindlichkeit des Negativmaterials nimmt meist die Größe des Korns und die Dicke der Emulsion zu, wodurch die Bildschärfe unter Umständen ungünstig beeinflußt wird.

Mit der Forderung nach höherer allgemeiner Empfindlichkeit entstand etwa um 1933 der Orthofilm, und zwar „Leica"-Neopersenso mit 26° Scheiner (später 16/10° Din genannt), normale Gradation, Korngröße 1,2 bis 1,8 μ.

Ferner sei genannt der Doppelschichtfilm.

Mit der Einführung „rectepanchromatisch" genannter Emulsionen trat ein besonderer Aufschwung ein infolge seiner naturgetreuen Farbwiedergabe, hoher Grünempfindlichkeit bei richtig dosierter Rotempfindlichkeit.

Die Stärke des Schichtträgers für Negativfilme aus Nitrozelluloid ist etwa 0,13 mm. Von 1924 bis 1934 wurde farbloses Zelluloid verwendet, später blaugraues Zelluloid als Lichthofschutz. Der Mehrschichtenfarbfilm Agfacolor hat insgesamt eine Dicke von etwa 0,175 mm (vgl. Abb. 5).

In den vergangenen Jahrzehnten wurden sehr viele Versuche unternommen, um den alten Wunschtraum, „Die Farbenphotographie", zu verwirklichen.[1] GREBE, HÜBL und WALL haben das ganze Gebiet theoretisch erschöpfend bearbeitet, worüber Bd. VIII (Farbenphotographie) des Handbuches auf 257 Seiten und 131 Abbildungen Aufschluß gibt. Was Kameras betrifft, mit deren Hilfe Aufnahmen in drei Farben hergestellt werden können, so wird auch auf Bd. II verwiesen (S. 267 bis 277). Ohne an dem Wert der einzelnen in der Literatur beschriebenen älteren Geräte Kritik üben zu wollen, muß doch in aller Kürze gesagt werden, daß die Totallösung endlich gefunden worden ist, und zwar auf Grund außerordentlicher, bahnbrechender Erkenntnisse; es ist dies der neue sogenannte Dreischichtenfilm. Dieses absolut nicht einfache photochemische Gebilde enthält neben den üblichen lichtempfindlichen Silbersalzen noch solche Substanzen, die bei bestimmten Entwicklungsverfahren zur Farbstoffbildung fähig sind. Rein äußerlich unterscheidet sich dieser Film vom Normalkinefilm 35 mm fast gar nicht, und das fertige Diapositiv ist frei von jedem Raster und Silberkorn; daher zeigt es in der Durchsicht die Farben der Natur in kaum übertreffbarer Brillanz und Leuchtkraft. Das überraschendste Moment bei diesem Farbenfilm ist jedoch die Tatsache, daß der Film — gleichgültig, welches Modell der Kleinbildkamera Verwendung findet — ohne jede Veränderung an derselben gebrauchsfähig ist. In jüngster Zeit hat sich H. WINDISCH (*79, 80*) eingehend mit den Problemen der Farbenphotographie beschäftigt, und zwar sowohl in seinem Buche „Die neue Fotoschule" als ganz besonders in der „Schule der Farbenphotographie". In ersterem finden sich auch S. 30 bis 43 ausführliche Mitteilungen über die Verwendung von Filtern jeder Art,[2] weitere Literaturstellen siehe *44a, 45a* und *80b*.

b) Die Fortschaltung des Films um eine Bildlänge.

Als EASTMAN seine erste Rollfilmkamera brachte, die in erstaunlicher Weise bereits alle Vorrichtungen besaß, die notwendig waren zur mühelosen Einführung der Tageslichtspulen, da war — wie andernorts bereits erwähnt — das Nummernfenster an der Rückwand eine sehr wichtige und notwendige Einrichtung, um die Zahlen auf dem schwarzen Papierschutzstreifen zu erkennen, welche im Interesse der Fortschaltung des Films um eine Bildlänge dort vorgesehen waren.[3]

Es ist nicht mit Sicherheit feststellbar und unwahrscheinlich, daß bereits

---

[1] Vgl. hierüber vor allem den Artikel von G. HEYMER, S. 337 bis 463 dieses Bandes.
[2] Außerdem z. B. im Leica Gesamtkatalog 1939, S. 24 bis 26 und Agfacolor von BECK (*1b*).
[3] Vgl. D.R.P. Nr. 615070, 1934.

die ersten Kameras dieser Art mit Fenstern versehen waren; einwandfrei steht aber fest, und zwar geht das aus dem Schutzanspruch des deutschen Patents Nr. 35215 vom Jahre 1885 hervor, daß bereits an solche Vorrichtungen gedacht war, „die das Material messen, markieren und ein hörbares Zeichen geben, wenn eine gewisse Länge abgerollt ist" (*103* und *349*).

Eine Kamera mit Rollfilmeinrichtung bzw. „Roll-Cassette", wie sie damals genannt wurde, verdient besondere Beachtung, und zwar ist das die Konstruktion von P. NADAR in Paris (*108*); es ist dies eine „Roll-Cassette" für photographische Apparate, bei welcher die Markierung der Grenzen der einzelnen Aufnahmen in dem lichtempfindlichen Papierstreifen dadurch bewirkt wird, daß der letztere durch Reibung einen Hohlzylinder in Umdrehung versetzt, dessen Umfang gleich der halben Länge des Bildes ist. (Hier wird also zum ersten Male von einer Meßwalze gesprochen, die bei der „Simplex-Rollcamera" von KRÜGENER ausgeführt ist.)

Abb. 6. Beispiel einer Anordnung des mechanischen Rädergetriebes zur Filmfortschaltung, Bildzählung und Verhinderung von Doppelbelichtungen bzw. Blindaufnahmen. (Mod. Vito der VOIGTLÄNDER A. G.)

In diesem Hohlzylinder ist außerdem ein walzenförmiger Körper so angeordnet, daß auf diesem befestigte Messer nach jeder zweiten Umdrehung des Zylinders durch Öffnungen desselben hindurchtreten, was dadurch herbeigeführt wird, daß die Achsen der Walze und des Zylinders mit ineinandergreifenden Zahnrädern vom Übersetzungsverhältnis 1:2 versehen sind. H. G. RAMSPERGER hat sich mit der gleichen Aufgabe beschäftigt und eine interessante Lösung gefunden, den Film (ohne Schutzpapier) vor oder nach dem Fortschalten zu schlitzen und die belichteten Bilder automatisch zu zählen (*297*).[1]

Die Fortschaltung geschah damals genau so wie bei den meisten Rollfilmkameras heute noch, nämlich derart, daß mit Hilfe des Filmschlüssels die Aufwickelspule so lange gedreht wurde, bis eine Bildlänge abgewickelt war.

Jahrzehnte hatte sich diese Methode, die ebenso einfach wie zuverlässig ist, bei sämtlichen Rollfilmkameras eingebürgert, erst mit der ständigen Verbesserung des Filmmaterials in bezug auf Lichtempfindlichkeit traten hier Änderungen ein, die zunächst rein mechanischer Art waren und in der Anordnung von zeitweise erfaßbaren Abdeckschiebern oder Klappen über dem Filmfenster an der Kamerarückwand bestanden. Mit Rücksicht auf die vorhandene Nummernablesung durch das Filmfenster spielte die Tatsache keine Rolle, daß die Aufwickelspule einen immer größeren Durchmesser erhielt (*109*).

Mit der Einführung des papierlosen Films bei Kleinbildkameras, die etwa in das Jahr 1925 fällt („Leica"), trat auf diesem Gebiet ein völliger Umschwung ein. Gestützt auf die beim Normalkinefilm vorhandene zweireihige Perforation, erfolgte die geradlinige Fortbewegung des Films in der Bildebene nunmehr fast ausschließlich mit Hilfe zweier im Abstande von etwa 28 mm befindlicher Zahnräder, die durch die Aufwickelspule und einige Stirnräder (Übersetzung!) ihren Antrieb erhielten. Gleichzeitig damit wurde zwangsläufig ein Zählwerk betätigt, dessen Skala gleichachsig zum Filmaufwickelknopf angeordnet war und die Nummern von 1 bis 36 trug, so daß eine Filmlänge von etwa 1,3 m belichtet wurde. (Die Gesamtlänge des Films war etwa 1,6 m.)

---

[1] Einzelheiten s. USA.-Patentschrift Nr. 448801/1891.

Um richtige Ergebnisse am Zählwerk zu erhalten, ist es zweckmässig, nicht die Umdrehungen des Filmfortschalteknopfes als Ausgangspunkt zu wählen, sondern diejenigen des Zählrades, das in die Perforation eingreift und stets denselben Weg zurücklegt (eine Bildlänge = 36 mm). (Abb. 6 und 57.)

In diesem Zusammenhang sei an die Konstruktion einiger Kleinbildkammern erinnert, die etwa gleichzeitig entstanden und bezüglich der Filmfortschaltung interessante Einzelheiten aufwiesen.

Zunächst handelt es sich um die im Handbuch, Bd. II, S. 212 bis 216, abgebildete und näher beschriebene Kleinbildkamera „Amourette" für 50 Aufnahmen. Sie besitzt eine abnehmbare Rückwand, an welcher die Elemente zur Fortschaltung des perforierten Films angeordnet sind; es ist dies ein Greifermechanismus zum geradlinigen Fortschalten des Films um eine Bildlänge, der nach Erreichung seiner Endlage zwangsläufig in seine Anfangslage zurückkehrt (*335, 336*).

Die „Eka-Kleinbildkamera" von KRAUSS war für unperforierten Normalkinefilm eingerichtet, und zwar für das Format 3 × 4,5 cm (Objektiv $f = 50$ mm, Bildwinkel zirka 57°). Das interessante Kennzeichen des Filmtransports ist eine besondere Einschnappvorrichtung, durch welche jeweils nur Film für eine Aufnahme transportiert wird, wobei dieses Stück gleichzeitig flach gehalten wird.

Ebenfalls für nichtperforierte Filme war die Kleinbildkamera „Sico" von SIMONS in Bern eingerichtet;[1] das Bildformat war 25 × 35 mm (Objektiv $f = 60$ mm in Compur-Verschluß Nr. 00). Die Fortschaltung des Films um Bildlänge erfolgte ebenfalls geradlinig durch eine federnde Zugstange, und zwar ohne Berücksichtigung des Umstandes, daß der Durchmesser der Abwickelspule immer kleiner wird (Bildzähler).

Schließlich sei noch die Kleinbildkamera „Ansco" des ANSCO-PHOTOPRODUCTS, INC. erwähnt, die bei ihrem Erscheinen besonders im Auslande viel Anklang gefunden hat. Auch dieses Modell ist für Normalkinefilm eingerichtet, und zwar für 50 Aufnahmen des Formats 18 × 24 mm; die Fortschaltung um Bildlänge erfolgt ebenfalls durch geradlinige Verschiebung einer Handhabe an der Rückwand der Kamera, in Verbindung mit der Verwendung spulenloser Filmrollen, vgl. Agfa „Karat" (*110*).

Interessant ist die Tatsache, daß bereits bei diesem Spezialmodell der Auslösemechanismus des Automatverschlusses in zwangsläufige Verbindung mit dem Zählwerk des Films steht. Eine federnde Andruckplatte preßt den Film gegen den Blendrahmen, Abb. 7 (*111* bis *116*).

Vergleicht man mit diesen zum Teil älteren Konstruktionen die Fortschritte bezüglich der Filmfortschaltung bei neuen zeitgemäßen Kleinbildmodellen, so ergibt sich folgendes Gesamtbild:

Der nichtperforierte Film von 35 mm Breite wird in Deutschland zur Zeit von keiner Firma benutzt; im Ausland ist dies nur KODAK mit der Kleinbildkamera „Bantam" USA. Die Schaltung des Films ist bei diesem Modell halbautomatisch, und zwar derart, daß nach Fortbewegung um je eine Bildlänge (40 + 2 = 42 mm einschließlich des zwischen je zwei Bildern liegenden Zwischenraumes) durch den Rändelknopf unter dem Druck einer Feder ein Stift in die seitlich am Film im Abstande von 42 mm befindlichen Löcher einfällt. Durch Druck auf einen in der Kamerarückwand angeordneten Knopf wird der Stift aus dem Loch im Film wieder entfernt und damit der Filmtransport freigegeben (Perforation einfachster Form).

Wenn an dieser Stelle und auch in anderen Abschnitten immer wieder kurz

---

[1] Abb. 203, S. 214 des Handbuches, Bd. II.

auf Konstruktionen aus der Frühzeit der Photographie zurückgegriffen wird, so ist das in doppelter Richtung Absicht. Einmal soll anläßlich des zufälligen Zusammentreffens der Jahrhundertfeier der Photographie mit dem Zeitpunkt des Niederschreibens dieser Arbeit auf die Leistungen unserer früheren Konstrukteure und deren Anteil in der in aller Welt anerkannten glänzenden Entwicklung deutscher Erzeugnisse im Kamerabau mit Nachdruck hingewiesen werden.

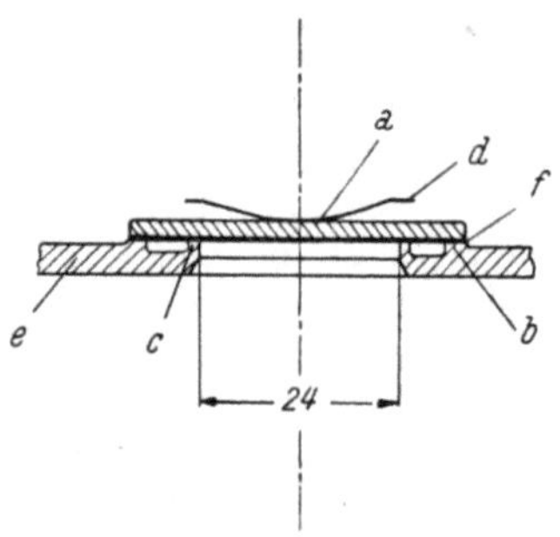

Dann aber sind einzelne Marksteine in den verschiedenen Zeitabschnitten (insbesondere um die Jahrhundertwende) von so grundsätzlicher Bedeutung, daß deren Nichterwähnung gewissermaßen das Verständnis für den Wertmesser an den Arbeiten der jüngsten Zeit erschweren würde.

Abb. 7. Querschnitt durch die unter Federdruck stehende Druckplatte, welche dem Film die bei der Aufnahme erforderliche eindeutige und ebene Lage gibt.
a Andruckplatte, d Feder, b und c Gleitschienen, e Kameragehäuse, f Film von der Breite 35 mm.

So ist z. B. die Konstruktion von NADAR, bei der eine Walze von entsprechenden Abmessungen zur eindeutigen und systematischen Abgrenzung der einzelnen Bildabschnitte und darüber hinaus zur Erleichterung der Arbeiten in der Dunkelkammer bei der Trennung der einzelnen Bilder diente (ein Papierschutz mit Nummern war damals noch nicht vorgesehen), ein Pionierpatent, das dem von EASTMANN würdig an die Seite gestellt werden kann (D. R. P. Nr. 62819 und 35215).

Darüber hinaus enthält die Klasse 57a, Gr. 23 der deutschen Patentschriften eine große Anzahl von zum Teil genialen Einfällen auf diesem, im Bau von Kleinbildkameras sehr wichtigen Gebiet, auf deren Wiedergabe im Rahmen dieses Beitrages leider verzichtet werden muß[1] (120).

In diesem Zusammenhang soll noch die Filmfortschaltung einer Kleinbildkamera der jüngsten Zeit genannt werden (Modell „Vito" von VOIGTLÄNDER);

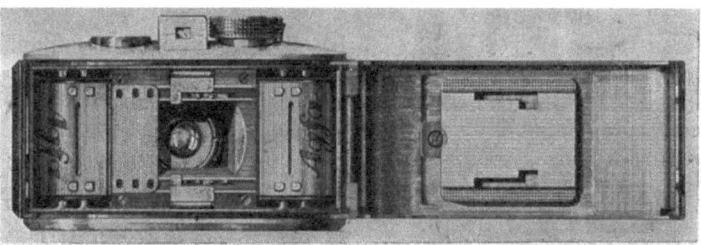

Abb. 7a. Kleinbildkamera Modell Karat 24 × 36 mm bei geöffneter Rückwand mit Filmandruckplatte (12 Aufnahmen in Spezialkassetten). Abbildungsmaßstab 1:2,5. (Agfa A.-G.)

bei dieser ist eine Friktionswalze von relativ kleinem Durchmesser vorgesehen, welche vom Film mitgenommen wird und zur Zählung der Bilder und Sperrung des Films dient. Diese Friktionswalze hat einen verhältnismäßig kleinen Durchmesser von nur 5,3 mm (Umfang 16,65 mm), so daß sich bei einem Gesamtfilmweg von etwa 38,3 mm (36 mm Bild und 2,3 mm Zwischenraum) eine Umdrehungszahl der Friktionswalze von $38,3 : 16,65 = 2,3$ ergibt, d. h. wenn durch die Betätigung des Filmfortschalteknopfes die Friktionswalze sich 2,3mal gedreht hat, so wird

---

[1] Sicherung gegen Doppelbelichtung, vgl. D. R. P. Nr. 120441, Kl. 57a/1900 von ZEISS, Jena, „Palmos"-Kamera.

gleichzeitig eine Nockenscheibe, deren Gesamtumfang dem Wert der Filmlänge — 38,3 mm — entspricht (unter dem Einfluß von zwei Stirnrädern und entsprechender Übersetzung) nur einmal gedreht; es tritt dann also bei jeder Umdrehung der Nockenscheibe eine Hemmung des Filmfortschaltenopfes und eine Freigabe der Auslösevorrichtung des Verschlusses ein.

Bei der zeitgemäßen Kleinbildkamera „Contaflex" mit über der Aufnahmekammer angeordnetem großen Spiegelreflex-Aufsichtsucher (Mattscheiben-Entfernungsmesser) ist ebenfalls perforierter Normalkinefilm von 35 mm Breite mit entsprechenden Transportmitteln vorgesehen. Die beiden Spulen liegen jedoch aus Zweckmäßigkeitsgründen (Gesamtbreite der Kamera nur etwa 110 mm gegen 133 mm z. B. bei der „Leica") nicht neben den Filmgleitwellen, bzw. der Achse mit den beiden in die Perforation greifenden Zahnrädern, sondern rechtwinklig dazu, d. h. hinter diesen; Entfernung der Spulenmitten etwa 80 mm.

Dieses Modell ist insofern besonders bemerkenswert, weil der Ablauf des Films zu dem des Schlitzverschlusses senkrecht verläuft. Dasselbe ist auch bereits bei der ersten „Contax" der Fall, und zwar so, daß praktisch der Weg des Films bei dem üblichen Format 24×36 mm wie immer 36 mm ist, während jener des Verschlusses nur 24 mm beträgt. (Erhöhte Geschwindigkeit!)

Bei der Betätigung des gemeinsamen Aufzugknopfes an der Vorderseite der Kamera wird daher zuerst der fühlbare Endanschlag des Verschlusses erreicht und erst beim Weiterdrehen des Aufzugelements jener für den Film.

Im übrigen unterscheiden sich die einzelnen Kameramodelle, welche den perforierten Normalkinefilm benutzen, in der Art der Fortschaltung grundsätzlich nur wenig.

Mit Rücksicht auf stärkste Vergrößerungsfähigkeit des Kleinbildnegativs müssen an die Filmführung in der Kamera höchste Ansprüche gestellt werden, d. h. der Film muß im Bildfenster vollkommen eben liegen!

Auf Grund dieser Forderung ist die Anordnung fast allgemein so getroffen, daß der Film mit seinen perforierten Rändern auf geschliffenen Schienen aufliegt.

Von der Rückseite her bringt ihn eine federnde und geschliffene Andruckplatte genau in die Ebene des vom Objektiv entworfenen Bildes (vgl. Abb 7a). Weil nun der Film außerdem durch den Transportmechanismus unter einer gewissen Spannung gehalten wird, kann er zunächst nach hinten nicht aus der Schärfenebene heraustreten, indes besteht leider die Möglichkeit einer Filmwölbung nach vorn und dagegen ist bis jetzt kein absolut zuverlässiges Mittel mit Erfolg angewandt worden. (Der Vorschlag, den Film zwischen eine Glasplatte und die Andruckplatte einzubetten, ist, wie bereits erwähnt, bereits vor 50 Jahren gemacht worden [KRÜGENER] und in gewissen Abständen immer wiederholt worden; die Nachteile, die sich dabei zeigten, sind jedoch größer als die Vorteile, Reflexe, Kratzer und Zerbrechlichkeit.) Neueres Beispiel der Anordnung siehe Patent 208.

Grundsätzlich besteht bei der Filmführung in der Kleinbildkammer ein großer Unterschied gegenüber derjenigen bei der Rollfilmkammer mit Tageslichtspulen größeren Formats.

Die erste von OSCAR BARNACK entworfene Kleinbildkamera, das sogenannte „Urmodell" oder die „Ur-Leica" (Abb. 3), bediente sich als Negativmaterial des Kinefilms von 35 mm Breite, und zwar genau desselben Films mit Perforation, wie er bei der Aufnahme und Projektion viele Jahre vorher bereits Verwendung gefunden hat; der einzige Unterschied war der, daß statt der Größe von 18×24 mm eine solche von 24×36 mm zugrunde gelegt wurde, d. h. das doppelt so große Format, bezogen auf die belichtete Fläche des Films. Was die im Handel üblichen Formen der Filme für die Kleinbildkamera betrifft, so sind beinahe alle Sorten als sogenannte Rollen- oder Meterware erhältlich; ihr Vorteil ist der niedrigere Preis, ihr Nachteil die Notwendigkeit der Beschaffung einer genügenden Zahl von Spezialkassetten (die zweckmäßigsten Längen sind 5 bzw. 10 m) und das Laden in der Dunkelkammer (Leica-B-Kassette, vgl. Abb. 8a).

Am bequemsten im Gebrauch ist die sogenannte Patrone; das sind Kassetten mit etwa 1,6 m langem Film (Material aus Pappe, Blech oder Preßstoff) für einmaligen Gebrauch. Manche Patronen können auch wieder geladen werden. Es gibt auch sogenannte Einzel- oder Dunkelkammerpackungen; dabei handelt es sich um einzelne Längen von 1,6 m, die bereits zugeschnitten sind.

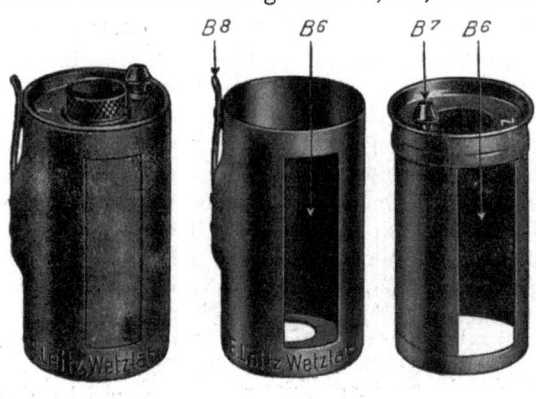

Eine besondere Stellung nimmt die sogenannte „Contax-Spule" ein, die es für 36 aber auch für nur 18 Aufnahmen gibt (Contax-Kurzspule). Diese Art der Packung hat den großen Vorteil, daß das Einsetzen, Aufwickeln, Heraus-

Abb 8a. Die Leica-B-Kassette und deren Einzelteile. Dieses Modell ist sowohl für Meterware als auch Universal-Tageslichtpatronen verwendbar (Rückspulung erforderlich)

B vollständige Kassette, B_1 äußere Kassettenhülse, B_2 innere Kassettenhülse, B_3 Flanschspule.

nehmen wie bei jeder anderen Rollfilmspule geschieht, was durch den bei ihr vorhandenen Papiervor- und -nachlauf erreicht wird (sogenannte Tageslichtspule, Abb. 8b). Der besondere Vorzug ist der Fortfall der Rückspulung.

Mit der Kleinbildkamera und der Verwendung des ungeschützten, weil papierlosen Kinefilms ist die Art des Filmtransports, bzw. der Aufspulung des belichteten Films gewissermaßen in ein neues Stadium getreten — denn bei der anfangs fast ausschließlichen Verwendung der Meterware mußten Mittel und Wege gefunden werden, den Film in geschlossener Form aus der Kamera zu nehmen und ihn in der Dunkelkammer dem Entwicklungsprozeß zuzuführen (vgl. Voigtländer-Kleinbildpackung, Abb. 9).

Abb. 8b. Contax-Spule für den Kleinbildfilm 24×36 mm (Papiervor- und -nachlauf, also keine Rückspulung).

Dies geschieht bekanntlich dadurch, daß der Film, nachdem alle 36 Aufnahmen belichtet sind, in die für diese Zwecke geschaffene Spezialkassette bzw. Patrone zurückgespult wird, d. h. in entgegengesetzter Richtung wieder dort aufgewickelt wird, von wo er abgerollt wurde.

Dieser Gedanke ist an sich nicht neu; vom süddeutschen Kamerawerk KÖRNER & MAYER wurde eine diesbezügliche Einrichtung geschaffen, welche sowohl die Vorwärts- als auch die Rückwärtsbewegung des Filmbandes gestattet. Einzelheiten finden sich im Text und den Abbildungen der deutschen Patentschrift (117).

Auch F. M. JOURDAN in USA. scheint etwas später den gleichen Gedanken gehabt zu haben; er schuf eine Anordnung, bei welcher der Film nach der Belichtung selbsttätig innerhalb der Kamera zurückgewickelt wurde (118).

Das Problem der **Filmrückspulung** ist heute allgemein gelöst und Gemeingut in der Kleinbildphotographie geworden, nachdem dazu geeignete Spezialkassetten geschaffen waren; ob diese Art der Rückführung des Films in jeder Beziehung als Vorteil angesehen werden kann, ist nicht ohne weiteres zu bejahen, insbesondere was die Verletzung des Films betrifft. Die Möglichkeit, daß der belichtete Film bei völlig geschlossener Kamera ohne jede Gefahr, Nebenlicht zu erhalten, überhaupt in seine Kassette zurückgespult werden kann, ist gegenüber den obengenannten älteren Vorschlägen unbedingt als nennenswerter Fortschritt zu bezeichnen, weil ohne weiteres eine andere mit Frischfilm geladene Kassette in die Kamera eingesetzt werden kann.

Abb. 9. Universal-Tageslichtpatrone für rückspulbaren Kleinbildfilm 17/10 DIN (36 Aufnahmen 24 × 36 mm) Verwendbar auch für die sogenannten Tageslicht-Nachfüllpackungen

Anderseits ist aber auch die Tageslichtspule mit Papiervor- und -nachlauf eine begrüßenswerte Einrichtung, die überdies den Vorzug größerer Billigkeit hat. Außerdem ist bei Benutzung dieser Spule der Vorgang der Rückspulung überflüssig (*119*). Eine Spezialkassette für 250 Aufnahmen in Verbindung mit der Leica ist in Abb. 10 dargestellt.

Abb. 10. Äußere Ansicht einer Spezialkassette für 250 Aufnahmen (Mod. Leica 250). Besonderes Kennzeichen: größere Abmessungen für die Aufnahme von 10 m Film. (ERNST LEITZ, Wetzlar.)

Um einzelne Aufnahmen auf Platten machen zu können, schuf man auch für die Kleinbildkamera Einrichtungen, deren besonderen Kennzeichen (eine auswechselbare Rückwand und Mattscheibe) bei der Rollfilmkamera 6×9 bereits bekannt wurde (Abb. 10a).

c) Das Bildformat.

Betrachtet man die Entwicklung der Kleinbildkamera etwa seit 1925 — dem Zeitpunkt der fabrikatorischen Herstellung der „Leica" —, so ist man geneigt, als selbstverständlich anzunehmen, daß von jeher der heute bereits genormte, sogenannte Normalkinefilm von 35 mm Breite als Grundlage aller Kamera-

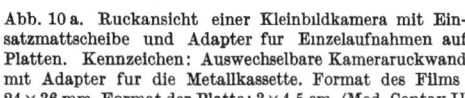

Abb. 10a. Rückansicht einer Kleinbildkamera mit Einsatzmattscheibe und Adapter für Einzelaufnahmen auf Platten. Kennzeichen: Auswechselbare Kameraruckwand mit Adapter für die Metallkassette. Format des Films 24 × 36 mm. Format der Platte: 3 × 4,5 cm. (Mod. Contax II der ZEISS-IKON A G.)

bauten gedient hat (DIN KIN 3501). Diese Annahme ist im großen und ganzen richtig, obgleich die Literatur des öfteren von Kleinbildmodellen berichtet, deren Konstrukteure nicht nur ihre eigenen, sondern auch ganz andere Wege gegangen sind.

Wie im Handbuch, Bd. II, Abschnitt III F, S. 206 bis 216, zu lesen ist, wurde der Film sowohl mit als auch ohne Perforation als Negativträger verwandt, und daraus ergab sich ohne weiteres die jeweils mögliche Ausnutzung des Materials auf Grund des gewählten Bildformats (Abb. 12 und 13).

Beim nichtperforierten Film besteht die Möglichkeit, die Bildbreite größer zu halten als beim perforierten Normalkinefilm; bei diesem verbleibt zwischen der Perforation ein theoretischer Zwischenraum von 25,37 mm, so daß man sich folgerichtig entschloß, die Bildbreite nicht größer als 24 mm zu machen. Auf dieser Grundlage entstand seinerzeit unter Anlehnung an das Seitenverhältnis 3:4 (wie bei 9×12 cm) das bekannte Kinebildformat 18×24 mm, und es gab daher auch eine größere Anzahl von Kleinbildkameras dieses Formats. Außerdem kam das quadratische Format bald auf, und zwar 24×24 mm (Abb. 12).

Andere Firmen, und zwar als erste die Firma E. LEITZ in Wetzlar, legten das doppelte Kinebild, nämlich 24×36 mm mit dem Seitenverhältnis 2:3 dem Bau ihrer Kameras zugrunde, ein Schritt, der zweifellos reiflich überlegt war, wie die ganze spätere Entwicklung des Kleinbildwesens erkennen ließ.

Abb. 11. Normalkinefilm 35 mm mit Perforation für die Bildgröße 24×36 mm (nat. Größe). Bildfläche 860 mm². Mittenabstand zweier Bilder zirka 38 mm, vgl. Normenblatt DIN KIN 3501.

Unter Verzichtleistung auf die Perforation konnte das Format noch weiter gesteigert werden, ein Umstand, der von nicht zu unterschätzender Bedeutung bezüglich der stets notwendigen Vergrößerung des Kleinbildnegativs ist. So entstanden u. a. das quadratische Format 30×30 mm und die Bildgrößen 30×40 (3:4) mm sowie 30×45 (2:3) mm. Ob es — was vielleicht seinerzeit aus Gründen der Bequemlichkeit geschehen sein mag — richtig war, lediglich wegen der vorhandenen Perforation für den Filmtransport sich des vorhandenen Normalkinefilms gewissermaßen als Standardfilm zu bedienen, mag dahingestellt bleiben. Zweifellos hat auch der 35 mm breite Film ohne Perforation für den Konstrukteur und Verbraucher Vorteile; so brachte z. B. die KODAK A. G. in USA. bereits vor Jahren eine Kleinbildkamera (Modell „Bantam") auf den Markt, deren Bildformat 28×40 mm und damit, bezogen auf die gesamte Bildfläche (24×36 mm), etwa um 30% größer ist. Das von der Metallspule A/8 her bekannte Format 3×4 cm kommt dem amerikanischen Format bereits sehr nahe. Das quadratische Bildformat 28×28 mm in Verbindung mit dem unperforierten Normalkinefilm ist, soweit dem Verfasser bekannt, noch nicht vorgeschlagen worden, obwohl dessen Verwendung Vorteile verschiedener Art mit sich bringen würde. Zunächst würden auf ein Filmstück von 1,60 m Länge, wie es vom Meter verwandt wird, zirka 50 statt 40 Einzelbilder, d. i. zirka 20% (die Bildzwischenräume mit eingerechnet) mehr erhalten werden, was eine nicht unbeträchtliche Materialersparnis bedeutet. Beim Normalkinefilm mit Perforation lassen sich quadratische Bilder und von der Größe 24×24 mm unterbringen, von denen etwa 60 auf 1,60 m fallen.)

Was die Formate an sich betrifft, so ist in den letzten Jahren eine unverkennbare Sympathie für Kameras mit quadratischem Bildformat festzustellen; zwar waren schon früher Ansätze zu erkennen, Kameras mit diesem besonderen Bildformat einzuführen, doch geschah dies weniger aus Neigung zu diesem Format, sondern es lag vielmehr der berechtigte Wunsch vor (z. B. bei Spiegelreflexkameras größeren Formats, die um den Hals getragen wurden), keine Überlegungen und Vorbereitungen beim Übergang vom Hoch- zum Querformat und umgekehrt vornehmen zu müssen, wodurch auch bei Kleinbildkameras ohne Zweifel die Schußbereitschaft in vielen Fällen gesteigert wurde. Die Wahl zwischen Hoch- und Querformat wurde damit vom Augenblick der Aufnahme auf denjenigen des Vergrößerns verschoben. Das quadratische Negativ bietet bei nachträglicher Wahl eines rechteckigen Bildausschnittes im gewissen Sinne für das fertige Bild einen Ersatz für Hoch- und Tiefverstellung des Objektivs bei Queraufnahmen und eine Seitenverschiebung bei Hochaufnahmen. Diese früher fast unentbehrlich gewesene Einrichtung fehlt bei Kleinbildkameras heute vollständig!

Abb. 12. Normalkinefilm 35 mm mit Perforation. Bildgröße 24 × 24 mm (nat. Größe). Bildfläche 576 mm² (Abmessungen vgl. DIN KIN 3501).

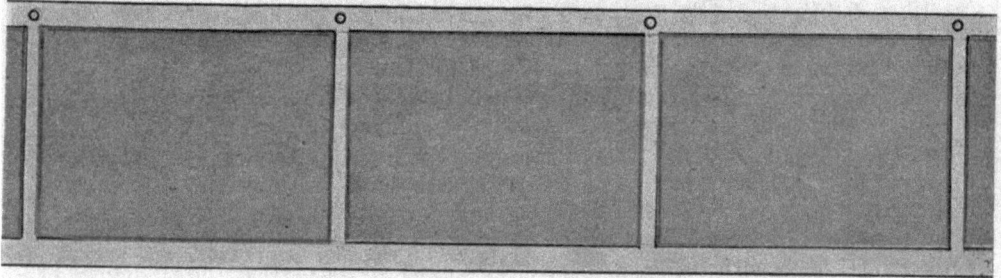

Abb. 13. Unperforierter Normalkinefilm 35 mm. Bildgröße 28 × 40 mm, Bildfläche 960 mm² (nat. Größe). Mittenabstand zweier Bilder 42 mm.

Daß beim quadratischen Bild eine bessere Ausnutzung des Bildfeldes durch das Aufnahmeobjektiv erfolgt, bedarf keiner besonderen Betonung.

Aber nicht nur für das quadratische Negativ, sondern auch für das Positiv lassen sich gute Gründe anführen; bei kleinen Bildern wird das Quadrat bei allen Betrachtungsbehelfen am besten erfaßt. Trotz aller dieser (neben Nachteilen) zweifellos unbestreitbaren Vorzüge, die auch bereits zur Konstruktion von Kameramodellen geführt haben (z. B. „Tenax"), ist das rechteckige Format (Seitenverhältnis 2:3 wie bei 6 × 9 cm) der Ausgangspunkt für fast alle derzeitigen Kameramodelle geworden und wird es wahrscheinlich auch bleiben.

Es ist hier nicht am Platz, für oder gegen die beiden Formate einzutreten und besonders nicht beabsichtigt, Einwände von Künstlern und Graphikern zu erörtern.

Die Kameraindustrie bringt bereits seit Jahren beide Arten von Kameras auf den Markt und hilft damit Interessenten, ihre Auswahl zu erleichtern. In letzter Zeit hat zur Frage der Bildformate auch A. KLUGHARDT (27) in interessanter Weise Stellung genommen. (Bezüglich des Bildformates 28×40 mm vgl. Abb. 13).

d) Die Planlage des Films.

Die Forderung und das Streben nach absoluter Planlage des Films ist nicht neu; sie wurde aber mit Recht immer dringlicher nach Einführung lichtstärkster Aufnahmeobjektive, die nunmehr, wie bekannt, bereits den Wert 1:1,5 erreicht haben.

In dieser Beziehung besaß die Trockenplatte geradezu ideale Eigenschaften, die aller Voraussicht nach vom Film in diesem Grade überhaupt nicht erreicht werden oder aber nur unter Verzichtleistung auf andere Vorzüge (z. B. Lichthoffreiheit).

Als etwa um 1889 KRÜGENER seine „Simplex-Rollkamera" 9×12 und 6×8 cm auf den Markt brachte, da scheinen in bezug auf die Planlage des dort zum erstenmal in Deutschland verwandten Rollfilms (ohne Schutzpapier) bereits ähnliche Schwierigkeiten bestanden zu haben, denn die Anordnung des Films zwischen einer Glasplatte und einer federnden Andruckplatte deuten darauf hin.[1]

Bemerkt sei nebenbei, daß dieses Spezialkameramodell, das seiner Zeit weit vorausgeeilt war, in Kürze vom Markt wieder verschwand und vier Jahrzehnte später (1929) in der „Rolleiflex" eine Wiedergeburt erlebte (121).

Die Gründe für diese Tatsache sind schwer festzustellen; interessant bleibt nur, daß wir heute in gewisser Beziehung, und das ist die Planlage des Films, anscheinend noch vor den gleichen Schwierigkeiten stehen, die übrigens auch bei Einführung der „Planpacks" bekannt und auch dort nie restlos beseitigt wurden; selbstverständlich traten sie in um so höherem Maße auf, je größer das Format war, so z. B. beim sogenannten Postkartenformat 9×14 bzw. 10×15 cm sowie beim Stereoformat 6×13 cm mit einer Fläche von 78 cm².

Die Tatsache, daß mit Einführung der gängigen Rollfilmapparate 6×9 cm usw. in Deutschland, die etwa 15 Jahre zurückliegt, von der Planlage des Films wenig oder nur selten die Rede war, ist einzig und allein auf die damalige Verwendung relativ lichtschwächerer Objektive mit entsprechend großer Tiefenschärfe zurückzuführen, denn der Film an sich hatte bezüglich der Planlage auch damals bereits die schlechten Eigenschaften, zu denen noch der ungünstige Einfluß des den Film auf seiner ganzen Länge begleitenden und nicht ebenen Schutzpapiers sowie der dünne Kerndurchmesser der A/8-Spule kamen. G. NIDETZKY (44) hat darüber eingehend berichtet (vgl. auch S. 106).

Das Problem der Planlage des Films wurde zwangsläufig in den Vordergrund gerückt, als sich die folgenschweren Erscheinungen bei Vergrößerungen zeigten, welche von Negativen hergestellt wurden, die nicht absolut eben lagen.

Mit Rücksicht auf die Tatsache, daß der nur etwa 0,13 mm starke Film auf seiner ganzen — für die Belichtung bestimmten — Fläche freiliegt, also nur am Rande eine Auflage findet, ist die primäre Ursache für eventuelle „Durchhänge" gegeben; es kann also selbst unter dem Einfluß einer technisch vollkommen sachlich ausgeführten Andruckplatte der Fall eintreten, daß der Film nach innen, d. h. in Richtung zum Objektiv eine Wölbung besitzt, unter deren Einfluß der Abstand des Films von der jeweiligen Hauptebene des Objektivs verkürzt wird.

Es würde zu weit führen, die Ursachen diesbezüglicher Fehlergebnisse im Rahmen dieses Beitrags zu analysieren; interessant dürfte die Feststellung der

---

[1] Vgl. D.R.P. Nr. 64 899/1891 (Phot. Rollkassette mit federnder Andruckplatte, D.R.P. Nr. 271 557/1912, RICHARD).

Größenordnung der Abweichung von der Idealebene des Films und deren Folgen sein, die in nachstehendem niedergelegt sind. Als Höchstmaß für die zulässige Wölbung des Films innerhalb des Bildfensters sollen die Werte der Tiefenschärfetabelle gelten (vgl. Abb. 14).

Diese Betrachtung bedarf jedoch einer gewissen Einschränkung, wenn man einerseits von der konstanten Größe der Bildfläche des Originals und anderseits von der jeweils anzustrebenden Vergrößerung (bzw. den Abmessungen des fertigen Bildes) ausgeht.

Die allgemein gültige Annahme eines Zerstreuungskreisdurchmessers von der Größe $z = \dfrac{f}{1000}$ führt bei $f = 100$ mm wie bereits erwähnt zu der Abmessung $\dfrac{100}{1000} = 0{,}1$ mm, wobei bekanntlich vorausgesetzt ist, daß dieser Unschärfekreis bei der Betrachtung des auf 6×9 cm vergrößerten Bildes aus der deutlichen Sehweite als noch nicht störend empfunden wird.

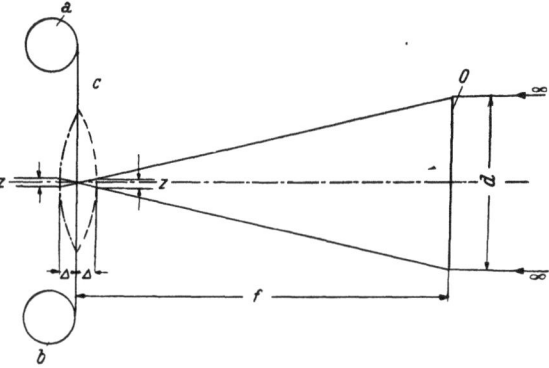

Abb. 14. Schematische Darstellung der Filmlage bzw. -wölbung im Bildfenster 24 × 36 mm.

a Aufwickelspule, b Abwickelspule, c Film, d freie Objektivöffnung, O Objektiv, z Zerstreuungskreis, f Brennweite des Objektivs, Δ Filmwölbung.

Die Zerstreuungskreise für die Brennweiten

$f =$ 28   35   40   45   50 und 80 mm

hätten darnach die Werte:

$z =$ 0,028   0,035   0,04   0,045   0,05   0,08 mm.

Praktisch ist das aber nicht ohne weiteres durchführbar, weil z. B. bei einer mit $f = 80$ mm hergestellten Aufnahme des Formats 24×36 mm, wenn dieselbe auf das Format 6×9 cm vergrößert wird (d. i. 3× linear), der Unschärfekreis von 0,08 auf 3×0,08 mm = 0,20 mm wachsen würde, was bereits unzulässig ist.

Fest umrissene Richtlinien lassen sich hier jedoch nicht geben; die Definition des Begriffs Unschärfe ist individuell, weil sie von physiologischen Gesetzen abhängt. Auf den S. 330 bis 337 des Handbuches, Bd. II, Abschnitt IV/E, sind diese Zusammenhänge einer eingehenden Betrachtung unterzogen, deren Kern in den drei Sätzen kurz zusammengefaßt werden kann:

1. Gleiche Brennweite und Lichtstärke vorausgesetzt, nimmt die Abbildungstiefe zu, je größer der Abstand der Einstellebene von der Eintrittspupille des Aufnahmeobjektivs wird.

2. Bei gleichbleibendem Abstand der Einstellebene und gleichbleibender Lichtstärke nimmt die Tiefe der Abbildung zu, wenn die Brennweite des Objektivs kürzer wird.

3. Unter der Voraussetzung eines gleichbleibenden Dingabstandes und konstanter Brennweite nimmt die Abbildungstiefe zu, wenn das Aufnahmeobjektiv abgeblendet wird.

Unter der Voraussetzung eines Zerstreuungskreisdurchmessers von $z = 0{,}033$ mm, der etwa soviel mal kleiner ist, als die spätere Bildvergrößerung beträgt (normalerweise etwa 3×!), lassen sich die zulässigen Differenzen in der Filmlage, d. h. Abweichungen von der Ideallage, die mit Rücksicht auf die Tiefenschärfe erträglich sind, aus nachstehender Überlegung ableiten; dabei ist die einseitige Verlagerung der Tiefenschärfe in Kauf zu nehmen.

$$d : z = f : \varDelta \quad \text{und hieraus} \quad \varDelta = \left(\frac{f}{d}\right) \cdot z,$$

fur $z = 0{,}033$ mm, $f = 50$ mm und $d = 14{,}3$ wird

$$\varDelta = \left(\frac{50}{14{,}3}\right) \times 0{,}033 = 0{,}115 \text{ mm}.$$

Die d-Werte sind für die vorstehend angegebenen Brennweiten in nachfolgender Tabelle 2 als Grundlage für die Ermittlung der $\varDelta$-Werte errechnet.

Aus diesen Ermittlungen dürfte eindeutig hervorgehen, daß bereits beim Entwurf und darüber hinaus bei der fabrikatorischen Herstellung der Kamera größte Sorgfalt darauf zu legen ist, daß in erster Linie das Aufnahmeobjektiv — dessen in jeder Hinsicht einwandfreie Beschaffenheit vorausgesetzt wird, was in ganz besonders hohem Maße für Objektive mit Einstellfrontlinse gilt — die für die einwandfreie Aufnahme unerläßlich richtige Lage zur Bildebene besitzt, und zwar für alle Dingentfernungen. W. STRÖBLE (*73*) hat darüber eingehend berichtet. Damit ist gemeint, daß das Objektiv trotz seiner veränderlichen Stellung zur Bildebene so angeordnet ist, daß seine optische Achse stets senkrecht zu dieser steht.

Tabelle 2. **Optisch wirksame Öffnung des Objektivs in Millimeter.**

Brennweite in Millimetern	Relative Lichtstärke des Objektivs			
	1:1,5	1:2,0	1:2,8	1:3,5
28	18,6	14,0	10,0	8,0
35	23,3	17,5	12,5	10,0
40	26,8	20,0	14,3	11,5
45	30,0	22,5	16,1	12,8
50	33,3	25,0	17,8	14,3
80	53,5	40,0	28,6	22,8

Daraus geht hervor, daß auch die mechanische Anordnung für die Auflage des Films von vornherein in Analogie zu dieser Voraussetzung getroffen werden muß.

Gestützt auf praktische Erfahrungen (insbesondere bei Kinoapparaten), werden heute fast ausschließlich bei Kleinbildkameras in der Richtung des Filmtransports zu beiden Längsseiten des Bildfensters Gleitschienen von fein polierter Oberflächenbeschaffenheit vorgesehen, welche dem Film als sichere Auflage dienen, ohne beim Filmtransport zu viel Reibung zu verursachen. Darüber hinaus ist auf der Rückseite des Films (und zwar in der Kammerrückwand) eine Andruckplatte (vgl. Abb. 7 und 7a) vorgesehen; solche Hilfsmittel sind zwar bereits in älteren Rollfilmkameras zu finden, jedoch kommt dieser Einrichtung bei der Kleinbildkamera eine wesentlich erhöhte Bedeutung zu, denn sie hat die Aufgabe, etwaige Differenzen in der Ebenheit des Films auszugleichen. Diese Andruckplatte, welche bei einigen Modellen während des Filmtransports zwangsläufig abgehoben werden kann, ist nicht starr, sondern federnd angeordnet, so daß sie sich stets parallel zur mechanischen Auflage des Films einstellen kann, wodurch der Film automatisch in die ihm zugedachte Lage gezwungen wird. Voraussetzung dafür ist, daß alle Abmessungen der Andruckplatte so gewählt sind, daß irgendwelche Veränderungen, besonders während der Aufnahme, völlig ausgeschlossen sind (vgl. die vielen Patente der Klasse 57a, Gr. 22).

Diese Forderung ist mit Rücksicht auf die Verwendung von außerordentlich lichtstarken Objektiven von allergrößter Bedeutung.

e) Einrichtungen zur Verhinderung von Doppelbelichtungen und Blindaufnahmen.

Der Gedanke, Vorrichtungen zu schaffen, die eine zweifache Belichtung ein und desselben Filmabschnitts verhindern sollen, ist schon beinahe so alt, wie die Photographie selbst.

Schon bei Einführung der Kassetten für sogenannte Reiseapparate, die fast ausschließlich mit Doppelkassetten ausgerüstet waren, ereignete es sich häufig, daß trotz Numerierung derselben eine Platte doppelt und die andere gar nicht belichtet wurde.

Im Handbuch Bd. II, Abschnitt IV/66, S. 282ff., wird über die Mittel berichtet, die damals angewandt wurden, um diesen Mängeln so weit als möglich zu begegnen und auf die Patentliteratur Kl. 57a, Gr. 11 hingewiesen.

Bei neuzeitlichen Kameras, deren Negativmaterial fast ausschließlich Film ist, fallen Einrichtungen nach Art der Plattenkassetten fort; der ganze Film (d. h. bei der Kleinbildkamera meist 36 Einzelbilder) wird in einer fertigen Packung oder vom Meter aufbewahrt und auf eine andere Spule aufgewickelt (vgl. Tageslichtpackung), bzw. von dieser wieder auf die erstere zurückgespult.

Die Zahl der belichteten Filmstücke wird bei sogenannten Tageslichtspulen für ältere Modelle mit Hilfe des in der Rückwand befindlichen Fensters von dem Papierschutzstreifen abgelesen; beim Normalkinefilm ohne Papierschutzstreifen ist das

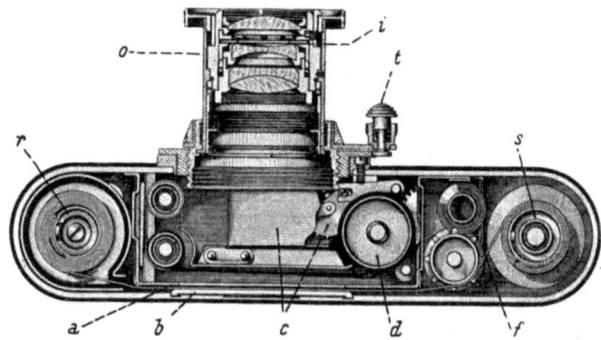

Abb. 15. Querschnitt durch die Filmführung der Kleinbildkamera Leica Mod. II mit Anastigmat Elmar 1:3,5, $f = 50$ mm, ohne Entfernungsmesser. (ERNST LEITZ, Wetzlar.)

a Kameragehäuse, b Filmandruckplatte, c Räderhemmwerk des Schlitzverschlusses, d Verschlußwalze, f Normalkinefilm 35 mm, r Ruckwickelknopf, s Aufwickelspule, o Objektiv, i Irisblende, t Entfernungseinstellung.

nicht möglich, so daß ein mechanisches Zählwerk zur Kontrolle der Zahl der belichteten Teilbilder unerläßlich ist. (Eine unbeabsichtigte Belichtung des Films durch das Spannen des Verschlusses erfolgt weder beim Zentralnoch beim Schlitzverschluß.) Die Anbringung eines Zählwerkes allein schützt aber vor Doppelbelichtungen nicht, wenn es nicht mit dem Aufzugmechanismus des Verschlusses zwangsläufig verbunden ist; die Lösung dieses Problems wurde von CARL ZEISS in Jena bereits bei seiner „Palmos"-Schlitzverschlußkamera gelöst (*120*). Neben den Entfernungs- und Belichtungsmessern sind bei Kleinbildkammern die Einrichtungen zur Vermeidung von Doppelbelichtungen heute beinahe selbstverständlich. Dieses Ziel kann in einfacher Weise dadurch erreicht werden, daß der Aufzug des Verschlusses und die Weiterschaltung des Films zwangsläufig miteinander verbunden sind, und zwar derart, daß beide nur gemeinsam miteinander betätigt werden können. Bei Kameras mit Schlitzverschluß lassen sich solche Einrichtungen ohne nennenswerte Schwierigkeiten lösen, und das Standardmodell der „Leica" zeigte bereits im Jahre 1925 eine Kupplung zwischen dem dicht nebeneinander angeordneten Band des Schlitzverschlusses und dem Film, so daß eine zweimalige Belichtung des gleichen Bildfeldes ausgeschlossen war (vgl. Abb. 15).

Anders liegen die Verhältnisse jedoch bei Kameras mit Objektivverschluß.

Bei solchen Modellen ist eine Kupplung zwischen Filmschaltung und Verschlußaufzug nicht immer oder aber nur mit erheblichem Aufwand mechanischer Mittel durchführbar. Meist begnügt man sich damit, daß Einrichtungen getroffen werden, die eine Auslösung des gespannten Verschlusses nur dann gestatten, wenn nach erfolgter Filmfortschaltung sich bereits ein unbelichtetes Filmstück im Bildfenster der Kamera befindet (*325*).

Als Beispiel für derartige Konstruktionen sei u. a. der Vorschlag von B. KRAUSS genannt, der bei der Scherenspreizenkamera „Peggy" (Format 24×36 mm) bereits im Jahre 1931 zur Ausführung gelangte (*122*).

Sowohl diese als ähnliche Verbesserungen an photographischen Apparaten im allgemeinen und Kleinbildkameras im besonderen haben mit ihrer Einführung fast ausnahmslos den Zweck verfolgt, einerseits die photographische Ausbeute zu steigern und anderseits durch konstruktive Maßnahmen eine fehlerhafte Bedienung zu vermeiden und die Leerlaufzeit vor der Aufnahme zu verkürzen (*123, 124*).

f) Scheinergrade — DIN-Grade.

Vor etwa 25 Jahren verstarb der Potsdamer Astronom SCHEINER, der bereits um 1894 ein Verfahren ausgearbeitet hatte, wonach die Empfindlichkeit einer photographischen Schicht durch den Schwellenwert bestimmt wurde.

Unter Schwellenwert versteht man bekanntlich diejenige Lichtmenge, die gerade noch ausreicht, um einen entwickelbaren Lichteindruck auf der lichtempfindlichen Schicht zu erzeugen.

Richtiger ausgedrückt ist das Charakteristikum für die Empfindlichkeit einer Emulsion die noch tatsächlich kopierbare und nicht die eben noch auf dem Negativ sichtbare Schwärzung.

Mit Rücksicht darauf, daß die damals verwandte SCHEINER-Apparatur unzulänglich war, konnten auch die SCHEINER-Angaben keine absolut zuverlässigen Werte darstellen, und es ist — wie auf vielen anderen Zweigen der Technik — rückwärtsschauend kaum verständlich, daß sich diese Methode jahrzehntelang als Maßstab für die Empfindlichkeit photographischer Schichten erhalten hat.

Vor etwa 6 Jahren erfolgte bekanntlich auf dem Gebiete der Empfindlichkeitsbestimmung durch Einführung der „DIN-Grade" eine umwälzende Änderung; Einzelheiten auch über die Apparatur finden sich in dem Normenblatt DIN 4512 vom Januar 1934, das in Kürze alles Wissenswerte bezüglich Bestimmung der Lichtempfindlichkeit des Negativmaterials für bildmäßige Aufnahmen bringt; es heißt dort u. a. wörtlich bezüglich der Scheinergrade: „Vor allem aber ist die Bezeichnung der Empfindlichkeit in ‚Scheinergraden' mangels eines eindeutigen und anerkannten Verfahrens zu ihrer Bestimmung vollkommen willkürlich, und selbst phantastische Empfindlichkeitsangaben können kaum gerichtlich belangt werden."

Die auch heute noch so oft gestellte Frage lautet: Lassen sich Scheinergrade in DIN-Grade umrechnen und wie? Grundsätzlich ist eine direkte Gegenüberstellung Scheinergrade—DIN-Grade nicht korrekt und eine unmittelbare Umrechnung nicht zulässig.

Um aber diejenigen Belichtungsmesser benutzen zu können, die noch auf Scheinergrade berechnet sind, hat sich eine Faustregel eingeführt, welche lautet: Man addiert zu dem Zähler des DIN-Bruches 10 hinzu und erhält dann die ungefähren Scheinergrade (z. B. 18/10° DIN = 18 +10 = 28° Scheiner).

3. Die Optik der Kleinbildkamera.[1]

Die Fortschritte — gemessen von den Anfängen der Photographie bis zur heutigen Zeit — sind insgesamt außerordentlich groß; dies wird noch überzeugender, wenn man die Leistungen auf den einzelnen Teilgebieten der Photographie verfolgt und ganz besonders auf jenem der photographischen Objektive für die Aufnahme. Im Handbuch, Bd. II, Abschnitt IV/B, S. 292 bis 306, ist ein Überblick gegeben worden, der in Kürze die Entwicklung besonders der deutschen Aufnahmeobjektive für die Photographie enthält; es kann also auf diese Stelle verwiesen werden, soweit nicht überhaupt tiefergehende Wünsche Veranlassung geben, sich dem Bd. I des Handbuches „Das photographische Objektiv" und vor allem dem Beitrag über das gleiche Thema im vorliegenden Band von W. Merté zuzuwenden, woselbst die Schöpfungen, auch der jüngsten Zeit, gebührende Beachtung gefunden haben.

Wenn nur die Lichtstärke der photographischen Aufnahmeoptik in Betracht zu ziehen wäre, so ist der Sprung seit 1840 nicht so sehr beachtenswert, denn Petzval hat mit seinem 1839 geschaffenen Objektiv bereits ganz Bedeutendes geleistet, indem er dasselbe für das damals außergewöhnliche Öffnungsverhältnis von 1:3,7 berechnete (das Objektiv von Chevalier in der Daguerre-Kamera hatte nur eine Lichtstärke von 1:14). Über die Beurteilung dieses rein analytisch berechneten ersten photographischen Aufnahmesystems deutscher Herkunft hat der Verfasser (56) bereits ausführlicher berichtet.

Der sichtliche Aufschwung im photographischen Objektivbau beginnt nach der Eröffnung des Jenaer Glaswerkes von Schott u. Gen., das der aufblühenden optischen Industrie eine Fülle neuer Glassorten mit besonders günstigen optischen Eigenschaften zur Verfügung stellte (vgl. Abb. 25).

Den Anfang der sphärisch korrigierten, anastigmatischen optischen Systeme machte ein Objektiv, das aus einem Alt- und einem Neuachromaten zusammengesetzt war (125). Etwa um 1892 kamen die symmetrisch zur Blende gebauten verkitteten Doppelanastigmate auf den Markt, die mannigfach vervollkommnet wurden und sich in vieler Hinsicht als zwar nicht besonders lichtstark (1:6,8 bis 1:7,7), aber sonst sehr leistungsfähig erwiesen (126). Es folgen dann symmetrisch unverkittete Doppelobjektive von sehr einfachem, gedrungenem Bau, die aus vier einfachen Linsen zusammengesetzt waren (127, 128). Als besonders ausbaufähig erwies sich die bekannte Anastigmatkonstruktion von Taylor, die aus drei getrennt stehenden Linsen, nämlich zwei äußeren Sammel- und einer inneren Zerstreuungslinse besteht (129).

Auf diesen, heute fast der Vergessenheit anheimgefallenen drei Grundformen haben sich alle später entstandenen photographischen Objektive in mehr oder weniger engem Anschluß aufgebaut [Einen Markstein bildet hier das photographische Doppelobjektiv von Carl Zeiss, Jena nach dem D.R.P. Nr. 56109, Erfinder Dr. Paul Rudolph, 1890 (350).]

Im weiteren Zeitablauf entstanden nun der Reihe nach die Anastigmate von der Lichtstärke 1:6,3, und zwar etwa um 1900; Objektive von der Lichtstärke 1:6,3 bis 1:4,5 wurden um das Jahr 1915 hergestellt, und erst das Jahr 1925 brachte die Lichtstärke 1:3,5, die vor beinahe 100 Jahren Petzval seinen Berechnungen zugrunde gelegt hatte, nur mit dem Unterschied, daß die neuen Systeme Anastigmate mit erheblich größerem und geebnetem Gesichtsfeld waren. In die letzten fünf Jahre (1935 bis 1940) fällt die Berechnung der Sonderanastigmate („Summar", „Sonnar" und „Summitar") für die Kleinbildphotographie mit den hohen Lichtstärken bis zu 1:1,5.

---

[1] Hierzu vgl. auch den Beitrag von W. Merté, S. 1 bis 98 dieses Bandes.

In jüngster Zeit hat K. LEISTNER (*38*) einen sehr beachtenswerten Beitrag zur Beurteilung photographischer Objektive gebracht, auf den hier besonders hingewiesen werden soll. In diesem sind u. a. ganz allgemein zunächst Messungen des Auflösungsvermögens, Einrichtungen zur Objektivprüfung, Fabrikationsmethoden und Fragen der rechnenden Optik eingehend behandelt. S. 53 bis 56 bringt der Verfasser einen hier besonders interessierenden Abschnitt über „Kleinbildobjektive", so daß es in diesem Rahmen nicht angebracht scheint, tiefer auf diese Gebiete einzugehen, insbesondere nachdem daselbst ausführliche Literatur- und Patenthinweise die Arbeit wertvoll ergänzen. [Außerdem wird auf die Arbeit von W. MERTÉ in diesem Band hingewiesen, siehe auch (*19, 20* und *57 b*).]

Für das Format 24×36 mm war von Anfang an eine etwas längere Brennweite vorgesehen, als dies sonst im Kamerabau üblich war, und zwar $f = 50$ mm; die Diagonale dieses Bildes ist 44,3 mm; daraus ergibt sich ein größter Bildwinkel von nur 47°, im Gegensatz zu etwa 53° beim Format 6×9 cm. Dies ist zweifellos kein Zufall, sondern in weiser Voraussicht der Erkenntnis geschehen, daß bei der relativ hohen Lichtstärke und der stets folgenden Vergrößerung die etwas nachlassende Bildgüte am Rande in Erscheinung treten würde. Mit Rücksicht auf die spater einsetzende rapide Steigerung der Lichtstärke der Kleinbildobjektive ist diese selbst auferlegte Beschränkung des Bildwinkels sehr am Platze gewesen. Die Brennweite für die Kleinbildkamera ist zur Zeit vorwiegend $f = 50$ mm; alle davon abweichenden Werte bilden Ausnahmen, und zwar zählen diejenigen, deren absoluter Wert kleiner als 50 mm ist, zur Gruppe der Objektive mit großem Bildwinkel (Weitwinkel) und jene mit längerer Brennweite (die vorwiegend als Austauschobjektive verwendet werden) zur Gruppe der Objektive mit kleinerem Bildwinkel (Fernobjektive).

Bezüglich der Fassungsart der einzelnen Objektive sei im nachstehenden noch folgendes gesagt:

Grundsätzlich muß unterschieden werden, ob es sich um Kameras mit Schlitzverschluß in unmittelbarer Nähe der Bildebene oder um solche mit Zentralverschluß handelt. Im ersteren Falle kommt nur eine Fassung in Frage, bei welcher die erforderliche Abstandsänderung zwischen Objektiv und Bild durch axiale Verschiebung des ganzen Objektivs herbeigeführt wird. Durch Verwendung einer sogenannten Schneckengang- oder Spezialfassung wird in bekannter Weise bei höchstens einmaliger Umdrehung der Optik um deren Achse diejenige Lage derselben ermittelt, welche dem jeweiligen Abstand des Gegenstandes entspricht. Bei Kameras mit Entfernungsmesser kann gleichzeitig die synchrone Bewegung des optischen Mikrometers zwangläufig herbeigeführt werden. (Die Verwendung einer sogenannten Frontlinseneinstellung müßte grundsätzlich bei den fast nur in Betracht kommenden Objektiven mit kurzer Brennweite und hoher Lichtstärke vermieden werden; diese Einrichtung würde auch bei Kameras mit Schlitzverschluß in mechanischer Hinsicht keinen nennenswerten Gewinn bringen.) Die Befestigung des Objektivs an einem versenkbaren Rohrstutzen hat sich in der Praxis gut bewährt und, soweit dem Verfasser bekannt, zu Klagen keinen Anlaß gegeben. Außerdem ist bei den hier in Frage kommenden Modellen („Contax" bzw. „Leica") die Auswechselbarkeit der Objektive ohne Schwierigkeiten möglich, und auch ohne die Verwendung des Entfernungsmessers irgendwie einzuschränken. Dies ist ein ganz besonderer Vorzug der Kameras mit Schlitzverschluß.

Demgegenüber nimmt das Aufnahmeobjektiv im Zentralverschluß einen verhältnismäßig untergeordneten Platz ein. Diese Fassungsart findet fast nur bei Kameras in mäßiger Preislage Verwendung; das ist verständlich, weil der Schlitzverschluß erheblich höhere Gestehungskosten verursacht. Der weitaus größte Nachteil der Objektive im Zentralverschluß ist die Schwierigkeit der Auswechslung gegen Objektive anderer Brennweiten und Lichtstärken. Sie ist ganz allgemein sehr umständlich und bei Kameras mit gekuppeltem Entfernungsmesser praktisch unmöglich. Wird das Objektiv im Zentralverschluß bei der Einstellung als Ganzes verschoben, so ist die Anordnung von Spreizen irgendwelcher Art geboten. Der mechanische Aufbau wird entsprechend einfacher, wenn zur Scharfeinstellung die axial verschiebbare Frontlinse des Objektivs benutzt wird. Was die Verwendung dieses Hilfsmittels bei Objektiven im Zentralverschluß betrifft, so gilt auch hierfür das im Vorstehenden bereits Gesagte.

In den Abbildungen 16 bis 20 sind die einzelnen Fassungsarten von Objektiven für die Normalbrennweite $f = 50$ mm zeichnerisch veranschaulicht, und zwar bedeutet:

Abb. 16 Skopar Anastigmat 1:3,5 mit Frontlinseneinstellung im Compurverschluß 00.

Abb. 17 dasselbe Objektiv mit Gelbfilter.

Abb. 18 Heliar Anastigmat 1:2,8 in Rapid-Compurverschluß.

Abb. 19 verschiedene Objektive in Einstellfassung für Kameras mit Schlitzverschluß (Tessar, Triotar und Sonnar).

Abb. 20 Leica-Objektive: Elmar, Summitar und Xenon, Optik ohne Fassung im Schnitt.

In den Abbildungen 21 bis 23 sind Aufnahmeobjekte in Einstellfassung dargestellt, und zwar für die längeren Brennweiten von 73 bis 200 mm.

Abb. 21 Anastigmate Triotar, Sonnar und Teletessar in den Brennweiten von 85 bis 180 mm.

Abb. 22 Fernobjektive Hektor und Telyt in den Brennweiten von 135 bis 200 mm.

Abb. 23 Hektor 1:1,9, $f = 73$ mm, mit Gleitrolle für gekuppelten Entfernungsmesser.

Den Schluß bilden die Objektive mit einer Brennweite, die kürzer ist als die Normalbrennweite $f = 50$ mm, nämlich:

Abb. 24 Weitwinkelobjektive verschiedener Lichtstärken in den Brennweiten von $f = 28$, 35 und 42,5 mm.

Zu den einzelnen Begriffen Brennweite, Lichtstärke und Bildwinkel sei ergänzend folgendes bemerkt:

a) Normalbrennweite ($f = 50$ mm).

Setzt man bei der Aufnahme zunächst einen konstanten Abstand des Gegenstandes voraus, dann ist die absolute Größe der Abbildung durch das photographische Objektiv nur von der Brennweite des letzteren abhängig, d. h. der Abbildungsmaßstab n ist stets eine Funktion der Objektivbrennweite. Die absolute Brennweite kann man auch definieren durch den Abstand des hinteren Hauptpunktes des betreffenden optischen Systems vom Schnittpunkt paralleler einfallender Strahlen mit der optischen Achse. Daraus geht auch eindeutig hervor, daß die Brennweite eines optischen Systems nicht ohne weiteres der Messung zugänglich ist (Abb. 16 bis 19).

Eine andere verwandte Größe ist jedoch meßbar, und das ist die sogenannte „Schnittweite", d. h. der Abstand zwischen der letzten Linsenfläche und der Bildebene; diese letztere ist eine von der Brennweite abhängige Größe und stets kleiner als diese. Bei einem beliebig herausgegriffenen optischen System, z. B. dem „Skopar" 1:3,5, $f = 50$ mm, hat diese Schnittweite den Wert $s' \approx 43,75$ mm; der betreffende Hauptpunkt liegt also zirka 6 mm innerhalb des Systems. Bei einer Entfernung des Dinges G von $a = 1$ m ($= 1000$ mm) und $f = 50$ mm entsteht in etwas größerem Abstand von $a' = 52{,}6$ mm das Bild G'; die absolute Größe dieses Bildes G' ist gegeben durch die Proportion $G : G' = 1000 : 52{,}6$. Handelt es sich bei der Aufnahme z. B. um einen Gegenstand von der Größe $0{,}4$ m $= 400$ mm, so ergibt sich die Größe des Bildes zu

$$G' = G \cdot \frac{52{,}6}{1000} = 400 \cdot \frac{52{,}6}{1000} = 21{,}0 \text{ mm}.$$

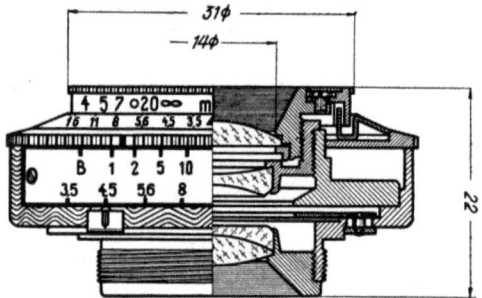

Abb. 16. Anastigmat Skopar 1 : 3,5, $f = 50$ mm (Sonderausfuhrung mit Einstellfrontlinse) im Compurverschluß, Mod. 00. (VOIGTLANDER A. G.)

Um den Abbildungsmaßstab n für andere Entfernungen kennenzulernen, ist zunächst stets die Bildweite a' zu berechnen. Wie das Beispiel lehrt, ist dies bei der Kleinbildkamera nicht immer unbedingt nötig; mit Rücksicht auf die relativ kurze Brennweite genügt es meist, das Verhältnis der Brennweite zur Dingentfernung zu bestimmen (Abbildungsmaßstab n) und in Beziehung zur Größe des Dinges zu bringen. So würde sich in obigem Falle bei abgekürztem Rechnungsverfahren für G' der Wert $400 \cdot \frac{50}{1000} = 20$ mm statt $21{,}0$ mm ergeben. Bei einer Entfernung des Dinges von $a = 5$ m $(= 5000$ mm$)$ ergibt sich eine Bildgröße von

$$G' = 400 \cdot \frac{50}{5000} = 4 \text{ mm}$$

und bei $a = 50$ m $(= 50\,000$ mm$)$:

$$G' = 400 \cdot \frac{50}{50000} = 0{,}4 \text{ mm}.$$

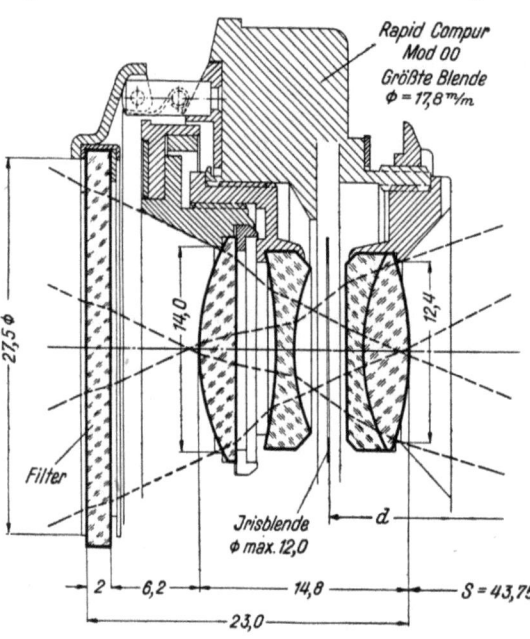

Abb. 17. Querschnitt durch Objektiv und scharnierartig angelenktes Filter am Compurverschluß, Mod. 00. Anastigmat Skopar 1 : 3,5, $f = 50$ mm. (Der Durchmesser des Filters ist bei gegebenen Bildwinkel um so größer, je weiter dasselbe von der Frontlinse entfernt ist. — Bildwinkel max. $\approx 45°$.) (VOIGTLANDER A. G.)

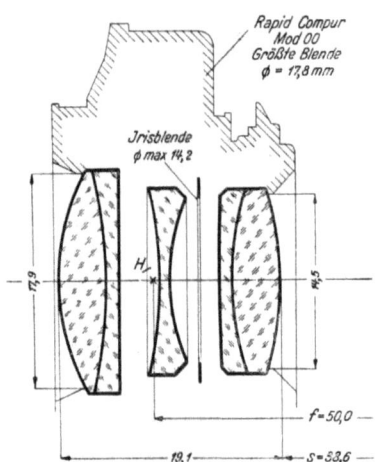

Abb. 18. Heliar 1 : 2,8, $f = 50$ mm in Zentralverschluß.
H Hauptpunkt, f Brennweite, s Schnittweite.

Aus diesen Beispielen ist ersichtlich, daß die Abbildung bei konstanter Brennweite, z. B. für $f = 50$ mm, und größer werdendem Abstand des Dinges immer kleiner wird, so daß schließlich ein Mißverhältnis zwischen dem Auflösungsvermögen des Objektivs und der Struktur bzw. Körnigkeit des Films entstehen muß (vgl. K. LEISTNER 38). Das hat mit Naturnotwendigkeit zur Einführung von längeren Brennweiten in der Kleinbildphotographie geführt. G. HANSEN (19) hat sehr beachtenswerte Mitteilungen über das Auflösungsvermögen photographischer Objektive im allgemeinen sowie über die kritische Brennweite und kritische Öffnung gemacht, auf die besonders hingewiesen wird. Bei diesen ganzen Berechnungen spielt die Lichtstärke des Aufnahmeobjektivs zunächst

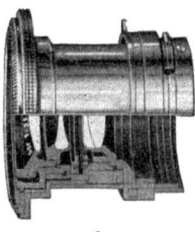

a   b   c   d

e

Abb. 19a—e. Universalobjektive mit der Normalbrennweite $f = 50$ mm in Contaxfassung. (CARL ZEISS, Jena.)
a Tessar, Lichtstärke 1 . 2, b Tessar, Lichtstärke 1 3,5. c Triotar. Lichtstärke 1 : 3,5.
d Sonnar, Lichtstärke 1 : 1,5. e Sonnar, Lichtstärke 1 : 2.

keine Rolle. Das Standardobjektiv der Kleinbildkamera hat die sogenannte Normalbrennweite $f = 50$ mm. Über die zweckmäßige Anwendung kürzerer oder längerer Brennweiten ist in Amateurzeitschriften des öfteren berichtet worden[1] (Abb. 16 bis 20).

b) Die langen Brennweiten ($f > 50$ mm).

Als Austauschobjektive an Stelle des fast überall eingeführten Normalaufnahmeobjektivs mit der Brennweite $f = 50$ mm kommen vorwiegend solche mit längerer Brennweite in Betracht; dieser Gedankengang ist an sich nicht neu, denn es wurden bereits schon früher sogenannte „Tele-Objektive" an die Stelle der Normalobjektive von größeren Hand- und Stativkameras gebracht, um — gleichen Standpunkt vorausgesetzt — größere Bildeinzelheiten zu erhalten. Unter anderem sei das „Tele-Tessar" mit langer Brenn- und kurzer Bildweite von ZEISS, Jena, genannt, das aus einem sammelnden Vorderglied und einem in relativ großem Abstand davon angeordnetem zerstreuendem Hinterglied besteht. Das Objektiv hat die für ein Fernobjektiv hohe Lichtstärke von 1:6,3 und ein verhältnismäßig großes Gesichtsfeld (130, 131). (Abb. 21, 22 und 23.)

P. RUDOLPH hat ebenfalls dazu beigetragen, das Gebiet der Tele-Objektive zu erweitern und ein solches mit veränderlicher Brennweite geschaffen (132).

Bei den Austauschobjektiven für die Kleinbildkamera wurde meist darauf verzichtet, die sonst bei Tele-Objektiven sehr geschatzte Verkürzung des Auszuges zu erreichen, so daß bei den wenigsten der typische Bau der älteren Tele-

---

[1] Vgl. den Aufsatz: „Wie rusten wir unsere Kleinbildkamera optisch aus?" Dr. W., Photographie fur Alle 36, 1940, Nr. 7, S. 73 bis 76.

Objektive wiederzufinden ist. Manchmal wurden bei langen Brennweiten sogar normale Fernrohrobjektive aus zwei Linsen verwandt, soweit es sich um Bildwinkel von nicht mehr als etwa 10 bis 12° handelte. Im Anfang begnügte man sich — wohl wegen des unvermeidlichen Verlustes an Gesichtsfeld — mit einer

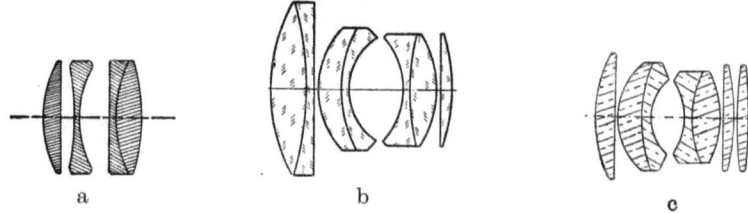

Abb. 20 a—c. Leica-Aufnahmeobjektive im Schnitt. Normalbrennweite $f = 50$ mm. (E. LEITZ, Wetzlar.)
a Elmar, Lichtstärke 1:3,5.   b Summitar, Lichtstärke 1:2.   c Xenon, Lichtstärke 1:1,5.

verhältnismäßig geringen Steigerung der Brennweite (etwa bis 90 mm); später erreichten diese Systeme Werte bis zu 500 mm (Abb. 21 und 22).

In der nachstehenden Tabelle 3 sind, zunächst ohne Berücksichtigung der Lichtstärke und des Bildwinkels, die zur Zeit auf dem Markt befindlichen sogenannten „Fernobjektive" zusammengestellt und daneben derjenige Faktor auf-

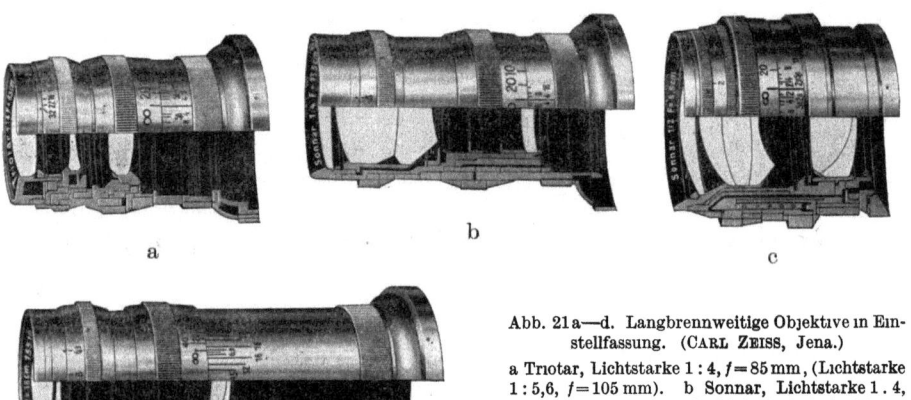

Abb. 21 a—d. Langbrennweitige Objektive in Einstellfassung. (CARL ZEISS, Jena.)
a Triotar, Lichtstärke 1:4, $f=85$ mm, (Lichtstärke 1:5,6, $f=105$ mm). b Sonnar, Lichtstärke 1.4, $f=135$ mm. c Sonnar, Lichtstärke 1:2, $f=85$ mm, d Tele-Tessar, Lichtstärke 1·6,3, $f=180$ mm.

geführt, der angibt, welche Vergrößerung der Bildeinzelheiten gegenüber der Normalbrennweite eintritt, wenn Systeme von mehr als 50 mm Brennweite gewählt werden:

Tabelle 3. Beziehung zwischen Brennweite und Vergrößerungsfaktor bei „Fernobjektiven".

Brennweite f in Millimeter ...	73	85	90	105	135	180	200	300	400	500
Vergrößerungsfaktor	1,4	1,7	1,8	2,1	2,7	3,6	4	6	8	10

Die Vergrößerungsfaktoren liegen zwischen 1,4× und 10×, wobei als selbstverständlich vorausgesetzt ist, daß der Standpunkt der Kamera bei der Aufnahme unverändert bleibt.

Die Optik der Kleinbildkamera.

c) **Die kurzen Brennweiten** ($f < 50$ mm).

Bei den früheren Handkameras für Platten, bei denen z. B. für das Format $6,5 \times 9$ cm die Brennweite 105 und 120 mm und für das Format 9×12 die Brenn-

Abb 22a und b. Leica-Objektive mit langen Brennweiten. Lichtstärke 1 : 4,5. Für Fernaufnahmen.
(E. LEITZ, Wetzlar.)
a Hektor, $f = 138$ mm. b Telyt, $f = 200$ mm.

weite 135 und 150 mm fast zu gleichen Teilen Verwendung fand (die längere Brennweite entsprach ungefähr der Diagonale des Bildfeldes), wurde als Weitwinkel ein Objektiv bezeichnet, dessen Brennweite wesentlich unter dem Wert der kurzen Bildseite lag. Als Beispiel sei genannt, daß für ein Bildformat 13×18 cm ein Weitwinkelobjektiv von $f = 105$ mm vorgesehen war. Dazu muß aber bemerkt werden, daß der hierbei vorgesehene große Bildwinkel von etwa 100° nur bei Abblendung des an und für sich nur für 1 : 12,5 berechneten Objektivs erreicht wurde.

Bei der Verwendung von kurzbrennweitigen Objektiven für die Kleinbildkamera liegen die Dinge erheblich ungünstiger, und zwar wegen der dabei in Betracht kommenden, relativ hohen Lichtstärken. Nimmt man eine Brennweite von etwa 43 mm an, also einen Wert, der gleich jenem der Diagonale des Bildes ist, so ergibt sich daraus ein Bildwinkel von etwa 53°, und derartige Objektive können gegenüber dem Normalobjektiv von $f = 50$ mm bereits als Weitwinkelobjektive bezeichnet werden (Abb. 24 a—d).

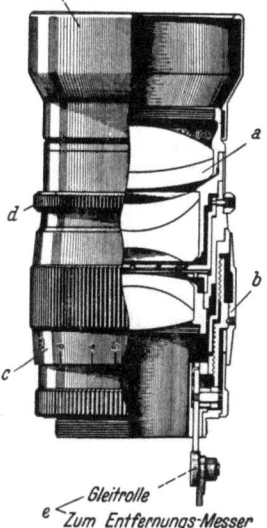

Abb. 23. Hektor 1 : 1,9, $f = 73$ mm, in Einstellfassung. (E. LEITZ, Wetzlar.)[1]

a Optik (Vorderlinse), b Einstellrandelring für die verschiedenen Entfernungen am Skalenring c, d Einstellung für die Irisblende, e Gleitrolle für die Kurvenbahn des Entfernungsmessers.

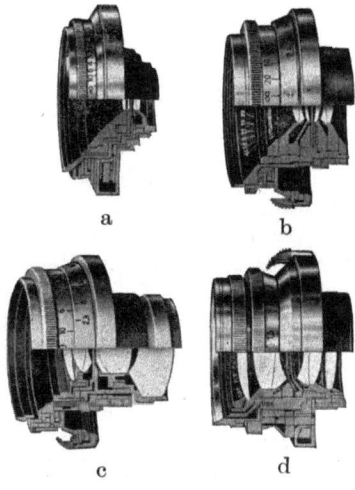

Abb 24 a—d Kurzbrennweitige Aufnahmeobjektive in Einstellfassung. (CARL ZEISS, Jena.)

a Tessar, Lichtstärke 1 : 8, $f = 28$ mm, b Orthometar, Lichtstärke 1 : 4,5, $f = 35$ mm, c Biogon, Lichtstärke 1 : 2,8, $f = 35$ mm, d Biotar, Lichtstärke 1 : 2, $f = 42,5$ mm.

In Analogie zu den Fernobjektiven gibt die nachfolgende Tabelle 4 neben der Brennweite den Faktor an, welcher angibt, welche Verkleinerung der Bildeinzelheiten — gleicher Standpunkt vorausgesetzt — gegenüber der Normalbrennweite, zunächst ohne Rücksicht auf den Bildwinkel, erzielt wird.

---

[1] Vgl. D. R. P. Nr. 637 864 und B. P. Nr. 379 954 (260).

Die Verkleinerung der Bildeinzelheiten erfolgt nach Maßgabe der Verkürzung der Brennweiten; dafür wird das Bildfeld im gleichen Maße größer (Weitwinkel).

Tabelle 4. Beziehung zwischen Brennweite und Verkleinerungsfaktor bei Weitwinkelobjektiven.

Brennweite f in Millimetern	28	35	40	45
Verkleinerungsfaktor	0,56	0,7	0,8	0,9

Tabelle 5.

Nennmaß in Millimetern	Großmaß a in Millimetern	Großmaß b in Millimetern
24 × 36	24,5	36,5

d) Das Bildfeld der Kleinbildkamera.

Der Ausschuß für Phototechnik hat im Februar 1940 unter DIN 4537 die endgültigen Werte für den Bildausschnitt von Kleinbildkameras wie nebenstehende Tabelle 5 zeigt, festgesetzt.

Daraus ergibt sich ein größter Bilddurchmesser (Diagonale) von $d = 43,3$ mm und unter Zugrundelegung der Normalbrennweite von $f = 50$ mm ein größter Bildwinkel von 47°, d. i. z. B. 0,87 m auf 1 m Entfernung, bezogen auf das Normmaß 24 bzw. 36 mm (Tabelle 6).

Tabelle 6.
Brennweite $f = 50$ mm; Objektiveinstellung auf Unendlich.

	Schmalseite a	Längsseite b	Diagonale d
Winkelwert in Graden	27°	39° 40′	47°
Meter auf 1 m	0,48	0,72	0,87

Diese Werte beziehen sich auf den Grenzfall, wo die Bildweite gleich der Brennweite ist, d. h. bei Einstellung auf Unendlich ($a' = f = 50$ mm).

Für einen anderen Grenzfall (z. B. Einstellung auf 1 m) tritt an die Stelle der Brennweite die Bildweite ($a' = 52,6$ mm), wodurch eine unwesentliche Verringerung des Bildfeldes eintritt. Auf die Diagonale bezogen, beträgt der diesbezügliche Wert zirka 45° (statt 47°). Bei Verwendung von Weitwinkelobjektiven tritt, wie schon der Name sagt, eine Vergrößerung des Bildwinkels ein, da der Abstand zwischen der Bildebene und der Objektivhauptebene kleiner wird; für die bereits erwähnte kürzere Brennweite ergeben sich die aus der Tabelle 7 ersichtlichen Werte, bezogen auf die Diagonale:

Tabelle 7. Beziehung zwischen Brennweite und Bildwinkel.

Brennweite in Millimetern	28	35	40	45
Bildwinkel in Grad	75° 20′	63° 20′	56° 51′	51° 20′

Sinngemäß wird bei Verwendung von Austauschoptik, deren Brennweite größer als die der Normalbrennweite ist — immer wieder gleicher Standpunkt vorausgesetzt —, das Bildfeld um so kleiner, je größer der absolute Wert der gewählten Brennweite ist; die nachfolgende Tabelle 8 gibt darüber Aufschluß, und zwar sind die Werte auf die Diagonale d des Bildes bezogen:

Tabelle 8. Beziehung zwischen Brennweite und Fernoptik.

Brennweite in Millimetern	73	85	90	105	135
Bildwinkel in Grad	33°	28° 30′	27,0°	23° 20′	18° 10′

Brennweite in Millimetern	180	200	300	400	500
Bildwinkel in Grad	13° 40′	12° 20′	8° 20′	6° 40′	5° 0′

e) Die Lichtstärke des Objektivs.

Trotz der Tatsache, daß z. B. zwei Objektive 1:3,5 verschiedener Bauart, bei gleicher Brennweite verschiedene Helligkeit sowohl in der Achse als am Rand aufweisen müssen, wurde bisher immer noch die „relative Öffnung" als Maßstab für die Lichtstärke beibehalten. Um aber dort, wo eventuell ein Schaden für den Lichtbildner, d. h. unrichtige Belichtungswerte durch wissentlich falsche Angaben entstehen konnten, einen Riegel vorzuschieben, ist durch Beschluß der Wirtschaftsgruppe Feinmechanik und Optik festgesetzt worden, daß die Brennweite eines Objektivs nicht mehr als 6% vom angegebenen Wert abweichen darf. Außerdem wurde bestimmt, daß die relative Öffnung nicht mehr als 5% von dem angegebenen Wert abweichen, d. h. praktisch nicht kleiner als um diesen Betrag sein darf. Das würde also für die Kleinbildkamera bedeuten, daß die Normalbrennweite nicht größer als 53 und nicht kleiner als 47 mm und die freie Öffnung des Objektivs bei 1:3,5 z. B. nicht kleiner als 14,5 mm —5%, d. i. etwa 13,6 mm, sein darf. Einzelheiten über Lichtverluste im Objektiv und den Messungen vgl. u. a. K. LEISTNER (38), woselbst auch diesbezügliche Literaturstellen angegeben sind (MERTÉ, V. ROHR, ZSCHOKKE).

Ganz allgemein kann gesagt werden, daß die Optik der Kleinbildkamera eine ungeheuer rasche Entwicklung durchgemacht hat, die sich vorzugsweise auf die Lichtstärke bezieht (Abb. 25); während sich diese bei der normalen Brennweite $f = 50$ mm zwischen 1:3,5 und 1:1,5 bewegt (z. B. „Sonnar" 1:1,5, „Summar" 1:2, „Summitar" 1:2, „Xenon" 1:1,5, „Skopar" 1:3,5), liegen bei längeren Brennweiten mit Rücksicht auf die äußeren Abmessungen und die bei diesen Objektiven bei gleichzeitig hoher Lichtstärke verbleibenden größeren Fehlerreste die Lichtstärken nur zwischen 1:2 und 1:8. Bei Weitwinkelobjektiven schwanken die Lichtstärken zwischen 1:2 („Biotar") und 1:6,3 („Hektor"). Vgl. u. a. die Objektivtabelle der Firma E. LEITZ in Wetzlar[1] sowie den Sammelkatalog der ZEISS-IKON-Werke (82). Eine der jüngsten literarischen Erscheinungen (1942) brachte CROY mit seinem „Contax-Buch" (3a).

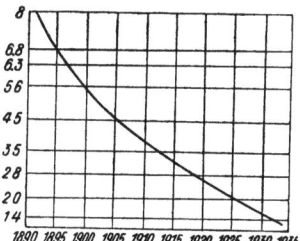

Abb. 25. Graphische Darstellung der Lichtstärke photographischer Aufnahmeobjektive und deren Steigerung in den Jahren von 1890 bis 1935.

Abszissen: Zeitabschnitte, Ordinaten: Lichtstärken.

Ergänzend sei noch daran erinnert, daß der absolute Wert der größten Blende in einem gewissen Verhältnis zur freien, d. h. optisch wirksamen Öffnung steht; so ist z. B. beim VOIGTLÄNDER „Skopar" 1:3,5, $f = 50$ mm für die Kleinbildkamera „Vito" (24×36 mm) die wirksame Öffnung 50:3,5 = 14,3 mm, während die größte Blende einen Durchmesser von nur 11,8 mm besitzt (Verhältnis 1:1,21).

Als Blendenskala wird jetzt allgemein angestrebt, die sogenannte „internationale" zu wählen, bei der jede folgende Blendenzahl die doppelte Belichtung erfordert (Pariser Kongreß 1900):

Tabelle 9.

Belichtungszeit	1	2	4	8	16	32	64	128	256
Blenden-Nr.	1:1	1:1,4	1:2	1:2,8	1:4	1:5,6	1:8	1:11	1:16

Vereinzelt trifft man auch immer noch die Blendenskala nach STOLZE. Einheit der Belichtung:

$$1 = \frac{F}{\sqrt{10}} = \frac{F}{3,16}.$$

---

[1] Vgl. CURT EMMERMANN (6): Leica-Technik, S. 26 und 27. Halle a. S.: W. Knapp.

Tabelle 10.

Belichtungszeit	1	2	3	4	6	12	24	48
Blenden-Nr.	1:3,16	1:4,5	1:5,5	1:6,3	1:7,7	1:11	1:16	1:22

(Über die verschiedenen Zusammenhänge zwischen Auswechseloptik und Entfernungsmesser vgl. die Ausführungen auf S. 152.)

Was die tatsächliche Lichtstärke photographischer Objektive nach Abzug aller inneren Verluste durch Reflexion und Absorption betrifft so sind im Laufe der letzten Jahre verschiedene Veröffentlichungen bekannt geworden. KLUGHARDT (*25, 26*) hat seinerzeit eine interessante Gegenüberstellung gebracht, in welcher, beginnend mit dem einfachen Meniskus bis zum mehrgliedrigen Anastigmaten, die prozentuellen Lichtverluste der einzelnen Systeme einander gegenübergestellt waren. Um nur ein Beispiel herauszugreifen, sei erwähnt, daß beim sechslinsigen „Ernostar" 1:2, das acht an Luft grenzende Flächen besitzt, nur etwa die Hälfte des in das Objektiv eingetretenen Lichtes auf die Negativschicht gelangt (Verlust zirka 48%) (*25, 26*). Die wirksame Öffnung ist infolgedessen nicht 1:2, sondern nur 1:2,8.

Zu ähnlichen Ergebnissen kommen FORCH und LEHMANN (*11*) in ihren diesbezüglichen Veröffentlichungen. Zur Berechnung der Reflexionsverluste, welche die Hauptursache an der entstehenden Lichtschwächung des einfallenden Lichtstromes sind, gilt die Beziehung:

$$T_r = T(1-R);$$

dabei ist T die Gesamtmenge des einfallenden Lichts, T_r das durchgelassene Licht und R der Reflexionsfaktor. Es liegt im Interesse einer günstigen Lichtausbeute, den reflektierten Lichtanteil R so klein wie möglich zu machen. Bei senkrechtem Strahleneinfall gilt für R die bekannte Formel von FRESNEL:

$$R = \left(\frac{n-1}{n+1}\right)^2,$$

wobei n der Brechungsindex des dichteren Mediums ist.

Eine sehr beachtenswerte Abhandlung schrieb seinerzeit W. ZSCHOKKE über die Helligkeit und Lichtverteilung in der Bildebene photographischer Objektive (*84, 85*).

Nicht unerwähnt soll die Tatsache bleiben, daß das reflektierte Licht außerdem noch andere unerwünschte Erscheinungen zur Folge hat; bei photographischen Kameras kann das reflektierte und wieder zurückgeworfene Licht Verschleierungen des Negativs verursachen, wenn nicht Maßnahmen zur Beseitigung bzw. Verringerung dieser Erscheinungen schon bei der Berechnung getroffen werden.

In diesem Zusammenhang sei an die früheren Beobachtungen von TAYLOR erinnert;[1] TAYLOR hat schon damals zufällig erkannt und später darauf hingewiesen, daß man durch Veränderungen im Material der Oberflächenschicht einer Linse eine erhöhte Lichtdurchlässigkeit erreichen kann.

In jüngster Zeit hat die Firma ZEISS ein Verfahren (*133*) zur Erhöhung der Lichtdurchlässigkeit optischer Systeme durch Erniedrigung des Brechungsexponenten an den Grenzflächen dieser optischen Teile bekanntgemacht; die Erfindung ist dadurch gekennzeichnet, daß die Linsen mit einer Schicht eines anderen Mediums versehen werden, das einen niedrigeren Brechungsexponenten hat als der Stoff, aus welchem die optischen Teile bestehen. Das besondere Kennzeichen des Verfahrens ist, daß die Schicht ohne chemische Änderung der polierten

---

[1] Brit. Patentschrift Nr. 29 561 vom Jahre 1904.

Oberfläche der optischen Teile zusätzlich auf diese aufgebracht wird [vgl. A. SMAKULA (66), sowie BAUER (1a) und ROSENTHAL (58a)].

Es ist zweifellos als ein sehr beachtenswerter technischer Fortschritt zu betrachten, daß es praktisch gelingt, die Lichtverluste optischer Systeme zu verringern; inwieweit es angebracht ist, diesen Gewinn nicht nur bei Geräten für den visuellen Gebrauch auszunutzen, sondern auch bei photographischen Objektiven, muß die Zukunft lehren. Der bekannte natürliche Lichtabfall am Rande des Bildfeldes (Abschattung), der in erster Linie vom Bau des Objektivs abhängt, kann durch derartige Maßnahmen zwar nicht beseitigt, doch eventuell auch günstig beeinflußt werden [vgl. W. ZSCHOKKE (84)]. Um vom Objektiv — insbesondere bei ausgesprochenen Gegenlichtaufnahmen — unerwünschtes

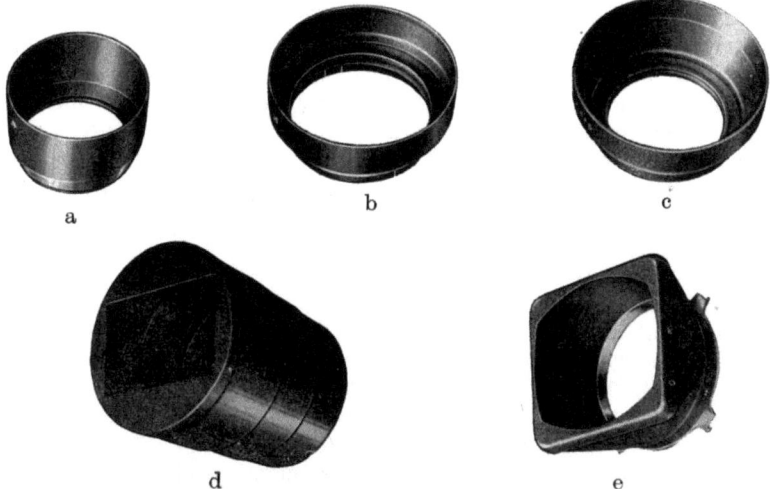

Abb 26a—e. Sonnenblenden zur Fernhaltung des Nebenlichtes bei Gegenlichtaufnahmen (ZEISS-IKON A. G.). a und b Stecksonnenblenden, c Schraubsonnenblende, d zusammenschiebbare Sonnenblende mit rechteckigem Ausschnitt, e feste Bajonett-Sonnenblende mit rechteckigem Ausschnitt.

Seiten- und Nebenlicht fernzuhalten, sind schon im Anfang der Photographie geeignete Mittel ersonnen worden. Es sei in diesem Zusammenhang z. B. an die vor den Vorderlinsen angeordneten sogenannten „Objektivköpfe" erinnert, wie sie alle PETZVAL-VOIGTLÄNDER Objektive gehabt haben. Ob gerade bei diesen, meist im Atelier verwandten Portraitobjektiven, die Notwendigkeit eines derartigen Schutzes vorlag, mag dahingestellt sein. Sicher ist aber, daß im Laufe der Jahrzehnte fortgesetzt diesbezügliche Vorschläge gemacht und zum Teil auch unter Patentschutz gestellt wurden. Unter anderen sei an den Vorschlag von GAUMONT im Jahre 1913 erinnert, der eine konisch zusammenlegbare Sonnenblende aus Gummi vorschlug.[1] Ferner ist die Anregung von ADAMS bemerkenswert, der ebenfalls eine zusammenlegbare aber spiralförmig federnde Ausführungsform vorschlug, die automatisch in die Gebrauchsstellung überging.[2]

In jüngster Zeit wurde die Sonnenblende dem jeweiligen Verwendungszweck angepaßt und entweder auf das Objektiv aufsteckbar, aufschraubbar oder mittels Bajonettverschluß aufsetzbar gestaltet (Abb. 26a bis e).[3]

Meistens war die wirksame freie Öffnung rund, in einzelnen Fällen aber auch

---

[1] F. P. Nr. 324 915, 642 502 und 782 740.
[2] E. P. Nr. 25 036/1913.
[3] D. R. P. Nr. 485 131, 514 579 und 458 078.

rechteckig ausgeführt, derart, daß nur der in Betracht kommende Bildwinkel zur Wirkung kam. Eine Kombination von zusammenlegbarer Bajonettsonnenblende mit rechteckigem Ausschnitt für die eintretenden Strahlen des Lichtbündels ist in der Abb. 26 a — e ebenfalls dargestellt.

Die fabrikatorische Herstellung der Objektive für die Kleinbildkamera, insbesondere aber der lichtstarken Systeme, muß mit ganz besonderer Sorgfalt geschehen, da es sich fast ausschließlich um mehrgliedrige Anastigmate handelt, deren Brennweite meist zwischen 30 und 50 mm liegt und an welche höchste Anforderungen gestellt werden. Objektive dieser Art gehören streng genommen der Größenordnung nach in das Gebiet der Mikrooptik, wenngleich die Voraussetzungen sowohl bei der Berechnung als bei der Prüfung ganz wesentlich andere sind.

In jüngster Zeit haben sich verschiedene Firmen bzw. deren wissenschaftliche Mitarbeiter eingehend damit beschäftigt, systematische Untersuchungen und Forderungen bezüglich der Prüfung von derartigen kurzbrennweitigen Aufnahmeobjektiven für die Kleinbildphotographie anzustellen, worüber die einschlägige Literatur Aufschluß gibt (*38, 42, 73*).

Ein ausgezeichnetes Hilfsmittel für den optischen Rechner zum Studium des Strahlenverlaufs in optischen Systemen und dessen systematische analytische Verfolgung schuf M. BEREK (*3*).

f) Die Tiefenschärfeeinrichtungen.

Die Erkenntnis, bereits vor der Aufnahme zu wissen, welcher Teil des Dingraums in Richtung der optischen Achse des Aufnahmeobjektivs „noch genügend scharf" abgebildet wird (außer der durch die bildwichtige Einstellung gekennzeichneten Ebene), war ein wesentlicher Bestandteil der theoretischen Überlegungen des Lichtbildners schon in der Frühzeit der Photographie. Das eigentliche Wissen erstreckte sich jedoch fast ausschließlich auf die Tatsache, daß durch Abblendung des Objektivs neben der allgemeinen Steigerung der Bildgüte stets eine Vergrößerung der Tiefe am Gegenstand erzielt wurde, die um so weitgehender war, je kleiner der Durchmesser der Blende gewählt wurde. Die Aufnahme einer Gruppe z. B. aus fünf hintereinander angeordneten Reihen von Menschen wurde damals immer so vorgenommen, daß auf die mittlere Reihe (in diesem Falle also auf die dritte) im Interesse größter Helligkeit bei voller Öffnung des Objektivs eingestellt, dann — nach erfolgter Abblendung — belichtet wurde, und zwar ohne Rücksichtnahme auf die dadurch notwendig werdende erheblich längere Belichtungszeit. Die Wirkung war, wie alle diese Gruppenbilder der früheren Zeit beweisen, und wie es beinahe selbstverständlich ist, immer vorzüglich, vorausgesetzt, daß die an sich gewährleistete Bildgüte nicht durch andere Fehler, z. B. durch Bewegungsunschärfe gestört wurde. (Chemischer Fokus war etwa seit dem Jahre 1860 bei Objektiven nicht mehr feststellbar.) Es lag hier also eine gewisse praktische Erfahrung vor, die sich aber auf keinerlei theoretische Grundlagen stützte, insbesondere nicht auf die Kenntnis vom absoluten Wert der Brennweite, sowie den Einfluß von der Lichtstärke des Objektivs und nicht zuletzt auf den Abstand des Gegenstands von diesem.

Erfahrungen theoretischer Art in bezug auf die Schärfenverhältnisse im Bildraum (Beziehung zwischen Tiefe nach vorne und nach hinten) lagen früher meist überhaupt nicht vor und waren auch gar nicht nötig, nachdem sich der Erfolg, wie angedeutet, immer mit so einfachen Mitteln sicher und ausreichend erzielen ließ. Daß dies ausschließlich im „Unterbewußtsein" geschah, ist nebensächlich.

Mit der Einführung lichtstärkerer Objektive im allgemeinen und solchen von kurzer Brennweite im besonderen traten hier — zuerst unmerklich, dann aber immer deutlicher — Veränderungen der Anschauungsweise ein; schon der Sprung von der Lichtstärke 1:6,3 auf 1:4,5 zeigte neben der Annehmlichkeit der etwa um die Hälfte kürzeren Belichtungszeit den Nachteil der geringeren Tiefenschärfe. Wesentlich anders liegen indes die Verhältnisse bei den kurzen Brennweiten der Aufnahmelinsen, wie sie jetzt durch Einführung der Kleinbildkamera allgemein gebräuchlich sind.

Gleiche Lichtstärke (1:4,5) vorausgesetzt, ergibt sich z. B. folgende Gegenüberstellung für verschiedene Brennweiten:

Tabelle 11. Abhängigkeit der Tiefenschärfe von der Brennweite.
Lichtstärke des Objektivs 1:4,5; Einstellung auf 3 m.

Brennweite in Millimetern	Tiefe nach vorne in Metern	Tiefe nach hinten in Metern	Gesamttiefe	Zerstreuungskreis in Millimetern
50	2,55	3,64	3,64—2,55 = 1,09 m	0,033
105	2,68	3,40	3,40—2,68 = 0,72 „	0,1
135	2,80	3,23	3,23—2,80 = 0,43 „	0,13

Bezüglich der theoretischen Grundlagen der Berechnung des Tiefenschärfebereiches sei u. a. auf die Ausführungen von K. LEISTNER (*38*) hingewiesen.

Eine sehr einfache Formel, die mit genügender Annäherung die gesuchten Werte ergibt, sei nachstehend aufgeführt; dabei ist ein Zerstreuungskreis angenommen, dessen Durchmesser $z = \dfrac{f}{1000}$ ist. $\left(\text{Streng genommen muß es heißen: } z = \dfrac{a'}{1000}, \text{ wobei } a' \text{ die Bildweite ist.}\right)$

$$\frac{1}{T_1} = \frac{1}{a} + \frac{1}{d} \quad \text{bzw.} \quad \frac{1}{T_2} = \frac{1}{a} - \frac{1}{d},$$

hierbei ist

T_1 die Tiefenschärfe in Meter nach vorne und T_2 die Tiefenschärfe in Meter nach hinten,
a der Dingabstand in Meter,
d die freie Öffnung des Objektivs in Millimeter.

Für $a = \infty$ nimmt die Formel den Wert an:

$$\frac{1}{T_1} = \frac{1}{d} \quad \text{oder} \quad T_1 = d.$$

Beispiel: $a = 3$ m, $d = 30$ mm (d. i. z. B. die freie Öffnung eines Objektivs 1:3,5, $f = 105$ mm).

Abb 27. Gleichachsige Anordnung einer Tiefenschärfeanzeigevorrichtung für Entfernungen von ∞ bis 1 m bei Abblendung auf 1:3,5 bis 1:22. (VOIGTLÄNDER A. G.)

(Vgl. auch Tabelle 12, S. 143, sowie die verschiedenen Tiefenschärfentabellen, z. B. im Contax-Buch 1942, Dr. O. CROY, S. 258 bis 261.)

$$\frac{1}{T_1} \text{ bzw. } \frac{1}{T_2} = \frac{1}{3} \pm \frac{1}{30} = \frac{10 \pm 1}{30},$$

$$T_1 = \frac{30}{10+1} = \frac{30}{11} = 2,73 \text{ m (Tiefe nach vorn)},$$

$$T_2 = \frac{30}{10-1} = \frac{30}{9} = 3,33 \text{ m (Tiefe nach hinten)},$$

Gesamttiefe $T_2 - T_1 = 3,33 - 2,73 = 0,6$ m.

Diese Werte stimmen mit den Werten der obigen Tabelle 11 ziemlich genau überein, die Lichtstärke ist dort allerdings 1:4,5.

Die Schärfe innerhalb dieses Bereiches der Tiefenschärfe ist also nicht völlig gleichmäßig und auch außerhalb seiner Grenzen nimmt die Unschärfe nur allmählich zu. Die vielfach verbreitete Anschauung, daß innerhalb dieser Grenzen alles gleichmäßig scharf und außerhalb derselben alles völlig unscharf sei, trifft also nicht zu. Übrigens läßt sich bei mehrlinsigen Objektiven durch geeignete Korrektion des Übergangs aus dem Bereich der Schärfe in den der Unschärfe gleichmäßig etwas beeinflussen, so daß er möglichst unscheinbar erfolgt; auf diese Weise läßt sich die Plastik des Bildes steigern. Anderseits kann man die Korrektion auch so führen, daß z. B. der geringe Tiefenschärfebereich von Objektiven mit längerer Brennweite und sehr großer Öffnung (subjektiv gewertet) scheinbar vergrößert wird. Das Verfahren beruht darauf, daß die höchste Schärfe in der Einstellebene bei voller wirksamer Öffnung etwas herabgedrückt und somit die Schärfenunterschiede in der Umgebung der Grenzen des Tiefenschärfebereichs gegenüber der Einstellebene etwas vermindert werden.

Wie bereits erwähnt, nimmt — unter sonst gleichen Umständen — mit wachsender Brennweite die Tiefenschärfe ab. Legt man also bei Ermittlung der Tiefenschärfe bei Objektiven verschiedener Brennweite den gleichen Zerstreuungskreisdurchmesser zugrunde, so hat z. B. ein Objektiv von 50 mm Brennweite schon bei Einstellung auf nahe Gegenstände eine $16 \times$ so große Tiefenschärfe wie ein Objektiv von 200 mm Brennweite und gleicher Lichtstärke. Dieses Verhältnis wird noch günstiger, je weiter der aufzunehmende Gegenstand entfernt ist und je mehr beide Objektive abgeblendet werden.

Vergleicht man z. B. den Wert der Tiefenschärfe eines Objektivs von der Brennweite 50 mm mit einem von der Brennweite $f = 200$ mm bei Blende 1:4,5 und Einstellung auf 5,0 m, so reicht die Tiefenschärfe bei ersterem von 3,86 bis 7,11 m, also über einen Bereich von 3,25 m, bei dem langbrennweitigen dagegen nur von 4,91 bis 5,10 m, d. h. über 0,19 m. Das Verhältnis beider Tiefenscharfebereiche ist 17:1. Bei der gleichen Blende 1:4,5 und Einstellung auf 10 m reicht die Tiefenschärfe des 50 mm-Objektivs von 6,25 bis 25 m, also über einen Bereich von 18,75 m; die des langbrennweitigen aber nur von 9,65 bis 10,4 m, d. i. nur 0,75 m (Verhältnis 25:1).

In beiden Fällen wurde der gleiche Durchmesser des Zerstreuungskreises gewählt (zirka $1/30$ mm), und zwar deshalb, weil die beiden Objektive — trotz ihrer sehr verschiedenen Brennweite — für das gleiche Bildformat 24×36 mm bestimmt sind. Vergleicht man aber eine Vergrößerung des Originals 24×36 mm (aufgenommen mit $f = 50$ mm) auf 13×18 cm mit der Kontaktkopie einer direkten 13×18-cm-Aufnahme, so darf man bei letzterer nur den Wert $5 \times 1/30 = 1/6$ mm als Durchmesser des Zerstreuungskreises zugrunde legen. Auch hier bleibt der große Vorteil des kurzbrennweitigen Objektivs, nämlich die viel größere Tiefenschärfe, erhalten. Beispiel: $f = 210$ mm, $a = 5$ m (Tiefenschärfe von 4,62 bis 5,49 m = 0,87 m).

Bei dieser Gelegenheit sei an die Anregungen erinnert, die WANDERSLEB (134) gegeben hat, und zwar beziehen sich diese auf diesbezügliche Einrichtungen bei Entfernungsmessern; der betreffenden Erfindung liegt die Aufgabe zugrunde, mit dem Entfernungsmesser nicht nur die Entfernung der Einstellebene vom Aufnahmestandort aus, sondern gleichzeitig auch die Grenzen des Entfernungsbereiches im Dingraum zu bestimmen, innerhalb dessen alle Dingpunkte mit dem auf die Einstellebene eingestellten Objektiv noch scharf auf die lichtempfindliche Schicht abgebildet werden. Das besondere Kennzeichen ist, daß in dem Entfernungsmesser wenigstens eine Marke vorgesehen ist, welche im Bildfeld sichtbar ist und der parallaktischen Winkeldifferenz zwischen einem Dingpunkt der Einstellebene eines photographischen Objektivs bei einer bestimmten Öffnung und einem Dingpunkt außerhalb derselben entspricht, dessen Abbildung in der Bildebene des Objektivs gleich dem größten, als scharfe Abbildung noch zulässigen Zerstreuungskreis ist (124, 298).

Verschiedene Ausführungsformen zur Benutzung der Tiefenschärfetabellen bzw. -skalen für die Kleinbildkamera sind bereits bekannt geworden; die Schwierigkeiten bestanden mehr oder weniger darin, die betreffenden Teile (d. s. die Träger der Skalen) räumlich unterzubringen, was mit Rücksicht auf die stets angestrebten geringen Abmessungen der Kamera nicht immer möglich war. Praktische Verwirklichung in Form von Tiefenschärfeeinrichtungen auf Metall,

Abb. 28. Äußere Ansicht der Kleinbildkamera **Leica** Mod. IIIa, Bildgröße 24 × 36 mm, mit Schlitzverschluß und Entfernungsmesser Optik. Summar 1:2, $f = 50$ mm. (E. Leitz, Wetzlar.)
1 Aufzugknopf für Schlitzverschluß und Filmtransport, *2* Zahlscheibe für Bildzahl, *3* Nullstellung der Zahlscheibe mit Pfeil *4*, *5* Auslöseknopf, *6* Umschalthebel, *7* Einstellung der Schlitzbreite, *7a* dasselbe für die langsamen Zeiten, *8* Indexpfeil für *7*, *9* Klemme für Universalsucher usw., *10* optischer Sucher, *11* Öffnungen des Entfernungsmessers, deren Abstand die Basis ist, *12* Filmrückwickelknopf, *13* Kameradeckel mit Stift *14*, *15* Objektivwechselring, *16* Entfernungsskala, *17* Stellhebel für das Objektiv und den Entfernungsmesser, *19* Tiefenschärfering, *20* ausziehbarer Rohrstutzen des Objektivs, *21* Blendeneinstellung, *22* Objektivrand, *23* Kameradeckel.

die ein Bestandteil der Kamera waren, wurden erstmalig an der Voigtländer-Bergheil-Kamera und am "Stereoflektoskop" (1926) angebracht. Betrachtet man die chronologische Entwicklung in großen Zügen, so zeigt es sich, daß die grundsätzliche Anordnung von Anfang an in der Gegenüberstellung zweier Skalen besteht, nämlich der Entfernungsskala für die jeweilige Brennweite einerseits und der Blendenskala, welche symmetrisch zu einem Nullpunkt links und rechts von diesem aufgetragen ist (Abb. 27).

Unter anderen hat Hoecken darüber bereits im Jahre 1911 berichtet[1] in einem Aufsatz, betitelt: „Graphische Methoden zur Veranschaulichung des Verlaufes und zur Ermittlung der Schärfentiefe". Die Handhabung ist sehr einfach: Die auf dem beweglichen Teil in der Mitte angebrachte Pfeilspitze wird an der unveränderlich angeordneten Skala auf das betreffende Teilstück eingestellt,

---

[1] Festschrift, herausgegeben von der optischen Anstalt C. P. Goerz Akt.-Ges., Berlin-Friedenau, anläßlich der Feier ihres 25jährigen Bestehens 1886 bis 1911, S. 157 bis 161.

welches der eingestellten Entfernung entspricht. Links und rechts von der Pfeilspitze und von dieser gleich weit entfernt, liest man mit Hilfe der an den gleichen Blendenzahlen befindlichen Striche die Entfernungszahlen ab (Beispiel: $a = 3$ m, $f = 50$ mm, 1:4,5), Tiefe: 2,55 und 3,64 m, d. h. Gesamttiefe 3,64 — 2,55 = 1,09 m. Es ist dabei gleichgültig, ob die beiden Skalen geradlinig oder kreisförmig zueinander liegen; bei der „Leica" z. B. dreht sich bei der axialen Verstellung des ganzen Objektivs der die Entfernungszahlen von 1 m bis Unendlich tragende Ring konzentrisch um etwa 180° und gleitet dabei an der feststehenden symmetrisch zur Einstellachse angeordneten doppelseitigen Blendenskala mit der Teilung von 1:2 bis 1:12,5 vorbei.

Ähnlich ist die Einrichtung auch bei anderen Kleinbildmodellen. A. STADLER-COLLOMBAT hat später ein Instrument für photographische Zwecke vorgeschlagen, um die Größe der Blende im Zusammenhang mit der Schärfentiefe festzustellen unter Vermeidung von Hilfstafeln bzw. Vornahme von Rechenarbeiten. Es ist im wesentlichen auf Grund des eingangs beschriebenen Gedankengangs aufgebaut (*326*).

Einer der ersten Versuche, eine Einrichtung zur Bestimmung der Bildtiefe und zur selbsttätigen Einstellung auf Entfernung zwangsläufig in Verbindung mit dem Laufboden der Kamera zu treffen, ist auf A. SÉQUIN zurückzuführen; die betreffende Patentschrift (*135*), welche auch theoretische Grundlagen und literarische Hinweise bringt, beschreibt ausführlich eine Einrichtung an photographischen Kammern zur Bestimmung der Schärfentiefeverhältnisse unter gleichzeitiger Bestimmung der jeweiligen Blendenöffnung.

Ein loses Gerät, das also unabhängig von der photographischen Kamera gebraucht werden kann, beschreibt HOFMANN (*136*); sein besonderes Kennzeichen ist die Verbindung eines Entfernungsmessers, eines Tiefenrechenschiebers und eines optischen Belichtungsmessers (Grauglaskeil), die in einem gemeinsamen Gehäuse untergebracht sind.

In analoger Weise hat KRAMER einen Tiefenschärfeanzeiger an photographischen Kammern vorgeschlagen; die betreffende Erfindung (*137*) betrifft eine Einrichtung, die mit nur zwei gegeneinander bewegbaren Teilen die Tiefenschärfegrenzen selbsttätig angibt und bei der einer der Teile eine keilähnliche Figur trägt, deren Mittellinie an der Entfernungsskala die Einstellentfernung anzeigt, während ihre Begrenzungslinie die Ausdehnung der Tiefenschärfe für verschiedene Blendenöffnungen darstellt (*327*). Auch wird als vorteilhaft die Verbindung des Tiefenschärfeanzeigers mit einem Belichtungsmesser bezeichnet, der mit der Blendeneinstellung des Aufnahmeobjektivs verbunden ist. In der Praxis sind derartige Ausführungsformen bislang nicht bekannt geworden.

Mit der Einführung immer lichtstärkerer Objektive hat naturgemäß das Gebiet der Abbildungstiefe zusehenderweise an Interesse gewonnen. Die Tatsache, daß es durch die Einführung des auch mit der Kleinbildkamera heute fast stets zwangsläufig verbundenen Entfernungsmessers wohl gelingt, Dinge in einer bestimmten Entfernung immer auf dem Bilde scharf zu erfassen, hat nicht durchweg befriedigt, denn die mehr oder weniger vorhandene Unschärfe der vor oder hinter der Einstellebene gelegenen Gegenstände hat nicht gerade dazu beigetragen, die Begeisterung für diese Art von Aufnahmen zu steigern.

Es ist daher nicht verwunderlich, daß hierzu immer wieder Anregungen für Verbesserungen zu finden sind, und es sind nicht nur Wissenschaftler, die sich mit diesem etwas abseits liegenden Gebiet der Photographie beschäftigen. So z. B. hat in jüngster Zeit UFFRECHT Einzelheiten einer Erfindung in einer Patentschrift (*138*) niedergelegt; darnach wird bezweckt, eine Scharfeinstellvorrichtung für photographische Kammern zu schaffen, welche die Einstellung irgend zweier

Die Optik der Kleinbildkamera. 143

der vier Einstellgrößen: Entfernung der hinteren Schärfengrenze, der Scharfeinstellungsebene, der vorderen Schärfengrenze vom Objektiv und des zum Schärfenbereich gehörenden größten Blendendurchmessers durch Einstellung der beiden anderen von Hand gestattet.

Im Gegensatz zu den bekannten Einstellvorrichtungen ähnlicher Art, die auf der Bildseite des Objektivs zwischen diesen vier Einstellgrößen entstehenden Beziehungen zur Grundlage haben, stützt sich diese Erfindung auf die analogen Beziehungen, die auf der Dingseite des Objektivs bestehen. Dadurch wird eine größere Einfachheit in der Konstruktion und Handhabung der Einrichtung angestrebt, so daß nur noch zwei Handgriffe für die ganze Einstellung der Kammer erforderlich werden und alle zusätzlichen Überlegungen betreffs Blendenwahl und Tiefe der Abbildung fortfallen [vgl. hierzu auch TRONNIER (74, 75)].

Der praktischen Ausführung stehen bei der Kleinbildkamera oft besondere Schwierigkeiten entgegen, weil gerade dort die Raumverhältnisse außerordentlich beschränkt sind; trotzdem ist gerade sie das gegebene Anwendungsgebiet, weil sich die verminderte Tiefenschärfe als Folge der fortgesetzten Steigerung der Lichtstärke der Aufnahmeobjektive insbesondere bei Nahaufnahmen mehr oder weniger störend bemerkbar macht, je nach dem Grade der nachträglichen Vergrößerung. — In der Hauptsache hat sich eine Ausführungsform durchgesetzt, bei der gleichachsig und dicht nebeneinander zwei Ringe angeordnet sind, von denen der eine (die Einstellskala) drehbar ist, während der andere eine unveränderliche Lage besitzt (symmetrisch zur Mitte beiderseitig aufgetragene Blendenskala). Vgl. Abb. 27 und 28, Teil *16* und *19*, sowie Tabelle 12.

Tabelle 12. **Tiefenscharfetabelle fur die Normalbrennweite** $f = 50$ mm
(Zerstreuungskreis $1/30$ mm).

1	1,25	1,5	1,75	2	2,5	3	4	5	7	10	20	∞	Blende
0,98 1,02	1,22 1,28	1,46 1,55	1,69 1,81	1,93 2,08	2,38 2,63	2,84 3,19	3,71 4,34	4,55 5,55	6,15 8,13	8,35 12,5	14,3 33,3	50,0 ∞	1,5
0,98 1,03	1,21 1,29	1,44 1,56	1,68 1,83	1,90 2,11	2,35 2,68	2,78 3,26	3,62 4,47	4,42 5,76	5,91 8,59	7,91 13,6	13,1 42,7	37,5 ∞	2
0,97 1,04	1,20 1,31	1,42 1,59	1,65 1,87	1,86 2,16	2,29 2,76	2,70 3,37	3,49 4,68	4,22 6,13	5,56 9,45	7,29 15,9	11,5 78,4	26,8 ∞	2,8
0,96 1,05	1,19 1,32	1,41 1,61	1,62 1,90	1,83 2,20	2,24 2,82	2,64 3,48	3,38 4,91	4,06 6,50	5,28 10,4	6,83 18,7	10,4 ∞	21,4 ∞	3,5
0,95 1,05	1,17 1,33	1,39 1,63	1,60 1,93	1,81 2,23	2,21 2,88	2,60 3,56	3,30 5,07	3,96 6,80	5,10 11,1	6,53 21,3	9,68 ∞	18,8 ∞	4
0,93 1,08	1,15 1,37	1,35 1,68	1,55 2,01	1,75 2,34	2,11 3,06	2,46 3,85	3,09 5,68	3,65 7,94	4,61 14,6	5,74 38,9	8,03 ∞	13,4 ∞	5,6
0,91 1,11	1,11 1,43	1,30 1,78	1,48 2,14	1,66 2,53	1,98 3,38	2,28 4,38	2,82 6,92	3,28 10,6	4,02 27,2	4,85 ∞	6,39 ∞	9,38 ∞	8
0,88 1,16	1,06 1,52	1,24 1,91	1,40 2,33	1,56 2,80	1,84 3,91	2,10 5,29	2,54 9,51	2,90 18,3	3,47 ∞	4,07 ∞	5,10 ∞	6,82 ∞	11
0,83 1,25	1,00 1,68	1,15 2,17	1,28 2,74	1,41 3,42	1,64 5,23	1,84 8,10	2,17 25,3	2,44 ∞	2,82 ∞	3,21 ∞	3,81 ∞	4,68 ∞	16
0,78 1,39	0,93 1,93	1,05 2,61	1,17 3,50	1,27 4,68	1,46 8,90	1,61 22,2	1,85 ∞	2,04 ∞	2,30 ∞	2,55 ∞	2,92 ∞	3,41 ∞	22

4. Die Einstellung auf Bildschärfe.

a) Die axiale Verstellung des ganzen Objektivs.

Solange es photographische Kameras gibt, wurde die Scharfeinstellung des Bildes dadurch vorgenommen, daß man den für die jeweilige Dingentfernung erforderlichen Abstand des Objektivs von der Bildebene (Bildweite) meistens durch die Verschiebung der mattierten Einstellscheibe zur Hauptebene des Objektivs oder umgekehrt herbeiführte. Diese Beziehungen der einzelnen Größen zu- bzw. untereinander sind bekannt und lauten:

$$\frac{1}{a} + \frac{1}{a'} = \frac{1}{f},$$

wobei a die Dingentfernung von der Linse, a' die Bildentfernung von der Linse und f die Brennweite der Linse bedeuten.

Hieraus geht unzweideutig hervor, daß, wenn mit konstanter Brennweite f gearbeitet wird, die Bildweite a' eine Funktion der Dingweite a ist, was in der obigen Linsenformel bzw. deren Umstellung

$$\frac{1}{a'} = \frac{1}{f} - \frac{1}{a} \quad \text{oder} \quad a' = \frac{a \cdot f}{a - f}$$

zum Ausdruck kommt.

In dem Grenzfall, wo $a = \infty$ ist (Einstellung weit entfernter Dinge), nimmt dann $\frac{1}{a'}$ den Wert $\frac{1}{f}$ an, d. h. $a' = f$ (Bildweite = Brennweite).

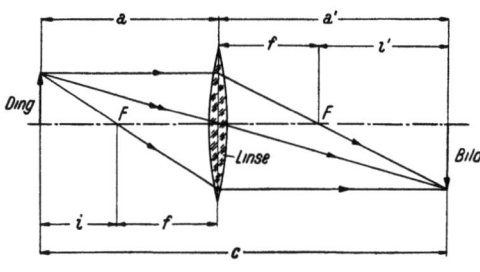

Abb. 29. Abbildungsgesetz:

$$\frac{1}{a} + \frac{1}{a'} = \frac{1}{f}; \quad a' = \frac{a \cdot f}{a-f}; \quad f = \frac{a \cdot a'}{a+a'}.$$

Beziehung zwischen den Größen Dingweite a, Bildweite a' und Brennweite f.

$a = f + i, \quad a' = f + i', \quad i \cdot i' = f^2, \quad \frac{a'}{a} = n, \quad a + a' = c,$

$$f = \frac{c \cdot n}{(n+1)^2}, \quad c = \frac{f(n+1)^2}{n}.$$

Im Handbuch, Bd. II, Abschnitt II/2, hat der Verf. an Hand von Beispielen die bei der Aufnahme eintretenden optischen Zusammenhänge erklärt, und es kann daher auf ein tieferes Eingehen auf diese Probleme verzichtet, bzw. auf diesbezügliche zum Teil jüngere Literatur hingewiesen werden [vgl. P. SCHROTT (60) und H. SCHULZ (61)].

Führt man in der obigen Formel die Abstände i des Dinges vom dingseitigen und i' des Bildes vom bildseitigen Brennpunkt ein, dann wird $a = i + f$ und $a' = i' + f$; die Formel geht dann über in

$$\frac{1}{i+f} + \frac{1}{i'+f} = \frac{1}{f},$$

woraus sich schließlich die bekannte Form

$$f^2 = i \cdot i' \quad \text{oder} \quad f = \sqrt{i \cdot i'}$$

ergibt.

Das Verhältnis n der Größe G' des Bildes zu jener des Gegenstandes G wird durch die Beziehung ausgedrückt: $n = \frac{G'}{G} = \frac{a'}{a}$. Wird außerdem der Abstand des Bildes vom Gegenstand mit $a + a' = c$ bezeichnet, so kann bei gegebener Brennweite entweder der Wert n oder aber, wenn f und n gegeben, der Wert c aus den Formeln $f = \frac{c \cdot n}{(n+1)^2}$ oder $c = \frac{f(n+1)^2}{n}$ ermittelt werden.

Die Einstellung auf Bildschärfe.

Der Betrag i', um den das Aufnahmeobjektiv bei der Einstellung axial verschoben wird, ergibt sich aus der Differenz zwischen der Bildweite für die jeweilige Dingentfernung und der Brennweite; er wird in Zukunft mit Δ bezeichnet.
Es ist also:
$$\Delta = a' - f = \frac{a \cdot f}{a-f} - f = \frac{f^2}{a-f}.$$

Dieser sogenannte Verschiebungswert Δ ist der Brennweite f direkt und der Dingentfernung a umgekehrt proportional; er wächst mit dem Quadrat der Brennweite, während im Nenner der um die Brennweite verminderte Wert des Dingabstandes a linear erscheint. Bei großen Entfernungen bzw. nennenswerten Unterschieden zwischen a und f kann eine vereinfachte Formel gewählt werden, nämlich $\Delta = \frac{f^2}{a}$. Bei dem in der Kleinbildaufnahmetechnik fast allgemein eingeführten Wert der Brennweite von $f = 50$ mm ergeben sich folgende Werte für Δ:

Tabelle 13. Axiale Verschiebungswerte Δ für $f=50$ mm in Millimetern (Entfernungen in Metern).

∞	50	20	10	8	6	5	4	3	2,5	2,0	1,75	1,5	1,25	1
0	0,05	0,125	0,25	0,31	0,42	0,5	0,63	0,85	1,0	1,28	1,47	1,72	2,08	2,63

Aus diesen wenigen elementaren mathematischen Formeln lassen sich alle in der Praxis vorkommenden Fälle errechnen, wie die nachfolgenden Beispiele zeigen:

1. Gegeben die Brennweite des Objektivs (die in der Folge stets mit $f = 50$ mm angenommen sei) und der Dingabstand $a = 1$ m $= 1000$ mm; es ist dann die Bildweite $a' = \frac{a \cdot f}{a-f} = \frac{1000 \cdot 50}{950} = 52,63$ mm. (Die axiale Verschiebung des Objektivs $\Delta = a' - f = 52,63 - 50 = 2,63$ mm.)
Der Abbildungsmaßstab n ergibt sich ohne weiteres aus dem Verhältnis von a und a':
$$n = \frac{52,63}{1000} = 1:19 = 0,05263 \text{ (Verkleinerung).}$$

2. Gegeben der Gesamtabstand c vom Ding bis Bild und die Brennweite $f=50$ mm. Welches ist der Abbildungsmaßstab, wenn $c = 1052,63$ mm?
Nach der Formel $c = f \cdot \frac{(n+1)^2}{n}$ ergibt sich $n = k \pm \sqrt{k^2 - 1}$, wobei $k = \frac{c}{2f} - 1$ ist. k errechnet sich zu 9,526 und daher $n = 9,526 \pm \sqrt{90,8-1} = 9,526+9,474 = 19$ (s. oben). Der negative Wert ist gegenstandslos.
Derselbe Wert ergab sich auch aus dem Verhältnis
$$a:a' = 1000:52,63 = 19.$$

Auf einfache Weise gelangt man zum Ziel durch die modifizierte Formel
$$c = \frac{(n+1)^2}{n} \cdot f,$$
welche umgeformt lautet:
$$\frac{c}{f} = \frac{n^2 + 2n + 1}{n} = n + 2 + \frac{1}{n}$$
und hieraus:
$$n = \frac{c}{f} - 2 - \frac{1}{n}.$$

Wird der Wert $\frac{1}{n}$ vernachlässigt (was ohne weiteres zulässig ist), so erhalten wir die einfache Beziehung $n \approx \frac{c}{f} - 2$. Auf unser Beispiel angewandt, ergibt sich dann:
$n = \frac{1052,63}{50} - 2 = 21,05 - 2 = 19,05$ (statt 19!).

Grundsätzlich wird bei fast jeder photographischen Kamera die Lage des ganzen Objektivs oder einzelner Teile zur Bildebene geändert, um der durch den jeweiligen Dingabstand bedingten größeren Bildweite, z. B. beim Übergang von weit entfernten auf nähere Gegenstände, Rechnung zu tragen; das war zwar nicht immer so, denn bei den früheren Stativapparaten (z. B. den Reisekameras großen Formats) wurde die Mattscheibe verstellt aus den sehr einfachen praktischen Erwägungen heraus, daß das Objektiv für die Einstellung oft gar nicht eingerichtet war und überdies meist außerhalb der Reichweite lag.

Es spielt zunächst also gar keine Rolle, in welcher mechanischen Fassung sich das Objektiv befindet und welche Art des Verschlusses bei der Konstruktion gewahlt wurde. In jedem Falle — gleichgültig ob Zentral- oder Schlitzverschluß — muß das Objektiv, zweckmaßig durch die eingeleitete drehende Bewegung, axial verschoben werden, wobei es sich bei der relativ kurzen Normalbrennweite von $f = 50$ mm und einer kürzesten Einstellentfernung von 1 m, wie in Vorstehendem gezeigt wurde, um verhältnismäßig geringe Beträge der Verschiebung handelt, nämlich um nur 2,63 mm; dabei macht der Einstellhebel des Objektivs je nach der Steigung des Gewindes stets weniger als eine Umdrehung. Würde die Forderung erhoben, daß auch noch Gegenstände in einer Entfernung von $1/2$ m statt 1 m eingestellt werden sollen, so steigt dieser Betrag nicht nur aufs Doppelte, sondern darüber hinaus auf den Wert $\Delta = \dfrac{f^2}{a-f} = \dfrac{50^2}{450} = 5{,}55$ mm. Eine Grenze in praktischer Hinsicht findet diese Art der Einstellung einerseits in der mechanischen Bauart der Schneckenfassung (sehr rasch wachsende Intervalle) sowie in der Forderung einer präzisen zylindrischen Führung des Objektivs in seiner Fassung.

Bei ausgesprochenen Nahaufnahmen bedient man sich daher entweder der dafür vorgesehenen Vorsatzlinsen oder aber, wenn man das Objektiv ohne solche zusätzlichen Einrichtungen benutzen will, der Zwischenschaltung von Ringen, die eine erhebliche Vergrößerung des Einstellbereichs gewährleisten. So ergibt z. B. ein Zwischenring von 10 mm Stärke, der zwischen Objektiv und Einschraubfassung gebracht wird, schon eine Naheinstellung von $a = 0{,}30$ m, bei zusätzlicher Benutzung der Schneckengangfassung steigt dieser Wert sogar bis 0,25 m (vgl. Tabelle 14).

Tabelle 14. Werte der Objektivverstellung Δ fur die Brennweite 28 bis 180 mm und die Entfernungen 20 bis 0,25 m ($f =$ mm, $a =$ m).

a \ f	180	150	135	120	105	90	85	75	50	45	40	35	28
20	1,64	1,13	0,92	0,72	0,55	0,41	0,36	0,28	0,13	0,10	0,08	0,06	0,04
10	3,30	2,28	1,85	1,46	1,11	0,82	0,73	0,57	0,25	0,20	0,16	0,12	0,08
7	4,75	3,29	2,66	2,09	1,60	1,17	1,05	0,81	0,36	0,29	0,23	0,18	0,11
5	6,72	4,64	3,75	2,95	2,25	1,65	1,47	1,14	0,51	0,41	0,32	0,25	0,16
4	8,48	5,84	4,72	3,71	2,83	2,07	1,85	1,43	0,63	0,51	0,40	0,31	0,20
3	11,49	7,90	6,36	5,00	3,81	2,78	2,48	1,92	0,85	0,69	0,54	0,41	0,26
2,5	13,97	9,57	7,71	6,05	4,60	3,36	2,99	2,32	1,02	0,83	0,65	0,50	0,32
2	17,80	12,16	9,77	7,66	5,82	4,24	3,77	2,92	1,28	1,04	0,82	0,62	0,40
1,75	20,64	14,06	11,29	8,83	6,70	4,88	4,34	3,36	1,47	1,19	0,94	0,71	0,45
1,50	24,55	16,67	13,35	10,44	7,90	5,75	5,11	3,95	1,72	1,39	1,10	0,84	0,53
1,25	30,28	20,46	16,35	12,74	9,63	6,98	6,20	4,79	2,08	1,68	1,32	1,01	0,64
1	39,51	26,47	21,07	16,36	12,32	8,90	7,90	6,08	2,63	2,12	1,67	1,27	0,81
0,75	56,84	37,50	29,63	22,86	17,09	12,27	10,87	8,33	3,57	2,87	2,25	1,71	1,09
0,50	101,3	64,29	49,93	37,90	27,91	19,76	17,41	13,24	5,55	4,45	3,48	2,63	1,66
0,25	462,9	225,0	158,48	110,8	76,03	50,63	43,79	32,14	12,50	9,88	7,62	5,70	3,53

$\Delta = \dfrac{f^2}{a-f}$. Δ-Werte in Millimetern als Funktion der Ding- und Brennweite.

Selbstverständlich wird bei der Kleinbildkamera stets der Ort des Objektivs zur Bildebene verändert, d. h. das Element von geringem Umfang und Gewicht zu dem von größeren Ausmaßen; bei dieser Entscheidung haben noch eine Reihe anderer Gesichtspunkte bestimmend mitgewirkt, auf die hier einzugehen keine Veranlassung vorliegt.

Der leitende Gedanke, welcher der Einstellung des „als Ganzes axial verschiebbaren Objektivs" zugrunde liegt, ist der, daß bei konstanter Brennweite zu dem jeweiligen Dingpunkt der entsprechende Bildpunkt in der Ebene des Gesamtbildes gesucht wird. Was die Güte des Bildes betrifft, die auch bei axialer Verstellung des ganzen Objektivs erhalten bleiben muß, so ist diese selbstverständliche Forderung ohne weiteres erfüllbar; bei der Frontlinseneinstellung hingegen muß leider der rechnende Optiker dem Konstrukteur manchmal Konzessionen machen, mit denen er sich nicht in jedem Falle restlos einverstanden erklären kann.

b) Die axiale Verstellung der Objektivfrontlinse.

Der Versuch, die Einstellung auf nahe gelegene Dinge nicht nur durch Abstandsänderung von Objektiv und Bildebene — also auf rein mechanischem Wege — herbeizuführen, sondern dazu optische Mittel zu benutzen, ist nicht neu. Schon PETZVAL beschäftigte sich mit diesen Fragen (um 1850) und auch andere Wissenschaftler haben diesem Problem ihre Aufmerksamkeit geschenkt, sei es im Interesse der Schaffung eines Objektivs mit veränderlicher Brennweite oder eines solchen mit relativ weicher Zeichnung. Zu diesem Zweck wurde entweder — ein mehrgliedriges System vorausgesetzt — der Abstand des Vordergliedes zu den übrigen Gliedern des Objektivs geändert oder aber auch die Mittellinse verschoben. Der Versuch, die Lage der Hinterlinse zu ändern, wurde aus rein praktischen Erwägungen (erschwerte Zugänglichkeit) nicht unternommen (139). Der Verfasser (47) hat bei dem „Heliar" der Firma VOIGTLÄNDER in der Absicht, ein Universalobjektiv zu schaffen, das Problem in der Weise gelöst, daß die Mittellinse zu den beiden anderen Linsen verschoben wird. Das besondere Kennzeichen dieser Neuerung ist darin zu sehen, daß das betreffende Objektiv in der Nullstellung der Mittellinse ein Anastigmat von einwandfreier Schärfe ist, während es eine mehr oder weniger sichtbare „künstlerische Unschärfe" zeigt, wenn die negative Mittellinse axial verschoben wird, wodurch die Größenordnung der sphärischen und chromatischen Fehler verändert wird (D. R. G. M. Nr. 854049 und 879173).

Es ist selbstverständlich, daß sich bei diesem Vorgang der Abstandsänderung von Linsen zueinander auch die Äquivalentbrennweite des ganzen Objektivs ändert und damit auch der Abbildungsmaßstab. Die Firma ZEISS beschäftigte sich vor etwa 25 Jahren ebenfalls mit diesen Fragen, und zwar im Zusammenhang mit der Entstehung einer neuen Kamera (Fix-fokus), bei welcher der Objektivträger mit Hilfe von Scherenspreizen in die Gebrauchsstellung gebracht und darin festgehalten wird.[1] Über ein Vorsatzsystem zur Änderung der Brennweite s. GRAMATZKI (13).[2]

Damals wurde vorgeschlagen, bei einem mehrgliedrigen Objektiv die Anordnung so zu treffen, daß das vorderste Glied zum Zweck der Einstellung des Objektivs auf Gegenstände in verschiedenen Entfernungen gegenüber dem feststehenden Gliede in Richtung der optischen Achse verschoben werden soll. Diese an sich sehr bequeme Lösung hat im Laufe der Jahre viele Anhänger gefunden, aber auch viel Staub aufgewirbelt und vielleicht nicht mit Unrecht, denn wohl jedem, der sich mit dem Rechnen von optischen Systemen beschäftigt

---

[1] D.R.P. Nr. 615337/1914, außerdem Fotofreund 1935, Nr. 23 (FLÖTSCHNER).
[2] Sowie das D.R.P. Nr. 622046/1934 und Kinotechnik 18, 395, 396 (1936).

hat, ist die nachträgliche und willkürliche Änderung von optischen Konstanten am endgültig berechneten Objektiv eine mindestens unsympathische Handlung. Trotzdem ist der Vorteil, der sich dem Kamerakonstrukteur bei Verwendung einer solchen optischen Einstellungsmöglichkeit bietet, so bedeutend, daß fast alle Firmen in den letzten Jahren dazu übergegangen sind — besonders bei Erzeugnissen in relativ geringer Preislage —, sich dieses Hilfsmittels zu bedienen.

Mechanisch betrachtet, ist ein erheblicher Unterschied in bezug auf den Aufwand an mechanischen Einzelteilen zwischen einer Kamera mit „Einstellfrontlinse"[1] und einer solchen, bei der das ganze Objektiv mit seinem Träger axial verschoben wird.

Die Vorzüge der „Einstellfrontlinse" liegen aber nicht allein auf mechanischem Gebiet, sondern auch auf optischen, denn es hat sich herausgestellt, daß die befürchteten optischen Nachteile in bezug auf die Bildgüte, selbst bei nachträglichen Vergrößerungen, nicht in einem Maße eintreten, der eine restlose Ablehnung dieser Einrichtung rechtfertigen würde.

Ohne auf dieses Gebiet näher einzugehen, kann festgestellt werden, daß diese Art der Einstellung mit wenig Ausnahmen (Ikonta-Modelle) fast nur bei Kameras ohne Entfernungsmesser angewandt wird, und zwar deshalb, weil die mechanische Verbindung der „Einstellfrontlinse" mit den am Gehäuse angeordneten Elementen des Entfernungsmessers zwar nicht unmöglich, aber immerhin nicht immer einfach durchführbar ist. Grundsätzlich ist der Gedankengang bei der Kamera

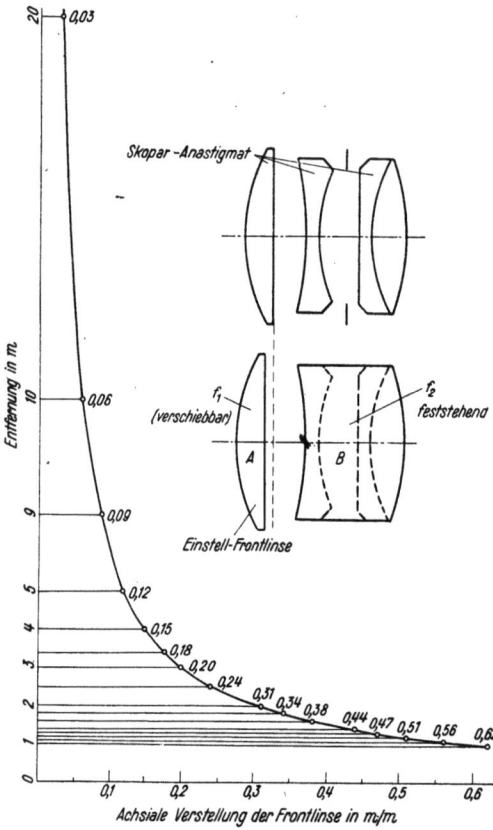

Abb. 30. Graphische Darstellung der Beziehung zwischen der axialen Verschiebung der Frontlinse und der Dingentfernung (Gesamtbrennweite $f = 50$ mm).

mit Frontlinsenverstellung in optischer Hinsicht ein wesentlich anderer als bei derjenigen, bei der das Objektiv als Ganzes axial verschoben wird. Während dort die Brennweite f eine konstante Größe ist, hat jetzt in der Linsenformel $\frac{1}{a} + \frac{1}{a'} = \frac{1}{f}$ die Bildweite a' (und damit der Kameraauszug) einen unveränderlichen Wert; das ist natürlich nur dann überhaupt möglich, wenn die Brennweite f bei der Einstellung verschiedene Werte annimmt. a' ist die unveränderliche Bildweite und f die Brennweite; die Größen a und f sind voneinander abhängig derart, daß jedem a ein besonderes f entspricht oder umgekehrt.

Jedes mehrgliedrige Photoobjektiv ist als ein zusammengesetztes optisches System zu betrachten, wobei die Wahl der einzelnen Krümmungsradien, die

---

[1] Diese zutreffende Bezeichnung hat der Verfasser den Ausführungen von K. LEISTNER (*38*), S. 59 und 60, entnommen.

Linsendicken und der Abstand der einzelnen Linsen bzw. Linsengruppen voneinander das Ergebnis langwieriger und sorgfältiger Berechnungen ist. Es bedarf daher keiner besonderen Betonung, daß diese einzelnen Werte bei der fabrikatorischen Herstellung — insbesondere lichtstarker Systeme — genauestens eingehalten werden müssen. Wird nun anderseits z. B. zum Zwecke der Kameraeinstellung bei einzelnen Gliedern eine Abstandsänderung vorgenommen, so kann das nicht ohne Einfluß auf die allgemeine Bildgüte sein, außerdem wird aber die Brechkraft des Gesamtsystems bzw. dessen Brennweite und Lichtstärke verändert. Streng genommen kann die Höchstleistung eines derartigen Systems jeweilig nur für eine bestimmte Dingentfernung erreicht werden [vgl. PRITSCHOW (53)]. Über diese Zusammenhänge hat der Verfasser (51) eine elementar gehaltene Arbeit veröffentlicht mit dem Titel: „Die axiale Verschiebung der Vorderlinse als Mittel zur Einstellung des Objektivs für verschiedene Entfernungen des Gegenstandes bei Fix-fokus-Kameras."

Darüber hinaus sei an einem Beispiel gezeigt, inwiefern und in welchem Maße durch die Änderung des Abstandes der Frontlinse von den übrigen Gliedern des Objektivs die Äquivalentbrennweite des Gesamtsystems beeinflußt wird. Als Beispiel diene der in die Kleinbildkamera „Vito" der Firma VOIGTLÄNDER eingebaute Anastigmat „Skopar" 1:3,5, $f = 50$ mm. Dieses Objektiv gehört in die Gruppe 3,[1] das sind solche, die sich formal von einem Triplet ableiten lassen, also aus drei in Luft stehenden Linsen oder Linsengruppen bestehen (s. Skizze Abb. 30).

Das verstellbare Vorderglied A hat positiven Charakter und eine Brennweite von $f_1 = 25$ mm; das gesamte übrige System von unveränderlicher Lage ist negativ und hat eine Brennweite von $f_2 = -90$ mm. Bei einem Hauptpunktabstand von $e = -20$ mm ergibt sich sodann eine Äquivalentbrennweite von

$$f = \frac{f_1 \cdot f_2}{f_1 + f_2 - e} = \frac{25 \cdot (-90)}{25 + (-90) - (-20)} = 50 \text{ mm}.$$

Beim Verstellen der Frontlinse wird also zwangsläufig, und zwar nach Maßgabe der Dingentfernung die Äquivalentbrennweite f des Gesamtsystems geändert, so daß immer wieder die Bedingung erfüllt wird: $\frac{1}{a} + \frac{1}{a'} = \frac{1}{f}$, wobei a' — und das ist das Wesentliche — eine konstante Größe ist.

Wie die nebenstehende graphische Darstellung erkennen läßt, ist das axiale Verschieben der Frontlinse außerordentlich wirksam; das ist an sich auch verständlich, wenn der absolute Wert der Brennweite derselben, wie in unserem Beispiel nur $f_1 = 25$ mm beträgt. Bei Einstellung von Unendlich bis 1 m tritt eine axiale Gesamtverstellung von nur zirka 0,62 mm ein; d. i. etwa 20% des gesamten Luftabstandes (zirka 3 mm) der Vorderlinse von der ihr zunächststehenden Negativlinse des unveränderlichen Gliedes. (Dieses Verhältnis läßt jedoch keinerlei Schluß auf optische Systeme anderen Aufbaus zu.) Der Einfluß der Verschiebung der Frontlinse muß sich zwangsläufig auf die Äquivalentbrennweite des ganzen Systems übertragen; sie beträgt im vorliegenden Grenzfalle (Einstellung auf 1 m) zirka 47,5 cm, d. h. sie ist um 5% gefallen.

Eine Steigerung des Einstellbereiches läßt sich in bekannter Weise in Sonderfällen durch Benutzen von Schneckengangfassungen oder Zwischenringen erzielen. Darüber hinaus wäre eine Kombination von axialer Verschiebung des ganzen Objektivs und zusätzlicher Frontlinsenverstellung eventuell besonders da empfehlenswert, wo die Bildschärfe auf der Mattscheibe kontrolliert werden kann (Spiegelreflexkamera).

In jenen Fällen, wo die Kamera mit einem Entfernungsmesser beliebiger Art

---

[1] Vgl. S. 19.

ausgerüstet ist, der als ganzes oder zum Teil am Träger des Objektivs angeordnet ist, ergibt sich eine besonders zweckmäßige Lösung, wenn die Einstellvorrichtung der Frontlinsenfassung unmittelbar an dem Steuerhebel des Entfernungsmessers zu liegen kommt und auf diesen einzuwirken vermag (*140, 232*).

c) Vorsatzlinsen.

Über die grundsätzliche Bedeutung der Vorsatzlinsen im allgemeinen wurde im Handbuch, Bd. II, S. 307 bis 309, berichtet; dort wird auf die Zusammenhänge zwischen dem Aufnahmeobjektiv und dem optischen Vorsatzsystem hingewiesen und ein prinzipieller Unterschied zwischen solchen zur Brennweitenverlängerung (Vergrößerungslinsen) und solchen zur Brennweitenverkürzung gemacht.

Erstere, welche negativen Charakter haben, setzen die Einrichtung einer nicht unwesentlichen Auszugverlängerung mit Rücksicht auf den bei der Naheinstellung anwachsenden absoluten Wert der Bildweite voraus; da diese Möglichkeit bei keiner Konstruktion von Kleinbildkameras besteht, und lediglich das Objektiv als Ganzes um einen nur kleinen Betrag axial verschoben wird (bei der Normalbrennweite $f = 50$ mm ist der absolute Wert dieser axialen Verschiebung nur etwa 2,63 mm bei Einstellung auf Dinge in 1 m Entfernung), so scheidet die Verwendung von Vorsatzlinsen mit negativem Charakter von vornherein ganz aus. Es kommen also nur solche optischen Zusatzsysteme in Frage, die positiven Charakter und eine solche Brennweite besitzen, daß die Aufnahme von Dingen ermöglicht wird, die sich in einem Abstand vom Objektiv befinden, der kleiner ist als die mit dem Aufnahmeobjektiv erreichbare Naheinstellung (meistens 1 m). Aus rein praktischen Gründen (Vignettierung!) wird die Vorsatzlinse so dicht, wie dies möglich ist, an die Vorderlinse des Aufnahmesystems herangerückt; der absolute Wert der Brennweite der Vorsatzlinse richtet sich stets nur nach der Entfernung des Gegenstandes und ist gleich dieser.

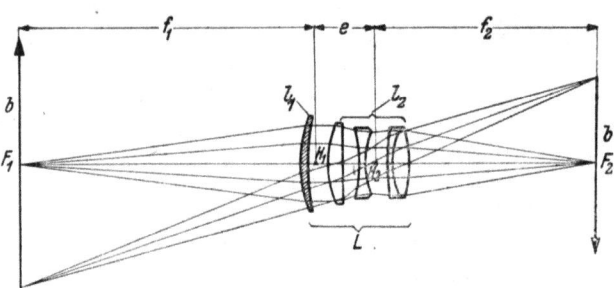

Abb. 31. Positive Vorsatzlinse in Verbindung mit dem Aufnahmeobjektiv der Kamera.

b Ding, *b'* Bild, $H_1 H_2$ Hauptpunkte, *e* Abstand derselben, *L* Gesamtsystem, l_1 Vorsatzlinse, l_2 Aufnahmeobjektiv.

Angenommen, es soll ein Gegenstand, der sich im Abstand von $a = 0,5$ m $= 500$ mm vom Objektiv befindet, mit der Brennweite $f_1 = 50$ mm (das auf ∞ eingestellt ist) aufgenommen werden. Ohne Vorsatzlinse wurde das bedeuten, daß das Objektiv um

$$\varDelta = \frac{f_1^2}{a - f_1}$$

axial verschoben werden wurde, d. h. $\varDelta = 5,55$ mm; das Objektiv läßt aber nur eine Verstellung von zirka 2,6 mm zu (vgl. Tabelle 14).

Wird nun eine Vorsatzlinie gewählt, deren Brennweite gleich dem Dingabstand ist, also $f_2 = 500$ mm, so ergibt sich aus den beiden Brennweiten f_1 und f_2 eine Äquivalentbrennweite f nach der Formel:

$$\frac{1}{f} = \frac{1}{f_1} + \frac{1}{f_2} - \frac{e}{f_1 \cdot f_2} \quad \text{oder} \quad f = \frac{f_1 \cdot f_2}{f_1 + f_2 - e}.$$

Da *e* ein relativ kleiner Wert ist (Abstand der Hauptpunkte der beiden Systeme mit den Brennweiten f_1 und f_2), so geht die Formel über in die einfache Form:

$$f = \frac{f_1 f_2}{f_1 + f_2}.$$

Nach Einsetzen der in vorstehendem Beispiel gewählten Werte ergibt sich für die Äquivalentbrennweite aus Aufnahmeobjektiv + Vorsatzlinse der kürzere Wert:

$$f = \frac{500 \times 50}{500 + 50} = 45{,}5 \text{ mm.}$$

Mit der Verkürzung der Brennweite von 50 auf 45,5 mm tritt naturgemäß auch eine Veränderung des Öffnungsverhältnisses des Gesamtsystems ein, und zwar wird dasselbe, wenn es vorher z. B. 1:3,5 war (freie Öffnung 14,3 mm), nunmehr 14,3:45,5 = 1:3,18!

Die Lichtstärke des Gesamtsystems wird also größer und damit der Korrektionszustand ungünstig beeinflußt; das ist einer der Gründe, warum bei Verwendung von Vorsatzlinsen in Verbindung mit dem Objektiv der Kleinbildkamera stets empfohlen wird, stärker abzublenden. Ein anderer Grund ist die Tatsache, daß Vorsatzlinsen fast stets nur einfache optische Systeme, d. h. ohne genügende Korrektur sind.

Die vorstehenden Ausführungen wurden unter der Voraussetzung gemacht, daß das Aufnahmeobjektiv der Kleinbildkamera „auf Unendlich" eingestellt war; ist dies nicht der Fall und benutzt man die größtmögliche axiale Verstellung des Objektivs, so ergibt sich statt des Wertes $f = 50$ mm (Brennweite) der Wert $a' = 50+2{,}6 = 52{,}63$ mm (Bildweite bei Einstellung auf 1 m). Bei Verwendung der gleichen Vorsatzlinse von $f_2 = 500$ mm ergeben sich dann folgende Verhältnisse:

$$a' = 52{,}63, \quad f = 45{,}5$$

und hieraus: $\quad a = \dfrac{a' \cdot f}{a' - f} = \dfrac{52{,}63 \cdot 45{,}5}{52{,}63 - 45{,}5} = 333 \text{ mm.}$

Im allgemeinen sind die optischen Werte der Vorsatzlinsen festliegende Größen, und zwar sind sie nach Dioptrien abgestimmt; im Handel befindliche Systeme haben meist die Brennweite von 2 Dioptrien = 500 mm, bzw. 3 Dioptrien = 333 mm oder 4 Dioptrien = 250 mm.

Rein optisch betrachtet, kann man bei Einstellung des Kameraobjektivs auf Unendlich den optischen Aufbau so definieren, daß sich sowohl der Gegenstand als das Bild im Brennpunkt von Sammellinsen befinden, und zwar der erstere in demjenigen der Vorsatzlinse und der letztere im Brennpunkt des Aufnahmeobjektivs. Da zwischen beiden optischen Systemen der Strahlengang parallel ist, kann deren Abstand keine Fehlerquelle sein.

In Analogie zur Definition der Brechkraft von Brillengläsern hat auch der Verfasser in einfacher Weise die brechende Wirkung der Vorsatzlinsen in Dioptrien angegeben, übrigens der einzige Fall, wo diese Art der Berechnung in der Photographie Anwendung gefunden hat (1 Dioptrie entspricht einer Linse von 1000 mm Brennweite).

Die Dioptrie ist bekanntlich der Kehrwert, d. h. das Reziproke der Brennweite, also

$$D = \frac{1000}{f} \quad \text{bzw.} \quad f = \frac{1000}{D}.$$

Ein Brillenglas von 5 Dpt. hat also 1000:5 = 200 mm Brennweite oder eine Linse von 50 mm Brennweite (Normalobjektiv der Kleinbildkamera)

$$1000:50 = 20 \text{ Dpt.}$$

Die Vereinfachung der Rechnung mit Dioptrien besteht darin, daß die betreffenden Werte nur addiert zu werden brauchen.

Beispiel:
    Objektiv $f = 50$ mm $= 20$ Dpt.; Vorsatzlinse $+2$ Dpt. ($f = 500$ mm).
Äquivalent- oder Kombinationsbrennweite $20+2 = 22$ Dpt. oder $1000:22 = 45{,}5$ mm.
(Man vergleiche die Rechnung nach den Gesetzen der geometrischen Optik am Anfang dieser Ausführungen.)

5. Die Auswechseloptik als mechanisches Problem.

Die Möglichkeit, bei einer photographischen Kamera das normale Aufnahmeobjektiv gegen ein anderes auszutauschen, war seit der Einführung der Balgenkamera stets ohne weiteres gegeben, gleichgültig, ob es sich darum handelte, ein optisches System von kürzerer Brennweite (für sogenannte Weitwinkelaufnahmen) oder ein solches von längerer Brennweite (für Fernaufnahmen) an die Stelle des Normalobjektivs zu setzen. In jedem Fall wurde der Abstand zwischen der Visierscheibe (Bildebene) und der Objektivmitte (Hauptebene) nach Maßgabe des gerade vorliegenden Falls geändert, wobei die Anordnung des nachgiebigen Balgens von veränderlicher Länge eine besonders günstige Rolle spielte. Mit Einführung der Handkamera änderte sich das Bild; zunächst war es mit Hilfe des sogenannten doppelten oder dreifachen Auszuges auch möglich, Aufnahmen von Dingen sogar in natürlicher Größe zu machen, und zwar dadurch, daß die Vorder- bzw. Hinterlinsen allein benutzt wurden (deren Brennweite war etwa doppelt so groß wie diejenige der ganzen symmetrischen Doppelanastigmate). Später aber, als diese Art von Kameras durch solche mit nur einfachem Auszug ersetzt wurden, wobei der kinematische Sonderaufbau der mechanischen Konstruktion (Spreizen usw.) eine besonders rasche Bereitschaft ermöglichte, konnte die Veränderung der Brennweite des Aufnahmeobjektivs nur noch durch die Vorschaltung zusätzlicher Linsen erreicht werden und damit ohne weiteres auch die Änderung des Abbildungsmaßstabes bei unverändertem Standpunkt der Kamera. Die Verwendung eines sog. Verlängerungsansatzes wie bei der Platten-Balgenkamera schaltete bei der Kleinbildkamera von vornherein aus.

Besondere Sorge machte bei dem Objektivwechsel der Momentverschluß. Während z. B. bei photographischen Kleinbild-Spiegelreflexkameras mit Schlitzverschluß vor dem Negativ (Film) keinerlei Schwierigkeiten zu überwinden sind und das Objektiv — unter der Voraussetzung, daß das Anschraubgewinde genügend groß bemessen ist — ohne weiteres gegen ein solches von größerer oder kleinerer Brennweite oder Lichtstärke ausgewechselt werden kann, liegen die Verhältnisse bei Balgenkameras mit Zentralverschluß wesentlich ungünstiger. Hier bleibt, weil die Irisblendenlamellen sowie die Sektoren des Verschlusses fast stets zwischen dem Vorder- und Hinterglied des optischen Systems liegen, nichts anderes übrig, als das Objektiv mit dem Verschluß als Ganzes auszuwechseln. (Bei der frühen „Bergheil-Kamera" der Firma VOIGTLÄNDER & SOHN wurde seinerzeit auf Vorschlag des Verfassers die Objektivauswechslung durch einen Bajonettverschluß erleichtert [vgl. Handbuch, Bd. II, S. 64 bis 66, Abb. 61 bis 63, FLENER (310)].

Dem Verfasser ist keine Kleinbildkamera bekannt, bei welcher das Objektiv mit seinem Zentralverschluß auswechselbar ist, und es dürfte sich auch in Zukunft wahrscheinlich kaum ein Konstrukteur dazu bereit finden, diese Wege zu gehen. Abgesehen davon, daß die Kostenfrage hierbei eine ganz besondere Rolle spielt (weil zu jedem Auswechselobjektiv ein besonderer Zentralverschluß geliefert werden müßte), läßt sich das Problem in dieser Richtung auch wegen der Verschiedenheit der Einstell-, Blenden- und Tiefenschärfeskalen ohne besondere Schwierigkeiten bei der Herstellung und Unannehmlichkeiten beim Gebrauch nicht lösen.

In ein ganz neues und sehr interessantes Stadium ist die Frage des Auswechselns von Objektiven mit verschiedener Auszugslänge jedoch bei solchen Kleinbildkameras getreten, bei denen ein mit dem Aufnahmeobjektiv gekuppelter Entfernungsmesser vorhanden ist.

W. ZÜGEL in München hat sich als einer der ersten (schon 1929) vorausschauend mit allen diesbezüglichen Fragen beschäftigt, und zwar zunächst bei solchen photographischen Apparaten, bei denen mehrere auswechselbare, an der Kamerastirnwand revolverartig drehbare Aufnahmeobjektive vorhanden sind, deren unterschiedliche Auszugslängen durch Übersetzungsänderung der mechanischen Kupplung ausgleichbar sind; das wesentliche Merkmal der Neuerung ist, daß zur Übersetzungsänderung mit den einzelnen Aufnahmeobjektiven zusammen auszuwechselnde Zahnräder od. dgl. vorgesehen sind [(*141*) sowie D. R. P. Nr. 723 569].

Ein weiterer Schritt, der von Bedeutung ist, wurde ebenfalls von W. ZÜGEL bald darauf unternommen; er bestand in der Schaffung eines mit den auswechselbaren Objektiven von verschiedenen Auszugslängen gekuppelten Entfernungsmessers, bei dem die Differenzen in der Bewegungsübertragung ausgeschaltet werden, ohne daß eine gesonderte Auswechslung von Übersetzungsgliedern erforderlich ist. Erreicht wurde dieser Erfolg dadurch, daß die der Ausschaltung der Auszugsdifferenz dienenden Elemente mit den Objektiven selbst vereinigt sind. Die Ausführung besteht darin, daß die Objektive Steuerflächen besitzen, die auf den Übertragungsmechanismus derart wirken, daß deren Hub unabhängig von den verschiedenen Auszugslängen gleich groß ist (*142*). Die Firma LEITZ, Wetzlar hat sich die Fortentwicklung dieser Gedankengänge sehr angelegen sein lassen, indem sie eine Einrichtung schuf, durch welche der Einstellweg des Objektivs in den für die Einstellung des Entfernungsmessers notwendigen Normalweg übersetzt wird und welche mit dem das Objektiv tragenden Teil verbunden ist und mit dem Objektiv zusammen ausgewechselt wird, so daß jedes Objektiv von vornherein mit einem unveränderlichen Ausgleichselement versehen ist, welches beim Einsetzen des Objektivs in die Kamera auf die den Entfernungsmesser betätigenden Teile einwirkt. Der Schneckengang, welcher der Scharfeinstellung des Aufnahmeobjektivs dient, ist also mit einem zweiten Schneckengangstutzen anderer Steigung gekuppelt; dieser letztere betätigt bei der Objektivscharfeinstellung zwangsläufig den mit der Kamera verbundenen Entfernungsmesser. Das Schneckengewinde für die Einstellung des Entfernungsmessers hat also bei Objektiven beliebiger Brennweite konstante Steigung, während das Schneckengewinde, welches der Objektivscharfeinstellung dient, in seiner Steigung der Brennweite des dazugehörigen Objektivs angepaßt ist (*143*).

Der Erfinder der „Leica", O. BARNACK, hat sich also wesentliche Verdienste nicht allein dadurch erworben, daß er die ausschlaggebende Anregung zur Entstehung und den Bau der ersten Kleinbildkameras vom Format 24×36 mm gegeben hat, sondern er hat, weit vorausschauend, auch Konstruktionsvorschläge von grundlegender Bedeutung gemacht. So trägt u. a. das Patent Nr. 624 499 vom Jahre 1931 seinen Namen; das besondere Kennzeichen dieser Neuerung ist eine photographische Kamera, bei der ein Spiegelentfernungsmesser mit dem Objektivauszug gekuppelt ist, derart, daß zur Verwendung von Objektiven verschiedener Brennweite ein drehbarer, den Hebel des Entfernungsmessers unmittelbar steuernder Schneckengangstutzen vorgesehen ist, der in einer zylindrischen Führung an der Gehäusewand der Kamera angeordnet ist und ein Innengewinde zur Aufnahme der Objektive hat.

Diese Einrichtung ist heute noch in fast unveränderter Form an allen „Leica"-Kameras beibehalten worden.

Auf ganz andere Weise löste die Firma ZEISS-IKON, Dresden, die Aufgabe, verschiedene Objektive mit ein und demselben Entfernungsmesser so zu kuppeln, daß keine Meß- bzw. Einstellfehler entstehen; sie schlägt vor, den optischen Mikrometer des Entfernungsmessers mit dem feststehenden Teil der Objektivfassung so zu verbinden, daß er mit der Fassung ein einziges auswechselbares Aggregat bildet; besondere Erwähnung verdient die darüber hinausgehende Forderung, daß der Entfernungsmesser von dem beweglichen Teil der Objektivfassung aus einstellbar ist. Mit Rücksicht darauf, daß die Reibungsverhältnisse im Objektiv viel größer als beim Entfernungsmesser sind, ist diese Betonung durchaus begründet (*144*).

Die Möglichkeit des Auswechselns des Aufnahmeobjektivs gegen ein solches von anderer Brennweite und entsprechendem Bildwinkel bedingt die Anordnung von Suchern mit Einrichtungen, die dem jeweiligen Gesichtsfeld Rechnung tragen.

6. Die Suchereinrichtungen der Kleinbildkamera.

Im Abschnitt IV/G, S. 342 bis 363 des Handbuches, Bd. II, ist unter dem Titel: „Die Suchereinrichtungen an photographischen Kameras" näher auf dieses Gesamtgebiet eingegangen worden. Mit Rücksicht auf die Wichtigkeit eines Bildsuchers im allgemeinen und die Bedeutung eines richtigen Suchers gerade bei der Kleinbildkamera darf nicht unterlassen werden, die Fortschritte bei der Gestaltung dieses überaus wichtigen Hilfsgeräts seit 1930 besonders hervorzuheben. Grundsätzlich unterscheidet man immer noch zwei Gruppen von Suchern, und zwar, wegen ihrer Beziehung zur Haltung der Kamera, den Aufsichtssucher und den Durchsichtssucher.

a) Der Aufsichtssucher.

Der Aufsichtssucher war in seiner ursprünglichen Form als Spiegelsucher mit Mattscheibe bekannt geworden und hatte später als Brillantsucher bei fast allen Handkameras Verwendung gefunden, trotz seiner vielen Mängel, als da sind: Anordnung bzw. Gebrauch im Abstand der kürzesten deutlichen Sehweite, Froschperspektive, sehr stark verkleinertes Bild, störende Reflexe, ungenauer Einbau und daher ungenügende Übereinstimmung des Sucherbildes mit demjenigen auf dem Negativ [vgl. PRITSCHOW (*48*)]. Er konnte in dieser Form bei der zeitgemäßen Kleinbildkamera nicht benutzt werden, weil bei der fast allgemein üblich gewordenen Haltung der Kamera in Augenhöhe schon aus rein optischen Gründen seine Anordnung in der bisherigen Form an der Kamera unmöglich ist. Der Verfasser hatte seinerzeit durch Schaffung einer Sonderausführung der Sucherlupen einen Ausweg gefunden, der sich nach mehreren Richtungen als Fortschritt erwies, und zwar sowohl bezüglich Haltung der Kamera in Augenhöhe, Beseitigung der Reflexe, Vergrößerung des Sucherbildes als auch besonders durch Rücksichtnahme auf Hoch- oder Querformat (*145*). Verschwunden ist aber der Spiegelreflexaufsichtssucher aus dem Bereich der Kleinbildkamera trotzdem noch nicht; zunächst zeigt die eigentliche Spiegelreflexkamera, d. h. die Rollfilmkamera, mit zwischen Aufnahmeobjektiv und Bildebene angeordnetem Spiegel, dessen Lage veränderlich ist, den Idealfall des Aufsichtssuchers, der vollkommen frei von Parallaxe ist (einäugige Kamera). Wesentlich anders liegen die Verhältnisse bei der sogenannten „zweiäugigen Kamera", deren Kennzeichen die Anordnung eines Spiegelreflexsuchers von relativ großen Abmessungen über der Aufnahmekamera ist. Bei Wahl einer verhältnismäßig langen Brennweite für das Sucherobjektiv zeigen sich dem beobachtenden Auge relativ große Bildeinzelheiten, deren Vorzug die leichtere Einstellung ist.

Bei dieser Art von Kameras ist die Höhenparallaxe verhältnismäßig groß, weil der Abstand der optischen Achsen etwa 50 mm beträgt. Die Kleinbildkamera „Contaflex" ist, soweit dem Verfasser bekannt, der einzige Vertreter der Bildgröße 24×36 mm, bei der ein Aufsichtssucher Anwendung gefunden hat; die Größe des Sucherbildfeldes ist etwa 40×60 mm; bei einer Brennweite des Sucherobjektivs von $f = 80$ mm.

b) Der Durchsichtssucher (vgl. PRITSCHOW *46, 49*).

Wesentlich anders zeigt sich das Bild beim Durchsichtssucher. Dieser wird ausschließlich bei Haltung der Kamera in Augenhöhe verwandt; von wenigen Ausnahmen abgesehen (und zwar dort, wo der mechanische Rahmensucher Anwendung gefunden hat), wird fast ausschließlich der sogenannte Fernrohrsucher (d. h. der optische Sucher nach Art eines umgekehrten GALILEIschen

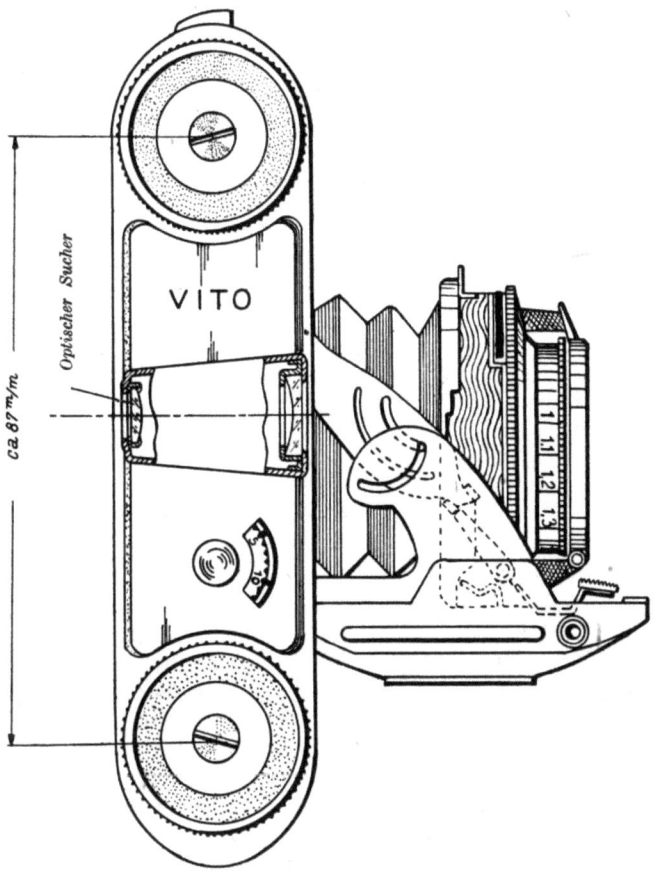

Abb. 32. Seitenansicht der Kleinbildkamera, Modell Vito, 24 · 36 mm mit optischem Sucher, Filmzahlwerk für 36 Aufnahmen und Einstellfrontlinse. (VOIGTLÄNDER A. G.)

Fernrohrs) bei Kleinbildkameras vorgesehen. Außerdem haben aber noch einige andere Konstruktionsformen des Durchsichtssuchers Eingang in die Technik der Kleinbildkamera gefunden [MARTINI (*41*)].

α) **Der Fernrohrsucher mit virtuellem Bild.** Wie der Verfasser im Bd. II, Abschnitt 107, an Hand der Abb. 300 und 301 ausführlich dargelegt hat, ist der heute fast allgemein gebräuchliche optische Durchsichtssucher aus dem früheren NEWTON-Sucher entstanden; dieses, in der Hauptsache nur aus einer Negativlinse und einem mechanischen Diopter bestehende optische Gerät, das vom Gegenstand ein zwar verkleinertes, aber höhen- und seitenrichtiges Bild vor der Linse entwirft, zwang den Beobachter leider, die Kamera sehr weit von sich entfernt zu halten, derart, daß das virtuelle Bild im Abstand der kürzesten deutlichen

Sehweite (zirka 250 mm) betrachtet werden konnte. Daraus ergab sich sowohl für die sichere Haltung der Kamera als für die ruhige Auslösung des Verschlusses eine ungünstige Gesamtsituation, und es ist kaum zu begreifen, daß sich diese Sucherart jahrzehntelang an photographischen Kameras erhalten konnte. Dabei ist es nicht uninteressant zu erfahren, daß der relativ spät zur Ausführung gelangte diesbezügliche Fortschritt schon im Jahre 1908 bekannt war; es ist dies die Vereinigung der Negativlinse (Objektiv) mit einer Sammellinse (Okular) derart, daß das Bild der ersteren in den Brennpunkt der letzteren gebracht wird und dadurch vergrößert erscheint. Die Anbringung irgendwelcher Markierungen (z. B. eines Kreuzes) in der Bildebene ist aber unmöglich (virtuelles Bild, Abb. 32 a).

Es entsteht so, ohne daß der Konstrukteur dies wohl zielbewußt angestrebt hat, ein umgekehrtes Fernrohr nach GALILEI (1564 bis 1642); dasselbe hat naturgemäß, weil die Brennweite des negativen Objektivs kürzer als diejenige des positiven Okulars ist, keine vergrößernde, sondern eine verkleinernde optische Wirkung, d. h. die Vergrößerung liegt stets unter 1, und zwar beträgt sie meistens etwa 0,5. Die der rechteckigen Gestalt des Bildes (24 × 36 mm) entsprechende Form der Negativlinse hat z. B. bei der „Leica" Abmessungen von nur 7 × 10,5 mm, die runde Sammellinse dagegen einen Durchmesser von etwa 5 mm; die Gesamtlänge des Suchers ist zirka 30 mm. Der weitaus größte Vorzug dieses Suchers ist — neben seinem geringen Umfang — daß das Auge dicht an die Sammellinse gebracht werden kann bzw. muß um das Gesichtsfeld ganz zu übersehen; daraus ergibt sich anderseits die nun selbstverständliche Forderung, daß die ganze Kamera in Augenhöhe und -nähe liegen muß, wodurch sich gegenüber dem früheren NEWTON-Sucher unbestreitbare Vorzüge bei der Aufnahme ergeben, die sich vorwiegend in der ruhigen Haltung der Kamera auswirken. Als Nachteil, der sich zwangsläufig aus dem optischen Aufbau ergibt, muß es bezeichnet werden, daß die sich aus der Fassung der Objektivlinse ergebende Bildbegrenzung von rechteckiger Form nicht ganz scharf erscheint; das ist an sich leicht verständlich, denn das virtuelle Bild des Gegenstandes liegt in einem gewissen Abstand vor der Linse und deren Fassung. Das Sucherbild sowie die das Bildfeld begrenzenden mechanischen Linsenfassungsteile liegen nicht in derselben Ebene und das wird als störend empfunden; es ist daher begreiflich, wenn in dieser Beziehung schon vor einer Reihe von Jahren ernst zu nehmende Bestrebungen im Gange waren, über deren Erfolg noch zu berichten ist, Abb. 32 a bis c [(*146* bis *150*), D. R. P. Nr. 723 568].

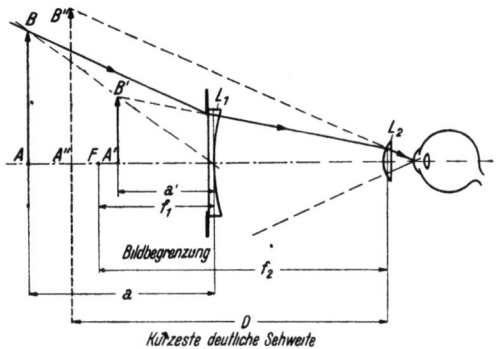

Abb. 32 a. Schematische Darstellung des optischen Suchers nach Art eines umgekehrten GALILEIschen Fernrohres.

a Dingweite, *a'* Bildweite der Negativlinse L_1 mit der Brennweite f_1, f_2 Brennweite der Sammellinse L_2. Das betrachtete virtuelle Bild (gestrichelt) entsteht im Abstande *D* vom Auge (kurzeste deutliche Sehweite).

β) **Der Fernrohrsucher mit reellem Bild.** Im Gegensatz zum Durchsichtssucher der soeben beschriebenen Art ist der Fernrohrsucher mit reeller Bildebene zu nennen. Er besteht aus einem astronomischen Fernrohr, zwischen dessen Linsen ein bildaufrichtendes Prismensystem angeordnet ist, und zwar entweder ein solches, das nur ein aufrechtes, aber seitenverkehrtes Bild erzeugt (Universalsucher von LEITZ), oder ein anderes, das vollkommene Bildaufrichtung (also

Die Suchereinrichtungen der Kleinbildkamera. 157

sowohl nach der Höhe als nach der Seite) ergibt, wie z. B. der Universalsucher von ZEISS, Jena.

Der erstere besitzt eine reelle rechteckige Gesichtsfeldblende, deren absolute Größe durch einen drehbaren Rändelring von außen verändert und damit der jeweiligen Objektivbrennweite genau angepaßt werden kann, oder aber eine Strichplatte, welche mehrere, den einzelnen austauschbaren Aufnahmeobjektiven entsprechende Bildbegrenzungslinien trägt. In der Praxis wird in all den Fällen, wo Austauschobjektive in Frage kommen, der Sucher mit verstellbarer Blende bevorzugt, weil das Gesichtsfeld vollkommen frei und diese Anordnung auch vielseitiger ist. Der Universalsucher nach ZEISS ist nach Art der bei Mikro-

Abb. 32 b. Auswechselbarer Universalsucher für die Verwendung von Aufnahmeobjektiven mit verschiedenen Brennweiten (zwischen $f = 35$ und 135 mm). (E. LEITZ, Wetzlar.)
Kennzeichen: rechteckige Gesichtsfeldblende, deren Größe durch einen drehbaren Rändelring geändert werden kann. Bild aufrecht, aber seitenverkehrt von etwa $1/2$ der nat. Größe. (Verwendung nur eines Sucherobjektivs.)

Abb. 32 c. Aufschiebbarer optischer Universalsucher mit mehreren Objektiven. Aufsteckbares Aggregat für die Verwendung von Aufnahmesystemen von verschiedenen Brennweiten. (CARL ZEISS, Jena.)

skopen üblichen Vorrichtungen gebaut; durch Verdrehen einer „Revolverscheibe" wird die dem verwendeten Aufnahmeobjektiv entsprechende Sucherbrennweite vor das Beobachtungsfenster gebracht. Der Sucher ist für fünf verschiedene Brennweiten eingerichtet. Parallaxeausgleich für Naheinstellung ist ebenfalls vorhanden.

γ) **Der Kollimatorsucher.** Die Einrichtung dieses optischen Hilfsgeräts ist an sich bekannt. Ein Kollimator besteht in der einfachsten Ausführung aus einer Sammellinse, verbunden mit einer (meist im Brennpunkt derselben befindlichen) Visiermarke. Er hat die Aufgabe, einem hinter der Linse befindlichen Auge ein in einer gewissen, meist unendlich großen Entfernung liegendes virtuelles Bild der Visiermarke darzubieten. Die Firma C. ZEISS hat bereits früher Vorschläge bezüglich Anwendung und Ausgestaltung dieser an sich bekannten Einrichtung als Sucher für photographische Apparate gemacht. Die Beschreibung in den erwähnten Patentschriften (*151, 152*) ist so eingehend, daß sich Einzelheiten erübrigen; der Wert eines derartigen Suchers wird als besonders hoch bezeichnet, wenn man durch Marken oder Linien in einer mit der Brennfläche der Kollimatorlinse annähernd zusammenfallenden Fläche Winkelausdehnungen festlegt, welche mit der Größe des von der Aufnahmelinse der Kamera erzeugten Bildes in Beziehung stehen. Der Vorteil einer solchen Anordnung ist unverkennbar, weil auf diese Art die genaue Abgrenzung des Bildes an dem aufzunehmenden Gegenstand selbst vorgenommen werden kann; man sieht die Bildfläche gewissermaßen in natürlicher Größe.

Eine andere sehr günstige Ausführungsform für einen als Sucher verwandten Kollimator ergibt sich, wenn man die in der Regel durch eine Linse erzeugte sammelnde optische Wirkung durch einen Hohlspiegel herbeiführt, also die Sammellinse der üblichen Ausführungsform durch einen entsprechend angeordneten Hohlspiegel ersetzt, der aber lichtdurchlässig sein und für die durchtretenden Strahlen die Brechkraft „0" haben muß. Anderseits ist es erforderlich, daß die Kollimatorscheibe in der Mitte eine entsprechende Sehöffnung besitzt für den Durchtritt der in das Auge gelangenden Strahlen (ALBADA-Sucher) (*153, 154*).

Der Vollständigkeit halber soll nicht unerwähnt bleiben, daß der Sucher, und zwar ausschließlich der Durchsichtssucher, nicht immer nur die Bestimmung hatte, den bildwichtigen Teil in die Mitte des Bildfeldes zu bringen; das war in jenen Fällen, wo es sich um sogenannte Schnappschußaufnahmen handelte, eine Hauptforderung. Darüber hinaus wurde aber immer dringender gefordert,

Abb. 33. Äußere Ansicht der Verbindung von Kleinbildkamera mit Spiegelreflexeinrichtung und langbrennweitigem Fernobjektiv Telyt 1:4,5, $f = 200$ mm (Bildwinkel $\approx 12°$). Sondergerät zur Scharfeinstellung und gleichzeitigen Festlegung des Bildausschnittes durch einen Mattscheibenaufsichtsucher. (E. LEITZ, Wetzlar.)

daß der Sucher möglichst genau den ganzen Bildumfang, d. h. alles, was später auf das Negativ kommt, zeigen soll. Schon verhältnismäßig früh wurde außerdem vorgeschlagen, Einrichtungen zu treffen, um im Sucher die waagrechte Haltung der Kamera kontrollieren zu können, was mit Hilfe eines Lotes oder einer Libelle geschah; eine Kombination von Libelle und Durchsichtssucher hat in jüngster Zeit H. LANTSCH angeregt (*155*). (Daß der Stand des Zählwerkes vom Filmtransport dauernd kontrolliert werden kann, und zwar, wenn möglich, im Durchsichtssucher, wurde bereits von PATHÉ-CINÉMA vorgeschlagen.) Über den Zusammenhang zwischen Sucher und Entfernungsmesser, Sichtbarmachung der Tiefenscharfe sowie Zeigerablesung für den Belichtungsmesser im Bildfeld des Suchers wird auf die Ausführungen in den betreffenden Abschnitten bzw. Patentliteratur (*156*) verwiesen. Besonders seien aber noch die ausführlichen Arbeiten von K. FISCHER (*7, 8, 9*) erwähnt, der sich eingehend mit allen den Sucher betreffenden Fragen beschäftigt hat.

Eine besondere Bauart von Suchern stellen — in Verbindung mit langbrennweitigen Objektiven — die sogenannten Spiegelreflexsucher dar, welche in Abb. 33, 34 und 36 sowohl im Schnitt als in Ansicht gezeichnet sind.

c) Einrichtung zum Beobachten der horizontalen Lage der Kamera.

Es ist eine eigentümliche Erscheinung, daß bei Kleinbildkameras die Forderung nicht mehr gestellt wird, die richtige Haltung der Kamera vor der Aufnahme kontrollieren zu können; während man jahrzehntelang jede Handkamera mit einer Dosenlibelle ausrüstete, die, für Queraufnahmen um 90° schwenkbar, meist am Brillantsucher befestigt war, wurde nun plötzlich auf diese Einrichtung verzichtet. Das ist nur so zu erklären, daß der Spiegelsucher bei Kleinbildkameras in seiner bisherigen Form als Aufsichtsucher nicht mehr verwandt wird und damit hat ganz zwangsläufig auch die Libelle, die — von Ausnahmen abgesehen — nur von oben betrachtet werden kann, ihre Existenzberechtigung verloren. Mit anderen Worten heißt das, daß die Kleinbildkamera bzw. deren Sucher vorwiegend nur in Augenhöhe gebraucht wird.

Abb. 34. Querschnitt durch den Spiegelreflexansatz „Flektoskop" zur Scharfeinstellung bei Verwendung langbrennweitiger Aufnahmeobjektive (Sonnar 1 : 2,8, $f = 180$ mm). Die Beobachtung und Einstellung geschieht von oben auf einer Mattscheibe bis zum Augenblick der Auslösung, dann wird durch Druck auf den Drahtauslöser der Spiegel hoch geschwenkt und der Schlitzverschluß ausgelöst. (ZEISS-IKON A. G.)

Die „einäugige" Spiegelreflexkleinbildkamera und die „zweiäugige" Kleinbildkamera mit Einstellspiegelreflexsucher bilden je eine Gruppe für sich (z. B. die Modelle „Kine-Exakta" und „Contaflex").

Kameras, bei denen zur Horizontal- und Vertikaleinstellung eine Wasserwaage in entsprechenden Ausbuchtungen des Laufbodens vorgesehen war, bilden das Kennzeichen eines Patents der ZEISS-IKON A. G. (158).

Übrigens hat es früher auch Laufbodenkameras mit zwei Libellen gegeben zu dem Zweck, die Horizontalstellung zu kontrollieren; diese waren nach dem Vorschlag des Verfassers in die Stellknöpfe für die Höhen- bzw. Seitenverstellung des Objektivträgers eingebaut (157). Besonders günstig läßt sich eine Dosenlibelle in solche zweiäugige Kastenkameras einbauen, bei denen statt der Mattscheibe am gleichen Ort eine Feldlinse angeordnet ist (VOIGTLÄNDER Brillantkamera); infolge der Durchsichtigkeit der letzteren ist nach dem Vorschlage des Verfassers die in einer Aussparung der Feldlinse untergebrachte Libelle sehr gut zu erkennen (159).

Im Gegensatz zu den bisher beschriebenen Einrichtungen, die stets beim

Aufsichtsucher das Vorhandensein einer Dosenlibelle annehmen, hat H. Lantsch vorgeschlagen, eine Röhrenlibelle in Verbindung mit einem Durchsichtsucher zu bringen; das charakteristische Kennzeichen der Erfindung ist, daß in einem als umgekehrtes Galileisches Fernrohr ausgebildeten optischen Sucher vor der Zerstreuungslinse ein Spiegel derart angebracht ist, daß er an das Sucherbild anschließend, das Spiegelbild einer in der Nähe der Augenlinse angebrachten Röhrenlibelle in eine der Sucherbildeinstellung entsprechenden Entfernung erzeugt (*160*).

In der Absicht, einen billigen und dauerhaften Ersatz für die leicht zerbrechlichen Libellen bei photographischen Apparaten zu schaffen, wurden schon in der Entwicklungszeit der photographischen Kameras Pendel in den verschiedensten Ausführungsformen vorgeschlagen und immer wieder verworfen. In Verbindung mit einer horizontal angeordneten Mattscheibe als Einstellebene des Aufsichtsuchers ist die Anregung von Franke & Heidecke interessant; diesbezügliche Einzelheiten finden sich in der Patentschrift (*161*).

Grundsätzlich kann festgestellt werden, daß die Beibehaltung von Libellen zur Kontrolle der Haltung der Kamera auch bei Kleinbildkameras, deren Durchsichtsucher fast ausschließlich in Augenhöhe gebraucht werden, Bedenken nicht entgegenstehen, denn mit Hilfe eines Prismas oder Spiegels läßt sich der nötige horizontale Einblick ohne weiteres erreichen.

Wenn trotzdem, wie festgestellt werden kann, von einem Hilfsmittel zur Prüfung der Horizontierung bislang bei Kleinbildkameras Abstand genommen wurde, so ist eine Erklärung für diese Einstellung nicht ohne weiteres zu finden; das einzige Mittel, das dem Aufnehmenden bleibt, ist tatsächlich nur die vergleichsweise Heranziehung der Bildbegrenzungslinien im Rahmensucher (einschließlich Albada-Sucher), die aber stets voraussetzen, daß horizontale oder vertikale Gegenstände vorhanden sind und zur Deckung bzw. in Parallele gebracht werden können.

d) Die Sucherparallaxe.

Im Handbuch, Bd. II, Abschnitt IV/G, S. 362/63, hat der Verfasser in Kurze das Wissenswerte über dieses Gebiet nach dem damaligen Stand der Technik zusammengefaßt und überdies in der „Photographischen Industrie" (*52*) darüber berichtet.

Unter Parallaxe wird bekanntlich jede Abweichung des in einem Sucher gesehenen Bildes gegenüber dem auf dem Negativträger (Film) tatsächlich aufgenommenen Bild verstanden. Die Ursache der Parallaxe ist darin zu sehen, daß die Sucheinrichtung fast stets eine andere räumliche Lage an der Kamera einnimmt als die Aufnahmeoptik; eine Ausnahme macht einzig und allein die sogenannte „einäugige Spiegelreflexkamera", bei welcher das Aufnahmeobjektiv gleichzeitig Sucherobjektiv ist und somit die optischen Achsen beider zusammenfallen. Selbst hier kann aber eine Verschiedenheit in der Lage der Bilder eintreten, die allgemein mit der Bezeichnung „Zeitparallaxe" definiert wird. In letzter Zeit hat H. Weise (*77*) das Gesamtgebiet der Parallaxe eingehend bearbeitet und sich insbesondere mit diesem Problem in Zusammenhang mit der Kleinbildkamera beschäftigt. Er unterscheidet im wesentlichen zwischen Bildfeldschwund, Ausschnittparallaxe und Winkelparallaxe; er kommt zu dem Ergebnis, daß es keinen völlig parallaxfreien Sucher gibt, eine Ansicht, die sich mit derjenigen des Verfassers deckt. Über Parallaxeausgleich vgl. auch die Patentliteratur (*330*).

Das Bestreben des Kamerakonstrukteurs muß im Interesse geringster Parallaxe stets dahin gehen, die optische Achse des Suchers, die bei Aufnahmen weit entfernter Dinge theoretisch stets parallel zu derjenigen des Aufnahmeobjektivs verläuft, so nahe wie möglich an diese letztere zu legen. Beeinflußt wird dieses Bestreben zunächst durch die Lichtstärke des Objektivs und dessen äußere Abmessungen; bei der „Leica" mit „Summar" 1:2, $f = 50$ mm, z. B. hat dieses einen Anschraubring von zirka 47,5 mm Durchmesser. Die Gesamtbreite des Kameragehäuses ist zirka 56 mm, so daß der Fernrohrsucher, bzw. dessen optische Achse in keinem kürzeren Abstand als zirka 30 mm über der optischen Achse des Aufnahmeobjektivs liegen kann (vgl. Abb. 28 und 58).

Auf Grund der Gesamtdisposition und besonders wegen des Aufbaues des Entfernungsmessers ergibt sich auch eine seitliche Lage des Suchers, und zwar zirka 8 mm von der Objektivachse entfernt (Abb. 28).

Da diese Werte bei jedem Kameramodell eindeutig festgelegt und unveränderliche Größen sind, so läßt sich der Einfluß eines Suchers, dessen Lage zum Objektiv z. B. durch die Koordinaten 30 und 8 mm gegeben sind, ohne weiteres berechnen; man kommt dabei zu dem bekannten Ergebnis, daß die Parallaxe um so größer wird, je kleiner die Entfernung a des aufzunehmenden Gegenstandes von der Kamera ist. Die Ermittlung des absoluten Wertes der Parallaxe e erfolgt dadurch, daß man zunächst den Parallaxwinkel φ berechnet, dessen trig. Tangente sich aus Höhen- bzw. Seitenverlagerung des Suchers zur optischen Achse und der jeweiligen Entfernung des Gegenstandes a ergibt (vgl. Abb. 35)

$$h : a = \operatorname{tg} \varphi_1 \quad \text{und} \quad s : a = \operatorname{tg} \varphi_2.$$

Sind so die Winkel φ_1 und φ_2 gefunden, so ergibt sich der absolute Wert für e aus der Beziehung:

$$e_1 = f \cdot \operatorname{tg} \varphi_1 \quad \text{und} \quad e_2 = f \cdot \operatorname{tg} \varphi_2.$$

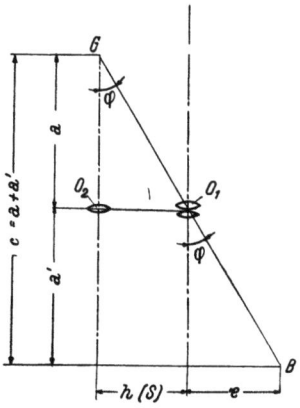

Abb. 35. Schematische Darstellung der Entstehung der Parallaxe infolge Nichtübereinstimmung der Lagen der optischen Achsen des Aufnahme- und Sucherobjektivs.

a Dingentfernung, a' Bildweite, $a + a' = c$, O_1 Aufnahmeobjektiv, O_2 Sucherobjektiv, h bzw. S Abstand der optischen Achsen beider Objektive, e absolute Parallaxe, φ Parallaxwinkel.

Beispiel:

$f = 50$ mm; $a = 1$ m (1000 mm); $h = 30$ mm; $s = 8$ mm.

$30 : 1000 = \operatorname{tg} \varphi_1 = 0{,}03; \quad 8 : 1000 = \operatorname{tg} \varphi_2 = 0{,}008$

$\varphi_1 = 1° 45' \qquad \varphi_2 = 30'$

$e_1 = 50 \cdot 0{,}03 \ = 1{,}5$ mm;

$e_2 = 50 \cdot 0{,}008 = 0{,}4$ mm.

Bei einem Abstand des Gegenstandes von 1 m wird das Sucherbild darnach in der Höhe um 1,5 mm und in der Seite um 0,4 mm aus seiner idealen Lage verschoben, d. h. gegenüber dem Bildausschnitt um 1,5 mm nach der Höhe und 0,4 mm nach der Seite beschnitten. Gemessen an der Größe des Bildformats 24×36 mm, ist das etwa 6% nach der Höhe und etwa 1,1% nach der Seite. In der Praxis bedeutet diese Abweichung nicht gerade viel; da aber die Auffassung von der Leistung eines Suchers heute eine wesentlich andere ist als in der Frühzeit der Photographie, so ist man bestrebt, einen Ausgleich zu schaffen, derart, daß für eine mittlere Entfernung (z. B. 3 m) das Bildfeld des Suchers um so viel kleiner bemessen wird, als es notwendig ist, daß weder bei der kürzesten (z. B. 1 m) noch bei der längsten Entfernung (∞) ein Bildverlust eintritt. Grundsätzlich gilt für die Berechnung der eintretenden Bildverschiebung der Grundsatz: Der Parallaxwinkel φ ist dem Abstand der optischen Achsen des Sucher- und Aufnahmeobjektivs direkt, der Entfernung a des Gegenstandes dagegen umgekehrt proportional. Die sich bei Naheinstellungen ergebende Vergrößerung des Abstandes zwischen Bild- und Blendenebene kann bei Kleinbildkameras bei der kurzen Brennweite von $f = 50$ mm oft vernachlässigt werden; bei Wahl längerer Brennweiten hingegen ist diesem Wechsel in der Aufnahmeoptik in bezug auf den Bildwinkel und die Parallaxe erheblich größere Bedeutung beizulegen.

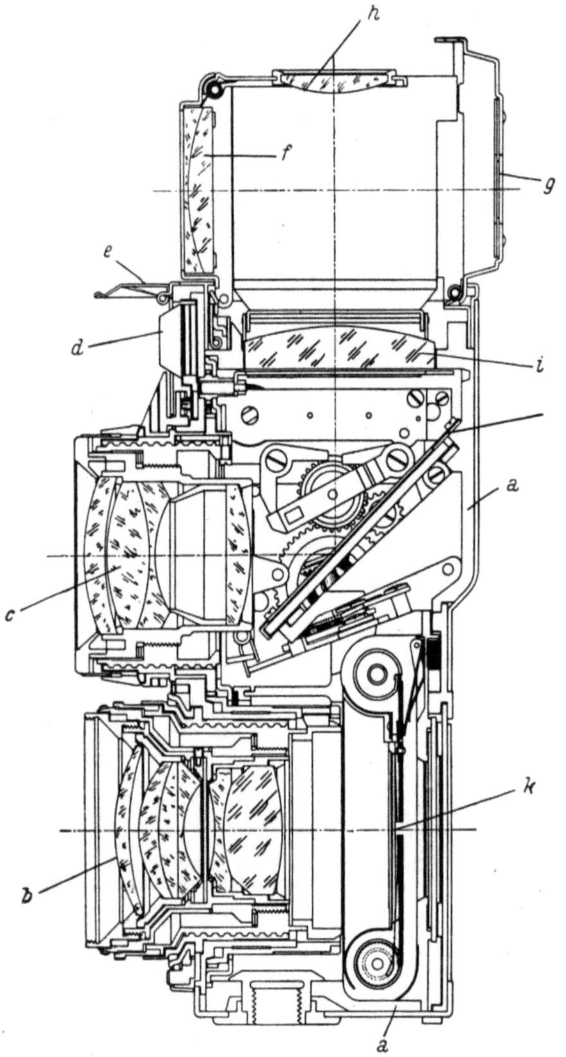

Was nun die Möglichkeit betrifft, die sich bei Aufnahmen von Gegenständen in sehr kurzer Entfernung zeigende Erscheinung der Parallaxe zu verringern, bzw. dadurch ganz zu beseitigen, daß der Sucher nicht in eine unveränderliche Lage gebracht wird, sondern nach Maßgabe der wechselnden Entfernung seitlich geschwenkt, bzw. in der Höhe geneigt wird, so hat es nicht an Anregungen zu diesbezüglichen Konstruktionen gefehlt. Bereits im Jahre 1920 wurde ein Vorschlag bekannt, nach dem der Sucher derart zwangsläufig mit der Kamera verbunden wird, daß unabhängig von der Entfernung des aufzunehmenden Gegenstandes beim Scharfeinstellen sowohl des Sucher- als des Aufnahmeobjektivs mit Hilfe mechanischer Mittel bekannter Art in den zugehörigen Bildfenstern die gleichen Bildausschnitte erscheinen (*337*).

Daß die für die Berechnung der Parallaxe gültigen Gesetze in gleichem Maße für den Aufsichts- wie den Durchsichtssucher Gültigkeit haben, bedarf keiner besonderen Betonung; der Fall liegt aber besonders interessant bei den sogenannten zweiäugigen Kameras, bei denen über der Aufnahmekamera

Abb. 36. Vertikalschnitt durch die Kleinbildkamera 24 × 36 mm (Modell Contaflex) mit Mattscheibenentfernungsmesser, photoelektrischem Belichtungsmesser und ALBADA-Sucher. (ZEISS-IKON A. G.)
a Kameragehause, *b* Aufnahmeobjektiv, *c* Sucherobjektiv, *d* und *e* Belichtungsmesser, *f* und *g* ALBADA-Sucher, *h* Einstellupe,[1] *i* Sammellinse mit Mattscheibe, *k* Normalkinefilm.

eine sogenannte Spiegelreflexsucherkamera angeordnet ist. Hier ist, wie bei den meisten Rollfilmkammern, eine seitliche Parallaxe nicht vorhanden; dafür ist die Höhenparallaxe verhältnismäßig groß, weil der senkrechte Abstand der beiden Objektive relativ groß ist (bei dem Kleinbildmodell „Contaflex" z. B. zirka 50 mm). Der

---

[1] Über Lupen vgl. die grundsätzlichen Ausführungen von SCHULZ, SONNEFELD und STAEBLE (*61, 66a* und *66b*).

durch den großen Abstand des Aufnahmeobjektivs von demjenigen des Suchers bedingten Parallaxe ist durch die engere Abgrenzung des Sucherbildfeldes Rechnung getragen; eine andere Lösung liegt zwar im Bereich des Möglichen, doch steht der Aufwand an Kosten in keinem gesunden Verhältnis zur erzielten Wirkung, gleichgültig, ob es sich bei dem Kameramodell um ein solches handelt, bei dem das Aufnahmeobjektiv bei der Einstellung als Ganzes verschoben wird, oder nur die Vorderlinse desselben.

Von den verschiedenen Modellen dieser Art, wie ,,Brillant", ,,Ikoflex", ,,Contaflex", ,,Superb", unterscheidet sich das letztere besonders dadurch, daß der Parallaxeausgleich durch zwangsläufige Neigung des ganzen Spiegelsuchers bei Verstellung des Aufnahmeobjektivs herbeigeführt wird (*162*). Nicht unerwähnt sei das Modell ,,Rolleiflex", bei dem zum Ausgleich der Parallaxe gleichzeitig mit der axialen Verschiebung des Aufnahmeobjektivs eine Bildmaske über der Einstellmattscheibe des Spiegelsuchers verschoben wird (*163*).

Wie bereits flüchtig angedeutet, spielt der Parallaxeausgleich neuerdings eine besonders wichtige Rolle bei Kleinbildkameras mit Auswechseloptik, und zwar bei solchen, bei denen die wirksame Gesichtsfeldblende des Suchers auf den jeweiligen Bildausschnitt der Objektive einstellbar ist.

Ergänzend muß bemerkt werden, daß es bereits bekannt war, in Kameras mit einem durch nur ein Objektiv festgelegten Sucherausschnitt, durch das Objektiv eine zusätzliche Blende derart zu steuern, daß die jeweils vorhandene Parallaxe ausgeglichen wird. E. LEITZ hat darüber hinaus bei Suchern mit reellem Gesichtsfeld, bei denen eine Gesichtsfeldblende auf die verschiedenen, den Brennweiten des Objektivs entsprechenden Bildausschnitte eingestellt werden kann, festgestellt, daß man dort den Parallaxeausgleich durch eine einseitige Verstellung der Bildfeldblende herbeiführen kann mit dem Vorteil, daß damit gleichzeitig der Bildfeldschwund berücksichtigt wird (*164*).

Eine öfters aufgetauchte Frage soll schließlich nicht unbeantwortet bleiben, nämlich die, ob bei einer Kleinbildkammer des Formats 24×36 mm normaler Bauart die Sucherparallaxe größer, kleiner oder ebenso groß ist wie z. B. bei einer 6×9 Rollfilmkamera. Zunächst sei darauf hingewiesen, daß die Seiten beider Kameramodelle sich wie $2:3$ verhalten und die Brennweiten wie $50:105$, d. i. etwa wie $1:2$. Die optische Achse des Suchers liegt z. B. beim Modell ,,Bessa E" sowohl nach der Höhe als nach der Seite versetzt zu derjenigen des Aufnahmeobjektivs, und zwar um den gleichen Betrag von 45 mm. Der Parallaxewinkel φ ist infolgedessen nach beiden Seiten derselbe.

Beispiel: $f = 105$ mm, $a = 1$ m $(1000$ mm$)$, $h = s = 45$ mm
und hieraus $45:1000 = \operatorname{tg} \varphi = 0{,}045$; $\varphi = 2° \, 40'$,
$e = f \cdot \operatorname{tg} \varphi = 105 \cdot 0{,}045 = 4{,}73$ mm.

Bezogen auf das Bildformat 6×9 cm, tritt also eine Verschiebung des Bildes ein von 4,73 auf 90 mm, d. i. 5,25 %, und 4,73 auf 60 mm, d. i. 7,9 %, d. h. die Bildparallaxe der Kleinbildkamera 24×36 mm ist grundsätzlich geringer als jene, die sich beim Modell 6×9 ergibt.

Es hat auch nicht an Versuchen gefehlt, einen Durchsichtsucher so in Verbindung mit einem Entfernungsmesser zu bringen, daß gleichzeitig mit der Einstellung der Entfernung die Blickrichtung des Suchers entsprechend der jeweils eingestellten Entfernung geändert wird. KÜPPENBENDER (*286*) hat schon 1933 vorgeschlagen, die Einrichtung so zu treffen, daß bei Einstellung der Dingentfernung der Parallaxeausgleich durch Neigen des ganzen Entfernungsmessers erfolgt, und zwar mit der Maßgabe, daß die Steuerkurve für den Entfernungsmesser und diejenige für den Parallaxeausgleich auf derselben Achse angeordnet sind.

7. Der Entfernungsmesser.

a) Der Spiegelbasisentfernungsmesser als Konstruktionselement der Kleinbildkamera.

Als im Jahre 1931 Bd. II dieses Handbuches erschien, wurde im Abschnitt IV/F in Kürze das Wesentliche über Entfernungsmesser niedergelegt; es war ein bescheidenes Kapitel, in dem damals über dieses Gerät berichtet werden konnte, gemessen an der ungeheuren Entwicklung, die gerade in den letzten zehn Jahren der Entfernungsmesser der Kleinbildkamera genommen hat.

Es fügt sich nun glücklich, daß in jüngster Zeit H. SAUER (59) eine sehr beachtenswerte Arbeit über „Photographische Entfernungsmesser" geschrieben hat, die im wesentlichen alles enthält, was besonders in theoretischer Beziehung über dieses interessante Spezialgebiet des Kamerabaus gesagt werden kann.

Mit Rücksicht darauf, daß der Entfernungsmesser in den letzten Jahren mehr und mehr Eingang in die photographische Technik gefunden hat, ist es nicht zu umgehen, auch an dieser Stelle wenigstens in Kürze auf die einzelnen Probleme, die in dieser Richtung nicht nur gestellt, sondern auch gelöst wurden, etwas eingehender hinzuweisen.

Von den wenigen Autoren nimmt H. KÜPPENBENDER in jüngster Zeit erfolgreich Stellung zu der Verwendung von mit dem Aufnahmeobjektiv zwangsläufig gekuppelten Basisentfernungsmessern an Kleinbildkameras. Sehr beachtenswert ist sein diesbezüglicher Aufsatz: „Fortschritte im Bau photographischer Kameras" (33, 306).

Für jene Leser, die sich noch tiefer für das Grundsätzliche dieses Sondergebietes der photographischen Technik interessieren, sei auf die bekannten Werke von A. KÖNIG (29) und v. HOFE (23) hingewiesen.

Auf Grund des genannten wertvollen Materials glaubt sich der Verfasser in vieler Hinsicht Beschränkung auflegen zu dürfen und vorwiegend in rein theoretischer Beziehung auf diese Quellen zu verweisen. DRIESEN hat in jüngster Zeit zu diesen Fragen in ebenso interessanter wie klarer Form Stellung genommen (4a). Ganz allgemein kann bezüglich der Anforderungen, die an einen Entfernungsmesser gestellt werden, folgendes gesagt werden:

Die Messung der Entfernung eines Dingpunktes muß mit einer derartigen Genauigkeit erfolgen, daß nach erfolgter Objektiveinstellung bei der Abbildung des Gegenstandes auf dem Negativmaterial nur Zerstreuungskreise entstehen, deren Durchmesser einen bestimmten Wert nicht übertreffen; dieser soll, wie die Erfahrung gelehrt hat, im Durchschnitt etwa $1/1000$ des normalen Betrachtungsabstandes betragen (meistens wird ein Durchmesser von zirka $1/30$ mm zugrunde gelegt).

Wie als bekannt vorausgesetzt werden kann, kommt auf dem Gebiete der Kleinbildkameras fast ausschließlich der Basisentfernungsmesser zur Anwendung, dessen Grundlagen im Handbuch, Bd. II, Abschnitt 101, S. 338 bis 342, näher beschrieben sind. Es handelt sich dabei grundsätzlich um die Messung kleiner Winkel mit Hilfe von Mikrometern oder Feinwinkelmessern; eine besondere Gattung sind die optischen Mikrometer, deren erste Anwendung sich bereits weit zurück, und zwar bis auf das Jahr 1777, verfolgen läßt. Ihre Wirkung bzw. Anwendung sei im folgenden kurz beschrieben:

Für die Scharfeinstellung eines Kameraobjektivs durch Entfernungsmesser wurden mehrere in der Wirkung übereinstimmende, aber äußerlich verschiedene Einstellvorrichtungen bekannt; meistens verwendet man einen Basisentfernungsmesser, bei dem zwei an voneinander getrennten Orten erzeugte Bilder des zu messenden Gegenstandes durch spiegelnde Mittel in das Auge des Beobachters gelenkt und entweder durch Verlagerung eines spiegelnden Elements oder mit Hilfe strahlenablenkender, also brechender, optischer Mittel, wie z. B. Drehkeile, Schiebelinsen oder Schwenklinsen, zur Koinzidenz gebracht werden. Man nennt solche Einrichtungen auch Mischbildentfernungsmesser (Abb. 37a und b).

In die erste Gruppe der praktisch ausgeführten Basisentfernungsmesser mit Schwenkspiegel gehört u. a. der Nahdistanzmesser von LEITZ (*165*), der als erster seinerzeit als loses Gerät zur „Leica" geliefert wurde (aufsteckbar); er besaß keinerlei Linsen, als besonderes Kennzeichen jedoch auf der einen Seite der etwa 83 mm betragenden Basis oder Standlinie einen sogenannten ABBÉschen Würfel, der eine teils durchlässige, teils reflektierende Fläche enthielt, und auf der anderen Seite eine reflektierende, schwenkbare Fläche (Abb. 38a).

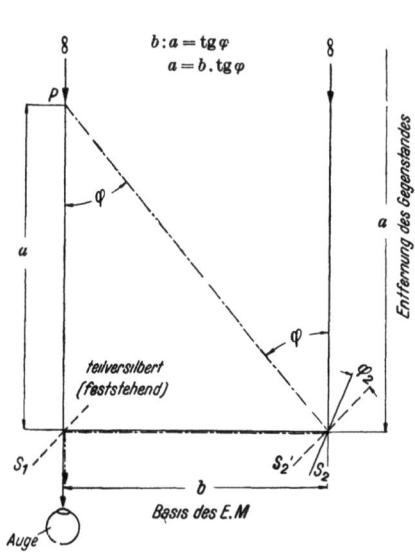
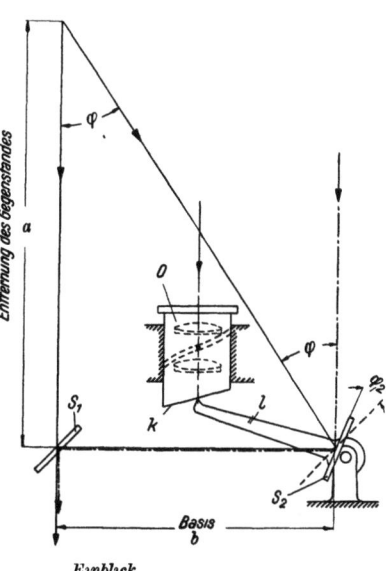

Abb. 37 a. Schematische Darstellung des Kleinbildentfernungsmessers mit konstanter Basis und schwenkbarem Spiegel zur Strahlenführung. Einblick seitwärts (unsymmetrische Bauart).

a Entfernung des Gegenstandes, *b* Basis des Entfernungsmessers, S_1 feststehender Spiegel (Prisma), S_2 schwenkbarer Spiegel, φ Parallaxwinkel.

Abb. 37 b. Mit dem Aufnahmeobjektiv zwangsläufig gekuppelter linsenloser Basisentfernungsmesser. Bild höhen- und seitenrichtig (unsymmetrische Bauart). Vergrößerung 1.

a Entfernung des Gegenstandes, *b* Basis, *O* Objektiv mit Schragfläche (Kurve) *k*, S_1 feststehender Spiegel, S_2 schwenkbarer Spiegel mit Steuerarm *l*, φ Parallaxwinkel.

Der Erfinder der „Leica", O. BARNACK (*1*), schrieb darüber im Jahre 1923 einen aufklärenden Bericht, und bei der „Ur-Leica" aus dem Jahre 1913/14 war bereits eine Art „mechanischer Schuh" zum Aufschieben des Entfernungsmessers vorgesehen, der übrigens auch noch heute als zusätzliches Gerät geliefert wird. In Abb. 38b ist die Entfernungsmesser- und Sucheroptik beim Leica-Modell II dargestellt. Der Abstand des Einblicks von Sucher zum Entfernungsmesser ist etwa 20 mm; beim Modell III nur 3 mm (Abb. 39).

Was übrigens die Entstehung der „Leica" betrifft, so ist es vielleicht nicht uninteressant zu erfahren, daß diese „Ur-Leica" anfänglich als nebensächliches Hilfsgerät zum Ausprobieren des Normalkinefilms bei verschiedenen Belichtungen usw. gedacht war. Erst viel später ist die „Leica" als erste Kleinkamera für das Bildformat 24×36 mm auf Normalkinefilm fabrikmäßig entwickelt worden und 1925 als Ergebnis einer vieljährigen Arbeit auf den Markt gekommen. Es war von vornherein klar, daß, wenn überhaupt, dann nur einer wirklichen Prazisionskamera die Zukunft des Kleinbildwesens gehören konnte, und auf dieser Erkenntnis aufbauend, haben auch andere namhafte deutsche Firmen ihre Vorbereitungen und Entschließungen getroffen. Die Entfernung des Gegenstandes mußte bei dem ersten Modell entweder geschätzt oder mit Hilfe des linsenlosen Spiegelbasisentfernungsmessers mit der Vergrößerung 1 ermittelt und dann auf die Schneckengangfassung des Objektivs nach Herausziehen und Verriegeln des zylindrischen Tubus übertragen werden. Der damit verbundene Zeitverlust wurde jahrelang in Kauf genommen, bis sich endlich die Firma LEITZ dazu entschloß, den Entfernungsmesser starr mit der Kamera zu verbinden und eine Kupplung zwischen der axialen Verschiebung des Objektivs und der Spiegelbewegung des Entfernungsmessers einzuführen (BARNACK 261, 262, 285 und 323).

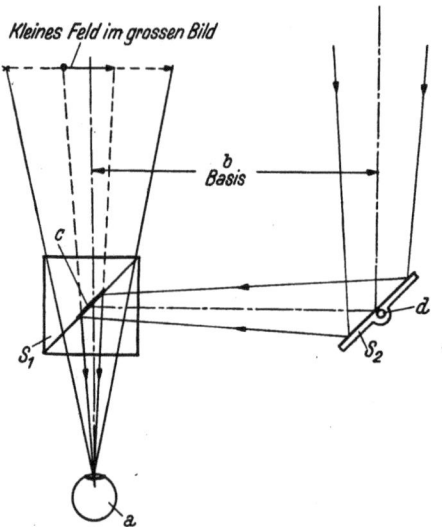

Abb. 38 a. Linsenloser Basisentfernungsmesser. Basis 83 mm. Einblick seitwarts (unsymmetrische Bauart). Bild hohen- und seitenrichtig. Vergrößerung 1. (E. LEITZ, „Fodis".)

a Auge, b Basis, c versilberte Fläche auf dem feststehenden Prisma S_1, S_2 Spiegel um d schwenkbar.

Eine diesbezügliche grundsätzliche und wichtige Patentanmeldung lautet im Schutzanspruch wörtlich folgendermaßen (166):[1]

„Photographische Kamera, an deren Stirnwand eine Objektivfassungshülse zum Zwecke der Objektiveinstellung auf verschiedene Entfernungen mittels eines schnell steigenden Gewindes oder einer schnell steigenden Schnecke bewegt

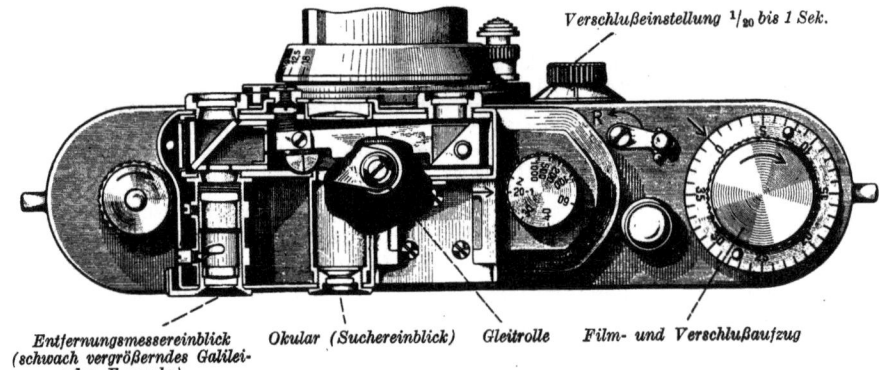

Abb. 38 b. Anordnung der Sucher- und Entfernungsmesseroptik bei der Kleinbildkamera Modell II der Leica, zirka $5/6$ der nat. Große. (E. LEITZ, Wetzlar.) Der Entfernungsmesser ist unsymmetrischer Bauart (Basis zirka 40 mm). Der Einblick ist ganz linkseitig durch ein GALILEIsches Fernrohr von etwa 1,5facher Vergroßerung Der Sucher, dessen optische Achse die Basis des Entfernungsmessers kreuzt, besteht aus einem umgekehrten GALILEIschen Fernrohr mit der Vergrößerung von $\approx 0{,}5$. Abstand der Einblicksöffnungen zirka 20 mm.

wird und bei der die Objektiveinstellung mit Hilfe eines mit der Kamera fest verbundenen, nach außen abgeschlossenen Spiegelentfernungsmessers erfolgt,

---

[1] Weitere technische Einzelheiten über die Kleinbildkamera Leica, siehe (76 und 80 a).

indem die Drehbewegung der Objektivfassung zum Bewegen des drehbaren Entfernungsmesserspiegels benutzt wird, gekennzeichnet durch einen unmittelbar an dem Gewinde oder der Schnecke der Objektivfassung (vorteilhaft an der hinteren Randfläche der Fassung) angreifenden, mit dieser Fassung nicht fest verbundenen Hebel, der innerhalb der Kamera liegt und die durch die Drehbewegung des Objektivs bewirkte Längsverschiebung desselben auf die Bewegung des drehbaren Spiegels des Entfernungsmessers überträgt."

Dieses Patent gibt einen genauen Einblick in den konstruktiven Aufbau der Kombination Objektivverstellung — Entfernungsmesser. Zunächst darf nicht unerwähnt bleiben, daß der größte Nachteil des Spiegelentfernungsmessers der ist, daß — besonders bei relativ kleiner Basis — die Ausschläge, um welche der Meßspiegel geschwenkt wird, außerordentlich klein sind; die Übertragung der Bewegung vom Objektiv her muß daher mit allergrößter Sorgfalt hergestellt werden, wenn nicht Meßfehler auftreten sollen, die größer sind als ein bestimmter Prozentsatz (z. B. 30%) der Tiefenschärfe bei der jeweiligen Einstellung.

Der Gedanke, auf dem Gebiet der photographischen Kameras optische Mittel zu schaffen, mit deren Hilfe die Entfernung des Gegenstandes ermittelt werden konnte, ohne das entworfene Bild auf Schärfe zu prüfen oder die Entfernung zu messen, ist übrigens schon ziemlich alt [F. P. Nr. 485 900 und (263)].

U. a. hat H. W. TEED in England bereits vor Jahrzehnten einen diesbezüglichen Vorschlag gemacht, bei dem bereits eine Kupplung zwischen der Objektiveinstellung und dem einen (beweglichen) von zwei Spiegeln vorhanden ist, die im Abstand der sogenannten Basis voneinander angeordnet sind (264 und 299).

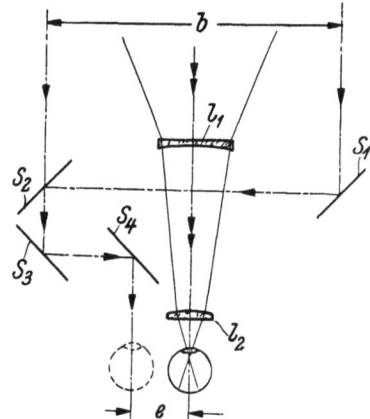

Abb. 39. Schematische Darstellung der optischen Elemente von Durchsichtsucher und Basisentfernungsmesser mit Schwenkspiegel bei der Leica, Modell III/c, 1941. (E. LEITZ, Wetzlar.)
S_1, S_2, S_3, S_4 Spiegelanordnung des Entfernungsmessers, l_1 Objektiv, l_2 Okular des Suchers, O Auge, $e = 3$ mm, Basislänge ≈ 40 mm.

A. DU BOIS-REYMOND hat im Gegensatz dazu eine andere Anordnung gewählt; darnach handelt es sich bereits um eine Einstellvorrichtung für photographische Kameras mit Hilfe eines das Aufnahmeobjektiv auf die Entfernung des aufzunehmenden Gegenstandes einstellenden, aus einem festen und einem drehbaren Spiegel bestehenden Entfernungsmessers sowie eines einem der Spiegel gegenüberliegenden Suchers; die Erfindung (1904) ist jedoch dadurch gekennzeichnet, daß die Basis des Entfernungsmessers in senkrechter Lage angeordnet ist, so daß der gebräuchliche Sucherspiegel die Stelle des einen Spiegels des Entfernungsmessers vertreten kann. Interessant ist auch die Steuerkurve bzw. Schrägfläche (167).

Die Amerikaner waren auch nicht untätig, was aus der Erfindung von J. E. WOODBURY hervorgeht. Der zwangsläufige Zusammenhang zwischen der axialen Verschiebung des Aufnahmeobjektivs mit dem aus zwei Spiegeln bestehenden Basisentfernungsmesser ist aus den Patentschriften klar zu ersehen (289, 290).

Diese wenigen Beispiele lassen — wie auf allen anderen Gebieten, so auch hier — erkennen, daß sich der Erfindergeist bereits zu Zeiten mit Problemen beschäftigt hat, zu denen eigentlich gar keine Veranlassung dazu gegeben war. Als BARNACK in Wetzlar allmählich den Gedanken zur Konstruktion zu einer Kleinbildkamera in sich reifen ließ, da dachte er wahrscheinlich noch nicht daran, den Entfernungsmesser mit der Objektiveinstellung zu kuppeln; zwar war die Lichtstärke von Anfang an schon relativ groß (1:3,5), aber die Notwendigkeit eines Entfernungsmessers setzte erst mit Schaffung von Objektiven mit noch höherer Lichtstärke und dementsprechend geringerer Tiefenschärfe ein (*285, 312* und *323*).

Tabelle 15. Beziehung zwischen Objektivverstellung und Entfernungsmesser.
Objektivbrennweite $f = 50$ mm; Basis des Entfernungsmessers $e = 40$ mm.

Entfernung a in Metern	Axiale Verstellung Δ in Millimetern	Parallaxwinkel φ am Dingort	Trig. Tangente tg φ
∞	0	0	0
20	0,125	0° 6′ 54″	0,002
10	0,252	0° 13′ 48″	0,004
7	0,360	0° 19′ 36″	0,0057
5	0,505	0° 27′ 30″	0,008
4	0,633	0° 34′ 30″	0,010
3	0,847	0° 45′ 50″	0,0135
2,5	1,020	0° 55′ 00″	0,016
2,0	1,28	1° 8′ 45″	0,020
1,8	1,43	1° 16′ 15″	0,022
1,6	1,61	1° 26′ 00″	0,025
1,4	1,85	1° 38′ 00″	0,0286
1,3	2,00	1° 45′ 45″	0,0308
1,2	2,18	1° 54′ 30″	0,0333
1,1	2,38	2° 5′ 00″	0,0364
1,0	2,63	2° 17′ 30″	0,040

Der Winkel, um den der Spiegel jeweilig geschwenkt wird, ist stets nur halb so groß, d. h. $\frac{\varphi}{2}$.

Besondere Bedeutung in Verbindung mit der Kleinbildkamera erhielt zunächst der mit dem Objektiv gekuppelte Entfernungsmesser. Für die Entfernungen zwischen ∞ und 1 m und die Normalbrennweite $f = 50$ mm ergeben sich die auf der nebenstehenden Tabelle 15 ersichtlichen Zusammenhänge für eine Basis von 40 mm. Man sieht u. a. daraus, daß die Spiegelbewegung beim Übergang von Unendlich auf eine Entfernung von 1 m nur 1° 8′ 45″ beträgt und beim Übergang auf größere Dingweiten nur entsprechend weniger. Es ist daher nur durch Anordnung entsprechend großer Hebelübertragungen, sorgfältigster Ausführung und durch Vermeidung jeden toten Ganges möglich, diese praktisch kaum sichtbaren Spiegelbewegungen für die Messung erfolgreich auszunutzen.

Im Interesse des besseren Verständnisses der nachfolgenden Zeilen wird auf die prinzipielle Wirkungsweise der sogenannten Mischbildentfernungsmesser noch einmal allgemein zurückgegriffen. Der Entfernungsmesser enthält zwei Spiegel S_1 und S_2, die im Abstand der Basis b voneinander angeordnet sind; der eine ist halbdurchlässig und starr eingebaut, der andere voll versilbert und schwenkbar. Zwei Strahlen, die von einem unendlich fernen Dingpunkt P kommen und auf die Spiegel treffen, verlaufen parallel. Der optische Vorgang ist sehr einfach, und zwar so, daß der auf Spiegel S_1 treffende Strahl direkt, also ohne Spiegelung, ins Auge gelangt, während dies bei dem anderen erst nach Spiegelung an S_2 und S_1 der Fall ist (vgl. Abb. 37, 38 und 39).

Bei Betrachtung eines unendlich fernen Gegenstandes sind die beiden Spiegelflächen parallel und daher auch die in das Auge tretenden Strahlen. Das bedeutet aber, daß sich die beiden Bilder decken. Bei einem in der Entfernung a gelegenen Punkt P ist der Strahlenverlauf derart, daß die beiden von P nach S_1 und S_2 verlaufenden Strahlen den Winkel φ miteinander bilden. Ist der absolute Wert für die Basis b bekannt (in unserem obigen Fall $b = 40$ mm), so wird $\text{tg}\,\varphi = \frac{b}{a}$.

Es ist also nur notwendig, um die Entfernung a zu messen, den Winkel φ zu bestimmen. Das geschieht dadurch, daß der Spiegel S_2 so weit gedreht wird, bis die von P kommenden Strahlen aus dem Entfernungsmesser parallel austreten. Dann fällt das direkt gesehene mit dem zweimal gespiegelten Bild zusammen.

Die Bezeichnung „Mischbild" kommt daher, daß sich zwei auf verschiedenen Wegen entstandene Bilder des Gegenstandes überlagern; erst bei Erreichung völliger Deckung (Koinzidenz) ist die Messung beendet.

Es bedarf keiner besonderen Betonung, daß die Genauigkeit des Basisentfernungsmessers um so größer ist, je größer der absolute Wert der Basis und — wenn Linsenoptik vorhanden — je stärker die Vergrößerung des benutzten Fernrohres ist (vgl. Abb. 40 und 41); hierüber sowie über die erreichbare Genauigkeit des Entfernungsmessers haben auch N. GÜNTHER und J. RZYMKOWSKI (*14*, *15*, *16*, *17*, *18*) leichtverständliche Ausführungen gebracht. Außerdem haben die gleichen Verfasser einen Beitrag geliefert, der über das erforderliche Maß der

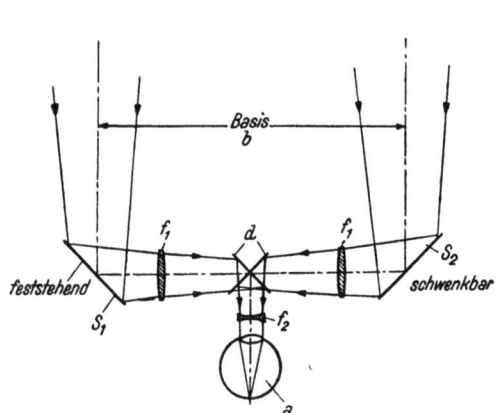

Abb. 40. Symmetrischer Basisentfernungsmesser mit Vergrößerung durch zwei Fernrohre GALILEIscher Art mit gemeinsamem Okular. Bild höhen- und seitenrichtig. Bildwinkel relativ klein (Vergrößerung >1).
a Auge, f_1 Sammellinsen gleicher Brennweite, f_2 Zerstreuungslinse, *d* übereinanderliegende, gekreuzte Spiegel (oder Prismen), *b* Basis, S_1 fester Spiegel, S_2 schwenkbarer Spiegel.

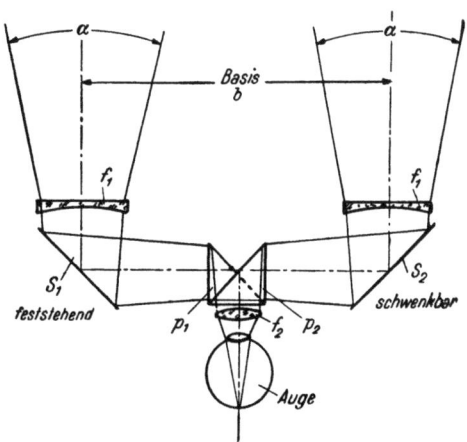

Abb. 41. Symmetrischer Basisentfernungsmesser mit zwei umgekehrten GALILEIschen Fernrohren mit gemeinsamem Okular. Kombination von Sucher und Entfernungsmesser (Einblicksgleich!). Bild höhen- und seitenrichtig. α Bildwinkel relativ groß (Vergrößerung <1, Verkleinerung).
f_1 Negativlinsen gleicher Brennweite, f_2 Sammellinse, *b* Basis, p_1 p_2 gekreuzte Spiegel (Prismen).

Basis des Entfernungsmessers bei der Kleinbildkamera berichtet (*18*). Obgleich der Konstrukteur beim Entwurf durch verschiedene Hindernisse oft sehr an der Freizügigkeit bei der Bestimmung der Basis gehemmt ist, sind diese Ausführungen nichtsdestoweniger sehr beachtenswert.

Wichtiger als diese Fragen ist jedoch das Problem der Verbindung von Entfernungseinstellung und Objektivvorschub. Es ist bekannt, daß ein Übertragungsmechanismus, der die axiale Verschiebung des Objektivs in verhältnisgleiche Bewegungen umsetzt, nur für solche Entfernungen genügend genau ist, die im Vergleich zur Brennweite sehr groß sind; d. i. nun bei der Kleinbildkamera eigentlich der Fall, denn die kürzeste Einstellentfernung (1 m) ist etwa 20 $\times$ so groß wie die Brennweite $f = 50$ mm. Es hat sich aber gezeigt, daß im Interesse einer befriedigenden Scharfeinstellung — insbesondere bei kurzen Dingabständen — zur Steuerung des optischen Mikrometers in Abhängigkeit von der axialen Vorschubbewegung des Objektivs an sich bekannte mechanische Mittel (z. B. eine oder mehrere Steuerkurven od. dgl.) erforderlich sind, die an zweckmäßiger Stellung in den Übertragungsmechanismus eingeschaltet werden, so daß der Zusammenhang zwischen Objektivverstellung und Strahlenlenkung zwangsläufig herbeigeführt wird (*168*, *169*, *307*). Dazu diene folgende Erklärung (Abb. 42):

1. Die Ermittlung der Entfernung a des Dingpunktes mit Hilfe des Entfernungsmessers mit der Basis b erfolgt nach rein mathematischen Regeln als trig. Tangente des Parallaxewinkels φ am Ziel, d. h.
$$b:a = \operatorname{tg}\varphi \quad \text{oder} \quad a = b : \operatorname{tg}\varphi.$$

2. Die axiale Verschiebung des Aufnahmeobjektivs $\varDelta$ ist eine Funktion der Entfernung a des Gegenstandes und der Brennweite f nach der Linsenformel:

und daher
$$\frac{1}{a} + \frac{1}{a'} = \frac{1}{f} \quad \text{oder} \quad a' = \frac{a \cdot f}{a-f}$$

$$\varDelta = a' - f = \frac{a \cdot f}{a-f} - f = \frac{f^2}{a-f} = \frac{f^2}{\dfrac{b}{\operatorname{tg}\varphi} - f}.$$

In der Abb. 42 ist die bekannte Bildkonstruktion dargestellt. Das Bild b' des Gegenstandes b liegt im Abstand von a', und zwar ist dieser Betrag stets größer als die Brennweite f (nur bei Aufnahmen unendlich weiter Dinge fällt b' in den Brennpunkt F; die Bildweite a' wird dann gleich der Brennweite f). Bei der Verstellung des Objektivs von Unendlich auf die kürzeste Entfernung a' ergibt sich der Betrag $\varDelta$ für seine axiale Verschiebung als Differenz zwischen a' und f, d. h. $\varDelta = a' - f = \dfrac{f^2}{a-f}$.

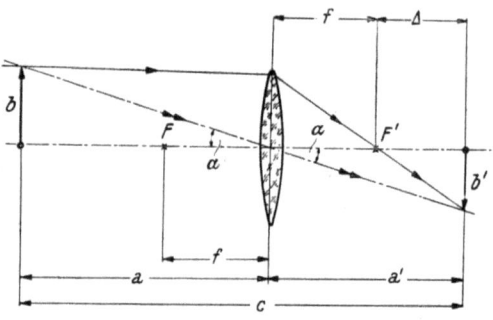

Abb. 42. Konstruktion des optischen Bildes.

Das wesentliche Kennzeichen bei diesen Betrachtungen ist die völlige Ausschaltung des a-Werts, d. h. der Dingentfernung.

Was nun die spiegelnden oder brechenden optischen Mittel anbetrifft, die zur Herbeiführung der Koinzidenz führen, so kann ganz allgemein gesagt werden, daß der Drehwinkel δ direkt proportional der Parallaxe ist. (Der Drehwinkel ist beim Spiegelentfernungsmesser halb so groß, beim Schwenkkeil, wenn Drehpunkt und Kugelmittelpunkt zusammenfallen, etwa doppelt so groß wie der Parallaxewinkel φ.)

Es ist also $\delta = k \cdot \varphi$ (wobei k eine Konstante ist). Bei den hier vorkommenden relativ kleinen Winkeln kann man ohne weiteres schreiben:
$$\operatorname{tg}\delta = k \cdot \operatorname{tg}\varphi \quad \text{oder} \quad \operatorname{tg}\varphi = \frac{\operatorname{tg}\delta}{k}.$$

Nach weiterer Umformung ergibt sich nunmehr $\varDelta$ als Funktion von δ, und zwar:
$$\varDelta = \frac{f^2}{\dfrac{b \cdot k}{\operatorname{tg}\delta} - f}.$$

Mit Rücksicht darauf, daß die Funktion nicht geradlinig ist, hat man bei der Kupplung von Entfernungsmesser und Objektiv (Abb. 37b) mehrere Kurven eingeschaltet, die den Ausgleich der beiden Bewegungen herbeiführen.

b) Der Basisentfernungsmesser mit Schwenkkeilen nach ABAT.

Wie KÖNIG (29) in seinem Buch „Die Fernrohre und Entfernungsmesser", S. 143, erwähnt, ist eines der ältesten optischen Mikrometer das sogenannte Linsenmikrometer (ABATscher Keil); es ist dies ein Glaskeil von veränderlichem brechendem Winkel, der von ABAT bereits 1777 angegeben wurde. Das charakteristische Kennzeichen dieser optischen Meßvorrichtung sind zwei Linsen, deren Lage zueinander verändert wird. Eine plankonvexe (Sammellinse) und eine plankonkave (Zerstreuungslinse) mit dem gleichen Krümmungsradius und gleicher Brechung werden um den gemeinsamen Mittelpunkt der Kugel gegeneinander verdreht. Die Wirkung der Kugelflächen hebt sich bei dieser Anordnung vollkommen auf, und es bleibt nur die der Außenflächen übrig, die einen Keil bilden, dessen brechender Winkel der Verdrehung proportional ist (Abb. 43).

Einer der ersten deutschen Pioniere auf dem Gebiet des Baus von Entfernungsmessern für photographische Kameras durfte H. TÖNNIES in Hamburg gewesen sein. Er war seinerzeit insofern weit vorausgeeilt, als seine erste Patentanmeldung (170) bereits um 1926 sich auf einen Basisentfernungsmesser für kleinere Entfernungen bezog, wie sie heute bereits in unseren Naheinstellgeräten in mehreren, allerdings verbesserten Modellen auf dem Markt sind.

Das besondere Kennzeichen der Erfindung sind zwei einander gegenüberliegende, also die Basis bildende Spiegelflächen und eine vor, über oder unter der Einblicksöffnung angebrachte Entfernungsteilung [(272) und D.R.P.Nr.667487].

Ein Jahr später erhielt TÖNNIES ein weiteres deutsches Reichspatent sowie ausländische Schutzrechte (171, 172) mit dem Titel „Optische, durch Objektivbewegung betätigte Einstellvorrichtung für photographische Kameras". Das hier besonders interessierende technische Merkmal der Erfindung ist, daß die beiden Teilbilder (ohne Vergrößerung) durch zwei unbewegliche, die Basis erzeugende Spiegelflächen und gegeneinander verschiebbare Linsen gewonnen werden mit

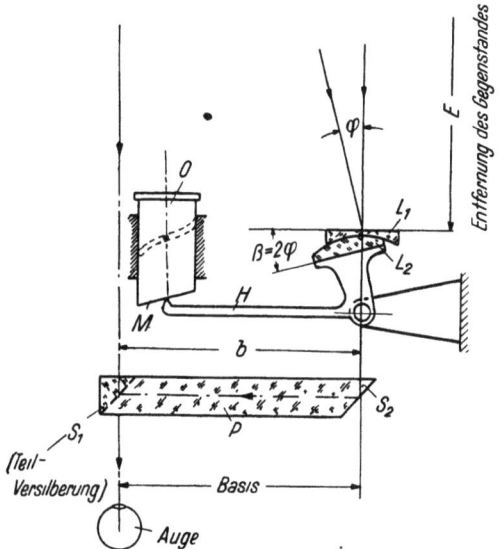

Abb. 43. Mit dem Objektiv zwangsläufig gekuppelter unsymmetrischer Basisentfernungsmesser mit Schwenkkeil nach ABAT und Rhomboederprisma.[1]

E Entfernung des Gegenstandes, b Basis des Entfernungsmessers, P Rhomboederprisma mit den spiegelnden Flächen S_1 und S_2, O Objektiv mit der Schrägfläche (Kurvenbahn) M, feststehende Zerstreuungslinse L_1, schwenkbare Sammellinse L_2 mit dem Steuerhebel H, φ Parallaxwinkel.

der Maßgabe, daß die Linsenabschnitte hintereinander, vor oder hinter der Basis derart angeordnet sind, daß die Bewegungsrichtung parallel zur Basis läuft. In der Beschreibung wird u. a. weiter vorausschauend davon gesprochen, daß die Linsen (zur Vermeidung von Höhenfehlern) als Zylinderlinsen ausgebildet sind und — was sehr interessant ist — daß der Entfernungsmesser mit der axialen Bewegung des Objektivs zwangsläufig gekuppelt ist. Hier wird also — soweit dem Verfasser bekannt — erstmalig das unempfindliche Rhomboederprisma und der ABATsche Keil praktisch erwähnt und zeichnerisch im Zusammenhang mit einer photographischen Kamera dargestellt. Es klingt heute geradezu unwahrscheinlich, wenn man erfährt, daß die Erfindung einer Rollfilmkamera mit gekuppeltem Entfernungsmesser im Jahre 1927 als unbedeutend und nicht den Bedürfnissen der Zeit entsprechend

---

[1] Vgl. Ö. P. Nr. 142672.

bezeichnet wurde; zu rechtfertigen ist eine derartige Anschauung nur durch die Tatsache, daß die damalige Aufnahmeoptik im Vergleich zu heute relativ lichtschwach war (meist 1:6,3), so daß die Tiefenschärfe praktisch fast immer und in jenen seltenen Fällen, wo dieser Begriff überhaupt Gegenstand wissenschaftlicher Erörterungen war, stets als ausreichend bezeichnet wurde.

Daß sich W. Thorner noch viel früher mit dem Problem eines Entfernungsmessers für photographische Apparate beschäftigte, geht aus einer diesbezüglichen Veröffentlichung hervor (*173*). Er erhielt im Jahre 1905 ein deutsches Reichspatent mit dem Titel: „Einstellverfahren für photographische Apparate mit Hilfe eines Entfernungsmessers, bei welchem zwei Bilder des anvisierten Gegenstandes zur Deckung gebracht werden". [In diesem Zusammenhang dürfte auch die Erfindung von Woodbury aus dem Jahre 1914 interessieren (*174*).]

In Analogie zu den Vorschlägen von Tönnies, die sich zunächst auf Laufbodenkameras bezogen, haben später Lingg & Frost neue Anregungen für den Bau eines Entfernungsmessers und Durchsichtsuchers besonders bei Scherenspreizenkameras gegeben (*175*).

Abb. 43 a. Vorderansicht einer balgenlosen Kleinbildkamera mit ausziehbarem Objektivtubus, Schlitzverschluß und Schwenkkeilen. Entfernungsmesserbasis zirka 90 mm (sog. Meßsucher). Leichtmetallgehause mit abnehmbarer Rückwand. Objektiveinstellung (Schneckengangfassung) gekuppelt mit dem Großbasisentfernungsmesser. Meßsucher und Entfernungsmesser sind einblicksgleich. (Modell Contax II der Zeiss-Ikon A. G.)

Es wurde bereits erwähnt, daß bei den Entfernungsmessern, deren strahlenablenkendes Mittel lediglich aus einem drehbaren Spiegel entsteht, dieser nur sehr geringe Winkelbewegungen ausführt; ganz geringfügige Verlagerungen der Entfernungsmesserteile als Folgen von mechanischen und thermischen Einflüssen machen sich daher bereits sehr störend bemerkbar. Es sei daran erinnert, daß bei der Drehspiegelanordnung der Spiegel eine Schwenkbewegung ausführt, die nur gleich der Hälfte der Ablenkung des Meßstrahls ist. (Bei einer Basis von $b = 48$ mm und einer Dingentfernung von $a = 1$ m ist dieser Winkel nur $1°23'$.)

Da sich nun bei einem Schwenklinsenkeilsystem für den gleichen optischen Ablenkungswinkel des Meßstrahls ein wesentlich größerer mechanischer Drehwinkel ausnutzen läßt, so lag es nahe, diese Vorteile auch bei dem Entfernungsmesser der Kleinbildkamera zu verwerten. Zeiss-Ikon hat sich mit diesen Fragen eingehend beschäftigt und die Vorteile des Abat-Keils als erste Firma erkannt. Gegenüber der zweiten Form (*b*) des von Abat vorgeschlagenen veränderlichen Glaskeils mit geradlinig zueinander verschiebbaren Linsen hat das Schwenklinsenpaar den Vorzug, daß es nicht durch eine Schiebe-, sondern durch eine Drehbewegung — ebenso wie das Drehkeilpaar — eingestellt wird, so daß es sich leichter mit der Drehbewegung der Objektivfassung kuppeln läßt. Das diesbezügliche Patent gibt eine Reihe von wertvollen Aufklärungen über alle Zusammenhänge im allgemeinen und diejenigen mit der Kamera im besonderen (*176*).

Ein weiteres Beispiel, das ebenfalls im Bau von Kleinbildkameras bereits Anwendung gefunden hat, ist die Ausführungsform von A. Tronnier. Dabei handelt es sich um einen Basisentfernungsmesser, dessen beide Endreflektoren (Spiegel oder Prismen) eine unveränderliche Lage besitzen. Zwischen denselben ist ein Strahlenablenkungssystem eingeschaltet, das aus zwei optischen Mikrometern bekannter Art besteht (einer plankonvexen und einer plankonkaven Linse von verschiedenen Glasarten), und zwar derart, daß bei gleichzeitiger und gleichsinniger Bewegung der Verstellungselemente jedes der beiden Mikrometerelemente eine Strahlenablenkung bewirkt, die gleich der Differenz der Einzelablenkungen jedes der beiden Mikrometerelemente ist.

Wie die Zeichnungen der betreffenden Patentschrift erkennen lassen, ist zwischen den beiden Endreflektoren ein optischer Mikrometer angeordnet, der aus zwei mit ihren Planflächen verkitteten Plankonvex- (also Sammel-) Linsen von verschiedenem Brechungsindex besteht (z. B. $n_D = 1,50$ und $1,65$); dieses kugelförmige Linsensystem ist um seine optische Mitte schwenkbar zwischen zwei plankonkaven Linsen von gleicher Brennweite.

Bei genauer Betrachtung ist diese Linsenkombination nichts anderes als eine besondere Form des von ABAT (1777) vorgeschlagenen optischen Mikrometers. Durch diese besondere Ausbildung ergeben sich nicht unwesentliche Vorteile insofern, als für die Meßstrahlenablenkung große Drehwinkel der Ablenkungsteile erforderlich werden, die ein Vielfaches der Meßstrahlenablenkung betragen. Der Einblick ist einseitig, und es ist ohne weiteres möglich, denselben mit einem Durchsichtsucher in Verbindung zu bringen (*177* und *291*).

Schließlich sei noch der Vorschlag von SCHNEIDER erwähnt, der dadurch gekennzeichnet ist, daß mit einem drehbaren Spiegel (Prisma) ein oder mehrere bewegliche optische Mikrometerelemente optisch so verbunden sind, daß bei der Systemverstellung das bzw. die Mikrometer eine Meßstrahlenablenkung bewirken, die der durch den drehbaren Endspiegel bewirkten Ablenkung entgegengerichtet ist. Durch die im Patent beschriebene Einrichtung wird vor allem ein großer Verstellweg für die Systemteile erreicht; anderseits sollen Meßungenauigkeiten innerhalb des Systems vermieden werden, weil die wirksamen Keilflächen der Mikrometerelemente stets ihre gegenseitige Lage auch in bezug auf die ebenfalls verstellbare Ebene des einen Endspiegels beibehalten (*178*).

Grundsätzlich hängt die Genauigkeit eines linsenlosen Entfernungsmessers zunächst nur vom absoluten Wert der Basis ab, dessen Größe bei der Kleinbildkamera etwa zwischen 40 und 100 mm liegt. Ist ein die Einstellung erleichterndes, das Bild mehr oder weniger vergrößerndes Linsensystem (z. B. ein astronomisches Fernrohr) vorhanden, dann wird dadurch der maßgebende Wert (d. i. die sogenannte optische Basis oder der Leistungsfaktor) vergrößert. Bei Geräten, wo Sucher und Entfernungsmesser den gleichen Einblick haben, muß aus diesem Grunde die Basis möglichst groß gewählt werden, weil die Vergrößerung des Sucherfernrohres stets unter 1 liegt (zirka 0,5 bis 0,7, vgl. das Modell Contax mit Meßsucher!). Bei Entfernungsmessern mit reeller Bildebene können Vergrößerungen nach Belieben erreicht werden; die Grenze wird dort durch das geforderte Gesichtsfeld gezogen [vgl. Abb. 43a und (*82*)].

c) Der Basisentfernungsmesser mit Drehkeilen nach v. BOSCOVICH.

Die Mehrzahl der Kamerakonstrukteure hat sich beim Entwurf von Entfernungsmessern zur Ablenkung des einen der beiden vom Dingpunkt kommenden Strahlen (bei Einstellung auf Unendlich rechtwinklig) eines schwenkbaren Reflektors bedient (Spiegel oder Prisma); die Messung des absoluten Wertes dieser Spiegelverdrehung ist, wie bereits erwähnt, infolge des kleinen Winkels von nur zirka 1,3° nur bei größter Sorgfalt möglich. Dieses Hilfsmittels hat man sich auf dem Gebiet von militärischen oder geodätischen Bau des Entfernungsmessers, soweit dem Verfasser bekannt, selten oder gar nicht bedient. Bereits vor etwa 50 Jahren, als die ersten Konstruktionen von Basisentfernungsmessern bekannt wurden (es waren nur solche mit reeller Bildebene und größerer Basis), beschäftigte sich BARR und STROUD in England mit diesen Fragen und erhielten ein deutsches Reichspatent (*179*), dessen besonderes Kennzeichen die Anwendung eines oder zweier Keile (Glasprismen) ist, die in Richtung der Basis verschoben werden, um Koinzidenz der beiden Teilbilder zu erzeugen; aus der jeweiligen Stellung des sogenannten Meßkeiles konnte die Entfernung des betreffenden Gegenstandes abgelesen werden. Mit Rücksicht darauf, daß die zur Messung erforderliche Ablenkung der Richtung einer der beiden vom Dingpunkt kommenden Strahlen ausschließlich durch Glaskeile erfolgt, besaßen die an den Enden der Basis angeordneten Eintrittsreflektoren (meist Pentaprismen) eine unveränderliche Lage.

Instrumente mit derartigen Einrichtungen wurden lange Jahre hergestellt, ein Versuch, das gleiche Prinzip auch bei der Kleinbildkamera zu verwenden, scheiterte daran, daß die ganzen Abmessungen zu klein waren, und zwar hauptsächlich die Basis, so daß gar keine Möglichkeit bestand für die Unterbringung des zu verschiebenden Keiles.

Die gleiche Firma hat sich dann bald entschlossen, das von BOSCOVICH schon um 1770[1] vorgeschlagene Prinzip der „gegenläufigen Drehkeile" zu verwenden, worüber die deutsche Patentschrift Aufschluß gibt (*180, 181*).

Übrigens hat bereits vor diesem Zeitpunkt MONTICOLO in optischer Beziehung eine diesbezügliche Verbesserung getroffen, indem er zwischen die drehbaren Prismen ein solches von unveränderlicher Lage brachte, womit er die Gleichmäßigkeit der Teilung für verschiedene Entfernungen anstrebte (*182*).

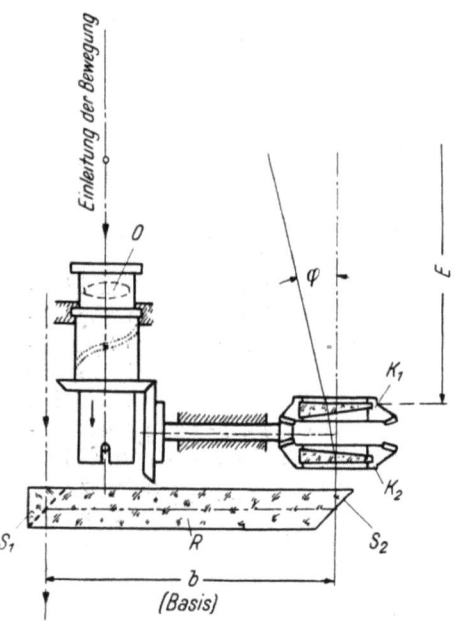

Abb. 44. Zwangsläufig mit dem Aufnahmeobjektiv gekuppelter unsymmetrischer Basisentfernungsmesser mit optischem Mikrometer (Drehkeilsystem nach BOSCOVICH).

E Entfernung des Gegenstandes, b Basis, O Aufnahmeoptik, K_1 und K_2 Drehkeile, R Glasrhomboeder mit den Spiegelflächen S_1 und S_2, φ Parallaxwinkel.

In ein neues Stadium trat die Verwendung von Drehkeilen, als man erkannte, daß dieses optische Hilfsmittel mit gutem Erfolg bei photographischen Handkameras Anwendung finden konnte. BOSCOVICH schuf damals einen Keil von veränderlicher Brechkraft dadurch, daß er zwei gleiche Keile, die in der optischen Achse hintereinander und zu ihr nahe senkrecht angeordnet sind, um gleiche, aber entgegengesetzte Beträge drehte.

Derartige „Drehkeilpaare" werden auch unter dem Namen „Keilkompensator" geführt. Die Ablenkung ist gleich der doppelten Einzelablenkung, wenn die Hauptschnitte der Keile zusammenfallen (wenn die brechenden Kanten nach derselben Seite liegen); sie ist gleich Null, wenn sie nach entgegengesetzter Seite liegen. Werden die Keile aus der Lage der größten Ablenkung um den Winkel φ gedreht, so ist die Ablenkung durch den Wert $2\,\alpha\cdot\cos\varphi$ gegeben und erfolgt in der Ebene, in der sie auch bei der größten Ablenkung erfolgt, nämlich in der Mittelebene der Hauptschnitte.

---

[1] Vgl. KÖNIG (*29*) S. 143.

Der Zusammenhang zwischen dem optischen Mikrometer (Drehkeilpaar) mit dem Entfernungsmesser einerseits und den Elementen der Objektivverstellung anderseits läßt sich an einem Beispiel kurz erörtern. Es wurde bereits vorausgeschickt, daß sich der Drehkeil mit ganz besonderem Vorteil bei Laufbodenkameras mit Balgen verwenden läßt, d. h. also bei solchen Modellen, wo das Objektiv nicht in starrer Verbindung mit dem Gehäuse, sondern zwischen beiden ein verhältnismäßig großer Luftzwischenraum ist [ZEISS-IKON „Ikonta" bzw. „Super-Nettel", *(271, 291, 292* und *294)*].

Der Drehkeilentfernungsmesser besitzt eine unveränderliche Basis, und zwar in der bereits beschriebenen Form eines starren Glasprismas, das am Kameragehäuse liegt. Die für die Messung erforderliche Ablenkung der Lichtstrahlen erfolgt nicht durch einen innerhalb sehr enger Grenzen drehbaren Spiegel, sondern durch zwei sich um einen großen Winkel gegeneinander drehende Glaskeile. Die erforderliche genaue Übereinstimmung der Keildrehung mit der Vorderlinsenverschiebung (z. B. des Tessars 1:4,5, $f = 105$ mm mit Frontlinseneinstellung) wird mit Hilfe einer spielfreien Zahnradübersetzung und wenn erforderlich durch zusätzliche Glieder erreicht. Die beschriebene Einrichtung ist gegen mechanische Einflüsse außerordentlich unempfindlich. Bei der „Super-Ikonta" 6×9 cm hat die Basis eine Länge von 64 mm; bei einer Entfernung von 3,1 m ist die Null-Stellung der Keile; die Spiegelflächen der Glasrhomboeder sind um etwa 35' zueinander geneigt. Der Abstand der Drehkeile von der Basis ist zirka 100 mm. Der Winkel der Drehkeile ist sehr klein; er beträgt 1,37°. Bei Einstellung auf 1,5 m ist die Größe des Keildrehwinkels etwa 120°, während die Drehung der Frontlinse bei

Abb. 44 a. Gebrauchsstellung einer Scherenspreizenkleinbildkamera mit Schlitzverschluß und Optik 1:3,5. Lederbalgen zwischen Objektivträger und Leichtmetallgehäuse. (Modell Super-Nettel der ZEISS-IKON A. G. mit Drehkeilentfernungsmesser.)

einer axialen Verschiebung von 1 mm zirka 260° beträgt. Die noch verbleibenden kleinen Abweichungen zwischen dem Drehwinkel des Einstellringes und jenen der Frontlinse werden, wie bereits erwähnt, außer den sonstigen Getriebeteilen — durch eine Steuerkurve ausgeglichen (Abb. 44).

Neben der „Super-Nettel" für das Format 6×6 cm entstand sehr bald (1936) die Kamera gleichen Namens für das Kleinbildformat 24×36 mm; beide Modelle (Spreizenkameras mit Laufboden bzw. Deckel) sind mit dem Drehkeilentfernungsmesser ausgerüstet, der, wie bereits nachdrücklich betont, bei Kameras dieser Bauart seine ganz besondere Berechtigung hat.

Im Gegensatz zur „Ikonta" ist die „Super-Nettel" aber eine **Schlitzverschlußkamera** und ebenso wie ihre berühmte Vorgängerin (die Nettel) eine sogenannte Scherenspreizenkamera, bei welcher der Objektivträger und das Gehäuse durch einen Lederbalgen verbunden sind. Das optische Drehkeilsystem ist am oberen Teil der Standarte in einer solchen Höhe angeordnet, daß die eintretenden Lichtstrahlen in ihrer Verlängerung auf das eine Fenster (Luke) treffen, dessen zweite Öffnung im horizontalen Abstand von etwa 31,5 mm (Basis) liegt. Der Durchblicksucher liegt unter den Elementen des Entfernungsmessers, so daß also getrennter Einblick für beide vorhanden ist (Abb. 44a).

Die Einstellung des Objektivs (Frontlinsenverstellung) und die des Entfernungsmessers erfolgt zwangsläufig durch Verdrehung eines Ringes, der koaxial zu dem Drehkeilpaar angeordnet ist.

Die Kleinbildkamera „Nettax" ist — obwohl keine Balgenkamera — auch mit Drehkeilentfernungsmesser ausgerüstet; das hat seinen besonderen Grund darin, daß die Optik innerhalb gewisser Grenzen auswechselbar ist, und zwar mit dem „ein Ganzes bildenden Drehkeilsystem". Die Basis beträgt ebenfalls 31,5 mm. Der Winkel eines Keils beträgt zirka 1° 20'. Die Null-Stellung liegt bei 2,1 m, d. h. in dieser Entfernung ist der Keilwinkel = 0. Bei einer Entfernung des Gegenstandes $a = 1$ m ist der Drehwinkel jedes der Keile zirka 85°. Im Gegensatz zur „Super-Ikonta" ist die Kuppelung zwischen Entfernungsmesser und Objektiv eine lineare, d. h. die Steuerung erfolgt ohne Kurve. Beim Auswechseln des Objektivs ($f = 52$ mm, 1:3,5) gegen ein anderes muß der Keilwinkel des Drehkeilsystems entsprechend der neuen Brennweite berechnet sein. Den ersten praktischen Schritt zur Verwendung von Entfernungsmessern mit

Abb. 45. Kleinbildkamera von starrer Bauart mit Drehkeilentfernungsmesser (nach BOSCOVICH) und Auswechseloptik. Basis und Drehkeile sind räumlich getrennt. Basis im Gehäuse. Normalobjektive: Tessare 1:3,5 und 1:2,8, $f=50$ mm. Auswechselobjektiv: Triotar 1:5,6, $f = 105$ mm. (Modell „Nettax" der ZEISS-IKON A. G.) a Kamera in Gebrauchsstellung, b Objektiv mit Drehkeilsystem zwecks Auswechslung herausgenommen. Die Drehkeile bilden mit der Objektivfassung ein geschlossenes Aggregat.

Drehkeilpaaren ist also bei photographischen Kameras, wie bereits erwähnt, die Firma ZEISS-IKON A. G. bei ihrer „Super-Ikonta" gegangen; es war nur eine Frage der Zeit, daß dieses optische Mikrometer mit all seinen Vorzügen auch Eingang in das Gebiet der Kleinbildkamera fand (Abb. 45).

Die erste eingehende Beschreibung einer solchen Anordnung findet sich bereits im Jahre 1933, und zwar in der deutschen Patentschrift Nr. 658 294 (*183, 184*); als Erfindungsgedanke ist darin eine photographische Kamera ganz besonderer Art beschrieben, und zwar eine solche, deren Objektiv mit einem aus feststehender Spiegel- oder Prismenbasis und strahlenablenkenden Glaskeilen bestehenden Entfernungsmesser gekuppelt ist. Das Kennzeichen der Erfindung besteht darin, daß als strahlenablenkendes Mittel zwei gegenläufig zueinander drehbare Glaskeile nach BOSCOVICH vorgesehen sind, deren Verstellung durch eine, die Scharfeinstellung des Objektivs herbeiführende Drehbewegung der Fassung des Kameraobjektivs bewirkt wird. Eine solche Anwendung der Drehkeile war bislang nicht bekannt, d. h. bei Entfernungsmessern schon seit Jahrzehnten, nicht aber in Verbindung mit einer photographischen Handkamera. H. KÜPPENBENDER gebührt das Verdienst, diese Anregung zuerst gegeben und damit diese besondere Art von optischen Mikrometern in die Kameratechnik mit Erfolg eingeführt zu haben (*191, 192* und *193*).

Wie bereits erwähnt, führt bei einer Entfernungsmesseranordnung mit zwei

Spiegeln, von denen der eine drehbar ist, der letztere eine Bewegung aus, die nur gleich der Hälfte derjenigen des Meßstrahls ist, d. i. im Mittel zirka 1,5°.

Dagegen läßt sich bei Verwendung eines Drehkeilsystems für den gleichen optischen Ablenkungswinkel des Meßstrahls ein erheblich größerer mechanischer Drehwinkel des Keilsystems erreichen; das Drehkeilpaar ergibt also eine sehr hohe mechanisch-optische Übersetzung, die ihrerseits wieder eine Vergrößerung der durch die Fertigung bedingten Abweichungen ermöglicht (265).

Die bekannte Tatsache, daß sich der Objektivvorschub als Mittel zur Scharfeinstellung nach einer anderen mathematischen Funktion vollzieht, als die zwecks Messung der Entfernung notwendige Bewegung des Drehkeilpaares, ist bei der Konstruktion der diesbezüglichen Teile stets zu beachten; es ist nicht ohne weiteres möglich, die beiden Bewegungen ohne Einschaltung besonderer Ausgleichselemente zu verbinden, wozu z. B. Kurven, Hebelgestänge usw. dienen können. In den deutschen Patentschriften Nr. 594064 und Nr. 594345 vom Jahre 1933 wird auf diese Zusammenhänge hingewiesen (185, 186, 187).

Nicht ohne Interesse dürfte auch eine Erfindung der ZEISS-IKON A. G. sein, die sich auf eine Einrichtung zur Bestimmung der Tiefenschärfe bei Kameras mit Basisentfernungsmesser bezieht; das besondere Kennzeichen der Erfindung (156) ist, daß im Strahlengang des Entfernungsmessers Strichmarken vorgesehen sind, deren Abstand derart dem Tiefenschärfebereich des Aufnahmeobjektivs angepaßt ist, daß diejenigen übereinstimmenden Teile des Entfernungsmesserdoppelbildes, die innerhalb der Strichmarken liegen, sich auch im Tiefenschärfebereich des Aufnahmeobjektivs befinden (156, sowie D. R. P. Nr. 627188/1936).

d) Der Basisentfernungsmesser mit verschieb- oder verschwenkbarer Negativlinse.

Besonderes Interesse verdient auch eine von BIELECKE im Jahre 1930 vorgeschlagene Anordnung, bei welcher beide Spiegel (Prismen) des Entfernungsmessers eine unveränderliche Lage einnehmen. Die Optik besteht im wesentlichen aus zwei umgekehrten GALILEIschen Fernrohrsystemen, deren Achsen aufeinander senkrecht stehen; die Negativlinsen wirken als Objektive und erzeugen verkleinerte, höhen- und seitenrichtige, virtuelle Bilder, die durch eine gemeinsame Okularlinse von positivem Charakter betrachtet werden (Einblicksgleichheit).

Einzelheiten sind in der deutschen Patentschrift Nr. 565016 niedergelegt, wo unter anderem erwähnt wird, daß die geradlinig verschiebbare Negativlinse, welche die Strahlenablenkung bewirkt, starr mit dem Aufnahmeobjektiv verbunden ist und daher zwangsläufig an dessen axialer Verschiebung bei der Einstellung teilnimmt (188).

Etwas später hat KODAK den gleichen Gedanken weiter verfolgt mit dem Unterschied, daß — ebenfalls bei unveränderter Lage der Eintrittsreflektoren — eine in den abzulenkenden Meßstrahl geschaltete Objektiv- oder Umkehrlinse plankonvex oder plankonkav ausgebildet und — was das Wesentliche ist — um den Mittelpunkt ihrer gekrümmten Fläche schwenkbar ist (189, 333[1] und 338).

Die weitere praktische Durcharbeit hat zu der Erkenntnis geführt, daß es vorteilhaft ist, die schwenkbare Linse auf ihrem Schwenkhebel in Richtung ihrer optischen Achse verschiebbar und zugleich um zur optischen Achse senkrechte Stifte drehbar zu lagern. Eine solche Anordnung bietet für die Justierung erhebliche Vorteile (190).

ORT hat außerdem einen Vorschlag gemacht (ohne Verstellung eines der Basisendreflektoren und ähnlich, wie es BIELICKE angeregt hatte), bei dem die Ablenkung des einen Meßstrahls durch eine in der Nähe des Kameraobjektivs

---

[1] Vgl. u. a. auch Ö. P. Nr. 142 672/1935.

angeordnete und mit der Scharfeinstellung der Kamera gekuppelte Linse erfolgt; Einzelheiten sind der betreffenden Patentschrift zu entnehmen *(191)*.

Im Jahre 1916 hat übrigens schon J. BECKER *(294)* einen Spiegelentfernungsmesser für photographische Kameras u. a. vorgeschlagen, bei dem als brechendes, d. h. strahlenablenkendes Mittel eine Negativlinse in Verbindung mit einen Basisentfernungsmesser gebracht wird, und zwar derart, daß entweder die Negativlinse ortsfest gelagert und eine der beiden an den Enden der Basis angeordneten Reflektoren geschwenkt wird, oder daß diese letzteren eine unveränderliche Lage besitzen und die Negativlinse senkrecht zur optischen Achse verschoben wird *(287)*.

Es hat nun natürlich auch nicht an Vorschlägen gefehlt, die Vorteile der einen Lösung (Einblicksgleichheit) mit jener der anderen (Klarheit des Bildfeldes), zu vereinigen, bzw. alle Mängel zu überbrücken, soweit dies im Bereich des möglichen liegt.

U. a. ist ein Vorschlag der Firma E. LEITZ *(192)* beachtenswert, der, soviel dem Verfasser bekannt geworden ist, in jüngster Zeit praktisch verwirklicht worden ist. Es handelt sich dabei ebenfalls um die Kombination von Entfernungsmesser und Sucher; nach der Erfindung sind zwar die optischen Achsen beider Beobachtungsgeräte voneinander getrennt, doch liegen die Einblicksöffnungen so nahe beieinander, daß die Austrittspupillen beider Geräte innerhalb der Pupille des menschlichen Auges liegen (Abb. 39).

U. a. hat S. HUBER *(193)* die Anregung gegeben, die bekannte Kombination Sucher—Entfernungsmesser bei Einblicksgleichheit dadurch zu ergänzen, daß ein Teil des Sucherbildes in größerem Maße wiedergegeben wird, und zwar im gleichen Maßstab wie das zum Einvisieren nötige gespiegelte Entfernungsmesserbild.

In diesen Abschnitt gehört auch der vom Verfasser gemachte Vorschlag[1] einer **einblicksgleichen** Kombination: Durchblickssucher—Entfernungsmesser *(194)*. Angestrebt wurde einerseits die Erhaltung des großen Gesichtsfeldes vom Sucher, das demjenigen des Aufnahmeobjektivs entspricht, und anderseits eine solche optische Anordnung, daß mit Hilfe von brechenden und spiegelnden Gliedern eine **reelle Bildebene** erzeugt wird, in welcher dem Beobachter zwei, durch eine Trennungslinie geschiedene Teilbilder vermittelt werden, die nach dem Koinzidenz- oder Invertprinzip zueinander verschoben werden. Ein Vorzug neben dem großen Gesichtsfeld ist die Möglichkeit, eine Bildvergrößerung statt einer Verkleinerung innerhalb gewisser Grenzen zu erzeugen, so daß im Verein mit einer relativ großen Basis und gestützt auf den bewährten Aufbau solcher Entfernungsmesser erheblich bessere Resultate als bei dem sogenannten „Mischbildverfahren" erzielt werden müssen. Eine der letzten Veröffentlichungen auf diesem Gebiet brachte F. KOCH *(28)* in Wien; sie bezieht sich auf einen sogenannten Meßsucher mit selbsttätiger Tiefenscharfenbestimmung (D. R. P. 603 028) mit Hilfe stereoskopischer Einstellungen [vgl. *(266)* sowie Abb. 46].

Das Beispiel der Verbindung eines Basisentfernungsmessers mit einem Fernrohrsucher mit reeller Gesichtsfeldblende zeigt eine neue Erfindung der Firma LEITZ *(195)*; daselbst ist ebenfalls Einblicksgleichheit Voraussetzung.

Eine Kleinbildkamera mit Basisentfernungsmesser und Durchsichtssucher, bei welchem sich der halbdurchsichtige Spiegel von unveränderlicher Lage im Strahlengang des letzteren befindet, ist in der Abbildung einer Patentschrift von ZEISS-IKON *(196)* zu sehen. Das besondere Kennzeichen dieser Erfindung ist jedoch nicht der optische Teil, sondern eine Anordnung, bei der die Objektivverstellung mit dem Entfernungsmesser derart gekuppelt ist, daß die axiale Verschiebung des Aufnahmeobjektivs zusammen mit dem Entfernungsmesser

---

[1] Vgl. u. a. auch die beiden deutschen Patentschriften Nr. 643 376/1934 (PRITSCHOW) und Nr. 647 225/1934 (PRITSCHOW).

durch eine mit dem Objektiv gekuppelte Einstellscheibe erfolgt, welche über den oberen Rand der Kamera hinausragt. Diese Ausführungsform wurde bei Modell I der „Contax" mit Erfolg durchgeführt.

F. W. GEHRKE (*197*) in München ging etwas andere Wege bei der sogenannten Parallaxemessung an Entfernungsmessern für photographische Kameras, wobei aber die seinerzeit sehr geschätzte „Einblicksgleichheit" ebenfalls Voraussetzung ist; im Gegensatz zu der bekannten Anordnung am Entfernungsmesser, den einen der beiden Spiegel an den Enden der Basis zu schwenken, erfolgt nach seiner Idee die Messung des Winkels am Ort des Gegenstandes, bzw. des halben Drehwinkels des Schwenkspiegels bei gleichzeitiger Betrachtung des Aufnahmegegenstandes durch einen sogenannten „GALILEI-Sucher" durch ein die Basis erzeugendes Rhomboederprisma, das zusammen mit einer halben, den unteren Teil des Suchergesichtsfeldes darstellenden Negativlinse des GALILEI-Suchers rechtwinklig zur Sehrichtung verschiebbar ist; während die unverschiebbare Positivlinse gleichzeitig einen Teil des GALILEI-Suchers bildet.

e) Der Basisentfernungsmesser mit reeller Bildebene.

Das Meßprinzip der Spiegelentfernungsmesser mit konstanter Basis, bei denen der eine der an den Enden der Basis angeordneten Reflektoren (Spiegel oder Prismen) um eine mechanische Achse geschwenkt wird, ist nach dem Vorgetragenen an sich so eindeutig, daß sich daraus ein verhältnismäßig einfacher Aufbau ergibt, soweit es sich lediglich um den Entfernungsmesser handelt. Die Tatsache, daß dem Beobachter das Bild des Gegenstandes in natürlicher Größe und ohne Verwendung irgendwelcher, das Licht brechender, d. h. dioptrischer Mittel geboten wird, ist für den Konstrukteur sehr bestechend; wenn dafür Sorge getragen wird, daß die verhältnismäßig sehr kleinen Spiegel einwandfrei, d. h. vor allem in genügender Ebenheit hergestellt und mit der erforderlichen Sorgfalt eingebaut werden, ist es unwahrscheinlich, daß sich infolge katoptrischer Wirkung Nachteile irgendwelcher Art zeigen. Der bekannte Höhenfehler, der übrigens das Resultat der Messung kaum beeinflußt, tritt nur dann ein, wenn die Ebenen der beiden Endreflektoren geneigt zueinander verlaufen, und zwar gilt dies ganz allgemein. Eine Krümmung einer der beiden Spiegelflächen ist gleichbedeutend mit der Verlagerung der beiden Teilbilder zueinander, d. h. sie liegen nicht mehr beide in der kurzesten deutlichen Sehweite. Was das Prinzip des Basisentfernungsmessers betrifft, so sind die Meinungen darüber geteilt; die Forderung, daß zwei Bilder ganz oder teilweise zur Deckung gebracht werden sollen, von denen das eine durch einen teilversilberten, feststehenden Spiegel direkt und gleichzeitig über einen vollversilberten Spiegel gewissermaßen um die Ecke herum betrachtet wird, gibt bei strenger Beurteilung der theoretischen Grundlagen Anlaß, die auf diese Weise erreichte Genauigkeit anzuzweifeln. Zunächst ist die Tatsache von Bedeutung, daß bei allen unsymmetrischen Basisentfernungsmessern der Einblick einseitig (also nicht von der Mitte aus) erfolgt; dadurch entstehen verschieden lange Wege zu dem direkt betrachteten (kürzeste Entfernung) und zu dem über den beweglichen Spiegel gesehenen Gegenstand. Die Folge davon ist, daß der Abbildungsmaßstab in den beiden Teilbildern verschieden groß ist, eine Erscheinung, die sich als Fehlerquelle hauptsächlich nur bei kurzen Dingentfernungen bemerkbar macht. MISCHE hat in jüngster Zeit Vorschläge zur Vermeidung dieses Übelstandes gemacht (*295*).

Die grundsätzliche Anordnung eines Basisentfernungsmessers der beschriebenen Art (Mischbildentfernungsmesser) gibt außerdem zu berechtigten Zweifeln Anlaß, insofern, als die Aufgabe, zwei optische Bilder zur Deckung zu bringen, auf Grund erfolgreich durchgeführter Versuche als nicht einwandfrei gelöst bezeichnet werden kann und daher das Prinzip bei ähnlichen Problemen, wo höchste Genauigkeit verlangt wird (wie z. B. bei Optikpräzisionsmeßgeräten), abgelehnt wird. An deren Stelle tritt das Prinzip der Unterbrechung bzw. Unterteilung des Bildfeldes in zwei oder mehr Teile, mit der Maßgabe, daß durch eine saubere Trennungslinie das betreffende Bild des Gegenstandes — bei nichtvollendeter Messung — getrennt, d. h. die obere zur unteren Bildhälfte verschoben wird (Koinzidenzprinzip) oder aber derart, daß die beiden Bildhälften, von denen die eine höhenvertauscht ist, sich in der Trennungslinie berühren (Invert.-Prinzip) (198).

Wenn von den stereoskopischen Entfernungsmessern abgesehen wird (die neuerdings auf militärischem Gebiet eine große Rolle spielen), sind alle Basisentfernungsmesser optisch so eingerichtet, daß die Bildhälften durch eine gerade Linie getrennt werden. Diese Trennungslinie kann jedoch, ebenso wie der Bildrand, nur dann scharf gesehen werden, wenn eine reelle Bildebene vorhanden ist, die im gemeinsamen Brennpunkt der zu beiden Seiten der Basis angeordneten Objektive und des Okulars liegt. Mit Rücksicht darauf, daß bei solchen Basisentfernungsmessern stets eine Vergrößerung verlangt wurde, deren Wert über 1 liegt, war ein größerer Aufwand an optischen Mitteln gerechtfertigt. Ein Entfernungsmesser auf dieser Grundlage wurde erstmals für den Kamerabau überhaupt von H. SCHULZ gemeinsam mit dem Verfasser entwickelt, nachdem bereits früher u. a. COLZI und BARDELLI in Turin darüber eingehende Beschreibungen bekanntgegeben hatten (339). Die Firma VOIGTLÄNDER hat bereits im Jahre 1931 ihre „Prominent"-Kamera mit einem derartigen Entfernungsmesser mit reellem Bild ausgerüstet, der eine Vergrößerung von etwa 1,5 × und eine Basis von 90 mm besaß (267).[1] Es unterliegt keinem Zweifel, daß die Genauigkeit eines solchen Entfernungsmessers über derjenigen liegt, wie sie von Basisentfernungsmessern ohne vergrößernde Optik erreicht wird. Auch ist die Arbeitsweise so einfach und überzeugend, daß jede Gebrauchsanweisung überflüssig erscheint. — Ein anderes Beispiel aus dem Kamerabau, wo ebenfalls ein Basisentfernungsmesser mit reeller Bildebene erwähnt ist, ist die „Clarovid"-Kamera der Firma RODENSTOCK (199). Ferner sei erwähnt das Modell „Super-six" (Kodak A. G.).

Die einzige dem Verfasser bekannte Konstruktion einer Kleinbildkamera für Normalkinefilm, die einen Entfernungsmesser mit reeller Bildebene besitzt, ist das Modell „Bantam-Spezial" der Firma Kodak USA. Es ist für das, dem nichtperforierten Film von 35 mm Breite angepaßte Bildformat 28 × 40 mm gebaut und hat eine Optik von der Brennweite $f = 45$ mm in Compur 00 R und eine Lichtstärke von 1:2. Die Naheinstellung reicht von Unendlich bis 3 feet, und zwar erfolgt sie durch axiale Verschiebung des gesamten Objektives (D. R. P. Nr. 648 845).[2]

Was den Entfernungsmesser betrifft, so gehört dieser in eine besondere Gruppe derjenigen mit reeller Bildebene und unveränderlich gelagerten Eintrittsreflektoren an den Enden der Basis; diese wesentlichen optischen Teile des Entfernungsmessers einschließlich der zur Bildaufrichtung erforderlichen Prismen sind in bekannter Weise am Kameragehäuse fest angebracht. Dagegen ist außerdem eine zur Einstellung des Entfernungsmessers dienende Sammellinse vorgesehen, welche derartig am Objektivträger angeordnet ist, daß sie sich annähernd parallel zur Basis verschiebt, wenn das Objektiv in Richtung der optischen Achse verschoben wird. Das besondere Kennzeichen der vorliegenden Einrichtung ist die räumliche Trennung der strahlenablenkenden Linse von der Basis des Entfernungsmessers (vgl. die betreffenden ZEISS-IKON-Modelle „Ikonta" usw.). Der

---

[1] Einzelheiten siehe Ö. P. Nr. 48 357.
[2] Vgl. E. P. (268) sowie D. R. P. Nr. 637 845.

Der Entfernungsmesser.

Vorzug einer solchen Anordnung ist — ebenso wie bei Drehkeilen — die besonders einfache Kupplung von Kameraoptik und Entfernungsmesser. Außerdem ist es ohne weiteres möglich, das Aufnahmeobjektiv gegen ein anderes optisches System auszuwechseln, ohne daß irgendwelche Nachstellungen am Entfernungsmesser nötig wären. Der letztere hat folgende optische Daten: Basislänge zirka 45 mm, Bildfeld zirka 5°, Vergrößerung zirka 3×; die optisch wirksame Basis ist demnach 45×3=135! Der optische Durchsichtssucher hat eine Vergrößerung von $v = 0,5$. Weitere Einzelheiten finden sich in den Patentschriften (*200, 231, 237, 296* und *297*).

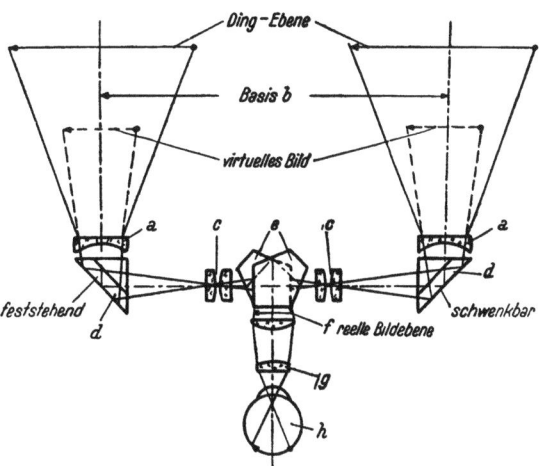

Abb. 46. Symmetrischer Basisentfernungsmesser mit reeller Bildebene und winkelrichtigem, einblicksgleichem optischen Sucher, Bildwinkel zirka 45° (Vergrößerung $n > 1$).
a Zerstreuungslinsen, *b* Basis, *c* sammelnde Umkehrlinsen, *d* Dachkantprismen, *e* Pentaprismen, *f* reelles Bild, *g* Okular, *h* Auge, optisch wirksame Basis = $b \cdot n$.

f) Der Raumbildentfernungsmesser an der Kleinbildkamera.

Der Vollständigkeit wegen sei auch dieser Sonderform des Basisentfernungsmessers gedacht, die auf anderen Gebieten, insbesondere auf dem militärischen, heute eine große Rolle spielen.

Im Handbuch, Bd. II, S. 238 bis 240, wurde kurz erläutert, wie die Menschen im beidäugigen Sehen die zwei verschiedenen Netzhautbilder, von denen jedes seine besondere Perspektive hat, zu einem Eindruck verschmelzen und daß diese geringen Bildverschiedenheiten unmittelbar und ohne Überlegung, also im Unterbewußtsein, als Anzeichen der Tiefenanordnung empfunden werden.

Diese Tiefenunterscheidung wurde zuerst bei Fernrohren mit erweitertem Objektivabstand wahrgenommen und als Verhältniszahl die sogenannte „totale Plastik" eingeführt; sie ist das Kriterium für die Genauigkeit der Messung und gleich dem Produkt aus der Fernrohrvergrößerung und dem Quotienten aus Objektiv- und Okularabstand.

Im Jahre 1893 kam GROUSSILLIERS auf den Gedanken, eine Raumbildleiter in ein solches Fernrohr einzubauen, und so entstand der Raumbildentfernungsmesser (vgl. D. R. P. Nr. 82 571/1893).

ABBE hat dann später die Leiter durch eine Wandermarke ersetzt; das wandernde Raumbild entsteht durch Ablenken der Visierlinie des einen Fernrohrs gegen die des anderen (D. R. P. Nr. 205 128/1908).

Grundsätzlich unterscheidet man demnach zwischen Raumbildentfernungsmesser mit fester Skala und solcher mit Wandermarke (vgl. KÖNIG 29).

Es ist wiederholt die Frage aufgetaucht, warum bislang die Raumbildentfernungsmesser in die photographische Aufnahmetechnik immer noch nicht Aufnahme gefunden haben.

SAUER (*59*) berichtet auch hierüber und seine Anschauungen decken sich völlig mit denen des Verfassers, daß der Grund fast ausschließlich in dem erheblichen Raumbedarf zu suchen sein dürfte, der in erster Linie durch die Einrichtungen für den beidäugigen Einblick überhaupt begründet ist. Nicht unwichtig ist auch der relativ hohe Aufwand an mechanischen Mitteln für die Anpassung der Okulare an den individuellen Augenabstand (56 bis 72 mm!).

Berücksichtigt man noch die bei Kleinbildkameras heute übliche kleine Entfernungsmesserbasis von 30 bis 40 mm, so ist verständlich, warum sich die Konstrukteure mit dieser interessanten Art von Entfernungsmessern noch nicht ausgiebiger beschäftigt haben. Schließlich ist auch die Tatsache von Bedeutung, daß ein wenn auch kleiner Teil der Beobachter nicht stereoskopisch sehen kann.

Was die Erkennung des Tiefenschärfebereichs bei stereoskopischen Entfernungsmessern betrifft, so hat hier WANDERSLEB über interessante Fortschritte berichtet (*204, 205*).

An dieser Stelle wird auch auf die Arbeit von F. KOCH (*28*) hingewiesen, die einen Meßsucher mit selbsttätiger Tiefenscharfebestimmung betrifft.

g) Optische Naheinstellgeräte.

Die unbestreitbaren Vorteile des mit dem Aufnahmeobjektiv gekuppelten Basisentfernungsmessers lassen sich leider nur so weit ausnutzen, als das die axiale Verschiebung des ganzen Objektivs bzw. der Frontlinse zuläßt. Das ist im allgemeinen nur für Dinge in etwa 1 m Entfernung möglich. Wie in früheren Ausführungen dargelegt, beträgt die Bildweite für Gegenstände, die in dieser Entfernung liegen (bei einer Brennweite von $f = 50$ mm) $a' = 52{,}63$ mm, die axiale Verschiebung demnach $52{,}63 - 50 = 2{,}63$ mm; für eine Dingentfernung von $a = 0{,}5$ m wächst dieser Betrag auf $a' = 55{,}55$ mm an. Es liegt die Frage sehr nahe, warum die Einrichtung der Objektivverstellung nicht von vornherein für noch kürzere Entfernungen getroffen ist; das wäre ohne weiteres sowohl mechanisch als optisch bei solchen Kameras möglich, bei denen das Objektiv als Ganzes zum Zwecke der Naheinstellung axial verschoben wird. Wenn es bislang nicht geschehen ist, dann dürften die Gründe vorwiegend darin zu suchen sein, daß die Notwendigkeit solcher Einrichtungen nicht unbedingt gegeben ist. Schwieriger liegen hier die Verhältnisse bei der „Einstellfrontlinse", und zwar spielt neben der optischen auch die mechanische Durchführbarkeit (zu kurze Führung!) eine Rolle. Zur Zeit liegen im wesentlichen nur zwei Lösungen des Problems vor, bei denen die Konstrukteure verschiedene Wege gegangen sind. Es wurden besondere Naheinstellgeräte geschaffen, und zwar besteht dasjenige der Firma LEITZ im wesentlichen aus einem mechanischen Zwischenstück, das in den Objektivwechselring eingeschraubt wird, wodurch der Objektivauszug verlängert wird. Diese Zwischenfassung trägt einen Glaskeil, der vor die eine Lichteintrittsöffnung des Entfernungsmessers gebracht wird und dadurch für eine geeignete Ablenkung der vom Gegenstand kommenden Lichtstrahlen sorgt. Außerdem trägt sie noch eine, durch eine Kurve automatisch gesteuerte Bildfeldblende, die vor dem Objektiv des normalen Durchsichtssuchers steht, zugleich die Sucherparallaxe ausgleicht und den bei Nahaufnahmen eintretenden Bildfeldschwund berücksichtigt. Dieses Zwischenglied ist mit einem Bajonett versehen, in welches der Stutzen des jeweiligen Objektivs ($f = 50$ mm) eingesetzt wird. Mit dem Gerät sind alle Entfernungen zwischen 1 m und 0,44 m (gerechnet von der Filmebene) in kontinuierlicher Weise einstellbar. Der Abbildungs-

Abb 47 Optisches Naheinstellgerät in Verbindung mit der „Leica" Entfernung von 1 bis 0,44 m (ERNST LEITZ)

maßstab ändert sich dabei von etwa 19- bis 8facher Verkleinerung. Das von der Firma ZEISS-IKON zur Ergänzung ihrer „Contax"-Kameraserie auf den Markt gebrachte Gerät „Contameter" ist nach anderen Gesichtspunkten aufgebaut. Es arbeitet nach dem gleichen Prinzip wie der eingebaute Entfernungsmesser. Rein äußerlich besteht das „Contameter" aus einem kleinen Meßsucher, der oben auf der Kamera in den dafür bestimmten „Sucherschuh" eingeschoben wird. Voraussetzung bei diesem Prinzip der Naheinstellung ist die Verwendung von Vorsatzlinsen in Verbindung mit dem Aufnahmeobjektiv; diese Linsen haben Brennweiten von 200, 330 und 500 mm. Daneben wird der Entfernungsmesser durch auswechselbare optische Keile auf die drei unveränderlichen Entfernungen (gemessen vom Scheitel der Vorsatzlinsen) von 0,2, 0,33 und 0,5 m eingestellt. Durch entsprechende Abstandsregulierung zum Gegenstand wird Deckung der Teilbilder erreicht. Die Erfassung von nahe gelegenen Dingen ist auf diese Weise auch aus freier Hand möglich. Für solche Spezialaufnahmen ist Parallaxeausgleich unerläßlich, daher auch vorgesehen; er wird dadurch erreicht, daß der Meßsucher in zwei verschiedenen Neigungen zu der Oberkante des Kameragehäuses aufgesetzt werden kann. Die erreichten Verkleinerungsmaßstäbe sind bei $a = 0,5$ m etwa 1:10, bei $a = 0,330$ m etwa 1:6,5 und bei $a = 0,200$ m etwa 1:4. Die jeweilig eingestellten Gegenstände befinden sich stets im Brennpunkt der Vorsatzlinsen (bei Einstellung auf Unendlich).

Abb. 48. Optisches Naheinstellgerät „Contameter" in Verbindung mit der Kleinbildkamera, Modell Contax II. (ZEISS-IKON A. G)

Mit Hilfe der beschriebenen Geräte lassen sich Aufnahmen von Dingen erzielen, die sich in außergewöhnlich kurzem Abstand von der Kamera befinden. Über den Gebrauch von Vorschaltlinsen zur Verlagerung des Meßbereichs eines Basisentfernungsmessers zum Zweck von Nahaufnahmen wird auf die Veröffentlichung von SAUER (59) besonders hingewiesen.

In der Tabelle 16 sind die sich aus der Veränderung der jeweiligen Bildweiten ergebenden tatsächlichen Öffnungsverhältnisse errechnet, die sich bei den verschiedenen Abbildungsmaßstäben ergeben.

Tabelle 16. Belichtungszeitverlängerung bei Nahaufnahmen (die Dingweite ist eine Funktion der Brennweite).

Dingweite	Maßstab	Verlängerungsfaktor	Die am Blendenring eingestellte Blendenzahl									
			3,5	4,5	5,5	6,3	8	9	11	12,5	16	25
			entspricht einem tatsächlichen Öffnungsverhältnis									
2,00 f	1:1	4	7	9	11	12,5	16	18	22	25	32	50
2,07 f	1:1,07	3,75	6,8	8,7	10,6	12,1	15,5	17,4	21,3	24,2	31	48,5
2,15 f	1:1,15	3,5	6,6	8,4	10,3	11,7	15	16,7	20,6	23,2	30	46,5
2,25 f	1:1,25	3,25	6,3	8,1	9,9	11,3	14,4	16,2	19,8	22,5	28,8	45,0
2,37 f	1:1,37	3	6,1	7,8	9,5	10,9	13,8	15,5	19	21,6	27,7	43,2
2,53 f	1:1,53	2,75	5,8	7,5	9,1	10,5	13,2	14,9	18,2	20,7	26,5	41,4
2,72 f	1:1,72	2,5	5,5	7,1	8,7	10,0	12,6	14,2	17,4	19,8	25,3	39,5
3,00 f	1:2	2,25	5,3	6,8	8,3	9,5	12,0	13,5	16,5	18,8	24,0	37,5
3,40 f	1:2,4	2	5	6,4	7,8	9,0	11,3	12,7	15,5	18,0	22,6	35,4
4,00 f	1:3,0	1,75	4,6	6,0	7,3	8,4	10,6	12,0	14,5	16,7	21,2	33,4
5,20 f	1:4,2	1,5	4,3	5,6	6,7	7,8	9,8	11,1	13,5	15,5	19,6	31,0
9,50 f	1:8,5	1,25	3,9	5,0	6,2	7,0	9,0	10,0	12,3	14,0	17,9	28,0
16,00 f	1:15	1,10	3,7	4,8	5,8	6,7	8,4	9,6	11,5	13,4	16,8	26,7

Ganz allgemein kann gesagt werden, daß durch die Verwendung von irgendwelchen Sammellinsen (Negativlinsen scheiden aus) in Verbindung mit dem Aufnahmeobjektiv stets eine Äquivalentbrennweite von kleinerem Wert entsteht; da die wirksame Öffnung des Gesamtsystems meist unveränderlich bleibt, **das Öffnungsverhältnis also wächst, die Korrektion des Objektivs ungünstig beeinflußt, empfiehlt es sich, in jedem Fall abzublenden** (vgl. hierzu die Betrachtungen auf S. 151 sowie die Ausführungen von MICHEL, S. 595 ff. dieses Bandes über Nahaufnahmen).

h) Die Vereinigung aller Einstellvorrichtungen.

Mit der raschen Entwicklung des gesamten Aufbaues der Kleinbildkamera im allgemeinen und deren optischer Ausrüstung im besonderen haben neben der Aufnahmeoptik drei Gesichtspunkte den Konstrukteur in zunehmendem Maße beschäftigt, und zwar sind das: der Sucher, der Entfernungsmesser und der elektrische Belichtungsmesser. Es ist, und das mit Recht, zu beobachten, wie immer wieder auf rascheste Bereitschaft bei der Aufnahme der Hauptschwerpunkt gelegt wird, um keine unnütze Zeit verlieren und zeitraubende Vorbereitungen treffen zu müssen. So finden sich neben wertvollen Fortschritten und Anregungen der verschiedenen Art auf jedem einzelnen der drei Spezialgebiete Kombinationen zwischen Sucher und Entfernungsmesser, dann wieder solche zwischen Sucher und Belichtungsmesser und schließlich vereinzelt auch Vorschläge, die sich auf eine zwangsläufige Verbindung zwischen allen drei Einrichtungen erstrecken.

Da Belichtungsmesser zur Zeit noch verhältnismäßig selten mit der Kamera verbunden sind,[1] d. h. ein organisches Ganzes mit dem Aufnahmeobjektiv bzw. dessen Blende und der Photozelle bilden, soll bei den nachfolgenden Ausführungen zunächst nur der Zusammenhang zwischen Sucher und Entfernungsmesser in Betracht gezogen werden.

Ohne auf ältere Veröffentlichungen, die in größter Zahl vorliegen, an dieser Stelle hinzuweisen, sei u. a. nur an die Erfindung von EASTMAN erinnert, bei welcher der kombinierte Basisentfernungsmesser und Spiegelsucher in einem hohl gestalteten Arm des Objektivträgers untergebracht sind [D.R.P. Nr. 431 815/1924 und (207)].

Später hat W. ZUGEL in München zwei diesbezügliche Erfindungen zum Patent angemeldet, die unter den Nr. 537 815 und 586 403 erteilt wurden. Das Kennzeichen der Neuerung war ein Basisentfernungsmesser, bei welchem das eine Bild durch reflektierende Flächen entworfen und das andere — ohne Einengung durch die reflektierenden Flächen — unmittelbar gesehen wird, mit der Maßgabe, daß die beiden Bilder in der Durchblicksöffnung des an sich bekannten optischen Durchsichtsuchers erscheinen.[2] Hier findet sich also zum ersten Male der Versuch, den Sucher mit dem Entfernungsmesser so zu vereinigen, daß der Einblick in beide Geräte von derselben Stelle erfolgt (209).

Es ist vielleicht nicht unangebracht, bei dieser Anordnung kurze Zeit zu verweilen und Vorteile gegen eventuelle Nachteile abzuwägen. Ohne Zweifel liegt ein nicht zu unterschätzender Zeitgewinn in der Tatsache, daß der Beobachter den Ort des Auges nicht zu verändern braucht, wenn er von der Scharfeinstellung am Entfernungsmesser zu der Beobachtung des Motivs übergeht. Anderseits geht die Klarheit des Sucherbildes verloren, wenn sich z. B. in der Mitte des Gesichtsfeldes die für die Entfernungsmessung erforderlichen Bildteile mit Hilfe

---

[1] Sie finden sich zunächst nur bei den Modellen „Contax" und „Contaflex" der ZEISS-IKON A. G.

[2] Vgl. auch D.R.P. Nr. 564 760/1930.

von optischen Mitteln hineingespiegelt finden. Dazu kommt noch, daß der optische Durchsichtsucher, der hier fast allein in Frage kommt, stets eine Vergrößerung besitzt, die unter 1 liegt (also Verkleinerung), um den erforderlichen Bildwinkel erfassen zu können. Dieser muß mit demjenigen des Aufnahmeobjektivs übereinstimmen und beträgt bei $f = 50$ mm etwa 45°. Die Kombination Sucher—Entfernungsmesser hat also — wie alle Kompromißlösungen — neben unbestreitbaren Vorteilen im Gebrauch auch Mängel, die bei der Trennung beider Systeme vermieden werden.

Bei der „Leica" Modell II ist der Abstand zwischen der Einblicksöffnung des Suchers und jener für den Entfernungsmesser nur etwa 20 mm, so daß der Übergang von der einen in die andere Stellung verhältnismäßig rasch vonstatten geht; bei den neuesten „Leica"-Modellen IIIb und IIIc beträgt dieser Abstand nur etwa 3 mm. Der Sucher besteht in bekannter Weise aus einem umgekehrten GALILEIschen Fernrohr und besitzt die Vergrößerung 0,5; die Augenlinse ist innerhalb geringer Grenzen für die individuelle Sehschärfe besonders einstellbar.[1]

Der Entfernungsmesser mit der Basis von zirka 40 mm zeigt mit Hilfe eines in gewohnter Reihenfolge der Linsen aufgebauten ebenfalls GALILEIschen Fernrohres eine Vergrößerung von etwa 1,5×; dies bedeutet bekanntlich eine nicht unerhebliche Leistungssteigerung bei der Scharfeinstellung. Bei Einblicksgleichheit und Einhaltung des erforderlichen Gesichtsfeldes im Sucher ist, wie bereits ausgeführt, dieser Vorteil nicht ohne weiteres zu erreichen.

Eine interessante optische Lösung, die gewissermaßen in Parallele zu derjenigen bei der Firma LEITZ gebracht werden kann, ist diejenige von ZEISS-IKON; das besondere Kennzeichen der Verbindung von Spiegelentfernungsmesser und Durchblicksucher ist darin zu sehen, daß unabhängig vom Strahlengang des Entfernungsmessers zwischen den beiden Eintrittsluken desselben ein optischer Durchblicksucher der beschriebenen Art angeordnet ist, welcher die Basis des Entfernungsmessers schneidet. Einzelheiten finden sich in der Beschreibung und den Schutzansprüchen der deutschen Patentschrift Nr. 561018/1931.

Neben der Ermittlung der Entfernung des Gegenstandes, des Bildausschnittes und der Tiefenschärfe kommen bei photographischen Kameras auch noch andere in bestimmter Abhängigkeit voneinander stehende Aufnahmefaktoren oder Einstellwerte in Betracht; dies sind in erster Linie:

Belichtungszeit, relative Blendenöffnung, Empfindlichkeit des Negativs und Beleuchtungsstärke.

Um eine dieser Größen ermitteln zu können, müssen die anderen drei teils gegeben, teils angenommen werden. Grundsätzlich kann man eine ziemlich scharfe Trennung ziehen, wenn man zwei Gruppen vorsieht, die entweder dadurch entstehen, daß es sich um Aufnahmen bewegter Dinge handelt, deren Geschwindigkeit für die Entscheidung der Belichtungszeit ausschlaggebend ist, oder daß Gegenstände von relativ großer Tiefenausdehnung in Frage kommen, in welchem Falle die Bestimmung des Blendendurchmessers mehr oder weniger eindeutig gegeben ist. Schließlich ist auch der Fall möglich, daß bewegte Dinge von großer Tiefe aufgenommen werden sollen. Mit Rücksicht darauf, daß weder die mit der Kamera vereinigten Belichtungsmesser noch Tabellen, noch die Momentverschluß- und Blendeneinstellvorrichtungen gesetzmäßig aufeinander abgestimmt sind, demnach auch nicht organisch miteinander verbunden sein können, verursacht die Gesamtbedienung eine nicht unbedeutende Denkarbeit und mehrfache Handgriffe und damit einen oft störenden Zeitaufwand.

---

[1] Vgl. die Schwz. P. Nr. 175 375 und 179 340 sowie (*328, 329, 314* und *315*).

R. CHRISTOF in Villach hat sich mit diesen Fragen eingehend beschäftigt und diesbezügliche Anregungen gegeben, die auf der Anwendung von Einstellvorrichtungen beruhen, die nach linearen Skalen abgestuft sind, derart, daß die durch letztere der Größe nach angegebenen und aufeinanderfolgenden Stufenwerte nach ein und demselben Gesetz gebildet sein müssen. Nur dadurch ist es möglich, bei gegebenen Faktorenwerten diese in beliebiger Weise wechselseitig in Beziehung zu bringen und durch einfaches Verschieben und Verdrehen der betreffenden Skalenträger und der damit zwangsläufig verbundenen Einstellvorrichtungen die vier Werte zu kuppeln, so daß durch die Wahl bzw. Einstellung auch nur eines dieser vier Faktorenwerte gleichzeitig alle anderen richtig und eindeutig bestimmt werden. Die Abbildungen der Patentschrift und der Text der Beschreibung geben weitere Aufschlüsse über den Bau solcher Getriebe (340).

Schon vor dieser Veröffentlichung hat die ZEISS-IKON A. G. die Wichtigkeit dieses Problems für die Aufnahmetechnik erkannt und Lösungsvorschläge unter Schutz stellen lassen (1931). Nach dem Wortlaut der Patentschrift handelt es sich dabei um die gleiche Aufgabe, nämlich um eine Einstellung für Kameras, bei der beim Betätigen des Entfernungsmessers gleichzeitig die Kamera mit eingestellt wird; das besondere Kennzeichen der Erfindung besteht in einem Getriebe, das sowohl die Verstellung des Entfernungsmessers als auch die des Belichtungsmessers und außerdem die Betätigung der Einstellvorrichtungen an der Kamera für Blende, Verschlußgeschwindigkeit und Scharfeinstellung bewirkt (206).

Bei zeitgemäßen Kleinbildkameras, z. B. der „Leica", ist lediglich der Entfernungsmesser mit der Objektiveinstellung zwangsläufig gekuppelt; ein Belichtungsmesser ist bei diesem Modell nicht vorhanden, so daß also bislang nur ein relativ kleiner Teil der angestrebten „Automatisierung" erreicht ist.[1]

Bei der „Contax" ist darüber hinaus ein Belichtungsmesser mit Photozelle vorhanden, deren Einstellungsvorrichtung jedoch vollkommen getrennt von der Blendengröße und Geschwindigkeit des Verschlusses aufgebaut ist. Es fehlt also die selbsttätige Einstellung der jeweiligen Blendengröße nach Maßgabe der Intensität des aufzunehmenden Gegenstandes, wie sie RISSDORFER bereits vor etwa zehn Jahren vorgeschlagen hat (232 bis 237).

Soweit dem Verfasser bekannt, ist eine derartige völlig selbsttätig arbeitende Vorrichtung zur Einstellung der Blendengröße bislang nur bei einer Firma zur Ausführung gelangt (Kodak-Modell Super-six).

8. Die Bildeinstellung mit Hilfe der Mattscheibe.

Das bekannteste und am weitesten verbreitete Einstellverfahren an photographischen Kammern ist dasjenige, bei dem an die Stelle der lichtempfindlichen Schicht vorübergehend eine Mattscheibe gebracht wird und der Abstand zwischen dieser und dem Aufnahmeobjektiv so lange verändert wird, bis das Bild des Gegenstandes so scharf, wie es erzielbar ist, erscheint.

Da diese Methode vor allem die Möglichkeit bietet, stets das ganze Bildfeld zu kontrollieren und damit ein Sucher überflüssig wird, so ist nur noch dafür zu sorgen, daß der Wechsel zwischen Mattscheibenrahmen und Kassette für das Negativ sehr leicht vor sich geht und vor allem Lagedifferenzen zwischen beiden vermieden werden. Mit der Einführung der Rollfilmkamera wurde selbstverständlich immer wieder die Forderung einer Einstellmöglichkeit dieser Art gestellt. Es wurden diesbezüglich verschiedene Vorschläge bekannt, die sich im

---

[1] Vgl. Schwz. P. (333) und Ö. P. (351).

wesentlichen auf die Ausbildung der Rollfilmrückwand mit einer Mattscheibe erstrecken.[1]

Als Nachteil dieser ältesten Form der Einstellung sind zu nennen:

1. Das Mattscheibenbild ist verhältnismäßig dunkel, eine Erscheinung, die darauf zurückzuführen ist, daß das vom Objektiv kommende Licht an der matten Scheibe der Einstellscheibe nach allen Seiten zerstreut wird (Helligkeitsverlust infolge Diffusion).

2. Die Scharfeinstellung kann nicht bis zum Augenblick der Belichtung kontrolliert werden.

3. Durch die nicht immer zu entbehrenden Hilfsmittel zur Vergrößerung (Lupe) geht die Übersicht über das ganze Bildfeld verloren.[2]

Die Folge davon ist, daß die Mattscheibe als Mittel zur Einstellung im Laufe der Entwicklung des Kamerabaus mehr und mehr verlassen wurde. Nach Einführung der Rollfilmkammer, durch deren Benutzung sich eine Kassette erübrigte, fielen die erwähnten Nachteile automatisch weg.

Was die Genauigkeit der Einstellung auf der Mattscheibe betrifft, so ist darüber folgendes zu sagen (vgl. SAUER 59):

Mit f wird die Brennweite und mit d die Blendenzahl des Objektivs bezeichnet, während a die Entfernung des Gegenstandes ist (gerechnet vom Gegenstand bis zur vorderen Hauptebene des Objektivs). z ist der Durchmesser des Zerstreuungskreises, der bei einer Mattscheibe bestimmter Körnigkeit und bei einem bestimmten Betrachtungsabstand (bzw. einer eventuellen Lupenvergrößerung) gerade als Unschärfe erscheint.

Die Größe der Abweichungen Δa bei der Ablesung an der Entfernungsskala ergibt sich unter Anlehnung an die Tiefenformeln, wenn $\dfrac{f^2}{z \cdot K} = i$ gesetzt wird aus der Beziehung

$$\Delta a = \frac{2a(a-f) \cdot i}{i^2 - (a-f)^2}.$$

Beispiel: $f = 50$ mm; $z = 0{,}033$; $K = 3{,}5$; $a = 3$ m, $\Delta a = 0{,}84$ m.

Mit Rücksicht darauf, daß das Scharfeinstellen des Bildes auf der Mattscheibe, das sich bei unbewaffnetem Auge stets in der kürzesten deutlichen Sehweite (zirka 250 mm) befindet — je nach der Lichtstärke des Objektivs — nicht immer mit absoluter Sicherheit vorgenommen werden kann, weil es sich dabei mehr oder weniger um ein Schätzungsverfahren handelt, das auf einem fortwährenden Vergleich innerhalb zweier aufeinanderfolgender Zeitabschnitte beruht, ist es begreiflich, daß man sich schon in der Frühzeit der Photographie zum Steigern der Einstellsicherheit eines das Bild vergrößernden optischen Systems bediente, nämlich der Lupe. Als zusätzliches Gerät ist die Lupe schon vor 100 Jahren bekannt geworden, und es sei an dieser Stelle an die erste VOIGTLÄNDER-Kamera aus dem Jahre 1840 erinnert, bei welcher das vom PETZVAL-Objektiv auf einer Mattscheibe entworfene Bild von zirka 95 mm Durchmesser durch eine mit dem Träger der Mattscheibe verbundene und axial verschiebbare Lupe (Sammellinse von zirka 115 mm Brennweite), zirka 2,2× vergrößert betrachtet wurde (vgl. Abb. 2).

Der sich bei der Lupenbetrachtung einer Mattscheibe zeigende Nachteil, daß je nach dem Grade der Körnigkeit die Feinheit des Bildes mehr oder weniger verlorengeht und die Einstellung erschwert, war schon früher Gegenstand von Verbesserungsvorschlägen; u. a. hat GRANT die Mitte der Einstellscheibe entweder überhaupt durchbrochen oder aber gar nicht mattiert, so daß ein sogenanntes

---
[1] Vgl. u. a. D. R. P. Nr. 513 560, 523 486 und 463 990.
[2] Vgl. STAEBLE („Orpho", 1939, Heft 4) und JAEČKEL („Orpho", 1934, Heft 18).

Luftbild entsteht, das durch eine Lupe betrachtet werden kann (*304*). Bekanntlich bedeutet eine solche Anordnung keinen Fortschritt, weil durch die Möglichkeit der Akkommodation des Auges, besonders bei relativ jugendlichen Beobachtern, sehr leicht eine Verfälschung der Einstellung entsteht.

Als Vorteil kann es bezeichnet werden, daß neben der Möglichkeit, die Bildschärfe in der Mitte zu beobachten, der gesamte übrige Teil des Bildfeldes übersehen werden kann (im Abstand von etwa 250 mm).

Der Grund, warum die Einstellung des Mattscheibenbildes mit Schwierigkeiten verbunden ist, liegt bekanntlich darin, daß der vom Objektiv kommende Strahlengang nicht ganz so verläuft, wie ihn die geometrische Optik aus Gründen der Einfachheit darstellt; in Wirklichkeit schneiden sich die Strahlen hinter dem Objektiv nicht mathematisch genau in einem Punkt. Der Lichtkegel verengt sich zwar stark in der Bildebene, bleibt auch eine kurze Strecke eng, um sich dann aber mehr oder weniger schnell wieder zu erweitern.

Stärke und Länge der Verengung (nicht unzutreffend „Schärfenschlauch" genannt) hängt von der Lichtstärke und Brennweite des Objektivs ab. In der Mitte dieses „Schärfenschlauches" liegt die Ebene größter Bildschärfe.

Diese Ausführungen waren nötig, um eine in jüngster Zeit bekannt gewordene Messung der Bildschärfe auf ihren Wert zu prüfen; es handelt sich dabei um das sogenannte „DAPEI-Meßraster" oder „die optische Waage".[1] Das besondere Kennzeichen dieses „Meßrasters" ist, daß die mattierten Flächen zweier benachbarter Rasterelemente in zwei verschiedenen Ebenen liegen, deren Abstand gleich der Glasdicke des Trägers ist.

Man stellt also gewissermaßen auf gleiche Unschärfe ein, und das „Schärfengleichgewicht" wird festgestellt, sobald auf zwei benachbarten Rasterteilen die Schärfe genau gleich ist. Weitere Einzelheiten finden sich in der Arbeit von OCHS (*45*).

Handkameras, bei denen zur Unterstützung der Einstellung ein aus Objektiv, Mattscheibe (bzw. Feldlinse wie beim Brillantsucher) und dazwischenliegendem Spiegel bestehender Aufsichtssucher nach WATSON in möglichster Nähe des Aufnahmeobjektivs angeordnet waren, gehörten lange Zeit zur selbstverständlichen Ausrüstung der photographischen Kammer.

Diese Geräte hatten jedoch lediglich den Zweck, eine Kontrolle des Bildumfanges zu geben, bzw. die Aufgabe, das Bildwichtige in die Mitte des Suchergesichtsfeldes zu bringen.

Es waren also keine Hilfsmittel zur Scharfeinstellung, sondern nur Sucher zur Beurteilung der Art und des Umfanges der Motive.

Die Erkenntnis, daß die Beobachtung von Bildern, die von derart kleinen Suchern entworfen werden, wegen der starken Verkleinerung im Abstand der deutlichen Sehweite keinen Anhalt für die Entfernungsschätzung geben kann, führte sehr bald zu Konstruktionen, bei denen über der Aufnahmekamera eine Sucherkamera (also mit feststehendem Spiegel) angeordnet war, die auf einer horizontalen Mattscheibe ein relativ großes, aufrechtes, aber seitenverkehrtes Bild des Gegenstandes entwarf. Die Brennweite des Sucherobjektivs war ebenso groß, größer oder kleiner als die des Aufnahmeobjektivs und beide waren zwangsläufig miteinander gekuppelt. Derartige Kameramodelle wurden von deutschen Firmen, zuerst von KRÜGENER in Bockenheim bei Frankfurt a. M. hergestellt und unter dem Namen „Simplex-Kamera" mit Plattenmagazin in den Handel gebracht; sie

---

[1] Optisches Meßverfahren von DAHL und PEITHMANN K.-G. BÜNDE-DAPEI-Druckschrift 2/39.

waren sonach die ersten Modelle mit Mattscheibenentfernungsmessern (Format 9×12 und 6×8 cm). Später folgten dann andere Firmen.[1]

Einige Jahre später (1893) wurde diesen beiden Modellen von derselben Firma ein weiteres hinzugefügt, nämlich die „Simplex-Rollkamera", die für 40 Aufnahmen des Formats 6×8 oder 9×12 cm auf „Transparent-Rollfilm" eingerichtet war (*210, 269*).

Es wird nicht uninteressant sein, zu erfahren, daß diese Spezialmodelle des Hauses KRÜGENER außer dem bereits erwähnten großen Sucher bereits folgende fortschrittliche Einzelheiten erkennen ließen:

1. Planlage des Films mit Hilfe einer Glasplatte und einer Andruckplatte.
2. Sperrung nach erfolgter Fortschaltung des Films.
3. Anordnung eines Zählwerks für die belichteten Filmstücke.
4. Abschneidevorrichtung des belichteten Films.[2]
5. Zwangsläufige Verstellung beider Objektive.

Das etwa um 1929 bekanntgewordene Kameramodell „Rolleiflex" ist — abgesehen von einer Reihe zum Teil sehr beachtenswerter Verbesserungen — als eine Wiedergeburt der damaligen KRÜGENER-Kamera, jedoch für das kleine Format 6×6 cm, zu betrachten, während die letztere ihrer Zeit weit vorausgeeilt war und nach kurzem Dasein vom Markt wieder verschwand, ist die „Rolleiflex" als typischer Vertreter der sogenannten zweiäugigen Rollfilmkameras gerade rechtzeitig in den Handel gebracht worden, als die Plattenkameras zu verschwinden begannen. Von der gleichen Firma[3] ist auch ein kleineres Modell für das Format 4×4 cm hergestellt worden, das nicht mit Unrecht als Übergang zur Kleinbildkamera betrachtet werden kann.

Die Dunkelheit des auf einer Mattscheibe entworfenen Bildes ist — insbesondere bei Aufnahmen bei ungünstigem Licht — von jeher ein Stein des Anstoßes beim Einstellen gewesen; berücksichtigt man, daß infolge des Lichtverlustes infolge Streuung an der Mattscheibe etwa 50% des vom Objektiv der Kamera kommenden Lichts verlorengehen, so wird es verständlich, daß Auswege gesucht wurden, dieses Übel zu beseitigen.

Der Verfasser hat im Jahre 1932 vorgeschlagen — zunächst unter Verzichtleistung auf die Einstellbarkeit — die Mattscheibe ganz fallen zu lassen und durch eine quadratische Feldlinse zu ersetzen; HILL und ADAMS (*211*) haben diesen Vorschlag zuerst gemacht und der bekannte „Brillantsucher" ist auf Grund von deren Anregungen entstanden.

Der Unterschied gegenüber den Ausführungen der Genannten besteht darin, daß die Abmessungen dieses Brillantsuchers erheblich größer sind (Feldlinse zirka 40×40 mm), und daß das ganze Sucheraggregat über der Aufnahmekamera angeordnet, mit dieser also organisch verbunden ist.[4]

Die Einstellung erfolgte zunächst durch Schätzung und mit Hilfe von Tiefenschärfentabellen, bzw. der sogenannten „Dreipunkteinstellung" (Landschaft—Gruppe—Portrat) durch axiale Verschiebung der Vorderlinse (Frontlinseneinstellung). Die Grenzwerte der Entfernung des Gegenstandes wurden auf Grund der Tiefe der optischen Abbildung errechnet, und zwar für einen

---

[1] Baujahr etwa 1891. (Vgl. das E. P. Nr. 14231 v. J. 1891.) Aus dem Auslande wurde zuerst das Kameramodell „Cosmopolite" von FRANÇAIS aus dem Jahr 1890 (EDER: Handbuch der Photographie, 2. Aufl., I. Teil, 2. Halfte, S. 500) bekannt (*5*).

[2] Vgl. D. R. P. Nr. 56697, 580400, 581190, 650013, 661326 und 643039.

[3] FRANKE & HEIDECKE in Braunschweig (*221*).

[4] „Brillant"-Kamera (Format 6×6 cm fur Film B II/8) der Firma VOIGTLÄNDER A. G., Braunschweig.

Zerstreuungskreis von 0,075 ($f = 75$ mm). Um Fehlern bei der Entfernungsschätzung zu begegnen, wurde dann das an sich sehr geschätzte Prinzip des Brillantsuchers, besonders bei der Verwendung sehr lichtstarker Objektive, teilweise verlassen, indem ein kleiner Teil, und zwar die Mitte des Bildfeldes, zwecks Einstellung mattiert hergestellt wurde. Diese mattierte Stelle hat einen Durchmesser von etwa 10 mm, so daß der ganze übrige Teil des Gesichtsfeldes für die Beurteilung des Motivs und die Bildbegrenzung in seiner Helligkeit und Farbenfreudigkeit erhalten blieb („Brillant" mit optischer Scharfeinstellung).

Voraussetzung für diese Ausführungsform der Kamera mit Aufsichtssucher und Mattscheibenentfernungsmesser war die zwangsläufige mechanische Kupplung des Sucher- und Aufnahmeobjektivs, von denen ersteres ebenfalls mehrgliedrig wie das Aufnahmeobjektiv ist und im Interesse einer möglichst genauen Einstellung sowie zur Vermeidung von Vignettierung die hohe Lichtstärke 1:2,2 hat.

FRICKE hat bereits früher auf die großen Vorzüge hingewiesen, die ein lichtstarkes Objektiv bezüglich der absoluten Größe des Tiefenschärfebereichs gegenüber einem lichtarmen hat, und bei der „Rolleiflex" ist diese Erfahrung für das Sucherobjektiv zuerst praktisch ausgenutzt worden (213). (Bei dieser Gelegenheit sei auf das D.R.P. Nr. 688660 vom Jahre 1937 hingewiesen. G. POHL schlägt darin eine zwangsläufige Kupplung beider Spiegel vor.)

Die bei der Schaffung von zweiäugigen Kameras mit den Übergangsformaten 6×6 und 4×4 cm gewonnenen Erfahrungen konnten bei Kleinbildmodellen (24×36 mm) nicht ohne weiteres verwandt werden.

Bei einer Kamera mit dem Bildformat 24×36 mm, das also erheblich kleiner ist als die früher in Betracht gezogenen Formate, und das infolgedessen auch eine Brennweite besitzt, deren absoluter Wert meist nur 50 mm beträgt, wachsen die Schwierigkeiten bei der Einstellung zusehends, denn — gleiche Körnigkeit der Mattscheibe vorausgesetzt — würde das Bild eines beliebigen Dingpunktes, dessen Größe eine Funktion der Brennweite ist, bei gleichem Abstand desselben, immer kleiner werden, wodurch ein Mißverhältnis zur Korngröße der Mattscheibe und damit zwangsläufig eine Unsicherheit bei der Einstellung entsteht. Dies zeigt sich besonders in dem Bestreben, nahe beieinander liegende Einstellwerte scharf voneinander abzugrenzen (vgl. G. HANSEN 19).

Bei einem Kameramodell des Formats 24×36 mm, dessen Mattscheibenbild im Abstand der deutlichen Sehweite von oben betrachtet werden soll, war es daher notwendig, andere Wege zu gehen, und zwar hatte ein solcher Mattscheibenscharfeinsteller im wesentlichen die folgenden Bedingungen zu erfüllen (Modell „Contaflex"):

Das Kontrollbild mußte sehr deutlich und bis in die Ecken möglichst hell sein.

Die Einstellgenauigkeit mußte mindestens so groß sein wie bei einer Kleinbildkamera, z. B. mit Basisentfernungsmesser.

Die Konstruktion war auf folgenden, an sich bekannten Überlegungen aufgebaut, die grundsätzlichen Charakter haben:

Die Tiefenschärfe eines Objektivs nimmt mit zunehmender Lichtstärke ab (bei der „Rolleiflex" sowohl als bei der „Brillant"-Kamera haben aus eben diesem Grunde die Sucherobjektive eine größere Lichtstärke als die Aufnahmeobjektive).

Die Tiefenschärfe eines Objektivs nimmt aber in noch rascherem Maß ab mit der Zunahme seiner Brennweite.

Wählt man also z. B. eine Brennweite von zirka 80 mm für das Sucherobjektiv, so sinkt damit die Tiefenschärfe, während anderseits die Einstellempfindlichkeit steigt und größer ist als beim normalen Aufnahmeobjektiv (214).

Der weitere Vorteil, der sich aus dieser Maßnahme ergibt, ist der, daß das Mattscheibenbild, welches das Sucherobjektiv von $f = 80$ mm ergibt, bei gleichem Bildausschnitt viel größer ist als das kleine Negativ 24×36 mm. Die Größen beider Bilder verhalten sich wie die Brennweiten, d. h. wie 5:8; das Mattscheibenbild hat daher beinahe eine Größe von 4×6 cm. Selbstverständlich kann die Einstellgenauigkeit außerdem noch durch Benutzung einer Lupe gesteigert werden. Zur Erzielung größtmöglicher Helligkeit bis in die Ecken des Bildfeldes kann über oder unter der Mattscheibe z. B. eine sammelnde zusätzliche Feldlinse angeordnet werden; es besteht indes auch hier die Möglichkeit, zweckmäßig eine plankonvexe Feldlinse zu wählen, deren Planfläche mattiert wird.[1]

Der Gedanke, der seinerzeit bei der Schaffung des Modells „Brillant" durch den Verfasser ausschlaggebend war, nämlich die überaus große Bildhelligkeit und Farbenfreudigkeit bei richtigem Bildausschnitt, hat die Firma VOIGTLÄNDER A. G. auch weiterhin beschäftigt, und zwar hauptsächlich in der Richtung, wo sich noch eine Lücke zeigte. Das ist bei dem Verzicht auf die Mattscheibe die Unmöglichkeit der Scharfeinstellung und Ersatz durch einen Entfernungsmesser.[2]

Es wäre natürlich ohne weiteres einzurichten gewesen, wie dies lange Jahre bei der „Leica" üblich war, einen ein loses Glied bildenden Entfernungsmesser vorzusehen; ein solcher ist auch durchgebildet und ausgeführt worden.

Im Laufe der Zeit hat sich aber herausgestellt, daß die Anforderungen an die rascheste Bereitschaft bei der Aufnahme gerade beim Arbeiten mit der Kleinbildkamera mit Recht immer größer wurden, und so entschloß sich die Firma VOIGTLÄNDER, nach den Vorschlägen des Verfassers, die Vorbereitungen für eine Kleinbildkamera mit einem Sucher nach dem Prinzip des Brillantsuchers zu treffen, bei der dieser lediglich zum Aufsuchen des Motivs diente, während ein Entfernungsmesser mit virtueller oder reeller Bildebene (der gleichzeitig das Arbeiten als einblicksgleicher Sucher in Augenhöhe gestattet) die Scharfeinstellung ermöglichte (212, 215).

Die Verwendung der Mattscheibe als Mittel zum Einstellen der Bildschärfe hat mit Naturnotwendigkeit auch zur Spiegelreflexkamera für das Kleinbild geführt. Äußerlich unterscheidet sich dieses Modell in der Hauptsache von seinen Vorgängern (1900 bis 1930) durch die kleinen Abmessungen und das Gewicht; dieser Erfolg ist lediglich auf das der Konstruktion zugrunde gelegte kleine Bildformat 24×36 mm zurückzuführen, dessen 36 Einzelbilder auf den perforierten Normalkinefilm von 35 mm Breite untergebracht sind.

Mit dem Verlassen der Platte und der Einführung des Films als Negativträger bei der Spiegelreflexkamera im allgemeinen sowie des erwähnten Spezialkinefilms im besonderen, waren die Konstruktionsgrundlagen der Spiegelreflexkamera für das Kleinbild im großen und ganzen gegeben; die Verwendung des Schlitz- oder Zentralverschlusses, besonders aber die Anordnung eines im Strahlengang befindlichen, an sich bekannten, schwenkbaren Spiegels vervollständigten das Bild der Spiegelreflex-Kleinbildkamera, bei welcher die Scharfeinstellung des Bildes ebenso wie bei früheren Vorläufern auf einer waagrecht liegenden Mattscheibe erfolgt.

Fortschrittlich bei dem umstehend abgebildeten Modell der „Kine-Exakta" ist der höhere Grad der Einstellgenauigkeit; die Mattscheibe ist nämlich derart mit einer Lupe vereinigt, daß beide zusammen ein verhältnismäßig dickes System aus optischem Glas bilden (216). Die Unterseite desselben ist eben und sehr fein mattiert, ihre Oberseite dagegen ist linsenförmig gekrümmt (Plankovexlinse) und bildet eine relativ starke Lupe. Die matte Seite (Einstellfläche) fällt mit der Brennebene dieser Plankonvexlinse zusammen (217, 218). Die Folge dieser Gesamtanordnung ist, daß das Auge des Aufnehmenden ein sehr helles und bis in die Ecken ausgeleuchtetes und vergrößertes Mattscheibenbild erblickt. Diese Bildvergrößerung bedeutet streng genommen eine Änderung der Brennweite, und

---

[1] D. R. P. Nr. 597374/75 bis 603181 und 641853.
[2] D. R. P. Nr. 676496 und D. R. G. M. Nr. 1389474 (PRITSCHOW).

zwar eine zeitweise Erhöhung des absoluten Wertes auf das Eineinhalbfache der Brennweite des Aufnahmeobjektivs bei der Einstellung; dadurch wird diese erheblich erleichtert. Die Schwierigkeiten werden beseitigt, die bei direkter Betrachtung des Kleinbildes 24×36 mm zweifellos vorhanden wären.

Übrigens ist der Gedanke, die Mattscheibe linsen- oder stufenförmig zu gestalten, nicht neu; HEIMSTÄDT hat bereits vor Jahrzehnten darauf hingewiesen (*219, 220* und *341*).

Auch die Anordnung einer zusätzlichen Feldlinse über oder unter der Mattscheibe zum Zweck der besseren Ausleuchtung des Bildes in den Ecken ist gerade

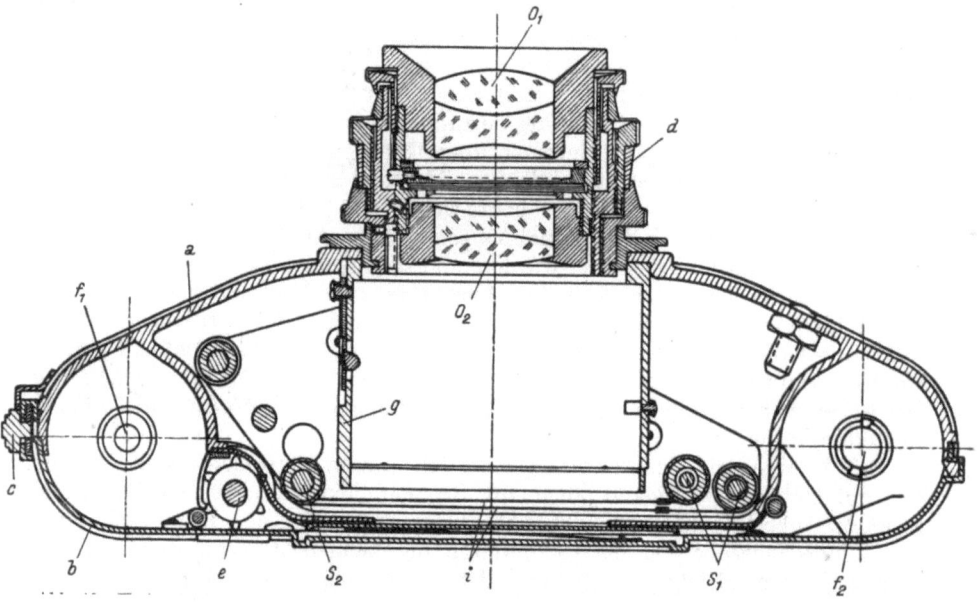

Abb. 49. Horizontalschnitt durch eine Spiegelreflexkleinbildkamera 24 × 36 mm mit Schlitzverschluß. Abstand der beiden Spulen f_1 f_2 ≈ 115 mm. (Modell Kine-Exakta, IHAGEE A. G., Dresden.)
a Kameragehause, *b* Ruckwand, *c* Verschluß zur Ruckwand, *d* Objektiveinstellung, *e* Filmtransportrad, f_1 und f_2 Achsen der Filmspulen, *g* Lichtschutztubus, *i* Bänder, S_1 und S_2 Wellen des Schlitzverschlusses, O_1 Vorderglied und O_2 Hinterglied des Aufnahmesystems (dazwischen Irisblende).

in letzter Zeit öfter Gegenstand von Veröffentlichungen gewesen (*221*) und stellt eine nicht zu unterschätzende Hebung der Gesamtgüte des Mattscheibenbildes dar, die sich vorzugsweise in der Helligkeit der Randpartien zeigt.[1]

Die Kleinbild-Spiegelreflexkamera mit schwenkbarem Spiegel, der vor der Aufnahme aus dem Strahlengang des Objektivs gebracht wird, hatte in gewisser Beziehung bereits um 1921 einen Vorläufer, und zwar in der besonderen Ausgestaltung mit Zentralverschluß; VOIGTLÄNDER hat damals verschiedene der sich dabei ergebenden Schwierigkeiten erkannt und diesbezügliche Erkenntnisse in Schutzrechten niedergelegt (*222*).

Das markanteste und wertvollste Kennzeichen der eigentlichen Spiegelreflexkamera mit Mattscheibeneinstellung ist zweifellos die Tatsache, daß dieselbe nur ein Objektiv besitzt, das sowohl für die Aufnahme als auch zum Entwerfen des Sucherbildes in gleicher Größe dient. Um eine bequeme Beobachtung dieses letzteren zu ermöglichen, ist die Einstellscheibe (Mattscheibe) horizontal vorgesehen, die Ebene des Films dagegen senkrecht. Die notwendige Folge davon ist die Anordnung des bekannten um 45° schwenkbaren Spiegels.

---

[1] D. R. G. M. Nr. 1 304 757/1934.

Die Bildeinstellung mit Hilfe der Mattscheibe. 193

Aus dieser Sachlage ergibt sich, daß ein zweiter Sucher irgendwelcher Art vollkommen überflüssig ist, weil die Abbildung des Sucherbildes auf der Mattscheibe sowohl nach Größe als auch nach Umfang vollkommen übereinstimmt mit dem bei der Aufnahme erhaltenen Bilde. Es ist keinerlei Bildparallaxe vorhanden. Diese an sich zwar bekannte Tatsache kann gar nicht hoch genug eingeschätzt werden, und es ist bei keinem anderen Kleinbildmodell eine derartig ideale Übereinstimmung der Bilder bei jeder Dingentfernung zu erreichen! [(77) und Abb. 50].

Im Bd. II des Handbuches, Teil II, Abschnitt D, ist über die Spiegelreflexkamera S. 147 bis 189 ausführlich geschrieben, und zwar finden sich dort Einzelheiten, besonders bezüglich der Entwicklung der verschiedenen Konstruktionsformen (vgl. D. R. P. Nr. 647 226 und 590 770). Danach erhielt SUTTON bereits im Jahre 1860 ein englisches Patent über eine Kamera, bei der im Inneren ein geneigter Spiegel angebracht war, der das Bild nach aufwärts auf eine horizontale Visierscheibe warf. Außerdem sei auf die Arbeiten von MANENIZZO MARCO hingewiesen, dessen Erfindungen sich in der Patentliteratur finden (223).

Unter anderen, älteren Veröffentlichungen über Mattscheibeneinstellsucher, die über der Kamera angeordnet und mit dem

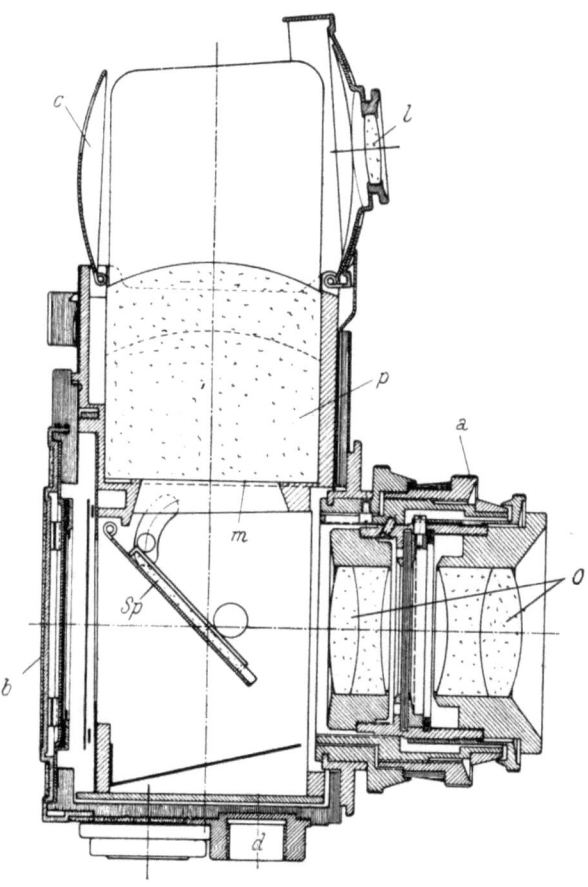

Abb 50 Vertikalschnitt durch eine Kleinbildkamera 24 × 36 mm (Modell Kine-Exakta) mit Spiegelreflexeinrichtung. Vergrößerung des Mattscheibenbildes durch eine plankonvexe Sammellinse.
(IHAGEE A. G., Dresden.)
a Objektiveinstellung (Schneckengang), b Rückwand (Stativgewinde), c Deckel des Sucherschachtes, d Stativgewinde, l Einstellupe, p Sammellinse zur Vergrößerung des Mattscheibenbildes, m Mattscheibe, O Aufnahmeoptik, Sp schwenkbarer Spiegel.

Aufnahmeobjektiv zwangsläufig verbunden sind, sei auf den Vorschlag von H. REITER hingewiesen (224).

In ähnlicher Weise hat G. S. L. RASUNDA das Problem gelöst und besonderen Wert auf die Zusammenlegbarkeit des ganzen Suchers gelegt, der also in lösbare Verbindung mit der Kamera gebracht wird (225).

Von besonderem Interesse bei Spiegelreflexkameras und von praktisch großem Wert ist eine Anordnung, bei welcher die Möglichkeit gegeben ist, im Interesse größter Helligkeit mit dem vollen Objektiv einzustellen und unmittelbar vor der Belichtung, also durch das Auslösen des Verschlusses, die Blendenöffnung auf ein bereits vor der Aufnahme einstellbares Maß zu verkleinern (Blendenvorwahl!).

TREISCHKE hat sich mit diesen Fragen im speziellen Zusammenhang mit Spiegelreflex- (bzw. Bildsicht-) Kameras beschäftigt und seine Gedankengänge im D.R.P. Nr. 304408 vom Jahre 1916 niedergelegt.

TH. FICKER hat seinen diesbezüglichen Überlegungen, die das gleiche Ziel verfolgen, eine Kamera mit Objektivverschluß zugrunde gelegt, der aber nicht die Merkmale eines Zentralverschlusses mit Sektoren, sondern diejenigen eines Schlitzverschlusses trägt. Es handelt sich bei seiner Erfindung also um eine photographische Kamera mit Objektivverschluß, dessen Auslösung die zur Einstellung ganz geöffnete Irisblende ebenfalls auf die zur Aufnahme jeweils erforderliche Öffnungsweite zurückführt; das besondere Kennzeichen der Erfindung ist, daß die Öffnungsweite der Blende durch die gegenseitige Verstellung des Rolltuches eines Schlitzverschlusses eingestellt wird. In jüngerer Zeit wurde eine Idee von G. POHL bekannt, die sich wieder auf Spiegelreflexkameras mit Blendenvorwahl bezieht. Gestützt auf die Tatsache, daß die obenerwähnten älteren Schutzrechte den Grundgedanken bereits erschöpfend behandelten, ist das Neue bei POHL im wesentlichen in der konstruktiven Ausbildung zu sehen; der Schutzanspruch betont daher eine besondere mechanische Anordnung, die dadurch gekennzeichnet ist, daß die Wahl der zur Aufnahme vorgesehenen Blendenöffnung durch eine besondere Ausbildung des Blendenringes erfolgt (*226*).

Die Gefahr der Parallaxe, die bei allen übrigen nach anderen Gesichtspunkten aufgebauten photographischen Apparaten infolge der exzentrischen Lage des Suchers zur optischen Achse des Aufnahmeobjektivs ohne Ausnahme in mehr oder weniger hohem Maße vorhanden ist, insbesondere sobald Aufnahmen von Dingen in kurzen Entfernungen gemacht werden, die aber auch bei Verwendung von Objektiven mit relativ langer Brennweite und entsprechend kleinem Bildwinkel auftritt, ist bei der Spiegelreflexkamera mit einem Objektiv vollkommen ausgeschaltet; es ist daher verständlich, daß diese Konstruktionsform auch schnell in das Gebiet des Kleinbildkamerabaus eingedrungen ist. Infolge der raumsparenden Bauweise und entsprechend niedrigem Gewicht bedeutet die Spiegelreflexkleinbildkamera zweifellos einen beachtenswerten Fortschritt.

Wird eine nach solchen Grundsätzen aufgebaute Kleinbildkamera, wie dies geschehen ist (z. B. „Kine-Exakta"), außerdem noch mit Schlitzverschluß ausgerüstet, so treten u. a. noch weitere Vorzüge auf, unter denen in erster Linie die Verwendung von Objektiven mit anderen Brennweiten zu nennen ist; im Gegensatz zu solchen Kameramodellen, die einen mit dem Objektiv zwangsläufig gekuppelten optischen Basisentfernungsmesser besitzen, macht das Auswechseln der zur Bildebene selbstverständlich abgestimmten Objektive von längerer oder kürzerer Brennweite keinerlei Schwierigkeiten; der Bildinhalt regelt sich ganz automatisch nach Maßgabe des absoluten Wertes der jeweiligen Brennweite auf Grund der Tatsache, daß die Abmessungen des Bildes konstant sind (Abb. 49 und 50).

9. Die Bildeinstellung durch Beobachtung des Luftbildes.

Die Mattscheibe besitzt bei allen Vorzügen als Einstellmittel den Nachteil, daß sie in hohem Maße das in das Objektiv eingetretene Licht absorbiert, so daß sie eine verhältnismäßig geringe Helligkeit aufweist; ein weiterer Nachteil entsteht durch die Körnung der Mattscheibe, wodurch bis zu einem bestimmten Grad ein verschwommenes Bild entsteht, dessen Einzelheiten — besonders wenn sie durch ein verhältnismäßig kurzbrennweitiges Objektiv entstanden sind — bei der Einstellung schwer, d. h. nicht mit genügender Sicherheit erkennbar sind.

Demgegenüber hat die vom Verfasser im Jahre 1932 angegebene Idee der Verwendung einer Feldlinse, bzw. eines großen Brillantsuchers als Einstellaggregat („Brillant"-Kamera), in bezug auf die Größe bzw. den Umfang des Bildfeldes Vorteile; bei aller Klarheit und Farbenfreudigkeit der Bildeinzelheiten, läßt sie aber keine Scharfeinstellung zu.

Hier setzte im gleichen Jahre E. MENKEL in Jena mit seinen in ähnlicher Verbindung bereits bekannten Vorschlägen ein; er geht von dem Gedanken aus, die bei Verwendung einer Mattscheibe vorhandenen Vorzüge beim Einstellen des Kameraobjektivs einer Spiegelreflexkamera auf die jeweilige Dingweite für Bildsucher nutzbar zu machen, bei denen das Bild mit Hilfe einer Konvexlinse in vollem Umfange sichtbar gemacht wird. Dadurch entsteht ebenfalls ein klares, lichtstarkes und — was sehr wesentlich ist — ein bis in die Ecken völlig ausgeleuchtetes Bild, das gegebenenfalls noch durch eine Lupe betrachtet werden kann, ohne daß dadurch gleichzeitig, wie bei Verwendung einer Mattscheibe, auch deren Körnung mitvergrößert wird.

Das besondere Kennzeichen der MENKELschen Erfindung ist aber, daß die Konvexlinse — vorteilhaft in der Mitte — mit einer Marke versehen ist, mit dem Endzweck, das vom Objektiv erzeugte Bild und die Marke als Kriterium der Einstellung parallaxfrei betrachten zu können; dabei ist selbstverständlich die Möglichkeit der Abstandsänderung zwischen Objektiv und lichtempfindlicher Schicht bzw. Feldlinse mit Marke vorausgesetzt (227). In einem Zusatzpatent wurde eine Änderung insofern getroffen, als das Objektiv der Kamera eine unveränderliche Lage besitzt, während zum Zwecke der Scharfeinstellung des Aufnahmebildes die Feldlinse od. dgl. mit Markierung und einem Einstellokular auf die jeweilige Dingweite verschiebbar ist. Mit Rücksicht auf die hohen Anforderungen bezüglich der Einstellschärfe sah sich der Erfinder gezwungen, in den Fällen, wenn nicht das Objektiv der Kamera selbst auch als Objektiv für die Einstellvorrichtung, sondern eine vom Kameraobjektiv getrennte Einstellvorrichtung verwendet wird, eine Kurvenbahn vorzusehen, welche diesem in der Optik nicht unbekannten Vorgang Rechnung trägt (228, 229). Es wäre durchaus wünschenswert gewesen, auf diesem Wege brauchbare Ergebnisse zu erzielen; soviel dem Verfasser bekannt ist, wurden Kleinbildkameras mit dieser, bzw. einer ähnlichen Einrichtung nur in geringem Umfange hergestellt (Modell „Beira").

Der Vollständigkeit wegen sei an dieser Stelle einer anderen Lösung gedacht, der eine gewisse Originalität nicht abgesprochen werden kann. P. RUSICKE schlägt eine Kleinbildkamera mit Fernrohrscharfeinstellung vor, bei welcher das Lichtbündel eines Fernrohrs durch eine Lochung des Films, d. h. zweckmäßig durch die vorhandene Perforation geleitet wird (230). Der Gedankengang ist derart, daß das Auge gleichzeitig durch einen Fernrohrsucher blickt, in dessen Mitte sich das kleine vom Aufnahmeobjektiv entworfene Bild befindet, das jedoch nur in der Größe der Perforation (zirka 5,6 mm^2) erscheint. Trotz der Richtigkeit der in der Patentschrift niedergelegten Unterlagen dürften einer Ausführung in der Praxis fast unüberwindliche Schwierigkeiten im Wege stehen, weil die Akkommodationsfähigkeit — insbesondere des jugendlichen Beobachters — zu Fehleinstellungen führen muß, die von unerträglicher Größenordnung sind. Außerdem ist der Fernhaltung von Nebenlicht Beachtung zu schenken.

10. Belichtungsmesser[1] in Verbindung mit der Kleinbildkamera.

Eine der dringendsten Forderungen bei der Entwicklung von Kleinbildkameras ist zweifellos diejenige nach Einrichtungen, die dazu dienen, Fehlbelichtungen zu vermeiden; mit Rücksicht darauf, daß insbesondere bei Farb-

---
[1] Vgl. auch den Beitrag von NIDETZKY (S. 234 bis 285).

filmen der Belichtungsspielraum relativ klein ist, muß der Ruf nach einem wirklich zuverlässigen Belichtungsmesser in organischer Verbindung mit der Kamera durchaus berechtigt erscheinen. Im Handbuch, Bd. II, S. 363 bis 373, wurden nach dem damaligen Stand der Technik die Belichtungsmesser in mehrere Gruppen eingeteilt; dieses waren im wesentlichen: Belichtungstabellen, optische, chemische und optisch-chemische Belichtungsmesser, ferner Belichtungsmesser mit Vergleichslichtquelle und solche in direkter Verbindung mit der Kamera. Heute lassen sich grundsätzlich nur zwei Abarten unterscheiden, und zwar rein optische und photoelektrische Belichtungsmesser. Daneben finden sich noch vereinzelt solche mit Vergleichsfeld. Bei den optischen Belichtungsmessern erfolgt die Messung des vom Aufnahmegegenstand ausgehenden und in das Gerät einfallenden Lichts, nachdem dasselbe durch einen „optischen Widerstand" (z. B. einen Graukeil) bis zu einer bestimmten Grenze (dem „Schwellenwert") geschwächt wurde; diese Stellung wird durch Messung festgestellt. Die jeweilige Stellung des optischen Widerstandes, bei welcher diese Schwächung des Lichts eintritt, bildet die Grundlage für die Größe der Blende und die Belichtungszeit. Bei den im Handel befindlichen optischen Belichtungsmessern ist bekanntlich der Empfindungsschwellenwert des menschlichen Auges ausschlaggebend (vgl. SCHULZ 61, 62); die Ergebnisse der Messung sind stets in hohem Maße von der jeweiligen Adaptation abhängig und können daher nicht immer einwandfrei sein.

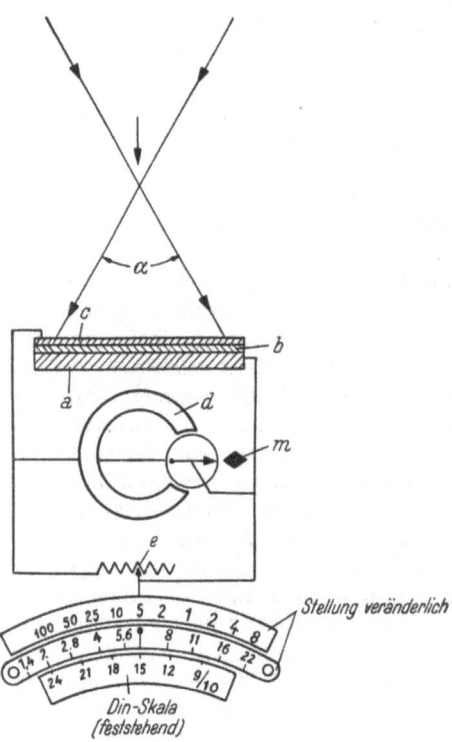

Abb. 51. Schematischer Aufbau des photoelektrischen Belichtungsmessers in Verbindung mit der Kamera
a Metallplatte, b Schicht aus Selen (0,08 mm stark), c Metallschicht (durchsichtig), Sperrelektrode, d Magnet und Drehspule, e Widerstand, m Nullmarke, α Bildwinkel des Aufnahmeobjektivs zirka 50° bei $f = 50$ mm.

Man bezeichnet die optischen Belichtungsmesser nicht mit Unrecht als „subjektive Geräte". Sie stehen zweifellos auf einer hohen Stufe der Vollkommenheit, haben aber auch viele Nachteile. Wenn sie trotzdem noch immer in Gebrauch sind, so ist der Grund dafür in erster Linie in dem verhältnismäßig niedrigen Preis gegenüber den elektrischen Belichtungsmessern zu suchen (300, 301).

Im Gegensatz dazu ist die Feststellung der Belichtungszeit beim photoelektrischen Belichtungsmesser (vgl. Abb. 51 des vorliegenden Bandes) rein objektiv; bei dieser Art von Geräten werden die Werte für Blende und Belichtungszeit durch Messung des Stroms einer Photozelle ermittelt. Grundsätzlich beruht dieses Verfahren auf der Umwandlung der Strahlungsenergie des vom Aufnahmegegenstand zurückgeworfenen Lichts in elektrische Energie. Der Aufbau der photoelektrischen Belichtungsmesser ist anderweitig ausführlich beschrieben, so daß es genügen dürfte, auf deren Wirkungsweise beim Zusammenbau mit der Kamera kurz einzugehen. Die nebenstehende schematische Zeichnung läßt den Zusammenhang zwischen dem eigentlichen Belichtungsmesser und den in Betracht kommenden Teilen des Verschlusses bzw. der Kamera erkennen. Die Photozelle besteht im wesentlichen aus einer Metallplatte a, auf welche eine Selenschicht b aufgetragen ist (Dicke zirka 0,1 mm). Nach entsprechender Vorbehandlung wird dann eine durchsichtige und sehr dünne Metallschicht (die sogenannte Sperrelektrode c) aufgestäubt. Die vor der Sperrschichtzelle angebrachten Blenden haben den Zweck, dafür zu sorgen, daß möglichst nicht mehr Licht auf die Zelle trifft, als bei der Aufnahme durch das betreffende optische System auf den Negativträger fällt (Gesamtwinkel zirka 50°). Das auf die Zelle fallende Licht löst Elektronen aus, welche die Grenzschicht durchsetzen, die zwischen dem Selen und der Sperrelektrode

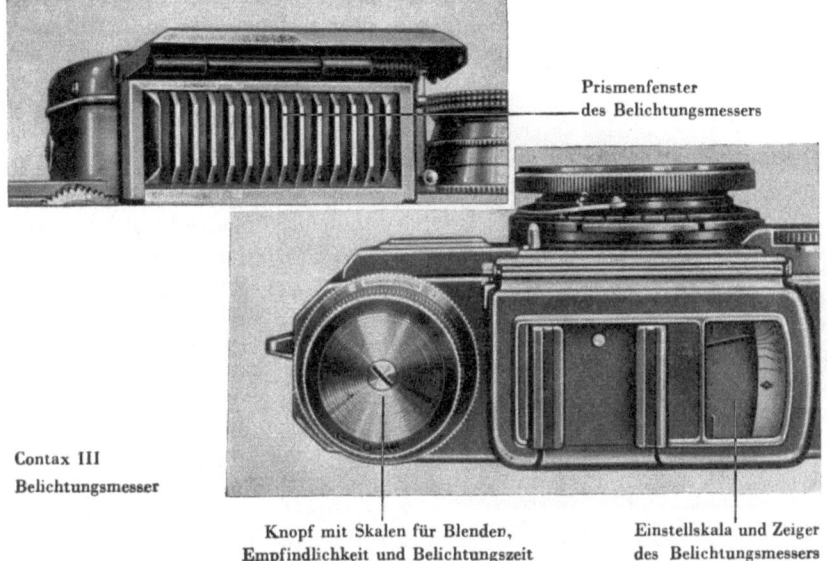

Abb. 52. Anordnung des photoelektrischen Belichtungsmessers an der Kleinbildkamera, Modell Contax III. (ZEISS-IKON A. G.)

liegen. Diese Elektronen fließen über den äußeren Stromkreis zur Metallplatte a zurück, in welchem sich eine Drehspule und ein parallelgeschalteter Widerstand befinden. Bei Änderung der Intensität des auf die Photozelle fallenden Lichtstroms ändert sich naturgemäß die Stromstärke im äußeren Kreis und durch Verändern des äußeren Widerstandes bis zum Einspielen des Instrumentenzeigers auf eine bestimmte Marke (sogenannte Nulleinstellung) läßt sich eine unmittelbare Ablesung aller für die Belichtung erforderlichen Werte herbeiführen (vgl. Abb. 52, ,,Contax" und ,,Contaflex"). Die Grenzen des Meßbereichs des photoelektrischen Belichtungsmessers sind in erster Linie bestimmt durch die Empfindlichkeit des Drehspulinstruments, die Quantenausbeute der Zelle, deren Größe und die auf ihr vorhandene Beleuchtungsstärke [vgl. KUPPENBENDER (33, 317 und 318)].

B. LANGE hat in seinem Buche (36) als einer der ersten auf die vielseitigen Verwendungsmöglichkeiten der Photoelemente hingewiesen. Er hat neuerdings seine Erfahrungen der Öffentlichkeit zugänglich gemacht durch seine ergänzende Arbeit über ,,Kameras mit photoelektrischem Belichtungsregler" (37). Daraus ist zu entnehmen, daß die erste Kamera mit photoelektrischem Belichtungsmesser etwa um 1934 auf dem Kinomarkt erschienen ist; es war dies ein Gerät der Firma EUMIG in Wien. Nach einen ähnlichen Prinzip arbeitet die Kamera ,,Movex 8 L" der I. G. FARBEN A. G. In den letzten Jahren wurde eine sehr große Zahl von Schutzrechten auf diesem Spezialgebiet angemeldet, ein Beweis dafür, daß sich die Kamerakonstrukteure mit der Frage des Einbaus von Belichtungsmessern in die Kleinbildkamera sehr rege beschäftigt haben. Die Lösung der Aufgabe kann nach zwei Richtungen erfolgen. Der eine Weg ist der, daß sich durch die elektrische Energie des Photoelements irgendein Organ des Apparats, der Verschluß oder die Blende oder aber beide, entsprechend den auf die Photozelle fallenden Lichtstrom einstellen, und zwar vollkommen automatisch (Kodak Supersix 6×9). Der andere Weg ist der, daß eine Einstellung von Hand ohne irgendwelche vorausgegangene Berechnung vorgenommen wird und ohne daß die Energie der Zelle die einzelnen Organe der Kamera betätigt. LANGE bezeichnet die erste Konstruktion als vollautomatisch und die zweite als halbautomatisch; den Vorzug in der Praxis gibt er der letzteren, und zwar mit der sehr einleuchtenden Begründung, daß ganz allgemein die Stärke des Photostroms zu schwach ist, um eine mechanische Vorrichtung direkt zu steuern, ganz besonders bei geringen Beleuchtungsstärken von nur wenigen Lux (*232, 19*). Beim halbautomatischen Prinzip wird die genügende Empfindlichkeit ohne zusätzliche Hilfsmittel, wie Verstärker oder Batterie, erzielt. Bei diesem System wird der durch ein Photoelement zum Ausschlag gerachte Zeiger eines Meßinstruments mit sämtlichen, den Lichteinfall regulierenden Organen der Kamera elektrisch gekoppelt und durch elektrische Widerstände die Empfindlichkeit der Emulsion und die Verschlußgeschwindigkeit berücksichtigt. Die Einrichtung ist dabei so getroffen, daß der Zeiger des Meßinstruments nur dann auf der Einstellmarke steht, wenn die Kamera — entsprechend der jeweiligen Intensität des Lichts — auf die richtige Belichtung eingestellt ist [vgl. (*307, 309, 310* und *313*)].

Abb. 53. Frontalansicht einer Kleinbildkamera mit eingebautem photoelektrischem Belichtungsmesser. Objektiv Sonnar 1·2, $f = 50$ mm, gekuppelt mit unsymmetrischem Großbasisentfernungsmesser. Metallschlitzverschluß (1 bis $1/1250$ Sek.), Meßsucher (ZEISS-IKON A. G.). Die optisch wirksame Basis ist gleich dem Produkt aus der wirklichen Basis und der Vergrößerung bzw. Verkleinerung des Sucherbildes.

Als besonderer Vorzug muß es bezeichnet werden, wenn sich die Einstellmarken dicht neben oder direkt im Bildfeld des Suchers befinden, so daß die Möglichkeit besteht — ohne das Auge vom Sucher zu entfernen —, die Verstellung der die Belichtung beeinflussenden Organe der Kamera, also entweder die Elemente des Verschlusses oder die der Blende vorzunehmen.[1] Nach erfolgter Verstellung eines dieser Organe derart, daß die Marke des Belichtungsmessers auf „0" steht, ist gleichzeitig der Apparat — entsprechend der idealen Belichtungsdauer — eingestellt. Mit Rücksicht darauf, daß die Kupplung automatisch erfolgt, ist die Kenntnis von der Verschlußgeschwindigkeit oder der Größe der Blende für den Lichtbildner nicht unbedingt erforderlich. Die Tatsache, daß die Nullstellung des Zeigers beim halbautomatischen Belichtungsmesser im Blickfeld des Suchers beobachtet werden muß, kann eventuell als Nachteil bezeichnet werden, doch ist diese Anordnung auch bei vollautomatischer Einrichtung getroffen. Übrigens hat H. TÖNNIES bereits frühzeitig erkannt, welcher Wert dem äußeren Ausbau und der sachgemässen Anordnung der Photozelle beizulegen ist; in seiner Erfindung[2] gibt er darüber Aufschluß. Es handelt sich

---

[1] Ö. P. Nr. 147 297.
[2] D. R. P. Nr. 630 518/1930 (*231*).

dabei um einen Belichtungsmesser für photographische Apparate mit einer photoelektrischen Zelle, die mit einem Galvanometer in Verbindung steht. Das besondere Kennzeichen der Erfindung ist, daß bei Verwendung einer Zelle von großer Auffangfläche deren Lichtschacht derart in vorn offene Kammern unterteilt ist, daß die Zelle innerhalb jeder Kammer, also mehrmals, durch die im wesentlichen von der Szene ausgehenden Lichtstrahlen unmittelbar beeinflußt wird, daß aber für jede Kammer die Lichtstrahlen mit zu großen Neigungswinkeln von der Einwirkung ferngehalten werden. Die in der Patentschrift näher gekennzeichnete Erfindung hat in ihrer Anwendung größere Bedeutung erlangt (231).

Der Vollständigkeit wegen seien noch die optischen Belichtungsmesser mit Vergleichsfeldern erwähnt, soweit sie von Bedeutung sind und in die Kameraindustrie Eingang gefunden haben. Im Handbuch, Bd. II, finden sich Einzelheiten hierüber auf S. 363 bis 373. In jüngster Zeit hat sich F. REISS in Wien[1] mit diesen Fragen erfolgreich beschäftigt und ein Verfahren zur Bestimmung der Lichtintensität von Gegenständen entwickelt, das mittels eines nach Einwirkung von Lichtstrahlen phosphoreszierenden Leuchtkörpers als Vergleichslichtquelle arbeitet. Die Erfindung ist dadurch gekennzeichnet, daß die Messung von der Zeit abhängig gemacht wird, die seit dem Ende der Erregung der Leuchtmasse verflossen ist, indem ihr die zum Zeitpunkt der Ablesung jeweils herrschenden Lichtwerte der Abklingkurve zugrunde gelegt werden und die Ablesung in den diesen Lichtwerten entsprechenden Zeitpunkten erfolgt (238, 239). Dieses Verfahren wurde durch die Firma VOIGTLÄNDER bei dem vom Verfasser im Jahre 1932 vorgeschlagenen Konstruktionsprinzip der Brillant-Kamera mit gutem Erfolg eingeführt, und hat sich für dieses Modell, das statt der Mattscheibe eine Feldlinse besitzt, besonders gut bewährt, weil das ganze Vergleichs-

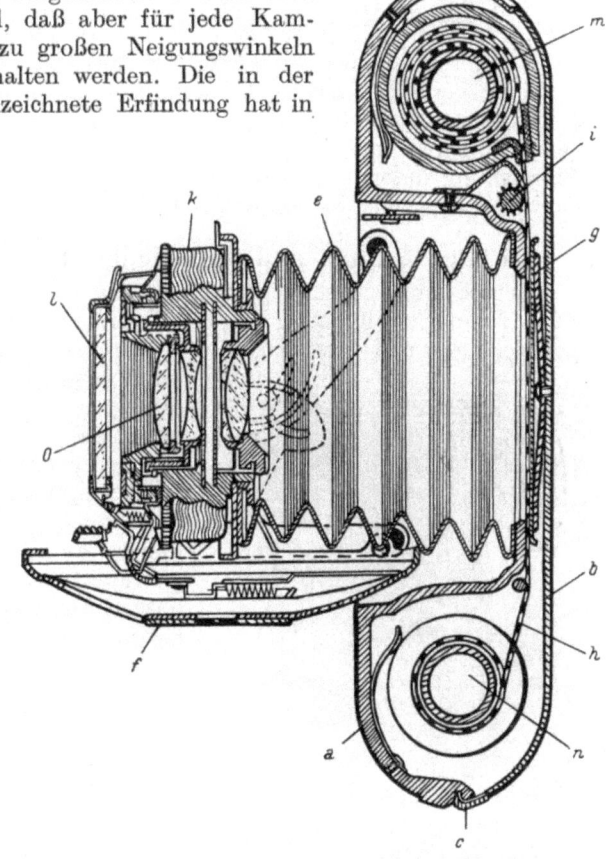

Abb. 54. Vertikalschnitt durch eine Kleinbildkamera mit Lederbalgen und beim Öffnen der Kamera zwangsläufig aufgerichtetem Objektivträger (Fix-Focus-Modell). Filmfortschaltung durch Friktionswelle. Einstellung durch Frontlinse im Zentralverschluß. Bildgröße 24 × 36 mm. (Modell „Vito", VOIGTLÄNDER A. G.)

a Kameragehäuse (Aluminium-Spritzguß), b Kamerarückwand mit Scharnier c und Verschluß d, e Balgen, f Kameradeckel, g Filmandruckplatte, h Film, i Meßwalze, k Compurverschluß, m und n Filmspulen (Abstand der beiden Spulenmitten m—n zirka 87 mm), O Objektiv (Skopar 1 : 3,5, $f = 50$ mm), l Filter.

---

[1] Vgl. die Ö. P. Nr. 127 081 bis 133 258 und (345).

feld im Brennpunkt dieses optischen Systems liegt und daher nicht unwesentlich vergrößert, also auch entsprechend deutlicher erscheint *(239, 240)*. Die Firma ZEISS-IKON ist insofern andere Wege gegangen, als sie bei dem für die gleichen Zwecke entwickelten Photometer mit Vergleichsleuchtfläche, das jedoch mit Lichtquelle ausgerüstet ist, die letztere in eine Vielzahl von kleinen Vergleichsfeldern aufgeteilt hat, die rasterförmig in einem nahezu senkrecht zur Blickrichtung verlaufenden Bildfeld zerstreut liegen *(294)*.

Über das Arbeiten mit elektrischen Belichtungsmessern für Photozwecke hat in jüngster Zeit H. WEISE *(78)* eine beachtenswerte Arbeit veröffentlicht. Nach Besprechung des grundsätzlichen Aufbaus der Belichtungsmesser und Erwähnung der zu stellenden Forderungen werden in ihr die zur Zeit erreichten Ergebnisse aufgeführt. Schließlich werden die verschiedenen Lösungen der gestellten Forderungen an Hand klarer schematischer Zeichnungen einer kritischen Betrachtung unterzogen und die für eine bestimmte Meßmethode und damit zusammenhängende Skalengestaltung maßgebenden Forderungen klargestellt.

11. Der Aufbau und die Gliederung der Kleinbildkamera.

Im großen und ganzen zeigt der grundsätzliche Aufbau der Kleinbildkamera — wenn von der zwangsläufig bei der Konstruktion sich ergebenden Verkleinerung des Volumens und damit meistens auch des Gewichts abgesehen wird — keine sehr wesentlichen Abweichungen von den bislang im Kamerabau bekanntgewordenen verschiedenen Konstruktionsprinzipien. Das ist auch ganz verständlich, wenn man sich vergegenwärtigt, daß viele der bekannten mechanischen Bauelemente auch bei der Kleinbildkamera zu finden sind, wie z. B.: Kameragehäuse, Objektiv im Schneckengang, Frontlinseneinstellung, Filmspulen, Filmspulenlagerung, Filmtransport, Filmandruckplatte, Durchsichts- und Aufsichtssucher, Entfernungsmesser, Belichtungsmesser, Parallaxeausgleich, Filmzählwerk und Filmsperre, Sicherung gegen Doppelbelichtung, Tiefenschärfeeinrichtung, Stativmutter u. a. m.

Abb. 55. Äußere Ansicht einer Kleinbildflachkamera mit Lederbalgen für Normalkinefilm. Format 24 × 36 mm. Kennzeichen: Fix-Focus-Einrichtung. Objektiveinstellung durch axial verstellbare Frontlinse. Gelbfilter schanierartig angehängt. Modell „Vito". (VOIGTLÄNDER A. G., D. R. P. Nr. 617 809/1933 und 678 166)

So ist es auch verständlich, daß im Laufe der Entwicklung der Kleinbildtechnik (1925 bis 1935) der äußeren Form nach fast alle die Abarten von Kameramodellen wieder entstanden sind, wie sie vor dieser Zeit für die größeren Formate bekannt waren. Mit der fortschreitenden Entwicklung im Bau von Kleinbildkameras wurde vor allem ein Nachteil der früheren Modelle beseitigt, und d. i. das relativ große Volumen und Gewicht der Rollfilmkameras, ganz zu schweigen von dem der älteren Plattenapparate. Der Versuch, zusammenfassend über die verschiedenen Bauformen der Kleinbildkamera zu berichten, die im Laufe der drei Jahrzehnte seit dem Bekanntwerden der BARNACKschen „Ur-Leica" entstanden sind, ist verhältnismäßig einfach. J. M. EDER hat in seiner „Geschichte der Photographie", 4. Auflage (1. und 2. Hälfte), erschöpfend über sehr viele Gebiete der photographischen Technik und Wissenschaft berichtet; dieses Werk ist als Fundgrube für den Forscher, insbesondere älterer Vorgänge, anzusprechen und mit Rücksicht auf das sehr umfangreiche Sach- und Autorenregister ist es in jedem Falle ohne Schwierigkeit möglich, sich schnell und gründlich zu orientieren. Den für die Kleinbildkamera und deren Entwicklung in Frage kommenden Stoff findet der Leser allerdings vollständiger im vorliegenden Handbuch, Bd. II, das etwa zur gleichen Zeit wie das EDERsche Werk erschienen ist (1931/32).

Die Tatsache, daß man allmählich zu immer kleineren Bildformaten überging, wäre allein kein Grund gewesen, um ganz neue Wege zu gehen. Die Einführung des Normalkinefilms jedoch bzw. die restlose und unveränderliche Übernahme desselben als Negativträger brachte allerdings für die Konstrukteure eine Reihe von reizvollen Anregungen, die sich in allererster Linie auf den Filmtransport, sowie dessen Kupplung mit dem Momentverschluß erstreckten derart, daß beim Fortschalten um eine Bildlänge durch eine einzige Drehbewegung auch der Verschluß gleichzeitig gespannt war. Die Lösung dieser Aufgabe war beim Vorhandensein eines in unmittelbarer Nähe der Bildebene ablaufenden Schlitzverschlusses nicht besonders schwierig und, wie an anderer Stelle bereits erwähnt, auch gar nicht neu. Wesentlich anders, und zwar ungünstiger, liegen die Verhältnisse bei Kleinbildkameras mit Zentralverschluß. Diese Erkenntnis scheint auch BARNACK sehr bald gewonnen zu haben, denn die nur kurze Zeit (etwa 1925) im Handel gewesene Bauart der „Leica mit Zentralverschluß" hat allem Anschein nach weder den Konstrukteur noch den Käufer restlos befriedigt. Viel später jedoch sind Kleinbildkameras mit Zentralverschluß wieder neu entstanden, und zwar in einer Ausführung, wie sie rein äußerlich mehr oder weniger übereinstimmend durch die Rollfilmkamera größeren Formats (wie z. B. 6×9 cm) bekannt geworden ist. Die räumliche mechanische Trennung des Verschlußträgers vom Kameragehäuse bedingt stets eine zwischen diesen Teilen liegende Verbindung mit Hilfe eines nachgiebigen und lichtdichten Lederbalgens; die Folge dieser Anordnung war wie dort die Verwendung von Spreizen irgendwelcher Art. Die bei Schlitzverschlüssen zweifellos bestechende mechanische Kupplung zwischen Filmtransport und Verschluß mußte leider preisgegeben werden. Der Filmtransport war zwar in zwangsläufiger Verbindung mit dem Verschlußaufzug, so daß sowohl Doppelbelichtungen als auch Blindaufnahmen unmöglich waren, die Betätigung beider mußte jedoch stets getrennt, d. h. nacheinander vorgenommen werden, wobei dann gleichzeitig das für den erstmalig papierlosen Film unumgänglich notwendige Zählwerk für die einzelnen Aufnahmen betätigt wurde. Kameramodelle dieser Art haben fast stets das bekannte Aussehen ihrer Vorgänger. Als wesentlichster Vorzug muß die sich bei dieser Bauart von selbst ergebende flache Form bzw. relativ kleine Gesamtabmessungen und verhältnismäßig geringes Gewicht bezeichnet werden. Scharfeinstellung geschah entweder mit Hilfe des als Ganzes verstellbaren Objektivs oder aber durch die Einstellfrontlinse (Grenzen von $\infty - 1$ m). In den Abb. 54 und 55 ist eine Kleinbildkamera mit Einrichtung der letzteren Art dargestellt, und zwar in Außenansicht und Vertikalschnitt (Modell Vito). Das besondere Kennzeichen dieses Modells ist, daß im Zuge der Filmfortbewegung — und zwar ohne die vorhandene Filmperforation zu benutzen — eine Friktionswelle in Umdrehung versetzt wird, die ihrerseits das Filmzählwerk betätigt [36 Aufnahmen, Spezialspreizen mit Sicherung in der Gebrauchsstellung, Spezial-Auslösetaste (*320*)].[1]

Eine andere Ausführungsform ist aus den Abb. 56 bis 58 ersichtlich. Hier wurde als Ausgangspunkt für die Objektiveinstellung die bekannte Seherenspreizenkonstruktion gewählt, die naturgemäß ebenso wie bei der soeben beschriebenen Kamera das Vorhandensein eines Lederbalgens erforderlich macht.

---
[1] Vgl. D. R. P. Nr. 624 075, 630 807, 688 661 und 907 972.

Im Gegensatz zum Modell „Vito", das vollständig aus Leichtmetall besteht, ist das Gehäuse der Kleinbildkamera „Karat" aus Kunststoff hergestellt.[1]

Besondere Kennzeichen: Kernlose Spule für nur zwölf Aufnahmen, automatisches Zählwerk.

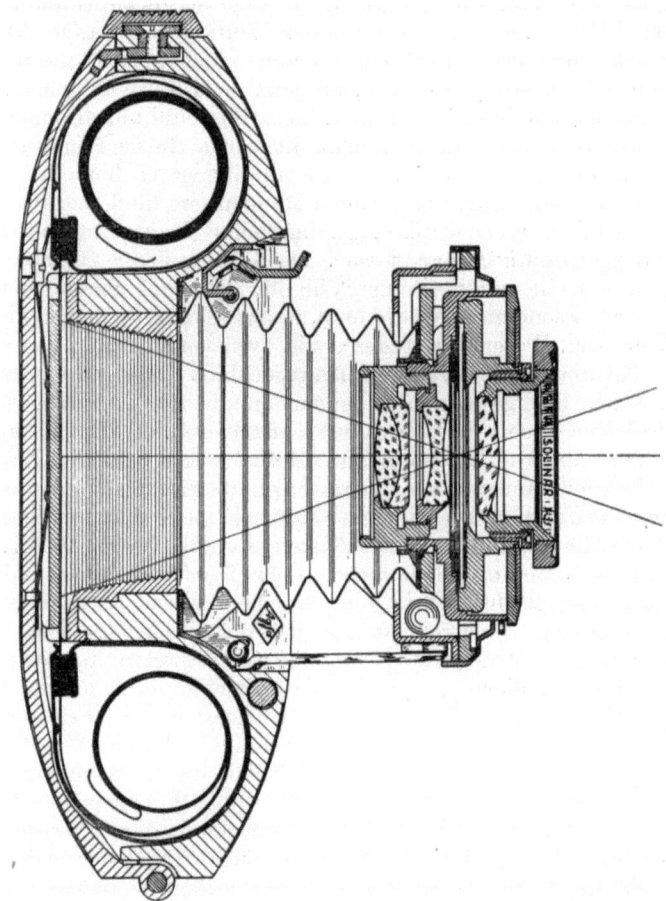

Abb. 56. Querschnitt durch die Kleinbildspezialkamera Modell Karat mit Scherenspreizen und Zentralverschluß. Scharfeinstellung durch axiale Verschiebung der Frontlinse. Bildformat 24 × 36 mm. Abbildungsmaßstab ≈ 1:1. (AGFA A. G.)

Beide Ausführungsformen sind als sog. preiswerte Modelle zu bezeichnen, im Gegensatz zu den balgenlosen Kleinbildkameras mit Schlitzverschluß, wie sie BARNACK erstmalig vorgeschlagen hat.

Als etwa um 1925 die erste „Leica" aus der Serienfabrikation entstand, konnte festgestellt werden, daß es sich nicht nur um eine — entsprechend dem kleineren Bildformat und der kürzeren Brennweite des Objektivs — proportionale Verkleinerung irgendeines bekannten Kameratyps handelte; die Firma E. LEITZ in Wetzlar war neue und originelle Wege gegangen, und zwar sowohl was die Wahl des Bildformats als was z. B. die Anordnung eines in Schneckengangfassung mit versenkbarem Tubus angeordneten Objektivs von hoher Leistung betrifft. Auch bezüglich des Schlitzverschlusses wurden zum Teil neue Wege

---

[1] D. R. P. Nr. 622 779, 617 809 und 599 881.

beschritten. Der Versuch, die „Leica" auch mit Zentralverschluß auf den Markt zu bringen, wurde, wie bereits erwähnt, bald wieder aufgegeben. Dieser Schritt war von einschneidender Bedeutung, denn sowohl das Problem der zwangsläufigen Kuppelung zwischen Schlitzverschluß und Filmtransport als jenes der gleichzeitigen Auslosung (Druckknopf am Gehäuse), ist, wie die ganze Entwicklung gezeigt hat, nur bei Wahl eines Schlitzverschlusses in ebenso einfacher wie betriebssicherer Weise konstruktiv lösbar.

Letzten Endes ist die Anordnung eines Schlitzverschlusses auch in der Frage der „Auswechselobjektive" von grundsätzlicher Bedeutung, und somit ist die „Leica" durch ihren Erfinder OSKAR BARNACK von Anfang an zielbewußt aufgebaut und ebenso konsequent weiterentwickelt worden.

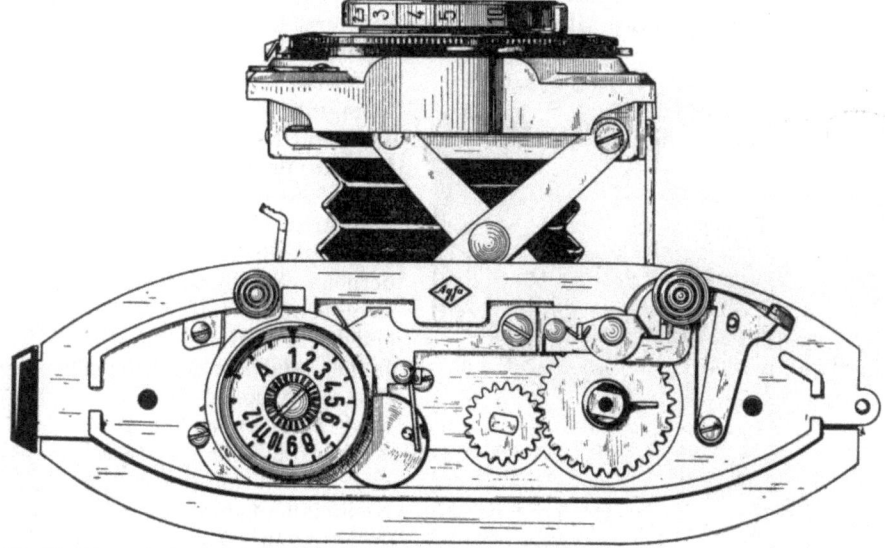

Abb. 57. Scherenspreizenkleinbildkamera Modell Karat mit Einstellfrontlinse. Spezialkassetten für 12 Aufnahmen; Zählwerk und mechanische Sicherung gegen Doppelbelichtung. Bildformat 24 × 36 mm. Abbildungsmaßstab ≈ 1 : 1. (AGFA A. G.)

Bei Verwendung des papierlosen Normalkinefilms von 35 mm Breite war die Anordnung eines Zählwerks (von 0 bis 36), das mit dem Filmtransport gekuppelt war, eine selbstverständliche Einrichtung nicht nur für die „Leica", sondern für alle Kleinbildkameras.

Die „Leica" ist der „Prototyp" der balgenlosen Kleinbildkamera mit Schlitzverschluß. Das neueste Modell III c ist in Abb. 58 dargestellt (Objektiv Summitar 1:2, $f = 50$ mm).

Die äußere Form, bzw. das Material des Kamerakörpers dieses Modells besteht noch heute und im Gegensatz zu fast allen später entstandenen Konstruktionen nicht aus Aluminiumspritzguß, sondern aus Leichtmetallrohr, das in die erforderliche endgültige Form durch entsprechende Biege- bzw. Druckoperationen gebracht wird.

In die gleiche Gruppe gehören die einzelnen Modelle der „Contax"-Serie der ZEISS-IKON A. G. Auch sie besitzen einen in unmittelbarer Nähe der Filmebene ablaufenden Schlitzverschluß, der jedoch aus Metall ist und im Gegensatz zu demjenigen der „Leica" nicht in der gleichen Richtung wie der Film, sondern senkrecht dazu abläuft. Auf diese Weise wird der Ablaufweg von 36 auf 24 mm verkürzt und dadurch eine höhere absolute Geschwindigkeit erzielt.

Diese beiden Vertreter der balgenlosen Kleinbildkameras des Formats 24×36 mm wurden im Laufe der Jahre immer mehr vervollkommnet; die Verbesserungen betreffen zunächst die Entwicklung besonders lichtstarker und hochwertiger Objektive mit der Normalbrennweite von 50 mm; daneben wurden sowohl Objektive mit kurzer Brennweite von 28 bis 45 mm (Weitwinkel) als auch solche für ausgesprochene Fernaufnahmen mit Brennweiten von 80 bis 200 mm und darüber errechnet. Alle diese Systeme lassen sich infolge der Unabhängigkeit vom Verschluß ohne weiteres gegen das Normalobjektiv austauschen; die dabei notwendige und absolut genau erreichte Abstimmung in bezug auf die Bildebene ist als ganz besonderer Fortschritt der hochentwickelten deutschen Kameratechnik zu bezeichnen.

Die Einführung von optischen Basisentfernungsmessern zunächst als aufsetzbare Einzelgeräte, sodann als mit der Objektivverstellung gekuppelte optische Vorrichtungen mußten lange als Vorrecht der balgenlosen Kleinbildkameragruppe bezeichnet werden. Während bei der „Leica" von Anfang an ein Spiegelentfernungsmesser Verwendung fand (also nur katoptrische Systeme), hat die „Contax" die bei der Messung erforderliche Strahlenablenkung durch brechende Mittel verschiedener Art erzielt; es sind dies dioptrische Systeme, und zwar „Schwenkkeile" bzw. „Drehkeile" meist in Verbindung mit einem die Basis bildenden starren Rhomboederprisma. Als höchste Vollendung der balgenlosen Kleinbildkamera muß endlich die Anordnung eines photoelektrischen Belichtungsmessers bezeichnet werden, dessen einzelne Teile mit dem Kamerakörper organisch vereinigt und mit der Blende des Aufnahmeobjektivs mechanisch gekuppelt sind (vgl. Abb. 51 bis 53).

Abb. 58. Äußere Ansicht der Kleinbildkamera Leica Modell IIIc mit Spezialanastigmat „Summitar" $1:2, f=50$ mm. Der optische Sucher liegt zwischen den Lichteintrittsluken des Spiegelentfernungsmessers. Basis zirka 40 mm. Abstand der Einblicksöffnungen vom Sucher und Entfernungsmesser zirka 3 mm (vgl. Abb. 39). Zirka $1/2$ der nat. Größe.

Als wünschenswert könnte nunmehr noch eine Einrichtung bezeichnet werden, nach der sich die Objektivblende nach Maßgabe der Intensität des Lichts bei der Aufnahme selbsttätig einstellt. Das Problem ist an sich grundsätzlich bereits gelöst! (Kodak Super-six).[1]

Eine weitere Form der Kleinbildkamera, die Eingang in die Praxis fand, ist jene nach dem Spiegelreflexprinzip. Hier handelt es sich grundsätzlich nicht um die Einführung wesentlich neuer Gesichtspunkte, sondern vielmehr um die Anwendung des an sich bekannten Einstellvorganges mit Hilfe der Mattscheibe und ausschwenkbaren Spiegels, der nicht mit Unrecht als Mattscheibenentfernungsmesser bezeichnet wird. Die Kleinbildspiegelreflexkamera ist ebenfalls balgenlos und hat ein starres Gehäuse, das Objektiv ist in eine Schneckengangfassung eingebaut und als Ganzes zum Zwecke der Scharfeinstellung axial verschiebbar (vgl. Abb. 36, 49, 50 und 59).

Infolge des auch hier eingeführten Normalobjektivs mit der Brennweite von 50 mm erscheinen die Bildeinzelheiten relativ klein, was besonders unangenehm

---

[1] Schon in dem USA. Patent v. J. 1918 von Cooke wird ein Zentralverschluß vorgeschlagen, bei dem sowohl die Verstellung der Blenden als der Verschlußgeschwindigkeit nach einer Skala mit logarithmischer Teilung erfolgt (Synchronismus der Einstellwege).

empfunden wird, weil das Bild normalerweise aus der deutlichen Sehweite betrachtet wird (fünfmalige Verkleinerung!). Um diesen Nachteil zu beseitigen, ist dicht über der Mattscheibe eine zweckmäßig plankonvexe Sammellinse angeordnet, durch welche dem beobachtenden Auge ein vergrößertes Bild geboten wird. Eine vergrößernde Lupe ist außerdem noch vorgesehen.

Die Spiegelreflexkleinbildkamera besitzt wie ihre Vorganger einen verdeckt aufziehbaren Schlitzverschluß, so daß auch sie die Auswechslung des Normalobjektivs gegen solche von anderer Brennweite und Lichtstarke mühelos gestattet (vgl. D. R. P. Nr. 634 304, 634 353, 644 612 und 646 375).

Abb. 59. Äußere Ansicht einer Kleinbildkamera 24×36 mm mit über der Aufnahmekammer angeordnetem Mattscheibensucher als Entfernungsmesser und Belichtungsmesser. (ZEISS-IKON A. G.)

Ein unbestreitbarer Vorteil, den die Spiegelreflexkamera ganz allein fur sich in Anspruch nehmen darf, ist die völlige Parallaxfreiheit des eingestellten Bilds fur alle Arten von Objektiven. Als Beispiel sei auf die „Kine-Exakta" der Ihagee A. G. hingewiesen (Abb. 49 und 50).

Eine andere Bauform der balgenlosen Kleinbildkamera ist jene, bei welcher über der eigentlichen Aufnahmekamera eine Sucherkamera mit Objektiv, Einstellmattscheibe und Spiegel angeordnet ist, welcher eine unveranderliche Lage besitzt.

Der Nachteil der Einstellung des vom Aufnahmeobjektiv entworfenen Bildes durch Beobachtung aus der deutlichen Sehweite wurde dadurch umgangen, daß das Sucheraggregat ein Objektiv von längerer Brennweite besitzt ($f = 80$ mm), so daß das einzustellende Bild dem Beobachter nunmehr in etwa dreimaliger Verkleinerung erscheint und außerdem durch eine Lupe betrachtet werden kann.

Die Einstellung bei diesem Spezialmodell („Contaflex" der ZEISS-IKON A. G. [Abb. 59]) erfolgt durch das in Schneckengangfassung axial verschiebbare Objektiv des Sucheraggregats, welches mit demjenigen der Aufnahmekamera zwangsläufig gekuppelt ist. Für Aufnahmen in Augenhöhe ist ein großer optischer Kollimatordurchsichtssucher nach ALBADA vorgesehen.

In die Gruppe der balgenlosen Kleinbildkameras gehören auch jene, bei denen die Objektivbrennweite absichtlich so kurz gehalten ist, daß irgendeine Einstellvorrichtung zur Kontrolle der Bildschärfe fur uberflüssig gehalten wird. Bei Wahl einer Brennweite von $f = 35$ bis 40 mm und eines Bildformats von 24×24 mm ergeben sich tatsächlich derartig günstige Verhaltnisse bezuglich der Tiefenscharfe, daß — von außergewöhnlichen Nahaufnahmen abgesehen — bei einer Lichtstärke von 1:3,5 bzw. 1:2,8 und 1:2 zufriedenstellende Resultate erzielt werden können („Robot" und „Tenax").

Die einfachste Form der Kleinbildkamera für das Format 24×36 mm (Bildfläche 864 mm^2) ist, wie bereits erwähnt, jene, bei der keinerlei Einrichtungen vorhanden sind, mit deren Hilfe auf Gegenstände in verschiedenen Entfernungen eingestellt werden kann. Ähnliche Modelle, jedoch für das naheliegende Format

3×4 cm (Bildfläche 12 cm²), waren bereits um 1930 vorhanden, und zwar sei u. a. erwähnt die „Baby-Box 3×4 cm", eine Metallkastenkamera mit unveränderlicher Anordnung des Objektivs (Modell I: Frontar 1:11, $f=50$ mm). Unter Zugrundelegung eines Zerstreuungskreises von $f/_{1000} = 0{,}05$ mm ergeben sich folgende Tiefenschärfeverhältnisse bei der Aufnahme, die ohne Schätzung der Entfernung und ohne Rücksichtnahme auf die Blende des Objektivs gemacht wird (Tabelle 17).

Tabelle 17. Durchmesser des Zerstreuungskreises $=f/_{1000}=0{,}05$ mm.

Tiefe nach vorne	2,5 m
Tiefe nach hinten	∞

(Die Kamera ist auf 5 m eingestellt.)

Da in diesem Falle die Blende einen unveränderlichen Wert besitzt, ist die Verteilung der Tiefenschärfe ganz eindeutig.

Anders liegen die Verhältnisse, wenn z. B. die Aufnahme eines Gegenstandes vor sich gehen soll, der im Abstand von z. B. 1 m vom Objektiv des Apparats entfernt liegt; hier ist die erreichbare Gesamttiefe 1,29 bis 0,82 = 0,47 m. Dieser Wert ist sowohl infolge der kurzen Brennweite als der geringen Lichtstärke in Anbetracht des geringen Abstandes des Gegenstandes außerordentlich hoch.

Daß die Tiefenschärfe nicht gleichmäßig verläuft, sondern nach hinten stets erheblich größer ist als nach vorne, ist für Fachleute eine bekannte Erscheinung.

Das Modell II der „Baby-Box"-Kamera hat bei gleicher Brennweite die Lichtstärke 1:6,3; hierbei ist es nicht mehr zweckmäßig, ein optisches System mit unveränderlicher Einstellung zu wählen. Es wurde daher ein dreilinsiger Anastigmat mit Frontlinseneinstellung vorgesehen (siehe S. 148).

Neben der Box-Kamera 3×4 cm waren eine Reihe ähnlicher Modelle entstanden, von denen u. a. nur das Modell „Kolibri" Erwähnung finden soll. Diese Kamera ist gewissermaßen in Anlehnung an die „Leica" entstanden (Objektiv 1:3,5 bzw. 1:4,5 $f=50$ mm in Zentralverschluß, der auf einem verschiebbaren Tubus befestigt ist); die Kamera besitzt also keinen Balgen!

Bei dem seiner Zeit mit Zentralverschluß ausgerüsteten Modell der Kleinbildkamera Leica erfolgte das Spannen des Verschlußes und der Weitertransport des Filmes noch vollkommen unabhängig voneinander; es war also keinerlei Sicherheit gegen Doppelbelichtung vorhanden.

Die Scharfeinstellung von ∞ bis 1 m geschieht mit Hilfe der Schneckengangfassung des Objektivs nach einer von oben ablesbaren, auf dem Metalltubus eingravierten Entfernungs- und Tiefenschärfeskala. Die Erweiterung des Einstellbereichs bis auf etwa $1/_3$ m kann durch Vorsatzlinsen erzielt werden (Tabelle 18).

Tabelle 18.
(Die eingeklammerten Zahlen beziehen sich auf die Lichtstärke 1:11.)

Scharfeinstellung	Tiefe nach vorn	Tiefe nach hinten	Gesamttiefe
	in Metern		
3 m	2,5 (1,8)	3,8 (9,0)	1,3 (7,2)

Im Gegensatz zur Box-Kamera Modell I sind bei Verwendung von Objektiven, z. B. mit der Lichtstärke 1:3,5, größere Vorsichtsmaßnahmen bei der Aufnahme zu beachten; an einem beliebigen Beispiel soll dies zum Vergleich gezeigt werden ($f=50$ mm).

Es ist — besonders unter Berücksichtigung der sehr hohen Empfindlichkeit unseres derzeitigen Negativmaterials — nicht voll verständlich, warum sich noch keine Firma entschlossen hat, eine sogenannte „Volkskleinbildkamera 24×36 mm" auf den Markt zu bringen, welche zweifellos (insbesondere in entsprechender Preislage) Anklang finden dürfte; jetzt, nachdem bereits die Normalisierung der Filmspulen für den Normalkinefilm von 35 mm Breite in die Wege geleitet ist und inzwischen große Erfahrungen auch in anderer Beziehung gewonnen wurden, wäre der gegebene Augenblick, Versuche wieder aufzugreifen, die bereits vor vielen Jahren gemacht und ihrer Zeit weit vorausgeeilt waren. Alle Voraussetzungen sind günstig dafür, wenigstens soweit es sich um das Negativverfahren handelt; die etwaige Entgegenhaltung, daß ja die Preislage für das endgültige Bild das Entscheidende sei und alle Negative vergrößert werden müssen, kann zwar nicht ohne weiteres entkräftet werden, doch sollen letzten Endes auch alle ideellen Momente, die ganz besonders bei der Aufnahme liegen, in gebührender Weise in die Waagschale geworfen werden. Die richtige Anwendung der Gesetze der Tiefenschärfe geben uns gerade bei diesen einfachen Modellen ohne Entfernungsmesser Mittel an die Hand, deren Wert in der breiten Masse leider noch zu wenig bekannt ist (vgl. PRITSCHOW 50).

Das Kleinbildmodell „Tenax", 24×24 mm, der ZEISS-IKON besitzt einen sogenannten Schnellaufzug und kann daher in gewisser Beziehung in Analogie zur „Leica" mit Schnellaufzug gebracht werden. Der wesentliche Unterschied ist, daß die „Tenax" einen Zentralverschluß besitzt. Auch diese Spezialkamera verwendet den papierlosen Normalkinefilm von 35 mm Breite und besitzt daher ein durch den Verschlußaufzug zwangsläufig gesteuertes Zählwerk (1 bis 50).

Das gleiche Bildformat liegt der Konstruktion des Modells „Robot" (O. BERNING & Co.) zugrunde, das ebenfalls eine Kleinbildkamera ohne Balgen ist. Kruppstahlgehäuse und Objektivtubus bilden ein starres Ganzes und infolge Wahl einer ebenfalls sehr kurzen Brennweite von $f = 35$ mm erübrigt sich jede Einstellvorrichtung (Lichtstärke von 1:3,5). Der Spezialverschluß befindet sich hinter dem Objektiv. Das besondere Kennzeichen dieses Modells ist ein Federwerk, das nach einmaligem Aufziehen den Filmtransport und den Verschlußaufzug für eine größere Zahl von Aufnahmen nacheinander betätigt (Abb. 60, S. 209).

Der Vollständigkeit halber sei noch das hierher gehörige Modell „Kodak 35" erwähnt. Dasselbe besitzt ein starres, balgenloses Gehäuse und ebensolchen Objektivtubus. Die Einstellung erfolgt durch axiale Verstellung der Frontlinse, die einen Teil des dreilinsigen optischen Systems bildet. Der Spannhebel des Verschlusses ist mit den Elementen des Filmtransportes zwangsläufig gekuppelt (vgl. USA.-Patente).

Das Objektiv ist ein Anastigmat 1:3,5, $f = 5{,}0$ cm. Mit der axialen Verstellung der Frontlinse ist zwangsläufig die Steuerung des Entfernungsmessers gekuppelt, der eine Basis von etwa 60 mm besitzt und das eingestellte Bild in natürlicher Größe zu betrachten gestattet. (Die Genauigkeit der Einstellung ist in diesem Falle also nur eine Funktion des absoluten Wertes der Basis.) Zwischen den beiden Eintrittsluken des Entfernungsmessers, die in verschiedener Höhe liegen, ist der optische Sucher ($v = 0{,}5$) angeordnet. Die Öffnungen für den Einblick in dem Sucher und Entfernungsmesser sind etwa 35 mm voneinander entfernt und liegen in verschiedener Höhe. Der Kamerakörper ist aus Kunststoff, die Metallteile sind verchromt.

Wie fast bei allen Kameras amerikanischen Ursprungs wird der Stativanschluß durch eine am Kameragehäuse befindliche Stativmutter mit Withworthgewinde von $1/4''$ vermittelt. Der dazu passende Bolzen bildet den obersten Teil des Stativs. (Die Gewindeabmessungen sind relativ klein.[1])

(In Deutschland ist bis zur Zeit ganz allgemein das größere Gewinde von etwa 10 mm Durchmesser eingeführt, und zwar leider immer noch das englische $3/8''$-Gewinde. In dem Normenblatt DIN 4503 vom Jahre 1935 finden sich Einzelheiten über die beiden obenstehenden englischen Gewinde einschließlich Toleranzen. Es sind übrigens bereits Bestrebungen im Gange, an Stelle der $1/4''$-

---

[1] Vgl. Handbuch, Bd. II, S. 12 und 374 bis 386.

und $^3/_8''$-Gewinde nur ein Gewinde zu verwenden, und zwar wurde u. a. ein metrisches Gewinde von 8 mm Durchmesser vorgeschlagen.

Der Gesamtaufbau des Modells „Kodak 35" entspricht nach Ansicht des Verfassers nicht der von deutschen Apparaten her bekannten Geschmacksrichtung. Die Konstruktion ist unruhig und unausgeglichen.

Weitere Einzelheiten siehe u. a. die USA.-Patente Nr. 1610153, 2126324, 2129210, sowie diverse Patente von J. MIHAYLI, Rochester (*308*, *309*).

Alle übrigen auf dem Markt befindlichen Kleinbildmodelle gehören in eine Sondergruppe. Es sind diejenigen mit Spreizen und Balgen; d. h. es sind entweder Kameras mit Scherenspreizen, mit Knickspreizen oder solche mit Spezialspreizen.

Das Objektiv befindet sich stets in einem Zentralverschluß und wird zwecks Einstellung mit diesem axial verschoben, oder es ist eine Einstellfrontlinse vorgesehen, wobei der Verschluß zur Bildebene eine unveränderliche Lage besitzt.[1] Die Ausführungsformen in höherer Preislage sind meist mit einem Spiegelbasisentfernungsmesser ausgerüstet, der mit der Objektiveinstellung zwangsläufig gekuppelt ist. Der größte Vorzug dieser meist nach alten und bekannten Konstruktionsprinzipien entwickelten Kleinbildkameras ist zweifellos das geringe Volumen und Gewicht gegenüber den balgenlosen Apparaten (z. B. VOIGTLÄNDER „Vito") (vgl. die tabellarische Übersicht am Schluß, S. 225 bis 228).

12. Besondere Bauformen der Kleinbildkamera.
a) Panoramakameras.

Im Handbuch, Bd. II, S. 233 bis 237, ist bezüglich der Theorie und der praktischen Durchführung von Panoramaaufnahmen alles Wesentliche gesagt; das für alle solche Rundblickaufnahmen gültige Prinzip lautet mit wenig Worten:

Der Drehpunkt der Kamera — gleichviel welcher Bauart — muß bei der Anfertigung von Panoramateilaufnahmen stets in der durch die Objektivmitte (Blenden- bzw. Hauptpunktebene) verlaufenden Senkrechten liegen. Demzufolge ruht also der photographische Apparat, mit dem die Aufnahmen zu machen sind, auf einem Träger, dessen Grundplatte drehbar und verschiebbar ist, so daß der Drehpunkt genau ermittelt und dann endgültig festgelegt werden kann (vgl. Abb. 224 des Handbuches, Bd. II).

Es ist wohl selbstverständlich, daß derartige Aufnahmen nur mit Hilfe eines Stativs vorgenommen werden können.

Unter vielen auf diesem Gebiete bekannt gewordenen Stativköpfen soll derjenige von A. MANZ in Hamburg erwähnt werden (*242*, *243*).

Die Herstellung von Panoramaaufnahmen mit Hilfe eines beliebigen Spezialstativkopfs ist — was besonders erwähnt werden muß — ganz erheblich einfacher mit der Kleinbildkamera als mit jedem anderen Kameratyp, und zwar deshalb, weil

1. das Negativmaterial ein fortlaufender Bildstreifen ist,
2. der Winkel des einzelnen Teilbildes im Gesamtumfang (360°) ohne Filmverlust aufgeht, wenn neun Aufnahmen gemacht werden.

Dabei ergibt sich ein Teilwinkel von 360:9 = 40°.

Geht man bei der Berechnung den umgekehrten Weg, indem man die lange Bildseite 36 mm als Ausgang wählt, so ergibt sich bei einer Brennweite des Aufnahme**objektivs** von $f = 50$ mm ein Winkel von 39° 40′, also ein Fehler von nur etwa 20′.

Nimmt man jedoch den sogenannten Schaltschritt, d. h. den Abstand zweier Bilder als Ausgang an, der 38,3 mm beträgt, so ergibt sich daraus ein Teilwinkel von zirka 42° (statt 40°). Es wird demnach durch die neun Aufnahmen, deren

---
[1] Über Einzelheiten vergleiche die Ausführungen S. 147 bis 150.

Besondere Bauformen der Kleinbildkamera.

jede einen Winkel von 39° 40′ besitzt, ein Gesamtwinkel von 9 × 39° 40′ erfaßt, so daß nur 3° verlorengehen, d. i. 0,83%. Auf das einzelne Bild von 36 mm Länge bezogen sind das nur etwa 0,1%, so daß praktisch der ganze Horizont erfaßt wird (244, 245).

Wenn auf diesen Bildverlust nicht verzichtet werden kann, dann bleibt nichts anderes übrig, als zehn Aufnahmen statt neun zu machen, in welchem Falle eine genügende Überschneidung der einzelnen Bilder stattfindet.

In letzter Zeit haben ELSTER und SEIDL (246) in Eger die Konstruktion einer Spezialkamera für Rundbildaufnahmen vorgeschlagen, bei welchen die auf dem Stativ drehbar gelagerte Kamera an ihrer Rückwand mit einem Schlitz versehen ist, an dem das Filmband während der Aufnahme des Rundbildes, bei welcher sich die Kamera um ihre Achse am Stativ dreht, vorbeibewegt wird.

Das bestechende Merkmal, Rundblickaufnahmen auf fortlaufendem Film mit Hilfe eines entsprechend gebauten Stativkopfes zu machen (dieser ist unentbehrlich!), besteht darin, daß diese mit der Kleinbildkamera in besonders müheloser Weise hergestellt werden können, vgl. D. R. P. der Firma Leitz (247).

Die Anfertigung von Vergrößerungen läßt sich allerdings auch hier nicht vermeiden, aber der Vorgang bei der Aufnahme ist gegen früher ganz wesentlich erleichtert.

b) Kameras mit Federwerk.

Es ist eine unbestrittene Tatsache, daß das Erstrebenswerte einer photographischen Aufnahme neben dem harmonischen Gesamteindruck die Vermittlung der Lebendigkeit des Geschehens ist. Zu wirklichkeitsnaher Darstellung ist die Serienaufnahme ein unentbehrliches Hilfsmittel, d. h. die Methode, einen Aufnahmegegenstand in einer Reihe von aufeinanderfolgenden Bildern vorzuführen, bzw. zu uns sprechen zu lassen. Die pausenlose, also stete Aufnahmebereitschaft wird in vollautomatischer Funktion fast stets durch eine mechanische Energiequelle erzielt, d. i. eine Einrichtung, die bei Kinoaufnahmeapparaten bereits weiten Kreisen bekannt ist; es handelt sich dabei wie dort um ein eingebautes Federwerk, und es bedarf nur eines Druckes auf den Auslöser, um, wenn erforderlich in schneller Folge, eine Reihe von Aufnahmen zu machen. Die Anordnung ist dabei so getroffen, daß durch einen Druck auf den Auslöseknopf der Verschluß ausgelöst und beim Loslassen dieses Knopfes Spannen des Verschlusses und Filmtransport bewirkt wird (vgl. D.R.P. Nr. 638853/1934

Abb. 60 Äußere Ansicht einer Kleinbildkamera mit Federwerk für den Filmtransport. Bildgröße 24 × 24 mm. Optik Biotar 1:2, f = 40 mm. Bildwinkel ≈ 50°. (Tageslichtkassetten für max 50 Aufnahmen.)

und D. R. P. Nr. 619 221/1933; Modell „Robot"). Praktische Versuche haben gezeigt, daß bei einmaliger Federspannung zirka 25 Aufnahmen in 30 Sekunden gemacht werden können, ein Erfolg, der für viele photographische Arbeitsgebiete einen nicht unerheblichen Fortschritt bedeutet (248, 249).

Vergleicht man damit z. B. die Zeit, die mit einer der anderen Kleinbildkameras nötig ist, um die gleiche Zahl von Aufnahmen unter denselben Voraussetzungen zu machen, so kommt der Vorteil solcher Kameras mit Federwerk zweifellos zum Ausdruck; selbst die „Leica" mit Schnellaufzug und die „Tenax"-

Schnellschußkamera gestatten nicht, in so rascher Aufeinanderfolge Einzelaufnahmen zu machen, obschon bei der ersteren der Schlitzverschluß und bei letzterer der Zentralverschluß gleichzeitig mit dem Filmtransport durch einen Druck betätigt werden. Es muß aber trotzdem dahingestellt bleiben, ob sehr rasch verlaufende Bewegungsvorgange, wie sie durch Kinoaufnahmen mühelos festgehalten und durch die Zeitlupe in ver-

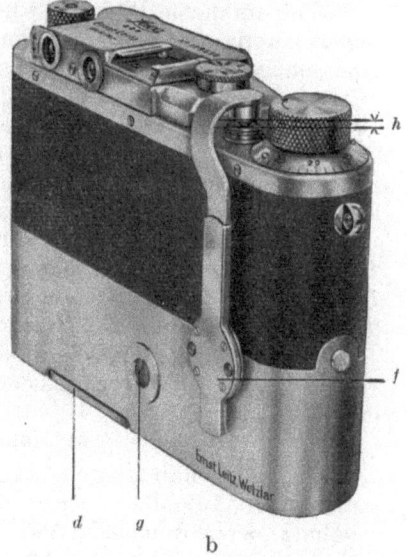

Abb. 61. Kleinbildkamera Modell Leica mit ansetzbarem Federwerk. Leistung nacheinander bis zu 12 Aufnahmen, das ist etwa 2 Aufnahmen pro Sekunde.
a Motorauslosung, *b* Umschaltung, *c* Schutzkappe, *d* Federaufzug, *e* Verriegelung, *f* Ubertragungsstange, *g* Motivzahler, *h* Kappe (muß auf Knopf aufliegen).

langsamtem Tempo vorgeführt werden können, mit Hilfe einer Federwerkkamera analysiert werden können.

Besondere Erwahnung verdient noch das ansetzbare Federwerk der Firma LEITZ (Abb. 61), bei dem Filmtransport und Verschlußaufzug miteinander gekuppelt sind (*250*).

c) Stereokleinbildkameras.

Es darf als bekannt vorausgesetzt werden, daß der Eindruck der Tiefengliederung und der Plastik beim Sehen mit beiden Augen nur dadurch zustande kommt, daß die beiden Augen voneinander entfernt liegen, und zwar um etwa 60 bis 70 mm. Ein kurzer Versuch uberzeugt davon, daß sich die Dinge im Raum gegeneinander verschieben, je nachdem sie vom Standpunkt des rechten oder linken Auges betrachtet werden. Daraus geht aber auch ohne weiteres hervor, daß eine so geringe Standpunktsverschiebung (Basis) wie die der beiden Augen — im Mittel 65 mm — den Eindruck der Plastik nur bis auf eine verhaltnismäßig geringe Entfernung hinaus ermöglichen kann. Im Handbuch, Bd. II, S. 238 bis 267, sind diese Zusammenhänge vom Verfasser in Kurze bearbeitet worden. Wesentlich ausfuhrlicher finden sich Einzelheiten in Bd. IV/1 dieses Handbuches, woselbst L. van ALBADA eine erschöpfende Darstellung über das Gesamtgebiet der Stereophotographie niedergelegt hat.

Die Fahigkeit, mit unbewaffneten Augen Gegenstande der Tiefe nach auseinanderzuhalten, hort nach der Theorie bei zirka 450 m Entfernung vom Betrachter bereits auf; in der Praxis wird dieser Wert aber noch erheblich niedriger angegeben. Der Stereoskopiker besitzt aber Mittel, um auch noch auf größere Entfernungen plastische Eindrucke hervorzurufen, und das ist die Stereoaufnahme mit verlängerter Basis oder Standlinie. Der Besitzer einer Stereokamera wird dabei so vorgehen, daß er zunächst das linke Objektiv abdeckt und mit dem rechten das rechte Teilbild belichtet; sodann wird das rechte Objektiv abgedeckt und nach Abschreiten einer Entfernung von z. B. zehn oder mehr Meter weiter links das linke Teilbild belichtet. Um das spätere Vertauschen der Teilbilder zu vermeiden, empfiehlt sich nachstehende Reihenfolge: Aufnahme des rechten Teilbildes mit dem linken Objektiv und umgekehrt. Das bedeutet nichts anderes, als wenn die Objektive auf den betreffenden Abstand auseinandergerückt worden wären.

Es bedarf keiner besonderen Betonung, daß derartige Stereoaufnahmen mit vergrößerter Basis auch mit jeder einlinsigen Kamera möglich sind; bei nicht so großen Anspruchen genugt die Benutzung des bekannten Stativaufsatzes mit Schwenkvorrichtung (Stereoschieber) (Abb. 239 des Handbuches, Bd. II, S. 260).

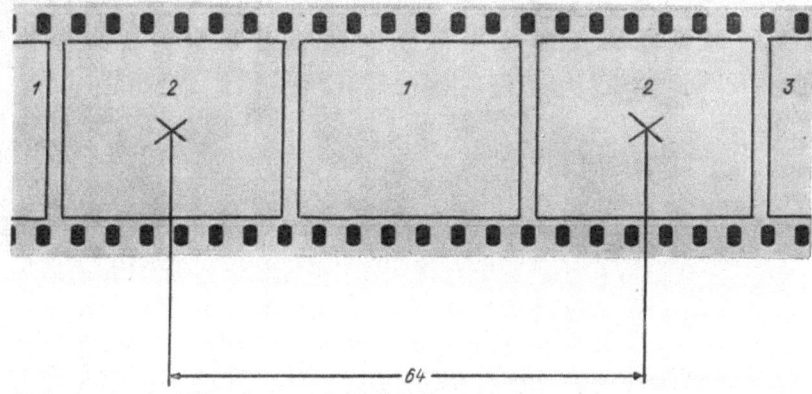

Abb. 62. Stereo-Kleinbildkamera mit Normalkinefilm 35 mm Bildformat 24 × 30 mm (nat. Große). Die Einhaltung des normalen Augenabstandes von 64 mm zwingt zur Annahme eines kleineren Bildformats (etwa 24 × 30 mm statt 24 × 36 mm).

Bekannter als diese mechanischen Hilfsmittel zur Herstellung von stereoskopischen Bildern mit einer einfachen Kamera sind die rein optischen, bei denen vor das Objektiv eine entsprechende Prismen- bzw. Spiegelanordnung gebracht wird (252).

So hat z. B. die Firma LEITZ ein „Stereolyt" genanntes Gerät auf den Markt gebracht, das in Verbindung mit der „Leica" gebraucht wird und auf den bekannten Prinzipien beruht; der Vorzug des Gerates ist, daß es im Gegensatz zu den obigen, etwas umstandlicheren Einrichtungen die Herstellung stereoskopischer Augenblicksaufnahmen gestattet. Dieser von LIHOTZKY (39) angegebene Stereovorsatz wird mit Hilfe eines besonderen Trägers vor dem Aufnahmeobjektiv der „Leica" befestigt. Es wird dabei eine von der Große der Blendenoffnung unabhangige Ausnutzung der Totalreflexion an den Prismen günstig verwertet [D.R.P. Nr. 548688 (39)]. Besondere Beachtung verdient auch das „Stereotar", die jüngste Schöpfung der ZEISS-IKON A. G. auf diesem Gebiete.[1]

Bei dem großen Interesse, das der Stereoskopie jahrzehntelang sowohl in Deutschland, besonders aber in romanischen Landern entgegengebracht wurde, ist es verstandlich, daß versucht wurde, das relativ hohe Gewicht dieser Apparate

---

[1] Vgl. O. VIERLING: (75a) und Photogr. Industrie, Bd. 40, H. 13/14, 1942, sowie S. 324 bis 326 dieses Bandes.

durch Verwendung von Filmen statt Glasplatten zu verringern. Das Nächstliegende war dabei, den im Handel befindlichen Rollfilm ohne jede zusätzliche Änderung bei der Konstruktion diesbezüglicher Kameras zu verwenden. Schon KRAUSS hat bei der Entwicklung eines Stereoskopapparats für die Bildgröße 6×13 cm vorgeschlagen, zwecks Verwendung von Normalrollfilmbändern B II/8 für die Filmgröße 6×9 cm im Deckel der Kamera zwei Schauöffnungen vorzusehen, die einen solchen Abstand haben, daß unter vollständiger Ausnutzung des Bildstreifens (d. i. auch bei späteren Anregungen stets eine sehr wichtige Forderung geblieben!) wechselseitig die in üblicher Weise angeordneten Nummern 1 und 4 einerseits sowie 3 und 6 andererseits unter die Schauöffnung ohne eine gegenseitige Überlagerung der Bilder zu liegen kommen (vgl. auch „Rolleidoskop" von FRANKE & HEIDECKE im Handbuch, Bd. II, S. 254).

Über die erstmalige Verwendung des Normalkinefilms 35 mm mit Perforation für die Zwecke der Stereokamera liegen einwandfreie Unterlagen nicht vor;

Abb. 63. Normalkinefilm 35 mm mit Perforation und Bildgröße 24 × 36 mm bei Stereoaufnahmen (nat. Größe). Der Augenabstand 76 mm ist zu groß gegenüber dem Normalabstand von etwa 64 mm

Verfasser glaubt annehmen zu dürfen, daß die ersten Anregungen dieser Art auf COLARDEAU und RICHARD in Paris zurückzuführen sind, welche derartige Gedanken in einer deutschen Patentanmeldung vom Jahre 1913 niedergelegt haben (253).

Aus dem Wortlaut der Beschreibung geht eindeutig hervor, daß die Erfindung einen Apparat zur Herstellung von stereoskopischen Bildern von der Größe 18×24 mm auf Filmbändern betrifft, der die Verwendung von handelsüblichen Filmbändern für Kinematographen ermöglicht, d. h. mit dem Apparat soll es möglich sein, auf einem fortlaufenden Band eine Reihe stereoskopischer Bilder herzustellen, die paarweise über die Länge des Films so verteilt sind, daß kein nennenswerter Teil des Films unbenutzt verlorengeht. Wenn die Bilder dicht nebeneinander liegen (jedes Bild muß in der Breite vier Filmlochungen umfassen, d. i. zirka 19 mm), muß das Herstellen der Bildpaare unter folgenden Bedingungen erfolgen:

a) Die Entfernung zweier entsprechender Punkte der beiden Bilder eines Aufnahmeapparats muß ein in ganzen Zahlen ausgedrücktes ungerades Vielfaches einer Bildbreite sein.

b) Diese Zahl wird zweckmäßig so gewählt, daß die Entfernung möglichst dem normalen Augenabstand entspricht, also z. B. die Zahl 3, die einer Entfernung von $3 \times 19 = 57$ mm entspricht.

c) Die Verschiebung von einem Bildpaar zum nächsten muß der zweifachen Bildbreite entsprechen, damit nicht eine Bildstelle des Films zweimal vor die Objektive kommt.

Die Bildstellen 2 und (n—1) am Anfang und Ende des Filmbandes bleiben frei. W. TACKE geht über diesen Vorschlag hinaus und hat sich die Aufgabe gestellt, einen Aufnahmeapparat zu schaffen, der zugleich in an sich bekannter Weise seitenrichtige, also unmittelbar kopierbare Negative aufnimmt und dabei den Film restlos ausnutzt (*254*). Diese Idee ist an sich nicht neu. So hat z. B. M. TOURNIER durch entsprechende Anordnung der Film- und Gleitrollen einerseits und Verwendung von Spiegelflächen, die allerdings im Strahlengang des Aufnahmeobjektivs liegen, andererseits erreicht, daß das Zerschneiden und ebenso das Vertauschen der betreffenden Film- bzw. Bildteile vermieden wird (*277*).

In ähnlicher Weise hat HÉLOIR das Problem angefaßt, wie aus der Beschreibung und Zeichnung des Patents (*278*) hervorgeht. Auch hier sind spiegelnde Flächen zwischen Objektiven und Bildebenen vorgesehen, die bei dieser Anordnung parallel zueinander liegen, was nur durch entsprechende Filmführung zu erreichen war. In diesem Zusammenhang sei noch auf die ganz ähnlichen Vorschläge von LUMIÈRE hingewiesen, der mit gleichartigen Mitteln zum selben Ziel gelangen mußte (*279*).

Unter dem Titel „Die Aufnahme stereoskopischer Doppelbilder auf Rollfilme" hat in jüngster Zeit O. BENDER an Hand der Patentliteratur das ganze Gebiet ausführlich bearbeitet, und zwar unter besonderer Berücksichtigung der Verwendung des Normalkinefilms für die Aufnahme stereoskopischer Doppelbilder (*2*).

Die Aufnahme der Teilbilder auf einem einzigen Film kann so vorgenommen werden, daß die linken und rechten Teilbilder je zwei nebeneinander liegende Reihen bilden. Bei Verwendung von Normalkinefilm kommen zweckmäßig alle Teilbilder in eine Reihe zu liegen, weil bei der geringen Breite des Films von 35 mm der Abstand der Teilbilder zu klein würde (vgl. D. R. G. M. Nr. 1520713).

Betreffs der allseitig angestrebten, möglichst restlosen Ausnutzung des Films ergibt sich folgende Regel:

„Wählt man bei beliebiger Filmlänge und bei gleichbleibendem Schaltschritt um zwei Teilbildlängen den Bildmittenabschnitt zweier zusammengehörender Teilbilder gleich einem ganzen, ungeraden n-fachen einer Teilbildlänge, so bleiben lediglich am Anfang und am Ende des Films je $\dfrac{n-1}{2}$ Filmfelder unausgenutzt."

BENDER weist u. a. darauf hin, daß sich auch eine volle Ausnutzung des Films bei beliebiger Filmlänge erzielen läßt, wenn bei n zwischen den Objektivachsen einer Stereorollfilmkamera liegenden Bildflächen nach der Aufnahme von n Bildpaaren das Bildband einmal um $n+1$ Felder weitergeschaltet wird. Einzelheiten hierüber finden sich in einer deutschen Patentschrift der Firma KODAK (*255*), vgl. auch D. R. P. Nr. 716333, A. KONICZKY, 1939.

Eine gegenüber den bisher beschriebenen Gedankengängen neue Idee hat W. KUEHN in seiner Erfindung niedergelegt, die darin gipfelt, daß zwei auf einer gemeinsamen Achse nebeneinander geschaltete Filmstreifen (durch welche Anordnung Doppelbelichtungen weitgehend verhindert werden) angeordnet sind. Ohne auf Einzelheiten dieser Konstruktion einer Stereorollfilmkamera näher einzugehen, sei darauf hingewiesen, daß diese Lösung einen sehr beachtlichen Fortschritt bedeuten dürfte, zunächst schon deshalb, weil die Zahl der Bilder bei geringstem Materialverlust am Anfang des Films zwangsläufig verdoppelt wird. Eine außen ablesbare Zählvorrichtung und andere Vorzüge einer solchen Anordnung sind bemerkenswert; so kann durch die Verwendung zweier Filmstreifen erreicht werden, daß mit der gleichen Kamera Einzelaufnahmen ohne Materialvergeudung hergestellt werden können, wenn sich der jeweilige Gegenstand für Stereoaufnahmen nicht eignet.

Für Studienzwecke besteht die Möglichkeit, Filme von verschiedenem Charakter nebeneinander zu benutzen, wobei gleichartige Objektive und ein und derselbe Verschluß eine vorzügliche Grundlage geben. Der größte Vorzug einer nach den vorstehenden Gesichtspunkten konstruierten Kamera besteht aber wohl darin, daß nebeneinander Schwarzweiß- und Farbaufnahmen gemacht werden können, wenn ihr Mechanismus, ohne die Stereoeinrichtung zu stören, entsprechend getroffen wird (*256*).

Was nun die Herstellung einer Stereorollfilmkamera für das Kleinbild betrifft, so ist in dieser Beziehung, trotzdem das ganze Gebiet, wie die vorstehenden Ausführungen erkennen lassen, theoretisch bereits eingehend bearbeitet ist, bislang wenig oder gar nichts geschehen. Welches die Gründe für diesen augenblicklichen und bedauerlichen Stillstand der Stereophotographie im allgemeinen und der Entwicklung der Kleinbildstereotechnik im besonderen sind, läßt sich mit wenigen Worten nicht sagen. Die Firma RICHARD in Paris hat schon vor dem Weltkrieg eine Kleinbildkamera mit Kinefilm unter dem Namen „Homeos" herausgebracht. Das einzige, dem Verfasser bekannt gewordene andere Modell dieser Art, das praktisch ausgeführt wurde, ist die „KERN-SS-Stereokleinbildkamera", die etwa um 1931 entstand. W. STEINMANN in Aarau hat über deren Konstruktion ausführlich berichtet (*67*), und wir entnehmen dieser Arbeit folgende Einzelheiten:

Als Negativmaterial kommt auch hier der 35 mm breite perforierte Normalkinefilm zur Anwendung. Die beiden Teilbilder sind, wie die Objektive, im mittleren Augenabstand von 64 mm angeordnet; auf dieser Grundlage ist das Format der Bilder in der Größe 20×20 mm gewählt, so daß zwischen die Bilder eines Paares zwei Bilder anderer Paare zu liegen kommen, wobei also eine völlige Ausnutzung des Negativmaterials erfolgt. Als Verschluß ist ein Metallschieberverschluß gewählt. Der Filmtransport geschieht völlig automatisch bis zu einem festen Anschlag, wobei gleichzeitig der Verschluß gespannt wird (Sicherheit gegen Doppelbelichtung!) (*67, 120*).

Als Optik sind zwei identische Kernanastigmate 1:3,5 mit der Brennweite 35 mm gewählt; bei einer Bilddiagonale von zirka 28,3 mm ergibt sich somit ein maximaler Bildwinkel von zirka 44°.

Die Objektive haben eine unveränderliche Einstellung auf den Unendlichkeitsnahpunkt. Hier wird bei Zugrundelegung eines Zerstreuungskreises von 0,02 mm und voller Öffnung des Objektivs eine vordere Tiefe bis zu 8,75 m erreicht. Dieser Wert sinkt auf zirka 4.86 m, wenn auf 1:6,3 abgeblendet wird. Für die Betrachtungslinsen sind dabei solche mit einer Brennweite von 50 mm vorausgesetzt. Als Negativmaterial sind sowohl Meterware als auch Spezialtageslichtspulen vorgesehen, d. h. Spulen mit Papiervor- und -nachlauf für die Aufnahme bis zu 25 Bildpaaren.

Eine interessante Frage haben M. GUNTHER und O. RZYMKOWSKI betreffend die Anordnung eines Entfernungsmessers an Stereokameras aufgeworfen (*46*). Sie kommen zu dem Resultat, daß die Stereokamera im Gegensatz zur einlinsigen Kamera keinen Entfernungsmesser benötigt, besonders nicht bei Aufnahmen im Freien, d. h. bei relativ weit entfernten Gegenständen. Bei stereoskopischen Innenaufnahmen ist es — vor allem bei voller Öffnung des Objektivs — von Nutzen, die Grenzentfernungen des abzubildenden Tiefenbereiches zu ermitteln.

Ein namhafter Fachmann, der Vorsitzende der Deutschen Gesellschaft für Stereoskopie, Dr. LÜSCHER in Berlin, glaubt feststellen zu können, daß das Bedürfnis nach Stereokleinbildkameras in der letzten Zeit außerordentlich stark geworden ist; er führt diese sehr erfreuliche Tatsache wohl mit Recht einerseits auf den großen Fortschritt der Photographie in natürlichen Farben und anderseits auf die Möglichkeit der Stereoprojektion mit Hilfe der neuen Polarisationsfilter zurück. Der Verfasser kann sich in dieser Beziehung leider keinen zu übertriebenen Hoffnungen hingeben; es ist zunächst noch keine stichhaltige Begründung dafür zu finden gewesen, warum das Interesse an der Stereophotographie in den letzten zehn Jahren wieder erheblich gesunken ist, nachdem in dieser Richtung nach dem Erscheinen durchaus hochwertiger Stereoapparate (z. B. „Stereflektoskop" von VOIGTLÄNDER und „Rolleidoskop" von FRANKE & HEIDECKE) in den Jahren von 1920 bis 1930 eine sehr große Nachfrage zu verzeichnen war. Der verhältnismäßig hohe Preis der Kamera in den Formaten 4,5 × 10,7 und 6 × 13 cm kann die Ursache nicht gewesen sein, denn unsere neuzeitlichen Kleinbildkameras mit lichtstarker Optik sind keineswegs billiger. Also müssen die Gründe für die derzeitige Ablehnung sehr wahrscheinlich in der mehr oder weniger teuren Anschaffung und ganz besonders der umständlichen Herstellung der Diapositive zu suchen sein, die ja meist dem Händler zufällt. In dieser Beziehung wird aber bei der Erzeugung von Stereokleinbildern nichts geändert, im Gegenteil, das Verfahren wird aus mehreren Gründen (z. B. in Anbetracht der Kleinheit der Bilder und der Empfindlichkeit der Schicht) keineswegs vereinfacht. Ein grundsätzlicher Wandel könnte hier nur durch eine optische Bildumkehrung bereits bei der Aufnahme einsetzen (vgl. M. v. ROHR 58).

Soweit dem Verfasser bekannt wurde, sind auch im Auslande, und zwar in Frankreich, ernste Bestrebungen zu erkennen, Stereokleinbildkameras für die große Masse in Aufnahme zu bringen und weiteren Kreisen zugänglich zu machen; es ist auch hier die bereits erwähnte Tatsache festzustellen, daß die Größe 24 × 36 mm nicht in Frage kommt, sondern das Format 24 × 30 mm wegen der Anpassung an den mittleren Augenabstand von etwa 64 mm. In jüngster Zeit hat VIERLING zu all diesen schwebenden Fragen eingehend Stellung genommen und über die „Stereophotographie mit der Contax" ausführlich berichtet (75a).[1]

13. Die Verschlüsse der Kleinbildkamera.

Die Geräte zur Regelung der Belichtungszeit an photographischen Kleinbildkameras haben sich nach dem Erscheinen von Band II des Handbuches (1931) prinzipiell nur wenig geändert, gleichgültig, ob es sich um Zentralverschlüsse oder um Schlitzverschlüsse handelt. Im Abschnitt V des erwähnten Bandes (S. 391 bis 533) ist dieses Gebiet sehr eingehend behandelt worden, und der Verfasser kann sich daher darauf beschränken, nur auf jene Fortschritte näher einzugehen, die im besonderen mit der Entwicklung der Kleinbildkamera in den letzten Jahren gemacht worden sind. Dabei wird die Unterteilung, wie dort, zweckmäßig in zwei Gruppen vorgenommen, und zwar in solche Verschlüsse, die mit dem Objektiv verbunden sind, und jene, die vor der Bildebene bzw. dem Negativ angeordnet sind.

In jüngster Zeit brachte W. KROSS (31) eine Gegenüberstellung unter dem Titel: „Zentralverschluß kontra Schlitzverschluß"; in dieser Arbeit werden wieder einmal die Vor- und Nachteile der beiden Verschlußarten beleuchtet, und zwar in kritischer Weise.

---

[1] Unter dem Titel „Stereoskopie mit der Leica" bringt auch S. RÖSCH neuerlich einen beachtenswerten Beitrag in der Zeitschrift Photofreund 1942, S. 174 bis 176.

a) Der Zentralverschluß.

Mit wenig Ausnahmen (Tenax) sind die Objektivverschlüsse so angeordnet, daß die den Durchgang des Lichtes regelnden Verschlußblätter (Sektoren) zwischen dem Vorder- und Hinterglied des Objektivs und damit gleichzeitig möglichst am Ort der Blendenebene desselben liegen. Der zeitliche Verlauf des Lichtdurchtritts wird, wie bekannt, durch eine entsprechende Bewegung dieser Sektoren quer zur optischen Achse geregelt, wobei sich gleichzeitig der Querschnitt des Lichtbündels ändert. Die kürzeste Belichtungszeit bei photographischen Objektivverschlüssen mit mindestens drei senkrecht zur optischen Achse schwingenden Verschlußblättern betrug im Jahre 1930 etwa $1/150$ Sekunde bei Automatverschlüssen und $1/300$ Sekunde bei Spannverschlüssen. Die deutschen Firmen F. Deckel und A. Gauthier haben es sich sehr angelegen sein lassen, auf dem Spezialgebiet des Baus photographischer Verschlusse führend zu bleiben, und die diesbezüglichen Fortschritte lassen erkennen, daß die Bemühungen, die Höchst-

 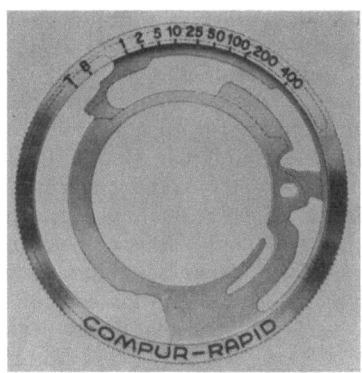

Abb. 64 a. Innere Ansicht des Compur-Rapid-Verschlusses 0 bei abgenommener Deckplatte. (Eingebautes Vorlaufwerk für Selbstaufnahmen.)

Abb 64 b. Einstellung mit Steuerkurven für die Geschwindigkeiten beim Compur-Rapid-Verschluß 0 Hochstgeschwindigkeit $1/400$ Sek.

geschwindigkeiten zu steigern, bzw. die erreichbaren Belichtungszeiten abzukürzen, nicht ohne Erfolg geblieben sind [vgl. H. Kuppenbender (*34*, *35*)].

Die meisten Versuche in dieser Richtung gingen dahin, das Ziel durch entsprechende Vergrößerung der Antriebskraft zu erreichen; dabei zeigte sich aber, daß sich dadurch eine ganze Reihe von Nachteilen einstellte, die größer waren als die erreichten Vorteile.[1] Wesentlich günstiger waren die Ergebnisse, die durch eine grundsätzlich andere Maßnahme erzielt wurden, nämlich durch Vermınderung der Trägheitsmomente; das bedeutete praktisch eine Verkleinerung der Massen oder der Trägheitsradien, unter Umständen auch beider Größen. Bei der konstruktiven Entwicklung der früher entstandenen Zentralverschlüsse wurde dieser wichtigen Tatsache leider wenig Wert beigelegt, sei es, daß die Bedeutung dieser Zusammenhänge nicht genügend erkannt wurde, oder sei es, daß die betreffenden Studien nicht mit der erforderlichen Energie durchgeführt wurden. Die Lösung der gestellten Aufgabe, d. h. die Schaffung eines Verschlusses mit gegebener Antriebskraft, aber mit kürzeren als den bisher erreichten Belichtungszeiten ist nur dann mit Erfolg möglich, wenn die Summe der Trägheitsmomente aller getriebenen Teile berücksichtigt wird. Diesbezügliche interessante Einzelheiten finden sich in der Beschreibung und den Zeichnungen der

---

[1] Siehe auch Z. f. wiss. Photographie **40**, 282 bis 284, 1942.

deutschen Patentschriften Nr. 673167 und 568060 aus dem Jahr 1931; dort finden sich alle Vorschläge zusammengefaßt, die sich auf die Verringerung der Trägheitsmomente und deren Bedeutung erstrecken. Eine weitere Verkurzung der Belichtungszeit ergibt sich u. a., wenn die Anordnung so getroffen wird, daß das Antriebsorgan erst dann treibend auf die Verschlußteile einwirkt, nachdem es in möglichst volle Bewegungsgeschwindigkeit versetzt ist.

Die Reibungswiderstände spielen dagegen eine viel geringere Rolle, als vielfach angenommen wurde. H. HIPPLE (22) hat darüber berichtet und seine interessanten Feststellungen können wie folgt zusammengefaßt werden. Die Bewegungsgleichung für einen Verschluß lautet
$$M = \Sigma J \cdot \varepsilon + \varepsilon \cdot R,$$

wobei M das Drehmoment, J das Trägheitsmoment, ε die Winkelbeschleunigung und R die Reibung bedeutet. An einem Beispiel hat HIPPLE gezeigt, daß der durch $\varepsilon \cdot R$ dargestellte Reibungseinfluß keine wesentliche Rolle spielt; er beträgt etwa 10% bei zwei Verschlüssen, von denen der eine als reibungsfrei betrachtet werden konnte und der andere mit Reibung behaftet war.

Abb 65. Äußere Ansicht des Compur-Rapid-Verschlusses 0 mit Ringeinstellung und Vorlaufwerk. Belichtungsbereich von 1 bis $^1/_{400}$ Sek. (FRIEDRICH DECKEL, München)

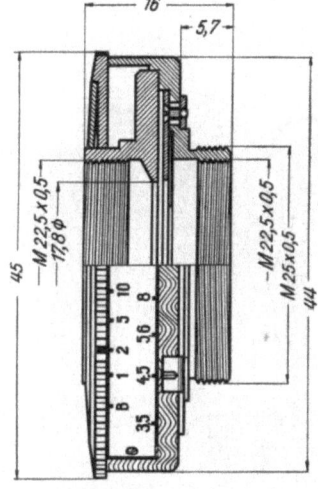

Abb. 66. Querschnitt und Teilansicht, sowie Hauptmaße des Zentralverschlusses Modell Compur Nr. 00 (größte Blende 17,8 mm). Geschwindigkeitsbereich von 1 bis $^1/_{300}$ Sek.

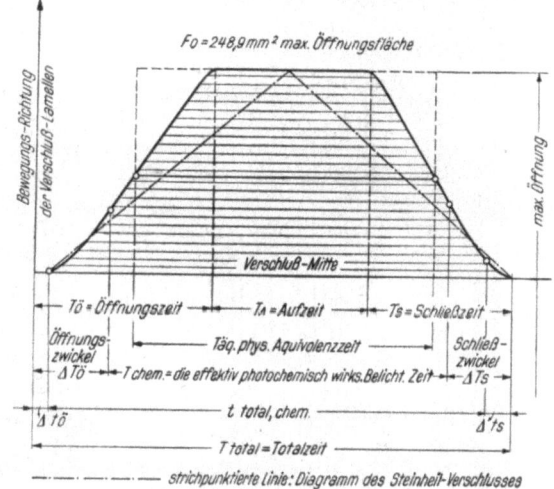

Abb. 67. Belichtungsflächendiagramm beim Compur-Rapid-Verschluß Nr. 00 bei Einstellung auf $^1/_{500}$ Sek. Beachtenswert ist das strichpunktierte Diagramm des älteren Verschlusses mit Lederbremse (Konstruktion PRITSCHOW)

$T_{\ddot{O}} = 10,94 \times 10^{-4}$ Sek., $T_A = 9,99 \times 10^{-4}$ Sek., $T_S = 9,82 \times 10^{-4}$ Sek., $T_{total} = 30,75 \times 10^{-4}$ Sek, $T_{aq.} = 18,96 \times 10^{-4}$ Sek.

Welche Resultate bei Verwertung der Ergebnisse dieser theoretisch-kinematischen Studien erzielt wurden, geht aus den Leistungen des „Compur-Rapid"-Verschlusses hervor; die erreichte Höchstgeschwindigkeit des für die Kleinbildkamera in Betracht kommenden Modells Nr. 00 beträgt $^1/_{500}$ Sekunde. Sie wird durch Spannen einer Zusatzfeder erreicht. Wie das obenstehende Belichtungsflachendiagramm des Compur-Rapid-Verschlusses Nr. 00 bei einer Belichtungszeit von $1/500$ Sekunde erkennen läßt, ist die Öffnungszeit $T_Ö = 10,94 \times 10^{-4}$ und die Schließzeit $T_S = 9,82 \times 10^{-4}$ Sekunden. Die Zeit, bei welcher der Verschluß mit voller Öffnung arbeitet (sogenannte Aufzeit), ist beinahe ebenso groß, und zwar $T_A = 9,99 \times 10^{-4}$ Sekunden (12).

Wie groß der Fortschritt gegenüber einem älteren Spannverschluß ist, zeigt das strichpunktierte Diagramm des Verschlusses von PRITSCHOW-STEINHEIL aus dem Jahre 1890. Die Zeit der Gesamtöffnung dieser Verschlußart ist nur etwa 60% von derjenigen des neuen Compurverschlusses. Der Weg, den die Sektoren bei der Öffnungs- bzw. Schließbewegung zurückzulegen haben, ist bei diesem kleinen Verschluß relativ gering, da die größte Blende nur einen Durchmesser von 17,8 mm hat. Daraus ergeben sich von vornherein günstige Verhältnisse für die Massen im allgemeinen und für die Trägheitsmomente der Sektoren im

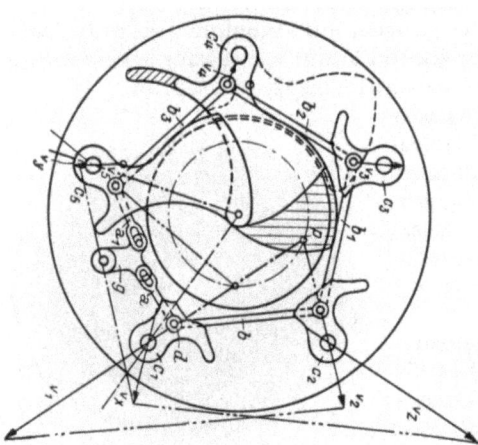

Abb. 68. Kinematische Darstellung der Kräfteverteilung beim Zentralverschluß mit fünf Sektoren.

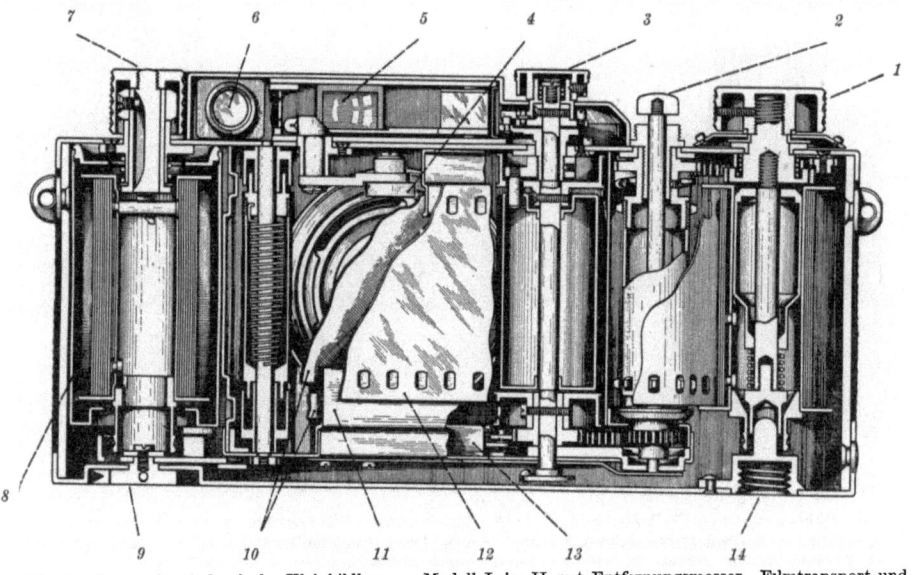

Abb. 69 Langsschnitt durch die Kleinbildkamera Modell Leica II mit Entfernungsmesser. Filmtransport und Spannen des Schlitzverschlusses sind zwangsläufig gekuppelt, ebenso wie Entfernungsmesser und Objektiveinstellung. Zum Einstellen der Geschwindigkeit des Schlitzverschlusses dienen zwei Knöpfe, von denen der eine alle Zeiten über $1/20$ Sekunde bis 1 Sekunde (Räder-Hemmwerk) und der andere (3) die Zeiten von $1/20$ bis $1/1000$ Sekunden regelt. Das Einstellen erfolgt stets bei gespanntem Verschluß. (E. LEITZ, Wetzlar.)
1 Aufzug, 2 Auslösung, 3 Schlitzeinstellung, 4 Gleitrolle, 5 Bildsucher, 6 Entfernungsmesser, 7 Rückwickelung, 8 Filmkassette, 9 Gehäuseverriegelung, 10 Schlitzverschluß, 11 Bildfenster, 12 Film, 13 Hemmwerk, 14 Stativgewinde.

besonderen (Stahlblech von 0,04 mm Dicke). Über die Größe der Beschleunigung, mit welcher die Verschlußsektoren angetrieben werden müssen, berichtet KUPPEN-

BENDER (*35*) u. a., daß die größte Drehgeschwindigkeit derselben im Augenblick des größten Lichtbündelquerschnitts einer Drehzahl von etwa 12000 U/min. entspricht. Daraus ist zu ersehen, daß der Antrieb und die Steuerung der Verschlußsektoren keine erheblichen Schwierigkeiten bereitet, wenn die Zeit, die zwischen dem Beginn der Öffnung und dem Schließen der Lichtdurchtrittsöffnung vergeht, verhältnismäßig lang ist. Wenn es sich aber um kurze Belichtungszeiten handelt, treten im Verschlußwerk Beanspruchungen auf, deren Bewältigung nicht immer ohne weiteres gelungen ist. Der Compur-Rapid-Verschluß stellt einen besonderen Markstein in der Entwicklung photographischer Zentralverschlüsse dar. Bedauerlicherweise besitzt dieser Verschluß — und zwar nur das kleinste Modell Nr. 00, das vorzugsweise bei der Kleinbildkamera Verwendung findet — keinen eingebauten Selbstauslöser. Grundsätzliche technische Beweggründe für diese Sonderausführung dürften keine Rolle gespielt haben, sondern lediglich die durch den Einbau des erforderlichen zusätzlichen Räderwerks bedingte Gesamtvergrößerung der äußeren Verschlußabmessungen. Der große Vorzug des Zentralverschlusses ist, daß er eine absolut verzeichnungsfreie Aufnahme auch rasch bewegter Dinge gestattet. Die mit einem solchen Verschluß erzielte Belichtung ist über die ganze Fläche der lichtempfindlichen Schicht absolut gleichmäßig. Der durch optische Gesetze bedingte Lichtabfall nach den Rändern des Bildfeldes hat mit dem Wesen des Verschlusses nichts zu tun (vgl. PRITSCHOW *55*).

Über die sehr beachtenswerte Entwicklung des Automatverschlusses, insbesondere für die Kleinbildkamera, hat in jüngster Zeit K. PROBING (*57*) berichtet.[1]

b) Der Schlitzverschluß.

Im Gegensatz zu den Zentralverschlüssen, bei denen die den Lichtdurchtritt steuernden Teile in der Nähe der Blendenebene des Objektivs liegen, sind bei Schlitzverschlüssen diese Elemente in unmittelbarer Nähe der Bildebene, d. h. so nahe wie möglich vor der lichtempfindlichen Schicht des Films angeordnet. Über diese Zusammenhänge ist im Band II, S. 133 bis 140, ausführlich berichtet, und zwar enthalten die einzelnen Abschnitte u. a. folgende Einzelheiten, die sinngemäß auch bei der Kleinbildkamera zutreffen: Wirkungsweise und Belichtungsverhältnisse, Lichtausnutzung bzw. Wirkungsgrad, Verzerrung und ungleichmäßige Geschwindigkeit. Die Kleinbildkamera wird hauptsächlich in jenen Fällen mit Schlitzverschluß ausgerüstet, wo neben der Forderung höchster Geschwindigkeit die Verwendung von Auswechseloptik verlangt wird; das ist nur hier möglich, weil durch die günstige Anordnung des Schlitzverschlusses — gleichgültig ob gespannt oder abgelaufen — der Film auch bei herausgeschraubtem Objektiv stets vor unbeabsichtigter Belichtung gesichert ist.

Die Tatsache, daß der von den Verschlußvorhängen bei der Belichtung zurückgelegte absolute Weg ganz erheblich kleiner als bei den früheren Kameramodellen ist (er beträgt z. B. nur 36 mm bei der Leica und 24 mm bei der Contax), ist als besonders bemerkenswerter Umstand zu bezeichnen, der sich sowohl bezüglich der erreichbaren Höchstgeschwindigkeit als auch der Betriebssicherheit günstig auswirkt. Die wechselseitige Darstellung der Vor- und Nachteile von Metall- und Gummituchverschluß ist in den Druckschriften der in Betracht kommenden Firmen zu finden (vgl. auch Leica-Technik 1937, S. 4 bis 8).

Es ist übrigens ein Irrtum, anzunehmen, daß es irgendeinen Schlitzverschluß gibt, der verzeichnungsfrei arbeitet. Es muß hier betont werden, daß die Ver-

---

[1] Auslosung des Zentralverschlusses vom Laufboden bzw. Kameragehäuse aus, siehe Patente [3117 (*320*)].

zeichnung mehr oder weniger sichtbar bei jedem Schlitzverschluß auftritt, unabhängig davon, in welcher Richtung der Vorhang abläuft. Trotz absolut gleicher Geschwindigkeit des Vorhanges ist das Maß der Verzeichnung nicht genau das gleiche und der Unterschied bei verschiedener Ablaufrichtung liegt stets in der Richtung der Verzeichnung. Ein in Bewegung befindlicher Kreis (z. B. ein Rad) wird durch einen Schlitzverschluß stets als Ellipse wiedergegeben, und es hängt lediglich von der Ablaufrichtung des Verschlusses ab, in welcher Richtung dieser Kreis zu einer Ellipse zusammengedrückt wird. Es dürfte bekannt sein, daß der Verschlußablauf mit der Bewegungsrichtung vor sich gehen soll, so daß, wegen der Bewegungsumkehr durch die Optik auf dem Negativ der Vorhang zweckmäßig entgegen der Bildbewegung abläuft. Beim querlaufenden Schlitzverschluß bewegt sich das erwähnte Rad um eine halbe Radbreite während der Belichtung vorwärts, während der senkrechte Ablauf dazu eine ganze Radbreite erfordert. Über Einzelheiten der verschiedenen Konstruktion von Schlitzverschlüssen gibt die Patentliteratur Aufschluß.

Die jeweilige Schlitzbreite, d. h. der Abstand der beiden Vorhanghälften während der Belichtung, ist das Kriterium für die Belichtungszeit. Das größte Maß, d. h. die volle Schlitzbreite, ergibt sich aus dem Bildformat (in unserem Fall aus den Zahlen 24 und 36); je nachdem, ob der Verschluß der Länge nach oder der Breite nach abläuft, ergibt sich eine zurückzulegende Wegstrecke

Abb. 70. Zwangsläufige Verbindung zwischen Filmtransport und Ablauf des Metallschlitzverschlusses beim Kleinbildmodell Contax. Die Filmbahn läuft senkrecht zu der Ablaufrichtung des Schlitzverschlusses. Gesteigerte Höchstgeschwindigkeit, da der Ablaufweg nur 24 mm beträgt.
(ZEISS-IKON A. G., Dresden.)

Abb 71 Mehrgliedriger Metallschlitzverschluß, Modell Contax (Rückwand abgehoben).
(ZEISS-IKON A. G., Dresden.)
a teils offen, b teils geschlossen.

von 36 oder 24 mm. Beim Modell „Leica" ist das erstere der Fall, während der „Contax"-Verschluß so ausgebildet ist, daß er eine größte Schlitzbreite von nur 24 mm besitzt (er läuft senkrecht zur Filmschaltrichtung ab). Um eine Vorstellung zu haben, welche Schlitzbreiten den einzelnen Belichtungswerten entsprechen, sind die korrespondierenden Werte bei konstanter Federspannung in der folgenden Tabelle 19 zusammengestellt. Geschwindigkeiten von $1/2$ bis $1/1250$ Sekunde (Selbstauslöser, Vorlauf 10 Sekunden).

Von $1/30$ Sekunde ab läuft der Verschluß stets mit der größten Öffnung, und zwar bleibt die volle Öffnung nach Maßgabe der jeweiligen Belichtung und

Tabelle 19. Leica.

Geschwindigkeit	$1/1000$	$1/500$	$1/200$	$1/100$	$1/60$	$1/40$	$1/30$
Schlitzbreite in Millimeter	1,2	2,5	5,5	12	18	27	36

unter dem Einfluß eines regelbaren Räderhemmwerkes ganz analog wie bei Zentralverschlussen bis zu einer Sekunde erhalten.[1] Auch das Vorlaufwerk, das bei letzteren seit vielen Jahren ein unlösbarer Bestandteil ist, findet sich bei Schlitzverschlüssen wieder, und zwar in den verschiedensten mechanischen Anordnungen; wesentlich ist dabei, daß die Ablaufdauer nicht geringer als etwa 10 bis 12 Sekunden ist, so daß der Zweck dieser Einrichtung, nämlich die mechanisierte Auslösung nach bestimmter Zeit, erreicht wird. Das Material des Verschlusses ist bei der „Leica" Spezialgummituch und bei der „Contax" Metall; beide Arten der Ausführung haben sich in der jahrelangen Praxis bewährt, und es liegt daher keine Veranlassung vor, die eine oder andere besonders zu bevorzugen. Auf S. 461 des Handbuches, Band II, ist in Abb. 389 der Einfluß des Abstandes e der Schlitzebene von der Bildebene dargestellt. Bei einer Brennweite von $f = 50$ mm und einer Lichtstärke des Objektivs von 1:1,5 darf die Schlitzbreite bei $e = 3$ mm nicht kleiner als 2 mm sein [vgl. KUPPENBENDER (35)].

Bezüglich der Prufung von Zentral- und Schlitzverschlüssen, insbesondere was deren Geschwindigkeit betrifft, sei auf die Arbeiten von GEHLHOFF (12), NAUMANN (43) und W. KINDER (25) hingewiesen. Außerdem sei auf die in diesem Zusammenhang interessierenden Arbeiten von RIEDE hingewiesen; dieser hat über die Dynamik des Schlitzverschlusses im allgemeinen und die optische Wirkung kleiner Schlitzbreiten eingehend berichtet (57a).

c) Einscheiben-Rotationsverschluß zwischen Objektiv und Bildebene.

Eine Sonderstellung nimmt der Verschluß ein, mit welchem die Kleinbildkamera Modell „Robot" der Firma BERNING & Co. ausgerüstet ist. Dieser Verschluß ist im Gegensatz zu den bisher beschriebenen Objektiv- und Fokalverschlussen zwischen Blenden- und Bildebene angeordnet; er ist also weder ein Schlitzverschluß noch ein Zentralverschluß.

An dieser Stelle sei auf die D.R.P. Nr. 99 618 und 103 053 hingewiesen, die im Handbuch, Bd. II, S. 408, näher beschrieben sind; es sind dies die Verschlußpatente aus den Jahren 1896 und 1898 der EASTMAN KODAK Co., deren Kennzeichen die Anordnung eines einzigen, an der Hinterlinse des Aufnahmeobjektivs vorbeigleitenden Sektors mit entsprechender Belichtungsöffnung ist. 25 Jahre später, und zwar etwa um 1923, wurde der Verschluß der „Box-Tengor"-Kamera der Firma C. P. GOERZ A. G. bekannt, der eine Fortentwicklung der obigen Patente ist. Messungen eines der ersten Verschlüsse der „Robot"-Kamera, die allerdings bereits vor einer Reihe von Jahren vorgenommen wurden, ergaben bei einem Objektiv 1:3,5, $f = 30$ mm und einem Abstand der Verschlußebene von der Bildebene von zirka 24,2 mm folgende Ergebnisse, wobei der Einfachheit halber die Verhältnisse für die Bildmitte bestimmt wurden.

$$\text{Gesamtzeit } T_{\text{gs.}}: \quad 35 \times 10^{-4} = 1/285 \text{ Sekunde,}$$
$$\text{Äquivalenzzeit } T_{\text{aqu.}}: \quad 22{,}6 \times 10^{-4} = 1/442 \quad \text{„} \quad .$$

---

[1] Einige Firmen haben die große Spanne von $1/1000$ Sekunde bis zu 1 Sekunde so unterteilt, daß mehrere getrennt voneinander einstellbare Gruppen von Hemmwerken entstanden. Bei der Spiegelreflexkleinbildkamera „Kine-Exakta" ist die Geschwindigkeitsskala bis zu 12 Sekunden erweitert (vgl. auch D. R. P. Nr. 572 932/1931 und 592 889/1933).

Daraus ergibt sich der Grad der Lichtdurchlässigkeit X bezogen auf Hundert =

$$285 : 442 = X : 100; \quad X = \frac{285 \times 100}{442} = 64{,}5\%.$$

Für die übrigen Punkte des Bildfelds können und werden diese Zahlen sehr wahrscheinlich abweichen. Es muß bei dieser Gelegenheit betont werden, daß die verhältnismäßig kleine Äquivalenzzeit $1/_{442}$ Sekunde in der Hauptsache auf den kurzen Weg des Sektors zurückzuführen ist, der — entsprechend der Objektivöffnung von nur etwa 9 bis 10 mm — viel kleiner ist als z. B. bei der Compur, Type Nr. 00; bei diesem Verschluß hat die größte freie Öffnung den Wert 17,8 mm. Die vorerwähnte kleine Öffnung ist praktisch nur bei einer Kleinbildkamera mit dem Bildformat 24×24 mm (Diagonale $d = 34$ mm) und entsprechend kurzer Brennweite möglich und auch dann nur, wenn der Verschlußsektor in die unmittelbare Nähe der Hinterlinse des Objektivs gebracht wird.

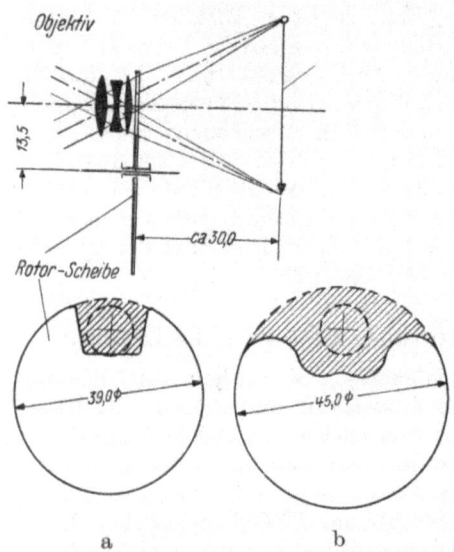

Abb. 72. Einscheiben-Rotationsverschluß zur Federwerkskleinbildkamera, Modell Robot. Die Rotorscheibe ist in unmittelbarer Nähe des Objektivs zwischen diesem und der Bildebene angeordnet.
a Erste Ausführung, b verbesserte Ausführung.

Bei Zentralverschlüssen mit runder Öffnungsfläche verhalten sich die Zeiten — gleiche konstruktive und mechanische Güte vorausgesetzt — wie die Quadrate der Öffnungsdurchmesser.

Bei der „Robot"-Kamera liegt der zweifellos günstige Umstand vor, daß Verschluß und Kamera eine zusammengehörige Einheit bilden; der Konstrukteur erhält auf diese Weise erheblich mehr Freiheit in der Ausnutzung der ihm zur Verfügung stehenden Mittel. Nicht unerwähnt darf bleiben, daß der „Robot"-Verschluß, da er, wie bereits erwähnt, ein Mittelding zwischen Zentral- und Fokalverschluß ist, bei der Aufnahme rasch bewegter Dinge Verzeichnungen zeigen kann; diese werden jedoch nur selten die Größenordnung annehmen wie beim reinen Fokalverschluß (Abb. 72).

Aus der Tatsache, daß der — um eine zur optischen Achse parallele mechanische Achse — umlaufende Sektor die wirksame Öffnung des Objektivs in ein und derselben Richtung nacheinander durchläuft bzw. freigibt (also ohne Bewegungsumkehr wie bei dem sich von der Mitte aus öffnenden und zu dieser Mitte wieder schließenden Zentralverschluß mit mehreren Sektoren), ergibt sich naturgemäß eine andere Form des Diagramms, wobei als selbstverständlich vorausgesetzt wird, daß die Methode, durch welche das Diagramm ermittelt wird, grundsätzlich die gleiche ist. Die Belichtung erfolgt aber nicht von der Mitte aus, sondern beginnt stets am Rande des Objektivs zuerst zu wirken; nach Beendigung der sogenannten Öffnungszeit arbeitet der Verschluß bzw. das Objektiv, je nach der Einstellung längere oder kürzere Zeit mit der ganzen wirksamen Öffnung (Aufzeit), um dann allmählich wieder mit immer geringer werdender Öffnung (Schließzeit) den Strahlendurchgang ganz abzublenden. Die einzelnen Teile des Bildfeldes werden also — ähnlich wie beim Schlitzverschluß — nacheinander belichtet.

Das untenstehende Bild zeigt das Diagramm dieses Verschlusses für die nominelle Belichtungszeit von $1/500$ Sekunde. Aus dieser Abb. 73 ergibt sich ohne weiteres, daß die gemessene Belichtungszeit erheblich größer ist als die ideelle. Dabei beträgt (wenn die Zeit, während welcher der Verschluß mit voller Öffnung arbeitet, mit a bezeichnet wird) die

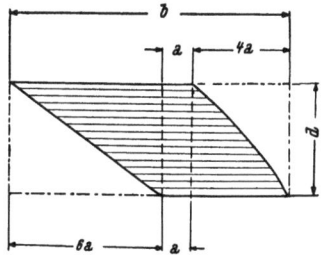

Abb. 73. Diagramm des Robot-Einscheibenverschlusses.

Tabelle 20.

Sollwert in Sekunden	Gemessener Wert in Sekunden	Äquivalenzzeit in Sekunden	Lichtdurchlaß in Prozent
$1/50$	$1/37{,}2$	$1/49$	76
$1/100$	$1/65{,}7$	$1/87{,}4$	75,4
$1/250$	$1/121$	$1/210$	57,5
$1/500$	$1/263$	$1/365$	56,6

Öffnungszeit etwa $6a$, die Schließzeit zirka $4a$ und die Gesamtsumme $6a + a + 4a = 11a = b$ (vgl. die schraffierte Fläche des Diagramms, das nicht wie sonst ein Trapez, sondern ungefähr die Form eines Parallelogramms hat).

Legt man den vorstehenden Betrachtungen die Äquivalenzbelichtungszeit Ta zugrunde, so ergeben sich, wie die obenstehende Tabelle 20 zeigt, entsprechend höhere Werte, die auf neuzeitlichen Messungen beruhen.[1]

14. Schlußbetrachtung.

Und nun zum Schluß noch einige Hinweise über die fabrikmäßige Herstellung der Kleinbildkamera.

Zunächst kann auf den Bd. II, Abschnitt VII, S. 562 bis 565, verwiesen werden. Die dort niedergelegten allgemeinen Gesichtspunkte haben auch heute noch Gültigkeit, und zwar sowohl in mechanischer wie auch in optischer Hinsicht. Es ist aber nicht überflüssig, darauf hinzuweisen, daß bei ausgesprochener Serienfabrikation allergrößtes Gewicht auf Austauschbarkeit aller Teile — also sowohl der optischen wie mechanischen — gelegt werden muß; diese Forderung an die Genauigkeit bei der Herstellung ist sowohl im einzelnen, als auch bei allen Teilmontagen rücksichtslos zu erfüllen.

Grundsätzlich kann auch bei der Kleinbildkamera unterschieden werden zwischen solchen Modellen, bei denen die Mehrzahl der Teile aus Messing oder Stahlblech besteht und solchen, bei denen sowohl Gehäuse als Deckel und sonstige Teile aus Leichtmetall hergestellt werden. Über alle diesbezüglichen Einzelheiten wird in Abschnitt 170 des Handbuches (II) ausführlicher berichtet, und zwar findet dort auch bereits Aluminium-, Kokillen- und Spritzguß Erwähnung. Weitere Einzelheiten über den bei Kleinbildkameras vorwiegend zur Anwendung kommenden Werkstoff Aluminium findet sich u. a. in dem von der Aluminiumzentrale Berlin herausgegebenen „Aluminiumhandbuch"; dort ist alles Wissenswerte über das niedergelegt, was Konstruktionsbureau und Werkstatt von Leichtmetall im allgemeinen und von Spritzguß im besonderen wissen muß.

Ergänzend sei bemerkt, daß erst im Jahre 1924 Aluminiumspritzguß Eingang in den Kamerabau gefunden hat, wodurch dort grundlegende Umwälzungen eingetreten sind. Wie weit sich dieses heute kaum mehr fortzudenkende Verfahren in der Entwicklung und Gestaltung maßgebend ausgewirkt hat, darüber geben die beiden nachstehenden Abb. 74 und 75 Aufschluß (DIN 1744).

Hinsichtlich der optischen Teile und besonders der Aufnahmeoptik für Kleinbildkameras bedarf es eigentlich keiner besonderen Betonung, daß diese — einer-

---

[1] Über eine Vorrichtung zum Auslösen eines photographischen Verschlusses mittels einer Photozelle vgl. das D. R. P. Nr. 723 331 und 723 829.

seits mit Rücksicht auf die kurzen Brennweiten, anderseits auf die Tatsache, daß die Bilder der Kleinbildkamera ausnahmslos vergrößert werden — mit aller nur erdenklichen Sorgfalt hergestellt werden muß. Als Vergleich hierzu kann mit gewissen Vorbehalten die Herstellung optischer Systeme für die Mikroskopie herangezogen werden, wo bekanntlich Brennweiten von sehr kleinen absoluten Werten und dementsprechenden Maßen Anwendung finden.

Die vorstehenden Ausführungen können nicht abgeschlossen werden, ohne einen Blick in die Zukunft zu werfen; beim Studium der reichhaltigen Literatur in den Fachzeitschriften, besonders aber derjenigen im Patentwesen, lassen sich schon jetzt verschiedene Richtungen erkennen, in denen unsere Erfinder und Konstrukteure arbeiten und in denen sich der Kamerabau weiter entwickeln dürfte. Grundsätzlich aber zeichnen sich zwei neue Wege ab, deren besondere Kennzeichen einerseits darin zu finden sind, daß sich in der Kamera zwei verschiedene Filmsorten befinden, die im Wechsel in das Bildfenster gebracht werden, und anderseits darin, daß bei Kameras mit eingebautem Belichtungsmesser zwischen diesem und den Einstellelementen eine zwangsläufige Verbindung geschaffen wird. Was die Konstruktion einer Kamera für zwei Filmsorten betrifft, so ist hier zunächst die Raum- und damit die Gewichtsfrage ausschlaggebend und daneben die Mechanik der Umschaltvorrichtungen; dieser Raum ist bei Kleinbildkameras normaler Bauart, insbesondere bei solchen mit Entfernungsmesser, nicht vorhanden; günstiger liegen die Verhältnisse schon bei den sogenannten zweiäugigen Kameras mit Spiegelreflexsucher bzw. Mattscheibenentfernungsmesser. Eine Möglichkeit des Filmwechsels in der normalen unveränderten Kleinbildkamera ergibt sich ohne weiteres dadurch, daß Einrichtungen am Zählwerk geschaffen werden, die die Rückspulung des belichteten Filmteiles (z. B. beim Schwarz-Weiß-Film) unter Registrierung der Bilderzahl und damit den Übergang z. B. zum Farbfilm ermöglichen. Die zweifellos ideale Lösung läge in der Schaffung eines Universalfilms, der sowohl Farbprojektion als Vervielfältigung des Schwarz-Weiß-Films bei ausreichendem Belichtungsspielraum gestattet.

Abb 74 Gehäuse der Kleinbildkamera Modell Contax Material Leichtmetall in Form von Aluminiumfertigguß Einzelheiten über Aluminium-Präzisionsfertigguß siehe Aluminium-Taschenbuch (Al-Verlag Berlin W 50) (ZEISS-IKON A G, Dresden)

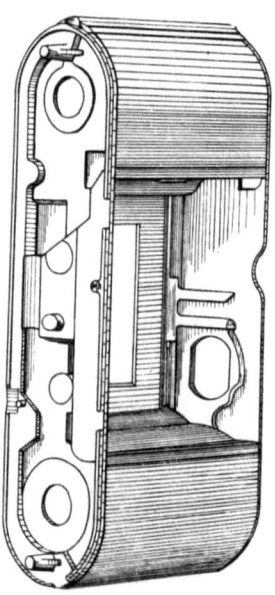

Abb 75 Aluminium-Spritzgußgehäuse der Kleinbildkamera Modell „Vito" (Wandstärke zirka 1 mm) Einzelheiten über Material und Genauigkeit vgl DIN 1744 (VOIGTLÄNDER A G, Braunschweig)

Was den zweiten Weg betrifft, so wurde darüber bereits im Abschnitt über Belichtungsmesser berichtet; dort wurden bereits die Unterschiede zwischen Belichtungsautomaten und sogenannten Halbautomaten niedergelegt. Es kann an dieser Stelle nur wiederholt werden, daß die Vollautomaten im allgemeinen unnötig verwickelt sind.

Mit Rücksicht auf den bei Farbfilmen zunächst noch geringen Belichtungsspielraum wird es eine dankbare Aufgabe für den Konstrukteur sein, eine ebenso einfache wie betriebssichere Lösung für die selbsttätige Belichtungsregelung zu finden.

Tabelle 21. Balgenlose Kleinbildkamera mit Mattscheibenentfernungsmesser und Schlitzverschluß. Bildformat 24×36 mm (Normalkinefilm). (Zahlwerk für 36 Aufnahmen.)

Modell (Name)	Hersteller (Kam.-Werk)	Baujahr	Objektiv-brennweite	Lichtstärke	Objektiv-einstellung	Entfernungs-messer	Durchsichtsucher	Filmfortschaltung	Schlitzverschluß	Sonstige Bemerkungen
Kine-Exakta	IHAGEE A. G.	1937	$f=50$ mm	1:3,5 1:2,8 1:1,9 sowie Auswechseloptik. Tiefenschärfe-Anzeige-Vorrichtung	Schneckengangfassung (axiale Verschieb. ∞ bis 1 m). Mit Hilfe von Zwischenringen. Abbild. 1:1	Spiegelreflexeinrichtung (Mattscheibe mit großer Lupe vereinigt) mit Lichtschacht	Rahmenklappsucher mechan. Bauart	Zwangsläufig gekuppelt mit Schlitzverschluß (keine Doppelbelichtung)	12 bis $1/1000$ Sek. und Vorlaufwerk bis 6 Sek.	Parallaxe unmöglich, da nur 1 Objektiv. Filmabschneidevorrichtung, Vorsatzlinsen für Naheinstellung, Auswechseloptik in Bajonettfassung Nah-Einstellung bis 1:1 mit Hilfe von Zwischenringen am Objektiv
Contaflex	ZEISS-IKON A. G.	1936/37	$f=50$ mm	1:3,5 1:2,8 1:2,0 1:1,5 sowie Auswechseloptik	Objektiv in Schneckengangfassung mit Tiefenschärfering	Mattscheibeneinstellsucher mit Sammellinse (Objektiv 1:2,8, $f=80$ mm)	Optischer Sucher mit Bildbegrenzungslinien (Sportsucher nach von ALBADA)	Gekuppelt mit dem Schlitzverschluß (keine Doppelbelichtung)	4-Gruppen-Metall-schlitzverschluß mit Selbstauslöser von $1/2-1/1000$	Mit der Kamera organisch verbunden ist ein elektrischer Belichtungsmesser. (Photozelle mit Reg.-Widerstand). Nulleinstellung auf unveränderliche Marke

Balgenlose Kleinbildkamera mit starrem Gehäuse und Zentralverschluß. Bildgröße 24×24 mm (auf Normalkinefilm).

Modell (Name)	Hersteller (Kam.-Werk)	Baujahr	Objektiv-brennweite	Lichtstärke	Objektiv-einstellung	Entfernungs-messer	Durchsichtsucher	Filmfortschaltung	Schlitzverschluß	Sonstige Bemerkungen
Tenax I	ZEISS-IKON A. G.	1938/39	$f=35$ mm	1:3,5	Einstell-Frontlinse	ohne	Optischer Durchsichtsucher (zusammenklappbar)	Automatisch gekuppelt mit Verschlußaufzug	Comp. 00, 1 bis $1/300$ Sek.	Autom. Bildzahlwerk! Schnellaufzug für die Filmfortschaltung und den Verschlußaufzug. (KeineDoppelbelichtung.) Auswechseloptik 50 Aufnahmen!
Tenax II	ZEISS-IKON A. G.	1938/39	$f=40$ mm $f=27$ mm $f=75$ mm	1:2,8 1:4,5 1:4,0	Objektiv in Schneckengang	Meßsucher (Entfernungsmesser im Sucher)			Comp. Rapid, 1 bis $1/400$ Sek. (Selbstausl.)	
Robot	O. BERNING	1938/39	$f=40$ mm $f=75$ mm	1:3,5 1:2,8 1:4,0	Naheinstellung durch Schneckengang	ohne	Optischer Durchsicht- und Winkelsucher	Zwangsläufig gekuppelt mit dem Verschluß	Einscheiben-Spezialverschluß	Der Einscheibenverschluß befindet sich hinter dem Objektiv (Auswechseloptik). Gehäuse der Kamera aus nichtrostendem KRUPP-Stahl

Die Kamera besitzt ein Federwerk, mit dessen Hilfe zirka 25 Aufnahmen in rascher Folge gemacht werden können.

Tabelle 22. Balgenlose Kleinbildkamera mit Objektiv in Ausziehtubus und Schlitzverschluß. Bildformat 24×36 mm (Normalkinefilm). (Zählwerk für 36 Aufnahmen.)

Modell (Name)	Hersteller (Kam.-Werk)	Baujahr	Objektiv-brennweite	Lichtstärke	Objektiv-einstellung	Filmfortschaltung	Entfernungsmesser	Schlitzverschlußgeschwindigkeit	Optischer Sucher	Sonstige Bemerkungen
Leica I	E. Leitz	1925	$f=50$ mm	1:3,5	Ausziehbarer Tubus mit Objektiv in Spezialfassung (Schneckengang ∞ bis 1 m) Vorsatzlinsen für verschiedene Entfernungen!	Mit dem Aufzug des Verschlusses gekuppelte Fortschaltung des Films um eine Bildbreite	Spiegel-E.M. (aufsteckbar)	$1/20$ bis $1/500$ Sek. Verdeckter Aufzug!	Durchsichtssucher (umgekehrtes galileisches Fernrohr). $v=1,0$	Keine Doppelbelichtung! Spezialkass. f. Rückspul.
Leica II	E. Leitz	1932	Normaloptik $f=50$ mm, 1:3,5 und Auswechseloptik bis 1:2				Spiegel-E.M. Basis 38mm $v=1,0$			Kuppelung zwischen E.M. und Objektiveinstellung zwangsläufig
Leica III	E. Leitz	1937	$f=50$ mm, 1:3,5 und Auswechseloptik bis 1:2				Spiegel-E.M. Basis 38mm $v=1,5\times$	$1-1/500$ Sek.		Getrennter Einblick für Sucher und Entfernungsmesser (Abstand zirka 20 mm)
Leica IIIa	E. Leitz	1938	$f=50$ mm, 1:3,5 und Auswechseloptik bis 1:2				$v=1,5\times$	$1-1/1000$ Sek.		Einblick für Sucher und E.M. dicht nebeneinander
Leica IIIb	E. Leitz	1940								
Leica IIIc	E. Leitz	1941								
Leica 250	E. Leitz	1936	$f=50$ mm	1:3,5						2 Spezialkassetten für 250 Aufnahmen
Contax I	Zeiss-Ikon A.G.	1932	$f=50$ mm, 1:3,5 und Auswechseloptik bis 1:1,5		Axiale Objektivverschiebung durch Schneckengang, Einstellung von oben zu betätigen $\infty -1$ m	Keine Doppelbelichtung. Mit dem Schlitzverschluß gekuppeltes Zählwerk 1—36. Film läuft senkrecht zur Verschlußbahn	Spiegel-E.M. Basis 100mm $v=1,0$	Der Verschl. läuft quer zur Filmbahn ab. $1/2 - 1/1000$ Sek.	Sucher getrennt vom E.M. $v=0,5$	Kamerakörper aus Leichtmetall. Spezial-Contax-Spule (keine Rückspulung).
Contax II	Zeiss-Ikon A.G.	1935	$f=50$ mm, 1:3,5 und Auswechseloptik 1:2 und 1:1,5				Schwenkkeilentfernungsmesser Basis 90mm $v=1,0$	$1/2$ bis $1/1250$ Sek. sowie Selbstauslöser. Verdeckter Aufzug!	Sucher kombiniert mit E.M. (einblicksgleich). $v \approx 0,65$	Auswechseloptik. Tiefenschärfering
Contax III	Zeiss-Ikon A.G.	1936	$f=50$ mm, 1:3,5 u. Auswechseloptik bis 1:1,5						$v \approx 0,5$	Dieses Modell besitzt photoelektr. Belichtungsmesser (sonst wie Mod. II)
Nettax	Zeiss-Ikon A.G.	1935/36	$f=50$ mm, 1:3,5; $f=28$, 1:3,5; $f=105$, 1:5,6				Drehkeil-E.M. Basis 31,5mm	$1/5$ bis $1/1000$ Sek.		Auswechslg. d. Objektivs erfolgt mit d. Drehkeilpaar zus., Basis u. Drehkeile räumlich getrennt

Balgenkamera mit Scherenspreizen und Schlitzverschluß.

Modell (Name)	Hersteller (Kam.-Werk)	Baujahr	Objektiv-brennweite	Lichtstärke	Objektiv-einstellung	Filmfortschaltung	Entfernungsmesser	Schlitzverschlußgeschwindigkeit	Optischer Sucher	Sonstige Bemerkungen
Super-Nettel I–II	Zeiss-Ikon A.G.	1935	$f=50$ mm	1:3,5; 1:1,8	Einstellfront- und Vorsatzlinsen	Welle mit 2 Zahnrädern (normal)	Drehkeile (a. d. Standarde) Basis 31,5 mm	Schlitzverschluß (Metall), $1/5$ bis $1/1000$ Sek.	Sucherschuh für ALBADA-Sucher. $v=0,5$	Film läuft senkrecht zur Verschlußbahn. Abnehmbare Rückwand (Plattenadapter)

Tabelle 23. Balgenkamera mit Scherenspreizen und Objektiv im Zentralverschluß. Bildformat 24×36 mm (Normalkinefilm). (Zahlwerk für 36 Aufnahmen.)

Modell (Name)	Hersteller (Kam.-Werk)	Baujahr	Objektiv-brennweite	lichtstärke	Objektiv-einstellung	Entfernungs-messer	Optischer Sucher	Film-fortschaltung	Zentral-verschluß	Sonstige Bemerkungen
Peggy I	G. A. Krauss	1931/32	$f=50$ mm	1:3,5 1:2,8	Axiale Verstellung des ganzen Objektivs durch die Scherenspreizen	ohne	Fernrohrsucher. $v \approx 0,5$	Gekuppelt mit Verschluß (Zahlwerk)	Comp. 00, $1-1/300$ Sek.	Tiefenschärfering, Filmabschneidevorrichtung. Gelbfilter im Filmaufwickelknopf. Spezialkassetten (keine Rückspulung)
Peggy II		1933/34	$f=50$ mm $f=45$ mm	1:2,8 1:2,0		Mit d. Objektiv gekupp. Spiegel-E.M.				
Retina I	Kodak A. G.	1935		1:3,5	Objektiv in Schneckengang	ohne		1 Zahnrad 1 Gleitwelle		Auslöser am Verschluß. Tiefenschärfescheibe
Retina II und II a		1937	$f=50$ mm	1:3,5 1:2,8 1:2,0		Mischbild-Spiegel-E.M. Basis 40 mm	Kastensucher. $v \approx 0,5$	Schnelltransport (Filmsperre)	Comp. Rap., $1-1/500$ Sek.	Modell II a hat gekuppelten Sucher-Entfernungsmesser. Auslöser am Gehäuse, gekuppelt mit Filmsperren
Retinette		1938		1:6,3 1:4,5 1:3,5	Frontlinseneinstellung	ohne		Halb-automatisch	Derval oder Compur	
Karat	Agfa A. G.	1937	$f=50$ mm $f=53$ mm	1:6,3 1:4,5	Frontlinseneinstellung von ∞ bis 1 m	ohne	Kastensucher. $v \approx 0,5$	Filmsperre gegen Doppelbelicht.	Pronto mit Vorlauf. $1/25$ bis $1/100$ Sek.	Karatpatrone für Tageslichtwechslung (Zählhur). 12 Aufnahmen
Dollina	Certo Kam.-Werk	1936/37	$f=50$ mm	1:3,5 1:2,9	Verstellung des ganzen Objektivs	Mischbild-Spiegel-E.M. Basis 42 mm		Halb-automatisch (Filmsperre)	Comp. Rap., $1-1/500$ Sek.	Der E. M. ist mit der Objektivverstellung gekuppelt
Beira	Waldemar Beier	1934	$f=50$ mm	1:3,5 1:2,9 1:2,7	Objektiv in Schneckengang	Fernrohrentfernungsmesser mit Fadenkreuz	$v \approx 0,5$	Zählwerk u. Abschneide-vorrichtung		Das Einstellfernrohr ist mit dem Aufnahmeobjektiv zwangsläufig gekuppelt
Bantam		1935	$f=47$ mm	1:4,5	Frontlinseneinstellung	ohne	Fernrohrsucher (klappbar)	Halb-automatisch 1-Loch-Perforation mit Sperre	Spez.-Verschl., $1/25$ bis $1/200$ Sek.	Film mit Papierschutz (ohne Perforation), Bildgröße 28×40 mm
Bantam-Spezial	Kodak USA.	1936	$f=45$ mm	1:2	Einstellung des Objektivs durch die Scherenspreizen	Schnittbild-E. M. (reelles Bild) $v \approx 3\times$			Comp. Rap., $1-1/500$ Sek.	Kein Zählwerk (Filmfenster), Bildzahl 8 (Spezialkassette ohne Rückspulung)

Tabelle 24. Balgenkamera mit Knick- bzw. Scherenspreizen und Objektiv im Zentralverschluß. Bildformat 24×36 mm (Normalkinefilm). (Zählwerk fur 36 Aufnahmen.)

Modell (Name)	Hersteller (Kam.-Werk)	Baujahr	Objektiv brennweite	Objektiv lichtstarke	Entfernungsmesser	Optischer Sucher	Filmfortschaltung	Zentralverschluß	Objektiveinstellung	Sonstige Bemerkungen
Jubilette	BALDA-KAM.-WERK	1938	$f=50$ mm	1:2,9	ohne	$v \approx 0{,}5$		Comp. 00, $1-1/300$ Sek.	Frontlinseneinstellung	Tiefenschärfetabelle. Sicherungsschieber fur Filmtransport
Baldina		1936		1:2,9	ohne	Sucher mit Parallaxeausgleich	Halbautomatisch	Comp. Rap., $1-1/500$ Sek.	Objektiv in Schneckenfassung mit dem Entfernungsmesser gekuppelt	Spezialauslöser am Verschluß
Super-Baldina		1937	$f=45$ mm	1:2,0	Mischbild-Spiegel-E.M. Basis 37 mm	Umgekehrtes galileisches Fernrohr.		Comp. 00, $1-1/300$ Sek.		Ausloser am Gehause, ebenso Tiefenschärfetabelle
Welti	WELTA-KAM.-WERK	1936		1:2,9	ohne	$v \approx 0{,}5$	nicht gekuppelt		Frontlinseneinstellung	Doppelbelichtung möglich!
Weltini		1937		1:2,8	Mischbild-Spiegel-E.M. mit dem Sucher vereinigt. Basis 38,5 mm		Teilweise gekuppelt, d. h. halbautomatisch	Comp. Rap., $1-1/500$ Sek.	Objektiv in Schneckenfassung	E. M. und Sucher sind einblicksgleich (feststehende Spiegel—Abatkeil)
Weltix		1938		1:2,9	ohne	$v \approx 0{,}5$		Comp. 00, $1-1/300$ Sek.	Frontlinseneinstellung	Zusatzliche Sperre fur den Film. Tiefenschärfetabelle
Vito	VOIGT-LÄNDER A. G.	1940	$f=50$ mm	1:3,5	ohne		Friktionsmeßwalze			Filmtransport und Verschlußauslöser zwangsläufig gekuppelt
Beirette	KAM.-FABRIK WALDEMAR BEIER	1939		1:2,9	ohne	$v \approx 0{,}5$	Halbautomatisch (Filmsperre)	Comp. Rap., $1-1/500$ Sek.	Frontlinseneinstellung ∞ bis 1 m	Spezialverschlußauslöser, Filmzahlwerk mit Transportsperre. Leica-Kassette Modell D (Ruckspulung)

Literatur- und Patentschriftenverzeichnis.

1. BARNACK, O.: Der neue Leitz-Nahdistanzmesser. Photographische Ind. **21**, 312f. (1923).
1a. BAUER, G.: Absolutwerte der optischen Absorptionskonzentration usw. Ann. Physik **19**, 5. Folge (1934).
1b. BECK, H.: „Agfacolor" — der deutsche Farbenfilm. Kinotechn. **22**, H. 11 (1940).
2. BENDER, O.: Die Aufnahme stereoskopischer Doppelbilder auf Rollfilm. Photographische Ind. **38**, Nr. 3 (1939).
3. BEREK, M.: Grundlagen der praktischen Optik. Berlin: W. de Gruyter, 1930.
3a. BUCHARDT, R.: Die heutigen Kleinbildformate und ihre mogliche Verwendung. Photogr. Industrie **40**, 223 (1942).
3b. CROY, D. O.: Das Contax-Buch. Bad Harzburg: Hering-Verlag, 1942.
4. DAGUERRE, L. I. M.: Das Daguerreotyp und das Diorama. Stuttgart, 1839.
4a. DRIESEN, A.: Kleinbildkamera und Entfernungsmesser. Mitt. d. Leitz-Werke Nr. 63, 1941.
5. EDER, J. M.: Handbuch der Photographie, Bd. I, H. 5. Halle a. S.: W. Knapp, 1892.
6. EMMERMANN, C.: Leica-Technik. Halle a. S.: W. Knapp, 1942 (42—48 Tausend).
7. FISCHER, K.: Zur Frage des Suchers fur photographische Apparate. Z. Instrumentenkunde **49**, 607ff. (1929).
8. — Die optische und mechanische Durchbildung des Suchers fur photographische Apparate. Photogr. Korresp. **67**, 207 (1931).
9. — Die Bildaufrichtung am photographischen Sucher. Photogr. Korresp. **70**, 98, 120ff. (1934).
10. FORCH, C.: Der Kinematograph und das sich bewegende Bild. Wien: A. Hartleben, 1913.
11. — und E. LEHMANN: Die Lichtverluste in photographischen Objektiven. Kinotechn. **10**, 3ff. (1928).
12. GEHLHOFF: Zentralverschlusse und deren Prufung. Feinmech. u. Prazis. **1935**, 156f.
13. GRAMATZKI, H. I.: Vorsatzsystem zur Änderung der Brennweite eines Objektivs. D.R.P. Nr. 622046 (pat. 1934, ausg. 1938).
14. GÜNTHER, N.: Entfernungsmesser und direkte Methoden der Entfernungsmessung. Orpho **23**, 826ff. (1932); **24**, 676ff. (1933).
15. — und I. RZYMKOWSKI: Entfernungsmesser in der Photographie. Z. wiss. Photogr., Photophysik Photochem. **35**, H. 9, 10 (1936).
16. — Braucht die Stereokamera einen Entfernungsmesser?. Photographische Ind. **33**, 1034ff. (1935).
17. — Die Bedeutung des Entfernungsmessers fur die Kleinbildkamera. Gebrauchsphotographie und Atelier des Photographen **41**, H. 12 (1934).
18. — — Welche Basis muß der Entfernungsmesser der Kleinbildkamera haben? Zeiß-Nachr. **1**, 27—31 (1935).
19. HANSEN, G.: Das photographische Auflosungsvermogen als maßgebender Faktor bei der Konstruktion optischer Instrumente. Photographische Ind. **36**, 692, 716ff. (1938).
19a. — Das Auflosungsvermogen bei der photographischen Aufnahme. Photographische Ind. **40**, H. 19—22, S. 128—130, 139, 140 (1942).
20. HAY, A.: Auflosungsvermogen und Bildscharfe. Die Photographie in Wissenschaft und Praxis S. 192.
21. HELMHOLTZ, H.: Populare wissenschaftliche Vortrage, S. 16. Braunschweig: Vieweg & Sohn, 1871.
22. HIPPLE, H.: Kinematik der Sektorenverschlusse. Feinmech. u. Prazis. **41**, H. 3 (1933).
23. HOFE, C. v.: Fernoptik. Leipzig: J. A. Barth, 1941.
23a. JOHANNSEN, K.: Photozellen und Photozellengeräte. Feinmech. u. Präzis. **43**, 10, 11 (1941).
24. KINDER, W.: Zentralverschlusse und deren Prufung mit Hilfe von Zylinderlinsen. (Literatur!) Z. Instrumentenkunde **56**, 393ff. (1936).
25. KLUGHARDT, A.: Die wirkliche Lichtstarke photographischer Objektive. Centralztg. Optik u. Mech. **1926**, 79f.
26. — Lichtstarkemessung hinter photographischen Objektiven der Kleinbildkamera. Photographische Ind. **34**, 608ff. (1936).
27. — Über Bildformate. Photographische Ind. **38**, 409f. (1940).
28. KOCH, F.: Ein Meßsucher mit selbsttatiger Tiefenschärfebestimmung. Z. Instrumentenkunde **60**, 284 (1940).

29. KÖNIG, A.: Die Fernrohre und Entfernungsmesser, 2. Aufl. Berlin: Springer, 1937.
30. KORFF, W.: Methoden zur Prüfung photographischer Objektive (Referat). Kinotechn. **18**, 187 (1936).
31. KROSS, W.: Zentralverschluß contra Schlitzverschluß. Photofachhändler **1940**, 501 ff. (Halle a. S.: W. Knapp.)
32. KRUGENER, R.: Die Handkameras und ihre Verwendung für die Momentphotographie. Berlin: G. Schmidt, 1898.
33. KUPPENBENDER, H.: Fortschritte im Bau photographischer Kameras. Z. Ver. dtsch. Ing. **82**, 301 ff. (1938).
34. — Über photographische Verschlusse. Orpho **1934**, H. 1.
35. — Über Forderungen und ihre Verwirklichung beim Bau von Drehscheibenverschlussen. Dissertation, Stuttgart, 1929.
36. LANGE, B.: Die Photo-Elemente, 2. Aufl. Leipzig: J. A. Barth, 1940.
37. — Kameras mit photoelektrischen Belichtungsmessern. Photographische Ind. **38**, 613 f. (1940).
38. LEISTNER, K.: Photographische Optik. In STENGER: Fortschritte der Photographie (Ergebn. angew. physik. Chem., VI). Leipzig, Akad. Verlagsgesellschaft, 1940.
39. LIHOTZKY, E.: Optische Einrichtung, insbesondere zur Herstellung von Stereophotogrammen. D.R.P. Nr. 548 688 (pat. 1929, ausg. 1932).
40. LOHER, R.: C. A. von Steinheil, der Erfinder und Schöpfer der Kleinbildphotographie vor 100 Jahren. München, 1939.
41. MARTINI, K.: Beitrag zur Entwicklung des Durchsichtsuchers. Photographische Ind. **37**, 280 (1939).
42. MAYER, H. F.: Prüfung von Kleinbildobjektiven. Siemens-Z. **19**, 493 ff. (1939).
43. NAUMANN, H.: Zur Prüfung photographischer Momentverschlusse. Z. wiss. Photogr., Photophysik Photochem. **22**, 214—223 (1924).
44. NIDETZKY, G.: Eine Fehlerscheinung bei Kleinbildkameras (Filmlage). Der Lichtbildner (Wien) **1933**, 155.
44a. NIKLITSCHEK, A.: Tag und Nacht mit der Kleinkamera. München: F. Bruckmann A. G., 1936.
45. OCHS, F.: Exakte Messung der Bildschärfe. Gebrauchsphotographie und Atelier des Photographen **1940**, 48.
45a. v. PAGENHARDT: Das farbige Lichtbild. München: Know u. Hirth.
46. PRITSCHOW, K.: Newton-Sucher und Ikonometer. Photographische Ind. **25**, 25, 35, 52 (1927).
47. — Das Universal-Heliar der Fa. Voigtlander u. Sohn A.-G. Photographische Ind. **26**, 29 (1928); Photogr. Korresp. **64**, 3ff. (1928).
48. — Der Aufsichtssucher. Photographische Ind. **26**, 291, 319, 345, 372 (1928).
49. — Der Rahmensucher in Theorie und Praxis. Photographische Ind. **27**, 1134 (1929).
50. — Die praktische Auswertung der Tiefenschärfe-Tabelle. Photographische Ind. **27**, 1159 (1929).
51. — Die axiale Verschiebung der Vorderlinse als Mittel zur Einstellung des Objektivs. Photographische Ind. **28**, 577 (1930).
52. — Die Bildparallaxe und die Mittel zu deren Beseitigung. Photographische Ind. **29**, 1348 (1931).
53. — Der Zusammenbau eines mehrgliedrigen Anastigmaten. Photographische Ind. **33**, 232, 255, 426 (1935); Photogr. Korresp. **71**, 158 (1935).
54. — Beitrag zur Entwicklung der Umlegestandarte. Photographische Ind. **34**, 253, 310, 337 (1936).
55. — Zur Frage der ungleichmäßigen Lichtverteilung in der Bildebene photographischer Objektive. Photographische Ind. **36**, 126, 424 (1938).
56. — Das Petzval-Objektiv und seine Fortentwicklung als Projektionssystem. Photographische Ind. **38**, 280, 310, 324, 369 (1940).
57. PROBING, K.: Über Automatverschlusse. Photographische Ind. **39**, 575 (1941).
57a. RIEDE, A.: Die Dynamik des photographischen Schlitzverschlusses und die optische Wirkung kleiner Schlitzbreiten. Mitt. d. Leitz-Werke, Nr. 63, 1941.
57b. ROEDER, H.: Das Auflösungsvermögen bei der photographischen Aufnahme. Photographische Ind. **39**, 351, 371, 385, 401, 418, 432, 449 (1941).
58. ROHR, M. V.: Die binokularen Instrumente, 2. Aufl. Wien: Springer, 1920.
58a. ROSENTHAL, A.: Die reflexvermindernden Schichten auf Glas. Mitt. d. Leitz-Werke Nr. 63, 1941.

59. SAUER, H.: Photographische Entfernungsmesser. In STENGER: Fortschritte der Photographie (Ergebn. angew. physik. Chem., VI). Leipzig: Akad. Verlagsgesellschaft, 1940.
60. SCHROTT, T.: Praktische Optik. (Die Gesetze der Linsen und ihre Verwertung.) Wien: Springer, 1930.
61. SCHULZ, H.: Licht durch Glas. Eine gemeinverständliche Einführung in die Probleme der Optik. Frankfurt a. M.: H. Reinhardt, 1940.
62. — Auge oder Photozelle. Orpho **30**, H. 22 (1939).
63. SEEBER, G.: Th. A. Edison. Camera (Luzern) **10**, 147f. (1931/32).
64. — Geschichte der Geheimkamera. Photographische Ind. **28**, 704, 730 (1930).
65. — Kleinkamera — Geheimkamera. Photographische Ind. **29**, 854 (1931).
66. SMAKULA, A.: Über die Erhöhung der Lichtstärke optischer Geräte. Z. Instrumentenkunde **60**, 33ff. (1940).
66a. SONNEFELD, A.: Lupenvergrößerung. Zentr.-Ztg. Opt. Mech., H. 14/15 (1931).
66b. STAEBLE, D.: Über Lupen. Orpho **30**, H. 34 (1939).
67. STEINMANN, W.: Die Kern-SS-Stereo-Kleinbild-Kamera. Camera (Luzern) **10**, 408ff. (1931/32).
68. STENGER, E.: Die Photographie in München von 1839 bis 1860. Union Deutsche Verlagsgesellschaft, 1939.
69. — Hundert Jahre Photographie 1839—1939 und die T. H. Berlin. Sonderdruck aus dem Jahresbericht für 1938 der Gesellschaft von Freunden der T. H. Berlin (Hochschulgesellschaft).
70. — Geschichte der Photographie. Z. wiss. Photogr., Photophysik Photochem. **30**, 209 (1932).
71. — Hundert Jahre Photographie. Deutsches Museum (Abhandlungen und Berichte 11. Jg., H. 5). VDI-Verlag G. m. b. H.
72. — 100 Jahre Photographie und das Deutsche Museum in München. Z. Ver. dtsch. Ing. **83**, H. 18 (1939).
73. STRÖBLE, W.: Verfahren zur serienmäßigen Prüfung und Einstellung von Aufnahme-Objektiven. Z. techn. Physik **19**, 332 (1938).
74. TRONNIER, A. W.: Ein Beitrag zur Ermittlung der Tiefenschärfe. Photogr. Korresp. **63**, 355ff. (1927).
75. — Graphische Tiefenschärfe-Tabellen. Photographische Ind. **24**, 1197 (1926).
75a. VIERLING, O.: Stereophotographie mit dem Contax. Photogr. u. Forsch. **3**, H. 7 (1941).
76. VIETH, F.: Leica-Handbuch. Wetzlar: Techn. Pädag. Verlag (Scharfes Druckereien K.-G.).
77. WEISE, H.: Über Parallaxe. Feinmech. u. Präzis. **48**, 61ff. (1940).
78. — Über das Arbeiten mit photoelektrischen Belichtungsmessern. Feinmech. u. Präzis. **48**, 261ff. (1940).
79. WINDISCH, H.: Die neue Photo-Schule. Harzburg: Heering-Verlag, 1937.
80. — Schule der Farbenphotographie. Harzburg: Heering-Verlag, 1939.
80a. WOLFF, P.: Meine Erfahrungen mit der Leica. Frankfurt a. M.: Breidenstein Verlagsgesellschaft, 1930.
80b. — Meine Erfahrungen, farbig. Frankfurt a. M.: Breidenstein Verlagsgesellschaft, 1942.
81. WOLTER, K.: Zur Technik der modernen Kleinbild-Photographie. Photospezialhändler **1931**, 151.
82. ZEISS-IKON A. G.: Die Contax-Photographie, S. 30—41.
83. ZSCHOKKE, W.: Optik für Optiker. Aarau (Schweiz): H. R. Sauerländer & Co., 1935.
84. — Helligkeit und Lichtverteilung in der Bildebene photographischer Objektive. Photogr. Rdsch. Mitt. **1910**, 233—245.
85. — Zur Bestimmung der Helligkeit der Bilder in der Brennebene photographischer Objektive. Centralztg. Optik u. Mech. **49**, 159f. (1928).

Nr.	Patent	Name	Jahr	Nr.	Patent	Name	Jahr
		Deutsche Patente.		163	614807	Fr. u. Heidecke	1933
100	48250	Stirn	1888	164	648425	Leitz	1936
101	208985	Voigtländer	1908	165	356841	Leitz	1921
102	185979	Voigtländer	1902	166	623746	Leitz	1930
103	35215	Eastmann	1885	167	188342	Raymond	1904
104	48248	Eastmann	1888	168	538887	Zeiss-Ikon	1930
105	111046	Krügener	1899	169	593892	Krauss	1932
106	124623	Kodak	1899	170	491906	Tönnies	1926
107	153809	Acres	1902	171	510531	Tönnies	1927
108	62819	Nadar	1891	172	511771	Tönnies	1928
109	350843	Pierrard	1920	173	178988	Thorner	1905
110	559981	Ansco Prod.	1928	174	286392	Woodbury	1914
111	64899	Krügener	1891	175	619887	I. G. Farben	1933
112	486989	Houghton Butcher	1927	176	667487	Zeiss-Ikon	1933
113	304757	Zeiss-Ikon	1934	177	682221	Tronnier	1936
114	604896	Fr. u. Heidecke	1930	178	672450	Schneider	1935
115 {	597374	Fr. u. Heidecke	1932	179	51751	Barr & Stroud	1889
	597375	Fr. u. Heidecke	1932	180	217543	Barr & Stroud	1907
116	654139	Zimmermann	1936	181	6813	Landolf	1879
117	156726	Körner u. Mayer	1903	182	130187	Monticolo	1901
118	356868	Jourdan	1919	183	658294	Zeiss-Ikon	1933
119	290441	N. J. & Man Co.	1914	184	677940	Zeiss-Ikon	1933
120	120441	Zeiss	1900	185	584064	Zeiss-Ikon	1933
121	64899	Krügener	1891	186	594345	Zeiss-Ikon	1933
122	561860	Krauss	1930	187	641050	Zeiss-Ikon	1933
123	572596	Krauss	1931	188	565016	Bielicke	1930
124	641181	Zeiss-Ikon	1937	189	673619	Kodak	1936
125	56109	Zeiss	1890	190	675224	Kodak	1936
126	74437	Goerz	1892	191	677938	Kodak	1937
127	133957	Goerz	1901	192	580814	Leitz	1931
128	143841	Goerz	1902	193	601694	Huber	1933
129	81825	Taylor	1894	194	643376	Voigtländer	1934
130	347838	Zeiss	1919	195	609208	Leitz	1933
131	359716	Zeiss	1921	196	561018	Zeiss-Ikon	1931
132	398431	Rudolph	1922	197	612522	I. G. Farben	1933
133	685767	Zeiss	1935	198	175903	Zeiss	1905
134	603075	Zeiss	1932	199	694128	Rodenstock	1933
135	473546	Séquin	1927	200	637845	Kodak	1934
136	536695	Hofmann	1930	201	676496	Voigtländer	1934
137	661042	Krämer	1933	202	648845	Kodak	1935
138	677937	Uffrecht	1937	203	647225	Voigtländer	1899
139	542906	I. G. Farben	1930	204	603028	Zeiss	1932
140	664991	Zeiss-Ikon	1932	205	603075	Zeiss	1932
141	643195	Zügel	1929	206	561016	Zeiss-Ikon	1931
142	610395	Zügel	1930	207	188342	Reymond	1904
143	637864	Leitz	1931	208	573951	Kodak	1930
144	583230	Zeiss-Ikon	1931	209	537815	Zeiss-Ikon	1928
145	616688	Zeiss	1930	210	271557	Richard	1912
146	678277	Zeiss-Ikon	1937	211	81728	Hill & Adams	1894
147	687492	Bertele	1938	212	641853	Voigtländer	1935
148	678802	Tylmann	1937	213	326517	Fricke	1920
149	690703	Tylmann	1938	214	643095	Deckel	1933
150	663518	Tylmann	1936	215	678166	Voigtländer	1935
151	350186	Zeiss	1915	216	627400	Ihagee	1934
152	387251	Zeiss	1912	217	627460	Ihagee	1934
153	558417	Zeiss-Ikon	1931	218	410452	Ihagee	1936
154	616688	Zeiss	1931	219	290237	Heimstädt	1913
155	648955	Voigtländer	1935	220	597314	Heimstädt	1932
156	627188	Zeiss-Ikon	1936	221	603181	Fr. u. Heidecke	1933
157	449073	Voigtländer	1926	222	356473	Voigtländer	1921
158	461207	Zeiss-Ikon	1927	223	25292	Marco	1883
159	640864	Voigtländer	1935	224	314514	Reiter	1918
160	648955	Voigtländer	1935	225	324793	Rasunde	1918
161	542307	Fr. u. Heidecke	1930	226	688159	Pohl	1937
162	627719	Voigtländer	1932	227	628547	Menkel	1932

Literatur- und Patentschriftenverzeichnis.

Nr.	Patent	Name	Jahr	Nr.	Patent	Name	Jahr
228	629564	KRAUSS	1934	289	1238473	WOODBURY	1917
229	629563	KRAUSS	1932	290	1240651	WOODBURY	1917
230	682072	RUSICKE	1936	291	2010268	KUPPENBENDER	1934
231	630518	TÖNNIES	1930	292	2032060/61	KUPPENBENDER	1934
232	660437	RISSDORFER	1931	293	2040050	KÜPPENBENDER	1934
233	637581	RISSDORFER	1931	294	1190623	BECKER	1934
234	615177	RISSDORFER	1932	295	2208222	VOIGTLÄNDER	1940
235	650193	RISSDORFER	1932	296	1991110	MIHALY	1935
236	683925	RISSDORFER	1932	297	448801	RAMSPERGER	1890
237	629565	RISSDORFER	1932	298	1987765	WANDERSLEB	1935
238	532149	REISS	1931	299	1213485	HERZ	1917
239	550082	REISS	1931	300	1387811	STONER	1921
240	635072	VOIGTLÄNDER	1935	301	1420096	HAGUE	1922
241	693666	ZEISS-IKON	1937	302	1623998	COOKE	1918
242	505241	MANZ	1927	303	1744691	ULBING	1924
243	536694	MANZ	1929	304	183047	GRANT	1911
244	688189	MEY	1938	305	610861	GOODWIN	1886
245	689884	MEY	1938	306	2147259	KUPPENBENDER	1937
246	604238	ELSTER & SEIDL	1932	307	2135988/89	NAGEL	1936
247	580399	LEITZ	1932	308	2129229	NAGEL	1936
248	676310	BERNING	1935	309	2126338	MIHALY	1936
249	639392	BERNING	1934	310	2124885/86	MIHALY	1936
250	619221	LEITZ	1933	311	2123908	NAGEL	1937
251	176312	LEITZ	1910	312	2123494	BARNACK	1935
252	548688	LEITZ	1929	313	2122865	KÜPPENBENDER	1936
253	322007	COLARDEAU & R.	1913	314	2122671	LEITZ	1936
254	473500	TACKE	1927	315	2113407	LEITZ	1937
255	661992	KODAK	1936	316	2113307	MIHALY	1934
256	568055	KUHN	1931	317	2090390	KÜPPENBENDER	1937
257	364268	DECKEL	1918	318	2084769	KÜPPENBENDER	1937
258	673167	DECKEL	1931	319	2076481/82	RISSDORFER	1933
259	707972	VOIGTLÄNDER	1941	320	2075081	BARINYI	1935
				321	2106622	PRITSCHOW	1938
	Britische Patente.			322	2153813	PRITSCHOW	1939
260	379954	LEITZ	1931	323	2041632/33	BARNACK	32/35
261	371252	LEITZ	1930				
262	390752	LEITZ	1932		Schweizer Patente.		
263	107213	LEITZ	1917	325	192865	ZEISS-IKON	1937
264	17490	TEED	1898	326	106814	STADLER-COLLOMBAT	1924
265	433990	ZEISS-IKON	1934	327	180423	KRÄMER	1934
266	459404	ZEISS-IKON	1935	328	179340	LEITZ	1934
267	388997	VOIGTLÄNDER	1932	329	175375	LEITZ	1934
268	440353	KODAK	1934	330	172397	ZEISS-IKON	1933
269	14231	KRÜGENER	1891	331	170470	ZEISS-IKON	1934
270	21406	BROWN	1894	332	169366	ZEISS-IKON	1933
271	419502	ZEISS-IKON	1933	333	162474	ZUGEL	1933
272	419915	ZEISS-IKON	1934				
273	405208	ZEISS-IKON	1931		Österreichische Patente.		
274	412517	ZEISS-IKON	33/34	335	97858	HARTMANN	1925
275	401328	ZEISS-IKON	31/32	336	100834	SINGER	1925
	Französische Patente.			337	91269	ARNDT	1922
276	742747	RISSDORFER	1932	338	142672	ZEISS-IKON	1935
277	326470	TOURNIER	1902	339	48357	COLZI & BARDELLI	1911
278	540103	HELOIR	1921	340	139561	CHRISTOF	1933
279	789250	LUMIÈRE	1934	341	126261	HEIMSTÄDT	1930
	U.S.A. Patente.			342	127081	REISS	1931
280	753928	ZEISS	1933	343	133258	REISS	1932
281	706245	LOUDEN	1902	344	147297	ZEISS-IKON	1935
282	1280958	BURDETTE	1918	345	143738	TRIMMEL	1934
283	1556868	MURRAY	1925	346	135442	FR. u. HEIDECKE	1933
284	591346	v. ESMOND	1897	347	45746	KALETZKY	1910
285	2038261	BARMACK	1932	348	31981	DIETZ	1907
286	2023838	KUPPENBENDER	1935	349	8083	KODAK	1901
287	1178475	BECKER	1916	350	53948	ZEISS	1912
288	1270651	KODAK	1917	351	85914	KRONE	1921

Elektrische Belichtungsmesser.
Von G. NIDETZKY, Wien.

Mit 40 Abbildungen.

Inhaltsverzeichnis.

	Seite
I. Einleitung	234
II. Grundlagen der Belichtungsmessung	237
1. Einige lichttechnische Grundbegriffe und Beziehungen	237
2. Die Wiedergabe der Gegenstandsleuchtdichten im Negativ	240
3. Die Empfindlichkeit der Schicht	243
4. Aufgaben und Grenzen der Belichtungsmessung	247
III. Der elektrische Belichtungsmesser	250
1. Selen-Photoelemente	250
a) Aufbau und Wirkungsweise	250
b) Geschichtliches	252
c) Eigenschaften der Selenphotoelemente	254
2. Bauteile des Belichtungsmessers	258
a) Lichtwahler und Bildwinkel	258
b) Das Meßwerk	260
c) Rechenhilfen	262
d) Umschaltung des Meßbereichs	264
3. Ausfuhrungsformen	265
a) Belichtungsmesser fur die Aufnahme	265
b) Belichtungsmesser fur Kopier- und Vergroßerungszwecke	272
c) Sonstiges	275
d) Belichtungsregler	276
4. Eichen des Belichtungsmessers	280
a) Belichtungsanzeige	280
b) Bildwinkel	282
Literaturverzeichnis	283

I. Einleitung.

Die wichtigste Größe, die bei der Aufnahme bekannt sein muß, ist die richtige Belichtung, d. i. das Wertepaar Blendengröße und Belichtungszeit. Die Belichtung ist allein bei gegebenen Schichteigenschaften einschließlich der nachfolgenden Entwicklung dafür entscheidend, wie im Negativ die verschiedenen Helligkeitsstufen des Aufnahmegegenstandes wiedergegeben werden, und ist daher bedingt durch diese Helligkeitsstufen. Jede Bestimmung der richtigen Belichtung laßt sich daher im wesentlichen auf die zahlenmäßige Ermittlung einer oder mehrerer kennzeichnender Helligkeiten des Aufnahmegegenstandes zurückführen.

Die Ermittlung aus der Erfahrung ist schwierig und setzt große und vor allem dauernde Übung voraus. Aber selbst dann wird vielfach die bloße Schätzung versagen, besonders wenn es sich um nur einigermaßen ungewöhnliche Fälle handelt, etwa bei Aufnahmen mit großen Helligkeitsgegensätzen oder bei ungewöhnlicher, insbesondere schwächerer Beleuchtung. Die Ursache liegt darin, daß schätzungsweise die Belichtung nur durch den Helligkeitseindruck auf das Auge ermittelt werden kann. Aber gerade eine der wertvollsten Eigenschaften des Auges, nämlich das große Anpassungsvermögen an die jeweilige Helligkeit, steht einem auch nur halbwegs verläßlichen Bestimmen der Belichtung durch Abschätzen der Helligkeit entgegen.

Die Tatsache, daß praktisch trotzdem viele nur gefühlsmäßig gewahlten Belichtungen brauchbare Negative ergeben, ist durch den meist vorhandenen großen Belichtungsspielraum und außerdem dadurch zu erklären, daß in solchen Fällen die Helligkeit des Aufnahmegegenstandes gar nicht geschätzt wird, sondern daß durch die Erinnerung an ähnliche frühere Aufnahmen die dabei gewählte und als richtig erkannte Belichtung auch für den vorliegenden Fall gewählt wird und daß die einzelnen für die Helligkeit maßgebenden Umstände, wie Jahres- und Tageszeit, Sonnenstand, Bewölkung usw., ähnlich wie in einer Belichtungstafel gegeneinander abgewogen werden. Die Belichtung ist dann nicht geschätzt, sondern errechnet, was allerdings auch unbewußt geschehen kann.

Bei der großen Mannigfaltigkeit der Aufnahmegegenstände hinsichtlich der allgemeinen Helligkeit und des Helligkeitsumfanges war seit den Kindertagen der Photographie der Wunsch nach einem genaueren Verfahren zur Ermittlung der Belichtung vorhanden, als es die bloße Schätzung sein kann. Es wurde auch im Laufe der Zeit eine ganze Reihe solcher Belichtungshilfen geschaffen, über die das Hauptwerk, Bd. II, S. 363 bis 374, mit Ausnahme der elektrischen Belichtungsmesser ausreichend Aufschluß gibt.

Alle diese Bauformen haben stark an Bedeutung verloren, seit etwa im Jahre 1933 die ersten elektrischen Belichtungsmesser auf dem Markt erschienen. Die durch diese gegebene Möglichkeit der objektiven Helligkeitsmessung war so ausschlaggebend, daß sie sich trotz des höheren Preises und ihrer Empfindlichkeit gegen rauhe Behandlung rasch durchsetzten.

Eine gewisse Verwendung finden nur noch Belichtungstafeln und einige optische Belichtungsmesser, über die kurz soweit berichtet werden soll, als es zur Ergänzung der Ausführungen im Hauptwerk nötig erscheint.

Belichtungstafeln sind meist in einfachster Form gehalten und sollen bei Beschränkung auf die häufigsten Fälle den Anfänger vor krassen Fehlbelichtungen schützen. Oft bestehen sie nur aus einem Schildchen, das an der Kamera angebracht ist und die wichtigsten Fälle enthält.

Die heute noch gebauten optischen Belichtungsmesser bilden eine gewisse Ergänzung für die elektrischen, da sie in ihren durchwegs einfachen Ausführungen erheblich billiger sein können. Durch ihre größere Empfindlichkeit, bedingt durch das große Anpassungsvermögen des Auges auch an geringe Helligkeiten, erweitern sie den Meßbereich der elektrischen Belichtungsmesser und werden in einzelnen Fällen auch konstruktiv mit diesen vereinigt (z. B. ,,Elektro-Bewi"). Der Nachteil, daß das Auge für unmittelbare Helligkeitsmessungen ungeeignet ist, bleibt natürlich vorhanden, jedoch können immerhin mit einer gewissen Wahrscheinlichkeit brauchbare Werte erreicht werden, wobei Fehler durch den Belichtungsspielraum gedeckt werden. Ein statistischer Vergleich (41) zwischen Tafeln, optischen und elektrischen Belichtungsmessern ergab als Verhältnis für die Wahrscheinlichkeit des Treffens der richtigen Belichtung 9,7%:21%:31% und mit Berücksichtigung des Belichtungsspielraums für optische und elektrische Belichtungsmesser 87,8%:97,4%.

Auf eine Gruppe der optischen Belichtungsmesser sei jedoch hingewiesen, nämlich jene, die als Photometer mit Vergleichslichtquelle arbeiten. Diese könnten dem elektrischen Belichtungsmesser sowohl im Meßbereich (große Empfindlichkeit bei kleinen Helligkeiten) wie auch in der Genauigkeit (Möglichkeit der Messung eines fast beliebig kleinen Bildwinkels und dadurch Messung der hellsten und dunkelsten Stelle) überlegen sein. Ihre praktische Ausführung scheiterte jedoch bisher an dem Mangel einer ausreichend verläßlichen unveränderlichen Lichtquelle, die dabei für einen Belichtungsmesser einfach genug ist.

Erwähnt sei eine in diese Gruppe gehörige Konstruktion, die zunächst als selbständiger Belichtungsmesser unter dem Namen „Trix" im Handel war und heute von der Firma VOIGTLÄNDER als einfaches Zubehör zur „Brillant-Kamera" erzeugt wird.[1] Als Vergleichslichtquelle wird dabei eine bei Belichtung nachleuchtende Masse verwendet, die vor der Messung „gereizt", d. h. ans Licht gehalten wird. 20 Sekunden nach diesem Vorbelichten soll gemessen werden, wobei durch das verschieden rasche Abklingen der Leuchtmassenhelligkeit praktisch ausreichende Gleichmäßigkeit der Helligkeit unabhängig von der Stärke der Vorbelichtung vorhanden sein soll.

Die konstruktive Ausführung ist sehr einfach. In das kreisförmige Leuchtplättchen sind längs eines Kreises eine Reihe von Löchern gestanzt. Davor befindet sich ein Graukeil mit kreisförmigem Dichteanstieg und eine Mattscheibe. Die Teile sind von einer Fassung gehalten, wobei das ganze Gerät nicht wesentlich größer ist als etwa ein gefaßtes Gelbfilter. Beobachtet wird das Leuchtplättchen durch die Optik des in der Kamera enthaltenen Spiegelreflexsuchers, auf dessen Vorderlinse der Belichtungsmesser aufgesteckt wird, nachdem er während einiger Sekunden vorbelichtet und dadurch zum Leuchten angeregt wurde. Im Gesichtsfeld des Suchers erscheinen dann auf einem durch das Nachleuchten des Leuchtplättchens erhellten Umfeld die durch den Graukeil mit abnehmender Stärke vom Aufnahmegegenstand beleuchteten Felder der Ausschnitte, die teils heller, teils dunkler als das Umfeld erscheinen. 20 Sekunden nach dem Aufstecken wird die Nummer jenes Feldes abgelesen, das gleichhell mit dem Umfeld erscheint und ein Maß für die mittlere Helligkeit des Aufnahmegegenstandes ist. Eine einfache Umrechnungstafel ermöglicht, ähnlich wie bei anderen Belichtungsmessern, daraus die Belichtung zu bestimmen. Nähere Untersuchungen über die erreichbare Genauigkeit sind dem Verfasser nicht bekannt. Sie müßten im wesentlichen in der Untersuchung der Abklingkurven bestehen, nach denen sich die Helligkeit des Leuchtplättchens bei verschiedenen Erregungsstärken ändert.

Von einem anderen optischen Belichtungsmesser mit Vergleichslichtquelle, bei dem zwar mit dem Auge auf Helligkeitsgleichheit eingestellt wird, die Vergleichslichtquelle jedoch beliebige Helligkeit besitzt und mit Photoelement und Galvanometer gemessen wird, wird noch gesprochen werden (s. S. 276).

Über elektrische Belichtungsmesser ist an grundlegendem Schrifttum zu nennen W. PETZOLD (45) und E. RÜST (54), auf die in den folgenden Ausführungen mit kurzer Namensangabe verwiesen wird. Insbesondere die erstgenannte Arbeit ist bedeutungsvoll, da sie über alle wesentlichen Fragen Aufschluß gibt. Auch die Arbeit von M. WOLFF (64) ist zu erwähnen, die neben grundlegenden Überlegungen auch einen praktischen Vergleich zwischen elektrischen und optischen Belichtungsmessern gibt.

---

[1] D.R.P. Nr. 532149, Kl. 57c/4, Nr. 550082, Kl. 42h/17 und Nr. 635072, Kl. 57a/9; Ö.P. Nr. 127081/1931 und Nr. 133258/1932.

II. Grundlagen der Belichtungsmessung.

Die richtige Belichtung hängt von einer großen Zahl von Einflüssen ab, wie Helligkeit und Helligkeitsverteilung im Aufnahmegegenstand, Abbildung in der Kamera, Schichtempfindlichkeit, Entwicklung usw. Das Endziel jeder Aufnahme ist immer das fertige Bild, das den Aufnahmegegenstand dem Empfinden nach möglichst naturgetreu darstellen soll. Um das Arbeiten und die Leistungsgrenzen eines Belichtungsmessers beurteilen zu können, müssen daher alle diese Einflüsse, die auf dem Weg vom Aufnahmegegenstand bis zum fertigen Bild oder wenigstens bis zum Negativ liegen, etwas näher betrachtet werden. Auf diesem ganzen Weg arbeitet das Licht. Die Kenntnis einiger lichttechnischer Einheiten und Beziehungen ist daher erforderlich, wobei nur das Notwendigste erwähnt werden soll und auf Ableitungen verzichtet wird.

1. Einige lichttechnische Grundbegriffe und Beziehungen.[1]

Die Lichtstärke I einer Lichtquelle bedarf keiner besonderen Begriffsbestimmung. Ihre Einheit ist durch die Lichtstärke der HEFNER-Kerze (HK) oder seit 1. Januar 1941 durch die Lichtstärke der Hohlraumstrahlung bei der Temperatur des erstarrenden Platins (2041,3° K) gegeben (27). 1 cm² der Austrittsfläche eines solchen Hohlraumes strahlt mit der Lichtstärke 60 neue Kerzen (NK), entsprechend 65,3 HK. Alle folgenden Werte beziehen sich, soweit Zahlen gegeben werden, noch auf HK. Als praktische Vergleichseinheiten kommen nur geeichte Glühlampen in Frage. Die Lichtstärke einer bestimmten Lichtquelle kann in verschiedenen Richtungen verschieden sein.

Die Beleuchtungsstärke E ist die Stärke, mit der irgendeine Fläche von einer Lichtquelle beleuchtet wird. Ihre Einheit ist das Lux (lx), d. i. jene Beleuchtungsstärke, die eine im Verhältnis zur Entfernung kleine Lichtquelle mit der Lichtstärke 1 HK in 1 m Entfernung auf einer zur Lichtstrahlrichtung senkrechten Fläche erzeugt. E (lx) nimmt mit dem Quadrat der Entfernung r (m) und dem cos des Neigungswinkels i zwischen Lichtstrahlrichtung und der Senkrechten auf die Fläche ab; es gilt daher:

$$E = \frac{I \cdot \cos i}{r^2}. \tag{1}$$

Die Leuchtdichte B ist bei flächenhaft ausgedehnten Lichtquellen die Lichtstärke von 1 cm² Fläche. Es sind zwei Einheiten gebräuchlich: Das Stilb (sb), d. i. die Leuchtdichte einer mit 1 HK je Quadratzentimeter leuchtenden Fläche, und das Apostilb (asb), d. i. die Leuchtdichte einer mit 1 lx beleuchteten verlustlos und vollkommen zerstreut rückstrahlenden Fläche (vollkommenes Weiß, daher auch die früher übliche Bezeichnung für das asb: Lux auf Weiß). Der Zusammenhang zwischen beiden Größen ist:

$$1 \text{ sb} = 10\,000\,\pi \text{ asb} \approx 31\,400 \text{ asb}.$$

Maßgebend für die Leuchtdichte ist immer nur die gesehene Fläche. Bei geneigten strahlenden Flächen ist daher für den Zusammenhang zwischen Lichtstärke und Leuchtdichte noch der cos des Winkels ε zwischen der Lichtstrahlrichtung und der Senkrechten zur strahlenden Fläche f (cm²) einzuführen. Es gilt daher:

$$\frac{I}{f \cdot \cos \varepsilon} = B \text{ (sb)} = 31\,400\, B \text{ (asb)}. \tag{2}$$

---

[1] Von dem technisch richtigen Aufbau auf dem Lichtstrom als grundlegender Einheit wurde abgesehen, da nur das Notwendigste gebracht werden sollte und die gegebenen Begriffe ausreichen.

Die Leuchtdichte ist die wichtigste hier gebrauchte Größe, da alles, was in der Einleitung als Helligkeit bezeichnet wurde, richtiger Leuchtdichte heißt. Jeder Belichtungsmesser hat die Aufgabe, irgendeine aus den Leuchtdichten des Aufnahmegegenstandes hergeleitete Teil- oder Summenleuchtdichte zu messen und daraus die Belichtung zu errechnen. In den folgenden Ausführungen soll als Leuchtdichteneinheit nur das asb verwendet werden, da das sb für die hier maßgebenden Leuchtdichten zu groß ist.

Die Belichtung L im engeren Sinn[1] ist das Produkt aus der Beleuchtungsstärke E (lx) und der Belichtungszeit t (sek):

$$L = E \cdot t. \tag{3}$$

Sie wird angegeben in Luxsekunden (lxs) und ist maßgebend für die photochemische Wirkung auf der Photoschicht. Es sei gleich hier bemerkt, daß im Belichtungsbereich aller Belichtungsmesser das Reziprozitätsgesetz für normale Aufnahmeschichten als praktisch gültig angesehen werden kann (28, 29). Dieses Gesetz besagt, daß es gleichgültig ist, ob eine Belichtung L mit geringer Beleuchtungsstärke und langer Belichtungszeit oder umgekehrt durchgeführt wird. Maßgebend für die Wirkung ist nur das Produkt $E \cdot t$. Dies gilt nicht für Kopierschichten, also Papiere, bei denen meist größere Beleuchtungsstärken verhältnismäßig wirksamer sind, als es dem Reziprozitätsgesetz entspricht.

Das Ergebnis einer Belichtung wird im entwickelten Negativ in Form einer Dichte oder Schwärzung S sichtbar. Zahlenmäßig bestimmt wird die Schwärzung durch den Logarithmus des Verhältnisses zwischen auffallendem und durchgelassenem Licht. Diese Einführung des Logarithmus bringt den Vorteil, daß gleichen Schwärzungsunterschieden gleiche Durchlässigkeitsverhältnisse entsprechen. Es erscheint daher eine Grautreppe mit gleichmäßig zunehmenden Schwärzungen dem Auge, das ja nur Helligkeits- oder genauer Leuchtdichtenverhältnisse bewertet, als gleichmäßig dunkler werdend. Übrigens sind ja auch die beiden anderen hier wichtigen Stufungen, nämlich die der Belichtungszeit und der Blendenzahl Stufungen mit annähernd gleichen Verhältnissen in den einzelnen Sprüngen, also ebenfalls logarithmisch.

Die Tabelle 1 zeigt die Zuordnung zwischen den Schwärzungen von 0,0 bis 1,0 und den zugehörigen Lichtdurchlässigkeiten. Für Schwärzungen von 1,0 bis 2,0 betragen die Lichtdurchlässigkeiten $1/_{10}$, für $S = 2,0, \ldots 3,0$ $1/_{100}$ der angegebenen Werte usw. Derselbe Zusammenhang besteht natürlich zwischen dem Schwärzungsunterschied zweier Felder einer Schicht und dem Verhältnis der hindurchgelassenen Lichtmengen.

Tabelle 1. Zusammenhang zwischen Schwärzung S und Lichtdurchlässigkeit T. Schwärzungen von 1,0 bis 2,0 geben $1/_{10}$, solche von 2,0 bis 3,0 $1/_{100}$ der angegebenen Werte T usw.

S	T in Prozent
0,0	100
0,1	79,4
0,2	63,1
0,3	50,1
0,4	39,8
0,5	31,6
0,6	25,1
0,7	20,0
0,8	15,0
0,9	12,6
1,0	10,0
2,0	1,0
3,0	0,1

---

[1] Es ergibt sich hier eine gewisse Schwierigkeit der Bezeichnung. „Belichtung" ist einerseits das, was ein Belichtungsmesser als Meßergebnis anzeigt, nämlich das Wertepaar Blendenzahl und Belichtungszeit, und hier in engerem Sinne die in lxs angegebene Gesamtwirkung des Lichtes auf eine bestimmte Schichtstelle. Da der zweite Begriff genormt ist und auch der erste kaum anders benannt werden kann, sollen hier die beiden Begriffe durch die Bezeichnung „Belichtung" und „Belichtung L" unterschieden werden, wo dies nötig erscheint.

Die im DIN-Gradsystem der Empfindlichkeitsmessung als Kennzeichen verwendete Schwärzung 0,1 über dem Schleier besagt demnach, daß das betreffende belichtete Kennfeld 79,4% des durch eine unbelichtete Stelle hindurchtretenden Lichtes hindurchläßt.

Einige hier wichtige Beleuchtungsfälle sollen ohne Ableitung angeführt werden:

1. Beleuchtung einer Fläche durch eine kleine Lichtquelle mit gleicher Lichtstärke I (HK) nach allen Seiten (Abb. 1):

a) Senkrechte Beleuchtung. Die Beleuchtungsstärke im Punkt 0 ist

$$E_0 = \frac{I}{r^2} \text{ (lx)}. \tag{4}$$

b) Schräge Beleuchtung. Beleuchtungsstärke im Punkt 1:

$$E_1 = \frac{I}{r^2} \cdot \cos^3 \varepsilon = E_0 \cdot \cos^3 \varepsilon \text{ (lx)}. \tag{5}$$

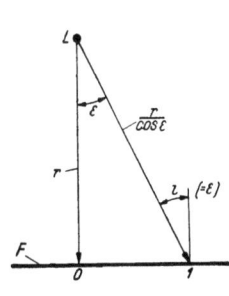 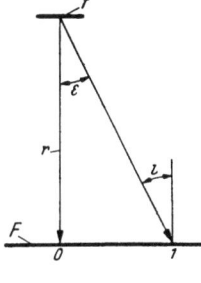 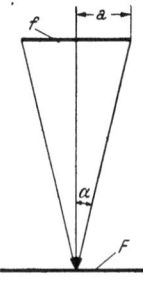

Abb. 1.   Abb. 2.   Abb. 3.

L Lichtquelle mit der Lichtstärke I (HK) nach allen Richtungen, f leuchtende Fläche von der Größe f (cm²) mit der Leuchtdichte B (asb), F beleuchtete Fläche, r Abstand (m), $\varepsilon = \iota$, Ausstrahl- = Einstrahlwinkel. f kreisförmige leuchtende Fläche mit a Halbmesser (m) und B Leuchtdichte (asb).

Der cos kommt in der dritten Potenz vor, da sich der Abstand im Verhältnis $1/\cos \varepsilon$ vergrößert und außerdem das Licht die Fläche F unter dem Winkel ε trifft.

2. Beleuchtung durch eine kleine strahlende Fläche f (cm²) mit der Leuchtdichte B (asb), die zur angestrahlten Fläche F parallel ist (Abb. 2):

a) Senkrechte Beleuchtung (Punkt 0):

$$E_0' = \frac{B \cdot f}{10000 \pi \cdot r^2} \approx \frac{B \cdot f}{34100\, r^2} \text{ (lx)}. \tag{6}$$

b) Schräge Beleuchtung (Punkt 1):

$$E_1' \approx \frac{B \cdot f}{34100\, r^2} \cdot \cos^4 \varepsilon = E_0' \cdot \cos^4 \varepsilon \text{ (lx)}. \tag{7}$$

Hier tritt noch ein cos dazu, da auch die leuchtende Fläche f vom beleuchteten Punkt 1 aus schräg, also kleiner gesehen wird. Gegenüber der senkrechten Beleuchtung nimmt die Beleuchtungsstärke mit dem $\cos^4$ des Winkels ab.

3. Senkrechte Beleuchtung durch eine ausgedehnte kreisförmige Fläche mit der Leuchtdichte B (asb) (Abb. 3):

Die Beleuchtungsstärke im Punkt 0 wird:

$$E_0'' = B \cdot \sin^2 \alpha = B \cdot \frac{a^2}{a^2 + r^2} \text{ (lx)}. \tag{8}$$

4. Beleuchtung einer Fläche, die eine leuchtende Fläche mit der Leuchtdichte B (asb) berührt:

$$E = B \text{ (lx)}. \tag{9}$$

2. Die Wiedergabe der Gegenstandsleuchtdichten im Negativ.

Die Vorgänge, die vom Aufnahmegegenstand bis zum fertigen Negativ führen, gliedern sich in zwei Gruppen, nämlich die den lichttechnischen Gesetzen folgende Abbildung auf der Schicht im Aufnahmegerät und die photochemische Umsetzung dieses Bildes in Schwärzungen des Negativs. Die auf diesem Weg liegenden Umstände und Einflüsse sollen erläutert werden.

Der Aufnahmegegenstand ist das Objekt jeder Belichtungsmessung, und zwar im allgemeinen so, wie er vom Aufnahmestandpunkt aus gesehen wird. Er erscheint als eine gestufte Folge von Leuchtdichten, von denen die kleinsten als Schatten, die größten als Lichter bezeichnet werden. Das Verhältnis zwischen den Leuchtdichten der bildwichtigen hellsten und dunkelsten Stellen heißt Objektumfang, vielfach wird der Logarithmus dieses Verhältnisses angegeben und ebenfalls als Objektumfang bezeichnet.

Die Werte des Objektumfanges schwanken in den weitesten Grenzen. Nach GOLDBERG (17), dessen Untersuchungen über diese und die folgenden Fragen auch heute noch grundlegend sind, muß mit Werten von 0,3 (Leuchtdichtenverhältnis 1:4), etwa bei senkrechten Fliegeraufnahmen, bis 4 (Verhältnis 1:10000) und darüber, etwa bei sehr hart beleuchteten Innenaufnahmen gerechnet werden. Als mittlerer Wert kann 1,5 bis 1,7 (Verhältnis 1:30 bis 1:50) angenommen werden.

Jeder Punkt des Aufnahmegegenstandes ergibt bei der Abbildung durch das Objektiv auf dem zugeordneten Bildpunkt der Schicht eine bestimmte Beleuchtungsstärke, deren Größe aus der Leuchtdichte B des Gegenstandspunktes und den geometrischen Verhältnissen der Abbildung errechnet werden kann.

Bei einem idealen Objektiv ohne Lichtverluste, das sich übrigens in der objektivlosen Lochkamera verwirklichen läßt, kann dabei die Blendenfläche als Lichtquelle mit der gleichmäßigen Leuchtdichte B (asb) des Aufnahmepunktes angesehen werden. Da die Blendenfläche $f_B = {}^1/_4 d^2 \pi$ (cm²) (d = Blendendurchmesser) praktisch immer als klein gegenüber dem Abstand angenommen werden kann, der durch die Brennweite f (cm) gegeben ist, liegt für die Abbildung in der optischen Achse der Beleuchtungsfall 2a (S. 239) vor, und es ergibt sich nach (6) die Beleuchtungsstärke E auf der Schicht mit:

$$E = \frac{10000\, B \cdot {}^1/_4 d^2 \pi}{10000\, \pi f^2} \text{ (lx).}^1 \tag{10}$$

Führt man die Blendenzahl $z = \dfrac{f}{d}$ ein, d. i. der Kehrwert der relativen Öffnung (bei Blende 1:4,5 also $z = 4{,}5$), und ermittelt gleich die Belichtung $L = E \cdot t$ (t = Belichtungszeit in Sekunden), so folgt für diese nach Zusammenfassen der Festwerte:

$$L = \frac{B}{4} \cdot \frac{t}{z^2} \text{ (lxs).} \tag{11}$$

Dieser Wert der Belichtung L ist ein Größtwert, der praktisch nie erreicht wird. Folgende Umstände verringern ihn:

1. Der wahre Abstand a zwischen Blendenfläche und Schicht ist nur bei Einstellung auf ∞ gleich der Brennweite f. In allen anderen Fällen ist mit der wahren Auszugslänge $a = f \cdot (1 + \beta)$ statt mit f zu rechnen, wenn β den Abbildungsmaßstab $= \dfrac{\text{Bildgröße}}{\text{Gegenstandsgröße}}$ darstellt. Der Einfluß ist nur bei

---

[1] Der Faktor 10000 im Zähler ist durch die verschiedenen Maßeinheiten der Abstände [in (6) m, hier cm] bedingt.

Nahaufnahmen bedeutsam und kann für den Normalfall vernachlässigt werden.[1]

2. Die Blendenfläche ist nicht klein gegenüber der Brennweite. Genauer wäre daher nach dem Beleuchtungsfall 3 (S. 239) zu rechnen. Die Umrechnung aus dieser Formel ergibt, daß in (11) die Größe z^2 durch $z^2 + 0{,}25$ zu ersetzen ist. Selbst bei sehr kleinen Blendenzahlen bleibt dabei der Einfluß gering und kann ebenfalls vernachlässigt werden.[2]

3. Absorption im Objektiv. Für die photographisch wirksamen Strahlen ist dieser Verlust gering. Nach PETZOLD (45, S. 342) kann er mit etwa 5% geschätzt werden.

4. Reflexionen an den Trennflächen zwischen Glas und Luft. Dieser Verlust ist insbesondere bei viellinsigen Objektiven bedeutsam. An jeder Trennfläche zwischen Glas und Luft werden etwa 4,5% des ein- oder ausstrahlenden Lichts zurückgeworfen und gehen für die ordnungsmäßige Bilderzeugung verloren. Für die meist übliche Bauart mit drei freistehenden Glaskörpern (6 Trennflächen) ergibt sich so eine Schwächung auf $(1 - 0{,}045)^6 \approx 0{,}76$ des vollen Wertes, d. h. ein Lichtverlust von 24%. Die an verschiedenen Objektiven gemessenen Werte liegen zwischen 0,92 und 0,39 (*12, 33, 34*). Neuerdings ist es durch Aufbringen dünner Schichten mit bestimmtem Brechungsvermögen auf den Oberflächen der einzelnen Linsen möglich geworden, einen großen Teil der Reflexionsverluste wenigstens für gewisse Lichtfarben weitgehend zu verringern (ZEISS-T-Optik) (*48, 59*).

5. Lichtabfall gegen den Bildrand. Dieser hat zwei Ursachen. Zunächst besteht der natürliche Lichtabfall nach Beleuchtungsfall 2 b (S. 239), der die Belichtung L mit $\cos^4 \varepsilon$ (ε = halber Bildwinkel) verringert. Die Größe dieses Verlustes geht aus Tabelle 2 hervor. Für den Normalfall: Brennweite = Bilddiagonale ($\varepsilon = 26° 34'$), ergibt sich dabei eine Schwächung auf 0,64 des Wertes in der Mitte.

Tabelle 2. Abnahme der Randbelichtung L in der Kamera nach $\cos^4 \varepsilon$.

Halber Bildwinkel $\varepsilon°$	Belichtung L in Prozent
0	100
5	96,7
10	94,1
15	87,0
20	78,0
25	67,5
26° 34'[3]	64,0
30	56,2
35	45,0
40	34,4
45	25,0

Außer diesem natürlichen Lichtabfall entsteht eine weitere Schwächung der Randbeleuchtung durch die wenigstens bei halbwegs kleineren Blendenzahlen unvermeidliche Vignettierung. Bei der Ausleuchtung der Bildränder bleibt nicht die volle Blendenfläche wirksam, sondern ein Teil wird durch die inneren und äußeren Fassungsränder des Objektivs verdeckt, so daß als leuchtende Fläche nur ein oft erheblich kleineres Kreiszweieck übrigbleibt. Erwähnt sei diesbezüglich die Untersuchung von K. PRITSCHOW (*40, 47*), in der diese Verluste für eine Reihe von Objektiven versuchsmäßig durch Abbilden und Ausmessen dieser Kreiszweiecke bestimmt wurden. Für einen halben Bildwinkel $\varepsilon = 26°$ verringern sich in den Bildecken die leuchtenden Blendenflächen bei einem halbverkitteten Vierlinser (Tessarform) auf 0,50 und bei zwei untersuchten unverkitteten Dreilinsern auf 0,33 bzw. 0,18 der vollen Blendenfläche.

---

[1] Für $f = 10$ cm und Naheinstellung auf 1 m wird ungefähr $\beta = 0{,}1$. Da a im Quadrat in die Formel eingeht, ergibt sich eine Verringerung der Belichtung um $1 - \dfrac{1}{1{,}1^2} = 0{,}17$, d. i. um 17%.

[2] Für $z = 2$ verringert sich die Belichtung auf $\dfrac{4}{4 + 0{,}25} = 0{,}94$, d. i. um 6%, für das derzeit lichtstärkste Kameraobjektiv mit $z = 1{,}5$ um 10%.

[3] Bildwinkel für Brennweite = Diagonale des Bildformats.

Dabei ist, der Versuchsanordnung entsprechend, der natürliche Lichtabfall nach $\cos^4 \varepsilon$ nicht mitberücksichtigt. Rechnet man diesen mit 0,64 mit ein, so ergeben die drei erwähnten Objektive in den Ecken einen Lichtabfall auf 0,32, 0,20 und 0,11 der Belichtung L in der Mitte. Das sind erhebliche Verluste, die außerdem stark streuen und die Ermittlung der Mindestbelichtung recht unsicher machen.

Es muß jedoch berücksichtigt werden, daß praktisch viele Bildformate zum Teil erheblich kleiner sind als die Nennformate und daß außerdem die äußersten Bildecken, für die die angegebenen Bildwinkel gelten, nur in seltenen Fällen bildwichtig sind.

Bei kleineren Blendenöffnungen verringert sich die Vignettierung und es gibt für jedes Objektiv eine Grenzblende, bei der sie nicht mehr auftritt. Diese Blendenstellung läßt sich bei geöffneter Kamerarückwand durch Beobachten des Objektivs aus einer Bildecke heraus leicht feststellen.

6. Die Brillanz des Objektivs und der Kamera. Das an den Oberflächen der Objektivlinsen zurückgeworfene Licht wird teilweise von weiteren Linsenflächen wieder reflektiert und gelangt so doch zur Schichtebene, allerdings an ganz anderen Stellen, als dem ordnungsmäßigen Strahlengang entspricht. Dazu tritt noch Licht, das an Unreinheiten (Glasbläschen, Staub) des Objektivs und an den Tubus- und Balgflächen der Kamera zerstreut wird und die Schichtebene allgemein aufhellt. Besonders bei großem Objektumfang ist diese Erscheinung sehr merklich und kann so weit gehen, daß in Einzelfällen überhaupt kein brauchbares Bild entsteht.

Grundlegend untersucht ist die Erscheinung von GOLDBERG (17), der sie als Brillanz bezeichnet, erwähnt sei auch eine praktische Untersuchung von H. ROEDER (51). Zahlenmäßig ist die Brillanz nur in ganz einfachen Fällen erfaßbar, außerdem ist die Aufhellung nicht gleichmäßig über das ganze Bild verteilt, so daß sie für die Ermittlung der Mindestbelichtung kaum berücksichtigt werden kann. Jedenfalls bewirkt der Brillanzfehler, daß insbesondere sehr große Objektumfänge nicht helligkeitsgetreu auf der Bildfläche abgebildet, sondern unter Umständen erheblich verringert werden, was hinsichtlich der Belichtungsermittlung nicht unerwünscht ist, solange es gewisse Grenzen nicht überschreitet.

Die Unsicherheit in der Festlegung aller dieser Einflüsse und die großen Streuungen machen das zahlenmäßige Festlegen der Schichtbelichtung L durch die gegebene Leuchtdichte B des Aufnahmepunktes recht unsicher. Alle Einflüsse lassen sich in einen Wirkungsgrad η zusammenfassen, so daß sich ergibt:

$$L = \eta \cdot \frac{B}{4} \cdot \frac{t}{z^2} \text{ (lxs)}. \tag{12}$$

Die Annahmen der Größe von η schwanken auch in den verschiedenen Veröffentlichungen. PETZOLD (46, S. 342) wählt $\eta = 0{,}35$, GOODWIN (18) $\eta = 0{,}60$, und der Verfasser hat selbst in einer einschlägigen Untersuchung (44) $\eta = 0{,}70$ gewählt, wobei der Lichtabfall zum Rand nicht berücksichtigt wurde.

Mit (12) ist der Weg von den Leuchtdichten des Aufnahmegegenstandes, wie sie vom Aufnahmestandpunkt aus erscheinen, bis zu den zugehörigen Belichtungen L auf der Schicht beschrieben.

Der Zusammenhang zwischen diesen Belichtungen L und den durch sie erzeugten Negativschwärzungen ist rechnerisch nicht mehr zu erfassen. Er hängt nur von den Eigenschaften der verwendeten Schicht und der Entwicklung ab und ist durch die Schwärzungskurve gegeben (Abb. 4). Diese stellt die Schwärzungen S in Abhängigkeit von der Belichtung $L = E \cdot t$ (lxs) dar, wobei, entsprechend dem logarithmisch aufgebauten Schwärzungsmaßstab, ein gleicher auch für die Belichtungen L gewählt wird. Bezüglich näherer Einzelheiten sei auf das Hauptwerk (13) verwiesen.

So einfach diese Darstellung durch die Schwärzungskurve erscheint, so gibt sie doch für den praktischen Gebrauch wenig mehr als ungefähre Richtlinien. Eine Schwärzungskurve für sich allein richtig zu lesen, erfordert sehr große Erfahrung und würde für den Fall der praktischen Belichtungsermittlung die Bestimmung aller Belichtungen L durch die einzelnen Leuchtdichten des jeweiligen Aufnahmegegenstandes nach (12) unter Berücksichtigung aller angeführten Einflüsse erfordern. Damit wird aber die Belichtungsbestimmung zu einem wissenschaftlichen Problem. Die Schwärzungskurve als ganze scheidet daher als Grundlage der Belichtungsmessung aus. Ihr Hauptwert liegt bei ihrer praktischen An-

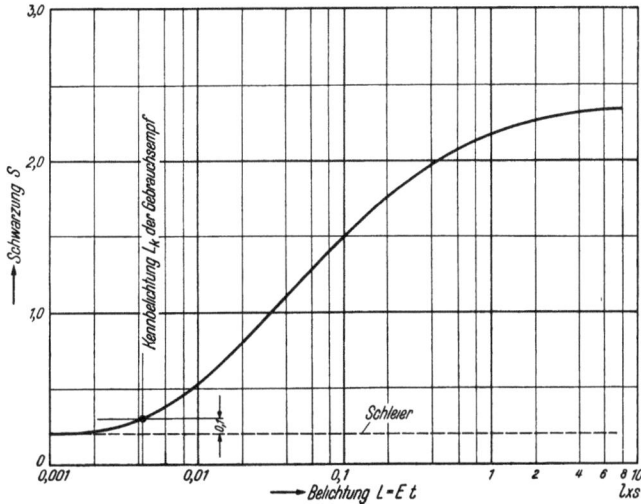

Abb. 4. Schwärzungskurve einer Photoschicht mit der Gebrauchsempfindlichkeit $^{18}/_{10}°$ DIN; Kennbelichtung $L_k = 0{,}0044$ lxs bei Schwärzung 0,1 über dem Schleier (vgl. Tabelle 3).

wendung im Vergleich, sei es verschiedener Schichten oder verschiedener Entwicklungen oder anderer Verfahren der Schichtverarbeitung.

Für die praktische Belichtungsmessung vereinfacht sich die Aufgabe insoweit, als fast immer nur die Ermittlung der Mindestbelichtung gefordert wird, bei der mit Sicherheit keine Unterbelichtung auftritt. Dabei müssen die kleinsten noch bildwichtigen Leuchtdichten des Aufnahmegegenstandes auf der Schicht solche Schwärzungen ergeben, daß sie im fertigen Bild noch unterscheidbar bleiben. Für die Schicht muß eine Kennzahl gefunden werden, die auf die kleinstmögliche Belichtung hindeutet, bei der diese Bedingung noch erfüllt wird, und als Empfindlichkeit bezeichnet wird. Das Festlegen einer solchen auf die Mindestbelichtung gegründeten Empfindlichkeitskennzahl ist Hauptaufgabe der Sensitometrie. Die dabei auftretenden Fragen und insbesondere Unsicherheiten sollen im nächsten Abschnitt behandelt werden, soweit sie die Belichtungsmessung betreffen.

3. Die Empfindlichkeit der Schicht.

Eine brauchbare Kennzahl der Empfindlichkeit muß eine ausreichende Grundlage für die Ermittlung der Kleinstbelichtung darstellen, bei der noch gute Bilder erreicht werden können. Bei der Fülle von Einflüssen, die zum Teil bereits geschildert wurden und zu denen noch die Eigenschaften der Schicht selbst, der Entwicklung und des Kopierpapiers hinzutreten, ist es klar, daß diese Forderung nur mit Einschränkungen oder nur mit verhältnismäßig großer Streuung erfüllt werden kann. Es ist auch bis heute noch keine endgültige Klärung in der Frage der besten Empfindlichkeitsbezeichnung eingetreten, wie jede zusammenfassende Arbeit über Sensitometrie erkennen läßt (60). Nicht weniger als sieben verschiedene Verfahren, wie die brauchbarste Empfindlichkeitskennzahl aus der Schwärzungskurve abzuleiten ist, sind heute zu verzeichnen und für jedes lassen sich mehr oder weniger triftige Gründe anführen.

Zur Ermittlung, wie ein solches Verfahren mit der Wirklichkeit übereinstimmt, müssen umfangreiche Untersuchungen angestellt werden. Da die fertige Kopie entscheidend ist, müssen von einer großen Zahl von Aufnahmen, die hinsichtlich Aufnahmegegenstand, Schichtsorte und Belichtung verschieden sind, Reihen von Bildern kopiert werden, die dann nach statistischen Grundsätzen unter Heranziehen einer größeren Zahl von Beobachtern zu ordnen und im Mittelwert zu bewerten sind. Derlei Untersuchungen erfordern viel Aufwand und meist ist es nötig, die Voraussetzungen einzuschränken, sei es, daß nur ein oder einige wenige Aufnahmegegenstände gewählt werden oder daß nur wenige Schichten zur Beurteilung herangezogen werden. Dies macht eine endgültige Klärung dieser wichtigen Frage schwierig.

Als zwei der wichtigsten und sorgfältigsten Arbeiten in dieser Richtung seien die Untersuchungen von R. LUTHER u. H. STAUDE (38) und L. A. JONES (30) genannt. Beide Arbeiten gehen von verschiedenen Voraussetzungen aus. Die erstgenannte soll die Übereinstimmung der Empfindlichkeitsbezeichnung nach DIN-Graden mit der praktischen Empfindlichkeit zeigen. Letztere ergibt sich aus der kleinsten Belichtung, die noch zu einer guten Kopie mit voller Durchzeichnung der Schatten führt. Das Ziel wird auch erreicht. Bei Beobachtung einiger Vorsichtsmaßregeln, wie genau geeichte Blendenstellung und Verschlußgeschwindigkeit, sowie Verwendung eines Belichtungsmessers mit genauer Bildwinkelbegrenzung ergaben sich bei 14 verschiedenen Handelsschichten und einer Entwicklung, die ohne Kenntnis der Sachlage von verschiedenen Photohändlern vorgenommen wurde, nur bei 20% aller Proben Abweichungen größer als ein DIN-Grad.

Die zweitgenannte Arbeit stellt sich die Aufgabe, bei Beschränkung auf ein Normalobjekt eine möglichst zutreffende Kenngröße der Schwärzungskurve als Empfindlichkeitsmaß herzuleiten, wobei ebenfalls in einer umfangreichen statistischen Untersuchung die Kopie entscheidend ist. Es wird zwischen der gerade noch brauchbaren und der ersten ausgezeichneten Kopie unterschieden, wobei die letztere etwa der bestmöglichen mit der kleinsten Belichtung entspricht und im Durchschnitt etwa die vierfache Belichtung des Negativs erfordert als die gerade noch brauchbare. Trotzdem die auf nicht ganz einfache Art zu gewinnende Kennzahl der Empfindlichkeit ganz anders geartet ist als beim DIN-Gradverfahren[1] und die ganze Arbeit eigentlich auf den Nachweis abgestellt ist, daß Empfindlichkeitskennzeichen nach Art der DIN-Gradbestimmung nicht so gut mit der Wirklichkeit übereinstimmen können, zeigt doch der Vergleich, daß die Unterschiede nicht wesentlich sind. Die größten Abweichungen überschreiten kaum einen DIN-Grad, was in Anbetracht der zahlreichen anderen Unsicherheiten mehr als befriedigend ist.

---

[1] Beim DIN-Gradverfahren ist die Belichtung L entscheidend, bei der bei voller Ausentwicklung auf bestimmte Art eine Negativschwärzung von 0,1 über dem Schleier erreicht wird, bei JONES die Belichtung L, bei der die Steigung der Schwärzungskurve 0,3 von jener ist, die die Verbindungslinie zwischen diesem Punkt der Schwärzungskurve mit jenem mit der 32fachen Belichtung zeigt.

Die Empfindlichkeit der Schicht.

Trotz der heute noch weit auseinandergehenden Meinungen über das beste und wirklichkeitsgetreueste Verfahren der Empfindlichkeitsbezeichnung muß für den praktischen Gebrauch festgestellt werden: Ein Verfahren, das durch eine einzige Kennzahl für alle oder auch nur für den Großteil der praktischen Fälle, besonders hinsichtlich des Objektumfanges, die Empfindlichkeit der Schicht genau festlegt, gibt es nicht. Läßt man jedoch Streuungen in der Größenordnung der anderen Unsicherheiten zu, dann ist jede Empfindlichkeitsbezeichnung brauchbar, wenn sie nur halbwegs durch praktische Versuche unterbaut ist. Gefordert werden muß allerdings eine genaue Festlegung unter tunlichster Ausschaltung aller Fehlerquellen, wie diese Empfindlichkeitskennzahl bestimmt wird, weiters die Wiederholbarkeit der Bestimmung auch an verschiedenen Orten und, daß die für Handelsschichten angegebenen Empfindlichkeitszahlen auch wirklich gewährleistet sind.

Das heute in Deutschland festgelegte Verfahren, die DIN-Gradbezeichnung nach DIN 4512,[1] erfüllt diese Forderungen restlos und hat sich auch nach etwa zehnjährigem Bestehen in der Praxis bestens bewährt.

Die wesentlichen Merkmale des Prüfverfahrens sind folgende: Lichtquelle für die Prüfbelichtung ist eine geeichte Glühlampe mit bestimmter Farbe (Farbtemperatur 2360° K), deren Licht durch ein doppeltes Flüssigkeitsfilter nach DAVIS und GIBSON auf die Farbe der Mittagssonne abgeglichen wird. Vor der Schicht liegt ein Stufengraukeil mit von Feld zu Feld um 0,1 zunehmenden Schwärzungen. Die Beleuchtungsstärke auf der Schicht ohne diesen Keil beträgt 5,508 lx.[2] Die durch einen Fallverschluß bewirkte Belichtungszeit ist $1/20$ Sekunde, so daß die Schicht ohne den Keil mit 0,2754 lxs belichtet würde. Durch den Stufenkeil werden diese Werte entsprechend den Schwärzungen der einzelnen Keilfelder weiter verringert. Die Empfindlichkeitsbezeichnung wird aus den Belichtungen L jenes Feldes der entwickelten Schicht abgeleitet, das die Schwarzung 0,1 über den Schleier aufweist, und zwar dient die in Zehnteleinheiten angegebene Schwärzung des zugehörigen Stufenkeilfeldes als Empfindlichkeitskennzahl. Sie wird mit $1/10°$ DIN bezeichnet. $19/10°$ DIN bedeutet demnach beispielsweise, daß die durch die Schwärzung 1,9 (Lichtdurchlässigkeit 1,26%, vgl. Tabelle 1) geschwächte Belichtung L von $0,2754 \cdot 0,0126 = 0,00347$ lxs für das Erzielen einer Schwärzung von 0,1 über dem Schleier erforderlich ist. Diese den einzelnen DIN-Graden zugeordneten

Tabelle 3. Kennbelichtungen L_k (Luxsekunden) im Sensitometer nach DIN 4512, bei denen sich die Schwärzungen 0,1 über dem Schleier ergeben.

Für $0/10$ bis $10/10°$ DIN gelten die 10fachen, für $20/10$ bis $30/10°$ DIN die 0,1fachen Werte von L_k.

$1/10°$ DIN	L_k lxs
10	0,02754
11	0,02188
12	0,01738
13	0,01380
14	0,01096
15	0,00871
16	0,00692
17	0,00549
18	0,00437
19	0,00347
20	0,00275

Belichtungen L sollen als Kennbelichtungen L_k bezeichnet werden. Ihre Zuordnung zu den DIN-Graden ist durch Tabelle 3 gegeben.

Die für eine Handelsmarke angegebenen DIN-Gradzahlen dürfen höchstens um $3/10°$ DIN größer sein, als sich beim Nachprüfen ergeben kann. Sie können

---

[1] DIN 4512, Negativmaterial für bildmäßige Aufnahmen (Bestimmung der Lichtempfindlichkeit). Berlin SW 19: Beuth-Verlag.
[2] Diese unrunde Zahl erklärt sich aus der Filterdurchlässigkeit von 0,135. Ohne Filter ist die festgelegte Beleuchtungsstarke 40,0 lx. Das Filter verkürzt außerdem den Strahlengang um 1% und es ergibt sich die Beleuchtungsstarke des gefilterten Lichtes mit: $40,0 \cdot 0,135 \cdot 1,02 = 5,508$ lx.

von der Physikalisch-technischen Reichsanstalt überprüft werden. Diese zulässige Abweichung entspricht der halben Empfindlichkeit, als angegeben, und berücksichtigt die unvermeidlichen Streuungen bei der Erzeugung und etwaige Empfindlichkeitsverluste beim Lagern.

Die Entwicklung der Prüfstreifen ist vorgeschrieben, und zwar ist ein bestimmter, kräftig arbeitender Metolhydrochinonentwickler festgelegt, mit dem bei 18° C und dauerndem Überstreichen der Schicht mit einem Pinsel so lange zu entwickeln ist, bis sich der Höchstwert der Empfindlichkeit ergibt. Diese „optimale Entwicklung" entspricht praktisch einem vollständigen Ausentwickeln der Schicht und ist jedenfalls kräftiger, als sie je praktisch, wenigstens für Halbtonbilder, verwendet wird. Die meisten Einwande, die gegen die DIN-Gradbezeichnung erhoben wurden, beziehen sich auch auf diesen Punkt.

Es ist jedoch folgendes zu beachten: Die sensitometrisch bestimmte Empfindlichkeitskennzahl muß eine Eigenschaft der betreffenden Schicht allein bestimmen, da sie ja für diese Schicht als Kennzahl dienen soll. Die praktische Gebrauchsempfindlichkeit ist aber von der Schicht und dem jeweils gewählten Entwicklungsverfahren abhängig. Diese Notwendigkeit, praktisch die Entwicklung mitzuberücksichtigen, ist bei jedem sensitometrischen Verfahren vorhanden und zwingt dazu, das Abschätzen des Einflusses der Entwicklung auf die Gebrauchsempfindlichkeit in ähnlicher Weise der Erfahrung des Verbrauchers zu überlassen, wie es etwa bei der Belichtungszeitverlängerung durch Farbfilter der Fall ist. Die Entwicklung zum Bestimmen der Empfindlichkeitskennzahl muß dann lediglich gute Wiederholbarkeit mit möglichst kleiner Streuung sichern, was bei der Entwicklung des DIN-Gradverfahrens in bester Weise der Fall ist.

Der Unterschied zwischen der praktischen und der optimalen Entwicklung ist so lange von geringer Bedeutung, als die verschiedenen Schichten in ihrer Gradation nicht allzusehr voneinander abweichen und daher auch gleichartig entwickelt werden können. Wohl ist dabei die praktische Entwicklung erheblich weniger weitgehend, aber es besteht ein ziemlich unveränderliches Verhältnis zwischen dieser und der Entwicklung zur DIN-Gradermittlung. Dies war auch zur Zeit, als die Norm aufgestellt wurde, der Fall, und man konnte ungefähr annehmen, daß bei den damaligen Schichten und Durchschnittsentwicklung etwa die doppelten Kennbelichtungen der angegebenen DIN-Gradempfindlichkeit zum Erreichen einer Schwärzung von 0,1 über dem Schleier erforderlich waren. Nimmt man dieses Merkmal auch bei der praktischen Entwicklung als Empfindlichkeitskennzeichen an, was insofern nicht ganz richtig ist, als je nach dem Objektumfang und der verwendeten Papiergradation oft noch kleinere Schwärzungen kopierbar sind, so ergibt sich ein festes Verhältnis zwischen den Kennbelichtungen L_k der DIN-Gradbestimmung und der praktischen Entwicklung, das ein für allemal beim Eichen eines Belichtungsmessers berücksichtigt werden kann. Die gute Übereinstimmung der Versuche von LUTHER und STAUDE (38) ist zum Teil auf diesen Umstand zurückzuführen.

Die Schaffung neuer Schichten, insbesondere der rasch entwickelnden Einschicht- und Dünnschichtfilme mit ihrer Neigung zu großer Härte, sowie die immer mehr zunehmende Verwendung der Feinkornentwicklung haben die Verhaltnisse teilweise geändert. Die Entwicklung einer rasch und hart entwickelnden Schicht muß erheblich weicher, d. h. erheblich weiter entfernt von der optimalen Entwicklung sein, wenn die gleiche Gradation erhalten werden soll, wie bei einer langsam entwickelnden Schicht mit normaler oder weicher Gradation. Bei dieser weicheren Entwicklung verringert sich die Gebrauchsempfindlichkeit, was nicht immer vernachlässigt werden kann.

Ähnlich steht es mit der Feinkornentwicklung, die ja in vielen Fällen nur eine genau bemessene Unterentwicklung ist, in anderen Fällen mit verschiedenen silberlösenden Mitteln im Entwickler arbeitet. Beides drückt die Gebrauchsempfindlichkeit oft erheblich herab. Zahlenmäßig läßt sich der Empfindlichkeitsverlust nur für den Einzelfall bestimmen und es bleibt wieder Sache der Erfahrung, wieweit er zu berücksichtigen ist. Der Normenausschuß hat auch später diesen Umstand berücksichtigt und empfiehlt bei Feinkornentwicklung ein Verringern der angegebenen Empfindlichkeit um $^3/_{10}$ bis $^4/_{10}$ DIN-Grade, entsprechend einer Verminderung auf $^1/_2$ bis $^1/_3$ des Sollwertes.[1]

Im folgenden soll immer die Kenntnis dieser Gebrauchsempfindlichkeit vorausgesetzt sein. Die nach Tabelle 2 zugehörigen Kennbelichtungen L_k sind dann als die Kleinstbelichtungen L aufzufassen (von LUTHER als „spezifische Mindestbelichtung" bezeichnet), die bei dem jeweils verwendeten Entwicklungsverfahren noch zu gut kopierbaren Schwarzungen führen.

4. Aufgaben und Grenzen der Belichtungsmessung.

Die ideale Forderung jeder Belichtungsmessung besteht darin, die kleinste Belichtung festzustellen, bei der noch eine gute Kopie erhalten wird, oder genauer, bei der die bildwichtigen Schatten des Aufnahmegegenstandes im Negativ noch kopierbar erscheinen. Dies wird erreicht, wenn das Negativ an diesen Stellen mindestens die Kennbelichtung L_k erhält, die der Gebrauchsempfindlichkeit der Schicht zugeordnet und daher bekannt ist. Aufgabe der Belichtungsmessung wäre es nun, die Mindestbelichtung L_0 des Negativs in den Schatten zu ermitteln und der Kennbelichtung L_k gleichzusetzen.

Die unmittelbare Bestimmung der Mindestbelichtung L_0, etwa durch Messen der Mindestbeleuchtungsstärke E_0 in der Schichtebene selbst, ist praktisch mit einfachen Mitteln undurchführbar, da diese Beleuchtungsstärken viel zu gering sind. Man muß auf die Leuchtdichten des Aufnahmegegenstandes selbst zurückgreifen und aus ihnen die zugehörigen Schichtbelichtungen L ableiten, wie es durch (12) dargestellt ist. Maßgebend ist die Leuchtdichte der Schatten, die als Mindestleuchtdichte B_0 bezeichnet sei. Ein theoretisch einwandfreier Belichtungsmesser müßte diese Mindestleuchtdichte messen.

Auch dies kann mit den heutigen Handelsgeräten nicht erreicht werden, da der Bildwinkel, aus dem das Gerät allein Licht empfangen dürfte, so klein wird (2 bis 3°), daß die aus diesem Winkel einfallende Lichtmenge viel zu gering ist, um eine ausreichende Anzeigeempfindlichkeit zu erzielen, besonders da es sich ja um die Messung der kleinsten Leuchtdichten handelt. Belichtungsmesser dieser Art sind daher vorläufig nur als Entwurf vorhanden.

Praktisch muß man auf die Messung der Mindestleuchtdichte verzichten und sich mit der Messung der mittleren Leuchtdichte B_m des Aufnahmegegenstandes begnügen. Es wird dann das Meßelement des Belichtungsmessers, d. i. bei optischen Geräten meist eine Mattscheibe, bei den elektrischen das Photoelement, aus einem verhältnismäßig großen Bildwinkel beleuchtet und erhält dadurch ausreichend viel Licht. Das Verhältnis $u = \dfrac{B_m}{B_0}$ zwischen der gemessenen mittleren Leuchtdichte B_m und der maßgebenden Mindestleuchtdichte B_0 muß entweder als fester Mittelwert in die Eichung des Belichtungsmessers einbezogen oder geschätzt werden. Dies bringt eine neue Unsicherheit in die Messung, denn u ist in weitem Maß nicht nur von dem Objektumfang, sondern auch noch von dem Raumwinkelverhältnis abhängig, unter dem Lichter und Schatten des Auf-

---

[1] DIN-Empfindlichkeit und Feinkornentwicklung. Photographische Ind. 34, 1402 (1936).

nahmegegenstandes erscheinen. In Grenzfällen kann dann die Anzeige des Belichtungsmessers völlig unbrauchbar sein.

Als Beispiel sei nur die allerdings ganz extreme Aufgabe genannt, die Wendel einer Glühlampe deutlich abzubilden (63). In diesem Fall liegt die richtige Belichtung bei etwa $1/_{1000}$ des Wertes, den ein Belichtungsmesser anzeigt, da die hier darzustellenden bildwichtigen Lichter nur einen ganz kleinen Bruchteil des gesamten Bildfeldes einnehmen. Der entgegengesetzte Fall eines kleinen dunklen Gegenstandes auf überwiegend hellem Untergrund ergibt den gegenteiligen Fehler. Allerdings macht sich im zweiten Fall bei größeren Leuchtdichtenunterschieden bald der Brillanzfehler des Objektivs in Form von Überstrahlungen bemerkbar, die eine auch nur halbwegs richtige Abbildung des Gegenstandes verhindern.

Die Belichtung aus der mittleren Leuchtdichte herzuleiten, bedeutet im Grund genommen, daß auch die fertigen Bilder unabhängig von der Art des Aufnahmegegenstandes gleiche mittlere Leuchtdichten aufweisen sollen, was praktisch natürlich nicht zutrifft. Eine Schneelandschaft muß im Bild überwiegend hell, eine Nachtaufnahme überwiegend dunkel sein. Wenn auch im Positivverfahren vieles angepaßt werden kann, so wird doch im ersten Fall eine reichlichere, im zweiten eine geringere Belichtung angezeigt sein, als sie der Belichtungsmesser gibt. Auch hier muß wieder die Erfahrung regelnd eingreifen.

Die praktische Auswirkung dieser Unsicherheit ist allerdings nicht so groß, als man meinen möchte. Vergleicht man nämlich eine größere Zahl von guten Bildern, so zeigt sich, daß, von den erwähnten Grenzfällen abgesehen, bei einer überwiegend großen Zahl die mittleren Leuchtdichten, d. h. hier der Gesamthelligkeitseindruck der als gut bewerteten Bilder nur wenig Unterschiede aufweisen. Das zeigt aber, daß für alle diese Fälle auch die mittlere Leuchtdichte des abgebildeten Gegenstandes als maßgebend für die Belichtung angesehen werden kann. Tatsächlich zeigt sich auch, daß trotz dieses theoretischen Mangels die üblichen Belichtungsmesser auch in der Hand des Ungeübten binnen kurzem die Zahl der wirklich fehlbelichteten Aufnahmen erheblich herabsetzen.

Der zweckmäßigste Durchschnittswert von $u = \dfrac{B_m}{B_o}$ läßt sich kaum sicher zahlenmäßig ausdrücken. Dies zeigt sich schon darin, daß beim Vergleich verschiedener Belichtungsmesser deren Belichtungsangaben für den gleichen Gegenstand bis 1 zu 5 streuen (62), je nachdem, wie der Erzeuger die Abgleichung für zweckmäßig hielt.

Einen ungefähren Anhalt gewinnt man aus folgender Überlegung: Ist $v = \dfrac{B_{max}}{B_o}$ der Objektumfang, ausgedrückt als Verhältnis der größten und kleinsten Leuchtdichte, so wird für einen Aufnahmegegenstand, der nur aus zwei gleich großen Feldern mit der größten und kleinsten Leuchtdichte besteht, $u = \dfrac{B_m}{B_o} = \dfrac{v+1}{2}$ und für einen anderen, dessen Leuchtdichten vollständig stetig zwischen der kleinsten und größten verteilt sind, etwa dargestellt durch ein Stück eines stufenlosen Graukeiles, $u = \dfrac{B_m}{B_o} = \dfrac{v-1}{\ln v}$. Für das Durchschnittsobjekt mit dem Umfang 1:50 ($v = 50$) ergibt dies für u die Zahlwerte 25,5 bzw. 12,5. Innerhalb dieser Grenzfälle dürfte ein großer Teil aller Aufnahmegegenstände liegen, so daß ein Abgleichen eines Belichtungsmessers nach u-Werten in dieser Größenordnung zweckmäßig erscheint.

Muß die große Mannigfaltigkeit der Aufnahmegegenstände hingenommen werden, so liegen doch auf dem Weg bis zum fertigen Bild noch eine Reihe weiterer Unsicherheiten, die sich teilweise ausschalten oder wenigstens verringern ließen. Zu den bereits angeführten Lichtverlusten bei der Abbildung durch das Objektiv und der Unsicherheit der Empfindlichkeitskennzahl kommen noch die rein technischen Mängel der Blenden- und Belichtungszeitskala.

Die wirkliche Blendenzahl z darf nach den Richtlinien der Wirtschaftsgruppe Feinmechanik und Optik bei voller Öffnung höchstens um 5% größer sein als der Skalenwert (z. B. 3,68 statt 3,5).[1] Dies entspricht einem Fehler von 10% in der Belichtung. Die praktischen Abweichungen, insbesondere bei kleineren Blenden, sind jedoch wegen des toten Ganges der Betätigungshebel und der eng gedrängten Skala oft um ein Vielfaches höher. PETZOLD [(45), S. 349] rechnet mit Werten von 0,8 bis 1,25 des Sollwertes der Belichtung, jedoch kommen auch größere Abweichungen vor.

Noch größer ist die Streuung der Belichtungszeit. Abgesehen von Fehlern, die schon von der Erzeugung herrühren, spielen da Alter des verwendeten Verschlusses (Lagerreibung, Erschlaffen der Federn) und Temperatur (Zähflüssigkeit des Öles) eine große Rolle. Meist wirken sich diese Umstände in einer Verlängerung der Belichtungszeit aus, die nicht sonderlich schädlich ist, jedoch kommen auch Unterschreitungen des Sollwertes vor, nach PETZOLD (s. oben) bis etwa 0,70 des Sollwertes, nach eigenen Beobachtungen, insbesondere bei billigen Verschlüssen, bis etwa 0,50 des Sollwertes.

Beide Unsicherheiten sind konstruktiver Art und ließen sich weitgehend vermeiden. Eine verbindliche Beschränkung auf etwa $\pm$ 10% bei der Blende und $\pm$ 20% bei der Belichtungszeit wäre wünschenswert und wahrscheinlich ohne besonderen Aufwand erreichbar.

Sieht man von der Leuchtdichtenverteilung des Aufnahmegegenstandes als unbeeinflußbar ab und setzt man die Kenntnis der Gebrauchsempfindlichkeit einschließlich des Einflusses der Entwicklung mit einer Unsicherheit von $\pm$ 1,5/10° DIN voraus, so ergibt sich folgendes Bild der maßgebenden Einzelfehler:

	Größter Wert	Durchschnittswert	Kleinster Wert
Reflexe im Objektiv einschließlich Absorption (Grenzen: Monokel und Vierlinser)	0,92	0,70	0,50
Randhelligkeit nach $\cos^4 \varepsilon$ .... (Grenzen: $\varepsilon = 5°$, langbrennweitig $\varepsilon = 26°$, Normalfall)	0,98	0,70	0,64
Vignettierung	1,00	0,70	0,30
Blendenzahl	1,25	1,00	0,80
Verschlußzeit	1,50	1,00	0,70
Empfindlichkeit	1,40	1,00	0,70
Gesamtfehler ...	2,40	0,35	0,038

Das heißt, gegenüber dem Idealfall (alle Werte = 1) kann die Belichtung in den Grenzen zwischen rund dem $2^1/_2$ fachen bis zum 25sten Teil liegen. Die Gesamtstreuung ist dabei etwa 1:60, ein unwahrscheinlich hoher Wert. Wohl werden niemals alle Grenzwerte nach der einen oder anderen Seite gleichzeitig die Belichtung beeinflussen, aber im Einzelfall kann doch eine Häufung günstiger oder ungünstiger Abweichungen innerhalb der angegebenen Streubereiche recht große Belichtungsfehler ergeben.

Da bis auf die Empfindlichkeit alle hier berücksichtigten Fehler Festwerte der betreffenden Kamera sind, lassen sie sich in praktischen Fällen wenigstens

---

[1] DIN-Entwurf 1 E 4521, s. Photographische Ind. **38**, 34 (1940); außerdem: Wirtschaftsgruppe Feinmechanik und Optik: Richtlinien über die Leistungsbezeichnungen von Photo-, Kino- und Projektionsobjektiven mit Wirkung vom 1. 1. 1938. DIN-Entwurf 1 4522, s. Photogr. Ind. **39**, 759 (1941).

teilweise berücksichtigen, und zwar entweder durch Feststellen der Einzelfehler, was allerdings ziemlich mühsam ist und entsprechende Versuchseinrichtungen erfordert, oder durch Probeaufnahmen mit veränderter Belichtung, die mit geringer Mühe größere Abweichungen erkennen lassen. Für den Durchschnittswert wurden Annahmen getroffen, die dem häufigsten Fall entsprechen dürften, nämlich Dreilinser mit normalem Bildwinkel bei Vernachlässigung der äußersten Bildecken, die selten bildwichtig sind, sowie verhältnismäßig geringe Vignettierung, da nicht allzu häufig mit größter Blende gearbeitet wird. Dieser Durchschnittswert entspricht auch mit 0,35 dem von PETZOLD gewählten Wert.

Für die Konstruktion eines Belichtungsmessers bildet dieser große Fehlerbereich eine erhebliche Erleichterung. Es ist nicht nötig, ein ausgesprochenes Präzisionsinstrument mit einer Genauigkeit von Bruchteilen eines Prozents zu schaffen, sondern es genügt ein in meßtechnischer Beziehung verhältnismäßig ungenau arbeitendes Gerät. Viele Einflüsse, die bei hoher Anforderung an Genauigkeit zu berücksichtigen wären, sind bedeutungslos. Schwierigkeiten bleiben noch genug, aber die Schaffung verhältnismäßig billiger und dabei robuster Gerate war nur durch den Verzicht auf eine hier unangebrachte, übertriebene Genauigkeit möglich.

Aus den bisherigen Ausführungen läßt sich nun eine Grundformel für das Abgleichen eines Belichtungsmessers ableiten. Die nach (12) mit der mittleren Gegenstandsleuchtdichte B_m bestimmte mittlere Belichtung L_m der Schicht muß u-mal größer sein als die Kennbelichtung L_k der Gebrauchsempfindlichkeit $\left(u = \dfrac{B_m}{B_0}\right)$. Um die weiteren erwähnten Unsicherheiten zu berücksichtigen, ist noch ein Faktor c einzuführen, der ebenfalls die erforderliche Schichtbelichtung L_m vergrößert. Schließlich erscheint es noch zweckmäßig, auch den Objektivwirkungsgrad η zu diesen Faktoren hinzunehmen, da er ja nur vom Objektiv und nicht vom Belichtungsmesser abhängt und von Fall zu Fall verschieden sein kann.

Die Grundforderung: Mindestbelichtung L_0 der Schicht = Kennbelichtung L_k der Gebrauchsempfindlichkeit führt dann zu der Hauptformel:

$$\frac{B_m}{4} \cdot \frac{t}{z^2} = \frac{c \cdot u}{\eta} \cdot L_k = C \cdot L_k, \qquad (13)$$

wobei $C = \dfrac{c \cdot u}{\eta}$ den „Eichwert" des betreffenden Belichtungsmessers darstellt.

C ist die wichtigste Kenngröße eines Belichtungsmessers. Sie gibt Aufschluß darüber, ob der Belichtungsmesser auf reichliche oder knappe Belichtung abgestimmt ist und berücksichtigt, ihrem Aufbau gemäß, das Verhältnis zwischen mittlerer und Mindestleuchtdichte des Aufnahmegegenstandes, den Objektivwirkungsgrad und die anderen Unsicherheiten. Zahlenwerte werden in Tabelle 4 und im letzten Abschnitt gegeben.

III. Der elektrische Belichtungsmesser.

1. Selenphotoelemente.

a) Aufbau und Wirkungsweise.

Jeder elektrische Belichtungsmesser benutzt die Fähigkeit des eingebauten Photoelements, auffallendes Licht in elektrische Energie umzuwandeln und so meßbar zu machen. Den grundsätzlichen Aufbau eines solchen Photoelements zeigt Abb. 5. Mit einer etwa 1 mm starken Grundplatte aus Eisen ist eine dünne Selenschicht fest verbunden. Diese wird von einer Metallfolie, meist aus Edelmetall, in innigem Kontakt bedeckt, wobei diese Folie so dünn ist, daß sie zwar noch elektrisch leitet, aber das einfallende Licht praktisch ungeschwächt hindurchläßt. Zur Stromabnahme ist auf die Folie ein schmaler Metallring aufgespritzt.

Wird die Selenoberfläche durch die Metallfolie hindurch belichtet, so entsteht zwischen dieser und der Grundplatte eine Spannung, die in einem äußeren Stromkreis einen meßbaren Strom erzeugt. Diese ebenfalls noch in Abb. 5 dargestellte Grundschaltung gibt auch den Aufbau jedes elektrischen Belichtungsmessers wieder. Photoelement und Meßinstrument, das an den beiden Anschlüssen des Photoelements liegt, sind die wesentlichen Bestandteile. Alles andere sind Zusatzeinrichtungen, die zur Auswertung der Instrumentenanzeige oder zur Meßbereichserweiterung dienen.

Die Stromrichtung ist bei diesen heute ausschließlich verwendeten Selenphotoelementen so, daß die Grundplatte positiv, die Metallfolie negativ wird. Die an der Oberfläche oder in den obersten Schichten des Selens durch das Licht ausgelösten Elektronen, die ja entgegengesetzt zur üblichen Stromrichtung strömen, bewegen sich daher dem einfallenden Licht entgegen.

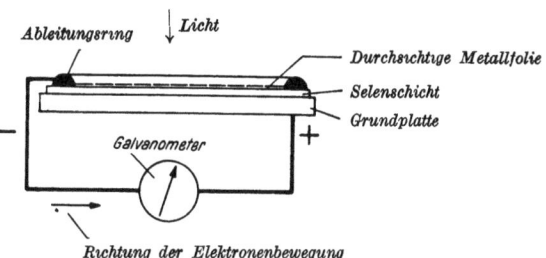

Abb 5. Grundsätzlicher Aufbau und Grundschaltung eines Photoelements

Der innere Mechanismus dieser Umwandlung von Licht in elektrische Energie ist auch heute noch nicht restlos geklärt. B. LANGE (36), dessen beide Bücher trotz starker Betonung der eigenen Ansichten die geschlossenste und umfassendste Darstellung über die Entwicklung und den heutigen Stand unserer Kenntnisse über Photoelemente geben, erwähnt sieben, zum Teil voneinander recht abweichende Theorien, wobei keiner der unbedingte Vorzug zu geben ist.

Maßgebend scheint hauptsächlich das Vorhandensein der sogenannten Sperrschicht zwischen Selenoberfläche und Metallfolie zu sein, die den Stromdurchtritt in der einen Richtung leicht, in der entgegengesetzten nur schwer gestattet, also je nach der Stromrichtung stark verschiedenen Widerstand aufweist. Selenzellen mit dem beschriebenen Aufbau können daher auch als Gleichrichter dienen und werden in nur unwesentlich veränderter Form (starker Metallbelag statt der durchsichtigen Metallfolie) in großer Menge auch für diese Zwecke hergestellt.[1]

Diese Gleichrichter bildeten teilweise auch die Grundlage für die neuere Entwicklung des Selenphotoelements. L. BERGMANN (4) konnte an einer solchen Einzelplatte eines Gleichrichters die Wirkung als Photoelement zeigen und auch auf die heute übliche Form mit der durchsichtigen Metallfolie hinweisen.

Bemerkenswert ist allerdings, daß der Strom im Photoelement bei Belichtung gerade gegen die Sperrichtung fließt, die ausgelösten Elektronen also den größeren Widerstand der Sperrichtung überwinden müssen. Nach Beobachtungen von B. LANGE (35, 36) konnten auch an Halbleiterzellen ohne Gleichrichterwirkung photoelektrische Wirkungen gleicher Art festgestellt werden. Die Sperrschichtwirkung scheint daher nicht wesentlich zu sein. Bei dem praktisch allein ver-

---

[1] Erzeuger: Süddeutsche Apparate-Fabrik, Nürnberg (SAF); Druckschrift: Selen-Metall-Gleichrichter-Elemente, D.R.P. Nr. 507701, 512817, 517347, 519162, 525664, 589126 aus 1928.

wendeten Selenphotoelement ist sie allerdings immer vorhanden. Trotzdem ist die auch hier gewählte Bezeichnung Photoelement an Stelle der vielfach üblichen als Sperrschichtzelle vorzuziehen, da sie das Wesentliche, nämlich die Umwandlung von Licht in Elektrizität, besser kennzeichnet.

Die Entwicklung des Selenphotoelements hat zu recht großen Empfindlichkeiten geführt. Ein neuzeitliches Element mit 10 cm² wirksamer Oberfläche liefert bei Sonnenbeleuchtung 10 bis 20 mA Strom im Kurzschlußfall. Dies konnte erreicht werden durch entsprechende physikalische Behandlung der Selenschicht, die nur in ihrer kristallinischen Form lichtempfindlich ist. Wesentlich ist dabei die Art der Wärmebehandlung beim Herstellen der Elemente, da es darauf ankommt, diese bei rund 200° C entstehende Selenform in einem ganz bestimmten Zustand zu erhalten, sowie der Werkstoff und die Art des Aufbringens der Metallfolie.

Maßgebend für hohe Lichtempfindlichkeit scheinen kleine Störstellen im Kristallaufbau zu sein, die entweder durch Spuren anderer Selenformen (*42*) oder durch räumliche Störungen im Kristallgitteraufbau (*23, 24*) gegeben sind. Es zeigt sich in dieser Hinsicht eine gewisse Verwandtschaft mit der photographischen Schicht, deren durch die Reifung erheblich gesteigerte Empfindlichkeit ebenfalls durch Störkeime aus Schwefelsilber in den einzelnen Bromsilberkristallen erklärt wird.

Das Erreichen der richtigen Beschaffenheit der Selenschicht mit einer ausreichenden Zahl solcher Störstellen und das richtige Aufbringen der durchsichtigen leitenden Folie setzt große Erfahrung bei der Herstellung voraus. Die hierfür erforderlichen Behandlungsverfahren bilden den wesentlichen Inhalt der einschlägigen Patente, wobei jedoch Einzelheiten, die unter Umständen entscheidend sind, Fabrikgeheimnis bleiben.

Eine kritische Untersuchung der verschiedenen Verfahren zum Aufbringen der Deckschicht geben E. FENNER, B. GUDDEN und H. SCHWEICKERT (*10*), wobei einige hundert Elemente untersucht wurden. Die Leistung der technisch erzeugten Elemente liegt aber dabei immer noch bei etwa dem doppelten der empfindlichsten Versuchselemente und dürfte auch kaum mehr wesentlich zu steigern sein, da sie bereits in der Größenordnung der theoretischen Höchstleistung liegt.

b) Geschichtliches.

Trotzdem das Photoelement erst im letzten Jahrzehnt praktische Bedeutung erhielt, ist die physikalische Grunderscheinung schon seit langem bekannt. Die erste Mitteilung über ein Photoelement im heutigen Sinn wurde schon 1876 von W. G. ADAMS und R. E. DAY (*1*) gemacht, die als erste das Auftreten einer selbständigen EMK bei Belichtung eines Selenstabes entdeckten, wenn sie auch die Erscheinung noch nicht als unmittelbare Umwandlung von Licht in elektrische Energie deuteten, sondern auf durch das Licht beeinflußte innere Kristallisationserscheinungen des Selens zurückführten.

S. KALISCHER (*31*) bestätigte das Entstehen einer durch das Licht erzeugten Potentialdifferenz an Selenzellen, die die Änderung der Leitfähigkeit des Selens bei Belichtung ausnutzten und nach verschiedenen Angaben hergestellt wurden, und erwähnte als mögliche Erklärung die unmittelbare Umsetzung von Licht in Elektrizität.

Anscheinend unabhängig von diesen Arbeiten beschrieb C. E. FRITTS in den Jahren 1883, 1884 und 1885 in mehreren Veröffentlichungen (*15, 16*) Zellenformen, die mit den heutigen Photoelementen vollständig übereinstimmen, und erklärt den entstehenden Photostrom als unmittelbare Umwandlung von Licht in elektrische Energie.

WERNER V. SIEMENS (*58*), dem FRITTS einige Zellen übermittelt hatte, bestätigte diese Erklärung und stellte die Verhältnisgleichheit zwischen Beleuchtungsstärke und Photostrom fest.

Einige weitere Arbeiten aus dieser Zeit bringen nichts wesentlich Neues. S. KALISCHER (*32*) beschreibt ein Herstellungsverfahren der Selenzellen, um den bisher noch unsicher zu erreichenden Effekt mit Sicherheit zu erzielen und berichtet über eine Nachwirkung nach Aufhören der Belichtung; W. v. ULJANIN (*61*) bestätigt in einer gründlichen Untersuchung im wesentlichen die bisherigen Ergebnisse. Als erster stellt er die spektrale Empfindlichkeitsverteilung fest, die übereinstimmend mit den heutigen Werten einen Größtwert im Gelb bis Gelbgrün aufweist. Mit einer Arbeit von A. RIGHI (*50*) ist dieser Abschnitt der Entwicklung abgeschlossen.

Es ist bemerkenswert, daß, trotzdem durch diese Untersuchungen alle wesentlichen Grundlagen der Photoelemente gegeben waren, die weitere Entwicklung fast vollständig abbricht und erst nach einer Pause von 40 Jahren wieder aufgenommen wird. Soweit in der Zwischenzeit photoelektrische Erscheinungen am Selen untersucht wurden, betreffen sie nur die Änderung der Leitfähigkeit bei Belichtung. Das Buch von C. RIES (*49*), das auch ein ausführliches, nach Jahren geordnetes Schrifttumverzeichnis enthält, berichtet hierüber ausführlich. Für den vorliegenden Zweck ist diese Entwicklung jedoch bedeutungslos.

Erst im Jahre 1929 wird die Entwicklung mit einer Arbeit von R. L. HANSON (*26*) fortgesetzt, der an drei verschiedenen Zellen die Photo-EMK untersucht. Außer dem Nachweis, daß die Photo-EMK keine Thermoelektrizität ist und daß ihr spektraler Höchstwert im Grün (bei 490 mμ) liegt, bringt sie jedoch nichts Bemerkenswertes. Die Feststellung HANSONs, daß die Photo-EMK streng verhältnisgleich der Beleuchtungsstärke ist, widerspricht sogar dem heutigen Wissen.

Die Entwicklung setzt dann von einer anderen Seite her ein. Sie begann mit der Untersuchung von A. H. PFUND (*46*) über die elektrischen und photoelektrischen Eigenschaften einer auf einer Kupferplatte aufgewachsenen Schicht von Kupferoxydul, von der zunächst nur die Änderung der Leitfähigkeit bei Belichtung festgestellt werden konnte.

Ähnliche Versuche von L. O. GRONDAHL und P. H. GEIGER (*19, 20, 21*) führten bei Verfolgung einer Nebenerscheinung zur Entdeckung des Kupferoxydulgleichrichters, der bald große praktische Bedeutung gewann. Dies ist insofern von Bedeutung, als damit auch für die Forschung der Anreiz gegeben war, sich mit den Eigenschaften der Halbleiter, zu denen sowohl das Kupferoxydul wie auch die lichtelektrisch wirksame Form des Selens zählt, zu beschäftigen. Bezüglich näherer Einzelheiten sei auf B. LANGE verwiesen, der selbst an der Entwicklung mitbeteiligt war und dessen bereits erwähntes Buch (*36*) im Teil I sowohl die Entwicklung wie auch ein ausführliches Schrifttumverzeichnis (142 Hinweise) bringt. Weiteres findet sich noch bei G. P. BARNARD (*2*), A. BECKER (*3*) und R. SEWIG (*55, 56, 57*).

Die große wirtschaftliche Bedeutung des Trockengleichrichters, bei dem auf den Kupferoxydulgleichrichter auch bald der Selengleichrichter folgte und die dadurch bedingte starke Beschäftigung mit allen einschlägigen Fragen, sowie die erweiterten Möglichkeiten der technischen Herstellung — es sei nur an die Kathodenzerstäubung zum Aufbringen der durchsichtigen leitenden Schichten erinnert — konnten die Unsicherheiten in der Herstellung beseitigen, die wohl der Hauptgrund für das Abreißen der früheren Entwicklung waren. Diese neuere technische Entwicklung vollzog sich daher auch so ziemlich unter Ausschluß der

Öffentlichkeit in den verschiedenen Laboratorien und ist nur zum Teil in den verschiedenen einschlägigen Patenten niedergelegt.

Hersteller von Selenphotoelementen, die sich den Kupferoxydulelementen weit überlegen erwiesen, sind derzeit in Deutschland die Süddeutsche Apparate-Fabrik G. m. b. H. (SAF), Nürnberg, die, ausgehend von ihren bereits erwähnten Selengleichrichtern, Photoelemente nach L. BERGMANN erzeugt (vgl. S. 251), sowie die Electrocell-Ges. (FALKENTHAL u. PRESSER), Berlin-Steglitz, die auf Grund des FALKENTHALschen Hauptpatentes (D. R. P. Nr. 688167) ebenfalls Selenphotoelemente erzeugt.

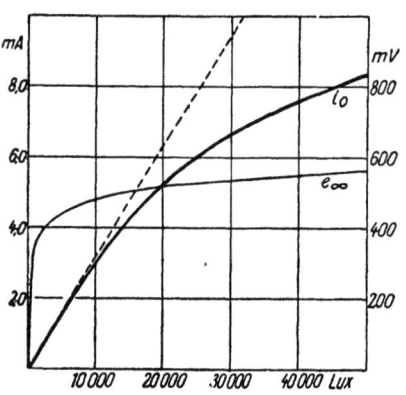

Abb. 6. Leerlaufspannung e_∞ und Kurzschlußstrom i_0 eines Selenphotoelements mit 10 cm² wirksamer Oberfläche (nach B. LANGE).

Von ausländischen Erzeugern sind noch, soweit dem Verfasser bekannt, Tungsram, Budapest und Weston Electric Co., Newark, N. Y., USA. (Photronic Cell) zu nennen, jedoch sind fast alle Belichtungsmesser, auch ausländische, mit Photoelementen der genannten deutschen Firmen ausgestattet.

c) Eigenschaften der Selenphotoelemente.

Hier sollen nur jene Eigenschaften besprochen werden, die für Belichtungsmesser wesentlich sind.

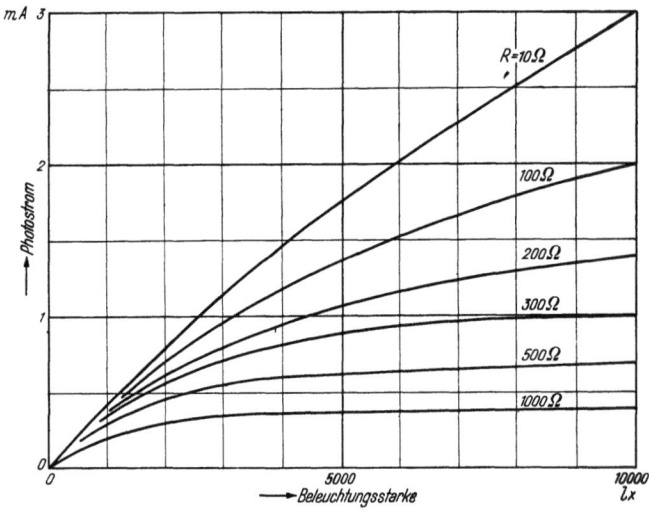

Abb. 7. Photostrom bei verschiedenen äußeren Widerständen. (SAF-Photoelement mit 11,5 cm² wirksamer Oberfläche.)

α) **Photostrom und -spannung.** Hohe Werte der Stromausbeute sind insofern wichtig, als das Meßgerät, der empfindlichste Teil jedes Belichtungsmessers, um so robuster und damit auch billiger sein kann, je mehr Energie das Element liefert. Auch die Grenzempfindlichkeit bei schwachem Licht hängt natürlich davon ab. Der Zusammenhang zwischen Beleuchtungsstärke, Photospannung und Photostrom ist insofern etwas verwickelt, als der Eigenwiderstand des

Elements mit zunehmender Beleuchtungsstärke stark abnimmt und damit auch der äußere Widerstand, d. i. der Widerstand des Meßgeräts einschließlich etwaiger Zusatzwiderstände, die Stromverhältnisse in ganz verschiedener Weise beeinflußt.

Am einfachsten läßt sich ein Element durch die Angabe der Grenzwerte Kurzschlußstrom i_0 (äußerer Widerstand = 0) und Leerlaufspannung e_∞ (äußerer Widerstand = ∞) kennzeichnen, wozu für nähere Untersuchung noch die Stromkurven bei verschiedenen äußeren Widerständen treten können (Abb. 6 und 7).

Wie ersichtlich, ist die Kurve des Kurzschlußstromes nur schwach gekrümmt; bis etwa 1000 bis 2000 lx können Kurzschlußstrom und Beleuchtungsstärke praktisch selbst für hohe Anforderungen an Genauigkeit verhältnisgleich gesetzt werden; erst bei höheren Beleuchtungsstärken nimmt der Strom langsamer zu. Die Verhältnisgleichheit gilt auch noch, wenn der Meßgerätwiderstand klein gegenüber dem Elementwiderstand ist.

Die Kurve der Leerlaufspannung ist stark gekrümmt und kann in einem weiten Bereich als verhältnisgleich zum Logarithmus der Beleuchtungsstärke angesehen werden (vgl. 36). Zeigerausschläge nach einer derartigen Kennlinie wären für einen Belichtungsmesser recht erwünscht, da sich die Rechenbehelfe vereinfachen ließen, jedoch kann die Leerlaufspannung nur mit Kompensationsverfahren gemessen werden, die fremde Stromquellen erfordern. Bei unmittelbarer Messung müssen die Meßgerätwiderstände sehr groß sein (ein Vielfaches der an und für sich großen Elementwiderstände), was auf praktisch unmögliche Konstruktionen führt.

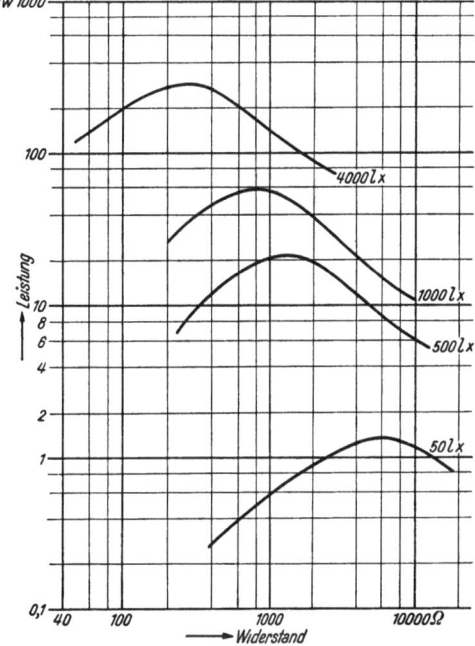

Abb. 8. Elektrische Leistung bei verschiedenen Beleuchtungsstärken und verschiedenen äußeren Widerständen. (SAF-Photoelement mit 11,5 cm² wirksamer Oberfläche.)

Im praktischen Fall, der weder den Widerstand 0 noch ∞ im Meßgerät verwirklichen kann, ergeben sich Stromkurven, die zwischen den beiden Grenzwerten liegen (Abb. 7). Wie ersichtlich, ist je nach Wahl des Meßgerätwiderstandes eine Annäherung an eine der beiden Grenzkurven möglich.

Um die Forderung nach hoher Empfindlichkeit bei möglichst einfachen Meßgeräten zu verwirklichen, ist jedoch ein anderer Gesichtspunkt maßgebend. Es muß getrachtet werden, zumindest im Bereich kleiner Beleuchtungsstärken möglichst hohe Leistung aus dem Photoelement herauszuholen. Je höher diese ist, desto einfacher und unempfindlicher kann das Meßgerät sein. Größte Leistung wird bei Gleichheit des Element- und Meßgerätwiderstandes erreicht. Da ersterer bei kleinen Beleuchtungsstärken recht hoch ist (der Widerstand des unbeleuchteten Elements liegt in der Größenordnung von 100000 Ω), sind hohe Meßgerätwiderstände (mehrere 1000 Ω), die auch erreicht werden, erwünscht. Dies ergibt gleichzeitig eine Annäherung an die gewünschte Kennlinie, wenn bei zunehmender Beleuchtungsstärke der Elementwiderstand stark absinkt (auf 100 Ω und darunter). Eine gute Leistungsanpassung ist bei hohen Beleuchtungsstärken nicht mehr erforderlich, da dann ohnedies reichlich Energie vorhanden ist. Abb. 8 zeigt die Leistungen eines Elements (SAF) mit 11,5 cm² wirksamer Fläche bei verschiedenen Beleuchtungsstärken und Meßgerätwiderständen. Beide Teilungen sind logarithmisch gewählt, um den großen Bereich unterzubringen.

Durch Parallelschalten eines Widerstandes zum Meßgerät, der den äußeren Widerstand herabsetzt, kann auch bei höheren Beleuchtungsstärken der innere an den äußeren Widerstand angepaßt werden, was allerdings nicht nötig ist. Eigentlich wäre ein Vorwiderstand wegen der Annäherung an die logarithmische Teilung günstiger, jedoch kann dann die Dämpfung des Meßgeräts zu klein werden, was ein langes Einpendeln in die endgültige Zeigerstellung verursacht.

β) **Spektrale Empfindlichkeitsverteilung.** Die spektrale Empfindlichkeit des Selenphotoelements reicht ziemlich weit ins Ultraviolett und etwas ins Infrarot. Die Verteilung ist durch Abb. 9 gegeben, die außerdem noch zum Vergleich die

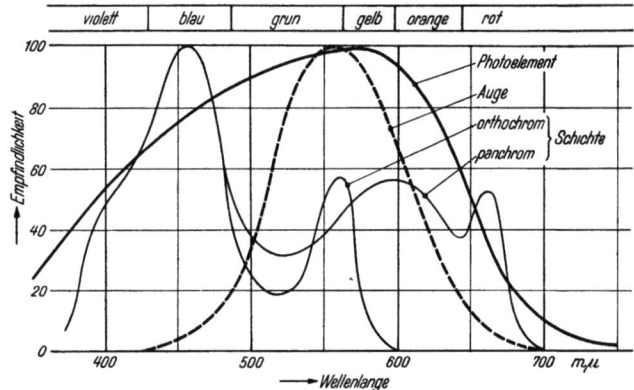

Abb. 9. Spektrale Empfindlichkeitsverteilung, bezogen auf energiegleiches Spektrum.

Kurven für das Auge und zwei Photoschichten (orthochromatisch und panchromatisch) zeigt. Wie ersichtlich, liegt die Kurve des Photoelements, die als Mittel von mehreren Elementen gebildet wurde, ziemlich symmetrisch mit leichtem Überwiegen des kurzwelligen Teiles zu der des Auges, während gegenüber den Kurven der Photoschichten der langwellige Teil erheblich überwiegt.

Dieser große Unterschied hat auch bei der Anfangsentwicklung der elektrischen Belichtungsmesser ziemliche Bedenken gegen deren Einführung erregt (39), und so ging diese Entwicklung nicht von Firmen für Photozubehör, sondern von Firmen für elektrische Meßgeräte aus, die von vornherein diese rein photographischen Bedenken nicht allzu wichtig nahmen. Der Erfolg hat ihnen recht gegeben. Der große Unterschied der spektralen Empfindlichkeitsverteilung von Photoelement und Photoschicht wirkt sich praktisch kaum aus, da die übrigen in den vorhergehenden Abschnitten gezeigten Unsicherheiten so groß sind, daß sie die Fehler aus dieser Ursache überdecken.

Grundlegend untersucht wurde diese Frage von J. Eggert und A. Küster (9), die zeigen konnten, daß der elektrische Belichtungsmesser insbesondere für panchromatische Schichten keine wesentlichen Fehler bei Tages- oder üblichem Kunstlicht (Glühlampen) ergibt. Aber auch bei orthochromatischen Schichten ist der Fehler nicht größer als 1:2, d. h. eine mit Kunstlicht beleuchtete weiße Fläche muß bei gleicher Anzeige des Belichtungsmessers doppelt so lange belichtet werden wie bei Tageslichtbeleuchtung. Der Fehler ist im wesentlichen durch die verschiedene Aktinität,[1] d. i. das Verhältnis zwischen photographischer und optischer Wirksamkeit der untersuchten Glühlampen, bedingt. Die Helligkeitsbewertung von Tages- und Kunstlicht durch das Auge und das Photoelement ist praktisch gleich, wie auch der ungefähr symmetrische Kurvenverlauf erwarten läßt.

Durch die Natur der bei den beiden Beleuchtungsarten in Frage kommenden Aufnahmegegenstände ergibt sich jedoch praktisch meist ein voller Ausgleich dieses Fehlers, ja in vielen Fällen sogar ein Fehler in entgegengesetzter Richtung. Bei Tageslicht ist immer mit dem Einfluß des Himmels zu rechnen, der meist einen wesentlichen Teil des Bildfeldes einnimmt, während die noch bildwichtigen Schatten verhältnismäßig klein sind. Der Belichtungsmesser erhält viel Licht und ergibt demgemäß eine verhältnismäßig kleine Belichtung. Bei Kunstlichtaufnahmen bestehen vielfach große Teile des Bildfeldes aus dunklen, nicht mehr bildwichtigen Feldern. Der Belichtungsmesser erhält wenig Licht und zeigt eine verhältnismäßig zu große Belichtung an.

Bei Lichtquellen ohne zusammenhängendes Spektrum (Gasentladungslampen) sind unter Umständen größere Fehler zu erwarten. Bisher ist jedoch kaum die Notwendigkeit aufgetreten, diese Fälle besonders zu behandeln.

γ) **Temperaturabhängigkeit.** In dem praktisch in Frage kommenden Bereich von — 20 bis + 50° C ist der Temperaturfehler unwesentlich für die Verwendung als Belichtungsmesser. Der Photostrom (Kurzschlußstrom i_0) ist in diesem Bereich überhaupt temperaturunabhängig, die Photospannung (Leerlaufspannung e_∞) nimmt mit je 1° Temperaturzunahme um etwa 1,3% ab (36).[2]

Bei der praktischen Verwendung liegt der Temperaturbeiwert zwischen diesen beiden Grenzen, und zwar bei hohem äußeren Widerstand näher dem Beiwert der Photospannung und umgekehrt. Berücksichtigt man die Temperaturabhängigkeit des äußeren Widerstandes mit (Kupferdrahtwicklung der Drehspule), so kann mit einem Gesamtwert von — 0,5 bis — 1,0% je 1° C gerechnet werden [PETZOLD (45), S. 346].

δ) **Sonstige Eigenschaften.** Von Bedeutung sind noch Beständigkeit und Ermüdungserscheinungen. Die Beständigkeit heutiger Photoelemente ist für alle Zwecke ausreichend. Sie sind lediglich vor chemischen Einflüssen, z. B. ätzenden Dämpfen u. dgl., zu schützen und nicht längere Zeit über 45° C zu erwärmen. Kurzzeitige Erwärmung bis 70° C hat geringen Einfluß. Niedrige Temperaturen bis — 200° C und darunter werden beliebig lange vertragen. Die geringen noch vorhandenen Alterungserscheinungen (5), die bei photometrischen Genauigkeitsmessungen ein ständiges Nacheichen erfordern, sind für den Belichtungsmesser bedeutungslos.

Auch Ermüdungserscheinungen, die bei lang andauernder Bestrahlung mit großen Beleuchtungsstärken eintreten, wirken sich praktisch kaum aus. Der Photostrom kann sich bei minutenlanger unmittelbarer Sonnenbestrahlung auf etwa 70% verringern (B. LANGE, Photoelemente I, S. 132), jedoch erreicht das Element bei nachfolgender Lagerung im Dunkeln binnen kurzem wieder seine volle Empfindlichkeit. Maßgebend für die Ermüdung scheinen hauptsächlich die langwelligen Strahlen zu sein, die sich durch entsprechende Filter abhalten lassen. Für den elektrischen Belichtungsmesser ist bei seinem immer nur kurzzeitigen Gebrauch eine derartige Vorsichtsmaßregel überflüssig.

---

[1] DIN 4519, Aktinität von Lichtquellen für bildmäßige photographische Aufnahmen. Beuth-Verlag.
[2] SAF, Druckschrift Selenphotoelemente, S. 10.

2. Bauteile des Belichtungsmessers.

a) Lichtwähler und Bildwinkel.

Die technisch allein mögliche Herleitung der Belichtung aus der mittleren Leuchtdichte des Aufnahmegegenstandes erfordert für jeden Belichtungsmesser eine Begrenzung des Bildwinkels, aus dem noch wirksames Licht auf das Photoelement fällt. Die von PETZOLD [(45), S. 357] eingeführte Bezeichnung „Lichtwähler" für die hierfür benötigten lichttechnischen Bauteile vor dem Photoelement soll auch hier beibehalten werden.

An sich wäre zu fordern, daß der wirksame Bildwinkel des Belichtungsmessers derselbe wäre wie bei der Kamera, denn nur dann kann wirklich die mittlere Leuchtdichte jenes Bildfeldes gemessen werden, das in der Kamera abgebildet wird. Streng kann diese Forderung nicht erfüllt werden. Abgesehen davon, daß eine scharf abschneidende Bildwinkelbegrenzung bei dem in der Fläche ziemlich ausgedehnten Photoelement in dem verfügbaren Raum überhaupt nicht unterzubringen ist, läßt sich auch die rechteckige oder quadratische Form der üblichen Bildformate kaum berücksichtigen; außerdem müßte der Bildwinkel dem des jeweils verwendeten Objektivs angepaßt werden, der in weiten Grenzen schwankt. Auch für genaues Parallellaufen der optischen Achsen von Belichtungsmesser und Objektiv müßte gesorgt werden, was nur durch dauernden oder vorübergehenden Zusammenbau von Kamera und Belichtungsmesser möglich ist.

Wegen der an und für sich vorhandenen Unsicherheiten ist ein auch nur annähernd genaues Einhalten aller dieser Bedingungen überflüssig, und man kann sich mit einem ungefähren Anpassen der Bildwinkelbegrenzung begnügen. Dabei wird immer das Streben vorhanden sein, an die obere Grenze des noch als zulässig erachteten Bildwinkels zu gehen, um an Empfindlichkeit zu gewinnen.

Bei scharf begrenztem, kreisförmigem Bildfeld mit gleichförmiger Leuchtdichte (Beleuchtungsfall 3, S. 239) ist die Beleuchtungsstärke des Photoelements verhältnisgleich dem $\sin^2 \varepsilon$ (ε = halber Bildwinkel). Sie nimmt daher mit wachsendem Bildwinkel rasch zu (Abb. 10), ebenso natürlich auch die Empfindlichkeit des Belichtungsmessers. Für den meistverwendeten Kamerabildwinkel von $2\varepsilon = 53°$ (Brennweite = Diagonale des Formats) beträgt dabei die Empfindlichkeit nur ein Fünftel des Größtwertes, während sie bereits bei einem wirksamen Bildwinkel $2\varepsilon = 80°$ auf das Doppelte dieses Wertes ansteigt.

Übrigens läßt sich für den Belichtungsmesser gar kein genauer Bildwinkel angeben, da bei zunehmendem Einfallswinkel die Empfindlichkeit nur allmählich abnimmt. Man muß dann entweder einen gleich wirksamen Bildwinkel mit scharfer Begrenzung als maßgebend ansehen oder das Absinken der Empfindlichkeit auf einen willkürlich gewählten Bruchteil der Empfindlichkeit bei zentraler Beleuchtung als Kennzeichen der Grenze des wirksamen Bildwinkels verwenden.

PETZOLD [(45), S. 345, 361] und mit ihm RÜST [(54), S. 35] wählen die „Halbwertsöffnung" als Kennzeichen des wirksamen Bildwinkels, d. i. der Winkel, in dem die Empfindlichkeit auf die Hälfte des zentralen Wertes abgesunken ist.

Genaueren Einblick als ein irgendwie gebildeter Mittelwert des wirksamen Bildwinkels geben die von PETZOLD als „Ausbeuteverteilungskurven (AV-Kurven)" bezeichneten Polarkurven der Empfindlichkeit. Sie geben die Empfindlichkeit für jeden Winkel in Bruchteilen der zentralen Empfindlichkeit an. Bei nicht achsensymmetrischen Lichtwählern kann die Verteilung in waagrechter Richtung anders sein als in senkrechter, und es sind dann die Kurven für beide Richtungen anzugeben. Für eine ganz genaue Darstellung muß eigentlich von einer AV-Fläche gesprochen werden, da der gesamte, vom Belichtungsmesser erfaßte Raumwinkel zu berücksichtigen ist.

Bauteile des Belichtungsmessers.

Folgende heute gebräuchliche Lichtwähler seien erwähnt:

1. Der einfache Rohrstutzen, manchmal auch mit Linse (Abb. 11,a). Um wirksam zu sein, muß die Länge des Stutzens in der Größenordnung der Photoelementabmessungen liegen, was sperrige Bauformen bedingt. Aus diesem Grund wird der Stutzen manchmal aus mehreren Ringen teleskopartig zusammenschiebbar ausgeführt (z. B. „Elektro-Bewi", Abb. 25).

2. Die Gitter- oder Kammerblende nach H. Tönnies (D.R.P. Nr. 630 518) (Abb. 11, b). Sie stellt eine Weiterentwicklung des einfachen Rohrstutzens dar. Die Gesamtfläche des Photoelements wird von einer Reihe dünner, dazu senkrecht stehender Wände unterteilt, so daß eine größere Anzahl von Kammern mit kleiner Grundfläche und demgemäß auch kleiner Höhe entsteht. Auch eine Folge von in gleichen Abständen

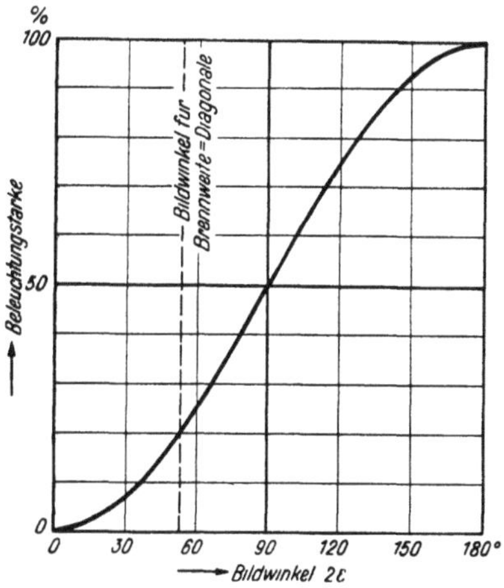

Abb. 10. Beleuchtungsstarke des Photoelements in Abhängigkeit vom wirksamen Bildwinkel.

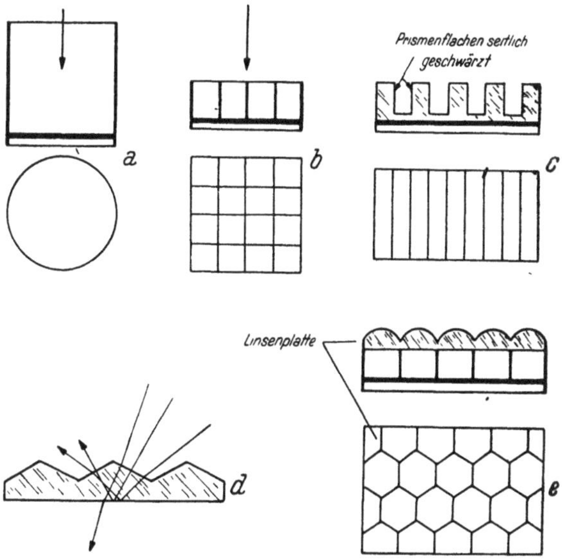

Abb. 11. Lichtwahler.
a Rohrstutzen, b Gitter- oder Kammerblende, c desgleichen mit seitlich geschwarzten Prismen, d Prismenlichtwahler, e Wabenblende (Linsenplatte mit Kammerblende).

angeordneten Glasprismen mit geschwärzten Seitenflächen (Abb. 11, c) erreicht denselben Zweck (z. B. Belichtungsmesser der „Contax"). Die Gitterblende ist eine der meist verwendeten Ausführungen.

3. Linsen und Prismen. Auch diese wirken, in kurzem Abstand vom Photoelement angeordnet, bildwinkelbegrenzend, da schräg einfallende Strahlen entweder gegen den Rand abgelenkt oder an der ebenen Grundfläche der Linse oder des Einzelprismas zurückgeworfen werden (Abb. 11, d). Im Verein mit den unter 1 und 2 genannten Bauarten läßt sich die Baulänge weiter verkürzen. Bei der Wabenblende (Abb. 11, e) erhält jede Kammer eine eigene Linsenfläche (z. B. „Sixtus").

4. Unsymmetrische Abschirmungen, zum Teil mit Spiegel. Um den Einfluß zu starken Oberlichts auszugleichen, wird vielfach das Photoelement so angeordnet, daß es von oben stärker beschattet ist (z. B. „Rex") oder versenkt und schräg angebracht (z. B. „Ikophot"). Auch eine vollständig waagrechte Lage des Photoelements mit Beleuchtung von unten durch einen Spiegel findet man, der zur Meßbereichserweiterung schwenkbar angeordnet sein kann (z. B. „Horvex").

Die nachstehend gegebenen AV-Kurven (Abb. 12 bis 14) zeigen den Aufbau und die Wirkung verschiedener Lichtwähler.

b) Das Meßwerk.

Dieses ist der maßgebendste Teil des elektrischen Belichtungsmessers, da einerseits schon die Anzeige sehr kleiner Ströme verlangt wird, anderseits das Gerät den Anforderungen des praktischen Gebrauchs gewachsen sein muß. Es ist daher erklärlich, daß die Entwicklung von Firmen elektrischer Meßgeräte ausging, die die nötigen Erfahrungen auf diesem Grenzgebiet der Feinmechanik hatten.

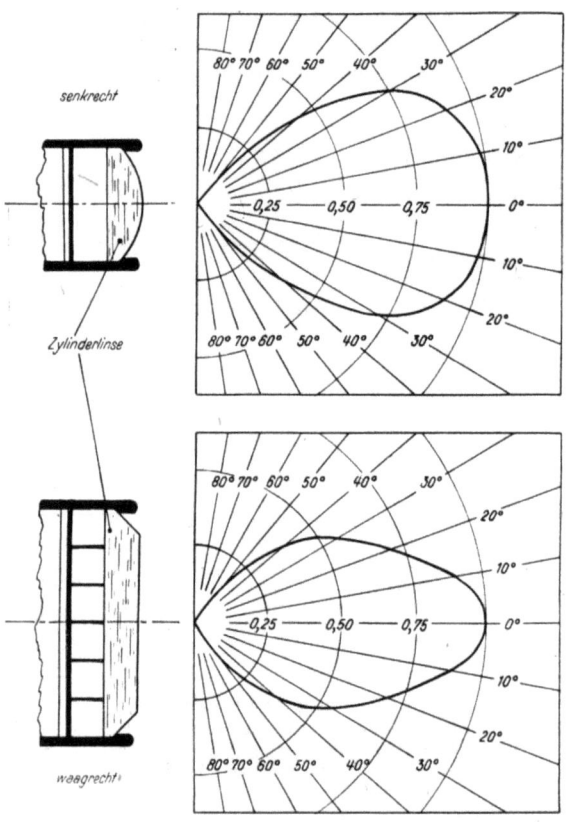

Abb. 12. Lichtwähler und AV-Kurven des „Sixtus" (ältere Ausführung, nach PETZOLD).

Der grundsätzliche Aufbau ist einfach. Er entspricht dem für Gleichstrommessungen durchwegs gebrauchten Drehspulinstrument mit Dauermagnet.

Wenig Schwierigkeiten macht der Dauermagnet. Die hierfür üblichen Kobaltmagnetstähle werden auch hier verwendet und ergeben bei nicht allzu großem Gewicht ausreichende Feldstärken. Al-Ni-Magnetstahl, der ein weiteres Herabsetzen des Gewichts und des Raums ermöglichen könnte, wird vorläufig nicht verwendet, da es schwierig ist, diesen überaus spröden Werkstoff zu formen und zu bearbeiten; früher oder später wird jedoch, besonders für den Einbaubelichtungsmesser, mit diesem Werkstoff zu rechnen sein.

Da wegen des großen Anzeigebereichs logarithmischer Teilungsverlauf anzustreben ist (vgl. S. 255), wird vielfach durch ungleiche Breite des Luftspalts, in dem sich die Drehspule beim Ausschlag bewegt, die Empfindlichkeit bei großen Beleuchtungsstärken herabgesetzt. Ein vollständiges Angleichen ist jedoch bisher noch nicht erreicht; meist ist die Teilung sowohl am Beginn wie auch am Ende enger, als der reinen logarithmischen Teilung entsprechen würde.

Der schwierigste und wesentlichste Teil des Meßwerkes ist die Drehspule mit Stromzuführung, Lagerung und Zeiger. Neuzeitliche Geräte zeigen bereits bei weniger als 1 lx Beleuchtungsstärke merkbare Ausschläge. Bei der üblichen Größe des Photoelements von rund 6 cm^2 entspricht dies einer Stromstärke von $3 \cdot 10^{-7}$ A, das ist ungefähr der millionste Teil des Stroms einer normalen Taschenlampe. Die Kräfte, die demgemäß die Spule verdrehen, sind entsprechend klein.

Möglichst hohe Windungszahl bei geringstem Gewicht und kleinstmöglicher Reibung sind daher unbedingte Voraussetzungen.

Nähere Einzelheiten über den Bau der Drehspulen lassen sich natürlich nicht geben, da hierin wesentliche Erfahrungen der Erzeugerfirmen liegen. Als un-

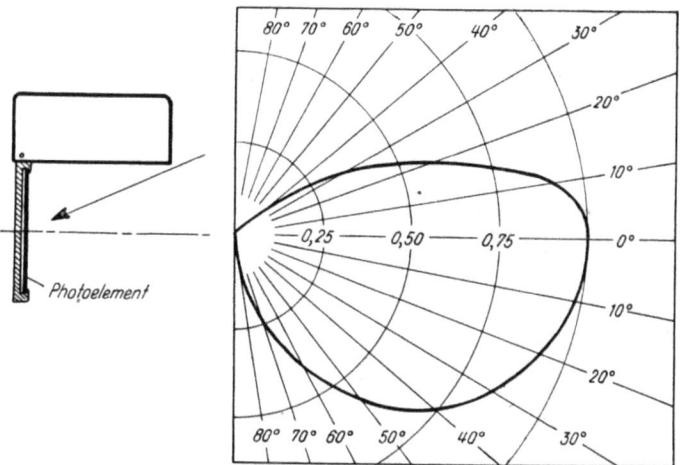

Abb. 13. Lichtwähler und AV-Kurve des „Rex" (nach RUST).
Die waagrechte AV-Kurve entspricht nach beiden Seiten der unteren Hälfte der hier dargestellten senkrechten.

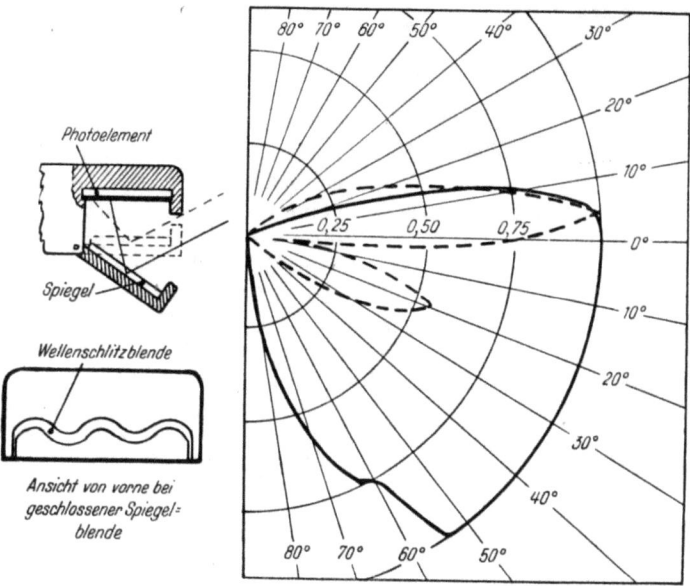

Abb. 14. Lichtwähler und senkrechte AV-Kurven des „Horvex".
——— Wellenschlitzblende geöffnet, ‐ ‐ ‐ ‐ Wellenschlitzblende geschlossen.

gefähre Richtlinien können etwa dienen: Windungszahl: 1000 bis 2000, Drahtstärke: 0,02 bis 0,03 mm und Gewicht der Spule mit Zeiger, Ausgleichsgewichten, Lagerspitzen und Stromzuführfedern: 0,2 bis 0,3 g. Abb. 15 läßt den Aufbau eines Meßwerkes erkennen.

Gegenüber der Forderung nach höchster Empfindlichkeit tritt die nach Genauigkeit zurück. Mit Rücksicht auf die großen anderweitigen Streuungen fehlt daher vielfach eine Einstellvorrichtung, um den Zeiger genau auf den Nullpunkt einstellen zu können. Einige neuere Geräte besitzen sie jedoch (z. B. „Horvex" und die Belichtungsmesser der ZEISS-IKON A. G.). Auch ist beim Neigen des Geräts manchmal eine gewisse Lagenabhängigkeit des Ausschlags wahrzunehmen. Da praktisch jedoch fast nur mit waagrechter Achse gemessen wird, ist dies meist belanglos.

Zum Meßwerk zählt auch noch der manchmal verwendete Widerstand zur Unterteilung des Meßbereiches. Die Teilungsbezifferung umfaßt oft einen Belichtungsbereich bis 1:60000 und wird daher zweckmäßig in zwei Bereiche unterteilt, um leichteres Ablesen zu ermöglichen. Durch einen Widerstand, der in Reihe oder parallel zur Drehspule geschaltet werden kann (praktisch meist das letztere), wird für hohe Leuchtdichten die Empfindlichkeit stark herabgesetzt und dadurch der zweite Meßbereich erzielt.

Abb. 15. Aufbau und Meßwerk eines Belichtungsmessers (Sixtus).

Dieser Widerstand kann auch stetig veränderlich sein. In diesem Fall wird nicht ein vom Zeiger angezeigter Skalenwert abgelesen, sondern es wird der Widerstand so lange verändert, bis der Zeiger auf einer bestimmten Marke einspielt. Abgelesen wird die zugehörige Stellung des den Widerstand verändernden Betätigungshebels oder -drehknopfes. Die Anordnung hat den Vorteil, daß der Zeiger und das Ablesefeld, auf dem er spielt, klein sein kann, besonders beim Betrachten durch eine Lupe etwa im Gesichtsfeld des Suchers.

Außerdem ist nach dem Einspielen der Meßwert bereits auf der Ableseskala festgehalten und braucht nicht mehr aus einer Ablesung übertragen zu werden. Der Widerstand und der Abgriff auf ihm muß allerdings genau den Kennlinien des Photoelements und des Meßgeräts angepaßt sein. Nach diesem Grundsatz arbeiten z. B. die Einbaubelichtungsmesser der ZEISS-IKON A. G. Auch bei gekuppelten selbsttätigen oder halbselbsttätigen Belichtungsreglern wird dieses Verfahren gern zum Einkuppeln verschiedener, für die Belichtung maßgebender Größen verwendet.

c) Rechenhilfen.

Ihr Zweck ist es, aus der durch den Zeigerausschlag gemessenen mittleren Leuchtdichte B_m des Aufnahmegegenstandes und der durch die Empfindlichkeitsbezeichnung (DIN-Grad od. ä.) festgelegten Kennbelichtung L_k die für die Belichtung maßgebenden Größen Belichtungszeit t und Blendenzahl z zu ermitteln. Der Zusammenhang zwischen diesen Größen ist durch die Hauptgleichung (13) (S. 250) gegeben. Entsprechend dem Aufbau dieser Gleichung ist die Rechenhilfe in den meisten Fällen eine Art Rechenschieber mit logarithmischen Skalen, der in der Ausgestaltung allerdings die verschiedensten Formen aufweist.

Folgende Gesichtspunkte waren bei der Ausbildung der Rechenhilfen maßgebend, ohne daß es jedoch möglich ist, alle gleichzeitig zu berücksichtigen:

1. Als Meßergebnis erscheinen in benachbarten Skalenreihen alle für die betreffende Belichtung gleichwertigen Paare von t und z. Beispiele: „Eos", „Ikophot", „Ombrux", „Rex", „Sixtus".

2. Die Schichtempfindlichkeit läßt sich fest einstellen und braucht für eine Folge von Messungen nicht abgelesen oder neu eingestellt werden. Beispiele: „Elektro-Bewi", „Horvex", „Ikophot", „Prinsen".

3. Blendenzahl z oder Belichtungszeit t lassen sich ohne Betätigung der Rechenhilfe unmittelbar aus der Zeigerstellung herleiten, wobei der jeweils zweite dieser Werte und die Schichtempfindlichkeit entweder für Durchschnittsverhältnisse festliegen oder schon vor der Messung eingestellt werden können. Beispiele: „Horvex", „L.C.60", „Prinsen", „Ombrux", „Sixtus", „Actino A" (t ablesbar) und „B" (z ablesbar).

4. Die Zeigerskala wird für mittlere Verhältnisse unmittelbar nach t („Ombrux", „Sixtus") oder z („Sixtus C" für Kino) beziffert. Die Rechenhilfe dient nur zum Umrechnen auf andere Verhältnisse.

5. Die nur annähernd logarithmische Zeigerskala wird ohne besondere Bezifferung durch Leitlinien in eine genau logarithmische Skala übergeführt und diese mit einer der drei Rechenschieberskalen für t, z, Empfindlichkeit oder einer Marke des Schiebers einstellbar zur Deckung gebracht (sogenannte Kanalskala). Beispiele: „Eos" (Kanalskala für Empfindlichkeit), „Horvex" (desgl. für t), „Ikophot" (Marke), „L.C. 60" (desgl. für z), „Prinsen" (Zeiger trägt die z-Skala, deren Werte durch ein festliegendes Leitlinienfeld der t-Skala zugeordnet werden, vgl. Abb. 21).

Die Skalenstufung ist im allgemeinen so, daß zwei aufeinanderfolgende Teilstriche oder Teilfelder Verdoppelung des für die Belichtung maßgebenden Wertes ergeben. Die Empfindlichkeitsskala zeigt demgemäß Teilungssprünge von je drei $^1/_{10}$ DIN-Graden oder Scheinergraden. Meist sind noch beide Empfindlichkeitsbezeichnungen vorhanden. Die übliche Zuordnung ist: $x\, ^1/_{10}$ DIN-Grade = = $(x + 10)$ Scheinergrade. Dies entspricht den durchschnittlichen Verhältnissen, obwohl ein genaues Umrechnen beider Empfindlichkeitsbezeichnungen nicht möglich ist (6, 25).

Die Blendenzahlen sind sowohl nach der Normreihe:[1] 1, 1,4, 2, 2,8, 4, 5,6, 8, 11, 16, 22, wie auch nach der noch verwendeten älteren Reihe 1,5, 2,2, 3,2, 4,5 6,3, 9, 12,5, 18, 25, 36 annähernd nach $1 : \sqrt{2}$ gestuft, ergeben also unmittelbar verwendbare Skalenwerte, da z in der Hauptgleichung im Quadrat vorkommt. Da sich beide Reihen nur wenig voneinander unterscheiden, werden sie manchmal unmittelbar einander zugeordnet, z. B. beim „Elektro-Bewi", bei dem etwa $z = 8$ und $z = 9$ als gleichwertig eingetragen sind. Abgeglichen wird auf einen Mittelwert, so daß die daraus entstehenden Fehler belanglos sind ($\pm$ 15%).

Die übliche Stufung der Belichtungszeiten

$$1,\ \overbrace{^1/_2,\ ^1/_5},\ ^1/_{10},\ \overbrace{^1/_{25}},\ ^1/_{50},\ \overbrace{^1/_{100}},\ ^1/_{250},\ ^1/_{500},\ ^1/_{1000}\ \text{Sekunden}$$

zeigt an den drei bezeichneten Stellen den Sprung 1:2,5 statt des erforderlichen 1:2, wodurch sich beim Übereinstimmen am Anfang der Endwert nur halb oder doppelt so groß ergibt als es der Forderung nach Verdoppelung der Stufen entspricht. Der Bereich 1 bis $^1/_{1000}$ Sekunde sollte zehn

---

[1] DIN 4521, Entwurf 1, Photographische Ind. **38**, 506 (1940); DIN 4522, Entwurf 1, Photographische Ind. **39**, 758 (1941).

Stufen statt der vorhandenen neun aufweisen ($2^{10} = 1032 \approx 1000$). Trotzdem dieser Fehler beachtlich ist, wird in den meisten Fällen die angegebene übliche Teilung verwendet, ohne daß sich praktisch aus dieser Ursache nennenswerte Fehlbelichtungen ergeben. Gemildert wird der Fehler dadurch, daß die Verschlüsse gerade bei den kurzen Belichtungszeiten gegenüber dem Skalenwert eher länger als kürzer belichten.

Neuerdings wird manchmal mit Rücksicht auf die höheren Anforderungen bei der Belichtungsmessung für Farbaufnahmen der Versuch gemacht, diesen Fehler zu vermeiden oder wenigstens zu mildern; es ergeben sich jedoch dabei verschiedene Unbequemlichkeiten. Zur Abhilfe wird entweder eine Reihe der Belichtungszeiten gewählt, die eine zehnte Stufe im Bereich 1 bis $^1/_{1000}$ Sekunde enthält. Der Ausgleich ist dabei nur annähernd und enthält teilweise nicht übliche Werte. Durchgeführt ist dies bei der neueren Ausführung des „Elektro-Bewi", wobei der Bereich $^1/_5$ bis 1 Sekunde in drei Teile, $^1/_5$, $^1/_3$, $^3/_4$, 1 statt des üblichen $^1/_5$, $^1/_2$, 1 unterteilt ist. Es kann auch die Belichtungszeitteilung als Strichteilung mit vergrößerten Abständen bei den betreffenden Sprüngen ausgebildet werden (z. B. „Rex" und „Novo-Rex"). Der Fehler wird dabei vollständig ausgeglichen, jedoch kann immer nur ein Teil der Teilungsstriche mit denen der Nachbarteilung zur Deckung gebracht werden. Es werden Zwischenablesungen nötig, abgesehen davon, daß bei einer Strichteilung das Ablesen mehr Aufmerksamkeit erfordert als bei nebeneinanderliegenden Zahlenfeldern.

Auf eine besondere Art der Rechenhilfe, bei der eine der maßgebenden Größen durch entsprechende Einstellung eines Widerstandes den Zeigerausschlag beeinflußt, wurde bereits im Abschnitt Meßwerk hingewiesen.

Trotz dieser großen Mannigfaltigkeit der Rechenhilfen, die durch die verschiedensten konstruktiven Ausführungen des Grundgedankens noch vermehrt wird, kann keiner Art ein ausschlaggebender Vorzug zugesprochen werden. Bei entsprechender Gewöhnung läßt sich mit allen beschriebenen Arten gleich rasch und sicher arbeiten. Einzelheiten im Aufbau können den verschiedenen Bildern der Ausführungen (s. Abschnitt 3) entnommen werden.

d) Umschaltung des Meßbereiches.

Der große mit empfindlichen Belichtungsmessern meßbare Bereich (bis zu 1:60000) nötigt vielfach zur Unterteilung in meist zwei umschaltbare Bereiche. Grundsätzlich gibt es hierfür vier Möglichkeiten, nämlich Änderung der einfallenden Lichtmenge, der wirksamen Fläche des Photoelements, des elektrischen Meßkreises oder der Empfindlichkeit des Meßinstruments.

Die einfallende Lichtmenge kann durch Einschalten lichtschluckender Filter vor das Photoelement (Graufilter oder Trübglasscheiben, heute kaum mehr angewendet) oder durch Verstellen des Lichtwählers durch Klappen oder Ähnliches geändert werden (z. B. „Ikophot", „Horvex").

Die wirksame Fläche des Photoelements kann durch regelbare Blenden verkleinert werden — die verstellbaren Lichtwähler gehören teilweise dazu — oder durch Zuschalten eines meist mit Steckstiften versehenen Zusatzphotoelements vergrößert werden (Abb. 16). Einige Bauarten machen von der letztgenannten Möglichkeit zum Zweck der Empfindlichkeitserhöhung Gebrauch („Horvex", „Prinsen").

Der Meßkreis wird durch zuschaltbare Widerstände in Reihe oder parallel zum Photoelement beeinflußt, worüber bereits im Abschnitt Meßgerät berichtet wurde. Praktisch wird das Parallelschalten bevorzugt. Bei den Bauformen mit stetig veränderbarem Widerstand und Einspielen des Zeigers auf einer Marke werden durch Anbringen weiterer Marken für kleinere Zeigerausschläge neue

Meßbereiche für schwaches Licht geschaffen. Die dabei angezeigten Belichtungen sind dann mit entsprechenden Faktoren zu vervielfältigen (vgl. Abb. 28, 29 und 31).

Die Empfindlichkeit des Meßgerätes selbst kann auf verschiedene Arten geändert werden, von denen jedoch bisher keine praktische Bedeutung hat. Erwähnt seien folgende Möglichkeiten: Ändern der magnetischen Feldstärke durch magnetische Nebenwiderstände oder Ändern des Luftspaltes, Ändern der wirksamen Windungen der Drehspule, Ändern der Stärke der Rückholfeder.

Bezüglich der Möglichkeiten in der Ausbildung der verschiedenen Bauteile sei auf die Arbeit von E. NÄHRING (43) hingewiesen, die insbesondere die in verschiedenen Auslandspatenten niedergelegten Vorschläge behandelt.

Abb 16   Belichtungsmesser mit Zusatzphotoelement („Horvex").

3. Ausführungsformen.

a) Belichtungsmesser für die Aufnahme.

Die Entwicklung des elektrischen Belichtungsmessers ging von Deutschland aus, und auch heute noch ist Deutschland auf diesem Gebiete führend. Eine Beschreibung der deutschen Baumuster gibt daher einen guten Überblick über den heutigen Stand der Entwicklung. Die Tabelle 4 und die Abb. 17 bis 31 geben ausreichenden Aufschluß über die einzelnen Bauformen, soweit sie im Jahre 1939 im Handel waren. Ältere Ausführungen sind nicht angeführt.

Zu den Zahlwerten der Tabelle 4 ist im einzelnen zu bemerken:

Wirksamer Bildwinkel 2ε: Angegeben sind die Halbwertsöffnungen nach Messungen von PETZOLD und RUST.

Eichwert $C = \dfrac{c \cdot u}{\eta}$: Dieser Wert ist das Verhältnis zwischen der Belichtung L in Bildmitte auf Grund der Belichtungsmesseranzeige zur Kennbelichtung L_k der Schichtempfindlichkeit, wenn verlustfreies Objektiv vorausgesetzt wird, vgl. die Hauptgleichung (13), S. 250. Die Zahlwerte entstammen teils eigenen Messungen (44), teils sind sie aus den Werten von PETZOLD mit $\eta = 0{,}35$ zurückgerechnet. Weitere Angaben sind im letzten Abschnitt zu finden. Für die neueren Bauformen sind dem Verfasser keine Werte bekannt.

Die beiden Empfindlichkeitskennzahlen $E_{\min}$ (lx) und $B_{\min}$ (asb) geben die Beleuchtungsstärke des Photoelements, bzw. die mittlere Leuchtdichte des Aufnahmegegenstandes an, bei denen der Zeiger auf dem ersten bezifferten Skalenteil einspielt. Da diese Werte wegen der Kleinheit der Ausschläge nur recht unsicher zu messen sind und außerdem aus verschiedenen Quellen stammen (teilweise Angaben der Erzeuger), geben sie nur einen ganz rohen Hinweis auf die Empfindlichkeit. An sich ist ja überhaupt der erste bezifferte Skalenteil kein genauer Maßstab für die Empfindlichkeit, da immer das Bestreben vorhanden sein wird, diesen ersten Skalenteil möglichst nahe an den Anfangspunkt der Skala zu legen, um hohe Empfindlichkeitsangaben machen zu können. Ein genauer Vergleich ist dabei unmöglich. Bessere Vergleichswerte ergeben sich, wenn $E_{\min}$ und $B_{\min}$ statt auf den ersten Skalenteil auf 1 mm Ausschlag bezogen werden, was sich aber noch nicht allgemein durchgesetzt hat. Auch hier bleiben

Tabelle 4. Deutsche

	Name	Erzeuger	Abbildung	Größe in Millimeter	Gewicht in Gramm	Preis in RM
1	„Sixtus"	Gossen, Erlangen	12, 15, 17	$60 \times 55 \times 30$	150	38,—
2	„Ombrux 2"	Gossen, Erlangen	—[4]	$60 \times 55 \times 30$	150	25,—
3	„Excelsior"	R. Kiesewetter, Leipzig	—	$71 \times 56 \times 29$	145	18,—
4	„Horvex"	Metrawatt, Nurnberg	14, 16, 18	$65 \times 54 \times 21$	110	35,—
5	„Eos"	Metrawatt, Nurnberg	20	$65 \times 53 \times 23$	100	18,90
6	„L C 60" zum Aufstecken auf die „Leica"	Metrawatt, Nurnberg	19	$68 \times 33 \times 24$	90	48,—
7	„Prinsen"	F. Prinsen, Kranenburg	21	$80 \times 52 \times 18$	120	36,—
8	„Rex"	Rex G. m. b. H., Erlangen	13, 22	$58 \times 58 \times 35$	175	38,—
9	„Novo-Rex"[13]	Rex G. m. b. H., Erlangen	23	$58 \times 48 \times 17$	80	38,—
10	„Actino A" und „B"[8]	Weigand und Ehemann, Erlangen	24	$65 \times 45 \times 20$	100	21.90
11	„Electro-Bewi Super"	P. Will, Munchen	25	$70 \times 56 \times 32$	170	38,—
12	„Ikophot"	Zeiss-Ikon, Dresden	26	$72 \times 51 \times 22$	145	39,—
13	„Super-Ikonta"[9] und „Contax III"	Zeiss-Ikon, Dresden	27, 28, 29	$57 \times 36 \times 21$[10]	140[11]	110,—[12]
14	„Contaflex"[9]	Zeiss-Ikon, Dresden	30, 31	voll eingebaut	—	—

[1] Halbwertsoffnung, w = waagrecht, s = senkrecht.
[2] Vgl. auch Abb. 40.
[3] Neuere Ausführung mit Wabenblende.
[4] Äußere Form wie „Sixtus".
[5] Bei geschlossener Blende.
[6] Bei offener Blende.
[7] Mit Zusatzelement.

Belichtungsmesser.

Lichtwahler	Meßbereiche	Wirksamer[1] Bildwinkel $2\,\varepsilon$ Grad	Eichwert[2] C	Empfindlichkeit E_{min} lx	B_{min} asb
Zylinderlinse mit Kammerblende[3]	2 (Widerstand)	70	35—70	1	2,5
Zylinderlinse mit Kammerblende	2 (Widerstand)	70	ähnl. wie Sixtus	4	10
Gehauseschacht, Photoelement schrag	1	70 w 50 s	40—110	9	—
Gehauseschacht mit Schwenkspiegel, Photoelement waagrecht	3 Schlitzblende, Zusatzelement	40 w[5] 72 w[6] 94 s[6]	—	0,8 (0,2)[7]	—
Gehauseschacht, Photoelement schrag	1	—	—	6	—
Gehauseschacht mit Schwenkspiegel, Photoelement waagrecht	2 Schlitzblende	—	—	0,66	—
Ovale Linse	3 Kappe mit Lochblende, Zusatzelement	80 w 50 s	—	—	—
Rundes Photoelement zum Aufklappen, durch Gehause abgeschattet	2 (Widerstand)	106 w 78 s	60—120	1,5	—
Wie „Rex", aber rechteckiges Photoelement	1	—	—	3	—
Gehäuseschacht	1	—	—	—	—
Rohrstutzen	1 + optischen Belichtungsmesser	48	70—150	2	10
Versenktes Photoelement 45° nach abwarts	2 Klappe mit Lochblende	—	—	—	—
Rippenblende (Abb. 11, c) und Klappdeckel	Veranderl. Widerstand, mehrere Marken	85 w 75 s	—	3	—
Prismenblende nach Abb. 11, d	Veranderl. Widerstand, mehrere Marken	80	40—300	1,8	4

[8] A gibt t, B gibt z als Ablesung.
[9] Eingebauter Belichtungsmesser.
[10] Maße des Aufbaues bei „Contax III".
[11] Gewichtsunterschied zwischen „Contax II" und „III".
[12] Preisunterschied zwischen „Contax II" und „III".
[13] Name neuerdings geandert in „Novorix".

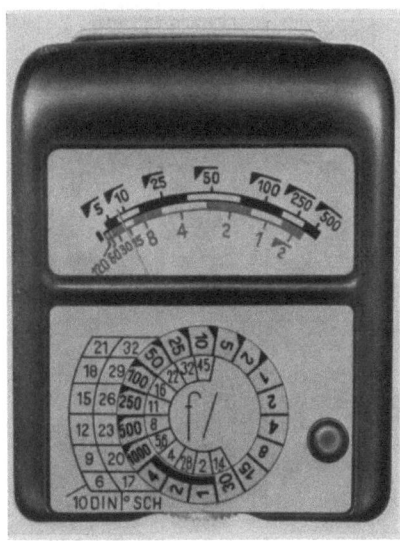

Abb. 17. Belichtungsmesser „Sixtus". Die volle Kreisteilung der Rechenhilfe ist drehbar, die anderen Teilungen sind fest. Der Druckknopf rechts unten dient zum Umschalten des Meßbereichs auf die zweite Teilung des Zeigerausschlags.

Abb. 18. Belichtungsmesser „Horvex H 60". Der drehbare Teil wird mit einer der drei Marken, je nach dem Meßbereich, auf die Blende eingestellt und nimmt die mit einer Kanalskala mit dem Zeigerausschlag verbundene Belichtungszeitteilung mit. Lichtwahler (vgl. Abb. 14 und 16)

Abb. 19. Belichtungsmesser „L C 60" (Metrawatt), auf der „Leica" befestigt. Die Blende wird über die Kanalskala auf den Zeigerausschlag eingestellt, Belichtungszeit wird am weißen Bezugsstrich rechts abgelesen und unmittelbar auf den Einstellknopf der Leica übertragen Die beiden durch umschaltbaren Lichtwahler verfügbaren Meßbereiche werden durch die zweimal vorhandene Blendenskala berücksichtigt.

Abb. 20 Belichtungsmesser „Eos" (Metrawatt). Die Empfindlichkeit wird über die Kanalskala auf den Zeiger eingestellt, alle zugehörigen Blenden und Belichtungszeiten stehen einander gegenüber.

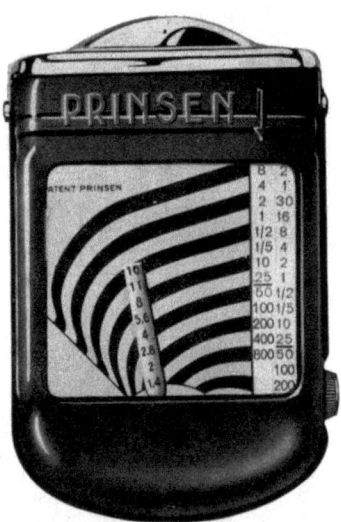

Abb. 21. Belichtungsmesser „Prinsen". Zeiger trägt die Blendenteilung und ist durch ein festes Leitlinienfeld mit der nach der Schichtempfindlichkeit verschiebbaren Zeitskala verbunden. Zwei Zeitteilungen für die beiden Meßbereiche.

Ausführungsformen.

Abb 22 Belichtungsmesser „Rex". Rechenschieber mit Strichteilung als Rechenhilfe. Zwei Teilungen für den Zeigerausschlag, den beiden durch Widerstand schaltbaren Meßbereichen entsprechend. Kreisförmiges Photoelement ohne besonderen Lichtwähler in Anordnung nach Abb. 13.

Abb. 23 Belichtungsmesser „Novo-Rex". Ähnlich wie Rex, jedoch nur ein Meßbereich und rechteckiges Photoelement.

Abb. 24. Belichtungsmesser „Actino". Zwei Ausführungen Blende (A) oder Belichtungszeit (B) wird auf Schichtempfindlichkeit gestellt, der zweite dieser Werte wird auf Hilfsskala abgelesen, die mit dem Zeigerausschlag gleich beziffert ist.

Abb. 26. Belichtungsmesser „Ikophot". Der Knopf im Kreisbogenschlitz wird über die Kanalskala auf den Zeiger eingestellt und verdreht die innere Kreisskala. Alle Blenden und Zeiten stehen einander gegenüber. Die Teilungen sind wegen der beiden durch Klappe vor dem Photoelement schaltbaren Meßbereiche doppelt vorhanden.

Abb. 25. Belichtungsmesser „Elektro-Bewi". Hilfswert des Zeigerausschlags wird auf Schichtempfindlichkeit eingestellt, alle zusammengehörigen Blenden und Zeiten stehen einander gegenüber. Teleskoprohrstutzen als Lichtwähler Die rechteckige Öffnung dient dem Lichteintritt des optischen Belichtungsmessers mit Einblicksöffnung von der Rückseite.

Abb. 29. Eingebauter Belichtungsmesser der „Contax III". Aufbau wie bei „Super-Ikonta", nur Skalen am Umfang der Einstellknöpfe.

Abb. 27. Abb. 28.

Abb. 27 und 28. Eingebauter Belichtungsmesser der „Super-Ikonta II". Empfindlichkeit wird auf Marke eingestellt und der äußere Drehknopf soweit verdreht, bis Zeiger auf Marke einspielt. Bei weiteren Zeigermarken für geringere Zeigerausschlage muß mit Vielfachem der Belichtungszeiten gerechnet werden. Prismenblende nach Abb. 11, c.

Abb. 30. Abb. 31.

Abb. 30 und 31. Eingebauter Belichtungsmesser der „Contaflex". Aufbau wie bei „Super-Ikonta" und „Contax". Skalen und Meßgerät mit Profilskala vollständig eingebaut. Prismenlichtwähler nach Abb 11, d.

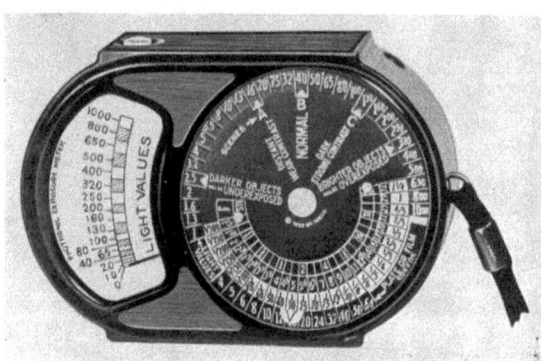 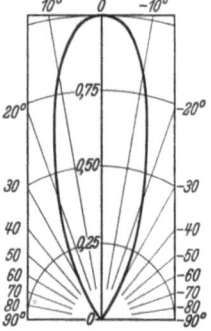

Abb. 32. Belichtungsmesser „617-2" von Weston (USA) (nach Sewig).

Abb 33. Ausbeuteverteilungskurve des Weston-Belichtungsmessers (nach Sewig). Die Fläche ist drehsymmetrisch

die Zahlwerte ziemlich unsicher, da dieser kleine Ausschlag kaum genau festgestellt werden kann.

Maßgebender für die Empfindlichkeit ist B_{min}, da dieser Wert zu messen ist und in den Zusammenhang zwischen B_{min} und E_{min} noch der wirksame Bildwinkel eine Rolle spielt.

Es muß bemerkt werden, daß höhere Empfindlichkeit (kleinere Werte B_{min} oder E_{min}) genau wie bei photographischen Schichten keinen Maßstab für die Güte eines Belichtungsmessers darstellt. Maßgebend für diese ist in erster Linie die Güte der mechanischen Ausführung des Meßinstruments, für die sich allerdings kein zahlenmäßiger Maßstab finden läßt. Vielfach ist sogar der Gebrauchswert eines weniger empfindlichen Geräts höher, da dieses meist auch unempfindlicher gegenüber den Beanspruchungen durch den Gebrauch ist.

Neben diesen angeführten Bauformen sind noch einige Sonderausführungen für Kinozwecke zu nennen, die sich von den erwähnten nur durch eine andere Skalenbezifferung unterscheiden. Als Endergebnis der Messung erscheint hier immer die Blendenzahl, während die Belichtungszeit unveränderlich ist oder nur in wenigen Stufen bei Zeitraffer- oder -dehnerschaltung geändert werden kann. Eine gesonderte Darstellung dieser Ausführungen erübrigt sich. Genannt seien: „Sixtus C" entsprechend dem normalen „Sixtus". Der Zeigerausschlag gibt für die Empfindlichkeit der meistverwendeten Filmsorten beim Normalgang (16 Bilder/Sekunde) unmittelbar die Blendenzahl. Umzurechnen ist nur für andere Empfindlichkeiten oder Ganggeschwindigkeiten. „Horvex H 60/K" entsprechend dem „Horvex H 60" mit denselben Unterschieden.

Übrigens läßt sich jeder normale Belichtungsmesser auch für Kinozwecke verwenden. Es ist nur für die jeweilige Gangzahl die entsprechende Belichtungszeit zu setzen (z. B. $^1/_{25}$ Sekunde für 16 Bilder/Sekunde). Dies wird bei manchen Geräten durch eine entsprechende Zusatzbezifferung erleichtert („Eos", „Elektro-Bewi"), oder es wird wenigstens in der Gebrauchsanweisung eine diesbezügliche Umrechnungstafel gegeben („Rex").

Ein weiterer Kinobelichtungsmesser, nämlich der der „Eumig"-Kamera, gehört in die Gruppe der halbselbsttätigen Belichtungsregler und wird später behandelt.

Von den ausländischen Bauarten der normalen Belichtungsmesser ist eine, nämlich der „Weston"-Belichtungsmesser der Weston Electr. Inst Co., Newark, N. Y., besonders zu erwähnen, da dieser gegenüber den deutschen Bauarten einige Besonderheiten aufweist. Das Gerät (Abb. 32) besitzt durch eine entsprechend fein geteilte und tiefe Kammerblende einen sehr kleinen wirksamen Bildwinkel (Abb. 33) mit einer Halbwertsöffnung von $2\varepsilon = 36°$, allerdings erkauft durch eine verhältnismäßig kleine Empfindlichkeit ($B_{min} \approx 40$ asb, bei einem neueren Gerät, „Weston 650" $B_{min} \approx 10$ asb). Die Skalenfolge aller Teilungen ist dreimal so dicht wie bei den deutschen Geräten, der Teilungssprung demnach $1 : \sqrt[3]{2}$ statt $1 : 2$. Die Schichtempfindlichkeiten sind nach einem eigenen System als Verhältniswerte, nicht logarithmisch angegeben. Zahlwerte hierfür werden von der Firma auf Grund eigener Messungen, die im wesentlichen im Bestimmen des geradlinigen Teiles der Schwärzungskurve bestehen, von allen Handelsschichten laufend mitgeteilt.

Das Wesentlichste ist jedoch die Möglichkeit, das jeweilige Verhältnis $u = \frac{B_m}{B_o}$ einstellen zu können. Je nachdem, auf welche der vorhandenen fünf Marken der Ausschlagswert eingestellt wird, ist das Gerät auf die Werte $u = 1, 6,3, 16, 32, 125$ (beim neueren Gerät 1, 8, 16, 32, 125) abgeglichen. Die drei mittleren Werte dienen für normalen Gebrauch bei Messung vom Kamerastandpunkt aus und entsprechen geringem, normalem und großem Kontrast des Aufnahmegegenstands. Die Endmarken dienen dazu, die Belichtung aus der Mindest- bzw. Größtleuchtdichte zu bestimmen, wenn man sich dem Aufnahmegegenstand soweit nähern kann, daß die bildwichtigen Teile mit diesen Leuchtdichten das volle Gesichtsfeld des Belichtungsmessers ausfüllen. Der kleine wirksame Bildwinkel erleichtert dies. Das Gerät, das im elektrischen Teil sehr genau abgeglichen ist, ist allerdings groß ($89 \times 57 \times 30$ mm, das neuere sogar $102 \times 52 \times 30$ mm), schwer (240 g) und teuer (37,50 $). Auch die feine Skalenteilung, die die Lesbarkeit nicht gerade fördert, erscheint bei den übrigen noch vorhandenen Unsicherheiten nicht nötig.

b) Belichtungsmesser für Kopier- und Vergrößerungszwecke.

Auch für dieses Gebiet wurden bald nach dem Erscheinen des elektrischen Belichtungsmessers für die Aufnahme Geräte auf gleicher Grundlage geschaffen. Die Aufgabenstellung ist ähnlich, unterscheidet sich jedoch in einigen wesentlichen Punkten von der bei der Aufnahme. In beiden Fällen sind die Beleuchtungsstärken auf der Photoschicht und deren Verteilung für die Belichtung maßgebend. Sie werden bei Aufnahme und Vergrößerung in gleicher Weise durch optisches Abbilden der Leuchtdichten des Aufnahmegegenstandes, bzw. des erleuchteten Negativs erzeugt, wobei der Zusammenhang durch (12) (S. 242) gegeben ist. Beim Kontaktkopieren ist der Zusammenhang noch einfacher, da dann die Beleuchtungsstärke E (lx) der Kopierschicht und die Leuchtdichte B (asb) des Negativs zahlenmäßig einander gleich sind [Beleuchtungsfall 4, (9), S. 239].

Erleichternd ist, daß beim Kopieren und Vergrößern erheblich kleinere Schwankungen der mittleren Leuchtdichte und vor allem des Leuchtdichtenumfanges auftreten als bei der Aufnahme, da ein überwiegender Teil der praktisch vorkommenden, besonders der guten Negative in dieser Beziehung nicht allzusehr voneinander abweicht. Auch die bei einem bestimmten Gerät unveränderliche Helligkeit der Lichtquelle vereinfacht die Aufgabe.

Erschwerend wirkt, daß die Photopapiere nur geringen Belichtungsspielraum haben, der insbesondere bei hart arbeitenden Schichten selbst bei Ausgleich durch die Entwicklung nur selten den Bereich 1:2 überschreiten wird. Auch steht bei der meist üblichen Massenerzeugung von Bildern nur wenig Zeit für die Einzelmessung zur Verfügung, so daß jedes hierfür bestimmte Meßgerät rasches Arbeiten ermöglichen muß.

Um einwandfreie Bilder zu erhalten, sind zwei Größen zu bestimmen, nämlich die zu wählende Papiergradation und die Belichtungszeit. Die Ermittlung der Papiergradation verlangt die Messung des Negativumfanges, d. i. des Leuchtdichtenverhältnisses oder, was auf dasselbe hinauskommt, des Schwärzungsunterschiedes zwischen den hellsten und dunkelsten bildwichtigen Stellen des Negativs. Im praktischen Gebrauch verzichtet man jedoch stets auf diese Messung, da sie zeitraubend ist und außerdem schon nach kurzer Übung die Wahl der richtigen Papiergradation durch Abschätzen des Negativs keine Schwierigkeiten bereitet.

Da für ein gutes Bild die Wiedergabe der Lichter wesentlicher ist als die der Schatten [GOLDBERG (17), S. 67], ergibt sich für die Bestimmung der Belichtung die gleiche Aufgabe wie bei der Aufnahme, nämlich die Messung der Mindestleuchtdichte, d. h. der größten Schwärzungen des Negativs, soweit sie noch bildwichtige Stellen betreffen. Dabei besteht eine ähnliche Schwierigkeit wie bei der Aufnahme. Diese Negativstellen sind im allgemeinen zu klein, um das Photoelement ohne Sonderoptik und -beleuchtung ausreichend zu beleuchten. Man begnügt sich daher ebenfalls mit der Messung der mittleren Leuchtdichte ent-

Ausfuhrungsformen.

weder des ganzen Negativs oder immerhin verhältnismäßig ausgedehnter Negativteile.

Noch mehr als bei der Aufnahme ergibt sich dadurch ein Hinsteuern auf Bilder mit gleichem mittlerem Helligkeitseindruck, unabhängig von der Art des dargestellten Aufnahmegegenstandes. Für Bilder, die aus diesem Rahmen herausfallen, müssen dann die angezeigten Belichtungen verbessert werden, und zwar umgekehrt wie bei der Aufnahme. Dunkle Nachtaufnahmen sind reichlicher, Schneebilder geringer zu belichten als der Belichtungsmesser anzeigt.

Trotzdem so kein völlig selbsttätiges Arbeiten erreicht wird, bieten diese Belichtungsmesser doch eine wertvolle Hilfe für sicheres Arbeiten. Besonders bei harten und extraharten Papieren, die genau bemessene Belichtungen fordern, erleichtert der Kopierbelichtungsmesser auch dem geübten und erfahrenen Laboranten seine Arbeit, wenn dieser auch sonst geneigt ist, die Belichtung nach Schätzung zu wählen, selbst wenn ein Belichtungsmesser vorhanden ist. Ebenso ist für das rasche Einarbeiten ungeübter Arbeitskräfte ein Belichtungsmesser von großem Wert.

An Ausführungen seien genannt:

Das Agfa-,,Seriometer" (Abb. 34), geeignet für alle Kopiergeräte und mit besonderem Anschluß für den Vergrößerungsautomaten ,,Serioskop" der Agfa. Das in einem federnden Schwenkbügel gehaltene Photoelement mit kreisförmiger

Abb. 34. Agfa ,,Seriometer", Kopierbelichtungsmesser.

Fläche von 25 mm wirksamem Durchmesser wird mit der rechten Hand auf die zu messende Stelle des durch eine Glühlampe und Mattscheibe beleuchteten Negativs niedergedrückt. Anzeigegerät ist ein Spiegelgalvanometer, dessen Lichtmarke auf der rechten Teilung die Belichtungszeit angibt. Die Papierempfindlichkeit wird durch den sogenannten Gradationshebel auf der linken Seite des Geräts berücksichtigt, der einen im Meßkreis liegenden Widerstand verändert und dessen Stellung durch den Schattenzeiger auf der linken Teilung angezeigt und mit dem Kennwert des betreffenden Papiers übereingestimmt wird. Mit dem links noch sichtbaren Drehknopf läßt sich die Helligkeit der Meßlampe regeln und bei der erstmaligen Eichung so abgleichen, daß die angezeigten Belichtungszeiten für die im Kopiergerät vorhandene Beleuchtung auch stimmen.

Ein weiteres, nach ähnlichen Gesichtspunkten gebautes älteres Gerät, das ,,Punktometer", arbeitete mit einem kleineren Photoelement, mit dem auch mehrere kennzeichnende Stellen des Negativs durchgemessen werden konnten. Es wird heute nicht mehr gebaut.

Ähnlich aufgebaut ist auch der Belichtungsmesser des Kopiergeräte „Magnetor" der Firma F. HOMRICH U. SOHN, Hamburg (Abb. 35). Gemessen wird auf gleiche Weise, indem das Negativ unter das links vorne sichtbare Photoelement geschoben wird. Das rechts hinten sichtbare Galvanometer ergibt eine Kennzahl der mittleren Dichte der gemessenen Negativstelle. Der links sichtbare Hebel wird auf die gleiche Zahl gestellt, wodurch die Beleuchtung der eigentlichen Kopierfläche der betreffenden Negativdichte angepaßt wird. Die Papierempfindlichkeit wird durch Ändern der Belichtungszeit berücksichtigt, die auf der hinter dem Photoelement sichtbaren Kopieruhr eingestellt wird. Für das gleiche Papier bleibt daher die Belichtungszeit unverändert.

Für den Gebrauch am Vergrößerungsapparat lassen sich einzelne Aufnahmebelichtungsmesser verwenden, worauf in den Gebrauchsanweisungen bisweilen hingewiesen wird (z. B. „Rex"), jedoch erfordert die Skalenablesung eine eigene Lichtquelle, und auch die Auswertung ist nicht immer ganz einfach und benötigt mindestens Hilfstafeln.

Abb 35 Kopierapparat „Magnetor" mit Belichtungsmesser.
(HOMRICH, Hamburg)

Ausschließlich für diesen Zweck bestimmt war der „Majus" der Firma GOSSEN, Erlangen, der aber heute auch nicht mehr erzeugt wird. Trotzdem sei dieses Gerät wegen einiger bemerkenswerter Einzelheiten beschrieben.

Das Photoelement des „Majus" (Abb. 36) wird beim Gebrauch unmittelbar unter das Objektiv des Vergrößerungsapparats gehalten und mißt so den gesamten auf das Vergrößerungspapier fallenden Lichtstrom. Um aus dem Zeigerausschlag die Belichtungszeit zu ermitteln, müssen bei diesem Verfahren nur noch die Papierempfindlichkeit und die Größe des Gesamtformats, auf die dieser gemessene Lichtstrom fällt, berücksichtigt werden. Negativgröße, Blendenzahl und Verluste im Objektiv sind dabei von selbst mitberücksichtigt. Der Belichtungsmesser ist dadurch für jedes Vergrößerungsgerät brauchbar. Die Rechenhilfe ist einfach und besteht aus einer verschiebbaren Skala zwischen zwei festen Teilungen, sämtliche mit dem Teilungsschritt $1:\sqrt{2}$. Die verschiebbare Teilung trägt die Empfindlichkeitskennzahlen des Papiers, die gleichzeitig Belichtungszeiten bedeuten. Eine der festen Teilungen ist mit den Gesamtformaten beziffert, die zweite unbezifferte Teilung stellt den durch Leitlinien auf streng logarithmische Teilung gebrachten Zeigerausschlag dar. Zum Gebrauch wird die betreffende Empfindlichkeitskennzahl auf das Gesamtformat eingestellt; der Zeigerausschlag gibt dann bereits die Belichtungszeit.

Der gesamte, durch einen schaltbaren Widerstand in zwei Teilbereiche mit dem Empfindlichkeitsverhältnis 1:4 unterteilte Meßbereich beträgt für den gesamten Lichtstrom etwa 1:250, die sich ergebenden Belichtungszeiten umfassen aber einen erheblich größeren Bereich, entsprechend den verschiedenen Größen des Endformats. Eine eingebaute Glühlampe mit Stabbatterie erleuchtet die Teilungen. Der Forderung, daß die Wiedergabe der Lichter für ein gutes Bild maßgebend ist, wird dadurch Rechnung getragen, daß für Gradationsabweichungen der Negative oder der Papiere Verbesserungswerte angegeben werden, die beispielsweise für härteres Papier bei gleichem Negativ auf längere Belichtungszeit führen, als der Ablesung entspricht. Auch abweichende Endformate bis zu den größten Abmessungen können durch eine Hilfstafel berücksichtigt werden. Das Gewicht des „Majus" betrug 360 g, der Preis RM 96,—.

c) Sonstiges.

Auf einige Ausführungsmöglichkeiten und Einzelheiten, die im Patentschrifttum oder in sonstigen Vorschlägen angegeben wurden und hier noch nicht erwähnt sind, sei noch kurz hingewiesen.

Um den Zeigerausschlag in eine streng logarithmische Teilung überzuführen, wird ein Kurvenscheibengetriebe vorgeschlagen, durch das ein Hilfszeiger dem Meßzeiger nachgeführt wird (E. P. Nr. 458546). Die Kurvenscheibe ist fest mit einer Skala der Rechenhilfe verbunden und so ausgebildet, daß ihre Verdrehung logarithmische Teilung ergibt.

Zu erwähnen sind weiters eine Hemmvorrichtung für den Zeiger, die den Zeigerausschlag festhält (F. P. Nr. 803636), federnde Lagerung des Meßinstruments, um das Gerät stoßunempfindlicher zu machen (Ö. P. Nr. 149838), Vorschalten von Farbfiltern zum Angleich an bestimmte spektrale Empfindlichkeitsverteilungen (Ö. P. Nr. 137443, F. P. Nr. 559342). Erweitert wird dieser Gedanke für Dreifarbenaufnahmen durch Verwendung von drei Photoelementen mit je einem entsprechenden Farbfilter (E. P. Nr. 412096).

Abb. 36. Belichtungsmesser „Majus" für den Vergrößerungsapparat. (GOSSEN, Erlangen.)

Weitere Vorschläge beziehen sich darauf, nicht aus der mittleren Leuchtdichte des Aufnahmegegenstandes, sondern aus dessen Beleuchtungsstärke die Belichtung zu ermitteln. Der Belichtungsmesser wird nur durch einen genügend großen, neben dem Aufnahmegegenstand angebrachten, zerstreut reflektierenden Schirm beleuchtet oder nach Vorschalten einer vollkommen streuenden Milchglasscheibe in der Entfernung des Aufnahmegegenstandes der Lichtquelle zugekehrt (E. P. Nr. 472147 und 475590). Die notwendige Umrechnung gegenüber der normalen Verwendung kann durch Vorschalten eines Graufilters oder durch eine zweite Skala erspart werden (Ö. P. Nr. 150719).

Dieses Verfahren ermöglicht es bei jedem Belichtungsmesser, bei schwachem Licht den Meßbereich zu erweitern. L. FINK (11) gibt an, daß beim Beleuchten des Belichtungsmessers durch ein Blatt weißes Papier in Normgröße aus $1/2$ m Abstand, das in die Ebene des Aufnahmegegenstandes gebracht wird, mit der fünffachen, bei unmittelbarem Beleuchten durch die Lichtquelle mit der dreißigfachen der angezeigten Belichtung zu rechnen ist. Wenn dies auch nur eine rohe Annäherung darstellen kann und nur für Nahaufnahmen verwendbar ist, so wird doch in manchen Fällen guter Gebrauch davon gemacht werden können.

Zu erwähnen ist noch ein Vorschlag von E. RUST (53) eines „Schattenbelichtungsmessers", der die Forderung erfüllt, die Belichtung aus der Leuchtdichte B_0 der Schatten und nicht aus der mittleren Leuchtdichte B_m des gesamten Gegenstandes herzuleiten. Der Grundgedanke ist folgender (Abb. 37): Der Aufnahmegegenstand wird durch eine Fernrohroptik mit entsprechend kleinem Bildwinkel (etwa 2°) anvisiert. In der Bildebene des Objektivs befindet sich ein Photometerwürfel, in dessen einem Feld der anvisierte Gegenstandsteil und in dessen anderem die irgendwie vom Umlicht erhellte Milchglasscheibe des Anbauteiles erscheint. Die an sich beliebige Beleuchtungsstärke und damit die Leuchtdichte der Milchglasscheibe wird durch ein die Scheibe ringförmig umgebendes Photoelement und ein hier nicht dargestelltes Galvanometer gemessen. Mit einem verschiebbaren Graukeil wird auf Gleichheit der Photometerfelder abgeglichen. Aus der gemessenen Leuchtdichte der Milchglasscheibe und der Schwächung durch den Graukeil ergibt sich genau die Leuchtdichte des anvisierten Gegenstandsteiles, aus der dann die Belichtung leicht ermittelt werden

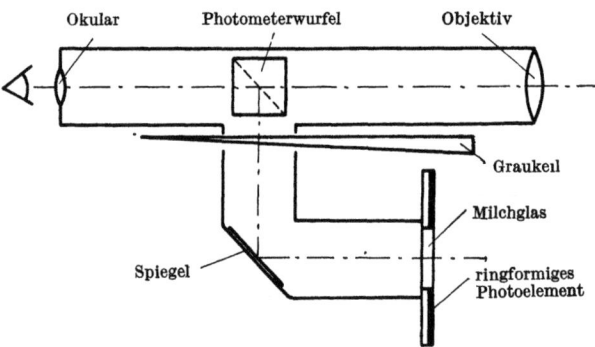

Abb. 37 Grundsätzlicher Aufbau des Schattenbelichtungsmessers (nach E. RUST).

kann. Die photoelektrische Einrichtung und die Rechenhilfe lassen sich durch entsprechende Ausbildung so gestalten, daß die Handhabung kaum umständlicher wird als bei einem anderen Belichtungsmesser. Das Gerät ermöglicht seinem Aufbau entsprechend auch eine rasche Messung des Objektumfanges und überhaupt das vollständige Durchmessen der Leuchtdichteverteilung jedes Aufnahmegegenstandes. Bisher liegt allerdings erst eine behelfsmäßige Versuchsausführung vor.

Einen ähnlichen Grundgedanken entwickelt J. WINKLER (D.R.P. Nr. 702213 vom 11. 3. 1939). Die Leuchtdichte des Aufnahmegegenstandes wird optisch mit einer elektrischen Vergleichslichtquelle verglichen, die regelbar ist und deren Helligkeit durch ein Photoelement gemessen wird. Das Gerät ist als Zusatz zu einem normalen Belichtungsmesser zwecks Erweiterung des Meßbereiches für schwaches Licht gedacht und kann bei ausreichender Helligkeit abgenommen werden.

d) Belichtungsregler.

Das einfache und verhältnismäßig sichere Arbeiten der elektrischen Belichtungsmesser ließ bald den Wunsch entstehen, auch das immer noch nötige Ablesen und Übertragen der Belichtungswerte auf die Einstellhebel des Aufnahmegeräts zu ersparen und dem Belichtungsmesser unmittelbar diese Aufgabe zu übertragen. Eine solche Anordnung ist dann nicht mehr als Belichtungsmesser, sondern als Belichtungsregler zu bezeichnen, da das Meßgerät nur mehr einen Teil der Anordnung darstellt und die Meßwerte selbst gar nicht mehr abgelesen werden.

So verlockend das Ziel einer vollselbsttätigen Kamera ist, die sich von selbst die richtige Belichtung einstellt, so schwierig ist die praktische Verwirklichung. Die vom Photoelement gelieferte Energie ist so gering, daß es ohne Verstärker oder ähnlich wirkende Einrichtungen kaum möglich ist, die erforderlichen Verstellungen zu bewirken. Anderseits darf die Einrichtung nicht zu verwickelt im Aufbau und zu empfindlich im Gebrauch sein, da sie ja fest mit der Kamera verbunden ist und den normalen Beanspruchungen beim Transport und Gebrauch gewachsen sein muß. Die Entwicklung hat daher bis heute noch zu keiner wirklich brauchbaren Bauart der vollselbsttätigen Kamera geführt; an Vorschlägen und Erfindungsgedanken mangelt es allerdings nicht, die im wesentlichen in einem ziemlich reichhaltigen Patentschrifttum zu finden sind.

Es lassen sich drei Gruppen von konstruktiven Lösungen unterscheiden, die etwa durch folgende Merkmale gekennzeichnet sind:

1. Der vom Photoelement gelieferte Strom betätigt unmittelbar oder nach Verstärkung ein Organ, das Blende oder Belichtungszeit einstellt.

2. Der Zeiger eines normalen elektrischen Belichtungsmessers wird nach dem Ausschlagen festgehalten und dient als Anschlag für ein durch eine Hilfskraft nachgeführtes Organ, das Blende oder Belichtungszeit verstellt.

3. Der Ausschlag des Zeigers eines normalen elektrischen Belichtungsmessers oder einer Einspielmarke wird durch das Verstellorgan der Blende oder Belichtungszeit so beeinflußt, daß nach dem optisch beobachteten Einspielen des Zeigers auf der Einspielmarke die richtigen Belichtungswerte eingestellt sind, ohne daß ihr Wert abgelesen werden muß.

Ausführungen nach Punkt 1 oder 2 sind als vollselbsttätig zu bezeichnen, da keine Beobachtung nötig ist, Ausführungen nach Punkt 3 als halbselbsttätig, da zwar nicht abgelesen und übertragen, aber immerhin bis zum Einspielen auf die Marke verstellt werden muß. Im praktischen Gebrauch ist aber kaum ein Unterschied in der Bedienung, da auch bei vollselbsttätigen Ausführungen beobachtet werden muß, ob die Anordnung überhaupt im Verstellbereich spielt und nicht an der oberen oder unteren Grenze anliegt, wobei sich Fehlbelichtungen ergeben (*37*).

Für Gruppe 1 bestehen nur einige Vorschläge, deren Verwirklichung wegen der geringen Energie schwierig ist. Erwähnt sei ein Vorschlag von O. RISZDORFER,[1] nach dem zwei oder mehrere Blendenlamellen je durch eine Drehspule bewegt werden, sowie das E. P. Nr. 429676 (*14*), nach dem ein vom Photostrom getriebener Motor die Einstellarbeit leisten soll. Auf einige ältere Vorschläge, die nur historisches Interesse haben, sei hingewiesen.[2]

Die Ausführungsvorschläge für Gruppe 2 bestehen im wesentlichen darin, die bei Gruppe 3 nötigen Bedienungsvorgänge selbsttätig ablaufen zu lassen. Grundlegend sind dabei die Arbeiten von O. RISZDORFER. Der Grundgedanke, das die Blende oder Belichtungszeit regelnde Organ auf die Zeigerstellung nachzuführen, ist in einer Reihe von Patenten niedergelegt.[3] Der durch eine Hilfs-

---

[1] D.R.P. Nr. 650193, Kl. 57a, Gr. 32/05 vom 13. 9. 1932; vgl. Photographische Ind. **35**, 1327 (1937).

[2] N. N. Über Kameras mit automatischer Regelung der Belichtung: Photographische Ind. **35**, 539—540 (1937), behandelt D.R.P. Nr. 117599 (POLIAKOFF) vom 20. 12. 1899, D.R.P. Nr. 177065 (HOECKEN) vom 23. 3. 1906 und D.R.P. Nr. 189551 (ALBRECHT) vom 30. 3. 1906.

[3] Ö. P. Nr. 136479; Schwz. P. Nr. 161328; E. P. Nr. 395808; F. P. Nr. 725313; It. P. Nr. 311224; Ung. P. Nr. 109132; USA. P. Nr. 2000037; vgl. N. N., Kameras mit gekuppeltem photoelektrischen Belichtungsmesser: Photographische Ind. **35**, 486—490 (1937), wo die Grundgedanken und Ausführungsmöglichkeiten beschrieben sind.

kraft (Federwerk) nachgeführte Bedienungshebel der Blende oder des Verschlusses schließt beim Zusammentreffen mit dem Zeiger des Belichtungsmessers einen elektrischen Kontakt und verriegelt durch den ausgelösten Strom die erreichte Stellung,[1] die nicht selbsttätig verstellten für die Belichtung maßgebenden Größen, wie Schichtempfindlichkeit und die nicht geregelte der beiden Größen Blende oder Belichtungszeit, werden durch Regelwiderstände im Stromkreis berücksichtigt,[2] endlich wird dauerndes Nachstellen dadurch erreicht, daß der Zeiger in kurzen Zeitabständen gegen bewegliche Anschläge gedrückt wird und diese in die Bahn von periodisch bewegten Fühlgliedern der Einstellung bringt.[3]

O. Schultz gibt eine Anordnung an, die wahlweise die photoelektrische Regelung der Blende, der Belichtungszeit oder der Beleuchtung des Aufnahmegegenstandes selbsttätig zu regeln gestattet, wobei je zwei dieser Werte frei wählbar sind. Umgeschaltet wird dabei durch mechanische Kupplungen, auch wird die Schichtempfindlichkeit mechanisch eingekuppelt.[4]

Weitere Patente[5] beziehen sich auf konstruktive Einzelheiten, die den Grundgedanken nicht beeinflussen.

Praktisch ausgeführt wurde bisher nur eine Kamera für 6×9 Rollfilm der Kodak A. G. (USA.).[6] Beim Auslösen wird zunächst der Zeiger des Belichtungsmessers gegen einen Kamm gedrückt und dadurch verriegelt, dann der Blendenhebel bis zum Anschlag an den Zeiger bewegt und dann erst der Verschluß betätigt. Der Preis der Kamera betrug 225 $. Die Konstruktion hat sich jedoch nicht bewährt und ist binnen kurzem vom Markt verschwunden.

Die meiste Aussicht auf praktisch brauchbare Ausführung haben die halbselbsttätigen Anordnungen der Gruppe 3, da sie den geringsten konstruktiven Aufwand fordern und keine Eingriffe in das empfindliche Meßwerk voraussetzen. Trotzdem ist bisher noch keine Kamera für Einzelaufnahmen mit einem solchen Belichtungsregler erschienen. Der Grund hierfür dürfte darin zu suchen sein, daß bei der praktischen Anwendung einmal die Wahl der Blende (Tiefenschärfe!), ein andermal die Wahl der Belichtungszeit (Bewegungsunschärfe!) maßgebend ist und ein Belichtungsregler nur eine der beiden Größen bei festeingestellter zweiter regeln kann.

Um beide Gesichtspunkte berücksichtigen zu können, müßte der Belichtungsregler umschaltbar sein, was konstruktive Schwierigkeiten macht, oder wenigstens Blende und Belichtungszeit so miteinander gekuppelt sein, daß beim Verstellen der einen auch die andere so verstellt wird, daß die Gesamtbelichtung gleichbleibt. Diese Kupplung müßte auf verschiedene Gesamtbelichtungen einstellbar sein und diese wurden dann vom Belichtungsregler gesteuert. Auch dies bedingt einen ziemlich großen konstruktiven Aufwand, wenn auch eine solche Kupplung, die jederzeit einen Kennwert der eingestellten Gesamtbelichtung unmittelbar ab-

---

[1] D.R.P. Nr. 649258, Kl. 57a, Gr. 32/05 vom 24. 10. 1931, vgl. Photographische Ind. **35**, 1373f. (1937).

[2] D.R.P. Nr. 660437 vom 24. 10. 1931, vgl. Photographische Ind. **36**, 1023f. (1938).

[3] D.R.P. Nr. 686368 vom 27. 2. 1937, vgl. Photographische Ind. **38**, 520f. (1940).

[4] D.R.P. Nr. 649259 vom 15. 7. 1935, vgl. Photographische Ind. **35**, 1045—1047 (1937).

[5] D.R.P. Nr. 665612 (Zeiss-Ikon) vom 18. 6. 1933, vgl. Photographische Ind. **37**, 953 (1939); D.R.P. Nr. 669129 (P. W. Lewin und G. Salinger) vom 15. 10. 1933, vgl. Photographische Ind. **37**, 861 (1939); D.R.P. Nr. 660724 (Prinsen) vom 30. 7. 1935, vgl. Photographische Ind. **36**, 997 (1938); D.R.P. Nr. 664627 (G. Proetel) vom 31. 12. 1935, vgl. Photographische Ind. **36**, 1394 (1938); D.R.P. Nr. 676963 (P. Warwas) vom 6. 7. 1937, vgl. Photographische Ind. **38**, 37 (1940); D.R.P. Nr. 694167 (W. Schmidt und F. Deckel) vom 28. 7. 1940, vgl. Photographische Ind. **38**, 47 (1940).

[6] D.R.P.-Anmeldung Nr. K 137161 und Nr. K 137825.

Ausführungsformen.

zulesen gestattet, die Verwendung jeder Kamera auch ohne Belichtungsregler erheblich erleichtern würde (7, 8, 52).

Wesentlich einfacher liegt die Aufgabe beim Kinoapparat. Es kommt nur die Blendenverstellung in Frage, da die Belichtungszeit festliegt oder nur in seltenen Fällen beim Ändern der Bildwechselzahl einen anderen als den normalen Wert hat. Hier sind auch betriebsbrauchbare Konstruktionen des halbselbsttätigen Belichtungsreglers zu verzeichnen. Erwähnt sei die Schmalfilmkamera der EUMIG, Wien, die für die üblichen Filmbreiten (16, 9,5 und 8 mm) seit einigen Jahren gebaut wird (Abb. 38). Die Kupplung von Belichtungsmesser und Kamera ist hier in einfachster Weise dadurch erreicht, daß die Irisblende des Objektivs gemeinsam mit einer gleichen Blende vor dem Photoelement so lange betätigt wird, bis der Zeiger des Meßgerätes auf eine im Sucherblickfeld sichtbare Marke einspielt. Schichtempfindlichkeit und Gangzahl werden durch verstellbare Widerstände berücksichtigt, die im Meßkreis liegen. Die Bedienung ist durch die ständige Sichtbarkeit des Zeigers während des Arbeitens sehr erleichtert und kann, wenn nötig, auch bei laufender Kamera vorgenommen werden.

Abb. 38. EUMIG-Kinokamera mit halbselbsttätigem Belichtungsregler. Irisblenden in der Optik und vor dem Photoelement werden gemeinsam verstellt, bis Zeiger im Sucherblickfeld auf Marke einspielt. Empfindlichkeit wird durch Widerstände im Meßkreis berücksichtigt.

Eine weitere Konstruktion mit halbselbsttätigem Belichtungsregler ist die AGFA „Movex 8 L" (Abb. 39). Auch hier werden durch den Blendenhebel die Irisblende des Objektivs und eine gleiche Blende vor dem Photoelement gemeinsam verstellt, bis sich im Sucherblickfeld der Zeiger des Meßgeräts mit der Einstellmarke deckt. Letztere ist ebenfalls als Zeiger ausgebildet und zur Berücksichtigung der Filmempfindlichkeit verstellbar. Da nur eine Gangzahl vorhanden ist, gibt es nur eine Belichtungszeit und es entfällt jede Verstellmöglichkeit für diese.

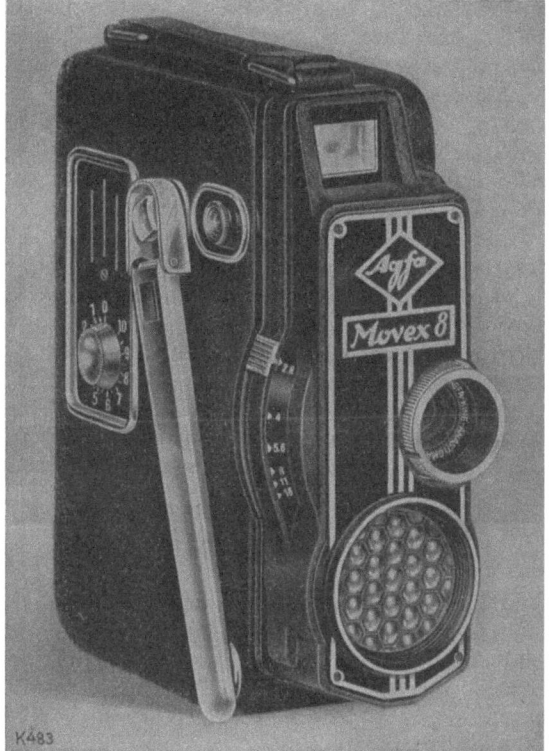

Abb. 39 Kinokamera AGFA „Movex 8" mit halbselbsttätigem Belichtungsregler Aufbau wie bei der EUMIG-Kamera. Empfindlichkeit wird durch verstellbare Marke im Sucherblickfeld berücksichtigt.

Da bei der Kinokamera stets mit kleinen Belichtungszeiten gearbeitet werden muß, Aufnahmen bei schwacher Beleuchtung also von selbst ausscheiden, braucht der Belichtungsmesser nicht für größte Empfindlichkeit gebaut sein, was seine Widerstandsfähigkeit gegenüber den Beanspruchungen des Gebrauchs wesentlich erhöht. Es ist anzunehmen, daß dieser Umstand verhältnismäßig bald den gekuppelten Belichtungsmesser zu einem selbstverständlichen Ausrüstungsteil der Kinokamera, wenigstens für den Schmalfilm, machen wird. Bei der Kamera für Einzelaufnahmen ist man vorläufig noch mit keiner brauchbaren Konstruktion über den einfachen Einbaubelichtungsmesser hinausgekommen. Höchstens wird in Einzelfällen versucht, durch Nähern der zugehörigen Skalen von Kamera und Belichtungsmesser das Übertragen der Meßwerte zu erleichtern (z. B. „L. C. 60" der Metrawatt, Abb. 19).

4. Eichen des Belichtungsmessers.

a) Belichtungsanzeige.

Vollen Aufschluß darüber, wie ein Belichtungsmesser abgeglichen ist, gibt der „Eichwert" $C = \dfrac{c \cdot u}{\eta}$, der in (13) (S. 250) alle jene Größen zusammenfaßt, die nicht eindeutig festliegen. C berücksichtigt das Verhältnis u zwischen mittlerer und Mindestleuchtdichte des Aufnahmegegenstandes, die Lichtverluste im Objektiv (η) und einen Sicherheitszuschlag (c) für verschiedene Streuungen und gibt, praktisch ausgedrückt, an, wievielfach die Belichtung auf Grund der Belichtungsmesseranzeige in Bildmitte größer ist, als sie zum Erreichen der geringsten noch kopierbaren Schwärzung, bestimmt durch die Kennbelichtung der Gebrauchsempfindlichkeit, erforderlich ist. Dabei sind vorausgesetzt: gleichmäßig helle, das ganze Bildfeld ausfüllende Fläche als Aufnahmegegenstand, verlustfreies Objektiv und Fehlen aller Streuungen.

Ein Aufgliedern von C in die Teilfaktoren c, u und η ist zwar für das Erkennen der Grundlagen wertvoll und wurde hier auch in dem betreffenden Abschnitt durchgeführt, jedoch ergibt sich daraus nichts Wesentliches für den Belichtungsmesser selbst. Der Eichwert C stellt einen Kennwert des Belichtungsmessers dar, der frei von jeder willkürlichen Annahme ist, und soll daher auch hier zur Kennzeichnung verwendet werden. Leider liegen gerade von den neueren Geräten keine ausreichenden Unterlagen vor, um für diese die Eichwerte angeben zu können. Soweit frühere Messungen verwendet wurden (44, 45), sind die dort gegebenen Werte auf den hier festgelegten Eichwert umgerechnet.

Zur praktischen Bestimmung von C dient die Hauptgleichung (13), die etwas umgeformt lautet:
$$C = \frac{1}{4} \cdot \frac{B_m}{L_k} \cdot \frac{t}{z^2}. \tag{14}$$

Dabei sind t, z und L_k die einer bestimmten Zeigerstellung des Belichtungsmessers zugeordneten, also ablesbaren Werte der Belichtungszeit, der Blendenzahl und der Empfindlichkeit, wobei sich L_k aus der DIN-Gradablesung nach Tabelle 3 ergibt. Die mittlere Leuchtdichte B_m, die diesen Zeigerausschlag hervorruft, muß jedoch gemessen werden. Hierzu sind bisher zwei Verfahren verwendet worden.

Das erste Verfahren besteht in folgendem: Eine flächenhaft möglichst wenig ausgedehnte „punktförmige" Lichtquelle bekannter Lichtstärke wird in einer Halbkugelfläche um den Belichtungsmesser herumgeführt und dabei die Empfindlichkeiten im Verhältnis zu jener bei zentraler Beleuchtung ermittelt. Dies ergibt die bereits erwähnte Ausbeuteverteilungsfläche (AV-Fläche, vgl. S. 258). Durch Integration dieser Fläche läßt sich aus der Beleuchtungsstärke E des Belichtungsmessers bei zentraler Beleuchtung die mittlere Leuchtdichte B_m errechnen, die dem betreffenden Zeigerausschlag zugeordnet ist.

Das Verfahren ist im wesentlichen dasselbe, wie es zur Ermittlung des früher verwendeten Begriffes der mittleren Lichtstärke einer Lampe im Halbraum durch Photometrieren der Lampe nach allen Richtungen angewendet wird. Bezüglich näherer Einzelheiten sei auf PETZOLD verwiesen [(45), S. 333f. und 354], der auch die mathematischen Grundlagen hierzu anführt. Das Verfahren ist wegen der notwendigen Integration besonders bei unsymmetrischen AV-Flächen etwas zeitraubend, liefert aber gerade in den AV-Flächen außerdem einen vollständigen Einblick in die Empfindlichkeitsverteilung über den gesamten Bildwinkel.

Das zweite, vom Verfasser verwendete Verfahren ermittelt B_m unmittelbar. Der Belichtungsmesser wird durch eine das ganze Bildfeld ausfüllende, möglichst vollkommen streuende Milchglasscheibe beleuchtet. Die erforderliche gleiche Leuchtdichte des Bildfeldes kann durch entsprechende Beleuchtung der Milchglasscheibe von der Rückseite leicht erreicht werden, da der Belichtungsmesser ganz nahe an die Milchglasscheibe angehalten wird und die flächenhafte Ausdehnung des Bildfeldes daher klein ist.

Die Leuchtdichte der Milchglasscheibe wird durch Photometrieren bestimmt. Zweckmäßig wird hierzu ein kreisförmiger Ausschnitt von einigen Zentimetern Durchmesser ausgeblendet und als Lichtquelle zur Beleuchtung der einen Seite des Photometers verwendet, während die zweite Seite durch eine Normallampe bekannter Lichtstärke beleuchtet wird. Aus der so zu ermittelnden Beleuchtungsstärke E durch das kreisförmige Feld der Milchglasscheibe errechnet sich aus (8) (S. 239) die zugehörige Leuchtdichte. Statt des Photometers kann auch ein Photoelement mit Galvanometer, unter Umständen also auch ein Belichtungsmesser mit nicht zu spitzer AV-Kurve verwendet werden, der einmal in entsprechender Entfernung von dem kreisförmigen Milchglasausschnitt, das andere Mal bei gleichem Zeigerausschlag von der Normallampe beleuchtet wird. Die bei der zweiten Beleuchtungsart nach (4) (S. 239) zu ermittelnde Beleuchtungsstärke E ist in (8) für E einzusetzen und ergibt daraus die Leuchtdichte.

Durch Ändern des Abstandes der Lichtquelle und durch verschieden starke Lampen läßt sich eine stetige Folge bekannter Leuchtdichten schaffen, die das Durchmessen sehr erleichtert. Es wird stets jene Leuchtdichte bestimmt, bei der der Zeiger auf einen Teilstrich einspielt. Zwischenschätzen am Belichtungsmesser wird daher vermieden.

Der aus (14) folgende Eichwert C wird für alle bezifferten Zeigerausschläge bestimmt und in Abhängigkeit von B_m in Form einer Kurve aufgetragen. Gewisse Schwierigkeiten kann dabei das Festlegen des Wertes $\frac{t}{z^2}$ machen, da die übliche Belichtungszeitteilung die im Abschnitt Rechenhilfen erwähnten Abweichungen von der richtigen Stufung zeigt. Man muß dann entweder mit den größten und kleinsten Werten der einer Zeigerstellung zugeordneten Größen t und z rechnen und erhält dann statt einer Kurve ein mehr oder weniger breites Band für den Verlauf des Eichwertes C, oder man bildet sämtliche Werte $\frac{t}{z^2}$, die zu einer Zeigerstellung gehören, und nimmt daraus den Mittelwert.

Abb. 40 zeigt die so gewonnenen Eichkurven einiger Belichtungsmesser, die nur Geräte umfassen, die schon längere Zeit am Markt sind. Für neuere Geräte liegen noch keine Werte vor. Die unter 45° verlaufende dritte Teilung gibt im Verein mit den Kurven die vom Belichtungsmesser bei der betreffenden mittleren Leuchtdichte B_m angezeigte Belichtungszeit t, bezogen auf Blende $z = 8$ und

17/10° DIN an. Die linken Anfangspunkte der Kurven entsprechen, abweichend von der üblichen Angabe der Empfindlichkeit, Zeigerausschlägen von rund $1/10$ der Skalenlänge. Bei kleineren Ausschlägen, die praktisch aber noch gut verwend-

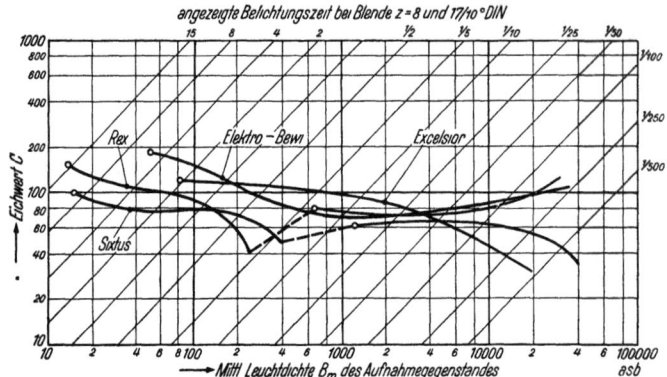

Abb. 40. Eichkurven verschiedener Belichtungsmesser. Der Eichwert C ist das Verhältnis der vom Belichtungsmesser angezeigten Belichtung in Bildmitte bei verlustfreiem Objektiv und gleichförmiger Leuchtdichte des gesamten Bildfeldes zur Kennbelichtung der Gebrauchsempfindlichkeit, die mindestens zum Erreichen kopierbarer Schwarzungen nötig ist.

bar sind, wird die Eichung unsicher. Verschiedene Meßbereiche sind durch strichlierte Linien verbunden.

Der Durchschnittswert von C liegt etwa um 80 mit leichter Neigung, bei größeren Leuchtdichten kleiner zu werden. Letzteres bedeutet, daß bei geringerer Helligkeit eher größere Belichtungen angezeigt werden, was durch den dabei oft größeren Objektumfang (Innenaufnahmen!) gerechtfertigt erscheint. Die Eichwerte verschiedener Belichtungsmesser unterscheiden sich zum Teil nicht unbeträchtlich, was durch die großen Streuungen aller für C maßgebenden Einzelwerte leicht zu erklären ist.

Tabelle 5. Wirksamer Bildwinkel 2ε, bestimmt nach (15).

Belichtungsmesser	2ε
„Elektro-Bewi"	53°
„Excelsior"	72°
„Rex"	89°
„Sixtus"[1]	77°

b) Bildwinkel.

Hierüber wurde bereits im Abschnitt Lichtwahler das Nötige erwähnt. Die AV-Kurven und für genaue Darstellung die AV-Flächen, bzw. die daraus hergeleitete Halbwertsöffnung geben genügend Aufschluß. Es soll hier nur noch auf eine weitere Möglichkeit hingewiesen werden, ein Maß für den wirksamen Bildwinkel festzulegen und zu ermitteln.

Als wirksamer Bildwinkel 2ε sei hier jener verstanden, den ein idealer Lichtwähler mit kreisförmiger scharfer Abgrenzung und ohne jede Schwächung innerhalb des Bildfeldes haben müßte, damit bei gleichförmiger Leuchtdichte des Bildfeldes der gleiche Zeigerausschlag entsteht wie bei der wirklichen Ausführung.

Dieser Winkel läßt sich verhältnismäßig einfach bestimmen. Wie bei der Bestimmung von C, wird für irgendeinen Zeigerausschlag die gleichförmige, das ganze Bildfeld erhellende Leuchtdichte B ermittelt und dann durch eine möglichst kleine („punktförmige") Lichtquelle bei zentraler Beleuchtung und bei gleichem Zeigerausschlag nach (4) (S. 239) die dabei erreichte Beleuchtungsstärke E des Photoelements gemessen. Nach (8) (S. 239) ergibt sich dann mit

$$\sin\varepsilon = \sqrt{\frac{E}{B}} \qquad (15)$$

---

[1] Ältere Ausführung mit Zylinderlinse.

der gesuchte Winkel. Tabelle 5 zeigt das Ergebnis einiger auf diese Weise durchgeführter Messungen. Der Vergleich mit den als Halbwertsöffnung bestimmten Winkeln der Tabelle 4 ist befriedigend.

Der so bestimmte Winkel ist naturgemäß ein Mittelwert, von dem in der einen oder anderen Richtung besonders bei stark unsymmetrischen Lichtwählern Abweichungen auftreten werden. Die Bestimmung ist jedoch einfach, besonders wenn sie gleichzeitig mit der allgemeinen Eichung vorgenommen wird.

Literaturverzeichnis.

1. ADAMS, W. G. und R. E. DAY: The action of light on selenium. Proc. Roy. Soc. (London) 25, 113—117 (1877).
2. BARNARD, G. P.: The selenium cel, its properties and applications. London, 1930.
3. BECKER, A.: Lichtelektrische Wirkung in WIEN-HARMS: Handbuch der experimentellen Physik. Bd. XXIII, 2. Teil. Leipzig, 1928.
4. BERGMANN, L.: Über eine neue Selen-Sperrschichtphotozelle. Physik. Z. 32, 286—288 (1931).
5. — und R. PELZ: Untersuchungen an Selenphotoelementen. Z. techn. Physik 18, 177—191 (1937).
6. BILTZ, M. und J. EGGERT: Über die Beziehung von DIN-Graden und Scheinergraden. Photographische Ind. 32, 1296—1298 (1934).
7. DÜNCKEL, R.: Wege zur selbsttätigen Einstellung der richtigen Belichtung. Photographische Ind. 32, 513—516 (1934).
8. — Gekuppelte Belichtungsmesser. Photographische Ind. 39, 767—770 (1941).
9. EGGERT, J. und A. KÜSTER: Die Empfindlichkeit photographischer Schichten bei Glühlampenbeleuchtung unter Berücksichtigung der Aktinität der Sperrschicht-Photozellen. (Wissensch. Zentrallab. d. photogr. Abt. I. G. Farben A. G. Agfa.) Photographische Ind. 38, 516—518 (1940).
10. FENNER, E., B. GUDDEN und H. SCHWEICKERT: Über die Entstehung der Sperrschicht im Selenphotoelement. S.-B. physik.-med. Soz. Erlangen 71, 131—152 (1939).
11. FINK, L.: Photographische Meßtechnik. Oldenbourg, Munchen u. Berlin, 1940.
12. FORSCH, C. und E. LEHMANN: Die Lichtverluste in photographischen Objektiven. Kinotechn. 10, 3 (1928).
13. FORMSTECHER, F.: Sensitometrie in Handbuch der wissenschaftlichen und angewandten Photographie, Bd. IV. Wien: Springer, 1930.
14. FRIESER-STAUDE: Jahresbericht d. Phot. Kin. u. Reproduktionstechnik f. d. Jahr 1937, S. 201. Leipzig: Akad. Verlagsges. m. b. H., 1938.
15. FRITTS, C. E.: On a new form of selenium cells. Proc. Amer. Assoc. Advancement Sci. 33, 97—108 (1884); Amer. J. Sci., Ser. 3 26, 465—472 (1883).
16. — Sur les éléments et piles au selenium de FRITTS. Lum. Electr. 15, 226—231 (1885); Electr. Rev. 16, 208—211 (1885); Brit.P. Nr. 3249 vom 13. 3. 1884.
17. GOLDBERG, E. Der Aufbau des photographischen Bildes, 2. Aufl. Halle, 1925.
18. GOODWIN. W. N.: The Photronic Photographic exposure-meter. J. Soc. Motion Picture Engr. 20, 95—118 (1933) (erwahnt bei PETZOLD 45, S. 343).
19. GRONDAHL, L. O.: New contact Rectifier. Physic. Rev. 27, 813 (1926).
20. — Rectifier Theories. Science (New York) 64, 306 (1926).
21. — and P. H. GEIGER: Electronic Rectifier. Trans. a. j. e. 46, 357 (1927); USA.P. Nr. 1 704 679/1929.
22. — — The copper-cupous-oxide rectifier and photoelectronic cell. Rev. mod. Physics 5, 141—168 (1933).
23. GUDDEN, B.: Über Leitungs- und Photoelektronen in Isolatoren und Halbleitern. Physik. Z. 32, 825—835 (1931).
24. — Elektrische Leitfähigkeit elektronischer Halbleiter. Ergebn. exakt. Naturwiss., Bd. XIII. Berlin: Springer, 1934.
25. HANSEN, G.: Beziehungen zwischen den Empfindlichkeitsziffern nach dem Scheiner-System und denen nach dem DIN-System. Photographische Ind. 33, 51 (1935).
26. HANSON, R. L.: The photo-EMF in selenium (Diss.). J. opt. Soc. America 18, 370—382 (1929).
27. HATSCHEK, P.: Die neue Einheitskerze in der photographischen Meßtechnik. Photographische Ind. 38, 282—283 (1940).

28. Jones, L. A. und V. C. Hall: Die Beziehung zwischen Zeit und Beleuchtungsstärke im photographischen Effekt einer Belichtung. (VII. Int. Kongr. Phot. London) nach Sci. Ind. photogr. VIII, Nr. 8; ref. in Kinotechn. 10, 566 (1928).
29. — und J. H. Webb (Kodak-Mitt. Nr. 531): Das Versagen des Reziprozitätsgesetzes bei der photographischen Belichtung. Kinotechn. 16, 367 (1934).
30. — (Kodak-Veröff. Nr. 683): Kennzeichnung der Empfindlichkeit von Negativmaterial, bezogen auf die Kopiequalität. Photographische Ind. 37, 163—176 (1939).
31. Kalischer, S.: Photophon ohne Batterie. Carls Rep. d. Experimentalphysik 17, 563—570 (1881).
32. — Über die Erregung einer electromotorischen Kraft durch das Licht und einer Nachwirkung desselben im Selen. Wied. Ann. Physik 31, 101—108 (1887); Tagebl. d. 59. Vers. dtsch. Naturforsch. u. Ärzte, S. 124, Berlin, vom 18. bis 24. 9. 1886.
33. Klughardt, A.: Die wirkliche Lichtstärke der photographischen Objektive. Centr.-Ztg. Opt. Mech. 1926, 47, 79, 95; Kinotechn. 9, 70 (1927).
34. — und H. Otto: Lichtstärkemessung hinter photographischen Objektiven der Kleinbildkamera. Photographische Ind. 34, 608 (1936).
35. Lange, B.: Photoeffects in semi-Conductors. Trans. electrochem. Soc. 63, 69—81 (1933).
36. — Die Photoelemente und ihre Anwendung. I. Teil: Entwicklung und physikalische Eigenschaften. II. Teil: Technische Anwendungen. Leipzig: J. A. Barth, 1940.
37. — Kameras mit photoelektrischem Belichtungsregler. Photographische Ind. 38, 613—614 (1940).
38. Luther, R. und H. Staude: Prüfung der Norm DIN 4512 an praktischen Aufnahmen. Photographische Ind. 32, 1139—1144 (1934); Z. wiss. Photogr., Photophysik Photochem. 34, 40—53 (1935); Photogr. Rdsch. Mitt. 71, 406 (1934); Photogr. Korresp. 71, Beilage 7 zu Nr. 12 (1935).
39. Lux, H.: Verwendung der Sperrschichtzelle als photographisches Aktinometer. Photographische Ind. 32, 168—172, 274—371 (1934).
40. Mendelsohn, Th.: Bestimmung des Helligkeitsabfalls photographischer Objektive. Photographische Ind. 32, 27 (1934).
41. Milbauer, J.: Über die Wahrscheinlichkeit der richtigen Expositionsbestimmungen. Photogr. Korresp. 73, Nr. 9, 125 (Nr. 878 der ganzen Folge); ref. in Photographische Ind. 35, 978 (1937).
42. Mönch, G.: Über die optische Durchlässigkeit des Selens im Zusammenhang mit der lichtelektrischen Leistung. Physik. Z. 40, 487—488 (1939).
43. Nähring, E.: Lichtelektrische Belichtungsmesser. Photographische Ind. 36, 1358—1362, 1384—1386 (1938).
44. Nidetzky, G.: Eichen elektrischer Belichtungsmesser. Z. Ver. dtsch. Ing. 82, 451—454 (1938); Photographische Ind. 36, 964—966 (1938).
45. Petzold, W.: Belichtungsmesser. Ergebnisse der angewandten physikalischen Chemie, Bd. V. Fortschritte der Photographie, S. 336—373. Leipzig: Akad. Verlagsges. m. b. H., 1938. Im Auszug auch in R. Sewig: Handbuch der Lichttechnik, Abschn. C 8: Photometer für photographische Zwecke, Schwarzungs- und Belichtungsmesser, insbesondere S. 366—375.
46. Pfund, A. H.: The light sensitiveness of copper oxid. Physic. Rev. 7, 289—301 (1916).
47. Pritschow, K.: Zur Frage der ungleichmäßigen Lichtverteilung in der Bildebene photographischer Objektive. Photographische Ind. 36, 126—128, 424—428 (1938).
48. Richter, R.: Die Bedeutung der Zeiß-T-Optik für die Photographie und Projektion. Zeiß-Nachr., Sonderh. 5. Dez. 1940; Auszug auch in Photographische Ind. 39, 75—76 (1941).
49. Ries, C.: Das Selen. Diessen vor München: J. C. Huber, 1918.
50. Righi, A.: Über die elektromotorische Kraft des Selens. Beiblatt Ann. Physik 12, 683—686 (1888); Wied. Ann. 36, 464—465 (1889).
51. Roeder, H.: Optischer Durchhang und ausnutzbarer Objektivumfang. Photographische Ind. 37, 727—730, 751—754 (1939).
52. Roemer, G. A.: Grundsätzliches zur Belichtungsmessung. Photographische Ind. 36, 842—844 (1938).
53. Rüst, E.: Die Anforderungen an einen zuverlässigen Belichtungsmesser. Kinotechn. 22, 51—54 (1940).

54. RÜST, E.: Untersuchungen uber Belichtungsmesser. Dissertation Techn. Hochsch. Zurich, 1939.
55. SEWIG, R.: Objektive Photometrie. Berlin: Springer, 1935.
56. — Sperrschicht-Photo-Element. Arch. techn. Mess. J. 392—1, Febr. 1934.
57. — Photometrische Messungen mit Photoelementen. Arch. techn. Mess. V 422—3, Mai 1937.
58. SIEMENS, W. V.: Über die von Herrn FRITTS in New York entdeckte elektromotorische Wirkung des beleuchteten Selens. Ber. Berl. Akad. Wiss. 8, 147—148 (1885); Beiblatt z. Ann. Physik 10, 115 (1886).
59. SMAKULA, A.: Über die Erhohung der Lichtstarke optischer Gerate. Z. Instrumentenkunde 60, 33—36 (1940).
60. STENGER, E. und H. STAUDE: Sensitometrie in Fortschritte der Photographie, Ergebnisse der angewandten Physikalischen Chemie, Bd. VI, S. 214—236.
61. ULJANIN, W. V.: Über die bei der Beleuchtung entstehende electromotorische Kraft im Selen. Ann. Physik Chem. 34, 242—273 (1888).
62. WIRTHGEN, H. B.: Richtige Beratung uber elektrische Belichtungsmesser. Photographische Ind. 35, 1336 (1937).
63. WOLFF, M.: Die Ermittlung der richtigen Belichtung unter extremen Aufnahmebedingungen. Photographische Ind. 38, 571—573, 582—583 (1940).
64. — Betrachtungen uber die Aufgaben, Ausfuhrung und Eigenschaften elektrischer und optischer Belichtungsmesser. Photographische Ind. 39, 262—263, 276—278 (1941).

Die Polarisationsfilter und das polarisierte Licht in der Photographie.

Von M. HAASE, Jena.

Mit 67 Abbildungen.

Inhaltsverzeichnis.

	Seite
1. Historisches	286
2. Allgemeines uber das polarisierte Licht	287
3. Polarisationsvorrichtungen bisheriger Art	291
a) Glasplatten und Glasplattensätze	291
b) Polarisationsprismen	293
c) Turmalinplatten, naturlicher und kunstlicher Dichroismus	296
4. Neue Polarisatoren in Filterform	298
a) Einkristallfilter	298
b) Vielkristallfilter	301
α) MARKS-Polarisatoren	301
β) Polaroid- und ZEISS-IKON-Folien	302
c) Färbungsfilter	304
d) Sonstige Filter	305
5. Die Anwendung einzelner Polarisationsfilter	307
6. Die Anwendung mehrerer Polarisationsfilter	313
a) Veränderliche Filterkombinationen	313
b) Anwendung in der Mikroskopie	315
c) Spannungsoptik	319
d) Stereoprojektion	322
e) Interferenzlichtfilter	329
Literaturverzeichnis	331

1. Historisches.

Mit dem Erscheinen der ersten praktisch verwendbaren Polarisationsfilter im Jahre 1935 beginnt ein neuer Abschnitt in der Polarisationsoptik sowohl ganz allgemein als auch insbesondere auf dem Gebiet der Anwendung polarisierten Lichts in der Photographie, wobei hier unter Photographie nicht nur die Amateurphotographie, sondern vor allem auch die Wissensgebiete verstanden werden sollen, die sich der Polarisationsfilter in Verbindung mit der Photographie als solcher mit Vorteil bedienen.

Dieser neue Abschnitt ist besonders dadurch bedingt, daß die neuen Polarisatoren zwei wesentliche Merkmale aufweisen: großen Durchmesser und dabei geringe Dicke, die Anwendungsmöglichkeiten zulassen, an die zwar zum Teil schon gedacht war, die sich aber praktisch nur mit Schwierigkeiten verwirklichen ließen.

Von ERASMUS BARTHOLINUS der 1669 die Doppelbrechung am Kalkspat entdeckte, über HUYGENS, der diese 1690 erklärte, und MALUS, der 1808 das polarisierte Licht entdeckte, bis zu FRESNEL und ARAGO, die 1811 die grundlegenden Erklärungen dazu gaben, ist ein langer Zeitraum verstrichen, und es waren von da an weitere Jahrzehnte notwendig, um aus den bis dahin gesammelten Erkenntnissen Mittel zu schaffen, mit deren Hilfe das dem bloßen Auge nicht sichtbare polarisierte Licht nachweisbar wurde (Analysatoren) und auch nach Belieben hergestellt werden konnte (Polarisatoren). Die ältesten Polarisationsinstrumente: die Turmalinzangen und NÖRRENBERGschen Polarisationsapparate, die entweder den Dichroismus von achsenparallelen Turmalinkristallplatten zur Erzeugung linear polarisierten Lichts verwendeten oder mit Glasplattensatz und Spiegel, also mit der Polarisation durch Brechung bzw. durch Reflexion arbeiteten, haben lange Zeit hindurch zu Unterrichts- und Forschungszwecken sowie bei polarisationsoptischen, kristallographischen und petrographischen Untersuchungen wertvolle Dienste geleistet. Sie wurden später mit Hilfe der inzwischen bekanntgewordenen Kristallpolarisationsprismen verbessert, deren erstes NICOL schon 1828 angab und das zahlreiche weitere Forscher in mehrfacher Hinsicht verbesserten.

Mit diesem Hilfsmittel entstanden dann Polarimeter und Polarisationsmikroskope, um nur zwei der Anwendungsgebiete der bisher erwähnten Polarisationsvorrichtungen zu nennen. Mit letzteren konnten natürlich auch sämtliche polarisationsmikroskopischen Objekte nach Einführung der Photographie im Lichtbild festgehalten werden. Bis zum Jahre 1900 hat diese Entwicklung gedauert und erst 35 Jahre später beginnt der neue Abschnitt in der Polarisationstechnik wirksam zu werden, der mannigfache Fortschritte gegenüber dem bisher Erreichten verzeichnen kann. Sowohl altbekannte Tatsachen als auch die Ergebnisse neuerer Forschungen miteinander in Berührung bringend, erwies es sich bereits jetzt als wünschenswert, über diese neuere Entwicklung der Polarisationseinrichtungen, insbesondere der Polarisationsfilter, über ihre Eigenschaften und ihre Anwendungsgebiete im Vergleich zu den bisherigen Möglichkeiten zusammenfassend zu berichten und dabei gleichzeitig einleitend die zum Verständnis notwendigen polarisations- und kristalloptischen Kenntnisse zu vermitteln.

2. Allgemeines über das polarisierte Licht.

Um den Unterschied vom natürlichen Licht zu kennzeichnen, nennt man Licht, das seine Schwingungen einseitig oder besser gesagt in einer bestimmten Ebene ausführt, „polarisiertes" Licht. Beim natürlichen Licht besteht dagegen die Vorstellung, daß die Schwingungen senkrecht zum Strahl in allen Azimuten erfolgen. Um diese Einseitigkeit oder „Polarität" für die von MALUS 1808 erstmalig beobachtete Erscheinung an reflektierenden Glasplatten zu bezeichnen, wählte er den Ausdruck Polarisation, der sich bis heute erhalten hat. Das durch Reflexion an durchsichtigen Medien unter bestimmten Bedingungen entstehende polarisierte Licht nennt man insbesondere linear polarisiertes Licht. Der allgemeinere Fall ist jedoch das elliptisch polarisierte Licht, bei dem der Endpunkt des Lichtvektors die Bahn einer Ellipse durchläuft. Artet diese Ellipse in einen Kreis aus, so spricht man von zirkular polarisiertem Licht, während der andere Extremfall, die Ausartung in eine Gerade, die genannte Bezeichnung linear polarisiertes Licht erhält. Darüber existieren viele Darstellungen in den physikalischen Lehr- und Handbüchern, sodaß hier Weiteres nicht gesagt zu werden braucht. Insbesondere die Ableitung aus den Grenzbedingungen der elektromagnetischen Lichttheorie wird am zweckmäßigsten in den bekannten Handbüchern nachgelesen.

Zwei grundlegende Gesetze müssen jedoch hier zum besseren Verständnis der weiteren Ausführungen behandelt werden: das BREWSTERsche Gesetz und das Gesetz von MALUS.

Das erste vermittelt den Zusammenhang zwischen vollständiger Polarisation durch Reflexion an durchsichtigen Körpern und dem Brechungsindex des Körpers. BREWSTER hatte beobachtet, daß nur dann vollständige Polarisation durch Reflexion eintritt, wenn das Licht unter einem bestimmten Winkel einfällt. Diesen Winkel der vollständigen oder totalen Polarisation nennt man den Polarisationswinkel. Er beträgt bei Glas etwa 56°. Aus den Beobachtungen an einer größeren Zahl von Körpern fand BREWSTER den direkten Zusammenhang des Polarisationswinkels mit dem Brechungsindex. Vollständige Polarisation tritt nämlich dann ein, wenn reflektierter und gebrochener Strahl senkrecht aufeinanderstehen (Abb. 1).

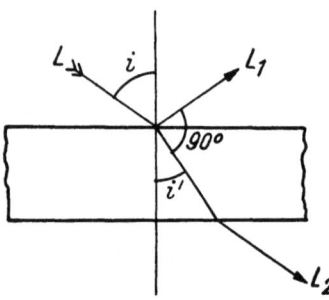

Abb. 1. BREWSTERsches Gesetz und Polarisationswinkel.

Der reflektierte Strahl ist mit L_1 bezeichnet. Er ist dann vollständig polarisiert, wenn

$$i + i' = 90°$$

ist. Nach dem SNELLIUSschen Brechungsgesetz ist der Brechungsindex n:

$$n = \frac{\sin i}{\sin i'}$$

oder

$$n = \frac{\sin i}{\sin (90 - i)} = \frac{\sin i}{\cos i} = \operatorname{tg} i.$$

> Das Gesetz von BREWSTER: $n = \operatorname{tg} i.$

Der Polarisationswinkel ist der Einfallswinkel, dessen trigonometrische Tangente gleich dem Brechungsindex des reflektierenden Körpers ist.

Die Tabelle 1 enthält verschiedene Stoffe mit ihrem Brechungsindex n und dem dazugehörigen Polarisationswinkel i.

Tabelle 1.

Durchsichtige Stoffe	Brechungsindex n	BREWSTERscher Winkel i ($\operatorname{tg} i = n$)
Eis ω	1,309	52° 37'
Wasser	1,333	53° 7'
Flußspat	1,434	55° 7'
Kronglas (Objektträger, Deckgläser)	1,522	56° 42'
Kanadabalsam	1,537	56° 57'
Quarz ω	1,544	57° 4'
Quarz ε	1,553	57° 13'
Schweres Flintglas	1,650	58° 47'
Schwerstes Silikatflint	1,917	62° 27'
Diamant	2,417	67° 31'

In der Abb. 2 wird die Entstehung polarisierten Lichts durch Reflexion und Brechung nach der FRESNELschen Auffassung perspektivisch dargestellt. Der zunächst allseitig schwingende Lichtstrahl L fällt unter dem Polarisationswinkel i auf die Glasplatte und schwingt nach der Reflexion nur noch in einer

Ebene R (Schwingungsebene). Der gebrochene Strahl schwingt ebenfalls nur in einer Ebene B, diese steht jedoch auf der erstgenannten Schwingungsebene senkrecht. Die durch den einfallenden Strahl, Einfallslot und reflektierten Strahl gebildete Ebene wird bekanntlich als **Einfallsebene** bezeichnet, sie wird bei der Polarisation durch Reflexion auch **Polarisationsebene** genannt. Wie aus der Abb. 2 zu ersehen ist, liegt bei **Polarisation durch Reflexion die Schwingungsebene senkrecht zur (Einfalls-) Polarisationsebene**. Bei der Polarisation durch Brechung fällt die Schwingungsebene in die Einfallsebene; hier ist also eine zur Einfallsebene senkrechte, durch den gebrochenen Strahl verlaufende Ebene als Polarisationsebene zu bezeichnen.

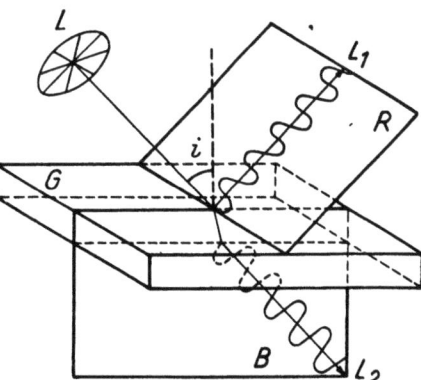

Abb. 2. Die Schwingungsebenen bei Polarisation durch Reflexion und Brechung.

Für das praktische Arbeiten mit polarisiertem Licht und Polarisatoren hat sich der Begriff **Schwingungsrichtung** eingebürgert. Man versteht darunter die Spur der Schwingungsebene. Die auf Polarisatoren und Polarisationsfiltern angegebenen Strichmarkierungen kennzeichnen die Schwingungsrichtung, d. h. die Richtung der Schwingungsebene. Diese ist leicht jederzeit nachzuprüfen, indem man den Polarisator vors Auge hält und bei gleichzeitigem Drehen um die Blickrichtungsachse eine horizontal liegende reflektierende Fläche (Glasplatte, Tischplatte, blanker Fußboden u. ä.) unter dem Polarisationswinkel betrachtet. Bei der so ermittelten Dunkelstellung, d. i. die Stellung des Polarisators, in der das reflektierte polarisierte Licht ausgelöscht wird, liegt die Schwingungsrichtung des zu prüfenden Polarisators **vertikal**.

Die Intensität des unter dem Polarisationswinkel reflektierten polarisierten Lichts I_P kann aus der FRESNELschen Formel für die senkrecht zur Einfallsebene schwingende reflektierte Komponente R_s, wobei E_s die senkrecht zur Einfallsebene schwingende Komponente des einfallenden Lichts bedeutet, gefunden werden.

$$R_s = -E_s \frac{\sin(i-i')}{\sin(i+i')}. \tag{1}$$

Die weiteren FRESNELschen Reflexionsformeln lauten:

$$D_s = E_s \frac{2\sin i' \sin i}{\sin(i+i')}$$

$$R_p = E_p \frac{\operatorname{tg}(i-i')}{\operatorname{tg}(i+i')}$$

$$D_p = E_p \frac{2\sin i' \cos i}{\sin(i+i')\cos(i-i')}.$$

Sinngemäß bedeuten E_p die parallel zur Einfallsebene schwingende Komponente des einfallenden Lichts und R_p die parallel zur Einfallsebene schwingende reflektierte Komponente. D_s und D_p sind die beiden Komponenten für das durchfallende Licht.

Eine Umformung von (1) unter Zuhilfenahme der oben angeführten BREWSTERschen Beziehung ergibt:

$$R_s = E_s \frac{1-n^2}{1+n^2}. \tag{2}$$

Die Intensität des unter dem Polarisationswinkel reflektierten Lichts beträgt dann:

$$I_P = \frac{1}{2} I_e \left(\frac{n^2-1}{n^2+1}\right)^2, \tag{3}$$

wobei I_e die Gesamtintensität des einfallenden Lichts bedeutet.

Daraus berechnet man, wie bei H. SCHULZ (*114*) angegeben, für die Intensität des reflektierten polarisierten Lichts in Prozent des einfallenden natürlichen Lichts beim Brechungsindex n:

Brechungsindex n ....:	1,5	1,6	1,7	1,8	1,9	2,0
Intensität I_P	7,4%	9,2%	11,9%	13,9%	16,0%	18,0%

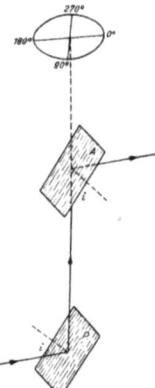

Abb. 3. Drehbarer Analysator A zur Erläuterung des MALUSschen Gesetzes.

Mit zunehmendem Brechungsindex ist also ein Ansteigen der Intensität I_P verbunden.

Bei stark absorbierenden Stoffen (Metallreflexion) liegen andere optische Verhältnisse vor. Mit Ausnahme spezieller Fälle entsteht hier elliptisch polarisiertes Licht. Man spricht dann nicht mehr vom Polarisationswinkel, sondern nennt den charakteristischen Winkel den Haupteinfallswinkel.

Das zweite noch zu erwähnende Gesetz, das Gesetz von MALUS, legt den Zusammenhang zwischen der Intensität und dem gegenseitigen Drehwinkel bei zwei unter dem Polarisationswinkel zum einfallenden Lichtstrahl geneigten Glasplatten fest und gilt auch ganz allgemein für die Intensität, die aus zwei um ihre Achse gedrehten Polarisatoren austritt.

Fällt ein Lichtstrahl auf eine rückseitig geschwärzte Glasplatte P (Polarisator) unter dem Polarisationswinkel i auf und fällt der auf diese Weise polarisierte reflektierte Strahl auf eine zweite gleiche Glasplatte A (Analysator), die parallel zur ersten steht, so ist der von der zweiten Platte reflektierte Strahl ebenfalls polarisiert und verläßt die Platte A mit einer bestimmten Intensität I_0. Wird nun die Analysatorplatte um ihren einfallenden Strahl als Achse aus der Ausgangsstellung um einen bestimmten Betrag α gedreht, so verringert sich die Intensität des von A reflektierten Strahls I, und zwar wird:

$$\boxed{\text{MALUSsches Gesetz}: \ I = I_0 \cos^2 \alpha.}$$

I_0 ist dabei die Intensität bei parallelen Polarisatoren. Dieser gesetzmäßige Zusammenhang wurde von MALUS gefunden. Wird die Drehung bis zu 90° gesteigert, so wird dann die Intensität gleich Null. Bei weiterem Drehen erreicht bei 180° die Intensität I den Anfangswert I_0; bei 270° wird wieder I gleich Null. Beim Drehen um 360° wird also die Intensität zweimal (bei 90° und 270°) vollständig Null (= Dunkelstellung) und zweimal (bei 0° und 180°) vollständig hell (= Hellstellung) mit kontinuierlichen Übergängen nach $\cos^2 \alpha$. Anders ausgedrückt: Sind die Polarisationsebenen des Polarisators und des Analysators einander parallel, so spricht man von parallelen Polarisatoren, wobei stets größte Helligkeit austritt. Stehen die Polarisationsebenen des Polarisators und des Analysators aufeinander senkrecht, so nennt man das gekreuzte Polarisatoren; dabei herrscht stets größte Dunkelheit.

Schließlich soll hier noch ein weiterer Begriff erläutert werden, der Polarisationsgrad. Da im allgemeinen das Licht nur teilweise polarisiert ist, d. h.

da es sich aus polarisiertem und nichtpolarisiertem (= natürlichem) Licht zusammensetzt, kann man als Maß der Polarisation die Größe:

$$\text{Polarisationsgrad:} \quad P = \frac{I_P}{I_N + I_P}$$

setzen, wobei P = Polarisationsgrad, I_P = polarisierter Anteil, I_N = Anteil an natürlichem Licht bedeutet.

Auch der Ausdruck

$$\text{Polarisationsgrad in Prozent:} \quad P\% = \frac{D_p - D_s}{D_p + D_s} \cdot 100$$

ist eine Größe für den Polarisationsgrad (in Prozent) für Polarisatoren, deren Durchlässigkeiten D in Prozent in Parallelstellung (D_p) und in gekreuzter Stellung (D_s) in linear polarisiertem Licht gemessen werden. Steht vollständig linear polarisiertes Licht nicht zur Verfügung, sind jedoch zwei gleiche der zu prüfenden Polarisatoren vorhanden, so reicht es für die meisten praktischen Fälle vollkommen aus, sich durch drei Messungen, nämlich erstens der Durchlässigkeit D für weißes natürliches Licht, zweitens der Durchlässigkeit für beide Filter in Parallelstellung ($D \parallel$) und drittens der Durchlässigkeit für beide Filter in gekreuzter Stellung ($D +$) ein Urteil über die Güte der Filter zu bilden.

3. Polarisationsvorrichtungen bisheriger Art.
a) Glasplatten und Glasplattensätze.

Nach dem bisher Gesagten ist es leicht verständlich, daß man schon seit langem Schwarzglasplatten im reflektierenden Strahlengang und durchsichtige Glasplatten bzw. Glasplattensätze im durchfallenden Licht als Polarisatoren benutzte. Das Wort Polarisatoren ist hier stets ganz allgemein gebraucht, also auch die speziell zum Nachweis polarisierten Lichts benutzten Analysatoren, bzw. die Bezeichnung Analysator für einen von zwei Polarisatoren fallen darunter. Es liegt jedoch in der Natur dieser einfachen Vorrichtungen, daß sie geringe Intensitäten polarisierten Lichts ergeben. Für die Polarisation durch Reflexion an einer einfachen Glasplatte ist der Wert schon oben mit angeführt worden (beim Brechungsindex $n = 1,5$ beträgt er 7,4% der gesamten einfallenden Intensität). Das gilt aber nur für den Polarisationswinkel i (tg $i = n$). Wird der Einfallswinkel i verändert, so fällt auch der Polarisationsgrad, der bei tg $i = n$ sein Maximum hat. Eine wiederholte Reflexion ergibt eine, wenn auch geringe Verbesserung der Winkelabhängigkeit. Bei einer Vorrichtung, wie sie die Abb. 4 zeigt, kann man einen Bereich von 10° Öffnung noch als für manche Zwecke ausreichend polarisiert betrachten.

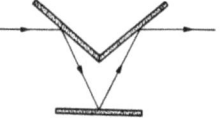

Abb. 4. Glasplattenpolarisator mit mehrfacher Reflexion.

Mit wachsendem Einfallswinkel wächst auch das Verhältnis der reflektierten zur einfallenden Komponente $\frac{R_s}{E_s}$ ständig (s. oben die FRESNELschen Formeln; beide Komponenten senkrecht zur Einfallsebene schwingend = in der Einfallsebene polarisiert), während das Verhältnis $\frac{R_p}{E_p}$ (beide parallel zur Einfallsebene schwingend = senkrecht zur Einfallsebene polarisiert) bei kleinen Werten von i abnimmt. Beim Polarisationswinkel i wird es Null. Bei 90°, d. h. bei streifender

Inzidenz, hat es dann wie $\frac{R_s}{E_s}$ das Maximum erreicht. Dieser Zusammenhang von Polarisationsgrad P, Rückstrahlungsvermögen $\varrho_p = \left(\frac{R_p}{E_p}\right)^2$ bzw. $\varrho_s = \left(\frac{R_s}{E_s}\right)^2$ und Einfallswinkel i ist auch von H. SAUER (*110*) für den Brechungsindex $n = 1,5$ ausgerechnet und in Kurvenform wiedergegeben worden (Abb. 5).

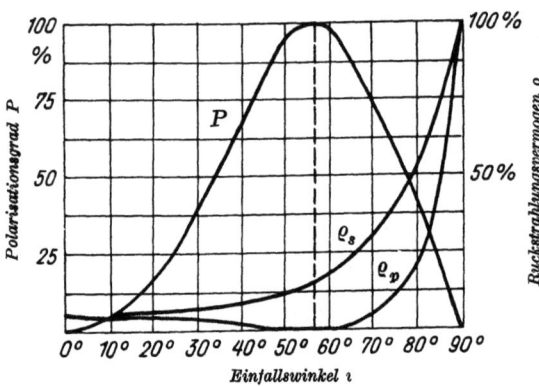

Abb. 5 Polarisationsgrad P für Brechungsindex $n = 1,5$ und Rückstrahlungsvermögen für parallel (ϱ_p) und senkrecht (ϱ_s) zur Einfallsebene schwingendes Licht [nach H. SAUER (*110*)]

Die Größe ϱ_s beträgt beim maximalen Polarisationsgrad nur 14,8%. Bezogen auf das gesamte einfallende natürliche Licht, ist dieser Wert noch zu halbieren [vgl. Formel (3)]. Da man mit dem NICOLschen Prisma (s. weiter unten) fast $\frac{1}{2} I_e$ erreichen kann, leuchtet der Nachteil dieser Polarisationseinrichtung ohne weiteres ein.

Wie bei der Erläuterung der Abb. 2 gesagt, ist der gebrochene Anteil eines einfallenden Lichtstrahls ebenfalls polarisiert, und man kann daher auch die Polarisation durch Brechung als Mittel zur Herstellung polarisierten Lichts anwenden. Der Polarisationsgrad kann aber hier nur sehr klein sein. Sowohl für den Fall $\operatorname{tg} i = n$, für den wir bei Reflexion vollständige Polarisation erhalten, als auch bei anderen Einfallswinkeln ist hier bei Brechung nur teilweise Polarisation möglich. Erst bei Zuhilfenahme von mehreren hintereinandergelegten Glasplatten wird durch mehrfache Brechung die polarisierende Wirkung besser. Man kann die Besserung ebenfalls rechnerisch verfolgen, indem man für die durchgelassenen Komponenten D_s' und D_p' wie O. LUMMER (*81*) folgende Größen einsetzt:

$$\frac{D_s'}{D_p'} = \cos^2(i - i') \text{ für 1 Platte,}$$

$$\frac{D_s'}{D_p'} = \cos^m(i - i') \text{ für } m \text{ Platten.}$$

Für den Polarisationswinkel ($\operatorname{tg} i = n$) wird

$$\frac{D_s'}{D_p'} = \frac{4n^2}{(n^2 + 1)^2};$$

für den Brechungsindex $n = 1,5$ wird 0,85 erhalten. Das Intensitätsverhältnis ist dann $\left(\frac{D_s'}{D_p'}\right)^2$ und ergibt für $n = 1,5$ daher $0,85^2 = 0,72$. Beim Durchgang

durch 5 Platten fällt dieser Wert auf $0,72^5 = 0,20$,
bei 10 Platten fällt dieser Wert auf $0,72^{10} = 0,04$,

d. h. es sind für den Fall des Polarisationswinkels bei $n = 1,5$ bei Vernachlässigung der mehrfach reflektierten Wellen 10 Platten notwendig, um einen Polarisationsgrad von 96% zu erreichen. Die Abhängigkeit der Intensität I und des Polarisationsgrades P vom Einfallswinkel i für das durch einen Glasplattensatz von 1 bis 4 Platten hindurchgehende Licht ist von H. SCHULZ (*114*) anschaulich dargestellt worden (Abb. 6).

Wie man aus den Kurvenscharen der Abb. 6 zunächst sieht, fällt mit steigender Plattenzahl die Intensität stark ab, und man kann ferner feststellen, daß unter Umständen bei geringerer Plattenzahl der gleiche Polarisationsgrad erreichbar ist, wenn man zu einem größeren Einfallswinkel übergeht. Dabei tritt allerdings der große Nachteil der stark verringerten Intensität ein. Auch für die Reflexion kann durch Verwendung eines Glasplattensatzes eine Steigerung der Rückstrahlung erreicht werden. Neben dem einfachen Glasplattensatz sind verschiedentlich Verbesserungen vorgeschlagen worden [s. z. B. P. METZNER (87) und Abb. 7]. Dort werden die Glasplatten zwischen zwei Prismen gelegt. Sie ermöglichen neben einem geraden Lichtdurchtritt auch eine geringere Neigung des Glasplattensatzes.

Eine Energiebilanz dieser einfachen Polarisationseinrichtungen sieht daher sehr schlecht aus, und es ist auch verständlich, daß man mit den nunmehr zu behandelnden Polarisatoren im Vergleich mit jenen wesentlich größere Erfolge bezüglich der Lichtausbeute erzielen konnte.

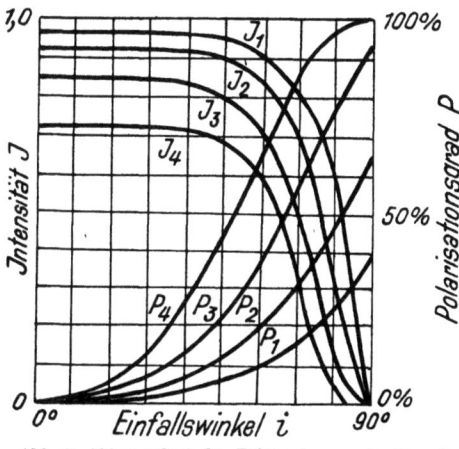

Abb. 6. Abhängigkeit des Polarisationsgrades P und der Intensität I vom Einfallswinkel i [nach H SCHULZ (114)]

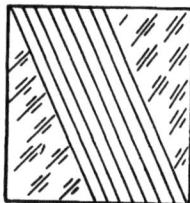

Abb. 7. Glasplattensatz (nach METZNER)

b) Polarisationsprismen.

Eine wesentlich größere und fast an den Idealfall von 50% des einfallenden natürlichen Lichts grenzende Lichtausbeute wird mit Hilfe der Polarisationsprismen, insbesondere aus Kalkspatkristallen hergestellt, erzielt. Das erste Kalkspatpolarisationsprisma wurde von NICOL angegeben. Nach diesem Autor werden heute noch auch die inzwischen stark verbesserten Polarisationsprismen als NICOLsche Prismen oder kurz „Nicols" bezeichnet. Man benutzt beim NICOLschen Prisma die Doppelbrechung des Kalkspats, dessen beide Brechungsindizes mit

$n_e = 1,487$ für den außerordentlichen und
$n_0 = 1,659$ für den ordentlichen Strahl

sehr weit auseinanderliegen. Der Kalkspat oder Calcit, der besonders in Island in schönen großen, glasklaren Stücken gefunden wurde und daher auch Isländischer Doppelspat genannt wird, zerlegt auftreffendes natürliches Licht in zwei Komponenten, die senkrecht zueinander geradlinig polarisiert sind. Durch eine besonders gewählte Schnittrichtung durch ein Kalkspatrhomboeder und Wiederverkittung der erhaltenen beiden Teile wird erreicht, daß die dem ordentlichen Brechungsindex entsprechende Komponente an der Kittschicht durch Totalreflexion beseitigt wird und daß infolgedessen nur die zweite Komponente geradlinig polarisiert das Prisma verläßt (Abb. 8).

Die Lage der Schnittrichtung bei einer neueren Ausführungsform nach RITTER und FRANK (107) ist aus der Abb. 9 zu ersehen, in der außer dem Prisma

294 M. HAASE: Die Polarisationsfilter und das polarisierte Licht.

mit seinen zwei Teilen das Kalkspatrhomboeder und die Lage der optischen Achse (Pfeil) eingezeichnet ist.

Eine zusammenfassende Darstellung der gebräuchlichsten Polarisationsprismen hat schon W. GROSSE (*41*) gegeben, während sich in neuerer Zeit besonders H. SCHULZ (*114*) in zahlreichen Abhandlungen mit den Fragen der zweckmäßigsten Bauart, der Größe des Gesichtsfeldes und dem Verhältnis Länge zu Breite befaßt hat. Er vermittelte eine umfangreiche Übersicht und stellte, wie bereits K. FEUSSNER (*25*), Vergleiche zwischen den verschiedenen Konstruktionen an. Gerade diese Fragen sind für die praktische Verwendung von großer Bedeutung, denn so gut auf der einen Seite der Polarisationsgrad und der große Vorteil der Farblosigkeit der Polarisationsprismen ist, so sind sie jedoch anderseits durch ihre langgestreckte Bauart bzw. große Dicke im Vergleich zum Durchmesser und die durch die immer größer werdende Seltenheit guten natürlichen Kalkspatmaterials verhältnismäßig geringe Breite gerade für manche photographische Arbeiten technisch kaum verwendbar, bzw. zu kostspielig. Man ist im Laufe der Zeit von den ursprünglich bei NICOL und bei

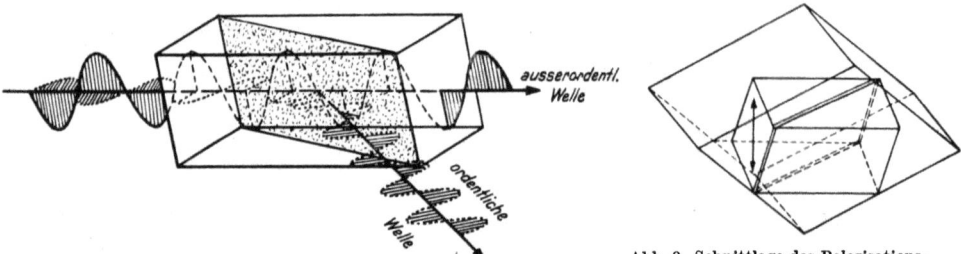

Abb. 8. NICOLsches Prisma (Zeichnung nach NIGGLI).

Abb. 9. Schnittlage des Polarisationsprismas [nach RITTER u. FRANK (*107*)].

FOUCAULT noch vorhandenen schrägen Endflächen abgegangen und hat die Prismen mit geraden Endflächen versehen, wie es beispielsweise bei den Prismen von S. P. THOMPSON (*122f.*) der Fall ist. Von Einfluß auf den Wirkungsgrad ist die Art der Verkittung. Hierfür wird oft Kanadabalsam genommen, aber zum Teil wird auch mit großem Vorteil eingedicktes Leinöl verwendet. Schließlich sind die beiden Kalkspatplatten auch durch eine Luftschicht voneinander getrennt zu finden (GLAN und FOUCAULT). Bei letzterem ist dadurch eine wesentliche Verkürzung erreicht. Das Verhältnis Länge zu Breite beträgt hier nur 1,53, dagegen ist aber das Gesichtsfeld stark eingeschränkt und beträgt nur 8°. Die Art der Verkittung wirkt sich so aus, daß bei kürzesten Kanadabalsamprismen Länge zu Breite = 2,50 und bei kürzesten Leinölprismen Länge zu Breite = 2,079 ist, wobei der Brechungsindex für Kanadabalsam mit 1,540, der des eingedickten Leinöls mit 1,4945 eingesetzt ist.

Nach E. A. WÜLFING (*136*) ist der Zusammenhang der Aperturverhältnisse mit dem Verhältnis Länge zu Breite aus der folgenden Tabelle zu ersehen.

Tabelle 2. **Zusammenhang der Aperturen und der Verhältnisse Länge zu Breite bei THOMPSONschen Prismen.**

$\dfrac{\text{Länge}}{\text{Breite}}$	2,079	2,502	3,000	3,500	4,149	4,915
Symmetrische Apertur bei Kanadabalsam-Kittung = 2 i	0° 0′	0° 0′	11° 8′	19° 24′	27° 28′	34° 26′
Symmetrische Apertur bei Leinöl-Kittung = 2 i' ..	0° 0′	12° 58′	24° 10′	32° 34′	40° 48′	(34° 32′)

Um diese für viele praktische Anwendungszwecke der Polarisationsprismen ungünstigen Dimensionen zu verbessern, hat man schon seit langem [s. bei W. GROSSE (*41*) und AHRENS (*2*)], insbesondere bei Verwendung in Beleuchtungsstrahlengängen, den erfolgreichen Versuch unternommen, mehrere Prismen gleicher Art zusammenzusetzen und dadurch bei gleicher Länge die Breite zu verdoppeln (Abb. 10).

Unter *c* der Abb. 10 ist zu sehen, daß man die beiden inneren, unteren Kristallkeile von *a* und *b* von vornherein in einem Stück anfertigen kann, so daß die Trennungslinie wegfällt. Schließlich besteht noch die Möglichkeit

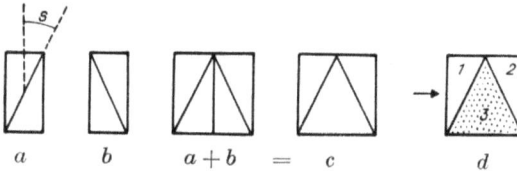

Abb. 10. Erzielung größerer Öffnung durch Zusammensetzen mehrerer Prismen (*a* bis *c*) und das ABBEsche Prisma (*d*) (Analysator).

(Abb. 10*d*), nur diesen einheitlichen, unteren Keil *3* aus doppelbrechendem Kristallmaterial herzustellen, wobei die optische Achse parallel zur brechenden Kante des Keiles verläuft, und die beiden anderen Keile *1* und *2* aus Glas zu fertigen, einen Weg, den E. ABBE (*1*) beschritten hat. Ein Vorteil der ABBEschen Konstruktion war die Ersparnis an Kristallmaterial. Eine weitere Möglichkeit in dieser Hinsicht hat FEUSSNER (*25*) vorgeschlagen, als er dünne Lamellen doppelbrechender Kristalle, insbesondere Kalkspat oder Natriumnitrat, verwandte und diese zwischen zwei Glasprismen verkittete (Abb. 11).

Auch hier ist grundsätzlich die Zusammensetzung mehrerer Prismen möglich, wie es die Abb. 12 darstellt. Diese Prismen bestehen dann aus drei Glasprismen und zwei doppelbrechenden Lamellen.

Abb. 11. FEUSSNERsches Polarisationsprisma mit doppelbrechender Lamelle

Neben den bereits angeführten Zahlen über das Verhältnis Länge zu Breite (*a:b*), den Gesichtsfeldwinkel $2i$ ($i_1 = i_2 =$ größter Einfallswinkel) sei hier noch eine Tabelle angeführt, die zum Teil ein Auszug aus einer schon von FEUSSNER ausgeführten Zusammenstellung ist, die die Unterschiede der Konstruktionen und ihre Wirkungsweise erkennen läßt. Der Winkel zwischen Kittfläche und Prismenachse ist mit *s* bezeichnet (Tabelle 3).

Die Prismen von SÉNARMONT, ROCHON und WOLLASTON seien hier nur dem Namen nach angeführt, da sie insbesondere dazu dienen, den auftreffenden Strahl in zwei zueinander senkrecht polarisierte Teilstrahlen zu zerlegen und daher im Instrumentenbau eine Rolle spielen, aber in dem hier vorliegenden Aufgabenkreis von untergeordneter Bedeutung sind.

Abb. 12. Lamellenprisma mit großer Öffnung.

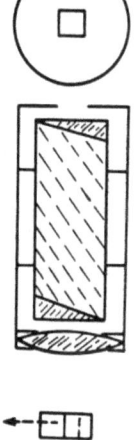

Abb. 13. HAIDINGERsche Lupe.

Eine altbekannte Vorrichtung soll jedoch noch beschrieben werden: das Dichroskop von HAIDINGER oder die HAIDINGERsche Lupe. Sie dient zum Nachweis polarisierten Lichts und vermittelt einen Überblick über die Absorptionsverhältnisse gefärbter Kristalle (Dichroismus s. weiter unten). Der Hauptbestandteil des kleinen Instruments ist ein doppelbrechendes Kalkspatrhomboeder, das von einer am unteren Ende befindlichen viereckigen Blende zwei Bilder beim Durchblicken erscheinen läßt. Die beiden hellen Quadrate sind senkrecht zueinander polarisiert (Abb. 13). Die Länge des Kalkspats ist so gewählt, daß die Quadrate unmittelbar aneinanderstoßen. Auf diese Weise sind selbst geringste

Tabelle 3.

Art des Prismas	Gesichtsfeld $2i$	Prismenwinkel s	Länge:Breite $a:b$
1. Nicolsches Prisma	29°	22°	3,28
2. Nicol mit geraden Endflächen	20°	15°	3,73
3. Foucault-Prisma mit Luftschicht	8°	40°	1,53
4. Glan-Prisma mit Luftschicht	7,9°	50,3°	0,83
5. Thompson-Prisma mit Leinölkittung	40° 48'	13°	4,15
6. Thompson-Doppelprisma (Ahrens)	40° 48'	(13°)	2,08
7. Feussner-Prisma mit Kalkspatlamelle	44°	13,2°	4,26
8. Feussner-Prisma mit Natriumnitratlamelle	54°	16,7°	3,53
9. Feussner-Doppelprisma mit Natriumnitratlamellen	54°	(16,7°)	1,77

Absorptionsunterschiede in doppelbrechenden Kristallen durch den Helligkeitsunterschied der beiden Quadrate, bzw. geringe Spuren von polarisiertem Licht beim Drehen der Lupe leicht erkennbar. Eine neuere Vereinfachung ist weiter unten beschrieben (S. 326).

Wegen ihrer vollständigen Polarisation über das gesamte sichtbare Wellenlängengebiet und ihrer dabei gleichzeitig großen Lichtausbeute werden die Polarisationsprismen stets ihre Bedeutung behalten und für manche Zwecke der exakten Arbeit im polarisierten Licht auch durch die neuen Polarisationsfilter nicht zu ersetzen sein.

c) Turmalinplatten, natürlicher und künstlicher Dichroismus.

Als direkte Vorgänger der heutigen flächenhaften Polarisatoren oder Polarisationsfilter sind die Turmalinplatten zu nennen, die aus optisch einachsigen Turmalinkristallen von bestimmter Färbung geschnitten werden. Die Schnittführung muß hier parallel zur optischen Achse sein. Die Wirkung der Turmalinplatten als Polarisatoren beruht auf dem sogenannten Dichroismus. Man bezeichnet farbige absorbierende anisotrope Stoffe als dichroitisch, da sie das Licht in zwei aufeinander senkrecht stehenden Richtungen verschieden stark absorbieren und mithin in diesen beiden ausgezeichneten Richtungen ganz verschiedene Färbungen zeigen. Dies ist entweder durch den Feinbau der farbigen, anisotropen = doppelbrechenden Kristalle oder Stoffe ganz allgemein oder durch die in das Kristallgitter orientiert eingebauten farbenden Substanzen bedingt [Näheres hierüber bei Ambronn-Frey (6)].

Als allgemeinere Bezeichnung an Stelle von Dichroismus ist oft das Wort Pleochroismus zu finden, insbesondere in solchen Fällen, bei denen es sich um drei verschiedene Absorptionsrichtungen im Kristall handelt, wie dies bei optisch zweiachsigen Kristallen, z. B. bei dem Cordierit und Epidot, der Fall ist.

Bei plättchenförmigen Kristallen oder Kristallschnitten oder bei flächenhaften Stoffen ist die Bezeichnung dichroitisch am verständlichsten. Mit der beschriebenen verschieden starken Absorption ist aber bei solchen anisotropen Stoffen außerdem die schon erläuterte Doppelbrechung und damit auch die Aufteilung in zwei linear polarisierte Komponenten verbunden. Das bedeutet, die den farbigen Kristall verlassenden verschieden gefärbten Komponenten sind linear polarisiert. In dem hier zu behandelnden Zusammenhang interessieren meist nur diejenigen dichroitischen Kristalle und Stoffe, welche die eine Komponente möglichst stark absorbieren, die zweite dagegen möglichst ungeschwächt hindurchlassen. In solchen Fällen liegt dann ein dichroitischer Polarisator vor. Das bekannteste Beispiel für einen solchen ist der schon erwähnte Turmalin, ein in der Natur vorkommendes Silikat, von dem sich manche Varietäten gut als dichroitische Polarisatoren eignen und schon seit 1820 als solche Verwendung fanden. Die Turmalinzange, die allerdings heute keine praktische Bedeutung mehr hat, benutzt zwei solcher dichroitischen Turmalinplatten, die durch Drehen in Parallel- bzw. in gekreuzte Stellung gebracht werden können.

Wie aus Abb. 14 ersichtlich, lassen zwei Platten in Parallelstellung das Licht noch aus der zweiten Platte austreten, in gekreuzter Stellung dagegen herrscht hinter der zweiten Platte Dunkelheit. Die Größe solcher Kristallplatten betrug höchstens bis zu 20×20 mm, aber es war auf diese einfache Weise möglich, Stoffe auf Doppelbrechung zu untersuchen. Eine doppelbrechende Platte wird bei einer Drehung um 360° zwischen gekreuzten Polarisatoren viermal vollständig dunkel und in den dazu um 45° versetzten Stellungen (Diagonalstellungen) hellt sie auf. Diese Aufhellung ist vom Gangunterschied, den die zwei interferierenden Wellenzüge durch die doppelbrechende Platte bekommen, abhängig. Über die Entstehung der Polarisations- oder Interferenzfarbe s. S. 329.

Die Versuche, Dichroismus auf künstlichem Wege zu erzeugen, setzten schon sehr frühzeitig ein. Wie M. v. SEHERR-THOSS (*115*) berichtet, wurde schon 1846 von BREWSTER künstlicher Dichroismus mit Hilfe von chrysaminsaurem Kali auf Glas erzeugt, indem das Glas auf dem Pulver hin und her gerieben wurde. Das Pulver soll auf diese Weise sehr fest am Glas haften. Die

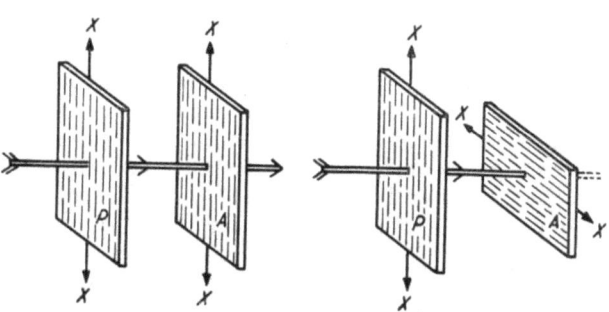

Abb. 14. Dichroitische Platten, parallel und gekreuzt (Prinzip der Turmalinzange).

so präparierten Glasplatten seien wie Turmalinplatten (also als Polarisatoren) zu gebrauchen gewesen. Auch von Indigokarmin wurden hauchdünne Schichten auf Glas erzeugt, die einen sehr auffallenden Dichroismus: dunkelblau zu fast farblos gezeigt haben sollen. Die Orientierung der Kriställchen erfolgte durch Hinundherreiben. Auch diese Platten wurden bereits als Ersatz für die Turmalinzange benutzt und sollen gut zur Beobachtung der Interferenzfiguren von Kristallschnitten verwendbar gewesen sein.

In derselben Richtung liegen auch neuere Arbeiten von H. ZOCHER (*149, 150, 151*), der sich mit dem „Polierdichroismus" befaßte und unter anderem dichroitische Polarisatoren auch dadurch herstellte, daß er Farbstoffe, wie z. B. Methylenblau, in alkoholischer Lösung auf Glasplatten brachte, deren Oberfläche zuvor durch Reiben anisotrop gemacht worden war. Durch Verbrennen des Alkohols tritt ein spontanes Orientieren des Methylenblaus in der Reibrichtung ein, wodurch starker Dichroismus dunkelblau zu farblos, erzielt werden kann.

Es sei an dieser Stelle noch kurz auf weitere frühzeitige Versuche, z. B. von SÉNARMONT, zur Erzeugung von künstlichem Dichroismus hingewiesen, die aber ebenso wie neuere Arbeiten von NEUHAUS sowie von SPANGENBERG und NEUHAUS nicht speziell einen für Polarisationszwecke geeigneten Dichroismus im Auge hatten. Sogar ein dichroitisches Glas soll schon einmal von PETTENKOFER als sogenanntes Astralithglas hergestellt worden sein, welches wohl Dichroismus zeigte, aber kaum als Polarisator geeignet gewesen sein kann.

4. Neue Polarisatoren in Filterform.

Die heutigen flächenhaften dichroitischen Polarisatoren oder Polarisationsfilter haben gegenüber den bisher beschriebenen Vorgängern eine derartige Vervollkommnung erlangt, daß sie hier im einzelnen nach ihrem Aufbau und ihrer Leistung genauer behandelt werden sollen.

Der älteste künstlich herstellbare und für Polarisatoren geeignete Stoff ist der Herapathit, eine nach W. HERAPATH (53) genannte Verbindung aus Jod-Chininsulfat, ein stark dichroitischer Kristall, dessen polarisierende Eigenschaften und Verwendungsmöglichkeit für Polarisatoren schon von HERAPATH erkannt und von HAIDINGER (51) weiter behandelt wurden. Eine große Zahl dichroitischer Verbindungen, u. a. auch den Herapathit und weitere Jodide und Perjodide der Alkaloide, hat JÖRGENSEN (62) hergestellt und beschrieben. Er erwähnt dabei, daß schon BOUCHARDT den Herapathit gekannt hat. 1888 hat dann AMBRONN (3) wiederum auf den Herapathit und seine Verwendung als Ersatz für NICOLsche Prismen hingewiesen, als er einen durch Einlagerung von Jod in Zellmembranen erzeugten starken Dichroismus beschrieb. Trotz des auffallig guten Polarisationsgrades der Herapathitkristalle, auf die in fast allen optischen Lehr- und Handbüchern noch hingewiesen wurde, wurde die laufende Herstellung von Polarisatoren aus diesem Material nirgends in Angriff genommen, auch nicht von A. ZIMMERN (146, 147), der seine Verwendung zu Polarisatoren erneut betonte und ein Verfahren zu seiner Herstellung angab. Erst der systematischen Arbeit F. BERNAUERS (16, 17), der die bis dahin in der Literatur erwähnten Möglichkeiten zur Herstellung von Polarisatoren genau überprüfte und selbst schon neue Wege zu ihrer Herstellung vorgeschlagen hatte, ist es zu verdanken, daß der Herapathit erneut die ihm auf Grund seiner vorzüglichen dichroitischen Eigenschaften gebührende Würdigung fand und daß es M. HAASE (42) unter Fortführung der von F. BERNAUER und seinem Mitarbeiter G. FRICKELL gesammelten Erfahrungen möglich wurde, praktisch brauchbare Herapathitpolarisatoren herzustellen.

a) Einkristallfilter.

Die im ZEISS-Werk hergestellten Polarisationsfilter nach F. BERNAUER enthalten eine einheitliche dichroitische Kristallschicht aus Herapathit, zwischen Glasplatten befestigt, die ihrerseits mechanisch gefaßt sind. Die Abb. 15 zeigt drei ZEISS-Polarisationsfilter „Bernotar" nach F. BERNAUER in Aufsteckfassungen für Photozwecke. Zwei Filter befinden sich in Parallelstellung und lassen dementsprechend noch Licht hindurch (s. die an den Fassungen angebrachten Markierungsstriche für die Schwingungsrichtung). Das dritte Filter ist in gekreuzte Stellung gebracht und läßt kein Licht mehr austreten. Die Herapathiteinkristallschicht besitzt eine grünlichgelbe Färbung, ist praktisch trübungsfrei und zeigt bei hoher Lichtdurchlässigkeit einen sehr hohen Polarisationsgrad. Die Lichtdurchlässigkeit hat nach Messungen von M. HAASE (42, 44) wie die aller dichroitisch gefärbten Stoffe keinen gleichmäßig hohen Betrag für alle Wellenlängen des sichtbaren Lichts, sondern sie ist im kurzwelligen Teil geringer, im Bereich von 550 bis 650 mμ ist sie nahezu gleich groß (zirka 40%) und im langwelligen Teil ist sie höher. Etwa ab 700 mμ nach langen Wellenlängen ansteigend steigt die Durchlässigkeit über 50%, d. h. in diesem Gebiet kann das Licht schon nicht mehr vollständig polarisiert sein. Das ist auch beim Kreuzen zweier solcher Filter zu sehen. Es bleibt ein unpolarisierter dunkler Rotrest, der bei manchen Verwendungszwecken von Vorteil sein kann, da die Wärmestrahlen die Filter ungehindert durchdringen können. Das Ergebnis der Messung ist in Abb. 16 dargestellt. Zwei Filter, in gekreuzte Stellung gebracht, lassen im Bereich von 400 bis 650 mμ praktisch kein Licht hindurch, erst bei noch längeren Wellenlängen beginnt ein Anstieg dieser Kurven, d. h. der Polarisationsgrad nimmt dann schnell ab (s. auch Tabelle 4, S. 300).

Abb. 15. ZEISS-Polarisationsfilter „Bernotar" in Aufsteckfassungen für Photozwecke.

Selbstverständlich variieren die Werte mit der Dicke der polarisierenden Schicht, die in der Größenordnung von $1/100$ mm liegt und die ihrerseits die Stärke der Färbung beeinflußt. So geben die Kurven b die geringeren Werte von doppelschichtigen Herapathitfiltern für Mikrozwecke wieder, die dementsprechend dunklere Auslöschung in gekreuzter Stellung ergeben. Besonders helle Filter, deren Färbung fast neutralgrau wird, zeigen auch im Violetten erhöhte Durchlässigkeit, kommen

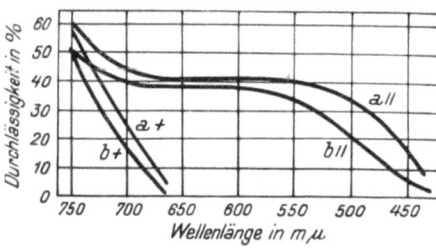

Abb. 16. Durchlässigkeitsverlauf im sichtbaren Gebiet nach Messungen mit dem PULFRICH-Photometer.
 a Photobernotare, b Mikrofilterpolarisatoren,
 $\parallel$ Parallelstellung, $+$ gekreuzte Stellung.

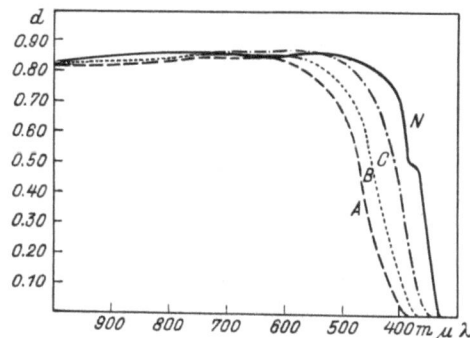

Abb. 17. Durchlässigkeit von Bernotaren für vollständig linear polarisiertes Licht [nach WEMPE (130)].

in ihren Durchlässigkeiten für unpolarisiertes Licht bei mittleren Wellenlängen an 45% heran und zeigen dementsprechend einen früher beginnenden Abfall des Polarisationsgrades, wie besonders aus den in Abb. 17, 18 und 19 wiedergegebenen Meßkurven von J. WEMPE (128) hervorgeht, der seine Messungen auf den Bereich von 300 bis 900 mμ ausdehnte.

Es bedeutet A ein besonders dunkles Photobernotarfilter, B ein normales Bernotar und C ein besonders helles Bernotar, das nahezu neutralgraue Färbung zeigte. N bezeichnet die Vergleichsmessungen an einem NICOLschen Prisma und

300 M. Haase: Die Polarisationsfilter und das polarisierte Licht.

GG 11 ist die Bezeichnung für ein gelbes Schottglasfilter. Die Messungen wurden **lichtelektrisch** im monochromatischen Licht ausgeführt. Im langwelligen Teil des Spektrums kann der Verlauf bis 900 mμ, im kurzwelligen Teil bis 300 mμ verfolgt werden. In den Durchlässigkeitswerten (Abb. 17 und 19) gleicht sich

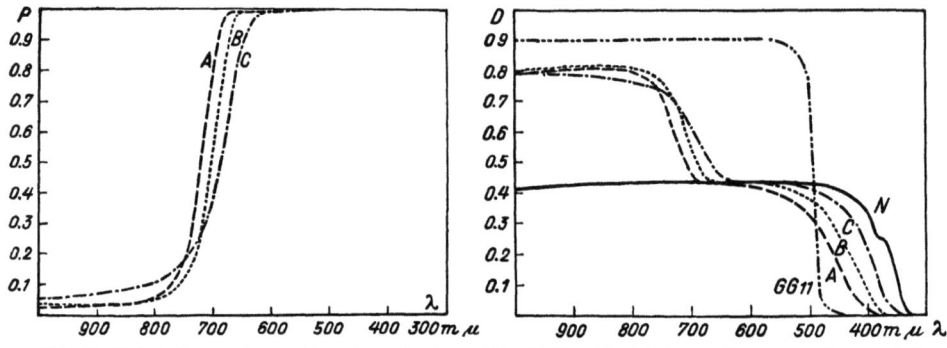

Abb. 18. Polarisationsgrad von Bernotaren [nach Wempe (*130*)].

Abb. 19. Durchlässigkeit von Bernotaren für unpolarisiertes Licht [nach Wempe (*130*)].

das hellste Filter *C* sehr eng an den Nicol an, während aus Abb. 18 zu ersehen ist, daß bei diesem hellsten Filter der Polarisationsgrad schon bei kürzeren Wellenlängen als bei den dunkleren Filtern von 100% abzufallen beginnt. Je nach dem Verwendungszweck der Filter wird man dünnere oder dickere Schichten wählen.

Um schließlich noch einige Zahlen zu nennen, werden in der folgenden Tabelle 4 die Meßergebnisse von neueren Werksmessungen an normalen Photo-Bernotaren angeführt. Die Durchlässigkeit wurde parallel (D_p) und senkrecht (D_s) zu einem Nicol mit dem Pulfrich-Photometer für die sichtbaren Wellenlängen gemessen. Wo bei Wellenlängen unter 700 mμ die Durchlässigkeit D_s so gering wurde, daß sie mit den üblichen S-Filtern nicht mehr gemessen werden konnte, wurde mit monochromatischem Licht gemessen. Für natürliches Licht (*N*) ergibt sich die Größe $N = \dfrac{D_p + D_s}{2}$ aus den zwei Messungen. Die fünfte Spalte enthält den Polarisationsgrad *P* in Prozent.

Von 436 bis zu 644 mμ ist der Polarisationsgrad

Tabelle 4. **Durchlässigkeiten und Polarisationsgrad von Zeiss-Einkristall-Herapathitfiltern (Bernotare).**

Wellenlänge in mμ	Durchlässigkeiten			Polarisationsgrad
	$D_p\%$	$D_s\%$	$N\%$	$P\%$
750	79,0	46,5	62,7	26
726	81,5	33,1	57,3	42
708	82	23,4	52,7	56
705	82	23,0	52,5	66
693	82,5	8,9	45,7	80
665	82,5	0,65	41,5	98,4
644	81,5	0,029	40,7	99,9
638	81	0,04	40,5	99,9
610	81	0,015	40,5	100
578	80,5	0,003	40,2	100
570	80,5	0,001	40,2	100
558	80,5	0,0008	40,2	100
546	79	0,0014	39,5	100
508	71,5	0,00095	35,7	100
465	49	0,001	24,5	100
436	29,5	0,0014	14,8	100

praktisch 100%, die hervorstechendste Eigenschaft, die bei gleich hohen Durchlässigkeitswerten von keinem der übrigen Filter erreicht wird. Daneben zeigen die Einkristallfilter die geringste Trübung, wie aus Vergleichsmessungen mit anderen Filtern hervorgegangen ist.

Diese Filter sind schon bis zu Durchmessern von 100 mm hergestellt worden. Normalerweise reicht ihre Größe bis 60 mm Durchmesser. Es handelt sich hierbei aber nicht um Aggregate von Kristallteilen, sondern um wirkliche Einkristallschichten, die gelegentlich unwesentliche Wachstumsstrukturen und geringe Farbschwankungen zeigen, die auf die optische Leistungsfähigkeit ohne Einfluß sind. Die Herstellung solcher Kristalle ist naturgemäß nicht leicht und erfordert peinlichste Überwachung und Behandlung. Dementsprechend will auch das fertige Filter mit der entsprechenden Sorgfalt behandelt sein und es darf nicht etwa bezüglich der Behandlung und Haltbarkeit mit Massivglas-Gelbfiltern verglichen werden. Vielmehr ist es angebracht, stets einen Vergleich zu den NICOLschen Prismen zu ziehen, die aus sorgfältig zu kittenden und zu behandelnden Teilen bestehen. Gegen Stoß und Fall sind sie empfindlich, desgleichen infolge der weichen Verkittung gegen höhere Temperaturen als 50 bis 60° C. Bei einem solchen Vergleich mit dem Nicol tritt dann der Vorteil der neuen Filter mit großer polarisierender Öffnung bei geringer Dicke deutlich zutage.

b) Vielkristallfilter.

α) **MARKS-Polarisationsfilter.** Die in Amerika hergestellten MARKS-Polarisationsfilter, die auf dem europäischen Markt nur eine geringe Bedeutung erlangt haben, benutzen ebenfalls den Herapathit als dichroitische Substanz, aber es ist u. a. auch Jod-Cinchonidinsulfat von A. M. MARKS (85, 86) in seiner USA.-Patentschrift vorgeschlagen worden. E. NÄHRING (92, 93), der eine ausgezeichnete Zusammenstellung über den Stand der Technik an Hand der bisher bekanntgemachten in- und ausländischen Patentschriften veröffentlicht hat, reihte diese Filter mit in die Einkristallfilter ein. Es hat sich allerdings an den hier zur Verfügung stehenden Mustern einwandfrei feststellen lassen, und zwar beim Kreuzen zweier solcher MARKS-Filter z. T. schon mit bloßem Auge feststellbar, daß hier eine körnige Struktur, also ein Aggregat von Einzelkriställchen vorliegt, die nur nahezu gleiche Orientierung haben. Beim Herstellungsprozeß benutzt MARKS ein Platteneintauchverfahren, wie es ganz ähnlich bereits von A. ZIMMERN (148) beschrieben worden ist, bei dem z. B. die Herapathitlösung in einem Gefäß, in das die Tragglasplatten eingehängt sind, verdampft. Durch das damit verbundene Senken des Flüssigkeitsspiegels kann die Bildung der Kriställchen so vor sich gehen, daß die Glasplatte allmählich mit einem Überzug aus Herapathitkriställchen versehen wird. In einer Druckschrift der Hersteller[1] sind auch Angaben über die Leistung der Filter enthalten. Für gewöhnliches Licht sollen die Filter ungefähr 45% Durchlässigkeit besitzen. Zwei Filter in Parallelstellung lassen noch 36% hindurch, in gekreuzter Stellung beträgt die Durchlässigkeit noch 2%. Für eine einzelne Platte wird dort obenstehende Durchlässigkeitstabelle angegeben (s. Tabelle 5).

Tabelle 5. Durchlässigkeiten von MARKS-Polarisatoren für linear polarisiertes Licht, parallel und senkrecht zur Schwingungsrichtung; Polarisationsgrad (vom Verf. hinzugefügt).

Wellenlänge in mμ	Durchlässigkeiten		Polarisationsgrad $P\%$
	$D_p\%$	$D_s\%$	
400	70	3,5	90,5
450	76	3,5	91,2
500	82	3,0	82,8
550	84	2,5	94,0
600	85	2,0	95,4
650	86	2,0	95,5
700	86	2,0	95,5

Der Polarisationsgrad wurde aus den angegebenen Durchlässigkeitsdaten ausgerechnet und als letzte Spalte hinzugefügt. Als ein Vorteil der Filter muß festgestellt werden, daß auch bei längeren Wellenlängen der Polarisationsgrad nicht abfällt, sondern sogar von 90,5 auf 95,5% ansteigt. Das ist auf die Verwendung

---

[1] Polarized Products Co., Whitestone, L. I., New York.

des Jod-Cinchonidinsulfats zurückzuführen, wie auch aus den Kurven von MARKS (l. c.), Abb. 20, die seiner Patentschrift entnommen sind, ersichtlich ist. Der Polarisationsgrad ist jedoch im Vergleich zu den anderen Filtern als sehr gering zu bezeichnen. Durch diesen Nachteil werden diese Filter, die bis zu einem Durchmesser von 30 mm hergestellt werden, nur für wenige Fälle Anwendung finden können.

β) **Vielkristallfilter nach ZOCHER, LAND und ZEISS-IKON.** Wie schon auf S. 296 und 297 erwähnt wurde, sind schon frühzeitig Versuche durchgeführt worden, auch Polarisatoren aus einer Vielzahl kleiner und kleinster, mikroskopischer oder submikroskopischer gleichgerichteter dichroitischer Teilchen aufzubauen [BREWSTER s. (*114*), AMBRONN (*3, 4, 5*), ZOCHER (*149, 150, 151*)], die in ihrer Gesamtheit den Effekt eines einheitlichen dichroitischen Kristalls ergeben, der die eine der linear polarisierten Komponenten durch Absorption vernichtet und die zweite austreten läßt. Die Abb. 21, die der Patentschrift von H. ZOCHER (*150*) entnommen ist, zeigt den Aufbau eines solchen Vielkristallfilters schematisch.

ZOCHER hat neben anderen Farbstoffen auch den Herapathit als dichroi-

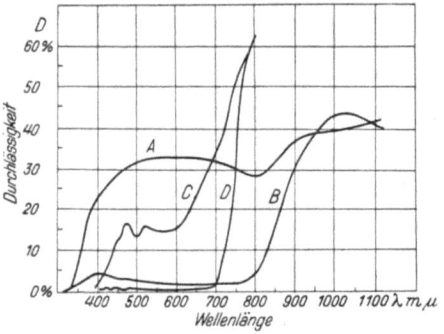

Abb. 20. Durchlässigkeitskurven von MARKS-Polarisatoren (nach MARKS).

A Jod-Cinchonidinsulfatplatten, parallel, *B* Jod-Cinchonidinsulfatplatten, gekreuzt, *C* Jod-Chininsulfatplatten, parallel, *D* Jod-Chininsulfatplatten, gekreuzt.

Abb. 21. Vielkristallfilter (schematisch).

tische Substanz, die sich für solche Filter eignet, hervorgehoben. Ferner beschrieb er auch, den Lösungen Bindemittel zuzusetzen, um einen zusammenhängenden Film zu erhalten, und er wandte neben künstlich anisotrop gemachten Unterlagen (vgl. S. 297) auch isotrope an, wie Glasplatten, auf die er die kolloidale Lösung der dichroitischen Substanz in einer Richtung auslaufen ließ und dadurch die Gleichrichtung der Teilchen bewirkte. Die Verwendung eines Magnetfeldes zur Gleichrichtung wurde ebenfalls von ZOCHER zur Herstellung von Polarisatoren schon vorgeschlagen, nachdem das Richten von Teilchen im magnetischen und elektrischen Feld, das als Majoranaphänomen in die Literatur eingegangen ist, über das bei AMBRONN-FREY (*6*) im Zusammenhang der optischen Untersuchungsmethoden zur Erschließung des submikroskopischen Feinbaues dispersoider Systeme nachgelesen werden kann, bekannt war. Diesen Erkenntnissen gegenüber war der Schritt zur Herstellung einer auf ihrer Gießunterlage bleibenden oder von ihr abziehbaren, bzw. einer von vornherein als Folie, z. B. aus Nitro- oder Azetylzellulose, an sich mit oder ohne Schutzschichten entstehenden Polarisationsfolie nicht groß, und es haben sich auch an verschiedenen Stellen in Deutschland und in Amerika unterschiedliche Arbeitsrichtungen entwickelt, mit denen eine großtechnische Herstellung möglich geworden ist. Einzelheiten können bei E. NAHRING (*93*) sowie in den angeführten Patentschriften von NORWICH RESEARCH INC. [LAND und FRIEDMAN (*98*)], SHEET-POLARIZER INC. [LAND (*116*)], E. H. LAND (*70, 71, 72*), POLAROID INC. [LAND (*102, 103*)] und ZEISS-IKON [LAPP; MEYER, LÜHRIG, LAPP und GAERTNER; LAPP und GAERTNER, MEYER; GAERTNER (*138* bis *144*)] nachgelesen werden.

Die Abb. 22 zeigt die Parallelorientierung von mikroskopischen dichroitischen Kriställchen, die, mit einer Zelluloselacklosung versetzt, richtenden Kräften unterworfen waren und nach Erstarrung die Orientierung im Tragermedium beibehielten. Wie die zahlreichen angeführten Patentschriften zeigen, wurde laufend an der Verbesserung der Produkte gearbeitet, insbesondere wandte man sich der Herabsetzung der infolge der Einlagerung doppelbrechender Stoffe in ein isotropes Medium naturgemäß vorhandenen Trübung zu. Man kann das durch Erhöhen des Brechungsindex des Mediums unter Angleichung an den der Kristalle erreichen, indem man z. B. Polyhalogenierungsprodukte des Naphthalins und des Diphenyls zusetzt [P. GAERTNER (144)]. Besonders zweckmäßig wird die Gleichheit des Brechungsindex des Einbettungsmediums mit demjenigen der durch den Kristall hindurchtretenden Komponente sein. Obwohl bei den meisten Produkten ebenfalls Herapathit verwendet

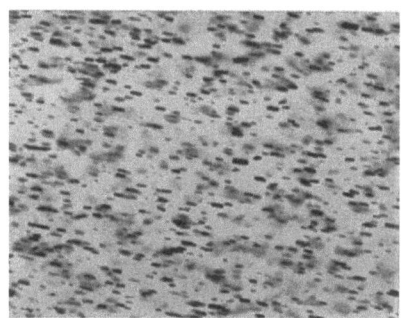

Abb. 22. Mikrophotographie einer Vielkristallfolie (Modellfolie)

wird, über dessen kristallographische Eigenschaften C. D. WEST (132) schrieb und von dem HANS H. PFEIFFER (101) Suspensionen untersuchte, sind auch noch andere Perjodide vorgeschlagen worden. Unter anderem wurden Perjodide des Cinchoninsulfats und des Cinchonidinsulfats oder von Purpurkobaltchloridsulfat verwendet, deren stark polarisierende Eigenschaften schon von JÖRGENSEN (62) beschrieben worden waren.

Meist wird es notwendig sein, die durch die mannigfachen Abwandlungen erhaltenen Polarisationsfolien zwischen zwei Glasschutzplatten zu verkitten, obwohl auch stärkere Folien hergestellt werden, die direkt Verwendung finden. Optische Messungen an solchen Vielkristallpolarisatoren liegen an amerikanischem Polaroidmaterial[1] von 1937 von M. GRABAU (38, 39) vor. Die Folie hatte eine Dicke von 0,0026 Zoll und bei mittleren Wellenlängen eine Durchlässigkeit von 36%. Ebenso wie

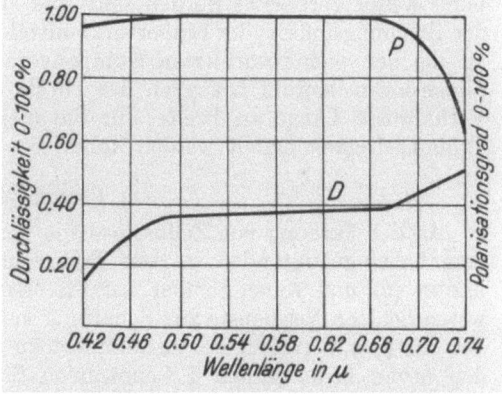

Abb. 23. Spektrale Durchlassigkeit und Polarisationsgrad an Polaroidfolien (nach Messungen von GRABAU).

beim Einkristallfilter liegt die Durchlässigkeit bei kürzeren Wellenlängen tiefer und bei längeren Wellenlängen höher. Der Polarisationsgrad liegt im mittleren Wellenlängebiet knapp unter 100% und fällt im Gegensatz zu den Einkristallfiltern sowohl im Roten als auch im Violetten ab. Die in gekreuzter Stellung dieser Filter zu beobachtende Restfarbe ist daher Purpur (Abb. 23).

Nach früheren Messungen desselben Autors (39), offenbar an älterem Material, lag die Durchlässigkeit von Polaroid im mittleren Gebiet bei nur zirka 28%;

---

[1] Hersteller der Polaroidfolie ist die Polaroid-Corporation, Boston, Massachusetts.

Tabelle 6. Durchlässigkeiten und Polarisationsgrad von ZEISS-IKON-Polarisationsfolien für weißes Licht (H. SAUER).

Filter	D%	D+%	D∥%	P%
A	40,1	0,7	31,6	97,9
B	37,0	0,3	27,1	98,9
C	34,0	0,1	23,1	99,7
D	32,0	0,03	20,5	99,9

dasselbe Ergebnis hatte auch M. HAASE (42) an dem 1936 käuflichen Polaroidmaterial gefunden.

In der Tabelle 6, die der Arbeit von H. SAUER (110) entnommen ist, sind Zahlenangaben über ZEISS-IKON-Polarisationsfolien angegeben. Für verschieden helle Filter (A bis D) sind die Weißdurchlässigkeit, die Durchlässigkeiten zweier Filter in gekreuzter und paralleler Stellung sowie der Polarisationsgrad angeführt. Man sieht, daß mit dunkler werdenden Filtern der Polarisationsgrad bis zu 99,9% zunimmt.

Der große Vorteil dieser Vielkristallfilter liegt darin, daß die dazu notwendigen Folien in Anlehnung an die bei der Photofilmfabrikation übliche Gießtechnik in für alle praktischen Fälle genügender Breite (zirka 50 cm) und beliebiger Länge hergestellt werden können. Außerdem ist eine solche Folie auch in verkittetem Zustand bei rein mechanischer Beanspruchung widerstandsfähiger als ein Einkristallfilter. Zwecks Vermeidung der chemischen Angreifbarkeit durch Kittmittel sind verschiedene Vorschläge gemacht worden; so werden z. B. dem Trägermedium oder einer besonderen Schutzschicht Substanzen zugesetzt, die eventuelle Abspaltungsprodukte binden und dadurch eine Zersetzung der Folie verhindern können [ZEISS-IKON (145)]. Über Haltbarkeitsversuche ist allerdings noch wenig bekannt geworden. Nur bei H. SAUER (110) ist zu finden, daß Temperaturen an den Filtern von über 100° bis 140° zu vermeiden sind.

Es unterliegt keinem Zweifel, daß die Vielkristallfilter bezüglich ihrer Trübung weiter verbessert worden sind und daß bei Beachtung der Angleichung der Brechungsindizes der Einbettungsmittel an die der Kriställchen, insbesondere an die der nichtabsorbierten Komponente sowie bei Wahl geeigneter Kristalldimensionen, sowohl bezüglich der Größe der Teilchen an sich als auch ihrer Verhältnisse Länge zu Breite, für die meisten Fälle der Praxis ausreichende Trübungsfreiheit erzielt werden kann.

c) Färbungsfilter.

Mit der Färbung von Zellulose sowie von Gelen der verschiedensten Art und dem dabei auftretenden starken Dichroismus haben sich seit langem H. AMBRONN (6) und seine Schüler befaßt. Es ist daher durchaus berechtigt, die wesentlichsten Verdienste zur Schaffung von Polarisationsfiltern auch dieser Art der geistigen Vorarbeit der AMBRONNschen Schule zuzuschreiben, da dort neben den neuen bedeutsamen Erkenntnissen für die Kolloidforschung wie für die Färbereitechnik auch die Grundlagen für gefärbte dichroitische Zellulosefolien für Polarisationsfilter erarbeitet wurden. So hat H. NEUBERT (95) bereits für Polarisationszwecke geeignete dichroitische Färbungen hergestellt und nicht nur mit Farbstoffen, sondern auch mit Metallen und Metalloiden wurden ausgezeichnete dichroitische und für Polarisationszwecke geeignete Wirkungen erreicht. Die einleitend erwähnten Arbeiten von H. ZOCHER (149, 150), der anisotrope oder künstlich anisotrop gemachte Platten zum Zwecke der Herstellung von Polarisatoren mit Farbstoffen versah, gehören ebenfalls zu den Vorgängern für die behandelten Polarisatoren.

Schon 1936 erwähnte M. HAASE (42) auf Grund seiner Versuche erstmalig die Verwendungsmöglichkeit von Zellulosehydrat: „Cellophan" im Zusammenhang mit dem Dichroismus durch Färbung für Polarisationsfilterzwecke. Im Jahre 1937 veröffentlichte dann FORTUNATO DI MARINO (84) eine Arbeit über die optischen Eigenschaften des Cellophans und die damit möglichen Anwendungen, worin er genauer beschreibt, daß sich gefärbte und weiter gestreckte Cellophanschichten in vollkommener Analogie zum Turmalin verhalten. Er führt ferner an, daß es möglich ist, durch Kombination zweier verschieden gefärbter polarisierender Cellophanfolien in Parallelstellung zu einem Nicol vollständige Aufhellung und in gekreuzter Stellung Dunkelheit zu erhalten. Auch mehrere Schichtenpaare zu verwenden oder eine einzelne Schicht mit mehreren Farben nacheinander anzufärben, um neutral gefärbte Folien zu erhalten, wurde von F. di MARINO vorgeschlagen. Nach zwei neueren französischen Patentanmeldungen [I. G. FARBEN (58) und E. KÄSEMANN (63)] wird besonders die starke Streckung von handelsüblichen Zellulosehydratfolien, wie z. B. Cellophan, Transparit, Heliozell, in dem zweiten Fall wahrend des Herstellungsprozesses, vorgeschlagen und als Farbstoffe werden u. a. Chicagogelb, Indanthrenblau S, Diaminblau erwahnt. Die nach einem solchen Verfahren hergestellten und dem Verfasser zur Verfugung stehenden Polarisationsfilter von E. KÄSEMANN hatten einen Durchmesser von 38 mm, enthielten eine zwischen zwei Glasplatten verkittete und gefaßte Folie und zeigten eine annahernd neutrale Färbung. Der Polarisationsgrad ist allerdings im Vergleich zu anderen Filterarten als gering zu bezeichnen. In Tabelle 7 sind die Ergebnisse von Messungen der Physik.-Techn. Reichsanstalt vom 12. Dezember 1939 wiedergegeben.

Im sichtbaren Spektralbereich zeigen nach eigenen Beobachtungen die Filter ebenfalls einen geringen Abfall der Durchlassigkeit im Violetten und einen starken Anstieg im Roten auch etwa von 650 mμ ab. Der unpolarisierte Anteil, der in gekreuzter Stellung zweier Filter bei diesen Mustern grün aussah, kann nach Äußerung von E. KÄSEMANN nach Belieben auch grau, blau, violett, rot usw. gestaltet werden. Die Folie selbst vertrage Temperaturen über 100°.[1]

Tabelle 7. Durchlassigkeiten und Polarisationsgrad fur weißes Licht von KÄSEMANN-Filtern (PTR) (Polarisationsgrad vom Verfasser hinzugefügt).

Filter	D_p%	D_s%	N%	P%
1	56,9	0,24	29,0	99,1
2	54,4	0,35	28,2	98,5
3	62,5	0,42	31,9	98,8
4	62,8	0,38	31,1	98,8

Auch diese Folienart ist für manche Zwecke bereits geeignet; ein abschließendes Urteil kann jedoch noch nicht abgegeben werden, da die Entwicklung noch im Gang ist und von dem Hersteller[2] selbst noch keine Unterlagen veröffentlicht worden sind. Anm. bei der Korrektur: Inzwischen erschien noch ein Bericht von E. KÄSEMANN (63a) über einen Projektor für Stereoprojektion (vgl. S. 323) der Firma CHARLOTTENBURGER MOTOREN- UND GERÄTEBAU, in dem auch über seine Polarisatoren für die Stereobrille „Cellopolar" einiges mitgeteilt wird. Es wird die Trübungsfreiheit und der geradlinige Verlauf der Lichtabsorption für das sichtbare Gebiet hervorgehoben.

d) Sonstige Filter.

Noch einige weitere Polarisatoren sollen der Vollständigkeit halber beschrieben werden, obwohl sie bisher keine praktische Bedeutung erlangt haben. Es sind zunächst die sogenannten Zerstreuungspolarisatoren, auf die schon S. BECHER (12) hingewiesen hat, als er vorschlug, ein aus Kalkspatgewebe bestehendes Echinodermenskelett mittels Durchtränkung von Flüssigkeiten oder Harzen von passender Lichtbrechung so zu verändern, daß das Gewebe für einen

---

[1] Vgl. hierzu auch eine Arbeit von MIDDLEHURST und WELLER (91).
[2] E. KÄSEMANN, Laboratorium fur technische Physik, Berlin-Zehlendorf.

der beiden, im doppelbrechenden Kalkspat entstehenden, linear polarisierten Lichtstrahlen durchsichtig wurde, während der andere durch wiederholte Brechung und Reflexion zerstreut werden sollte. F. BERNAUER (15) ging noch einen Schritt weiter und schlug vor, in einem doppelbrechenden Kristall isotrope Teilchen einzulagern, deren Brechungsindex mit dem einen des Kristalls übereinstimmen soll. Die eine der im doppelbrechenden Kristall entstehenden Komponenten wird auf diese Weise zerstreut und die andere, für die die Brechungsindizes von Kristall und isotropen Teilchen übereinstimmen, wird linear polarisiert austreten können. Auch E. H. LAND (72, 73) hat dieses Prinzip verfolgt, indem er Vielkristallpolarisatoren z. B. unter Verwendung von farblosen Harnstoffkristallen als Zerstreuungspolarisatoren herstellte, allerdings war dies auch

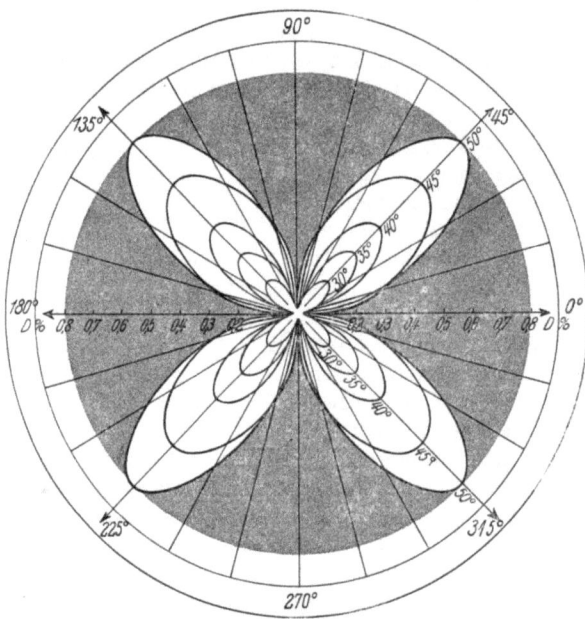

Abb. 24. Durchlässigkeitsänderungen bei Kippung (0 bis 50°) zweier gekreuzter Filter für 0 bis 360°-Drehung (nach M. HAASE).

schon bei H. SCHULZ (114), S. 397, vorher beschrieben worden und grundsätzlich als Erscheinung der sogenannten Stäbchendoppelbrechung bekannt [Theorie des Mischkörpers nach O. WIENER, s. bei AMBRONN-FREY (6)], um deren Aufklärung sich AMBRONN mit Erfolg bemüht hat. Um eine gleichmäßige Verteilung des gestreuten Lichts zu erreichen, ordnet E. H. LAND (102) zwei solcher Folien hintereinander an, in denen die Längsrichtungen der Kristallnädelchen gerade senkrecht zueinander stehen, und die Brechungsindizes der Einbettungsmedien einmal dem oberen und das andere Mal dem unteren Brechungsindex der Kristalle angeglichen sind.

Sodann ist auch die **Polarisation durch Reflexion** schon zur Herstellung von Vielkristallpolarisatoren versucht worden [Sproxton-Xylonite (119)], indem eine Vielzahl kleiner reflektierender Teilchen z. B. aus Perlenessenz, die naturgemäß unter einem bestimmten Winkel zur Einfallsrichtung angeordnet sein müssen, in ein isotropes Trägermedium eingebettet wurden. Offenbar war die Lichtausbeute und der Polarisationsgrad aber so gering, daß eine praktische Verwendung bisher unterblieb.

Schließlich wurden auch vollkommen undurchsichtige Teilchen eingebettet und parallel orientiert, wie es BRAUN (*18*) in seiner Patentschrift beschrieb. Auch dieser Art von künstlichen Polarisatoren, die BRAUN Gitterpolarisatoren nannte und die immerhin auch als eines der Vorbilder der heutigen Flächenpolarisatoren zu betrachten sind, ist bisher außer dieser Tatsache keine praktische Bedeutung zugefallen.

Über die

Abhängigkeit der Durchlässigkeit vom Durchblickwinkel

sowohl an einzelnen als auch an zwei gekreuzten Filtern sind bereits Messungen durchgeführt worden [M. HAASE (*44*) und S. ROESCH (*108*)]. Als praktisches Ergebnis kann festgestellt werden, daß selbst bei sehr schrägem Durchblick (50°) durch gekreuzte Filter in ungünstigster Azimutstellung die Durchlässigkeit nicht über 1% ansteigt, d. h. in sehr vielen Fällen bei Benutzung in oder an optischen Instrumenten sind die Filter einzeln oder gekreuzt noch bei großen Öffnungswinkeln, bzw. in konvergenten oder divergenten Strahlengängen verwendbar, wo bisher die Anwendung der Nicols nicht möglich war. Dieser Vorteil ist auch für den Autoblendschutz mit polarisiertem Licht [s. bei H. SAUER (*110*)] und die Stereoprojektion (s. S. 322) von großer Bedeutung. Bringt man ein gekreuztes Filterpaar z. B. in den Strahlengang eines Konoskops, so beobachtet man ein rechtwinkliges dunkles Kreuz, wie es auch aus den Messungen der Abb. 24 ersichtlich ist.

In vier Azimutstellungen bei 0°, 90°, 180°, 270° ist selbst bei stärkstem konvergenten Strahlengang die Kippung ohne Bedeutung für die dunkle Auslöschungsstellung; in den vier Diagonalstellungen tritt dagegen eine Aufhellung ein, die bei 50° Kippung hier den Wert von 0,8% absolute Durchlässigkeit erreicht. Diese Messungen wurden an Einkristallfiltern durchgeführt und S. ROESCH erhielt an Vielkristallfolien praktisch das gleiche Ergebnis.

5. Die Anwendung einzelner Polarisationsfilter.

Beim Betrachten von Gegenständen der verschiedensten Art und Wasseroberflächen werden Reflexe oft als störend empfunden, so daß bereits ARAGO zur Verminderung von Reflexen auf der Wasseroberfläche einen dichroitischen Turmalinkristall als Analysator vor dem Auge zu Hilfe genommen haben soll.

Nach den im Abschnitt 2 gemachten Ausführungen über die Polarisation durch Reflexion und über das BREWSTERsche Gesetz ist es offenbar, daß beim schrägen Aufblicken auf eine glänzende reflektierende z. B. Wasserfläche der Reflex unter Umständen ganz beseitigt werden kann, nämlich dann, wenn der Betrachter seinen Standpunkt so gewählt hat, daß er unter dem Polarisationswinkel für Wasser (s. Tabelle 1, S. 288), nämlich 53° 7', mit seinem Analysator beobachtet und letzteren durch Drehen in die richtige Stellung, die sogenannte Auslöschungsstellung, bringt. Die Oberfläche ist dann nur noch diffus beleuchtet, und es gelingt sogar, in das Wasser hineinzusehen, bzw. bei flachen Gewässern den Grund zu beobachten (s. Abb. 29 und 30). Ist der Winkel, unter dem beobachtet wird, nicht gleich dem Polarisationswinkel des reflektierenden Materials, sondern davon verschieden, so gelingt naturgemäß auch nur eine mehr oder weniger große Reflexverminderung. Dieses Verfahren der Reflexbeseitigung kann man in den meisten praktischen Fällen anwenden, wie z. B. an Wasser- und Glasflächen, polierten Holzplatten, Linoleumbelagen, lackierten Flächen u. a. m. Der erste, der den Versuch ausführte, diese Ergebnisse auch im Lichtbild festzuhalten und in vielen Fällen bessere reflexverminderte Bilder zu erhalten, war J. E. JAKOBSTHAL (*60*), dem 1888 ein entsprechendes Patent erteilt wurde. Sein seinerzeitiger Anspruch lautete: „die Kombination von photographischen Objektiven mit NICOLschen Prismen, Turmalinplatten oder anderen Polarisationskörpern in der Weise, daß diese vor, in oder hinter dem Linsensystem drehbar angebracht werden, um die beim Photographieren störenden Glanzlichter zu vermindern".

Auch STOLZE und SCHMEHLICK sollen sich nach H. SCHULZ (*114*) mit diesen Aufgaben befaßt haben. F. SMITH (*118*) greift 1922 die photographische Anwendung von Turmalinplatten vor der Kamera erneut auf. Eine praktische Anwendung in größerem Maß war aber nicht festzustellen. Es blieb vielmehr der neuen Periode in der Polarisationsoptik vorbehalten, die nunmehr von optischen Firmen listenmäßig geführten Flachenpolarisatoren für die reflexfreie Photographie und weitere Möglichkeiten nutzbringend anzuwenden. Diese neuen Polarisationsfilter (s. z. B. Abb. 15, S. 299, ZEISS-Bernotare[1]) sind in den verschiedensten Durchmessern mit

Abb. 25. Schwenkbares Polarisationsfilter der Firma LEITZ.

Abb. 26. Polarisationsvorsatz zur Contax der Firma ZEISS-IKON.

Aufsteckfassungen für Objektive käuflich. Ein einzelnes solches Filter benutzt man folgendermaßen: durch Drehen vor dem Auge stellt man die günstigste Lage für die Reflexbeseitigung ein, indem man dabei gleichzeitig seinen Standpunkt zum Objekt noch verändert, wenn die Beseitigung der Reflexe noch nicht genügend erscheint. Der auf diese Weise ermittelte Standpunkt sowie die Lage des Filters, die an den angebrachten Markierungsstrichen für die Schwingungsrichtungen gemerkt werden kann, werden beibehalten und das Filter jetzt in gleicher Lage auf das Objektiv gesteckt. Bei Apparaten mit Mattscheibe beobachtet man zweckmäßigerweise die beste Stellung auf der Mattscheibe. Um ein Aufstecken des Filters nach der Beobachtung mit bloßem Auge und eine damit möglicherweise verbundene Verdrehung des Filters aus der günstigsten Stellung zu vermeiden, sind die verschiedensten Vorschläge gemacht worden. Es sollen hier davon zwei angeführt werden, die in letzter Zeit Aufnahme fanden. Es ist dies einmal das schwenkbare Filter der Firma LEITZ,[2] das in Abb. 25 wiedergegeben ist. Das Filter wird zunächst in den Sucherstrahlengang eingeschwenkt und bis zum gewünschten Effekt gedreht, dann klappt man das Filter um 180° herunter und hat es auf diese Weise in der gleichen wirksamen Stellung vor das Objektiv gebracht.

Das andere Mal ist die Aufgabe von ZEISS-IKON[3] mit zwei gekuppelten

---

[1] ZEISS-Druckschrift Pho. 315/I und 323.
[2] S. Brief Nr. 6 der Leica-Schule, 1939.
[3] ZEISS-IKON-Druckschrift, Der Polarisationsvorsatz zur Contax Nr. 541/27.

Polarisationsfiltern gelöst worden, von denen eins immer vor dem Aufnahmeobjektiv bleibt, während das andere, kleinere nur zur Beobachtung dient. Besonders bei schnellem Arbeiten wird dieser Vorsatz von Vorteil sein, da er nach Einstellung der günstigsten Filterwirkung durch die Rändelschraube sofort aufnahmebereit ist. In vielen Fällen ist es zweckmäßig, die Belichtungszeit entsprechend der Absorption der Filterschicht auf das Zwei- bis Dreifache zu erhöhen.

Es sollen an dieser Stelle einige Vergleichsaufnahmen ohne bzw. mit Filtern, d. h. also mit Reflexen bzw. ohne Reflexe eingefügt werden, an denen man die Wirkung der Filter deutlich sehen kann. Es treten dem praktischen Photographen zahlreiche derartige Fälle gegenüber, in denen nur durch das Filter eine brauchbare Bildwirkung entsteht. So ist für den Fachphotographen bei

Abb. 27. Feldstecherfilter zum Aufstecken auf die Okulare.

Schaufensteraufnahmen, insbesondere bei ganzen Schaufensterfronten, besonders in engen Straßen, das Filter unentbehrlich, sofern man Wert darauf legt, die Auslagen in den Schaufenstern im Bild festzuhalten (Abb. 28). Bei Porträtaufnahmen von Brillenträgern sind oft durch Anwendung eines Polarisationsfilters nicht nur die Reflexe auf den Brillengläsern, sondern auch auf der Haut zu beseitigen (Abb. 31). Es lassen sich storende Spiegelungen an lackierten Geräteteilen, z. B. bei Aufnahmen vermeiden, die für Reklame- und Druckschriftenzwecke

a   b
Abb. 28. Reflexbeseitigung an Glasscheiben.
a Mobelschaufenster ohne Reflexe, b Mobelschaufenster mit Reflexen.

ausgeführt werden. Dabei wird gleichzeitig eine oft sonst nötig gewesene Retusche gespart. Auch bei Reproduktionen von Ölgemälden und anderen Bildern, die an schwer zugänglicher Stelle hangen oder den Eindruck des übrigen Bildaufbaus stören, an Windschutzscheiben von Autos, auf Linoleum, an Lederflächen, an Papier- und Kunstdrucken, an polierten Holzplatten usw. sind Spiegelungen mit Erfolg zu unterdrücken [s. Abb. 28 bis 31 und z. B. bei M. HAASE (*43*)]. Oft benutzt man nicht nur die Polarisationsfilter für die Herstellung von Photos, sondern man verhilft sich bei Verwendung in Brillen beispielsweise zu einem reflexfreien Lesen von Zeitschriften oder zum Betrachten von Wasserflächen. Das kann außerdem mit Filtern geschehen (Abb. 27), die, in sich drehbar, auf Feldstecherokulare aufgesteckt werden.

310　M. Haase: Die Polarisationsfilter und das polarisierte Licht.

Die Abb. 32 gibt einen lehrreichen Versuch wieder, den man mit einem Polarisationsfilter auf einer glänzenden, reflektierenden Zeitschriftenseite anstellen kann. Sowohl beim Betrachten oder Photographieren durch ein Bernotar als auch durch Beleuchten mit polarisiertem Licht (siehe das unterhalb des Filters entstehende reflexfreie Schattenbild) lassen sich Reflexe beseitigen. Auf dieser

a

b

Abb. 29 Reflexbeseitigung an Wasserflächen.

a Die starke Spiegelung an der Wasseroberfläche und an den glänzenden Blättern macht das Bild unanschaulich.
b Dieselbe Aufnahme mit Bernotar; die Spiegelung an der Wasseroberfläche ist vollständig verschwunden, auch die Wiedergabe der Blätter ist weitaus besser.

Grundlage sind auch schon Leselampen [s. z. B. bei M. Grabau (*38*)] vorgeschlagen worden, die polarisiertes Licht aussenden und damit reflexfreies Lesen und Arbeiten bei Lampenlicht ermöglichen.

Auch bei Farbaufnahmen lassen sich die Polarisationsfilter verwenden, wobei eine neutralgraue Färbung der Filter am zweckmäßigsten ist.

Da auch das **blaue Himmelslicht polarisiert** ist, und zwar in allen vier Quadranten jeweils senkrecht zur Sonne am stärksten, läßt sich auch vielfach die sonst auftretende starke Schwärzung eines isochromatischen Photomaterials dämpfen und man kann durch geeignete Drehung des Polarisationsfilters die Wirkung eines starken Gelbfilters und außerdem eine Kontraststeigerung erzielen (s. Abb. 33 a und b). Für subjektive Beobachtungen der Himmelspolarisation am Tage oder von Flugzeugen am Himmel ist die Wirkung unter Umständen noch wichtiger. Zur Messung der Himmelspolarisation ist von POLLAK und WILHELM (104) ein neues objektives Polarimeter hergestellt worden, das mit Bernotaren arbeitet. Ferner hat C. HOFFMEISTER (57) darauf hingewiesen, daß die Polarisationsfilter vorteilhaft verwandt werden können, wenn es sich darum handelt, in Mondnächten Sternaufnahmen auszuführen, bei denen störender Schleier vermindert werden soll. K. SCHILLER (111) prüfte die Sichtbarkeitsverhältnisse von Sternen am Tage. Er hat festgestellt, daß die Auffindung der Sterne mit Hilfe der Bernotare außerordentlich erleichtert wird und im Gegensatz zum Nicol keine Störungen in der Beleuchtung auftreten. Dazu hat neuerdings auch J. WEMPE (130) Stellung genommen. Eine weitere astronomische Anwendung der Polarisationsfilter wird im Abschnitt über die Interferenzfilter besprochen.

Außerdem hat H. BACKSTRÖM (11) darauf aufmerksam gemacht, daß es gelingt, durch Verwendung von Polarisationsfiltern eine Verbesserung der Einzelheitenwiedergabe in den Schatten des Bildes zu erreichen. Auch bei der Anfertigung von Vergrößerungen von flauen Negativen ist das Polarisationsfilter mit Erfolg zur Kontraststeigerung herangezogen worden; vermutlich beruht die Wirkung hier aber auf reiner Absorption.

a

b

Abb. 30. Reflexbeseitigung an Wasserflächen.
a Die Spiegelung ist so stark, daß weder Fische noch Untergrund beobachtet werden können. b Dieselbe Aufnahme mit Bernotar gibt Fische und Untergrund des Teiches deutlich wieder.

Als zusammenfassende Berichte über photographische Möglichkeiten mit polarisiertem Licht sind außer den bereits angeführten Arbeiten die Artikel von TUTTLE und MC. FARLANE (125) sowie von MC. FARLANE (23) zu nennen. Man findet dort u. a. Darstellungen über die Reflexbeseitigung bei Photoaufnahmen im Atelier unter Zuhilfenahme von zwei Polarisatoren. Sowohl die Lichtquelle als auch das Aufnahmeobjektiv erhalten Polarisationsfilter, wodurch eine weitgehende Variationsmöglichkeit in der Bildgestaltung und Reflexbeseitigung bzw. Reflexverminderung erzielt wird.[1]

Es sei schließlich noch darauf hingewiesen, daß ein grundsätzlicher Unterschied zwischen Wirkungsweise und Zweck der Polarisationsfilter und der Optik

a b

Abb. 31. Reflexbeseitigung an gewölbten Brillengläsern.
a Ohne Bernotar. b mit Bernotar, beachte die gleichzeitig beseitigten Reflexe auf der Haut.

mit verminderten Reflexen (reflexfreie Optik, T-Optik) besteht. Dieser Unterschied ist leider öfter übersehen worden. Er wird von C. EMMERMANN (22a) hervorgehoben. Mit ersteren sollen die hier behandelten, in der Natur vorhandenen Reflexe (Glanzlichter) der aufzunehmenden Gegenstände beseitigt oder vermindert werden, die reflexfreie Optik dagegen hat insbesondere die Eigenschaft einer erhöhten Lichtdurchlässigkeit des Objektivs als Folge der auf die Linsenflächen des Objektivs aufgebrachten Vergütungsschichten und erwirkt durch die erreichte Verminderung der Reflexionsverluste des durchgehenden Lichts an den meist zahlreichen Linsenflächen der Objektive gleichzeitig eine Herabsetzung oder Beseitigung störender, meist kreisförmiger Spiegelbilder und Blendenflecke aus dem Objektivinneren (vgl. auch S. 6 ff.).

Abb. 32. Reflexbeseitigung im durchfallenden und auffallenden polarisierten Licht

Der durch starken Glanz unleserliche Text wird beim Photographieren durch das aufgestellte Bernotar deutlich sichtbar. Das von hinten durch das Bernotar fallende Licht wird polarisiert und läßt nach Reflexion am glanzenden Papier ebenfalls den Text einwandfrei erkennen.

---

[1] Anmerkung bei der Korrektur: Siehe auch K. MÜLLER: Z. f. angew. Photogr. **2**, 66 (1940).

6. Die Anwendung mehrerer Polarisationsfilter.
a) Veränderliche Filterkombinationen.

Die Verwendung von Polarisatoren für Lichtschwächungseinrichtungen ist seit langem bekannt, und es ist daher selbstverständlich, auch die neuen Polarisationsfilter hierfür nutzbar zu machen. C. EMMERMANN (22) wies daher bei einer Besprechung der neuen Polarisationsfilter darauf hin, daß zwei Filter zusammen und gegenseitig drehbar ein in seiner Dichte regelbares Graufilter ergeben. Mit NICOLschen Prismen sind schon oft solche Vorrichtungen für photometrische Zwecke verwendet worden. Stehen bei zwei Filtern die Schwingungsrichtungen parallel, so herrscht größte Lichtdurchlässigkeit; wird dann das eine Filter gedreht, so beginnt eine Verdunklung, die bei 90° Drehung ihren Höchstwert erreicht. Derartige Verdunklungseinrichtungen haben den großen Vorteil, über ihre ganze Öffnung gleichmäßig zu verdunkeln. Wir sind also z. B. auch in der Lage, damit an einem Photoobjektiv bei voller Blendenöffnung Verdunkelungen zu erzielen, die die Tiefenschärfe nicht beeinflussen, wie es bei der Abblendung mit der Irisblende der Fall ist. Auch für Belichtungsmesser sind solche Lichtschwächungseinrichtungen schon vorgeschlagen worden. Die Stärke des Kopierlichtes läßt sich mittels drehbarer Filter ebenfalls regeln. Der Grad der Verdunklung hangt vom Quadrat des Cosinus des Drehungswinkels ab. Es gilt hier wie bei NICOLschen Prismen das MALUSsche Gesetz $(I = I_0 \cdot \cos^2 \alpha)$, was auch J. WEMPE (130) experimentell geprüft und bestätigt hat.

Es besteht ferner die Möglichkeit, mit Hilfe der Polarisationsfilter Marken für optische Geräte, Strichteilungen, Zahlen, Buchstaben usw.

a

b

Abb. 33. Dampfung des Himmelsblaus durch Polarisationsfilter.
a Ohne Filter, b mit Filter.

mit veränderlichem Kontrast herzustellen, indem man die Marke selbst oder ihre Umgebung aus Polarisationsmaterial herstellt und die Veränderung durch ein zweites drehbar angeordnetes Filter vornimmt. Dazu eignen sich die Einkristalle besonders gut, da aus dem einheitlichen Kristall vor seiner Verkittung durch Ausgravieren

314   M. Haase: Die Polarisationsfilter und das polarisierte Licht.

Marken beliebiger Art hergestellt werden können (s. Abb. 34). Man kann aber auch sowohl die Marke als auch ihre Umgebung aus polarisierendem Kristall herstellen, wenn man hinter die ausgravierte Marke, Skala oder Strichteilung eine zweite polarisierende Platte setzt oder gleich damit verkittet, deren Schwingungsrichtung von der ersten abweicht. Es ist dann mit einem dritten drehbaren Polarisationsfilter das abwechselnde Darbieten von heller Marke auf dunklerem

a   b

Abb. 34. Marken für optische Geräte mit veränderlichem Kontrast.
a Strichteilung aus polarisierendem Material, Analysator gekreuzt dazu. b Umgebung der Teilung aus polarisierendem Material, Analysator gekreuzt.

Grund und dunklerer Marke auf hellerem Grund, wobei sowohl Grund wie Marke noch durchsichtig bleiben können, auszuführen. Auch anisotrope Plättchen lassen sich noch einfügen, so daß sich auch noch Farbkontraste erzielen lassen [Näheres s. in der Patentschrift von C. Zeiss, Kühne und Haase (137)].

Schon H. Herbst (54) hatte mit Nicolschen Prismen für den Beleuchtungsstrahlengang von Mikroskopen eine Einrichtung in Vorschlag gebracht, bei der entweder zentral oder am Rand polarisiertes Licht hindurchgelassen wird, so daß also im polarisierten Hellfeld oder im polarisierten Dunkelfeld mit dieser

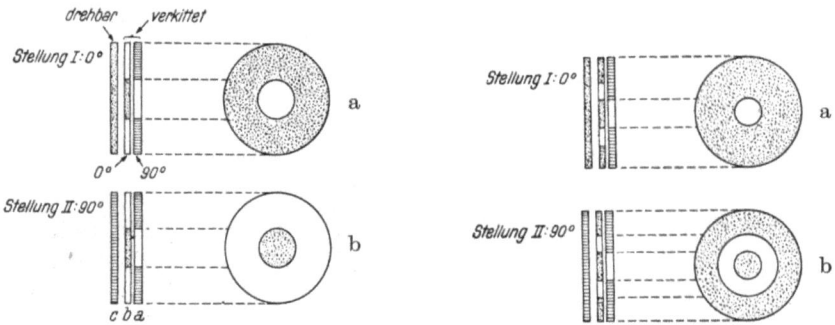

Abb. 35. Aufbau eines veränderlichen Hell-Dunkelfeldfilters.
a Stellung I = Hellfeld, b Stellung II = Dunkelfeld.

Abb. 36. Aufbau eines veränderlichen Filters für Hellfeld und Phasenkontrastverfahren.
a Stellung I = Hellfeld, b Stellung II = Phasenkontrast.

Einrichtung gearbeitet werden konnte. Eine ähnliche Anordnung wurde mit Polarisationsfiltern von C. Zeiss hergestellt, die W. Loos (80) mit Erfolg für die Erzeugung eines kontinuierlichen Überganges von der Beobachtung mit Hellfeldbeleuchtung zu der nach dem Phasenkontrastverfahren nach Zernicke (vgl. hierzu S. 546 ff. dieses Bandes) bei mikrokinematographischen Aufnahmen einführte und beschrieb. Auch für Übergänge vom Dunkelfeld zum Phasenkontrast, bzw. in der einfachen Form vom Hell- zum Dunkelfeld bestehen bequeme Verwendungsmöglichkeiten der neuen Filter (s. Abb. 35 und 36).

Die Vorrichtung der Abb. 35 besteht aus zwei ausgravierten Polarisationsfiltern a und b, die miteinander verkittet wurden, sowie einem drehbaren Filter c, das aus Stellung I = 0° in die dazu gekreuzte Stellung II = 90° gedreht werden kann. Die zueinander senkrechte Orientierung der Teile a, b und c ist durch Striche bzw. Punkte gekennzeichnet.

In Anlehnung an den sogenannten ARAGOschen Versuch, bei dem mit Hilfe von Nicols oder Kalkspatkristallen zwei nebeneinanderstehende, aber bezüglich der Schwingungsrichtung senkrecht zueinander orientierte Strahlenganghälften in Verbindung mit einem anisotropen, insbesondere einem optisch aktiven Plättchen und einem weiteren Polarisator genau komplementäre Farben erzeugt werden, ist mit den neuen Polarisationsfiltern eine weitere Einrichtung für farbige Mikroskopbeleuchtung möglich geworden. S. ROESCH (*108*) beschrieb sie als „Komplementär-Doppelkondensor", mit dem für Hell- und für Dunkelfeld eine komplementäre optische Einfärbung erzeugt wird.

Um scharfe Bildbegrenzungen in Suchern von Photokameras zu erhalten, sind auch Polarisationsfilter vorgeschlagen worden, die entsprechende Ausschnitte haben und denen weitere Filter in gekreuzter Orientierung zugeordnet sind.

b) Anwendung in der Mikroskopie.

Die Mikroskopie und die Mikrophotographie bedient sich des polarisierten Lichts seit langem mit Vorteil, und es braucht hier nur auf Bd. VI, Teil 2, PÉTERFI, Mikrophotographie, dieses Handbuches sowie auf die dort erwähnten zusammenfassenden Darstellungen unter dem Abschnitt: Die Aufnahmen im polarisierten Licht, S. 274, von AMBRONN und FREY, A. KÖHLER, J. KÖNIGSBERGER, LEISS und SCHNEIDERHÖHN und W. J. SCHMIDT hingewiesen zu werden. Außerdem

Abb. 37. ZEISS-Mikrofilterpolarisator (nach BERNAUER).

Abb. 38. ZEISS-Filteranalysator (nach BERNAUER).

sei an dieser Stelle auf die „Anleitung zu optischen Untersuchungen mit dem Polarisationsmikroskop" von F. RINNE und M. BEREK (1934) aufmerksam gemacht. Besonders die Mineralogie und Geologie sowie die daraus entwickelten technischen Wissensgebiete, wie die Zement- und Baustofforschung, haben sich schon frühzeitig des Polarisationsmikroskops bedient, um doppelbrechende

Abb. 39. Filteranalysator zum Festschrauben, zum Einklappen und mit Teilkreis.

Objekte zu untersuchen, optisch zu messen und zu photographieren. Erst durch die Forschungsarbeiten H. AMBRONNs und W. J. SCHMIDTS (*112*, *113*) aber ist es gelungen, den polarisationsoptischen Verfahren auch in der Biologie, der Medizin, der Textilforschung und in der Färbereitechnik Eingang zu verschaffen. Das Polarisationsmikroskop ist, wie A. FREY-WYSSLING (*37*, *32*) sagt, „zu einem biologischen Meßinstrument geworden". Um die spezielle Messung der Anisotropien im auffallenden Licht an undurchsichtigen Objekten hat sich M. BEREK (*13*, *14*) besondere Verdienste erworben. Es soll nicht unerwähnt bleiben, daß zur Messung dieser an sich sehr geringen Anisotropieeffekte die neuen Filter mit den beschriebenen, in gekreuzter Stellung sichtbaren Restfarben nicht geeignet sind. Jedoch sind sie für die meisten übrigen polarisationsoptischen Untersuchungen stark in Aufnahme gekommen und haben vor allem weitere Kreise für polarisations-

Abb. 40. Filteranalysator und Gipsplättchen am Okular.

Abb. 41. Schlittenanalysatoransatz mit Kalkspatanalysator.

Abb. 42. Schlittenanalysatoransatz mit Filteranalysator.

Abb. 43. Polarisationsmikroskop.

optisches Arbeiten gewonnen, die bisher noch kein Polarisationsmikroskop zur Verfügung hatten.

Einfache Mikrofilterpolarisatoren von 33 mm Durchmesser und einfache Aufsteckanalysatoren sind in den Abb. 37 und 38 dargestellt. Dem Mikroskopiker jeder Richtung sind damit neue und preiswerte Hilfsmittel in die Hand gegeben, deren Vorteile hauptsächlich im großen Durchmesser bei geringer Dicke liegen und mit deren Hilfe er jedes gewöhnliche Mikroskop in ein Polarisationsmikroskop umwandeln kann. Auch für die Kameramikroskope sind schon geeignete Filter im Handel.

Die Abb. 39 zeigt verschiedene weitere Ausführungsformen der Filteranalysatoren und die Abb. 40 bringt ein Okular mit aufgestecktem Filteranalysator mit einem dazwischengelegten Kompensatorplättchen aus Gips (z. B. Rot I). Durch Drehen des Gipsplättchens im 90°-Ausschnitt der Filterfassung kann auf Subtraktions- und Additionsstellung eingestellt werden.

Die Abb. 41 und 42 zeigen Schlittenanalysatoransätze mit Kalkspatanalysator und mit Filteranalysator, wie sie für Mikroskope mit schragem Einblick (L-Stative von Zeiss, s. Abb. 43) empfohlen werden.[1]

[1] Zeiss-Mikro-Druckschrift 461/II: Zusatzeinrichtungen für Beobachtung im polarisierten Licht.

Die Anwendung mehrerer Polarisationsfilter.

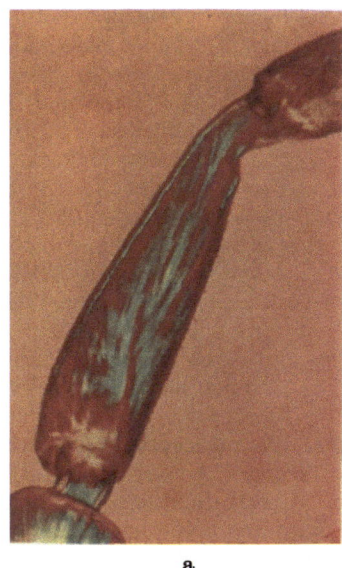 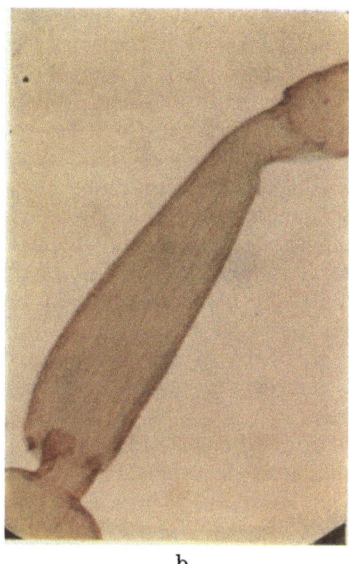

Abb. 44.
Schiene des Pedipalpus eines Bucherskorpions. 60:1; Apochromat 5, Z-W-Photookular 12×; Kondensor ohne Frontlinse; Aperturblende 8,5 mm; Agfa-Color-Film-Neu; a mit polarisiertem Licht; 4 Sekunden belichtet; b mit natürlichem Licht; 3 Sekunden belichtet (nach M. WOLF *135*).

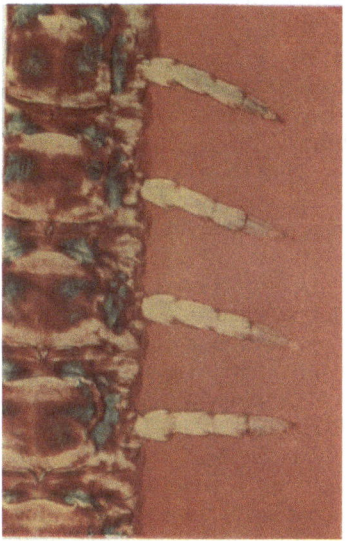 

Abb. 45. Rumpf eines Chilopoden (Lithobius sp.). 50:1; Apochromat 5; Komp. Okular 10×; Kondensor ohne Frontlinse; Aperturblende 8,5 mm; Agfa-Color-Film-Neu; mit polarisiertem Licht, 3 Sekunden belichtet (nach M. WOLF *135*).

Abb. 46. Kopf eines Chilopoden (Lithobius sp.). Aufnahmedaten wie bei Abb. 45 (nach M. WOLF *135*).

Durch die flächenhafte Form der Filter ist die Verwendung von Aufsetzkameras ohne weiteres auch am gewöhnlichen Mikroskop möglich, das durch die zusätzlichen Polarisationsfilter in ein Polarisationsmikroskop umgewandelt wurde. Durch den in den Beleuchtungsapparat eingelegten Filterpolarisator wird die Apertur in keiner Weise gemindert und auch der Analysator engt das Gesichtsfeld nicht ein, wie das bei Polarisationsprismen nachteilig der Fall war. Wie M. WOLF (135) an Hand ausgezeichneter Farbaufnahmen der Muskulatur von Gliedertieren feststellte, hat ihm die volle Ausnutzung der Kondensoröffnung eine bedeutende Intensivierung der Farben gestattet und das Auflösungsvermögen der stärkeren Objektive kann voll wirksam werden. WOLF betont weiter, daß nicht nur kürzere Belichtungszeiten möglich werden, sondern auch die Vorteile der nahezu kornlosen Farbfilmbilder in vorher nicht geahnter Weise hervortreten (s. Abb. 44a und b, 45 und 46).

Für Beobachtungen im polarisierten Licht bei histologischen, biologischen und mikrochemischen Arbeiten leisten derartige Zusatzeinrichtungen gute Dienste.

Von der Firma E. LEITZ sind Polarisationsfilter für mikroskopische Zwecke ebenfalls zu beziehen. In das LEITZ-Ultropak (s. dieses Handbuch, Bd. VI, S. 239) kann auf Wunsch ein aus einem Polaroidfilter bestehender Polarisator geliefert werden. Gerade auch in der Auflichtmikrophotographie hat das polarisierte Licht durch die neuen Filter an Boden gewonnen. Abgesehen von den bereits erwähnten Verfahren zur Beobachtung und Messung von Anisotropieeffekten in der Erzmikroskopie hat man sich der Filter mit Erfolg zur Beseitigung von Reflexen sowohl am Objekt selbst als auch an den Objektivlinsen bedient. Man verwendet dafür entweder Einzelfilter oder zwei getrennte Filter im Beleuchtungs- und Beobachtungsstrahlengang, die in gekreuzte Stellung gebracht werden. Entweder wird dann nur das an der Oberfläche depolarisierte Licht benutzt oder man bringt ein Gangunterschiedplättchen in den Strahlengang, so daß wieder volles Licht austritt, aber die Reflexe vermindert oder beseitigt sind. S. z. B. die Arbeiten von E. HEYSE (55), CH. GOOSMANN (37), M. E. JÖRG (61) und F. HAUSER (52), sowie S. 497ff. des vorliegenden Bandes. Auch für schwache und schwächste Vergrößerungen, also in Verbindung mit Lupen, finden die Polarisationsfilter Verwendung. V. V. ARSINOW (10) beschrieb eine Handlupe mit Polarisationsfiltern und S. ROESCH (109) ein Polarisationslupenstativ, das sich z. B. für Übersichtsaufnahmen von Gesteinsdünnschliffen eignet.

Zum Zwecke der Reflexbeseitigung hat man auch bei ophthalmoskopischen Beobachtungen, Messungen und Aufnahmen das polarisierte Licht erfolgreich angewandt. Besonders hat G. KLEEFELD (64) Untersuchungen mit Polarisationsfiltern durchgeführt, die sich auf die Spaltlampenmikroskopie, auf Arbeiten mit dem GULLSTRANDschen Ophthalmoskop und auf Untersuchungen des Augenhintergrundes beziehen. Das Fehlen störender Reflexe, die durch Polarisationsfilter beseitigt wurden, ist bei diesen Untersuchungen als besonderer Fortschritt festgestellt worden. Neuerdings wurde ebenfalls von G. KLEEFELD (65) auch reflexfreie Netzhautphotographie im polarisierten Licht durchgeführt, indem mit einer NORDENSON-Kamera in Verbindung mit gekreuzten Polarisationsfiltern gearbeitet wurde. Auch stereoskopische Photokeratoskopie ist bereits mit der ZEISSschen Stereokamera von W. KOKOTT (66) durchgeführt worden. Diese Untersuchungsmethode der Hornhaut hat nun durch die Stereoprojektion mit polarisiertem Licht (s. S. 322) zur Vermittlung an einen größeren Zuschauerkreis weiter an Bedeutung gewonnen.

In der Polarimetrie haben die neuen Polarisationsfilter ebenfalls schon

Anwendung gefunden. Es ist z. B. das ZEISS-Taschenpolarimeter[1] zur Bestimmung von Zucker und Eiweiß im Harn damit ausgerüstet worden.

c) Spannungsoptik.

Über das Gebiet der photoelastischen Untersuchungen, das auch als Spannungsoptik bezeichnet wird, da mittels polarisierten Lichts technische Spannungsfragen gelöst werden, sind in den letzten Jahren mehrere zusammenfassende Darstellungen erschienen, auf die hier besonders hingewiesen werden muß. Es sind dies neben dem umfangreichen Werk von COKER und FILON (20) die Schriften von FÖPPL und NEUBER (29), FILON (26), FÖPPL (27, 28) und MESMER (88). Letzteres enthält ein besonders umfangreiches Schrifttumsverzeichnis, aus dem zu ersehen ist, welchen Umfang dieses Wissensgebiet, das sich ebenfalls mit großem Vorteil der Photographie und der Polarisation bedient, angenommen hat.

An Hand von Modellkonstruktionen aus durchsichtigem, ursprünglich isotropem, also spannungsfreiem Material ist es möglich, durch geeignete Zug- und Druckversuche, die eine entsprechende Deformation und damit eine optische Doppelbrechung hervorrufen, sich ein Bild von der künftigen Spannungsverteilung von den verschiedenartigsten technischen Konstruktionen, wie Trägern, Brückenbogen, Staumauern, Schraubenschlüsseln u. v. a. m. zu machen, sie im Lichtbild festzuhalten und auszuwerten. Es ist nicht möglich, an dieser Stelle diese Verfahren ausführlich zu behandeln, es sollen nur an Hand einiger Abbildungen kurze Einblicke in das interessante Gebiet geboten werden.

Jeder doppelbrechende oder künstlich doppelbrechend gemachte Körper zeigt in Diagonalstellung zwischen gekreuzten oder parallelen Polarisatoren je nach der Stärke der Doppelbrechung (hier Deformations- oder Spannungsdoppelbrechung) durch den durch ihn hervorgerufenen Gangunterschied Aufhellung, die in einem gewissen Bereich auch farbig sein kann (Interferenzfarbe, vgl. S. 329). Werden die an den hier in Frage kommenden Modellen auftretenden Interferenzfarben, die an Orten höherer Spannungen in höherer Farbe erscheinen, durch optische Einrichtungen beobachtet bzw. photographiert, so wird man Bereiche oder Linien gleicher Spannungen als Bereiche gleicher Farbe erkennen, die man als „Farbgleiche" oder „Isochromate" bezeichnet. Das ist insbesondere bei Verwendung von beiderseits vom Modell den Polarisatoren zugeordneten Viertelwellenlängenplättchen der Fall, d. h. wenn man das Modell im zirkular polarisierten Licht prüft.[2]

Ferner erkennt man, daß alle Punkte, in denen die Hauptspannungsrichtungen mit denen der Polarisatoren zusammenfallen, Dunkelheit ergeben und als Linien oder Bereiche von bestimmtem Wert zu sehen sind. Man nennt sie „Richtungsgleiche" oder „Isoklinen". Wendet man monochromatisches Licht an, so sind sowohl Isochromate als auch Isoklinen schwarz, während bei weißem Licht das Bild im allgemeinen farbig wird. Nur an Stellen, an denen die Spannung gleich 0 ist, tritt neben den dunklen Isoklinen Schwarz auf. Bei der Genauigkeit, wie sie bei photoelastischen Ausmessungen und Aufnahmen erforderlich ist, wird meist das Modell genau senkrecht durchstrahlt, es sind also Kondensoren zur Herstellung von parallelem Strahlengang notwendig. Außerdem wird fast ausschließlich im zirkular polarisierten Licht gearbeitet. Dabei müssen die Hauptachsen des

---

[1] ZEISS-Med-Druckschrift 89/VI.
[2] Über den Autoblendschutz mit polarisiertem Licht, der hier nur dem Namen nach erwähnt werden kann, ist mehrfach berichtet worden (s. z. B. bei GÄNSWEIN und VIERLING 35, M. HAASE 45, 48, 50a, H. SAUER 110). Auch das zirkular polarisierte Licht soll dabei nutzbar gemacht werden (s. bei LAND 76 und CHRISTOPH und NEUGEBAUER 19).

$\frac{\lambda}{4}$-Plättchens (aus Gips, Glimmer, Cellophan oder beispielsweise schraubengepreßter Glasplatte [Z. Tuzi *124*]) unter 45° zur Schwingungsrichtung der Polarisatoren stehen. Das linear polarisierte Licht des Polarisators wird so zum zirkular polarisierten Licht, durchdringt das Modell und wird durch eine symmetrisch angeordnete Kombination von $\frac{\lambda}{4}$-Plättchen und Analysator wieder in linear polarisiertes Licht zurückverwandelt. Jetzt kann ein Polarisator mit seinem zugehörigen $\frac{\lambda}{4}$-Plättchen gemeinsam gedreht werden, ohne daß eine Änderung des Zirkularfeldes eintritt. Umgekehrt würde beim Drehen des verspannten Modells ein konstantes Farbgleichenbild stehen bleiben, vorausgesetzt, daß praktisch für alle Wellenlängen ein Gangunterschied von $\frac{\lambda}{4}$ vorhanden wäre.

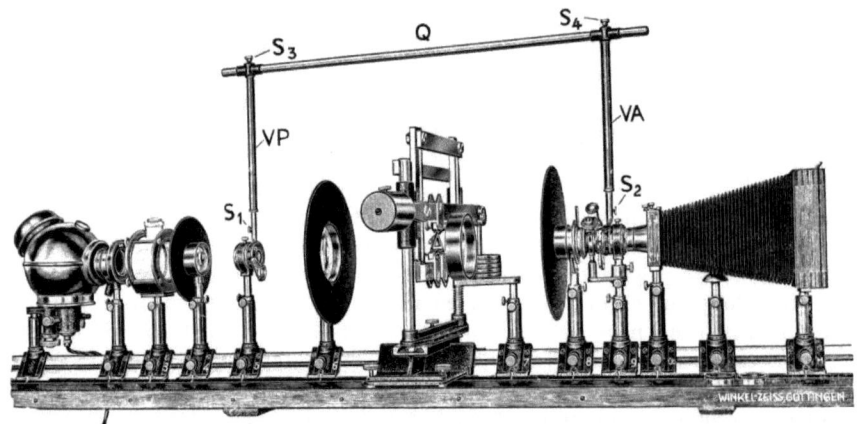

Abb. 47. Spannungsoptische Einrichtung mit synchroner Nicoldrehung und Photokamera (WINKEL-ZEISS).

Das kann aber bei weißem Licht nur für eine Wellenlänge der Fall sein, wenn man nicht das $\frac{\lambda}{4}$-Plättchen als solches aus mehreren Stoffen verschiedener Dispersion kombiniert und für zwei oder mehrere Wellenlängen „achromatisiert". Selbstverständlich können die neuen Flächenpolarisatoren eine wesentliche Vereinfachung der Geräte herbeiführen, und man kann auch mit diffusem Licht und großen Filtern einfache Prüfvorrichtungen herstellen. Um die Einführung von größeren Polarisationsfiltern und dementsprechend größeren $\frac{\lambda}{4}$-Plättchen haben sich FÖPPL und TUZI mit Erfolg bemüht.

Mittels eines Kompensators, wie z. B. der Kalkspatkompensator von BEREK oder der Quarzplattenkompensator von EHRINGHAUS, kann die beobachtete Doppelbrechung bis zum Wert Null meßbar kompensiert werden. In Verbindung mit Hohl-, Plan- und Halbsilberspiegeln sind schon Einrichtungen für einmalige und zweimalige Durchstrahlung empfohlen worden. Eine größere Einrichtung für exakte Messungen und Aufnahmen ist in Abb. 47 dargestellt.[1] Darin sind die Nicols mit einem Gestänge verbunden und synchron drehbar. In der Mitte ist die Zug- und Druckhebelpresse mit dem Modell sichtbar. Das Spannungsbild kann durch die angefügte Kamera photographisch festgehalten werden. Die

---

[1] WINKEL-ZEISS, Göttingen: Druckschrift 250.

Abb. 48 und 49 zeigen z. B. zwei verschiedene, belastete Modelle im Lichtbild.

Selbstverständlich eignen sich auch die modernen Kameramikroskope, mit denen auch makroskopische Objekte untersucht und aufgenommen werden können, für spannungsoptische Modellaufnahmen, wie z. B. auch R. HILTSCHER (56) am Metaphot gezeigt hat.

Eine Steigerung der Genauigkeit konnte durch Einführung von Interferometern in die Spannungsoptik [FAVRE (24)] erzielt werden.

Wegen der speziellen Versuchstechnik sowie der Auswertung der Aufnahmen, Umrechnungen in Spannungen, Zeichnung der Hauptlinien usw. muß auf das Buch von G. MESMER (88) verwiesen werden, in dem alles Notwendige für die Erlernung der gesamten Methodik ausführlich behandelt wird.

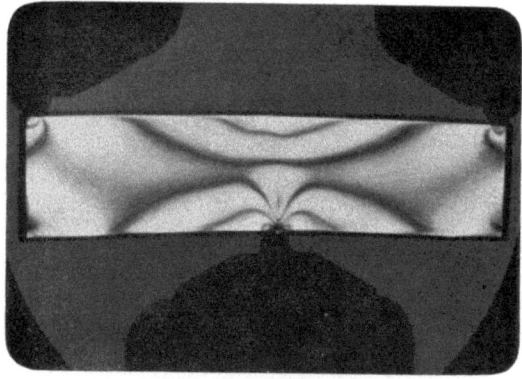

Abb. 48. Balkenmodell mit Belastung seitlich von der Mitte (WINKEL-ZEISS).

Beobachtungen und Prüfungen, die für viele Fälle der Praxis ausreichen, lassen sich mit einfachen Polarisationsgeräten, den sogenannten Spannungsprüfern ausführen. Das ist z. B. in Glashütten beim Abkühlungsprozeß notwendig, um Spannungen in Glaswaren zu erkennen und damit Sprünge im Glas vermeiden zu helfen. Bisher bestanden solche Geräte meist aus einer Schwarzglasplatte als Polarisator und einem Nicol als Analysator, dem oft ein Gipsplättchen vom Rot I beigefügt ist, um geringe Spannungen durch die Veränderungen des Rot in Blau bzw. Gelb nachzuweisen. Sogleich nach dem Erscheinen des neuen Polarisationsfiltermaterials wurde dies auch für die technische und wissenschaftliche Spannungsprüfung verwertet. Die einfachste Form ist die Verwendung von zwei Flächenpolarisatoren, die von

Abb. 49. Brückenbogenmodell mit Belastung annähernd in der Mitte (WINKEL-ZEISS).

hinten direkt oder diffus beleuchtet werden und zwischen die der zu untersuchende Gegenstand gebracht wird. M. HAASE (45) beschreibt neue Spannungsprüfbrillen mit Polarisationsfiltern, die es ermöglichen, beide Hände zum Bewegen des zu untersuchenden Gegenstandes zu betätigen und beidäugig entweder in Verbindung mit reflektierenden Platten (Abb. 50), mit Polarisationsfolien oder mit einer Beleuchtungseinrichtung, aus Lichtquelle, Kondensor, Polarisationsfilter und Mattscheibe bestehend, mit der man sich eine größere polarisierende helle Fläche herstellen kann, zu beobachten (Abb. 51).

Die Brille nach Abb. 50 ist gleichzeitig mit einer objektseitig angebrachten Rot-I-Folie versehen, bei der Beleuchtungseinrichtung nach Abb. 51 ist das Rot I schon mit dem Polarisationsfilter der Lichtquelle verbunden. M. VON ARDENNE (9) empfiehlt eine ähnliche Anordnung im reflektierten Licht, indem er einen Aluminiumschirm als Polarisator benutzt. Die Abb. 52 gibt eine künstlich verspannte Glasplatte wieder, die zentral vor der Mattscheibe einer Einrichtung nach Abb. 51 aufgestellt war und photographiert wurde, indem jetzt an Stelle der Brille ein Photobernotar auf das Objektiv in der richtigen gekreuzten Stellung gesteckt wurde, wie es M. HAASE (47) beschrieb.

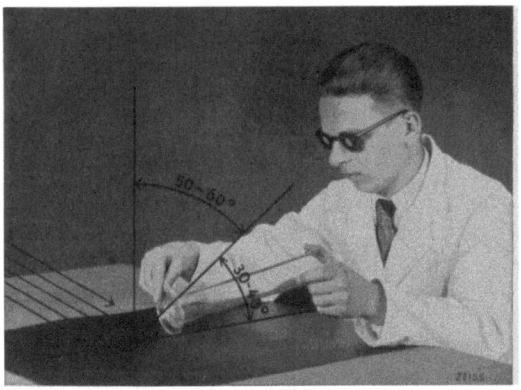

Abb. 50. Polarisationsbrille zur Spannungsprüfung (ZEISS)

In ähnlicher Weise hat TH. ZIENER (146) gut gelungene Farbaufnahmen von Spannungen in Glas mit der Contax und Bernotar durchgeführt, bei denen er gleichzeitig ein Gipsplättchen Rot I mit benutzte. An Stelle des Gipsplättchens Rot I sind neuerdings auch Folien von Rot I zur Benutzung und Verbindung mit Bernotaren mit Erfolg erprobt worden.

Abb. 51. Großflächenpolarisator und Analysatorbrille (ZEISS).

d) Stereoprojektion mittels Polarisationsfiltern.

Die Projektion von Stereobildern mit polarisiertem Licht, die schon J. ANDERTON (7) vorgeschlagen hatte, ist im Bd. VI, Teil 1, dieses Handbuches von L. E. W. VAN ALBADA im Kapitel „Stereophotographie" kurz behandelt worden. Allerdings mußte die technische Ausführbarkeit und eine allgemeinere Verwendung dieser Methode nach dem damaligen Stand der Dinge als fast aussichtslos bezeichnet werden. Diese Lage änderte sich sofort nach Erscheinen der ersten Flächenpolarisatoren, da es mit deren Hilfe nunmehr leicht möglich war, sowohl die Projektoren als auch Brillen mit Polarisatoren in Filterform auszurüsten und das Verfahren einer praktischen Anwendung zuzuführen.

Ein bereits für die Anaglyphenmethode (s. Bd. VI, Teil 1, S. 77) hergestellter Stereoprojektionsapparat für Stehbilder von C. ZEISS, Jena (s. Abb. 53), mit zwei Objektiven und HERSCHELschem Prisma, mit dem beide Bilder aufeinander zur Deckung gebracht werden, wurde mit Polarisationsfiltern ausgerüstet. Unter Verwendung eines Metallbronzeschirmes, der den Polarisationszustand der reflektierten Teilstrahlenbündel aufrecht erhält, in Verbindung mit Polarisationsbrillen oder Vorhaltern, deren Filter senkrecht zueinander orientierte Schwingungsrichtungen haben, ist es möglich, dem einen Auge nur das eine und dem anderen Auge nur das andere zugehörige Teilbild zu vermitteln [s. bei W. Loos (78, 79)]. Der so erhaltene Stereoeffekt ist ausgezeichnet, und der große Fortschritt in der Stereoprojektion ist klar zu erkennen. Der räumliche Bildwurf ist nunmehr ohne die bekannten Nachteile des Ana-

Abb. 52. Photo einer künstlich verspannten Glasplatte [aus HAASE (47)].

glyphenverfahrens mit den komplementären Farbfiltern und dem damit verbundenen ständigen Wechsel des Farbeindruckes, dem Wettstreit der Sehfelder, möglich geworden, und sogar Stereofarbaufnahmen können einwandfrei plastisch wiedergegeben werden. Der Absorptionsverlust durch die Filter kann durch intensivere Lichtquellen wieder ausgeglichen werden. Be-

Abb. 53. Älterer Stereoprojektionsapparat mit zwei Objektiven und HERSCHELschem Prisma (ZEISS).

sonders die Kleinformat-Farbaufnahmen, wie z. B. auf Agfa-Color-Neu, eignen sich hervorragend für die Stereoprojektion. Die bisherigen Wiedergabeapparate lassen sich durch entsprechende Einsatzrahmen auch für die Kleinformate verwenden. Es sind jedoch auch schon Apparate mit nur einem Objektiv oder Zusatzeinrichtungen für normale Projektoren vorgeführt worden. Über den derzeitigen Stand des Raumbildwurfes liegt ein Bericht von H. LÜSCHER (83) vor (vgl. auch die Anm. auf S. 305).

Kurz vor Drucklegung ist ZEISS-IKON noch mit seinem sogenannten „Contax-

Stereo-System" herausgekommen, worunter eine systematische Zusammenstellung sinnreich aufeinander abgestimmter Aufnahme-, Bearbeitungs- und

Abb. 54. Contax II mit angesetztem „Stereotar-C" und Stereo-Aufstecksucher.

Abb. 55. Stereotar-C, Objektivteil und Prismenvorsatz getrennt.

Wiedergabegeräte für stereoskopische Bilder auf der Grundlage der Contax-Kleinbildphotographie zu verstehen ist. Durch das harmonische Zusammen-

Die Anwendung mehrerer Polarisationsfilter.

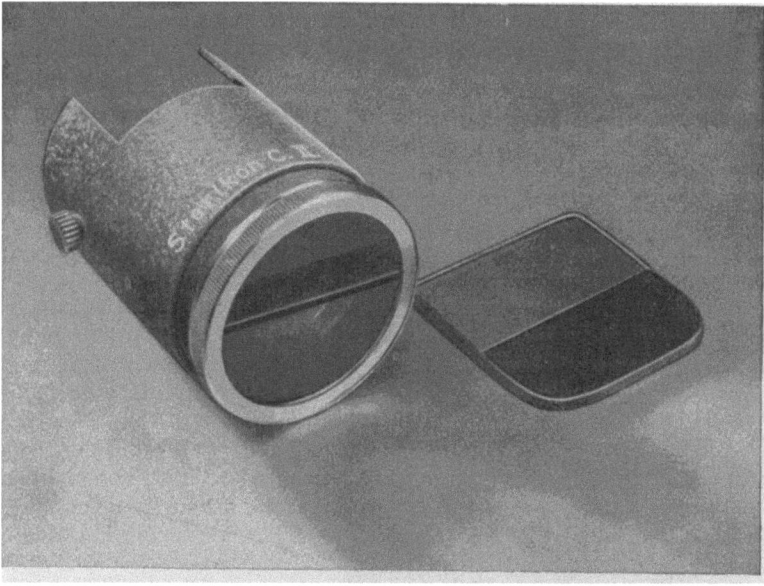

Abb. 56. Stereo-Projektionsvorsatz „Sterikon C II" mit Vorpolarisator.

wirken der in diesem „System" vereinigten Geräte wird eine ganz wesentliche Vereinfachung der Arbeitsmethoden gegenüber dem in der Stereophotographie bisher notwendigen und üblichen Maß und eine störungsfreie Darbietung stereoskopischer Kleinbilder erzielt. Hierüber berichtete OTTO VIERLING (128a) ausführlich. Für die Wiedergabe durch Projektion und die Bildbetrachtung bedient man sich beim Contax-Stereo-System ebenfalls der Polarisationsfilter. Zur Aufnahme wird der Stereoaufnahmevorsatz „Stereotar-C" mit einem Doppelobjektiv verwandt (s. die Abb. 54 und 55), der mit in Stufen veränderlicher Basis zwei nebeneinanderliegende Teilbilder auf dem Format 24×36 mm erzielt.

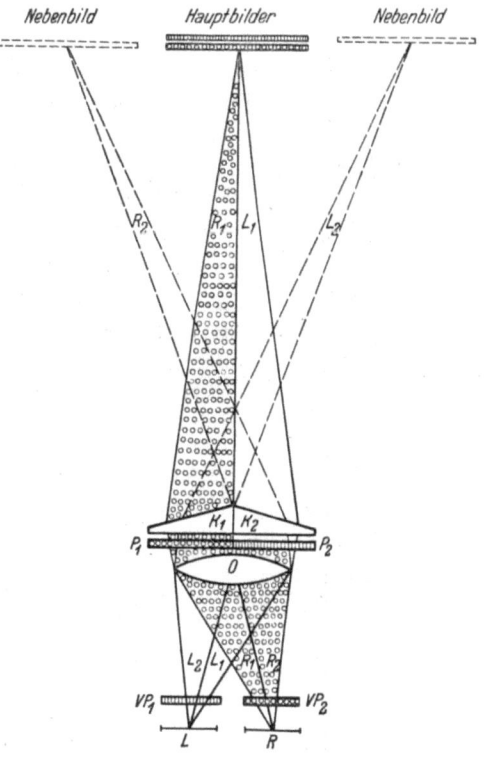

Abb. 57. Schema der Stereo-Projektion mit normalem Bildwerfer und Zusatzeinrichtung. Prinzip der Vorpolarisation.
O Projektionsobjektiv, K_1 und K_2 Ablenkkeile, P_1 und P_2 Polarisationsfilter, VP_1 und VP_2 Vorpolarisatoren, L linkes und R rechtes Stereo-Teilbild, R_1 der ein Hauptbild erzeugende Anteil des von einem Punkt des rechten Teilbildes ausgehenden Lichtbuschels, R_2 der Anteil des gleichen Buschels, der vom Polarisator P_2 zurückgehalten wird; er wurde sonst ein Nebenbild erzeugen, L_1 und L_2 entsprechend R_1 und R_2 [nach O. VIERLING (128a)].

Das Naheinstellgerät „Contameter" kann mit drei Stereovorsatzlinsen versehen werden und verbürgt einwandfreie Stereoeffekte bei Nahaufnahmen bis herab zu Entfernungen von 20 cm. Hier interessiert noch besonders der Stereoprojektionsvorsatz „Sterikon C II", der auf das Projektionsgerät Aviso II aufgesteckt werden kann und bereits Polarisationsfilter und Prismen enthält (s. Abb. 56). Ein zusatzlicher geteilter „Vorpolarisator" (s. Abb. 56, rechts) dient zur Beseitigung der unerwünschten Nebenbilder. Das Prinzip der Vorpolarisatoren ist aus der Abb. 57 zu ersehen. Durch die Anbringung der Vorpolarisatoren in unmittelbarer Nahe der zu projizierenden Teilbilder werden diese bereits polari-

Abb. 58. Kleinbildwerfer Aviso II mit aufgestecktem Stereoprojektionsvorsatz „Sterikon C II".

Abb. 59. Geteiltes Stereopolarisationsfilter.[1]

siert, und beim Durchgang durch die entsprechenden Polarisationsfilter- und Prismenhälften wird das jeweils unerwünschte Nebenbild ausgelöscht. Die Abb. 58 zeigt den Kleinbildwerfer Aviso II mit aufgestecktem Stereoprojektionsvorsatz „Sterikon C II".

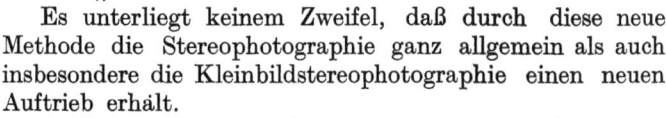

Es unterliegt keinem Zweifel, daß durch diese neue Methode die Stereophotographie ganz allgemein als auch insbesondere die Kleinbildstereophotographie einen neuen Auftrieb erhält.

Im Zusammenhang mit einem Vortrag von M. Haase uber die neuen Filter wurden 1936 in Berlin erstmalig öffentlich Stereofilme von der Zeiss-Ikon A. G. in Dresden vor der Deutschen Gesellschaft für photographische Forschung vorgeführt. Es wurden dort Normaldoppelbildfilme und Linsenrasterschmalfilme unter Benutzung der Polarisationsfilter von C. Zeiss, Jena, gezeigt und darauf Näheres von O. Vierling beschrieben (126). Bei Verwendung von einem Projektionsobjektiv wurde die Objektivoffnung durch zwei senkrecht zueinander orientierte Polarisationsfilterhälften (Abb. 59) aufgeteilt. Beim Doppelbildfilm war nur noch ein Prismenpaar notwendig, das die beiden Teilbilder auf dem Schirm zur Deckung brachte (Abb. 60). Die unerwünschten

Abb. 60. Stereodoppelbildfilmwiedergabe mit Prismenvorsatz und geteiltem Polarisationsfilter (schematisch).

Nebenbilder wurden durch Blenden beseitigt. Als Projektionswand diente ein sogenannter Silberschirm der mechanischen Weberei Bad Lippspringe.

---

[1] Dieses Filter wirkt auch allein oder mit einer Lupe als Dichroskop (vgl. S. 296).

Kurz danach wurde bereits das Verfahren der praktischen Anwendung zugeführt, die sich ausgezeichnet bewährte. Für die Olympiade 1936 in Berlin war in Zusammenarbeit von der ZEISS-IKON A. G. und der Physikalisch-Technischen Reichsanstalt ein Stereozeitlupenkino entwickelt worden, das für die Zielkontrolle bei den Läufen diente und durch die erzielte hervorragende Plastik einwandfreie Entscheidungen zuließ. Hierüber veröffentlichte E. RIECK-MANN (105) Einzelheiten, die dort nachgelesen werden können. Zur Aufnahme der beiden zusammengehörigen Stereoteilbilder dienten zwei nebeneinander justierte, synchronisierte Schmalfilmkameras. Die Wiedergabe erfolgte durch zwei ebenfalls synchronisierte Projektoren, die mit je einem Polarisationsfilter ausgerüstet waren. Die beiden senkrecht zueinander polarisierten Teilbilder wurden übereinander auf eine Mattscheibe projiziert und mit einer Brille, die zwei entsprechend orientierte Polarisationsfilter

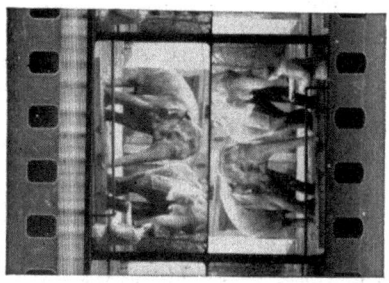

Abb. 61. Stereotonfilmstreifen mit Stereoquerformatbildern [nach O VIERLING (127)]

enthielt, in der Durchsicht betrachtet. So wurde dem einen Auge stets nur das eine, dem anderen Auge das andere Teilbild zugeführt und eine ausgezeichnete Plastik erzielt. Über eine weitere Anwendung dieses Geräts berichtete E. RIECKMANN (106), und zwar bei Fluggeschwindigkeitsmessungen mit zwei Kammern in 3 km Entfernung.

Die weitere tatkräftige Entwicklung dieses Verfahrens durch die ZEISS-IKON A. G. wurde von O. VIERLING (127) und L. KUTZLEB (69) beschrieben. Im Mai 1937 konnte der erste Stereofarbentonfilm in Berlin vorgeführt

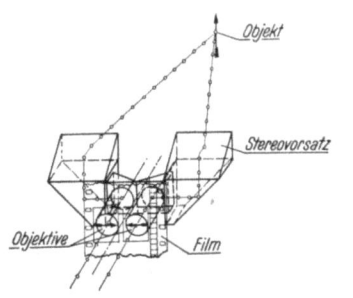

Abb. 62. Stereofilmaufnahme, Querformat (schematisch) [nach O. VIERLING (127)].

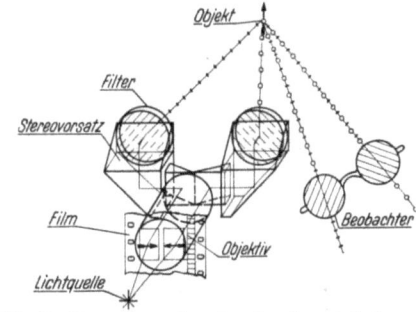

Abb. 63. Stereofilmwiedergabe, Querformat (schematisch) [nach O. VIERLING (127)].

werden. Die beiden Teilbilder wurden auf einem Filmstreifen untergebracht, indem das normale Bildformat in der Laufrichtung des Films unterteilt wurde (Abb. 61). Die Aufnahme erfolgte durch einen Stereoprismenvorsatz (Abb. 62), der die Bilder gleichzeitig um 90° drehte, so daß nach Wiedergabe über einen entsprechenden Prismenvorsatz (Abb. 63) unter Zwischenschaltung der entsprechend orientierten Polarisationsfilter das für Spielfilme übliche Querformat erhalten wurde.

Die Aufnahme und Wiedergabe stereoskopischer Filme ist also mit normalen Geräten möglich. Es ist nur notwendig, sie durch verhältnismäßig einfache Zusatzeinrichtungen zu vervollständigen. Der E. BUSCH A.-G. (18a) ist ein Verfahren zum Erzeugen von Stereobildern geschützt worden, bei dem die Polarisatoren abwechselnd im Strahlengang und die Teilbilder im Film hintereinander angeordnet werden. Ferner besitzt die Tobis (*121a, 121b*) Verfahren zur Wiedergabe von Stereobildern, bei denen die Polarisatoren sich in unmittelbarer Nähe des Schirmes, getrennt oder gerastert, befinden bzw. bei denen gerasterte Teilbilder mit gerasterten Polarisationsfiltern, deren Rasterelemente zueinander gekreuzt sind, angewandt werden. Auf Schwierigkeiten, die durch die geringe Streuung der Metallschirme auftreten, sowie auf die Besonderheiten der Polarisationsfilter, die bei der Stereoprojektion zu beachten sind, wies M. v. ARDENNE (*8*) hin. Er stellte fest, daß Kopfneigungen von durchschnittlich 4°, wie sie sich aus Versuchen ergaben, so gering sind, daß Bildstörungen durch Veränderungen des Intensitätsverhältnisses vom Nebenbild zum Hauptbild nicht entstehen. Um aber auch die möglicherweise durch Kopfneigung doch entstehende Bildverschlechterung (Doppelkontur) zu vermeiden, schlug E. H. LAND (*76*) die Verwendung von zirkular polarisiertem Licht vor. Es müßten dann sowohl den Brillenfiltern als auch den Projektorfiltern $\frac{\lambda}{4}$-Plättchen zugeordnet werden. Auf diese Weise bleibt für die benutzten Teilbilder stets Helligkeit, während die unerwünschten Teilbilder stets dunkel bleiben, ganz gleich, wie weit der Kopf des Beobachters zur Seite geneigt wird. Da theoretisch Dunkelheit nur für eine bestimmte Wellenlänge vorhanden ist, wird man gewisse Aufhellungen und Farberscheinungen mit in Kauf nehmen müssen oder aber die $\frac{\lambda}{4}$-Plättchen — wie bereits bei der Spannungsoptik erwähnt — durch Kombination mehrerer Folien achromatisieren.

Schließlich wies S. ROESCH (*108*) noch darauf hin, daß farbige Stereoprojektion in Anknüpfung an das WIENERsche Verfahren mittels der neuen Interferenzlichtfilter (s. S. 329) auch auf beliebigem Lichtschirm und bei beliebiger Kopfhaltung möglich ist. Die dazu benutzten Interferenzfilter zeigen das Weiß höherer Ordnung und ergänzen sich spektral. Für die normale Praxis wird man der höheren Kosten wegen von diesem Verfahren weniger Gebrauch machen.

Abgesehen von kleinen Mängeln, die bei den Vorführungen der Stereofilme noch vorhanden waren, läßt sich heute schon sagen, daß der Beweis für die Möglichkeit geliefert wurde, farbige Raum-Ton-Filme zu schaffen und daß diese in kurzer Zeit weiter verbessert und mit Erfolg auf manchen technischen und wissenschaftlichen Gebieten sowie vielleicht auch beim Spielfilm Eingang finden werden.

Daß schließlich auch schon episkopische Stereoprojektion, die bereits mit dem Anaglyphenverfahren nach einem Vorschlag von GRÄPER (*40*) durchführbar war, auf polarisiertes Licht umgestellt und dadurch plastische Episkopprojektion von körperlichen Gegenständen in den natürlichen Farben ermöglicht wurde, hat M. HAASE (*46*) beschrieben. Man benutzt geteilte Polarisationsfilter mit senkrecht zueinander orientierten Filterhälften (Abb. 59) und entsprechend orientierte Brillen, wodurch der gesamte Projektionsstrahlengang in zwei Hälften aufgeteilt wird. Die beiden Teilbilder liegen auf dem Schirm unmittelbar übereinander. Auch die Mikrostereoprojektion ist mit solchen Filtern leicht möglich, indem ein geteiltes Polarisationsfilter nach Abb. 59 in den Beleuchtungsstrahlengang eingeschaltet wird. Die Beobachtung erfolgt wiederum über einen Metallschirm mit Polarisationsbrillen oder Vorhaltern und bietet zur Demonstration und Erkennung von körperlichen mikroskopischen Objekten bei gleichzeitiger Betrachtungsmöglichkeit durch mehrere Personen große Vorteile. Auch die Stereomikrokinematographie [K. MICHEL (*90*)] hat durch die Filter neuen Antrieb erhalten. Ferner ist ein einfaches Verfahren zur Herstellung von Mikrostereophotoaufnahmen mit geteilten Polarisationsfiltern möglich, indem die Pupillenteilung durch verschiedene Schwingungsrichtung des polarisierten Lichts bewerkstelligt wird und zur Aufnahme unter Zuhilfenahme eines weiteren Filters die Abdeckung des einen oder anderen Teilbildes ermöglicht wird. Auch in der Röntgenstereoprojektion hat man durch Verwendung von Polarisationsfiltern weitere Fortschritte erzielt [s. bei W. TESCHENDORF (*121*)].

Es soll abschließend noch erwähnt werden, daß H. FRIESER (*33a, 145a*) sowie LAND (*75*) sogar schon versucht haben, die Polarisationsfolien für die räumliche Betrachtung auch von Aufsichtsbildern, die bisher nur durch Anaglyphendruck möglich war, zu verwenden. LANDS Arbeit enthält die grundlegenden Beschreibungen des Verfahrens [vgl. auch J. T. RULE (*109a*)].

Das Verfahren von H. FRIESER beruht darauf, zwei aufeinanderliegende Stereoteilbilder durch Abbau von ursprünglich einheitlich polarisierenden Schichten, durch deren Aufbau oder durch bildmäßiges Richten zu gewinnen. Bei LANDS „Vektographen" werden die Stereoteilbilder durch Aufbau der polarisierenden Substanz gewonnen.

e) Interferenzlichtfilter.

Der Gedanke, die schönen Polarisations- oder Interferenzfarben, die durch den Gangunterschied doppelbrechender Platten geeigneter Dicke in Diagonalstellung zwischen zwei parallelen oder gekreuzten Polarisatoren entstehen, für Lichtfilterzwecke nutzbar zu machen, ist naheliegend, zumal seit langem bekannt ist, daß bei spektraler Zerlegung der Interferenzfarben in regelmäßigem Abstand dunkle Streifen auftreten (MÜLLERsche Streifen).

Je nach der Dicke und damit der Doppelbrechung der achsenparallelen Platten treten also mehr oder minder breite Durchlaßgebiete und Absorptions-

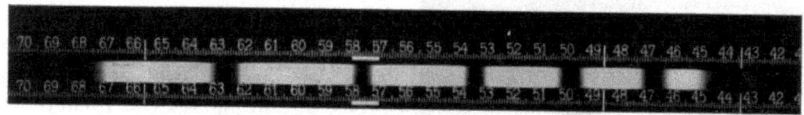

Abb. 64. Spektrogramm einer Quarzplatte parallel zur optischen Achse in Diagonalstellung zwischen zwei gekreuzten Polarisationsfiltern. MÜLLERsche Streifen.

streifen abwechselnd im sichtbaren Wellenlängengebiet auf (Abb. 64). Die Durchlaßgebiete zusammen ergeben eine Mischfarbe, die als Interferenz- oder Polarisationsfarbe bezeichnet wird. Um ein bestimmtes Gebiet als Durchlaßbereich zu isolieren, ist es nur notwendig, durch mehrere doppelbrechende Platten geeignet gewählter Dicke und durch weitere Polarisatoren an die Stelle unerwünschter Durchlaßgebiete Absorptionsstreifen zu legen. Die auf diese Weise erhaltenen Filter können zu großer Selektivität gesteigert werden. Y. ÖHMAN (*99, 100*) war der erste, der die neuen Flächenpolarisatoren zur Herstellung von solchen Interferenzlichtfiltern mit engem Durchlaßbereich anwandte und bereits Erfolge damit in der Astrophotographie erzielte. Auch S. ROESCH (*108*) beschreibt Interferenzlichtfilter mit engem Durchlaßbereich. Über Interferenzlichtfilter für die rote Wasserstofflinie H_α, also mit einem Durchlaßgebiet bei 656,3 mμ wird von SIEDENTOPF und WEMPE (*117*) sowie von M. HAASE (*49*) berichtet. Bei einem Durchmesser von 30 mm und einer Dicke von zirka 17 mm unter Verwendung von Einkristallpolarisationsfiltern, vier Quarz- und einer Kalkspatplatte sowie unter Beifügung eines Rotfilters RG2 wurde bei 656,3 mμ eine maximale Durchlässigkeit für unpolarisiertes Licht von 30% bei einer Halbwertsbreite von 1,7 mμ erreicht. Eine derartig geringe Halbwertsbreite konnte bisher von keiner anderen Lichtfilterart bei gleich großer Helligkeit erzielt werden. Der Aufbau dieses H$_\alpha$-Filters ist aus Abb. 65 zu ersehen. Die Schwingungsrichtungen der Polarisationsfilter befinden sich alle in Parallelstellung und die doppelbrechenden planparallelen Quarz- und Kalkspatplatten in Diagonalstellung.

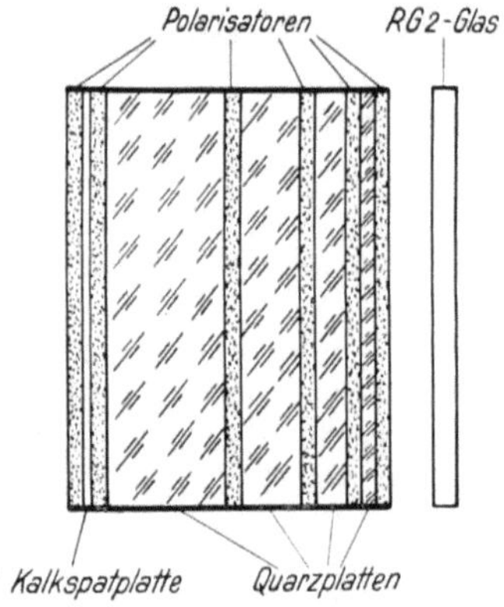

Für solche Platten besteht bei gekreuzten Polarisatoren folgende Beziehung:

$$\text{Wellenlänge } \lambda = \frac{d \cdot (n_2 - n_1)}{h}.$$

(d=Dicke, $n_2 - n_1$=Doppelbrechung, h=ganze Zahl.)

Es ist λ diejenige Wellenlänge, an der dunkle Streifen auftreten, wenn h eine ganze Zahl 1, 2, 3, ... n ist. Bei Anwendung paralleler Polarisatoren liegen bei diesen Wellenlängen gerade Helligkeitsmaxima oder, anders ausgedrückt, bei parallelen Polarisatoren liegen die dunklen Streifen bei den Wellenlangen, für die der Gangunterschied, den die zwei interferierenden Wellenzüge durch das doppelbrechende Plättchen bekommen, ein ungerades Vielfaches einer halben Wellenlänge, also $1/2\,\lambda$, $3/2\,\lambda$, $5/2\,\lambda$, ... $n/2\,\lambda$ beträgt. Die vier Quarze sind in der Dicke so abgestuft, daß sie sich wie 1:2:4:8 verhalten. An Stelle eines fünften Quarzes, der die 16fache Dicke des ersten haben müßte, wurde eine Kalkspatplatte gewählt, deren Doppelbrechung fast 20mal größer als fur Quarz ist. Durch diese Abstufung wird erreicht, daß zwar jede Einzelplatte ein Maximum der Durchlässigkeit bei 656,3 mμ ergibt, daß aber dieses jeweils durch die nächst dickere Platte weiter eingeengt wird, so daß die optisch dickste Platte die endgültige Breite des Filters ergibt und daß schließlich die anderen unerwunschten hellen Durchlaßgebiete dieser letzten Platte durch die dunklen Streifen der vorhergehenden Platten abgedeckt werden. Es bleiben bei einer solchen Kombination nur noch die Restgebiete übrig, bei denen die dünnste Platte Maxima zeigte. Diese Nebengebiete können z. B. durch andere Lichtfilter, wie hier durch ein Farbfilterglas RG 2 absorbiert werden, ohne daß das eigentliche Gebiet von 656,3 mμ stark leidet. Die Abb. 66 veranschaulicht das Gesagte. Die erste Platte ist die dünnste, die zweite Platte ist doppelt so dick usw. Die H$_\alpha$-Linie ist mit aufgenommen, ebenfalls eine Wellenlängenskala.

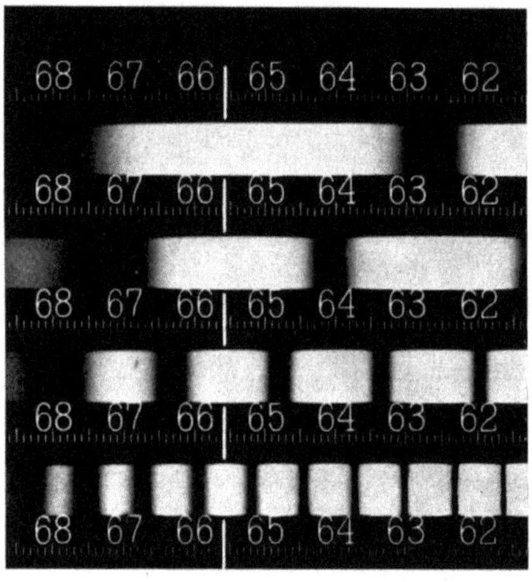

Abb. 65. Aufbau des ZEISS-Interferenzfilters für H$_\alpha$.

Abb. 66. Spektrogramme von vier Quarzplatten zwischen Polarisatoren in ihrer Einzelwirkung.
Oben: dunnste Platte, unten: dickste Platte.

Die Abb. 67 zeigt ein aus vier Quarzplatten kombiniertes Interferenzfilter fur H$_\alpha$ ohne und mit RG 2-Glas. Man sieht, daß auf diese Weise der Durchlaßbereich bei H$_\alpha$ (656,3) ausgezeichnet isoliert wurde.

Bei den jetzigen Polarisationsfiltern wird die Lage des Durchlaßgebietes eines Interferenzfilters auf den Bereich von etwa 450 bis 670 mμ beschränkt sein. Das H$_\alpha$-Filter ist insbesondere für die Beobachtung und Photographie von Protuberanzen gedacht, und von SIEDENTOPF und WEMPE ist bereits ein Protuberanzenokular empfohlen worden, das gleichzeitig für photographische Aufnahmen dienen soll. Weitere Anwendungsmöglichkeiten der Interferenzfilter können ebenfalls dort nachgelesen werden. Schließlich sei noch auf eine Veröffentlichung von J. W. EVANS (22b) hingewiesen, der einen solchen Quarzpolarisationsmonochromator, wie man die Interferenzfilter auch bezeichnen kann, beschreibt, der aus sechs Quarzplatten besteht und mit dem er eine Breite des Maximums von 1,0 mμ erreicht. Weitere Verringerung der Durchlaßbreiten haben neuerdings B. LYOT (83a) und E. PETTIT (100a) erreicht.

S. ROESCH (108) stellte ein Filter her, dessen Quarzplatte in der Dicke so gewählt war, daß ein Interferenzstreifen bei gekreuzter Stellung der Polarisationsfilter auf die grüne Quecksilberlinie fiel und daß bei Drehung eines der Polarisationsfilter um 90° (also in Parallelstellung) gerade die gelben Hg-Linien durch einen MULLERschen Streifen beseitigt werden konnten. In ähnlicher Weise

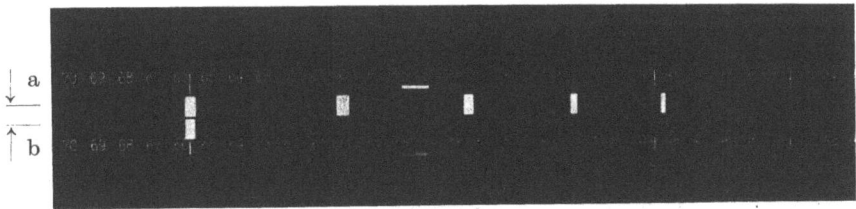

Abb. 67. Filter aus vier Quarzplatten.
a Ohne RG 2-Glas, b mit RG 2-Glas.

benutzte F. GABLER (34) die Rotationsdispersion einer senkrecht zur Achse geschliffenen Quarzplatte, mit der breitere Wellenlängenbezirke ausgelöscht werden, die ihrerseits auch durch Drehung eines der Polarisatoren verschoben werden können.

Die neuen Flächenpolarisatoren haben neben den bisherigen Polarisatoren — wie hier gezeigt — manche schöne neue Anwendung polarisierten Lichts auch in der Photographie ermöglicht, und die Vielseitigkeit ihrer Verwendungsmöglichkeit dürfte durch die angeführten Beispiele, die bei der notwendigen Kürze keinen Anspruch auf Vollständigkeit erheben können, dargetan sein.

Literaturverzeichnis.

1. ABBE, E.: Polarisationsprisma (Analysator) s. bei L. DIPPEL: Das Mikroskop und seine Anwendung, 2. Aufl., 1. Teil, 610 (1882).
2. AHRENS, C. D., siehe bei MEDAM: Über eine Abänderung der FOUCAULTschen und AHRENSschen Polarisationsprismen. Nature 31, 371 (1885).
3. AMBRONN, H.: Über den Dichroismus pflanzlicher Zellmembranen. Ann. Physik 34, 344 (1888).
4. — Über den Pleochroismus in Metallspiegeln. Physik. Z. 8, 665 (1907).
5. — Über die akzidentelle Doppelbrechung in Zelloidin und in der Zellulose. Nachr. Ges. Wiss. Göttingen, math.-physik. Kl. 1919, 19, 20.
6. AMBRONN, H. und A. FREY: Das Polarisationsmikroskop. Seine Anwendung in der Kolloidforschung und in der Färberei. Leipzig, 1926.
7. ANDERTON, J.: Eine Methode, durch die projizierte Bilder mit stereoskopischem Effekt gesehen werden. E.P. Nr. 11520.

8. ARDENNE, M. v.: Versuche und Messungen über stereoskopische Projektion mit polarisiertem Licht. Z. techn. Physik. **17**, 332 (1936).
9. — Anordnung zur Feststellung von Glasspannungen durch räumliche Betrachtung von Glaskörpern im polarisierten Licht. Glastechn. Ber. **15**, 299 (1937).
10. ARSINOW, V. V.: Über die mineralogische Taschen- oder Polarisationslupe. C. R. (Doklady) Acad. Sci. URSS **17**. 33 (1937).
11. BÄCKSTRÖM, H.: Einige Fälle der Verbesserung der Einzelheitenwiedergabe in den Schatten des Bildes durch Verwendung von Polarisationsfiltern. Photographische Ind. **38**, 114 (1940).
12. BECHER, S.: Über eine auf die Struktur des Echinodermenskelettes gegründete neue Methode zur Herstellung von polarisiertem Lichte. Zool. Anz. **44**, 122 (1914).
13. BEREK, M.: Die Anisotropieeffekte zwischen gekreuzten Nicols im Auflicht. Z. Kristallogr., Mineral., Petrogr. **89**, 125 (1934).
14. — Die Bestimmung der optischen Anisotropiekonstanten absorbierender Kristalldurchschnitte aus Polarisationsbeobachtungen im senkrecht reflektierten Licht. Z. Kristallogr., Mineral., Petrogr. **93**, 116 (1936).
15. BERNAUER, F.: Polarisationsvorrichtung. D.R.P. Nr. 547429.
16. — Ein neuer Weg zur Herstellung von Polarisatoren. Fortschr. Mineral., Kristallogr. Petrogr. **14**, 21 (1929).
17. — Neue Wege zur Herstellung von Polarisatoren. Fortschr. Mineral., Kristallogr. Petrogr. **19**, 22 (1935).
18. BRAUN, F.: Verfahren zur Herstellung optischer Gitterpolarisatoren. D.R.P. Nr. 161686.
18a. BUSCH A.-G.: Verfahren zum Erzeugen von Stereobildern mittels polarisierten Lichtes. D.R.P. Nr. 676497.
19. CHRISTOPH, W. und H. E. J. NEUGEBAUER: Blendfreies Scheinwerferlicht durch Zirkularpolarisation. Z. techn. Physik **20**, 257 (1939).
20. COKER, E. G. und L. N. G. FILON: Lehrbuch der Photo-Elastizität. Cambridge, 1931.
21. COPER, K.: Siehe ZOCHER und COPER.
22. EMMERMANN, C.: Polarisationsfilter. Filmtechn. **12**, 122 (1936).
22a. — Polarisationsfilter und Optik mit verminderten Reflexen. Photogr. für Alle **37**, 239, 240, 249, 250 (1941).
22b. EVANS, J. W.: Der Quarz-Polarisationsmonochromator. Publ. astron. Soc. Pacific **52**, 305 (1940).
23. FARLANE, J. W. Mc: Photographie mit polarisiertem Licht. Photographic J. **76**, 217 (1936). Siehe auch TUTTLE und FARLANE.
24. FAVRE, H.: Die optische Bestimmung innerer Spannungen. Rev. Opt. théor. instrument. **11**, 1 (1932).
25. FEUSSNER, K.: Über die Prismen zur Polarisation des Lichtes. Z. Instrumentenkunde **4**, 41 (1884).
26. FILON, L. N. G.: Kleines Handbuch der Photo-Elastizität für Ingenieure. Cambridge, 1936. Siehe auch COKER und FILON.
27. FÖPPL, L.: Neue Erfolge in der Spannungsoptik. Z. Ver. dtsch. Ing. **81**, 137 (1937).
28. — Spannungsoptische Messungen. Handbuch der Werkstoffprüfung von E. SIEBEL, Bd. I. Berlin, 1940.
29. FÖPPL, L. und H. NEUBER: Festigkeitslehre mittels Spannungsoptik. München und Berlin, 1935.
30. FRANK: Siehe RITTER und FRANK.
31. FREY-WYSSLING, A.: Die Micellarlehre erläutert am Beispiel des Faserfeinbaues. Kolloid-Z. **85**, 148 (1938).
32. — Polarisationsoptische Erschließung biologischer Strukturen. Zeiß-Nachr. **3**, 54 (1939).
33. — Siehe. AMBRONN und FREY.
33a. FRIESER, H.: Siehe ZEISS-IKON A. G.
34. GABLER, F.: Über die Anwendung eines auf Rotationsdispersion beruhenden Filters. Physik. Z. **41**, 339 (1940).
35. GÄNSWEIN, P. und O. VIERLING: Blendschutz durch polarisiertes Licht. Kosmos **36**, Heft 5 (1939).
36. GAERTNER, P.: Siehe ZEISS-IKON A. G.
37. GOOSMANN, CH.: Über die Verwendung von Polarisationsfiltern bei Diatomeen-Aufnahmen. Zeiß-Nachr. **2**, 317 (1939).

38. GRABAU, M.: Polarisiertes Licht greift ins tägliche Leben ein. J. appl. Physics **9**, 215 (1938).
39. — Die optischen Eigenschaften von Polaroid für sichtbares Licht. J. opt. Soc. America **27**, 420 (1937).
40. GRÄPER, L.: Plastische episkopische Projektion mit dem Epistereofilter. Anatom. Anz. **56**, Erg.-H., 244 (1924).
41. GROSSE, W.: Die gebräuchlichsten Polarisationsprismen. Clausthal, 1889.
42. HAASE, M.: Dichroitische Kristalle und ihre Verwendung für Polarisationsfilter. Zeiß-Nachr. **2**, 55 (1936).
43. — Beispiele zur Wirkungsweise der Polarisationsfilter. Zeiß-Nachr. **2**, 69 (1936).
44. — Neue Polarisationsfilter unter Verwendung dichroitischer Kristalle. Z. techn. Physik **18**, 69 (1937).
45. — Filterpolarisatoren und ihre Anwendungsgebiete. Glastechn. Ber. **15**, 295 (1937).
46. — Plastische Projektion mit Episkop und Mikroskop. Opt. Rundschau u. Photo-Opt. **29**, 566 (1938).
47. — Spannungsprüfeinrichtungen für Glaswaren unter Verwendung der neuen Polarisationsfilter. Glashütte **69**, 145 (1939).
48. — Polarisiertes Licht. Opt. Rundschau u. Photo-Opt. **27**, 519 (1936).
49. — Interferenz-Lichtfilter. Zeiß-Nachr. **4**, H. 2, 51—57 (1941).
50. — Siehe KÜHNE und HAASE unter C. ZEISS.
50a. — Der Stand des Autoblendschutzproblems. Opt. Rundschau u. Photo-Opt. **32**, 292—294 (1941).
51. HAIDINGER, W.: Über die von Herrn Dr. HERAPATH und Herrn Prof. STOKES in optischer Beziehung untersuchte Jod-Chinin-Verbindung. Ann. Physik **89**, 250 (1853).
52. HAUSER, F.: Das Arbeiten mit auffallendem Licht in der Mikroskopie, Mikro- und Makrophotographie in ABDERHALDENS Handbuch der biologischen Arbeitsmethoden, Abt. II, Teil 3, S. 3717 (1938).
53. HERAPATH, W.: Über die optischen Eigenschaften eines neu entdeckten Chininsalzes usw. Philos. Mag. (4), **3**, 161 (1852).
54. HERBST, H.: Verfahren und Vorrichtung zum Beleuchten von mikroskopischen Objekten. D.R.P. Nr. 421865.
55. HEYSE, E.: Über Anwendung von polarisiertem Licht zur Erzielung von Reflexfreiheit bei Auflichtbeleuchtung. Zeiß-Nachr. **1**, H. 7, 1 (1934).
56. HILTSCHER, R.: Die Verwendung des Metaphots zur polarisationsoptischen Untersuchung des räumlichen Spannungszustandes. Bl. Unters.- u. Forsch.-Instr. **12**, 62 (1938).
57. HOFFMEISTER, C.: Mitteilung über die Verwendung von Polarisationsfiltern bei Himmelsaufnahmen. Astron. Nachr. **262**, 485 (1937).
58. I. G.-FARBEN: Filter zur Erzeugung von linear polarisiertem Licht. F.P. Nr. 839150.
59. INGERSOLL, L. R., J. G. WINANS und E. H. KRAUSE: Die Polarisationseigenschaften von Polaroid-Platten für Wellenlängen von 4000 bis 20000 Å. J. opt. Soc. America **26**, 233 (1936).
60. JAKOBSTHAL, J. E.: Kombination von photographischen Objektiven mit Polarisationskörpern. D.R.P. Nr. 42281.
61. JÖRG, M. E.: Insekten-Photographie in auffallendem Licht mit Zeiß-Geräten. Zeiß-Nachr. **2**, 326 (1939).
62. JÖRGENSEN, S. M.: Über den sogenannten Herapathit und ähnliche Azidperjodide. J. prakt. Chem. (2), **14**, 213 (1876); **15**, 65, 418 (1877).
63. KÄSEMANN, E.: Polarisationsfilter. F.P. Nr. 839150; Schw.P. Nr. 210632.
63a. — Ein neuer Raumbildprojektor. Photogr. für Alle (Stereoskopiker) **36**, 39 (1940).
64. KLEEFELD, G.: Klinische Untersuchungen des Auges unter Anwendung von Polarisationsfiltern. Bull. Soc. belge Ophtalm. **77**, 50 (1938), Ref. in Zbl. Ophthalm. **43**, 399 (1939).
65. — Netzhautphotographie im polarisierten Licht. Bull. Soc. belge Ophtalm. **78**, 112 (1939), Ref. in Zbl. Ophthalm. **44**, 332 (1940).
66. KOKOTT, W.: Stereoskopische Photokeratoskopie. Klin. Mbl. Augenhk. **100**, 191 (1938).
67. KRAUSE, E. H.: Siehe INGERSOLL, WINANS und KRAUSE.
68. KÜHNE, K. und M. HAASE: Siehe ZEISS, C.
69. KUTZLEB, L.: Ein Vorbote des plastischen Farbentonfilms. Kinotechn. **19**, 165 (1937).

70. LAND, E. H.: Kolloidale Losungen und ihr Herstellungsverfahren. A.P. Nr. 1951664.
71. — Polarisierender Körper. A.P. Nr. 1956867.
72. — Lichtpolarisierendes Material. A.P. Nr. 2123901 und 2123902.
73. — Zerstreuender Lichtpolarisator. A.P. Nr. 2122178.
74. — Siehe ferner unter Norwich Research Inc., Sheet-Polarizer Inc. und Polaroid Inc.
75. — Vektographen. J. Opt. Soc. Amer. **30**, 230 (1940).
76. — Polarisierendes optisches System (zirkular polarisiertes Licht). A.P. Nr. 2099694.
77. LAPP, H.: Siehe ZEISS-IKON A. G.
78. LOOS, W.: Die Raumbildprojektion. Raumbild **3**, 82 (1937).
79. — Stereoprojektion und Polarisationsfilter. Zeiß-Nachr. **3**, 39 (1939).
80. — in A. KOHLER und W. LOOS: Das Phasenkontrastverfahren und seine Anwendungen in der Mikroskopie. Naturwiss. **29**, 58 (1941).
81. LUMMER, O.: Die Lehre von der strahlenden Energie (Optik) in MÜLLER-POUILLETS Lehrbuch der Physik, 10. Aufl., Bd. II, 3. Buch, S. 1042. 1909.
82. LÜHRIG, F.: Siehe ZEISS-IKON A. G.
83. LÜSCHER, H.: Der Stand des Raumbildwurfes. Z. Ver. dtsch. Ing. **84**, 745 (1940).
83a. LYOT, B.: Ein Monochromatfilter, besonders geeignet für Untersuchungen der Sonne. Compt. rend. **212**, 1013—1017 (1941).
84. MARINO, F. DI: Optische Eigenschaften des Cellophans und seine Anwendungsmoglichkeiten. Riv. Fisica, Mat. Sci. natur. **12**, 137 (1937).
85. MARKS, A. M.: Kristallherstellung. A.P. Nr. 2104949.
86. — Lichtpolarisator. A.P. Nr. 2167899.
87. METZNER, P.: Über Mikroprojektion mit einfachen Hilfsmitteln. Z. wiss. Mikroskop. mikroskop. Techn. **37**, 273 (1920).
88. MESMER, G.: Spannungsoptik. Berlin, 1939.
89. MEYER, K.: Siehe ZEISS-IKON A. G.
90. MICHEL, K.: Der plastische Mikrofilm. Zeiß-Nachr. **3**, 240 (1940).
91. MIDDLEHURST, D. und R. WELLER: Polarisationseigenschaften von Cellophan. Rev. sci. Instruments **11**, 108 (1940).
92. NÄHRING, E.: Künstliche Polarisatoren. Filmtechn. **13**, 145 (1937).
93. — Polarisationsfilter. Photographische Ind. **38**, 599, 629 (1940); Photogr. für Alle (Stereoskopiker) **36**, 27, 31 (1940).
94. NEUBER, H.: Siehe FÖPPL und NEUBER.
95. NEUBERT, H.: Über Doppelbrechung und Dichroismus gefarbter Gele. Kolloidchem. Beih. **20**, 244 (1924).
96. NEUGEBAUER, H. E. J.: S. CHRISTOPH und NEUGEBAUER.
97. NISIDA, M.: Siehe TUZI und NISIDA.
98. NORWICH RESEARCH INC. (E. H. LAND und J. S. FRIEDMAN): Polarisationskörper. A.P. Nr. 1918848.
99. ÖHMAN, Y.: Neue Hilfsapparate auf Grund der Polarisation des Lichtes. Die Sterne **18**, 265 (1938).
100. — Ein neuer Monochromator. Nature **141**, 157, 291 (1938).
100a. PETTIT, EDISON: Der Interferenz-Polarisationsmonochromator. Publ. astron. Soc. Pacific **53**, 171—181 (1941).
101. PFEIFFER, HANS H.: Über Strömungsdoppelbrechung und -doppelbeugung von Herapathitsuspensionen. Kolloid-Z. **92**, 182 (1940).
102. POLAROID-INC. (E. H. LAND): Lichtpolarisator. A.P. Nr. 2158130.
103. — Verbund-Lichtpolarisator. A.P. Nr. 2168221 u. a.
104. POLLAK, L. W. und H. WILHELM: Über die Verwendung von Flachenpolarisatoren in der meteorologischen Optik. Zeiß-Nachr. **2**, 307 (1939).
105. RIECKMANN, E.: Bau und Einsatz des Zielfilmgerätes bei den olympischen Spielen 1936. Kinotechn. **18**, 332 (1936).
106. — Anwendung optischer Hilfsmittel bei Aufgaben der Zeit- und Geschwindigkeitsmessung. Z. Instrumentenkunde **60**, 377 (1940).
107. RITTER, E. und A. FRANK: Polarisationsprisma. D.R.P. Nr. 234940.
108. ROESCH, S.: Einige Eigenschaften und Anwendungen dichroitischer Flachenpolarisatoren. Z. Instrumentenkunde **58**, 181 (1938).
109. — Vorfuhrung eines Polarisations-Lupenstatives für physiko-chemische, mineralogische und edelsteintechnische Zwecke. Fortschr. Mineral., Kristallogr. Petrogr. **22**, 51 (1938).
109a. RULE, J. T.: Polaroid und seine Anwendung in der Luftbildphotographie und Photogrammetrie. Photogrammetric Engeneering **7**, 31—39 (1941).

110. SAUER, H.: Polarisiertes Licht in der Kraftfahrzeug-Beleuchtung. Z. Ver. dtsch. Ing. **82**, 201 (1938).
111. SCHILLER, K.: Zusatz zu dem Artikel des Herrn C. HOFFMEISTER. Astron. Nachr. **263**, 119 (1937).
112. SCHMIDT, W. J.: Die Bausteine des Tierkörpers im polarisierten Licht. Bonn, 1924.
113. — Polarisationsoptische Analyse des submikroskopischen Baues von Zellen und Geweben. Handbuch der biologischen Arbeitsmethoden von ABDERHALDEN, Abt. V, Teil 10, S. 558.
114. SCHULZ, H.: Die Polarisation des Lichtes. Handbuch der Experimentalphysik von WIEN-HARMS, Bd. XVIII, S. 365 (1928).
115. SEHERR-THOSS, M. v.: Über künstlichen Dichroismus. Ann. Physik **6**, 270 (1879).
116. SHEET-POLARIZER INC. (E. H. LAND): Methode zur Herstellung eines orientierte, unsymmetrische Teile enthaltenden Produktes. A.P. Nr. 1 989 371.
117. SIEDENTOPF, H. und J. WEMPE: Über Interferenzfilter und ihre astronomische Anwendung. Astron. Nachr. **270**, 276 (1940).
118. SMITH, C. F.: Ein Analysator-Zusatz für Kameras. Optician **63**, 380 (1922).
119. Sproxton-Xylonite: Herstellung von Material zur Erzeugung oder zum Nachweis polarisierten Lichtes. A.P. Nr. 2 077 705.
120. STRONG, J.: Durchlässigkeitskurven der neuen Polarisatoren. J. opt. Soc. America **26**, 256 (1936).
121. TESCHENDORF, W.: Röntgenstereoskopie. Fortschr. Gebiete Röntgenstrahlen **55**, Beih. 12 (1937).
121a. TOBIS A.-G.: Verfahren zur Wiedergabe von stereoskopischen Bildern. D.R.P. Nr. 688 401.
121b. — Einrichtung für Wiedergabe stereoskopischer Teilbilder mittels Polarisatoren. D.R.P. Nr. 702 299.
122. THOMPSON, S. P.: Ein neues Polarisationsprisma. Philos. Mag. **12**, 349 (1881).
123. — Über Polarisationsprismen. Philos. Mag. J. Sci. **15**, 435 (1883).
124. TUZI, Z. und M. NISIDA: Über eine neue photoelastische Druck-Viertelwellenlangen-Platte großer Öffnung. Sci. Pap. Inst. physic. chem. Res. **31**, 99 (1937).
125. TUTTLE und J. W. MCFARLANE: Einführung in die photographischen Möglichkeiten mit polarisiertem Licht. J. Soc. Motion Picture Engr. **25**, 69 (1935).
126. VIERLING, O.: Stereo-Filmprojektion mit polarisiertem Licht. Raumbild **2**, 158 (1936).
127. — Großflächen-Polarisatoren. Photo-Fachhändler **8**, 571 (1937).
128. — Siehe GÄNSWEIN und VIERLING.
128a. — Stereophotographie mit der Contax. Das Contax-Stereosystem. Photogr. u. Forsch. **3**, H. 7, 193—224 (1941).
129. WELLER, R.: Siehe MIDDLEHURST und WELLER.
130. WEMPE, J.: Eigenschaften und astronomische Anwendungsmöglichkeiten von Polarisationsfiltern. Astron. Nachr. **269**, 331 (1940).
131. — Siehe SIEDENTOPF und WEMPE.
132. WEST, C. D.: Die Kristallographie des Herapathit. Amer. Mineralogist **22**, 731 (1937).
133. WILHELM, H.: Siehe POLLAK und WILHELM.
134. WINANS, J. G.: Siehe INGERSOLL, WINANS und KRAUSE.
135. WOLF, M.: Über eine Methode zur optischen Differenzierung der Muskulatur in ungefärbten Totalpräparaten von Gliedertieren. Zeiß-Nachr. **2**, 399 (1939).
136. WULFING, E. A.: In ROSENBUSCH-WULFING, Mikroskopische Physiographie der Mineralien und Gesteine, Bd. I, 1. Hälfte, S. 232. 1924.
137. ZEISS, C. (K. KUHNE und M. HAASE): Marke für optische Geräte. D.R.P. Nr. 702 024.
138. ZEISS-IKON A. G. (H. LAPP): Verfahren zur Herstellung von Polarisationsfiltern. D.R.P. Nr. 674 840.
139. — (K. MEYER, F. LÜHRIG, H. LAPP und P. GAERTNER): Herstellung von Polarisationsfiltern. D.R.P. Nr. 675 217.
140. — (H. LAPP und P. GAERTNER): Verfahren zum Herstellen von Polarisationsfiltern. D.R.P. Nr. 679 731.
141. — (K. MEYER, H. LAPP und P. GAERTNER): Verfahren zum Herstellen von Polarisationsfiltern. D.R.P. Nr. 681 347.
142. — (H. LAPP): Verfahren und Vorrichtung zur Herstellung von Polarisationsfiltern. D.R.P. Nr. 683 341.

143. Zeiss-Ikon A. G. (K. Meyer): Verfahren zum Herstellen trubungsfreier Polarisationsfilter. D.R.P. Nr. 681237.
144. — (P. Gaertner): Verfahren zum Herstellen trubungsfreier Polarisationsfilter D.R.P. Nr. 685816 und Nr. 704979.
145. — (G. Henkel und H. Sauer): Polarisationsfolie. D.R.P. Nr. 693251.
145a. — (H. Frieser): Verfahren zur Herstellung raumlich wirkender Bilder. D.R.P. Nr. 712285.
146. Ziener, Th.: Farbaufnahmen von Spannungen in Glas. Photogr. u. Forsch. **3**, 107 (1940).
147. Zimmern, A.: Über eine neue Methode zur Herstellung von Herapathit. C. R. hebd. Séances Acad. Sci. **182**, 1082 (1926).
148. — Verfahren zur Gewinnung von Kristallen, von polarisierenden Kristallen, wie z. B. Kristallen von Herapathit. Ö.P. Nr. 111140.
149. Zocher, H.: Über die optische Anisotropie selektiv absorbierender Stoffe und uber mechanische Erzeugung von Anisotropie. Naturwiss. **13**, 1015 (1925).
150. — Lichtpolarisatoren und Herstellungsverfahren. A.P. Nr. 1873951/1932.
151. Zocher, H. und K. Coper: Über die Erzeugung der Anisotropie von Oberflachen. Z. physik. Chem. **132**, 295 (1928).

Die neuere Entwicklung der Farbenphotographie.[1]
Von G. HEYMER, Berlin.
Mit 72 Abbildungen.

Inhaltsverzeichnis.

	Seite
A. Allgemeine Farbenphotographie	339
I. Die Systematik der farbenphotographischen Verfahren	339
1. Die Farbbezeichnungen	339
2. Die Haupttypen der Verfahren	340
a) Die Spreizverfahren	341
b) Die Siebverfahren	344
c) Kombinierte Verfahren	345
II. Die Farbenlehre in der Farbenphotographie	346
1. Allgemeine Farbenlehre	347
a) Farbkörper	348
b) Farbdreieck und Eichreizkurven	348
c) Vereinfachte Meßverfahren	363
2. Die Prüfung der Farbwiedergabe	365
a) Grenzen der Anwendbarkeit der Farbenlehre	365
b) Beurteilung der Farbwiedergabe durch vergleichende Betrachtung	365
c) Grauskala und Einzelschichtdichten	368
d) Prüfung auf Grund der Farbenlehre	371
e) Lichtquellenfarbe und Filter	375
III. Belichtungsmesser für die Farbenphotographie	378
IV. Objektive für die Farbenphotographie	379
B. Die farbenphotographischen Verfahren	380
I. Spreizverfahren	381
1. Strahlenteilungskamera für Einzelaufnahmen	382
a) Zeitliche Parallaxe (Filterwechsel)	382
b) Räumliche Parallaxe	382
c) Optische Strahlenteilung	382
2. Kinofilmverfahren mit Strahlenteilung	384
a) Zeitliche Parallaxe (Filterwechsel)	384
b) Optische Strahlenteilung	384
3. Die Rasterverfahren	387
a) Allgemeines zur Rastertechnik	387
b) Die Farbtrennung bei Rasterverfahren	388

---

[1] Die Darstellung schildert den Stand der Farbenphotographie, wie er im Jahre 1941 erreicht war. Da sie entstand, während der Verfasser zum Heeresdienst einberufen war, bereitete die Beschaffung der Literatur und der sonstigen Unterlagen große Schwierigkeiten und konnte auch aus zeitlichen und technischen Gründen keineswegs lückenlos durchgeführt werden. Allen denen aber, die bei der Behebung dieser Schwierigkeiten hilfreiche Unterstützung gaben, so insbesondere den Herren Dir. Dr. MEDIGER, Prof. EGGERT, Dr. ARENS und Dr. HÖRMANN von der I. G. Farbenindustrie A. G. Filmfabrik Wolfen, sei daher besonders gedankt.

	Seite
c) Das Kopierproblem bei Farbrastern	389
d) Die Projektionshelligkeit der Rasterverfahren	390
e) Die Kornraster	391
f) Das FINLAY-Raster	393
g) Das DUFAYCOLOR-Verfahren	394
h) Das Linsenrasterverfahren	397
i) Aufsichtsbilder mit Farbrastern	412
II. Siebverfahren	412
1. Siebverfahren für die Aufnahme	413
2. Dreifarbenphotographie durch Kombination des Bipacks mit anderen Farbtrennungsverfahren	418
3. Siebverfahren für die Wiedergabe	420
a) Übersicht über die Verfahren zur Erzeugung subtraktiver Bilder für die Wiedergabe	421
b) Anforderungen an die Bildfarbstoffe für Siebverfahren	425
c) Subtraktive Verfahren mit Auswaschreliefs	429
d) Farbstoffchemische Verfahren (Kodachrom, Agfacolor)	434
C. Zusammenfassung, Rückblick und Ausblick	457
Literaturverzeichnis	458

Die Zahl der vorgeschlagenen farbenphotographischen Verfahren hat sich seit dem Erscheinen des VIII. Bandes dieses Handbuches im Jahre 1929 außerordentlich vermehrt und ist fast täglich weiter im Wachsen. Es läßt sich jedoch feststellen, daß grundsätzlich neue Verfahren kaum darunter sind, vielmehr liegen die Fortschritte durchweg im Ausbau älterer Verfahren. Während lange Zeit hindurch die Kornrasterplatten LUMIÈRES und der Agfa nahezu das einzige Material waren, das auch vom Amateur in größerem Umfange und ohne allzu große Fachkenntnisse benutzt werden konnte, hat sich das Bild seither erheblich gewandelt. Die Mängel, die der praktischen Durchführung älterer Verfahren hindernd im Wege standen, sind durch eingehende Untersuchungen besonders in den Forschungslaboratorien der Industrie schrittweise aus dem Wege geräumt worden. Schließlich sind auch die Fortschritte der Schwarz-Weiß-Photographie, vor allem auf dem Gebiete der Emulsionstechnik und der Sensibilisatoren, der Farbenphotographie zugute gekommen. So läßt sich als Ergebnis dieser Entwicklung feststellen, daß die praktische Anwendung der Farbenphotographie stark an Umfang zugenommen hat. Das stehende Projektionsbild, der Schmalfilm, der kopierbare Normalfilm für das Spielfilmtheater sind teils vereinfacht und verbessert, teils überhaupt erst Wirklichkeit geworden, und selbst das farbige Papierbild ist die längste Zeit das Vorrecht einiger experimentierender Einzelgänger gewesen. Diese Ausbreitung hängt eng mit einem besonderen Kennzeichen der Fortschrittsrichtung auf allen genannten Teilgebieten zusammen: Schon für die starke Ausbreitung der Schwarz-Weiß-Photographie ist die Tatsache ausschlaggebend gewesen, daß der Amateur sich mehr und mehr auf die Aufnahme beschränkte, während die Verarbeitung in die Hände des Fachmannes für Entwickeln und Kopieren überging. Die Schwierigkeiten der Farbenphotographie, die besonders in der Abstimmung der Teilbilder liegen, übersteigen jedoch die der Schwarz-Weiß-Photographie bei weitem; erst seitdem es gelungen ist, sie teils auf das Gebiet der Herstellung des Materials, teils auf seine Verarbeitung durch Fachleute zu verlagern, die auch hier wieder entweder von den Herstellerfirmen oder von Spezialisten unter Anwendung fabrikationsähnlicher Arbeitsmethoden ausgeführt wird, konnte sich farbiges Photographieren ausbreiten.

Aus alledem folgt, daß die Darstellung der Fortschritte auf dem Gebiete der Farbenphotographie in den letzten anderthalb Jahrzehnten bei der gegebenen

Beschränkung des Raumes auf eine lückenlose Wiedergabe der zahllosen nie verwirklichten, wenn auch vielfach interessanten Vorschläge verzichten darf zugunsten derjenigen Verfahren, die sich praktisch, wenn auch vielleicht nur vorübergehend, bewährt haben oder sonst für den Fortschritt der Erkenntnis von Bedeutung waren. Parallel mit dem Ausbau der farbenphotographischen Methoden in der Praxis ist eine Verbreiterung der theoretischen Grundlagen festzustellen, die zwar vielfach noch in den Anfängen steckt, jedoch bereits soviel gebracht hat, daß die Umrisse einer allgemeinen Farbenphotographie deutlich geworden sind. Da eine zusammenfassende Darstellung dieses Gebietes bisher nicht vorhanden ist, wurde solchen Betrachtungen im folgenden ein größerer Raum gewidmet, wenn auch auf den dafür zur Verfügung stehenden Seiten eine mehr als querschnittartige Behandlung nicht erwartet werden darf.

A. Allgemeine Farbenphotographie.
I. Die Systematik der farbenphotographischen Verfahren.
1. Die Farbbezeichnungen.

Sämtliche erfolgreichen Verfahren der Neuzeit beruhen auf dem Drei- (oder Zwei-) farbenprinzip, das vielfach dargelegt worden ist. Die Unterteilung der Dreifarbenverfahren — alles Gesagte gilt sinngemäß auch für die Zweifarbenverfahren — in solche der „additiven" und „subtraktiven" Art ist ebenfalls allgemein bekannt. Mit dem Anwachsen der Zahl der möglichen Abwandlungen dieser Verfahren hat es sich jedoch ergeben, daß diese Einteilung etwas geändert und verfeinert werden muß, wobei eine einfache Symbolik in die verwirrende Zahl der Möglichkeiten Ordnung bringen und die Verständigung vereinfachen kann. Bei den zahlreichen Veröffentlichungen über farbenphotographische Dinge steht zu hoffen, daß in absehbarer Zeit Schritte zu einer Normung der vielfach schwankenden Bezeichnungen unternommen werden.

Die Farbbezeichnungen. Für unsere Zwecke ist zunächst eine genaue Festlegung der Farbbezeichnungen erforderlich. Die wichtigste Rolle spielen hier die drei Grundfarben Rot, Grün und Blau, die mit R, G und B bezeichnet werden und in erster Annäherung die Spektralgebiete von 700 bis 600 mμ (R), 600 bis 500 mμ (G) und 500 bis 400 mμ (B) umfassen; beispielshalber sind in Abb. 1a

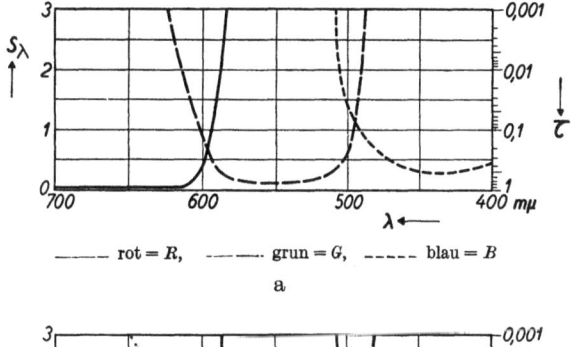

——— rot = R,   — · — grün = G,   - - - - blau = B

a

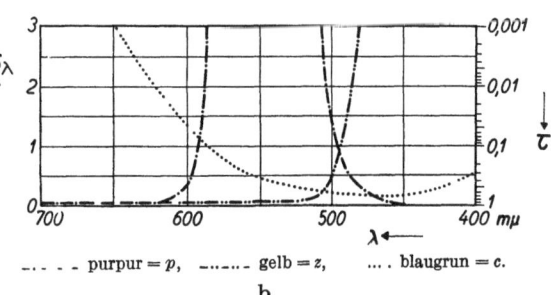

— · · — purpur = p,   — - — gelb = z,   · · · · blaugrün = c.

b

Abb. 1 Absorptionskurven der Grundfarben. (Aus Agfa-Veröff, Bd V. Leipzig: S. Hirzel.)
a Additive oder Spreizverfahren. b Subtraktive oder Siebverfahren. Auf der konkaven Seite der Kurven liegt jeweils das Durchlässigkeitsgebiet der Farbstoffe.

die Absorptionskurven dreier derartiger Farbstoffe wiedergegeben. Komplementär zu R, G und B sind die Farben Blaugrün (Cyanblau), Purpur (Blaurot) und Gelb (Zitronengelb), die die Bezeichnungen c, p und z erhalten. Sie lassen etwa die Spektralgebiete 600 bis 400 mμ (c), 700 bis 600 + 500 bis 400 mμ (p) und 700 bis 500 mμ (z) durch und werden beispielsweise durch Farbstoffe veranschaulicht, deren Absorptionskurven in Abb. 1b wiedergegeben sind. Natürlich können, gemäß den Gesetzen der Farbenlehre, die gleichen Farbtöne auch durch Farbstoffe ganz anderer spektraler Absorptionskurven erzeugt werden, doch sind die genannten Spektralgebiete für die Dreifarbenphotographie von besonderer Wichtigkeit. Ähnliches gilt für die farbenphotographischen Verfahren mit nur zwei Grundfarben, bei denen das Spektrum in zwei annähernd gleiche Hälften geteilt wird. Die langwellige, orangefarbige Hälfte wird durch O (Orange), die kurzwellige, grünlichblaue in Übereinstimmung mit der Bezeichnung OSTWALDS durch E (Eisblau) gekennzeichnet.

2. Die Haupttypen der Verfahren.
(„Additive" und „subtraktive" Verfahren.)

Die Bezeichnungen „additiv" und „subtraktiv" sind ursprünglich nur für die Wiedergabe aufgestellt worden. Werden in drei räumlich getrennten Strahlengängen rot, grün und blau gefärbte Lichter auf die gleiche Stelle eines diffus reflektierenden weißen Schirmes geworfen, so wirft dieser die farbigen Strahlen gemeinsam, „addiert", in das Auge des Betrachters zurück, wobei je nach Dosierung der Lichtstärke der drei Anteile die gewünschte Mannigfaltigkeit der Farbtöne erzielt wird. Bei der „subtraktiven" Farbmischung dagegen durchsetzt der gleiche Strahl drei hintereinanderliegende, vorzugsweise in den Grundfarben Gelb, Purpur und Blaugrün gefärbte Schichten, wobei aus dem ursprünglich weiß einfallenden Licht nacheinander die drei Grundfarben R, G und B entsprechend durch die c, p und z gefärbten Schichten zurückgehalten, „subtrahiert", werden.

Das gleiche Einteilungsprinzip, nämlich einerseits räumliche Trennung der drei Strahlengänge (additiv), anderseits Hindurchstoßen des gleichen Lichtstrahls durch drei aufeinanderfolgende Schichten (subtraktiv), läßt sich nun aber auch auf die verschiedenen Arten von Aufnahmeverfahren anwenden. Dem additiven Projektionsverfahren entspricht ein Aufnahmeverfahren, bei dem drei räumlich getrennte reelle Bilder in den Grundfarben R, G und B entworfen werden, während bei dem dem subtraktiven Projektionsverfahren entsprechenden Aufnahmeverfahren nur ein einziges Bild entworfen wird, bei dem aber jeder Strahl nacheinander drei Aufnahmeschichten durchsetzt, deren jede eine der drei Grundfarben R, G und B auffängt. Nun ist für dieses letzte Aufnahmeverfahren zwar der Ausdruck „subtraktiv" ebenso anwendbar wie für das entsprechende Wiedergabeverfahren, doch ist es sinnwidrig, das dem additiven Projektionsverfahren analoge Aufnahmeverfahren additiv zu nennen. Das übereinstimmende Kennzeichen von Aufnahme- und Wiedergabeverfahren ist in diesem Fall vielmehr, daß zwischen dem aufzunehmenden Objekt bzw. der Projektionsfläche (oder dem betrachtenden Auge) einerseits und den räumlich getrennten Teilfarbenbildern anderseits an irgendeiner Stelle der Strahlengang aufgespalten, auseinandergespreizt wird. Diese Verfahren seien daher in neuer Bezeichnungsweise „Spreizverfahren" genannt. Die Gruppe der subtraktiven Verfahren, bei denen aus dem geschlossen durchlaufenden Strahl nacheinander die spektralen Anteile ausgesiebt werden, nennen wir die „Siebverfahren".

a) Die Spreizverfahren.

Die Aufnahme. Die Aufgabe, drei räumlich getrennte reelle Bilder in den drei Grundfarben zu erzeugen, läßt sich auf verschiedene Weise lösen.

Verfahren mit Filterwechsel (zeitliche Parallaxe). Die einfachste, mit jeder photographischen Kamera durchführbare Lösung besteht darin, daß zeitlich nacheinander mit dem gleichen Objektiv die drei Aufnahmen hergestellt werden, wobei von Aufnahme zu Aufnahme Filter und Aufnahmeschicht ausgewechselt werden (Tabelle 1, S. 343, Symbol 1). Für ruhende Objekte arbeitet das Verfahren einwandfrei und wird z. B. in der Reproduktionstechnik oder bei der Herstellung von Trickfilmen vielfach angewandt. Bei bewegten Objekten dagegen stimmen die Umrißlinien der drei Teilbilder nicht mehr überein, so daß farbige Ränder entstehen, ein Fehler, den man als „zeitliche Parallaxe" bezeichnet. Außerdem ist die für ein Teilbild zur Verfügung stehende Belichtungszeit nur ein Drittel der normalen.

Räumliche Parallaxe. Um auch von bewegten Objekten genau gleichzeitig aufgenommene Teilbilder zu erhalten, kann man drei Objektive nebeneinander stellen, jedes mit einem Teilfarbenfilter versehen und die Verschlüsse der drei Objektive gleichzeitig auslösen (Tabelle 1, S. 343, Symbol 2). Die so gewonnenen Teilbilder zeigen zwar das Objekt in der gleichen Bewegungsphase, jedoch von etwas verschiedenen Blickpunkten aus, so daß ähnlich wie bei Stereoaufnahmen Bilder von abweichendem Konturenverlauf entstehen. An die Stelle der zeitlichen Parallaxe tritt also der Fehler der räumlichen Parallaxe. Die Belichtungsstärke ist, abgesehen von den notwendigen Verlusten durch die Filter, normal.

Optische Strahlenteilung. Zeitliche und räumliche Parallaxe sind bei der optischen Strahlenteilung vermieden; durch teilweise durchlässige Spiegelflächen wird das vom Objektiv ausgehende Licht gespalten, so daß drei identische reelle Bilder entstehen. Zwischen der Stelle, an der die drei Strahlengänge erstmalig völlig getrennt sind, und den reellen Bildern werden die R-, G- und B-Filter angeordnet (Tabelle 1, S. 343, Symbol 3). Abb. 2 zeigt das Prinzip der Anordnung. In einer Abart des Verfahrens befindet sich die Spiegelanordnung zur Strahlenteilung vor der Optik. In diesem Falle sind drei einzelne Objektive erforderlich, die jedoch besonders sorgfältig ausjustiert sein müssen (Tabelle 1, S. 343, Symbol 4). Der Nachteil beider Verfahren liegt in der geringen Belichtungsstärke, die dadurch bedingt ist, daß jedes Teilbild noch vor der Ausfilterung nur ein Drittel des anfallenden Lichts zugeleitet erhält. Durch geeignete Wahl der Spiegeldurchlässigkeit (gefärbte Metallschichten) gelingt es zwar, das Verhältnis zugunsten der Teilfarben mit geringerer Empfindlichkeit etwas zu verbessern, doch spielt das eine Rolle nur bei ohnehin nicht optimal sensibilisierten Schichten.

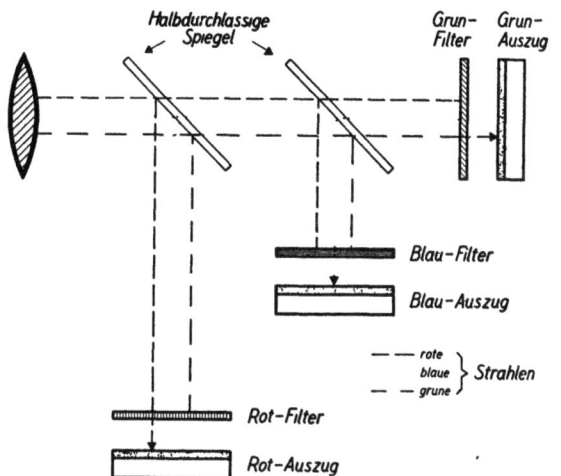

Abb. 2. Prinzip der Strahlenteilung. Die aus dem Objektiv von links kommenden roten, grünen und blauen Strahlen erzeugen drei reelle Bilder. Durch Filter werden die Teilauszüge ausgesondert. (Aus Agfa-Veröff., Bd. V. Leipzig: S. Hirzel.)

Die Rasterverfahren. Auch die nach dem Rasterprinzip arbeitenden Verfahren gehören in die Gruppe der Spreizverfahren, da auch hier die Teilbilder, wenn auch in mikroskopisch kleinen Dimensionen, räumlich getrennt erscheinen. Die Teilbilder sind mit Hilfe der in unregelmäßig geformte und verteilte Körner (LUMIÈRE-, AGFACOLOR-Kornraster, Tabelle 1, S. 343, Symbol 5) oder in regelmäßige Streifen oder Rechtecke (FINLAY-, DUFAYCOLOR-Raster, Tabelle 1, S. 343, Symbol 6) aufgeteilten Filter ineinander geschachtelt (Abb. 3, Tafel II). Sind die Filter in Substanz als angefärbte Gelatine-, Stärke- oder Harzteilchen unmittelbar vor der lichtempfindlichen Schicht angebracht, so spricht man von **Farbstoffrastern**. In die gleiche Klasse der Raster gehören die als **Richtraster** bezeichneten Anordnungen, bei denen sich die farbzerlegenden Filter nicht unmittelbar vor der lichtempfindlichen Schicht befinden, sondern in Form zusammenhängender Sektoren oder paralleler Streifen im Objektiv oder in seiner nächsten Nachbarschaft. Das ist nicht so zu verstehen, daß das Raster in das Objektiv verlegt ist, denn dort ist jede Grundfarbe im allgemeinen nur einmal vertreten. Das eigentliche Raster befindet sich auch bei diesen Verfahren unmittelbar vor dem Film, meistens auf der dem Objektiv zugekehrten Seite des Schichtträgers, und hat die Funktion, das im Objektiv befindliche Filter in der photographischen Schicht abzubilden, wobei die Größe der Farbelemente durch diejenige der Elemente des Richtrasters gegeben ist; die Abbildung erfolgt entweder nach dem Prinzip der Lochkamera dadurch, daß vor dem Film eine mit Löchern oder durchsichtigen Streifen versehene undurchsichtige Schicht angebracht ist — **Loch- bzw. Strichrichtraster** (Tabelle 1, S. 343, Symbol 7 und Abb. 36) — oder durch ein aus kleinen Rund-, Sechseck- oder Zylinderlinsen bestehendes Raster, das gewöhnlich unmittelbar in die dem Objektiv zugekehrte schichtfreie Seite des Schichtträgers eingeprägt ist. Diese Gruppe wird als **Linsenraster** bezeichnet (Tabelle 1, S. 343, Symbol 8 und Abb. 38, Tafel II).

Da bei allen Richtrastern die mit den Filtern belegten Teile des Objektivs das Objekt von jeweils etwas verschiedenen Blickpunkten aus abbilden, zeigen auch die Richtraster, wenn auch in einem meist nicht störenden Maße, bei Objekten außerhalb der Schärfeneinstellebene den Fehler der räumlichen Parallaxe. Die Lichtausbeute ist theoretisch die gleiche wie bei den meisten Spreizverfahren, nämlich rund ein Drittel der einfallenden Energie; da aber bei der außerordentlichen Feinheit der Rasterelemente eine saubere Trennung der Farben nur dann gewährleistet ist, wenn das Auflösungsvermögen der lichtempfindlichen Schicht besonders gut ist, dieses aber bei dem heutigen Stand der Technik nur durch feinkörnige und dementsprechend unempfindlichere Emulsionen erreicht werden kann, ist die praktische Empfindlichkeit noch um einiges geringer.

Die Wiedergabe. Die zur Gruppe der Spreizverfahren gehörigen Wiedergabeverfahren lehnen sich eng an die oben geschilderten Aufnahmeverfahren an und stellen gewöhnlich die einfache Umkehrung ihres Strahlenganges dar, wobei sich allerdings die Bewertung der Verfahren etwas verschiebt.

Verfahren mit Filterwechsel (zeitliche Parallaxe). Werden die etwa auf einem Filmstreifen angeordneten Grundfarbenteilbilder in schneller Folge jeweils mit dem zugehörigen Filter durch das gleiche Objektiv auf die gleiche Stelle einer Bildwand projiziert, so verschmelzen die Eindrücke infolge der Trägheit des Auges zu einem farbigen Gesamtbild. Die zeitliche Parallaxe braucht sich nicht als Fehler bemerkbar zu machen, wenn die Aufnahme der Teilbilder nach einem von diesem Fehler freien Verfahren (z. B. Tabelle 1, S. 343, Symbol 3 oder 4) erfolgte, doch treten durch den schnellen Filterwechsel, obwohl er vom Auge als solcher nicht wahrgenommen wird, eigenartige Sehstörungen auf, die trotz vieler Versuche die Anwendung des für den Kinofilm naheliegenden Verfahrens nicht

Die Systematik der farbenphotographischen Verfahren. 343

Tabelle 1.
Schematische Übersicht der Farbenverfahren in symbolischer Darstellung.

I. Spreizverfahren.
Aufnahme und Wiedergabe.

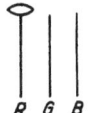  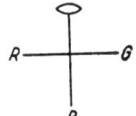 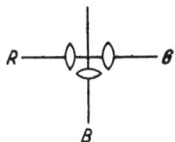

| 1. Filterwechsel. | 2. Räumliche Parallaxe. | 3. Optische Strahlenteilung hinter dem Objektiv. | 4. Optische Strahlenteilung vor dem Objektiv. |

Optische Strahlenteilung.

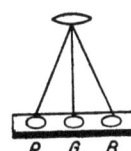 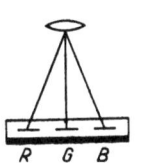  

| 5. Kornraster. | 6. Strichraster. | 7. Lochrichtraster. | 8. Linsenraster. |

Farbstoffraster. Richtraster.

Rasterverfahren.

II. Siebverfahren.

Aufnahme.   Wiedergabe.

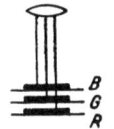 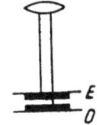 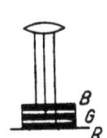 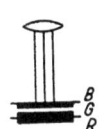  

| 9. Dreipack. | 10. Bipack. | 11. Dreischichtenfilm (einseitig). | 12. Mehrschichten-Bipack. | 13. Dreischichtenbild. | 14. Einschichtdreifarbenbild. |

III. Kombinationsverfahren.

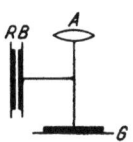 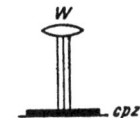

| 15. Technicolor-Aufnahme. | 16. Technicolor-Wiedergabe. |

Beispiel eines Kombinationsverfahrens.

zuließen, ganz abgesehen davon, daß die Helligkeit nur ein Drittel der normalen beträgt und die Schaltgeschwindigkeit hohe Anforderungen an die bewegten Teile des Schaltmechanismus stellt (Tabelle 1, S. 343, Symbol 1).

Räumliche Parallaxe. Mittels dreier getrennter Objektive werden die drei Teilbilder durch die zugehörigen Filter übereinander auf die gleiche Stelle einer Bildwand projiziert. Bei den üblichen Projektionsentfernungen spielt der Abstand der Objektive voneinander keine Rolle. Auch die Helligkeit ist normal, falls mit drei Lichtquellen gearbeitet wird. Das Wiedergabeverfahren mit räumlicher Parallaxe enthält also im Gegensatz zum Aufnahmeverfahren keine prinzipiellen Fehler (Tabelle 1, S. 343, Symbol 2).

Optische Strahlenteilung. Die Umkehrung des bei der Aufnahme geschilderten Strahlenganges liefert das entsprechende Projektionsverfahren, das aber auch den Fehler zeigt, daß die Helligkeit nur ein Drittel der normalen ist. Eine ganz entsprechende Anordnung dient auch zur subjektiven Betrachtung (Tabelle 1, S. 343, Symbol 3 und 4).

Rasterverfahren. Sämtliche Raster ergeben bei Umkehrung des Strahlenganges das entsprechende Projektionsverfahren, jedoch ebenfalls wieder mit höchstens nur einem Drittel der normalen Helligkeit, was ihre praktische Auswertbarkeit grundsätzlich beeinträchtigt hat. Ferner sind die Farbstoffraster für direkte subjektive Betrachtung geeignet. Selbst Aufsichtsbilder auf Papier oder stark reflektierender (metallischer) Unterlage sind wiederholt mit Hilfe von Farbstoffrastern verwirklicht worden, doch sind diese Bilder wegen ihrer geringen Brillanz nicht befriedigend, da vor allem das aus $R + G + B$ gebildete Weiß ja nur ein Drittel der Reflexion eines weißen Papiers zeigt.

b) Die Siebverfahren.

Die Aufnahme. Das Licht, das auf eine Halogensilberschicht auftrifft, wird nur zum Teil von dieser absorbiert. Ein Teil wird diffus reflektiert, ein weiterer gestreut durchgelassen. Das Mengenverhältnis dieser Teile wechselt je nach der Beschaffenheit der Emulsion; je feinkörniger und silberärmer die Emulsion ist, um so mehr Licht geht noch durch die Schicht hindurch. Wird daher unmittelbar hinter einer ersten Halogensilberschicht eine zweite angeordnet, so erhält auch diese noch ausreichend Licht, und auch noch eine dritte Schicht kann bei geeigneter Wahl der Streuungsverhältnisse und Empfindlichkeiten ausreichend belichtet werden; hiervon machen die Siebverfahren für die Aufnahme Gebrauch. Will man die Aufzeichnung der drei Grundfarben durch drei hintereinander liegende Schichten erreichen, so muß man jedoch auf die Anwendung der R-, G-, B-Filter verzichten, da jedes derartige Filter nur ein Grundfarbengebiet durchläßt und die anderen verschluckt. An die Stelle der Filter tritt daher bei den Siebverfahren für die Aufnahme die selektive Sensibilisierung der Einzelschichten möglichst für nur je eine der drei Grundfarben (Abb. 4). Da jede nichtsensibilisierte Bromsilberschicht ohnehin ziemlich genau gerade für das blaue Grundfarbengebiet empfindlich ist, kann eine solche ohne weitere Filterung und Sensibilisierung für die Aufnahme des Blauauszuges dienen. In dem Licht, das durch diese Schicht noch hindurchgeht, ist zwar infolge der Blauabsorption des Halogensilbers das Blau bereits etwas gedrückt, aber doch nicht so stark, daß nicht vor

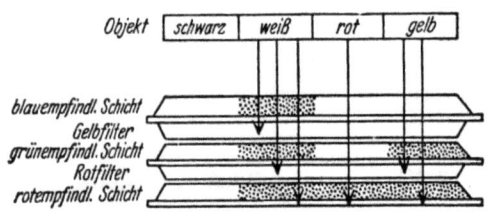

Abb. 4. Aufnahme nach dem Siebverfahren (Dreipack).

der nächstfolgenden Teilschicht ein Gelbfilter angebracht werden müßte, um eine Einwirkung blauen Lichts auf diese zu unterbinden. Ob die nächste Teilschicht den Grün- oder Rotauszug registriert, wäre an sich gleichgültig, doch wird gewöhnlich der Grünauszug bevorzugt, der also durch selektive Sensibilisierung für Grün entsteht. Eine weitere Abfilterung des durch diese Schicht noch hindurchtretenden grünen Lichts ist an sich nicht erforderlich, wenn die folgende Schicht für den Rotauszug im Grün genügend unempfindlich ist, doch wird ein Rotfilter eingeschaltet, wenn die Grünlücke in der durch den Rotsensibilisator erzielten spektralen Empfindlichkeitsverteilung nicht genügend breit und tief gehalten werden kann.

Die Schichten können entweder auf einzelnen Schichtträgern („Dreipack", Tabelle 1, S. 343, Symbol 9 und Abb. 4; Zwei-oder „Bipack", Tabelle 1, S. 343, Symbol 10) oder zu zweit oder dritt auf gleichen (Tabelle 1, S. 343, Symbol 11) oder verschiedenen Seiten (Tabelle 1, S. 343, Symbol 12) des Schichtträgers angeordnet sein („Mehrschichtenfilm"). Die Anordnung auf dem gleichen Schichtträger setzt voraus, daß im Laufe der Fertigstellung durch verschiedene Anfärbung der Schichten, Einzelübertragung der trennbaren Schichten oder selektive Entwicklung eine Differenzierung eintritt, so daß die Teilbilder getrennt ausgewertet werden können. Befinden sich die Schichten auf verschiedenen Trägern, so ist zu berücksichtigen, daß die Bildschärfe der letzten Schichten durch die zwischen den Schichten liegenden Schichtträger stark herabgesetzt wird, so daß in solchen Fällen nur bei genügend großen Formaten ausreichende Schärfe erwartet werden kann. Für die hohen Anforderungen an Bildschärfe beim Kinofilm ist es gerade noch möglich, zwei mit den Schichtseiten gegeneinander gedrückte Filme für zwei Farben zu verwenden (Bipack).

Die Wiedergabe. Auch für die Wiedergabe nach dem Siebverfahren sind die drei Positive hintereinanderzustellen, und auch hier kann man die drei Grundfarbenfilter nicht im Strahlengang anordnen, da schon zwei von ihnen kein Licht mehr durchlassen würden. Aus diesem Grunde wird bekanntlich die Bildsubstanz in solche Farbstoffe übergeführt, deren spektrale Absorptionsgebiete in gesetzmäßiger Weise mit denen der Schichten bei der Aufnahme nach dem Siebverfahren gekoppelt sind. Dort ließ die erste Schicht Rot und Grün unbeeinflußt durch, während blaue Strahlen darin ausgesiebt wurden. Ein Farbstoff, der diese gleichen Eigenschaften hat, ist gelb gefärbt (Abb. 1b), woraus sich die Verwendung einer gelben Bildsubstanz für das zugehörige Positiv nach dem Siebverfahren ergibt. Ganz ebenso gehört zur Grün- bzw. Rotaufnahme ein purpurn bzw. blaugrün gefärbtes Positiv. Die Farbstoffe können in einzelnen Schichten (Tabelle 1, S. 343, Symbol 13) oder auch in einer einzigen Schicht (Tabelle 1, S. 343, Symbol 14) angeordnet sein. Je nach der Art, wie die Erzeugung des Bildfarbstoffs erfolgt, lassen sich wieder zahlreiche Untergruppen unterscheiden, die später im Zusammenhang mit den einzelnen Verfahren ausführlicher behandelt werden.

c) Kombinierte Verfahren.

Die Einordnung der praktisch ausgeübten technischen Verfahren kann häufig nicht so erfolgen, daß man sie einfach in eine der genannten Gruppen bringt. Außer bei den Rasterverfahren, die meistens sowohl bei der Aufnahme als auch bei der Wiedergabe nach dem gleichen Prinzip arbeiten, enthalten die meisten Verfahren Merkmale aus verschiedenen Gruppen. So findet sich häufig der Fall, daß für die Aufnahme ein Spreizverfahren, für die Wiedergabe ein Siebverfahren benutzt wird. Derartige Kombinationen haben den Zweck, die vorteilhaften Kennzeichen der Verfahren zu übernehmen und durch geeignete Zusammenstellung die Nachteile auszumerzen.

So wurde oben schon gesagt, daß beim Kinofilm die Projektion mit zeitlicher Parallaxe (dreifach schnellerer Bildwechsel unter Vorschaltung der zugehörigen Filter) nicht den Fehler der nicht deckenden Konturen zeigt, der die Aufnahme nach diesem Verfahren zur praktischen Unmöglichkeit im Falle bewegter Objekte macht. Einen mit optischer Strahlenteilung aufgenommenen Film, dessen Bilder in geeigneter Reihenfolge auf den Positivfilm aufkopiert sind, kann man jedoch ohne diese Fehler einwandfrei so vorführen. Ein anderes Beispiel hierfür ist die altbekannte Pinatypie, bei der die Teilaufnahmen nach einem Spreizverfahren, z. B. bei ruhenden Objekten zeitlich nacheinander, sonst aber etwa mit einer Strahlenteilungskamera, gewonnen werden können, während die Wiedergabe nach dem Siebverfahren erfolgt, nämlich mit drei Farbstoffbildern, die in eine einzige Schicht gebracht werden.

Nun können aber nicht nur von Aufnahme zu Wiedergabe Übergänge von einer Verfahrensgruppe in eine andere vorkommen, sondern schon innerhalb der Aufnahme oder der Wiedergabe können verschiedene Gruppenmerkmale zur Erzielung bestimmter Vorteile vereinigt werden. Als Beispiel hierfür diene das „Technicolor"-Verfahren (s. S. 418 und 433): Zunächst weicht das Wiedergabeverfahren als reines Siebverfahren mit nur einer Schicht vom Aufnahmeverfahren grundsätzlich ab. Das Aufnahmeverfahren selbst arbeitet so, daß zuerst durch Strahlenteilung eine Zerlegung in ein Grünfilter-Teilbild und ein noch nicht getrenntes Rot-Blau-Teilbild vorgenommen wird. Dieses letzte wird dann nach dem Siebverfahren mittels Bipack in den Rot- und Blau-Teil zerlegt, was bestimmte Vorteile hinsichtlich der Lichtausbeute besitzt. Überhaupt ist für die Kinofilmaufnahme die Verwendung des Bipacksystems auch bei dreifarbigen Aufnahmen beliebt, weil dadurch eine Filmbahn gespart wird, ohne daß die Schärfenverluste zu hoch werden. Bei solchen zusammengesetzten Verfahren läßt sich durch Vereinigung der oben angeführten Symbole schnell und in einfacher Weise ein Überblick über die wichtigsten Merkmale der Verfahren geben, wie das im Symbol 15/16 der Tabelle 1 (S. 343) durchgeführt ist und für andere Verfahren leicht abgeleitet werden kann.

II. Die Farbenlehre in der Farbenphotographie.

Für die Erreichung des Endzieles der Farbenphotographie, die möglichst naturgetreue Wiedergabe, ist eine ganze Reihe von Faktoren bestimmend. Es sind dies in erster Linie:

Die spektralen Eigenschaften der für die Aufnahme oder Wiedergabe benutzten Filter und Bildfarbstoffe,

die spektrale Empfindlichkeitsverteilung der lichtempfindlichen Schichten und das Verhältnis der Empfindlichkeit der Teilschichten zueinander,

der Gradationsverlauf der gefärbten oder nicht gefärbten Teilschichten und Farbe und Helligkeit des Aufnahme-, Kopier- und Wiedergabelichts.

In manchen Stadien eines farbenphotographischen Verfahrens sind Kompromisse zu schließen, die durch physikalische oder chemische Forderungen der Technik bedingt sind. Es ist daher festzustellen, daß sich das fertige Bild von der natürlichen Vorlage häufig nicht unerheblich entfernt. Die praktischen Erfahrungen der letzten Jahre haben dabei klar werden lassen, daß die möglichen Abweichungen von der vollendet richtigen Wiedergabe verschieden zu bewerten sind. So wird z. B. eine gleichmäßige Herabsetzung der Sättigung aller Farben (eine gleichmäßige Verweißlichung) ebenso wie eine gleichmäßige Verschwarzlichung innerhalb gewisser Grenzen durchaus ohne Widerspruch hingenommen; das ist wahrscheinlich auf eine gewisse Erziehung der heutigen Menschheit durch

Malerei und Graphik zurückzuführen; denn nur die wenigsten Maler geben die Farben der Natur in ihrer vollen Reinheit wieder. Meistens findet man auch bei ihnen eine für alle Farben gleichmäßige Veränderung der Sättigung oder des Schwarzgehaltes gegenüber dem Vorbild, die in vielen Fällen schon durch die Maltechnik, meistens aber durch Stilgründe bedingt ist. Die stärkste Veränderung in dieser Beziehung stellt ja bekanntlich die reine Schwarz-Weiß-Technik dar, die nur noch die Helligkeitswerte wiedergibt. Aber auch Farbverschiebungen sind wir vom Maler gewohnt, und die Tatsache, daß die Farbenphotographie mit nur zwei Grundfarben eine zeitweilig recht erhebliche Ausdehnung, vor allem im Kinofilm, gewinnen konnte, ist sicher auch auf diesen Einfluß der Malerei zurückzuführen. Es läßt sich jedoch feststellen, daß die Proteste gegen falsche Farbwiedergabe merkwürdigerweise um so stärker werden, je mehr sich das angewendete Farbsystem von der reinen Schwarz-Weiß-Wiedergabe über die andeutend getonten Bilder der Wiedergabe in natürlicher Farbbrillanz nähert. Man könnte daraus für die Praxis sogar die Lehre ziehen, daß völlig natürliche Farbwiedergabe technisch nicht einmal günstig ist, denn Herstellung und Verarbeitung der Farbenphotographien sind häufig so schwierig, daß mit leichten Abweichungen immer gerechnet werden muß. Diese aber werden um so leichter verziehen, je weiter das gewählte Farbsystem sich hinsichtlich Verweißlichung und Schwarzgehalt ohnehin von der Natur entfernt.

Bisher liegen genaue Betrachtungen über den Grad der noch als tragbar empfundenen Abweichungen von der genauen Farbwiedergabe noch nicht vor. Dagegen ist auf dem Gebiete der Farbmetrik, deren genaue Kenntnis die notwendige Voraussetzung für derartige Überlegungen ist, eine große Reihe von Arbeiten erschienen, die dem Fortschritt sehr gedient haben und das angedeutete Problem der Verwirklichung näherbringen. An neueren zusammenfassenden Darstellungen der Farbenlehre seien besonders die von SCHRÖDINGER (*159*), RÖSCH (*148*), SCHOBER (*158*) und RICHTER (*146*)[1] genannt.

Wenn es auch nicht Aufgabe dieses Berichtes sein kann, eine geschlossene Darstellung der Fortschritte auf dem Gebiete der Farbreizmetrik zu geben, so muß doch auf die für die Aufgaben der Farbenphotographie wichtigen Arbeiten näher eingegangen werden. Diese Aufgaben sind durch folgende Fragestellungen gekennzeichnet:

Für ein bestimmtes farbenphotographisches Verfahren sind gewisse Lichtquellen, Filter, Schichtsensibilisierungen, Schichtfarbstoffe oder Wiedergabelichtquellen erforderlich. Wie müssen diese aus den praktisch zur Verfügung stehenden Möglichkeiten ausgewählt und aufeinander abgestimmt werden, um eine möglichst getreue Wiedergabe zu erzielen? In dieser Fragestellung sind folgende Aufgaben enthalten:

1. Die Farben der Objekte sind in einem Maßsystem darzustellen.

2. Die Wirkung der Objektfarben auf die Bestandteile der farbenphotographischen Verfahren ist bis zum Auftreten der Farbe im endgültigen Bild zu verfolgen.

3. Die sich ergebenden Farben sind in dem unter 1 genannten Maßsystem einzutragen und im Vergleich mit den Objektfarben zu beurteilen.

1. Allgemeine Farbenlehre.

Die Versuche, die in der Natur beobachtete Mannigfaltigkeit der Farben nach bestimmten Prinzipien zu ordnen, setzen bereits mit NEWTONS Untersuchungen

---

[1] Diese modernste Darstellung kam leider zu spät in die Hände des Verfassers, als daß sie noch hatte verwertet werden können.

(1670) ein und dokumentieren sich in der Folgezeit in einer großen Zahl von Meßsystemen, Farbtafeln und Farbkörpern von sehr unterschiedlichem Wert. Dabei ist zu berücksichtigen, daß der Anwendungszweck vielfach den Wert bestimmt; Maler und Färbereitechniker pflegen auf andere Bestimmungsstücke zu achten als Physiker oder Psychologen. Als physikalisch-chemische Technik neigt die Farbenphotographie der physikalischen Betrachtungsweise zu, doch spielen auch psychologisch-physiologische Überlegungen häufig eine Rolle.

a) Farbkörper.

Bei einer ersten Betrachtung scheidet sich die Reihe der unbunten Farben (Schwarz, Grau verschiedener Helligkeit bis zum Weiß als Gegenpol des Schwarz) von den bunten Farben, wie Rot, Orange, Gelb, Grün, Blau, Violett, Purpur. Während die unbunten Farben eine Reihe mit den Endpunkten Weiß und Schwarz bilden, lassen sich die bunten Farben als in sich zurücklaufende Reihe anordnen, wobei sich in der obengenannten Farbfolge der Kreis vom Purpur zum Rot wieder schließen läßt. Außer diesen rein heraustretenden Reihen kommen sämtliche Übergänge von jeder der kreisförmig angeordneten bunten Farben höchster Sättigung und Reinheit über gedämpftere Töne zu Weiß, Grau oder Schwarz vor, so z. B. von Rot über verschieden helle Rosa zum Weiß oder über verschiedene Rotbraun zum Schwarz; das führte zur Registrierung aller Farben in Form von Anordnungen, bei denen eine Kreisebene, mit den reinen bunten Farben auf dem Umfang, im Mittelpunkt von der Achse der unbunten Farben durchstoßen wird, während alle Mischfarben in einem durch Kreis und Achse bestimmten räumlichen Gebilde eingegliedert werden, z. B. in einer Kugel nach PH. O. RUNGE 1809, oder zwei mit der Basis gegeneinander gestellten Kegeln nach WILHELM OSTWALD 1915 (Abb. 5) (*132*). Die Mischfarben mit Weiß und Schwarz liegen dabei auf der Oberfläche dieser Körper, die Mischungen mit Grau im Inneren. Die von OSTWALD gewählten Bestimmungsstücke sind zwar recht anschaulich und übersichtlich, ihre Bestimmung in der von OSTWALD gewählten Form ist jedoch noch unzulänglich.

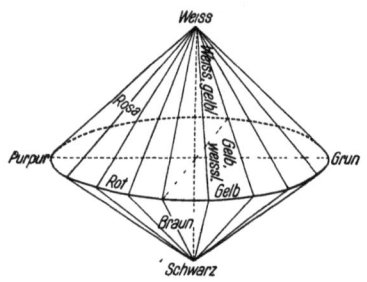

Abb. 5. Farbkörper (nach WI OSTWALD).

b) Farbdreieck und Eichreizkurven.

Die physikalische Kennzeichnung der Farben setzt die gesehenen Farben in exakte Beziehung zu ihren physikalischen Korrelaten, nämlich Wellenlängen des sichtbaren Lichts und deren Intensitäten. Die spektrale Untersuchung des von einer Lichtquelle ausgestrahlten, von einer Fläche zurückgeworfenen oder von einem durchsichtigen Körper durchgelassenen Lichts ergibt eine charakteristische, zahlenmäßig angebbare Verteilung der Intensität des Lichts auf die verschiedenen Wellenlängen des sichtbaren Lichts. Die Zuordnung der Intensitätsverteilung im so entstehenden Emissions-, Remissions- oder Absorptionsspektrum zur empfundenen Farbe ist jedoch nicht durchweg eindeutig, denn es entspricht wohl einer bestimmten spektralen Intensitätsverteilung immer eine und nur eine Farbe, aber nicht umgekehrt: Der gleiche Farbeindruck kann durch die verschiedensten spektralen Verteilungen erzeugt werden. Mit dieser vieldeutigen Darstellbarkeit hängt das Prinzip der Nachahmbarkeit der Naturfarben durch drei Grundfarben in der Farbenphotographie bekanntlich aufs engste zusammen. Insbesondere kann man — mit gewissen, später zu besprechenden Ausnahmen — jede Farbe durch Mischung von höchstens drei einzelnen Spektrallinien ununterscheidbar nachahmen, gleichgültig, durch welche spektrale Zusammensetzung die nachzuahmende Farbe hervorgerufen wurde.

Das Prinzip der Spektrumeichung. Da diese Zuordnung eindeutig ist, kann sie zu einer genauen Kennzeichnung der Farben Verwendung finden, vorausgesetzt, daß zunächst über die Wahl der drei Spektrallinien Einigkeit herrscht. Da man aber anderseits, wenn man von anderen als den genormten Spektrallinien ausgeht, jederzeit durch Umrechnung den Anschluß an eine anders ausgewählte Norm gewinnen kann, ist die Einengung der Freizügigkeit nur geringfügig. Als Normallinien sind z. B. in dem deutschen Normblatt DIN 5033, das sich an die Festsetzungen der Internationalen Beleuchtungskommission auf ihrem Kongreß in Cambridge 1931 anschließt, folgende Linien gewählt worden:

Spektralfarbe = 7000 ÅE (Rot),
Hg-Linie = 5461 ÅE (Grün),
Hg-Linie = 4358 ÅE (Blau).

Wird Licht dieser drei Spektrallinien, der sogenannten Eichreize, in einem bestimmten Intensitätsverhältnis additiv gemischt, so entsteht Weiß. Wird ein Eichreiz E_1 anteilmäßig erhöht, der Anteil der beiden anderen Eichreize entsprechend vermindert, ohne deren Verhältnis untereinander zu ändern, so geht die Farbe der Mischung über verweißlichte Farbtöne dieses Eichreizes schließlich in die Farbe des Eichreizes E_1 selbst über. Wird er vermindert, ohne daß zunächst das Verhältnis der beiden anderen Eichreize E_2 und E_3 zueinander geändert wird, so entsteht ein Farbton, der im Farbkreis zwischen den beiden Eichreizen E_2 und E_3 liegt und die Gegenfarbe zur ersten Eichreizfarbe darstellt, und zwar nähert sich auch in diesem Falle die Farbe, die sofort nach dem Verlassen des Weißgleichgewichts den Farbton der Gegenfarbe annimmt, über weißlichere Abwandlungen der gesättigten Farbe. Durch Erhöhung des Anteils eines der beiden verbleibenden Eichreize geht schließlich die Farbe über alle Zwischentöne in die des stärker vertretenen Eichreizes über. Ähnlich gelingt es, fast alle Farben durch geeignete Wahl des Mischungsverhältnisses der drei Eichreize zu erzeugen. Um die Darstellung der Mischungsergebnisse übersichtlicher zu gestalten, werden sie anteilmäßig in Dreieckskoordinaten eines gleichseitigen Dreiecks eingetragen. Die Ecken dieses Farbdreiecks werden von den Eichreizen eingenommen. Da die Einheiten so gewählt sind, daß sie gemischt Weiß ergeben, liegt in dieser Darstellung das Weiß im Mittelpunkt des Dreiecks (Schwerpunkt). Versucht man nun aber durch Mischung aus den drei Eichreizen die Farbe einer Spektrallinie nachzuahmen, die zwischen den Linien je zweier Eichreize liegt, so stellt man fest, daß das nicht vollständig gelingt; man kann wohl den Farbton genau erreichen, doch ist die Mischung stets gegenüber der nachzuahmenden Spektralfarbe etwas verweißlicht. Um nun aber doch auch solche Spektralfarben in bezug auf das gewählte Dreieck darstellen zu können, geht man anders vor: Man mischt dem Licht der nachzuahmenden Spektrallinie soviel von dem dritten Eichreiz zu, bis auch hinsichtlich des Weißgehaltes die Farbe der Mischung zwischen den beiden anderen Spektrallichtern erreicht ist, zwischen denen die untersuchte Spektrallinie liegt. Die Menge des dritten Eichreizes wird dann als negative Koordinate eingetragen. Eicht man auf diese Weise das gesamte Spektrum einer weißen Lichtquelle durch und trägt die gefundenen, teilweise negativen Werte in das Farbdreieck ein, so erhält man den Spektrallinienzug s in Abb. 6. Das Ergebnis der Durchmessung kann man aber noch in einer anderen Form darstellen: Trägt man über einer Wellenlängenskala die

Anteile r, g und b der drei Eichreize für jede Spektrallinie ein, so erhält man (Abb. 7) drei Kurvenzüge, die Eichreizkurven, deren Form natürlich von der Wahl der Eichreize abhängt. Sie lassen erkennen, daß außer für die Spektrallinien, die selbst Eichreize sind, stets negative Werte eines Eichreizes vorhanden sind. Die Integrale über die einzelnen Kurven müssen sich als gleich ergeben, da sie den Anteil der drei Eichreize am Weiß der kontinuierlichen Lichtquelle darstellen und da diese Eichreize von vornherein so gewählt wurden, daß sie Weiß ergeben.

Die Eichreizkurven sind nun für praktische Farbbestimmungen von größter Wichtigkeit. Liegen nämlich die drei Eichreizkurven einmal fest, so braucht man für eine Farbbestimmung nicht durch genaue Nachahmung der Prüffarbe mittels der drei Eichreize deren Anteile zu bestimmen. Es genügt vielmehr, das Emissions-, Absorptions- oder Remissionsspektrum auszuphotometrieren, wofür die bekannten bequemen Methoden benutzt werden können. Die gefundenen Werte geben für jede Wellenlänge an, um wieviel stärker oder schwächer die

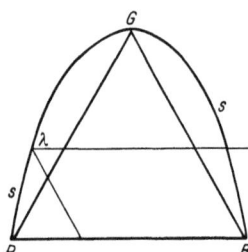

Abb. 6. Eichung des Spektrums mit drei Spektrallinien R, G und B (schematisch). s ist der Spektrallinienzug.

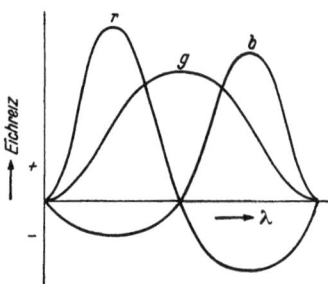

Abb. 7. Die Beträge r, g, b der drei Eichreize für die Mischung der Spektrallinienfarben (schematisch).

betreffende Farbe dort strahlt, durchläßt oder remittiert als etwa das für die Eichung benutzte weiße Licht. Ändert man daher die drei Eichreizkurven in Abb. 7 in dem für die Prüffarbe gefundenen Verhältnis, so entstehen drei neue Kurven, deren Integrale sich wie die Anteile der Eichreize in der untersuchten Farbe verhalten. Das Verhältnis jedes der Integrale zur Summe aller dreier gibt also unmittelbar die Koordinaten im Farbdreieck an. Der Vorteil dieses Verfahrens springt in die Augen. Die Bestimmung der Farbkoordinaten einer vorgelegten Farbprobe durch Nachahmung mittels der drei Eichreize setzt eine komplizierte Apparatur voraus. Die Eichreize müssen genau eingestellt werden, und das Ergebnis ist stark von der Farbtüchtigkeit des Beobachters abhängig. Das Spektralverfahren gestattet dagegen genaue Ausmessung des charakteristischen Spektrums, die sogar mit objektiv registrierenden Instrumenten (Photozellen) erfolgen kann. Die zur Übertragung in das Farbdreieck benutzten Eichkurven können dabei aus einer großen Zahl von Messungen verschiedener Beobachter als Mittelwert genau festgelegt werden; durch Übereinkunft können sie als Norm festgesetzt werden, wie das durch die Internationale Beleuchtungskommission (IBK) und im Anschluß daran durch das Normblatt DIN 5033 geschehen ist.

Für einen derartigen Zweck ist nun das Farbdreieck in der oben dargestellten Form noch nicht allen Ansprüchen gewachsen, vor allem wegen des Auftretens negativer Koordinaten. Man kann jedoch die Eckpunkte des Dreiecks unbeschadet seiner Anwendbarkeit so verlegen, daß sämtliche Koordinaten positiv werden. Wesentlich ist nur, daß die drei Eichreizkurven des Spektrums gemäß den neuen Koordinaten umgerechnet werden. Da die Wahl der Eckpunkte zunächst frei ist, können sie so gewählt werden, daß zusätzliche Faktoren mit dargestellt werden.

In der Hauptsache sind es zwei Arten von Dreiecken, die größere Verbreitung gefunden haben. Bei dem Farbdreieck nach KÖNIG (*110*) und IVES (*100*) sind die Eckpunkte so gewählt, daß sie den sogenannten Fehlfarben der Farbenblinden entsprechen. Die Lage der Spektralfarben geht aus Abb. 8 hervor. Diese Darstellung ist jedoch heute durchweg verlassen zugunsten des Dreiecks der Internationalen Beleuchtungskommission, dem dasjenige des Deutschen Normblattes DIN 5033 angeschlossen ist; hier ist die Wahl so erfolgt, daß die grüne Eichreizkurve gleichzeitig die spezifische Helligkeit der Spektrallinien des energiegleichen Spektrums darstellt. Da andere Dreiecksdarstellungen stets durch Umrechnung in das DIN-Dreieck umgerechnet werden können, empfiehlt es sich, alle Farbenangaben stets auf dieses Normdreieck zu beziehen, obwohl es nicht frei von gewissen Nachteilen ist.

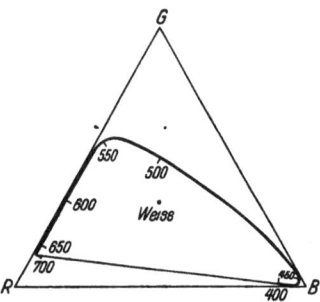

Abb. 8. Spektrumeichung im Farbdreieck (nach IVES).

Das Farbdreieck des Normblattes DIN 5033. Die wichtigsten Kennzeichen des Normblattes DIN 5033 „Bewertung und Messung von Farben" sind folgende: Tabelle 2, rechte Spalte (s. S. 353), enthält die Normalreizbeträge des energiegleichen Spektrums, $\bar{x}$ für den roten, $\bar{y}$ für den grünen, $\bar{z}$ für den blauen Normalreiz, also diejenigen Mengen, die zur Ermischung der Spektralfarben erforderlich sind, wenn man die gedachten Normalreize (Eckpunkte

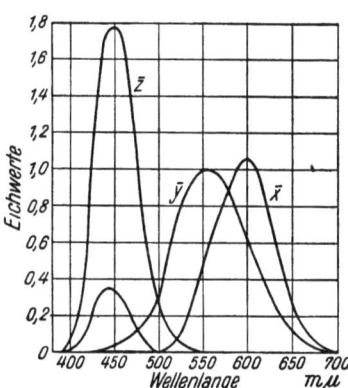

Abb. 9. Beträge nach DIN 5033.

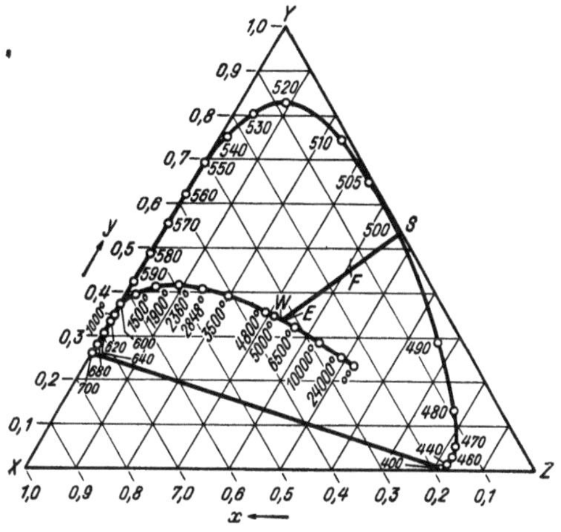

Abb. 10. Farbdreieck nach DIN 5033. Äußere Kurve Spektrallinienzug, innere Kurve: Farborte von kontinuierlichen Lichtquellen verschiedener Farbtemperaturen.

des Dreiecks) zur Mischung verwenden könnte, die aus den drei ursprünglich zur Eichung verwendeten drei Spektrallinien durch Umrechnung gewonnen sind. Abb. 9 gibt die Kurven dieser Normalreizbeträge wieder. Die Eckpunkte des Dreiecks sind so gelegt, daß Kurve $\bar{y}$ in ihrer Form zugleich die Helligkeitsverteilung der Spektrallinien des energiegleichen Spektrums wiedergibt.

Für die Eintragung in das Farbdreieck sind nicht die Normalreizbeträge, sondern ihre Anteile an der Summe der drei Reize, also

$$x = \frac{\bar{x}}{\bar{x}+\bar{y}+\bar{z}}, \quad y = \frac{\bar{y}}{\bar{x}+\bar{y}+\bar{z}}, \quad z = \frac{\bar{z}}{\bar{x}+\bar{y}+\bar{z}}$$

maßgebend; diese Normalreizanteile für die Spektralfarben sind in der linken Spalte der Tabelle 2 zu finden. Die Farborte der Spektralfarben des energiegleichen Spektrums sind in Abb. 10 als äußere Kurve eingezeichnet.

Die Normalreize sind so gewählt, daß gleiche Mengen davon Weiß ergeben. Der Weißpunkt liegt deshalb in der Mitte des Dreiecks. Außerdem müssen aber auch die Flächen zwischen den drei Normalreizkurven und der Abszisse in Abb. 9, also

$$X = \int \bar{x}_\lambda \, d\lambda, \quad Y = \int \bar{y}_\lambda \, d\lambda, \quad Z = \int \bar{z}_\lambda \, d\lambda$$

gleich sein als Summen der Teilreize über das ganze Spektrum. Die Farbortbestimmung von anderen Lichtquellen oder Körperfarben wird nun folgendermaßen ausgeführt:

1. **Selbstleuchter** (z. B. Lichtquellen, fluoreszierende Substanzen). Nach einem der bekannten spektralphotometrischen Verfahren wird die relative spektrale Energieverteilung E_λ für eine möglichst große Anzahl diskreter Wellenlängen im sichtbaren Gebiet gemessen. Durch Multiplikation mit den Normalreizbeträgen $\bar{x}, \bar{y}, \bar{z}$ des energiegleichen Spektrums in Tabelle 2 für alle gemessenen Wellenlängen erhält man drei Normalreizkurven, deren Integrale

$$X = \int E_\lambda \bar{x}_\lambda \, d\lambda, \quad Y = \int E_\lambda \bar{y}_\lambda \, d\lambda, \quad Z = \int E_\lambda \bar{z}_\lambda \, d\lambda$$

aus den Kurven graphisch durch Ausmessen mit dem Planimeter oder Auszählen der Millimeterquadrate ermittelt werden. Bildet man wieder aus den Beträgen die Anteile:

$$x = \frac{X}{X+Y+Z}, \quad y = \frac{Y}{X+Y+Z}, \quad z = \frac{Z}{X+Y+Z},$$

so hat man damit die für die Eintragung in das Farbdreieck geeigneten Koordinaten, die zusammen mit der Leuchtdichte der Lichtquellen eindeutig und reproduzierbar die Farbe der Lichtquelle angeben.

2. **Körperfarben.** Da Körperfarben in Aufsicht oder Durchsicht erst erscheinen, wenn sie von einer Lichtquelle Licht erhalten, hängt ihre Farbe außer von den die Farbe bedingenden Eigenschaften des Objekts auch noch von der Farbe der Lichtquelle ab, die daher stets mit in Rechnung gezogen werden muß. Die Eigenschaften des Körpers sind durch die relative spektrale Remission

$$\varepsilon_\lambda = \frac{B_\lambda}{B_{0\lambda}}$$

gegeben, die für jede Wellenlänge das Verhältnis der von der Oberfläche zurückgeworfenen (bei Aufsichtsfarben) oder durchgelassenen (bei Durchsichtsfarben) Intensität B_λ des Lichts zur Ausgangsintensität $B_{0\lambda}$ angibt, wobei als Vergleichsfläche für Aufsichtsfarben eine ideal weiße Oberfläche dient. Die relative spektrale Energieverteilung E_λ der zur Beleuchtung verwendeten Lichtquelle wird gemäß der relativen spektralen Remission ε_λ des Körpers geändert. Zur Ermittlung der Farbkoordinaten einer Körperfarbe (ε_λ) im Licht der spektralen Energieverteilung E_λ sind daher zunächst die Normalreizbeträge

$$X = \int \varepsilon_\lambda E_\lambda \bar{x}_\lambda \, d\lambda, \quad Y = \int \varepsilon_\lambda E_\lambda \bar{y}_\lambda \, d\lambda, \quad Z = \int \varepsilon_\lambda E_\lambda \bar{z}_\lambda \, d\lambda$$

zu bilden, die wieder, wie unter 1 bei den Selbstleuchtern, durch die Summe $X+Y+Z$ dividiert die Normalreizanteile x, y und z ergeben. Um nun nicht für jede neue Lichtquelle neu eichen zu müssen, sind durch das Normblatt DIN 5033 drei Normallichtquellen A, B und C festgelegt, von denen für die Farbenphotographie hauptsächlich A mit der Farbtemperatur $2848°$ K, also

Tabelle 2. Eichwerte des energiegleichen Spektrums.

Normalreiz-Anteile			λ	Normalreiz-Beträge		
x	y	z		$\bar{x}$	$\bar{y}$	$\bar{z}$
0,1741	0,0050	0,8209	380	0,0014	0,0000	0,0065
0,1740	0,0050	0,8210	385	0,0022	0,0001	0,0105
0,1738	0,0049	0,8213	390	0,0042	0,0001	0,0201
0,1736	0,0049	0,8215	395	0,0076	0,0002	0,0362
0,1733	0,0048	0,8219	400	0,0143	0,0004	0,0679
0,1730	0,0048	0,8222	405	0,0232	0,0006	0,1102
0,1726	0,0048	0,8226	410	0,0435	0,0012	0,2074
0,1721	0,0048	0,8231	415	0,0776	0,0022	0,3713
0,1714	0,0051	0,8235	420	0,1344	0,0040	0,6456
0,1703	0,0058	0,8239	425	0,2148	0,0073	1,0391
0,1689	0,0069	0,8242	430	0,2839	0,0116	1,3856
0,1669	0,0086	0,8245	435	0,3285	0,0168	1,6230
0,1644	0,0109	0,8247	440	0,3483	0,0230	1,7471
0,1611	0,0138	0,8251	445	0,3481	0,0298	1,7826
0,1566	0,0177	0,8257	450	0,3362	0,0380	1,7721
0,1510	0,0227	0,8263	455	0,3187	0,0480	1,7441
0,1440	0,0297	0,8263	460	0,2908	0,0600	1,6692
0,1355	0,0399	0,8246	465	0,2511	0,0739	1,5281
0,1241	0,0578	0,8181	470	0,1954	0,0910	1,2876
0,1096	0,0868	0,8036	475	0,1421	0,1126	1,0419
0,0913	0,1327	0,7760	480	0,0956	0,1390	0,8130
0,0687	0,2007	0,7306	485	0,0580	0,1693	0,6162
0,0454	0,2950	0,6596	490	0,0320	0,2080	0,4652
0,0235	0,4127	0,5638	495	0,0147	0,2586	0,3533
0,0082	0,5384	0,4534	500	0,0049	0,3230	0,2720
0,0039	0,6548	0,3413	505	0,0024	0,4073	0,2123
0,0139	0,7502	0,2359	510	0,0093	0,5030	0,1582
0,0389	0,8120	0,1491	515	0,0291	0,6082	0,1117
0,0743	0,8338	0,0919	520	0,0633	0,7100	0,0782
0,1142	0,8262	0,0596	525	0,1096	0,7932	0,0573
0,1547	0,8059	0,0394	530	0,1655	0,8620	0,0422
0,1929	0,7816	0,0255	535	0,2257	0,9149	0,0298
0,2296	0,7543	0,0161	540	0,2904	0,9540	0,0203
0,2658	0,7243	0,0099	545	0,3597	0,9803	0,0134
0,3016	0,6923	0,0061	550	0,4334	0,9950	0,0087
0,3373	0,6589	0,0038	555	0,5121	1,0002	0,0057
0,3731	0,6245	0,0024	560	0,5945	0,9950	0,0039
0,4087	0,5896	0,0017	565	0,6784	0,9786	0,0027
0,4441	0,5547	0,0012	570	0,7621	0,9520	0,0021
0,4788	0,5202	0,0010	575	0,8425	0,9154	0,0018
0,5125	0,4866	0,0009	580	0,9163	0,8700	0,0017
0,5448	0,4544	0,0008	585	0,9786	0,8163	0,0014
0,5752	0,4242	0,0006	590	1,0263	0,7570	0,0011
0,6029	0,3965	0,0006	595	1,0567	0,6949	0,0010
0,6270	0,3725	0,0005	600	1,0622	0,6310	0,0008
0,6482	0,3514	0,0004	605	1,0456	0,5668	0,0006
0,6658	0,3340	0,0002	610	1,0026	0,5030	0,0003
0,6801	0,3197	0,0002	615	0,9384	0,4412	0,0002
0,6915	0,3083	0,0002	620	0,8544	0,3810	0,0002
0,7006	0,2993	0,0001	625	0,7514	0,3210	0,0001
0,7079	0,2920	0,0001	630	0,6424	0,2650	0,0000
0,7140	0,2859	0,0001	635	0,5419	0,2170	0,0000
0,7190	0,2809	0,0001	640	0,4479	0,1750	0,0000
0,7230	0,2770	0,0000	645	0,3608	0,1382	0,0000

Tabelle 2 (Fortsetzung).

Normalreiz-Anteile			λ	Normalreiz-Beträge		
x	y	z		$\bar{x}$	$\bar{y}$	$\bar{z}$
0,7260	0,2740	0,0000	650	0,2835	0,1070	0,0000
0,7283	0,2717	0,0000	655	0,2187	0,0816	0,0000
0,7300	0,2700	0,0000	660	0,1649	0,0610	0,0000
0,7311	0,2689	0,0000	665	0,1212	0,0446	0,0000
0,7320	0,2680	0,0000	670	0,0874	0,0320	0,0000
0,7327	0,2673	0,0000	675	0,0636	0,0232	0,0000
0,7334	0,2666	0,0000	680	0,0468	0,0170	0,0000
0,7340	0,2660	0,0000	685	0,0329	0,0119	0,0000
0,7344	0,2656	0,0000	690	0,0227	0,0082	0,0000
0,7346	0,2654	0,0000	695	0,0158	0,0057	0,0000
0,7347	0,2653	0,0000	700	0,0114	0,0041	0,0000
0,7347	0,2653	0,0000	705	0,0081	0,0029	0,0000
0,7347	0,2653	0,0000	710	0,0058	0,0021	0,0000
0,7347	0,2653	0,0000	715	0,0041	0,0015	0,0000
0,7347	0,2653	0,0000	720	0,0029	0,0010	0,0000
0,7347	0,2653	0,0000	725	0,0020	0,0007	0,0000
0,7347	0,2653	0,0000	730	0,0014	0,0005	0,0000
0,7347	0,2653	0,0000	735	0,0010	0,0004	0,0000
0,7347	0,2653	0,0000	740	0,0007	0,0003	0,0000
0,7347	0,2653	0,0000	745	0,0005	0,0002	0,0000
0,7347	0,2653	0,0000	750	0,0003	0,0001	0,0000
0,7347	0,2653	0,0000	755	0,0002	0,0001	0,0000
0,7347	0,2653	0,0000	760	0,0002	0,0001	0,0000
0,7347	0,2653	0,0000	765	0,0001	0,0000	0,0000
0,7347	0,2653	0,0000	770	0,0001	0,0000	0,0000
0,7347	0,2653	0,0000	775	0,0000	0,0000	0,0000
0,7347	0,2653	0,0000	780	0,0000	0,0000	0,0000

Integralwerte: 21,3713 : 21,3714 : 21,3715
= 33,333 : 33,333 : 33,333

Tabelle 3. Eichwerte fur das Spektrum der Normalbeleuchtung A.

λ	$E\cdot\bar{x}$	$E\cdot\bar{y}$	$E\cdot\bar{z}$	λ	$E\cdot\bar{x}$	$E\cdot\bar{y}$	$E\cdot\bar{z}$
380	0,0006	0,0000	0,0029	580	4,8594	4,6139	0,0090
385	0,0011	0,0000	0,0053	585	5,3549	4,4668	0,0077
390	0,0024	0,0000	0,0113	590	5,7896	4,2704	0,0062
395	0,0047	0,0001	0,0224	595	6,1403	4,0379	0,0058
400	0,0097	0,0003	0,0463	600	6,3518	3,7733	0,0048
405	0,0174	0,0004	0,0825	605	6,4299	3,4855	0,0037
410	0,0356	0,0010	0,1699	610	6,3346	3,1780	0,0019
415	0,0694	0,0020	0,3319	615	6,0877	2,8622	0,0013
420	0,1308	0,0039	0,6283	620	5,6865	2,5358	0,0013
425	0,2269	0,0077	1,0974	625	5,1267	2,1901	0,0007
430	0,3246	0,0133	1,5840	630	4,4902	1,8523	0,0000
435	0,4055	0,0207	2,0036	635	3,8779	1,5529	0,0000
440	0,4632	0,0306	2,3236	640	3,2791	1,2812	0,0000
445	0,4976	0,0426	2,5484	645	2,7004	1,0344	0,0000
450	0,5155	0,0583	2,7173	650	2,1681	0,8183	0,0000
455	0,5230	0,0788	2,8621	655	1,7078	0,6372	0,0000
460	0,5097	0,1052	2,9254	660	1,3141	0,4861	0,0000
465	0,4690	0,1380	2,8539	665	0,9850	0,3625	0,0000
470	0,3882	0,1808	2,5581	670	0,7241	0,2651	0,0000

Tabelle 3 (Fortsetzung).

λ	$E\cdot\bar{x}$	$E\cdot\bar{y}$	$E\cdot\bar{z}$	λ	$E\cdot\bar{x}$	$E\cdot\bar{y}$	$E\cdot\bar{z}$
475	0,2998	0,2375	2,1979	675	0,5368	0,1958	0,0000
480	0,2138	0,3108	1,8179	680	0,4022	0,1461	0,0000
485	0,1372	0,4004	1,4575	685	0,2877	0,1041	0,0000
490	0,0799	0,5196	1,1622	690	0,2019	0,0729	0,0000
495	0,0387	0,6813	0,9308	695	0,1429	0,0515	0,0000
500	0,0136	0,8960	0,7545	700	0,1047	0,0377	0,0000
505	0,0070	1,1878	0,6191	705	0,0756	0,0271	0,0000
510	0,0285	1,5398	0,4843	710	0,0549	0,0199	0,0000
515	0,0934	1,9518	0,3585	715	0,0394	0,0144	0,0000
520	0,2127	2,3855	0,2627	720	0,0283	0,0097	0,0000
525	0,3849	2,7859	0,2012	725	0,0198	0,0069	0,0000
530	0,6069	3,1609	0,1547	730	0,0140	0,0050	0,0000
535	0,8631	3,4987	0,1140	735	0,0101	0,0041	0,0000
540	1,1567	3,7999	0,0809	740	0,0072	0,0031	0,0000
545	1,4904	4,0618	0,0555	745	0,0052	0,0021	0,0000
550	1,8660	4,2841	0,0375	750	0,0032	0,0010	0,0000
555	2,2887	4,4701	0,0255	755	0,0021	0,0010	0,0000
560	2,7550	4,6110	0,0181	760	0,0021	0,0010	0,0000
565	3,2564	4,6974	0,0130	765	0,0011	0,0000	0,0000
570	3,7853	4,7285	0,0104	770	0,0011	0,0000	0,0000
575	4,3259	4,7002	0,0092	775	0,0000	0,0000	0,0000
580	4,8594	4,6139	0,0090	780	0,0000	0,0000	0,0000

Integralwerte: 109,8472 : 100,0000 : 35,5824
= 44,757 : 40,745 : 14,498

Tabelle 4. Eichwerte für das Spektrum der Normalbeleuchtung B.

λ	$E\cdot\bar{x}$	$E\cdot\bar{y}$	$E\cdot\bar{z}$	λ	$E\cdot\bar{x}$	$E\cdot\bar{y}$	$E\cdot\bar{z}$
380	0,0015	0,0000	0,0070	580	4,4218	4,1984	0,0082
385	0,0028	0,0001	0,0135	585	4,6790	3,9030	0,0067
390	0,0063	0,0001	0,0301	590	4,8644	3,5880	0,0052
395	0,0131	0,0003	0,0626	595	4,9701	3,2684	0,0047
400	0,0282	0,0008	0,1340	600	4,9736	2,9546	0,0037
405	0,0517	0,0013	0,2455	605	4,8999	2,6561	0,0028
410	0,1083	0,0030	0,5163	610	4,7185	2,3672	0,0014
415	0,2139	0,0061	1,0236	615	4,4415	2,0882	0,0009
420	0,4058	0,0121	1,9495	620	4,0700	1,8149	0,0009
425	0,7017	0,0238	3,3944	625	3,6031	1,5392	0,0005
430	0,9916	0,0405	4,8394	630	3,1000	1,2788	0,0000
435	1,2134	0,0621	5,9951	635	2,6296	1,0530	0,0000
440	1,3446	0,0888	6,7448	640	2,1871	0,8545	0,0000
445	1,3878	0,1188	7,1067	645	1,7765	0,6804	0,0000
450	1,3718	0,1551	7,2308	650	1,4074	0,5312	0,0000
455	1,3229	0,1993	7,2399	655	1,0929	0,4078	0,0000
460	1,2269	0,2531	7,0422	660	0,8273	0,3060	0,0000
465	1,0807	0,3181	6,5769	665	0,6085	0,2239	0,0000
470	0,8589	0,4000	5,6599	670	0,4381	0,1604	0,0000
475	0,6365	0,5044	4,6670	675	0,3177	0,1159	0,0000
480	0,4348	0,6323	3,6980	680	0,2323	0,0844	0,0000
485	0 2667	0,7784	2,8332	685	0,1617	0,0585	0,0000
490	0,1475	0,9590	2,1449	690	0,1102	0,0398	0,0000
495	0,0672	1,1826	1,6156	695	0,0758	0,0273	0,0000

Tabelle 4 (Fortsetzung).

λ	$E\cdot\bar{x}$	$E\cdot\bar{y}$	$E\cdot\bar{z}$	λ	$E\cdot\bar{x}$	$E\cdot\bar{y}$	$E\cdot\bar{z}$
500	0,0221	1,4538	1,2242	700	0,0540	0,0194	0,0000
505	0,0106	1,7976	0,9370	705	0,0378	0,0135	0,0000
510	0,0403	2,1798	0,6856	710	0,0267	0,0097	0,0000
515	0,1246	2,6052	0,4785	715	0,0185	0,0068	0,0000
520	0,2707	3,0361	0,3344	720	0,0129	0,0044	0,0000
525	0,4735	3,4272	0,2476	725	0,0087	0,0030	0,0000
530	0,7291	3,7973	0,1859	730	0,0060	0,0021	0,0000
535	1,0186	4,1292	0,1345	735	0,0042	0,0017	0,0000
540	1,3445	4,4168	0,0940	740	0,0029	0,0012	0,0000
545	1,7042	4,6445	0,0635	745	0,0020	0,0008	0,0000
550	2,0915	4,8016	0,0420	750	0,0012	0,0004	0,0000
555	2,5006	4,8840	0,0278	755	0,0008	0,0004	0,0000
560	2,9200	4,8872	0,0192	760	0,0008	0,0004	0,0000
565	3,3360	4,8122	0,0133	765	0,0004	0,0000	0,0000
570	3,7359	4,6669	0,0103	770	0,0004	0,0000	0,0000
575	4,1019	4,4568	0,0088	775	0,0000	0,0000	0,0000
580	4,4218	4,1984	0,0082	780	0,0000	0,0000	0,0000

Integralwerte: 99,0930 : 100,0000 : 85,3125
 = 34,842 : 35,161 : 29,997

etwa der Farbe der üblichen Glühlampen, und B mit der Farbe der gleichen Farbtemperatur, jedoch einem davorgesetzten genormten Lichtfilter zur Erzielung der Farbe des „normalen Tageslichts" in Betracht kommen. Da für die Berechnung der Farbkoordinaten stets die Produkte $E_\lambda\,\bar{x}_\lambda$, $E_\lambda\,\bar{y}_\lambda$, $E_\lambda\,\bar{z}_\lambda$ benötigt werden, sind diese im Normblatt gleich fertig für diese Lichtquellen ausgerechnet angegeben (Tabelle 3 und 4).

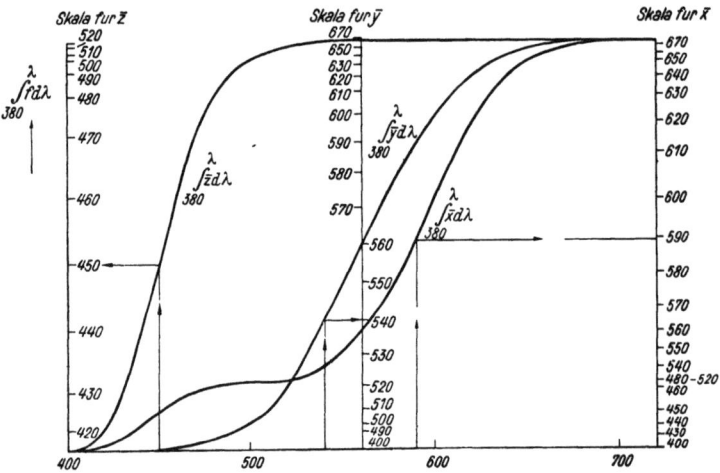

Abb. 11. Konstruktion der LUTHERschen Wellenlängenskalen nach gleichmäßig zunehmenden Normalreizbeträgen.

Die praktische Ausführung der Berechnung der Farborte kann nach einem Vorschlag von R. LUTHER (*121*) noch weiter dadurch vereinfacht werden, daß die Eintragung der ε_λ-Werte in drei verschiedenen Koordinatensystemen erfolgt, deren Abszissen, die die Wellenlänge angeben, so gezerrt sind, daß gleichen Zunahmen der Normalreizbeträge im Spektrum der betreffenden Lichtquelle gleiche Zunahmen der Abszisse entsprechen. Zu diesem Zweck integriert man die Kurven der Normalreizbeträge ($E_\lambda \bar{x}_\lambda$ usw.) jeweils von einem Ende des Spektrums bis zu den einzelnen Wellenlängen, wie das in Abb. 11 beispielsweise für das energiegleiche Spektrum ausgeführt ist. Man erhält durch Errichtung der Senkrechten auf den Abszissenpunkten bis zum Schnittpunkt mit der Integralkurve und durch Fällen der Lote von den so gefundenen Kurvenpunkten auf die Ordinate die gewünschte Einteilung der Arbeitsskala. Da durch diese Abszisseneinteilung der Einfluß der Normalreize bereits berücksichtigt ist, können die gemessenen ε_λ-Werte unmittelbar durch Eintragung über diesen neuen Abszissen ausgewertet werden; durch Planimetrieren der Flächen erhält man Werte, deren Verhältnis zur Summe der drei Flächen ohne sonstige Berechnung die betreffenden Normalreizanteile und damit die Farbkoordinaten angibt.

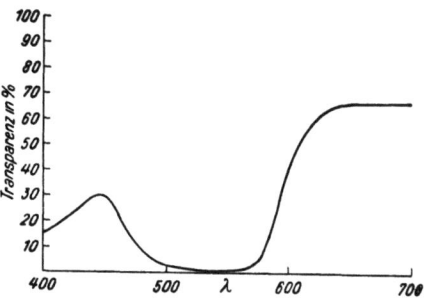

Abb. 12. Spektrale Durchlässigkeit eines Purpurfarbstoffs.

Abb. 12 zeigt die relative spektrale Durchlässigkeit eines Farbstoffs, Abb. 13 a, b und c die Übertragung der Kurve aus Abb. 12 in die gezerrten Koordinatensysteme nach LUTHER für die Rotreiz-, Grünreiz- und Blaureizanteile des energiegleichen Spektrums. Die

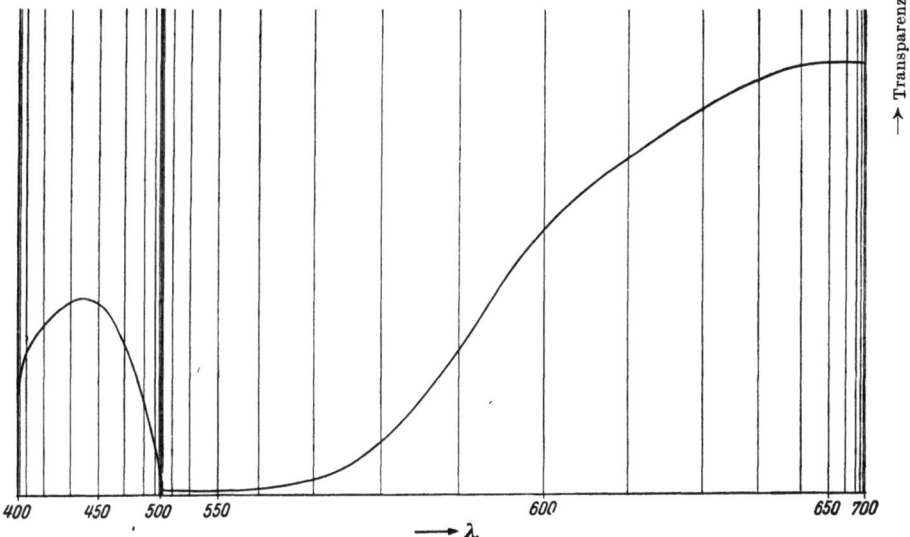

Abb. 13a. Übertragung der Kurve aus Abb. 12 in die LUTHER-Skala für $\bar{x}$.

Ausmessung ergibt für den Ort der Farbe die Werte $x = 0{,}4617$, $y = 0{,}2242$, $z = 0{,}3141$. Unter Verwendung dieser Aufzeichnungsmethode und des Spektrodensographen lassen sich die Farborte vorgelegter Proben in relativ kurzer Zeit mit guter Genauigkeit bestimmen.

Eine noch weitere Vereinfachung, die im Prinzip mit den LUTHERschen Koordinaten eng zusammenhängt, sei hier ohne nähere Erläuterung erwähnt (*65, 147*):

Nach Ermittlung der ε_λ-Kurve werden für die in Tabelle 5 angeführten Wellenlängen jeweils die ε_λ-Werte aus der Kurve entnommen und in jeder Spalte für

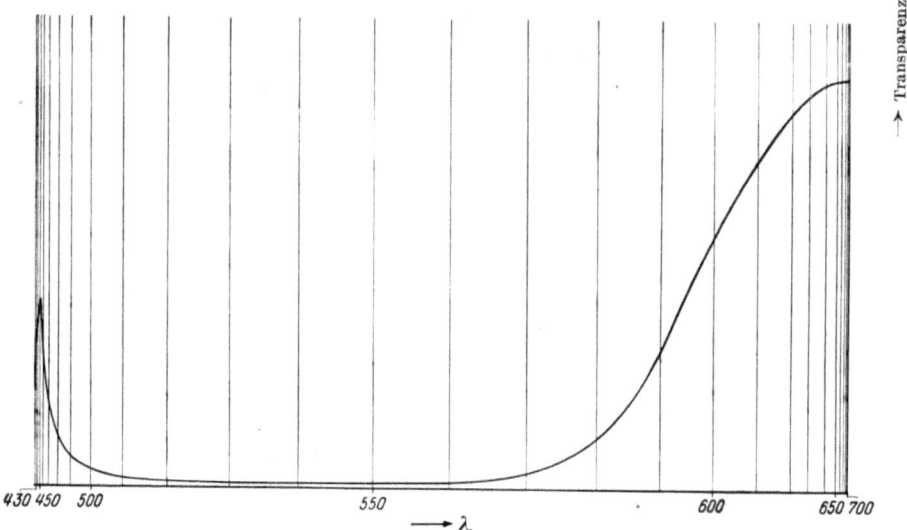

Abb. 13 b. Übertragung der Kurve aus Abb. 12 in die LUTHER-Skala für $\bar{y}$.

sich diese Werte einfach addiert. Für eine schnelle Übersicht genügt es sogar, nur die mit einem Stern bezeichneten Werte aufzusuchen und zu addieren. Man erhält in beiden Fällen drei Zahlen Λ_x, Λ_y und Λ_z. Werden diese im Falle der

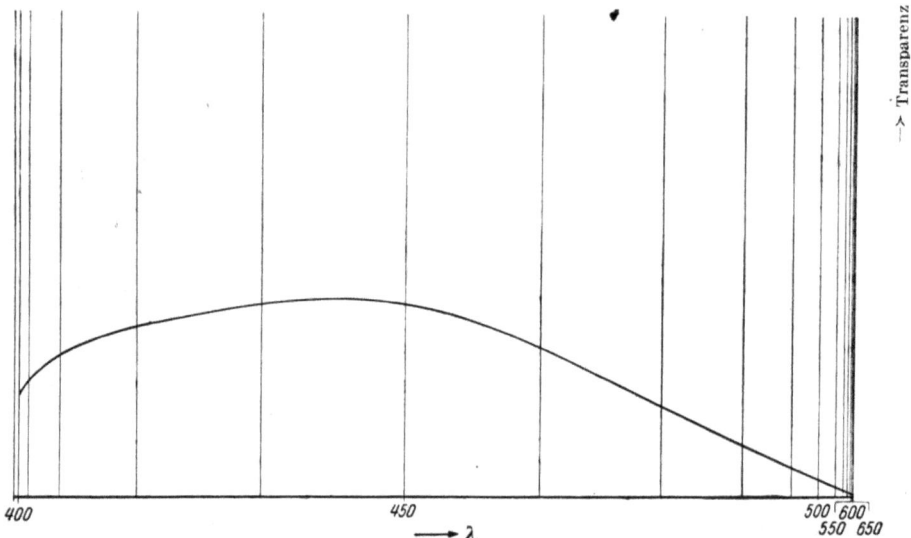

Abb. 13 c. Übertragung der Kurve aus Abb. 12 in die LUTHER-Skala für $\bar{z}$.

Verwendung von 30 Wellenlängen mit 3,333, von 10 Wellenlängen mit 10 multipliziert, so hat man unmittelbar die X-, Y- und Z-Beträge, aus denen in der üblichen Weise die Anteile x, y und z als Koordinaten ermittelt werden können.

Das Verfahren ersetzt die verschiedene Wertigkeit der Ordinaten bei gleichabständigen Abszissen durch verschiedene Wertigkeit der Abszissen bei gleichen Ordinaten so, daß die von Abszissen- und Ordinatenabschnitt gebildeten Flächenintegrale jeweils gleich bleiben.

Die Bestimmung des Farborts des Farbstoffs in Abb. 12 für das energiegleiche Spektrum ergibt nach dieser Methode $x = 0{,}46$, $y = 0{,}22$, $z = 0{,}32$.

Andere Meßmethoden werden später erwähnt (s. S. 363).

Die Sättigung. Anstatt den Farbort im Dreieck durch Angabe wenigstens dreier Normalreizanteile zu kennzeichnen, ihn also auf die Eckpunkte des Dreiecks zu beziehen, kann man seine Lage auch durch Bezugnahme auf den ebenfalls genau festliegenden Spektrallinienzug und den Weißpunkt angeben. Diese Angaben haben den Vorzug größerer Anschaulichkeit; legt man nämlich eine Gerade durch den Weißpunkt und den Farbort F in Abb. 10 bis zum Schnittpunkt S mit der Spektrallinienkurve, so liegen auf dieser Geraden alle Mischungsverhältnisse zwischen der Spektralfarbe und Weiß, d. h. also lauter Farben vom gleichen Farbton wie die Spektralfarbe, jedoch nach dem Weißpunkt hin mit zunehmendem Anteil an Weiß. In umgekehrter Richtung nimmt der Gehalt an Spektralfarbe, die Sättigung, zu. Der Farbort ist also genau bestimmt, wenn man die Spektralfarbe gleichen Farbtons (kurz den Farbton) und das Verhältnis angibt, in dem die Strecke Spektralfarbe—Weißpunkt geteilt wird. Übereinkunftsgemäß wird gewöhnlich das Verhältnis

$$s = \frac{FW}{SW} = \frac{\text{Farbort der zu kennzeichnenden Farbe—Weißpunkt}}{\text{Spektralfarbe—Weißpunkt}}$$

angegeben. Da dieses Verhältnis ersichtlich um so größer ist, je näher der Farbort der Spektrallinie liegt, als je gesättigter also die Farbe empfunden wird, wird es anschaulich die „Sättigung" genannt. Es ist jedoch darauf hinzuweisen, daß diese „Sättigung" eine rein physikalische Definition ist und mit der empfindungsmäßigen Sättigung nicht übereinstimmt. Farbton und Sättigung können also zur Kennzeichnung der Farbe an die Stelle der weniger anschaulichen Dreieckskoordinaten treten. Bei den Farbmischungen zwischen Rot und Blau, den Purpurtönen, denen keine Farbe im Spektrum entspricht, wird statt dessen diejenige mit einem Minuszeichen versehene Wellenlänge angegeben, die bei Verlängerung der Verbindung des Farborts mit dem Weißpunkt über diesen hinaus getroffen wird. Die gesättigtsten Farben liegen für diesen Bereich auf einer Verbindungsgeraden zwischen den äußersten Enden des sichtbaren Spektrums.

Die Remission und der Schwarzgehalt. Bisher ist stets nur von Farben die Rede gewesen, die entweder Spektralfarben oder Mischungen dieser Farben mit

Tabelle 5. Auswahlwellenlängen für das energiegleiche Spektrum.

Nr.	x	y	z
1	426,2	469,3	414,5
*2	438,6	491,9	422,5
3	448,5	503,8	426,8
4	458,5	511,8	429,6
*5	473,2	518,2	432,2
6	533,2	523,6	434,7
7	545,7	528,4	436,9
*8	558,7	532,7	439,0
9	560,0	536,8	441,0
10	565,3	540,7	442,9
*11	569,9	544,2	444,9
12	574,3	547,8	446,8
13	578,2	551,2	448,7
*14	581,9	554,6	450,7
15	585,6	558,0	452,6
16	589,2	561,3	454,6
*17	592,7	564,8	456,6
18	596,0	568,3	458,5
19	599,5	571,8	460,4
*20	603,0	575,7	462,4
21	606,6	579,5	464,7
22	610,2	583,6	467,0
*23	614,0	588,0	469,5
24	617,8	592,7	472,1
25	622,1	597,9	475,2
*26	626,8	604,0	478,4
27	632,4	610,8	482,5
28	639,0	618,7	488,0
*29	648,4	630,1	496,2
30	665,3	650,0	512,6

Weiß waren; nur für diese Farben ist bisher das Einordnungsprinzip im Farbdreieck mitgeteilt worden. Für die Einfügung des ganzen großen Gebiets der mit Schwarz gebrochenen Farben spielt nun die bereits als drittes notwendiges Bestimmungsstück erwähnte Leuchtdichte (Remission, Helligkeit) der Farbe eine ausschlaggebende Rolle. Bei einzeln stehenden farbigen Lichtquellen wird allerdings durch Änderung der Leuchtdichte, etwa durch vorgesetzte Grauscheiben, der Farbcharakter nicht grundsätzlich geändert. Ein rotes Neon-Reklamelicht wirkt auch bei sehr verschiedener Helligkeit im wesentlichen stets rot. Bei allen in Aufsicht oder Durchsicht betrachteten Körperfarben der Natur aber, z. B. bei farbigen Aufstrichen, wird durch Änderung ihrer Leuchtdichte unter Umständen eine starke Änderung des Farbeindrucks verursacht. Die hier vorliegenden Verhältnisse werden am einfachsten durch einige Versuche veranschaulicht: Wenn man ein braunes Papier im verdunkelten Raum so beleuchtet, daß das Auge nur das beleuchtete Papier, nicht aber die Lichtquelle oder eine beleuchtete Umgebung sieht, oder wenn man die Farbfläche durch ein innen geschwärztes Rohr betrachtet, so tritt an die Stelle der Empfindung Braun ein Orange, dem die Schwärzlichkeit fehlt. Beleuchtet man umgekehrt ein leuchtend orange gefärbtes Papier im Dunkelraum je zur Hälfte mit zwei verschieden starken Lichtquellen, ohne daß der Betrachter die Lichtquellen selbst oder eine weitere von ihnen beleuchtete Umgebung sieht, so nimmt das dunkler beleuchtete Feld eine bräunliche Farbe an. Ähnliche Versuche mit anderen schwärzlichen Farben, wie Olivgrün, Stahlblau usw., lassen erkennen, daß sie alle sich durch Wahl der Beleuchtungsverhältnisse in solche Farben überführen lassen, die im Farbdreieck bereits ihren Platz gefunden haben; sie stellen gesättigte oder verweißlichte Farben dar, jedoch in einer vergleichsweise verminderten Leuchtdichte. Die relativ verminderte Leuchtdichte wird als Schwärzlichkeit empfunden, sobald eine Vergleichsmöglichkeit in Gestalt anderer, hellerer Flächen von sonst gleicher Sättigung besteht oder man sie auch nur in gewohnter Beleuchtung sieht, in der man aus Erfahrung die Beleuchtung zu beurteilen weiß. Man nennt daher solche nur im Vergleich mit anderen entstehende Farbeindrücke bezogene Farben im Gegensatz zu den unbezogenen Farben etwa von einzeln gesehenen farbigen Lichtquellen".

Um nun die als Schwarzgehalt empfundene Herabsetzung der Durchlässigkeit oder Remission von Körperfarben gegenüber einer mitgesehenen oder erfahrungsmäßig beurteilten Norm bewerten zu können, ist zunächst zu bedenken, daß auch die Spektrallinien eines energiegleichen Spektrums, des Spektrums des weißen Lichts, obwohl sie keinen Schwarzgehalt empfinden lassen, vergleichsweise untereinander doch verschieden hell erscheinen, Gelb z. B. erheblich heller als Blau. Eines der Hauptmerkmale des Normblattes DIN 5033 ist es, wie wir bereits sahen, daß die Normalreize so gewählt sind, daß die $\bar{y}$-Kurve der Normalreizbeträge des Grünreizes im Spektrum des energiegleichen Lichts (Abb. 9) gleichzeitig die relative Leuchtdichte (auch spezifische Helligkeit genannt) der Spektralfarben wiedergibt. Nachdem sichergestellt ist (150), daß die Leuchtdichten verschiedener Spektrallinien in Mischungen sich additiv verhalten, z. B. das aus zwei komplementären Spektrallinien gebildete Weiß also eine Leuchtdichte besitzt, die gleich der Summe der Leuchtdichte der Komponenten ist, gibt für eine beliebige Farbe das Integral über die Spektralkurve der $\bar{y}$-Normalreizbeträge, also $Y = \int E_\lambda \bar{y}_\lambda \, d\lambda$, unmittelbar ein Maß für die Leuchtdichte der untersuchten Farbe an. Für Körperfarben (Farbstoffe) ist ferner folgende nützliche Regelung getroffen: Die Werte $E_\lambda \bar{y}_\lambda$ für die Normallichtquellen A, B und C sind so gewählt (Tabelle 3 und 4), daß für eine ideal weiße Oberfläche (Aufsichtsfarben) oder eine ideal durchlässige Schicht (Durchsichtsfarben), deren relative Remission bzw. Durchlässigkeit überall gleich 1 ist, das Integral über das ganze Spektrum

$$Y = \int \varepsilon_\lambda E_\lambda \bar{y}_\lambda \, d\lambda = 100$$

wird. Der Y-Wert einer untersuchten Probe gibt also unmittelbar die Remission in Prozenten an.

Zu den bisher betrachteten Kennzeichen einer Farbe, der Sättigung (bzw. dem Weißgehalt) und dem Farbton, ist nun als drittes Bestimmungsstück allgemein die Leuchtdichte, bei den bezogenen Farben die Leuchtdichte in ihrer spezifischen Erscheinungsform als Schwarzgehalt, zur Darstellung zu bringen. Da das zweidimensionale Farbdreieck hierzu nicht mehr ausreicht, muß die räumliche Darstellung zu Hilfe genommen werden. Man wählt dazu eine dreiseitige Pyramide, deren etwa nach unten gerichtete Spitze der Leuchtdichte Null entspricht. Die Kanten der Pyramide gehen durch die Normalreize x, y, z des Farbdreiecks der Abb. 10. Gemäß ihrer verschiedenen Leuchtdichte liegen die Orte für die Spektrallinien irgendeiner weißen Lichtquelle auf einer räumlichen

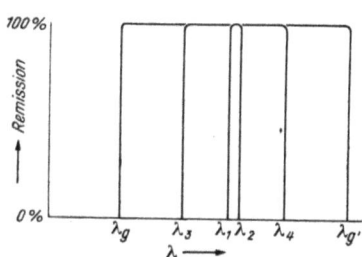

Abb. 14. Optimalfarben $(\lambda_1-\lambda_2)$, $(\lambda_3-\lambda_4)$ und Vollfarbe $(\lambda_g-\lambda_g')$.

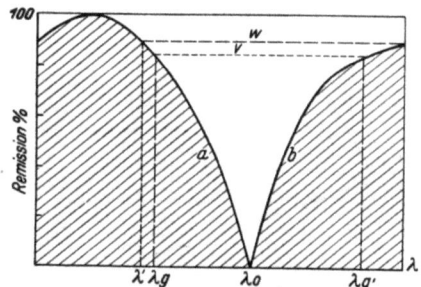

Abb. 15. Optimalfarben mit gleichem Farbton λ_0 und zunehmender Remission.

a und b Grenzwellenlängen. Bei v werden die Grenzwellenlängen λ_g und λ_g' gegenfarbig (Vollfarbe). Bei w erreicht eine Grenzwellenlänge die Spektrumgrenze.

Kurve. Ihre Projektion vom Leuchtdichtenullpunkt als Projektionszentrum aus auf die in irgendeinem Abstand vom Nullpunkt senkrecht zur Pyramidenachse schneidende Ebene ist der Spektrallinienzug im Farbdreieck. Für Körperfarben ist die an sich unendlich hohe Pyramide durch die Leuchtdichte der verwendeten Lichtquelle begrenzt, da keine Farbe heller sein kann als die Lichtquelle, aus deren Licht sie durch Absorption entsteht.

Unabhängig von der Beleuchtungsstärke kann man aber für Körperfarben auch einen Farbraum festlegen, der durch die Remission von 100% einer ideal durchsichtigen oder ideal weißen Fläche gegeben ist, bei dem also die Richtung der Pyramidenhöhe nicht mehr den absoluten Wert der Leuchtdichte, sondern die Remission der Körperfarbe, des sogenannten Pigments in Prozenten des idealen Weiß angibt. Sämtliche praktisch vorkommenden Pigmentfarben lassen sich innerhalb der dadurch gegebenen Pyramide durch einen in diese eingeschriebenen Pigmentfarbenkörper wiedergeben, dessen obere Spitze ersichtlich durch das ideale Weiß mit 100% Remission oder Durchlässigkeit, dessen untere Spitze durch das vollkommene Schwarz mit 0% gebildet wird. Die hellsten überhaupt möglichen Pigmentfarben bilden die Oberfläche dieses Körpers, der eine gewisse Ähnlichkeit des Aufbaus mit dem OSTWALDschen Doppelkegel (Abb. 5) aufweist. Wodurch ist nun die Lage dieser hellsten Farben gegeben und wodurch zeichnen sie sich, physikalisch betrachtet, aus? SCHRÖDINGER (160) hat nachgewiesen, daß bei gegebener Sättigung die hellsten überhaupt möglichen Körperfarben, die sogenannten Optimalfarben, eine Remissionskurve zeigen, die immer nur die Werte 0 oder 100 hat, also etwa gemäß Abb. 14, Kurve λ_1—λ_2 oder λ_3—λ_4. Je enger der hundertprozentig durchlässige Spektralbereich ist, um so geringer ist natürlich die Remission im Vergleich zur ideal weißen Fläche, um so schwärzlicher wird also eine solche Pigmentfarbe aussehen. So geht z. B. aus Tabelle 4 hervor, daß selbst im hellsten Teil des Spektrums bei 560 mμ ein gedachtes Pigment, das nur ein 5 mμ breites Spektralbereich vollständig reflektiert, im Licht der Lichtquelle B eine Remission von nur 4,9% besitzen kann, also schon fast schwarz aussehen wird. Pigmente, die aus dem aufgestrahlten weißen Licht nur ein unendlich enges Spektralbereich, also eine Spektrallinie remittieren würden, hätten daher die Remission Null. Erweitert man, von einer solchen Spektrallinie ausgehend (Abb. 15), das vollständig reflektierte Spektralgebiet, entsprechend der Definition der Optimalfarben, nach beiden Seiten hin so, daß der Farbton erhalten bleibt, im Farbdreieck also auf einer Geraden zwischen Spektrallinie und Weißpunkt sich verschiebt, so nimmt neben dem Weißgehalt die Remission bzw. Durchlässigkeit in der in Abb. 15 schematisch gezeigten Weise zu und endet schließlich bei 100%, wenn das gesamte Spektrum remittiert bzw. durchgelassen wird, also beim Weiß.

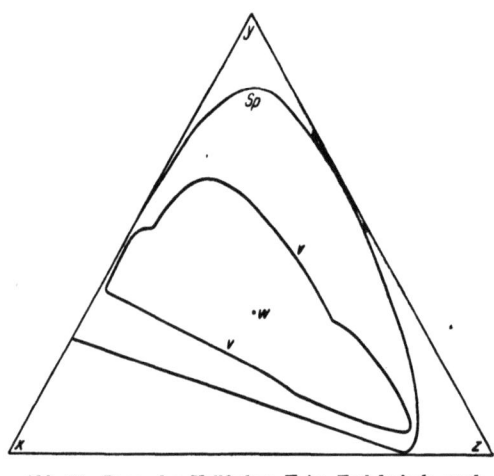

Abb. 16. Lage der Vollfarben V im Farbdreieck nach DIN 5033.
Sp Spektrallinienzug, W Weißpunkt.

Zwei Stellen im Verlauf dieser Kurven sind von besonderer Bedeutung: Bei v sind die beiden das Spektralband begrenzenden Wellenlängen λ_g und $\lambda_{g'}$ gerade Gegenfarben geworden, ergänzen sich. also zu Weiß. Derartige Farben heißen **Vollfarben** (*133*). Oberhalb von v findet jede bei der Erweiterung des Spektrums hinzutretende Wellenlänge eine andere vor, zu der sie gegenfarbig ist, mit der sie sich also zu Weiß ergänzt. Da also von v an die Erhöhung der Remission nur noch in Gestalt einer Zunahme von Weiß möglich ist, stellen die **Vollfarben ausgezeichnete Farben mit größter Helligkeit bei gleichzeitig dem größtmöglichen Farbgehalt** dar. Abb. 16 gibt die Lage der Vollfarben im Farbdreieck wieder. Die Stelle w in Abb. 15 ist insofern von Bedeutung, als hier die eine der den Spektrumausschnitt begrenzenden Wellenlängen die Grenze des sichtbaren Spektrums erreicht hat. Um die Erweiterung des Spektralbandes darüber hinaus ohne Änderung des Farbtones durchführen zu können, denkt man sich das Spektrum zu einem Kreis geschlossen derart, daß die Grenzen des sichtbaren Spektrums zusammenfallen. Hat also die nach rechts vorrückende Wellenlänge die Grenze erreicht, so springt sie nach dem Abszissenanfang zurück und rückt von dort aus in gleicher Richtung weiter.

Werden derartige Optimalfarbenkurven nun für alle Farbtöne ermittelt und in dem durch Remissionsskala und Farbdreieck gebildeten Farbkörper eingetragen, so bilden diese Optimalfarben, wie bereits erwähnt, als hellste Farben die Oberfläche eines Körpers der möglichen Pigmentfarben. In Abb. 17 ist diese

Eintragung für die Kurve der Abb. 15 schematisch durchgeführt. Die Remissionsachse Schwarz-Weiß trifft das nur zur Hälfte und im Schnitt gezeichnete Farbdreieck im Weißpunkt. G ist die Grenze der Farbpyramide. In Sp wird die Spektrallinienkurve geschnitten, in V die Vollfarbenkurve der Abb. 16. Wird nun jeweils auf der Verbindungslinie des Farbortes einer Optimalfarbe im Dreieck mit dem Schwarzpunkt die Remission bzw. Durchlässigkeit eingetragen — für die Vollfarbe v der Abb. 15 z. B. bei A der Abb. 17 — so entsteht für die Farben der Abb. 15 die durch A gehende Kurve der Abb. 17, die damit ein Schnitt durch die Oberfläche des Pigmentfarbenkörpers ist, der entsteht, wenn man diesen Vorgang für alle Farbtöne ausführt. Sämtliche Farben, die dunkler sind als die Optimalfarben, liegen innerhalb dieses Körpers auf der Verbindungslinie Schwarzpunkt-Farbort, so bei D eine Farbe vom gleichen Farbton und gleicher Sättigung wie die Vollfarbe V, jedoch geringerer Remission, also höherer Schwärzlichkeit. Durch Angabe der Remission ist an sich die Pigmentfarbe hinreichend definiert, doch fehlt noch eine Angabe der Schwärzlichkeit, die einen höheren Gehalt an Anschaulichkeit besitzt, so wie ihn etwa die Angabe der Sättigung bzw. des Weißgehaltes gegenüber der einfachen Angabe der Lage im Farbdreieck hat. OSTWALD (*132*) bezieht seine Definition auf die Vollfarben: Der Gehalt an Vollfarbe, Weiß und Schwarz ergänzen sich danach zu Eins:

$$v + w + s = 1.$$

Durch diese Definition werden jedoch nur Farben innerhalb des Dreiecks Weiß-Schwarz-Vollfarbe A erfaßt. Für das Pigment B ist nach LUTHER (*121*) die Konstruktion zur zeichnerischen Ermittlung der Werte v, w und s mittels der Parallelen zur Geraden Schwarz-Vollfarbe durchgeführt. Falls eine gewisse Anschaulichkeit der Angaben erreicht werden soll, kann in Ermangelung eines Besseren auf diese Weise die Schwärzlichkeit zahlenmäßig wiedergegeben werden.

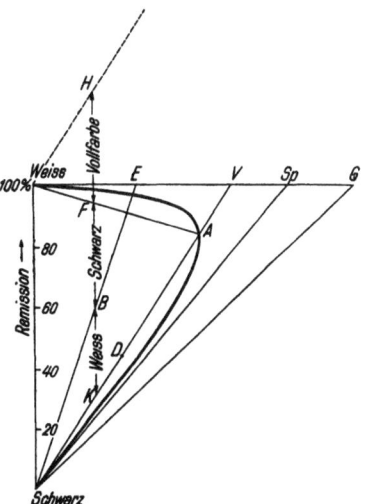

Abb. 17. Querschnitt durch den Pigmentfarbenkörper (eine Hälfte).

Weiß-A-Schwarz Optimalfarbenkurve G Grenze des Farbdreiecks, Sp Spektrallinie V Lage der Vollfarbe im Farbdreieck, A Lage der Vollfarbe im Pigmentfarbenkörper, KB BF FH = Weißgehalt Schwarzgehalt: Vollfarbengehalt des Pigments B.

c) **Vereinfachte Meßverfahren.**

Das ausführlich beschriebene Meßverfahren, das kurz das Spektralverfahren genannt wird, ist zwar theoretisch einwandfrei und auch nicht zu umständlich, wenn man zur Messung den schnell arbeitenden Spektrodensographen von ZEISS-IKON in Verbindung mit den LUTHERschen Spektralskalen (s. S. 356) oder den Auswahlwellenlängen der Tabelle 5 (s. S. 359) verwendet, doch hat es nicht an Versuchen gefehlt, auf anderen Wegen schneller zum Ziel zu kommen. Aus der großen Zahl von Verfahren, die im übrigen von RICHTER (*146*) ausführlich behandelt worden sind, seien hier nur einige angeführt. Die gebräuchlichen Verfahren werden üblicherweise in drei Gruppen eingeteilt, die analytischen, die synthetischen und die Helligkeitsverfahren.

Analytische Verfahren. Anstatt die relative spektrale Remission für jede Wellenlänge photometrisch zu ermitteln, kann man bei Farbstoffen mit nicht zu scharf ausgeprägten Absorptionskanten sich mit Messungen in wenigen eng begrenzten Spektralgebieten begnügen. Im ZEISSschen „Stufenphotometer" nach PULFRICH (*141*) wird hierfür ein Satz von sogenannten S-Filtern benutzt. Bei Farbstoffen mit steilen Absorptionskanten können Fehler dadurch entstehen, daß die Vergleichsfelder etwas verschieden gefärbt erscheinen.

Synthetische Verfahren (Gleichheitsverfahren). Anstatt eine der zu messenden Probe gleiche Farbe aus drei Spektrallichtern zu mischen, kann man ähnlich wie beim analytischen Verfahren auch mit drei Filtern von engen Durchlässigkeitsbereichen arbeiten, deren Farborte bekannt sind; das ist z. B. der Fall beim „Leifo" der Firma LEITZ, Wetzlar. In allen derartigen Fällen muß darauf geachtet werden, daß die Größe des Beobachtungsfeldes gering, die Helligkeit ausreichend und das Auge ausgeruht ist. Selbstverständlich können nur farbtüchtige Beobachter diese Messungen durchführen, und diese sind infolge der immer vorhandenen Unterschiede in der Farbtüchtigkeit weniger allgemein gültig als solche nach dem Spektralverfahren. Beim ZEISSschen „Stufo" wird die untersuchte Farbe aus einer Reihe von bekannten Testfarben gegebenenfalls unter Zumischung von Weiß zur Testfarbe oder, falls diese weniger gesättigt ist als die Probe, zu eben dieser ermischt (*141*). Bei einem von S. RÖSCH (*149*) vorgeschlagenen Verfahren werden die oben (S. 362) beschriebenen Optimalfarben, die durch Einschieben von bestimmten Blenden in das Spektrum leicht eingestellt werden können, als Testfarben benutzt. Der Weißgehalt ergibt sich tabellenmäßig aus der eingestellten Spaltbreite; gleiche Helligkeit wird durch Schwächung der Intensität der Optimalfarbe mittels Graukeil erzielt, wodurch gleichzeitig also die Remission bekannt wird. Sehr schnell, wenn auch weniger genau, kann man bei Körperfarben durch Vergleich mit genormten Farbaufstrichen arbeiten. Der bekannte OSTWALDsche Farbatlas ist hierfür gut brauchbar; wenn auch die theoretischen Grundlagen, nach denen er aufgebaut ist, angefochten werden, sind diese Farbnormen für viele Zwecke doch hinreichend zuverlässig, und da von verschiedenen Seiten die Lage der Normfarben im Farbdreieck und ihre Remission bestimmt ist, ist auch damit der Anschluß an die übliche Darstellungsweise sichergestellt.

Das Helligkeitsverfahren. Mißt man die Intensitäten, die sich ergeben, wenn man das Licht der zu prüfenden Farbe durch drei Eichfilter vom Farbton der Normalreize fallen läßt, so läßt sich dadurch ebenfalls der Ort im Farbdreieck bestimmen, sofern die Lage der Eichfilterfarben im Dreieck bekannt ist. Da jedoch bei der Aufstellung des Farbdreiecks die Helligkeitsempfindlichkeit des Auges im Spektrum eine grundlegende Rolle spielt, muß dies bei der spektralen Verteilung des Durchlässigkeitsvermögens der Meßfilter berücksichtigt werden. Dies ist dann der Fall, wenn die Filter der sogenannten LUTHER-Bedingung (*121*) genügen. Diese schreibt vor, daß für das Durchlässigkeitsvermögen der Filter gilt:

$$D_r = \frac{r_\lambda}{h_\lambda}, \quad D_g = \frac{g_\lambda}{h_\lambda}, \quad D_b = \frac{b_\lambda}{h_\lambda}.$$

Darin bedeuten D die Durchlässigkeit, r_λ, g_λ, b_λ die Normalreize und h_λ die relative spektrale Helligkeitsverteilung für die betreffende Lichtquelle. Filter dieser Art sind nur annähernd richtig herzustellen, doch ist das Verfahren deshalb besonders aussichtsvoll, weil es nach entsprechender Erfüllung der Vorbedingungen die Ausmessung mittels Photozelle oder photographischer Platte gestattet, also von der Sehtüchtigkeit des Beobachters unabhängig wird. Nach diesem Prinzip ist beispielsweise der leicht zu handhabende „Objektive Farbmesser Mod. DZ" nach DRESLER gebaut, der eine Selenzelle enthält, vor die nacheinander drei verschiedene Filterkombinationen geschaltet werden (*30*).

2. Die Prüfung der Farbwiedergabe.

a) Grenzen der Anwendbarkeit der Farbenlehre.

Wenn auch zwischen den ersten Anfängen der Farbenlehre und denjenigen der Farbenphotographie Zusammenhänge bestehen, so sind doch die Ergebnisse der Farbenphotographie in der Praxis weniger durch theoretische Überlegungen auf Grund der Farbenlehre geleitet worden, sondern vorzugsweise auf empirischem Wege zustande gekommen, indem einfach die erzielte Farbwiedergabe mit den Farben des Aufnahmeobjekts unmittelbar verglichen und die bestimmenden Faktoren bis zur Erreichung des Optimums verändert wurden.

Erst verhältnismäßig spät sind Untersuchungen über die Farbwiedergabe vom Standpunkt der Farbenlehre aus angestellt worden. Man könnte es fast als gemeinsames Kennzeichen dieser Untersuchungen bezeichnen, daß sie sich alle mit der Frage auseinanderzusetzen hatten, warum die praktischen Ergebnisse gefühlsmäßig als gut zu bewerten seien, obwohl sie nur unter merklicher Abweichung von den theoretischen Forderungen der Farbenlehre zustande kommen. Der tiefere Grund hierfür liegt darin, daß die bisher vorliegenden Untersuchungen im wesentlichen auf der im vorigen Kapitel erläuterten sogenannten niederen Farbreizmetrik aufbauen mußten, die sich mit der Festlegung der Bestimmungsstücke der Farben (Lage der Farborte im Farbdreieck usw.) befaßt. Die Ergebnisse der sogenannten höheren Farbreizmetrik dagegen, die sich mit den empfindungsmäßigen Beziehungen der Farben befaßt, beispielsweise mit der Frage, um wieviel gesättigter eine Farbe empfunden wird als eine andere, oder mit Einflüssen des Farbkontrastes oder der Helligkeit auf die Farbempfindung, sind noch zu wenig ergiebig, um eine bedeutungsvolle Anwendung auf farbenphotographische Probleme zu erlauben. Dabei sind aber solche Einflüsse häufig derartig groß, daß sie von ausschlaggebender Bedeutung für den Wert eines Farbenverfahrens werden können. Es sei nur daran erinnert, daß das Auge in der Lage ist, sich starken Änderungen in der Farbe der Beleuchtung anzupassen und etwa ein im Tageslicht weiß erscheinendes Papier bei dem gegenüber Tageslicht ausgesprochen gelben Glühlampenlicht genau so als weiß zu empfinden, während die Farbenphotographie diese Differenzen nicht ohne besondere Maßnahmen zu überbrücken vermag. Anderseits läßt sich feststellen, daß z. B. starke Farbabweichungen in den dunkleren Teilen der sonst so kritischen Grauskala nicht auffallen, ja, man kann sagen, daß es bei subtraktiven Verfahren kaum ein neutrales „Schwarz" gibt; vielmehr liefert die Feststellung des Farbortes in solchen Fällen unter Umständen eine recht gesättigte Farbe. Trotzdem kommt diese infolge des Helligkeitskontrastes nicht zur Wirkung.

Derartigen Besonderheiten des Auges verdanken wir es also, daß die offensichtlichen Abweichungen der farbenphotographischen Systeme von den Forderungen der Theorie der niederen Farbreizmetrik ohne grundsätzlichen Widerspruch hingenommen werden können. Darum behält jedoch die Anwendung der Gesetze der niederen Farbreizmetrik auf die Farbenphotographie doch ihren Wert, zumindest insofern, als sie es gestattet festzustellen, ob überhaupt die wiedergegebene Farbe mit derjenigen des aufgenommenen Objekts übereinstimmt und in welcher Richtung etwaige Abweichungen zu korrigieren sind, sofern man nur darauf verzichtet, ihre Größe zur Grundlage eines Urteils über die Güte der Wiedergabe zu machen.

b) Beurteilung der Farbwiedergabe durch vergleichende Betrachtung.

Farbentafeln und ihre Anwendung. Das gebräuchlichste Mittel zur systematischen Beurteilung der Güte der Farbwiedergabe ist die Farbentafel in ihren verschiedenen Formen. Es sei jedoch darauf hingewiesen, daß sie für verfeinerte Beobachtungen vorteilhafterweise noch durch körperliche Gegenstände zu ergänzen ist. Für laufende Prüfungen ist vor allem auch eine gut bemalte Büste sehr zu empfehlen, da die zarten Hautfarben gut wiedergegeben werden müssen. Der Wert einer Farbenprüftafel liegt nicht so sehr im Vorhandensein gesättigter Farbtöne; vielmehr sind gebrochene Farben, vor allem verweißlichte Farben unumgänglich notwendig. Das Vorhandensein einer Grauskala ist selbstverständliche Voraussetzung. Von der AGFA ist eine Farbenprüftafel für Farbenphotographie (3) in den Handel gebracht worden, die in Abb. 18, Tafel I, wiedergegeben ist.

Es ist üblich, die Wiedergabe dadurch zu prüfen, daß das farbenphotographische Bild mit dem Original unmittelbar nebeneinander verglichen wird. Das führt mitunter, besonders bei Projektionsverfahren, zu Überraschungen; ein Projektionsbild nämlich, das für sich betrachtet auch hinsichtlich der Farbsättigung als gut angesehen wurde, erscheint um vieles blasser, wenn das Original daneben aufgestellt und mit einer besonderen Lichtquelle beleuchtet wird. Nun sieht aber eine im Dunkelraum für sich beleuchtete Farbentafel gesättigter aus als im freien Raum bei normaler Beleuchtung. Dasselbe gilt aber auch für das Projektionsbild, und es ist daher fraglich, ob es richtig ist, die Farbsättigung derjenigen der für sich beleuchteten Farbtafel gleichzumachen, was allerdings aus technischen Gründen meist ohnehin nicht streng möglich ist. Einen besonders scharfen Vergleich erhält man, wenn man eine Farbentafel so aufbaut, daß neben jeder Farbfläche sich eine gleich große rein weiße Fläche befindet, auf die später die betreffende Farbfläche des Farbpositivs projiziert wird. Bei der Projektion erhalten die Farbflächen des Originals ihr Licht von den weißen Flächen des Farbbildes, die so verschoben werden, daß ihr Bild auf die Farbflächen des Originals fällt. Die Stellen der weißen Flächen müssen bei der Aufnahme mit schwarzem Samt abgedeckt werden, falls die Vorlage mit einer besonderen Lichtquelle beim Vergleich beleuchtet werden soll.

Abstimmung und Gradationsfragen. Die qualitativen Schlüsse, die sich aus der Betrachtung der Wiedergabe der Farbtafel ziehen lassen, beziehen sich hauptsächlich auf den Gesamtcharakter der Gradation und die Gradationsabstimmung der Teilbilder. Sie vermögen bei einiger Erfahrung wichtige Hinweise zu geben. Im Mittelpunkt der Beobachtung steht dabei die Grauskala. Zeigt diese in allen ihren Stufen eine einwandfreie farbtonlose Wiedergabe, so kann trotzdem der Charakter des Bildes, von qualitativ häufig sehr schwer zu deutenden Abweichungen in der reinen Farbwiedergabe abgesehen, im ganzen unbefriedigend sein. So äußert sich eine zu harte Wiedergabe der Grauskala, verglichen mit der Grauskala der Vorlage, auch in charakteristischer Weise in der Farbwiedergabe. Die Brillanz der an sich schon leuchtenden Farben der Vorlage erscheint verstärkt, während verschwärzlichte noch schwärzlicher aussehen. Gleichzeitig wird die Wiedergabe ärmer an Farbtönen, da sich alles auf die Farbtöne der drei Grundfarben Rot, Grün und Blau und deren aus gleichen Anteilen dieser Grundfarben bestehende Mischungen Gelb, Blaugrün und Purpur zusammendrängt. Umgekehrt äußert sich eine zu weiche Gradation aller Teilbilder weniger charakteristisch nur in einer allgemeinen Herabsetzung der Farbbrillanz. Obwohl theoretisch von einer Gradation mit $\gamma = 1$ das Optimum der Wiedergabe zu erwarten wäre, hat sich in der Praxis besonders bei den additiven Verfahren eine steilere Gradation eingeführt, wie ja auch beim Schwarz-Weiß-Film eine solche steilere Gradation bevorzugt wird.

Die zweite Gruppe von Beobachtungen, die der Farbtafelvergleich gestattet,

Die Farbenlehre in der Farbenphotographie.

ist die Frage der richtigen Abstimmung der Teilbilder (72). Falls die Gradation günstig gewählt und zudem für alle drei Teilbilder genau gleich ist, kann doch noch eines der Teilbilder im ganzen zu dicht oder zu dünn gewählt sein. Dies äußert sich in einem sich über die ganze Grauskala erstreckenden vorherrschenden Farbton, der jedoch in den Schatten weniger deutlich zu erkennen ist. Die Deutung der dadurch auftretenden Farbfehler ist in Tabelle 6 gegeben und an Hand der Abb. 19 leicht zu verstehen. Falls bei einem additiven Verfahren das Grün- und Blaupositiv gleiche Dichte an korrespondierenden Stellen der Grauskala besitzen (Kurve G bzw. B), während das Rotfilterpositiv zu dünn geraten ist (Kurve R), so läßt an den hellsten Stellen des Rotpositivs das Rotfilter alles Licht voll durch, während das Grün- und Blaufilter durch die höhere Dichte der Positive an dieser Stelle abgedunkelt ist; in

Tabelle 6. Farbfehler bei gleicher Gradation, aber verschiedener Deckung der Teilbilder.

Vorherrschende Farbe	Farbe der zu dichten Teilbilder bei	
	additiven Verfahren	subtraktiven Verfahren
R	$G + B$	$p + z$
G	$B + R$	$z + c$
B	$R + G$	$c + p$
c	R	c
p	G	p
z	B	z

der Grauskala herrscht also Rot vor. Umgekehrt herrscht Blaugrün vor, falls der Rotauszug zu stark gedeckt ist. Entsprechendes läßt sich aus Abb. 19 für die subtraktive Wiedergabe ableiten (Tabelle 6, Spalte 3).

Wesentlich schwieriger zu durchschauen sind Fehler, die auf ungleicher Gradation der Teilbilder beruhen. Während bei gleicher Gradation der Teilbilder überall die gleiche Farbe vorherrscht, die nur verschieden stark empfunden wird, kann es bei ungleicher Gradation vorkommen, daß in einem mittleren Gebiet

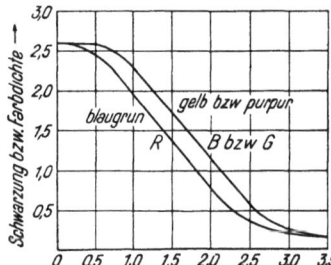 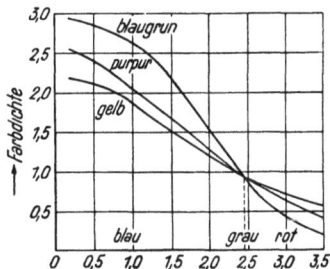

Abb. 19. Vorherrschen einer Teilfarbe bei gleicher Gradation, aber verschiedener Dichte der Teilbilder.

Abb. 20. Farbverschiebungen bei ungleicher Gradation der Teilbilder. Die vorherrschende Farbe ist über der Abszisse angegeben.

der Grauskala neutrales Grau auftritt (Abb. 20), während in den helleren Teilen eine Farbe vorherrscht, die derjenigen komplementär ist, die in den Schatten dominiert. Derartige Fehler treten bei additiven Verfahren wegen Verwendung vorzugsweise der gleichen Emulsion für alle drei Teilschichten höchstens bei der Aufnahme und auch dort verhältnismäßig wenig in Erscheinung. Häufiger sind sie dagegen bei subtraktiven Verfahren, und dort hauptsächlich deshalb, weil die Umsetzung der Silberbilder in die Farbstoffbilder je nach Art des Verfahrens verschiedenartig erfolgen kann und nicht überall zu vergleichbaren Dichten führt. Im übrigen zeigt sich auch hier wieder, daß die Gesetze der niederen Farbreizmetrik für die Erfassung aller Verhältnisse der Farbenphotographie nicht ausreichen. Es ist nämlich festzustellen, daß die Farbfehler je nach ihrer Lage auf der Gradationskurve durchaus verschieden zu bewerten sind. Abweichungen in den helleren Teilen der Skala werden weit störender empfunden als solche in den dunkleren, so daß z. B. eine in den hellen Teilen neutrale, in den dichteren jedoch gefärbte Wiedergabe der „Grauskala" durchaus zu brauchbaren Resultaten führen kann. Dabei kann der dunklere Teil der Gradationskurve eine Farbe besitzen, die recht gesättigt ist, also im Farbdreieck weit vom Neutral-Weiß-Punkt entfernt liegt.

c) Grauskala und Einzelschichtdichten.

Messung der Dichten (Grauäquivalenzverfahren). Um die oben geschilderten Verhältnisse etwas schärfer quantitativ zu erfassen, ist die Messung der Grauskala und der Teilschichten erforderlich, und zwar treten gewöhnlich zwei Fragen auf: Falls die Teilbilder gegeben sind, ist zu ermitteln, ob sie eine einwandfreie Wiedergabe der Grauskala erwarten lassen, wozu die Gradation der Einzelschichten zu vergleichen ist. Im anderen Falle ist eine fertige Aufnahme der Grauskala gegeben, und es ist zu ermitteln, welcher Einzelschicht etwa vorhandene Abweichungen zuzuschreiben sind und wie diese gradationsmäßig verlaufen.

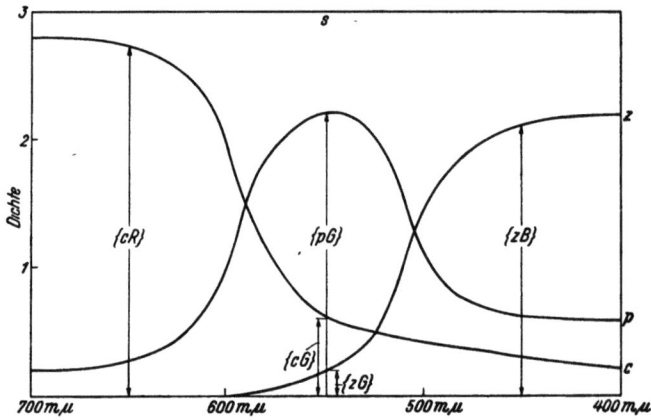

Abb. 21. Beziehung der Dichte dreier Farbstoffe c, p, z zu dem daraus erzielten Grau S.

Für additive Verfahren bereitet das keine grundsätzlichen Schwierigkeiten, da nur Silberschichten auszumessen sind, die entweder völlig getrennt vorliegen oder doch im Falle der Rasterverfahren durch passende Filter leicht getrennt ausgemessen werden können. Anders dagegen bei subtraktiven Verfahren, bei denen gefärbte Teilbilder auszumessen sind. Bei einem streng aufgebauten Meßverfahren müßte, falls die Einzelbilder getrennt vorliegen, Stufe für Stufe das gesamte Absorptionsspektrum ausgemessen und in Beziehung zur Grauskala gesetzt werden, wobei nach Superposition der Absorptionskurven durch Addition der Farbdichten (Extinktionen) (Abb. 21) zu prüfen ist, ob der Farbort dieser subtraktiven Mischung im Weißpunkt liegt, also farbtonloses Grau zustande kommt. Da bei den bei subtraktiven Verfahren verwendeten Farbstoffen das LAMBERT-BEERsche Absorptionsgesetz hinreichend erfüllt ist, kommt man mit einem von HEYMER und SUNDHOFF (72) vorgeschlagenen einfacheren Verfahren schneller zum Ziel, bei dem nicht die Absorptionskurve über das ganze Spektrum ausgemessen wird, sondern nur ein Teil, der empirisch zu der Dichte desjenigen Grau in Beziehung gesetzt wird, das sich mit der betreffenden Farbskalenstufe als einer der drei erforderlichen Mischungskomponenten erzielen läßt. Der Gang des Verfahrens ist kurz folgender: Liegen die drei Einzelschichten getrennt in Form von Stufenbelichtungen ansteigender Dichte vor, so werden jeweils drei Teilschichten passender Dichte empirisch zu einem möglichst neutralen Grau

Tafel I.

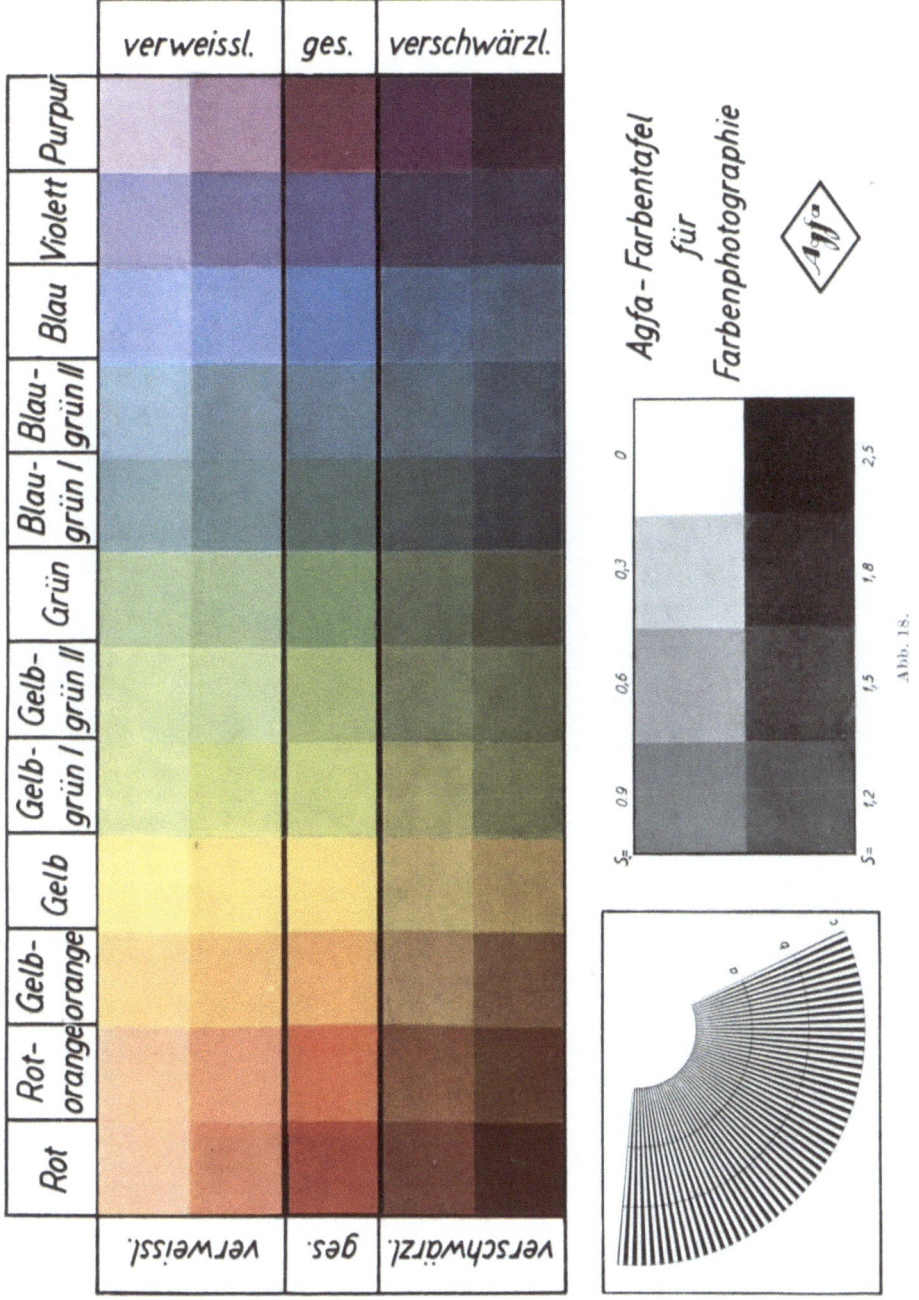

Abb. 18.

Agfa-Farbentafel für Farbenphotographie

vereinigt, und zwar für eine Reihe von Dichten und im Licht derjenigen Lichtquelle, mit der das Bild später zu betrachten ist. Die Einzelschichten werden dann mit drei Filtern ausgemessen, die ein möglichst enges Spektralbereich im Gebiete des Maximums der Absorptionskurven der Einzelschichten durchlassen, z. B. mit den SCHOTT-Filtern Rot K II, Grün L 2 und Blau S 47. So erhält man bei Messung der gelben Schicht z mit dem Blaufilter B eine als $\{zB\}$ bezeichnete Dichte (Abb. 21), ebenso für Messung der Purpurschicht p mit Grünfilter G die Dichte $\{pG\}$, für die Blaugrünschicht c mit Rotfilter R die Dichte $\{cR\}$. Die Messung kann im Photometer mit eingesetzten Filtern vorgenommen werden. Diese sogenannten **Hauptfarbdichten** $\{cR\}$, $\{pG\}$, $\{zB\}$ sind nun stets geringer als die Dichte des durch alle drei Schichten erzielten Graus, da z. B. im Grün nicht nur die Purpurschicht absorbiert, sondern auch in gewissem Umfang die beiden anderen Teilschichten. Die Schwärzung S der übereinandergelegten Schichten ist also

$$S = k_r \{cR\} = k_g \{pG\} = k_b \{zB\}.$$

In manchen Fällen sind die Faktoren k_r, k_g, k_b unabhängig von der Dichtestufe, wodurch sich das Verfahren vereinfacht. Man setzt

$$\{\overline{cR}\} = k_r \{cR\}, \quad \{\overline{pG}\} = k_g \{pG\}, \quad \{\overline{zB}\} = k_b \{zB\}$$

und trägt für diejenigen Untersuchungen, in denen die zu erwartende Grauwiedergabe vorgelegter Teilschichten beurteilt werden soll, diese „Grauäquivalente" $\{\overline{cR}\}$, $\{\overline{pG}\}$ und $\{\overline{zB}\}$ auf, die bei einwandfreier Wiedergabe gleich sein müssen.

Falls umgekehrt eine fertige Aufnahme mit bestimmten Abweichungen vorliegt, die ermittelt werden sollen, so muß die betreffende Bildfläche mit allen drei Filtern ausgemessen werden. Die sich ergebenden Meßwerte M_R, M_G und M_B setzen sich zusammen aus der Hauptfarbdichte in dem betreffenden Spektralgebiet und außerdem aus den sogenannten **Nebenfarbdichten** der beiden anderen Teilfarben im gleichen Gebiet, deren Bezeichnung analog derjenigen der Hauptfarbdichten ist, also z. B. $\{cG\}$ für die Nebenfarbdichte des Blaugrün im Grün. Es ist also (Abb. 21):

$$\left.\begin{array}{l} M_R = \{cR\} + \{pR\} + \{zR\}, \\ M_G = \{cG\} + \{pG\} + \{zG\}, \\ M_B = \{cB\} + \{pB\} + \{zB\}, \end{array}\right\} \quad (1)$$

worin jeweils die Hauptfarbdichten hervorgehoben sind.

Bei den in Betracht kommenden Farbstoffen kann die Nebenfarbdichte als eine lineare Funktion der Hauptfarbdichten angesehen werden. Bezeichnet man etwa mit τ_{pR} das Verhältnis der Nebenfarbdichte $\{pR\}$ zur Hauptfarbdichte $\{pG\}$, also

$$\left.\begin{array}{ll} \tau_{pR} = \dfrac{\{pR\}}{\{pG\}}, & \tau_{zR} = \dfrac{\{zR\}}{\{zB\}}, \\[4pt] \tau_{cG} = \dfrac{\{cG\}}{\{cR\}}, & \tau_{zG} = \dfrac{\{zG\}}{\{zB\}}, \\[4pt] \tau_{cB} = \dfrac{\{cB\}}{\{cR\}}, & \tau_{pB} = \dfrac{\{pB\}}{\{pG\}}, \end{array}\right\} \quad (2)$$

so kann man in (1) überall die Nebenfarbdichten durch die Hauptfarbdichten ersetzen und erhält drei Gleichungen:

$$\left.\begin{array}{l} M_R = \{cR\} + \tau_{pR}\{pG\} + \tau_{zR}\{zB\}, \\ M_G = \tau_{cG}\{cR\} + \{pG\} + \tau_{zG}\{zB\}, \\ M_B = \tau_{cB}\{cR\} + \tau_{pB}\{pG\} + \{zB\}. \end{array}\right\} \quad (3)$$

Die Faktoren τ lassen sich an Einzelproben bestimmen. Aus den drei Gleichungen (3) läßt sich dann $\{cR\}$, $\{pG\}$ und $\{zB\}$ bestimmen. Vernachlässigt man die in der Rechnung auftretenden Produkte mit zwei und drei τ-Werten wegen ihrer Kleinheit, so wird schließlich

$$\{cR\} = M_R - M_G \tau_{pR} - M_B \tau_{zR} = \frac{\overline{\{cR\}}}{k_r},$$

$$\{pG\} = M_G - M_B \tau_{zG} - M_R \tau_{cG} = \frac{\overline{\{pG\}}}{k_g},$$

$$\{zB\} = M_B - M_R \tau_{cB} - M_G \tau_{pB} = \frac{\overline{\{zB\}}}{k_b}.$$

Man kann also aus den Messungen mit drei Filtern und den ein für allemal ermittelten Werten für τ und k die an jeder Stelle vorhandene grauäquivalente Farbdichte ermitteln und aus dem gewonnenen Kurvenbild gemäß Abb. 19 und 20 die erforderlichen Schlüsse ziehen.

Das Maskenverfahren. Die bisweilen beträchtliche Absorption der Farbstoffe in den Nebenabsorptionsgebieten wirkt sich bei der Farbwiedergabe auch dann ungünstig aus, wenn die Konzentration der Farbstoffe für Abstimmung auf neutrales Grau ausgewogen ist. So zeigt z. B. der praktisch häufige Fall der Abb. 21, daß zur Erzielung eines neutralen Grau ein relativ schwarzfreies Gelb ohne stärkere Nebenfarbdichten mit einem Blaugrün und Purpur vereinigt werden muß, deren Schwärzlichkeit sich vor allem in einer beträchtlichen Absorption im Blau äußert. Infolge dieser Absorption ist die Menge Gelb, die hinzugefügt werden muß, um Grau zu erzielen, im Verhältnis geringer als diejenige z. B. von Blaugrün, da im Rot das dort völlig durchlässige Gelb überhaupt nicht zur Absorption beiträgt. Durch das dichteste noch wiederzugebende Grau ist die maximale Dichte des Gelb festgelegt; diese ist dann aber womöglich zu gering, um ein gesättigtes Gelb noch wiedergeben zu können, denn die Schwärzung in den hellsten Stellen des Blaunegativs — entsprechend den dichtesten Teilen der Grauskala im Positiv — ist die gleiche wie für die Stellen, an denen das gesättigte Gelb erscheinen soll, die Gelbmenge aber ist der Grauskala angepaßt. Würde man die Gelbmenge erhöhen, so würde zwar genügend gesättigtes Gelb entstehen, die Grauskala jedoch Gelbüberschuß haben. Nach der von McAdam (*125*) vorgeschlagenen Maskenmethode wird dieses Dilemma dadurch ausgeglichen, daß beim Kopieren der Negative über diese dünne Positive der anderen Teilauszüge konturendeckend gelegt werden. Diese sind an den Stellen, an denen im Positiv Gelb entstehen soll, im R- und G-Auszug völlig durchlässig, erhöhen also dort nicht die Dichte des Negativs. Wohl aber sind diese Maskenpositive zwangsläufig an allen Stellen geschwärzt, an denen im Positiv auch die beiden anderen Teilfarben beteiligt sind, wo also insbesondere im Falle des Graus das Gelb in geringerer Konzentration vorliegen darf. Durch Überlegen der dünnen Positive über das Blaunegativ (für das Gelbbild) wird also, wie gefordert, zwangsläufig nur dort die Negativschwärzung herauf-, die Gelbdichte also herabgesetzt, wo eine geringere Gelbdichte wegen der zusätzlichen Blauabsorption der beiden anderen Teilfarbstoffe erwünscht ist, während dort, wo Gelb allein oder überwiegend vertreten ist, keine Dämpfung eintritt. Die Bemessung der Schwärzung der Maskenpositive kann empirisch ermittelt werden. Bei Positivverfahren, bei denen die Teilpositive getrennt gewonnen und nachträglich übereinandergelegt werden, wie beispielsweise beim Kodak-Wash-off-Reliefverfahren (s. S. 431) kann das sogenannte automatische Maskierverfahren verwendet werden. Zur Herstellung des Gelbbildes werden dort die schon vorher fertiggestellten Blaugrün- und Purpurbilder in den Strahlengang konturendeckend eingeschaltet. Da das Kopieren mit blauem Licht geschieht, wird das Kopierlicht genau entsprechend der Blauabsorption der beiden anderen Teilschichten gedämpft. Leider ist das interessante Verfahren wegen der komplizierten Handhabung einstweilen nur in besonders gelagerten Fällen anwendbar.

d) **Prüfung der Farbwiedergabe auf Grund der Farbenlehre** (*126, 147*).

Die Farbenlehre ist streng anwendbar, wenn es sich nur darum handelt, die Gleichheit der Farbe des aufgenommenen Objekts und derjenigen der Wiedergabe nicht mit dem vergleichenden Auge, sondern objektiv nachzumessen. Es werden dann durch Messung der spektralen Remission der Farbproben etwa einer Farbentafel deren Farborte bestimmt und mit denjenigen verglichen, die sich bei der Wiedergabe ergeben. Derartige Messungen sind ausgeführt worden für die Agfa-Farbenplatte von 1927 durch SCHAEFER und ACKERMANN (*151*), für Agfacolor-Kornrasterplatte und -film von 1933 von M. BILTZ (*13*). Sie zeigen eine gewisse Abnahme der Sättigung und gewisse Verschiebungen im Farbton, haben aber einstweilen nur bedingten Wert, da die gefundenen Verschiebungen ohne höhere Farbreizmetrik nicht zu einem quantitativen Urteil über die Güte der Farbwiedergabe ausgenutzt werden können, die trotz der deutlich meßbaren Verschiebungen empfindungsmäßig als gut bezeichnet wird. Man muß sich darüber klar sein, daß die in der niederen Farbreizmetrik verwendeten Begriffe wie etwa die Sättigung physikalische Definitionen sind, die zwar den Empfindungen gleichgerichtet sind, deren Maßzahlen jedoch mit den Empfindungsstufen nicht identifiziert werden dürfen. Bis zu einer auch empfindungsmäßig richtigen messenden Bewertung ist jedenfalls noch ein weiter Weg, da vielfach noch grundlegende Begriffe der Klärung harren.

Wohl aber kann die niedere Farbenlehre noch dazu benutzt werden, um die Bedingungen zu erforschen, denen die wichtigsten Faktoren eines Farbenverfahrens, wie spektrale Durchlässigkeit der Aufnahmefilter, Schichtempfindlichkeit und die bei der Wiedergabe zu verwendenden Filterfarben oder Bildfarbstoffe genügen müssen, um das Optimum zu erreichen.

Bedingungen bei additiver Wiedergabe. Von diesen Untersuchungen sind diejenigen über die additive Wiedergabe am weitesten gediehen. Um eine möglichst große Zahl von Farben durch additive Mischung wiedergeben zu können, müßten die Wiedergabefilter Farborten entsprechen, die ein möglichst großes Dreieck in die Kurve der Spektralfarben im Farbdreieck einschreiben. Hätte man drei Spektrallichtquellen mit den Wellenlängen 700 mμ, 520 mμ und 400 mμ, so wäre zwar der Umfang der wiedergebbaren Farben groß, die Wiedergabehelligkeit aber aus technischen Gründen gering.

Auf keinen Fall aber ist es möglich, den erstrebten großen Farbumfang durch Aufnahme mit Filtern, die nur die genannten drei Spektrallinien durchlassen, zu erreichen, da diese aus dem Spektrum nur diese drei Spektrallinien aufzeichnen, alle anderen Linien aber überhaupt nicht wiedergeben würden. Um auch die anderen Spektrallinien zu erfassen, müssen also die Aufnahmefilter weiter geöffnet werden. Optimalfilter, die in drei aneinander anschließenden Gebieten von etwa 700 bis 600 mμ, 600 bis 500 mμ und 500 bis 400 mμ das gesamte Spektrum überdecken würden, ohne sich zu überschneiden, können deshalb keine überall richtige Wiedergabe der Spektrallinien ergeben, weil sie alle innerhalb je eines dieser Gebiete liegenden Spektralfarben in einer und der gleichen Farbe, nämlich derjenigen des zugehörigen Projektionsfilters, wiedergeben würden. Um also z. B. das bei dieser Anordnung der Filter noch in den Bereich des Grünfilters fallende und deshalb als Grün wiedergegebene spektrale Gelb auch als Gelb erscheinen zu lassen, müßte eine Beteiligung des Rotfilters an dieser Stelle erreicht werden, da Gelb in der Projektion aus einer Mischung des roten und grünen Filters entstehen muß, d. h. aber, **die Aufnahmefilterdurchlässigkeiten müssen sich überlappen.** Den erforderlichen Grad der Überlappung hat zuerst SCHRÖDINGER [(*159*), S. 488 bis 490] theoretisch festgestellt, nachdem dies Prinzip in der Praxis seit langem empirisch angewendet wurde. HARDY und WURZBURG (*66*) haben später die gleiche Rechnung in etwas allgemeinerer Form gebracht und einige weitere interessante Schlüsse daraus gezogen. Da der Gang der Rechnung ein gutes Musterbeispiel für die Behandlung farbenphotographischer Fragen auf Grund der Farbenlehre ist, sei er hier in der von HARDY und WURZBURG gewählten Form wiedergegeben.

Man geht aus von den drei gegebenen Wiedergabefarben R, G, B, die etwa drei Spektrallinien, aber auch Filtern mit größeren Durchlässigkeitsgebieten entsprechen können. Gegeben ist ferner eine Farbprobe, die auf einer Emulsion mit einer gewissen spektralen Empfindlichkeitsverteilung durch drei Aufnahmefilter aufgenommen wird, was zu drei Teilnegativen führt. Die von diesen Teilnegativen kopierten drei Teilpositive werden mit den Wiedergabefarben projiziert; ausgehend von der Forderung, daß die durch Projektion erzeugte Farbe gleich derjenigen des ursprünglich aufgenommenen Objekts sein soll, wird rückwärts bestimmt, welche Form Empfindlichkeitsverteilung der Emulsion und Durchlässigkeit der Aufnahmefilter besitzen müssen, falls die Wiedergabe unabhängig von der Farbe der Farbprobe exakt für alle Spektralfarben sein soll.

Von den Wiedergabefiltern seien die Normalreizbeträge bestimmt

für R zu X_r, Y_r, Z_r,
für G zu X_g, Y_g, Z_g,
für B zu X_b, Y_b, Z_b.

Die Lichtmengen, die zur Wiedergabe der Farbprobe durch diese drei Filter erforderlich sind und durch die Dichte der drei Teilpositive gesteuert werden sollen, betragen

für das R-Filter r Einheiten,
für das G-Filter g Einheiten,
für das B-Filter b Einheiten.

Die Normalreizbeträge X', Y', Z' der auf dem Schirm durch die drei Filter erzeugten Mischfarbe setzen sich aus den Normalreizbeträgen der Wiedergabefilter nach Maßgabe der Steuerung ihrer Stärke durch die Teilpositive additiv zusammen:

Normalreizbeträge der Mischfarbe	R-Filter und R-Positiv	G-Filter und G-Positiv	B-Filter und B-Positiv	
X' (Gesamtrotreiz) =	$r X_r$ +	$g X_g$ +	$b X_b$,	
Y' (Gesamtgrünreiz) =	$r Y_r$ +	$g Y_g$ +	$b Y_b$,	(1)
Z' (Gesamtblaureiz) =	$r Z_r$ +	$g Z_g$ +	$b Z_b$.	

Es wird gefordert, daß X', Y', Z' bzw. gleich den Normalreizbeträgen X, Y, Z des aufgenommenen Objekts sind. Ist E dessen spektrale Remission, so wird

$$X = \int E\, \bar{x}\, d\lambda, \quad Y = \int E\, \bar{y}\, d\lambda, \quad Z = \int E\, \bar{z}\, d\lambda, \tag{2}$$

und aus der Bedingung für exakte Wiedergabe:

$$X = X', \quad Y = Y', \quad Z = Z' \tag{3}$$

ergibt sich durch Einsetzen aus (1) und (2):

$$\left. \begin{aligned} r\, X_r + g\, X_g + b\, X_b &= \int E\, \bar{x}\, d\lambda, \\ r\, Y_r + g\, Y_g + b\, Y_b &= \int E\, \bar{y}\, d\lambda, \\ r\, Z_r + g\, Z_g + b\, Z_b &= \int E\, \bar{z}\, d\lambda. \end{aligned} \right\} \tag{4}$$

Die Steuerungsfaktoren r, g, b der drei Wiedergabelichter durch die drei Teilfarbenplatten sind ihrerseits bedingt durch die Aufzeichnung der Objektfarbe mit der spektralen Remission E durch die gemeinsame Wirkung von Schichtempfindlichkeit und Filterdurchlässigkeit der Aufnahmefilter. Bezeichnet man die Produkte aus spektraler Empfindlichkeitsverteilung der Schicht und Filterdurchlässigkeit

für das Aufnahme-Rotfilter mit S_r,
für das Aufnahme-Grünfilter mit S_g,
für das Aufnahme-Blaufilter mit S_b,

so wird die Aufnahme der Objektfarbe durch die drei Filter bestimmt durch

$$\int E\, S_r\, d\lambda, \quad \int E\, S_g\, d\lambda \quad \text{und} \quad \int E\, S_b\, d\lambda,$$

Ausdrücke, die ihrerseits den Steuerungsfaktoren r, g, b der Teilpositive bei richtiger Wiedergabe proportional sein müssen:

$$r = k_r \int E\, S_r\, d\lambda, \quad g = k_g \int E\, S_g\, d\lambda, \quad b = k_b \int E\, S_b\, d\lambda. \tag{5}$$

Setzen wir die Ausdrücke der Gleichungen (5) in (4) ein, so erhalten wir als Bedingungen für exakte Wiedergabe der Farbe mit der spektralen Remission E

$$\left. \begin{aligned} k_r X_r \int E S_r d\lambda + k_g X_g \int E S_g d\lambda + k_b X_b \int E S_b d\lambda &= \int E \bar{x}\, d\lambda, \\ k_r Y_r \int E S_r d\lambda + k_g Y_g \int E S_g d\lambda + k_b Y_b \int E S_b d\lambda &= \int E \bar{y}\, d\lambda, \\ k_r Z_r \int E S_r d\lambda + k_g Z_g \int E S_g d\lambda + k_b Z_b \int E S_b d\lambda &= \int E \bar{z}\, d\lambda. \end{aligned} \right\} \tag{6}$$

Sollen diese Gleichungen nicht nur für E, sondern für beliebige Farben gelten, so muß erfüllt sein:

$$\left. \begin{aligned} k_r X_r S_r + k_g X_g S_g + k_b X_b S_b &= \bar{x}, \\ k_r Y_r S_r + k_g Y_g S_g + k_b Y_b S_b &= \bar{y}, \\ k_r Z_r S_r + k_g Z_g S_g + k_b Z_b S_b &= \bar{z}. \end{aligned} \right\} \tag{7}$$

Da es bei der Prüfung der Farbwiedergabe nicht darauf ankommt, daß die Helligkeit des Bildes genau gleich der des aufgenommenen Objekts ist, es vielmehr genügt, wenn sie proportional für alle Farben geändert wird, kann man an Stelle der Produkte aus den — für die zu einem Filter gehörigen jeweils gleichen — Faktoren k und den Normalreizbeträgen die ihnen proportionalen Normalreizanteile setzen:

$$\left.\begin{array}{l} x_r\,S_r + x_g\,S_g + x_b\,S_b = \bar{x}, \\ y_r\,S_r + y_g\,S_g + y_b\,S_b = \bar{y}, \\ z_r\,S_r + z_g\,S_g + z_b\,S_b = \bar{z}. \end{array}\right\} \qquad (8)$$

Falls man annimmt, daß die Wiedergabe mit Filtern erfolgt, deren Ort im Farbdreieck nahe seinen Eckpunkten liegt, werden alle Normalreizanteile der Wiedergabefilter praktisch Null außer x_r, y_g und z_b, so daß wird:

$$x_r\,S_r = \bar{x}, \quad y_g\,S_g = \bar{y}, \quad z_b\,S_b = \bar{z}, \qquad (9)$$

d. h. S_r, S_g und S_b müssen die Form der Grundempfindungskurven $\bar{x}$, $\bar{y}$, $\bar{z}$ besitzen, sich also gleich diesen überlappen [SCHRÖDINGER (159), S. 490].

Für reelle Projektionslichter, etwa drei Spektrallinien der Wellenlänge 700, 546 und 436 mμ, nehmen die Kurven die Gestalt der in Abb. 7 wiedergegebenen Eichreizkurven an. Das Vorkommen negativer Werte ist ein Ausdruck dafür, daß man mit Hilfe dreier Farben diejenigen Farben, die außerhalb des durch ihre Orte im Farbdreieck gegebenen Dreiecks liegen, nicht in ihrer natürlichen Sättigung wiedergeben kann. Wenn man, wie es praktisch immer geschieht, die negativen Teile vernachlässigt, so werden sämtliche innerhalb des von den Projektionsfiltern gegebenen Dreiecks liegenden Farben einigermaßen richtig wiedergegeben, während die außerhalb liegenden Farben auf die Dreiecksseite fallen. Diese ungleichmäßige Verteilung der Sättigung könnte zu Ungleichheiten in der Wiedergabe führen. Falls man die Sättigung gleichmäßig für alle Farbtöne herabgesetzt wissen will, muß man die Berechnung der Filter auf einen Linienzug beziehen, der dem Spektrallinienzug ähnlich ist, indem nach LUTHER [(121), S. 556] die Sättigung aller Spektrallinien um den gleichen Faktor herabgesetzt wird derart, daß die neu entstehende Kurve ganz innerhalb des Projektionsfilterdreiecks liegt. Dann treten negative Werte in den Kurven für S_r, S_g, S_b zwar nicht mehr auf, doch ist die Sättigung im Durchschnitt stark herabgesetzt. Man hat deshalb in der Praxis von jeher auf die genau farbton- und helligkeitsrichtige Wiedergabe, wie sie bei Auswahl der Filter gemäß S_r, S_g, S_b sichergestellt würde, verzichtet und statt dessen empirisch Kompromisse gefunden, bei denen Abweichungen zugunsten einer höheren Sättigung in erträglichem Maße zugelassen werden. Rechnerisch ist das Optimum bei diesem Vorgehen einstweilen nicht zu erfassen, da wiederum die höhere Farbreizmetrik benutzt werden müßte.

Bedingungen bei subtraktiver Wiedergabe. Die Untersuchung der Bedingungen der Farbwiedergabe nach den Siebverfahren stößt dadurch auf besondere Schwierigkeiten, daß für die Farbmischung keine einfachen Gesetze analog denen der additiven Farbmischung existieren. Während bei der Mischung der Farblichter die ermischte Farbe sich nach den für das Farbdreieck abgeleiteten Regeln auf einfache Weise bestimmen läßt, bei denen nur der Farbort, nicht aber die spektrale Zusammensetzung eine Rolle spielt, ist das Ergebnis der subtraktiven Farbmischung nur aus der spektralen Remissions- bzw. Durchlässigkeitskurve von Farbstoff zu Farbstoff zu ermitteln. Liegen zwei Farbstoffe mit den spektralen Remissionsfunktionen $\varepsilon_1(\lambda)$ und $\varepsilon_2(\lambda)$ vor, so ist die Remissionsfunktion der Mischung durch das Produkt der Funktionen der einzelnen Farbstoffe $\varepsilon_1(\lambda)\cdot\varepsilon_2(\lambda)$ gegeben, das Wellenlänge für Wellenlänge ermittelt werden muß. Für viele Betrachtungen ist es einfacher, von den Extinktionskurven auszugehen, da sich im logarithmischen Maß die Kurve der Mischung durch Addition der Ordinaten der Kurven der Komponenten graphisch ergibt.

Infolge dieser Verhältnisse läßt sich der Umfang der aus den drei verwendeten Farbstoffen Gelb, Purpur und Blaugrün durch Mischung wiederzugebenden Farben nicht durch Verbindung ihrer Farborte im Dreieck feststellen. Vielmehr muß das gesamte Gebiet der ermischbaren Farben von Punkt zu Punkt bestimmt werden. Erschwerend für die rechnerische Erfassung der Verhältnisse kommt hinzu, daß schon bei Veränderung der Konzentration eines der Teilfarbstoffe allein der Farbton sich stark ändern kann. Der Grund dafür wird qualitativ aus Abb. 22 ersichtlich. Die Remissionskurven z. B. purpurner Farbstoffe zeigen außer dem Hauptabsorptionsgebiet im Grünen gewöhnlich eine beträchtliche Verringerung der Remission auch im Blau, wie das die schematisierte Kurve (_____) andeutet, während die Remission im Rot zu 100% angenommen ist. Wird die Konzentration erhöht, so wird der Blauanteil weiter verringert (Kurve _ _ _ _), während der Rotanteil 100% bleibt. Demzufolge muß bei erhöhter Konzentration die Farbe sich von Purpur nach Rot verschieben, wie das FRIESER und REUTHER (51) für die Farbstoffe des Uvachromverfahrens messend verfolgt haben. Eine derartige Farbverschiebung ist nur bei optimalen Farbstoffen gemäß Kurve _._._._. nicht zu erwarten. Die Berechnung der für Aufnahmefilter und Schichtempfindlichkeit erforderlichen Kurven analog der oben für additive Projektion durchgeführten läßt sich zwar für eine Konzentration der Farbstoffe ebenso durchführen, ist jedoch wegen der Farbverschiebungen nur für diese Konzentration gültig. Da aber in der Praxis stets Farbstoffe nichtoptimalen

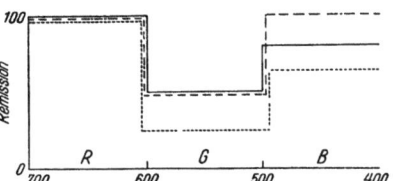

Abb. 22. Änderung des Farbtons nichtoptimaler Farbstoffe bei Konzentrationsänderung (schematisch).

——— Remission eines Purpurfarbstoffes,
_ _ _ _ Remission bei doppelter Konzentration,
_._._._ Remission eines optimalen Farbstoffes.

Charakters benutzt werden müssen, ist eine rechnerische Erfassung nicht möglich.

Das Resultat der Betrachtungen über die Anwendung der Farbenlehre auf Probleme der Farbenphotographie ist also, daß eine Registrierung der Versuchsergebnisse durchaus erfolgen kann, daß jedoch sowohl für eine empfindungsmäßige Auswertung der Aufzeichnungen als auch für die Ermittlung der besten Arbeitsbedingungen vor allem für subtraktive Wiedergabe noch außerordentlich viel zu tun bleibt.

e) Lichtquellenfarbe und Filter.

Die bisherigen Betrachtungen wurden vorwiegend unter dem Gesichtspunkt angestellt, daß das Licht für Aufnahme oder Wiedergabe ein energiegleiches Spektrum aufweist, von dem sich das Licht der Normlichtquelle B nicht allzu stark unterscheidet. Praktisch dagegen kommen für die Zwecke der Farbenphotographie eine ganze Anzahl von Lichtquellen anderer Energieverteilung in Betracht, wie Bogenlampen, Glühlampen und vor allem das Tageslicht mit seinen stark wechselnden Lichtfarben. Es ist daher erforderlich, in den oben gegebenen Ansätzen für die theoretische Behandlung der Farbwiedergabe die Energieverteilung der jeweils verwendeten Lichtquelle als Funktion der Wellenlänge in die gegebenen Formeln einzubauen.

Diese Energieverteilung ist nur in erster Annäherung als eine Konstante zu betrachten, denn eigentlich liefern nur Glühlampen bei Einhaltung der vorgeschriebenen Bedingungen für Spannung oder Stromstärke ein hinreichend reproduzierbares Licht. Blitzlicht und Bogenlampenlicht sind bereits erheblich weniger zuverlässig, da ihre Lichtfarbe von der Zusammensetzung des Materials abhängt und beim Bogenlicht überdies, besonders bei Dochtkohlen, mit dem Kohlenabstand und der Lage des Kraters bisweilen ganz erheblich schwankt.

Das weitaus schwierigste Problem für die Farbenaufnahme stellt jedoch das Tageslicht dar, dessen Zusammensetzung durch Tages- und Jahreszeit sowie durch atmosphärische und geographische Bedingungen ständigen Schwankungen unterworfen ist. Bekannt ist ja die stärkere Rotfärbung des abendlichen Lichts oder die Zunahme des Blauanteils mit der Höhe. Doch selbst wenn alle diese Bedingungen streng in Rechnung gezogen werden, bleibt stets noch der Einfluß vorherrschender Farben in der Umgebung des aufzunehmenden Objekts. So ist das in einem rottapezierten Zimmer erzeugte Licht stets deutlich reicher an Rot durch zusätzliche Reflexion roter Strahlen von den Wänden auf das Objekt als das Licht der gleichen Lichtquellen in einem Zimmer mit neutralem Anstrich, und bei Aufnahmen im Freien kann die Rolle der roten Wand von einem stark beleuchteten grünen Baum übernommen werden.

Bei den praktisch in Gebrauch befindlichen farbenphotographischen Verfahren wird dieser Tatsache bekanntlich dadurch Rechnung getragen, daß für besonders häufig vertretene Lichtfarbengruppen, wie beispielsweise für Aufnahmen im Hochgebirge oder in den späteren Abendstunden, bestimmte Kompensationsfilter zur Verfügung gestellt werden. Zur genaueren Feststellung der Lichtfarbe ist es jedoch erforderlich, nach den oben genannten Verfahren eine Bestimmung des Farbortes vorzunehmen. Hierfür kommen besonders die im Kapitel „Vereinfachte Meßverfahren" genannten Methoden in Frage.

Eine wegen ihrer Handlichkeit und einfachen Bedienungsweise auch für den Amateur brauchbare Einrichtung zur Bestimmung der Lichtfarbe ist das „Color-Temperature-Meter" der EASTMAN KODAK COMPANY, das (nach dem vorliegenden Prospekt) nicht zur Messung einer beliebigen Lichtfarbe dient, sondern nur zur Bestimmung der Farbtemperatur von Lichtquellen mit vorwiegend kontinuierlichem Spektrum, wie Glühlampen, Bogenlampen und Tageslicht, soweit sich dieses auf der Farbtemperaturkurve der Abb. 10 bewegt. Die Skala ist in KELVIN-Graden geeicht. Für die Praxis interessiert vorwiegend die Frage, welches Filter für ein bestimmtes Aufnahmematerial bei der vorhandenen Lichtquelle benutzt werden muß. Zu seiner Ermittlung wird die Skala des Farbtemperaturmessers auf diejenige Farbtemperatur eingestellt, für die das Aufnahmematerial abgestimmt ist und nun durch Vorsetzen verschiedener Filter dasjenige herausgesucht, das beide Gesichtsfelder im gleichen gelblichen Licht erscheinen läßt. Von Interesse ist in diesem Zusammenhang eine Skala der wichtigsten Lichtarten in KELVIN-Graden, die aus Angaben von REEB (*145*), SEWIG (*165*), A. H. TAYLOR (*178*) und aus den Angaben des Prospekts des beschriebenen Geräts zusammengestellt ist:

Tabelle 7. Farbtemperaturen verschiedener Lichtquellen

	°K
150-Watt-Nitralampe	2770
Nitraphot B	3000
„ K	3200
„ S	3400
Reinkohlebogenlampe	3700—5000
Direktes Sonnenlicht, früh oder spät, an Wintertagen, fällt bis	5000
Mittleres Tageslicht (Washington)	5400
Hochintensitätskohlebogenlampe	5500
Direktes Sonnenlicht mittags im Hochsommer bis	5800
Direktes Sonnenlicht mittags bei klarem blauen Himmel steigt bis	6500
Ganz bedeckter Himmel	6800
Leicht verschleierter oder rauchiger Himmel	7500—8400
Licht nur vom blauen Himmel	12000—24000

Vergleicht man diese Angaben mit den Farborten in Abb. 10, so wird angesichts der großen Farbunterschiede klar, wie wichtig eine derartige Farbbestimmung sein muß. Bei allen solchen Messungen muß man sich jedoch über eines grundsätzlich klar sein: Eine bei einer irgendwie abweichenden Beleuchtung hergestellte Aufnahme mit einem Material, das auf normales Tageslicht gut abgestimmt ist, liefert eine Wiedergabe, die genau den physikalischen Verhältnissen bei der Aufnahme entspricht. Bei sonnigem Wetter und blauem Himmel dient für ein Objekt im Schatten eines Hauses der blaue Himmel als Lichtquelle. Man arbeitet also mit einer Lichtquelle, die gegenüber normalem Tageslicht stark bläulich ist. Ohne Vorsatzfilter oder sonstige Abstimmung gibt die Farbaufnahme auch diese Abweichung genau wieder. Bei der unmittelbaren Betrachtung des Objekts wird jedoch dieser Blaustich gar nicht empfunden, da die bläulichere Beleuchtung unbewußt in Rechnung gestellt wird. Ein bei normalem Tageslicht weiß erscheinendes Papier wird trotz der bläulichen Beleuchtung auch im Schatten als Weiß empfunden. Bei der Betrachtung der fertigen Aufnahme fehlt jedoch diese Umstimmung des Auges, vor allem wenn der blaue Himmel im Bilde nicht sichtbar ist. Ganz entsprechend ist der Vorgang bei Aufnahmen im Glühlampenlicht. Dieser Fehler kann durch Filter, die nach der Beleuchtungsfarbe ausgewählt sind, behoben werden. Es gibt aber Fälle, in denen das nicht möglich oder gar nicht einmal angebracht ist. Bei Aufnahmen eines Sonnenunterganges würde der beabsichtigte Eindruck nicht erzielt werden, wenn man durch ein Vorsatzfilter die rote Lichtfarbe auf Tageslichtnorm bringen würde. Oder aber: wenn bei der angenommenen Aufnahme im Schatten eines Hauses größere Teile der umliegenden Landschaft im direkten Sonnenlicht und Teile des blauen Himmels mit aufgenommen werden sollen, so ergibt sich die Unmöglichkeit, gleichzeitig beide Teile auf Tageslicht zu normieren, ja, eine solche Normierung, falls sie möglich wäre, würde falsch sein, da in diesem Falle das Auge eine bläulichere Beleuchtung im Schatten vielleicht sogar fordern würde, was ganz von dem Flächenanteil der beiden Beleuchtungsarten im Bildfeld abhängt. Hier also kann die Fähigkeit der Umstimmbarkeit des Auges auf verschiedene Beleuchtungsarten zu einer unübersteigbaren Schwierigkeit für die Farbenphotographie werden.

Es ist im übrigen angebracht, an dieser Stelle darauf hinzuweisen, daß derartige grundsätzliche Fehler streng von solchen zu unterscheiden sind, die auf Fehlern des Verfahrens oder des Materials beruhen und bisweilen ganz ähnliche Effekte hervorrufen wie die oben geschilderten. Falls nämlich z. B. die Abstimmung auf Neutralgrau nicht für alle Teile der Grauskala gleich gut ist, können ebenfalls farbige Schatten auftreten. Solche Fehler haben besonders in den ersten Zeiten der subtraktiven (womöglich Zweifarben-) Verfahren viel Verwirrung angestiftet und zu übereilten Folgerungen hinsichtlich der Schwierigkeiten der Farbenphotographie überhaupt geführt.

Es ist hier noch eine Art von Filtern zu erwähnen, deren Zweck nicht die Beeinflussung der Abstimmung ist, sondern die Erhöhung der Farbsättigung. Die „Neophanfilter" des Handels sind bekanntlich Gläser, denen seltene Erden zugesetzt sind. Diese zeichnen sich durch sehr schmale Absorptionsbereiche im sichtbaren Licht, vor allem im Bereich des spektralen Gelbs aus. Diese Filter, aber auch solche, die aus geeigneten Farbstoffen mit engen Absorptionsbereichen aufgebaut sind, wurden auch für farbenphotographische Zwecke zur Erhöhung der Farbsättigung vorgeschlagen (*192*). Da eine Aussonderung von Spektralgebieten in den durch die Theorie geforderten Überschneidungsgebieten der Filter eine gewisse Annäherung an die Verwendung von reinen Spektrallinien bedeutet (s. S. 371 und 372), sind solche Filter für die Aufnahme mit Vorsicht zu verwenden;

denn es wird zwar für gewisse Farben eine Erhöhung der Farbsättigung erzielt, jedoch leidet dabei die allgemeine Richtigkeit der Wiedergabe des Farbtons. Wohl kann dagegen für die Wiedergabe besonders bei subtraktiven Verfahren eine Verbesserung eintreten, da auf diese Weise Farbstoffe mit flach verlaufenden Absorptionskanten in ihrer Wirkungsweise den auf S. 362 geschilderten Optimalfarben nähergebracht werden.

Schließlich ist noch die Verwendung von schwach gefärbten Komplementärfiltern zur Korrektur eines Farbstiches bei der Betrachtung oder Projektion zu erwähnen, die vielfach von Amateuren empfohlen worden ist und auch beim BERTHON-SIEMENS-Verfahren (s. S. 410), (59) in etwas veränderter Form angewendet wurde, um Farbdifferenzen zwischen verschiedenen Szenen eines Films auszugleichen (112).

III. Belichtungsmesser für die Farbenphotographie.

Eine Normung der Empfindlichkeit auf dem Gebiete der Farbenphotographie ist bisher noch nicht vorgenommen worden, und das wohl mit Recht, da die bisher vorliegenden Erfahrungen noch nicht genügend umfassend sind. Andererseits ist jedoch eine Angabe der Empfindlichkeit und die darauf abgestimmte Messung des Aufnahme- oder Kopierlichts ganz besonders bei Farbenaufnahmen oder -kopien nötig; denn Über- oder Unterbelichtungen sind für das Resultat in einem viel höheren Grad bestimmend als bei der Schwarz-Weiß-Photographie, da mit der größeren Annäherung an die Natur jede Abweichung um so deutlicher empfunden wird. Ferner ist es eine Eigentümlichkeit der meisten farbenphotographischen Verfahren, daß ihr Belichtungsumfang erheblich kleiner ist als in der Schwarz-Weiß-Photographie. Das liegt zum Teil daran, daß ein großer Teil von ihnen als Umkehrverfahren arbeitet, deren Belichtungsumfang dadurch beschränkt ist, daß die Ausgleichsmöglichkeit im Kopierprozeß fortfällt und aus Helligkeitsgründen bei der Wiedergabe nur ein mit der Schwelle bereits beginnendes Bild erwünscht ist. Dann aber ist auch noch die Tatsache wichtig, daß häufig nur für einen bestimmten Teil der Schwärzungskurve infolge von Gradationsverschiedenheiten der Teilbilder eine hinreichend ausgeglichene Abstimmung erreicht wird, so daß Abweichungen von der richtigen Belichtung zu Farbverschiebungen führen. Mit Recht ist aus diesen Gründen der Belichtungsmesser zum ständigen Begleiter des Farbenphotographen geworden. Hier finden die gleichen Belichtungsmesser Verwendung, die schon für Zwecke der Schwarz-Weiß-Photographie sich eingebürgert hatten und auf die daher hier nur verwiesen zu werden braucht [(136) und S. 234 bis 285 dieses Bandes].

Es hat sich hierbei gezeigt, daß es unbedingt erforderlich ist, eine empirische Eichung des Belichtungsmessers vorzunehmen, denn die bei der Fabrikation und Lagerung der Geräte eintretenden Abweichungen von der Norm spielen zwar für die Schwarz-Weiß-Photographie wegen des größeren Belichtungsspielraums keine unbedingt schädliche Rolle, wohl aber bei dem engen Belichtungsspielraum in der Farbenphotographie. Es ist sogar zu empfehlen, die Eichung, die am einfachsten durch Aufnahmen mit gestaffelten Belichtungszeiten erfolgt, von Zeit zu Zeit zu wiederholen.

Wegen der größeren Subtilität der Farbenphotographie ist es in besonders wichtigen Fällen, so vor allem bei Aufnahmen im Filmatelier, nötig, sich über die sachgemäße Anwendung der Belichtungsmesser Rechenschaft abzulegen. In der Natur ist die Beleuchtung und die Stellung des Objekts mehr oder weniger gegeben, im Atelier muß dagegen die Beleuchtung erst geschaffen werden, und zwar so, daß sie den Eigenschaften des Materials entgegenkommt. Bestimmender Faktor ist hier in erster Linie die Empfindlichkeit. Beim Schwarz-Weiß-Film herrscht hier keine Not, denn es kann die Empfindlichkeit des ganzen Spektrums für die Erzeugung des einen Bildes ausgenutzt werden, und außerdem kann man innerhalb weiter Grenzen die Lichtfarbe der Sensibilisierung oder umgekehrt anpassen. Beim Farbenfilm dagegen steht höchstens etwa ein Drittel des gesamten Spektrums für die Erzeugung jedes Teilbildes zur Verfügung, und Sensibilisierung und Lichtfarbe sind weitgehend festgelegt. Die daraus sich ergebende Lichtnot, die in den ersten Zeiten des Farbenfilms zu grotesken Schwierigkeiten geführt hat, zwingt zu genauester Auswägung der Ausleuchtung. Ihre Grenze ist daher nur durch exakte Belichtungs- (Beleuchtungs-) Messer festzulegen. Hier handelt es sich darum, nicht nur ein allgemeines Lichtniveau einzuhalten, sondern es müssen sowohl obere wie untere Grenze der Beleuchtung bestimmt werden, um mit der Beleuchtung innerhalb des durch das Verfahren gegebenen Belichtungsumfanges bleiben zu können. Mit den üblichen Belichtungsmessern, die einzelne Stellen des Objekts nicht mit der genügenden Genauigkeit auszumessen gestatten, ist hier kaum auszukommen. Man wird daher besondere Geräte zu verwenden haben, die es gestatten, vom Standpunkt der Kamera aus die Leuchtdichte auch kleiner Flächen (Spitzlichter) zu messen. Da geeignete Geräte dieser Art bisher nicht im Handel sind, muß man sich einstweilen damit begnügen, die Beleuchtung am Ort des Objekts zu bestimmen, wofür die üblichen Luxmeter benutzt werden können. Ein in erster Linie für Schwarz-Weiß-Filme bestimmtes Spezialgerät dieser Art beschreiben SCHMIDT, GÖTTSCH und KOCHS (154). Die Methode der Beleuchtungsmessung ist jedoch nicht ganz einwandfrei, da sie nicht berücksichtigt, wieviel Licht nun tatsächlich in Richtung auf die Kamera (Spitzlichter!) reflektiert wird. Allgemein ist zu sagen, daß heute die im Atelier für Farbenaufnahmen erforderliche Beleuchtung im Vergleich zum Sonnenlicht nicht einmal besonders hoch ist. Während Sonnenlicht eine Beleuchtungsstärke von rund 90000 Lux hervorruft, ist im Atelier je nach dem Verfahren eine solche von etwa 5000 bis 20000 Lux für durchschnittliche Farbaufnahmen erforderlich. Diese Beleuchtungsstärke ist jedoch für den Schauspieler noch immer reichlich hoch, da die Wärmeentwicklung nicht unbeträchtlich ist und die erforderliche Anordnung der Leuchten im Blickfeld des Schauspielers mit ihrer im Vergleich zur Umgebung hohen Leuchtdichte eine gewisse Blendung erzeugt.

Die in der Literatur bei der Schilderung neuer Farbenverfahren vielfach zu findende Angabe, daß „nur unwesentlich mehr Licht erforderlich sei als bei Schwarz-Weiß-Aufnahmen", ist insofern irreführend, als bei diesen zur Vermeidung von Unterbelichtungen unter Ausnutzung des großen Belichtungsspielraums der neueren Negativschichten gewöhnlich ein Vielfaches der zur Zeit unbedingt erforderlichen Schwellenbeleuchtung von ungefähr 500 Lux in den Schatten angewendet wird, während man bei Farbenverfahren gewöhnlich nahe der unteren Grenze des unbedingt Erforderlichen arbeitet.

IV. Objektive für farbenphotographische Zwecke.

Im großen und ganzen können die für Schwarz-Weiß-Photographie bewährten Objektive auch für die Farbenphotographie verwendet werden. Es hat sich jedoch gezeigt, daß Objektive hoher Brillanz meistens vorzuziehen sind. Die bei ungünstig gebauten Objektiven auftretenden „falschen" Reflexe können nämlich die Farbsättigung, die ohnehin gewöhnlich zu wünschen übrig läßt, weiter vermindern, womöglich sogar beim Vorherrschen stark gefärbter, ausgedehnter Flächen im Bilde eine Farbverfälschung kleiner Flächen anderen Farbtons verursachen. Besonderes Interesse in diesem Zusammenhang verdient eine neuartige Methode, durch Oberflächenbehandlung des Linsenglases die Oberflächenreflexion weitgehend zu unterdrücken und dadurch die Brillanz der

Aufnahmen zu steigern. Durch Aufbringung dünner Schichten, z. B. von Calciumfluorid, werden durch Interferenz die von der Glasoberfläche und von der Oberfläche der aufgebrachten Schicht reflektierten Strahlen ausgelöscht. Nach diesem Prinzip hergestellte Objektive, die sich deshalb auch für Farbaufnahmen besonders bewähren, werden von der Firma CARL ZEISS als sogenannte T-Objektive in den Handel gebracht.

Ferner kann die bei den modernen Objektiven mit stark röhrenförmigem Bau leicht auftretende Vignettierung, die sich in einem unter Umständen starken Helligkeitsabfall nach den Bildfeldrändern äußert, Farbenverfahren mit geringem Belichtungsspielraum im Gebiet knapper Belichtung zur Gefahr werden. Während der Helligkeitsabfall im Schwarz-Weiß-Bild hingenommen, unter Umständen sogar als vorteilhaft empfunden wird, sind die im Gebiet der Unterbelichtung bisweilen auftretenden Farbverfälschungen kaum zu übersehen, zumal durch die Möglichkeit des Vergleiches mit dem übrigen Farbcharakter des Bildes. Da der Vignettierungsfehler jedoch nur bei voller Öffnung der Blende ausgeprägt in Erscheinung tritt, empfiehlt es sich, in solchen Fällen stärker abzublenden.

Über die besonderen Anforderungen der Linsenrasterverfahren an das Objektiv wird an gegebener Stelle (s. S. 400) berichtet.

B. Die farbenphotographischen Verfahren.

Es wäre naheliegend, sich bei der Darstellung der Verfahren, die im Laufe der letzten Jahre eine mehr oder weniger große Bedeutung erlangen konnten, nach den auf S. 340 gegebenen Einteilungsregeln zu richten und etwa sämtliche reinen Spreiz- oder Siebverfahren und die Kombinationsverfahren streng voneinander zu scheiden. Das ist jedoch nicht in allen Fällen durchführbar, da manche Aufnahmeverfahren sich beliebiger Wiedergabeverfahren und umgekehrt bedienen. Hinzu kommt, daß durch strenge Einhaltung der Einteilung manche Verfahren mit etwas geänderten Kennzeichen wiederholt und in verschiedenen Gruppen auftreten würden, wodurch die Übersicht erschwert würde. Ähnlich stände es mit einer Einteilung rein nach den Verwendungsgebieten, wie Kleinbild, Schmalfilm, Theaterfilm, Papierbild usw. Im folgenden ist daher die systematische Einteilung zwar im allgemeinen beibehalten worden, jedoch in etwas gelockerter Form, und die einzelnen Verfahren sind dort eingeordnet, wohin ihr Hauptkennzeichen sie verweist. Aus diesem Grund werden z. B. alle Aufnahmeverfahren mit Strahlenteilungseinrichtung unter den Spreizverfahren behandelt, alle Verfahren zur Erzeugung von Papierbildern unter den Siebverfahren, gleichgültig, ob sie mit Strahlenteilungskameras oder Mehrpackverfahren aufgenommen werden. Etwaige sonstige Abweichungen werden bei der Beschreibung der Verfahren erwähnt.

Wie in der Einleitung ausgeführt, sollen vorzugsweise solche Verfahren hier beschrieben werden, die Anspruch auf praktische Bedeutung erheben können oder sie zeitweilig besessen haben. Diese Grenze ist jedoch häufig schwer zu ziehen. Nicht immer werden daher nur Verfahren angeführt, die in merklichem Umfange ausgeübt werden oder wurden, da weniger gebräuchliche, oft nur von wenigen Amateuren ausgeübte Verfahren dennoch von systematisch-didaktischem oder historischem Wert sein können. Anderseits gibt es Verfahren, die in zahlreichen, kaum unterscheidbaren Spielarten existieren, wie beispielsweise die Aufnahme auf Bipackfilm und das Kopieren auf doppelseitig begossenen Positivfilm, die sich häufig nur durch den Namen der Hersteller unterscheiden und eigentlich nicht den Anspruch auf Darstellung als besonderes Verfahren erheben können. Hier ist also eine summarische Behandlung angebracht.

Eine gewisse Schwierigkeit bietet die Anführung der Literaturstellen. Auf einem Gebiet mit so schnellem Wachstum wie dem der Farbenphotographie sind zusammenfassende Darstellungen meist selten. Die umfangreichste Literaturquelle ist ohne Frage die Patentliteratur, deren Wert jedoch durch zwei Tatsachen vermindert wird: Bei allen bedeutenderen Verfahren bildet jede zugehörige Patentschrift meist nur ein Steinchen zu einem größeren Mosaik, so daß die Übersicht erschwert ist. Dann aber muß bedacht werden, daß ein Patent letzten Endes ja eine juristische Urkunde ist, geschaffen mit dem Ziel, einen rechtlichen Vorteil auf einem allerdings naturwissenschaftlichen Gebiet zu erlangen. Nicht selten wird daher der naturwissenschaftlich-historisch wichtige Kern unter einem Wust von Nebensächlichkeiten erdrückt, vielleicht sogar ist die Darstellung zweckbedingt, wenn auch nicht durchaus beabsichtigt, gefärbt. Aus allen diesen Gründen sind daher die Patente als Literaturbelege nur dort herangezogen, wo anderweitige Veröffentlichungen in Zeitschriften fehlen oder historische Gründe dies sonst erforderlich machen. Aus diesem Grunde sind alle Zitate auch nicht als Prioritätsbeweise zu werten, was bei den ineinandergreifenden und teilweise noch in der Klärung begriffenen Erfinderansprüchen kaum zu verantworten wäre, sondern nur als Hilfen für denjenigen, der tiefer in den Stoff eindringen will.

Die neueren zusammenfassenden Veröffentlichungen gliedern sich in solche, die sich in bestimmten Zeitabständen mit den jeweiligen Neuerungen befassen (*60, 169*), dabei aber vielfach auch Vorschläge aus Patentschriften bringen, die sich praktisch nicht durchzusetzen vermochten, und in größere Arbeiten, die vorzugsweise den Stand der Praxis wiedergeben, dann aber manchmal nur engere Gebiete umfassen (*32, 33, 34, 48, 74, 105, 120, 129, 142, 167, 185*).

Im großen Überblick gesehen, zeigt die Entwicklung der Farbenphotographie seit dem Erscheinen des achten Bandes dieses Handbuches eine fortschreitende Verlegung des Schwerpunktes von den Spreizverfahren auf die Siebverfahren. Während im ersten Teil dieses Zeitabschnittes die Farbrasterverfahren, vor allem Korn- und Linsenraster, das Feld beherrschten, wurden sie im zweiten Abschnitt mehr und mehr von den Mehrschichtenverfahren verdrängt, und zwar auf fast allen Hauptanwendungsgebieten, so dem des Kleinbildfilms, des Schmalfilms und des Normalfilms. Obwohl gerade der Theaternormalfilm als Projektionsverfahren noch am ehesten den additiven Verfahren zugänglich gewesen wäre, hat hier mit zahlreichen Zweifarbenfilmen der Umschwung zuerst eingesetzt. Das hat seinen Grund darin, daß die Mängel aller additiven Verfahren, nämlich geringe Helligkeit der Projektion und Anfälligkeit gegen apparative Störungen, auf diesem Gebiet ihre mühelose Anwendung geradezu unmöglich machten. Der Umschwung war auch dadurch nicht aufzuhalten, daß theoretisch, wie im ersten Hauptteil gezeigt, die Spreizverfahren eine einwandfreie Wiedergabe erwarten lassen sollten als die Siebverfahren. Um nämlich die sekundären Mängel der Spreizverfahren, vor allem die geringere Wiedergabehelligkeit, zu beheben, mußten vielfach Kompromisse geschlossen werden, durch die diese Vorzüge verschwanden. Damit ist nicht gesagt, daß nicht durch Entdeckung neuer Verfahren auch Spreizverfahren vielleicht für bestimmte Spezialgebiete noch einmal wieder aufleben könnten, aber die technische Prophezeiung hat zu oft Schiffbruch erlitten, als daß sie zur Bestimmung einer Entwicklungsrichtung dienen dürfte.

I. Die Spreizverfahren.

Wie in der Systematik auf S. 340 auseinandergesetzt, fallen unter die Spreizverfahren alle diejenigen, bei denen mit Hilfe von Filtern in den Grundfarben R, G, B oder E, O zeitlich nacheinander oder räumlich nebeneinander getrennte

Teilbilder entworfen werden. Die dazu bekannt gewordenen Mittel sind sämtlich schon in den Frühzeiten der Photographie aufgefunden worden. Die Verfahren, über die hier zu berichten ist, stellen daher meistens nichts anderes dar als den Ausbau älterer Gedanken mit den Mitteln der modernen Technik. Lediglich die Linsenrasterverfahren lassen einen moderneren Zug erkennen. Nur auf einem Gebiet haben die Spreizverfahren noch ihren Platz behaupten können, nämlich für die Aufnahme in der gewerbsmäßigen Reproduktionstechnik. Hier spielen Lichtverluste oder die Unhandlichkeit von Aufnahmegeräten vielfach keine ausschlaggebende Rolle gegenüber dem Vorteil einwandfreier und leicht zu bearbeitender Teilauszüge, wie man sie in dieser Qualität durch Siebverfahren bisher nicht erreichen konnte. Es bleibt abzuwarten, ob mit der weiteren Vervollkommnung der Siebverfahren nicht auch diese Position noch verlorengehen wird.

1. Strahlenteilungskameras für Einzelaufnahmen.
(Verfahren mit Filterwechsel, räumlicher Parallaxe und optischer Strahlenteilung.)

a) Filterwechsel (zeitliche Parallaxe).

Für Einzelaufnahmen in größeren Formaten spielen nach wie vor die Kameras eine gewisse Rolle, bei denen die drei Teilaufnahmen nacheinander gemacht werden und der Bildträger, meist in besonderen Gleitkassetten mit vorgebauten Filtern, von Bild zu Bild weitergeschaltet wird. Derartige Einrichtungen für Amateurzwecke werden beispielsweise zur „Makina"- und „Linhof"-Kamera geliefert. Sie sind natürlich nur für ruhende Objekte geeignet. Der besonders einfache Filmtransport in den Kleinbildkameras läßt diese für derartige Zwecke ebenfalls sehr geeignet erscheinen. Die Firma Leitz bringt deshalb ein Vorsatzgerät zur „Leica" in den Handel, in dem die drei Grundfarbenfilter leicht gewechselt werden können. Die Colour Photographs Ltd. London bietet eine vollautomatische Einrichtung für größere Formate an, bei der Platten und Filter durch eine vor der Belichtung aufgezogene Feder weitergeschoben und auch die Belichtung nach vorheriger Einstellung der Teilbelichtungszeiten selbsttätig vorgenommen werden. Nach dem gleichen Prinzip, jedoch mit sehr viel kürzeren Belichtungszeiten arbeitet die „Mroz"-Kamera (68), bei der alle Teilaufnahmen bei ausreichender Beleuchtung in $1/_{25}$ Sekunde durch eine Kurbeldrehung hergestellt werden, so daß also auch mäßig bewegte Objekte aufgenommen werden können. Ähnlicher Art ist auch die „Trichroma"-Kamera (183).

b) Räumliche Parallaxe.

Derartige Verfahren sind nicht mehr aufgetaucht. Streng genommen gehören hierher jedoch auch alle diejenigen Verfahren, bei denen in einem einzigen Objektiv oder in seiner unmittelbaren Nähe das Strahlenbündel durch eingesetzte Filter etwa in Streifenform wie beim Linsenrasterfilm (s. S. 399) in ein rotes, grünes und blaues Strahlenbündel räumlich unterteilt wird, denn die Fehler der räumlichen Parallaxe, daß in Objektebenen, auf die nicht scharf eingestellt wurde, farbige Ränder auftreten, sind auch hier, wenn auch nicht im gleichen Maße, zu finden. Auch die „Jos-Pe-Kamera" (182), bei der die unmittelbar hinter dem Objektiv angeordneten Spiegel ihre Strahlenbündel von verschiedenen Teilen des Objektivs entnehmen, gehört hierher.

c) Optische Strahlenteilung.

Das außerordentliche Interesse, das frühere Jahre an der Entwicklung von Strahlenteilungskameras hatten, hat sich in dem gleichen Maße gelegt, in dem andere einfachere Verfahren für den Amateur greifbar wurden. Für einen größeren Verbraucherkreis kommen solche Geräte schon deshalb nicht in Betracht, weil eine gute Kamera mit optischer Strahlenteilung stets sehr teuer ist, da die Vorrichtungen, die die genau gleiche Größe und Schärfe der Teilbilder sicherstellen sollen, besondere Sorgfalt der Herstellung voraussetzen. Für Spezialzwecke, vor allem für Reproduktionsanstalten, besitzen solche Geräte nach wie vor Interesse. Die Auswahl ist jedoch gering. In

Abb. 24. BERMPOHL-Naturfarbenkamera.

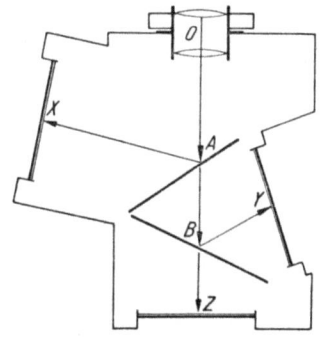

Abb. 23. Schema einer BERMPOHL-Naturfarbenkamera.
O Objektiv, A 1. Spiegel, B 2. Spiegel, X Blaufilter, Y Rotfilter, Z Grünfilter.

Deutschland besitzen die „BERMPOHL"- und die „RECKMEIER"-Kamera einen Namen, in den USA. gibt es die „Nectric"-Kamera und in England die „KLEIN"-Kamera. Die Anordnung der Teilbilder ist bei allen Kameras ungefähr die gleiche, wie sie in Abb. 23 dargestellt ist. Das vom ersten Spiegel, der gar nicht oder nur sehr schwach versilbert ist, abgezweigte Strahlenbündel dient der Erzeugung des Blaubildes. Bei der „BERMPOHL"-Kamera (64) (Abb. 24) und der „Nectric"-Kamera (24) finden Glasspiegel Verwendung; eine interessante Neuerung an der „RECKMEIER"-Kamera (195) ist die Verwendung eines über einen Metallrahmen fest gespannten Häutchens aus Kollodium od. dgl. für den ersten Spiegel. Bei

Abb. 25. MIKUT-Aufnahmekamera.

der „KLEIN"-Kamera (196), die von STANLEY und BELLINGHAM LTD. hergestellt wird, sind beide Spiegel aus solchen Häutchen hergestellt. Derartige Geräte gestatten bei einer Objektivöffnung von $f:3,5$ bis $f:4,5$ Belichtungszeiten von

$1/_{25}$ bis $1/_{10}$ Sekunde. Das Plattenformat geht über 13×18 cm nicht hinaus, da die Apparate sonst zu unhandlich werden. Als interessante Einzelheit verdient noch ein Zusatzgerät zur „BERMPOHL"-Kamera (*184*) Erwähnung, das es gestattet, diese Kamera zur Gewinnung der drei Teilauszüge aus Mehrschichtenfilmen (Agfacolor-Neu, Kodachrom) zu benutzen.

Von den genannten Geräten weicht die Konstruktion der „MIKUT"-Kamera völlig ab (*103*) (Abb. 25). Hier werden durch einen Prismenkörper die drei Teilbilder im Format $4,5 \times 4,5$ cm auf einer einzigen Platte mit den Maßen 5×15 cm aufgenommen. Diese Einrichtung ist im Hinblick auf die Verwendung dieser Aufnahmen in einer von der gleichen Firma hergestellten Projektionsvorrichtung getroffen worden (Abb. 26), mit der die drei Teilbilder übereinander auf den Schirm geworfen werden. Bei einer Lampenleistung von 225 Watt lassen sich infolge günstiger Ausnutzung des Lichts Bilder bis zu etwa 2,5 m Größe entwerfen. Infolge der Plattenanordnung sind die Justierschwierigkeiten relativ gering. Derartige Geräte können für besondere Zwecke, bei denen es auf sehr genaue Farbwiedergabe ankommt, wertvolle Dienste leisten.

Abb. 26. MIKUT-Projektionseinrichtung

2. Kinofilmverfahren mit Strahlenteilung.

a) Filterwechsel (zeitliche Parallaxe).

Wegen der bekannten Nachteile der Kinofilmverfahren, bei denen die Teilbilder abwechselnd hinter verschiedenen Filtern aufgenommen werden, die sich in farbigen Säumen bei stark bewegten Objekten äußern, und wegen der hohen Ansprüche, die an die mechanische Ausrüstung infolge der erhöhten Bildfolge gestellt werden, sind solche Verfahren äußerst selten geworden, obwohl in der Patentliteratur besonders solcher Länder, in denen eine eigentliche Patentprüfung nicht erfolgt, dahinzielende Vorschläge mit großer Regelmäßigkeit wiederkehren. Lediglich in den USA. ist um 1930 das „Morgana"-Verfahren, ein Zweifarbenverfahren für die „Filmo"-Schmalfilmkamera der BELL UND HOWELL-Co., kurze Zeit im Handel gewesen (*31*). Bei der Aufnahme wurden durch ein zweiteiliges Filter in den Farben Orange und Blaugrün, das zwischen Objektiv und Bildbühne hin und her geschoben wurde, abwechselnd die beiden Teilbilder erzeugt, und zwar mit einer erhöhten Filmlaufgeschwindigkeit von 24 Bildern in der Sekunde, und einer für Tageslicht etwa vierfach höheren Belichtung. Um das Farbflimmern durch den Filterwechsel bei der Projektion zu verringern, wurde mit 72 Bildern in der Sekunde vorgeführt, dabei jedoch nach Ablauf zweier Bilder um ein Bild zurückgeschaltet, so daß jedes Bild insgesamt dreimal projiziert wird.

b) Optische Strahlenteilung.

Während Verfahren mit räumlicher Parallaxe überhaupt nicht zu erwähnen sind, konnten mehrere Verfahren mit optischer Strahlenteilung mit relativ gutem,

Die Spreizverfahren.

wenn auch zeitlich begrenztem Erfolg entwickelt werden. So wurde in den Jahren um 1930 der Zweifarbenfilm der Firma BUSCH, Rathenow, vor allem auf medizinischem Gebiete häufiger angewendet (*135, 105, 48, 32*). Zur Aufnahme wurde eine Spezialkamera verwendet, in der der panchromatische Film horizontal lief. Die Strahlenteilung erfolgt durch ein vor zwei Objektiven befindliches Prisma P (Abb. 27) mit einer halbverspiegelten Zwischenfläche ZZ. Hinter den beiden Objektiven O_1 und O_2, die fast im Winkel von 90° zueinander stehen, leiten Umkehrprismen U_1 und U_2 die beiden Teilbilder durch Filter F_1 und F_2 auf den Film F derart, daß sie auf dem horizontal laufenden Film im Rahmen eines normal großen Bildes übereinanderstehen. Abb. 28 zeigt schematisch die Anordnung der Bilder. Eine Filmprobe befindet sich auf der (*32*) beigefügten Bildtafel. Die Projektion erfolgt mit einem normalen AEG-Projektor, dem ein Prismensystem vorgesetzt wird, das zur Aufrichtung und Konturendeckung der auf der Schmalkante stehenden Teilbilder dient.

Um die gleiche Zeit arbeitete das englische „Raycol"-Verfahren (*113, 193*) mit einem Strahlenteilungssystem, durch das zwei Bildchen von einem Viertel

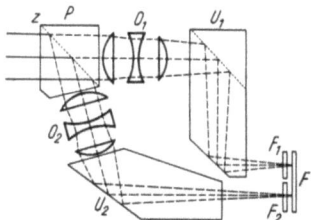

Abb. 27. Schema der Strahlenteilung beim BUSCH-Zweifarbenverfahren.

P Strahlenteilungsprisma mit halbdurchlässigem Spiegel ZZ, O_1 und O_2 Objektive, U_1 und U_2 Umkehrprismen, F_1 und F_2 Filter, F Film.

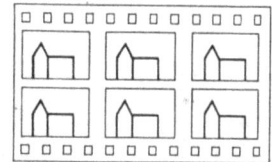

Abb. 28. Anordnung der Teilbilder beim BUSCH-Zweifarbenverfahren.

der Größe des normalen Bildfeldes entworfen wurden, und zwar zuerst in diagonaler Anordnung, später in der Mitte des Filmstreifens untereinander. Die Ausnutzung des Bildfeldes war also ungünstiger als beim BUSCH-Verfahren. Für die Projektion wurde eine Zwillingslinse benutzt. Interessant war dabei die Tatsache, daß nur das Orange-Teilbild mit einem Filter projiziert wurde, während das Blaugrün-Positiv ohne Filter blieb. Trotzdem wird die Farbwiedergabe im Rahmen eines Zweifarbenverfahrens als ausreichend bezeichnet. Die blaugrünen Farbtöne entstanden dabei durch den Farbkontrast gegen Orange bzw. gegen „Weiß", das in diesem Falle als Mischung aus Weiß und Orange einen rötlichen Ton haben mußte. Durch diese Maßnahme wurde die Helligkeit des Verfahrens wesentlich erhöht, doch scheinen die Ergebnisse letzten Endes doch nicht befriedigend gewesen zu sein, da man später zur Verwendung eines Blaugrünfilters zurückkehrte.

Ähnlicher Art war auch das „Cinecolor"-Verfahren der DUFAY-CHROMEX LTD. in England, von dem einige Filme in der Öffentlichkeit vorgeführt wurden (*194*).

Der Hauptfehler aller derartigen Verfahren, bei denen mehrere Teilbilder auf dem gleichen Film aufgezeichnet werden, liegt darin, daß bei der Projektion in der Deckung der Teilbilder Schwierigkeiten auftreten, denn obwohl die Teilbilder im Rahmen eines Normalbildes liegen, gibt die unvermeidliche unregelmäßige Schrumpfung des Films im Verein mit der starken Vergrößerung Anlaß zu unregelmäßigen Verschiebungen der Konturen, die durch Nachregulierung der Objektive bei der Projektion nicht beseitigt werden können. Infolge der Kleinheit wird außerdem auch das Bildkorn sehr stark beansprucht. Alle Fehler zusammen verursachen im Endeffekt eine unbefriedigende Bildschärfe. Diese Fehler sind natürlich noch gesteigert, wenn man gar eine Unterteilung des normalen Bildrahmens in drei Teilbilder vornimmt, um zu dreifarbiger Wiedergabe zu gelangen. Das einzige Kinofilmverfahren dieser Art, von dem Näheres in der Öffentlichkeit bekannt geworden ist, war das „Francita-Realità"-Verfahren der Soc. DE FILMS EN COULEURS NATURELLES FRANCITA, dessen Bildanordnung Abb. 29 zeigt (*105, 170*). Die Teilbilder besaßen eine Größe von 8,5×11 mm. 1935 in Paris gezeigte Filme wurden zwar wegen ihrer guten Farbwiedergabe gelobt, doch haben die üblichen Nachteile der geringen Helligkeit, der Unschärfe und der erforderlichen Zusatzgeräte einen nachhaltigen Erfolg wohl nicht zustande kommen lassen.

Eine eigenartige Konstruktion für die Kinofilmaufnahme mit drei getrennten Filmen, die ein Zwischending zwischen Verfahren mit zeitlicher Parallaxe und optischer Strahlenteilung darstellt, hat BREWSTER (*14*) durchgeführt, wobei er auf dem F. P. Nr. 464637 von GABEY (1913) aufbaute. Während des Filmtransports in einer Kinokamera geht bekanntlich durch die Abdeckung des Bildes mittels der Umlaufblende eine beträchtliche Lichtmenge verloren. Bei der BREWSTER-Kamera wird diese nun dadurch ausgenutzt, daß die abdeckende Umlaufblende als Spiegel ausgebildet ist und während der Abdeckung des in der Richtung der Objektivachse liegenden Teilbilds das Licht auf ein unter 90° seitlich davon angeordnetes Bildfenster wirft. Eine zweite, mit ihren Flügeln in die Lücken der ersten eingreifende Blende versorgt ferner das dritte, dem zweiten gegenüberstehende Bildfenster mit Licht. Um zeitliche Parallaxe auszuschalten, werden die Belichtungszeiten der Teilbilder ineinandergeschachtelt, und zwar so, daß durch mehrfache Unterteilung der Umlaufblendenspiegel jedes Teilbild mindestens zweimal belichtet wird. Über die Bewährung der praktisch ausgeführten Kamera ist Näheres seither nicht mehr bekannt geworden. Sie stellt jedenfalls einen beachtlichen Versuch dar, der bei Strahlenteilungskameras stets vorhandenen Lichtknappheit zu begegnen und eine Strahlenteilung für drei einzeln laufende Filme auch bei relativ kurzen Brennweiten zu erreichen.

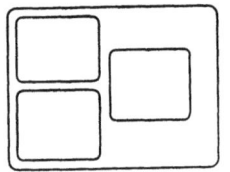

Abb. 29. Anordnung der Teilbilder beim Francita-Realità-Verfahren.

Das Strahlenteilungssystem der „Technicolor"-Kamera wird weiter unten im Zusammenhang mit diesem Verfahren beschrieben.

Besonderes Augenmerk ist bei allen derartigen, für den Kinofilm bestimmten Geräten, bei denen mehrere Teilfilme benutzt werden, der Registerhaltigkeit der Teilbilder zu widmen. Das gegebene Mittel, die Teilbilder beim Kopieren auf den zur Vorführung bestimmten Film zur Deckung der Konturen zu bringen, sind die Perforationslöcher, deren durch die Normungsvorschriften festgelegte Genauigkeit an sich ausreicht, um Verschiebungen, die die Bildschärfe gefährden könnten, zu verhindern. Hierbei ist jedoch zu bedenken, daß die Filme durch die Verarbeitung beim Entwickeln und Trocknen Maßänderungen erleiden, die es verbieten, in allen Stadien des Prozesses die Ausrichtung der Bilder durch Justiergreifer vorzunehmen, die gleichzeitig mehrere zu einem Einzelbild gehörende Lochungen voll ausfüllen. Bei allen Geräten mit mehreren Teilfilmen hat es sich daher eingebürgert, die Justiergreifer, die das Bild während der Belichtung oder während des Kopierens ausgerichtet halten, nach dem in Abb. 30 wiedergegebenen Prinzip zu gestalten:

Ein Greifer A füllt ein in möglichster Nähe des Bildes liegendes Perforationsloch voll aus. Einer Verdrehung des Bildes wird durch mindestens einen (B), meistens zwei Hilfsgreifer B und C begegnet, die in der durch die Verbindungslinie Haupt-

greifer—Hilfsgreifer gegebenen Richtung das Greiferloch nicht voll ausfüllen und
dadurch der Schrumpfung Raum geben, in der dazu senkrechten Richtung dagegen an mindestens zwei gegenüberliegenden Punkten den Lochrand berühren
und dadurch ein seitliches Ausweichen des Films verhindern. Hiermit hängt es
auch zusammen, daß bei Farbfilmverfahren vielfach
auch der Positivfilm mit Negativperforation versehen
ist, da die gewünschte Genauigkeit nur zu erreichen ist,
wenn die Perforation von Aufnahme- und Kopierfilm
gleichartig ist.

3. Die Rasterverfahren.

a) Allgemeines zur Rastertechnik.

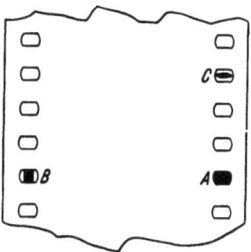

Abb. 30. Paßrichtige Ausrichtung von Teilbildern mittels der Filmlochung.
A Hauptgreifer, *B* und *C* Nebengreifer.

Der neuen Phase der Farbenphotographie, die mit
den Mehrschichtenverfahren um 1935 einsetzte, ging
eine etwa zehnjährige verstärkte Entwicklung der
Rasterverfahren voraus. Ältere Verfahren, bei denen
das Raster auf Glasplatten angebracht war, wie
das „FINLAY"-Verfahren und die Kornrasterplatten
von LUMIÈRE und der AGFA, konnten aus den
Verbesserungen der Emulsionstechnik und der Sensibilisatoren Nutzen ziehen und die Aufnahmeempfindlichkeit steigern. Die größten Fortschritte
lagen jedoch auf dem Gebiete der Farbrasterfilme. Der „Agfacolor-Kornrasterfilm" und das entsprechende „Filmcolor" genannte Material von
LUMIÈRE folgen mit der Übertragung des Kornrasterverfahrens auf den
Film dem allgemeinen Übergang der Amateurphotographie zur Verwendung des bequemeren Films. Nachdem dieses Problem für größere Formate technisch einmal gelöst war, lag es nur zu nahe, das Kornraster auch
auf das Laufbild zu übertragen. Hier allerdings erwies es sich bald, daß der
Entwicklung natürliche Grenzen gesetzt sind, die einmal mit dem Aufbau der
Kornraster aus unregelmäßig verteilten Körnern, anderseits mit dem Widerstreit
zwischen Auflösungsvermögen und Empfindlichkeit zusammenhängen, der übrigens
bei allen Rasterverfahren seine Rolle spielt. Mit der Herstellungsweise der Kornraster hängt es zusammen, daß die Verteilung der Körner unregelmäßig ist und
daß insbesondere nicht jedes Korn von einer Farbart nur von Körnern der beiden
anderen Farbsorten umgeben ist. Vielmehr bilden sich nach den Regeln der
statistischen Wahrscheinlichkeit Kornhäufungen und „Ketten" von Farbkörnern
gleicher Farbe (*76*), so daß z. B. Ketten mit etwa 20 Teilchen gleicher Farbe
durchaus nicht zu den Seltenheiten gehören. Durch diese Häufungen wird die
Rasterstruktur auch bei einer Größe der Einzelteilchen sichtbar, die einzeln vom
Auge bei dem betreffenden Betrachtungsabstand nicht mehr aufgelöst wird.
Bei der Anwendung des Kornrasters auf den Normalfilm werden an sich an die
Feinheit des Rasters schon hohe Anforderungen gestellt. Aber auch dann, wenn
das Raster so fein ist, daß beim stehenden Bild keine störende Unregelmäßigkeit
mehr zu sehen ist, tritt beim laufenden Film eine als „Ameisenlaufen" oder
„Kribbeln" bezeichnete Bildunruhe auf, die sich durch kinetische Kettenbildung
erklärt. Eine Anwendung des unregelmäßigen Kornrasters auf den Normalfilm
und erst recht natürlich auf den Schmalfilm war deshalb nicht durchführbar,
denn einer weiteren Verfeinerung des Rasters, durch die dieser Fehler hätte beseitigt werden können, stand das Versagen des Auflösungsvermögens der lichtempfindlichen Schicht entgegen. Hier konnten nur Verfahren mit regelmäßigem
Raster, wie etwa das „DUFAYCOLOR-Verfahren, Abhilfe schaffen, dessen Rasterelemente zwar größer sind als die der Kornraster (vgl. Abb. 3, Tafel II), jedoch

auch in der Laufbildprojektion keine Unruhe des Bildes zeigen. Diese regelmäßigen Raster können noch mit Teilchengrößen arbeiten, die sogar eine Negativentwicklung zulassen, die sonst ein geringeres Farbauflösungsvermögen liefert als die bei den Kornrastern sonst allgemein übliche Umkehrentwicklung unter Verwendung von Ammoniak im ersten Entwickler. Es ist daher möglich gewesen, sogar ein Negativ-Positiv-Kopierverfahren darauf aufzubauen.

Der beliebigen Verfeinerung der regelmäßigen Farbstoffraster ist durch das Herstellungsverfahren eine Grenze gesetzt; für Schmalfilme von 16 mm Breite und erst recht für solche von 8 mm Breite ist diese Grenze bereits überschritten, so daß genügend feine Raster hierfür nicht mehr herstellbar sind. Demgegenüber lag bei den Linsenrasterverfahren (BERTHON, KELLER-DORIAN, Kodacolor, Agfacolor, BERTHON-SIEMENS) die herstellungstechnische Grenze bei sehr viel niedrigeren Rasterbreiten, und das feinste nach diesem Verfahren fabrizierte Raster, das des Agfacolor-Schmalfilms und -Kleinbildfilms (Abb. 3, Tafel II), war so fein, daß es auch im projizierten Schmalfilmbild praktisch überhaupt nicht mehr in Erscheinung trat.

b) Die Farbtrennung bei Rasterverfahren.

Es wurde schon darauf hingewiesen, daß Rasterfeinheit und Auflösungsvermögen der Emulsion sich gegenseitig bedingen, und zwar ist ihre Abstimmung aufeinander von einer Reihe von Faktoren abhängig, unter denen an erster Stelle die Belichtungsstärke und die Entwicklungsart stehen. Im idealen Falle sollte die Wirkung einer Farbe, die von nur einer Grundfarbe durchgelassen wird, nur auf die Emulsionsschicht unter den Teilchen dieser Grundfarbe beschränkt bleiben. Tatsächlich aber werden bei Belichtung z. B. mit streng grünem Licht, auch wenn dieses von den roten und blauen Rasterelementen nicht durchgelassen wird, doch auch die Schichtteile unter diesen andersfarbigen Elementen durch Lichtstreuung von den grünen Teilchen her beeinflußt, d. h. die Farbtrennung läßt zu wünschen übrig. Belichtet man z. B. einen Kornrasterfilm mit rein grünem Licht unter einer Grauskala und mißt nach Umkehrentwicklung die Grauskala mit strengen Rot-, Grün- und Blaufiltern aus, die jeweils nur das Licht der zugehörigen Rasterteilchen durchlassen, so sollte bei idealen Verhältnissen nur unter dem Grünfilter eine Abstufung entsprechend der aufbelichteten Grauskala zu finden sein. In Wirklichkeit entsteht schon bei verhältnismäßig schwachen Belichtungen je nach Raster und Emulsion ein meßbarer Eindruck auch unter den anderen Filtern (Abb. 31) (76), so daß die Farbe nach stärkeren Belichtungen hin zunehmend verweißlicht wird. Dieser bei allen Farbrasterverfahren sehr störende Einfluß des Streulichts tritt besonders stark bei Negativentwicklung hervor. Bei der üblichen Umkehrentwicklung der Rasterverfahren

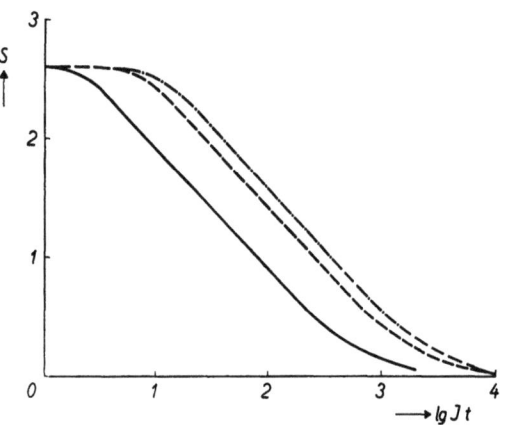

Abb 31 Schwärzungskurven (Umkehrentwicklung) eines Agfacolor-Kornrasterfilms bei Belichtung durch ein Grünfilter. (Aus AGFA-Veröff, Bd. III Leipzig· S Hirzel.)

Wenn Ausmessung der entstehenden Schwärzungsskala unter Vorschaltung eines Grünfilters (———), Blaufilters (‒ ‒ ‒ ‒) und Rotfilters (‒·‒·‒) erfolgt, so erhält man nicht nur eine Kurve für Grün, sondern auch Kurven für Blau und Rot, auf Streulichtwirkung beruhend.

wird er dagegen durch die eigenartige Wirkung des Ammoniaks, das im ersten Entwickler als Alkali verwendet wird, zurückgedrängt. Durch einen Nachbareffekt, dessen Natur noch nicht völlig aufgeklärt ist, der jedoch wahrscheinlich mit den Eigenschaften des Ammoniaks als Bromsilberlösungsmittel und als Quellmittel für die Gelatine zusammenhängt (*172*), wird innerhalb mikroskopischer Dimensionen der Kontrast stark erhöht, ohne daß der makroskopische Kontrast geändert wird. Dadurch werden durch Streuung verursachte schwache Belichtungen in der unmittelbaren Nähe der stark belichteten Körner der „Sollfarbe" zugunsten dieser unterdrückt, der Farbkontrast also gesteigert. Bei Negativ-Positiv-Verfahren ist die Anwendung von Ammoniak (Kaliumrhodanid wirkt ähnlich, wenn auch schwächer) wegen des Entstehens dichroitischer Schleier nicht angebracht. HARRISON und SPENCER (*67*) empfehlen für diesen Fall den Zusatz von Natriumthiosulfat zum Entwickler (z. B. 10 g Metol, 30 g Natriumsulfit krist., 10 g Natriumhydroxyd, 20 g Natriumthiosulfat auf 5000 cm³ Wasser), doch ist die Wirkung nicht die gleiche und beruht hauptsächlich auf Entfernung des Halogensilbers in den äußeren Emulsionsschichten zugunsten der streulichtarmen, rasternahen Gebiete.

c) Das Kopierproblem bei Farbrastern.

Das Kopieren von Farbrasteraufnahmen auf Farbraster gleicher oder ähnlicher Art ist bei Rastern mit farbstoffhaltigen Filterelementen an die Farbe gebunden. Bei den Linsenrastern als Richtrastern ist jedoch die Farbe an eine

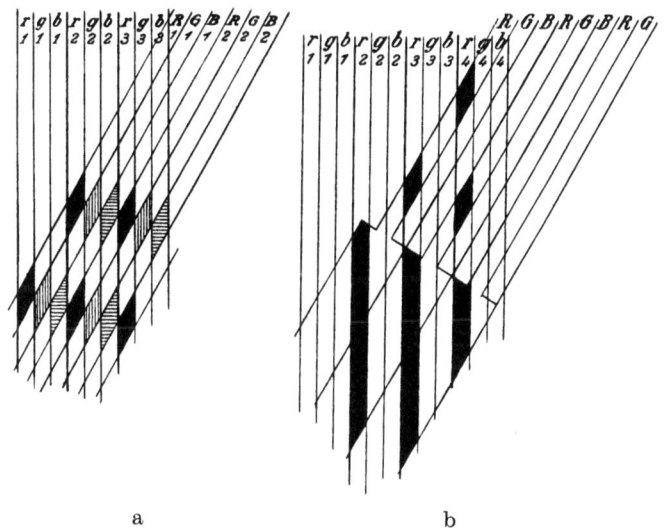

Abb. 32. Das Moiré beim Kopieren regelmäßiger Farbraster.
a Entstehung des Moiré, nur an den angelegten Stellen, an denen gleiche Farben des Rasters *R G B* und *r g b* zusammentreffen, werden die Farben wiedergegeben. b Beseitigung des Moiré, werden die Farbstreifen des Originals (z. B. Rot) auf die dreifache Breite gebracht, so findet lückenlose Wiedergabe statt

bestimmte Einfallsrichtung der Strahlen gebunden, so daß das Kopieren hier ganz ohne Filter erfolgen und nur durch geometrisch-optische Beziehungen geregelt werden kann.

Das Hauptproblem beim Kopieren aller Raster ist die Beseitigung des sogenannten Moiré, dessen Entstehungs- und Erscheinungsweise bei Farbstoffrastern von derjenigen bei Linsenrastern verschieden ist.

Kopiert man ein Farbstoffraster aus parallelen Strichen in den drei Grundfarben ohne Bild unter einem gewissen Winkel auf ein Raster gleicher Art (Abb. 32), so wechseln Stellen, an denen Rasterstriche gleicher Farbe aufeinandertreffen, mit solchen ab, wo verschiedene Grundfarben zusammenfallen. Da eine Belichtung nur unter Treffstellen gleicher Rasterfarbe stattfindet, ist das kopierte Bild von Streifen durchzogen, in denen richtige Farbwiedergabe (Rot auf Rot) mit ausfallender Farbwiedergabe (Rot auf Blau oder Grün) abwechselt. Bei unregelmäßigen Rastern (Kornrastern) ist natürlich diese als Moiré bezeichnete Ausfallserscheinung ebenfalls unregelmäßig angeordnet und deshalb nicht so auffällig. In beiden Fällen wird jedoch ein Teil der für die Wiedergabe jeder Grundfarbe bestimmten Fläche mit Schwarz abgedeckt, so daß eine allgemeine Verschwärzlichung die Folge ist. Beim Linsenrasterfilm kommt diese Ausfallserscheinung, die an gegebener Stelle dort näher beschrieben wird, auf andere Weise zustande, doch ist die streifige Unterbrechung gleich störend.

Die Beseitigung des Moiré, mit der sich zahllose Patentschriften beschäftigen, läuft letzten Endes immer darauf hinaus, daß auf optischem Wege oder durch gegenseitige Verschiebung der Raster die Wirkungsfläche der Rasterteilchen jeder Teilfarbe für sich so verbreitert wird, daß eine möglichst strukturlose Fläche entsteht, so daß mit Sicherheit das durch ein Element des Originals tretende Licht ein Element gleicher Grundfarbe auf der Kopie trifft. Damit ist zwangsläufig eine Verringerung der Abbildungsschärfe verbunden. Die Verfahren zur Verhinderung des Moiré richten daher ihr Augenmerk darauf, die Unschärfe gerade so hoch zu bemessen, wie zur Unterdrückung des Moiré erforderlich ist. Beim Negativ-Positiv-Verfahren liegen die Verhältnisse insofern günstiger, als das Moiré, das beim Umkehrverfahren besonders störend an den weißen oder stark gefärbten Bildstellen auftritt, hier gerade völlig abgedeckt ist oder in dunklen Bildteilen sich befindet und daher weniger zur Wirkung kommen kann (67).

Wie aus den Ausführungen auf S. 372 hervorgeht, müssen die Filter sich in einem bestimmten Grad überlappen, um gute Farbwiedergabe zu erzielen. Für das Kopieren dagegen sollten die Filter möglichst selektiv sein, um die Gefahr einer weiteren, schon bei der Aufnahme eintretenden Verweißlichung herabzusetzen. Es wäre daher erforderlich, die Filter des Kopierfilms möglichst selektiv zu gestalten, was wiederum wegen der dadurch bedingten Herabsetzung der Projektionshelligkeit nicht durchführbar ist. Als Ausweg wird daher ein Kopierlicht gewählt, das womöglich nur aus je einer Spektrallinie besteht, die im Maximum der Durchlässigkeit der Aufnahme- bzw. Wiedergabefilter liegt.

d) Die Projektionshelligkeit der Rasterverfahren.

Als additive Verfahren sind auch die Rasterverfahren durch geringe Projektionshelligkeit benachteiligt. Bei optisch nicht homogenen Rastern, die starke Streuwirkung infolge von Differenzen im Brechungsindex von Rasterteilchen und Umgebung zeigen, treten weitere Verluste ein, die besonders hoch bei den Linsenrasterverfahren sind, bei denen durch optische Bedingungen der Strahlengang weiter eingeengt wird, so daß hier mit einem Lichtverlust von 90% gerechnet werden mußte (33, 34). Während sonst bei Rasterverfahren für die Projektion keine Zusatzgeräte zu den Projektionsapparaten erforderlich sind, kommt diese Schwierigkeit bei den Linsenrasterverfahren ebenfalls noch hinzu, wodurch im Verein mit der verminderten Projektionshelligkeit letzten Endes das Versagen des sonst so bestechenden Verfahrens in der Praxis des Kinofilms begründet lag.

e) Die Kornraster (Agfacolor, Filmcolor).

Obwohl die Fabrikation eines Teiles der im Handel befindlich gewesenen Materialien, die nach dem Kornrasterverfahren arbeiteten, seit den Jahren 1938/39 zugunsten der Mehrschichtenfilme mit Farbentwicklung eingestellt ist, verdient es die kurz zuvor erreichte Höhe des Entwicklungsstandes doch, daß sie als wichtiges Glied im Ausbau der modernen Farbenphotographie festgehalten werden.

Der wesentliche Aufbau der Kornraster und ihre Verarbeitung ist in Band VIII dieses Werkes (S. 188) ausführlich geschildert und darf daher als bekannt vorausgesetzt werden. Bei allen Rasterarten, Autochromplatte und Filmcolor (*197*) von

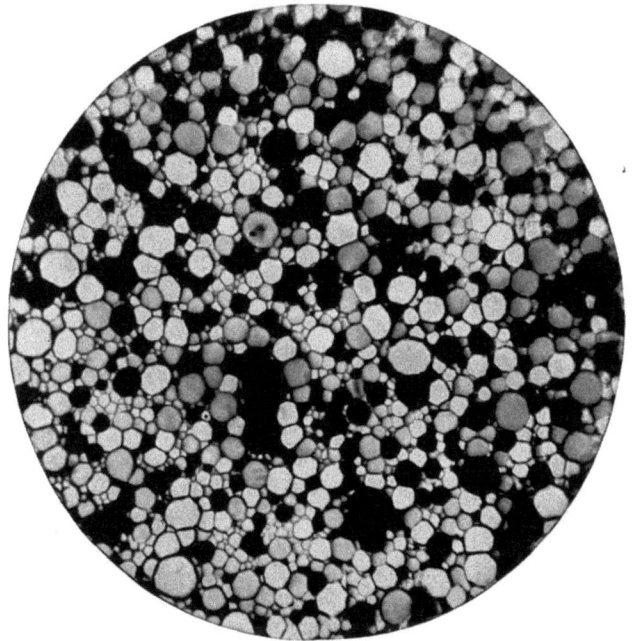

Abb. 33. Raster der Agfacolor-Platte. (Aus HOLLEBEN: Farbenphotographie.)

LUMIÈRE, Agfacolor-Platte und Agfacolor-Ultrafilm der AGFA (*86*), erfolgt die Anfärbung der Rasterkörner für die drei Grundfarben getrennt; dann werden die Komponenten bis zur Erzielung eines farbstichfreien Graus gemischt und auf der mit einer klebrigen Schicht überdeckten Unterlage ausgebreitet. Das Raster von Autochromplatte und Filmcolor ist identisch und besteht, wie bekannt, aus angefärbten Stärkekörnchen unter Ausfüllung der verbleibenden Zwischenräume mit Ruß. Die Raster der „Agfacolor-Platte" und des „Agfacolor-Ultrafilms" werden nach abweichenden Verfahren hergestellt. Bei der „Agfacolor-Platte" (*19*, *20*) werden Farblacke aus Gerbsäure und basischen Farbstoffen in den drei Grundfarben getrennt in Kautschuk-Benzol-Lösungen emulgiert. In die abgeglichene Mischung der drei Emulsionen werden die mit Klebschicht präparierten Platten eingetaucht, wobei eine Tröpfchenschicht kleben bleibt. In horizontaler Lage fließen die Tröpfchen bis zu gegenseitiger Berührung auseinander und erstarren in dieser Form, wodurch eine Ausfüllung durchsichtiger Zwischenräume sich erübrigt (Abb. 33). Beim Agfacolor-Filmraster (*187*) werden gefärbte Harzlösungen versprizt. Der getrocknete und geeignet gemischte Farbstaub wird auf die klebrige Filmunterlage gebracht, der Überschuß abgebürstet und die Körnchen bis zu gegenseitiger Berührung unter hohem Druck breitgewalzt (Abb. 34). Das Raster wird bei allen Verfahren mit einer Schutzschicht überdeckt, die den Zutritt der Behandlungsbäder zum Raster zu verhindern hat und

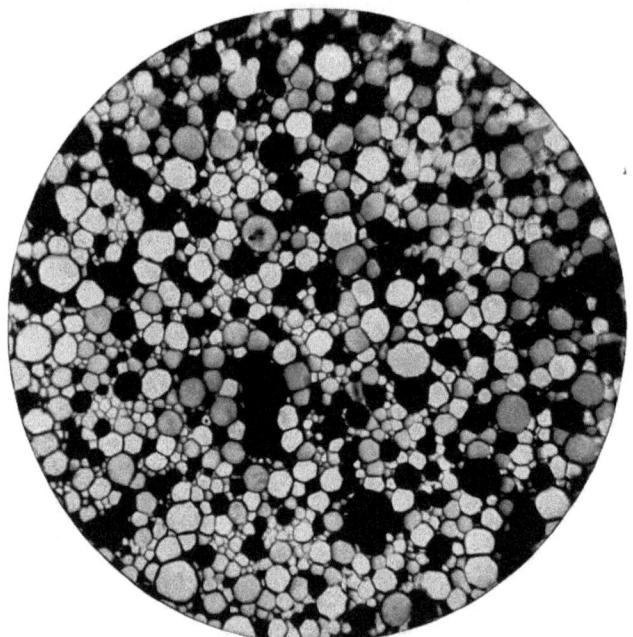

Abb. 33. Raster der Agfacolor-Platte. (Aus HOLLEBEN: Farbenphotographie.)

möglichst dünn sein muß, um Parallaxe zwischen Raster und Emulsionsschicht zu verhindern, die sich in einem Verschwimmen der Farben bei Betrachtung der Bilder unter stärkeren Neigungswinkeln äußert; dieser Fehler ist beim „Agfacolor-Ultrafilm" praktisch beseitigt. Um die schädliche Wirkung des Streulichts zurückzuhalten, werden die Emulsionen in sehr niedriger Schichtdicke, meist etwa 8 μ, aufgetragen. Sie sind daher sehr silberreich, außerdem feinkörnig und klararbeitend. Die Fortschritte der Sensibilisierungstechnik werden am Beispiel des „Agfacolor-Ultrafilms" deutlich. Abb. 35 zeigt, daß dessen Empfindlichkeit im Rot gegenüber der älteren „Agfacolor-Platte" stark erhöht war. Infolgedessen war es nicht nur möglich, den Ultrafilm bei Tageslicht ohne das bei der Platte noch erforderliche Ausgleichsfilter (Agfafilter Nr. 20) zu belichten, sondern es war auch die Belichtungszeit etwa auf ein Drittel herabgesetzt (Agfacolor-Platte 30mal länger als 15/10° DIN entsprechend, Agfacolor-Ultrafilm 10mal länger als 15/10° DIN entsprechend).

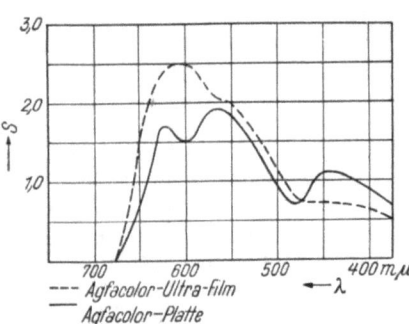

Abb. 35. Sensibilisierung des Agfacolor-Ultrafilms und der Agfacolor-Platte.

Da bei dieser Empfindlichkeit Momentaufnahmen durchaus möglich waren, bei Sonne und Blende $f:5,6$ durchschnittlich mit $1/25$ Sekunde, war der „Agfacolor-Ultrafilm" das gegebene Material für den Amateur und wurde für diesen als

Filmpack, Roll- und Planfilm in den verschiedensten Formaten geliefert. Daneben behielt jedoch die „Agfacolor-Platte", zumal sie bei Nitralicht ohne Filter belichtet werden konnte, ihren Wert hauptsächlich für die Reproduktion von Gemälden und sonstigen Kunstgegenständen sowie für wissenschaftliche Zwecke bei. Zur Anpassung an verschiedene Lichtfarben (S. 375) diente eine Serie von Filtern, die in der folgenden Tabelle 8 aufgeführt sind:

Tabelle 8. Filter fur Agfacolor-Kornraster.

AGFA-Filter Nr.	Agfacolor-Platte	Agfacolor-Ultrafilm
Ohne Filter	Nitralicht	Tageslicht
20	Weißes Tageslicht	—
21	Blaues Tageslicht	—
22	Gelbes Tageslicht	—
24	—	Nitralicht
28	—	Rotliches Tageslicht
29	Blitzlicht	Hochgebirge
30	Nitraphotlampen	Grunliches Tageslicht
31	Mikroaufnahmen im Bogenlicht	Blaues Tageslicht

Dazu kamen noch das „AGFA-Lukor"-Filter und das ZEISS-„A-Dukar"-Filter, die in ihrer Farbe dem Filter 20 entsprachen und durch ihre schwach linsenförmige Gestalt die Berücksichtigung der Plattendicke beim Übergang von der Scharfeinstellung auf der Mattscheibe zur Aufnahme mit „Agfacolor-Platte" überflüssig machten.

Die Verarbeitung der Platten und Filme zeigte gegenüber den seit langem bekannten Daten keine grundsätzlichen Änderungen. Zu erwähnen ist noch die Herstellung von Kopien, die durchaus möglich war, wenn auch ein gewisser Farbverlust in Kauf genommen werden mußte. Empfohlen wurde (86), die möglichst gleichmäßig durchleuchteten Aufnahmen in etwas kleinerem Maßstab erneut aufzunehmen, jedoch weicher zu entwickeln.

Die guten Leistungen der Kornrasterverfahren sind aus zahlreichen Lichtbildvorträgen und Farbdrucken bekannt. SCHAEFER und ACKERMANN (151) haben die AGFA-Farbenplatte von 1927 näher untersucht, indem sie die Wiedergabe einer Reihe farbiger Pigmente durch die Platte in Gestalt ihrer Farborte im Dreieck bestimmten und mit den Farborten der Pigmente selbst verglichen. M. BILTZ (13) führte eine ähnliche Untersuchung für die „Agfacolor-Platte" und den „Agfacolor-Ultrafilm" von 1933 durch. In beiden Fällen ergab sich, daß die Wiedergabe des Farbtons bis auf geringe Abweichungen gut ist, daß die Farbsättigung jedoch vermindert ist, was sich bei gelben Farbtönen deutlicher bemerkbar macht. Da das Auge gegen Sättigungsunterschiede nicht sehr empfindlich ist — nach Messungen von JONES und LOWRY (102) empfinden wir zwischen Weiß und Spektralfarbe nur etwa 15 bis 20 Unterschiedsschwellen — und die Verminderung der Sättigung für verschiedene Farben nicht allzu große Unterschiede zeigt, wirkt diese Sättigungsverminderung wenig störend.

f) Das FINLAY-Raster.

Das hauptsächlich in England angewendete „FINLAY-Farbraster"-Verfahren, das sich vom früheren „PAGET-Raster" herleitet und in Band VIII dieses Handbuches, S. 189. unter dem Namen des Duplexrasters beschrieben ist, wurde bis 1930 in einer anderen Form angewendet als seither. Bei der älteren Form (45) dient für die Aufnahme ein besonderes Aufnahmeraster, das Schicht gegen Schicht gegen eine hochempfindliche panchromatische Platte gepreßt wird. Die

Verwendung hochempfindlicher Platten ist deshalb möglich, weil die nur auf größeren Formaten verwendeten Rasterteilchen eine etwa 16mal größere Fläche umfassen als die der Kornraster (vgl. Abb. 3, Tafel II); auf diese Weise können Momentaufnahmen von $1/100$ Sekunde bei Blende $f:4,5$ gemacht werden. Die vom Raster wieder getrennten Platten werden zum Negativ entwickelt und davon in der üblichen Weise auf einer Diapositivplatte Kopien angefertigt. Das in der Farbe etwas abweichende, in den Dimensionen dem Aufnahmeraster jedoch gleiche Betrachtungsraster muß Kopie für Kopie mit dem Diapositiv genau zur Deckung gebracht werden, ein etwas mühseliger Vorgang, zumal der zwischen Positiv und Raster immer vorhandene Abstand Anlaß zu Parallaxenfehlern gibt. Für die Herstellung von Teilfarbenauszügen nach dem Negativ wurden besondere schwarzweiße Teilfarbenraster geliefert, deren durchsichtige Teile jeweils der Lage nur einer Teilfarbe entsprachen und mit dem Negativ zur Deckung gebracht werden mußten.

Die genannten Schwierigkeiten waren Anlaß zu einer 1931 durchgeführten Änderung des Verfahrens (*10, 23*) in zwei verschiedenen Richtungen. Bei der „Finlaychrome-Platte" wird schon bei der Aufnahme das Prinzip der Trennung von Raster und Schicht aufgegeben zugunsten einer Form, bei der, genau wie bei den Kornrastern, die lichtempfindliche Schicht auf das für Aufnahme und Betrachtung dienende Raster selbst aufgegossen ist und auch genau wie bei Kornrasterbildern entwickelt wird. Bei einer Fortbildung des alten Negativ-Positiv-Verfahrens werden für das Positiv das Raster und die Emulsion, eine unempfindliche Gaslichtemulsion, vereinigt. Zum Kopieren wird das wie früher hergestellte Negativ Schicht gegen Schicht mit diesem Positivraster zusammengebracht und dann von der Schichtseite her, also nicht durch das Raster, kopiert. Um die Richtigkeit der Farben sicherzustellen, werden einerseits bei grünem Licht unter Zuhilfenahme eines Taschenmikroskops bestimmte Kennmarken zur Deckung gebracht, anderseits unmittelbar auf Homogenität der hier natürlich komplementär gefärbten größeren Flächen eingestellt. Auch die Teilauszüge werden nicht mehr mit Auszugsrastern, sondern, wie üblich, mit Filtern hergestellt. Für verschiedene Lichtarten, wie Sommersonne, Wintersonne, diffuses Tageslicht, Glühlampenlicht und Vakublitzlicht, werden besondere Ausgleichsfilter geliefert. Eine größere Verbreitung hat das Verfahren wohl nicht besessen.

g) Das DUFAYCOLOR-Verfahren.

Das am weitesten ausgearbeitete Verfahren mit regelmäßigem Farbstoffraster ist das „DUFAYCOLOR"-Verfahren, dessen Vorgänger die „Dioptichrom"-Platte von LOUIS DUFAY war, die in den Jahren 1910 bis 1917 im Handel war. 1925 wurde das Verfahren von der englischen Papierfabrik SPICERS LTD. wieder aufgegriffen und vor allem auf Grund der Arbeiten von T. T. BAKER auf das Filmband übertragen. Die von der SPICER-DUFAY LTD. und der DUFAYCOLOR LTD. finanzierten Versuche führten bald zu einem recht beachtlichen Stand. Seitdem um 1934 die ILFORD LTD. für das Verfahren gewonnen wurde, werden die Arbeiten dort unter der Leitung F. R. RENWICKS fortgesetzt. Wenn auch die Amateurformate, der Kleinbildfilm und der 16-mm-Schmalfilm berücksichtigt werden, zielt die Entwicklung doch in der Hauptsache auf den Theaterfilm, mit dem auch in der Form eines Negativ-Positiv-Verfahrens gewisse Erfolge erreicht wurden. Auch dieses Verfahren hat im Laufe der Zeit Veränderungen erfahren, doch dürfte die Herstellung des Rasters noch im wesentlichen die gleiche sein, wie sie in einem Aufsatz aus dem Jahre 1932 (*4*) beschrieben wird:

Danach dient als Unterlage Azetylfilm, der mit einer dünnen Kollodiumschicht begossen wird, der der Farbstoff für die grünen Rasterteilchen bereits zugesetzt ist. Nach einer anderen Ausführungsform besteht die Unterlage aus Nitrofilm, der mit einer dünnen, verseiften Azetylzelluloseschicht bedeckt ist. Eine Zwischenschicht verhindert das tiefere Eindringen der Farbstoffe in den Schichtträger. Die Filmbahnen werden dann in einer Länge von 300 m und einer Breite von 0,5 oder 1 m bei einer Geschwindigkeit von etwa 3 m in der Minute mit einem Strichraster aus einer bläulichen Fettfarbe bedruckt, die ähnlich wie bei einer Rotationsdruckmaschine von einer Antragrolle auf die durch Gravieren hergestellte, etwa 0,5 m lange Walze in dünnster Schicht aufgetragen wird. Die Striche verlaufen nicht in der Filmrichtung, sondern unter einem Winkel von 23° zu dieser. Nach einstündigem Trocknen wird in einem Alkali-Alkohol-Bad, das die Fettfarbenstriche nicht durchdringt, wohl aber in die zwischen diesen liegende freie Oberfläche des Films eindringt, der grüne Farbstoff herausgelöst, so daß ein Grün-Weiß-Strichraster übrigbleibt. Die weißen Zwischenräume werden dann blau (vor 1935 rot) angefärbt und das Fettfarbenraster in Benzol entfernt; der Film zeigt dann ein Raster aus gleich breiten grünen und blauen Strichen. Zur Aufbringung der dritten Rasterfarbe wird dann der gleiche Prozeß wiederholt, wobei jedoch der Aufdruck der Fettfarbe unter 90° zur Richtung der ersten Rasterstriche und mit einer etwa 50% größeren Strichbreite, jedoch etwa der gleichen Strichzahl erfolgt. Wieder wird in den Zwischenräumen der grüne und blaue Farbstoff entfernt und nun rot (vor 1935 blau) angefärbt. Nach der Entfernung der Fettreservage liegt das fertige Raster gemäß Abb. 3, Tafel II vor. Das 1935 verfeinerte Raster ist mit etwa 20 Rot-Grün-Blau-Einheiten auf den Millimeter den Anforderungen an das Auflösungsvermögen eines Normalkinefilms gewachsen. Vor dem Aufbringen der Emulsionsschicht wird noch eine Schutzlackschicht von 3 bis 4 μ Dicke eingefügt, die gegenüber einer Seitenlänge der Rasterelemente von 50 μ eine genügende Freiheit von Parallaxerscheinungen sicherstellt (143).

Die Verarbeitung der älteren, nach dem Umkehrverfahren arbeitenden Ausführungsform war im wesentlichen die gleiche wie bei den Kornrastern. Die Filme größeren Formats und auch der Kleinbildfilm, die in Deutschland jedoch nicht in größerem Umfange in den Handel gekommen sind, zeichneten sich durch gute Farbwiedergabe aus. Für den 16-mm-Schmalfilm war das Aufnahmefilter, dessen Farbe dem für Kornrasteraufnahmen sehr ähnlich war, dem Film als Gelatinefolie beigegeben. Es ist jedoch zu bemerken, daß das Raster zumindest in der älteren Form von 15 Einheiten auf den Millimeter in größeren, hell gefärbten Flächen sich doch beim Schmalfilm ziemlich auffällig bemerkbar machte. Eine Probeaufnahme eines Umkehrnormalfilms enthält die Bildtafel zu (32).

Anders dagegen beim Normalfilm, auf den, wie schon erwähnt, das Verfahren hauptsächlich abzielte. Hier liegt die größere Schwierigkeit auf dem Gebiete des Kopierens. Das Kopieren erfolgt optisch durch Abbildung des Originals auf der Kopie mittels eines Objektivs von der Öffnung $f:2$. Um dem bei regelmäßigen Rastern besonders auffälligen Moiré zu begegnen, wird bei voller Öffnung kopiert; dabei ist die Tiefenschärfe so gering, daß bei der Abbildung der Silberbilder aufeinander die Raster nicht mehr scharf aufeinander abgebildet werden. Offenbar hat das aber noch nicht genügt, denn es wird eine schwach prismenförmige Linse erwähnt, die in den Strahlengang eingeschaltet eine zusätzliche, definierte Unschärfe erzeugt, wodurch die von einem Rasterelement auf der Kopie entworfene Fläche soweit ausgebreitet wird, daß sie mit Sicherheit ein Element gleicher Grundfarbe trifft. Als Lichtquelle beim Kopieren diente eine Glühlampe. Um die Farbsättigung, die bei jedem derartigen Kopierprozeß abzunehmen pflegt, genügend hochzuhalten, wurden Filter eingeschaltet, die nur enge Spektralgebiete durchließen. In dieser Form ließ das Verfahren jedoch noch zu wünschen übrig. So mußte die zur Verhinderung des Moiré unumgängliche Erhöhung der Unschärfe doch immerhin soweit getrieben werden, daß sie auffällig wurde. Ferner ist es eine allen Umkehrverfahren für den Theaterfilm anhaftende Eigenschaft, daß die Ruhe des Bildes zu wünschen übrig läßt. Bei einem Negativ-Positiv-Verfahren, bei dem das Bild nur von der Schichtseite her sich aufbaut, wird nämlich niemals die Schicht in ihrer ganzen Dicke in Anspruch genommen. Bei den Umkehrverfahren dagegen, bei denen das Positiv durch Subtraktion des Negativs von der ganzen Schichtdicke entsteht, machen sich die sonst nicht zum Vorschein kommenden Schwankungen der Schichtdicke allgemein sehr viel stärker bemerkbar. Schließlich sind nach dem Umkehrverfahren entwickelte Farbbilder wegen des größeren Durchhangs der Umkehrschwärzungskurven stets etwas dunkler als gewöhnliche Positive; bei den ohnehin schon kaum tragbaren Lichtverlusten eines additiven Projektionsverfahrens spielen solche zusätzlichen Verluste jedenfalls eine Rolle. In einer Stellungnahme, die auch den erwähnten Fehler der Unschärfe bemängelt, wird die Helligkeit zu nicht viel höher als ein Viertel der normalen Projektionshelligkeit angegeben [(105), S. 141].

Durch die 1935 einsetzende Abänderung des Verfahrens ist der größte Teil dieser Fehler behoben worden. Sie steht vor allem im Zeichen des Übergangs auf ein Negativ-Positiv-Verfahren (143). Wie schon oben S. 389 erwähnt, erfordert das Fehlen des bei Umkehrentwicklung die Farbsättigung erhöhenden Nachbareffekts bei der Negativentwicklung besondere Maßnahmen, um den durch Streulicht innerhalb der Emulsion zustande kommenden Sättigungsverlust auszugleichen. Beim „DUFAYCOLOR"-Verfahren wird die zu diesem Zweck erforderliche Begrenzung des Bildes auf die Schichten unmittelbar am Raster durch Zusatz von Thiosulfat zum Entwickler erzielt (67).

Durch die Anwendung der Negativentwicklung ist die Empfindlichkeit erhöht worden. Zur Aufnahme im Atelier werden die auch vom „Technicolor"-Verfahren (s. S. 433) benutzten MOLE-RICHARDSON-Bogenlampen verwendet, bei Seiten- und Oberlichtern jedoch ohne die dort gebräuchlichen hellgelben „straw"-Filter. Die Angabe, daß nur die doppelte Beleuchtungsstärke der bei Schwarz-Weiß-Film erforderlichen gebraucht werde, gibt an sich noch keinen genauen Vergleich der Empfindlichkeit, da erfahrungsgemäß beim Schwarz-Weiß-Film ein Vielfaches der zur Erreichung der Schwelle nötigen Beleuchtung eingesetzt wird, während man bei Farbenverfahren sich damit begnügen muß, mit der ohnehin erhöhten Beleuchtung die Schwelle zu erreichen. Zum Kopieren wird eine LAWLEY- (5), neuerdings eine VINTEN-Kopiermaschine (55) benutzt. Von besonderem Interesse ist die Verwendung einer neuartigen Kopierlampe (5) zur Erzeugung möglichst monochromatischer Strahlung im Maximum der Durchlässigkeit der Filterfarben. Hierzu dient eine von der BRITISH THOMSON-HOUSTON hergestellte Hochdruck-Cadmium-Quecksilberlampe, die mit einer gesättigten Didymchloridlösung von 8 cm Schichtdicke als Filter kombiniert wird. Auf diese Weise entsteht eine Strahlung, die im wesentlichen nur die Linien 643 mμ, 546 mμ und 436 mμ enthält. Ein besonderer Farbausgleich der Szenen ist nicht vorgesehen, wohl dagegen die Berücksichtigung der nicht immer ganz gleichen Rasterfarbe. Dies geschieht durch Serien von verschieden dichten Filtern in Farben, die den Rasterfarben komplementär sind, diese also schwächen, ohne sich gegenseitig zu stören, wenn sie hintereinander im Strahlengang eingeschaltet werden. Unabhängig hiervon wird der Gesamtlichtstrom durch Graufilter gesteuert. Die Steuermarken für beides, Graufilter und Komplementärfilter, befinden sich auf einer Schwarz-Weiß-Kopie nach dem Negativ, die einen besonderen Schaltkasten durchläuft.

Durch die Anwendung des Negativ-Positiv-Verfahrens ist gleichzeitig die

Frage des Moiré gelöst. Dieses trat beim Umkehrverfahren vor allem in den hellen Bildstellen in Erscheinung, während beim Negativ-Positiv-Verfahren die hellen Stellen der Kopie gerade stark gedeckten und daher auch das Raster nicht durchlassenden Stellen des Originals entsprechen. Außerdem äußert sich das Moiré beim Umkehrverfahren in dunklen Streifen, hier jedoch gerade in hellen, die vielleicht weniger auffällig sind.

Auch eine gegen früher geänderte Anordnung der Rasterrichtung dient dem Zweck der Moiréverminderung, nämlich eine solche von 27° für das Negativ, von 45° für das Positiv, gegen den Rand des Films gerechnet. Die Tonwiedergabe wird durch das Raster nicht gestört, da die Anzahl der in der Zeiteinheit den Lichtspalt passierenden Rasterelemente so hoch ist, daß eine Frequenz entsteht, die in der Nähe der oberen Hörbarkeitsgrenze liegt. Eine Entfernung des Rasters über dem Tonstreifen ist daher nicht erforderlich.

Alles in allem sind die Verbesserungen des Dufaycolor-Verfahrens sehr beachtlich, wenn es auch nach wie vor abzuwarten bleibt, wie sich das Verfahren gegenüber dem erhöhten Lichtbedarf bei der Projektion durchzusetzen verstehen wird.

h) Die Linsenrasterverfahren.

Geschichtlicher Überblick. In den Jahren 1925 bis 1938 galt die Aufmerksamkeit der Fachleute in hervorragendem Maße dem Linsenrasterverfahren, einem Verfahren mit regelmäßigem Farbraster, bei dem jedoch der Film selbst keinerlei gefärbte Elemente enthält. Die farbigen Rasterstriche werden vielmehr auf optischem Wege durch Abbildung eines am Objektiv angebrachten Farbfilters mittels mikroskopischer Linsen erzeugt, die in die dem Objektiv zugekehrte schichtfreie Seite des Films eingeprägt sind. Zahlreiche Veröffentlichungen und Hunderte von Patentschriften bezeugen das Interesse an diesem durch die Originalität seines Grundgedankens und die relativ einfache Herstellung des Rasters bestechenden Verfahren, und als nach den nur einem engeren Kreis bekanntgewordenen vielversprechenden Versuchen des Erfinders R. BERTHON und der französischen KELLER-DORIAN-Gesellschaft im Jahre 1928 der „Kodacolor-Film" und 1932 der „Agfacolor-Film" für den Schmalfilmamateur und 1933 der „Agfacolor-Film" für die Kleinbildphotographie in den Handel gekommen waren, ließen die damit erzielten Erfolge auch den Theaterfilm nach dem gleichen Verfahren erwarten. Während die Arbeiten der EASTMAN KODAK COMPANY und der AGFA jedoch in der Erkenntnis der Grenzen des Verfahrens schon bald in andere Richtungen abbogen, wurden im „BERTHON-SIEMENS"-Verfahren die Versuche am Theaterfilm unter großem Kostenaufwand bis zum Ende durchgeführt. Die von 1936 bis 1938 unternommenen Anstrengungen, das durchgearbeitete Verfahren zu allgemeiner Anwendung zu bringen, scheiterten trotz großer Fortschritte letzten Endes an den erschwerten Vorführungsbedingungen, vor allem an dem allen additiven Projektionsverfahren anhaftenden und beim Linsenrasterfilm noch erheblich verstärkten Fehler zu geringer Projektionshelligkeit; hinzu kam, daß der in den gleichen Jahren einsetzende Aufstieg der Mehrschichtenfilme mit ihrer großen Projektionshelligkeit und einfachen Bedienungsweise den Erfolg doch in anderer Richtung erwarten lassen mußten. Lediglich als Aufnahmematerial spielte der Linsenrasterfilm noch 1938 eine gewisse Rolle im „AGFA-Pantachrom"-Verfahren, das im Zusammenhang mit den Siebverfahren an späterer Stelle (S. 419) beschrieben wird. Trotzdem der Linsenrasterfilm also die zuerst auf ihn gesetzten großen Hoffnungen nicht erfüllt hat, haben die auf diesem Gebiet gewonnenen Erkenntnisse doch für die gesamte Farbenphotographie anregend und befruchtend gewirkt. Heute werden Linsenrasterfilme nicht mehr hergestellt. Ihre historische Bedeutung und die Schwierigkeit der Materie erfordern jedoch eine im Verhältnis zu anderen, heute wichtigeren Verfahren etwas ausführlichere Darstellung.

Das Wesen der Linsenrasterverfahren (*77, 78, 79, 108, 142*). Systematisch gehört das Linsenraster zu den Richtrastern (s. S. 342), deren Prinzip wohl zuerst von MEISENBACH 1882 in dem der Autotypie zugrunde liegenden und noch heute verwendeten Gedanken verwirklicht worden ist. Durch die Löcher des vor der photographischen Schicht in einem bestimmten Abstand angebrachten Lochrasters wird bei der Autotypie die Blende des Aufnahmeobjektivs wie bei einer Lochkamera abgebildet; dabei werden in die Öffnung des Objektivs verschiedenartig geformte Steckblenden eingesetzt, die durch die Löcher des Rasters hindurch in der Schicht mehr oder weniger scharf abgebildet werden und dadurch eine durch das Druckverfahren geforderte Lichtverteilung der Elementarpunkte herbeiführen. Es liegen also gleichsam zwei ineinander geschachtelte und voneinander unabhängig arbeitende Strahlengänge vor, nämlich die Abbildung der Vorlage durch das Objektiv auf der Schicht im ganzen gesehen und die Abbildung der Steckblende im Objektiv durch die Lochkameras des Rasters ebenfalls auf der Schicht, dies jedoch in sehr viel kleineren Dimensionen.

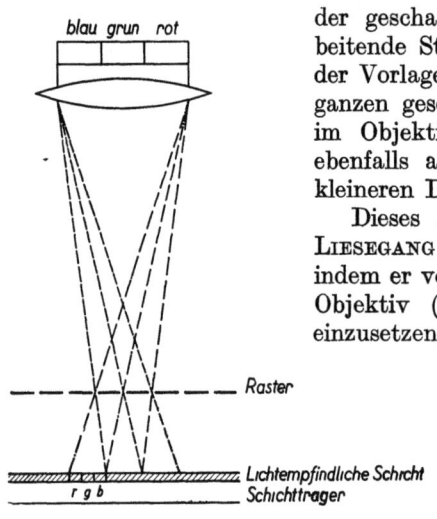

Abb. 36. Prinzip der Verwendung des Loch- und Strichrasters in der Farbenphotographie. (Aus AGFA-Veröff., Bd. III. Leipzig: S. Hirzel.)

Dieses Abbildungsprinzip benutzte zuerst R. E. LIESEGANG (*2*) zur Herstellung eines Farbrasters, indem er vorschlug, an die Stelle der Steckblende ins Objektiv (Abb. 36) eine Blende mit drei Löchern einzusetzen, die mit Filtern in den drei Grundfarben überklebt sind. Da diese Filter durch die Elementarlochkameras des Lochrasters getrennt in der Schicht abgebildet werden, entsteht ein Farbraster, bei dem je drei verschiedene Farbpunkte zu einem Rasterloch gehören. Dabei entspricht die Intensitätsverteilung der drei zueinander gehörenden Farbpunkte der an der betreffenden Bildstelle herrschenden Farbe, so daß z. B. an einer Bildstelle, an der das Bild eines roten Objekts liegt, nur noch die roten Filterbildchen Licht erhalten. Wird von einer solchen Aufnahme ein Positiv hergestellt und dies in genau der gleichen Lage wie bei der Aufnahme hinter das Raster gebracht, von der Rückseite durchleuchtet und durch das mit den Filtern versehene Objektiv projiziert, so wird infolge der gleichgebliebenen optischen Beziehungen zwischen den Elementarpunkten und den Öffnungen der Filterblende dasjenige Lichtbüschelchen, das durch die nunmehr im Positiv durchsichtige Stelle des ehemals rot beleuchteten Elementarbildchens tritt, die rote Öffnung der Filterblende und nur diese treffen. Das durch das Objektiv von der gesamten Bildfläche entworfene Schirmbild kann demzufolge an der Bildstelle, die diesem Elementarpunkt entspricht, nur rot gefärbt sein, wie das Objekt bei der Aufnahme. Wie besonders aus der Betrachtung über die Projektion hervorgeht, ist die Beziehung zwischen Elementarfilterpunkt und Filterblende eine reine Richtungsbeziehung, die auch dann erhalten bleibt, wenn das Filter entfernt oder durch ein anderes ersetzt wird.

Der nächste Schritt zum späteren Linsenrasterfilm wurde von SZCZEPANIK (*177*) mit dem Vorschlag gemacht, an Stelle eines Lochrasters ein Strichraster zu verwenden und dabei die Filter im Objektiv als nebeneinanderliegende, der Rasterrichtung parallel verlaufende Streifen auszubilden. Da bei dieser Anordnung die eigentliche Abbildung nur noch in der Richtung senkrecht zur Richtung des Rasterstriches erfolgt, wird die Länge der Streifen eines solchen Streifenfilters (Abb. 37) für die Form der Abbildung gleichgültig, von Bedeutung jedoch für die Intensität des Lichts unter den Rasterstrichen, so daß durch Veränderung der Filterstreifenlänge eine Abstimmung auf die Empfindlichkeitseigenschaften der Emulsion möglich wird, die so vorgenommen wird, daß weißes Licht auf allen drei Streifen die gleiche Schwärzung hervorruft.

Die durch die undurchsichtigen Rasterstriche hervorgerufenen Lichtverluste bei Aufnahme und Wiedergabe sind natürlich beträchtlich, da die durchlässigen Zwischenräume nur schmal sein dürfen, falls eine genügend scharfe Abbildung der Filterblende in der Schicht erreicht werden soll. Der große Schritt zur praktischen Brauchbarkeit des Richtrasterprinzips wurde daher erst getan, als R. BERTHON (11), dem wir auch den größten Teil der übrigen grundlegenden Gedanken auf diesem Gebiete verdanken, im Jahre 1908 an die Stelle der lichtschwachen „Lochkamera" die lichtstarke „Linsenkamera" setzte, indem er also das Strichraster gegen das Zylinderlinsenraster vertauschte, während die Anordnung der Filter die gleiche blieb (Abb. 38, Tafel I). In Zusammenarbeit mit dem Graveur KELLER-DORIAN verwirklichte er seinen Gedanken, nachdem er auch den wesentlichen Vorteil erkannt hatte, den die Verwendung des in der Wärme plastisch verformbaren Films bietet, da es damit möglich ist, das Raster mittels entsprechend gravierter Walzen unmittelbar in den Schichtträger einzuprägen. Die Aufnahme erfolgt dann also durch den Schichtträger hindurch.

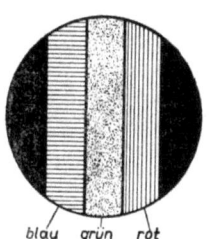

Abb. 37. Streifenfarbfilter für Strich- und Linsenraster.

Herstellung des Rasterfilms. Da die Güte der auf optischem Wege erzeugten Farbrasterstriche völlig von der Qualität der Linsen abhängt, eine fehlerlose Formung derselben aber bei der erforderlichen Feinheit des Rasters besonders für die Zwecke des Laufbildes keine leichte Aufgabe ist, wurde das Optimum erst im Laufe vieler Jahre erreicht. Fast ausnahmslos wurde das von BERTHON in Zusammenarbeit mit KELLER-DORIAN gewählte Verfahren benutzt, bei dem gravierte Walzen unter Anwendung von Wärme in den bereits fertig emulsionierten und auf die richtige Breite geschnittenen Film aufgepreßt werden (Abb. 39). Die Gravierung besteht entweder in eng aneinander anschließenden Spiralen, durch die dann ein Film mit Längsrasterung erzeugt wird (Kodacolor-Film), oder in Linien parallel der Zylinderachse zur Herstellung von Querrastern (BERTHON-SIEMENS-Film). Zur Herstellung des Agfacolor-Films wurde ein abweichendes, von EGGERT und HEYMER (91) entwickeltes Verfahren benutzt, das die schwierige Gravierung umgeht und von einer dicht mit dünnem Draht bewickelten Walze ausgeht, die unter Erwärmung in die mit einer plastischen Filmmasse begossene Gießfläche einer Filmgießmaschine eingeprägt wird. Der von diesem konkaven Profil (Abb. 40) abgegossene Film trägt dann die konvexen Linsen. Dieses Verfahren besitzt den Vorteil, daß nach einmaliger Herstellung der Gießform große Mengen Films in der üblichen Weise abgegossen werden können.

In allen Fällen muß die Krümmung der Linsenoberfläche gerade so bemessen werden, daß die Brennweite der Linsen mit der Filmdicke übereinstimmt, da nur dann das bei der Kleinheit der Linsen praktisch im Unendlichen liegende Filter scharf in der photographischen Schicht abgebildet wird. Tabelle 9 gibt die Dimensionen der wichtigsten Linsenrasterfilme wieder.

Tabelle 9. Dimensionen von Linsenrasterfilmen.

Fabrikat	Linsenbreite in Millimetern	Filmdicke in Millimetern
Agfacolor 16 mm	0,028	0,110
Agfacolor 35 mm	0,028	0,135
Berthon-Siemens	0,042	0,130
Kodacolor 16 mm	0,043	0,135

Ein Vergleich der Rasterbreiten mit den Farbstoffrastern in Abb. 3, Tafel II zeigt, daß sich, insbesondere beim „Agfacolor-Film", mit Hilfe des Linsenrasters bisher die feinsten Farbraster überhaupt herstellen ließen. Dadurch, daß die Aufnahme durch den Schichtträger hindurch erfolgt, entsteht leicht ein Lichthof, der jedoch nach einem Vorschlag von HESS (71) durch eine schwache Anfärbung des Schichtträgers ohne merkliche Beeinträchtigung der Empfindlichkeit behoben werden kann. Die Wirkung dieser Maßnahme, die übrigens für alle in der Farbenphotographie häufig vorkommenden Filme mit dem Objektiv zugekehrtem Schichtträger wirksam ist, beruht darin, daß (Abb. 41 a und b) der Lichthof praktisch nur durch solche Strahlen hervorgerufen wird, die, von der Emulsionsschicht zurückgeworfen, unter dem Winkel der Totalflexion von der Grenze Schichtträger—Luft wieder auf die Schicht zurückfallen, dabei aber einen sehr viel längeren Weg im angefärbten Schichtträger zurückzulegen haben und daher viel stärker absorbiert werden als die direkt auf die Schicht fallenden Strahlen.

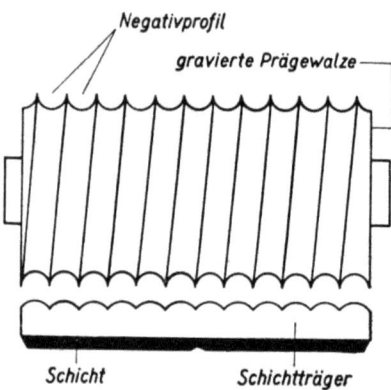

Abb. 39. Herstellung von Linsenrasterfilm durch Pragen des fertigen Films. (Aus AGFA-Veröff., Bd. IV. Leipzig: S. Hirzel.)

Beziehungen zwischen Film und Filter. Das praktisch wirksame Raster beim Linsenrasterfilm sind die Farbstreifen, die als optische Bilder des Streifenfilters im Objektiv auf der lichtempfindlichen Schicht entworfen werden. Für die Eigenschaften dieses Farbstreifenrasters sind stets die Beziehungen zum Filter mit zu berücksichtigen, da die Größe der Farbstreifen und ihre Lage zur zugehörigen Rasterlinse als optische Abbildungen auch von der Größe und der Lage ihrer Vorlage, hier also des Farbfilters, abhängig sind. Nur dann, wenn sich das Filter hinter dem Objektiv zwischen diesem und dem Film befindet, wird es als solches abgebildet. Immer jedoch, wenn das Filter im Objektiv oder davor liegt, wenn sich also brechende Flächen zwischen dem Filter als abzubildendem Objekt und der abbildenden Rasterlinse befinden, „sieht" die Rasterlinse nicht das Filter (Fi in Abb. 42a) selbst, sondern das durch die dazwischenliegenden Objektivteile davon entworfene, virtuelle Bild D, das einen vom wahren Abstand abweichenden optischen oder scheinbaren Abstand F vom Film

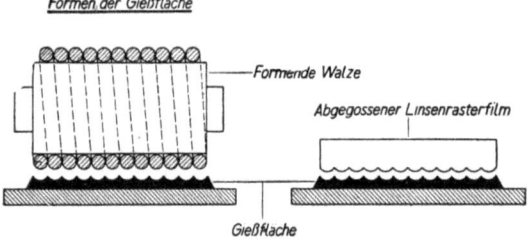

Abb. 40. Herstellung von Linsenrasterfilm durch Pragen der Gießunterlage mit drahtbewickelter Walze und Abgießen des Films von dieser Prageform. (Aus Agfa-Veröff., Bd. IV. Leipzig: S. Hirzel.)

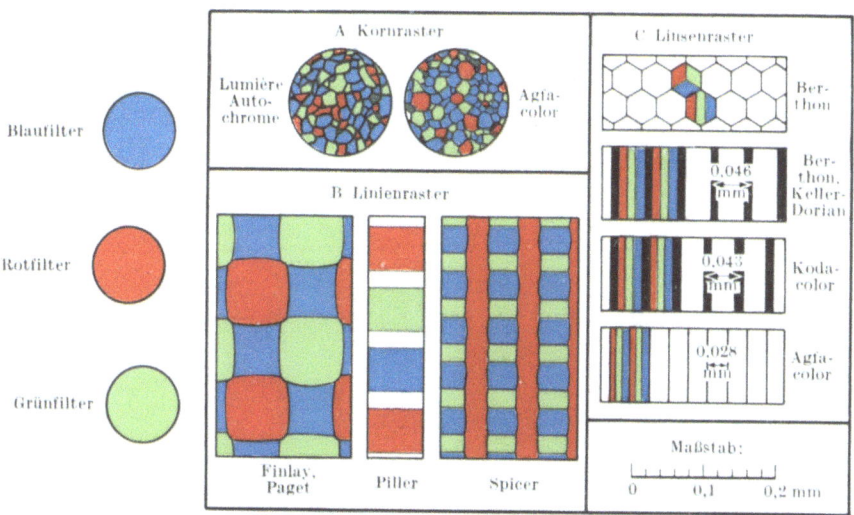

Abb. 3. Maßstablicher Vergleich einiger Raster für Farbenphotographie (schematisch).

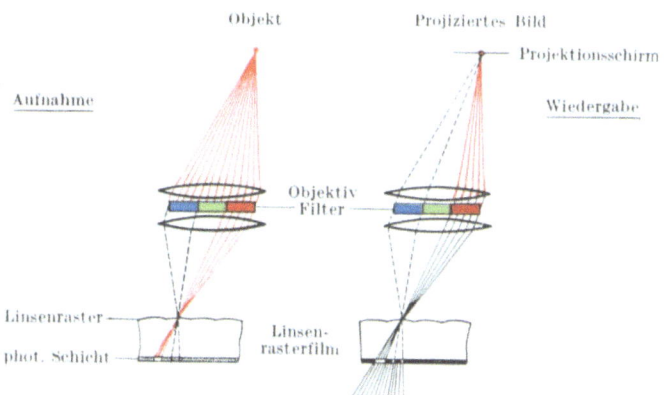

Abb. 38. Prinzip des Linsenrasterfarbenverfahrens.

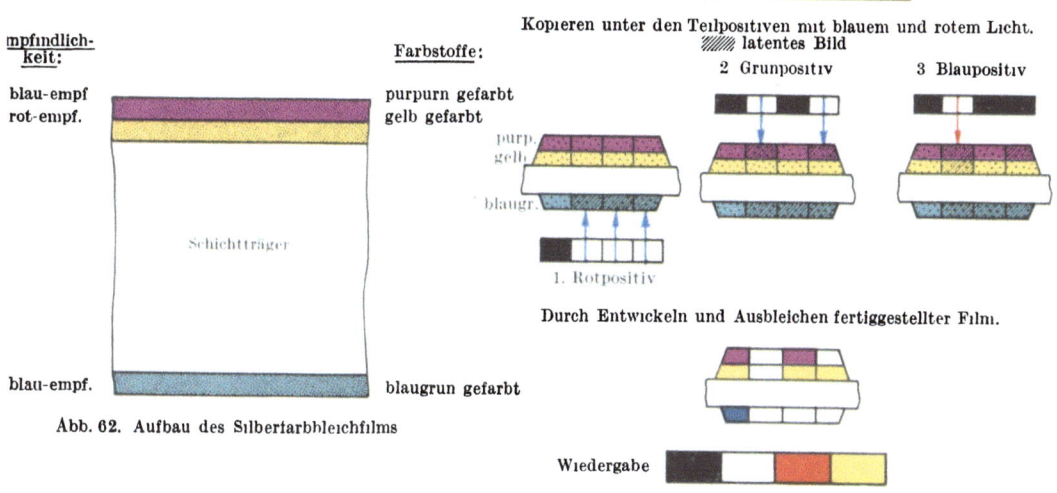

Abb. 62. Aufbau des Silberfarbbleichfilms

Abb. 63. Der Arbeitsgang bei der Fertigstellung eines Silberfarbbleichfilms.

besitzt. Die Rasterlinsen entwerfen also das Bild eines Objekts, das seinerseits ein virtuelles Bild ist.

Ist f die Filmdicke, d die Breite einer Rasterlinse, so füllt das von einer Rasterlinse entworfene Bild von D gerade den Raum unter einer Rasterlinse aus, wenn

$$n \frac{F}{D} = \frac{f}{d}$$

ist (Abb. 42 b). Der Brechungsindex n des Filmmaterials ($n = 1{,}45$) geht des-

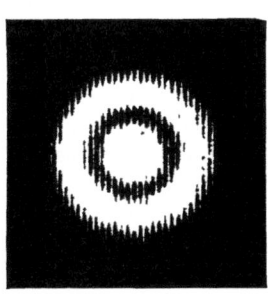
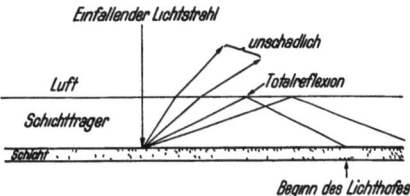

a   b

Abb. 41.
a Form des Lichthofs beim Linsenrasterfilm (ohne Lichthofschutz aufgenommen), Mikroaufnahme. (Aus AGFA-Veröff., Bd. VI. Leipzig S. Hirzel.) b Lichthof bei Belichtung durch den Schichtträger. Vermeidung des Lichthofs durch schwache Anfärbung des Schichtträgers. Die Weglänge der durch Totalreflexion auf die Schicht zurückgeworfenen Strahlen im Schichtträger ist größer als die der direkt auffallenden Strahlen.

halb in die Formel ein, weil das Bild ja nicht von einer doppelseitig gegen Luft grenzenden Linse, sondern in dem Linsenmaterial selbst entworfen wird. Ist die Filterbildbreite kleiner als die Rasterlinsenbreite d, so bleiben zwischen den von den Elementarlinsen entworfenen Bildern unausgenutzte Streifen,

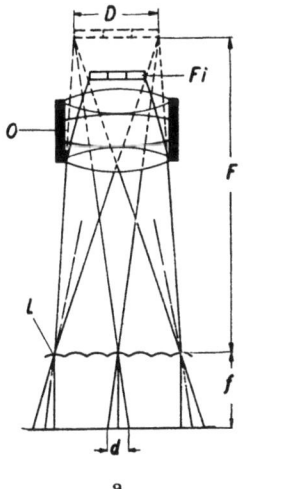
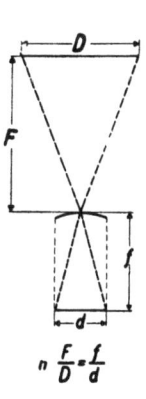
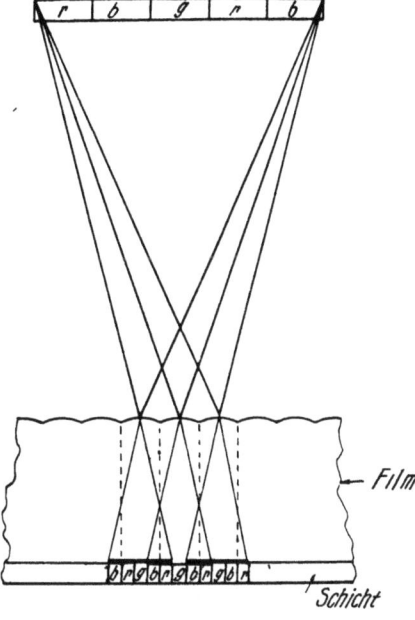

a   b

Abb. 42. Die Filterlage bei Farbenaufnahmen auf Linsenrasterfilm.

Abb. 43. Schematische Darstellung der Wirkungsweise des fünfstreifigen Agfacolor-Leica-Filters. (Aus AGFA-Veröff., Bd. III. Leipzig: S. Hirzel.)

auf die kein Licht fällt, die also bei Umkehrentwicklung schwarz werden, wie z. B. beim Kodacolor-Film in Abb. 3 (Tafel II). Dadurch wird nur die

Lichtausbeute bei der Projektion vermindert und die Sichtbarkeit des Rasters erhöht, ohne daß sonst Fehler aufträten. Ist dagegen die Elementarbildbreite größer als d, so überdecken sich die Randteile zweier Nachbarbilder. Dies führt zu falschen Farben, wenn das Filter aus je einem Streifen in den Grundfarben R, G, B besteht, da dann das rote und blaue Filterbild zweier Nachbarlinsen sich überdecken, in der Projektion also dem Rot, auch wenn es bei der Aufnahme Reinrot war, Blau zugemischt erscheint. Die Einfügung schwarzer Zwischenstreifen bietet gegen das Eintreten dieses Fehlers bei etwa auftretenden Rasterfehlern eine gewisse Sicherheit.

Anderseits kann jedoch die Überlagerung zweier Nachbarbilder bewußt ausgenutzt werden, wenn man dafür sorgt, daß die Filtermaße und die Anordnung der Filterstreifen so gewählt sind, daß die sich überlagernden Teile der Bilder zweier Nachbarlinsen die gleiche Farbe haben. Hiervon wurde z. B. bei den Farbenfiltern der „Leica" für den „Agfacolor"-Kleinbildfilm Gebrauch gemacht, die außer der gewöhnlichen Streifenfolge in den Grundfarben R, G, B als Mittelgruppe noch anschließend nach beiden Seiten eine teilweise Wiederholung dieser Farbfolge aufwiesen (Abb. 43). Die Mittelgruppe war so bemessen, daß ihr Bild unter den Rasterlinsen gerade den Raum einer Linse ausfüllte. Infolgedessen mußten die Wiederholungsstreifen auf das Gebiet der Nachbarlinsen fallen, wobei sie jedoch nur mit Streifen gleichen Farbtons zusammentrafen. In noch stärkerem Maße verwendet das „AGFA-Pantachrom"-Verfahren (s. S. 419) diesen Kunstgriff.

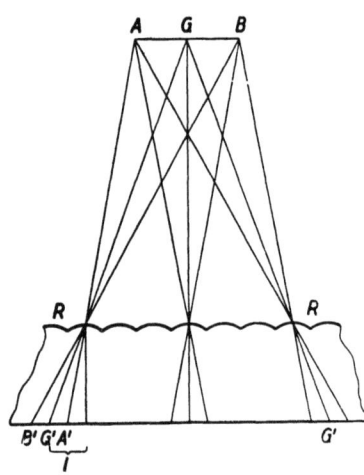

Abb. 44. Die Verschiebung der Elementarbilder unter den Randlinsen. (Aus AGFA-Veröff., Bd. IV. Leipzig: S. Hirzel.)

Das im Mittelpunkt des Bildfeldes in der Objektivachse liegende Filterbildchen liegt natürlich genau unter der Rasterlinse, von der es entworfen wird. Dagegen verschieben sich, wie aus Abb. 44 hervorgeht, die Filterbildchen auf den seitlichen Teilen des Bildfeldes gegenüber der Achse der zugehörigen Elementarlinse zusehends nach außen. Bei der Projektion sollen nun aber die von den Filterbildchen ausgehenden Strahlen sich wieder alle im Projektionsfilter treffen, weil sonst die Beziehungen zwischen Filter und Filterbild nicht mehr stimmen, infolgedessen aber falsche Farben auftreten würden. Diese Bedingung ist ersichtlich dann erfüllt, wenn F, also der scheinbare Abstand des Filterbildes, bei der Wiedergabe der gleiche ist wie bei der Aufnahme. Dazu ist es natürlich nicht erforderlich, daß zur Projektion das gleiche Objektiv wie bei der Aufnahme verwendet wird. Das wäre praktisch gar nicht einmal durchführbar, da sonst bei den üblichen kurzen Aufnahmebrennweiten das projizierte Bild viel zu groß werden würde. Um nun aber auch mit den erforderlichen Objektiven längerer Brennweite projizieren zu können, ist nach dem oben Gesagten nur dafür Sorge zu tragen, daß das Filter in diesem Objektiv so angeordnet wird, daß sein **virtuelles** Bild den gleichen scheinbaren Abstand vom Film besitzt wie bei der Aufnahme (*104*).

Da es nur darauf ankommt, daß die von den Elementarbildchen ausgehenden Strahlen wieder genau auf das Filter fallen, kann man aber auch andere Mittel anwenden, um das zu erreichen, indem man beispielsweise bei der Aufnahme den

Film auf einer Kreisbogenlinie krümmt (*41*), bei der Wiedergabe den Film jedoch flach ausbreitet und nun das Filter dort anordnet, wo sich die Achsen der Elementarbildstrahlen schneiden, also in nunmehr größerer Entfernung vor dem Film, wie das etwa beim „BERTHON-SIEMENS"-Verfahren der Fall war.

Diese durch Krümmen des Films herbeigeführte Verlagerung des Schnittpunkts der Elementarbündel kann jedoch auch unbeabsichtigt durch nicht genügend flaches Liegen des Films bei Aufnahme oder Projektion hervorgerufen werden, wodurch nicht selten beim Linsenrasterfilm an den Rändern des Bildfeldes Farbverschiebungen (Farbdominanten) hervortraten.

Voraussetzung für eine störungsfreie Farbwiedergabe ist an sich natürlich, daß von allen Teilen des Bildfeldes aus das Aufnahme- oder Projektionsfilter frei sichtbar ist. Nun bestand jedoch bei der praktischen Anwendung stets der Wunsch, das Filter vor dem Objektiv anzuordnen, damit es jederzeit leicht entfernt werden kann. Die modernen lichtstarken Objektive zeichnen sich aber sämtlich durch einen stark röhrenförmigen Bau aus; die Folge davon war, daß eine Reihe dieser Objektive trotz großer Lichtstärke nicht brauchbar war, weil für die Seiten des Bildfeldes die hintere Objektivfassung sich vor das virtuelle Bild des Filters, so wie es von solchen Bildstellen aus erschien, schob, so daß Teile des Filters für die Farbwiedergabe ausgeschaltet wurden. Diese Vignettierung des Filters, die zu schweren Farbfehlern führen mußte, trat insbesondere auch dann ein, wenn die Objektive nicht, wie vorgeschrieben, bei voller Öffnung, sondern unter Abblendung mit der üblichen Irisblende verwendet wurden. Infolgedessen mußten andere Mittel zur Regelung der Aufnahmelichtstarke herangezogen werden, wie etwa Neutralgraufilter beim Kodacolor-Film oder Schlitzblenden, durch die die Streifenlänge der Filter verkürzt wurde, wie beim Agfacolor-Schmalfilm (s. S. 405 und 406). Obwohl die Beziehungen zwischen Filter, Objektiv und Rasterfilm noch zahlreiche weitere interessante technische Einzelheiten umfassen, genügt die gegebene Auswahl zum Verständnis der beiden für den Schmalfilm bestimmten Linsenrasterverfahren, des „Kodacolor"- und des (alten) „Agfacolor"-Verfahrens.

Das Kodacolor-Verfahren. Im Jahre 1928 brachte die EASTMAN KODAK COMPANY zuerst in den USA., später dann auch in Europa ihren „Kodacolor-Film" als erstes Schmalfilm-Linsenrasterverfahren auf den Markt (*17*). Sie baute dabei auf den Arbeiten BERTHONS und der seine Patente verwertenden französischen KELLER-DORIAN-Gesellschaft auf, deren Rechte sie für den Schmalfilm erworben hatte. Der Film zeigte eine Rasterlinsenbreite von 0,043 mm bei einer Filmdicke von 0,135 mm. Die oben angeführten optischen Verhältnisse bedingten eine Beschränkung auf bestimmte Objektivtypen; benutzbar waren als Aufnahmekamera die Typen B, BB und K der Ciné-Kodak-Schmalfilmkamera mit einem Objektiv der Öffnung $f:1,9$ und der Brennweite $f = 2,5$ cm. Der Filterhalter war mit einem Stift versehen, so daß er nur bei voll geöffneter Irisblende aufgesetzt und die Blende dann nicht mehr verengert werden konnte. Das Filter bestand aus einem grünen Mittelstreifen und je einem roten und blauen Seitenstreifen, die die Kreissegmente zwischen dem Mittelstreifen und der kreisrunden Filterfassung voll ausfüllten und breiter als der Mittelstreifen waren. Für die Aufnahme mußte über dieses Filter noch eine kleine Blechkappe gestülpt werden, die jeder einzelnen Filmrolle beigegeben war und den doppelten Zweck hatte, die seitlichen Filterstreifen auf die gleiche Breite mit dem Mittelstreifen zu bringen, gleichzeitig aber auch die Länge der so entstehenden gleich breiten Filterstreifen so abzuändern, daß das Verhältnis der drei Grundfarben auf die Sensibilisierung der betreffenden Emulsion abgestimmt war. Die unter den Rasterlinsen entstehenden Bilder des Filters waren kleiner als die Breite der Rasterlinsen, nämlich 0,033 mm breit, so daß nach der Umkehrentwicklung unausgenutzte Zwischenräume verblieben, wie das in Abb. 3 zu erkennen ist.

Da die Irisblende nicht mehr zur Regelung des Lichteinfalles benutzt werden konnte, die Änderung der Filterstreifenlänge aber ebenfalls bereits für die Abstimmung auf die Emulsion verwendet wurde, mußte, wenigstens in der zuerst herausgekommenen Fassung des Verfahrens, zur Lichtregelung mit Graufiltern gearbeitet werden, und zwar wurden zwei Filter, N. D. 1 und N. D. 2, verwendet, die 50 bzw. 75% absorbierten und bei besonders hellen Objekten zu verwenden waren. Normalerweise sollten die Aufnahmen nur bei voller Sonne gemacht werden. Bei dem 1932 herausgebrachten „Kodacolor-Super-Sensitive" (56, 202) war die Empfindlichkeit auf das Doppelte erhöht. Gleichzeitig war aber die Sensibilisierung so geändert, daß nunmehr alle drei Filterstreifen die gleiche Länge haben konnten. Damit war auch die Gelegenheit gegeben, den Lichteinfall durch gleichförmige Veränderung der Länge aller dreier Filterstreifen zu regeln. Hierzu diente später ein Blendenvorsatz, der wie eine gewöhnliche Irisblende zu bedienen war, bei dem jedoch durch die Betätigung des Blendenringes zwei schaufelartige Bleche von beiden Seiten her eine Verkürzung oder Verlängerung der Filterstreifenöffnung herbeiführten.

Die für die Projektion bestimmten Geräte, das „Kodascope A", „B" und das „Library-Kodascope", deren Objektive eine längere Brennweite als das Aufnahmeobjektiv besaßen, wurden mit auf die Frontlinse aufgestecktem Filter verwendet, der erforderliche geringere scheinbare Filterabstand aber dadurch erzielt, daß auf die Filmseite des Objektivs eine in einem federnden Tubus befindliche Zerstreuungslinse geschraubt wurde, die sich beim Schließen der Bildbühne unmittelbar auf das Bildfenster legte. Durch diese Anordnung wird die Brennweite des Objektivs praktisch nicht geändert, wohl aber erscheint das Bild des Projektionsfilters bis auf den der Aufnahme entsprechenden Abstand an den Film herangerückt. Als Projektionswand war ein besonderer „Kodacolor-Schirm" vorgesehen, der durch seine verhältnismäßig geringe Größe von 42×56 cm und durch eine mattierte Aluminiumoberfläche die nötige Projektionshelligkeit sicherstellte.

Später wurden dann noch weitere Apparate für das Kodacolor-Verfahren hergerichtet, so die amerikanischen „Victor-Kameras" Modell 3 und 5 (198) und die „Simplex-Pockette" (199), soweit diese mit einem Objektiv der Öffnung $f:1,5$ (wohl dem bekannten Plasmat) der Firma HUGO MEYER, Görlitz, ausgerüstet waren, ferner die „Filmo-Kameras" Typ 70 und 75 von BELL und HOWELL, Chicago, diese unter Verwendung eines Spezialobjektivs (200). In Deutschland wurde der „Kinamo K. S. 10" mit „Sonnar" $f:1,4$, $F = 2,5$ cm von ZEISS-IKON für das Kodacolor-Verfahren eingerichtet. Folgende Projektoren waren ferner benutzbar: „Bell und Howell 57 G" (200), „Victor Animatograph" (201), Modell 3 und 5, und der „Ampro-Projektor" (88). Auch ZEISS-IKON richtete einen Schmalfilmprojektor für das Verfahren her.

Die mit dem Kodacolor-Film erzielten Resultate waren durchweg als recht gut zu bezeichnen, besonders, nachdem mit dem „Super-Sensitive" die bei dem älteren „Kodacolor"-Film bisweilen etwas zu große Härte der Gradation gemildert war. Das Raster war infolge der nicht ausgenutzten schwarzen Streifen zwischen den Filterbildern meistens zu erkennen, durch seine regelmäßige Form jedoch nicht unbedingt störend. Kopien wurden nicht angefertigt. Mit dem Erscheinen des „Kodachrome"-Schmalfilms wurde die Herstellung des „Kodacolor"-Films eingestellt.

Die „Agfacolor"-Linsenrasterverfahren (80, 81, 182). Unabhängig von dem Patentbesitz der bereits bestehenden Gesellschaften hat auch die AGFA ein

Die Spreizverfahren. 405

Linsenrasterverfahren ausgearbeitet; nachdem die erzielten Resultate erstmalig auf dem VIII. Internationalen Kongreß für Photographie im Jahre 1931 in Dresden gezeigt worden waren, wurde 1932 das Verfahren für den Schmalfilm in den Handel gebracht. 1933 folgte dann das Verfahren für Kleinbildkameras im Format 24×36 mm, und zwar für „Leica" und „Contax", womit zum ersten Male ein Farbenverfahren für diese Formate zum Gebrauch des Amateurs greifbar wurde. Nachdem dann im Jahre 1935 das Farbentwicklungsverfahren in Gestalt des „Agfacolor-Neu"-Films fertiggestellt war, wurden die Linsenrasterverfahren zu dessen Gunsten aus dem Handel zurückgezogen, da der Anwendbarkeit des Farbentwicklungsverfahrens nicht die bei den Linsenrasterverfahren durch die optischen Fragen gezogenen Schranken gesetzt waren.

Eigenschaften des „Agfacolor" - Linsenrasters. Der „Agfacolor"-Linsenrasterfilm zeichnete sich durch ein besonders feines Raster aus. Mit einer Breite der Zylinderlinsen von 0,028 mm stellte es das feinste Dreifarbenraster dar, das wohl überhaupt hergestellt worden ist. Eine Vorstellung von der Dimension der Linsen erhält man, wenn man sich überlegt, daß die Breite eines der drei unter den Rasterlinsen erzeugten Filterstreifenbilder mit 0,009 mm nur noch das 13fache der Wellenlänge des roten Lichts von 700 mμ beträgt. Infolgedessen war das Raster bei normaler Betrachtung überhaupt nicht festzustellen. Hierzu trug gegenüber dem auch sonst gröberen „Kodacolor"-Raster

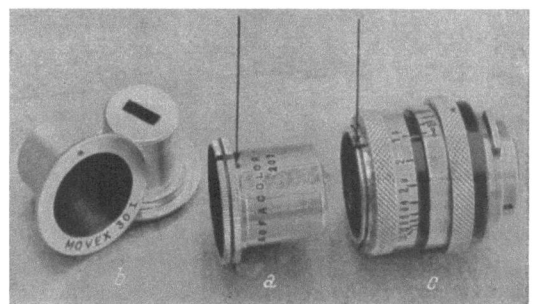

Abb. 45. Filter und Spaltblenden für die Aufnahme beim Agfacolor-Linsenrasterverfahren für Schmalfilm.
a Filter, *b* Spaltblenden, *c* Objektiv.

noch der Umstand bei, daß die Filterbilder unter den Rasterlinsen nicht, wie dort, einen unausgenutzten und daher als schwarzen Strich bemerkbaren Streifen zwischen sich ließen, sondern ohne Zwischenraum aneinanderstießen. Wie auf S. 400 bereits erwähnt, wurde das Raster im Abgießverfahren von einem Unterguß hergestellt, der mit einer mit Draht bewickelten Walze geprägt worden war. Die Filmdicke und damit die Brennweite der Rasterlinsen war für Schmalfilm und Kleinbild verschieden, nämlich 0,115 mm für den Schmalfilm, 0,135 mm für den in den Kleinbildkameras verwendeten Normalfilm.

Das „Agfacolor"-Linsenrasterverfahren für Schmalfilm (*80, 81*). Für die Aufnahme des Linsenrasterschmalfilms dienten die beiden damaligen Kameratypen der AGFA, die „Movex 12" für Kassettenfilm und die „Movex 30" für Spulen der Länge 15 und 30 m, sofern sie mit dem „Symmetar" $f\!:\!1,5$ der Brennweite 20 mm ausgerüstet waren. Entsprechend der verschiedenen Fassung des Objektivs waren auch die Filterhalter etwas verschieden gestaltet; sie sind in Abb. 45 für die „Movex 12" und für die „Movex 30" wiedergegeben. Durch Einfügen eines am Filterhalter befindlichen Stifts in einen entsprechenden Ausschnitt der Objektivfassung c wurde dafür gesorgt, daß die Längsrichtung der Streifen des dreistreifigen Filters in den Farben R, G, B mit der Richtung der Zylinderlinsen, die sich der Länge nach über den Film ziehen, genau übereinstimmt. Die Aufnahmen mußten stets bei voll geöffneter Irisblende gemacht werden; die Regelung des Lichteinfalles erfolgte nicht, wie beim Kodacolor-Film, durch Graufilter, sondern durch drei sogenannte Spaltblenden b (Abb. 45), durch die die Länge der Filterstreifen stufenweise jeweils auf die Hälfte verkürzt wurde. Auch diese Blenden wurden mit Hilfe von Justierstiften in der richtigen Lage auf das Filter gesetzt. Da der Film stets mit nur einer auf gleiche Filterstreifenlänge abgestimmten Sensibilisierung geliefert wurde, erübrigte sich die Verwendung von besonderen Blechmasken, wie sie beim „Kodacolor"-Film zur Abstimmung auf die Sensibilisierung verwendet wurden. Da die verschiedenen Spaltblenden eine gewisse Unbequemlichkeit bedeuteten, wurden sie später durch eine einzige verstellbare Blende ersetzt, die genau wie eine Irisblende zu betätigen war, bei der sich jedoch zwei Bleche mit parallelen Kanten gegeneinander verschoben. Die Belichtungstabellen lassen erkennen, daß der „Agfacolor"-Film etwa wie ein Film von 8/10°

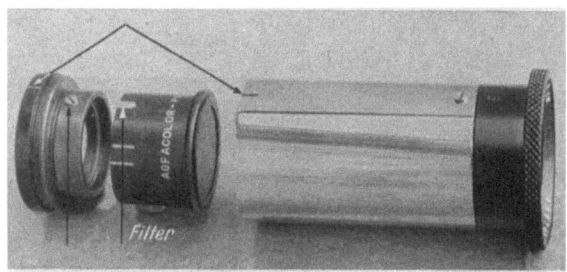

Abb. 46. Projektionsfilter für das Agfacolor-Linsenrasterverfahren für Schmalfilm.

DIN belichtet werden mußte. Diese Empfindlichkeit, die sich trotz der Verluste durch die Filter erzielen ließ, muß deshalb als relativ hoch bezeichnet werden, weil das sehr feine Raster an das Auflösungsvermögen der Emulsion ganz besonders hohe Anforderungen stellte, denn es ist ja bekannt, daß höchste Empfindlichkeit und höchstes Auflösungsvermögen beim derzeitigen und erst recht dem damaligen Stande der Technik zwei sich ausschließende Zielsetzungen bedeuten. Der fertig belichtete Film wurde zur Entwicklung, wie alle Umkehrschmalfilme, an die Entwicklungsanstalt der AGFA eingeschickt.

Zur Vorführung konnten die Projektoren „Movector A" (nach Umänderung), „AL", „ALL" und „Super 16" benutzt werden. Das Filter wurde in das Objektiv eingesetzt, wo es durch Justierstifte in der richtigen Lage gehalten wurde (Abb. 46). Um eine von Farbschlieren freie Ausleuchtung des Gesichtsfeldes zu erzielen, mußte die Lampe so ausjustiert werden, daß die vom Lampenspiegel entworfenen reellen Bilder möglichst genau zwischen die Wendeln der Glühlampe selbst fielen, wie das ja auch bei der Schwarz-Weiß-Projektion zur Erzielung der besten Lichtausbeute erforderlich ist. Um die Lichtverluste auszugleichen, wurde auch beim „Agfacolor"-Verfahren ein besonderer Bildschirm verwendet, der sich durch hohe Reflexion bei gleichzeitig relativ großem Streuwinkel auszeichnete.

Der scheinbare Abstand F und die scheinbare Breite D von Aufnahme- und Projektionsfilter zeigten für den ,,Agfacolor"-Film die gleichen Werte wie für den Kodacolor-Film (s. S. 402). Da außerdem die Filterabstimmung die gleiche war wie beim ,,Kodacolor-Super-Sensitive", war es möglich, bei Aufnahme und Wiedergabe die Filme beliebig auszutauschen. Da seitens der AGFA auch die Projektoren ,,Nizo HS" und ,,Bolex" für den Linsenrasterfilm eingerichtet waren, stand zusammen mit den amerikanischen Projektoren eine relativ große apparative Auswahl zur Verfügung. Eine Bildprobe befindet sich in der Bildtafel zu (32).

Das ,,Agfacolor"-Linsenrasterverfahren für das Kleinbild (81, 182). Da das Kornraster für das Kleinbild im Format 24×36 mm (,,Leica", ,,Contax" usw.) im allgemeinen zu grob ist, bedeutete die Einführung des ,,Agfacolor"-Linsenrasterfilms für dieses Format im Jahre 1933 die Ausfüllung einer Lücke, zumal die Verbreitung der Kleinbildkamera gerade um diese Zeit sehr stark zunahm.

Um von vornherein die optischen Bedingungen nicht zu einem zu großen Hindernis werden zu lassen, waren die optischen Daten für die verschiedenen Kleinbildkameras in gewisser Weise normiert. Bei einer Rasterlinsenbreite von 0,028 mm, einer Filmdicke bzw. Brennweite von 0,135 mm und einem Brechungsindex des Filmmaterials (Azetylfilm) von $n = 1,45$ ergab sich gemäß der oben angeführten Formel

$$n\frac{F}{D} = \frac{f}{d}$$

für das notwendige Verhältnis des scheinbaren Filterabstandes zur scheinbaren Filterbreite ein Wert von 3,5. Da aber, wie auf S. 402 angegeben, zur Erzielung einer farbrichtigen Projektion außer diesem Wert auch noch der scheinbare Filterabstand als solcher von Aufnahme zu Wiedergabe gleich sein muß, war hierfür ein Wert von 120 mm festgelegt, der für alle Objektive durch geeignete Anordnung des Filters im Verhältnis zum Objektiv einzuhalten war. Eine Ausnahme bildete nur das Farbtessar zur ,,Contax", das einen Filterabstand von 60 mm besaß; bei der Projektion, die im übrigen mit der gleichen Anordnung erfolgte wie für 120 mm scheinbaren Filterabstand, wurde in diesem Falle durch eine Konkavlinse der Filterabstand auf die erforderlichen 60 mm heruntergebracht. Folgende Objektive waren für den ,,Agfacolor"-Film eingerichtet (s. Tabelle 10).

Während die übrigen Objektive die üblichen dreistreifigen Filter in den Farben R, G, B benutzten, wurden bei den LEITZ-Objektiven ,,Hektor" und ,,Summar" fünf- bzw. siebenstreifige Wiederholungsfilter (Abb. 47) verwendet, die zusammen mit Blenden bestimmter Gestalt die durch Vignettierung sonst zu befürchtenden Fehler in Gestalt vorherrschender Farben in bestimmten Bildfeldteilen zu verhindern bestimmt waren. Diese Blende befand sich beim ,,Hektor" in gewissem Abstand vor dem Filter. Beim ,,Summar" arbeitete das Wiederholungsfilter, das in einem bestimmten Abstand vor der Vorderlinse angebracht

Tabelle 10. Übersicht der für den ,,Agfacolor"-Linsenraster-Kleinbildfilm eingerichteten Objektive.

Firma	Objektiv	Öffnung	Brennweite in Millimetern
LEITZ	Hektor	$f:1,9$	73
LEITZ	Summar	$f:2$	50
MEYER	Plasmat	$f:1,5$	50
MEYER	Plasmat	$f:1,5$	75
SCHNEIDER	Xenon	$f:2$	45
ZEISS-IKON	Tessar	$f:2,8$	50
ZEISS-IKON	Sonnar	$f:2$	50
ZEISS-IKON	Sonnar	$f:1,5$	50
ZEISS-IKON	Sonnar	$f:2$	85

war, zusammen mit einer sechseckigen Irisblende derart, daß vom Film aus gesehen das Farbgleichgewicht nicht gestört wurde (s. S. 401).

Da wegen der optischen Verhältnisse stets mit fester Blende gearbeitet wurde, mußte die Belichtung durch geeignete Bemessung der Belichtungszeit geregelt werden. Als Anhaltspunkt diente zur Benutzung der Belichtungstabellen die Angabe, daß die Belichtungszeit gemäß einem Aufnahmematerial von 23° Scheiner bei Blende $f:9$ zu wählen sei. Daraus folgt eine relativ hohe Gebrauchsempfindlichkeit, denn für Aufnahmen im Sommer bei Sonne am Strande ergeben sich daraus Belichtungszeiten von $1/_{200}$ bis $1/_{500}$ Sekunde.

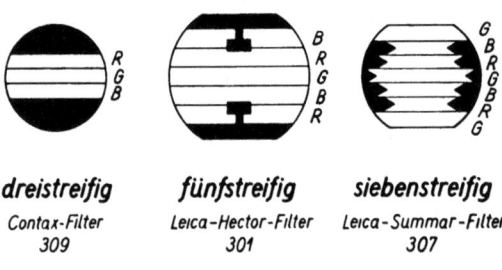

Abb. 47. Agfacolor-Linsenrasterfilter für Kleinbildkameras.

Für Aufnahmen bei Nitralicht wurde entweder das Filter für Tageslichtaufnahmen mit einer Abdeckung des roten und grünen Filterstreifens in bestimmten Verhältnissen [(*182*), S. 216, Abb. 7] oder besonders abgestimmte Filter benutzt. Die Umkehrentwicklung konnte der Amateur selbst vornehmen oder bei den Entwicklungsanstalten der AGFA ausführen lassen.

Die Notwendigkeit, eine genügend lichtstarke Projektion sicherzustellen, führte zur Entwicklung von Kleinbildprojektoren hoher Leistung, wie des LEITZ-Projektors „VIII k" und des ZEISS-IKON-„Großraumprojektors". Dies und die Tatsache, daß der Amateur sich mit der Projektion seiner Kleinbilder zu befreunden lernte, kam später den farbigen Kleinbildfilmen mit Farbentwicklung zugute. Da das Raster gegenüber dem Schmalfilmbild noch relativ sehr viel weniger sichtbar werden konnte, zeichneten sich die nach dem Verfahren gewonnenen Bilder durch eine ganz besonders hohe Plastik aus. Nachteilig war jedoch der Fehler der farbigen Tiefenunschärfe. Wie S. 382 erwähnt, müssen Linsenrasteraufnahmen den Fehler der räumlichen Parallaxe zeigen, da beispielsweise das durch das Blaufilter anvisierte Objekt einen etwas anderen Konturenverlauf zeigt als vom Rotfilter als Visierpunkt aus. Infolgedessen werden etwa weiße Linien, vor einem dunkleren Hintergrund, falls sie außerhalb der Schärfenebene liegen, in die Farben des Filters aufgespalten erscheinen. Dieser Fehler tritt um so stärker in Erscheinung, je größer der absolute nutzbare Durchmesser des Objektivs ist. Bei gleicher nutzbarer Öffnung ist er der Brennweite des Objektivs direkt proportional. Während bei den Linsenrasteraufnahmen auf Schmalfilm infolge der dort verwendeten kurzen Brennweite von 20 mm der Fehler der farbigen Tiefenunschärfe praktisch überhaupt nicht in Erscheinung trat, wirkte er beim Kleinbildfilm, insbesondere bei langen Brennweiten, und bei starken Tiefenunterschieden mitunter störend und konnte nur durch geeignete Wahl des Aufnahmestandpunkts vermieden werden.

Kopien auf Linsenrasterfilm wurden weder vom Linsenrasterschmalfilm noch vom Kleinbildfilm hergestellt. Wohl dagegen war es wegen der Feinheit des Rasters ohne weiteres möglich, auf dem Wege über Zwischennegative Schwarz-Weiß-Kopien herzustellen. Da es nach dem auf S. 409 Erläuterten besonders einfach ist, die Teilauszüge aus einem Linsenrasterfilm herauszuholen, indem einfach bei der Projektion zwei Filter, bzw. die ihnen entsprechenden Stellen ohne Verwendung des Filters abgedeckt werden, lag es nicht zu fern, auch farbige Papierbilder nach Kleinbildaufnahmen herzustellen, wie dies beispielsweise von der „Coloprint" (s. S. 430) ausgeführt worden ist.

Die Beschreibung der Linsenrasterverfahren sowohl für den Schmalfilm als auch für das Kleinbild läßt erkennen, daß zwar seitens der beteiligten Firmen alles getan worden ist, um die Schwierigkeiten und Fehlermöglichkeiten weitgehend auszuschalten; trotzdem fanden diese Verfahren nicht die Verbreitung, die bei dem Anreiz, den das farbige Bild zu bieten vermag, hätte erwartet werden können, was auf die Notwendigkeit, das Bild zu projizieren und sich besondere Zusatzgeräte zu beschaffen und die geringe Bildgröße in der Projektion zurückgeführt werden mag, denn die mit den Verfahren erzielten Resultate wiesen eine Qualität auf, die, wenn man von der Beschränkung in der Bildgröße bei der Vorführung absieht, nicht sehr hinter den mit den heutigen subtraktiven Verfahren erzielten zurückstand.

Das Kopieren von Linsenrasterfilm. Schon BERTHON hatte erkannt, daß ein Linsenrasterfilm auch kopiert werden kann (*203*). Bei der Aufnahme werden die mit den Filterstreifen bedeckten Teile der Austrittspupille des Objektivs durch die Rasterlinsen nach geometrisch-optischen Gesetzen in der Schicht abgebildet, d. h. die Bilder, die z. B. vom Rotfilter entworfen werden, sind dem Teil der

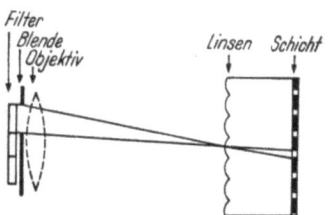

Abb. 48. Kopieren von Teilauszügen aus Linsenrasterfilmen.

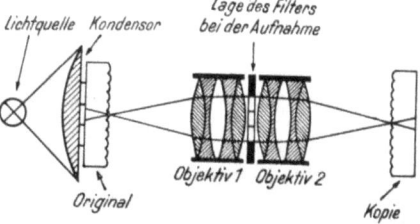

Abb. 49. Optischer Kopierprozeß für Linsenrasterfilm.

Austrittspupille, an dem sich das Rotfilter befindet, rein geometrisch-optisch zugeordnet und bleiben es auch dann, wenn das Filter entfernt wird. Alle zur roten Teilfarbe gehörenden Teile des Bildes empfangen ihr Licht bei der Aufnahme von dieser Stelle, und bei der Wiedergabe nimmt das Licht von den dem Rotfilterbild entsprechenden Stellen unter den Rasterlinsen aus rückwärts seinen Weg wieder auf diesen Teil der Austrittspupille zu. Deckt man bei der Projektion eines Linsenrasterbildes das G- und das B-Filter ab (Abb. 48), so wird durch das Rotfilter nur der Rotauszug projiziert, und auch nach Entfernung des Filters stellt das projizierte Bild in seiner Schwärzungsverteilung nur den Rotauszug dar. Es ist also möglich, durch Abdeckung der verschiedenen Filterteile, jedoch ohne Verwendung eines Filters, die drei Teilauszüge aus einem Linsenrasterfilm herauszuholen. Nach dem gleichen Prinzip erfolgt aber auch das Kopieren eines Linsenrasterfilms wieder auf Linsenrasterfilm. Projiziert man die Aufnahme mit eingesetztem Filter statt auf einen Schirm auf einen zweiten Linsenrasterfilm (Abb. 49), wobei man zur Erzielung einer genügend kleinen Abbildung ein zweites Objektiv gleicher Brennweite vor das eigentliche Projektionsobjektiv setzt, so wird die Kopie in ganz ähnlicher Weise belichtet wie bei einer Aufnahme. Infolge der Beziehungen zwischen Film und Filter kann dabei aber das Filter ganz entfernt werden, denn alle z. B. zum Rotbild gehörenden Strahlen durchlaufen die (filterlose) Rotfilterfläche und treffen von dieser ausgehend auch die Kopie, und Entsprechendes gilt auch für die beiden anderen Teilfarben.

Nach diesem Verfahren sind schon vor 1928 von der ehemaligen KELLER-DORIAN-Gesellschaft Kopien hergestellt worden, deren Qualität zwar infolge sekundärer Fehler nicht den heutigen Ansprüchen Genüge tat, die aber die

Richtigkeit des Prinzips bestätigten. Die Schwierigkeiten dieses Verfahrens lagen vor allem im Fehlen geeigneter Kopierobjektive, von denen extrem hohe Öffnung verlangt wird.

Wie bei den Farbstoffrastern, so tritt auch bei den Linsenrastern ohne besondere Vorsichtsmaßregeln auf den Kopien die als Moiré bezeichnete Streifigkeit auf, deren Beseitigung Gegenstand zahlreicher Patentanmeldungen war. Sie kommt auf folgende Weise zustande [(78) S. 166]: Wird das Original mit parallelem Licht durchleuchtet, so beansprucht das von einer einzigen Teilfarbe ausgehende Strahlenbündel nur das über diesem Teilfarbenstreifen liegende Drittel der zugehörigen Rasterlinse, während bei der Aufnahme natürlich die Strahlen auf diesen Teilfarbenstreifen von der gesamten Rasterlinsenoberfläche aus konzentriert wurden. Die Abbildung des Teilfarbenstreifens hängt daher beim Kopieren mit parallelem Licht von dem weiteren Schicksal dieses gegenüber der Aufnahme schmaleren Lichtbündels ab. Das ist von besonderer Wichtigkeit, wenn es die Rasterlinsen der Kopie trifft. Die Randteile der Rasterlinsen haben nämlich gewöhnlich nicht die gleich guten optischen Eigenschaften wie die Mittelteile, und vor allem sind die Stoßstellen zwischen zwei benachbarten Linsen nicht selten fehlerhaft. Trifft daher das Teilfarbenbündel ein solches Randgebiet, so sind die Störungen verhältnismäßig größer, als wenn das Bündel auf die Mitte

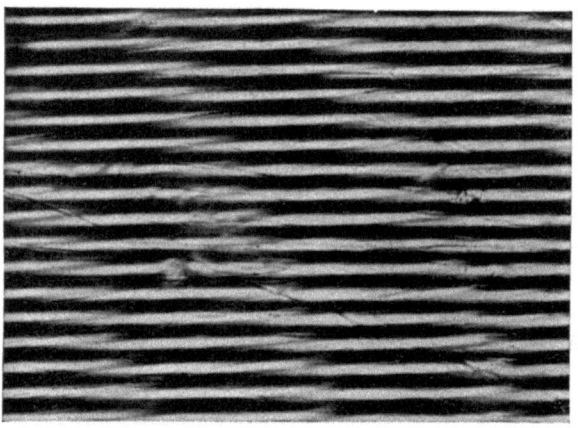

Abb. 50. Mikroaufnahme einer Bildstelle mit Moiré. Die verwaschenen Stellen liegen unter der Stoßstelle zweier Rasterlinsen der Kopie. (Aus AGFA-Veröff., Bd. IV. Leipzig: S. Hirzel.)

einer Rasterlinse der Kopie trifft. Liegen die Raster von Original und Kopie in einem gewissen Winkel zueinander, so wechseln daher Stellen exakter Wiedergabe mit solchen gestörter Aufzeichnung ab, was sich dann makroskopisch in der erwähnten Streifigkeit äußert. Abb. 50 läßt deutlich die Störungsstellen bei der Abbildung mit parallelem Licht erkennen. Aus der gegebenen Erklärung folgt zugleich das Mittel zur Behebung des Moiré, das darin besteht, daß beim Kopieren die Beleuchtung des Originals mit parallelem Licht zu vermeiden ist. Statt dessen ist mit gebüscheltem Licht zu beleuchten derart, daß von jedem Punkt der Schicht des Originals ein Strahlenbündel von solcher Öffnung ausgeht, daß mindestens die gesamte Oberfläche einer Rasterlinse davon getroffen wird. Auch auf der Kopie hängt dann der Kopiervorgang jeder Teilfarbe an einem Strahlenbündel von der Breite einer Rasterlinse, so daß Ausfallserscheinungen in den Randgebieten der Linsen sich nicht mehr im gleichen Maße störend bemerkbar machen können.

Das „Berthon-Siemens"-Linsenrasterverfahren. Neben der KELLER-DORIAN-Gesellschaft hatte sich die SOCIÉTÉ CINÉCHROMATIQUE einen neuen, wiederum in der Hauptsache von R. BERTHON geschaffenen Patentkomplex aufgebaut, der später von den Firmen PERUTZ und SIEMENS & HALSKE in Form der OPTICOLOR A. G. übernommen wurde. Die Arbeiten, die die Schaffung eines kopierfähigen

Linsenrasterverfahrens zum Ziel hatten, wurden in ihrem emulsionstechnischen Teil von PERUTZ, in ihrem mechanisch-optischen Teil von SIEMENS & HALSKE durchgeführt und führten gegenüber dem übernommenen Stand zu einem praktisch völlig geänderten Verfahren (*59, 204, 205*).

Für die Aufnahme wurde ein Film mit Querraster benutzt, der etwa 24 Linsen auf den Millimeter aufwies und in einer leicht gekrümmten Filmbahn lief (s. S. 403). Über das optische System ist Näheres nicht bekannt geworden außer, daß ein Vorsatzsystem verwendet wurde, das die farbige Tiefenunschärfe beseitigen sollte (s. S. 382). Die Originale wurden umkehrentwickelt. Das Kopierproblem war vollständig gelöst, und zwar in der in Abb. 51 schematisch gezeichneten Weise. Wie im vorigen Absatz erwähnt, sind die Teilfarbenregistrierungen im Original rein geometrisch-optisch den Filterflächen des Aufnahmefilters, bzw. seines virtuellen Bildes zugeordnet. Bezeichnet man mit R, G' und B' (der rote Filterstreifen lag in der Mitte) die Schwerpunkte dieser Filterflächen, so kann man die Teilfarbenbilder einzeln entwerfen, wenn man in diese Schwerpunkte Objektive setzt, deren Öffnung höchstens gleich der Breite eines Teilfarbenfilters ist. Um nun die Teilfarbenbilder wieder unter den gleichen Winkeln wie bei der Aufnahme auf dem zu kopierenden Film zu vereinigen, benutzte das BERTHON-SIEMENS-Verfahren die mit Sp bezeichnete Spiegelanordnung, wobei die kleinen Einzelobjektive in R, G und B so angeordnet wurden, daß ihre Spiegelbilder, vom Film aus gesehen, der richtigen Lage von R, G' und B' entsprachen. Abgesehen von der erforderlichen genauesten Justierung der Spiegel hatte diese Anordnung den großen Vorteil, mit Objektiven kleiner Öffnung und dementsprechend höherer Abbildungsschärfe arbeiten zu können.

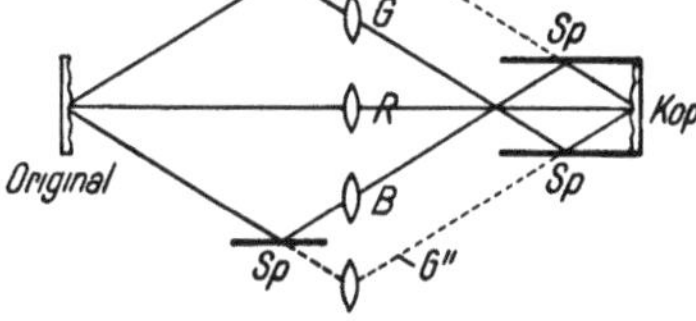

Abb. 51. Schema des Kopiervorganges beim BERTHON-SIEMENS-Linsenrasterverfahren.

Um zu genügend heller Projektion der Kopien zu gelangen, wurden völlig neue Lampentypen ausgearbeitet, die außer höherer Lichtleistung auch eine besonders ruhige Lage des Lichtbogens sicherstellten, wodurch die bei Linsenrasterfilmen sonst häufig auftretenden Schwankungen in der gleichförmig farbtonlosen Ausleuchtung des Bildschirmes beseitigt wurden. Ein weiteres Mittel zur Erhöhung der Projektionshelligkeit war ein Metallschirm, bei dem die Lichtstreuung nicht wie sonst durch Mattierung erfolgte, sondern durch eingeprägte Hohlspiegelchen von etwa 1 mm Durchmesser und solcher Form, daß das aufprojizierte Licht nur in den von Zuschauern besetzten Raumwinkel reflektiert wurde. Zum Ausgleich von Sprüngen in der Farbstimmung von Szene zu Szene wurde bei der Vorführung der Probekopie durch Veränderung der Streifenlänge der Projektionsfilter das Licht leicht gefärbt, bis subjektiv Kompensation erreicht war (s. S. 378). Diese Filtereinstellung wurde an einem mit den Filterblenden gekoppelten Steuerorgan in Gestalt eines Farbdreiecks abgelesen, bzw. auf dem bekannten, entsprechend modifizierten Lochstreifen zur Steuerung des Kopierlichts eingestanzt. Für jedes der drei Kopierobjektive wurde dabei das Licht gesondert gesteuert.

Wie bereits erwähnt, ließen die in der Öffentlichkeit gezeigten Filme, wie „Das Schönheitspflästerchen" im August 1936 oder ein Film über Deutschland auf der Weltausstellung in Paris 1937, erkennen, daß das Verfahren praktisch gut durchgearbeitet war. Die eigentlichen Schwierigkeiten lagen in der Erzielung der erforderlichen Projektionshelligkeit. Zwar hatte schon die öffentliche Vorführung eines Linsenraster-Normalfilms durch die amerikanische KELLER-

DORIAN-Gesellschaft im April 1936 in Rochester und New York (*18*) gezeigt, daß man durch Hochtreiben aller die Helligkeit bedingenden Faktoren, wie Transparenz des Films und der Filter, Lampe und Strahlengang, zu einer ausreichenden Helligkeit gelangen kann, und auch die Vorführungen der BERTHOH-SIEMENS-Filme gaben unter den gewählten Verhältnissen keinen Grund zur Beanstandung, doch waren in beiden Fallen die in jedem Theater vorzunehmenden apparativen Änderungen so umfangreich, daß die Einführung des Verfahrens dadurch behindert werden mußte. Den Ausschlag in der Stellungnahme der Praxis hat dann wohl das gerade um diese Zeit verstärkte Hervortreten von Filmen nach dem Siebverfahren gegeben, die auf den gebräuchlichen Projektoren ohne Änderung und mit guter Lichtausbeute vorgeführt werden können.

i) Aufsichtsbilder mit Farbrastern.

Schon frühzeitig ist versucht worden, auch Aufsichtsbilder nach einem Rasterverfahren herzustellen. Zu diesem Zweck mußten die Rasterteilchen in höchstens der halben Farbdichte angefärbt werden, wie es für Durchsichtsbilder gebräuchlich ist, da das Licht die Farbstoffschicht zweimal zu durchlaufen hat. Dadurch werden die Filter aber zu hell, um bei der Aufnahme noch eine genügende Ausfilterung der Farben sicherzustellen. Neben anderen Versuchen, die darauf abzielen, mit der erforderlichen Farbstoffdichte aufzunehmen, sie jedoch nach der Aufnahme durch Auswässern oder Ausbleichen auf die für Aufsichtsbilder zulässige Dichte herabzusetzen, hat sich PILLER (*137*) in seinem seit langem bearbeiteten Verfahren bemüht, auf einem anderen Wege zum Ziel zu gelangen. Bei diesem Verfahren wird auf drucktechnischem Wege auf einer möglichst stark reflektierenden, z. B. aus mattiertem Metall bestehenden Unterlage ein regelmäßiges Strichraster erzeugt (Abb. 3, Tafel II), und zwar gleich in der für Aufsichtsbilder nötigen Dichte. Für die Aufnahme dient ein regelmäßiges Raster der gleichen Strichbreite, jedoch mit höherer Farbstoffdichte. Das unter dieser Rasterplatte gewonnene Negativ wird in ähnlicher Weise wie beim FINLAY-Verfahren (s. S. 393) durch besondere Paßvorrichtungen genau mit dem Betrachtungsraster zur Deckung gebracht und auf die über dieses Raster gebrachte, nichtsensibilisierte Schicht kopiert. So bestechend die Einfachheit dieses Vorgangs sein mag, leiden doch die erzielbaren Resultate an dem grundsätzlichen Fehler, daß die Leuchtkraft der Farben zu wünschen übrig läßt. Das ist verständlich, da das Weiß, das als Gradmesser für die Schwärzlichkeit der Farben dient, in diesem Fall wie in allen Fällen von Rasterverfahren für Aufsichtsbilder durch additive Mischung der in den Grundfarben gefärbten Rasterstreifen zustande kommt und nicht durch das ungeschwächte Reflexionsvermögen der Unterlage. Bei Versuchen, eine geringere Schwärzlichkeit der Farben durch Aufhellung der Filterfarben zu erreichen, sinkt jedoch sofort die Sättigung der Farben; es erscheint daher fraglich, ob auch bei Auswägung des Optimums in diesem Dilemma Bilder erzielt werden können, die den Vergleich mit dem heute erreichten Qualitätsdurchschnitt der subtraktiven Papierbilder aushalten können.

II. Die Siebverfahren.

Das hervorstechendste Merkmal der Siebverfahren ist, wie bereits in den Betrachtungen auf S. 381 erörtert wurde, die günstige Lichtausbeute sowohl bei den Aufnahme- wie auch bei den Wiedergabeverfahren. Wenn trotz dieses offensichtlichen Vorteils die Siebverfahren erst in den letzten Jahren so sehr in den Vordergrund getreten sind, so liegt das zum Teil daran, daß diese Erkenntnis erst im Laufe der Beschäftigung mit den Spreizverfahren in voller Klarheit gewonnen wurde. Zum anderen waren es rein technische Gründe der Emulsionsherstellung und Sensibilisierung, der Gießtechnik und der Färbemethoden, die die volle Entwicklung der Siebverfahren in früheren Jahren verhinderten. Durch den allgemeinen Fortschritt auf allen Gebieten der gewöhnlichen Photographie sind jedoch diese Hindernisse fortgefallen, so daß die im Prinzip schon in den Frühzeiten der Farbenphotographie bekannten Verfahren, durch wichtige neuere Erfindungen ergänzt, erst jetzt zu voller Leistungsfähigkeit entwickelt werden konnten.

Auch auf dem Gebiete der Siebverfahren gilt, daß im allgemeinen nicht ein bestimmtes Aufnahmeverfahren an ein gleichartiges Wiedergabeverfahren gebunden ist. So kann man die drei Teilbilder, die mit einem Dreipack gewonnen sind, natürlich auch additiv mit drei Filtern übereinander projizieren oder sie auf einen Rasterfilm kopieren, doch kommt das praktisch heute wohl nicht mehr vor. Lediglich dann, wenn man drei unmittelbar und untrennbar übereinandergegossene Schichten, einen sogenannten Mehrschichtenfilm, verwendet, ist man, von vereinzelten Spezialfällen abgesehen, stets genötigt, auch ein subtraktives Verfahren zur Sichtbarmachung der Bilder anzuwenden, indem die Schichten verschieden angefärbt werden.

1. Die Aufnahme nach dem Siebverfahren.
(Dreipack, Zwei- oder Bipack, Mehrschichtenfilm.)

Schon DUCOS DU HAURON, dem wir übrigens alle grundsätzlichen Methoden der Farbenphotographie, wie das Prinzip der Strahlenteilung, des Rasters und der subtraktiven Anfärbung, verdanken, hat 1897 den Dreipack vorgeschlagen. Da der Film als Schichtträger damals noch keine Verbreitung genoß, ging er bei seinem Vorschlag von drei Platten aus, die, zu einem Paket vereinigt, gleichzeitig dem Licht ausgesetzt werden sollten und von denen die erste blauempfindlich, die zweite grünempfindlich, die letzte rotempfindlich sein sollte. Durch Einfügung eines Gelbfilters sollte das blaue Licht, für das auch die zweite und dritte Schicht empfindlich ist, ausgeschaltet werden. Da die Schichten nicht klar durchsichtig, sondern trübe sind, wird bei dem durch die Plattendicke gegebenen Abstand der drei Schichten vor allem das letzte Bild infolge der Lichtstreuung stark verschwommene Konturen aufweisen. Praktisch vollständig wird dieser Fehler vermieden, wenn die drei Schichten unmittelbar übereinandergegossen werden. Dann aber erhebt sich die Schwierigkeit, die Schichten für die weitere Auswertung voneinander abzuheben. Die Versuche, das auf mechanischem Wege zu erreichen, etwa, indem man hoch gehärtete Emulsionsschichten verwendet, die durch Gelatineschichten mit zwei verschiedenen, niedrigeren Schmelzpunkten voneinander getrennt sind und durch Übertragen auf gesonderte Schichtträger bei entsprechenden Temperaturen einzeln gewonnen werden, können wegen der Schwierigkeit der Handhabung kaum auf einen größeren Erfolg rechnen. Auf anderem Wege dagegen ist das Problem z. B. durch die Anwendung der Farbentwicklung neuerdings völlig gelöst; durch die Verschiedenheit der Absorptionsgebiete der erzeugten Farbstoffe ist es jederzeit möglich, auch die drei Teilbilder einzeln zu gewinnen, falls das erforderlich ist. Bevor jedoch dieses Verfahren, das unter den Wiedergabeverfahren beschrieben wird, ausgebildet war, hat es nicht an Versuchen gefehlt, durch geeignete Wahl und Anordnung der Schichtträger zu erreichen, daß man zu getrennten Teilbildern gelangte, ohne an Schärfe zu sehr einzubüßen.

Mit dem Erscheinen des Films als Schichtträger war die Möglichkeit gegeben, bei Verwendung dreier getrennter Schichtträger die Schichtabstände zu verringern und dadurch die Schärfe zu erhöhen. Die übliche Anordnung ist die, bei der auf allen drei Schichtträgern die Schicht dem Objektiv zugekehrt ist. Falls man es in Kauf nehmen kann, daß eines der Teilbilder seitenverkehrt wird, ergibt eine Anordnung, bei der zwei Filme Schicht gegen Schicht liegen, eine weitere Verbesserung. Da aber schon geringe Differenzen im Abstand der Schichten voneinander eine starke Zunahme der Unschärfe bedingen, war man wohl immer darauf angewiesen, derartige Filmpacks zwischen Glasplatten bei der Aufnahme zusammenzupressen, wodurch der Vorteil des Films zum Teil wieder verlorenging. Aber auch bei bester Ausnutzung aller Möglichkeiten war es doch nicht zu empfehlen, zu kleineren Formaten überzugehen.

Von den Dreipackanordnungen, die im Handel gewesen sind, ist in den letzten Jahren in Deutschland wohl nur die des „Amatcolor"-Verfahrens zu erwähnen; dem Amateur stand Blatt- und Rollfilm zur Verfügung, die Herstellung der Papierbilder nach einem Reliefabsaugeverfahren (KOPPMANN) nahm die Herstellerfirma jedoch selbst vor (*127*). Ein ähnliches Vorgehen findet man auch bei den bekanntgewordenen Dreipackverfahren des Auslandes. So hat auch die COLOUR PHOTOGRAPHS LTD. in England zeitweilig für ihre fabrikmäßig hergestellten Papierabzüge (s. S. 432) als Aufnahmematerial einen Dreipack benutzt (*63, 127*). Der Dreipack der ähnlich arbeitenden COLOUR SNAPSHOTS (*6, 128, 206*), der sich allerdings nicht allzu lange halten konnte, verwendete eine von der üblichen völlig abweichende Anordnung der Schichtenfolge. Ausgehend von der Tatsache, daß bei der normalen Anordnung, bei der die rotempfindliche Schicht zuhinterst liegt, die Gesamtempfindlichkeit des Dreipacks durch die Empfindlichkeit des Rotauszuges bestimmt wird, wurde versucht, diese Schicht als vorderste dem Licht auszusetzen und dadurch eine höhere Empfindlichkeit zu erreichen. Um auch bei dieser Anordnung noch die richtige Auswahl der Teilfarben durch die Sensibilisierung zu ermöglichen, wurde folgender Kunstgriff angewendet: Die Blauempfindlichkeit der ersten rotempfindlichen Schicht wird durch ein vorgesetztes Gelbfilter und eine Gelbanfärbung der Schicht soweit herabgesetzt, daß ein einigermaßen richtiger Rotauszug entsteht. Die dann folgende grünempfindliche Schicht verlangt keine besonderen Maßnahmen, wohl aber muß die letzte blauempfindliche, also unsensibilisierte Schicht so hochempfindlich sein, daß sie die von dem der ganzen Anordnung vorgeschalteten Gelbfilter und der Gelbfärbung des Rotauszuges noch durchgelassenen blauen Strahlen als Blauauszug aufzeichnen kann. In der Tat war die so erzielte Empfindlichkeit mit 14° Scheiner für damalige Verhältnisse durchaus gut, und auch die Schärfe der Bilder war bemerkenswert, da das blaugrüne Teilbild der Kopie, das dem vornliegenden Rotauszug entspricht, für die Schärfe des Bildes in erster Linie bestimmend ist; denn von den drei subtraktiven Teilfarben Gelb, Purpur und Blaugrün ist die letztgenannte die dunkelste, und sie bestimmt daher den Eindruck der Schärfe, wie ja auch bekanntermaßen Abweichungen des Gelbbildes in der Deckung der Konturen besonders schwer festzustellen sind. Infolgedessen ist es auch kein Fehler, wenn das Gelbbild, das wohl für die Farbgebung erforderlich ist, nicht aber die Konturenschärfe bestimmt, als letztes Teilbild die größte Unschärfe zeigt. Bemerkenswert ist der Aufwand, mit dem das Verfahren für den Handel brauchbar gemacht wurde. Die vom Amateur hergestellten Aufnahmen, die nur in der Form des Rollfilms gemacht wurden, mußten in eine für die Verarbeitung von täglich 10000 Spulen eingerichtete Fabrik eingeschickt werden, wo sie in Maschinen automatisch entwickelt wurden. Für die Herstellung der Kopien, die nach einem Absaugeverfahren angefertigt wurden, waren in einem Raum 80 Vergrößerungsapparate aufgestellt, mit denen die Druckplatten im Postkartenformat belichtet wurden. Diese wurden zu je 24 für eine Teilfarbe in einem Rahmen gemeinsam bearbeitet, so daß täglich 6000 Bilder angefertigt werden konnten. Trotz dieses Aufwandes war jedoch dem Verfahren ein nachhaltiger Erfolg nicht beschieden, denn die Anordnung des Rotauszuges als Vorderfilm brachte doch eine solche Verschlechterung der Farbauswahl durch die drei Teilauszüge mit sich, daß die Farbrichtigkeit der Kopien stark zu wünschen übrig ließ, so daß das Unternehmen seine Tätigkeit einstellen mußte.

Da schon bei größeren Formaten die Unschärfe des letzten Teilbildes stets zu bemerken ist, war das Dreipackverfahren für den Kinofilm ebenso wie für die verschiedenen Arten von Schmalfilmen völlig unbrauchbar. Wohl aber läßt sich eine auch für den Normalfilm ausreichende Bildschärfe erzielen, wenn man sich auf zwei Filme beschränkt und diese Schicht gegen Schicht bei der Aufnahme fest aufeinanderpreßt. Trotzdem man sich damit zunächst auf die Wiedergabe nur zweier Farben beschränken mußte, haben die nach diesem Prinzip arbeitenden Zweifarbenfilme große Bedeutung gehabt und werden zum Teil noch heute benutzt. Wird eine zu krasse Farbgebung vermieden und werden die aufzunehmenden Objekte unter Anpassung an die Möglich-

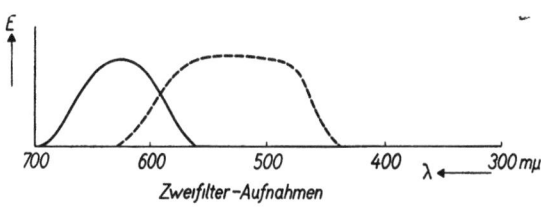

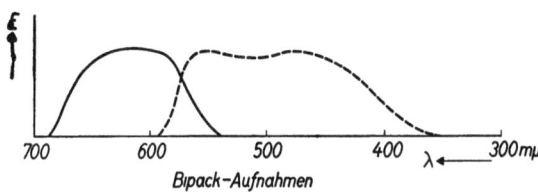

— Begrenzung des Spektral-Bereiches für den Rotorangeauszug
--- Begrenzung des Spektral-Bereiches für den Blaugrunauszug

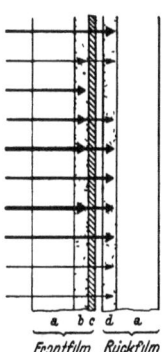

Abb. 52. Spektrale Empfindlichkeitsverteilung des AGFA-Bipackfilms. (Aus AGFA-Veröff., Bd. III. Leipzig S. Hirzel.)

Abb. 53. Aufbau des Bipackfilms für Zweifarbenphotographie.

keiten des Zweifarbenverfahrens ausgewählt, so lassen sich, wie zahlreiche Filme dargetan haben, auch mit zweifarbiger Wiedergabe noch brauchbare Resultate erzielen. Vor allem auf dem Gebiete des Werbefilms haben die zweifarbigen Filme zeitweilig eine führende Rolle gespielt.

Das wird verständlich, wenn man bedenkt, daß die Aufnahmetechnik verhältnismäßig einfach ist und auch die Herstellung der Kopien, wenn auch schwieriger, doch noch ohne allzugroße Abweichung von den sonst in der Kinotechnik gebräuchlichen Methoden durchgeführt werden konnte (s. S. 434). Benötigt man doch für die Aufnahme außer dem speziellen Filmmaterial, dem sogenannten Bipackfilm, in den meisten Fällen noch nicht einmal eine besondere Aufnahmekamera, da die gebräuchlichsten Apparate nach Anbringung einiger nicht sehr ins Gewicht fallender Abänderungen benutzt werden können. Der Bipackfilm (*12, 15, 139, 207, 208*) besteht aus einem für den kurzwelligen Teil des Spektrums empfindlichen Frontfilm vom Typ der orthochromatischen Filme und einem Rückfilm, der panchromatisch sensibilisiert ist. Der Frontfilm zeichnet gemäß Abb. 52 die blaugrünen Farbwerte auf, der Rückfilm die Rot-Orange-Werte. Um zu verhindern, daß der für alle Farben empfindliche Rückfilm andere als die für ihn bestimmten Rot-Orange-Werte aufzeichnet, ist der Frontfilm mit einem Orangefilter überzogen, das jedoch nur sehr geringe Schichtdicke haben darf, um durch Vergrößerung der Schichtabstände nicht die Schärfe des Rückfilms zu beeinträchtigen. Den Aufbau des gesamten Bipacks zeigt die Abb. 53.

Derartige Bipackfilme wurden von der I. G. FARBENINDUSTRIE A. G. AGFA, von der EASTMAN KODAK COMPANY und von DUPONT (unter der Bezeichnung Dupac) hergestellt. Bei der Entwicklung der Aufnahmen ist darauf zu achten, daß die Entwicklungsvorschriften genau eingehalten werden; geschieht das nicht, so nehmen die von den Herstellerfirmen genau aufeinander abgestimmten Teilfilme verschiedene Gradationen an, wodurch der spätere Kopierprozeß erschwert wird.

Wesentlich für den Erfolg beim Arbeiten mit Bipackfilmen ist nun, daß die beiden Teilbilder in ihren Konturen genau übereinstimmen. Die Aufnahmegeräte müssen daher außer den Transportgreifern die Justiergreifereinrichtung besitzen, die auf S. 387 geschildert ist und die Bilder im Augenblick der Belichtung nach den Perforationslöchern des Films ausgerichtet hält. Für die Aufnahme von Bipackfilm sind die Kinefilmaufnahmekammern der Firmen: ASKANIA, SCHLECHTA (Deutschland), DEBRIE (Frankreich), VINTEN (England), MITCHELL, BELL & HOWELL und AKELEY (USA.) benutzbar. Bei der Ausgestaltung des Bildfensters ist zu bedenken, daß wegen der Aufnahme des Frontfilms durch den Schichtträger die Scharfeinstellung um die Filmdicke zurückverlegt werden muß. Ferner müssen Vorrichtungen vorgesehen sein, die die

Abb. 54. Doppelkassette für Bipackfilm (BELL-&-HOWELL-Kamera).

beiden Filme während der Aufnahme genügend fest aneinanderpressen, um Schärfeverluste zu vermeiden. Die Bemessung des Andrucks ist deshalb eine etwas heikle Angelegenheit, weil die Ausrichtung des Films nach den Perforationslöchern voraussetzt, daß die Filme sich während dieses Vorgangs genügend frei bewegen können, was z. B. durch eine federnde Andruckplatte erreicht werden kann, die außerdem noch, wie etwa bei der MITCHELL-Kamera, Rollen enthält, die eine leichtere Verschiebung der Filme wenigstens in der Laufrichtung ermöglichen. Schließlich müssen noch Vorkehrungen getroffen werden, die die Unterbringung der beiden Filme in den Vorratskassetten erlauben. Meistens werden sowohl die Vorratsrollen als auch die belichteten Rollen für sich angeordnet. So wird beispielsweise bei der BELL-&-HOWELL- und bei der MITCHELL-Kamera nach Abb. 54 die übliche Kassette durch eine aus zwei übereinandergestellten Kassetten bestehende Doppelkassette ersetzt, so daß die Filme einzeln abgewickelt und auch wieder aufgewickelt werden können. Bei der VINTEN-Kamera sind die Rollen in einer doppelt breiten Kassette untergebracht. Bei der ASKANIA-Kamera sind die

Die Siebverfahren. 417

Kassetten in der in Abb. 55 gezeigten Weise hintereinander innerhalb der Kamera untergebracht. Zu erwähnen sind auch die Versuche, beide Filme übereinanderzuwickeln. Dabei bleibt jedoch beim Abwickeln der zu Beginn innen liegende Film im Verlaufe des Abrollens gegenüber dem außen liegenden Film um etwa eine Filmwindung zurück, was nach einem Vorschlag von DEBRIE durch eine besondere federnde Rolle ausgeglichen wird. Entsprechendes gilt für die Aufnahme. Bei der für das „Agfa-Pantachrom"-Verfahren (s. S. 419) verwendeten Bipackkassette laufen die Filme von zwei in Richtung des Durchmessers einander gegenüberliegenden Punkten von der Vorratsrolle ab und werden entsprechend auch wieder aufgewickelt. Da es in diesem Falle keinen außen oder innen liegenden Film gibt, sondern beide gleichberechtigt sind, ist bei gleicher Filmdicke keine Ausgleichsvorrichtung erforderlich (Abb. 56) (37).

Abb. 55. ASKANIA-Kamera für Bipackfilm (geöffnet). *1* und *3* sind die Vorratskassetten für den unbelichteten Front- (*3*) und Rückfilm (*1*) Die Kassetten für die belichteten Filme liegen in entsprechender Anordnung auf der anderen Seite der Kamera

Alles in allem hat sich das Bipackverfahren gut bewährt, wenn auf die Ausjustierung der Teilbilder mit der genügenden Sorgfalt geachtet wurde. Zum Erfolg trug die verhältnismäßig hohe Lichtempfindlichkeit bei, die wegen der Sensibilisierung jedes Teilfilms für etwa die Hälfte des sichtbaren Gebietes theoretisch ungefähr die Hälfte eines panchromatischen Films betragen sollte, praktisch jedoch noch etwas günstiger lag, da bei den Farbaufnahmen gemäß dem auf S. 379 Gesagten nicht mit der bei Schwarz-Weiß-Aufnahmen sonst üblichen Überbelichtung gearbeitet wurde.

Abb. 56. Bipackkassette mit übereinandergewickelten Filmen. (Aus AGFA-Veröff., Bd VI. Leipzig S. Hirzel.)

Die Kopien wurden fast ausnahmslos so hergestellt, daß Front- und Rückfilm von je einer Seite auf einen doppelseitig beschichteten Positivfilm kopiert wurden;

die entwickelten Silberbilder wurden dann durch Tonung in gefärbte Verbindungen übergeführt. Die Technik des Kopierprozesses wird unter den subtraktiven Wiedergabeverfahren auf S. 434ff. näher beschrieben.

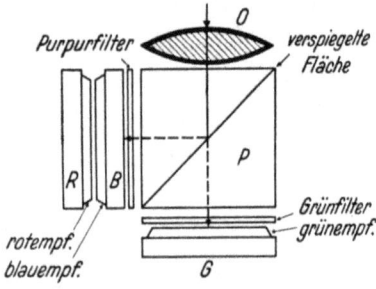

Abb. 57. Schema des Technicolor-Aufnahmeverfahrens.

2. Dreifarbenphotographie durch Kombination des Bipacks mit anderen Farbtrennungsverfahren.

Die verhältnismäßig einfache Handhabung des Bipacks hat dazu geführt, auch eine dreifarbige Aufzeichnung dadurch zu erreichen, daß eine Bipackanordnung mit anderen Farbtrennungsverfahren gekoppelt wurde, und zwar in der Form, daß der Bipack die Aufzeichnung zweier der drei Grundfarben vorzunehmen hatte, während die dritte Farbe von den beiden anderen nach einem der früher geschilderten Aufnahmeverfahren getrennt wird. Von den zahlreichen möglichen Kombinationen sind vor allem zwei hervorzuheben, die auch praktisch weitgehend durchgebildet worden sind: Beim „Technicolor"-Verfahren (7) werden Rot- und Blaubild durch eine Bipackanordnung voneinander getrennt, während der Grünauszug durch Strahlenteilung vom Rot-Blau-Bild getrennt wird. Der in Abb. 57 schematisch gezeichnete Strahlengang zeigt, daß die durch das Objektiv O eintretenden Lichtstrahlen in dem Glaswürfel P, der aus zwei zusammengekitteten Dreikantprismen besteht, an der durchlässig verspiegelten Kittfläche in zwei Strahlenbündel geteilt wird. Das unabgelenkt durchgehende Bündel entwirft nach dem Durchgang durch das Grünfilter einen Grünauszug G. Das durch Spiegelung abgelenkte Bündel trifft zunächst auf ein Purpurfilter, das nach Abb. 1b das Grün absorbiert, das noch aufzuzeichnende Rot und Blau jedoch durchläßt. Durch den Frontfilm B des Bipacks B, R wird das Blau ausgesondert, da der Film nur für blaues Licht empfindlich, also nicht sensibilisiert ist. Etwa noch durchgehendes Blau wird durch ein auf dem Frontfilm wie bei der Bipackanordnung für zweifarbige Wiedergabe angebrachtes Rotfilter abgefangen. Das allein noch durchgehende Rot wird dann durch den rotempfindlichen oder panchromatischen Rückfilm aufgezeichnet. Diese Anordnung besitzt gegenüber einer doppelten Strahlenteilung nicht nur den Vorteil größerer

Abb. 58. Ansicht der Technicolor-Aufnahmekamera.

Lichtausbeute, sondern zeigt vor allem auch eine geringere Anfälligkeit gegen Störungen in der Ausjustierung der Teilbilder, deren Schwierigkeit mit doppelter Strahlenteilung außerordentlich stark zunimmt.

Wie Abb. 58 zeigt, liegen die drei Teilfilme in einer gemeinsamen Kassette nebeneinander. Weitere Einzelheiten über die Aufnahmetechnik, die Verarbeitung der Aufnahmen und das Kopierverfahren finden sich in der Gesamtbeschreibung des Verfahrens auf S. 433.

Ein anderes Kombinationsverfahren unter Verwendung des Bipacks zur Erzielung dreifarbiger Wiedergabe ist der im „Agfa-Pantachrom"-Verfahren benutzte Linsenraster-Zweipack (*37, 83*), dessen Aufbau Abb. 59 zeigt. Der Frontfilm der gewöhnlichen Bipackanordnung ist in diesem Fall ein Linsenrasterfilm, der durch orthochromatische Sensibilisierung für Blau und Grün empfindlich ist, während der Rückfilm für Rot sensibilisiert ist. Das Linsenraster auf dem Frontfilm dient der Trennung in die Teilfarben Blau und Grün. Das Filter müßte daher eigentlich aus einem grünen und blauen Streifen bestehen. Da aber der Rückfilm mit rotem Licht belichtet werden soll, müssen die Filterstreifen auch beide für rotes Licht durchlässig sein; diese Rotdurchlässigkeit ist auf den Frontfilm ohne Wirkung, da dieser für Rot nicht empfindlich ist. Dementsprechend tritt an die Stelle des Blaufilters ein solches, das außer Blau auch Rot durchläßt, d. h. purpurfarben erscheint. Das zweite Filter, das außer dem Grün für den Frontfilm auch noch das Rot für den Rückfilm durchläßt, ist gelb gefärbt. Der rotblinde Frontfilm sieht ein solches Gelb-Purpur-Filter wie ein Grün-Blau-Filter. Das beim gewöhnlichen Bipackfilm für zweifarbige Wiedergabe auf dem Frontfilm befindliche Rotfilter ist bei dieser Anordnung weggelassen, weil der vom Filter durchgelassene Blauanteil so gering ist, daß er im Frontfilm bereits hinreichend absorbiert wird. Durch das Fehlen der Filterzwischenschicht

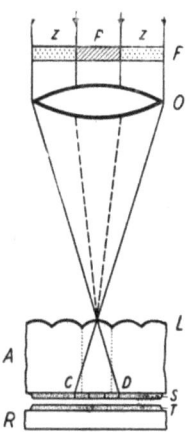

Abb. 59. Schema des Linsenraster-Zweipacks. (Aus AGFA-Veroff., Bd. V. Leipzig: S. Hirzel.)
F Filter, *O* Objektiv, *L* Rasterlinsen, *A* Frontfilm mit Schicht *S* (Linsenrasterfilm), *R* Rückfilm mit rotempfindlicher Schicht *T*, *z* (zitronen)gelb, *p* purpur.

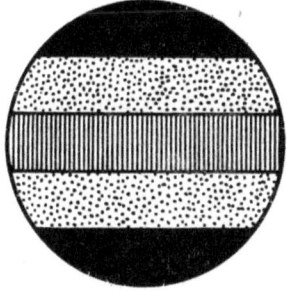

Abb. 60. Aufnahmefilter für Linsenraster-Zweipack mit einem purpurnen Mittelstreifen und zwei gelben Seitenstreifen. (Aus AGFA-Veroff., Bd. VI. Leipzig: S. Hirzel.)

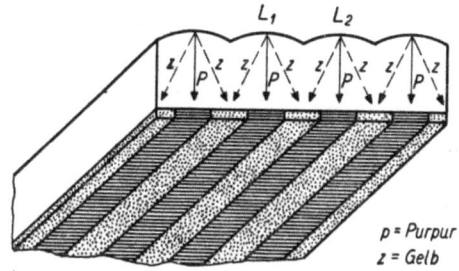

Abb. 61. Überlagerung der gelben Filterbilder im Linsenraster-Frontfilm. (Aus AGFA-Veroff., Bd. VI. Leipzig: S. Hirzel.)
Das von der Linse L_1 entworfene rechte Gelbfilterbild und das von der Linse L_2 entworfene linke Gelbfilterbild fallen auf die gleiche Schichtstelle.

wird infolge des unmittelbaren Kontakts zwischen den Schichten des Front- und Rückfilms die Schärfe des Rückfilms verbessert. Obwohl das Filter des Linsenraster-Zweipacks nur der Trennung der beiden Farben Grün und Blau durch den Frontfilm dienen soll, enthält es, wie in Abb. 59 und 60 gezeigt ist, doch drei Streifen, und zwar ist ein einfaches Purpurfilter in der Mitte angebracht, während das Gelbfilter in doppelter Ausfertigung die beiden Seitenstreifen bildet (Abb. 60). Trotzdem findet die Aufzeichnung der Filterstreifen, die ja eine Art von Wiederholungsfilter (s. S. 401) darstellen, nur in der Form statt, daß abwechselnd ein gelber und ein purpurner Rasterstreifen von jeweils der gleichen Breite entsteht. Das kommt, wie Abb. 61 zeigt, dadurch zustande, daß jedesmal der rechte von einer Rasterlinse entworfene Gelbfilterstreifen sich mit dem von der rechts benachbarten Linse entworfenen linken Gelbfilterstreifen genau deckt. Dadurch, daß das im Gelb enthaltene Grün für den Frontfilm also in doppelter Intensität zur Verfügung steht, wird das Aufnahmelicht besser ausgenutzt, denn die Höhe der Grünempfindlichkeit erreicht bei Tageslichtabstimmung nicht die der Blauempfindlichkeit. Für das Rot des Rückfilms steht dadurch, daß alle Streifen des Filters das Rot durchlassen, sogar die dreifache Rotlichtmenge zur Verfügung wie für das Blaufilter, wodurch die Lichtabsorption des Rot im Frontfilm in besonders günstiger Weise ausgeglichen wird. Ein weiterer Vorteil der symmetrischen Anordnung der Filter liegt darin, daß der auf S. 403 geschilderte Fehler der Vignettierung sich nicht so stark auswirken kann, da selbst dann, wenn durch die Hinterfassung des Objektivs das halbe Filter abgedeckt wird, durch das Vorhandensein der gleichen Farbe auf der anderen Seite des Filters niemals eine Teilfarbe vollständig ausfallen kann.

Das Raster des für den Normalfilm bestimmten Pantachrom-Frontfilms war gröber als das der früher (S. 405) beschriebenen „Agfacolor"-Linsenraster und besaß eine Linsenbreite von 43 μ. Dadurch und durch den Umstand, daß hier nicht drei Grundfarben, sondern nur zwei unter einer Rasterlinse aufgezeichnet werden müssen, ist die Beanspruchung des Auflösungsvermögens der Emulsion sehr viel geringer als beim früheren „Agfacolor"-Linsenrasterverfahren; infolgedessen war die Trennung der Grundfarben trotz Verwendung eines Rasters besonders gut und stand derjenigen durch andere Verfahren kaum nach.

Als Aufnahmekamera konnte jede für Bipack eingerichtete Normalfilmkamera dienen. Da sich, wie früher (S. 409) gezeigt, die gewöhnlichen Teilauszüge aus Linsenrasterfilmen ohne Schwierigkeiten herausholen lassen, wäre das Aufnahmeverfahren mit Linsenraster-Zweipack an sich für ein beliebiges Wiedergabeverfahren zu benutzen gewesen. In der Praxis wurde es jedoch in erster Linie auf ein bestimmtes Kopierverfahren abgestellt, mit dem zusammen es als „Agfa-Pantachrom-Verfahren" bekannt geworden ist. Die weiteren Einzelheiten der Verarbeitung der Aufnahmen und des Kopierprozesses werden daher im Zusammenhang mit dem Kopierverfahren auf S. 439 näher beschrieben.

3. Siebverfahren für die Wiedergabe.
(Subtraktive Wiedergabeverfahren.)

Die subtraktiven Wiedergabeverfahren bestehen, wie in den systematischen Betrachtungen auf S. 345 auseinandergesetzt, darin, daß man nach den drei bzw. zwei Teilnegativen der Aufnahme Positive herstellt, die übereinander angeordnet projiziert werden und bei denen die Silberniederschläge durch Farbstoffe ersetzt werden müssen. An die Stelle der Bildsubstanz des nach dem Rotfilternegativ erzeugten Positivs tritt ein blaugrüner Farbstoff, entsprechend beim Positiv nach dem Grünfilternegativ ein purpurner, nach dem Blaufilternegativ ein gelber.

a) Übersicht über die Verfahren zur Erzeugung subtraktiver Bilder.

Um einen Überblick über die verwirrende Zahl der Verfahren zu gewinnen, nach denen die bildmäßige Verteilung der Farbstoffe bei den subtraktiven Wiedergabeverfahren erfolgt, ist es erforderlich, sie nach einigen wenigen Gesichtspunkten zu ordnen, wie das in Tabelle 11 durchgeführt worden ist.

Zunächst einmal ist es, auch praktisch, von Wichtigkeit zu wissen, ob die Vorlage, unter der durch Lichtwirkung die Farbstofferzeugung unmittelbar oder auf gewissen Umwegen erfolgt, die ursprünglichen Negative sind oder ob es besonders herzustellende Zwischenpositive als Silberbilder sind. Belichtet man unter den Negativen, so wird dort, wo diese lichtdurchlässig sind, durch die Lichtwirkung in der Kopierschicht vorhandener Farbstoff in seinem Bindemittel durch Hartung der Schicht festgelegt, oder in noch nicht gefärbten Schichten unmittelbar oder mittelbar über gewisse Zwischenstadien der Farbstoff gebildet, allgemein wird also durch das durchdringende Licht Farbstoff abgesetzt. Alle derartigen Verfahren mit Belichtung unter den Negativen sind daher unter dem Namen Farbsetzverfahren in der Tabelle 11 zusammengefaßt. Ihnen sind die als Farbtilgverfahren bezeichneten Prozesse gegenübergestellt, bei denen durch die Lichtwirkung die Farbstoffbildung oder die Übertragung des Farbstoffs verhindert oder, falls in den Schichten Farbstoffe oder deren Ausgangssubstanzen bereits vorhanden waren, diese ausgebleicht werden. Daraus geht hervor, daß in diesem Falle Zwischenpositive verwendet werden müssen, da nach Tilgung der Farbe an den lichtdurchlässigen Stellen nur dann, wie erforderlich, ein Positiv übrigbleibt, wenn auch die Vorlage ein Positiv war.

Eine weitere Unterteilung ergibt sich dadurch, daß zu unterscheiden ist, ob bei Beginn des Verfahrens die Bildfarbstoffe bereits fertig vorliegen oder ob man von farblosen Verbindungen (Komponenten) ausgeht, so daß erst in einem späteren Stadium des Verfahrens die farbige Substanz gebildet werden muß.

Unter den zahlreichen Verfahren, die sich unter diese allgemeinen Gesichtspunkte einreihen, lassen sich nun zwei große Gruppen unterscheiden. Das Kennzeichen der ersten Gruppe (I) ist, daß alle darunter aufgeführten Verfahren sich der bildmäßigen Änderung des Härtungszustandes von Kolloidschichten bedienen. Meistens läuft es darauf hinaus, daß Gelatine, Gummiarabikum, Fischleim u. ä. durch einen photochemischen Prozeß an den durchlässigen Stellen der Bildvorlage gehärtet wird. Dadurch ergibt sich die Möglichkeit, entweder die nichtgehärteten Teile der Kolloidschicht mit heißem Wasser auszuwaschen, so daß ein bildmäßiges Relief stehenbleibt, das die vorher schon darin enthaltenen Farbstoffe nun in der richtigen Verteilung zeigt oder nachträglich angefärbt werden kann (Auswaschreliefs), oder aber es wird die Eigenschaft der gehärteten Kolloide benutzt, dem Eindringen oder Herauswandern hochkolloider Farbstoffe einen größeren Widerstand entgegenzusetzen als die nicht durch die Belichtung gehärteten Teile des Bildes. Diese letzten Verfahren werden nach dem Befund, daß die nichtgehärteten Teile der Schichten in Wasser stärker quellen als die gehärteten, also Quellreliefs bilden, als Quellreliefverfahren bezeichnet. Nach der Art, wie die Härtung des Kolloids erzielt wird, lassen sich wiederum zwei Verfahrensgruppen unterscheiden: Gruppe A: Bichromate zeigen die Eigenschaft, in Gegenwart der genannten Kolloide bei Belichtung mit violettem oder ultraviolettem Licht in Chromichromate überzugehen, die die Kolloide gerben und damit ihre Quellbarkeit oder Löslichkeit in warmem Wasser herabsetzen. Dieses Verhalten wurde vor allem in den Frühzeiten der Farbenphotographie sehr viel benutzt. Die bekannten Pigmentverfahren und der Gummidruck gehören hierher, bei denen der Farbstoff in der Schicht bereits enthalten war und mit dem löslich gebliebenen Kolloid ausgewaschen wurde, so daß das gefärbte Positiv zurückblieb; die drei Teilbilder wurden dann mit ihrem Schichtträger oder mittels einfacher oder doppelter Übertragung nur des Gelatinereliefs auf der endgültigen Bildunterlage vereinigt. Natürlich lassen sich auch die Reliefs, falls die Schichten vorher keinen Farbstoff enthielten, nachträglich einfärben und auf ein gelatiniertes Papier absaugen (Uvatypie). Statt der Auswaschreliefs läßt sich auch das unterschiedliche Eindringungsvermögen von Farbstoffen in die gehärteten und nichtgehärteten Schichtteile zur Bilderzeugung benutzen, wie das vor allem bei der früher viel benutzten Pinatypie der Fall war. Auch hier wurden jedoch nicht die angefärbten Quellreliefs selbst zum endgültigen Bild vereinigt, sondern man ließ die Farbstoffe aus der belichteten und angefärbten Schicht auf die Bildunterlage überdiffundieren.

Tabelle 11. Übersicht der Verfahren zur Erzeugung subtraktiver Bilder.
I. Verfahren mit Änderung des Härtungszustandes von Kolloiden
(Gelatine, Gummiarabikum).

Kennzeichen nach dem Verfahren der Bilderzeugung	Kennzeichen nach der Bildvorlage			
	Farbsetzverfahren (vom Negativ)		Farbtilgverfahren (vom Positiv)	
	Ausgangszustand der Bildsubstanz			
	Farbstoffkomponenten	Farbstoffe	Farbstoffkomponenten	Farbstoffe
A. Direkte Härtung durch Umsatz lichtempfindlicher Substanzen (Bichromate, Diazoverbindungen)		Auswaschreliefs, Pigmentverfahren, Gummidruck, Uvatypie		Quellrelief, Pinatypie
B. Indirekte Änderung des Härtungszustandes über Silberbilder.				
1. Hartende Entwicklung		Auswaschreliefs, Pyrogallol, Brenzkatechin (Koppmann, Coloprint, Duxochrom)		Quellreliefs
2. Hartende Behandlung der Silberbilder mit Bichromat		Auswaschreliefs, Technicolor Kodak-Wash-off-Reliefs, Carbro, Colour-Photographs		Quellreliefs
3. Kolloidverflüssigung durch Umsatz von Silberbildern				Ätzreliefs

Fortsetzung der Tabelle 11.

II. Farbstoffchemische Verfahren.

Kennzeichen nach dem Verfahren der Bilderzeugung	Kennzeichen nach der Bildvorlage			
	Farbsetzverfahren (vom Negativ)		Farbtilgverfahren (vom Positiv)	
	Ausgangszustand der Bildsubstanz			
	Farbstoffkomponenten	Farbstoffe	Farbstoffkomponenten	Farbstoffe
A. Direkte Verfahren mit lichtempfindlichen Ausgangssubstanzen	Indigosol		Diazotypie	Farbstoffausbleichverfahren
B. Indirekte Verfahren über Halogensilber als lichtempfindliche Substanz. 1. Erzeugung farbiger Silberverbindungen a) Silbertonung	Defender-Chromatone, Dipoverfahren			
b) Silberverbindungen als Farbstoffbeizen		Uvachromie Dipoverfahren		
2. Umsetzung mit Farbstoffen oder deren Komponenten	Farbentwicklung, Kodachrome, Agfacolor-Neu			Silberfarbbleichverfahren, Gasparcolor, Agfa-Tripo, Agfa-Pantachrom

Bei Gruppe B der auf der Änderung des Härtungszustandes von Kolloiden beruhenden Verfahren ist die unzureichende Empfindlichkeit der Bichromate durch die höhere des Halogensilbers ersetzt. Die eigentliche Härtungsänderung wird nicht unmittelbar durch die Belichtung erzeugt, sondern erst durch einen anschließenden chemischen Prozeß, der durch das belichtete Halogensilber gesteuert wird. So wird beispielsweise in der Gruppe I B 1 die Eigentümlichkeit mancher Entwickler, wie Pyrogallol-Ammoniak oder sulfitfreien Brenzkatechins, ausgenutzt, an den Stellen, an denen sie das Halogensilber zu Silber reduzieren, sich zu Oxydationsprodukten umzusetzen, die auf Gelatine härtend wirken. Die auf diesem Umweg erzeugten Auswasch- oder Quellreliefs können dann in der gleichen Weise weiterverarbeitet werden wie die Reliefs der Gruppe I A.

Entwickelt man mit den üblichen nichtgerbenden Entwicklern, so kann das entstehende Silberbild durch nachträgliche Oxydation mit Bichromaten oder ähnlichem und Gerbung der Gelatine durch die dabei entstehenden Umsetzungsprodukte wiederum zur Herstellung von Kolloidreliefs benutzt werden (I B 2). Die nach dieser Methode arbeitenden Verfahren (Technicolor, Kodak-Wash-off-Reliefs) verwenden nicht die Reliefs selbst als endgültige Bildschichten, sondern färben diese mit Farbstoffen an, die erst durch Diffusion auf den endgültigen Bildträger übertragen werden. Eine interessante Abart ist der vor allem von den BRITISH COLOUR PHOTOGRAPHS in großem Maßstab verwendete sogenannte Carbrodruck, bei dem das eigentliche Relief nicht in der Silberschicht selbst erzeugt wird, sondern in einer zweiten farbstoffhaltigen Gelatineschicht, die mit dem Bichromat (gegebenfalls in Mischung mit Ferrizyankalium) getränkt ist, mit dem Silberbild in Kontakt gebracht und nun durch die in der Grenzfläche entstehenden Produkte bildmäßig gehärtet wird.

Schließlich ist in dieser Gruppe noch ein allerdings selten benutztes Verfahren (I B 3) zu erwähnen, bei dem durch das Silberbild nicht die Härtung der Gelatineschicht gesteuert wird, sondern umgekehrt der Härtungszustand der Gelatine durch chemische Umsetzung des Silbers herabgesetzt wird. Behandelt man nämlich ein Silberbild mit Ammoniumpersulfat oder einer sauren Lösung von Wasserstoffsuperoxyd-Kupfersulfat, so wird bei geeigneten Konzentrationen die Gelatine an den silberhaltigen Stellen verflüssigt, so daß auch ohne Anwendung heißen Wassers ein Auswaschrelief entsteht, das in einer der oben beschriebenen Weisen weiterbenutzt werden kann. Als Vorlage für dieses Ätzreliefverfahren muß dann aber ein Positiv dienen.

Alle genannten Auswasch- und Quellreliefverfahren sind naturgemäß auf ein mehr oder weniger umständliches Übertragungsverfahren der Teilbilder angewiesen, da es nicht möglich ist, mehrere Schichten übereinander zu bringen, da z. B. im Falle der Auswaschreliefs die oberen Schichten ihren Halt verlieren würden, falls die unteren an diesen Stellen ausgewaschen werden.

Außerdem aber ist es stets mit Schwierigkeiten verknüpft, reproduzierbare Ergebnisse zu erhalten, weil das Auswaschen der Reliefs oder die Diffusion der Farbstoffe bei der Übertragung Vorgänge sind, die man nur schwer dosieren kann, wenn es auch in einzelnen Fällen durch genaue Einhaltung vor allem der Temperaturen gelungen ist, die Reproduzierbarkeit im Interesse fabrikationsmäßiger Arbeitsmethoden zu erzwingen.

Sehr viel größer sind von vornherein die Aussichten der in der zweiten Hauptgruppe (II) vertretenen farbstoffchemischen Verfahren, da diese in den meisten Fällen mit stöchiometrischen Umsetzungen arbeiten können. Sie sind infolgedessen in den letzten Jahren auch zusehends in den Vordergrund getreten, vor allem im Zusammenhang mit den Farbenfilmverfahren für das Kinotheater, die eine fabrikationsmäßig genau erfaßbare Farbgebung gebieterisch fordern.

Auch hier sind wieder, wie in der ersten Gruppe, direkte und indirekte Verfahren zu unterscheiden. Bei den direkten Verfahren (II A) geht man entweder, wie beim Indigosolverfahren (D.R.P.Nr. 499481), von ungefärbten, lichtempfindlichen Farbstoffkomponenten aus, die sich bei Belichtung unter Negativen unmittelbar zu den geforderten Farbstoffen umsetzen, oder man benutzt die Zerstörung der Komponenten (Diazotypie) oder der Farbstoffe durch das Licht zum Bildaufbau (Farbstoffausbleichverfahren). In allen diesen Fällen verbietet jedoch die geringe Lichtempfindlichkeit die allgemeine Anwendung, insbesondere auch die direkte Herstellung von Vergrößerungen. Daher haben diejenigen Verfahren den Vorrang gewonnen, die die Farbstoffbildung oder -zerstörung durch ein Silberbild steuern. Zunächst einmal kann man gemäß Gruppe II B 1 das durch Belichten und Entwickeln entstandene Silberbild reoxydieren und die dabei entstehenden Reduktionsprodukte der Oxydationsmittel oder die Oxydationsprodukte des Silbers zur Erzeugung gefärbter Verbindungen benutzen. Die erste Gruppe (II B 1 a) dieser Verbindungen entsteht meistens durch Oxydation des entwickelten Silberbildes mittels Kaliumferrizyanid und weitere Umsetzung der entstehenden Silber- oder Kaliumferrozyanide zu meist anorganischen gefärbten Verbindungen, wie etwa Ferrozyanuran oder Berlinerblau („Silbertonung").

Bei der zweiten Gruppe (II B 1 b) wird das Silber zu Verbindungen, wie Ferrozyansilber oder Jodsilber, umgesetzt, die als Beizen für basische Farbstoffe dienen. Wegen der Ähnlichkeit der Prozesse werden diese Methoden häufig auch gemischt verwendet; sie haben sich vor allem auf dem Gebiete des Zweifarbenfilms mit doppelseitig beschichtetem Positivfilm vielfach bewährt.

Die größte Bedeutung haben in der neueren Entwicklung diejenigen Verfahren gewonnen, bei denen das Halogensilber entweder zur Steuerung der Farbstoffbildung aus Komponenten oder nach Entwicklung zum Silberbild zur Zerstörung fertig gefärbter Schichten verwendet wird (II B 2). Bei den erstgenannten, den Farbentwicklungsverfahren, die heute im Vordergrund des Interesses stehen, wird die Eigenschaft bestimmter Entwickler benutzt, bei der Reduktion des Halogensilbers zum Silber Oxydationsprodukte zu ergeben, die mit gleichzeitig anwesenden Komponenten zu Farbstoffen kuppeln, ein Vorgang, der stöchiometrisch verläuft und daher genau reproduzierbar ist. Dieses Verfahren hat in den neuen „Agfacolor"- und „Kodachrom"-Verfahren größte praktische Bedeutung erlangt. Hinsichtlich der stöchiometrischen Ausbeute ähnlich günstig steht es mit dem umgekehrten Verfahren, bei dem ein entwickeltes Silberbild in bestimmten Bleichlösungen, vor allem in saurer Thioharnstofflösung, gleichzeitig anwesende geeignete Farbstoffe oder Farbstoffkomponenten an den silberhaltigen Stellen zerstört. Diese Verfahren erfordern infolgedessen Positive als Bildvorlage, sind daher als Farbtilgverfahren den zu den Farbsetzverfahren gehörenden Farbentwicklungsverfahren durch die Notwendigkeit der Verwendung von Zwischenpositiven unterlegen. Außerdem können sie in der Form, in der den zu belichtenden Schichten Farbstoffe zugesetzt sind, nicht für die Aufnahme verwendet werden, da die Farbstoffe das Aufnahmelicht zu stark absorbieren.

Der Überblick über die subtraktiven Verfahren zeigt, daß es außer den aufgeführten noch eine Reihe von möglichen Verfahren gibt, die teils noch nicht erprobt wurden, teils praktische Bedeutung nicht erlangen konnten. Es dürfte jedoch feststehen, daß nur die farbstoffchemischen Verfahren für die nähere Zukunft Bedeutung haben werden.

b) Anforderungen an die Bildfarbstoffe für Siebverfahren.

Für alle Verfahren mit subtraktiver Wiedergabe spielen die Eigenschaften der verwendeten Farbstoffe eine große Rolle. Ihre Auswahl erfolgt natürlich in erster Linie nach den Forderungen, die der Verfahrensgang in chemischer Beziehung an sie stellt, die infolgedessen auch von Fall zu Fall verschieden sind. Es seien jedoch einige für alle Verfahren gemeinsame Kennzeichen vorweggenommen, die mehr physikalischer Art sind.

Über die Anforderungen, die an die optischen Eigenschaften der Farbstoffe zu stellen sind, wurde bereits auf S. 375 gesagt, daß sie möglichst den Charakter optimaler Farben zeigen sollen, d. h. daß ihre Absorptionsgebiete möglichst steil verlaufende Kanten aufweisen und daß die einzelnen Gebiete möglichst lückenlos und ohne sich zu überdecken aneinanderstoßen sollen.

Besonders wichtig aber ist das Verhalten von Farbstoffen oder Farbstoffkomponenten gegen den meist benutzten Bildträger, die Gelatine, hinsichtlich der Wasserfestigkeit ihrer Anfärbung und die Diffusion in den Schichten.

Bei allen Verfahren, bei denen Kolloidreliefs verwendet und die angefärbten Bildschichten selbst zum fertigen Bild vereinigt werden, genügt es, wenn die Farbstoffe aus der angefärbten Gelatine nicht ausbluten. Sofern diese Bedingung erfüllt ist, können sonst beliebige Verhältnisse vorliegen, d. h. die Farbstoffe können als völlig wasserunlösliche Niederschläge vorhanden sein, sie können aber auch innerhalb der Gelatine beliebig wandern, da ja die Bildschärfe durch die Formung der Kolloidschicht gegeben ist.

Bei den Verfahren, bei denen eine Übertragung von den Einzelschichten, in denen das Bild erzeugt wurde, auf einen endgültigen Schichtträger erfolgt, wird zusätzlich verlangt, daß die Farbstoffe von Schicht zu Schicht gut wandern, dann aber hinreichend festgelegt sind.

Bei den Mehrschichtenverfahren schließlich, bei denen die Farbstoffe oder ein Teil ihrer Ausgangssubstanzen den Teilschichten von vornherein zugesetzt sind, ist es jedoch nötig, daß diese in allen Stufen des Verfahrens weder aus den Schichten noch auch von Schicht zu Schicht diffundieren.

Für die wasserfeste Anfärbung von Gelatine mit wasserlöslichen Farbstoffen gelten Gesichtspunkte, die vom Standpunkt der Färbereitechnik nicht ohne weiteres zu erwarten waren. Die chemische Verwandtschaft der Gelatine mit der Wollfaser ließe vermuten, daß die für Wolle benutzten basischen Farbstoffe auch Gelatine wasserfest anfärben müßten. Tatsächlich blutet aber eine ganze Anzahl basischer Farbstoffe aus Gelatine in Wasser wieder völlig aus. Lediglich dadurch kann ein Ausbluten solcher Farbstoffe aus Gelatine verhindert werden, daß die Farbstoffe mittels Beizen in wasserunlöslicher Form niedergeschlagen werden; so wird bei dem bekannten Verfahren der „Uvachromie" das Silber in eine als Beize wirkende Verbindung umgewandelt, oder aber es wird der ganzen Schicht eine Beize einverleibt, wie etwa beim später zu beschreibenden „Coloprint"-Verfahren, bei dem in der das Druckrelief bildenden Gelatine eine relativ schwache Beize sich befindet, die den Farbstoff vorübergehend am Ausbluten verhindert, ihn jedoch in Berührung mit einer stärker wirkenden Beize auf dem endgültigen Bildträger wieder freigibt.

Eine unmittelbare Anfärbung von Gelatine ohne Beizen als Zwischenbindung erhält man jedoch merkwürdigerweise vielfach gerade mit solchen Farbstoffen, die sonst vorwiegend für die Anfärbung von Fasern auf Zellulosebasis bekannt sind, nämlich mit den substantiven, meist sauren Farbstoffen. Derartige Farbstoffe waren schon im Pinatypieverfahren mit Erfolg zum Anfärben von Gelatine benutzt worden, und auch CHRISTENSEN (*21*) hatte eine Gruppe dieser Farbstoffe, die Dianilfarbstoffe, als geeignet gefunden. Auch in einem Patent über Lichthofschutzschichten der Firma HERZOG (*70*) sind neben anderen Farbstoffen substantive Dis- oder Tetrazofarbstoffe genannt, die der Bedingung genügen, daß sie in wasserlöslicher Form Gelatine so anfärben, daß sie aus den Schichten nicht wieder hinausdiffundieren. Bei Reliefabdruckverfahren wird nun, wie das schon beim „Pinatypie"-Verfahren der Fall war, von einer doppelten Eigenart des Verhaltens der verwendeten Farbstoffe in Gelatine Gebrauch gemacht, nämlich der, zwar aus Gelatine in Wasser nicht auszubluten, jedoch von Gelatineschicht zu Gelatineschicht ohne Behinderung zu wandern. A. TRAUBE (*179*) hat das Verhalten von abdruckenden Farbstoffen näher untersucht. Er ging aus von der bei der Pinatypie beobachteten Erscheinung, daß bei wiederholtem Anfärben der Druckplatten sich diese mehr und mehr mit Farbstoff anreichern, der nicht mehr abdruckbar ist. Der untersuchte Farbstoff Pinatypieblau F ließ sich nun in eine hochdisperse Phase zerlegen, die waschecht anfärbte, sich jedoch auch ohne Rest wieder auf Gelatine absaugen ließ, und in eine niedrigdisperse, die das nicht zeigte, also wohl mit dem nicht wieder abdruckenden Rest der Anfärbung identisch war. Diese Beobachtung hängt vielleicht mit den seither bei den Mehrschichtenverfahren gewonnenen Erfahrungen zusammen, wonach wasserfeste Farbstoffe erst bei hinreichender Teilchengröße auch diffusionsfest werden. Hierbei spielt wahrscheinlich der Ladungszustand der Farbstoffkolloide eine Rolle: Daß manche im Leitungswasser wasserfeste Anfärbungen in destilliertem Wasser ausbluten und daß an der Oberfläche in Leitungswasser adsorbierte, in die Gelatineschicht jedoch nicht eindringende niedrigdisperse Farbstoffkolloide in destilliertem Wasser ebenfalls abschwimmen, deutet jedenfalls auf Ladungsabhängigkeit der Bindung an die Gelatine.

Die auffallende Erscheinung, daß wasserlösliche Farbstoffe in Gelatinegele eindringen, dort aber diffusionsfest werden können, dürfte so zu deuten sein, daß durch elektrische Umladung der in die Gelatineporen eingedrungenen Farbstoffkolloidteilchen eine Teilchenvergrößerung eintritt, so daß sich die entstandenen Teilchen in den Poren festklemmen und nicht mehr wandern können. Darauf deutet die Tatsache, daß manche Farbstoffe von besonders hoher Teilchengröße zwar an der Gelatineoberfläche stark adsorbiert werden, in die Schicht jedoch nicht eindringen.

Für die praktische Anwendung von Farbstoffen zur Anfärbung von Gelatine ist es daher nötig, von Fall zu Fall zu prüfen, wieweit der betreffende Farbstoff außer der notwendigen Wasserfestigkeit eine Herabsetzung der Wanderungsfestigkeit in der Gelatine durch Teilchenvergrößerung zeigt. Für die Absaugverfahren darf die Teilchenvergrößerung einen bestimmten Wert nicht überschreiten, falls der Farbstoff überhaupt noch übertreten soll. Anders dagegen, wenn es sich um Mehrschichtenverfahren handelt, bei denen jegliche Diffusion von Schicht zu Schicht vermieden werden soll. Hier zeigen die für wasserfeste Anfärbungen sonst sehr brauchbaren „substantiven" Farbstoffe durchaus meist nicht das für die Diffusionsfestigkeit erforderliche Anwachsen der Teilchengröße über den erforderlichen Betrag hinaus. In Fällen, in denen man an bestimmte Farbstoffe gebunden ist, kann man durch zusätzliche Mittel die Teilchenvergrößerung herbeiführen, indem man beispielsweise saure Farbstoffe an basische Substanzen bindet (*92*), wie das bei den Schichten des Silberfarbbleichfilms (s. S. 436) durchgeführt wurde, dessen Farbstoffe zwar ohne diesen Kunstgriff nicht ausbluten, von Schicht zu Schicht dagegen hemmungslos wandern würden.

In der neueren Entwicklung der Farbenphotographie spielen die farblosen Komponenten von Farbstoffen eine bedeutende Rolle, die erst im Verlaufe des Prozesses zu den färbenden Substanzen umgewandelt werden. Da diese sich ganz besonders für die Herstellung von Mehrschichtenfilmen eignen, bei denen mehrere Schichten unmittelbar übereinandergegossen sind, ist es wichtig, daß keinerlei Diffusion der Komponenten von Schicht zu Schicht stattfindet.

Der Gang der historischen Entwicklung ähnelt in gewisser Weise demjenigen bei gefärbten Schichten. LIERG (*116*) hatte sich, in Analogie zu den bei den Auswaschreliefs vielfach verwendeten unlöslichen Farbstoffen, dadurch zu helfen versucht, daß er wasserunlösliche Ausfällungen von farblosen Komponenten in der Emulsion herstellte oder durch Beizen eine Bindung an die Gelatine erzielte. Über die praktische Bewährung dieser Methode ist Näheres nicht bekannt geworden.

EGGERT, FRÖHLICH und WENDT beabsichtigten, das schon früher beschriebene Verfahren (D.R.P. Nr. 561867), bei dem ein Silberbild in ein Antidiazotatbild und dieses durch Behandlung mit einer Lösung einer Kupplungskomponente in ein Azofarbstoffbild übergeführt wird, für Mehrschichtenfilm auszubauen. Zu diesem Zweck schlugen sie 1934 (*93*) (F. P. Nr. 787388, Deutsche Anm. J 49281) vor, die Kupplungskomponenten in Gestalt substantiver Verbindungen, wie sie z. B. seit langem in der Färberei verwendet wurden, in die übereinanderzugießenden Einzelschichten zu verlegen, um dann in einem einzigen Farbgebungsprozeß das mehrfarbige Bild zu erzeugen. Dieses Antidiazotatverfahren leidet jedoch an einer unerträglichen Unschärfe, die dadurch zustande kommt, daß die an den Stellen des Silberniederschlags in Freiheit gesetzten Diazoniumverbindungen dort infolge des zu langsamen Verlaufes der Kupplungsreaktion nicht vollständig durch Farbstoffbildung abgefangen werden können, sondern zu einem Teil weiterwandern und noch außerhalb der Silberniederschlagsstellen unter Farbstoffbildung reagieren. An sich zeigten die erwähnten Kupplungskomponenten mit Gruppen substantiven Charakters dagegen die erwartete Verringerung der Diffusionseigenschaften.

Um so bedeutungsvoller ist die Lösung des Problems der Diffusionsfestigkeit in den Schichten des „Agfacolor"-Films, der als Mehrschichtenfilm für die verschiedensten Zwecke auf den Markt gebracht und weiter unten (s. S. 449) noch näher besprochen wird. WILMANNS hatte mit SCHNEIDER, FRÖHLICH und anderen Mitarbeitern, unter denen in diesem Zusammenhang KUMETAT zu nennen ist, das im Jahre 1912 von R. FISCHER angegebene Verfahren der Farbentwicklung wieder aufgegriffen, bei dem auf dem Wege der Kupplung zwischen farblosen Komponenten und den Reaktionsprodukten des Entwicklers an den Stellen des entwickelten Silberbildes Farbstoffe gebildet werden. Die von FISCHER angegebenen Farbstoffkomponenten waren nicht diffusionsfest, ja noch nicht einmal durchweg wasserfest im oben ausgeführten Sinne, so daß es nicht gelingen konnte, mehrere Schichten unter sauberer Farbtrennung übereinander zu vergießen. Durch die Schaffung besonders gearteter diffusionsfester Kupplungskomponenten gelang es jedoch den oben Genannten erstmalig, die eine der von FISCHER vorgeschlagenen Ausführungsformen des Farbentwicklungsverfahrens zu verwirklichen, bei der die farblosen Kupplungskomponenten nicht im Entwickler angewandt, sondern von vornherein den übereinandergegossenen Schichten eines Dreischichtfilms einverleibt werden. Sie verwendeten zu diesem Zweck die bereits bekannten Kupplungskomponenten, wie Phenole, Azetessigester, Pyrazolone u. dgl., in die spezifische organische Molekülreste eingeführt werden. Zeitlich zuerst wurden auch für diesen Zweck Gruppen substantiven Charakters vorgeschlagen, denen später Reste von hochpolymeren Säuren, Kohlenstoffketten mit mehr als fünf Kohlenstoffatomen, Reste von Polypeptiden, Harzen, Sterinen, hydroaromatischen und hydroheterozyklischen Ringen, Polyalkylenoxyden, Polyamiden, polymeren Azetalen, amidierten halogenhaltigen Mischpolymerisaten und Diketenderivaten folgten (*94, 95*).

Bei einem Versuch, die Wirkungsweise derartiger Gruppen unter den oben angeführten Gesichtspunkten zu erklären, ist zu beachten, daß bei diesen Arbeiten offenbar keineswegs die Schaffung unlöslicher Komponenten angestrebt wurde, da ausdrücklich wasserlöslich machende Gruppen in diese Komponenten eingeführt werden, die es ermöglichen, sie der geschmolzenen Emulsion in Form wäßriger Lösungen zuzusetzen. Man könnte geneigt sein, die Wirkungsweise der genannten Gruppen in erster Linie in der dadurch erzielten Vergrößerung der Teilchen zu suchen. Die Tatsache jedoch, daß nicht alle eine Teilchenvergrößerung bewirkenden Gruppen auch Diffusionsfestigkeit zur Folge haben, läßt vermuten, daß auch noch andere Eigenschaften, wie etwa Kolloidzustand, chemische Bindungen u. ä., am Zustandekommen der Diffusionsfestigkeit beteiligt sind, so daß man bis zur Auffindung einer allgemeinen Regel auf den Versuch angewiesen ist. Dies ist um so wichtiger, als es eine bei allen subtraktiven Verfahren stets wiederkehrende Erfahrungstatsache ist, daß durch die zahlreichen und verschiedenartigen Anforderungen des Prozesses die Auswahl an brauchbaren Farbstoffen oder Farbstoffbildnern oft bedenklich eingeschränkt wird; es ist daher wesentlich, daß für die diffusionsfesten Komponenten hier eine genügend breite Ausgangsbasis geschaffen wurde, die die Gewähr bietet, daß für jeden Verwendungszweck eine geeignete Komponente ausgewählt werden kann.

c) **Subtraktive Verfahren mit Auswaschreliefs.**

Unter den im folgenden aufgeführten Verfahren mit subtraktiver Wiedergabe, von denen nur diejenigen berücksichtigt werden, die praktisch von Bedeutung sind, werden Reliefverfahren (Gruppe I A) mit direkter Härtung auf Grund der Lichtempfindlichkeit der Bichromatgelatine außer der Uvatypie nicht mehr aufgeführt. Es mag noch vereinzelte begeisterte Amateure geben, die sich mit den alten Pigment- und Gummidruckverfahren beschäftigen, doch ist Neues auf diesem Gebiete nicht bekannt geworden, und die praktische Bedeutung dieser Methode ist nur gering, da die erforderlichen starken Belichtungen das Arbeiten mit dem Vergrößerungsapparat nicht zulassen. Dagegen haben die unter I B erwähnten Verfahren, die mit der hohen Lichtempfindlichkeit des Halogensilbers arbeiten, zum Teil auch heute noch praktische Bedeutung. Sie werden fast ausnahmslos zur Herstellung farbiger Papierbilder benutzt (*185*); im „Technicolor"-Verfahren ist es durch sorgfältige Ermittlung der Arbeitsbedingungen gelungen, sogar ein Filmkopierverfahren darauf aufzubauen. Alle diese Verfahren sind reine Kopierverfahren und als solche auf das Vorhandensein von Teilauszügen irgendwelcher Art angewiesen, die mit Strahlenteilungskameras (s. S. 382) gewonnen werden können, neuerdings jedoch mit der zunehmenden Verbreitung der Farbentwicklungsfilme („Agfacolor", „Kodachrom") vielfach mit Hilfe von Filtern aus diesen herausgezogen werden. Die dazu anzuwendenden Filter müssen möglichst streng sein; besonders eignen sich Lichtquellen, die jeweils nur eine Spektrallinie aussenden, ähnlich wie für das „Dufaycolor"-Verfahren (s. S. 394) beschrieben. Diese Spektrallinien oder, falls Filter verwendet werden, das Maximum der Durchlässigkeit dieser Filter soll nach Möglichkeit mit dem Maximum des Absorptionsgebietes eines der drei Bildfarbstoffe übereinstimmen, um eine möglichst gute Trennung der Farben zu erreichen.

Die „Uvatypie". Die von der UVACHROM A. G., München, Theresienstraße 75, ausgeübte „Uvatypie" geht auf die Arbeiten TRAUBES (*179, 180, 190*) über das Verhalten substantiver Farbstoffe beim Anfärben und Abdrucken von Auswaschreliefs zurück (s. S. 426). Die Herstellung der Druckreliefs unterscheidet sich im wesentlichen nicht von den älteren Pigmentverfahren. Es werden mit einer Gelatineschicht überzogene Filme verwendet, die mit Bichromat sensibilisiert und mit blauviolettem Licht durch den Schichtträger hindurch unter Teilauszügen belichtet werden. Darauf wird der nicht durch die Belichtung gehärtete Teil der Gelatine mit warmem Wasser ausgewaschen. Für die Anfärbung werden nach den Untersuchungen TRAUBES substantive Farbstoffe verwendet, deren Dispersitätsgrad so eingestellt ist, daß sie die Gelatine leicht anfärben, aber auch ohne Rückstände in die Gelatineschicht der Papierkopie übertreten. Diese Gelatineschicht ist im übrigen mit Kasein versetzt, wodurch der Farbstoff niedergeschlagen wird. Das hat den Vorteil, daß bei Beendigung des Absaugeprozesses nicht eine gleichmäßige Verteilung der Farbstoffe auf die Schichten des Druckreliefs und der Papierkopie in Form eines Diffusionsgleichgewichts eingetreten ist, sondern daß der Farbstoff mehr oder weniger vollständig auf die Kopie übertritt, so daß man schon durch Übereinanderlegen der angefärbten Druckmatrizen entscheiden kann, ob die Anfärbung ungefähr richtig getroffen ist. Die Druckmatrizen können wiederholt verwendet werden, und nur wenn nach wiederholtem Abdrucken eine Verstopfung der Poren durch Farbstoffagglomerate eingetreten ist, muß durch Behandlung mit Oxydationsmitteln eine Regenerierung der Reliefs durchgeführt werden.

Das „Duxochrom"-Verfahren. Das „Duxochrom"-Verfahren der Firma DR. HERZOG, Hemelingen, das seit 1929 im Handel ist und in der Zwischenzeit noch verbessert wurde, arbeitet mit Halogensilberschichten, die den fertigen Bildfarbstoff bereits enthalten und nach Fertigstellung des Gelatinereliefs auf einen besonderen Schichtträger übertragen werden, wobei die Schichten als solche vom ersten Schichtträger, einer Filmunterlage, abgezogen werden (*69, 101, 173*).

Die drei in den Grundfarben Gelb, Purpur und Blaugrün angefärbten Halogensilberfilme werden unter den Teilnegativen gegebenenfalls im Vergrößerungsapparat durch den Schichtträger hindurch belichtet und mit einem gerbenden sulfitfreien oder sulfitarmen Entwickler ähnlich wie beim früheren KOPPMANN- (Jos-Pe-) Verfahren entwickelt, wodurch die Schicht an den silberhaltigen Stellen gehärtet wird. Die Entwicklung geht nach der neueren Abänderung des Verfahrens so vor sich, daß das Alkali und der reduzierende Bestandteil des Entwicklers getrennt angewendet werden; zuerst wird die Schicht 5 Minuten lang mit dem Alkali getränkt und erst dann 4 bis 5 Minuten entwickelt. Dann wird ohne Zwischenwässerung im sauren Fixierbad fixiert und nach nur 5 Minuten langem Wässern mit warmem Wasser von 60° der nicht gehärtete Teil der Gelatineschicht mit dem darin enthaltenen Farbstoff ausgewaschen, jedoch nicht bis zur vollen Klarheit der Lichter, damit noch eine Schichtreserve für die spätere Angleichung und Abstimmung der drei Teilschichten bleibt. Um für diesen Zweck die Schichten klar durchsichtig zu machen, wird das Bildsilber entfernt, indem durch Kupfersulfat-Natriumchlorid das Silber in Chlorsilber umgewandelt und dann in saurem Fixierbad herausgelöst wird. Auf dem Boden einer weißen Schale werden die Teilbilder übereinandergelegt und ihre Abstimmung und der Gesamtcharakter des Bildes geprüft. Durch Nachbehandlung in Waschwasser höherer Temperatur bis zu 100° muß diese Abstimmung für jede Kopie gesondert erfolgen, was eine gewisse Unbequemlichkeit bedeutet. Nach einer Behandlung des Blaugrünbildes mit einem Fixator zur Erhöhung der Echtheit werden dann die Schichten einzeln nacheinander mit der endgültigen Bildunterlage in Kontakt gebracht und in der Wärme unter einer Kopierpresse getrocknet, wobei die erste Filmunterlage abspringt. Befriedigt der Bildcharakter noch nicht, so kann, wie in der Reproduktionstechnik, noch ein Schwarzdruck zugefügt werden, indem aus einer Kopie auf einer der Teilschichten der Farbstoff entfernt und das verbleibende Silberbild zusätzlich auf dem Farbbild abgezogen wird. Als Vorlage für diesen Schwarzdruck dient, wenn die Farben gut, die Tiefen aber ungenügend gedeckt sind, das Rotfilternegativ, wenn jedoch die Farben zu kräftig sind, das Blaufilternegativ.

Nach diesem Verfahren werden neuerdings auch häufig Kopien nach Farbentwicklungsdiapositiven hergestellt; H. FREYTAG (*50*) empfiehlt für die Farbauszüge nach solchen Kleinbildfilmen die Verwendung der Agfafilter Rot 36 C, Grün 574 und Blau 562 in Verbindung mit der AGFA-Platte für Dreifarbenauszüge. Da die Farbfolien im Handel sind, kann auch der Amateur sich nach diesem Verfahren Kopien anfertigen, doch übernimmt auch die Firma HERZOG selbst die Ausführung. Das Verfahren arbeitet verhältnismäßig sicher, wenn es auch als unökonomisch gelten mag, daß für jede Papierkopie drei Zelluloidfolien gleicher Größe abfallen. Die Qualität der Bilder ist besonders nach der 1937 durchgeführten Verbesserung des Verfahrens als recht ansprechend zu bezeichnen.

Das „Coloprint"-Verfahren. Für das „Coloprint"-Verfahren („Farbenphoto Coloprint", Wien 65, Josefstädterstraße 87) gelten hinsichtlich der Aufnahme die gleichen Voraussetzungen wie für das „Duxochrom"-Verfahren, d. h. es müssen Teilauszüge vorhanden sein, die entweder mit einer Strahlenteilungskamera aufgenommen oder aus Farbentwicklungsdiapositiven gewonnen werden. Nach Belichtung durch den Schichtträger des Druckfilms wird, ebenfalls wie beim „Duxochrom"-Verfahren, gerbend entwickelt und durch Auswaschen mit warmem Wasser zum Relief entwickelt. In dem auf LIERG (*117*) zurückgehenden

Färbe- und Abdruckverfahren werden für die Druckreliefs nun aber nicht, wie sonst meist üblich, Farbstoffe verwendet, die die Gelatine wasserfest anfärben, sondern besonders leicht wandernde basische Farbstoffe, was den Vorteil besitzt, daß der Abdruckprozeß in wesentlich kürzerer Zeit beendet ist. Um das Ausbluten der Farbstoffe beim Wässern zu verhindern, ist der Druckfilm mit einer schwachen Beize versetzt, durch die der Farbstoff gebunden wird. In der Gelatineschicht des Papiers, auf das abgedruckt wird, befindet sich eine stärkere Beize, wie etwa Phosphor- oder Silico-Wolframsäure, durch die der Farbstoff quantitativ niedergeschlagen wird, so daß aller im Druckrelief befindliche Farbstoff auf das Bild überzieht. Dadurch wird die Einstellung eines Gleichgewichts vermieden, so daß man nicht nur schneller, sondern auch reproduzierbarer arbeiten kann. Das Kopiermaterial ist nicht verkäuflich; die Kopien, die nur von der Firma selbst hergestellt werden, finden durchweg großes Lob und zeichnen sich nach den dem Verfasser bekannten Proben durch hohe Leuchtkraft der Farben und gute Gleichmäßigkeit aus.

Das Eastman-Kodak-Auswaschreliefverfahren. Als Beispiel für ein Auswaschreliefverfahren, bei dem das Relief durch Behandlung eines entwickelten Silberbildes mit Bichromat erhalten wird, sei das für den Gebrauch des Amateurs bestimmte Auswaschreliefverfahren der EASTMAN KODAK COMPANY (*164*) beschrieben, das 1936 in den USA. im Handel erschien. Die vorliegenden sehr ausführlichen Beschreibungen lassen besonders deutlich erkennen, mit welcher Sorgfalt und welchen Sicherungen gearbeitet werden muß, wenn man mit Reliefübertragungsverfahren wirklich gute und reproduzierbare Resultate erhalten will. Für die Druckmatrizen werden gelbgefärbte Bromsilberfilme benötigt (EASTMAN-WASH-OFF-Relieffilm), die unter entsprechenden Teilauszügen genau gleicher Gradation mit violettem Licht (WRATTEN-Filter Nr. 35) von der Seite des Schichtträgers aus belichtet werden. Entwickelt wird mit einem nicht gerbenden Entwickler (EASTMAN-Entwickler D 11) 5 Minuten bei 18°. Nach 10 Minuten langem Wässern wird ohne zu fixieren sofort die Härtung der silberhaltigen Stellen vorgenommen, und zwar in einem Bad, das gegenüber dem zuerst von FARMER für diesen Zweck angegebenen Rezept mit sehr niedrigen Konzentrationen arbeitet, da es nur 0,25% Ammoniumbichromat, 0,175% Schwefelsäure konz. und 0,56% Natriumchlorid enthält. Bei 18° wird das Silber bis zum völligen Bleichen behandelt und nun die Schicht ohne Zwischenwässerung 4 Minuten in Wasser von 43° ausgewaschen. Nach Einschaltung eines nicht härtenden Fixierbades für 1 Minute und einer Wässerung von 5 Minuten wird gegebenenfalls das für die Abstimmung störende braune Restbild durch saure Permanganatlösung entfernt und getrocknet. Alle diese Vorgänge müssen genau eingehalten und vor allem für alle drei Teilbilder exakt in der gleichen Weise ausgeführt werden. Die Anfärbung der Reliefs in den drei Farblösungen A (blaugrün), B (purpur) und C (gelb) wird sehr lange ausgedehnt. Erst nach 30 Minuten Anfärbungszeit bei 20 bis 27° kann mit Erreichung des Endzustandes der Färbung gerechnet werden. Ähnlich wie bei den oben geschilderten Verfahren werden die drei Teilreliefs auf dem Boden einer weißen Schale übereinandergelegt, um die Abstimmung beurteilen zu können. Fehlerhafter Kontrast wird durch Nachbehandlung mit Essigsäure (härter) oder Ammoniak (weicher) und Nachfärbung korrigiert, zu hohe Dichte durch einfaches Wässern abgeschwächt. In allen Fällen wird jede Änderung des Anfärbungszustandes durch Essigsäure gestoppt.

Zur Herstellung von Diapositiven werden einfach die drei Teilreliefs übereinandergeklebt. Will man jedoch Papierbilder erzeugen, so werden die Reliefs auf Papier abgedruckt, und zwar wird auch hier wieder das Prinzip angewendet, daß durch eine Beize aller Farbstoff aus dem Relief in die Papierschicht hinübergezogen wird. Dazu kann jedes beliebige ausfixierte Photopapier Verwendung finden oder das Spezialgelatinepapier ,,Trade 867". In allen Fällen wird das Papier vorher mit der Beize versehen, indem es zuerst in einer Lösung von 13,3% Aluminiumsulfat und 2,7% Natriumkarbonat und dann in 5% Natriumazetat je 5 Minuten mit 5 Minuten Zwischen- und Endwässerung behandelt wird. Auch die Übertragung erfordert bis zum vollständigen Überziehen des Farbstoffs relativ lange Zeiten von 10 bis 30 Minuten. Sie vollzieht sich in der Reihenfolge Purpur, Blaugrün, Gelb. Werden diese Anweisungen, die in der Arbeitsvorschrift (40) in noch sehr viel größere Einzelheiten gehen, befolgt, so wird allerdings die aufgewendete Sorgfalt durch Bilder von großer Gleichmäßigkeit bei guter Farbwiedergabe belohnt. Daß eine weitere Vervollkommnung der Resultate durch Anwendung des besonders für dieses Verfahren ausgearbeiteten Maskenverfahrens erreicht werden kann, ist bereits auf S. 370 ausgeführt worden.

Das ,,Vivex"-Verfahren der Colour Photographs. Eine besondere Stellung unter den Reliefverfahren nimmt der auf Manly und Farmer zurückgehende Carbrodruck ein, der in Band VIII dieses Werkes, S. 162 bis 164, näher beschrieben ist. Hierbei wird nicht die das Silberbild umgebende Gelatine durch die beim Bleichen des Silbers mit Bichromat entstehenden Substanzen gehärtet und als Relief verwendet, sondern die gerbende Substanz wird auf eine zweite, den Bildfarbstoff enthaltende Schicht übertragen, so daß die Halogensilberschicht nach Rückentwicklung wiederholt verwendet werden kann. Zu diesem Zweck wird die farbstoffhaltige Gelatine mit einer Lösung getränkt, die Bichromat neben Chromsäure, Kaliumferrizyanid und Kaliumbromid enthält, und in Kontakt mit einem Silberbild gebracht, das nach Teilauszügen auf gewöhnlichem Bromsilberpapier erzeugt wurde. Die Gerbung nimmt, von der Oberfläche ausgehend, nach den Tiefen der Farbstoff-Gelatine-Schicht hin ab. Damit die wenig gehärteten, nicht bis zum Papieruntergrund reichenden Schichtteile nicht beim Entwickeln in warmem Wasser ihren Halt verlieren, muß für die Entwicklung des Reliefs seine an der Schichtoberfläche liegende Basis auf einem Zwischenträger befestigt werden. Das von Spencer und Murray (131, 209) entwickelte ,,Vivex"-Verfahren der Colour Photographs (Victoria Road, Willesden, London NW 10) baut nun auf dem glücklichen Gedanken auf, als Zwischenunterlage das billige und dünne Cellophan zu verwenden, so daß die auf diesem entwickelten Reliefs mit der Unterlage auf der endgültigen Papierunterlage zusammengeklebt werden können, ohne daß ein nochmaliges Übertragen erforderlich wäre, wenn auch von dieser Möglichkeit nicht durchgehend Gebrauch gemacht wird. Ähnlich wie bei dem oben S. 414 geschilderten ,,Colorsnap"-Verfahren ist auch hier ein Fabrikationsbetrieb aufgebaut worden, wobei weitgehende Standardisierung aller Arbeitsbedingungen die Gleichförmigkeit der Resultate sichert. Die mit einer Grauskalenaufnahme versehenen eingeschickten oder von der Firma im Auftrag selbst hergestellten Teilnegative (s. S. 382) werden mit Photozellen ausgemessen, wonach die Belichtung der Bromsilberpapierkopien bemessen wird. Diese werden dann bei konstant gehaltenen Temperaturen auf Maschinen entwickelt, mit den in der Bleichlösung gequollenen Farbfolien zusammengebracht und nach dem Bleichen des Silberbildes entfernt. Ebenfalls maschinell wird das Übertragungscellophan mit den gegerbten Farbfolien zusammengepreßt und anschließend auf rotierenden Trommeln das Relief entwickelt und die Teilbilder zusammengeklebt. Durch dieses Verfahren ist es tatsächlich gelungen, vollkommene Gleichmäßigkeit der Produkte sicherzustellen. Verfasser konnte in einer Serie von 12 Kopien des gleichen Objekts Unterschiede im Farbton nicht feststellen. Die Farbwiedergabe war hervorragend.

Die Siebverfahren. 433

Sämtliche bisher genannten subtraktiven Wiedergabeverfahren umfassen den größten Teil der zurzeit gebräuchlichen Verfahren zur Herstellung von Papierbildern. Es ist nicht zu leugnen, daß durch die Anwendung fabrikationsmäßiger Methoden recht gute Erfolge zu verzeichnen sind; trotzdem kann aber in allen diesen Verfahren nicht die Lösung des Kopierproblems gesehen werden. Schon in den relativ hohen Preisen offenbart sich die im Grunde doch noch große Umständlichkeit dieser Verfahren, und es ist auch kaum damit zu rechnen, daß sie jemals die Schwarz-Weiß-Kopie verdrängen werden. Eine Änderung dürfte zu erwarten sein, wenn Kopierpapiere nach Art der Farbentwicklungsfilme (s. S. 442) zugänglich geworden sein werden.

Das „Technicolor"-Verfahren. Daß das Auswaschreliefverfahren bei sorgfältiger Beachtung aller Versuchsbedingungen selbst auf dem so sehr viel schwierigeren Gebiet des Kinofilms angewendet werden kann, beweisen die beträchtlichen Erfolge der nordamerikanischen TECHNICOLOR MOTION PICTURE CORP. (Boston) (*7, 105, 174, 175, 210*). Im Laufe der um 1915 begonnenen Arbeiten hat das Verfahren eine ganze Reihe von Wandlungen durchgemacht. Nach anfänglichen Versuchen mit einem additiven Zweifarbenverfahren wurde nach dem Weltkrieg zuerst das Auswaschreliefverfahren aufgenommen, und zwar in der Form, daß die Zweifarbennegative auf getrennte Positivfilme kopiert, diese in Auswaschreliefs verwandelt, gefärbt und mit den schichtfreien Seiten zusammengeklebt wurden. Aus dieser Zeit sei der Film „The Black Pirate" (1926) genannt. Seit 1928 wurde der auch heute noch ausgeübte Übertragungsprozeß der Farbstoffe vom Auswaschrelief auf einen Gelatineblankfilm übernommen. Zuerst wurden Zweifarbenauszüge benutzt, die in einer Strahlenteilungskamera gewonnen wurden. Zwei übereinanderliegende Bildfelder werden gleichzeitig belichtet; die Teilbilder werden dabei spiegelbildlich auf den zwei benachbarten Bildfeldern bei doppeltem Bildzug entworfen und später auf die beiden Druck- oder Matrizenfilme getrennt kopiert. Trotz der nur zweifarbigen Wiedergabe waren besonders die Fleischtöne recht befriedigend. Zahlreiche Filme (z. B. „Rhapsodie in Blau") wurden auch in Deutschland vorgeführt. Den eigentlichen Auftrieb bekam das Verfahren jedoch erst, nachdem es gelungen war, es zum Dreifarbenverfahren auszubauen. Die ersten Erfolge wurden mit Trickfilmen, für die eine Dreifarbenkamera nicht unbedingt erforderlich ist, erzielt, so vor allem mit den „Silly Symphonies" von WALT DISNEY seit 1933. Nachdem die Konstruktion einer geeigneten Dreifarbenkamera in der auf S. 418 geschilderten Form gelungen war, wurde auch die Spielfilmproduktion aufgenommen, von denen die auch in Deutschland gezeigten Filme „La Cucaracha" und „Becky Sharp" beträchtliches Aufsehen hervorriefen. In Boston und Hollywood besteht heute je eine Kopieranstalt, und seit einiger Zeit ist auch in England eine Kopieranstalt in Betrieb genommen.

Die in Abb. 57 und 58 gezeigte Kamera wurde in der ersten Zeit nur von eigenen Kameraleuten der Technicolor bedient, jetzt jedoch auch an die Herstellerfirmen nach Schulung der Kameraleute verliehen; um die Deckung der Teilbilder sicherzustellen, werden die Aufnahmeapparate täglich in den Werkstätten der Technicolor auf Bildkonturendeckung geprüft. Die Objektive, Fabrikate der Firma TAYLOR, TAYLOR und HOBSON, liegen in Brennweiten von 35 bis 140 mm vor und sind so gebaut, daß die Brennweite für rote Strahlen etwas größer ist als für blaue, damit das um eine Filmdicke weiter zurückliegende Rotbild, dessen Schärfe ohnehin durch die davorliegende Blaubildschicht gefährdet ist, nicht benachteiligt wird. Als Filmmaterial wird ein Bipackfilm der EASTMAN KODAK COMPANY verarbeitet, der zur Vermeidung von Deckungsfehlern besonders wenig, nämlich nur $1/3\%$ in der Bilddiagonale, schrumpft. Die

Atelieraufnahme erfolgt bei Bogenlicht. Bevorzugt wird eine hohe, gleichmäßig verteilte Allgemeinbeleuchtung (*43, 61, 62*), die nach den bekanntgewordenen Daten etwa 4000 bis 8000 Lux beträgt und durch besonders hergestellte Lampentypen der MOLE-RICHARDSON-CORP. mit Spezialkohlen der NATIONAL CARBON COMP. erzeugt wird. Das Licht wird durch ein schwaches Gelbfilter, das gleichzeitig als Schutzfilter gegen Ultraviolett dient, abgestimmt. Für Glühlampenlicht wird ein grünblaues Filter, Corningglas Nr. 570, benutzt.

Die Negative werden zum gleichen Kontrast entwickelt. Über den anschließenden Kopierprozeß, der als Geheimverfahren durchgeführt wird, sind nur wenige Einzelheiten bekannt geworden. Die Druckfilme mit dem Auswaschrelief werden im Prinzip nach den bekannten Verfahren hergestellt. Auf den gelb gefärbten Matrizenfilm werden die Negative optisch durch den Schichtträger kopiert, dann wird entwickelt, mit Bichromat gehärtet und ausgewaschen. Der Kernpunkt des Verfahrens liegt in dem nun folgenden Abdruckprozeß. Als Bildunterlage dient ein Positivfilm, auf dem in der üblichen Weise der Tonstreifen und ein Schwarzdruck als Silberbild entwickelt sind. In komplizierten und sehr genau arbeitenden Maschinen werden nun die Matrizenfilme angefärbt, abgespült und in der Reihenfolge Gelb, Blaugrün, Purpur einzeln auf den Positivfilm übertragen. Es ist klar, daß an die hierfür bestimmten Maschinen besonders hohe Anforderungen gestellt werden, denn wenn die erforderliche Ausbeute gewonnen werden soll, muß die durch die Übertragungszeit gegebene Länge des Weges, auf dem Matrize und Positiv im Kontakt liegen, genügend groß sein, auf diesem ganzen Wege aber müssen Matrize und Positiv Bild für Bild genau nach den Perforationslöchern ausgerichtet sein, um die Genauigkeit der Bildkonturen nicht zu gefährden.

Die Farbwiedergabe erreicht zum Teil erstaunliche Leuchtkraft und Natürlichkeit. In Amerika wurde bereits eine ganze Reihe von Filmen nach diesem Verfahren hergestellt. Es unterliegt wohl keinem Zweifel, daß ein solches Verfahren, das im Wesen dem farbigen Buchdruck sehr nahe verwandt ist, wegen der geringen Kosten des Positivmaterials besonders bei den in Amerika möglichen hohen Auflageziffern für die Kopien verhältnismäßig billig arbeiten kann, wenn auch die erhöhten Aufnahme- und Kopierkosten eine Rolle spielen.

d) Farbstoffchemische Verfahren.

Verfahren mit Silbertonung und Beizfärbung. Die altbekannte Silbertonung ist ein beliebtes Mittel, um das Silberbild in ein gefärbtes Bild überzuführen. So liefert die übliche Eisenblautonung durch Bleichen des Silbers mit Kaliumferrizyanid und Umsetzung des dabei entstehenden Ferrozyanids mit Ferrisalzen zu Berlinerblau ein auch für farbenphotographische Zwecke recht gut geeignetes Blaugrün. Nickeldimethylglyoxim liefert ein brauchbares Purpur, Bleichromat ein Gelb, das jedoch in der Durchsicht meist zu bräunlich ist (*8*). Auf dieser Grundlage wird z. B. in den USA. von der DEFENDER-CHROMATONE COMP. ein „Chromatone" (*140, 211*) genanntes Verfahren in den Handel gebracht, bei dem nach Teilauszugsnegativen Kopien auf einem Papier hergestellt werden, dessen Bromsilberschicht abziehbar auf einer Zwischenschicht aus Kollodium ruht. In einer für alle drei Teilbilder gleichen Lösung wird das Silber in Ferrozyanid umgewandelt, das dann, für die drei Teilbilder getrennt, durch verschiedene Lösungen wahrscheinlich der oben genannten Art zu entsprechend gefärbten Verbindungen umgesetzt wird. Die Schichten werden dann abgezogen und übereinandergeklebt. Die weitaus größere Bedeutung hatten jedoch derartige Tonungsverfahren für den Zweifarbenfilm, besonders für Kopien nach Bipackaufnahmen auf vorwiegend doppelseitig begossenem Positivfilm [(*12, 207,*

212), s. S. 415]. Das mit besonderer Leichtigkeit erzielbare schon genannte Eisenblaubild stellt nämlich auch für einen Zweifarbenfilm ein recht geeignetes Blaugrün dar. Schwieriger ist es, ein gutes Zweifarbenorange zu erzielen. Häufig ist die bekannte Urantonung angewendet worden, doch liefert diese einen zu bräunlichen Farbton. Man hat es daher vielfach vorgezogen, das Silber in eine Beize für basische Farbstoffe, meistens Jodsilber oder Ferrozyanide, umzuwandeln und mit Farbstoffen nachzufärben, die nur an diesen Beizen niedergeschlagen werden.

Die Kopiertechnik bei allen derartigen Zweifarben-Positivverfahren ist ungefähr die gleiche. Für die Aufnahme wird der Bipackfilm verwendet und in einer Kopiermaschine, die das gleichzeitige Kopieren von beiden Seiten auf einen doppelseitig begossenen Positivfilm gestattet, kopiert. Um zu verhindern, daß das Kopierlicht auf die gegenüberliegende Schicht durchdringt, sind die Schichten mit einem gelben, leicht auswässernden Farbstoff angefärbt. Dadurch wird gleichzeitig erreicht, daß die Silberbilder nur sehr dünn und flach ausfallen, da mit der folgenden Tonung eine beträchtliche Verstärkung der Bilder verbunden ist. Für die auf das Entwickeln und Fixieren folgende Tonung ist es erforderlich, daß mindestens die Blautonung für sich allein durchgeführt wird. Das geschieht bisweilen durch Antragrollen, meistens aber in sehr einfacher Weise dadurch, daß man den Film in langen Kufen mit der zu behandelnden Seite auf der Tonungslösung schwimmen läßt, was ohne Schwierigkeiten durchführbar ist, da die Oberflächenspannung des Wassers gegen das an den Perforationslöchern und dem Filmrand freiliegende Zelluloid, das nicht benetzt wird, ausreicht, um den Film zu tragen. Die zweite Seite wird entweder in der gleichen Weise behandelt oder aber der Film wird bei Verwendung geeigneter Bäder im ganzen eingetaucht. Zum Schluß wird der Film mit einem gelben Farbstoff überfärbt, wodurch das Fehlen des Gelb im Zweifarbenfilm etwas verdeckt wird. Nach solchen Verfahren wurden und werden teilweise auch heute noch zahlreiche Filme vor allem für Zwecke des Werbefilms hergestellt. Im folgenden werden die Hauptvertreter der in dieser oder ähnlicher Weise arbeitenden Farbenverfahren aufgeführt.

1. „Cinecolor" (USA.) (*27, 105*).
2. „Colorcraft" (USA.) (*49, 105*).
3. „Coloratura" (USA.) (*105*).
4. „Dascolour" (Belgien, England) (*105*).
5. „Dunningcolor" (USA.) (*44, 105*).
6. „Harriscolor" (USA.) (*213*).
7. „Magnacolor" (USA.) (*105*).
8. „Multicolor" (USA.) (*28, 105, 213*).
Bildprobe in der Bildtafel zu (*32*).
9. „Photocolor" (USA.) (*105*).
10. „Polychromide" (USA.) (*105*).
11. „Prizmacolor" (USA.) (*105*).
12. „Sennettcolor" (USA.) (*105, 213*).
13. „Siriusverfahren" (Deutschland) (*105, 168*).
Bildprobe in der Bildtafel zu (*32*).
14. „Spectracolor" (England) (*105*).
15. „Ufacolor" (Deutschland) (*12, 139*).
Bildprobe in der Bildtafel zu (*32*).

Da über dieses früher von der AFIFA (UFA) in Deutschland ausgeübte Verfahren nähere Einzelheiten vorliegen, sei es als Beispiel für die zahlreichen ähnlichen Verfahren ausführlicher beschrieben. Die Bedeutung der Zweifarbenverfahren für die kinotechnische Praxis mag man daraus ersehen, daß nach diesem Verfahren bis 1937 mehrere Millionen Meter verarbeitet wurden. Als Aufnahmematerial dient AGFA-Bipackfilm, als Aufnahmekameras können diejenigen von ASKANIA, BELL & HOWELL, MITCHELL, PATHÉ und SLECHTA verwendet werden. Die Bipacknegative wurden zu einem Gamma von 0,8 bis 0,9 entwickelt. In einer Spezialkopiermaschine von DEBRIE werden die beiden Negative gleichzeitig von beiden Seiten auf einen doppelseitig mit gelb angefärbter Emulsion begossenen Film, den „Dipo-Film" der AGFA, kopiert und die Kopie dann entwickelt. Zur Blautonung der Kopie des Rückfilms läßt man den Film 10 Minuten in langen Kufen auf folgender Lösung schwimmen:

Losung I:
10 g Ferrizyankalium,
1,3 ccm 1%ige Kaliumbichromatlosung,
1000 ccm Wasser.

Losung II:
10,6 g Eisenammoniumalaun,
500 ccm Wasser.

Lösung III:
12,5 g Oxalsäure,
500 ccm Wasser.

Die lichtempfindliche und daher bei künstlichem Licht zu benutzende Arbeitslösung wird aus diesen Lösungen zu gleichen Teilen gemischt. Es folgt Fixieren in 5%igem Natriumthiosulfat und nach kräftigem Wässern die Umwandlung der zweiten Seite (Frontfilmkopie) in ein Beizbild durch folgendes Bad:

Losung I:
240 g Kupfersulfat,
2400 ccm Wasser,
180 ccm Eisessig.

Lösung II:
110 g Kaliumrhodanid,
500 g Kaliumzitrat,
2400 ccm Wasser.

Mischen zu gleichen Teilen. Das dabei entstehende Rhodankupfer dient als Beize für die Farbstoffe, deren Lösung folgendermaßen zusammengesetzt ist:

60 Teile Gelb fur Virage (AGFA) $^1/_2$%ige Lösung,
40 Teile Rot fur Virage (AGFA) $^1/_2$%ige Lösung,
1 Teil Eisessig.

Zum Schluß wird mit einem gelben Farbstoff im ganzen überfärbt. Nach diesem Verfahren wurden vor allem Werbe- und Kulturfilme hergestellt, die bisweilen eine für Zweifarbenverfahren überraschend gute Farbwiedergabe zeigten. Eine Bildprobe befindet sich in der Bildtafel zu (32).

Die Silberfarbbleichverfahren [„AGFA-Tripo-Film", „Gasparcolor"-Verfahren (54, 84, 99, 120)]. Bei den Auswaschreliefverfahren wird das Bild aus einer im ganzen angefärbten Schicht dadurch herausgearbeitet, daß der überflüssige Farbstoff mit der Trägersubstanz mechanisch entfernt wird. Es hat nicht an Versuchen gefehlt, diese Beseitigung auf chemischem Wege vorzunehmen; bekannt sind die Versuche, die Lichtempfindlichkeit mancher Farbstoffe dadurch auszunutzen, daß in einer einzigen Schicht je ein gelber, purpurner und blaugrüner Farbstoff vereinigt werden, deren Lichtempfindlichkeit mit ihrem Absorptionsgebiet zusammenfällt. Bei richtiger Abstimmung der Empfindlichkeiten müssen nach dem Ausbleichen die richtigen Farben erscheinen. Mit diesem Verfahren sind zahlreiche Versuche angestellt worden, doch ist es nicht gelungen, ein Farbstofftripel zu finden, das allen Anforderungen genügt. Insbesondere war es nicht möglich, nach der Belichtung die verbliebenen Farbstoffe so zu behandeln, daß sie unter Beibehaltung ihrer Farbe hinreichend lichtecht wurden.

Erfolge wurden erst erzielt, als man darauf verzichtete, lichtempfindliche Farbstoffe zu verwenden und statt dessen das Bild aus lichtechten Farbstoffen aufbaute, die Rolle der Lichtempfindlichkeit aber dem Bromsilber überwies und den Bleichprozeß durch das bei der Belichtung und anschließenden Entwicklung entstehende Silber auf chemischem Wege steuern ließ. Diesen Gedanken sprach zuerst SCHWEITZER (*161*) aus, der u. a. vorschlug, ein solches **Silberfarbbleichverfahren** dadurch zu verwirklichen, daß das Silber eines entwickelten und bereits angefärbten Bildes in neutraler Lösung in ein Chromat umgewandelt wurde, so daß nach Einbringen des Bildes in saure Lösung die freiwerdende Chromsäure den Farbstoff bildmäßig zerstören mußte. Statt der Oxydation der Farbstoffe schlug dann J. H. CHRISTENSEN (*21*) die Reduktion vor, und zwar die Reduktion z. B. von substantiven Azofarbstoffen (etwa Dianilfarbstoffen) durch Hydrosulfit unter Bedingungen, unter denen die Farbstoffe an sich nicht merklich zerstört werden, jedoch an den Stellen des Silberbildes durch katalytische Einwirkung des Silbers ausbleichen. Er erkannte auch bereits die wichtige Möglichkeit, nach diesem Verfahren einen Dreischichtenfilm zu behandeln. Weitere Vorschläge und Beobachtungen ähnlicher Art stammen von LUTHER und VON HOLLEBEN (*122*), SCHWEITZER (*162*), der u. a. auch als Bleichmittel den später bevorzugt verwendeten Thioharnstoff in saurer Lösung nennt, CRABTREE (*25*) und LUPPO-CRAMER (*26*). Bei der weiteren Ausarbeitung des Silberfarbbleichverfahrens, die durch die I. G. FARBENINDUSTRIE A. G. (AGFA) und durch B. GASPAR (Gasparcolor) durchgeführt wurde, bewährte sich in erster Linie das Ausbleichen leicht reduzierbarer Farbstoffe, meist substantiver Azofarbstoffe, durch Thioharnstoff in saurer Lösung. Dabei ist die Reduktion der Farbstoffe mit der Oxydation des Bildsilbers gekoppelt, das aufgelöst wird. Da der Wirkungsbereich eines Silberkorns begrenzt ist, muß die Konzentration des Silbers höher genommen werden als genau stöchiometrischer Umsetzung entspricht, damit in weißen Bildstellen die von den einzelnen Silberkörnern erzeugten Ätzhöfe sich vollständig überdecken; der nicht verbrauchte Silberüberschuß muß daher nachher entfernt werden, wonach ein reines Farbstoffbild übrig bleibt.

Kennzeichnend für den Silberfarbbleichfilm ist die eigenartige Verteilung von Schichtfärbung und Sensibilisierungsgebieten. CHRISTENSEN (*21*) hatte noch vorgeschlagen, die Sensibilisierungsgebiete der drei übereinanderliegenden Schichten analog dem Farbstoffausbleichverfahren zu wählen, d. h. jede der Schichten für das Spektralgebiet zu sensibilisieren, das von ihrem Bildfarbstoff absorbiert wird, wie das in Tabelle 12 ausgeführt ist. Die Schichtempfindlichkeit entspricht also genau der Farbe des Aufnahmefilters, mit dem das zugehörige Teilnegativ aufgenommen werden mußte. Bei den seit 1927 laufenden Arbeiten der AGFA wurde jedoch festgestellt (*84, 96*), daß die für Durchsichtsbilder (CHRISTENSEN hatte mit Aufsichtsbildern, also geringerer Farbstoffkonzentration, gearbeitet) erforderliche hohe Konzentration der Farbstoffe die mit ihrem Absorptionsgebiet zusammenfallenden Spektralgebiete derart stark schwächt, daß eine Durchbelichtung bis zum Grunde der Schicht zur Erzielung reiner Weißen nicht möglich war. Daher mußte die sogenannte „natürliche Zuordnung" von Belichtungsfarbe und Absorptionsgebiet der Farbstoffe entsprechend der bei CHRISTENSEN angegebenen Art verlassen werden und jede Farbstoffschicht für ein Spektralgebiet sensibilisiert werden, in dem der Farbstoff durchlässig ist. Es ist jedoch bei diesem Sachverhalt nicht möglich, alle drei Schichten auf der gleichen Seite anzuordnen und für je eines der drei Hauptgebiete des sichtbaren Gebietes zu sensibilisieren, denn man kann sich leicht überlegen, daß das von den beiden oberen Schichten gemeinsam durchgelassene Licht auf jeden Fall von der dritten Schicht absorbiert wird. Man muß daher die dritte Schicht von der Rückseite belichten oder sie überhaupt auf der zweiten Seite des Films anordnen. GASPAR (*54*) hat weitere Kombinationsmöglichkeiten für Schichtfärbung und Sensibilisierung hinzugefügt, so daß sich folgendes Schema für die Anordnungen dreier Schichten mit Absorptionsgebieten ergibt, die mit den Sensibilisierungsgebieten nicht zusammenfallen und jeweils das Licht für die darunterliegende Schicht durchlassen:

Tabelle 12. Anordnung der Schichtfarbung S und Sensibilisierung bzw. Kopierlichtfarbe K in Mehrschichtenfilmen.
(B = Blau, G = Grün, R = Rot, z = Gelb, p = Purpur, c = Blaugrün.)

	CHRISTENSEN		Silberfarbbleichfilm							
	K	S	K	S	K	S	K	S	K	S
1. Schicht ...	B	z	B	c	B	p	G	z	R	z
2. „ ...	G	p	G	z	R	z	R	p	G	c
3. „ ...	R	c	B, R	p	B, G	c	B, G	c	B, R	p

In allen Fällen ist die dritte Schicht von der Rückseite zu belichten. Schließlich besteht noch die von GASPAR vorgeschlagene Möglichkeit, von der gleichen Seite zu belichten, die unterste Schicht dabei aber für Infrarot zu sensibilisieren, das von den meisten Farbstoffen durchgelassen wird. Die praktisch am besten bewährte Form des Schichtenaufbaus zeigt Abb. 62 (Tafel II) entsprechend der dritten Kolonne der Tabelle 12. Die Verhinderung der Wanderung der Farbstoffe von einer Schicht in die andere erfolgt durch Teilchenvergrößerung gemäß dem auf S. 427 Gesagten.

Das Silberfarbbleichverfahren ist als Ausbleichverfahren ein Umkehrverfahren, d. h. es liefert ein Positiv vom Positiv. Infolge der Anwesenheit der Farbstoffe in den Schichten ist trotz der Sensibilisierung in den Durchlässigkeitsgebieten der Farbstoffe die Empfindlichkeit so gering, daß solche Filme nur als Kopierfilme Verwendung finden können. Es müssen daher nach den Teilnegativen zunächst Zwischenpositive hergestellt werden. Da im allgemeinen die Gradation der drei Farbschichten nicht gleich ist, muß das Gamma dieser Zwischenpositive so abgeändert werden, daß nach dem Kopierprozeß alle drei Farbstoffschichten gleiches Äquivalentgamma gemäß den Erörterungen auf S. 368 ff. aufweisen. Die Teilnegative können beliebiger Herkunft sein. Bei dem von der GASPARCOLOR G. M. B. H. in Berlin ausgeübten „Gasparcolor-Verfahren", das vorwiegend der Herstellung von Kinofilmen für Werbezwecke diente, wurden diese, da es sich gewöhnlich um Trickaufnahmen handelte, mit einer gewöhnlichen Kamera und Wechselfilter in den drei Grundfarben hergestellt. Vereinzelte Filme wurden auch von bewegten Szenen im Atelier oder im Freien mit dreifach schnellem Kameralauf und Wechselfilter (zeitlicher Parallaxe) und mit einer Strahlenteilungskamera aufgenommen. Die Verarbeitung der Kopien geschah in den Berliner GEYER-WERKEN. Die Filme zeigten gemäß ihrer Verwendung als Werbefilme durchweg außerordentlich leuchtende Farben. Die Tonspur bestand aus Silber, da die Farbstoffe infolge ihrer Infrarotdurchlässigkeit für die meist infrarotempfindlichen Photozellen zum Aufbau einer Tonspur nicht geeignet waren.

Der Arbeitsgang ist demnach folgender: In einer gewöhnlichen Kopiermaschine werden die drei Zwischenpositive nacheinander auf den gleichen Tripo-Film kopiert (Abb. 63, Tafel II), und zwar das Rotfilterpositiv mit ungefiltertem oder blauem Licht auf die einzeln liegende Blaugrünschicht, das Grünfilterpositiv mit blauem Licht in die blauempfindliche Purpurschicht, das Blaufilterpositiv mit rotem (oder gelbem) Licht in die rotempfindliche Gelbschicht. Die Kopie wird entwickelt, fixiert, mit Thioharnstoff-Schwefelsäure ausgebleicht, das Silber in Halogensilber übergeführt, die Tonspur gesondert wiederentwickelt und das Halogensilber ausfixiert. Da die Farbstoffmenge in der Fabrikation bereits vollständig festgelegt ist, bereitet die richtige Abstimmung der Teilbilder im Gegensatz zu den Verfahren mit nachträglicher Anfärbung keine Schwierigkeiten. Das Verfahren wird jetzt nicht mehr ausgeübt.

Das „AGFA-Pantachromverfahren". Das Silberfarbbleichverfahren in der bisher geschilderten Form setzt das Vorhandensein von drei Teilauszügen voraus. Die Bemühungen der AGFA, ein geeignetes Aufnahmeverfahren möglichst unter Vermeidung der schwierig zu behandelnden Strahlenteilungskameras zu schaffen, führten zur Ausarbeitung des Linsenraster-Zweipacks, dessen Wesen auf S. 419 näher beschrieben wurde. Die Form, in der er in das „Pantachromverfahren" eingebaut wurde, ergab sich aus dem prinzipiellen Aufbau des als Kopierfilm benutzten Silberfarbbleichfilms, der seinerseits in Anpassung an den Linsenraster-Zweipack etwas modifiziert wurde. Während die Gelb-Purpur-Seite unverändert beibehalten wurde, erwies es sich als günstiger, das Blaugrünbild auf der zweiten Seite des „Tripo III" genannten Pantachrom-Kopierfilms in ähnlicher Weise wie beim zweifarbigen Bipack-Dipo-Verfahren durch Blautonung zugleich mit der Tonspur zu erzeugen.

Das auf der 8. Jahrestagung der Deutschen Gesellschaft für photographische Forschung im Oktober 1938 erstmalig öffentlich vorgeführte Verfahren (37), dessen Farbwiedergabe hinsichtlich der Farbbrillanz etwa zwischen den „Gasparcolor"- und „Technicolor"-Filmen lag, wurde zur Herstellung einer Reihe von Werbetrickfilmen und einiger Werbespielfilme benutzt, 1939 jedoch aus Gründen der Arbeitsökonomie zugunsten des einfacher arbeitenden „Agfacolor"-Verfahrens mit Farbentwicklung eingestellt, obwohl die erzielten Resultate als recht befriedigend bezeichnet werden konnten.

Die Aufnahme mit Linsenraster-Zweipack. Aufbau und Verwendung des Linsenraster-Zweipacks sind bereits auf S. 419 ausführlich geschildert worden. Durch die gewählte Anordnung war eine gegenüber dem gewöhnlichen Linsenrasterfilm mit RGB-Dreistreifenfilter beträchtlich erhöhte Aufnahmeempfindlichkeit möglich geworden. Zur Beleuchtung wurde Tageslicht oder Kohlebogenlicht verwendet, wobei sich die SIEMENS-PLANIA-Vollgrün-SS-Kohlen wegen ihrer tageslichtähnlichen Lichtfarbe bewährten. Die erforderliche Beleuchtungsstärke lag bei 6000 bis 7000 Lux und konnte bei Übersensibilisierung des Films auf fast die Hälfte herabgesetzt werden. Als Aufnahmeobjektiv bewährte sich das ZEISS-IKON-Sonnar $f:2$, das vorzugsweise mit der Brennweite von 5 cm verwendet wurde. Der Linsenraster-Frontfilm wurde in üblicher Weise umkehrentwickelt zu einem Gamma von 0,9, der Rückfilm jedoch als Negativ mit einem Gamma von 1,4. Abb. 64 zeigt die Schwärzungskurven der Filme.

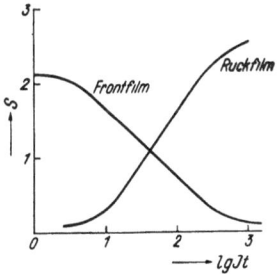

Abb. 64. Schwärzungskurven des Pantachrom-Front- und Ruckfilms. (Aus AGFA-Veröff., Bd. VI. Leipzig: S. Hirzel.)

Das Kopierverfahren. Die Schilderung des Kopierverfahrens mag wegen des Ineinandergreifens der verschiedenen Faktoren den Eindruck der Kompliziertheit erwecken, tatsächlich war jedoch die praktische Ausführung des Prozesses nicht zeitraubender als das Kopieren von Bipackfilmen. Wie bereits erwähnt, unterscheidet sich der „Tripo III" genannte „Pantachrom"-Kopierfilm vom normalen Silberfarbbleichfilm dadurch, daß die Blaugrünseite durch Eisenblautonung wie bei den auf S. 435 beschriebenen Zweifarbenverfahren erzeugt wird. Dadurch war es einerseits möglich, beim Rückfilm des Linsenraster-Zweipacks die kompliziertere und qualitativ nicht so gute Umkehrentwicklung durch die bessere Negativentwicklung zu ersetzen, anderseits aber auch das Problem der Tonspur auf eine besonders einfache Weise zu lösen. Die meisten organischen

Farbstoffe, und so auch diejenigen des Silberfarbbleichfilms, sind im Infrarot, dem Hauptempfindlichkeitsgebiet der Photozellen, ganz oder teilweise durchlässig; man ist daher bei solchen Verfahren meist gezwungen, die Tonspur als Silberbild zu erzeugen, was gewöhnlich zusätzliche Maßnahmen erforderlich macht. Wird dagegen die Tonspur mit der Kopie vom Rückfilm zusammen als Silberbild erzeugt und in das infrarotundurchlässige und damit für die Photozellenabtastung geeignete Eisenblaubild umgewandelt, so entsteht keinerlei zusätzliche Arbeit.

Da die Gelb-Purpur-Seite des „Tripo III"-Films die gleiche ist wie bei dem in Abb. 62 (Tafel II) wiedergegebenen Film, ergibt sich folgender Aufbau:

Tabelle 13. Aufbau des AGFA-Tripo III-Films (Pantachrom-Kopierfilm).

Seite	Bildfarbstoff	Empfindlichkeit oder Kopierlichtfarbe
Doppelschichtseite für den Frontfilm	Purpurner Bildfarbstoff	Blau
	Gelber Bildfarbstoff	Rot
Schichtträger		
Einschichtseite für den Rückfilm	Gelber, auswässernder Schirmfarbstoff, Eisenblautonung	Blau

Aus dieser Verteilung der Empfindlichkeitsgebiete geht hervor, daß der für die rotempfindliche Gelbschicht bestimmte, im Linsenraster-Frontfilm enthaltene Blauauszug mit rotem, der für die blauempfindliche Purpurschicht bestimmte, im gleichen Frontfilm enthaltene Grünauszug mit blauem Licht kopiert werden muß, während für die Blautonungsseite der Rückfilm mit blauem Licht kopiert

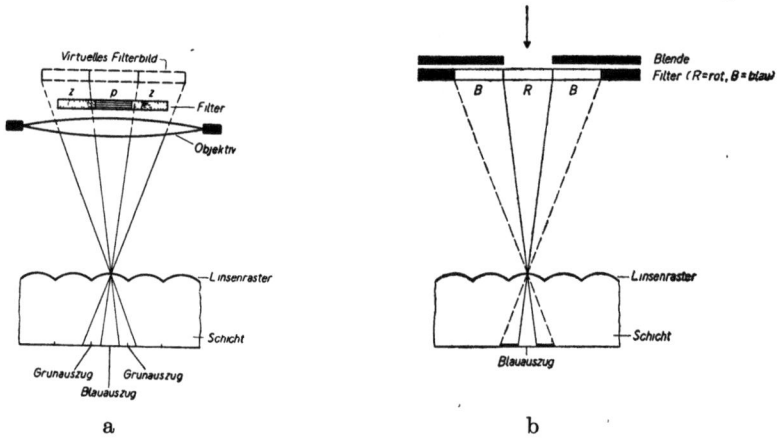

Abb. 65. Zuordnung der Teilauszüge beim Pantachrom-Kopierprozeß. (Aus AGFA-Veröff., Bd. VI. Leipzig: S. Hirzel.)

a Aufnahme. b Kopiervorgang. An die Stelle des virtuellen Bildes bei der Aufnahme (a) mit den Farbstreifen *zpz* tritt beim Kopieren (b) die Filterblende *BRB*.

wird, das durch den gelben Schirmfarbstoff am Durchdringen auf die andere Kopierfilmseite gehindert wird. Die im Frontfilm enthaltenen Grün- und Blauauszüge werden nun in einem Kontaktverfahren auf folgende Weise den zugehörigen Schichten zugeleitet: Wie bereits bei der Beschreibung des Linsenrasterverfahrens auseinandergesetzt und in Abb. 65a nochmals dargestellt, werden die

Streifen des Farbfilters, bzw. seines durch das Objektiv erzeugten virtuellen Bildes durch die Rasterlinsen in der Schicht entworfen. Ordnet man, wie in Abb. 65b dargestellt, im Abstand des virtuellen Filterbildes vor dem Film eine Blende an, die nur den Mittelstreifen des dort zu denkenden virtuellen Filterbildes durchläßt, so werden, wenn man durch diese Blende Licht auf den Film fallen läßt, nur diejenigen Teile der Bildschicht beleuchtet, die bei der Aufnahme vom Purpurfilter belichtet wurden; aus der Schichtseite treten daher nur solche Strahlen aus, die zum Blauauszug (Purpurfilter) gehören. Daran ändert sich auch nichts, wenn in den genannten Blendenausschnitt ein Rotfilter eingesetzt wird: Die aus der Schichtseite des Films austretenden Strahlen sind durch das eingesetzte Filter rot gefärbt, stellen aber in ihrer Helligkeitsverteilung lediglich den Blauauszug dar und werden infolge ihrer roten Lichtfarbe in der rotempfindlichen Gelbschicht des „Tripo III"-Films registriert, wenn man diesen in unmittelbaren Kontakt mit dem Linsenraster-Frontfilm bringt. Ganz ebenso ver-

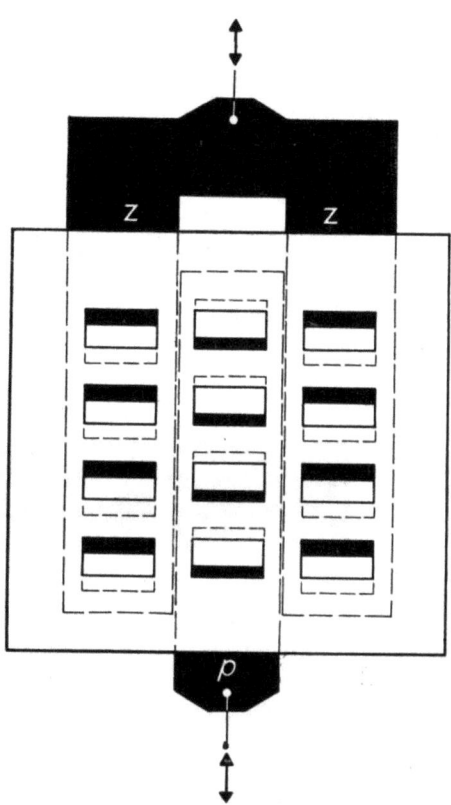

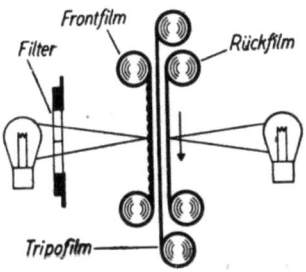

Abb. 66. Schema des doppelseitigen gleichzeitigen Kopierens beim Pantachromverfahren. (Aus AGFA-Veroff., Bd. VI. Leipzig: S. Hirzel.)

Abb. 67. Gitterblende für die Steuerung des Kopierlichtes beim Pantachromverfahren. (Abb. 67 und 68 aus AGFA-Veroff., Bd. VI. Leipzig: S. Hirzel.)
Die Blende z steuert das Licht für den Grünauszug, die Blende p dasjenige für den Blauauszug.

fahrt man mit dem Grünauszug des Frontfilms: An die Stelle des Gelbfilters bei der Aufnahme, das im Frontfilm den Grünauszug hervorrief, tritt beim Kopieren ein Blaufilter, und die aus dem Frontfilm austretenden blaugefärbten Strahlen, deren Helligkeitsverteilung infolge der geometrisch-optischen Zuordnung von Filterfläche und Bildstreifen in der Schicht den Grünauszug darstellt, werden infolge ihrer Blaufärbung der blauempfindlichen Kopierschicht des „Tripo III"-Films zugeleitet und dort registriert. Infolge der verschiedenen Färbungen der beiden Kopierlichter kann das Kopieren der beiden Teilauszüge des Frontfilms natürlich gleichzeitig und ohne die in Abb. 65b zuoberst gezeichnete Blende erfolgen. Damit ist es aber, genau wie beim gewöhnlichen Bipack-Dipo-Verfahren, möglich, beide Seiten gleichzeitig im Kontakt zu kopieren, wie das in Abb. 66 im Prinzip dargestellt ist. Um das durch die Filterstreifen für die Durchleuchtung des Frontfilms fallende Licht für die Kopie regulieren zu können, wird über die Filterstreifen eine Gitterblende der in Abb. 67 gezeichneten Art gesetzt. Durch Verstellen der schwarz gezeichneten undurchsichtigen Bleche p und z wird die Lichtdurchlässigkeit geändert, wobei diese Steuerung durch Abstände zweier Marken auf einem besonderen, in Abb. 68 gezeigten Steuerstreifen bewerkstelligt wird, der gleichzeitig auch die Steuermarken für die Belichtung des Rückfilms enthält. Da Front- und Rückfilm gleichzeitig mit dem Kopierfilm in einem Arbeitsgang die Kopiermaschine durchlaufen, dauert der Kopiervorgang nicht länger als in einer gewöhnlichen Schwarz-Weiß-Kopiermaschine. Die für das Entwickeln und Fertigstellen der belichteten Kopien erforderliche Maschine läßt sich von einer normalen Entwicklungsmaschine dadurch ableiten, daß über ihr die Kufen für die Blautonung angeordnet werden, in die der Film eintritt, nachdem er entwickelt und fixiert ist. In diesen Kufen wird durch Schwimmenlassen auf einer Blautonungslösung die dem Rückfilm entsprechende Seite des Kopierfilms fertiggestellt. Der Film tritt dann dort, wo er die Maschine verließ, wieder in diese ein und durchläuft nun ohne weitere einseitige Behandlung nacheinander die Lösungen zum Bleichen der Farbstoffe in der Doppelschicht, zum Entfernen des überschüssigen Silbers und zum endgültigen Fixieren, womit er fertiggestellt ist. Es ist noch darauf hinzuweisen, daß die Rasterstruktur des Frontfilms in den Schichten des Kopierfilms hinreichend verwischt erscheint, so daß im End-

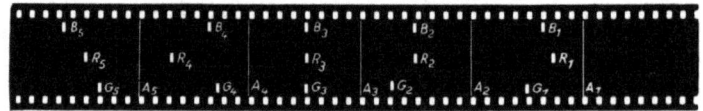

Abb. 68. Lochstreifen für die Steuerung des Kopierlichtes beim Pantachromverfahren.

effekt ein rein subtraktiv (nach dem Siebverfahren) arbeitender Film projiziert wird. Eine Bildprobe findet sich in der Beilage zu (37). Nach diesem Verfahren ist bei der UFA eine Reihe von Werbefilmen hergestellt und in den deutschen Theatern vorgeführt worden. Ihre Farbwiedergabe war recht befriedigend.

Die Farbentwicklungsverfahren.
(Kodachrom, Agfacolor.)

Allgemeines zu den Farbenentwicklungsverfahren (120, 129).

Die Wirkung des Silbers bei den Farbentwicklungsverfahren ist gerade die umgekehrte wie bei den Silberfarbbleichverfahren: Wurde dort die Oxydation eines entwickelten Silberbildes mit der Reduktion fertig vorgebildeter Farbstoffe gekoppelt, so daß nach der Behandlung an den Stellen der vorangegangenen Belichtung der dort vorhandene Farbstoff ausgebleicht war, so wird bei den Farbentwicklungsverfahren die Reduktion des belichteten Halogensilbers zum Silberbild mit der Oxydation gleichzeitig anwesender nicht gefärbter Ausgangsstoffe zu Farbstoffen gekoppelt, die demnach dort entstehen, wo auch Silber entsteht. Dadurch ist es möglich, wie bei den Silberfarbbleichverfahren drei unmittelbar übereinandergegossene Schichten zum farbigen Bild zu entwickeln; darüber hinaus aber besteht der große Vorteil, daß infolge des Fehlens gefärbter Verbindungen der Lichtgang in den Schichten nicht beeinflußt wird, so daß sowohl die Empfindlichkeit hoch gehalten werden kann als auch eine Abweichung von der natürlichen Zuordnung von Schichtfarbe und Sensibilisierung unnötig wird; infolgedessen kann man diese Mehrschichtenfilme im Gegensatz zum Silberfarbbleichverfahren auch unmittelbar zur Aufnahme verwenden.

Die erste Beobachtung, daß bei der Entwicklung von Halogensilber aus dabei anwesenden organischen Substanzen gefärbte Verbindungen entstehen können, wurde am Pyrogallol gemacht. Die auffallende bräunliche Färbung des Silberbildes erweist sich als durch eine gefärbte organische Substanz verursacht, wenn man das Silberbild mit FARMERschem Abschwächer entfernt. 1907 konnte HOMOLKA (*89, 90*) nachweisen, daß verschiedene Leukostufen indigoider Farbstoffe, so vor allem das Indoxyl und Thioindoxyl, als Entwickler für Halogensilber benutzt werden können und bei der Reduktion selbst zu Indigo bzw. Thioindigo oxydiert werden. Die bedeutsamste und für die spätere Zukunft des gesamten Farbentwicklungsverfahrens grundlegende Weiterentwicklung ist R. FISCHER (*46, 47*) zuzuschreiben, dem es gelang, bei der Reduktion des Bromsilbers durch Amidophenole oder p-Phenylendiamine aus diesen und gleichzeitig vorhandenen Kupplungskomponenten Farbstoffe zu kondensieren, und zwar geht auf ihn bereits die Auffindung der auch heute noch praktisch ausschließlich benutzten beiden Klassen von Kupplungsvorgängen zurück:

Amidophenole oder p-Phenylendiamine kuppeln bei der Reduktion von Halogensilber mit gleichzeitig anwesenden Phenolen, Naphtholen, Aminen und ihren Derivaten zu Chinoniminfarbstoffen, mit sauren Methylengruppen zu Azomethinen.

In voller Erkenntnis der Bedeutung dieser Erfindung schlug er vor, diese Reaktionen für die Herstellung von Mehrfarbenbildern nutzbar zu machen und zu diesem Zweck entweder die Kupplungskomponenten dem Entwickler zuzusetzen oder aber sie von vornherein den Schichten eines Dreischichtenfilms einzuverleiben, und zwar so, daß die oberste blauempfindliche Schicht eine Komponente enthalten sollte, die zusammen mit dem nachträglich hinzugebrachten Entwickler einen gelben Farbstoff ergeben sollte; entsprechend sollte die nächste, grünempfindliche Schicht für die Entwicklung mit dem gleichen Entwickler eine Komponente für Purpur, die letzte rotempfindliche Schicht die Komponente für Blaugrün enthalten, so daß in einem Entwicklungsgang und nach Entfernen des gleichzeitig entwickelten Silbers ein Bild aus drei Farbstoffen gemäß den Anforderungen eines subtraktiven Verfahrens übrigbleiben mußte. Er war jedoch nicht in der Lage, diese zweite Ausführungsform zu verwirklichen, sei es, daß die damals bekannten Sensibilisatoren nicht ausreichten oder sich mit den gewählten Komponenten nicht vertrugen oder daß, was als sicher angenommen werden muß, die Komponenten beim Übereinandergießen der Schichten sich vermischten, also nicht diffusionsecht oder gar noch nicht einmal waschecht im Sinne der auf S. 426 gemachten Ausführungen waren. Außerdem war es damals wohl auch noch nicht möglich, einen Mehrschichtenfilm mit den für die Zwecke der Farbenphotographie erforderlichen dünnen Schichten herzustellen. Die Erzeugung von Mehrschichtenfilmen in der erforderlichen geringen Dicke und vollständigen Gleichmäßigkeit ist erst viel später KODAK und AGFA gelungen, deren farbenphotographische Mehrschichtenfilme als Meisterleistungen der Gießtechnik anzusehen sind.

Jedenfalls blieb die von FISCHER aufgefundene Farbentwicklung lange Jahre unbeachtet, und auch als viele Jahre später von der EASTMAN KODAK COMPANY in Zusammenarbeit mit MANNES und GODOWSKI (*123*) das Verfahren wieder der Vergessenheit entrissen wurde und der „Kodachrom"-Film für Kleinbild und Schmalfilm im Jahre 1935 erschien, wurde zunächst nur die eine Ausführungsform des FISCHERschen Vorschlags verwirklicht, indem Farbstoffkupplungskomponenten und Entwicklungssubstanz in der Entwicklerlösung vereinigt und in dieser Form an den belichteten Film herangebracht wurden, wobei die Erzeugung der Farbniederschläge in den richtigen Schichten durch ein kompliziertes, später noch näher zu schilderndes Entwicklungsverfahren erfolgt, bei dem das Eindringen der Behandlungsbäder jeweils gestoppt wird, wenn sie auf eine Schicht gewirkt, die nächstfolgende jedoch noch nicht erreicht haben. Erst mit dem „Agfacolor-Neu"-Film (*38, 39, 155*), den die I. G. FARBENINDUSTRIE A. G. AGFA im Jahre 1936 für Kleinbild und Schmalfilm in den Handel brachte und dessen Schaffung in der Hauptsache mit den Namen WILMANNS, SCHNEIDER, FRÖHLICH und einer Anzahl weiterer Mitarbeiter verknüpft ist, wurde der zweite von FISCHER ausgesprochene Gedanke in die Wirklichkeit umgesetzt, indem die Farbstoffkupplungskomponenten den einzelnen Schichten des Films bei seiner Herstellung einverleibt wurden, so daß nach der Belichtung in allen drei Schichten gleichzeitig mit ein und derselben Entwicklungsoperation die richtigen Farbstoffe gebildet werden können. Es war gelungen, die Vermischung der Komponenten und ihren ungünstigen Einfluß auf die Sensibilisatoren zu unterdrücken, indem die ursprünglich von FISCHER angegebenen Komponenten weitgehend abgewandelt und vor allem mit Substituenten versehen wurden, deren Wirkung zum Teil auf Teilchenvergrößerung zurückzuführen ist, wie es auf S. 427 ausführlich behandelt wurde, zum Teil aber vielleicht auch noch andere, nicht näher bekannte Effekte einbegriffen. Die Zahl der in den verschiedensten Patenten der AGFA vorgeschlagenen Mittel zur Lösung dieses Problems läßt erkennen, daß die Fülle der zu stellenden Forderungen eine mühelose Auswahl aus naheliegenden Einfällen jedenfalls nicht zugelassen hat, womit gleichzeitig verständlich wird, daß FISCHER mit wohl geringeren Mitteln eine Lösung nicht hatte erzwingen können. Auch K. und L. SCHINZEL (*153*), die nach dem Bekanntwerden der Problemlösung Mitteilung von ihren eigenen, aus dem Jahre 1920 stammenden Versuchen vor allem in Richtung auf Schaffung ausgesprochen schwer löslicher Komponenten machten, hatten aus der Überfülle ihrer Angaben wohl nicht die wirksame Auswahl zu treffen vermocht. Seither ist nun die Weiterarbeit am Farbentwicklungsverfahren im vollen Fluß. Der „Agfacolor"- und „Kodachrom"-Film, welch letzterer in den USA. auch in größeren Formaten für Reproduktionszwecke im Handel ist, können in der Form des Umkehrschmalfilms und Kleinbildfilms nunmehr auch kopiert werden, was ja immer für ein Farbenverfahren sehr viel bedeutet. Seit 1939 aber laufen in den Theatern bereits auch nach dem Negativ-Positiv-Verfahren hergestellte Normalfilmkopien auf Agfacolor-Film, Filme also, durch die der alte Wunsch erfüllt wird, in einer gewöhnlichen Kamera aufzunehmen, wie beim Schwarz-Weiß-Film zu entwickeln und zu kopieren und ohne jede Zusatzapparatur vorzuführen. Wenn nach den Mitteilungen der AGFA auch ein Kopierpapier nach dem gleichen Verfahren in absehbarer Zeit zu erwarten ist, auf das man von farbigen Agfacolor-Aufnahmen kopieren und vergrößern kann, dürfte eine Einfachheit der Handhabung der Farbenphotographie erreicht sein, die einer grundsätzlichen Verbesserung nicht mehr bedarf.

Die Chemie der Farbentwicklung.

Für die Reduktion von Halogensilber und die damit gekoppelte Oxydation der Ausgangssubstanzen zu Farbstoffen lassen sich nach den bisher bekanntgewordenen Verfahren zwei Hauptgruppen unterscheiden, nämlich:

1. Verwendung entwickelnder Substanzen, die bei der Reduktion des Halogensilbers durch Oxydation so verändert werden, daß die entstandenen Produkte entweder selbst gefärbt sind oder untereinander oder mit der unveränderten Ausgangssubstanz zu Farbstoffen kuppeln (Direktentwicklung, auch als Restbildentwicklung bezeichnet).

2. Verwendung von Entwicklern, die mit an sich nicht entwickelnden, gleichzeitig anwesenden Komponenten bei der Reduktion des Halogensilbers zu Farbstoffen kuppeln (Komponentenentwicklung, auch als chromogene Entwicklung bezeichnet).

Direktentwicklung, deren Bedeutung gegenüber der Komponentenentwicklung zurückgetreten ist, liegt bei der schon lange bekannten Abscheidung eines braunen Farbstoffs bei der Entwicklung mit Pyrogallol in sulfitarmer Lösung vor. Die erste bewußte Anwendung dieses Prinzips zur Erzeugung gefärbter Bilder findet sich bei HOMOLKA (*89, 90*), der Leukostufen indigoider Farbstoffe, wie Indoxyl, Thioindoxyl, Chlorindoxyl, Oxyisokarbostyril u. ä., benutzte. Der Entwicklungsvorgang mit Indoxyl, bei dem Indigo entsteht, verläuft nach dem Schema:

$$\text{Indoxyl} + \text{Indoxyl} + 4\,\text{AgBr} \rightarrow \text{Indigo} + 4\,\text{Ag} + 4\,\text{HBr}.$$

Für die Direktentwicklung sind dann später noch als geeignet gefunden worden Substanzen, wie 2-Methylaminophenol, 4,5-Dimethyl-2-Methylaminophenol, 4-Chlor-2-Methylaminophenol (*97*), ferner aus der Klasse der aliphatischen und heterozyklischen Verbindungen solche mit der Atomgruppierung —CO—CH·NH$_2$— oder der tautomeren Form —COH=CNH$_2$—, wie z. B. 1-p-Chlorphenyl-3-methyl-4-amino-5-pyrazolon (*98*) oder Hydrochinone der Benzol-, Naphthalin- und Anthrazenreihe (*44*).

Wesentlich bedeutungsvoller sind jedoch die Entwickler, die mit nichtentwickelnden Kupplungskomponenten zu Farbstoffen zusammentreten können. Die von FISCHER (*46, 47*) gefundenen Hauptklassen von Reaktionen, die hierfür in Frage kommen, sind:

1. **Kupplung von Amidophenolen oder p-Phenylendiaminen mit Phenolen, Naphtholen oder Aminen zu Chinoniminfarbstoffen.**
2. **Kupplung der gleichen Entwickler mit Verbindungen, die eine saure Methylengruppe enthalten, zu Azomethinen.**

Die erste dieser Gruppen verläuft nach folgenden Grundformen:

$$\underset{\text{p-Amidophenol.}}{\text{HO}\langle\ \rangle\text{NH}_2} + \underset{\text{Phenol.}}{\langle\ \rangle\text{OH}} + 4\,\text{AgBr} \rightarrow \underset{\text{Indophenol.}}{\text{HO}\langle\ \rangle{-}\text{N}{=}\langle\ \rangle{=}\text{O}} + 4\,\text{Ag} + 4\,\text{HBr}.$$

$$\underset{\text{p-Phenylendiamin.}}{\text{H}_2\text{N}\langle\ \rangle\text{NH}_2} + \underset{\text{Phenol.}}{\langle\ \rangle\text{OH}} + 4\,\text{AgBr} \rightarrow \underset{\text{Indoanilin.}}{\text{H}_2\text{N}\langle\ \rangle{-}\text{N}{=}\langle\ \rangle{=}\text{O}} + 4\,\text{Ag} + 4\,\text{HBr}.$$

$$\underset{\text{p-Phenylendiamin.}}{\text{H}_2\text{N}\langle\ \rangle\text{NH}_2} + \underset{\text{Anilin.}}{\langle\ \rangle\text{NH}_2} + 4\,\text{AgBr} \rightarrow \underset{\text{Indamin.}}{\text{H}_2\text{N}\langle\ \rangle{-}\text{N}{=}\langle\ \rangle{=}\text{NH}} + 4\,\text{Ag} + 4\,\text{HBr}.$$

Aus diesen Grundtypen läßt sich eine große Zahl von Verbindungen durch Einfügung von Substituenten sowohl im Entwickler als auch in den Komponenten ableiten; auf diese Weise können die Eigenschaften erzielt werden, die durch die zahlreichen und verschiedenartigen, durch den Verwendungszweck gegebenen Forderungen gestellt werden. Solche Substitutionen sind zum Teil schon von FISCHER, vor allem aber in der späteren Weiterentwicklung des Verfahrens durch KODAK und AGFA (*120, 129*) in großer Zahl angegeben worden. Von den substituierten Entwicklern haben sich besonders die Dialkyl-p-Phenylendiamine, wie Dimethyl- oder Diäthyl-p-Phenylendiamin u. ä.. bewährt. Bei den substituierten Komponenten sind solche bevorzugt, die in der Angreifstelle der Kupplung, also in der p-Stellung zur OH- bzw. NH_2-Gruppe der Phenole bzw. Aniline keine oder leicht abspaltbare Gruppen enthalten. Als substituierte Produkte in diesem Sinne sind natürlich auch solche mit angelagertem Benzolring, wie Naphthole und Naphthylamine, zu werten. Es sind ferner Kupplungskomponenten möglich, die mehrere kupplungsfähige Stellen enthalten.

Schon FISCHER hatte aber festgestellt, daß durch Kupplung mit Phenolen, Anilinen und ihren Substitutionsprodukten vorwiegend blaue Farbtöne erzielt werden, daß man aber die erforderlichen gelben und purpurnen Farbtöne durch Kupplung der gleichen Entwickler mit solchen Verbindungen erreichen kann, die eine reaktionsfähige sogenannte „saure" Methylengruppe ($=CH_2$) enthalten, wobei die von SACHS gefundenen sogenannten Azomethine entstehen, also durch Reaktionen nach folgendem Schema:

$$HO\langle\rangle NH_2 + H_2C\genfrac{}{}{0pt}{}{R_1}{R_2} + 4AgBr \rightarrow HO\langle\rangle-N=C\genfrac{}{}{0pt}{}{R_1}{R_2} + 4Ag + 4HBr.$$

p-Amidophenol.   Saure Methylengruppe.   Azomethin.

Aus der Fülle der brauchbaren Komponentengruppen dieser Art mit sauren Methylengruppen seien genannt: Die Acetessigester, Zyanessigester, Benzoylessigester, Benzoylazetonitrile, Hydrindene, Pyrazolone, Isoxazolone, Kumaranone und Oxythionaphtene. Es ist hier nicht der Ort, eine vollständige Übersicht und Abwägung der in den zahlreichen Patenten und Veröffentlichungen angegebenen Beispiele zu geben (*129*). Es ist jedoch hervorzuheben, daß die bisher genannten Prinzipien in gleicher Weise für den Aufbau des „Kodachrom"- wie des „Agfacolor"-Verfahrens wichtig sind. Eine Scheidung der Ansprüche an die zu verwendenden Komponenten ergibt sich erst bezüglich ihres Verhaltens gegen die Gelatine. Wie bereits erwähnt, werden beim „Kodachrom"-Verfahren die Komponenten dem stufenweise die Teilschichten erfassenden Entwickler beigefügt. Daraus ergibt sich, daß z. B. hinsichtlich der Beeinflussung der Sensibilisatoren oder der Diffusionsfestigkeit keine erschwerten Bedingungen vorliegen, so daß in dieser Beziehung die Auswahl der verwendbaren Komponenten wahrscheinlich reichhaltiger ist als beim „Agfacolor"-Verfahren.

Anderseits gehen jedoch die Mittel, die zur Erzielung der Diffusionsfestigkeit der Komponenten angewendet werden, durchaus auch von den oben als brauchbar angegebenen Komponentenarten aus. Die erforderliche Herabsetzung der Wanderung der Komponenten von Schicht zu Schicht wird auch in diesem Falle durch Substituenten erzielt, die in die Komponenten eingeführt werden. Diese Gruppen bezwecken möglicherweise teils eine Art von chemischer Bindung an die Gelatine, teils eine Vergrößerung der Teilchen gemäß den Ausführungen auf S. 427. So nennen die Patentschriften als Gruppen, die den Komponenten substantive Eigenschaften gegen Gelatine verleihen, Diphenyle, Stilbene, Azoxybenzole, Oxynaphthoesäureamide, Diarylharnstoffe oder Benzthiazole.

Das Prinzip der Teilchenvergrößerung wird aus den Vorschlägen deutlich, lange Kohlenstoffketten mit mehr als fünf Kohlenstoffatomen in die Komponenten einzuführen; so wirken aliphatische Ketten wie Stearinsäure sehr günstig, aber auch andere hochmolekulare Verbindungen, wie Harze, Gallensauren, Polypeptide, Kohlehydrate, Polyvinylalkohole u. v. a. Daß es nicht etwa nur die bei derartigen Verbindungen zu erwartende Verringerung der Wasserlöslichkeit ist, die die Diffusion verhindert, ist daraus zu ersehen, daß ausdrücklich Substituenten eingeführt werden, die die Wasserlöslichkeit sicherstellen sollen.

Welche von den zahlreichen in den Veröffentlichungen und Patentanmeldungen aufgeführten Verbindungen nun tatsächlich benutzt werden, entzieht sich natürlich der Kenntnis der Öffentlichkeit. Jedenfalls ist auf diesem Wege das Problem des Dreischichtenfilms mit Komponenten in den Schichten völlig gelöst worden, wenn auch die Einfachheit des Resultats die Größe der darin steckenden Arbeit nicht mehr erkennen läßt.

Das „Kodachrom"-Verfahren (16, 123).

Aufbau des Films. Die im Handel erhältlichen, nach dem „Kodachrom"-Verfahren arbeitenden Kodachrom-Filme sind als 8- und 16-mm-Schmalfilme und in Normalfilmbreite von 35 mm für die Aufnahme mit Kleinbildkameras zu haben. Außerdem wird in den USA. noch der „Professional-Film" in größeren Formaten bis zu etwa 9 × 12 cm benutzt, der für die Herstellung von Diapositiven und für Reproduktionszwecke bestimmt ist.

Der Aufbau dieser Dreischichtenfilme ist für alle Verkaufsarten der gleiche. Der Schichtträger 1 (Abb. 69) ist auf der schichtfreien Seite 2 mit einer dünnen

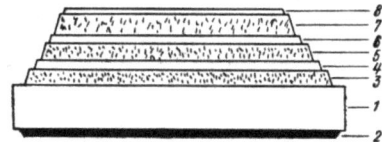

Abb. 69. Aufbau des Kodachrom-Films.

Lichthofschutzschicht überzogen, die in den Verarbeitungsbädern verschwindet. Von den drei für die Grundfarben R, G, B empfindlichen Schichten liegt die rotempfindliche Schicht 3 unmittelbar auf dem Schichtträger. Es folgen eine klare Gelatinezwischenschicht 4, die grünempfindliche Emulsionsschicht 5, wiederum eine klare Gelatineschicht 6, die blauempfindliche Emulsionsschicht 7, die einen auswaschbaren gelben Schirmfarbstoff zum Fernhalten des blauen Lichts von den Schichten 5 und 3 enthält, und schließlich eine dünne Gelatineschicht zum Schutz gegen Verkratzung. Die Gesamtdicke der Schichten ist kaum größer als die eines Schwarz-Weiß-Films.

In der Abb. 70 (Tafel III) ist der Entwicklungsprozeß eines Kodachrom-Films (unter Fortlassung der Gelatinezwischenschichten) angedeutet. Da der Film nur als Umkehrfilm gedacht ist, wird zuerst das Negativbild entwickelt (Abb. 70, 1), dieses herausgelöst (Abb. 70, 2) und erst auf das verbleibende, das Positiv darstellende Halogensilber die eigentliche Farbentwicklung angewendet.

Die Schichten enthalten keinerlei Komponenten; diese werden erst mit der nun folgenden Farbentwicklung zugleich mit den Entwicklern hineingebracht. Der Vorgang ist folgender: Zuerst werden alle drei Schichten mit einem Entwickler durchentwickelt, der die Komponente für Blaugrün enthält (Abb. 70, 3). Dabei entsteht neben dem Silberbild in allen drei Schichten ein blaugrünes Farbstoffbild. Da nur die Schicht 3 (Abb. 69) in der richtigen Farbe entwickelt ist, muß der Farbstoff aus den beiden Schichten 5 und 7 (Abb. 69) wieder entfernt werden, wobei gleichzeitig auch das Silberbild rückoxydiert wird, so daß es von neuem entwickelt werden kann. In der Dosierung dieses Bleich- und Oxydationsvorganges liegt das eigentliche, das „Kodachrom"-Verfahren kennzeichnende Wesen des Prozesses. Es kommt nämlich darauf an, die Einwirkung des Bleichbades so zu kontrollieren, daß sie nach vollständiger Bleichung der beiden oberen Schichten gestoppt wird, bevor sie die unterste Schicht erreichen kann. Zu diesem Zweck ist es erforderlich, die Einwirkung so zu verlangsamen, daß man sie jederzeit bequem in der Hand behält. KLIMSCH hat 1913 (107) solche Mittel bereits angegeben, wie etwa Glyzerin, Gummiarabikum, Natriumsulfat. MANNES und GODOWSKI (*124*) haben dieses Problem weiter studiert. Erst durch die Kombination diffusionsverlangsamender Mittel mit organischen Lösungsmitteln, mit eingefügten stark quellenden Gelatineschichten (*4* und *5* in Abb. 69), mit plötzlicher Abkühlung in Verbindung mit schnell eindiffundierenden Unterbrechungsbädern konnte dieses Problem in zufriedenstellender Weise gelöst werden. Es bleibt erstaunlich genug, daß es gelungen ist, bei der geringen Dicke der Einzelschichten das Verfahren großtechnisch durchzuführen.

Nach dem Bleichen der obersten beiden Farbschichten (Abb. 70, *4*) werden beide zusammen der Einwirkung eines Farbentwicklers für Purpur unterworfen (Abb. 70, *5*); die unterste Schicht kann dadurch nicht mehr verändert werden, da sie nur noch entwickeltes Silber enthält. Nach der Purpurentwicklung wird dann die oberste noch falsch gefärbte Schicht wieder entfärbt (Abb. 70, *6*) unter Schonung der Purpurschicht *5* (Abb. 70) und das wieder entwickelbar gemachte Halogensilber der obersten Emulsionsschicht zum Schluß gelb entwickelt (Abb. 70, *7*). Damit ist in allen drei Schichten der richtige Farbstoff erzeugt, und nach einer die Farbstoffe schonenden Entfernung des gesamten Silbers (Abb. 70, *8*) mit Ferrizyankalium liegt das fertig gefärbte Positiv vor. Wenn schon die Schwarz-Weiß-Umkehrentwicklung von den Herstellerfirmen der Umkehrfilme nicht aus der Hand gegeben wird, sondern nur in besonderen Umkehranstalten durchgeführt wird, so ist es klar, daß ein so diffiziler Prozeß wie die kontrollierte Diffusion nur von Maschinen unter strengster Einhaltung der Versuchsbedingungen möglich ist, dem Amateur also nicht anvertraut werden kann.

In jüngster Zeit ist bekanntgeworden,[1] daß für die Entwicklung des „Kodachrom"-Films das Verfahren der kontrollierten Diffusion zugunsten eines einfacheren Verfahrens verlassen worden ist. Dabei wird die Eigenschaft bestimmter Sensibilisatoren benutzt, auch dann noch wirksam zu bleiben, wenn die betreffenden Schichten bereits einen Entwicklungsvorgang durchgemacht haben. Zunächst wird, wie bei dem zuerst geschilderten Verfahren mit kontrollierter Diffusion, das Negativbild durch einen gewöhnlichen Schwarz-Weiß-Entwickler hervorgerufen, jedoch weder fixiert noch das entwickelte Silber herausgelöst. Das in den drei Emulsionsschichten verbliebene Bromsilber, das das Positiv darstellt, wird dann stufenweise mit Filtern belichtet und entwickelt. Zuerst wird der Film durch den Schichtträger hindurch mit rotem Licht belichtet, und zwar so kräftig, bis alles in der rotempfindlichen, untersten Schicht gelegene Bromsilber entwickelbar geworden ist. Die anschließende Entwicklung mit einem Blaugrünentwickler entsprechend dem auf S. 447 geschilderten ruft daher in dieser und nur in dieser Schicht ein blaugrünes Bild hervor. Nach Abspülen der Entwicklerreste wird dann in ähnlicher Weise von der Schichtseite mit blauem oder violettem Licht belichtet und das in der obersten Schicht entstandene latente Bild mit einem Gelbentwickler entwickelt. Schließlich wird die mittelste Schicht nach einem der im E. P. Nr. 500721 geschilderten Verfahren mit einem Purpurentwickler behandelt; da die Belichtung durch die bereits entwickelten Schichten hindurch Schwierigkeiten macht, wird entweder mit weichen Röntgenstrahlen belichtet oder ein Entwickler verwendet, der durch Zusatz von Ammoniak, Hydroxyden, Alkohol oder Azeton auch ohne Belichtung entwickelt. Nach Entfernung des gesamten entwickelten Silbers bleibt das Farbstoffpositiv zurück. Bei diesem vereinfachten Verfahren sind Zwischenschichten zur Steuerung der Diffusion des Entwicklers nicht mehr erforderlich. Der Film kann daher die Teilschichten unmittelbar übereinander tragen, und lediglich zwischen der obersten und mittleren Schicht ist ein Gelbfilter eingefügt. Die Farben der nach

---

[1] L. Busch: Kodachrom im Laufe der Jahre. Kinotechn. **23**, 119—122 (1941).

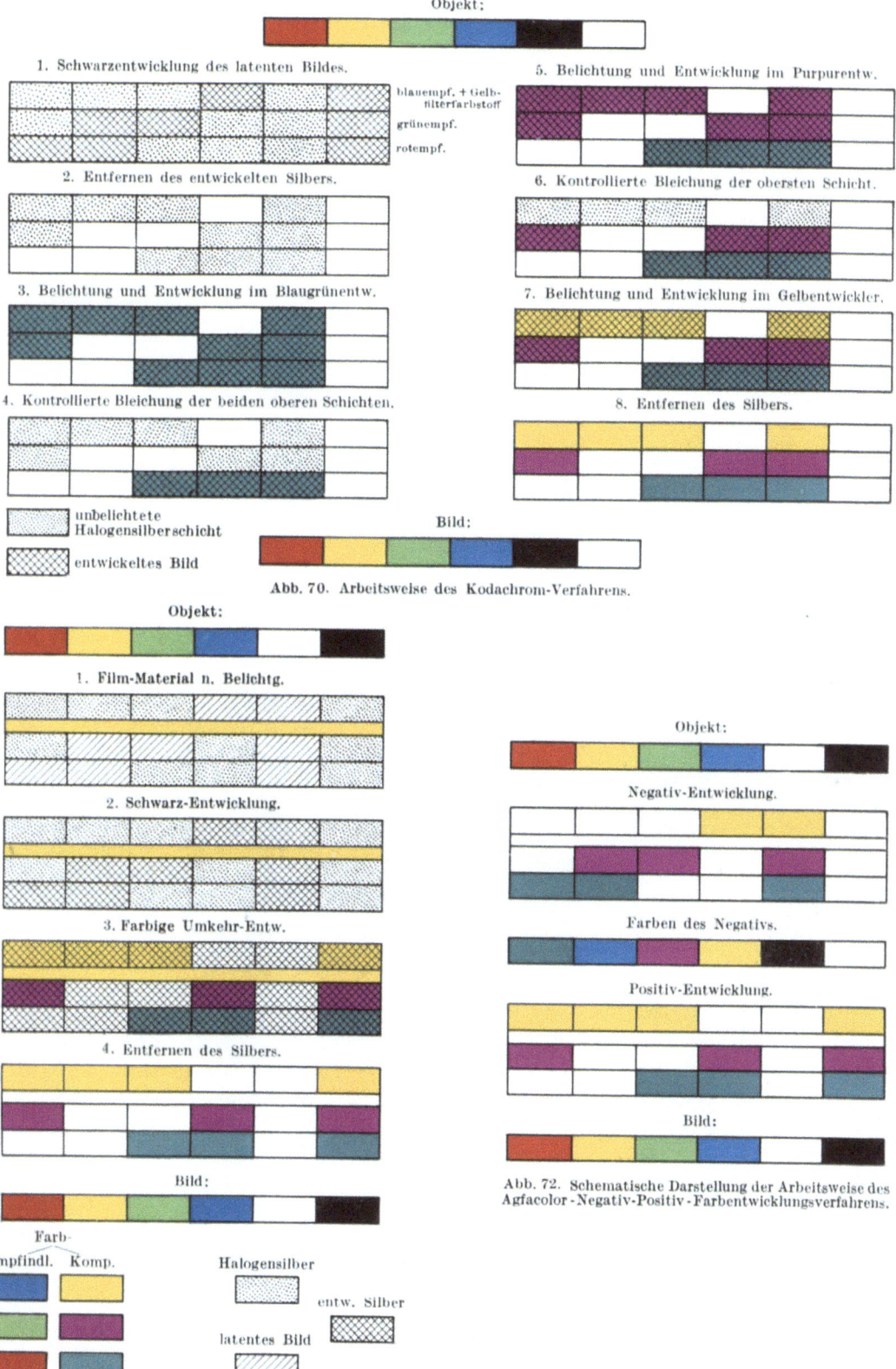

Abb. 70. Arbeitsweise des Kodachrom-Verfahrens.

Abb. 71. Schematische Darstellung der Arbeitsweise des Agfacolor-Verfahrens mit Umkehr-Farbentwicklung.

Abb. 72. Schematische Darstellung der Arbeitsweise des Agfacolor-Negativ-Positiv-Farbentwicklungsverfahrens.

diesem Verfahren entwickelten Bilder sind klarer als bei dem Verfahren mit kontrollierter Diffusion, denn es fehlen hier die Ausbleichprodukte der intermediär entwickelten und wieder ausgebleichten Farbstoffe, die nicht entfernt werden konnten.

Das Arbeiten mit „Kodachrom"-Film. 1. Amateurfilm 8 und 16 mm, 35-mm-Film für Kleinbildkameras. Der Film wird in zwei Typen geliefert, für Tageslicht und für Kunstlicht (Photoflood). Die Empfindlichkeit des Tageslichtfilms wird als etwa 13/10 bis 14/10° DIN entsprechend angegeben. Zur Vermeidung blaustichiger Aufnahmen wird für Fernaufnahmen, bewölkten Himmel u. dgl. das WRATTEN-Filter Nr. 1 empfohlen, das ultraviolettes Licht der Wellenlängen unterhalb 380 mμ absorbiert. Für Aufnahmen mit dem Tageslichtfilm bei Kunstlicht dient das WRATTEN-Filter Nr. 80, während umgekehrt der Kunstlichtfilm bei Verwendung des WRATTEN-Filters Nr. 85 auch für Tageslichtaufnahmen benutzt werden kann.

2. Der „Professional"-Film für Diapositive und Reproduktionszwecke besitzt etwa die halbe Empfindlichkeit wie der Amateurfilm. Die Filter für den Tageslichtfilm sind das Wrattenfilter Nr. 1 gegen Blaustich wie oben, dazu ein noch wärmere Töne ergebendes Filter Nr. 2 A. Der Kunstlichtfilm Typ B kann mit einem Filter Nr. 85 B auch bei Tageslicht benutzt werden.

Eine wesentliche Erweiterung des Anwendungsbereiches dieses Verfahrens bedeutet es, daß von 16-mm-Schmalfilmen sowie 35-mm-Kleinbildaufnahmen farbige Kopien hergestellt werden können. Auf dem Umwege über Schwarz-Weiß-Teilauszüge, für die die WRATTEN-Filter Nr. 29 (Rot), 61 (Grün) und 49 (Blau) empfohlen werden, lassen sich auch nach einem der oben genannten Verfahren, z. B. dem Kodak-Wash-off-Reliefverfahren, farbige Papierkopien herstellen (*111*). Außerdem legen zahlreiche farbige Reproduktionen Zeugnis von den vorzüglichen Leistungen des Verfahrens ab. Dagegen ist bisher nichts über seine Anwendung zur Herstellung farbiger Normalfilme für die Zwecke des Kinotheaters bekanntgeworden.

Die „Agfacolor"-(Neu)-Verfahren.

Die mit Farbentwicklung arbeitenden „Agfacolor"-Verfahren der AGFA, die nach ihrem Erscheinen zur Unterscheidung von den damals noch im Handel befindlichen Agfacolor-Korn- und -Linsenrasterfilmen als „Agfacolor-Neu" bezeichnet wurden, werden zur Zeit als Umkehrverfahren für Schmalfilme von 8 und 16 mm Breite und für den 35 mm breiten Kleinbildfilm sowie für deren Kopien und als Negativ-Positiv-Verfahren für den Kino-Normalfilm ausgeübt. Der Schichtaufbau ist hinsichtlich der Verteilung der Empfindlichkeitsgebiete und der aus den Komponenten entstehenden Färbungen für beide Varianten der gleiche, die verwendeten Substanzen sind entsprechend der verschiedenen Arbeitsweise natürlich verschieden.

Agfacolor-Verfahren mit Umkehrfarbentwicklung (*38, 39, 155*). Die Anordnung der Schichten geht aus Abb. 71, *1* (Tafel III) hervor, in der der Schichtträger der Übersichtlichkeit halber fortgelassen ist. Zwischen ihm und der untersten rotempfindlichen Schicht befindet sich eine Lichthofschutzschicht. Die unterste rotempfindliche Emulsionsschicht enthält gleichzeitig eine Komponente, aus der mit dem Oxydationsprodukt des Entwicklers ein blaugrüner Farbstoff entsteht. Darüber folgt die grünempfindliche Schicht mit Komponente für Purpur, dann eine gelb gefärbte Filterschicht zur Abschirmung der unteren Schichten gegen blaues Licht und schließlich zuoberst die nur blauempfindliche Emulsionsschicht mit Komponente für Gelb. Die Einzelschichten haben eine Dicke von nur 0,005 mm, die gelbe Filterschicht von 0,002 mm, so daß die Gesamtdicke der

Beschichtung trotz des Vorhandenseins von vier Einzelschichten die eines üblichen Schwarz-Weiß-Films kaum übersteigt.

Die Verarbeitung des Films zum farbigen Bild nach der Belichtung erfordert nur wenige Arbeitsgänge (Abb. 71, *2* bis *4*, Tafel III). Die erste (Schwarz-) Entwicklung des belichteten Films erfolgt mit einem Entwickler, der mit den Komponenten nicht kuppelt (Abb. 71, *2*, Tafel III). Das in allen drei Schichten entstandene Negativ braucht nicht entfernt zu werden. Bei der nun folgenden Farbentwicklung wird nach vorheriger Belichtung des ganzen Films das restliche Halogensilber, dessen Verteilung das Positiv darstellt, in allen drei Schichten gleichzeitig durch einen und denselben Entwickler reduziert. Dadurch wird gleichzeitig die Kupplung zwischen der Entwicklersubstanz und den drei verschiedenen in den Schichten verteilten Komponenten zu drei verschiedenen Farbstoffen ausgelöst, und zwar zu den verlangten drei Färbungen Gelb, Purpur und Blaugrün (Abb. 71, *3*, Tafel III). Nachdem durch FARMERschen Abschwächer das gesamte durch die beiden Entwicklungen entstandene Silber entfernt und gleichzeitig die gelbe Filterzwischenschicht entfärbt worden sind, liegt bereits das fertige Farbstoffbild vor (Abb. 71, *4*, Tafel III). Die Anzahl der Arbeitsgänge ist also nicht größer als beim gewöhnlichen Umkehrprozeß für Schwarz-Weiß-Film, die Einfachheit des Verfahrens in dieser Beziehung also nicht mehr zu überbieten.

Wie weitgehend die gegenseitige Beeinflussung von Komponenten, Emulsionen und Sensibilisatoren durch geeignete Auswahl ausgeschaltet ist, läßt die hohe Empfindlichkeit der Materialien erkennen, die entsprechend zur Zeit 13/10° DIN für die Schmalfilme (Tageslicht) und 15/10° DIN für den Kleinbildfilm der des komponentenfreien „Kodachrom"-Films gleich ist.

Zur Anpassung an die Veränderungen der Aufnahmelichtfarbe (*152*) gegenüber Sonnenlicht bei klarem Himmel, bei dem als Standardbeleuchtung ohne Filter aufgenommen wird, steht eine Reihe von Ausgleichsfiltern zur Verfügung, die zusammen mit den Filtern zur Anpassung an verschiedene Kunstlichtarten in Tabelle 14 aufgeführt sind.

Tabelle 14. Filter für Agfacolor-Umkehrfilme.

Nr.	Filmart	Art der Beleuchtung	Verlangerungsfaktor
Ohne Filter	Tageslichtfilm	Sonne bei klarem Himmel	—
K 29 C	,,	Fernaufnahmen ohne Vordergrund und Hochgebirge	—
K 28	,,	Niedriger Sonnenstand	—
K 33	,,	Innenaufnahmen bei zerstreutem Tageslicht	zirka 1,5
K 34	,,	Bedeckter Himmel	zirka 1,5
K 69	,,	Kunstlicht	2 gegenüber Kunstlichtfilm
Ohne Filter	Kunstlichtfilm	Nitraphot	—
K 31	,,	AGFA-Blitzlichtpulver	—
K 32	,,	Vakublitz, Nitraphot Type S	—
K 27	,,	Bogenlicht (weiß)	—
K 19	,,	Tageslicht	2 gegenuber Tageslichtfilm

Die Belichtungszeit muß möglichst genau ermittelt werden (s. S. 378). Der belichtete und von den Umkehranstalten entwickelte Film ist mit den Schmalfilm- bzw. Kleinbildprojektoren wiederzugeben. Bei der direkten Betrachtung der Aufnahmen ist zu berücksichtigen, daß eine exakte Farbwiedergabe nur in der Projektion mit den genannten Geräten zu erwarten ist, da die Farbgebung nur auf deren Lichtfarbe abgestimmt ist und eine Betrachtung bei Tageslicht z. B. eine zu blaue Wiedergabe vortäuschen kann.

Von diesen Aufnahmen lassen sich für den 16-mm-Film und den Kleinbildfilm Umkehrkopien herstellen, wodurch früher gelegentlich geäußerte pessimistische Vermutungen (9, 114, 115) gegenstandslos geworden sind. Ebenso werden nach dem oben geschilderten Verfahren mit großem Erfolg farbige Papierbilder oder Reproduktionen nach den farbigen Positiven hergestellt, wobei man über Teilauszüge gehen muß, für die die AGFA-Filter Nr. 40, 41 und 42 empfohlen werden. Farbige Bildwerke, deren es eine ganze Reihe gibt, legen von der Brauchbarkeit dieses Verfahrens beredtes Zeugnis ab.

Das „Agfacolor"-Negativ-Positiv-Verfahren (9). Das Umkehrkopierverfahren für Schmal- und Kleinbildfilme ist auf einige Sonderzwecke, z. B. Lehrbilder für den Unterricht, beschränkt. Zu hohen Kopiezahlen dagegen, wie man sie als Regel beim Theaterfilm und für Papierkopien benötigt, führt ein sehr viel eleganterer Weg über das Negativ-Positiv-Farbentwicklungsverfahren, das für den Theaterfilm seit 1939 bereits Wirklichkeit geworden ist.

Der Schichtenaufbau der Filme für diesen Zweck ist, mit Ausnahme des als grüne Rückschicht angetragenen Lichthofschutzes, im Prinzip der gleiche wie für den Umkehrfilm, die Verarbeitung jedoch noch um eine Stufe einfacher. Der in einer beliebigen Kamera belichtete „Agfacolor"-Negativfilm wird ausschließlich mit dem Farbentwickler entwickelt; nach der Entfernung des Silbers und des noch vorhandenen Bromsilbers bleibt ein Farbstoffbild zurück, das ein Negativ ist, und zwar nicht nur hinsichtlich der Helligkeitswerte, sondern auch der Farbwerte (Abb. 72, Tafel III), deren Farbtöne gegenfarbig zu denen des aufgenommenen Objekts werden; so erscheinen hellgrüne Töne des Objekts im Negativ in einem dunklen Purpur, gelbe werden blau usw. Dient nun ein solches Negativ als Kopiervorlage für einen nach dem gleichen Prinzip arbeitenden, aber auf die besonderen Erfordernisse des Kopiervorgangs abgestimmten Kopierfilm, so erscheinen Helligkeit und Farbton wieder richtig. Je eine Probe eines Negativs und Positivs ist in Tafel IV[1] beigefügt.

Da jede Farbaufnahme gegenüber dem Objekt bestimmte Abweichungen aufweist, liegt das Hauptproblem darin, den Kopiervorgang und die Kopierfilme so zu gestalten, daß ein abermaliger Verlust an Wiedergabegüte nicht eintritt. Daraus ergibt sich, daß die Anforderungen, die an Negativ- wie an Kopierfilm zu stellen sind, wesentlich andere sind als die für ein Umkehrverfahren. Gemäß den Erörterungen auf S. 374 müssen sich die Sensibilisierungskurven des Aufnahmefilms in ähnlicher Weise überschneiden wie die Grundempfindungskurven. Für den Kopierfilm dagegen muß verlangt werden, daß die Empfindlichkeitsgebiete der drei Schichten streng voneinander abgesetzt sind und sich lediglich nach dem Absorptionsgebiet der zugehörigen Schicht des Negativs richten. Die Farbstoffe des Negativfilms wiederum brauchen nicht den für die Wiedergabe aufgestellten Forderungen zu genügen, daß sie den Charakter von Optimalfarbstoffen haben und ihre Absorptionsgebiete ohne Lücke und ohne Überdeckung scharf aneinandergrenzen. Es genügt vielmehr, wenn in dem Spektralgebiet, für das die zugehörige Schicht des Kopierfilms empfindlich ist, jeweils lediglich die betreffende Schicht des Aufnahmefilms absorbiert. Das Kopierlicht schließlich muß möglichst so zusammengesetzt sein, daß es nur solche Spektralgebiete enthält, für die die oben genannten Bedingungen erfüllt sind. Daraus folgt, daß dem Kopierprozeß besondere Aufmerksamkeit zu widmen ist. Es kommt hinzu, daß den stets etwas wechselnden Aufnahmebedingungen, die sich in leichten Änderungen der Farbstimmung äußern, durch einen entsprechenden Ausgleich

---

[1] Tafel IV befindet sich in einer Tasche am Schluß des Bandes.

beim Kopieren Rechnung getragen werden muß. In der Kopiermaschine müssen daher Maßnahmen vorgesehen sein, die es gestatten, außer einer Änderung der Gesamtdichte auch Veränderungen in der Farbabstimmung vorzunehmen, indem entweder Filter in den subtraktiven Grundfarben, die je eines der drei Hauptabsorptionsgebiete schwächen, eingeschaltet werden, oder indem Lichter in den drei Grundfarben R, G, B durch Blenden, Graufilter oder Veränderung des Lampenstroms geregelt werden (F. P. Nr. 836530, 818057, 828502).

In der Praxis sind bisher hauptsächlich drei Arten von Kopiervorrichtungen benutzt worden, die sogenannten „additiven" Kopiermaschinen, die „Rastermaschinen" und die Blendenbandmaschinen.

Bei den „additiven" Maschinen ist die Beleuchtungsvorrichtung einer üblichen Kopiermaschine mit Widerstandssteuerung durch vier Lichtquellen ersetzt, von denen jede für sich in der bekannten Weise mit Schaltbandautomat und Widerständen in ihrer Helligkeit gesteuert wird. Das Licht aller vier Lichtquellen fällt über geeignet angeordnete Kondensoren und Spiegel auf eine Mattscheibe, die durch ihre streuenden Eigenschaften das Licht additiv gemischt und ausgeglichen an das Kopierfenster weiterleitet. Drei von den Lichtquellen sind mit je einem Rot-, Grün- bzw. Blaufilter versehen, während die vierte Hauptlichtquelle ohne Filter bleibt. Durch Steuerung dieser Lichtquelle wird zunächst die richtige Dichte der Kopie erzielt. Der Farbausgleich erfolgt durch weitere Zugabe roten, grünen oder blauen Lichts.

Raster- und Blendenbandmaschinen arbeiten mit nur einer Lichtquelle, deren Licht durch Einschaltung geeigneter Filter in den Strahlengang auf subtraktivem Wege gefärbt wird.

Bei den Rastermaschinen (It. P. Nr. 383779, 386717) ist im Strahlengang eine Scheibe mit undurchsichtigen, in Schachbrettform angeordneten Quadraten eingefügt. Hinter dieser befinden sich vier weitere, bewegliche Scheiben mit genau dem gleichen Muster. Bei der ersten dieser Scheiben sind die gedeckten Quadrate ebenfalls undurchsichtig, während sie bei den übrigen drei in den Farben Gelb, Purpur und Blaugrün gefärbt sind. Im Ausgangszustand liegen alle Scheiben genau hintereinander, so daß die zwischen den dunklen Quadraten liegenden hellen Felder das maximal verfügbare Licht durchlassen. Die Gesamthelligkeit des Kopierlichts wird durch Verschiebung der Scheibe mit den undurchsichtigen Quadraten beispielsweise in der Horizontalen gesteuert. Soll außerdem das Kopierlicht gefärbt werden, so werden eine oder mehrere der Scheiben mit den Farbquadraten in vertikaler Richtung verschoben, bis die gewünschte Farbe erreicht ist.

Die Blendenband-Kopiermaschine schließlich benutzt ein auch für den Schwarz-Weiß-Film gebräuchliches Prinzip der Lichtsteuerung. Der Strahlengang wird dabei durch ein undurchsichtiges Band in Form eines Kinofilms abgedeckt, in das gemäß der gewünschten Belichtung kreisrunde Blendenlöcher verschiedenen Durchmessers eingestanzt sind.

Bei Anwendung dieser Maschinen für den Farbfilm werden über die Blendenlöcher kleine Filterfolien in den Farben Gelb, Purpur oder Blaugrün in verschiedener Dichte und Zusammenstellung geheftet. Außerdem werden noch Graufilterfolien verwendet, durch die bei stets gleich großen Blendenlöchern die Intensitätssteuerung des Grundlichts geregelt wird. Statt dessen können natürlich auch, wie beim Schwarz-Weiß-Film, Blendenlöcher verschiedener Größe zur Intensitätssteuerung dienen. Aber auch in diesem Fall ist die Anwendung von Graufilterfolien zur Erweiterung des Spielraums der Kopierlichter zweckmäßig.

Die Faktoren, die eine Farbsteuerung erforderlich machen, lassen sich in zwei Gruppen einteilen, je nachdem es sich um solche handelt, die von Szene zu Szene wechseln können, oder solche, die wenigstens für eine Rolle des Kopierfilms sich nicht ändern. Es ist vorteilhaft, nur für die erste Gruppe, in der vor allem Änderungen der Lichtfarbe, der Beleuchtungsstärke und der Abstimmung des Negativmaterials zu nennen sind, die entsprechende Regelung mittels des Lichtsteuerstreifens vorzunehmen. Die Anpassung an Unterschiede in der Farbabstimmung des Positivfilms, der Lichtfarbe der Kopierlichtquelle und der Projektionsapparate — Becklicht oder Reinkohle-Bogenlicht —, die jeweils für eine größere Reihe von Kopien sich nicht ändert, wird dagegen durch vom Steuerstreifen unabhängige sogenannte „Vorfilter" erzielt, die an ihrer Stelle im Strahlengang des Kopierlichts verbleiben, wenn der Steuerstreifen weitergeschaltet wird.

Die Fertigstellung des „Agfacolor-Positivfilms" weicht von der des Negativfilms etwas ab. An die eigentliche Entwicklung, die im Prinzip die gleiche ist wie beim Negativfilm, schließt sich ein Stopbad an, das die Entwicklung unterbricht. Für die nun folgende Entfernung des Bildsilbers sind Überlegungen maßgebend, die die Tonspur betreffen. Wird der Film, wie bei der Negativentwicklung, durch vollständiges Eintauchen in das Bleichbad behandelt, so wird damit das Silber auch im Gebiete der Tonspur entfernt und es bleibt eine nur aus Farbstoffen aufgebaute Tonspur zurück. In Anbetracht dessen, daß die meisten derzeit für die Tonwiedergabe benutzten Photozellen vorwiegend im Rot und Ultrarot empfindlich sind, diese Spektralgebiete jedoch von den Farbstoffen des derzeit im Handel befindlichen „Agfacolor-Films" nicht vollständig absorbiert werden, tritt bei der Wiedergabe der reinen Farbstofftonspur ein Verlust an Lautstärke ein, der zwar nicht so hoch ist, daß er nicht durch die meist vorhandene Reserve der Verstärker ausgeglichen werden könnte; doch tritt dann das mitverstärkte Grundgeräusch unter Umständen stärker hervor, und überdies ist der Frequenzgang der Farbstofftonspur dem der entsprechenden Silbertonspur unterlegen. Um daher den Bleichprozeß nur auf das Bild zu beschränken und die Silbertonspur zu erhalten, hat die AGFA folgendes Verfahren ausgearbeitet: Das Bleichbad wird durch Zusatz hochviskoser Substanzen bis zu sämiger Beschaffenheit verdickt und dieser sogenannte „Bleichschleim" mit Hilfe einer gießerartigen Vorrichtung nur auf den Bereich des Bildfeldes aufgetragen. Nach genügender Einwirkung der Bleichlösung wird der Schleim abgesprüht. Nach dem Fixieren, Wässern und Trocknen liegt ein Film vor, der neben dem völlig silberfreien Bild die Silbertonspur zeigt.

Die Schilderung des Negativ-Positiv-Verfahrens läßt erkennen, daß die Abweichungen von der beim Schwarz-Weiß-Film üblichen Technik gegenüber den bisher beschriebenen Verfahren nicht sehr erheblich sind. Dadurch erklärt sich auch die verhältnismäßig kurze Zeitspanne zwischen der laboratoriumsmäßigen Ausarbeitung und der Einführung in die Praxis. Im Mai 1939 zeigte die AGFA auf der Tagung der Deutschen Gesellschaft für photographische Forschung in München erstmals Teile eines von ihr hergestellten Spielfilms in der Öffentlichkeit; diese ließen bereits erkennen, welche Möglichkeiten dem Verfahren innewohnen. Um die gleiche Zeit begann die UNIVERSUM-FILM A. G. (UFA) in ihrer Entwicklungs- und Kopieranstalt, der AFIFA, mit der Ausübung des Verfahrens. Noch im gleichen Jahre erschien eine Reihe von Werbe- und Kurzfilmen in der Öffentlichkeit. Ebenfalls noch im Jahre 1939 begann die UFA mit den Aufnahmen zum ersten, abendfüllenden Spielfilm nach diesem Verfahren, dem Film „Frauen sind doch bessere Diplomaten". Durch den Ausbruch des Krieges wurde die Fertigstellung des Films verzögert. Seine Uraufführung am 31. Oktober 1941 im Capitol am Zoo in Berlin brachte dann jedoch einen so nachhaltigen Erfolg bei Publikum und Presse, daß der Weg des Verfahrens in der Zukunft nur erfolgreich sein kann, zumal wenn man bedenkt, daß der Stand der Technik zur Zeit

454   G. HEYMER: Die neuere Entwicklung der Farbenphotographie.

Tabelle 15. **Übersicht der aufgeführten Verfahren und Geräte nach Anwendungsgebieten.**

I. Farbige Papierbilder.

Aufnahme	Symbol	Wiedergabe	Symbol
A. Spezialaufnahmekameras: 1. mit Wechselfilter: Makina, Linhof, Leica, Colour Photographs, Mroz, Trichroma		Defender-Chromatone, Duxochrom, Indigosol, Colour-Photographs	
2. mit Strahlenteilung: Bermpohl, Reckmeier, Nectric, Klein, Mikut			
B. Siebverfahren: 1. Dreipacks: Amatcolor, Colour Photographs, Color Snapshots		Coloprint, Color Snapshot, Kodak Wash-off	
2. Mehrschichtenfilme: Kodachrom-, Agfacolor-Umkehrpositive, über Teilauszüge			
Agfacolor-Negative (angekündigt)		Agfacolor-Positiv-Papier (angekündigt)	

II. Aufnahme- und Projektionsverfahren für den Amateur.

Aufnahme und Wiedergabe	Symbol	Aufnahme und Wiedergabe	Symbol
A. Größere Formate: Mikut		Agfacolor-Linsenraster	
Agfacolor- und Lumière-Kornrasterplatte, Agfacolor-Ultrafilm. Filmcolor			
Finlay, Dufaycolor		Agfacolor, Kodachrom	
B. Kleinbild: Dufaycolor			

Fortsetzung der Tabelle 15.

Die Siebverfahren.

III. Amateur-Schmalfilm.

Aufnahme und Wiedergabe	Symbol	Aufnahme und Wiedergabe	Symbol
8-mm-Film:			
Umkehrfilme: Agfacolor, Kodachrom		Agfacolor-Linsenraster, Kodacolor	
16-mm-Film:			
Morgana			
Dufaycolor		Agfacolor-Neu, Kodachrom	

IV. Normalfilm.

	Aufnahme	Wiedergabe
Zweifarbenfilm:		
Busch, Raycol, Cinecolor (Engl.)		
Dunningcolor, Harriscolor, Photocolor, Sirius		
Prizmacolor		
Cinecolor (USA.), Colorcraft, Coloratura, Dascolour, Magnacolor, Multicolor, Polychromide, Sennetcolor, Spectracolor, Ufacolor		
Dreifarbenfilm:		
Brewster		
Francita Realità		

Fortsetzung der Tabelle 15.

	Aufnahme	Wiedergabe
Dufaycolor		
Keller-Dorian, Berthon-Siemens		
Technicolor		
Gasparcolor		
Agfa-Pantachrom		
Agfacolor-Negativ-Positiv		

der Aufnahmen zu diesem Film heute bereits als weit überholt gelten kann und weitere, bereits fertiggestellte oder in Arbeit befindliche Filme, vor allem dank der inzwischen von etwa $10/10°$ DIN auf etwa $15/10°$ DIN gesteigerten Empfindlichkeit des Negativfilms, diese Fortschritte bereits deutlich erkennbar werden lassen.

Ebenfalls nach dem Negativ-Positiv-Verfahren müssen sich auch farbige Papierbilder herstellen lassen, indem etwa nach Kleinbildfarbnegativen vergrößerte Kopien auf einem Dreischichtpapier erzeugt werden. Gerade hierfür dürften sich die Fortschritte in der Vereinfachung der Arbeitsmethoden mittels der Dreischicht-Farbentwicklung gegenüber den bisher gebräuchlichen Verfahren, die durchweg nicht einfach zu handhaben und meistens recht kostspielig sind, ganz besonders deutlich bemerkbar machen. Vorankündigungen der AGFA lassen erkennen, daß mit der Einführung farbiger Papierbilder nach dem „Agfacolor"-Verfahren in absehbarer Zeit zu rechnen ist. Diese werden ohne die zeitraubende und unsichere Herstellung von Zwischennegativen durch eine einzige Belichtung und eine von der üblichen Schwarz-Weiß-Technik kaum abweichende Entwicklung fertiggestellt werden können. Es ist dann sogar zu erwarten, daß die Herstellung farbiger Papierkopien aus den Händen weniger Spezialisten wenigstens in die des Photohändlers zurückkehren wird, wodurch einer allzu weit gehenden Industrialisierung der Farbenphotographie vorgebeugt wird.

III. Zusammenfassung, Rückblick und Ausblick.

Die Entwicklung der Farbenphotographie in den letzten anderthalb Jahrzehnten, die die vorliegende Übersicht umfaßt, und die in Tabelle 15, nach Anwendungsgebieten geordnet, nochmals zusammengefaßt ist, stellt eine entscheidende Phase dar. Der Vergleich des heutigen Erkenntnisstandes mit dem noch in Band VIII dieses Handbuchs geschilderten läßt besonders deutlich erkennen, wie nach einem uns heute fast primitiv erscheinenden und über lange Zeiten hin sich nur wenig ändernden Zustand mit dem Ende der zwanziger Jahre eine außerordentlich lebhafte Entwicklung einsetzt. Die Vorschläge überstürzen sich, zahlreiche Verfahren werden mit teilweise erheblichen Geldopfern auch praktisch erprobt. Viele von ihnen sind auf der Strecke geblieben, und unter den durch den Druck hervorgehobenen Verfahren der Tabelle 15, die am Ende dieses Zeitraumes noch Geltung besitzen, wird im Laufe des nächsten Jahrzehnts noch eine weitere Auslese eintreten. Die im Laufe dieses Vorgangs ausgeschiedenen Verfahren haben darum aber doch ihren Wert besessen, nicht nur deshalb, weil sie zu ihrer Zeit den Wunsch nach farbigem Photographieren erfüllen konnten, sondern auch, weil sie zur Erreichung des heutigen Wissensstandes notwendig waren. So war z. B. zu Beginn dieser Zeit der grundsätzliche Fehler aller additiven Projektionsverfahren, ihre unzulängliche Helligkeit bei der Großprojektion, in seiner Bedeutung durchaus nicht erkannt, er wurde es erst im Verlaufe der Anwendung solcher Verfahren. Ein ähnlicher Ausscheidungskampf ist zur Zeit auf dem Gebiet der Siebverfahren im Gang, nachdem diese sich im ganzen als die brauchbareren gegenüber den Spreizverfahren erwiesen haben. Hier scheint es einerseits um die Güte der Bildfarbstoffe in spektraler Beziehung, anderseits um die Einfachheit und Sicherheit des Bildaufbaues in chemischer Beziehung zu gehen. Der überraschende Vorstoß der Farbentwicklungsverfahren und ihre großen Erfolge sind hier symptomatisch; der Angleich an die einfache Verarbeitungsweise der Schwarz-Weiß-Photographie ist am weitesten gediehen beim „Agfacolor"-Verfahren mit Farbkomponenten in den Teilschichten; es ist wohl nicht zu gewagt prophezeit, wenn man annimmt, daß die Fruchtbarkeit dieses Prinzips, die sich schon in der Anwendbarkeit auf allen vier Hauptverwendungsgebieten photographischer Technik äußert, sich in der Zukunft noch stärker erweisen wird.

Im Hinblick auf die einzelnen Anwendungsgebiete ist zu sagen, daß für zwei von ihnen, nämlich den farbigen Schmalfilm und das farbige Projektionskleinbild, das Endziel durch die Farbentwicklungsfilme als erreicht angesehen werden kann, während es auf anderen wie dem des farbigen Theaterfilms oder des farbigen Papierbildes für die nächste Zeit zu erwarten ist. Die für die fernere Zukunft noch möglichen Verbesserungen dürften sich dann für den Ausübenden weniger bemerkbar machen, da die Bewältigung der eigentlichen Schwierigkeiten mehr und mehr schon vom Hersteller des lichtempfindlichen Materials übernommen wird. Wer dann seine farbigen Papierbilder genießt oder im Filmtheater die Farbkunst des Regisseurs bewundert, wird sich nicht mehr vorstellen können, mit welchen Mühen früherer Zeiten diese von technischen Dingen befreite Mühelosigkeit des farbenphotographischen Schaffens erkauft werden mußte.

Literaturverzeichnis.

1. ACKERMANN, K.: Siehe SCHAEFER, CL. und K. ACKERMANN.
2. AHRIMAN (LIESEGANG): Von der zukünftigen Photographie; ein neues Prinzip der Farbenphotographie. Phot. Archiv **37**, 250 (1896).
3. ARENS, H. und G. HEYMER: Die Agfa-Farbentafel für Farbenphotographie. AGFA-Veröff. **6**, 225—229 (1939).
4. BAKER, T. T.: The Spicer-Dufay color film process. Photographic J. **72**, 109 (1932). E. P. Nr. 217557.
5. — Negative-positive technic with the Dufaycolor process. J. Soc. Motion Picture Engr. **31**, 240—247 (1938).
6. BAKER, T. T. und A. B. KLEIN: E. P. Nr. 337057 vom 27. Juli 1929.
7. BALL, J. A.: The Technicolor process of three-color cinematography. J. Soc. Motion Picture Engr. **25**, 127—138 (1935).
8. BAUMBACH, H. L.: New metallic toners for three color photography. The Camera (USA.) **54**, 38 (1937).
9. BECK, H.: Agfacolor — Der deutsche Farbenfilm. Kinotechn. **22**, 151—154 (1940).
10. BELCHER, E. A.: Progress in Finlay colour processes. Brit. J. Photogr., Suppl.-Col. **26**, 9 (1932).
11. BERTHON, R.: F. P. Nr. 399762 vom 1. Mai 1908, D.R.P. Nr. 223236.
12. BIEHLER, A. v.: Über die AGFA-Bipack-Kinematographie. Agfa-Veröff. **3**, 221 bis 233 (1933).
13. BILTZ, M.: Farbentreue photographische Wiedergabe durch Farbrasterplatten und -filme. AGFA-Veröff. **3**, 170—187 (1933).
14. BREWSTER, P. D.: Three color subtractive cinematography. J. Soc. Motion Picture Engr. **16**, 49 (1931). A.P. Nr. 1752477.
15. BROWN, H. C.: Bipack photography. Intern. Photogr. vom 8. November 1936, S. 12.
16. BUSCH, L.: Kodachrome. Kinotechn. **17**, 407—410 (1935).
17. CAPSTAFF, I. G. und M. W. SEYMOUR: The Kodacolor process for amateur color cinematography. J. Soc. Motion Picture Engr. **12**, 940—947 (1928).
18. CAPSTAFF, I. G., O. E. MILLER und L. S. WILDER: The projection of lenticular color-Films. J. Soc. Motion Picture Engr. **28**, 123 (1937).
19. CHRISTENSEN, J. H.: D.R.P. Nr. 224465 vom 1. April 1908.
20. — D.R.P. Nr. 403590 vom 2. Juni 1923.
21. — Dän. P. Nr. 25029 vom 20. September 1918, D.R.P. Nr. 327519.
22. CLAIR, A.: Siehe SEYMOUR, M. W. und A. CLAIR.
23. COLEMANN, A.: Improvements in the Finlay colour processes. Brit. J. Photogr., Suppl.-Col. **26**, 9 (1932).
24. COOTE, I. H.: Single mirror one-shot colour camera. Photographische Ind. **30**, 290, (1932).
25. CRABTREE, J. I.: Abridged sci. Publ. Eastman-Kodak **6**, 198 (1919).
26. CRAMER, LUPPO: In EDERS Handb. d. Photogr., Bd. II, Teil 1, S. 683—686. Berlin, 1927.
27. CRESPINELL, W. T.: As to Cinecolor. Amer. Cinematogr. **14**, 355 (1933/34).
28. — Naheres zum Multicolor-Farbenfilm. Intern. Photogr., August 1929, Ref. in Kinotechn. **11**, 579 (1929).
29. DIETERICI, C.: Siehe KÖNIG, A. und C. DIETERICI.
30. DRESLER, A. und H. G. FRÜHLING: Über ein photoelektrisches Dreifarbenmeßgerät. Licht **8**, 238—242 (1938).
31. DUBRAY: The Morgana process. J. Soc. Motion Picture Engr. **21**, 403 (1933).
32. EGGERT, J.: Kurzer Überblick über den Stand der Farbenkinematographie. Ber. uber d. VIII. Intern. Kongr. f. wiss. u. angew. Phot., S. 214—222. Leipzig: J. A. Barth, 1932.
33. EGGERT, J. und G. HEYMER: Der Stand der Farbenphotographie. Naturwiss. **43**, 689—699 (1937).
34. — — Der Stand der Farbenphotographie. AGFA-Veröff. **5**, 7—28 (1937).
35. — — Siehe I. G. FARBENINDUSTRIE A. G. (Erf. J. EGGERT und G. HEYMER).
36. EGGERT, J., A. FRÖHLICH und B. WENDT: Siehe I. G. FARBENINDUSTRIE A. G. (Erf. J. EGGERT, A. FRÖHLICH und B. WENDT).
37. EGGERT, J. und G. HEYMER: Das Agfa-Pantachromverfahren. AGFA-Veröff. **6**, 46—64 (1939); Forsch. u. Fortschr. **15**, 49—51 (1939).
38. EGGERT, J.: Agfacolor-Neu. Film für Alle **11**, 65 (1937).
39. — Über das neue Agfacolorverfahren. Forsch. u. Fortschr. **13**, 72 (1937). Vortrag vom 17. Oktober 1936.

40. EASTMAN-KODAK COMP.: Color printing with Eastman wash-off relief film. Eastman-Kodak Co. Graphic Arts Department Rochester N. Y. 1936.
41. — A.P. Nr. 1708370 vom 22. August 1927.
42. — (Erf. SCHINZEL): E. P. Nr. 498869, Öster. Prior. vom 9. Mai 1936.
43. FARNHAM, R. E.: Lighting requirements of the three-color Technicolor process. Amer. Cinematogr. 17, 282 (1936).
44. FERNSTROM, R.: Das Dunningcolor-Verfahren. Intern. Photogr., 8. November 1936, S. 10. Ref. Kinotechn. 18, 385 (1936).
45. FINLAY, C.: The Finlay colour process. Photographic J. 70, 76 (1930).
46. FISCHER, R.: D.R.P. Nr. 253335 vom 7. Februar 1912.
47. FISCHER, R. und H. SIEGRIST: Über die Bildung von Farbstoffen durch Oxydation mittels belichteten Halogensilbers. Photogr. Korresp. 50, 18—22 (1914).
48. FLADRICH, C.: Die additiven Farbfilmverfahren. Film u. Bild, S. 362—368, 390—398 (1936).
— Die subtraktiven Farbfilmverfahren. Film u. Bild, S. 222—226, 247—254, 279—282, 313—323, 348—350 (1937).
49. FOX, D.: Ninety million feet of color photography set as Colorcraft yearly output. Ex. Herald World 98, 26 (1930); Ref. Kinotechn. 18, 385 (1936).
50. FREYTAG, H.: Papierbilder nach Farbendias. Photogr. Rdsch. Mitt. 75, 166 (1938).
51. FRIESER, H. und R. REUTHER: Zur Theorie der Farbenphotographie. Z. techn. Physik 19, 77—85 (1938).
52. FRÖHLICH, A.: Siehe I. G. FARBENINDUSTRIE A. G. (Erf. J. EGGERT, A. FRÖHLICH und B. WENDT).
53. FRÜHLING, H. G.: Siehe DRESLER, A. und H. G. FRÜHLING.
54. GASPAR, B.: Neuere Verfahren zur Herstellung von subtraktiven Mehrfarbenbildern (Gasparcolor-Verfahren). Z. wiss. Photogr., Photophysik Photochem. 34, 119 (1935).
55. GEARY, D. H.: Die Vinten-Kopiermaschine für den Dufaycolorfilm. Filmtechn. 16, 89 (1940).
56. GILKS, A. G.: Kodacolor comes indoors. Amer. Cinematogr. 14, 23 (1933).
57. GODOWSKI, L.: Siehe MANNES, L. D. und L. GODOWSKI jr. (siehe 123 und 124).
58. GÖTTSCH, R.: Siehe SCHMIDT, R., R. GÖTTSCH und A. KOCHS.
59. GRETENER, E.: Kurzer Überblick uber Physik und Technik des Berthon-Siemens-Farbfilmverfahrens. Z. techn. Physik 18, 90—98 (1937).
60. GROTE, G.: Neues in der Farbenphotographie. Laufende Referate in Photogr. Korresp.
61. HANDLEY, C. W.: Lighting for Technicolor motion pictures. J. Soc. Motion Picture Engr. 25 423—431 (1935).
62. — The advanced technic of Technicolor lighting. J. Soc. Motion Picture Engr. 18, 169—177 (1937).
63. HANNEKE, P.: Farbenphotographie mit Dreifilmpacks. Photogr. Rdsch. Mitt. 67, 371 (1930).
64. HANSEN, K.: Eine neue Kamera fur Dreifarbenphotographie. Photographische Ind. 30, 98 (1932).
65. HARDY, A. C. und O. W. PINEO: The cumputation of trichromatic excitation values by the selected ordinate method. J. opt. Soc. America 22, 430 (1932).
66. HARDY, A. C. und F. L. WURZBURG: The theorie of three-color reproduction. J. opt. Soc. America 27, 227—240 (1937).
67. HARRISON, G. B. und D. A. SPENCER: Negative-positive processing of Dufaycolor film. Photographic J. 77, 250 (1937).
68. HAUCK, W.: Die Apparate fur Naturfarbenaufnahmen. Reproduktion 8, 2 (1937).
69. HERZOG, J.: D.R.P. Nr. 626682 vom 18. Mai 1929.
70. — D.R.P. Nr. 439206 vom 11. Dezember 1924.
71. HESS: D.R.P. Nr. 247923 vom 7. Juni 1911.
72. HEYMER, G. und D. SUNDHOFF: Über die Messung der Gradation von Farbenfilmen. AGFA-Veröff. 5, 62—76 (1937).
73. HEYMER, G.: Siehe ARENS, H. und G. HEYMER.
74. — Stichwort Farbenphotographie in Meyers Konversationslexikon, 8. Aufl., Bd. 3, S. 1304—1311. Leipzig, 1937.
75. — Siehe EGGERT, J. und G. HEYMER (siehe 33 und 34).
76. — Auflösungsvermögen und Farbwiedergabe in der Farbrasterphotographie. AGFA-Veröff. 3, 188—207 (1933).
77. — Eigenschaften und Anwendungsmöglichkeiten des Linsenrasterfilms. Z. wiss. Photogr., Photophysik Photochem. 34, 105—118 (1935).
78. — Wesen und Anwendungen des Linsenrasters. AGFA-Veröff. 4, 151 (1935).

79. HEYMER, G.: Zur Vorgeschichte des Linsenrasterfilms. Photographische Ind. **31**, 529 (1933).
80. — Das Agfacolorverfahren für 16-mm-Film. Photographische Ind. **30**, 1199 bis 1202 (1932).
81. — Farbenaufnahmen nach dem Linsenrasterverfahren auf Agfacolorfilm. Kino-Amateur **8**, 170—173, 194—197 (1935).
82. — Siehe I. G. FARBENINDUSTRIE A. G. (Erf. J. EGGERT und G. HEYMER).
83. — Der Linsenraster-Zweipack. AGFA-Veröff. **5**, 37—47 (1937).
84. — Farbenfilm nach dem Silberfarbbleichverfahren. AGFA-Veroff. **4**, 177—186 (1935).
85. — Siehe EGGERT, J. und G. HEYMER.
86. HOLLEBEN, K. v.: Farbenphotographie mit Agfacolor-Ultra-Filmen und Agfacolorplatten. Harzburg: Heering, 1935.
87. — Siehe LUTHER, R. und K. v. HOLLEBEN.
88. HOLSLAG, R. C.: News of the industry. Movie Makers **7**, 207 (1931).
89. HOMOLKA, B.: In EDERS Ausf. Handb. d. Photographie, 4. Aufl., Bd. 4, Teil 2, S. 512ff. Halle, 1926.
90. — Photogr. Korresp. **44**, 55 (1907).
91. I. G. FARBENINDUSTRIE A. G. (Erf. J. EGGERT und G. HEYMER): D.R.P. Nr. 558365 vom 23. Oktober 1928.
92. — D.R.P. Nr. 557149 vom 12. Juli 1930.
93. — (Erf. J. EGGERT, A. FRÖHLICH und B. WENDT): Deutsch. Anm. I 49281 vom 16. Marz 1934.
94. — F. P. Nr. 803566, 807792, 810401, 825233.
95. — It. P. Nr. 375273, 381496, 382679, 383570.
96. — E. P. Nr. 375338, Deutsch. Prior. vom 24. Dezember 1929.
97. — E. P. Nr. 457326, Deutsch. Prior. vom 25. April 1935.
98. — D.R.P. Nr. 646616 vom 8. Juni 1935.
99. IGNATOW, G.: Das Gasparcolorverfahren zur Herstellung von Dreifarbenfilmen. Kinotechn. **19**, 126—128 (1937).
100. IVES, H. E.: The transformation of trichromatic mixture equations from one system to another. J. Franklin Inst. **180**, 673—701 (1915); **195**, 23—44 (1923).
101. JAKOBSOHN, K.: Das Duxochromverfahren nach Dr. HERZOG, ein Fortschritt auf dem Gebiete der Farbenphotographie. Photographische Ind. **27**, 1289 (1929).
102. JONES, L. A. und E. M. LOWRY: Retinal sensibility to saturation differences. J. opt. Soc. America **13**, 25—34 (1926).
103. KASPAR: Neue Moglichkeiten auf dem Gebiete der Farbenphotographie. Gebrauchsphotogr. (Atelier) **43**, 13 (1936).
104. KELLER-DORIAN: F. P. Nr. 573508 vom 13. Februar 1923.
105. KLEIN, A. B.: Colour Cinematography. London: Chapman u. Hall, 1936.
106. — Siehe BAKER, T. T. und A. B. KLEIN.
107. KLIMSCH: D.R.P. Nr. 290719.
108. KLUGHARDT, A.: Die optischen Grundlagen fur die Form des Linsenrasterfilms in der Farbenphotographie. Photographische Ind. **36**, 576, 610 (1938).
109. KOCHS, A.: Siehe SCHMIDT, R., R. GÖTTSCH und A. KOCHS.
110. KÖNIG, A. und C. DIETERICI: Die Grundempfindung im normalen und abnormalen Farbensystem und ihre Intensitatsverteilung im Spektrum. Z. Psychol. u. Physiol. d. Sinnesorg. **4**, 241—347 (1892).
111. KURTZNER, H. A. und M. W. SEYMOUR: Color prints on paper from Kodachrome films. Amer. Photogr. **31**, 229 (1937).
112. KUTZLEB, L.: Der Farbenausgleich zwischen Szenen und Szenenteilen beim Farbfilm. Kinotechn. **20**, 143 (1938).
113. LEHMANN, E.: Die Farbensynthese in der Kinematographie. Photographische Ind. **30**, 1097 (1932); Kinotechn. **14**, 384 (1932).
114. LEIBER, F.: Zur Frage der Kopierbarkeit der subtraktiven Dreischichtfarbenverfahren. Photographische Ind. **35**, 136 (1937).
115. — Zur Sensitometrie der Dreischichtfarbenfilme. Photographische Ind. **35**, 403 (1937).
116. LIERG, F.: D.R.P. Nr. 504142 vom 16. August 1928.
117. — (Jasmatzi): D.R.P. Nr. 585262 vom 24. September 1929.
118. LIESEGANG: Siehe AHRIMAN (LIESEGANG).
119. LOWRY, E. M.: Siehe JONES, L. A. und E. M. LOWRY.
120. LÜHRIG, F.: Chemie der farbenphotographischen Verfahren, in Ergebnisse der angew. physik. Chemie, Bd. 5, S. 290—315. Leipzig, 1938.

121. LUTHER, R.: Aus dem Gebiet der Farbreizmetrik. Z. techn. Physik 8, 540—558 (1927).
122. LUTHER, R. und K. v. HOLLEBEN: D.R.P. Nr. 396485 vom 8. Mai 1923.
123. MANNES, L. D. und L. GODOWSKI jr.: The Kodachrome process for amateur cinematography in natural colors. J. Soc. Motion Picture Engr. 25, 65—68 (1935).
124. — — D.R.P. Nr. 484901, E. P. Nr. 440032.
125. MCADAM, D. L.: Subtractive color mixture and color reproduction. J. opt. Soc. America 28, 466—480 (1938).
126. — Physics in color photography. J. appl. Physics 11, 46—55 (1940).
127. MENTE, O.: Tagesfragen. Atelier d. Photogr. 39, 9 (1932).
128. — Colour Snapshots. Atelier d. Photogr. 36, 62 (1929).
129. MEYER, K.: Die farbenphotographischen subtraktiven Mehrschichtenverfahren in Ergebn. angew. physik. Chem. 6, 367—432 (1940).
130. MILLER, O. E.: Siehe CAPSTAFF, I. G., O. E. MILLER und L. S. WILDER.
131. MURRAY und D. A. SPENCER: E. P. Nr. 357548 vom 23. Juni 1930.
132. OSTWALD, WILH.: Physikalische Farbenlehre. Leipzig, 1923.
133. — Neue Forschungen zur Farbenlehre. Physik. Z. 17, 322—332, 352—364 (1916).
134. OVEN, E. v.: Siehe SOCHER, H. und E. v. OVEN.
135. PANDER, H.: Ein neuer deutscher Farbenfilm. Filmtechn. 2, 284, 285 (1926).
136. PETZOLD, W.: Belichtungsmesser. In STENGER-STAUDE: Fortschr. d. Photogr., S. 336—373. Leipzig, 1938.
137. PILLER: D.R.P. Nr. 486048 vom 27. Januar 1929, Nr. 493064 vom 14. Februar 1928, Nr. 584226 vom 26. Juli 1930, Nr. 568182 vom 14. April 1931.
138. PINEO, O. W.: Siehe HARDY, A. C. und O. W. PINEO.
139. POHLMANN, G.: Das Ufacolor-Verfahren. Kinotechn. 19, 125 (1937).
140. POTTER, R. S.: The Chromatone process. Intern. Photogr. 8, H. 7, 14 (1936).
141. PULFRICH, C.: Über einen Zusatzapparat zum Stufenphotometer. Z. Instrumentenkunde 45, 521—530 (1925).
142. RÄNTSCH, K.: Einiges zur Optik der Farbenverfahren. Ergebn. angew. physik. Chem. 5, 316—335 (1938).
143. RENWICK, F. F.: The Dufaycolor process. Photographic J. 75, 28 (1935).
144. REUTHER, R.: Siehe FRIESER, H. und R. REUTHER.
145. REEB, O.: Z. wiss. Photogr., Photophysik Photochem. 34, 77 (1935).
146. RICHTER, M.: Grundriß der Farbenlehre der Gegenwart. Wiss. Forschungsber., Bd. 51. Dresden u. Leipzig: Steinkopf, 1940.
147. — Ein modernes Hilfsmittel zur Farbberechnung. Licht 10, 121—123 (1940).
148. ROSCH, S.: Darstellung der Farbenlehre für die Zwecke des Mineralogen. Fortschr. Mineral., Kristallogr. Petrogr. 13, 73—234 (1929).
149. — Die Kennzeichnung der Farben. Physik. Z. 29, 83—91 (1928).
150. SCHAEFER, CL.: Zur heterochromatischen Photometrie. Physik. Z. 26, 58—64, 908—912 (1925).
151. SCHAEFER, CL. und K. ACKERMANN: Untersuchungen über die Leistungsfähigkeit der Agfa-Farbenplatte. Z. techn. Physik 8, 2 (1927).
152. SCHILLING, A.: Die Verwendung von Filtern bei Agfacolor-Kleinbildfilm für Tageslicht 35 mm. Photo-Fachhandler 11, 278 (1940).
153. SCHINZEL, K. und L.: Dreischicht-Farbenphotographie durch Mehrfarbenentwicklung. Lichtbild 11, 172 (1936); 12, 3 (1936). — Dreischicht-Farbenphotographie durch gleichzeitige Farbentwicklung. Lichtbild 12, 19, 35 (1936). — Dreischicht-Farbenphotographie durch indirekte Farbenkupplung. Lichtbild 12, 51, 68 (1936); 12, 103 (1937). — Zur Geschichte der Dreischicht-Farbenphotographie. Lichtbild 12, 121 (1937); 13, 6 (1937). — Kopien nach Dreischicht-Negativen. Lichtbild 12, 137 (1937). — Kopie nnach additiven Originalen durch Dreifarbenentwicklung. Lichtbild 12, 169 (1937). — Kopien nach subtraktiven Vorlagen durch Dreifarbenentwicklung. Lichtbild 12, 185 (1937). — Chlorsilberschichten für Farbenphotographie und Tonfilm. Lichtbild 12, 185 (1937).
154. SCHMIDT, R., R. GÖTTSCH und A. KOCHS: Ein neuer Belichtungsmesser für Filmaufnahmen (Collux). Kinotechn. 22, 69 (1940).
155. SCHNEIDER, W. und G. WILMANNS: Agfacolor-Neu. AGFA-Veroff. 6, 29—36 (1937).
156. SCHNEIDER, W.: Siehe I. G. FARBENINDUSTRIE A. G. (siehe· 94 und 95).
157. — Siehe I. G. FARBENINDUSTRIE A. G. (siehe 96 bis 98).
158. SCHOBER, H.: Bericht über Farbenlehre und Farbenmessung. Physik. Z. 38, 514—555 (1937).

159. Schrödinger, E.: Die Gesichtsempfindungen, in Müller-Pouillets Lehrb. d. Physik, 11. Aufl., Bd. 2, 1. Hälfte, S. 456—560.
160. — Theorie der Pigmente von größter Leuchtkraft. Ann. Physik **62**, 603—622 (1920).
161. Schweitzer, G. P. J.: F. P. Nr. 476213 vom 9. April 1914.
162. — F. P. Nr. 609638 vom 18. März 1925.
163. Seymour, M. W.: Siehe Capstaff, I. G. und M. W. Seymour; Kurtzner, H. A. und M. W. Seymour,
164. Seymour, M. W. und A. Clair: Color photography, color printing with Eastman wash-off relief film. Amer. Photogr. **30**, 208—212 (1936).
165. Sewig, R.: Handbuch der Lichttechnik 1, S. 121ff. Berlin, 1938.
166. Siegrist, H.: Siehe Fischer, R. und H. Siegrist.
167. Socher, H. und E. v. Oven: Zum Stand der Farbenphotographie. Angew. Chem. **50**, 209 (1937).
168. Specht, K. v.: Vortragsreferat uber den Sirius-Farbenfilm. Filmtechn. **6**, H. 9, 19 (1930).
169. Spencer, D. A.: Laufende Referate über Farbenphotographie in Photographic J.
170. — The present position of colour kinematography. Photographic J. **77**, 84 (1937).
171. — Siehe Harrison, G. B. und D. A. Spencer; Murray und D. A. Spencer.
172. Staude, H.: Die Behandlung photographischer Schichten. Ergebn. angew. physik. Chem. **5**, 153 (1938).
173. Strüwe, C.: Über Neuerungen beim Duxochrom-Farbenlichtbild. Atelier d. Photogr. **44**, 104—106 (1937).
174. Stull, W.: Explanation of the trichrome Technicolor. Amer. Cinematogr. **16**, 8 (1935).
175. — Technicolor bringing new charm to screen. Amer. Cinematogr. **18**, 234 (1937).
176. Sundhoff, D.: Siehe Heymer, G. und D. Sundhoff.
177. Szczepanik: E. P. Nr. 7729 vom 12. April 1899.
178. Taylor, A. H.: The colour of daylight. Trans. Ill. Engr. Soc. **25**, 154—160 (1930).
179. Traube, A.: Farbenphotographie auf Papier. Photographische Ind. **27**, 188, 559, 736, 1343 (1929).
180. — Verfahren zur Herstellung von Dreifarben-Photographien auf Papier nach dem Absaugeprinzip. Photogr. Korresp. **67**, 30 (1931).
181. Wall, E. J.: Die Praxis der Farbenphotographie. Dieses Handbuch Bd. 8, S. 144. 1929.
182. Weil, F.: Das Agfacolor-Verfahren in der Kleinbild-Photographie. Agfa-Veröff. **3**, 208—220 (1933).
183. Weizsäcker, R.: Die apparativen Hilfsmittel der Dreifarbenphotographie. Photographische Ind. **38**, 543 (1940).
184. — Bermpohl-Farbenfilm-Vergrößerungsansatz. Photographische Ind. **36**, 129 (1938).
185. Wendt, B.: Die wichtigsten Verfahren zur Herstellung farbiger Aufsichtsbilder. Agfa-Veröff. **5**, 48—57 (1937).
186. — Siehe I. G. Farbenindustrie A. G. (Erf. J. Eggert, A. Fröhlich und B. Wendt).
187. Wieland, M.: D.R.P. Nr. 343759 vom 29. Oktober 1918.
188. Wilder, L. S.: Siehe Capstaff, I. G., O. E. Miller und L. S. Wilder.
189. Wilmanns, G.: Siehe I. G. Farbenindustrie A. G. (siehe 94 bis 98).
190. Wolter, K.: Die „Uvatypie" und ihre naturfarbigen Papierbilder. Camera (Luzern) **9**, 185 (1931).
191. Wurzburg, F. L.: Siehe Hardy, A. C. und F. L. Wurzburg.

Ohne Angabe des Verfassers:

192. Filterverwendung für Farben-Schmalfilmaufnahmen und Projektion. Photographische Ind. **38**, 495 (1940).
193. Raycol colour cinematography. Brit. J. Photogr., Suppl.-Col. **24**, 43 (1930).
194. The Cinecolor additive process. Brit. J. Photogr., Suppl.-Col. **28**, 48 (1934).
195. Eine neue Kamera für Dreifarbenphotographie. Photographische Ind. **30**, 290 (1932).
196. The Klein three-colour one-exposure camera. Brit. J. Photogr., Suppl.-Col. **28**, 11 (1934).
197. A screen-plate colour film. Brit. J. Photogr., Suppl.-Col. **25**, 36 (1931).
198. News of the industry. Movie Makers **7**, 351 (1932).

199. News of the industry. Movie Makers 7, 440 (1932).
200. B. u. H. und Kodacolor. Film für Alle 3, 171 (1929).
201. News of the industry. Movie Makers 7, 207 (1932).
202. Supersensitive Kodacolor film announced by Eastman Kodak Company. Amer. Cinematogr. 12, H. 12, 39 (1932).
203. Franz. P. Nr. 472954 von 1913.
204. Ein neuer Linsenrasterfilm und eine neue Bildwand. Film fur Alle 10, 244 (1936).
205. Der neue deutsche Perutz-Siemens-Farbenfilm. Photographische Ind. 34, 843 (1936).
206. How Colour Snapshots are made. Brit. J. Photogr. 76, 273 (1929).
207. Report of the color comittee. J. Soc. Motion Picture Engr. 16, 97 (1931).
208. Die Aufnahmetechnik der Bipackverfahren. Photographische Ind. 31, 573, 1203 (1933).
209. A factory for photographs in natural colours. Brit. J. Photogr., Suppl.-Col. 25, 5 (1931).
210. Der gegenwärtige Stand des Technicolor-Farbenfilm-Verfahrens. Photographische Ind. 28, 569 (1930).
211. A new material for color photography. The Camera (USA.) 54, 38 (1937).
212. Two colour cine-films with coincident images. Brit. J. Photogr., Suppl.-Col. 25, 15 (1931).
213. Report of the color comittee. J. Soc. Motion Picture Engr. 15, 721 (1930).

Mikrophotographie.[1,2]

Von K. MICHEL, Jena.

Mit 199 Abbildungen.

Inhaltsverzeichnis.

	Seite
I. Systematische Übersicht über die mikrophotographischen Beleuchtungsverfahren	465
1. Die Beleuchtungsarten	465
2. Grundbegriffe bei der Beleuchtung	468
3. Die Wiedergabe der Objektfarben bei den verschiedenen Beleuchtungsarten	470
4. Die Anwendung der verschiedenen Beleuchtungsarten	471
5. Die Hellfeldbeleuchtung	473
a) Allgemeine Anforderungen an eine Anordnung für Hellfeldbeleuchtung	473
b) Das KÖHLERsche Prinzip	474
c) Die Hellfeldbeleuchtungsanordnungen für das zusammengesetzte Mikroskop	478
α) Durchfallendes Licht	478
β) Auffallendes Licht	479
d) Die Hellfeldbeleuchtungsanordnungen für das einfache Mikroskop	483
α) Durchfallendes Licht	483
β) Auffallendes Licht	489
6. Die Dunkelfeldbeleuchtung	491
a) Allgemeine Anforderungen an eine Anordnung für Dunkelfeldbeleuchtung	491
b) Die Dunkelfeldbeleuchtungsanordnungen für das zusammengesetzte Mikroskop	491
α) Durchfallendes Licht	491
β) Auffallendes Licht	493
c) Die Dunkelfeldbeleuchtungsanordnungen für das einfache Mikroskop	495
α) Durchfallendes Licht	495
β) Auffallendes Licht	496
II. Tabellarische Übersicht über gebräuchliche Beleuchtungsapparate	501
III. Einige neuere Beleuchtungsvorrichtungen	506
1. Beleuchtungsvorrichtungen für durchfallendes Licht	506
a) Der Zweiblenden-Hellfeldkondensor	506
b) Der „Pankratische Kondensor"	507

---

[1] Nachtrag zu PÉTERFI, „Mikrophotographie" in Handbuch der wiss. und angew. Photographie, Bd. VI, 2. Teil.

[2] Zusammenfassende Darstellungen aus dem Gebiet finden sich bei BARNARD and WELCH (7), BETTIN (19), EHRINGHAUS (60), HAITINGER (97), HAUSER (112), HEIM und SKELL (114), JANSEN (134), LAUBENHEIMER (181), MICHEL (208), NIKLITSCHEK (221), OEHLINGER (225), PÉTERFI (229), REINERT (251) und STADE und STAUDE (297).

	Seite
2. Beleuchtungsvorrichtungen für auffallendes Licht	509
a) Die „Ringbeleuchtung"	510
b) Der „Makrotisch"	514
IV. Wichtige Fortschritte auf dem Gebiet der mikroskopischen Optik	514
1. Objektive	514
a) Das Mikroskopobjektiv	514
b) Das mikrophotographische Objektiv	518
2. Okulare	536
a) Okulare zum stetigen Wechsel des Abbildungsmaßstabs	536
α) Der „Vario-Vorsatz"	536
β) Das „Pankratische Projektionsokular"	537
b) Okulare zur Aufnahme von Mikrostereogrammen	538
3. Das Phasenkontrastverfahren	546
V. Der mikrophotographische Apparat	555
1. Das Mikroskopstativ	555
2. Die Aufsetz- und die Vertikalkamera	564
3. Das Kameramikroskop und das Metallmikroskop	572
a) Das aufrechte Kameramikroskop	574
b) Das umgekehrte Kameramikroskop mit vertikaler Kamera	583
c) Das umgekehrte Kameramikroskop mit horizontaler Kamera	587
4. Das Kleinbild in der Mikrophotographie	592
a) Grundlagen	592
b) Die Aufnahmegeräte	596
c) Die Wahl des Abbildungsmaßstabes und der Optik	612
d) Die Belichtungszeit und ihre Bestimmung	616
e) Mikroaufnahmen in natürlichen Farben	624
VI. Die Übermikroskopie	626
1. Die Möglichkeiten zur Steigerung des Auflösungsvermögens im Mikroskop	626
2. Das Übermikroskop	635
a) Die abbildenden Elemente für das Übermikroskop	635
b) Der grundsätzliche Aufbau eines Übermikroskops	642
c) Das normale Durchstrahlungsübermikroskop	644
α) Das magnetische Übermikroskop	644
β) Das elektrostatische Übermikroskop	652
d) Besondere Übermikroskopformen	654
e) Besondere Aufnahmeverfahren beim Übermikroskop	655
α) Dunkelfeldaufnahmen	655
β) Stereoaufnahmen	656
γ) Oberflächenaufnahmen	657
δ) Aufnahmen von Elektronenbeugungsdiagrammen	653
3. Die übermikroskopische Technik	658
Literaturverzeichnis	661
1. Literatur zu Kapitel I bis V	661
2. Literatur zu Kapitel VI	673

I. Systematische Übersicht über die mikrophotographischen Beleuchtungsverfahren.

1. Die Beleuchtungsarten.

Eines der Hauptprobleme bei der Mikrophotographie ist das der günstigsten Beleuchtung der darzustellenden Objekte. Daher spielte und spielt die Beleuchtung und die Beleuchtungsfrage im mikrophotographischen Schrifttum von jeher eine große Rolle. Nachdem in den letzten $1^1/_2$ Jahrzehnten vor allem auch die lange vernachlässigte Beleuchtung mit auffallendem Licht eine eingehende Behandlung erfahren hat, kann man heute wohl behaupten, daß die Bearbeitung der mikrophotographischen Beleuchtung einen gewissen Abschluß erreicht hat.

Es erscheint daher zweckmäßig, an dieser Stelle zunächst eine zusammenfassende systematische Übersicht über dieses Gebiet zu geben, zumal bei Péterfi (*229*) die Beleuchtungsfragen in anderem Zusammenhang und teilweise nur kurz und nicht unter einheitlichen Gesichtspunkten behandelt worden sind.

In jedem Fall hat sich natürlich die Art der Beleuchtung nach der Art und dem Charakter des Objekts zu richten. Es ist klar, daß ein weitgehend durchsichtiger Gegenstand ganz anders beleuchtet werden muß als ein vollkommen

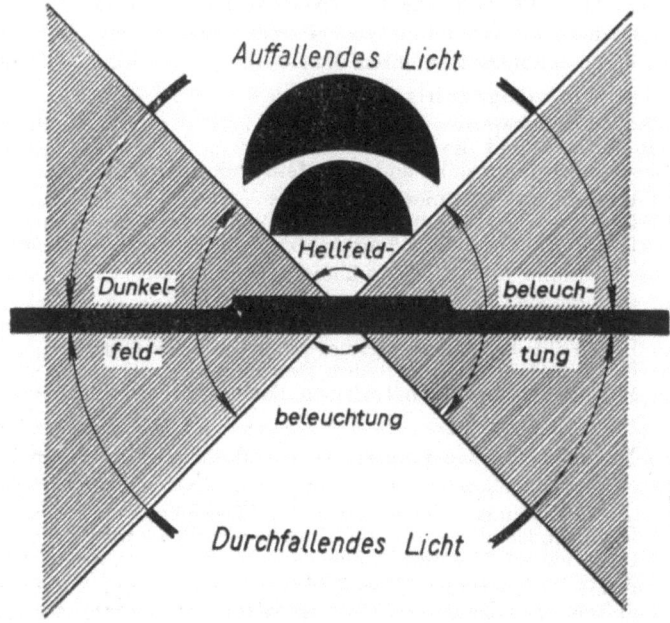

Abb. 1. Schematische Darstellung zur Definition und Abgrenzung der verschiedenen Beleuchtungsarten nach A. KÖHLER, verändert. (Aus MICHEL *208*.)

undurchsichtiger. Bei diesem wäre die Anwendung etwa von durchfallendem Licht, die bei ersterem die gegebene Beleuchtungsart darstellt, von vornherein unmöglich. Vielmehr ist man hier dazu gezwungen, das Licht von oben auf ihn auffallen zu lassen, also eine Beleuchtung mit auffallendem Licht zur Anwendung zu bringen.

Beleuchtung mit auffallendem Licht (Abb. 2 oben) liegt immer dann vor, wenn das Licht innerhalb eines Raumwinkels von 180° von oben, genauer gesagt von der Betrachtungsseite her auf den Gegenstand auftrifft. Daher ist es ein Charakteristikum dieser Beleuchtungsart, daß in das Objektiv und damit in das Auge des Beobachters, bzw. auf die photographische Platte ausschließlich Licht gelangt, welches am Objekt diffus oder spiegelnd reflektiert wurde.

Beleuchtung mit durchfallendem Licht (Abb. 2 unten) liegt dagegen vor, sobald das Licht innerhalb eines Raumwinkels von 180° von unten, von der der Betrachtungsseite entgegengesetzten Seite her auf das Objekt trifft und durch das Objekt hindurch ins Objektiv

Systematische Übersicht über die mikrophotographischen Beleuchtungsverfahren. 467

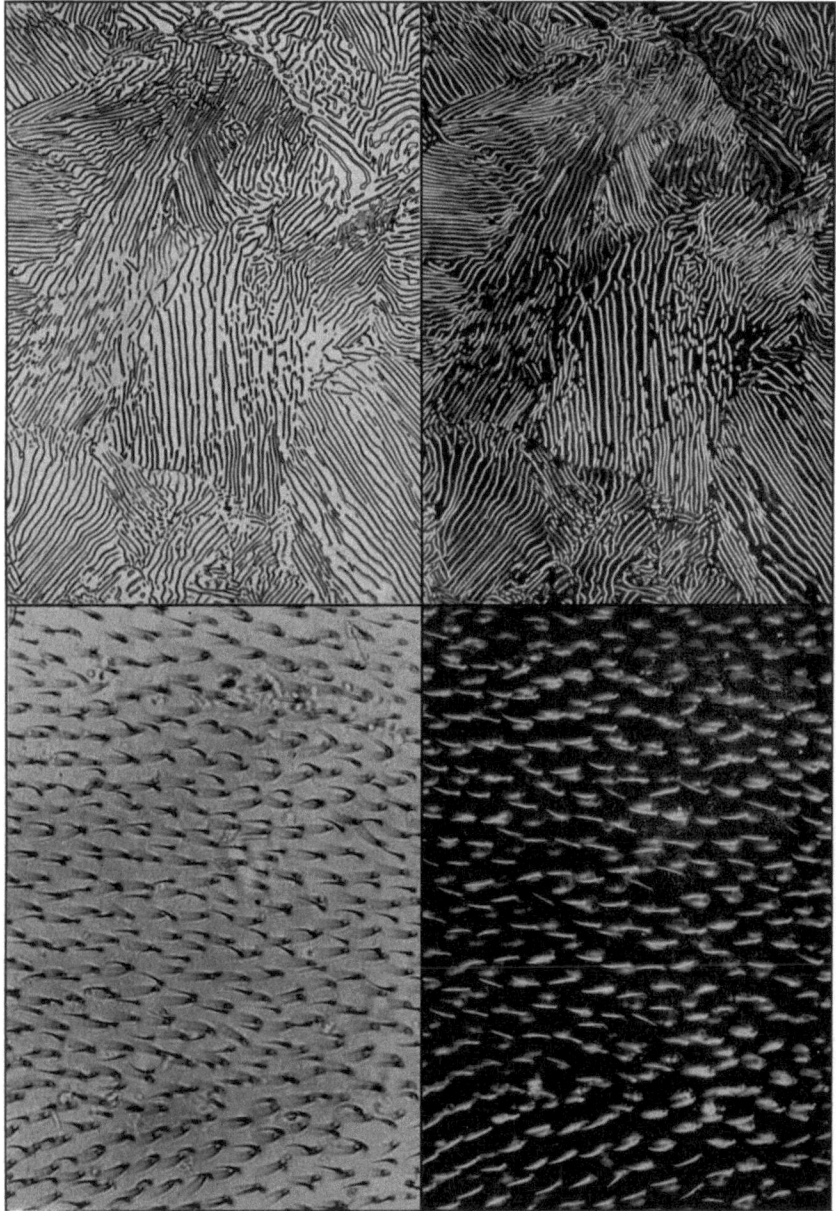

Abb. 2. Vergleichsaufnahmen bei Hell- und Dunkelfeldbeleuchtung mit auf- und durchfallendem Licht. Oben Aufnahmen mit auffallendem Licht (lamellarer Perlit), unten Aufnahmen mit durchfallendem Licht (Partie aus dem Flügel einer Fliege), links Hellfeldbeleuchtung, rechts Dunkelfeldbeleuchtung. (Aus MICHEL 208.)

und damit ins Auge des Beobachters, bzw. auf die photographische Platte gelangt. Voraussetzung dabei ist natürlich eine geeignete Beschaffenheit des Objekts: es muß entweder infolge seiner Kleinheit oder seiner Beschaffenheit durchsichtig oder durchscheinend sein, oder es müssen diese Eigenschaften durch bestimmte Präparationsmethoden künstlich erzeugt werden.

Die vorstehende Definition wird durch die aus MICHEL (*208*) entnommene, nach A. KÖHLER[1] entworfene Darstellung gut veranschaulicht (Abb. 1).

Aus dieser Darstellung ist ohne weiteres ersichtlich, daß es innerhalb des sowohl für die Beleuchtung mit auffallendem Licht als auch für die mit durchfallendem Licht maßgebenden Raumwinkels von 180° zwei Bereiche gibt.

In dem einen, im Bild weiß gehaltenen Bereich gelangen die von der Lichtquelle kommenden Strahlen nach ihrem, je nachdem von unten oder von oben erfolgenden Auftreffen auf das Objekt in ihrem weiteren Verlauf unmittelbar auf die lichtempfindliche Schicht der photographischen Platte oder auf die Netzhaut des Auges. Dieses blickt also gewissermaßen durch das optische Gerät und durch oder über das Präparat hinweg unmittelbar in die Lichtquelle. Der Untergrund erscheint hell, die Struktureinzelheiten heben sich mehr oder weniger dunkel von diesem hellen Untergrund oder Feld ab. Man spricht demgemäß von **Hellfeldbeleuchtung** (Abb. 2, links), die senkrecht oder je nach der Apertur des Objektivs auch mehr oder weniger schräg erfolgen kann.

In dem zweiten Bereich, der in Abb. 1 schraffiert dargestellt ist, gelangen von den von der Lichtquelle kommenden Strahlen nach dem Auftreffen auf das Objekt ausschließlich solche durch das abbildende Gerät auf die photographische Platte oder ins Auge, die im Gegenstand durch Reflexion, Brechung oder Beugung aus ihrer ursprünglichen Richtung abgelenkt werden. Das Auge sieht hier also nicht in die Lichtquelle, sondern sozusagen an ihr vorüber in ihre dunkle Umgebung. Der Charakter des Bildes ist dem bei Hellfeldbeleuchtung gerade entgegengesetzt: Die Struktureinzelheiten des Objekts heben sich hell vom dunklen Untergrund oder Feld ab. Man spricht hier von **Dunkelfeldbeleuchtung** (Abb. 2, rechts). Diese kann allseitig oder mit begrenztem Azimut (ein- oder mehrseitig, vgl. unten) erfolgen.

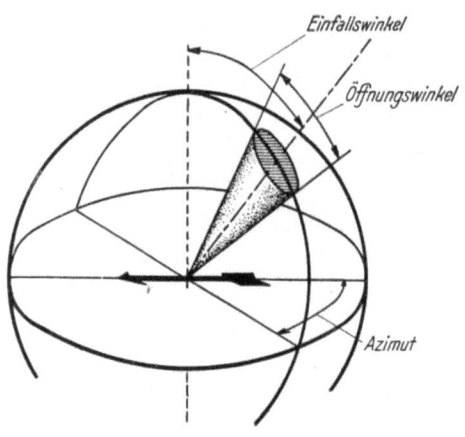

Abb. 3. Zur Erklärung der Begriffe „Einfallswinkel", „Öffnungswinkel" und „Azimut" in der mikroskopischen Beleuchtungstechnik

2. Grundbegriffe bei der Beleuchtung.

Unter dem aus der Astronomie entnommenen Begriff Azimut versteht man bei der Theorie der Beleuchtung einmal unabhängig von der Ausgangsrichtung den Winkel zwischen denjenigen Höhenkreisen, die durch die äußersten Strahlen eines beleuchtenden Lichtbüschels gehen. Ist der Winkel kleiner als 360°, so liegt eine Beleuchtung mit begrenztem Azimut (einseitig) vor, erreicht er 360°, dann wird die Beleuchtung eine allseitige.

Bei der einseitigen Beleuchtung, vor allem wenn ihr Azimut verhältnismäßig klein ist, ist der Beleuchtungseffekt außerordentlich stark von dem Winkel abhängig, unter dem die Lichtstrahlen auf die Struktureinzelheiten auftreffen. Senkrecht zur Lichtrichtung verlaufende Strukturen leuchten am stärksten auf, da sie das Licht am stärksten aus seiner ursprünglichen Richtung ablenken, parallel zur Einfallsrichtung verlaufende Strukturen bleiben unter Umständen

---

[1] A. KÖHLER: Allgemeine mikroskopische Optik in PÉTERFI, Methodik der wissenschaftlichen Biologie, Bd. I.

Systematische Übersicht über die mikrophotographischen Beleuchtungsverfahren. 469

überhaupt unsichtbar. Man bezeichnet diese auf der azimutalen Einfallsrichtung gegenüber den Strukturelementen beruhende Erscheinung als Azimuteffekt und daher den die azimutale Einfallsrichtung kennzeichnenden Winkel im Gegensatz zu dem vorher Gesagten ebenfalls als Azimut (Abb. 3). Der Azimuteffekt (Abb. 4) hat sowohl für Dunkelfeldbeobachtungen im durchfallenden als auch für solche im auffallenden Licht Bedeutung. Besonders groß ist diese allerdings bei der Auflicht-Dunkelfeldbeleuchtung. Ist man sich hier nämlich nicht über die azimutale Einfallsrichtung des Lichts im klaren, so besteht die Gefahr, daß man Erhebungen der Objektoberfläche als Vertiefungen, und umgekehrt, Vertiefungen als Erhebungen deutet! Man gibt also vorteilhafterweise auf derartigen Bildern die Einfallsrichtung des Lichts, etwa durch einen Pfeil, an und richtet die Bilder so aus, daß das Licht von links oder von oben einfällt.

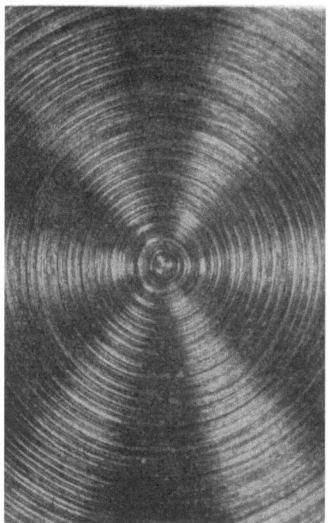 

Abb. 4. Azimuteffekt bei ein- oder mehrseitiger, begrenzter Auflicht-Dunkelfeldbeleuchtung (links). Es leuchten nur die senkrecht zur Lichtrichtung verlaufenden Objektstrukturen auf. Der Effekt verschwindet bei allseitiger Auflicht-Dunkelfeldbeleuchtung (rechts). Objekt: Eben abgedrehtes Messing mit Drehriefen, 30:1. (Aus HAUSER *110*.)

Ebenso wie die Kenntnis der azimutalen Einfallsrichtung, ist oft, insbesondere wieder bei der Auflichtbeleuchtung, die Kenntnis des Einfallswinkels der Beleuchtungsstrahlen von großer Wichtigkeit. Unter dem Einfallswinkel (siehe Abb. 3) versteht man den Winkel zwischen dem Achsenstrahl des beleuchtenden Lichtkegels und der Senkrechten, die in demjenigen Punkt des Objekts errichtet wird, in dem der Achsenstrahl des Beleuchtungsbüschels das Objekt trifft. Für die gute Darstellung eines Objekts bei Dunkelfeldbeleuchtung mit auffallendem Licht ist die richtige Wahl des Einfallswinkels vielfach von größter Bedeutung. Bei stark ausgeprägtem Oberflächenrelief wird man ihn verhältnismäßig klein wählen müssen, um ein harmonisch und wirklichkeitsnah wirkendes Bild zu erhalten. Dagegen wird man ihn um so größer wählen müssen, je weniger stark die Oberflächenstruktur ausgeprägt ist und je deutlicher eine solche wenig ausgeprägte Struktur dargestellt werden soll (Abb. 5).

Als Maßstab für den Öffnungswinkel (vgl. Abb. 3) des beleuchtenden Strahlenkegels wählt man meist seine Numerische Apertur (A), die bekanntlich nach ABBE der Sinus des halben Öffnungswinkels (σ), multipliziert mit der Brechzahl (n) des zwischen Objekt und Kondensor befindlichen Mittels ist:

$$A = n \cdot \sin \sigma. \tag{1}$$

Der richtigen Einstellung der Beleuchtungsapertur kommt vor allem bei der Hellfeldbeleuchtung maßgebende Bedeutung zu (vgl. S. 474 ff.).

Abb. 5. Bei streifendem Lichteinfall wird ein flaches Relief stark übertrieben wiedergegeben, bei senkrechtem Einfall ist dagegen nichts von ihm zu sehen.

3. Die Wiedergabe der Objektfarben bei den verschiedenen Beleuchtungsarten.

Wegen der heute infolge der allgemeinen Fortschritte in der Farbenphotographie (vgl. den Beitrag von HEYMER im vorliegenden Band) stark gestiegenen Bedeutung der Mikrophotographie in natürlichen Farben erscheinen an dieser Stelle auch einige Erörterungen über die Abhängigkeit der Wiedergabe der Objektfarben von der Beleuchtungsart am Platze, wobei im wesentlichen die Darstellung von HAUSER (*112*) zugrunde gelegt ist. Diese Abhängigkeit ist im allgemeinen größer, als man gemeinhin anzunehmen geneigt ist.

Verhältnismäßig am einfachsten liegen die Verhältnisse bei der Beleuchtung mit durchfallendem Licht bei Hellfeldbeleuchtung, wo das Aussehen durchsichtiger, farbiger Objekte lediglich von dem Absorptionsspektrum des betreffenden Gegenstandes abhängt. Die absorbierten Wellenlängen fehlen im Bild. Seine Farbe kommt durch die Mischung der durchgelassenen Wellenlängen zustande.

Bei der Dunkelfeldbeleuchtung mit durchfallendem Licht leuchten bei undurchsichtigen Objekten nur die Kanten auf, und zwar unabhängig von der Eigenfarbe in der Farbe des beleuchtenden Lichts. Bei gefärbten und klar durchsichtigen Objekten überlagert sich an den Kanten die Eigenfarbe der Lichtfarbe, die Fläche dagegen bleibt dunkel. Trübe Objekte leuchten dagegen naturgemäß auch in ihrer Fläche auf, und zwar in Abhängigkeit von ihrer Durchlässigkeit für die verschiedenen Wellenlängen, so daß in diesem Fall für die Wiedergabe der Farbe das gleiche gilt wie bei der Hellfeldbeleuchtung.

Für die Wiedergabe der Eigenfarbe des Objekts bei auffallendem Licht gilt nach HAUSER (*112*) das Folgende:

„Trifft Licht auf eine Objektoberfläche, so wird im allgemeinsten Fall ein Teil spiegelnd, ein anderer Teil diffus zurückgeworfen, während ein dritter Teil eindringt und teils im Objekt absorbiert wird, teils infolge Streuung wieder aus dem Objekt austritt. Bei den Objekten haben wir nun zwei Gruppen zu unterscheiden, und zwar die klaren und die trüben, die sich je nach ihrer Durchlässigkeit und je nach der Beschaffenheit ihrer Oberfläche verschieden verhalten.

Nehmen wir zunächst eine vorzüglich polierte Oberfläche an, die als solche nur spiegelnd, also ohne jedes Streulicht reflektiert. Dann werden, soweit nicht selektive Reflexion besteht, klare Objekte im Auflicht-Hellfeld in der Farbe des beleuchtenden Lichts erscheinen, und zwar um so heller, je höher ihr Reflexionsvermögen, d. h. also, je größer der Unterschied zwischen den Brechungsindizes des Objekts und des zwischen ihm und dem Objektiv befindlichen Zwischenmittels ist. Im Dunkelfeld werden alle diese Objekte gleich schwarz erscheinen.

Handelt es sich um trübe Objekte, so überlagert sich beim Hellfeld der Farbe des spiegelnd reflektierten Lichts die Objektfarbe, im Dunkelfeld erscheint die reine Objektfarbe.

Sind klare Objektteile in die Oberfläche eines undurchsichtigen Materials eingebettet, so überlagert sich für diese klaren Objektteile beim Hellfeld der Farbe des an ihnen spiegelnd reflektierten Lichts das entsprechend dem Durchlässigkeitsspektrum der klaren Objektteile veränderte Reflexionslicht des unter ihnen liegenden undurchsichtigen Einbettungsmaterials. Bei Dunkelfeld fällt demgegenüber das spiegelnd reflektierte Licht fort, so daß bei Beleuchtung mit weißem Licht nur die Objektfarben zur Wirkung kommen.

Ist die Objektoberfläche vollkommen rauh, so daß sie das ganze auffallende Licht vollkommen diffus streut, so verhalten sich die Objekte bei Hell- und Dunkelfeld gleich. Die vom Mikroskop dargebotenen Bilder sind jedoch in beiden Fällen insofern verschieden, als sich beim Hellfeld die Linsenreflexe der Objektive überlagern. (Letzteres ist natürlich bei den spiegelnd reflektierenden Objekten auch der Fall, jedoch infolge der bedeutend größeren Helligkeit des Objektbildes von geringerer Bedeutung.) Undurchsichtige und durchsichtige Objekte mit rauher Oberfläche werden, falls wirklich nur an der Oberfläche gestreutes Licht in das Objektiv gelangt, sowohl im Hellfeld als auch im Dunkelfeld in der Farbe des eingestrahlten Lichts aufleuchten; bei trüben Objekten wird sich ihr dagegen die Objektfarbe überlagern. Das heißt also z. B., daß ein trübes Objekt bei Beleuchtung mit weißem Licht im Auflicht-Dunkelfeld in um so satteren Farben erscheinen wird, je besser seine Oberfläche poliert ist, und seine Farbe wird um so mehr Weißgehalt enthalten, je matter die Oberfläche ist. Im Hellfeld dagegen wird bei Beleuchtung eines trüben Objekts mit weißem Licht der Weißgehalt des Bildes mit zunehmender Politur infolge des größer werdenden Anteils an spiegelnd reflektiertem Licht anwachsen."

4. Die Anwendung der verschiedenen Beleuchtungsarten.

Aus dem Gesagten kann man über die Anwendung der verschiedenen Beleuchtungsarten das Folgende ableiten, wobei natürlich nur eine Übersicht in groben Zügen vermittelt werden kann, da sich nicht alle Fälle in einem Schema unterbringen lassen.

Die Beleuchtung mit durchfallendem Licht ist selbstverständlich ausschließlich dort am Platze, wo durchsichtige, zumindest aber durchscheinende oder aber sehr kleine Objekte untersucht werden sollen, bei denen es nur auf die Ermittlung der äußeren Form ohne Rücksicht auf eine innere Struktur ankommt. Das Hauptgebiet für das durchfallende Licht sind die biologischen und medizinischen Objekte, die ja zum großen Teil schon wegen ihrer Kleinheit (Mikroorganismen) durchsichtig sind, oder die bzw. deren Teile durch geeignete Präparationsmethoden mit Leichtigkeit durchsichtig gemacht werden können. Daneben wird das durchfallende Licht noch in der Technik angewandt, wenn es sich darum handelt, etwa pulverförmige Substanzen oder, hier allerdings seltener vorkommende, durchsichtige Gegenstände (z. B. pflanzliche, tierische oder künstliche Fasern), bzw. durch geeignete Methoden (Durchtränken oder Herstellen von dünnen und damit durchscheinenden Schichten durch Schleifen oder Schneiden) durchsichtig zu machende Objekte zu untersuchen. Dabei ist die Hellfeldbeleuchtung immer dann die Methode der Wahl, wenn die Objekte eine mehr oder weniger starke Absorption aufweisen, d. h. irgendwie gefärbt sind oder wenn innerhalb der Objekte und gegenüber dem sie umgebenden Einschlußmittel die Unterschiede in der Brechzahl so groß sind, daß sich Einzelheiten deutlich sichtbar machen lassen. Bekanntlich werden Schwierigkeiten, die sich der Untersuchung dadurch entgegenstellen, daß die Einzelheiten innerhalb der Objekte oder diese selbst gegenüber dem Einschlußmittel schlecht sichtbar sind, meist durch künstliche Färbungen behoben.

Ist eine geeignete Präparation nicht möglich, wie z. B. bei der Untersuchung lebender Organismen, dann kann oft mit Vorteil die Dunkelfeldbeleuchtung angewandt werden, besonders dann, wenn die zu untersuchenden Objekte sehr klein sind, wie beispielsweise Bakterien, oder wenn feine Anhänge, wie Zilien, Geißeln und ähnliches, sichtbar gemacht werden sollen. Im übrigen spielt die Dunkelfeldbeleuchtung eine besondere Rolle bei der Sichtbarmachung von Objekten, die ihrer Größe nach dem submikroskopischen Bereich angehören, die also von den Methoden der Ultramikroskopie und neuerdings der Übermikroskopie (vgl. Abschnitt VI) erfaßt werden.

Die Beleuchtung mit auffallendem Licht findet naturgemäß ihr Hauptanwendungsgebiet bei allen den Objekten, bei denen die Beleuchtung mit durchfallendem Licht versagt, also bei allen undurchsichtigen Gegenständen. Selbstverständlich lassen sich auch durchsichtige Objekte mit auffallendem Licht beleuchten, der Erfolg ist aber stets ziemlich problematisch. Das kommt daher, daß das Licht, welches ja an der Oberfläche durchscheinender Gegenstände nur in geringem Maß reflektiert wird, tief in diese eindringt und dort durch Brechung und Beugung wohl stark zerstreut, aber kaum reflektiert wird, so daß zu wenig Licht vom Objekt ins Objektiv gelangen kann.

Die Hellfeldbeleuchtung kommt vorwiegend zur Beleuchtung spiegelnd reflektierender ebener Flächen in Betracht. Beleuchtet man nämlich diffus reflektierende Objekte auf diese Weise, dann überlagern sich dem Bild, das infolge der bei der diffusen Reflexion auftretenden Lichtverluste verhältnismäßig lichtschwach ist, die Reflexe, die an den einzelnen Flächen der Objektivlinsen auftreten. Dadurch erscheint das Bild wie mit einem mehr oder weniger starken Schleier überzogen, den man wohl durch strenge Durchführung des KÖHLERschen Prinzips (s. S. 474) mildern, aber kaum ganz zum Verschwinden bringen kann. Bei spiegelnd reflektierenden Objekten dagegen ist das Bild so hell, daß die natürlich auch vorhandenen Reflexe kaum beobachtet werden können, somit auch für die Mikrophotographie unschädlich sind. Die Hellfeldbeleuchtung mit auffallendem Licht hat daher ihr Hauptanwendungsgebiet bei der Untersuchung von Anschliffen, wie sie in der Metallographie, Petrographie und unter Umständen auch in der Mineralogie als Präparat üblich sind.

Die Anwendungsgebiete der Dunkelfeldbeleuchtung mit auffallendem

Licht sind wesentlich mannigfaltiger. Sie kommt vor allem bei schwächeren Abbildungsmaßstäben zur Darstellung mehr oder weniger körperlicher Objekte oder Oberflächenstrukturen in Betracht, zumal dann, wenn es auch auf eine gute Wiedergabe der Objektfarben ankommt.

Einen zusammenfassenden Überblick über die wichtigsten Anwendungsgebiete der verschiedenen Beleuchtungsarten mag die aus MICHEL (208) entnommene Tabelle 1 vermitteln.

Tabelle 1. Übersicht über die Anwendung der verschiedenen Beleuchtungsarten.

	Hellfeldbeleuchtung	Dunkelfeldbeleuchtung
Durchfallendes Licht	Durchsichtige Objekte jeder Art, die sich durch Absorptions- oder Brechzahlunterschiede genügend von ihrer Umgebung unterscheiden, z. B. Schnittpräparate, Totalpräparate von mikr. Wasserorganismen, dieselben lebend, Textilfasern, Pulver u. a. Dünnschliffe von Gesteinen	Ultramikroskopische Teilchen. Durchsichtige Objekte, deren Brechzahl sich verhältnismäßig wenig vom Einbettungsmittel unterscheidet, z. B. Bakterien, manche lebende Wasserorganismen, lebende pflanzliche Zellen u. a.
Auffallendes Licht	Undurchsichtige, regulär (spiegelnd) reflektierende Flächen, z. B. Anschliffe von Metallen, Erzen, Kunststoffen, Kohlen. Metallische Oberflächen	Undurchsichtige Objekte mit Oberflächenrelief. Hauptanwendung bei Abbildung in niedrigen Maßstäben bei biologischen, medizinischen und sehr vielen technischen Objekten

5. Die Hellfeldbeleuchtung.

a) Allgemeine Anforderungen an eine Anordnung für Hellfeldbeleuchtung.

Jede Beleuchtungsanordnung für die Hellfeldbeleuchtung, gleichgültig ob mit durchfallendem oder mit auffallendem Licht gearbeitet wird, muß nach Möglichkeit die folgenden Bedingungen erfüllen, wenn sie ihrem Zweck vollkommen gerecht werden soll.

a) Mit der Beleuchtungseinrichtung muß sich das Objekt ausreichend hell und vollkommen gleichmäßig beleuchten lassen. Wird diese Bedingung nicht erfüllt, dann ist die Anordnung unbrauchbar. Bei ungenügender Helligkeit würde man zu übermäßig langen Belichtungszeiten kommen, die ihrerseits wieder Nachteile in sich bergen, wie z. B. die Gefahr der Verwackelung des Bildes. Über eine ungleichmäßige Beleuchtung vermag in vielen Fällen wohl das Auge bei der visuellen Beobachtung hinwegzusehen. Die photographische Platte aber ist unbestechlich. Sie registriert vielfach selbst die geringsten Ungleichmäßigkeiten in der Beleuchtung, die im Verlauf des photographischen Prozesses gewöhnlich noch verstärkt werden, wodurch das Bild in der Regel verdorben ist.

b) Die Beleuchtungsanordnung muß das Licht so führen, daß das Bild nicht durch an Linsenfassungen, an den Innenwänden des Tubus usw. auftretende Reflexe gestört wird, und daß bei möglichst heller Beleuchtung im einzelnen, dem Objekt im ganzen ein möglichst geringer Lichtstrom zugeführt wird, um eine übermäßige Erwärmung zu verhüten. Am besten ist das zu erreichen, wenn ausschließlich der wirklich abgebildete Teil des Objekts beleuchtet wird.

c) Die Beleuchtungseinrichtung muß es erlauben, die numerische Apertur und die Einfallsrichtung der das Objekt beleuchtenden Strahlenkegel in möglichst weiten Grenzen zu ändern, damit für alle vorkommenden Objekte und für die zu deren Beobachtung notwendigen Objektive die optimalen Beleuchtungsverhältnisse eingestellt werden können.

Es ist nun allerdings so, daß in vielen Fallen die eine oder andere dieser Forderungen gegenüber den übrigen zurücktreten kann. Es genügt vielmehr oft eine den praktischen Erfordernissen gerecht werdende, angenäherte Erfüllung (vgl. z. B. S. 485).

b) Das Köhlersche Prinzip.

Die vorstehend umrissenen Bedingungen können auf zwei Arten erfullt werden. Die eine, die sogenannte „critical illumination" der angelsächsischen Mikroskopiker, beruht auf der Abbildung einer Lichtquelle in der Objektebene. Die Größe des beleuchteten Feldes läßt sich dabei — allerdings begrenzt — durch den Maßstab regulieren, in dem die Lichtquelle verkleinert abgebildet wird. Die Apertur der beleuchtenden Strahlenkegel ist durch die üblichen mikroskopischen Beleuchtungsapparate (Abbescher Beleuchtungsapparat) zu beeinflussen. Was hier große Schwierigkeiten bereitet, ist die allen Anforderungen entsprechende Gleichmäßigkeit in der Beleuchtung des Sehfeldes. Diese ist nur mit vollständig homogenen, absolut gleichmäßig strahlenden Lichtquellen zu erreichen. Solche Lichtquellen sind aber heute in der Mikrophotographie nicht mehr gebräuchlich, bzw. stehen im allgemeinen nicht zur Verfügung. Die einzige Lichtquelle, bei deren Anwendung man noch auf diese Beleuchtungsart angewiesen ist, ist die Sonne. Diese wird aber nur in den allerseltensten Fällen überhaupt noch benutzt.

In der Mikrophotographie verwendet man jetzt fast ausschließlich eine andere Anordnung. Sie wurde bereits im Jahre 1893 von A. Köhler angegeben und wird deshalb als „Köhlersches Beleuchtungsprinzip" oder nach ihrem Charakteristikum als „Leuchtfeldverfahren" bezeichnet.

Dieses Verfahren stellt nichts anderes dar als die Anwendung der Abbeschen Lehre von der Strahlenbegrenzung in optischen Instrumenten — in unserem Fall im Mikroskop — auf das aus einem Beleuchtungs- und einem Abbildungsteil bestehende gesamte mikrophotographische Gerät. Seine Grundlagen sind die Wechselbeziehungen zwischen den hier, wie in jedem optischen Instrument auftretenden zwei Arten von Blenden, den Pupillen und den Sehfeldblenden oder Luken.

Bei der Anwendung einer völlig homogenen Lichtquelle braucht diese keiner besonderen Blende zugeordnet zu werden. Ihr Bild kann also im allgemeinsten Fall an jeder beliebigen Stelle des Strahlenganges entworfen werden, wenn es nur ausreichend groß ist. Praktisch treten bei diesem Verfahren aber stets Schwierigkeiten auf, da meist Lichtquellen, z. B. die Niedervoltlampen, benutzt werden, die einen extrem ungleichmäßigen Leuchtkörper aufweisen. Eine ungleichmäßige Beleuchtung des Sehfeldes läßt sich dann nur vermeiden, wenn die betreffende Lichtquelle der Austrittspupille des gesamten Geräts zugeordnet wird, die ja gewissermaßen die Lichtquelle darstellt, von der aus das entworfene Bild seine Helligkeit bezieht. Sie ist also so aufzustellen, daß ein Bild von ihr, entworfen von dem gesamten optischen System des mikrophotographischen Geräts, in dessen Austrittspupille entsteht.

Zu dem Zweck müßte man sie in der Eintrittspupille des Mikroskops, deren Stelle z. B. bei durchfallendem Licht die Kondensorblende vertritt, anordnen.

Das ist aus Platzmangel und wegen der Gefahr zu starker Erwärmung von Mikroskop und Präparat nicht angängig. Man erreicht aber dasselbe, wenn man die Lichtquelle mittels einer Linse — allgemein Kollektor genannt — in die Ebene der genannten Blende in ausreichend vergrößertem Maßstab abbildet. Das hat zudem noch den Vorteil, daß man mit der Blende bequem Teile aus dem Lichtquellenbild ausblenden und damit in weiten Grenzen die Apertur der beleuchtenden Strahlen regulieren kann.

Vielfach läßt sich aber auch auf diese Weise noch keine ganz gleichmäßige Beleuchtung erreichen, besonders, wenn die Lichtquelle verhältnismäßig klein ist und infolgedessen durch den Kollektor ziemlich stark vergrößert abgebildet werden muß. Dann hilft man sich durch Vorschalten einer feinmattierten Mattscheibe, die man möglichst dicht an die Lichtquelle heranbringt. Diese erzeugt

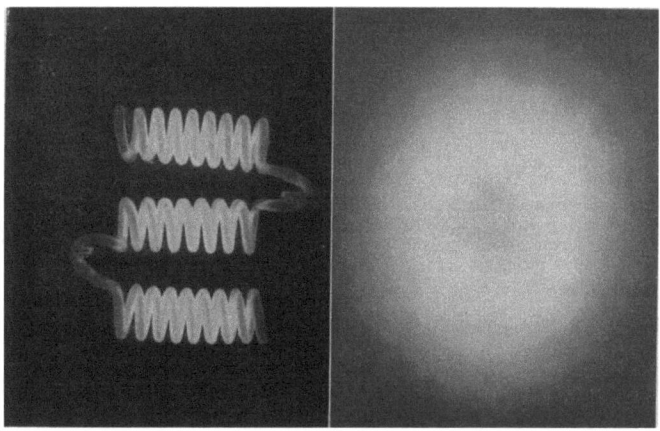

Abb. 6. Leuchtkorper einer Niedervoltlampe mit sehr stark zerklufteter, inhomogen strahlender Flache (links) und derselbe Leuchtkorper, durch eine dicht vor der Lampe angebrachte, feine Mattscheibe gesehen (rechts). Durch die Mattscheibe wird die leuchtende Flache nur wenig vergroßert, aber vollig homogen gemacht, ohne daß ihre Leuchtdichte um erhebliche Betrage sinkt. (Aus MICHEL *208*.)

ein Beugungsspektrum der Lichtquelle, das seinerseits als nunmehr homogen strahlende Lichtquelle benutzt wird (Abb. 6).

Durch entsprechende Einstellung des Mikroskopkondensors wird weiterhin dem Sehfeld des Mikroskops eine reelle Blende, eine sogenannte Sehfeld- oder auch Leuchtfeldblende nach der Bezeichnung KÖHLERS zugeordnet, die sich im Beleuchtungsteil des ganzen Geräts an einer Stelle befindet, in der die Lichtverteilung völlig gleichmäßig ist. Eine solche Stelle ist die Öffnung, genauer gesagt die Austrittspupille der Kollektorlinse. Diese ist also, mit anderen Worten, durch den Kondensor in das Präparat abzubilden. Um ihre Größe dem vom Abbildungssystem tatsächlich abgebildeten Teil des Objekts anzupassen, muß man entweder ein Kondensorsystem von veränderlicher Brennweite und Apertur benutzen oder man muß an die Stelle der festen Blende eine Irisblende in das Gerät einführen, die man zweckmäßigerweise dicht hinter der Kollektorlinse anordnet, die somit deren Austrittspupille darstellt.

Hiernach würde der prinzipielle Aufbau einer Beleuchtungsanordnung nach dem KÖHLERschen Prinzip folgendermaßen aussehen (Abb. 7).

Die Lichtquelle L wird durch den Kollektor Ko in die stellvertretende Eintrittspupille des Mikroskops, d. h. in die Aperturblende L' des Kondensors abgebildet. Hierbei ist der Abbildungsmaßstab so zu wählen, daß die für die Erreichung der größten benötigten Beleuchtungsapertur, die sich im Maximalfall nach dem Objektiv mit der höchsten Apertur richtet, erforderliche Blendenöffnung vollständig von dem Lichtquellenbild ausgefüllt ist. Eine Verkleinerung der Kondensorapertur kann dann jederzeit bequem durch entsprechend weites Schließen der Blende erzielt werden. Der Kondensor K ist so eingestellt, daß er von der dicht hinter dem Kollektor Ko stehenden Sehfeld- oder Leuchtfeldblende O ein scharfes Bild im Präparat O' entwirft.

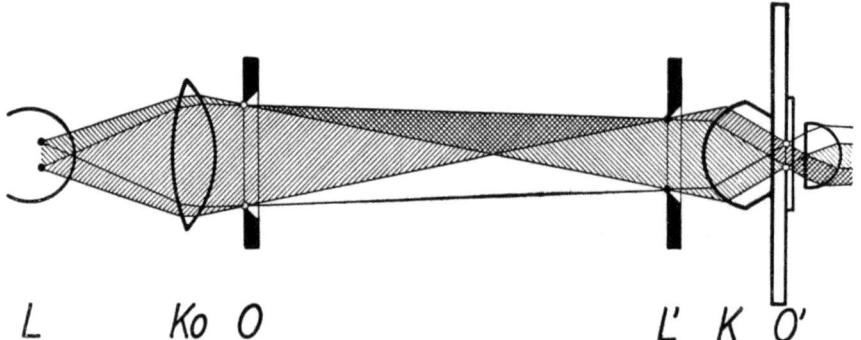

Abb. 7. Strahlengangsschema der Hellfeldbeleuchtung mit durchfallendem Licht für das zusammengesetzte Mikroskop. Die Lichtquelle L wird durch die Kollektorlinse Ko in die Ebene der Kondensor- (= Apertur-) Blende L' abgebildet. Der Kondensor K ist so eingestellt, daß er die hinter dem Kollektor Ko angebrachte Leuchtfeldblende O möglichst scharf im Präparat O' abbildet. (Aus MICHEL 208.)

Um einen möglichst rationellen Aufbau einer solchen Beleuchtungseinrichtung zu erreichen, ist die Berücksichtigung der Maßstabsbeziehungen zwischen der nutzbaren Größe der Lichtquelle, der Größe des objektiven Sehfeldes, der Apertur des Kollektors und der Apertur des Kondensors zu beachten. Ist

L die nutzbare Größe der Lichtquelle,
O' die Größe des objektiven Sehfeldes,
A_k die numerische Apertur des Kondensors und
A_{ko} die numerische Apertur des Kollektors,

dann gilt nach A. KÖHLER ganz allgemein die Beziehung

$$L \cdot A_{ko} = O' \cdot A_k. \tag{2}$$

In jedem Fall ist nun für A_k eine obere Grenze durch die Größe der Apertur des verwendeten Objektivs gegeben, denn im allgemeinen soll ja die Apertur des Kondensors die des Objektivs nicht überschreiten. Sie muß vielmehr stets mehr oder weniger darunter bleiben. Ebenso ist die Größe O' des objektiven Sehfeldes sowohl im Maximum als auch im Minimum eindeutig bestimmt durch zwei Größen, nämlich einerseits durch das Format der zu den mikrophotographischen Arbeiten verwendeten Platten oder Filme, anderseits durch den Abbildungsmaßstab, in dem der gesamte abbildende Teil des Geräts das Objekt abbildet.[1]

---

[1] Weniger übersichtlich sind diese Verhältnisse darzustellen, wenn man sich auf das Mikroskop als Beobachtungsinstrument bezieht. An die Stelle des Plattenformats tritt dann die Sehfeldzahl des Okulars und an die des Abbildungsmaßstabs auf der photographischen Platte der Abbildungsmaßstab, in dem das Objektiv das reelle Zwischenbild erzeugt. Da die Sehfeldzahlen der Okulare untereinander nicht gleich, sondern sogar recht verschieden sind, läßt sich eine obere Grenze für die Kollektorapertur nur für ein bestimmtes Okular angeben. Man wird als solches natürlich das mit der größten Sehfeldzahl wählen. Die Apertur muß hierbei stets wesentlich größer sein, als man sie nur für die photographische Benutzung nach der oben geschilderten Weise ermittelt.

Nach ABBE ist nun dieser Abbildungsmaßstab (vgl. S. 612f.) durch die Apertur der verwendeten Objektive derart festgelegt, daß er das 500fache der Apertur nicht unter-, das 1000fache nicht überschreiten soll. Wenn O'' die Plattendiagonale, β' der Abbildungsmaßstab auf der Platte ist, dann gilt also für die Größe des objektiven Sehfelds

$$O' = \frac{O''}{\beta'} \quad (3)$$

oder, wenn für $\beta' = 500 A_{ob}$ bzw. $\beta' = 1000 A_{ob}$ eingesetzt wird,

$$O' = \frac{O''}{500 A_{ob}}, \quad (4)$$

$$O' = \frac{O''}{1000 A_{ob}}. \quad (4a)$$

Ersetzt man in (2) O' durch die Werte aus (4) und (4a) und berücksichtigt, daß die Apertur des Kondensors A_k im Maximum der Apertur des Objektivs A_{ob} gleich ist, so erhält man aus Gleichung (2)

$$L \cdot A_{ko} = \frac{O''}{500}, \quad (5)$$

$$L \cdot A_{ko} = \frac{O''}{1000}. \quad (5a)$$

Bei vorgegebener Größe der Lichtquelle berechnet sich demnach die Apertur des Kollektors zu

$$A_{ko} = \frac{O''}{500 L} \quad (6)$$

im Maximum und

$$A_{ko} = \frac{O''}{1000 L} \quad (6a)$$

im Minimum. Ist auf diese Weise für eine gegebene Lichtquelle die Kollektorapertur festgelegt, dann ist immer noch entweder die Brennweite oder der Durchmesser des Kollektors frei wählbar. Man wird in der Regel die Brennweite so klein wählen, daß die Linse so nahe an die Lichtquelle gebracht wird, wie es deren Aufbau und Eigenschaften irgend zulassen, damit alle Dimensionen, wie Durchmesser des Kollektors und Entfernung zwischen Kondensor und Kollektor, eine praktisch brauchbare Größe annehmen.

In der Praxis wird man die nach Obigem ermittelte Apertur des Kollektors wesentlich überschreiten müssen, damit man auch noch eine ausreichende Beleuchtung für die visuelle Beobachtung des zu photographierenden Präparats erhält.

Über den Kondensor geben die folgenden Überlegungen Auskunft: Bei vorgegebenem Durchmesser und Abstand des Kollektors vom Kondensor, dessen Durchmesser im allgemeinen infolge der Konstruktion der Mikroskope festliegt, hängt die Größe, in der die Austrittspupille des Kollektors, die Leuchtfeldblende, abgebildet wird, lediglich von der Kondensorbrennweite ab. Um alle praktisch vorkommenden objektseitigen Sehfelder auszuleuchten, kommt man dabei aber mit einer einzigen Brennweite nicht aus, da der Bereich, den man durch Veränderung in der Größe des Leuchtfeldes durch die dort angebrachte Irisblende beherrscht, verhältnismäßig beschränkt ist. Man muß also an gewissen Stellen einen Kondensorwechsel vornehmen. Um einen solchen kommt man auch nicht herum, wenn man einen Kondensor mit variabler Brennweite benutzt, bei dem die aus der Gleichung (2) abzuleitende Bedingung erfüllt wird, nämlich, daß das Produkt aus Sehfelddurchmesser und Kondensorapertur konstant ist, sobald die Lichtquelle und die Kollektorapertur festliegen.

478 K. MICHEL: Mikrophotographie.

Die Verfahren zur Hellfeldbeleuchtung für Mikrophotographie folgen in der Regel den durch das Leuchtfeldverfahren nach KÖHLER aufgestellten allgemeinen Beleuchtungsprinzipien: Abbildung der Lichtquelle in der Eintrittspupille des Abbildungssystems und Abbildung einer Leuchtfeldblende im Präparat. Dies gilt ganz besonders streng für alle Anordnungen, die in Verbindung mit dem zusammengesetzten Mikroskop benutzt werden.

c) **Die Hellfeldbeleuchtungsanordnungen für das zusammengesetzte Mikroskop.**

α) **Durchfallendes Licht.** Die allgemeinste Form einer Beleuchtungsanordnung für Hellfeldbeleuchtung mit durchfallendem Licht zur Verwendung mit dem zusammengesetzten Mikroskop ist die gleiche, wie sie bei der Besprechung der Grundlagen des KÖHLERschen Prinzips geschildert wurde. Der Übersichtlichkeit und Vollständigkeit halber sei sie hier noch einmal kurz wiederholt (vgl. Abb. 7).

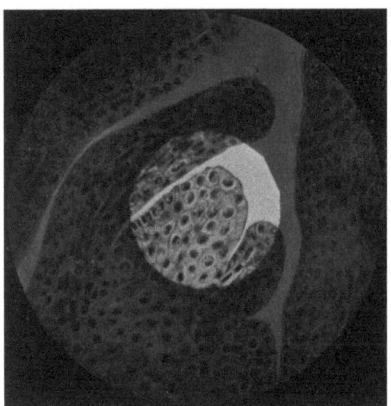 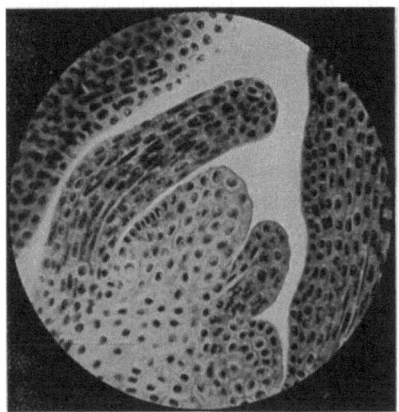

Abb. 8. Von einem stark abgeblendeten Kondensor im Präparat entworfenes Bild der Leuchtfeldblende nach der Zentrierung, links Blende geschlossen, rechts durch Öffnen der Leuchtfeldblende vollständig und gleichmäßig ausgeleuchtetes Gesichtsfeld. (Aus ZEISS-Druckschrift Mikro 528.)

Die Lichtquelle L wird durch den Kollektor Ko in die Ebene der Aperturblende L' des Mikroskopkondensors K, also in die stellvertretende Eintrittspupille des Mikroskops abgebildet. Die Abbildung sollte der Sinusbedingung genügen. Daher müssen Kollektoren von großer Apertur aplanatisch sein. Ob der Kollektor aus einer Linse besteht, oder ob er aus Gründen der Korrektion oder aus Gründen des konstruktiven Aufbaus des Beleuchtungssystems mehrgliedrig ist, spielt für den prinzipiellen Aufbau der Gesamtanordnung aber keine Rolle. Der Kondensor K seinerseits bildet die Öffnung der dicht hinter dem Kollektor angeordneten Irisblende O, der Leuchtfeldblende, in der Einstellebene O' möglichst scharf ab. Durch Verstellen der Leuchtfeldblende läßt sich dann die Größe der beleuchteten Präparatstelle (vgl. Abb. 9), durch Verstellen der Aperturblende des Kondensors die Apertur der beleuchtenden Strahlenkegel weitgehend regeln.

Um ein bis zum Rand gleichmäßig beleuchtetes Sehfeld zu erhalten, soll der Kondensor ein möglichst scharfes Bildchen der Leuchtfeldblende im Präparat entwerfen, da man andernfalls, um das gleiche zu erreichen, die Leuchtfeldblende viel weiter öffnen müßte, als das so der Fall ist. Wegen der dann auftretenden Gefahr von Reflexen und ähnlichen Störungen ist das aber unzulässig. Daraus geht hervor, daß man bei der Mikrophotographie nur in selteneren Fällen mit einfachen, unkorrigierten Kondensoren auskommen wird. Diese geben ja nur bei Abblendung auf geringe Aperturen noch eine ausreichend scharfe Abbildung der Leuchtfeldblende. Besser werden überhaupt nur entweder die sphärisch für eine Farbe korrigierten aplanatischen oder die sphärisch und chromatisch korrigierten achromatischen Kondensoren benutzt.

Tabelle 3, S. 501 gibt einen Überblick über Kondensoren, wie sie für mikrophotographische Zwecke benutzt werden [nach ZEISS-Druckschrift Mikro 544 und MICHEL (208)]. Andere Firmen führen eine ähnliche Auswahl an Kondensoren.

Bei der Durchführung des Leuchtfeldverfahrens in der bisher geschilderten Weise ist es, wie auf S. 477 auseinandergesetzt wurde, notwendig, der Apertur des Kollektors den größten in Betracht kommenden Wert zu geben, auch wenn dieser nur sehr selten gebraucht wird. Der dem Kollektor zugeführte Gesamtlichtstrom wird also nur in den seltensten Fällen wirklich ausgenutzt. Außerdem kann, wie ebenfalls schon erwähnt wurde, mit einem Kondensor nur ein Teil der am häufigsten vorkommenden Aperturen und Sehfeldgrößen erfaßt werden. Gerade zwischen die so wichtigen Übersichtsaufnahmen mit schwachen Objektiven und mit mittelstarken und starken Systemen mußte stets ein Kondensorwechsel eingeschaltet werden.

Um diesem höchst lästigen Übelstand abzuhelfen, hat man schon vor längerer Zeit Kondensoren mit wegklappbarer Frontlinse konstruiert. Diese wurden, um auch bei Benutzung ohne Frontlinse zur Beleuchtung bei schwachen Objektiven eine einwandfreie Blendenlage aufzuweisen,[1] mit einer zweiten Irisblende versehen. Diese übernimmt also hierbei die Funktion der Aperturblende, während sie bei Benutzung des Kondensors mit Frontlinse, wobei die normale Aperturblende wirksam wird, als Sehfeldblende benutzt werden kann („Zweiblendenkondensor" von LEITZ, vgl. S. 506). Der Kondensor muß natürlich hinsichtlich seiner Korrektion auf diese abweichenden Verhältnisse zugeschnitten sein, sonst wird er niemals ein den Ansprüchen des verwöhnten Mikrophotographen genügendes Leuchtfeldblendenbildchen erzeugen.

Eine wirklich vollkommene Lösung des Problems ist neuerdings dadurch gelungen, daß man zwischen Kollektor und Kondensor ein optisches System von stetig veränderlicher Brennweite anbringt, durch dessen Veränderungen der Maßstab in weiten Grenzen veränderlich ist, in dem die Lichtquelle und der Kollektor, bzw. eine andere als Leuchtfeld wirksame Blende oder Linsenöffnung abgebildet werden. Werden hierbei die einzelnen Glieder des gesamten Beleuchtungssystems in passender Weise aufeinander abgestimmt, so kann man erreichen, daß die durch (2) ausgedrückte Gesetzmäßigkeit für alle Aperturen zwischen 0,16 und 1,4 streng erfüllt wird (weiteres vgl. S. 507).

β) **Auffallendes Licht.** Das Prinzip der Hellfeldbeleuchtungsanordnungen für die Beleuchtung mit auffallendem Licht geht ebenfalls in allen Fällen auf das KÖHLERsche Beleuchtungsprinzip zurück. Die Einzelheiten der Anordnung werden in diesem Fall durch den Umstand bestimmt, daß das Licht von der Objektivseite her auf das Objekt geleitet werden muß. Das macht bei nahezu allen für das zusammengesetzte Mikroskop gebräuchlichen Objektiven wegen ihres kurzen freien Objektabstandes gewisse Schwierigkeiten. Diese lassen sich nur dadurch beheben, daß man das abbildende Objektiv gleichzeitig als Kondensor benutzt und das Licht der seitlich vom Mikroskop aufgestellten Lichtquelle durch ein reflektierendes Mittel in das Objektiv leitet. Als solches benutzt man

---

[1] Über die Verhältnisse bei schwachen Mikroskopobjektiven, die ein verhältnismäßig großes Sehfeld abbilden, gilt das gleiche, was weiter unten (S. 483 ff.) für das einfache Mikroskop auseinandergesetzt wird.

entweder ein Planglas, das die gesamte Objektivöffnung ausnutzt oder auch ein Prisma, bei dem nur die halbe Objektivöffnung für die Beleuchtung nutzbar gemacht werden kann, da es die andere für die Beobachtung frei lassen muß.

Der Strahlengang einer solchen Beleuchtungseinrichtung mit einem Planglas als reflektierendem Mittel ist in Abb. 9 dargestellt.

Die Lichtquelle L wird durch einen Kollektor Ko in die Ebene der Aperturblende L' abgebildet, die möglichst nahe an der Austrittspupille des Mikroskopobjektivs angebracht sein soll. Das als Kondensor wirkende Objektiv K bildet mit der Linse Li_1 zusammen die Öffnung der Leuchtfeldblende O in die Einstell-

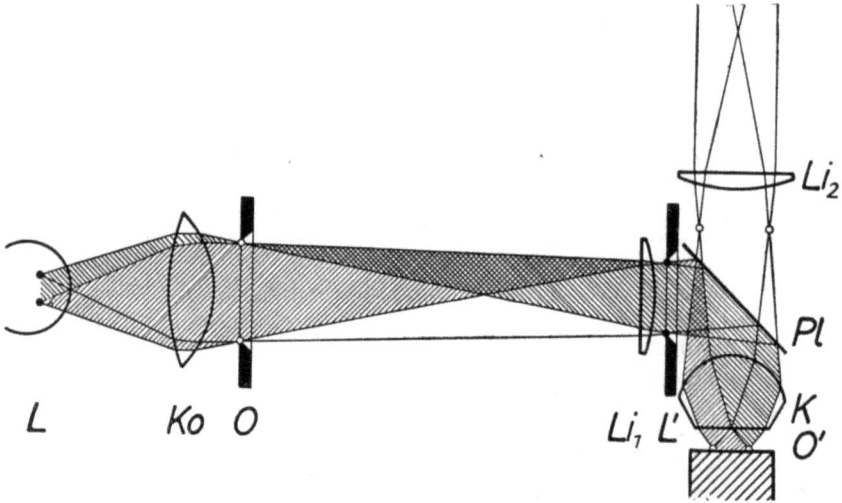

Abb. 9. Strahlengangsschema der Hellfeldbeleuchtung mit auffallendem Licht für das zusammengesetzte Mikroskop. (Aus MICHEL 208.)

Die Lichtquelle L wird durch die Kollektorlinse Ko in die nahe an der Pupille des Objektivs K angebrachte Aperturblende L' soweit vergrößert abgebildet, daß sie deren größte Öffnung noch ausfüllt. Das wie ein Kondensor bei der Durchlicht-Hellfeldbeleuchtung wirkende, auf Unendlich abgestimmte Objektiv K bildet seinerseits die durch die Hilfslinse Li_1 ins Unendliche abgebildete, dicht vor dem Kollektor angebrachte Leuchtfeldblende O scharf im Präparat O' ab. Die beleuchtenden Strahlen werden dem Objektiv über das Planglas Pl zugeführt. Li_2 ist die bei auf Unendlich abgestimmten Objektiven notwendige Tubus- (= Fernrohr-) Linse, welche die Aufgabe hat, das reelle Zwischenbild des Mikroskops in endlicher Entfernung, nämlich in der Nähe des oberen Tubusendes, zu entwerfen.

ebene O' des Mikroskops ab. Die Linse Li_1 ist notwendig, weil man heute allgemein bei Geräten, bei denen die abbildenden Strahlen hinter dem Objektiv noch ein optisch wirksames Mittel durchsetzen, wie z. B. Analysatoren oder, wie im vorliegenden Fall das Planglas, Objektive benutzt, die auf eine unendlich ferne Bildweite korrigiert sind. Die zusätzliche Linse hat also hier den Zweck, von der Leuchtfeldblende O zunächst im Unendlichen ein Bild zu entwerfen, welches dann das Objektiv seinerseits in die Objektebene abbildet. Da das Objektiv allein dann natürlich im umgekehrt verlaufenden Abbildungsstrahlengang ein Bild des Objekts im Unendlichen entwirft, muß auch hier eine zusätzliche Linse Li_2 vorgesehen werden, die die Strahlenvereinigung in die Bildebene des Mikroskops verlegt.

Wie man beim Vergleich des eben geschilderten Strahlengangs mit dem für durchfallendes Licht feststellt, unterscheiden sich beide nur durch für das Prinzip unwesentliche Dinge, wie z. B. das Planglas Pl oder durch die Zusatzlinse Li_1. Eine solche Linse mit den gleichen Aufgaben muß man, nebenbei bemerkt, auch bei durchfallendem Licht anwenden, wenn die Kondensoren für Unendlich korrigiert sind.

Die geschilderte Anordnung hat einen Nachteil, der oft sehr störend wirkt: man kann die Aperturblende L' nicht in der Brennebene des Objektivs anordnen, wo sie streng genommen ihren richtigen Platz hätte. Der Brennpunkt liegt nämlich meist zwischen Objektiv und Planglas. Die Blende würde also auch im abbildenden Strahlengang wirksam sein, d. h. sie würde gemäß ihrer Abblendung die Apertur des Objektivs einschränken. Man muß sie daher, wie in Abb. 9, vor dem reflektierenden Mittel anordnen. An dieser Stelle wirkt sie aber vielfach, besonders bei kurzbrennweitigen Objektiven, nicht mehr streng als Aperturblende, da es vorkommen kann, daß sie das Bild vignettiert.

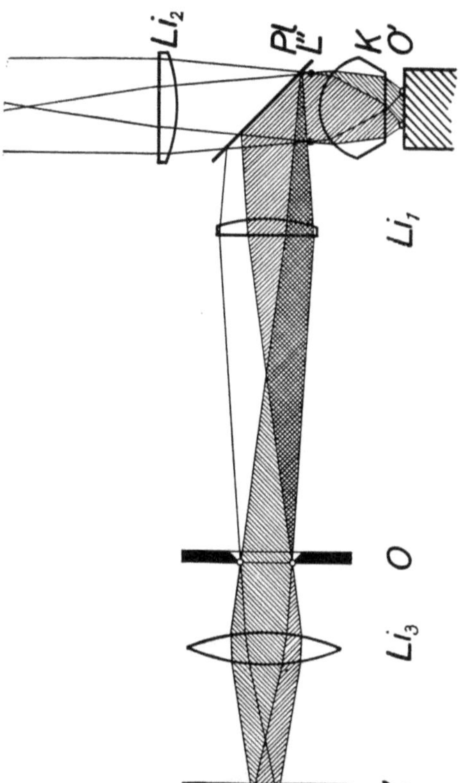

Dieser Mangel läßt sich dadurch beheben, daß die Aperturblende an einer mechanisch gut zugänglichen Stelle angeordnet und durch eine Zwischenabbildung an die richtige Stelle im Strahlengang, also annähernd in die Brennebene des Objektivs, verlegt wird. Das läßt sich erreichen, wenn man sich bei einer Anordnung nach Abb. 9 die Aperturblende weggelassen und die Lichtquelle durch das Bild einer Lichtquelle ersetzt denkt, welches durch eine Blende in seiner Größe verändert werden kann. Danach sieht der vollständige Strahlengang einer solchen Anordnung folgendermaßen aus (Abb. 10): Die Lichtquelle L wird durch eine Kollektorlinse Ko in die Ebene der Apertur-

Abb. 10. Strahlengangsschema der vollkommenen Hellfeldbeleuchtung mit auffallendem Licht bei strenger Durchführung des KÖHLERschen Prinzips für das zusammengesetzte Mikroskop. (Aus MICHEL 208.)
Die Lichtquelle L wird durch die Kollektorlinse Ko in die Aperturblende L' abgebildet. Aperturblende nebst Lichtquellenbild L' werden ihrerseits durch die beiden Linsen Li_3 und Li_1 in der Pupille L'' des wie ein Kondensor bei Durchlicht-Hellfeldbeleuchtung wirkenden Objektivs K abgebildet. Dieses Objektiv, das auf Unendlich abgestimmt ist, entwirft demgemäß ein scharfes Bild der von der Linse Li_1 ins Unendliche abgebildeten, zwischen Li_1 und Li_3 angebrachten Leuchtfeldblende O im Objekt O'. Pl = Planglas, Li_2 = Tubuslinse.

blende L' abgebildet. Diese wird ihrerseits gemeinsam mit dem Lichtquellenbild durch die Linse Li_3 in Zusammenwirkung mit der Hilfslinse Li_1 in die Austrittspupille L'' des Objektivs K abgebildet. Die Linse Li_1 bildet außerdem die hinter der Linse Li_3 angeordnete Leuchtfeldblende O ins Unendliche ab, damit das für Unendlich korrigierte Objektiv K ein scharfes Bild von ihr im Objekt O' entwerfen kann, wenn dieses für die Beobachtung scharf eingestellt ist. Die Maßstabsbeziehungen ergeben sich aus den gleichen Überlegungen wie bei den Durchlicht-Hellfeldbeleuchtungsanordnungen.

Vielfach besteht nun allerdings auch ein Bedürfnis nach einer möglichst einfachen Anordnung für die Hellfeldbeleuchtung mit auffallendem Licht. Eine solche erhält man, wenn man auf die Regelung der Beleuchtungsapertur und der Größe des beleuchteten Feldes durch Blenden ganz verzichtet. Hierdurch kommt man zu einer Anordnung nach Abb. 11. Sie ist im Prinzip mit der nach Abb. 9 identisch. Nur die Blenden fehlen. Die Größe des beleuchteten Feldes wird durch den Durchmesser der Kollektorlinse bestimmt.

Wie schon erwähnt, kann man beim Vertikal-Illuminator als reflektierendes Mittel entweder ein Planglas oder ein Prisma bzw. auch einen Spiegel benutzen. An dieser Stelle bringen wir zur Orientierung und Vervollständigung noch eine übersichtliche Zusammenstellung nach MICHEL (*208*) über die Eigenschaften, durch die beide Methoden charakterisiert sind.

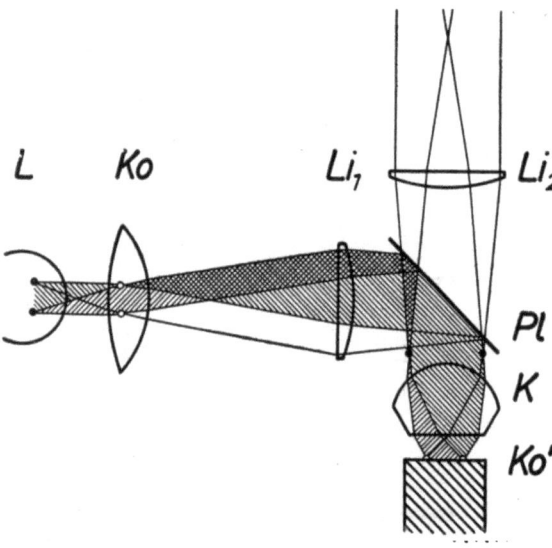

Abb. 11. Strahlengangsschema einer vereinfachten Auflicht-Hellfeldbeleuchtungsanordnung für das zusammengesetzte Mikroskop. (Aus MICHEL *208*.)

Die Lichtquelle L wird durch die Kollektorlinse Ko und die Linse Li_1 in die Objektivöffnung, die Öffnung des Kollektors Ko durch die Linse Li_1 ins Unendliche und durch das wie ein Kondensor bei Durchlicht-Hellfeldbeleuchtung wirkende Objektiv K scharf ins Präparat Ko' abgebildet. Apertur und Leuchtfeldblende fehlen. Pl = Planglas, Li_2 = Tubuslinse.

Tabelle 2.

Planglas-Illuminator (Abb. 12) = Vertikal-Illuminator nach BECK	*Prismen*-Illuminator (Abb. 13) = Vertikal-Illuminator nach NACHET
1. Das Auflösungsvermögen der Objektive wird nicht eingeschränkt, da die ganze Objektivöffnung für die Abbildung zur Verfügung steht (Abb. 14 links).	1. Das Auflösungsvermögen des Objektivs wird in der einen Richtung (senkrecht zur Prismenkante) auf die Hälfte herabgesetzt, in der anderen (parallel zur Prismenkante) bleibt es erhalten. Das führt, insbesondere bei stärkeren Objektiven, zu Störungen im Auflösungsvermögen (Abb. 14 rechts).
2. Es werden nur etwa 6 bis 8% des beleuchtenden Lichts für die Abbildung ausgenutzt.	2. Es werden etwa 25% des beleuchtenden Lichts für die Abbildung ausgenutzt.
3. Liefert streng gerade, bei Bedarf auch schiefe Beleuchtung.	3. Liefert nur schiefe Beleuchtung.
4. Reflexe treten ab und zu störend auf.	4. Klare Bilder, da frei von Reflexen.

Beim Prismen-Illuminator wirkt es außerdem oft störend, daß die Austrittspupille stets sehr nahe am Prisma liegen muß, wenn dieses nicht vignettieren soll (Abb. 13). Bei Verwendung normal gefaßter, besonders stärkerer Objektive tritt das aber in der Regel meist doch ein. Verhindern läßt es sich nur durch Verwendung kurzgefaßter Objektive. Deshalb und wegen Punkt 1 obiger Tabelle wird das Prisma nur noch selten verwendet, zumal man heute imstande ist, durch eine besondere Behandlung das Reflexionsvermögen von Plangläsern auf fast 50% zu steigern, so daß die Gesamtlichtausbeute mit diesen fast die gleiche ist wie mit dem Prisma.

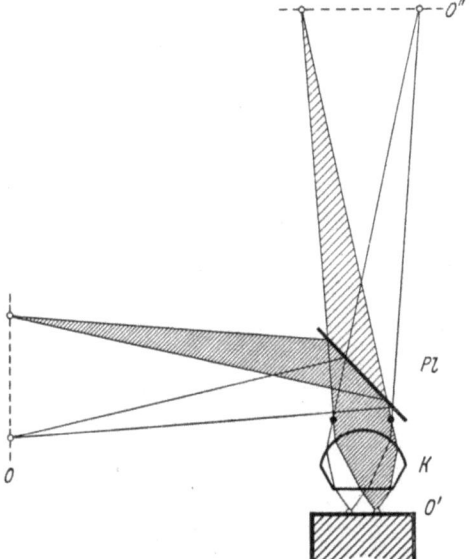 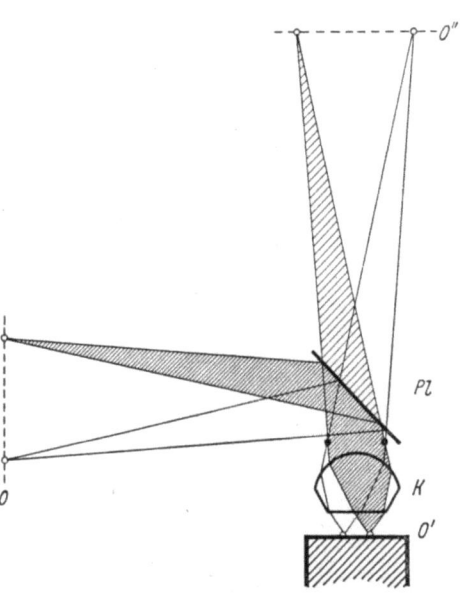

Abb. 12. Schema des Planglas-Vertikal-Illuminators (Illuminator nach BECK). Alle Punkte des Gesichtsfeldes O' werden von Lichtkegeln mit gleich großer Basis beleuchtet, infolgedessen erhält man ein gleichmäßig ausgeleuchtetes Gesichtsfeld.

Abb. 13. Schema des Prismen-Vertikal-Illuminators (Illuminator nach NACHET).
Die Öffnung des Objektivs wird durch den Spiegel Sp, der auch durch ein totalreflektierendes Prisma ersetzt werden kann, in zwei Hälften geteilt. Die eine dient der Beleuchtung, die daher schief ist, die andere der Abbildung. Infolgedessen sind die Verhältnisse für die Randpunkte des Gesichtsfeldes verschieden. Von dem dem rechten Randpunkt O_r' zugehörigen Strahlenkegel (schraffiert) geht der große Teil zur Lichtquelle O und nur der kleinere Teil zum Bild O''. Das Umgekehrte ist für den dem linken Objektpunkt O_l' zugehörigen Strahlenkegel der Fall. Die Beleuchtung wird also in Richtung senkrecht zur Spiegelkante von verschiedener Intensität sein, ebenso, aber mit umgekehrtem Vorzeichen, die Abbildung. Das Resultat muß ein Bild sein, dessen Helligkeit sich in der angegebenen Richtung ändert.

d) Die Hellfeldbeleuchtungsanordnungen für das einfache Mikroskop.

α) **Durchfallendes Licht.** Das im Verhältnis zur Brennweite große Sehfeld der mikrophotographischen Objektive („Mikrotare" ZEISS, „Mikroluminare" WINKEL, „Summare", „Milare" und „Photare" LEITZ, „Neupolare" REICHERT, „Mikro-Glyptare" BUSCH) macht ein von der üblichen Beleuchtungsanordnung für das zusammengesetzte Mikroskop abweichendes Beleuchtungsverfahren notwendig. Während bei der Verwendung von Objektiven des zusammengesetzten Mikroskops die Lage der Austrittspupille des Kondensors gegenüber der Eintrittspupille des Objektivs gleichgültig ist, solange der Abstand der Kondensoraustrittspupille von der Objektebene im Verhältnis zum Durchmesser des Sehfelds groß bleibt, wie das praktisch immer der Fall sein wird, muß man bei dem mikrophotographischen Objektiv von einem vollkommenen Beleuchtungsapparat nicht nur verlangen, daß er ein möglichst scharfes Bild einer Leuchtfeldblende im Präparat entwirft, sondern man muß vor allem darauf sehen, daß er die Aus-

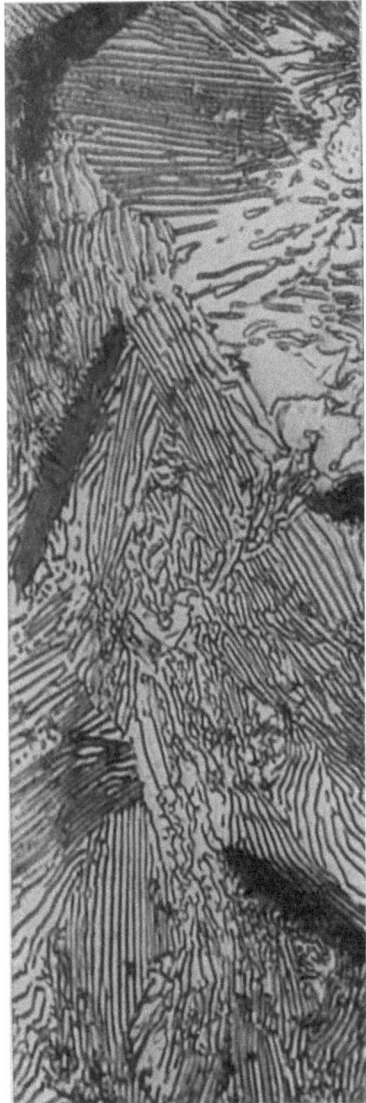 

Abb. 14. Das Auflösungsvermögen beim Planglas- und beim Prismen-Illuminator. Beim Planglas-Illuminator wird das Auflösungsvermögen des Objektivs voll ausgenutzt, da die volle Objektivöffnung zur Abbildung zur Verfügung steht (links) Beim Prismen-Illuminator wird die Objektivöffnung durch das Prisma halbiert. Infolgedessen sinkt das Auflösungsvermögen senkrecht zur Prismenkante entsprechend (rechts Prismenkante parallel zum senkrechten Bildrand). (Aus MICHEL 208.)

trittspupille des Kondensors (das von ihm entworfene Lichtquellenbild) nahe, besser noch genau in der Eintrittspupille des Objektivs abbildet. Auf diese Forderung kann hier unter keinen Umständen verzichtet werden.[1] Dagegen

---

[1] Das gleiche gilt für ganz schwache Mikroskopobjektive.

braucht man gegebenenfalls nicht unbedingt auf der Abbildung einer Leuchtfeldblende zu bestehen, da man eine solche auch durch eine reelle Blende passender Größe im Tisch des Mikroskops ersetzen kann.

Würde die Lage der Austrittspupille von der geforderten wesentlich abweichen, dann könnte man natürlich das große Sehfeld wohl beleuchten, aber das Objektiv wurde es nicht abbilden, wie aus dem Folgenden hervorgeht.

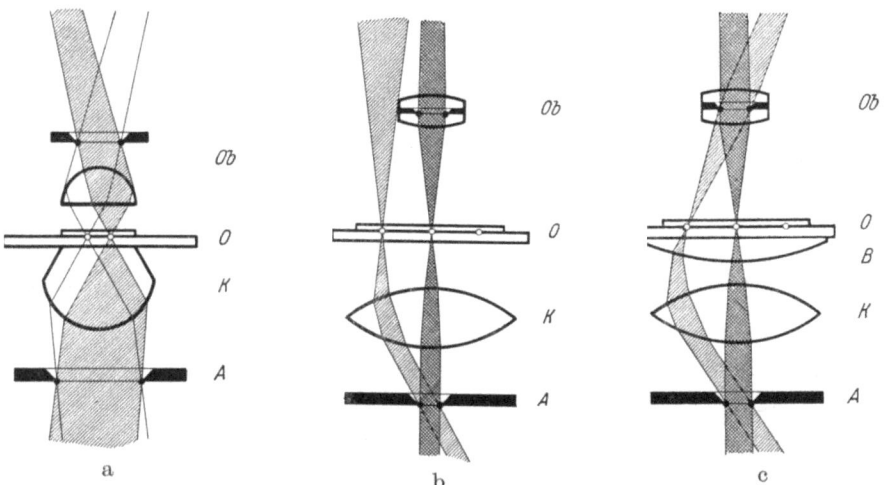

Abb. 15. Die Beleuchtung eines kleinen Sehfeldes mit Strahlenkegeln von großer Apertur (a) und die Beleuchtung eines großen Sehfeldes mit Strahlenkegeln von kleiner Apertur (b und c). (Nach A. KÖHLER, verandert.)
A = Aperturblende, K = Kondensor, B = Brillenglaskondensor, O = Objekt, Ob = Objektiv.

Abb. 15a stellt nach A. KÖHLER die Verhältnisse bei einem Mikroskopobjektiv mit großer Apertur und kleinem Sehfeld dar. Die Austrittspupille des Kondensors, der das Objekt mit Lichtkegeln von großer Apertur beleuchtet, liegt in großer Entfernung, weil die Aperturblende im Brennpunkt oder in dessen Nähe liegt. Die von den einzelnen Punkten der Blende ausgehenden Strahlen sind also hinter dem Kondensor parallel oder sie haben wenigstens annähernd die gleiche Richtung.

Da, wie vorausgesetzt, die Eintrittspupille des Objektivs groß und das Sehfeld klein ist, können alle beleuchtenden Strahlen in die Eintrittspupille des Objektivs gelangen und damit zur Bildentstehung beitragen.

Demgegenüber liegen die Verhaltnisse bei mikrophotographischen Objektiven gerade entgegengesetzt. Die Eintrittspupille ist klein, der Sehfelddurchmesser groß. Wie aus der Abb. 15b zu ersehen ist, wird zwar der Achsenpunkt hierbei be-

Abb. 16. Brillenglaskondensor für ein Objektiv von 6 cm Brennweite. (Aus der ZEISS-Druckschrift Mikro 544.)

leuchtet und abgebildet, denn die ihn beleuchtenden Strahlen (doppelt schraffiert) gelangen auch in die Eintrittspupille des Objektivs. Anders die Punkte nach dem Rand des Gesichtsfeldes zu. Diese werden wohl beleuchtet (einfach schraffiert), aber der Beleuchtungskegel fällt nicht in die Eintrittspupille des Objektivs. Der betreffende Punkt kann also auch nicht abgebildet werden. Dieser Mangel kann durch eine besondere, dicht unter dem Objektiv angebrachte Linse behoben werden (Abb. 15c). Die Linse, der sogenannte „Brillenglaskondensor" (vgl. auch Abb. 16), wirkt nicht auf die Apertur der

Strahlenkegel. Sie lenkt lediglich die nach dem Rand des Sehfeldes gerichteten Strahlen so ab, daß diese ins Objektiv fallen, d. h. sie verlegt die Austrittspupille des Kondensors in die Eintrittspupille des Objektivs. Trotz ihres Namens ist sie also kein Kondensor, sondern sie ist in ihrer Wirkung eher mit dem Kollektiv bei einem schwachen Okular zu vergleichen.

Als einfachste Beleuchtungsanordnung für das mikrophotographische Objektiv benutzt man allerdings vielfach nicht eine der KÖHLERschen entsprechende Anordnung mit Kollektor und Kondensor, sondern eine solche, wie sie bei der Diaprojektion üblich ist (Abb. 17). Ein aus zwei Gliedern bestehendes Linsensystem bildet die Lichtquelle unmittelbar in der Eintrittspupille des Objektivs ab. Im einzelnen wirken die Glieder so, daß das erste ein Bild der Lichtquelle etwa im Unendlichen entwirft und das zweite dieses Bild in die Eintrittspupille verlegt. Der Abstand zwischen beiden Gliedern kann in Anpassung an die Konstruktion des Gerätes, in dem sie verwendet wird, in weiten Grenzen ver-

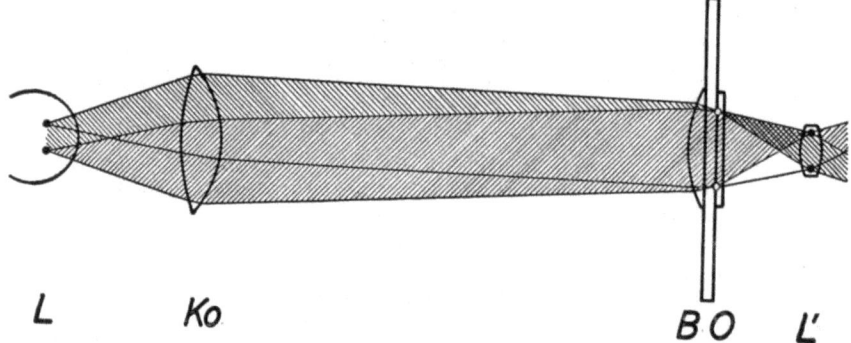

Abb. 17. Strahlengangsschema einer einfachen Beleuchtungsanordnung für Übersichtsaufnahmen mit durchfallendem Licht, sogenannte Diabeleuchtung. (Aus MICHEL *208*.)
Der Kollektor *Ko* bildet die Lichtquelle *L* im Unendlichen ab. Der dicht vor dem Objekt befindliche Brillenglaskondensor *B* entwirft dieses Bild in der Eintrittspupille des Objektivs *L'*.

ändert werden. Das zweite Glied wird zweckmäßigerweise so dicht wie möglich am Objekt angeordnet. Seine Schnittweite muß dann gleich der Schnittweite des gerade benutzten Objektivs sein. Das bedingt, daß man für verschiedene Objektive verschiedene Linsen benutzen muß.

Die Strahlenbegrenzung erfolgt im vorliegenden Fall entweder durch das Bild der Lichtquelle oder durch die Öffnung des Objektivs, je nachdem das erstere kleiner oder größer ist als das letztere. Falls beide in der Größe wenig voneinander abweichen, müssen an die Güte des Lichtquellenbildes hohe Anforderungen gestellt werden. Benutzt man einfache, unkorrigierte Linsen, dann treten infolge der sphärischen und chromatischen Aberrationen, mit denen in diesem Fall die Abbildung behaftet ist und infolge der Blendenwirkung, die die Objektivöffnung auf die Bilder der verschiedenen Farben, bzw. auf die Kaustiken jedes Einzelbildes ausübt, eigenartige farbige, meist blaue oder rötliche Ränder oder Flecke auf. Da man wegen des Preises nur solche einfachen Linsen verwenden kann, muß man darauf achten, daß entweder das Bild der Lichtquelle wesentlich kleiner ist als die Objektivöffnung oder wesentlich größer. Letzteres ist vorzuziehen. Man erreicht das durch Anbringen einer Mattscheibe vor der Lichtquelle, die ein seinerseits als Lichtquelle wirkendes, ausgedehnteres Beugungsspektrum derselben zustande kommen läßt. Eine Abblendung läßt sich in diesem Fall nur in der Objektivöffnung vornehmen. Dabei vermindert man aber auch gleichzeitig die Apertur des Objektivs, also sein Auflösungsvermögen. Deshalb

Systematische Übersicht über die mikrophotographischen Beleuchtungsverfahren. 487

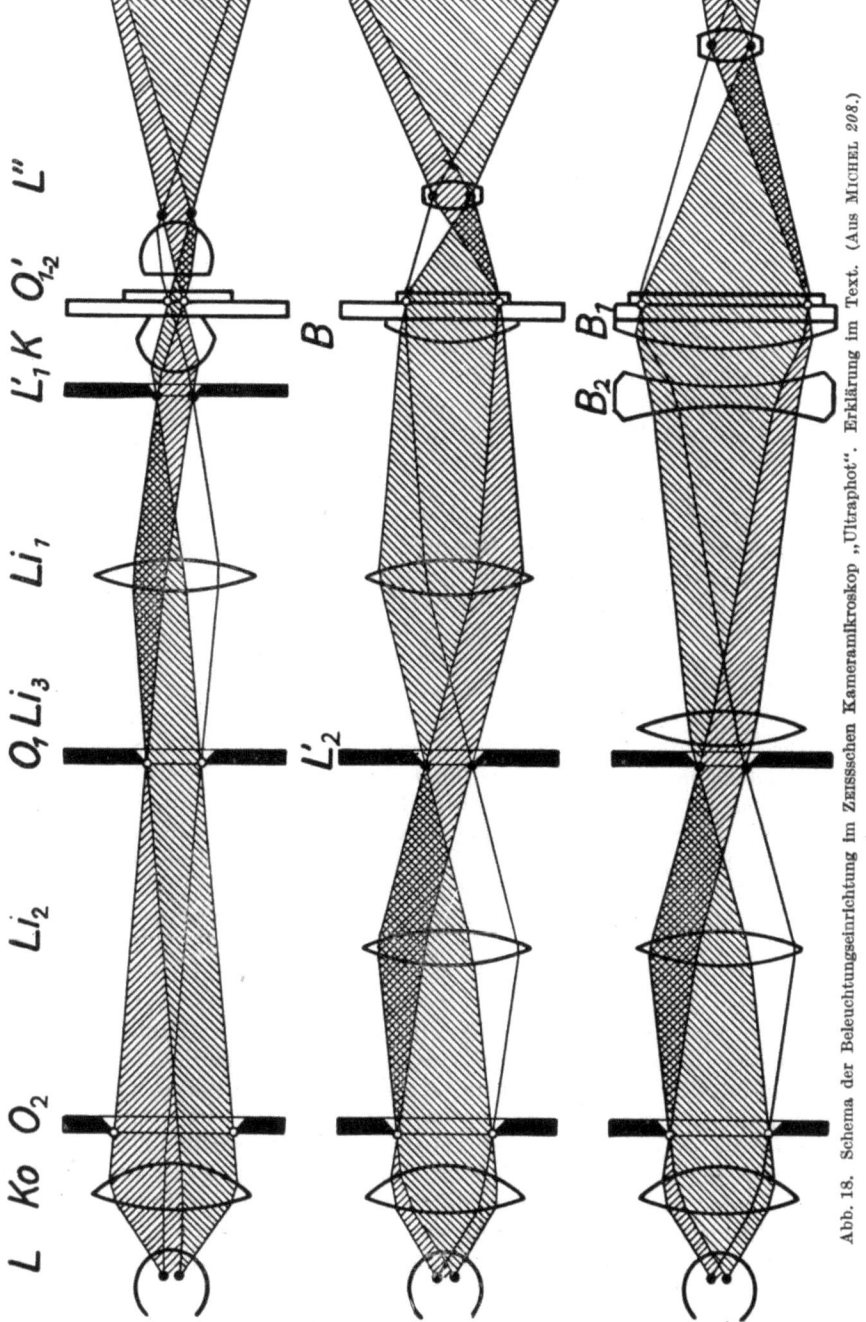

Abb. 18. Schema der Beleuchtungseinrichtung im Zeissschen Kameramikroskop „Ultraphot". Erklärung im Text. (Aus Michel 208.)

ist das ganze Verfahren nur mit Einschränkungen zu empfehlen. Bessere Erfolge und ein vor allen Dingen bequemeres und sichereres Arbeiten sind auf alle Fälle mit einer Anordnung zu erzielen, die streng nach dem Köhlerschen Prinzip aufgebaut ist.

Bei einer Beleuchtungsanordnung nach dem KÖHLERschen Prinzip für Übersichtsbilder ist es entsprechend den Eigenschaften des Objektivs notwendig, ein verhältnismäßig sehr großes Sehfeld mit Büscheln von kleiner Apertur (n. A. < 0,3) zu beleuchten, im Gegensatz zu dem zusammengesetzten Mikroskop, bei dem kleine Sehfelder mit Büscheln großer Apertur zu beleuchten waren. Daraus ergibt sich, daß man hier nicht mit einem der üblichen Kondensoren großer Apertur arbeiten kann. Man muß besondere Kondensoren von kleiner Apertur benutzen, deren Brennweite den Verhältnissen des ganzen Beleuchtungsapparats so angepaßt ist, daß die Leuchtfeldblende in genügender Größe abgebildet wird. Zur näheren Erlauterung dieser Verhaltnisse mag eine Beleuchtungsanordnung nach Angaben des Verfassers geschildert werden, die die Firma ZEISS in ihrem Kameramikroskop „Ultraphot" verwendet, die man sich aber ebensogut frei auf einer optischen Bank aufgestellt denken kann, wie das fruher allgemein üblich war. Bei der Konstruktion dieser Beleuchtungsanordnung kam es außerdem auch noch darauf an, mit einem Minimum an Handgriffen die Umstellung von der Beleuchtung für das zusammengesetzte Mikroskop zu der für das einfache Mikroskop zu erreichen.

Ausgangspunkt für die Beschreibung mag die Linsenanordnung für das zusammengesetzte Mikroskop sein, wie sie in Abb. 18 oben schematisch dargestellt ist. Wie man sieht, unterscheidet sie sich von der in Abb. 9 dargestellten Anordnung nach dem KÖHLERschen Prinzip nur durch eine geringe Abänderung. „Die Lichtquelle wird von einem aus den Linsen Ko und Li_1 bestehenden zweigliedrigen Kollektorsystem in der Irisblende L'_1 des Mikroskopkondensors K abgebildet. Da zwischen den beiden Kollektorgliedern Ko und Li_1 telezentrischer Strahlengang herrscht, ist der Maßstab, in dem die Lichtquelle abgebildet wird, bestimmt durch das Verhältnis der Brennweite des Gliedes Li_1 zu der des Gliedes Ko. Der Abstand zwischen beiden Kollektorgliedern ist unter den gegebenen Umständen in weiten Grenzen frei wählbar. Er ist im vorliegenden Fall so gewählt, daß die der Lichtquelle zugewandte Brennebene des Kollektorgliedes Li_1 in die Ebene der zwischen Ko und Li_1 befindlichen Irisblende O_1 zu liegen kommt. Diese Blende wird durch Li_1 im Unendlichen und durch den Kondensor K in dessen Brennebene, die im Präparat O' liegt, abgebildet, ist also Leuchtfeldblende, wenn der Kondensor K entsprechend eingestellt wird. Die Größe, in der sie dann im Objekt abgebildet wird, ist durch das Brennweitenverhältnis zwischen dem Kondensor K und der Linse Li_1 gegeben. Die Umwandlung dieser fur das zusammengesetzte Mikroskop bestimmten Beleuchtungsanordnung in eine solche für das einfache Mikroskop (Abb. 18, Mitte) gelingt sehr leicht, wenn man das zweite Kollektorglied Li_1 so wählt, daß es für das einfache Mikroskop die Aufgabe des Kondensors übernehmen kann. Damit wird zwangsläufig die Blende O_1 zur Kondensor-, also zur Aperturblende L'_2. In diese Blendenebene ist nunmehr die Lichtquelle abzubilden. Das geschieht durch Einschalten der Linse Li_2 zwischen Ko und Li_1. Ihre Stellung wird so gewahlt, daß ihr bildseitiger Brennpunkt in die Ebene der Blende L'_2 fällt. Dort muß dann das Lichtquellenbild entstehen. Seine Größe ist wieder durch das Brennweitenverhältnis der an seiner Abbildung beteiligten beiden Linsen Li_2 und Ko bestimmt. Zwischen Li_2 und Ko kann in diesem Falle eine Irisblende O_2 als Leuchtfeldblende aufgestellt werden. Ihre Entfernung von Li_2 wird so gewählt, daß sie ohne jede Änderung an der Stellung der übrigen Teile von der jetzt die Funktion des Kondensors ausübenden Linse Li_1 scharf im Objekt abgebildet wird.

Durch diese Aufstellung ist der Ort jeder verwendeten Linse und Blende eindeutig gegeben. Verschiebungen in Richtung der Achse können und sollen nach erfolgter Justierung unterbleiben. Das einzige, was beim Übergang von der Anordnung für das zusammengesetzte Mikroskop zu der für das einfache Mikroskop nötig ist, ist das Einschalten der Linse Li_2. Der Mikroskopkondensor K wird im letzteren Fall natürlich entfernt. An seine Stelle muß aus den auf S. 485 erwähnten Gründen ein Brillenglaskondensor B treten.

Auch bei der Linsenanordnung für das einfache Mikroskop ist die Größe des Leuchtfeldes, d. h. der Maßstab, in dem die Leuchtfeldblende abgebildet wird, annähernd durch den Quotienten aus den Brennweiten der Linsen Li_1 und Li_2 bestimmt. Dadurch ist man in der Lage, die ganze Anordnung auch für die Beleuchtung sehr großer Objekte auszubauen, die nicht mehr auf dem Tisch des Mikroskops unterzubringen sind. Hierzu muß anstatt der Linse Li_1 eine Linse von entsprechend längerer Brennweite die Aufgabe des Kondensors übernehmen. Der Strahlengang für diesen Fall geht aus Abb. 18 unten hervor. Die neue Kondensorlinse Li_3 wird so aufgestellt, daß das Bild der Leuchtfeldblende O_2 wie bei den anderen Anordnungen ebenfalls in der Objektebene entsteht. Auch hier muß, genau wie beim einfachen Mikroskop für kleinere Sehfelder, dicht am Objekt eine dem Brillenglaskondensor entsprechende Linse B angebracht werden, um die Austrittspupille des Kondensors in die Eintrittspupille des Objektivs zu verlegen.

Da bei der Abbildung größerer Objekte in geringeren Maßstäben meist Objektive von verhältnismäßig großer Brennweite verwendet werden, ist bei Änderung der Kameralänge die Verschiebung des Objektivs ziemlich beträchtlich. Deshalb muß dafür gesorgt werden, daß sich die Austrittspupille des Beleuchtungssystems, das Bild der Aperturblende, entsprechend verlagern läßt. Die einfachste Lösung dieser Aufgabe ist die, statt einer Linse B deren mehrere zu verwenden und diese nach Bedarf auszutauschen. Dadurch wird natürlich das Lichtquellenbild nicht kontinuierlich verschoben. Das ist aber sehr erwünscht und läßt sich auch auf einfache Weise erreichen. Statt der einen Linse B von positiver Brennweite wird ein Linsensystem $B_1 + B_2$ benutzt. Es besteht aus einem feststehenden, dem Objekt dicht anliegenden Glied B_1 von positiver Brennweite und einem Glied B_2 von negativer Brennweite, das sich gegen das positive verschieben läßt.

Bei einem derartigen System ergibt sich die Gesamtbrennweite aus den Brennweiten $+ f_1$ und $- f_2$ seiner Komponenten und ihrem Abstand d nach der Formel

$$f = \frac{+ f_1 \cdot - f_2}{f_1 - f_2 - d}. \tag{7}$$

Dabei ändert sich die Brennweite f bei kleinen Änderungen von d schon beträchtlich. Daher ist es möglich, für alle praktisch in Betracht kommenden Objektive und den bei ihnen vorkommenden Objektabstandsänderungen mit diesem einen Beleuchtungssystem an Stelle mehrerer Einzellinsen B von verschiedenen Brennweiten auszukommen. Ein solches System ist beispielsweise in dem Großobjekttisch (S. 578) zum ZEISS-Ultraphot untergebracht.

Bei Verschiebungen des negativen Gliedes dieses Systems wird natürlich auch das Leuchtfeld beeinflußt. Dessen Verschiebungen sind jedoch unerheblich, wenn man die die Leuchtfeldblende abbildende Linse Li_3 so wählt, daß das Bild der Blende gerade bei einer Mittelstellung der verschiebbaren Negativlinse im Objekt scharf ist. Nach den beiden Endstellungen zu wird es dann unscharf. Die Unschärfe bewegt sich aber in erträglichen Grenzen, zumal man ja niemals das Leuchtfeldblendenbild mit dem Objekt zusammen auf der Platte abbilden wird" (MICHEL *208*).

β) **Auffallendes Licht.** Um für Aufnahmen mit dem einfachen Mikroskop eine Hellfeldbeleuchtung zu erzielen, bedient man sich in der Regel der gleichen

Methode wie beim zusammengesetzten Mikroskop: man ordnet im Bereich des abbildenden Strahlenganges ein teilweise reflektierendes Mittel an. Da aber hier wiederum ein im Verhältnis zur Brennweite des Objektivs großes Sehfeld abgebildet wird und daher auch beleuchtet werden muß, kann man aus den schon auf S. 485 erörterten Gründen das Objektiv nicht auch als Kondensor benutzen, da man eine Linse von der Wirkung des Brillenglaskondensors — Abbildung der Austrittspupille des Beleuchtungsapparats in der Eintrittspupille des Objektivs — hierbei nicht anbringen könnte. Man setzt deshalb das als reflektierendes Mittel dann allein in Frage kommende Planglas in den Raum zwischen Objekt und Objektiv und bringt die Linse, die die Austrittspupille des Beleuchtungsapparats in die Eintrittspupille des Objektivs abbilden soll, so dicht wie möglich an das Planglas. Dann sieht der Strahlenverlauf einer solchen Anordnung folgendermaßen aus (Abb. 19): Die Lichtquelle L wird von dem

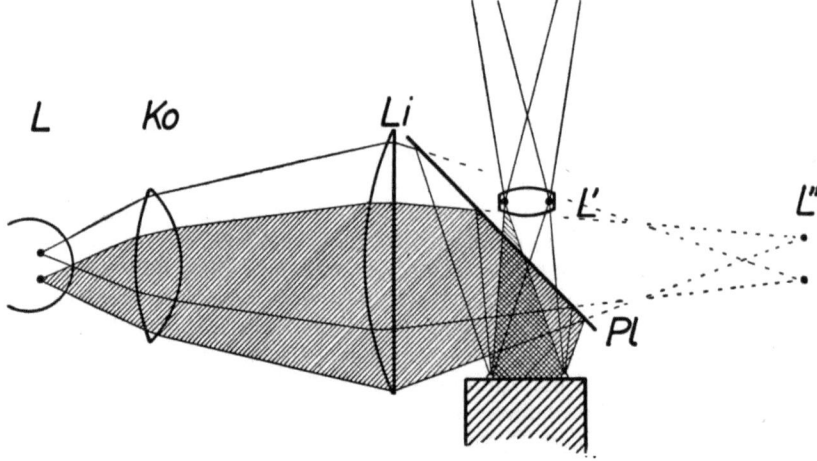

Abb. 19. Strahlengangsschema der Hellfeldbeleuchtung bei Übersichtsaufnahmen mit auffallendem Licht. (Aus MICHEL *208*.)
Der Kollektor Ko bildet die Lichtquelle L so ab, daß die Linse Li vollständig ausgeleuchtet ist. Diese Linse entwirft ein Lichtquellenbild L''. Zwischen Objektiv und Objekt ist ein Planglas Pl eingeschaltet, das die Strahlen auf das Objekt reflektiert, welches sie seinerseits spiegelnd zurückwirft, so daß das Lichtquellenbild ins Objektiv nach L' verlegt wird.

Kollektor Ko so abgebildet, daß die Linse Li vollständig ausgeleuchtet wird. Diese Linse entwirft das Lichtquellenbild so, daß es nach der Reflexion am Planglas Pl und an der spiegelnden Objektoberfläche genau in die Eintrittspupille des Objektivs L' fällt. Die Größe des beleuchteten Feldes hängt hier im wesentlichen von der Größe der Linse Li und von ihrer Entfernung vom Objekt ab. Deshalb muß man trachten, sie so groß zu machen und so nahe an das Objekt zu setzen, wie es die mechanische Anordnung des ganzen Beleuchtungssystems irgend zuläßt. Am größten würde das beleuchtete Feld, nämlich so groß wie die Linse, wenn man diese auf das Objekt selbst legen könnte. Gegen dieses Verfahren sprechen aber die dann unvermeidlich auftretenden Komplikationen in der Handhabung und die durch die partielle Reflexion an den Linsenflächen entstehenden Reflexe und Schleier, die eine gute, kontrastreiche Abbildung verhindern. Letzteres läßt sich allerdings heute durch ein Verfahren beseitigen, nach dem das Reflexionsvermögen von Glasoberflächen auf einen Bruchteil des bisherigen Betrags herabgesetzt werden kann [SMAKULA (*285*), HAUSER (*589*)].

Selbstverständlich könnte man zu dem vorliegenden Zweck den Strahlen-

Systematische Übersicht über die mikrophotographischen Beleuchtungsverfahren. 491

gang auch so einrichten, daß in der Objektebene das Bild einer Blende entworfen wird, daß also das KÖHLERsche Prinzip durchgeführt wird. Da der Aufwand an Mitteln dabei aber in keinem Verhältnis mehr zum Erreichten stehen würde, verzichtet man in der Praxis stets auf eine solche Anordnung.

6. Die Dunkelfeldbeleuchtung.

a) Allgemeine Anforderungen an eine Anordnung für Dunkelfeldbeleuchtung.

Ähnlich wie für die Hellfeldbeleuchtung lassen sich auch für die Dunkelfeldbeleuchtung einige Bedingungen aufstellen, die nach Möglichkeit erfüllt werden müssen, wenn — gute Präparate vorausgesetzt — befriedigende Resultate bei der Dunkelfeld-Mikrophotographie erzielt werden sollen.

a) Mit einer Dunkelfeldbeleuchtungseinrichtung muß sich das Objekt — genau wie mit einer Hellfeldbeleuchtungseinrichtung auch — ausreichend hell und natürlich auch gleichmäßig beleuchten lassen. Wegen der in der Natur der Dunkelfeldbeleuchtung liegenden, im Vergleich mit der Hellfeldbeleuchtung sehr viel schlechteren Lichtökonomie ist diese Bedingung besonders wichtig. Nur die Verwendung von Lichtquellen mit höchster Leuchtdichte gewährleistet genügend kurze Belichtungszeiten, die ein Verwackeln bei der Photographie mit Sicherheit ausschließen.

b) Die Lichtführung in der Beleuchtungsanordnung muß so sein, daß tatsächlich ausschließlich abgebeugtes Licht auf die lichtempfindliche Schicht gelangt. Reflexe und ähnliche Störungen müssen unbedingt ausgeschaltet sein. Andernfalls kann nicht mit einem sauberen und brillanten Bild gerechnet werden.

c) Bei Dunkelfeldbeleuchtungsanordnungen mit begrenztem Azimut (vgl. S. 468) muß dafür gesorgt sein, daß sich sowohl die azimutale Einfallsrichtung als auch der Einfallswinkel beliebig und in weiten Grenzen verändern läßt. Das gilt in besonderem Maße für Anordnungen, die für auffallendes Licht bestimmt sind.

b) Die Dunkelfeldbeleuchtungsanordnungen für das zusammengesetzte Mikroskop.

α) **Durchfallendes Licht.** Wie schon die Definition auf S. 468 besagt, liegt Dunkelfeldbeleuchtung dann vor, wenn das Objekt mit „hohlen" Strahlenkegeln beleuchtet wird, deren innere Apertur größer ist als die größte Apertur des verwendeten Objektivs. Um solche Strahlenkegel zu erzeugen, verwendet man besondere „Dunkelfeldkondensoren". Als Dunkelfeldkondensor läßt sich schon ein gewöhnlicher Kondensor von großer Apertur benutzen, der mit einer Zentralblende von passender Größe derart abgeblendet wird, daß er in allen Azimuten nur Strahlenkegel durchläßt, deren innere Apertur größer ist als die Objektivapertur (Abb. 20, links). Wegen der im allgemeinen bei derartigen Kondensoren noch vorhandenen Aberrationen und der an den Linsen durch partielle Reflexion entstehenden katadioptrischen Blendenbilder liefern sie indessen ein recht unvollkommenes Dunkelfeld, das nur behelfsmäßigen Charakter hat.

Ein wirklich gutes Dunkelfeld läßt sich nur durch Spiegelsysteme von besonderer Konstruktion erzielen, wie sie in den eigentlichen Dunkelfeldspiegelkondensoren vorliegen (Abb. 20, rechts). Diese bieten die Möglichkeit, mit verhältnismäßig einfachen Mitteln eine ausgezeichnete Korrektion zu erreichen, wodurch erst ein brillantes und lichtstarkes Dunkelfeldbild erzielt werden kann. Infolge der guten Korrektion ist es nämlich möglich, den toten Winkel zwischen der inneren Apertur der Beleuchtung und der Objektivapertur sehr klein zu machen. Hierdurch kann erst die Helligkeit der Lichtquelle bis zu dem höchstmöglichen Betrag ausgenutzt werden. Voraussetzung hierfur ist naturlich, daß Kondensor- und Objektivapertur gut aufeinander abgestimmt sind. Das ist dann der Fall, wenn letztere nicht wesentlich kleiner ist als die innere Apertur

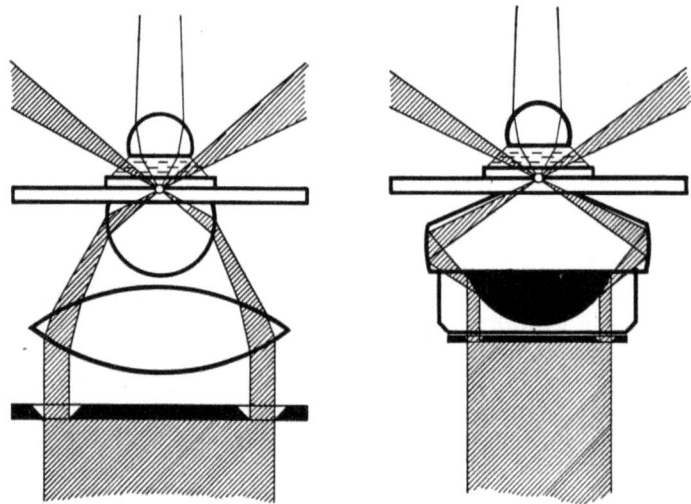

Abb. 20. Strahlengang zur Erzeugung von Dunkelfeldbeleuchtung mit Hellfeldkondensor und Zentralblende (lmks) und mit Spiegelkondensor (rechts).

des verwendeten Kondensors, wenn also der tote Winkel zwischen beiden möglichst klein ist. Für Objektive mit kleinerer Apertur benutzt man besser besondere, in ihrer Apertur auf sie abgestimmte Kondensoren, die gleichzeitig eine passende Brennweite haben, um das größere Sehfeld voll ausleuchten zu können.

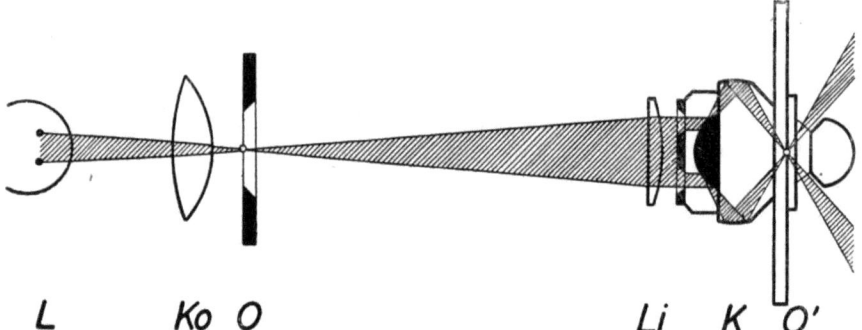

Abb. 21. Strahlengangsschema bei der Dunkelfeldbeleuchtung mit durchfallendem Licht fur das zusammengesetzte Mikroskop. (Aus MICHEL 208.)

Die Lichtquelle L wird vom Kollektor Ko auf die Eintrittsoffnung des Spiegelkondensors K abgebildet. Dieser bildet das von der Hilfslinse Li im Unendlichen entworfene Bild der Leuchtfeldblende O scharf in der Objektebene O' ab.

Um die volle Leistungsfahigkeit der Dunkelfeldkondensoren auszunutzen, ist es notwendig, bei der Einstellung des Dunkelfelds auf ganz besonders genaue Zentrierung zwischen Kondensor und Objektiv zu achten, denn eine ungenaue Zentrierung läßt immer die Gefahr aufkommen, daß direktes Licht vom Objektiv aufgenommen und damit die Brillanz des Bildes herabgesetzt wird. Genaue Anweisungen zur richtigen Einstellung geben in der Regel die den Geräten beigegebenen Gebrauchsanweisungen, deren eingehende Beachtung den Benutzern von Dunkelfeldkondensoren nur dringend ans Herz gelegt werden kann. Eine Übersicht über die zur Zeit von den größeren deutschen optischen Werken hergestellten Dunkelfeldkondensoren gibt Tabelle 5, S. 504.

Die gesamte Beleuchtungsanordnung ist bei Verwendung der Dunkelfeldkondensoren die gleiche wie bei der Hellfeldbeleuchtung am zusammengesetzten Mikroskop, wie aus der schematischen Abb. 21 hervorgeht: Die Lichtquelle L wird durch eine Kollektorlinse Ko auf die Eintrittsöffnung des Spiegelkondensors K abgebildet. Dabei ist es wichtig, daß diese Öffnung vollkommen gleichmäßig mit Licht ausgefüllt ist. Bei ungleichmäßiger Ausleuchtung, etwa wie sie entsteht, wenn man den leuchtenden Körper einer Niedervoltlampe auf die Eintrittsöffnung abbildet, treten Azimuteffekte auf, d. h. Teilchen im Objekt, die senkrecht zu den infolge der ungleichmäßigen Ausleuchtung fehlenden Lichtrichtungen liegen, erscheinen nur lichtschwach, ja in extremen Fällen verschwinden sie vollständig. Der an Stelle des gewöhnlichen Kondensors am Mikroskop angebrachte Spiegelkondensor K wird so eingestellt, daß er die hinter dem Kollektor stehende Leuchtfeldblende O, gegebenenfalls unter Zwischenschaltung einer Korrektionslinse Li, möglichst scharf ins Präparat O' abbildet.

Vollständig abweichend von der im vorstehenden geschilderten Dunkelfeldbeleuchtung wird die einem ganz streng umrissenen Spezialfall dienende Beleuchtung bei der Ultramikroskopie von Kolloiden vorgenommen. Man wendet hierbei eine extrem einseitige Beleuchtung an, deren Einfallswinkel in der Regel 90° beträgt. Das Licht fällt also in diesem Fall senkrecht zur optischen Achse des Beobachtungsinstruments ein. Da im übrigen die Ultramikroskopie nur mit Spezialgeräten betrieben wird, die ohne weiteres auch die Photographie gestatten, braucht an dieser Stelle auf die Beleuchtungsanordnung im einzelnen nicht weiter eingegangen zu werden.

β) **Auffallendes Licht.** Bei der Dunkelfeldbeleuchtung mit auffallendem Licht fällt als besonderes Merkmal die Tatsache auf, daß die Eigenfarben diffus reflektierender Objekte besonders schön und dem normalen Eindruck entsprechend wiedergegeben werden, ganz im Gegensatz zur Hellfeldbeleuchtung, bei der, wie schon auf S. 471 auseinandergesetzt wurde, das durch partielle Reflexion an den Flächen der Objektivlinsen zurückgeworfene Licht das vom Objekt aus ins Mikroskop gelangende Licht meist recht störend überlagert.

Infolge der sehr viel größeren Mannigfaltigkeit im Charakter der mit Auflichtbeleuchtung zu untersuchenden Objekte weisen auch die Anordnungen für diese Beleuchtungsart eine größere Mannigfaltigkeit auf. Man kann sie zunächst einmal in zwei größere Gruppen gliedern:

1. in Anordnungen für eine allseitige Dunkelfeldbeleuchtung und
2. in Anordnungen für eine Dunkelfeldbeleuchtung mit begrenztem Azimut. Diese lassen sich ihrerseits weiter unterteilen in

a) Anordnungen für einseitige Beleuchtung und
b) Anordnungen für mehrseitige Beleuchtung.

Bei den Anordnungen für die allseitige Dunkelfeldbeleuchtung wird das Licht durch passend gewählte Linsen und Spiegel einem das Objektiv des Abbildungsinstruments ringförmig umgebenden Kondensor zugeführt und von diesem in der Objektebene vereinigt. Als Kondensor kann entweder ein Linsenkondensor oder ein Spiegelkondensor Anwendung finden. Wesentliche Unterschiede in der Leistungsfähigkeit zwischen beiden bestehen nicht.

In der Regel wird bei den diesem Zweck bestimmten Geräten das Licht einer seitlich aufgestellten oder am Gerät fest angebauten Lichtquelle L (Abb. 22) durch eine Kollektorlinse Ko gesammelt. Durch eine im Strahlengang ange-

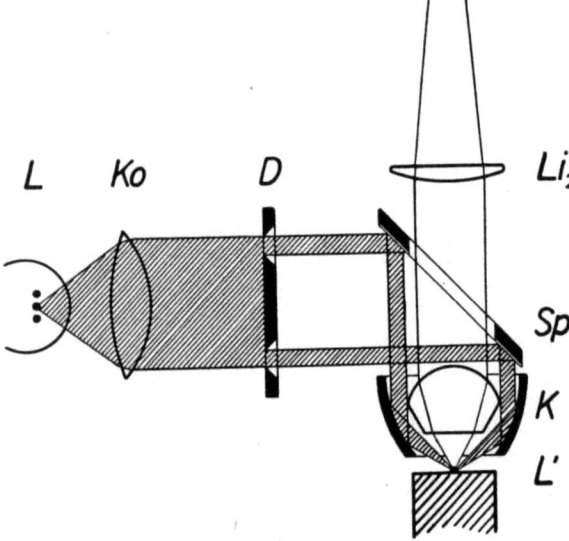

Abb. 22. Strahlengangsschema der allseitigen Auflicht-Dunkelfeldbeleuchtung. (Aus MICHEL 208.)

Die Lichtquelle L wird vom Kollektor Ko und dem das Objektiv ringformig umgebenden Spiegel- oder Linsenkondensor K ins Objekt L' abgebildet. Damit kein Licht ins Objektiv gelangen kann, wird aus dem Lichtbündel durch die Ringblende D ein Lichtzylinder herausgeblendet, der über den durchbohrten Spiegel Sp in den Kondensor geleitet wird.

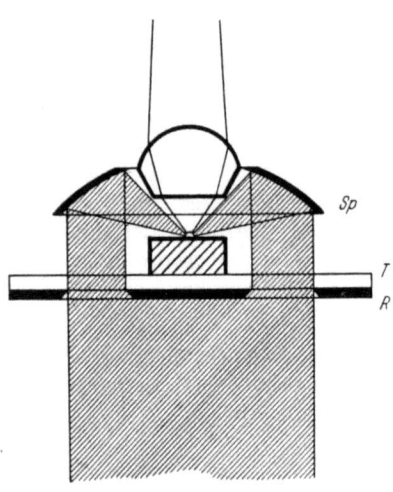

Abb. 23. Strahlengangsschema der allseitigen Auflicht-Dunkelfeldbeleuchtung mit einem „Lieberkuhnspiegel".

Ein Lichtstrahlenbundel fällt durch eine im Mikroskoptisch T angebrachte Ringblende R auf einen das Objektiv ringformig umgebenden Hohlspiegel Sp. Dieser vereinigt die Lichtstrahlen in der Objektebene zu einem Bild der Lichtquelle.

ordnete ringförmige Blende, die Dunkelfeldblende D, wird aus dem vom Kollektor Ko erzeugten Lichtbündel ein Bündel von ringförmigem Querschnitt herausgeblendet. Dieses wird über einen Spiegel Sp, der für den Durchgang der abbildenden Strahlen eine zentrale Öffnung enthält, dem das Objektiv umgebenden Kondensor K (im Schema als Spiegelkondensor gezeichnet) zugeführt.

Wegen der sehr verschiedenen Aperturen und Schnittweiten der zur Anwendung gelangenden Objektive ist es unmöglich, einen einzigen Kondensor für alle Objektive anzuwenden. Vielfach gehört zu jedem Objektiv ein besonderer Kondensor, der dann mit ihm zu einer Einheit zusammengebaut wird (REICHERT), oder es gehört ein solcher jeweils zu einer Gruppe von Objektiven (LEITZ, ZEISS). Die geschilderte Art der Beleuchtungsanordnung hat den großen Vorzug, für alle Objekte unabhängig von deren Größe anwendbar zu sein.

Demgegenüber ist eine zweite Art der Lichtführung nur für Objekte von ganz beschränkter Größe geeignet. Es ist das die Beleuchtung nach Art des bekannten „Lieberkühnspiegels" oder auf dem gleichen Grundprinzip beruhender Anordnungen (Abb. 23). Wegen der beschränkten Verwendbarkeit spielen derartige Geräte heute allerdings in der Praxis der Mikrophotographie kaum noch eine Rolle, weshalb wir uns hier darauf beschränken, kurz das Grundprinzip der betreffenden Anordnungen zu schildern. Dieses besteht darin, daß das Licht mit Hilfe des Mikroskopspiegels durch die Öffnung des Objekttisches T hindurch auf einen um das Objektiv herumgebauten Hohlspiegel Sp geleitet wird, der die Strahlen auf dem Objekt konzentriert. Eine in der Tischöffnung angeordnete Zentralblende R passender Größe verhindert dabei, daß zentrale Strahlen das Objekt durchleuchten oder direkt ins Beobachtungsobjektiv gelangen. Die Blende dient in der Regel gleichzeitig als Unterlage für das Objekt. Nur nebenbei sei erwähnt, daß auch vorgeschlagen wurde (SILVERMAN), allseitige Dunkelfeldbeleuchtung dadurch zu erzielen, daß um das Objektiv eine kleine, kreisförmig gebogene Lampe gelegt wird, die mit einem geeigneten reflektierenden Mittel verbunden ist. Praktische Bedeutung hat dieser Vorschlag auf die Dauer nicht behalten.

Die Anordnungen für die **Dunkelfeldbeleuchtung mit begrenztem Azimut** gehen alle auf das gleiche Grundprinzip zurück. Es besteht darin, daß eine Lichtquelle L oder bei vollkommeneren Anordnungen die Öffnung einer Kollektorlinse durch eine Linse Ko annähernd auf das Objekt abgebildet wird. Dabei kann das Licht von der Lampe direkt oder auch über Spiegelsysteme aufs Objekt geleitet werden. Dementsprechend unterscheidet man unter den betreffenden Einrichtungen „Epi-Lampen" (Abb. 24) und „Schräglicht-Illuminatoren" (Abb. 25). Beide geben in der Regel eine ziemlich streng einseitig gerichtete Beleuchtung. Mehrseitige Beleuchtung erzielt man sehr einfach dadurch, daß man mehrere solcher „Epi-Lampen" gleichzeitig benutzt, oder daß man mehrere Lämpchen in einem Kranz vereinigt, der dann gleichzeitig noch die Funktion eines Reflektors auszuüben in der Lage ist. Tabelle 4, Spalte 3c gibt eine Zusammenstellung der heute von deutschen Firmen hergestellten Beleuchtungseinrichtungen für den vorliegenden Zweck.

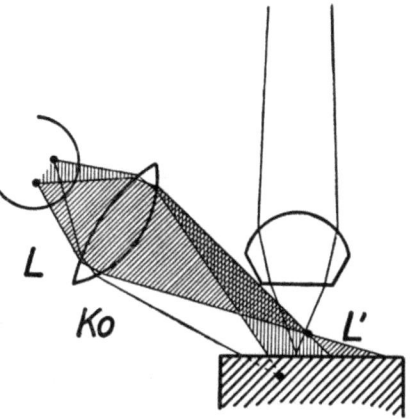

Abb. 24. Strahlengangsschema der einseitigen Auflicht-Dunkelfeldbeleuchtung für das zusammengesetzte Mikroskop mit einer „Epi-Lampe". (Aus MICHEL *208*.)

Die Lichtquelle L wird durch den Kollektor Ko annähernd im Präparat L' abgebildet.

c) Die Dunkelfeldbeleuchtungsanordnungen für das einfache Mikroskop.

α) **Durchfallendes Licht.** Dunkelfeldbeleuchtung bei Übersichtsaufnahmen mit mikrophotographischen Objektiven und durchfallendem Licht wird im allgemeinen sehr selten gebraucht. Es gibt daher keine besonders für diesen Zweck konstruierten Geräte. Sie ist aber mit Hilfe einiger geeigneter Blenden, die man sich gegebenenfalls aus schwarzem Karton auch selbst herstellen kann, an jeder der üblichen mikrophotographischen Einrichtungen durchzuführen. Voraussetzung ist lediglich, daß das benutzte Objektiv mit einer Irisblende ausgerüstet ist. Das Prinzip der Methode ist das folgende (Abb. 26): Man bringt in der Ebene, die der Eintrittspupille O' des Objektivs konjugiert ist (Aperturblende im Beleuchtungsapparat), eine Ringblende O an. Diese wird dann durch den Kondensor und den Brillenglaskondensor oder,

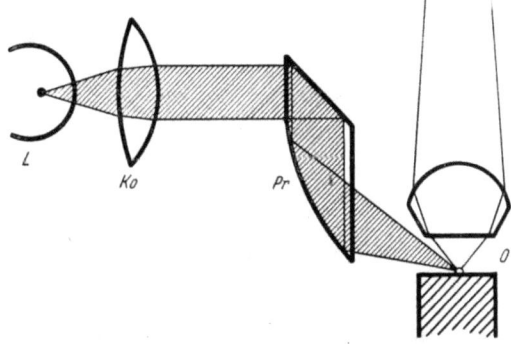

Abb. 25. Strahlengangsschema der einseitigen Auflicht-Dunkelfeldbeleuchtung für das zusammengesetzte Mikroskop mit einem „Schräglicht-Illuminator".

Ein Bild der Lichtquelle L wird durch den Kollektor Ko und ein passend gestaltetes Prisma oder ein entsprechendes Spiegelpaar Pr im Objekt O entworfen.

wie in dem in Abb. 26 dargestellten einfachen Fall, durch den Brillenglaskondensor B allein in der Eintrittspupille abgebildet. Ihre Größe muß so bemessen sein, daß der Durchmesser ihres Bildes in der Eintrittspupille des Mikroskops etwas kleiner ist

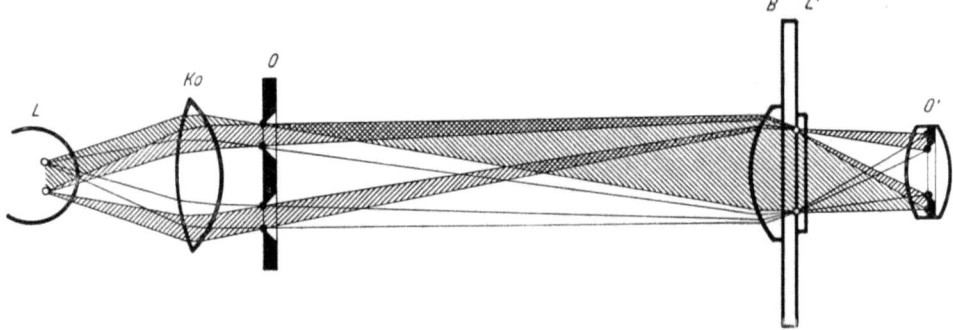

Abb. 26. Strahlengangsschema der Dunkelfeldbeleuchtung mit durchfallendem Licht für das einfache Mikroskop. Der Kollektor Ko entwirft von der möglichst homogenen Lichtquelle L ein Bild L' im Objekt. Der dicht vor dem Objekt angebrachte Brillenglaskondensor B bildet die vor dem Kollektor angebrachte Ringblende O in die Objektivöffnung O' ab. Diese wird so weit abgeblendet, daß keinerlei direktes Licht das Objektiv durchsetzt.

als diese selbst. Zur Kontrolle der richtigen Einstellung bedient man sich am zweckmäßigsten eines Hilfsmikroskops, wie es z. B. auch bei Messungen mit dem Apertometer benutzt wird. Die Irisblende des Objektivs schließt man dabei soweit, daß kein direktes Licht mehr in die Objektivöffnung eintreten kann. Da auf diese Weise nur noch abgebeugtes Licht durch den freien Teil der Objektivöffnung treten und zur Bilderzeugung beitragen kann, erhält man sehr schöne Dunkelfeldbilder.

β) **Auffallendes Licht.** Bei der Dunkelfeldbeleuchtung mit auffallendem Licht bei Aufnahmen mit dem einfachen Mikroskop wird ausschließlich eine einseitige oder eine mehrseitige Beleuchtung angewandt. Dabei wird im Prinzip auf die gleiche Weise

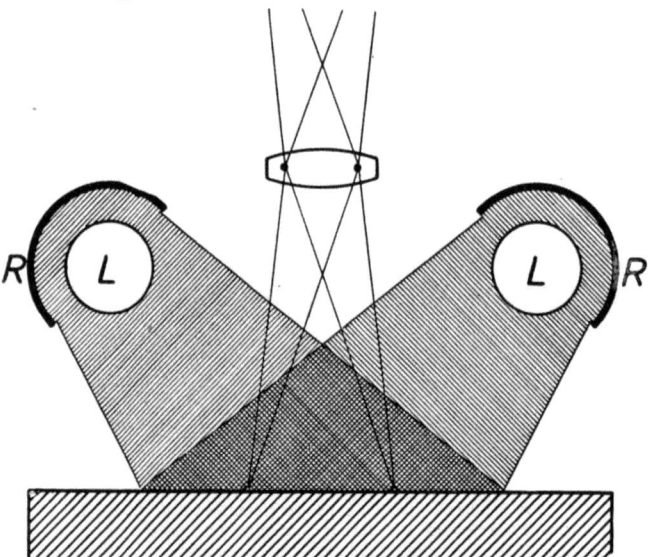

Abb. 27. Strahlengangsschema einer Auflicht-Dunkelfeldbeleuchtung für Übersichtsaufnahmen mit dem einfachen Mikroskop. (Aus MICHEL 208.) Die Reflektoren R werfen das von den Lichtquellen L ausgestrahlte Licht auf das Objekt.

verfahren wie beim zusammengesetzten Mikroskop. Die dort benutzten Geräte kann man allerdings nur in den seltensten Fällen auch für die vorliegende Aufgabe anwenden. Das ist, wie auch bei den schon besprochenen Beleuchtungsarten, dadurch bedingt, daß dort ein kleines Feld und hier ein verhältnismäßig großes Feld zu beleuchten ist.

Um die gewünschte Beleuchtung zu erhalten, konzentriert man das Licht einer geeigneten Lampe entweder mit einem Kollektor (Abb. 28) oder mit einem

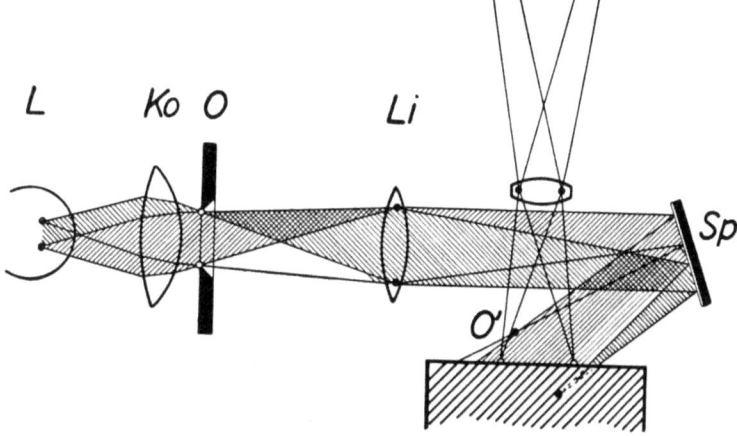

Abb 28 Strahlengangsschema der Auflicht-Dunkelfeldbeleuchtung mit Spiegel für Übersichtsaufnahmen mit dem einfachen Mikroskop (Aus MICHEL 208.)

Die Lichtquelle L wird vom Kollektor Ko in die Öffnung der Linse Li abgebildet. Diese erzeugt ein Bild der, gegebenenfalls durch eine Blende einzuengenden Öffnung des Kollektors, welches mittels des Spiegels Sp auf das Objekt geworfen wird.

Reflektor (Abb. 27) von schräg oben auf das Objekt. Die Anwendung einer einzigen derartigen Lampe ergibt naturgemäß eine ausgesprochen einseitige Beleuchtung mit allen ihren Eigentümlichkeiten (starke Schlagschatten, daher harte Bilder von übertriebener Plastik). Wenn man also nicht gerade auf diese Eigentümlichkeiten Wert legt, wendet man besser eine mehrseitige Beleuchtung an, wie man sie mittels mehrerer einzelner der erwähnten Lampen oder mittels besonderer Geräte erzielen kann, in denen mehrere Lampen zu einer mehr oder weniger vollständig ringförmigen Beleuchtungsanordnung vereinigt sind (vgl. S. 509ff. und Abb. 38 bis 43). Mit ihnen kann man dann eine fast vollkommen allseitige Beleuchtung erzielen. Es gelingt sogar bei geeigneter Einstellung zum Objekt, mit ihnen eine Hellfeldbeleuchtung durchzuführen.

Die Mannigfaltigkeit der Objekte, zu deren Aufnahme man das einfache Mikroskop und eine der Beleuchtungsanordnungen für Auflicht-Dunkelfeld

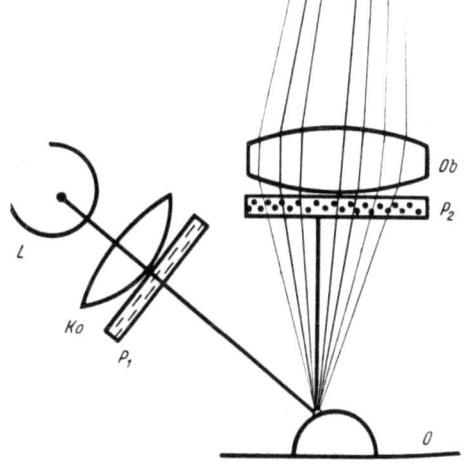

Abb 29. Die Reflexbeseitigung durch Polarisation des beleuchtenden Lichts

Das durch den Kollektor Ko auf das Objekt O geworfene Licht der Lichtquelle L wird stellenweise so reflektiert, daß es unmittelbar ins Objektiv Ob und somit auf das Bild gelangen kann, wodurch oft störende Reflexe zustande kommen. Ist das beleuchtende Licht, z. B. durch das Polarisationsfilter P_1, polarisiert, dann wird durch einen vor oder hinter dem Objektiv entsprechend ausgerichtet angeordneten weiteren Polarisator P_2 nur das durch diffuse Reflexion depolarisierte Licht (dünne Strahlen) durchgelassen, während das spiegelnd reflektierte Licht (dicker Strahl) zurückgehalten wird.

heranziehen muß, bringt es mit sich, daß keine bestimmte Beleuchtungsanordnung für alle Fälle vorgeschrieben werden kann. Die günstigste Stellung der Lampe oder der Lampen muß in jedem Falle besonders ausprobiert werden. Hier ist der Geschicklichkeit und Findigkeit des Aufnehmenden ein weiter Spielraum gelassen. Systematisches Probieren und die sich im Laufe der Zeit ansammelnden Erfahrungen werden rasch die Qualität der erzielten Ergebnisse steigern und dem Aufnehmenden auch auf diesem Gebiet Sicherheit verleihen.

Im folgenden können lediglich noch einige Winke allgemeiner Art gegeben werden.

Ein Übelstand der besprochenen Beleuchtungsvorrichtungen ist es, daß bei stark reflektierenden, unebenen Objekten sich bei der Darstellung der Oberflächenstruktur oder der Oberflächenfärbung meist Reflexe außerordentlich störend bemerkbar machen. Bei einer Beleuchtung mit nur einer Lampe lassen sich diese recht gut durch Verwendung polarisierten Lichts (HEYSE 122) unschädlich machen. In den Strahlengang zwischen Lichtquelle und Objekt wird

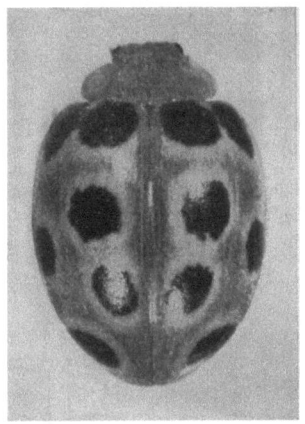 

Abb. 30. Objekt mit starken Reflexen vor und nach deren Beseitigung mit Polarisatoren.
Objekt: Epilachna chrysomelina, 6:1. (Aus HEYSE 122.)

zu dem Zweck ein Polarisator geschaltet. Das Objekt wird also mit polarisiertem Licht beleuchtet. Der Polarisationszustand wird nun überall dort geändert, wo am Objekt diffuse Reflexion erfolgt, während er bei dem spiegelnd reflektierten, die Reflexe erzeugenden Licht erhalten bleibt. Diese Strahlen können also mit einem zweiten, geeignet orientierten Polarisator ausgelöscht werden, den man vor oder auch hinter dem Objektiv anbringt (Abb. 29 und 30). Die Anwendung der Methode wird besonders erleichtert durch die vor einigen Jahren in den Handel gekommenen Polarisationsfilter.[1] Diese haben den Kalkspatpolarisatoren gegenüber für den in Rede stehenden Zweck vor allem den Vorteil, daß sie mit praktisch unbegrenzter Öffnung hergestellt werden können, und daß ihr Preis ihrer Anwendung kein unüberwindliches Hindernis in den Weg legt.

Bei der Beleuchtung mit mehreren Lampen läßt sich naturgemäß dieses Verfahren nur einschlagen, wenn der Polarisator vor jeder Lampe entsprechend ausgerichtet wird, da ja der auslöschende Polarisator nur die Schwingungsrichtung des Lichts derjenigen Lampe vollständig auslöscht, zu der er senkrecht gerichtet wurde. Das Licht der übrigen Lampen wird er aber mehr oder weniger ungeschwächt durchlassen.

---

[1] Vgl. hierzu den Artikel von HAASE im vorliegenden Band, S. 286 bis 336.

Systematische Übersicht über die mikrophotographischen Beleuchtungsverfahren. 499

Statt einer Beleuchtung mit mehreren Lampen bewährt sich bei schwierigen, mit vielen verschieden orientierten, reflektierenden Flächen versehenen Objekten eine diffuse Beleuchtung nach Art derjenigen, wie sie in einer ULBRICHTschen Kugel benutzt wird. Auch hierzu sind verschiedene Geräte im Handel (Tabelle 6).

Abb. 31. Undurchsichtiges Objekt, beleuchtet mit durchfallendem Licht. (Aus HAUSER u. MOHR *107*.)

Besondere Beachtung ist bei Aufnahmen der vorliegenden Art der Frage des Hintergrundes zu schenken. Von ihrer guten Lösung hängt meist die gute Wirkung des ganzen Bildes ab. Der Kontrast zwischen dem Hintergrund und dem Objekt soll nicht unnötig groß sein. Am besten wirkt es, wenn der

Abb. 32. Dasselbe Objekt, beleuchtet mit auffallendem Licht. (Aus HAUSER u. MOHR *107*.)

Hintergrund im Ton zwischen den hellsten und den dunkelsten Teilen des Objekts liegt. Deshalb ist im allgemeinen sowohl ein rein weißer als auch ein tiefschwarzer Hintergrund nicht günstig. Vor allem darf er niemals unruhig wirken, da er dann die Aufmerksamkeit des Betrachters leicht von dem Hauptgegenstand des Bildes ablenkt. Deshalb sollen auch starke oder unruhige Schlagschatten vermieden werden. Das geschieht z. B. dadurch, daß man das Objekt auf eine saubere Glasplatte legt und den mehr oder weniger getönten Untergrund erst in einiger Entfernung von ihr anbringt.

Abb. 33. Dasselbe Objekt mit kombiniertem auf- und durchfallendem Licht beleuchtet.
(Aus HAUSER und MOHR *107*.)

Eine besonders feine Abstimmung des Hintergrundes läßt sich nach HAUSER und MOHR (*107*) dadurch erzielen, daß neben der eigentlichen Beleuchtung des Objekts mit auffallendem Licht der Hintergrund mit durchfallendem Licht einbelichtet wird. Meist werden wegen der leichteren Abstimmöglichkeiten

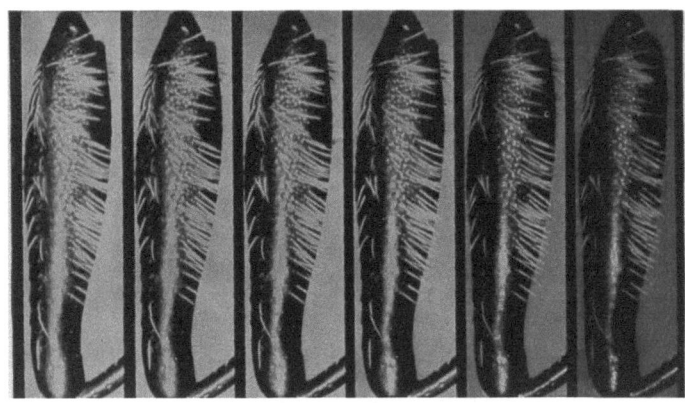

Abb. 34. Probebelichtungsreihe mit dem Multiplikator zu der in Abb. 33 wiedergegebenen Aufnahme
(Aus HAUSER und MOHR *107*.)

die beiden Belichtungen nacheinander vorgenommen. Die gute Abstimmung beider Belichtungszeiten ist natürlich Voraussetzung für den Erfolg. Am besten führen systematische Versuche zum Ziel: Zunächst wird eine Belichtungsreihe (vgl. PÉTERFI, S. 95 ff.) nur mit auffallendem Licht hergestellt und daraus die richtige Belichtungszeit für das auffallende Licht ermittelt. Anschließend wird auf einer zweiten Belichtungsreihe das Objekt mit dieser richtigen Belichtungszeit aufgenommen und auf die gleiche Platte der Hintergrund streifenweise in passender Abstufung einbelichtet. So erhält man eine Probeaufnahme, auf der das richtig belichtete Objekt auf verschieden getöntem Untergrund erscheint. Aus ihr lassen sich dann leicht die Bedingungen für die endgültige Aufnahme entnehmen. Nach einem einfacheren, naturgemäß aber weniger sicheren Verfahren kann man auch, nachdem Objekt und Hintergrund annähernd aufeinander abgestimmt wurden, die Probestreifen für beide gemeinsam auf einer Platte aufnehmen und aus einem Abzug dieser Probeaufnahme die richtigen Belichtungszeiten für Objekt und Hintergrund aussuchen (Abb. 31 bis 34).

II. Tabellarische Übersicht über gebräuchliche Beleuchtungsapparate.

Tabelle 3. ZEISS-Hellfeldkondensoren zur Beleuchtung bei der Mikrophotographie als Beispiel für die verschiedenen Typen von Hellfeldkondensoren.

Nr.	Bezeichnung	N. A.	f Millimeter	s Millimeter	Verwendungszweck	Für Objektivaperturen von	bis
1	Kondensor 1,2	1,2	11	2,8	Für einfache und allgemeine mikrophotographische Arbeiten mit durchfallendem Licht	0,4	1,4
1a	Hinterlinse davon	0,5	29	25,5		0,1	0,4
2	Aplanatischer Kondensor 1,4	1,4	10,5	1,7	Wie bei 1 und 1a, aber bei höheren Ansprüchen an die Schärfe des Leuchtfeldblendenbildes	0,4	1,4
2a	Hinterlinse davon	0,4	37	27,6		0,1	0,4
3	Aplanatischer Kondensor 0,6	0,6	24,1	10,7	Wie 2 und 2a	0,1	0,95
4	Achromatisch-aplanatischer Kondensor 1,0	1,0	11,5	1,25	Für höchste Ansprüche an die Abbildung der Leuchtfeldblende, z. B. bei Farbenmikrophotographie und bei Mikrokinematographie	0,3	1,4
5	Achromatisch-aplanatischer Kondensor 1,4	1,4	9,5	1,0		0,3	1,4
6	Quarzkondensor a) ohne Frontlinse	0,36	17,2	14,6	Für Ultraviolett-Mikrophotographie mit Monochromaten	—	
	b) einfache Frontlinse	0,8	6,8	1,6	Für die Beleuchtung bei der Lumineszenz-Mikrophotographie		
	c) Duplex-Frontlinse	1,3	4,3	1,2			

---

[1] Zusammengestellt nach der ZEISS-Druckschrift Mikro 544 und nach MICHEL (208).

Tabelle 4. Übersicht über die wichtigsten im Handel befindlichen Auflichtbeleuchtungseinrichtungen für das zusammengesetzte Mikroskop.

Hersteller	1. Einrichtungen für Hellfeldbeleuchtung allein	2. Einrichtungen für Hell- oder Dunkelfeldbeleuchtung	3. Einrichtungen für Dunkelfeldbeleuchtung allein		
			a) Allseitige Dunkelfeldbeleuchtung, Objektgröße unbegrenzt	b) Allseitige Dunkelfeldbeleuchtung, Objektgröße begrenzt	c) Dunkelfeldbeleuchtung mit begrenztem Azimut
BUSCH	„Vertikal-Illuminator" Prisma und Planglas gegeneinander auswechselbar, beide durch Neigen justierbar. Kurzgefaßte Objektive für endliche Tubuslange auf Wechselschlitten. Anklemmbare Beleuchtungsstutzen: a) mit Apertur- und Leuchtfeldblende zur Beleuchtung nach dem KÖHLERschen Prinzip mit getrennt aufgestellter Lichtquelle, b) zur Beleuchtung mit eingebauter Lichtquelle.	„Univertor" Für Hellfeldbeleuchtung Planglas und Prisma leicht gegeneinander auszuwechseln, für Dunkelfeldbeleuchtung Ringspiegel und das Objektiv umgebende, fest mit ihm verbundene Hohlspiegelkondensoren. Wechsel zwischen den beiden Beleuchtungsarten durch Drehen einer Trommel. — Anklemmbare Beleuchtungsansätze wie beim „Vertikal-Illuminator" unter Spalte 1			„Schräglicht-Illuminator" „Parabolspiegel" nach METZNER
LEITZ	„Kombinierter Opak-Illuminator" Prisma und Planglas auf Wechselschieber gegeneinander auswechselbar. Für auf ∞ korrigierte Objektive, die mit Einsatzringen gewechselt werden. Zur Beleuchtung: a) Vorsatzkollektor zur Beleuchtung mit getrennt aufgestellter Lichtquelle, b) Ansatzbeleuchtungseinrichtung mit eingebauter Lichtquelle, Apertur- und Leuchtfeldblende.	„Panopak" Kombination zwischen dem „Kombinierten Opak-Illuminator" und dem „Ultropak" (s. unter Spalte 1 und 3 a), Wechsel zwischen den beiden Beleuchtungsarten durch Verschieben des ganzen Beleuchtungsteiles über dem feststehenden Objektiv. „Universal-Illuminator" für das große Metallmikroskop. Hellfeldbeleuchtung mittels Planglases oder Prismas, Dunkelfeldbeleuchtung, polarisiertes Licht (Näheres s. Abb. 132).	„Ultropak" Dunkelfeldbeleuchtung mit ringförmig das Objektiv umgebenden, fest mit ihm verbundenen Linsen- od. Spiegelkondensoren, die in der Höhe einstellbar sind. Lichtquelle: angebaute Niedervoltlampe oder getrennt aufgestellte Beleuchtungseinrichtung. Polarisationszubehör zur Reflexbeseitigung.	„Lieberkühnspiegel" „Auflicht-Dunkelfeldkondensor" nach HAUSER	

Tabellarische Übersicht uber gebrauchliche Beleuchtungsapparate.

REICHERT	„Einheits-Opak-Illuminator" Planglas und Spiegelzunge (statt Prisma). Auf Revolverscheibe rasch wechselbar und ganz ausschaltbar. Objektive kurz gefaßt, fur Tubus 190 mm auf Wechselschlitten. Umbau fur Dunkelfeldbeleuchtung mit Epilum-Objektiven moglich. Beleuchtung durch damit verbundene oder unabhängig aufgestellte Lichtquelle. Im letzteren Fall Periskop-Spiegelsystem zum Zufuhren des Lichts. Polarisationszubehör. „Vertikal-Illuminator" nach NACHET und BECK. Getrennte Vertikal-Illuminatoren fur Planglas- und Prismenbeleuchtung. Mit angebauter Aperturirisblende. Beleuchtung nur mit getrennt aufgestellter Kollektorlampe. Fur auf ∞ korrigierte Objektive.	„Einheits-Opak-Illuminator" Dieses Gerat kann durch Austausch der das Planglas oder die Spiegelzunge tragenden Revolverscheibe gegen einen Ringspiegel auch fur Dunkelfeldbeleuchtung eingerichtet werden. „Universal-Opak-Illuminator" (fur die Metallmikroskope). Hellfeldbeleuchtung mit Planglas oder Zungenspiegel (statt Prisma), Dunkelfeldbeleuchtung, polarisiertes Licht. Leuchtfeld und Aperturblende in einem Beleuchtungsrohr zur strengen Durchfuhrung des KÖHLERschen Leuchtfeldverfahrens.	„Epilum" Dunkelfeldbeleuchtung mit ringförmig das Objektiv umgebenden, fest mit ihm zusammengebauten Linsen- oder Spiegelkondensoren. Beleuchtung: fest angebaute Niedervoltlampe oder getrennt aufgestellte Lampe mit Periskop-Spiegelsystem.	„Spiegelkondensor"	„Schräglicht-Illuminator"
ZEISS		„Epikondensor W" Fur Hellfeldbeleuchtung Planglas, fur Dunkelfeldbeleuchtung Ringspiegel und um die Objektive gebaute Spiegelkondensoren, von denen je einer fur mehrere Objektive verwendbar ist. Wechsel zwischen den beiden Beleuchtungsarten durch Verschieben eines „Hell-Dunkelfeldschiebers". — Beleuchtung in der Regel mit fest angebauter Lichtquelle. Verwendung anderer Lichtquellen moglich, wenn Kollektor an ihnen vorhanden. Keine Apertur- und Leuchtfeldblende. Besonders gefaßt, fur ∞ korrigierte „Epi-Objektive", die mit den Spiegelkondensoren zusammen mittels Revolver oder Schlitten gewechselt werden. „Auflichtkondensor WK" (zum Ultraphot, s. Abb. 118). Wie Epikondensor W, aber mit Leuchtfeld- und Aperturblende zur Beleuchtung nach dem KÖHLERschen Prinzip. Schiefe Beleuchtung durch seitliche Verstellung der Aperturblende. Eine besondere Form auch fur die wechselweise Benutzung von Planglas und Prisma. Polarisationszubehör. „Kombinierter Illuminator" zum Metallmikroskop „Neophot". Hellfeldbeleuchtung mit Planglas und Prisma, Dunkelfeldbeleuchtung, polarisiertes Licht (Näheres s. S. 589 f.).		„Epispiegel"	„Epilampe 8", „Epilampe 8, doppelt"

Tabelle 5. Übersicht über gebräuchliche Dunkelfeldkondensoren und deren Eigenschaften.[1]

Hersteller	Nr.	Bezeichnung	Grenzapertur untere	Grenzapertur obere	f Millimeter	s Millimeter	Geeignet für die Objektive	Besonders für Objektiv	Bemerkungen
BUSCH	1	Anastigmatischer Spiegelkondensor	keine Angaben vorhanden				45/0,85 60/0,85 100/1,30 mit geeigneten Blenden	—	—
LEITZ[2]	2	D 0,45	0,45	0,70	7,3	10	1b—4	2,3	Trockenkondensor für schwache Objektive
	3	D 0,80	0,80	0,95	9,3	4,5	2b—6 L	6 L	Trockenkondensor für mittlere Trockenobjektive
	4	HD 1,20 AA / D 1,20 AA	1,20	1,33	6,1	1,2	2b—1/12a 1,15	1/7a, 1/12a 1,15	Immersionskondensoren für bakteriologische und ähnliche Zwecke
	5	D 1,20 A / D 1,20 B	1,20	1,33	3,6	1,2	4—1/12a 1,15	1/7a, 1/12a 1,15	
	6	D 1,40	1,40	1,50	5,1	1,2	3b—1/16	Apochromat 2 mm n. A. 1,32	
REICHERT	7	Aplanatischer Dunkelfeldkondensor	keine Angaben vorhanden				n. A. < 1,0 und 100/1,25 100/1,30 mit Irisblende[3]		—
ZEISS	8	Kardioidkondensor	1,23	1,33	—	1,3	20/0,40—90/1,25 > 1,0 Irisblende erforderlich	90/1,25, Apo 60/1,0 Apo 35/1,0 mit Irisblende	Immersionskondensor für bakteriologische und ultramikroskopische Zwecke
	9	Präparierkondensor	0,70	0,80	—	11,75	10/0,30—40/0,65	20/0,40	Trockenkondensor
	10	Präparierwechselkondensor	0,70	0,80	—	11,75	10/0,30—40/0,65	20/0,40	Hell-Dunkelfeld-Wechselkondensor
	11	Planktonkondensor	0,30	—	—	—	3—8	8/0,20	Dunkelfeldkondensor für schwache Objektive

[1] Zusammengestellt nach den Druckschriften Dr 331/II (BUSCH), Mikro D Nr. 2494c (LEITZ), Mikro 550 (REICHERT), Mikro 544 (ZEISS).
[2] Außer den aufgeführten Kondensoren stellt LEITZ noch Spezialkondensoren für den Mikromanipulator her.
[3] Für andere Objektive empfiehlt REICHERT Einsteckblenden.

Tabelle 6. Übersicht uber gangbare Beleuchtungseinrichtungen fur Übersichtsaufnahmen mit auffallendem Licht.

	1. Hellfeldbeleuchtung (vgl. S. 489)	2. Dunkelfeldbeleuchtung (vgl. S. 496ff.)	
		a) mehrseitig	b) einseitig
BUSCH	—	Soffittenbeleuchtung Vier in einem quadratischen Rahmen angeordnete Soffittenlampen (vgl. Abb. 38)	
LEITZ	Illuminator für Übersichtsbilder fur: „Panphot" „Metallmikroskop MM"	Mikro-Ringbeleuchtung Makro-Ringbeleuchtung Große Ringbeleuchtung (Beschreibung s. S. 510ff., Abb. 39 bis 42)	—
REICHERT	Planglasbeleuchtungseinrichtung fur: „Metallmikroskop Me A" „Metallmikroskop Me F"	Makro-Aufnahmetisch nach ROMEIS Vor dem mikrophotographischen Objektiv angeordnetes Planglas (vgl. Abb. 19) und der Objektivbrennweite angepaßte Hilfslinsen Kasten mit Einlegeplatten und Innenbeleuchtung, Gestange mit 2 bis 4 Auflichtlampen (vgl. S. 497 und Abb. 27 und 43, sowie PÉTERFI, S. 197)	Spiegelbeleuchtung fur: „Metallmikroskop Me A" „Metallmikroskop Me F" Ein etwa in Objektivhohe angebrachter Spiegel wirft das von einer Hilfslinse erzeugte Lichtquellenbild oder das Bild einer Kollektoroffnung unter mehr oder weniger großem Einfallswinkel auf das Objekt (vgl. S. 497 sowie Abb. 28)
ZEISS	Planglas-Illuminator fur: „Neophot" „Ultraphot" „Metallmikroskop IX"	Makrotisch	Spiegelbeleuchtung fur: „Neophot" „Ultraphot" „Metallmikroskop IX"

III. Einige neuere Beleuchtungsvorrichtungen.
1. Beleuchtungsvorrichtungen für durchfallendes Licht.
a) Der Zweiblendenkondensor.

Der Zweiblendenkondensor nach BEREK der Firma E. LEITZ, Wetzlar, verdankt seine Entwicklung wohl dem unleugbar vorhandenen Bedürfnis nach einem Beleuchtungsapparat für durchfallendes Licht, mit dem man das Objekt nicht nur zur Untersuchung mit mittleren und starken Objektiven richtig beleuchten kann, sondern mit dem man, ohne umfangreiche Manipulationen am Beleuchtungsapparat vornehmen zu müssen, auch das Sehfeld schwacher Objektive ausreichend auszuleuchten vermag. Im ersteren Fall muß also, wie schon auf S. 483 ff. auseinandergesetzt wurde, ein kleines Sehfeld mit großer Apertur, im anderen ein großes Sehfeld mit kleiner Apertur beleuchtet werden, wobei außerdem noch die Bedingung zu erfüllen ist, daß die Austrittspupille des Kondensors annähernd mit der Eintrittspupille des Objektivs zusammenfällt, wenn diese nicht vignettieren soll. Diese Forderung nun ist bei dem „Zweiblenden-Hellfeldkondensor" durch eine von der im allgemeinen gebräuchlichen Anordnung zur Verwirklichung des KÖHLERschen Prinzips abweichende Anordnung der Blenden erreicht. Während üblicherweise die Leuchtfeldblende ihren Platz dicht hinter dem Kollektor hat und die Aperturblende für die starken und mittleren Objektive annähernd im Brennpunkt des Kondensors sitzt, ist hier die erstere so nahe an den Kondensor herangerückt, daß sie konstruktiv mit ihm vereinigt werden konnte. Es liegen also hier sowohl die Leuchtfeld- als auch die Aperturblende im Kondensor — daher der Name —, was u. a. auch den praktisch allerdings wenig bedeutungsvollen Vorteil hat, daß die durch den üblichen Mikroskopspiegel hervorgerufenen Nebenbilder des Leuchtfeldblendenbildes fortfallen. Selbstverständlich ist der Kondensor jetzt so korrigiert, daß auch unter den vorliegenden speziellen Verhältnissen eine ausreichend gute Abbildung der Leuchtfeldblende gewährleistet wird. Die Aperturblende befindet sich zwischen den Kondensorlinsen. Bei mittleren und starken Objektiven wird der Kondensor so eingestellt, daß die untere Blende scharf im Präparat erscheint und wie üblich das Gesichtsfeld bzw. die Platte gerade ausgeleuchtet wird. Die Apertur wird an der oberen Blende den Erfordernissen des Objekts entsprechend reguliert.

Abb. 35 Der LEITZsche „Zweiblenden-Kondensor" mit zum Gebrauch mit schwachen Objektiven ausgeklappter Frontlinse. (Nach der LEITZ-Druckschrift Mikro A, Nr. 7896.)

Der Übergang zur Beleuchtung solcher Objektive, bei denen die Austrittspupille des Beleuchtungsapparats mit der Eintrittspupille des Objektivs annähernd zusammenfallen muß, geschieht durch Entfernen der Kondensorfrontlinse. Im vorliegenden Fall erfolgt das durch Ausklappen mittels eines Hebels (Abb. 35), wie es schon länger an mineralogischen Mikroskopen üblich ist. Die obere Blende wird damit als Aperturblende wirkungslos und ist ganz zu öffnen. Die Funktion der Aperturblende geht jetzt an die untere Blende über, die von vornherein so angeordnet ist, daß ihr durch den nunmehr allein wirksamen Teil des Kondensors erzeugtes Bild, die Austrittspupille des Kondensors, annähernd mit der Eintrittspupille des Objektivs zusammenfällt. Für alle schwachen Objektive wird das natürlich nicht streng der Fall sein können, für die meisten aber doch mit ausreichender Genauigkeit zutreffen.

Die Lichtquelle darf bei diesem Kondensor natürlich nicht in eine der Blenden abgebildet werden, wenn sie nicht vollständig homogen ist. Würde man ihr Bild in die untere Blende legen, dann würde sie bei den starken Objektiven im Objekt abgebildet werden. Würde man ihr Bild aber in die obere Blende legen, dann würde das gleiche bei den schwachen Objektiven eintreten. Deshalb ist es zweckmäßig, die Lampe nie ohne vorgeschaltete Mattscheibe zu verwenden und ihr Bild an eine Stelle im Strahlengang zu verlegen, wo es niemals die Abbildung des Objekts stört.

b) Der „Pankratische Kondensor".[1]

Der vorstehend besprochene Beleuchtungsapparat bedeutet für den Mikrophotographen insofern einen Fortschritt, als er alle wichtigen Blenden, eng zusammengedrängt, in handlicher Form am Stativ vereinigt. Die Lichtquelle und die mit ihr notwendigerweise eng verbundenen Kollektorlinsen behalten ihren Platz aber nach wie vor entfernt vom Beleuchtungsapparat. Demgegenüber werden in dem „Pankratischen Kondensor" der Firma C. ZEISS, Jena, auch diese noch mit dem eigentlichen Kondensor und den zu einem vollständigen Beleuchtungsapparat notwendigen Konstruktionselementen zu einer Einheit verbunden, so daß dieses Gerät eine vollständige mikrophotographische Beleuchtungseinrichtung darstellt, mit der ohne jeden Kondensorwechsel für jedes der üblichen Mikroskopobjektive mit einem Minimum an Bedienungsgriffen das KÖHLERsche Prinzip streng verwirklicht wird. Die ganz schwachen Objektive werden allerdings nicht mit erfaßt, da sie ja der für das zusammengesetzte Mikroskop gültigen KÖHLERschen Beleuchtungsanordnung nicht mehr zugänglich sind. Dabei zeichnet sie sich noch durch eine ganz besonders rationelle Ausnutzung des Lichtstroms der Lichtquelle aus, da man von der bis dahin allein gebräuchlichen Drosselung des Lichtstroms durch Blenden abgegangen ist und an ihre Stelle eine Umformung des Lichtstroms gesetzt hat. Das hat zur Folge, daß man mit ungewöhnlich kleinen elektrischen Leistungen bei der Lichtquelle auskommt und doch eine überraschende Helligkeit erzielt.

Dem „Pankratischen Kondensor" liegt der Gedanke zugrunde, zwischen Kollektor und eigentlichem Kondensor ein optisches System von stetig veränderlicher Brennweite anzubringen, durch dessen Veränderungen der Maßstab in weiten Grenzen veränderlich ist, in dem die Lichtquelle und der Kollektor oder eine andere als Leuchtfeld wirksame Blende oder Linsenöffnung abgebildet werden. Das zusätzliche optische System besteht aus zwei beweglichen Gliedern von unveränderlichem Abstand und einem von ihnen eingeschlossenen, feststehenden Glied. Die beweglichen Linsen haben sammelnde, die feststehende hat zerstreuende Wirkung. Durch passende Wahl der Brennweiten läßt es sich erreichen, daß das von diesem System erzeugte Bild der Lichtquelle unabhängig von der Lage der einzelnen Glieder zueinander stets annähernd in der gleichen Ebene liegt, d. h. daß das System pankratische Abbildung liefert.

Im einzelnen geht die Wirkungsweise, der Aufbau und die Verwendung des Gerätes aus den Abb. 36 und 37 hervor. Abb. 36 gibt eine schematische Darstellung des Aufbaues. Die Wirkungsweise ist folgende: Die Lichtquelle, deren Fassung mit *1* bezeichnet ist, wird durch die Kollektorlinse *2* in die Öffnung der Irisblende *4* abgebildet. Die Öffnung dieser Irisblende und damit das Bild

---
[1] D.R.P. Nr. 620537 und 624252 der Firma C. ZEISS.

der Lichtquelle wird durch das pankratische Zwischensystem *6* in die untere Brennebene des dreigliedrigen Kondensors abgebildet, und zwar in der gezeichneten Symmetriestellung im Maßstab 1:1. In der einen Endstellung beträgt

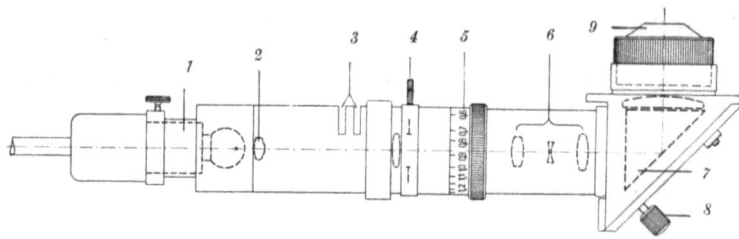

Abb. 36. Schematischer Aufbau des ZEISSschen „Pankratischen Kondensors", Erklärung im Text. (Aus der ZEISS-Druckschrift Mikro 521.)

der Abbildungsmaßstab 1:3, in der anderen 3:1, so daß damit der große Aperturbereich von 0,16 bis 1,4 beherrscht werden kann. Zusätzlich läßt sich jede, durch den mit Aperturteilung versehenen Rändelring *5* eingestellte Apertur mit der Irisblende *4* noch weiter beliebig einschränken. Als Leuchtfeldblende dient die Öffnung der Kollektorlinse *2*. Sie wird zunächst durch die dicht vor der Irisblende *4* angedeutete Linse in das Zwischensystem *6* und weiter durch den Kondensor *9* in das Präparat abgebildet. Die Koppelung zwischen der Abbildung der Aperturblende *4* und der der Leuchtfeldblende *2* ist derart, daß mit einer Zunahme der Apertur eine Verkleinerung des beleuchteten Feldes im Präparat und umgekehrt verbunden ist, wie es die auf S. 476 dargelegte Theorie verlangt.

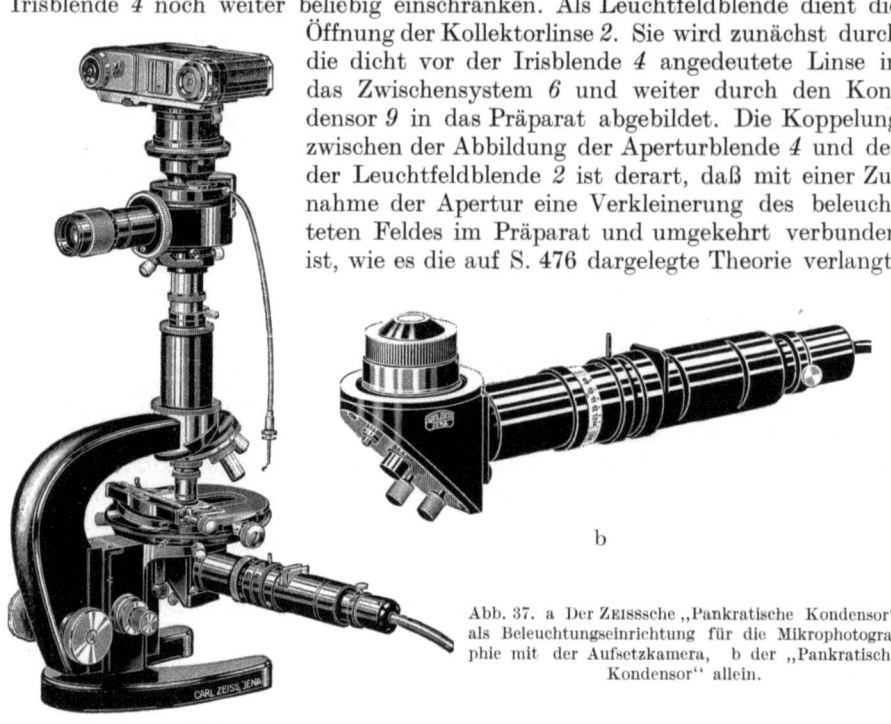

Abb. 37. a Der ZEISSsche „Pankratische Kondensor" als Beleuchtungseinrichtung für die Mikrophotographie mit der Aufsetzkamera, b der „Pankratische Kondensor" allein.

Das gesamte System des „Pankratischen Kondensors" ist in einem rohrförmigen Gehäuse untergebracht. Dieses ist aus praktischen Gründen, um das Gerät bequem am Mikroskop anbringen zu können, dicht vor dem Kondensor geknickt. Das Knickprisma *7* kann mit zwei Schrauben *8* justiert werden, wodurch das Leuchtfeld genau zentriert werden kann. In dem Rohr sind noch zwei Schlitze *3* zum Einschieben von Filtern oder Neutralgläsern vorgesehen.

Bei der Handhabung des Gerätes ist das Folgende zu beachten. Es wird wie ein gewöhnlicher Kondensor in die Kondensorschiebhülse des Mikroskops eingeführt und mit dem an dem Steckzylinder befindlichen Rändelring gut festgeklemmt. Zur erstmaligen Einstellung wird ein schwaches Objektiv von etwa sechs- bis achtfacher Einzelvergrößerung benutzt, mit dem auf ein Praparat scharf eingestellt wird. Am Kondensor wird die Aperturskala zunächst auf den Wert 1,4 eingestellt und der Kondensor mit dem Kondensortrieb hochgestellt, bis das Leuchtfeld im Mikroskop scharf erscheint. Falls es nicht in der Mitte des Gesichtsfeldes stehen sollte, wird es durch Verstellen an den Justierschrauben 8 zentriert. Die so gefundene Einstellung bleibt dann unverändert. Beim Wechsel der Objektive hat man weiter nichts zu tun, als an der Aperturskala den Wert der Apertur des Objektivs auf den Indexstrich einzustellen, wodurch automatisch das Gesichtsfeld und die Apertur des Objektivs vollkommen ausgeleuchtet wird. Eine etwa notwendige Abblendung erfolgt mittels der Irisblende 4. Diese Blende trägt folgende Teilung: $1/1$, $2/3$, $1/2$, $1/3$, $1/4$, die für den Mikrophotographen von besonderem Interesse ist. Die Zahlen geben namlich den Bruchteil der vollen Objektivapertur an, auf den die Kondensorapertur bei der betreffenden Einstellung abgeblendet ist. Man kann also mit ihrer Hilfe aus einer bekannten Belichtungszeit für eine bestimmte Abblendung ohne weiteres die Belichtungszeit für eine andere Abblendung errechnen. Infolge des Prinzips der Lichtstromumformung ist es sogar möglich, beim Objektivwechsel die gefundenen Belichtungszeiten beizubehalten, da ja das Produkt aus Leuchtfeldgröße und Apertur innerhalb der praktisch erforderlichen Grenzen konstant bleibt.

Der „Pankratische Kondensor" läßt sich auch für Beobachtungen im Dunkelfeld benutzen, wenn man den Hellfeldkondensor 9 durch einen passend gefaßten und mit der notwendigen Korrektionslinse versehenen „Kardioid-Kondensor" ersetzt. Die Aperturskala 5 ist dann auf den Wert 0,7 einzustellen und die Aperturblende vollständig zu öffnen. Der Kondensor ist durch Immersionsöl mit dem Objektträger zu verbinden. Bei Beobachtung durch ein auf das Objekt eingestelltes schwaches Objektiv wird er so verstellt, daß der Lichtfleck so klein und so scharf begrenzt erscheint, wie es möglich ist. Dieser hat dann gleichzeitig seine maximale Helligkeit. Ist das Leuchtfeld nicht zentriert, so deutet das darauf hin, daß Objektiv und Kondensor nicht zueinander zentriert sind. Wie bei allen hochwertigen Dunkelfeldkondensoren ist das aber auch hier unbedingt notwendig, wenn eine einwandfreie Dunkelfeldbeleuchtung erzielt werden soll. Man sollte dann eine Zentriervorrichtung am Objektiv benutzen. Kleine Zentrierfehler lassen sich auch durch Betätigen der Zentrierschrauben 8 beheben.

Der „Pankratische Kondensor" ist in der Mikrophotographie besonders gut geeignet als Beleuchtungseinrichtung bei Arbeiten mit Aufsetzkameras. Zu diesem Zweck ist er neuerdings sogar fest in Mikroskopstative eingebaut worden (vgl. hierzu Abb. 37 und S. 563 sowie S. 613).

2. Beleuchtungsvorrichtungen für auffallendes Licht.

Wie schon auf S. 497 erwähnt, benutzt man bei der Herstellung von Übersichtsaufnahmen in geringen Abbildungsmaßstäben mit dem einfachen, teilweise auch mit dem zusammengesetzten Mikroskop zur Beleuchtung mit auffallendem Licht neben einzeln aufgestellten Reflektor- oder Kollektorlampen wegen ihrer Vielseitigkeit besser Einrichtungen, bei denen mehrere Lampen zu einer das Objektiv bzw. das Objekt ringförmig umgebenden Einheit zusammengefaßt sind. Solche Einrichtungen neuerer Konstruktion sind:

1. die „Ringbeleuchtung" der Firma LEITZ,
2. der „Makrotisch" der Firma ZEISS und
3. die „Soffittenbeleuchtung" der Firma BUSCH (Abb. 38).

Von ihnen sollen hier die beiden ersten Konstruktionsformen einer kurzen Besprechung unterzogen werden.

a) Die „Ringbeleuchtung".

Bei dieser Einrichtung, die es in drei verschiedenen Größen gibt, nämlich als

a) „Mikro-Ringbeleuchtung" für Arbeiten mit dem zusammengesetzten Mikroskop (Abb. 41),

b) „Makro-Ringbeleuchtung" für Arbeiten mit dem einfachen Mikroskop (Abb. 39 und 40) und

c) „Große Ringbeleuchtung" zur Beleuchtung besonders großer Objekte (Abb. 42),

sind die als Lichtquellen dienenden Glühlampen in einem ringförmig das Objektiv bzw. Objekt umgebenden Lampengehause angeordnet. Die in den beiden ersten Einrichtungen verwendeten Niedervoltlampen (8 Volt, 0,6 A) sind hintereinandergeschaltet. Ihre Helligkeit läßt sich mit Hilfe eines Vorschaltwiderstandes beliebig

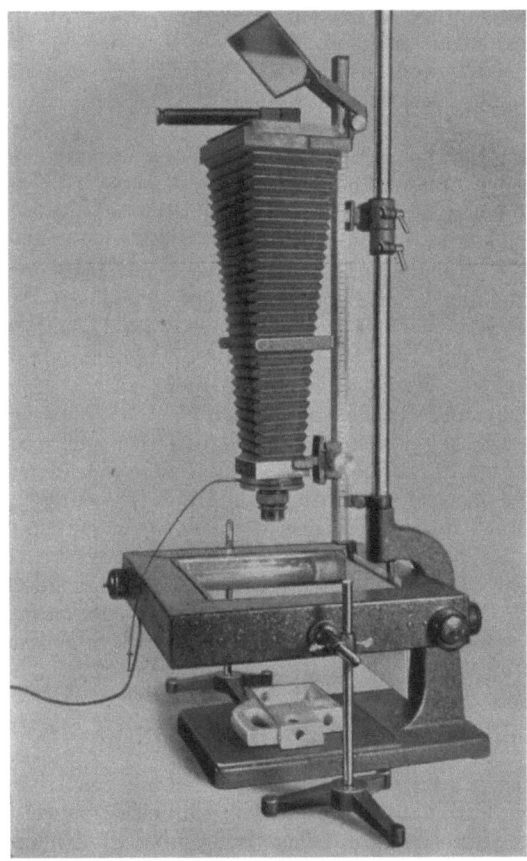

Abb. 38. BUSCH-„Soffittenbeleuchtung" an einer vertikalen Makro-Kamera.

Abb. 39. LEITZsche „Makro-Ringbeleuchtung" mit Leuchtkasten an einer Makro-Kamera. (Aus der LEITZ-Druckschrift Mikrophoto G, Nr. 7360 a.)

einstellen. Sie stehen so dicht, daß die mehrseitige Beleuchtung nahezu in eine allseitige übergeht. Die Anordnung der „Makro-Ringbeleuchtung" an einer Mikrokamera für Übersichtsaufnahmen zeigt Abb. 39. Die Einrichtung wird an der Laufschiene der Kamera mit einem Schlittenstück angeklemmt und kann mit ihm in Richtung der optischen Achse verschoben werden. Auf diese Weise läßt sich der Charakter der Beleuchtung in relativ weiten Grenzen ändern. Steht das Lampengehäuse hoch, dann gelangen an den senkrecht zur optischen Achse liegenden Flächen des Objekts reflektierte Strahlen unmittelbar durchs Objektiv zur Platte: es liegt Hellfeldbeleuchtung vor. Nähert man die Beleuchtungseinrichtung dagegen dem Objekt, so fallen allmählich alle reflektierten Strahlen am Objektiv vorbei, wodurch man zu reinen Dunkelfeldeffekten kommt. Einige Zusatzteile machen die Einrichtung für die verschiedenen Beleuchtungsarten noch geeigneter. Für Hellfeldaufnahmen wird in das Lampengehäuse von oben ein trichterförmiger Reflektor mit enger Öffnung eingesetzt.

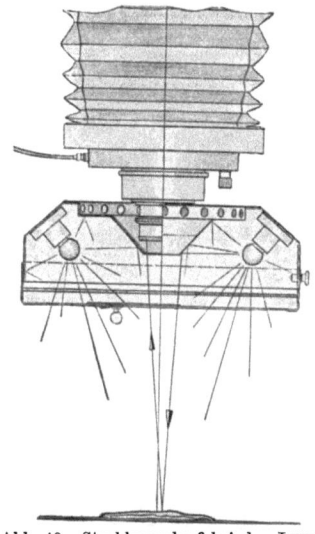

Abb. 40. Strahlenverlauf bei der LEITZschen „Makro-Ringbeleuchtung". (Aus der LEITZ-Druckschrift Mikrophoto G, Nr. 7360 a.)

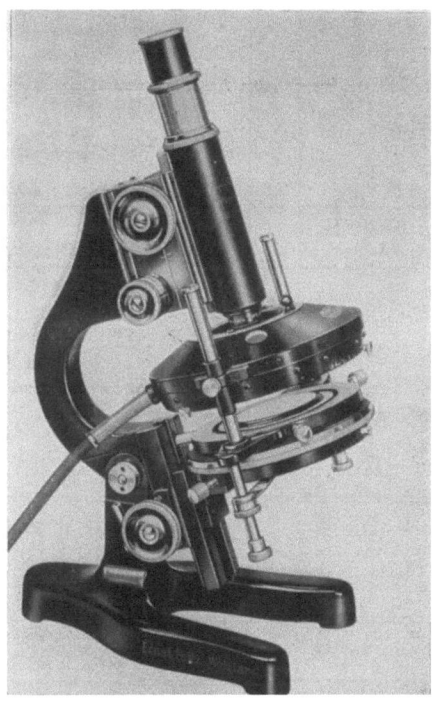

Abb. 41. „Mikro-Ringbeleuchtung" von LEITZ an einem Mikroskop. (Aus der LEITZ-Druckschrift Mikrophoto G, Nr. 7360 a.)

Abb. 42. LEITZsche „Große Ringbeleuchtung". (Aus der LEITZ-Druckschrift Mikrophoto G, Nr. 7360 a.)

Tabelle 7. Optische Daten für photographische Aufnahmen mit der Ringbeleuchtung (abgerundete Werte).[1]

Kamera	Objektiv	Brennweite mm	Vergrößerung	Balgenauszug cm Letzter Linsenscheitel bis Mattscheibe	Freier Objektabstand mm	Sehfeld mm Maximal. Länge	Makro-Ringbeleuchtung Zusatz-Einrichtungen zur Aufnahme glanzender Objekte	Beleuchtetes Feld ⌀ mm bei glanzenden Objekten	Beleuchtungsart	Mikro-Ringbeleuchtung Zusatz-Einrichtungen zur Aufnahme glanzender Objekte	Beleuchtetes Feld ⌀ mm bei glanzenden Objekten	Beleuchtungsart
Photograph. Makro-Kamera mit variablem Balgenauszug	Photar	180	0,5—1,5×	24—42	540—300	360—120	Opalscheibe Reflektor III	90[2]	Auflicht	—	—	—
	Photar	150	1—2×	28—43	300—225	180—90	Opalscheibe Reflektor II	90[2]	Auflicht	—	—	—
	Milar	100	2—4×	28—48	135—110	90—45	Opalscheibe Reflektor II	90		—	—	—
	Milar	80	3—5×	30—46	95—85	60—36	Opalzylinder	60		—	—	—
	Milar	65	4—6×	31—44	70—65	45—30	Opalzylinder	60		Opalscheibe Reflektor II	50	Auflicht
	Milar	50	5—8×	29—44	51—48	36—22	Opalzylinder	60		Opalscheibe Reflektor II	50	Auflicht
	Milar	40	7—10×	31—43	38—36	25—18	Opalzylinder	60	Schräglicht	Opalzylinder	25	Schräglicht
	Milar	30	8—14×	26—43	27—25	22—13	Opalzylinder	60	Schräglicht	Opalzylinder	25	Schräglicht
	Milar	20	12—20×	25—42	16—14	15—9	Opalzylinder	60	Schräglicht	Opalzylinder	25	Schräglicht
	Summar	120	1—3×	23—47	230—150	180—60	Opalscheibe Reflektor II	90	Auflicht	—	—	—
	Summar	100	2—4×	29—49	145—110	90—45	Opalscheibe Reflektor II	90	Auflicht	—	—	—
	Summar	80	3—5×	31—47	95—85	60—36	Opalzylinder	60		—	—	—
	Summar	64	4—6×	31—44	70—65	45—30	Opalzylinder	60		Opalscheibe Reflektor II	50	Auflicht
	Mikro-Summar	42	6—10×	29—47	41—38	30—18	Opalzylinder	60	Schräglicht	Opalzylinder	25	Schräglicht
	Mikro-Summar	35	8—12×	31—46	34—32	22—15	Opalzylinder	60	Schräglicht	Opalzylinder	25	Schräglicht
	Mikro-Summar	24	10—15×	26—39	19—18	18—12	Opalzylinder	60	Schräglicht	Opalzylinder	25	Schräglicht
Mikro-Aufsatzkamera mit Okular 8×	Mikro-Summar	42	18×	Feste Kamera	52	6,5	—	—	—	Opalzylinder	25	Schräglicht
	Mikro-Summar	35	24×		40	5	—	—	—	Opalzylinder	25	Schräglicht
	Mikro-Summar	24	38×		21	3	—	—	—	Opalzylinder	25	Schräglicht
	1[2]	42	22×		40	5,5	—	—	—		25	Schräglicht
	1	40	26×		34	4,5	—	—	—		25	Schräglicht
	1b	32	34×		27	3,5	—	—	—		25	Schräglicht
	2	24	48×		16	2,5	—	—	—		25	Schräglicht

[1] Aus der LEITZ-Druckschrift Mikrophoto G, Nr. 7360 a. — [2] Beleuchtetes Feld bei matten Objekten maximal 500 mm Durchmesser.

Er umgibt das Objektiv (Abb. 40) und hat die Aufgabe, die Lichtstrahlen möglichst steil auf das Objekt auffallen zu lassen. Außerdem wird empfohlen, vor das Lampengehäuse eine ringförmige Opalscheibe zu schalten, um die Beleuchtung vollkommen gleichmäßig zu gestalten.

Für Aufnahmen mit Dunkelfeldcharakter muß der Reflektor mit enger Öffnung für das Objektiv gegen einen solchen mit weiter Öffnung ausgetauscht werden. Um Objekte mit unregelmäßiger und stark reflektierender Oberfläche gut ausleuchten zu können, muß an die Stelle der Reflektoren ein Opalglaszylinder in das Lampengehäuse eingesetzt werden. Die Beleuchtungseinrichtung ist dabei dem Objekt so weit zu nähern, daß dieses nur von Licht getroffen wird, welches von dem Zylinder herkommt. Um einseitige Beleuchtungseffekte zu erreichen, werden dem Gerät zwei Sektorblenden beigegeben, die von unten an der Auswechselfassung des Gehäuses mit Klemmfedern befestigt werden können. Sie sind beliebig drehbar und gegeneinander verstellbar, so daß man den Öffnungswinkel und das Azimut der Beleuchtung vollständig frei wählen kann.

Zur schattenfreien Aufnahme von Profilstücken und zur Erzeugung eines hellen Hintergrundes kann ein kleiner Leuchtkasten (Abb. 39) vom Format 13 × 18 cm verwendet werden. Er ist zum Aufklappen eingerichtet und enthält vier Glühlampen für Netzanschluß, über denen sich eine Mattscheibe zum Zerstreuen des Lichts befindet. Als Deckel und damit als Auflagefläche für die Objekte dient eine Opalglasscheibe.

Die „Mikro-Ringbeleuchtung" (Abb. 41) wird nicht an der Kamera befestigt, sondern mittels einer besonderen Grundplatte auf den Tisch des Mikroskops aufgesetzt. An zwei Säulen läßt sich das Lampengehäuse zwecks Änderung des Beleuchtungscharakters in Richtung der optischen Achse verschieben. Voll ausnutzen lassen sich die Vorteile dieser Beleuchtungseinrichtung insbesondere an Stativen mit heb- und senkbarem Objekttisch, da an Stativen mit festem Tisch die Verstellmöglichkeiten ziemlich eingeschränkt werden.

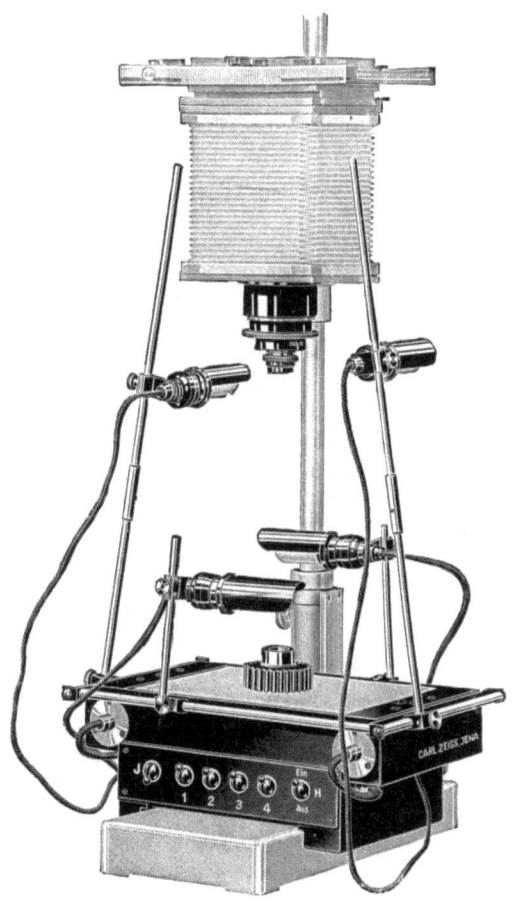

Abb. 43. Der ZEISSsche „Makrotisch" an einer Vertikalkamera. (Aus der ZEISS-Druckschrift Mikro 518.)

Die „Große Ringbeleuchtung" (Abb. 42) stellt eine Fortentwicklung der vorstehend geschilderten zwei Einrichtungen dar, für die außer der Größe besonders charakteristisch ist, daß sich jede der acht Opalglasglühlampen von 60 Watt für direkten Netzanschluß einzeln ein- und ausschalten läßt, wodurch sich die Beleuchtung noch wesentlich variabler gestalten läßt als bei den beiden anderen besprochenen Einrichtungen. Der Verwendungsbereich dieses Gerätes erstreckt sich vornehmlich auf die Beleuchtung ausgedehnterer Objekte, die in ganz wenig vergrößertem, unter Umständen auch schon in verkleinertem Maßstab aufgenommen werden müssen.

Einzelheiten über die Anwendung der verschiedenen Zubehörteile zu der „Makro-" und „Mikro-Ringbeleuchtung" in Verbindung mit den mikrophotographischen Objektiven und für die verschiedenen Beleuchtungsarten sind aus der Tabelle 7 (S. 512) zu entnehmen.

b) Der „Makrotisch".

Dieses Gerät (Abb. 43) besteht aus einem rechteckigen Kasten, der auf der Grundplatte der mikrophotographischen Einrichtung aufgestellt wird. In der Oberseite des Kastens befindet sich ein ebenfalls rechteckiger Ausschnitt von 18×24 cm Größe. Dieser kann mit verschiedenen Platten verschlossen werden, die die Unterlage für das Objekt abgeben. Als Platten sind vorgesehen eine auf der einen Seite schwarz, auf der anderen weiß gestrichene Metallplatte, eine Milchglasscheibe, eine Mattglasscheibe und eine klare Spiegelglasplatte. Das Innere des Kastens ist mattweiß gestrichen und enthält zwei Glühlampen, die der Durchleuchtung des Objekts, bzw. der Ausleuchtung des Hintergrundes dienen. Zur Erzielung eines völlig schwarzen Hintergrundes dient ein mit Samt ausgeschlagenes Einsatzkästchen.

Die Beleuchtung mit auffallendem Licht geschieht mit Hilfe von vier, an einem den Kasten umgebenden Gestänge angebrachten Soffittenlampen. Diese Lampen lassen sich an dem Gestänge in jeder beliebigen Weise verstellen, so daß alle nur denkbaren Beleuchtungseffekte erzielt werden können. Für die beiden seitlichen Lampenhalter sind Verlängerungsstangen vorgesehen. Jede Lampe ist durch einen besonderen Schalter für sich ein- und ausschaltbar. Die Schalter sind, zusammen mit einem für alle Lampen gemeinsamen Hauptschalter, an der Vorderwand des Kastens vereinigt.

Der „Makrotisch" wird in Verbindung mit einer vertikalen Mikrokamera verwendet. Die Herstellerfirma hat ihn vornehmlich zum Aufsetzen auf die Grundplatte ihrer vertikalen mikrophotographischen Kamera „Standard" (Format 9×12 oder 13×18 cm) und ihres Kameramikroskops „Ultraphot" vorgesehen (vgl. hierzu S. 568 und 574).

IV. Wichtige Fortschritte auf dem Gebiet der mikroskopischen Optik.

1. Objektive.

a) Das Mikroskopobjektiv.

In der Mikrophotographie liegt bekanntlich weitaus am häufigsten die Aufgabe vor, von ebenen Objekten ein Bild zu erzeugen, das auf einer ebenen Fläche, der photographischen Platte oder dem Film, aufgefangen wird. Diese Aufgabe ließ sich bisher, wie jedem Mikrophotographen bekannt sein dürfte, mit den üblichen Mikroobjektiven nicht ohne weiteres voll befriedigend lösen. Bei der Konstruktion von Mikroskopobjektiven hat man in erster Linie „auf Bildgüte in der Achse und in ihrer unmittelbaren Umgebung zu achten. Die Bildgüte in der Achse wird durch möglichste Hebung des Farbenfehlers und des Öffnungsfehlers (der sphärischen Abweichung) verbürgt, die in der unmittelbaren Umgebung der Achse durch Erfüllung der Sinusbedingung; wobei auf die Fehler höherer Ordnung, die Restfarben (das sogenannte sekundäre Spektrum), den Farbenunterschied des Öffnungsfehlers, ferner auf die Zwischenfehler (Zonen) des Öffnungsfehlers sowie der Sinusbedingung Rücksicht zu nehmen ist" (BOEGEHOLD 24).

Die Korrektion außerhalb der Achse bereitet größere Schwierigkeiten. Die Fehler, die es hier zu beseitigen gilt, sind einerseits die chromatische Vergrößerungsdifferenz, die entsprechend dem Vorgehen ABBES auch heute noch durch eine passende Konstruktion des Okulars behoben wird, anderseits der Astigmatismus und die Bildkrümmung. Ein optisches Instrument erzeugt von einem außerhalb der Achse liegenden Objektpunkt in der Regel nicht nur einen entsprechenden Bildpunkt, sondern deren zwei, den sogenannten meridionalen oder tangentialen und den sagittalen. Infolgedessen entsprechen einem ebenen Objekt von einiger Ausdehnung normalerweise zwei Bildflächen, von denen weder die eine noch die andere eine Ebene darstellt. Beide sind vielmehr gekrümmt, und zwar wenden sie in der Regel die hohle Fläche dem Objektiv zu. Durch passende Durchbiegung der Linsen läßt es sich zwar unschwer erreichen, daß beide Bildflächen praktisch zu einer zusammenfallen, daß also der Astigmatismus beseitigt ist. Dann ist es aber nicht möglich, sie gleichzeitig zu ebnen. Bemüht man sich dagegen, eine durchschnittliche Ebnung zu erzielen, etwa, indem man die eine Bildschale ebenso stark erhaben macht wie die andere hohl, dann können sie naturgemäß nicht zusammenfallen. Der Astigmatismus ist nicht beseitigt. Nun mußte man bisher stets besonders auf die Hebung dieses Fehlers bedacht sein. Denn Objektive, die mit ihm behaftet sind, sind für alle Zwecke der Mikroskopie und Mikrophotographie unbrauchbar, weil man mit ihnen überhaupt kein scharfes Bild am Rande des Gesichtsfeldes erzeugen kann. Die Bildkrümmung dagegen störte weniger, da bei der visuellen Beobachtung ja immer die Möglichkeit besteht, durch Ändern der Einstellung des Mikroskops alle Punkte der Bildschale nacheinander scharf einzustellen. Solange also die visuelle Beobachtung in der Mikroskopie vorherrschte, und solange das Beobachtete durch die Zeichnung festgehalten wurde, war eine Beseitigung dieses Fehlers in keiner Weise dringend. Nachdem aber neuerdings die Mikrophotographie in ihrer überragenden Bedeutung für die Darstellung des im Mikroskop Beobachteten allgemein anerkannt ist, und nachdem sie sich überall, wo das Mikroskop benutzt wird, in größtem Umfang Eingang verschafft hat, wurde das Bedürfnis immer größer, von ebenen Objekten — denken wir hier nur an die Metallographie — Bilder zu erzeugen, die auf der photographischen Platte eine bis zum Rand gleichmäßige Schärfe aufweisen.

Wie bei der Beseitigung der chromatischen Vergrößerungsdifferenz wurde eine Bildebnung bei gleichzeitiger Hebung der anderen Fehler außer der Achse zuerst mit Hilfe von an die Stelle des Okulars tretenden Systemen erreicht. Solche Systeme wurden zuerst von der Firma ZEISS (BOEGEHOLD und KÖHLER) unter dem Namen „Homal" eingeführt und werden neuerdings auch von anderen Firmen gebaut. Auch mit Hilfe normaler Okulare wurden Versuche gemacht („Komplanatische" [WINKEL] und „Periplanatische" [LEITZ] Okulare). So befriedigend besonders die mit den „Homalen" (vgl. Abb. 44, *3* und *4*) zu erzielenden Ergebnisse auch sind, so hat die Anwendung dieser Systeme doch auch Nachteile, z. B. die Unmöglichkeit, mit ihnen subjektiv zu beobachten, sowie den Mangel an „Homalen" verschiedener Stärke für ein und dasselbe Objektiv, so daß die Bemühungen nicht aufhörten, die Bildkrümmung unter gleichzeitiger befriedigender Beseitigung der übrigen außeraxialen Fehler im Objektiv selbst zu korrigieren. Hierfür ist allerdings die Lage bei den gewöhnlichen Formen der Mikroskopobjektive recht ungünstig. Trotzdem ist es in den

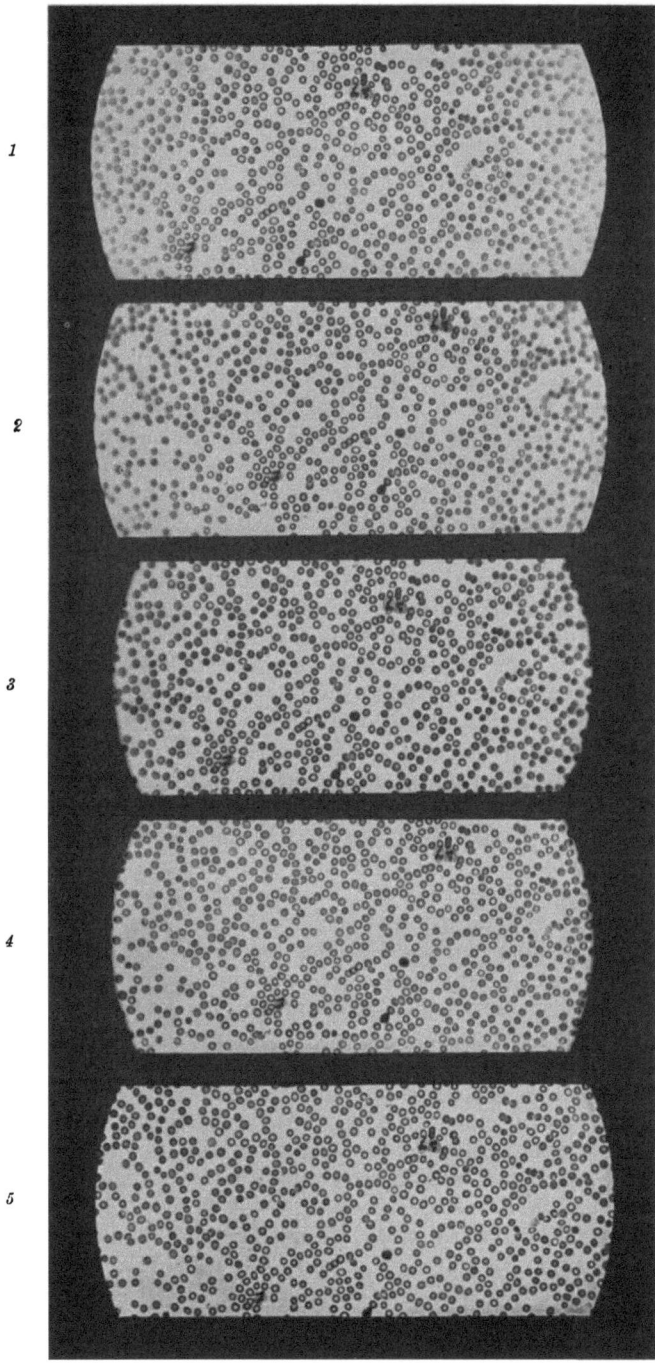

Abb. 44. Die Unterschiede in der Bildfeldebnung bei den verschiedenen Objektiv- und Okulartypen. (Aus MICHEL 208.)

1 Aufnahme mit Achromat 40/0,65 und Kompensationsokular 7×; stark gekrümmtes Bildfeld, nur der mittlere Teil ist scharf. 2 Aufnahme mit Apochromat 40/0,95 und Kompensationsokular 7×; Bildfeld ähnlich wie bei 1. 3 Aufnahme mit Achromat 40/0,65 und dem ZEISSschen Homal II. 4 Aufnahme mit dem Apochromaten 40/0,95 und Homal II, bei 3 und 4 ist eine befriedigende Bildebnung erzielt. 5 Aufnahme mit einem ZEISSschen Planachromaten 40/0,65 und einem Kompensationsokular 7×; die Bildebnung ist hervorragend.

letzten Jahren der unermüdlichen Rechenarbeit BOEGEHOLDS (24) gelungen, das Problem weitgehend zu lösen, so daß es heute schon einige Objektive mit völlig geebnetem Bildfeld im Handel gibt. Es sind das die „Planachromate" der Firma CARL ZEISS (Abb. 45 und 46).

Für die „Planachromate" ist charakteristisch die Einführung eines dicken Meniskus in das Linsensystem des Mikroskopobjektivs. Mit seiner Hilfe war es möglich, die Bedingung für Ebenheit des Bildfeldes zu erfüllen, nämlich die sogenannte PETZVALsche Summe

$$P = -\frac{n-1}{n}\left(\frac{1}{r_1} - \frac{1}{r_2}\right) \tag{8}$$

gleich Null zu machen [vgl. hierzu Näheres bei BOEGEHOLD (24)]. Der Meniskus kann an verschiedener Stelle ins Objektiv eingeführt werden (vgl. die Abb. 45 und 46). Bei dem schwächeren der dargestellten Systeme, dem „Planachromat 9", ist er am bildseitigen Ende zugefügt. Bei einem mittelstarken, wie bei dem „Planachromat 40", würde die hier stark angewachsene Summe P schon so starke negative Flächen erfordern, daß deren Unterbringung im oberen Teil

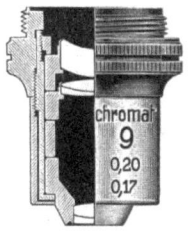

Abb. 45. ZEISSscher Planachromat 9/0,20, nat. Größe. (Aus der ZEISS-Druckschrift Mikro 367.)

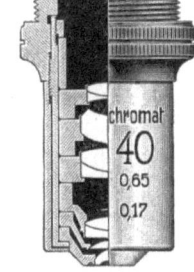

Abb. 46. ZEISSscher Planachromat 40/0,65, nat. Größe. (Aus der ZEISS-Druckschrift Mikro 367.)

des Objektivs nicht möglich ist, da sie dort das Strahlenbüschel schon merklich beschneiden würden. Deshalb ist bei diesem Objektivtypus der Meniskus gleichzeitig als Frontlinse mit der Hohlfläche nach dem Objekt zu ausgebildet. Für die vollkommene Korrektion des Objektivs reicht das allerdings noch nicht aus. Es mußte auch im oberen Objektivteil ein Meniskus, hier mit der Hohlfläche nach dem Bild zu, und außerdem zur Beseitigung der Farbenfehler der Menisken eine verkittete Linse angeordnet werden. Wie die „Apochromate" weisen die „Planachromate" noch eine chromatische Vergrößerungsdifferenz auf. Deshalb sind sie in der Regel mit Kompensationsokularen zu verwenden.

Das bei den erwähnten Trockensystemen angewandte Konstruktionsprinzip läßt sich auch auf die Immersionsobjektive übertragen. Wenn auch hier gewisse Schwierigkeiten bestehen, vor allem bezüglich der Farbenkorrektion, so ist es doch gelungen, achromatische Immersionen bis zur Apertur 0,9 herzustellen („Planachromat 75/0,90"). Die chromatische Vergrößerungsdifferenz dieses Objektivs ist allerdings so stark, daß sie vollständig nur mit einem besonderen Kompensationsokular zu beseitigen ist. Bei geebneten Objektiven von noch höherer Apertur dagegen muß man zur Zeit auf die Korrektion der Farbenfehler ganz verzichten und sie als Monochromate ausführen. Sie konnten also nur bei Beleuchtung mit streng monochromatischem Licht verwendet werden, hatten also einen nur sehr beschränkten Anwendungsbereich und sind daher normalerweise nicht im Handel. Die bis jetzt serienmäßig hergestellten Planachromate mit ihren Eigenschaften sind in Tabelle 8 (S. 519) zusammengestellt. Die Abb. 48 gibt eine Vorstellung von der Leistung dieser Objektive im Vergleich mit der eines entsprechenden gewöhnlichen achromatischen Objektivs.

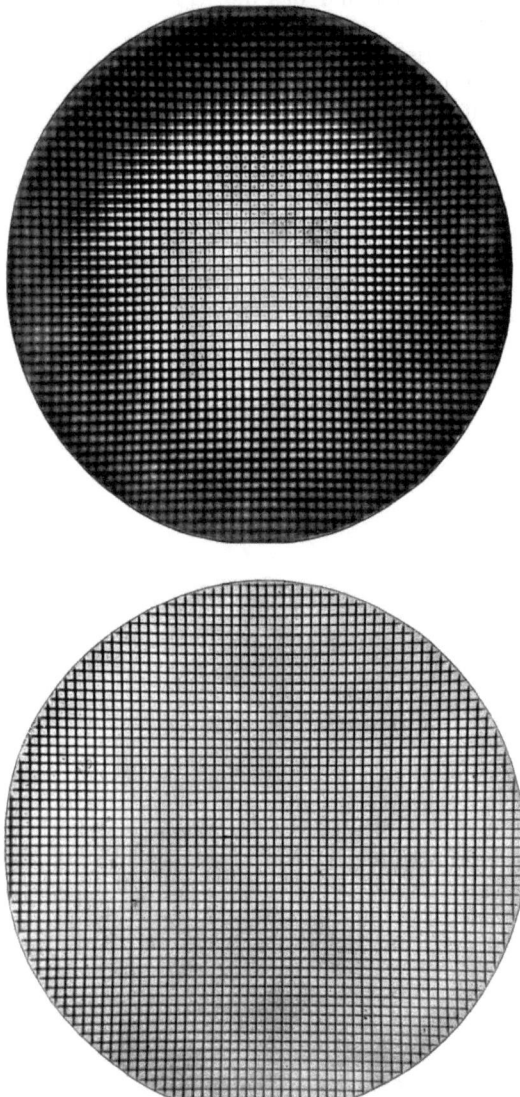

Abb. 47. Beispiel für die Leistung des Planachromaten 40/0,65 (unten) im Vergleich mit der eines Achromaten 40/0,65 (oben). (Aus BOEGEHOLD *24*.)

b) Das mikrophotographische Objektiv.

Wenn es sich darum handelt, ein Objekt von größerer Ausdehnung in geringeren Abbildungsmaßstäben mikrophotographisch darzustellen, kann man das zusammengesetzte Mikroskop nicht benutzen. Es hat ein viel zu kleines Sehfeld. Es nützen einem dann auch die besten Objektive mit geebnetem Bildfeld, wie die „Planachromate", nichts.

Man verwendet daher für den vorliegenden Zweck schon seit langem besondere Objektive, die sogenannten mikrophotographischen Objektive. Sie sind nach Art der photographischen Objektive gebaut, besitzen ein anastigmatisch geebnetes Bildfeld und werden natürlich ohne Okular benutzt. Man bezeichnet die mit ihnen versehene Einrichtung daher auch als „Einfaches Mikroskop".

Die theoretischen Gesichtspunkte, die für die Anwendung der mikrophotographischen Objektive maßgebend sind, sind im Grunde die gleichen wie beim zusammengesetzten Mikroskop, wie die Betrachtungsweise lehrt, die A. KÖHLER (*163*) einer zusammenfassenden Darstellung über solche Systeme zugrunde legt, und die wir im folgenden wörtlich übernehmen wollen. Danach ist bei der Mikrophotographie mit dem einfachen Mikroskop „die Aufgabe mit der Projektion des reellen Bildes oder mit dessen Aufnahme ebensowenig erfüllt, wie die Aufgabe des zusammengesetzten Mikroskops beendet ist, wenn es das virtuelle oder reelle Bild des Objekts entworfen hat: in beiden Fällen wird dieses Bild noch von dem Beobachter betrachtet, und es kommt darauf an, unter welchem Sehwinkel, in welcher scheinbaren Größe dieser die Einzelheiten dieses Bildes erblickt.

Aus Abb. 48 ergibt sich ohne weiteres die Analogie mit der Wirkungsweise

Wichtige Fortschritte auf dem Gebiet der mikroskopischen Optik.   519

des zusammengesetzten Mikroskops. Man braucht nur dicht vor das Auge A des Beobachters ein Brillenglas gesetzt zu denken, dessen Brennweite gleich der „Betrachtungsweite" b ist. Das Mattscheibenbild $O_1' O_2'$ entspricht vollkommen dem reellen Zwischenbild am oberen Ende des Tubus; dessen Abstand c vom Brennpunkt F' des Objektivs entspricht der optischen Tubuslänge t des Mikroskops — ich habe diesen Abstand früher als „optische Kameralänge" bezeichnet — und die Betrachtungsweite b — oder die Brennweite des angenommenen Brillenglases — entspricht der Brennweite des Okulars. Daran ändert sich hinsichtlich der uns hier interessierenden Vergrößerungsverhältnisse nichts, wenn der Beobachter

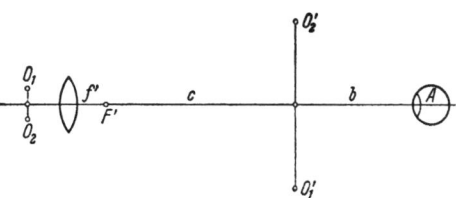

Abb. 48. Zur Analogie zwischen dem einfachen mikrophotographischen Apparat und dem zusammengesetzten Mikroskop (Schema). (Aus KOHLER 163.)
$O_1 O_2$ Objekt, f' Brennweite des Objektivs, F' Brennpunkt im Bildraum, c optische Kameralänge, $O_1' O_2'$ Bild auf der Einstellscheibe, b Betrachtungsweite, A Auge des Beobachters.

später das fertige Photogramm aus derselben Betrachtungsweite b ansieht. Ähnlich wie bei dem Mikroskop ist die „Vergrößerung" $\overline{\varGamma}$ bestimmt durch die Gleichung

$$\overline{\varGamma} = \frac{c \cdot 250}{f \cdot b}, \tag{9}$$

wo c an Stelle der optischen Tubuslänge t und b an Stelle der Okularbrennweite f_2 steht.

Wie es E. ABBE bei dem Mikroskop getan hat, kann man, um die wirkliche Leistung des Objektivs allein zu kennzeichnen, die rechte Seite der Gleichung in zwei Faktoren zerlegen und schreiben $\overline{\varGamma} = \frac{250}{f} \cdot \frac{c}{b}. \tag{10}$

Tabelle 8. Die ZEISSschen „Planachromate".

Bezeichnung	Abb.-Maßstab des Zwischenbildes	Numerische Apertur	Brennweite in Millimetern	Freier Objektabstand in Millimetern	Bemerkungen
Planachromat 3	3	0,10	28,2	8,3	Schwaches System zur Aufnahme von Übersichtsbildern. Am Revolver abgeglichen!
Planachromat 9	9	0,20	15,9	8,3	Am Revolver abgeglichen. Normale Kompensationsokulare.
Planachromat 40	40	0,65	4,2	0,8	Am Revolver abgeglichen. Normale Kompensationsokulare. Großer freier Objektabstand.
Planachromat 75	75	0,90	2,17	0,13	Homogene Ölimmersion. Nicht abgleichbar. Spezial-Kompensationsokular K 5×, $f = 50$ mm, Sehfeldzahl 21.
Planmonochromat 90	90	1,25	1,88	0,08	Homogene Ölimmersion. Monochromat. Daher nur mit dem Licht der grünen Hg-Linie ($\lambda = 5460$ ÅE.) zu benutzen. Lichtquellen mit kontinuierlichem Spektrum und grüne Lichtfilter sind ungeeignet. Beliebige Okulare.

Der erste Faktor ist, wie bei dem Mikroskop, die „Eigen"- oder „Lupenvergrößerung" des Objektivs, der zweite entspricht der „Übervergrößerung" durch den Tubus und das Okular: im vorliegenden Fall ist sie durch den Tubus, d. h. die optische Kameralänge und die Betrachtungsweite bestimmt.

Der „Abbildungsmaßstab" β, das Verhältnis der linearen Größe des reellen Bildes $O_1'O_2'$ zur Größe des Objekts O_1O_2 kommt vorerst gar nicht in Betracht.

Im Falle der mikrophotographischen Aufnahme kann die Gleichung (10) noch weiter vereinfacht werden, wenn man bedenkt, daß die Betrachtungsweite b praktisch gleich der deutlichen Sehweite sein wird. Dann wird

$$\overline{\Gamma} = \frac{c}{f} = \beta. \tag{11}$$

Die Vergrößerung $\overline{\Gamma}$, in der der Beobachter das Bild erblickt, wird numerisch gleich dem Abbildungsmaßstab β.

Dementsprechend kann nun dieselbe Vergrößerung $\overline{\Gamma}$ mit verschiedenen Brennweiten f erzielt werden, wenn nur die optische Kameralänge c passend gewählt wird. Allerdings muß, wenn die Brennweite f groß wird, auch c groß werden, und dann wächst, entsprechend (10), auch die Übervergrößerung, unter der der Beobachter das vom Objektiv entworfen gedachte „Lupenbild" sieht: die Ansprüche an die Leistungsfähigkeit des Objektivs steigen dann entsprechend.

Aus äußeren Gründen wird man natürlich weder zu lange noch zu kurze Kameralängen wählen, innerhalb gewisser, nicht zu enger Grenzen wird man aber die optische Kameralänge und damit die Übervergrößerung schwanken lassen. Denn es bietet doch große Vorteile, wenn man die Gesamtvergrößerung, die ein und dasselbe Objektiv zur Verfügung stellt, stetig ändern kann.

Da erhebt sich nun die Frage, innerhalb welcher Grenzen diese Änderung der Vergrößerung ohne Nachteile möglich ist. Die Grenze nach oben wird jedenfalls bestimmt sein durch den Betrag der Übervergrößerung, den das Lupenbild verträgt, genau so, wie das von E. ABBE für das Mikroskop erläutert ist.

Als Beispiel sei der Einfluß einer sphärischen Überkorrektion in Abb. 49 schematisch dargestellt. Was hierfür gilt, das gilt auch für ein korrigiertes System, weil es auch bei bester Korrektion in Gestalt des sogenannten „Zonenfehlers" noch einen Rest sphärischer Aberration aufweist. Ähnliches gilt auch für die Reste der Farbenabweichung. Ein Objektpunkt befinde sich am Ort des Brennpunkts F der achsennahen Strahlen. Ein überkorrigierter Randstrahl wird dann so gebrochen, daß er mit der Achse einen Winkel σ' bildet. Im unendlich fernen Lupenbild entsteht dann statt des scharfen Bildpunktes ein

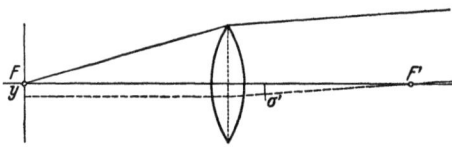

Abb. 49. Zerstreuungskreis im Lupenbild eines überkorrigierten Systems (Schema). (Aus KOHLER *163*) F Brennpunkt, zugleich Objektpunkt, F' Brennpunkt im Bildraum, σ' halbe scheinbare Größe des Zerstreuungskreises, y Halbmesser eines Objekts von gleicher scheinbarer Größe.

Zerstreuungskreis, der die scheinbare Größe $2\sigma'$ besitzt. Es ist dieselbe scheinbare Größe, die das scharfe Bild eines kleinen, kreisrunden, in der Brennebene gelegenen Objekts aufweist, dessen Halbmesser y bestimmt ist durch

$$\operatorname{tg} \sigma' = \frac{y}{f}. \tag{12}$$

Bei den kleinen Winkeln kann tg σ' gleich arc·σ' gesetzt werden.

Die Abb. 49 kann nun die Darstellung eines solchen Systems z. B. im Maßstab 5:1 sein, ebensogut aber auch die eines zehnmal kleineren Systems im Maßstab 50:1: die Winkelwerte, wie σ', sind dann immer dieselben, Strecken aber, wie die Brennweite f und die Objektgröße $2\,y$, sind je nach dem Maßstab in Wirklichkeit verschieden.

Das bedeutet aber folgendes: Die scheinbare Größe des Zerstreuungskreises $2\,\sigma'$ ist bei beiden Systemen gleich, und bei beiden wird die Abbildung zweier sehr kleiner Objekte im Abstand $e < 2\,y$ schon gestört, weil die Zerstreuungskreise beginnen zu verschmelzen. Aber dieser Abstand $2\,y$ ist bei dem zehnmal größeren Objektiv mit der zehnmal größeren Brennweite auch zehnmal größer als bei dem kleineren Objektiv mit der kleineren Brennweite: dieses vermag also zehnmal feinere Einzelheiten abzubilden, ehe das Bild durch den dieser Bauart eigenen Fehlerrest gestört wird.

Dem Beobachter erscheint der Zerstreuungskreis in der scheinbaren Größe $2\,\sigma'$ unmittelbar, wenn er z. B. sein Auge an den Ort des Brennpunkts F' bringt und das System als Lupe verwendet. Hier ist aber vor allem von Bedeutung, daß der Zerstreuungskreis auch in derselben scheinbaren Größe erscheint, wenn das System ein reelles Bild y_1' desselben Objekts bei der optischen Kameralänge c entwirft, und wenn der Beobachter dieses reelle Bild aus einer Betrachtungsweite b beobachtet, die gleich der optischen Kameralänge c ist (Abb. 50). Denn dann geht (10) über in

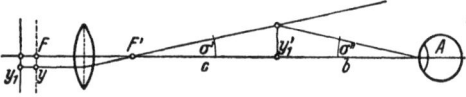

Abb. 50. Vergleich scheinbarer Größen im Lupenbild und im reellen Bild (Schema). (Aus KOHLER 163.)
F Brennpunkt im Objektraum, y Halbmesser eines kleinen Objekts, F' Brennpunkt im Bildraum, y_1 Ort desselben kleinen Objekts, wenn es nach y_1' abgebildet wird, c optische Kameralänge, b Betrachtungsweite, A Auge des Beobachters, σ' scheinbare Größe von y im unendlich fernen Lupenbild, σ'' scheinbare Größe bei Betrachtung des reellen Bildes y_1'.

$$\bar{\Gamma} = \frac{250}{f}, \qquad (13)$$

die Gesamtvergrößerung wird gleich der Lupenvergrößerung des Objektivs.

Wird die Übervergrößerung $\dfrac{c}{b}$ verschieden von 1, dann wird die scheinbare Größe des Zerstreuungskreises
$$2\,\sigma'' = 2\,\sigma'\,\frac{c}{b}, \qquad (14)$$

und ob das Bild dann scharf erscheint oder nicht, hängt davon ab, ob die scheinbare Größe $2\,\sigma''$ unterhalb oder oberhalb der Grenze der angularen Sehschärfe — $1'$ — liegt. Die Gleichung
$$2\,\sigma'' = 1' \qquad (15)$$

bezeichnet also die Grenze zwischen der scharfen und der unscharfen Abbildung.

Wird nun — wie oben festgesetzt — die Betrachtungsweite b zu 25 cm angenommen, dann folgt aus den beiden letzten Gleichungen für die noch zulässige größte optische Kameralänge c, in Zentimetern gemessen,
$$c = 25 \cdot \frac{1'}{2\,\sigma'}\,\text{cm}, \qquad (16)$$

wobei $2\,\sigma'$ nur von der Bauart des Systems, dem Typus, und von der Güte der technischen Ausführung, aber nicht von der Brennweite abhängt.

Das heißt aber, daß die optische Kameralänge c, die noch ohne Schaden für die Bildschärfe zulässig ist, unabhängig von der Brennweite, für jeden Typus denselben Wert hat, und daß große Brennweiten ohne merkbare Einbuße an Schärfe nur schwache, kleine Brennweiten, aber stärkere Vergrößerungen mit befriedigender Bildschärfe liefern können.

Je kleiner aber $2\,\sigma'$, je sorgfältiger also der Typus auskorrigiert ist, und je genauer die technische Ausführung ist, desto größer wird die zulässige Kameralänge und damit auch die Brennweite, mit der man eine gewisse vorgeschriebene Vergrößerung erreichen kann.

Inwiefern aber große Brennweite und Kameralänge vorteilhaft sein können, das veranschaulicht das folgende Beispiel.

Abb. 51a stellt schematisch den Fall dar, daß das abbildende System Bildkrümmung aufweist. Der Einfachheit halber ist die Fläche, die scharf ins unendlich ferne Bild abgebildet wird, als Kugelfläche angenommen, deren Halbmesser gleich der Hälfte der Brennweite sei. Im Bild ist sie durch den Kreisbogen $\overarc{O_1 O_2}$ dargestellt. Nun soll aber ein ebenes Objekt, durch die Strecke $\overline{O_1 O O_2}$ dargestellt, abgebildet werden. Das Bild findet man, entsprechend einem von M. v. ROHR angegebenen Verfahren, folgendermaßen: Die „Scharfenfläche", d. h. hier die in die unendlich ferne Bildebene scharf abgebildete Fläche, ist, wie angenommen, die Kugelfläche $\overarc{O_1 O_2}$, und die Punkte O_1, O_2 werden natürlich scharf abgebildet. Das Bild des außerhalb der Schärfenfläche gelegenen Punktes O ist ein Zerstreuungskreis, den man findet, indem man die Eintrittspupille des Objektivs durch den Punkt O auf die Scharfenfläche projiziert und diese Projektion wie ein wirkliches, dort befindliches Objekt scharf in die unendlich ferne Bildebene abgebildet denkt. Dieser Zerstreuungskreis erscheint dann im unendlich fernen Bild unter dem Sehwinkel $2\sigma'$ wie ein wirkliches Objekt von der linearen Größe $2y$.

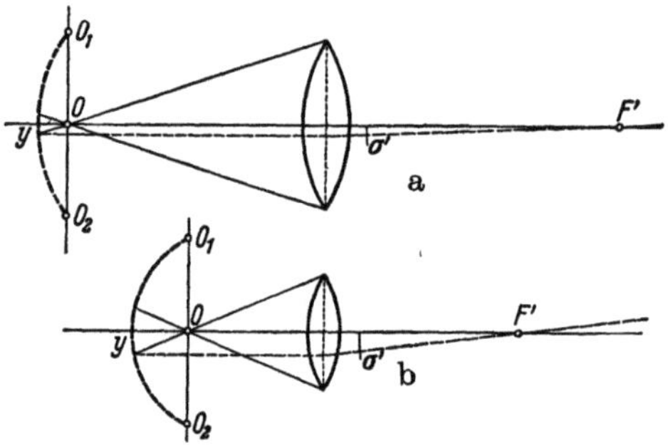

Abb. 51b zeigt dieselbe Konstruktion für ein nach dem gleichen Plan ausgeführtes System, dessen Brennweite aber nur zwei Drittel von der des ersten beträgt. Die Schärfenfläche hat ebenfalls einen Halbmesser, der halb so groß ist wie die Brennweite, der also auch nur zwei Drittel vom Halbmesser der Schärfenfläche des ersten Systems mißt. Das ebene, abgebildete Objekt $\overline{O_1 O O_2}$ habe aber dieselbe Größe wie vorher. Die Konstruktion zeigt auf den ersten Blick, daß die scheinbare Größe des Zerstreuungskreises $2\sigma'$ bedeutend gewachsen ist.

Abb. 51. Einfluß der Brennweite auf die Bildkrümmung (Schema). (Aus KOHLER 163.)
a Objektiv von längerer, b von kürzerer Brennweite, $\overarc{O_1 O_2}$ gekrümmte Scharfenfläche, $O_1 O O_2$ ebenes Objekt, y Halbmesser des Zerstreuungskreises des Punktes O, f' Brennpunkt im Bildraum, σ' scheinbarer Halbmesser des Zerstreuungskreises im Lupenbild.

Selbst wenn man berücksichtigt, daß das erste System eine $1^1/_2$mal stärkere Übervergrößerung erfordert, damit dieselbe Gesamtvergrößerung $\overline{\Gamma}$ in beiden Fällen erzielt wird, so bleibt dennoch, wie sich leicht genauer nachweisen läßt, die scheinbare Größe des Zerstreuungskreises im endgültigen Bild, der Winkel $2\sigma''$ in (14) bei Gebrauch des Systems von längerer Brennweite kleiner.

Mögen schließlich auch die in der Einstellebene gelegenen Punkte, wie O_1 und O_2, infolge von Fehlerresten nicht ganz fehlerfrei abgebildet werden, so wäre doch bei der längeren Brennweite die Schärfe gleichmäßiger über das ganze Sehfeld verteilt.

Für die Wahl längerer Brennweiten sind also doch triftigere Gründe maßgebend, als man gelegentlich denkt. Demzufolge sind auch größere Kameralängen noch keineswegs in allen Fällen so veraltet, wie die heutige Mode annimmt.

Außer den beiden besprochenen Fehlern sind natürlich auch noch andere vorhanden. Sie verhalten sich teilweise wie die sphärische Aberration oder ihre

Reste, teilweise wie die Bildkrümmung. Ihre Behandlung könnte das Ergebnis der bisherigen Untersuchung nicht ändern, sie mag also unterbleiben. Als Regel für die Praxis bleibt: kann der Benutzer eine vorgeschriebene Vergrößerung mit mehreren Objektiven des gleichen Typus, aber verschiedener Brennweite erzielen, so soll er die längere Brennweite wählen, wenn in erster Linie möglichst gleichmäßige Schärfe über ein großes Feld verlangt wird; die kürzere aber verdient dann den Vorzug, wenn die Bildschärfe innerhalb eines kleineren Bereiches nahe der Mitte möglichst hoch sein soll.

Nun hängt aber bekanntlich die Größe der kleinsten abbildbaren Einzelheiten keineswegs allein von der Güte der Korrektion ab. Vielmehr ist durch die Untersuchungen E. ABBES nachgewiesen, daß die Apertur A des Systems eine wesentliche Rolle spielt. Am leichtesten in Zahlen zu fassen ist der Einfluß der Apertur auf die Abbildung von Gittern, d. h. periodischen Strukturen aus sehr zahlreichen gleichen Elementen. Diese Elemente erscheinen günstigstenfalls im Bilde nur dann getrennt, wenn die Gitterkonstante e — ihr Abstand von Mitte zu Mitte gemessen — den Wert

$$e = \frac{\lambda}{2A} \qquad (17)$$

überschreitet, wo λ die Wellenlänge des wirksamen Lichts ist. Bei den bekannten Beziehungen zwischen der Apertur und dem bei photographischen Objektiven eingeführten Maß der „relativen Öffnung" $1:x$ lautet die ABBEsche Gleichung (17) für solche Objektive

$$e = \lambda \cdot x. \qquad (18)$$

Nach einer bekannten Regel liegt nun bei dem Mikroskop diejenige Vergrößerung $\bar{\Gamma}$, bei der man die Elemente eines an der Grenze liegenden Gitters noch bequem erkennt, etwa zwischen dem 500- bis 1000fachen der Apertur. ABBE hat diese Vergrößerungen als „nutzbare" oder „förderliche" Vergrößerungen bezeichnet. Sie liegen also für ein photographisches System vom Öffnungsverhältnis $1:x$ zwischen $250:x$ und $500:x$.

Diese Regel gilt für Tageslicht oder für Licht nahe der Mitte des sichtbaren Spektrums, für die Wellenlänge des hellen Grüns, $\lambda = 0{,}55\,\mu$. Bei blauem Licht — $\lambda = 0{,}44\,\mu$ etwa — wird e im Verhältnis von $4:5$ kleiner, die förderliche Vergrößerung aber im Verhältnis von $5:4$ etwa größer. Im folgenden soll aber immer die Wellenlänge $0{,}55\,\mu$ den vorkommenden Rechnungen zugrunde gelegt werden; der Leser kann sich ja leicht die entsprechenden Werte für Blau oder andere Wellenlängen ergänzen.

Die Grenzen der förderlichen Vergrößerung sollte man bei einem gegebenen Öffnungsverhältnis des Objektivs nicht überschreiten, ebensowenig sollte man — wenn eine Vergrößerung $\bar{\Gamma}$ vorgeschrieben ist, das Objektiv, etwa mit Rücksicht auf die wünschenswerte Tiefe, auf ein Öffnungsverhältnis $1:x$ abblenden, bei dem die Zahl x größer wird als $\dfrac{250}{\Gamma}$ oder höchstens $\dfrac{500}{\Gamma}$.

Das gilt auch für den Abbildungsmaßstab β, allerdings nur unter der oben betonten Voraussetzung, daß das Bild mit unbewaffnetem Auge aus einem Abstand betrachtet wird, der gleich der deutlichen Sehweite ist.

Eine stärkere Vergrößerung $\bar{\Gamma}$ oder ein Öffnungsverhältnis $1:x$, das kleiner ist, als der Regel entspricht, führt zu „leeren Vergrößerungen"; meist sind sie durch eine störende Unschärfe der Konturen gekennzeichnet, für die aber keine Korrektionsmängel verantwortlich gemacht werden können. Eine schwächere Vergrößerung $\bar{\Gamma}$ oder ein größerer Wert des Öffnungsverhältnisses liefert Bilder, deren Tiefenschärfe geringer ist, als sie wäre, wenn die Regel befolgt würde.

Tabelle 9. Untere Grenze der forderlichen Vergrößerung für verschiedene Öffnungsverhältnisse.

Öffnungsverhältnis	Förderliche Vergrößerung $\bar{\varGamma}$
1: 1,6	156 ×
1: 2,3	109 ×
1: 3,2	78 ×
1: 4,5	55 ×
1: 6,3	40 ×
1: 9	28 ×
1: 12,5	20 ×
1: 18	14 ×
1: 25	10 ×
1: 36	7 ×
1: 50	5 ×
1: 72	$3^{1}/_{2}$ ×
1: 100	$2^{1}/_{2}$ ×

Andere Nachteile, wie sie etwa bei dem Mikroskop auftreten, sind hier bei den verhältnismäßig niederen Aperturen nicht zu befürchten. Von großer Bedeutung ist dagegen häufig der Vorteil, den die größere Helligkeit des Bildes bietet: die Verkürzung der Belichtungsdauer.

Der besseren Übersicht halber sind in der nebenstehenden Tabelle 9 die nach der Gleichung $250:x$ errechneten unteren Grenzen der förderlichen Vergrößerung $\bar{\varGamma}$ (oder des Abbildungsmaßstabes β) zusammengestellt.

Bei den schwächeren Vergrößerungen ist zu beachten, daß das Öffnungsverhältnis $1:x$ gleich $d:f$ dadurch definiert ist, daß der Durchmesser d des einen Achsenpunkt abbildenden Strahlenkegels in der Brennebene des Bildraums gemessen werden muß.

Die niedrigeren Werte von $\bar{\varGamma}$, die den geringen Öffnungsverhältnissen zugeordnet sind, lehren, daß die Tiefe der Abbildung nur innerhalb enger Grenzen durch Abblenden des Objektivs gesteigert werden kann.

An dieser Stelle darf vielleicht darauf hingewiesen werden, daß die Grenze der förderlichen Vergrößerung bei dem Gebrauch stärkerer Einstellupen überschritten werden darf. Solange dadurch die Genauigkeit der Einstellung nicht in Frage gestellt wird, schadet das nichts.

Auch hier zeigt sich, genau wie bei dem Mikroskop, daß zwei verschiedene Faktoren: die Apertur oder das Öffnungsverhältnis einerseits und die Reste der Fehler der Strahlenvereinigung andererseits, jeder für sich der Leistung des Objektivs hinsichtlich der mit Nutzen verwendbaren Vergrößerung eine Grenze setzen. Zweckmäßig wird es sein, dafür zu sorgen, daß beide Grenzen nicht unnötig weit auseinanderfallen.

Es spricht nun mancherlei dafür, in gewissen Fällen zuzulassen, daß die Leistung früher durch die Fehlerreste begrenzt wird, als durch das Öffnungsverhältnis: der Wert der nach obenstehender Regel berechneten förderlichen Vergrößerung übersteigt dann mehr oder weniger die Grenze, welche durch das Sichtbarwerden der Fehlerreste gesetzt ist.

Gerechtfertigt wird dies durch den Wert, den große Bildhelligkeit und kurze Belichtungsdauer unter Umständen für den Gebrauch haben. Zudem fuhrt, wie schon oben bemerkt, eine mäßige Vergrößerung des Öffnungsverhältnisses über das unbedingt erforderliche Maß noch zu keinen merkbaren Nachteilen; gestattet doch auch die Blendeneinrichtung solcher Systeme jederzeit eine bequeme Verminderung der Apertur. Das hatte die Folge, daß man bisher meist Systeme dieser Art zwar in verschiedener Brennweite, aber mit einem und demselben Öffnungsverhältnis ausgeführt hat. Diesem Öffnungsverhältnis, 1:4,5 z. B., entsprach dann eine förderliche Vergrößerung $\bar{\varGamma}$ von etwa 50:1 bis 100:1, die aber nur von den kürzeren Brennweiten mit befriedigender Bildschärfe ertragen werden konnte [A. KÖHLER (163)].

Illustriert wird das durch die aus REINERT (251) entnommene Tabelle 10, in der die von den wichtigsten mikroskopbauenden Firmen hergestellten, für mikrophotographische Zwecke bestimmten Objektive zusammengestellt sind. Einzig bei den „Mikrotaren" der Firma ZEISS sind gemäß den von KÖHLER dargelegten Grundsätzen die Öffnungsverhältnisse und die Brennweiten im umge-

Tabelle 10. Mikrophotographische Objektive.[1]

E. BUSCH A.-G., Rathenow	R. FUESS, Berlin-Steglitz	E. LEITZ, Wetzlar	C. REICHERT, Wien	C. ZEISS, Jena	R. WINKEL, Göttingen
Makro-Glyptar-Anastigmat mit Irisblende	Objektive mit Irisblende für Übersichtsaufnahmen	Mikro-Summar mit Irisblende	Mikropolar und Neupolar mit Irisblende	Mikrotar mit und ohne Irisblende	Luminar mit und ohne Irisblende
$f = 25$ mm $1:3,5$	$f = 25$ mm $1:2,5$	$f = 24$ mm $1:4,5$	$f = 20$ mm $1:4$ $(1:4,5)$	$f = 10$ mm $1:1,6$	$f = 10$ mm $1:3,8$
$f = 35$,, $1:3,5$	$f = 35$,, $1:2,5$	$f = 35$,, $1:4,5$	$f = 30$,, $1:4$ $(1:4,5)$	$f = 15$,, $1:2,3$	$f = 16$,, $1:3,8$
$f = 55$,, $1:4,5$	$f = 55$,, $1:4,5$	$f = 42$,, $1:4,5$	$f = 50$,, $1:4$ $(1:4,5)$	$f = 20$,, $1:3,2$	$f = 26$,, $1:4,5$
$f = 75$,, $1:3,5$	$f = 75$,, $1:3,5$	Summar mit Irisblende	$f = 75$,, $1:4$ $(1:4,0)$	$f = 30$,, $1:4,5$	$f = 36$,, $1:4,5$
$f = 105$,, $1:4,5$	$f = 105$,, $1:4,5$	$f = 64$ mm $1:4,5$	$f = 100$,, $1:4$ $(1:6,5)$	$f = 45$,, $1:4,5$	$f = 50$,, $1:4,5$
$f = 135$,, $1:4,5$		$f = 80$,, $1:4,5$		$f = 60$,, $1:4,5$	$f = 70$,, $1:4,5$
$f = 150$,, $1:4,5$		$f = 100$,, $1:4,5$		$f = 90$,, $1:6,3$	$f = 100$,, $1:5,0$
$f = 165$,, $1:4,5$		$f = 120$,, $1:4,5$		$f = 120$,, $1:6,3$	
$f = 180$,, $1:4,5$		Milar mit Irisblende		Tessar mit Irisblende	
$f = 210$,, $1:4,5$		$f = 20$ mm $1:4,5$		$f = 135$ mm $1:4,5$	
Teleglyptar		$f = 30$,, $1:4,5$		$f = 165$,, $1:6,3$	
$f = 105$ mm $1:8$ nur für Metaphot		$f = 40$,, $1:4,5$			
		$f = 50$,, $1:4,5$			
		$f = 65$,, $1:4,5$			
		$f = 80$,, $1:4,5$			
		$f = 100$,, $1:4,5$			
		Photar mit Irisblende			
		$f = 150$ mm $1:6,3$			
		$f = 180$,, $1:6,3$			

[1] Aus REINERT (251).

Tabelle 11. Übersicht über die Zeissschen „Mikrotare".[1]

Brennweite	1 cm	1,5 cm	2 cm	3 cm	4,5 cm	6 cm	9 cm	12 cm	16,5 cm
Maximales Öffnungsverhältnis	1:1,6	1:2,3	1:3,2		1:4,5			1:6,3	
Maximale Apertur	0,31	0,21	0,15		0,11			0,08	
Typus									
⌀ des geebnet abgebildeten objektseitigen Sehfeldes	3,5 mm	5 mm	7 mm	15 mm	20 mm	30 mm	60 mm	80 mm	150 mm
Gangbare Maßstäbe, etwa:	30:1—85:1	18:1—60:1	12:1—40:1	7:1—25:1	5:1—20:1	3:1—15:1	1,5:1—10:1	1:1—7:1	1:1—5:1
Katalognummer und Ausführungsform 1.	11 21 36	11 21 37	11 21 38	11 21 53					
	ohne Irisblende, mit Steckzylinder für die Metallmikroskope								
2.	11 21 49	11 21 50	11 21 51	11 21 58	11 21 54	11 21 56	11 21 59		
	ohne Irisblende, mit englischem Gewinde								
3.	11 21 46	11 21 47	11 21 48	11 21 52	11 21 55	11 21 57	11 21 60 mit Irisblende Gewinde-⌀ 26,5 mm	11 21 64 mit Irisblende Gewinde-⌀ 26,5 mm	11 21 74 mit Irisblende Gew.-⌀ 45 mm
	mit Irisblende, mit englischem Gewinde								

Wichtige Fortschritte auf dem Gebiet der mikroskopischen Optik.

Abbildungsmaßstab des Zwischenbildes am Neophot mit Okularen	25:1	16,5:1	12,5:1	8,5:1	①	①	①
Abbildungsmaßstab des Zwischenbildes am Mikroskop bei $T = 160$ mm mit Okularen	①	10:1	7:1	①	①	①	①
Abbildungsmaßstab des Zwischenbildes mit Korrektionslinse $f = 160$ mm	16:1	10,6:1	8:1	5,5:1	3,5:1	2,7:1	
Brillenglaskondensoren		II (2 cm)	III (3,5 cm)	IV (5 cm)	V (10 cm)		Die Verwendung der über diesem Text angeführten Objektive am Mikroskopstativ ist zwecklos, da man weder das nutzbare Sehfeld ausnutzen noch die notwendigen großen Objektabstände erreichen kann. Anpassungslinsen für normale Stative werden daher nicht hergestellt. Die Objektive werden benutzt entweder an der Einstellfassung oder (bei der Standardkamera) am Makro-Dia-Stativ (nur $f = 9$ und 12 cm). Beleuchtung mit diesem oder mit Großobjektivtisch (beim Ultraphot) s. S. 483 ff.
Anpassungsteile der Mikrotare 1 bis 6 cm an die Stative L	1. Einschraubbarer Lichtabschlußtrichter 12 20 61 2. Objektivschlitten 20, 12 20 70						
	3. Zwischenring 20/1—13,5, 12 20 70/2			Zwischenring 20/1, 12 20 70/1			
	Statt 2. und 3. ist auch verwendbar:						
	2. gewöhnlicher Objektivrevolver am Schlitten						
	3. Zwischenring I/1, 12 12 07						

Das Öffnungsverhältnis bei Abblendung ist $1 : x = \dfrac{d}{f}$ und die numerische Apertur $A = \dfrac{d}{2f}$, wenn d der Blendendurchmesser ist.

① Diese Anwendungsart ist teils nicht möglich, teils nicht üblich.

[1] Aus MICHEL (208).

kehrten Verhältnis abgestuft, wobei allerdings nach den langen Brennweiten zu das Öffnungsverhältnis mehr und mehr über den Betrag hinausgeht, welcher der zulässigen Übervergrößerung entspricht.

Eine Übersicht über diese ZEISSschen Mikrotare mit allen für den Mikrophotographen wichtigen Angaben gibt Tabelle 11 nach MICHEL (208). Die in der Tabelle gemachten Angaben über den Durchmesser des geebnet abgebildeten Sehfeldes sind natürlich nur orientierender Art, denn es ist einleuchtend, daß sich die Größe des brauchbaren Sehfeldes beträchtlich ändert, je nachdem, wie weit das Objektiv abgeblendet wird. Ebenso ist der Abbildungsmaßstab von Einfluß. Die bezüglich der Abbildungsmaßstäbe gemachten Angaben sollen ebenso wie die Darstellung auf Abb. 54 gleichfalls nur zur Orientierung dienen. Es sind Maßstäbe, die sich mit gebräuchlichen Kameras erzielen lassen. Sie liegen, wie aus einem Vergleich mit Tabelle 9 hervorgeht, alle noch weit unterhalb des förderlichen Abbildungsmaßstabes.

Vergrößerungstabellen in der für das zusammengesetzte Mikroskop üblichen Art lassen sich für mikrophotographische Objektive nicht aufstellen, denn der Abbildungsmaßstab ist eine Funktion der durch die Veränderlichkeit des Kameraauszuges ermöglichten Änderung der optischen Kameralänge c. Macht man die Annahme, daß die Messung des Kameraauszuges von der Blendenebene des Objektivs gegenüber einer Messung von der bildseitigen Hauptebene aus keine wesentlichen Fehler hervorbringt, dann lassen sich die Beziehungen zwischen der Brennweite f des Objektivs, dem Abbildungsmaßstab β' und dem Kameraauszug $b = c + f$ auf Grund der einfachen Formel

$$b = f(\beta' + 1) \qquad (19)$$

graphisch darstellen. Hierbei ist aus Gründen der Übersichtlichkeit und Platzersparnis eine Darstellung in Form von Funktionsleitern manchmal zweckmäßiger, weil übersichtlicher als eine solche in einem Koordinatensystem, wie ein Vergleich zwischen Abb. 156 und Abb. 52 lehrt. Leider ist die Messung des Kameraauszuges nicht immer auf einfache Weise möglich, so daß die praktische Anwendung der Beziehungen zwischen dem Kameraauszug und dem Abbildungsmaßstab nach (19) oft nicht gelingt. Dagegen ist die Messung des Abstandes zwischen Objekt und Bild immer leicht und sicher möglich. Und da die Beziehungen zwischen Objekt-Bild-Abstand O, Abbildungsmaßstab β' und Objektivbrennweite f ebenfalls auf eine relativ einfache Form, nämlich auf

$$O = f(\beta' + \frac{1}{\beta'} + 2) \qquad (20)$$

zu bringen sind, läßt sich auch diese zur graphischen Darstellung benutzen (Abb. 53). Nach Angaben von MICHEL (203) hat die Firma C. ZEISS zur bequemen Auswertung von (20) für alle in der Mikrophotographie mit mikrophotographischen Objektiven vorkommenden Brennweiten einen logarithmischen Rechenstab herausgebracht. Dieser sogenannte Vergrößerungsrechenstab stellt, wie die Abb. 55 zeigt, einen kleinen Rechenschieber dar. Auf ihm sind drei Teilungen für die veränderlichen Größen der obigen Formel angebracht. Die Teilung A auf dem unteren Teil des Schieberkörpers ist die Skala für den Objekt-Bild-Abstand O. Auf ihr kann man Werte von 20 bis 200 cm, also alle in der Praxis überhaupt vorkommenden Größen ablesen. Die Teilungen B und C befinden sich auf der Zunge. B ist die Teilung für den Abbildungsmaßstab β' und C die für die Objektivbrennweite f. Da diese beiden Teilungen im notwendigen Umfang auf einer Zungenseite nicht untergebracht werden konnten, sind sie auf die Vorder- und Rückseite der Zunge verteilt. Um die Brennweite ablesen zu können, befindet sich auf dem oberen Teil des Schieberkörpers eine Strichmarke.

Wichtige Fortschritte auf dem Gebiet der mikroskopischen Optik. 529

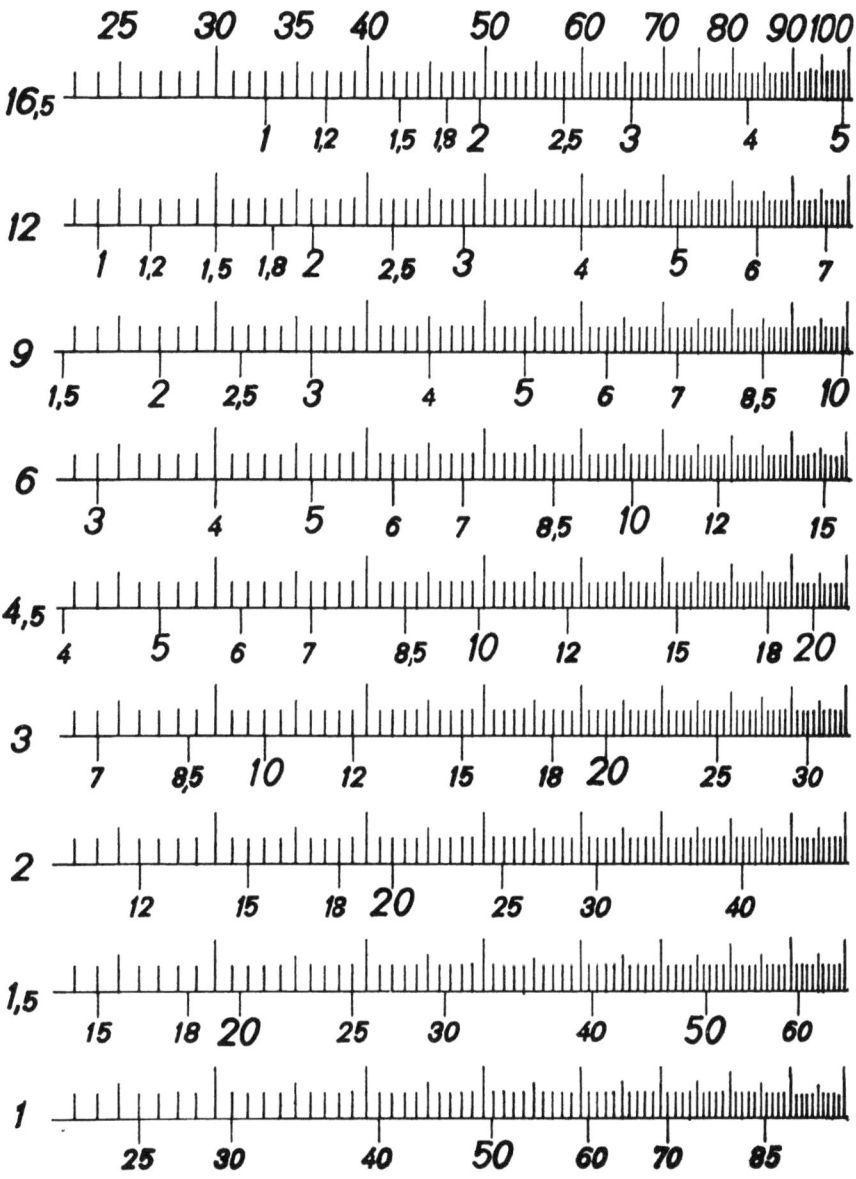

Abb. 52. Die Beziehung zwischen Bildweite und Abbildungsmaßstab bei den verschiedenen Brennweiten der mikrophotographischen Objektive in Form von Funktionsleitern. (Aus MICHEL 208.)

Die Zahl links neben der Funktionsleiter bedeutet die Brennweite, für die sie gilt. Die obere Skala ist die Bildweite in Zentimetern, die untere der Abbildungsmaßstab. Hat man beispielsweise ein Objekt mit einem Mikrotar 3 cm im Maßstab 15:1 aufzunehmen, dann muß man den Abstand zwischen Objektivblende und Platte, wie aus der Leiter neben 3 abzulesen ist, auf 48 cm bringen. Analog läßt sich auch zu einer eingestellten Kameralänge der Maßstab aus der Tabelle entnehmen.

Die Anwendung des Geräts ist nicht auf die Mikrophotographie allein beschränkt. Es läßt sich vielmehr auch in der Reproduktionstechnik, in der Makrophotographie, ja sogar in der Projektion in analoger Weise verwenden. Auf allen diesen Gebieten benutzt man es vorzugsweise,

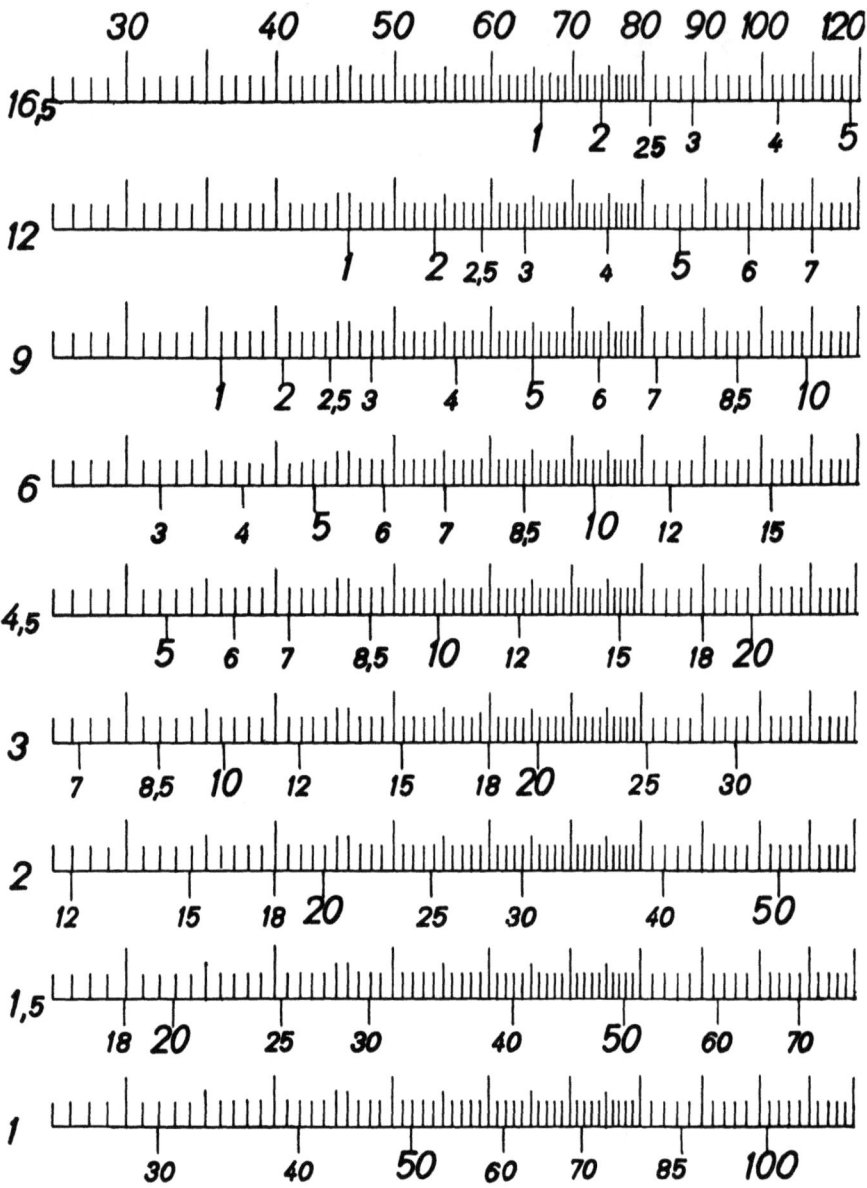

Abb. 53. Die Beziehungen zwischen Objekt-Bild-Abstand und Abbildungsmaßstab bei den verschiedenen mikrophotographischen Objektiven in Form von Funktionsleitern. (Aus MICHEL 208.)

Die Zahl links neben der Funktionsleiter ist die Brennweite, für die sie gilt. Die obere Skala ist der Objekt-Bild-Abstand in Zentimetern, die untere der Abbildungsmaßstab. Soll also beispielsweise mit einem Mikrotar 6 cm ein Maßstab 10:1 erreicht werden, so muß man nach der zu 6 gehörigen Leiter einen Objekt-Bild-Abstand von 73 cm einstellen. Diesen Abstand mißt man am besten, indem man ohne Objektiv und Mattscheibe durch die Kamera und den Tubus einen Zollstock schiebt und über die Auflagefläche der Mattscheibe hinweg visiert (vgl. auch Abb. 56).

a) um bei gegebener Brennweite des Objektivs und für einen bekannten Objekt-Bild-Abstand den Abbildungsmaßstab zu bestimmen,

b) um bei gegebener Brennweite des Objektivs den für einen bestimmten Abbildungsmaßstab einzustellenden Objekt-Bild-Abstand zu ermitteln,

Wichtige Fortschritte auf dem Gebiet der mikroskopischen Optik. 531

c) um die Größenordnung zu bestimmen, in der die Objektivbrennweite liegen muß, wenn mit einer Kamera von beschränkter Auszugslänge ein bestimmter Abbildungsmaßstab erreicht werden soll,

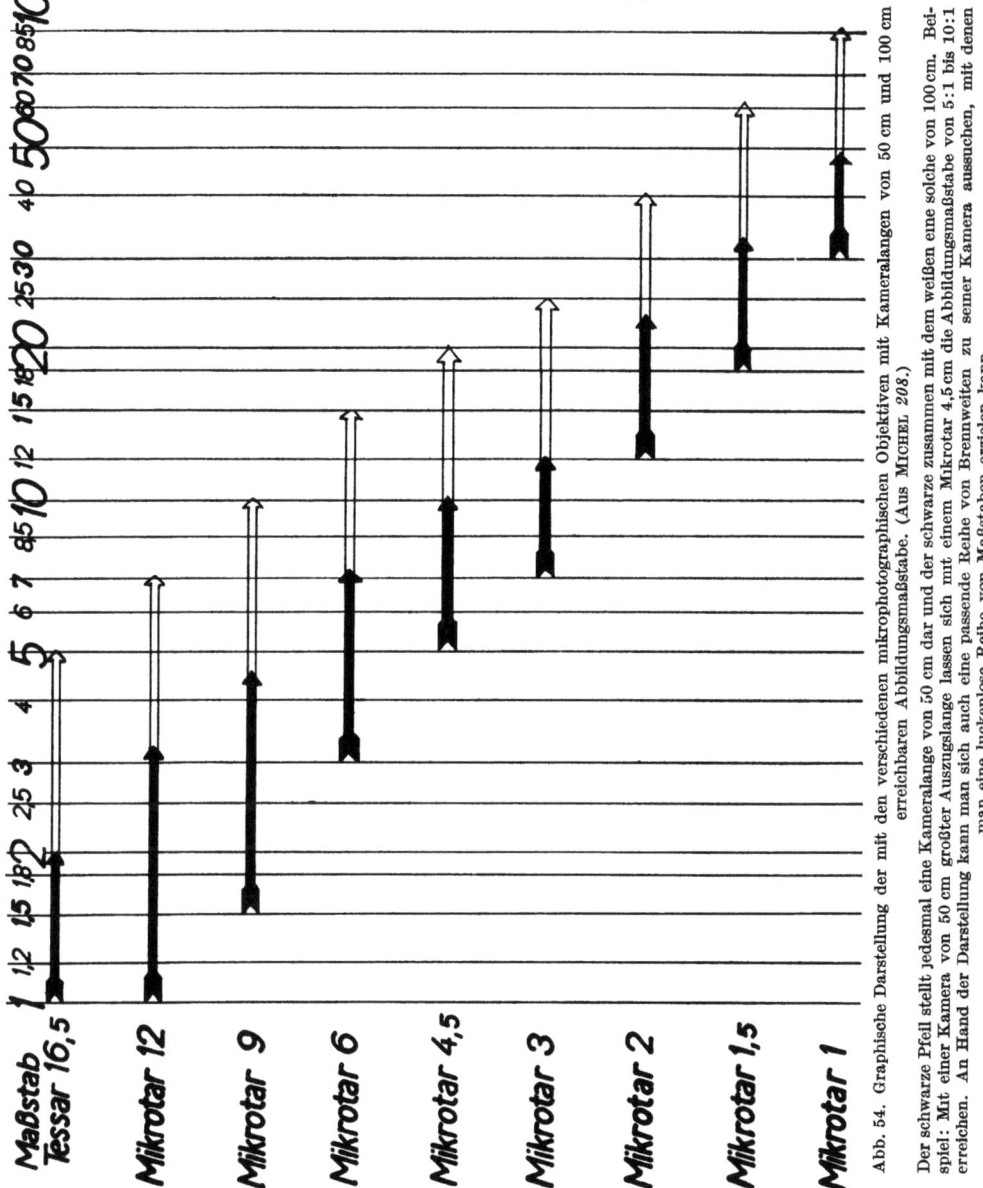

Abb. 54. Graphische Darstellung der mit den verschiedenen mikrophotographischen Objektiven mit Kameralängen von 50 cm und 100 cm erreichbaren Abbildungsmaßstabe. (Aus MICHEL 208.)

Der schwarze Pfeil stellt jedesmal eine Kameralänge von 50 cm dar und der schwarze zusammen mit dem weißen eine solche von 100 cm. Beispiel: Mit einer Kamera von 50 cm großer Auszugslänge lassen sich mit einem Mikrotar 4,5 cm die Abbildungsmaßstabe von 5:1 bis 10:1 erreichen. An Hand der Darstellung kann man sich auch eine passende Reihe von Brennweiten zu seiner Kamera aussuchen, mit denen man eine lückenlose Reihe von Maßstaben erzielen kann.

d) um die unbekannte Brennweite eines Linsensystems zu bestimmen,
e) um den Abstand der Hauptebenen eines Objektivs festzustellen.

Hierbei spielt es keine Rolle, ob der Abbildungsmaßstab größer oder kleiner als 1:1 ist, da sich ja bekanntlich Objekt und Bild vertauschen lassen. Die

34*

unter a bis c genannten Bestimmungen kommen am häufigsten vor. Daher sei an dieser Stelle das dabei einzuschlagende Verfahren näher erläutert.

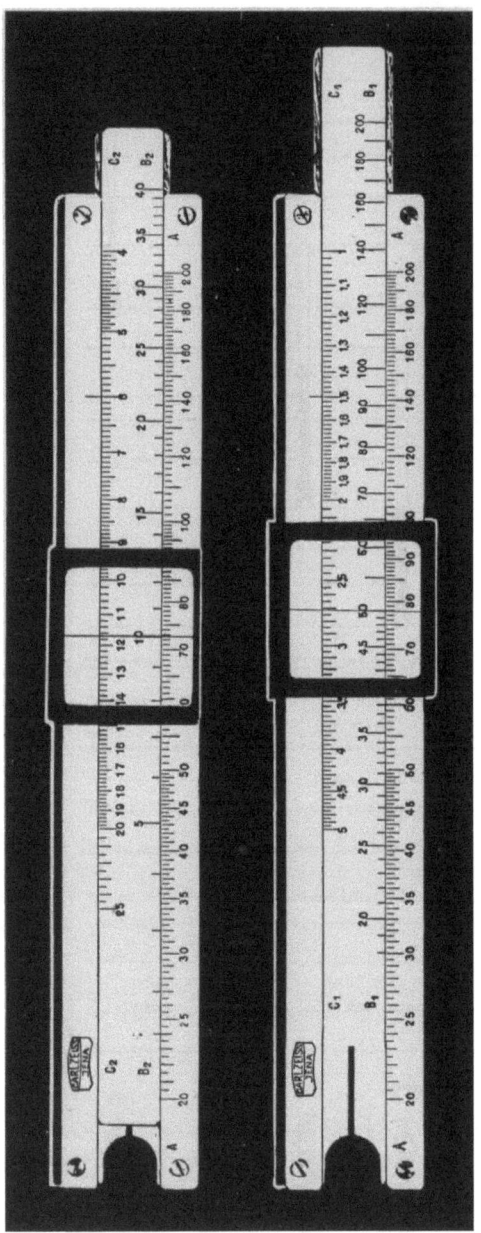

Abb. 55. Vergrößerungsrechenstab für Mikrophotographie von ZEISS. (Aus MICHEL 203.) Die Teilung A bedeutet den Objekt-Bild-Abstand, B_1 bzw. B_2 den Abbildungsmaßstab und C_1 bzw. C_2 die Objektivbrennweite.

Zu a. Um bei einer beliebigen Einstellung den Abbildungsmaßstab zu bestimmen, stellt man auf der Teilung C_1 bzw. C_2 der Zunge den Wert für die benutzte Objektivbrennweite auf die Strichmarke des oberen Schieberteiles ein. Auf der Teilung A des unteren Schieberteiles sucht man den für den Objekt-Bild-Abstand gefundenen Wert (über die Messung desselben vgl. S. 533) auf. Neben ihm auf der Teilung B_1 bzw. B_2 der Zunge kann dann unmittelbar der Abbildungsmaßstab abgelesen werden.

Zu b. Zur Bestimmung des zur Erzielung eines gewünschten Abbildungsmaßstabes mit einem bestimmten Objektiv notwendigen Objekt-Bild-Abstandes stellt man zunächst, wie im vorangegangenen Absatz beschrieben, den Wert der Objektivbrennweite auf die Strichmarke ein. Den gewünschten Abbildungsmaßstab sucht man auf der Teilung B_1 bzw. B_2 der Zunge auf, worauf man ohne weiteres auf der Teilung A_1 bzw. A_2 neben ihm den gesuchten Wert ablesen kann.

Zu c. Will man sich eine Vorstellung verschaffen, was für eine Objektivbrennweite am zweckmäßigsten angewandt wird, um einen bestimmten Abbildungsmaßstab mit einer Kamera von beschränktem Auszug einzustellen, dann bestimmt man zunächst den größten Objekt-Bild-Abstand, den die Kamera zuläßt. Den Wert dafür sucht man auf der Teilung A des Schiebers auf. Auf ihn stellt man den Wert des gewünschten Abbildungsmaßstabes ein, den man auf der Teilung B_1 bzw. B_2 findet, und kann nunmehr an der Strichmarke auf der Teilung

C_1 bzw. C_2 den größten Wert ablesen, den die Objektivbrennweite haben darf. Stimmt er nicht mit dem einer vorhandenen Brennweite überein, dann stellt man die nächstniedrigere ein und bestimmt den zur Erreichung des gewünschten Abbildungsmaßstabes notwendigen Objekt-Bild-Abstand, wie das unter b beschrieben wurde.

Die bei allen diesen Bestimmungen notwendige Messung des Objekt-Bild-Abstandes kann durch eine unmittelbare Messung geschehen. Die unmittelbare Messung erfolgt so, daß man ein Zentimetermaß, nachdem Mattscheibe und Objektiv aus der mikrophotographischen Einrichtung entfernt wurden, durch die Kamera und den Mikroskoptubus hindurch bis auf die Oberfläche des Präparats führt und von hier bis zur Auflagefläche des Mattscheibenrahmens mißt. Zu dem erhaltenen Wert zählt man noch das Stückchen, um das die mattierte Seite der Mattscheibe von der Auflagefläche ihres Rahmens entfernt ist.

Da diese unmittelbare Methode recht umständlich ist, ersetzt man sie zweckmäßigerweise durch eine mittelbare. Hierbei mißt man von einem beliebigen Bezugspunkt, etwa von der Standfläche des Mikroskops aus (Abb. 56) oder an einer Teilung der Kameraufstange die Stellung des Mattscheibenrahmens. Diese Messung rechnet man auf die wahre Größe um, indem man die einmal bestimmte konstante Differenz zwischen dem gemessenen Wert und dem wahren Objekt-Bild-Abstand abzieht (Fall der Abb. 56) oder zuzählt.

Die vorstehende Methode zur Bestimmung der Abbildungsmaßstäbe wurde hier deshalb so ausführlich gebracht, weil es bei der Veröffentlichung mikrophotographischer Aufnahmen niemals unterlassen werden sollte, den Abbildungsmaßstab mit anzugeben. Dabei ist zu beachten, daß die Abbildungen in der Regel bei der Reproduktion etwas verkleinert werden. Ein nach der Originalaufnahme bestimmter Maßstab wird also für das reproduzierte Bild nicht mehr stimmen. Man darf daher nicht vergessen, ihn umzurechnen, was leider doch oft geschieht. Infolgedessen sind die Angaben über den Abbildungsmaßstab oft falsch.

Solche peinlichen Folgen lassen sich aber vermeiden, wenn der Abbildungsmaßstab als Vergleichsstrecke in dem Bild erscheint. Diese erfährt stets die gleichen Veränderungen wie das Bild selbst, so daß jeder Irrtum ausgeschlossen ist.

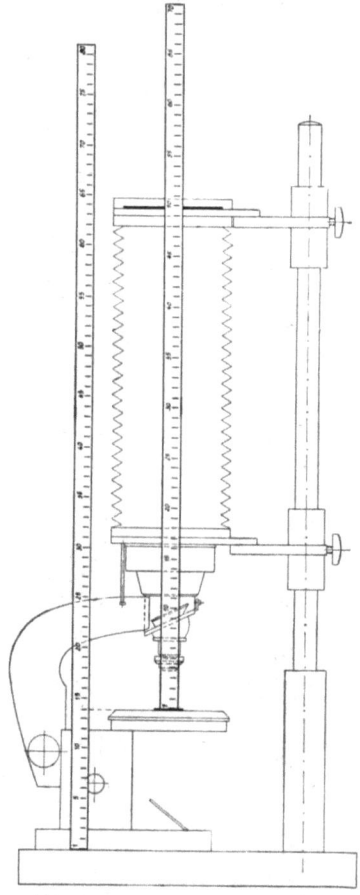

Abb 56. Die Messung der Kamerastellung bei einer Vertikalkamera ohne Laufstangenteilung. (Aus MICHEL 203.)

Der rechte Maßstab zeigt, wie man den Objekt-Bild-Abstand direkt bestimmt, indem man nach Herausnahme aller zwischenliegenden Teile den Maßstab durch die Kamera und das Mikroskop führt. Der Maßstab links zeigt die Messung der Kamerastellung von einem beliebigen Festpunkt, im vorliegenden Fall von der Grundplatte der Kamera aus.

Die Verfahren, die zu diesem Zweck angewandt werden können, wurden von RÖSCH (264) zusammengestellt. Er unterscheidet dabei zwischen simultanen und sukzessiven Verfahren. Bei den ersteren wird der in einer zur Objektebene konjugierten Ebene angebrachte Maßstab gleichzeitig mit dem Bild auf dem Negativ aufgenommen. Bei den letzteren wird er dagegen erst später in einem weiteren Arbeitsgang aufgebracht.

Die folgende Übersicht mag einen Überblick über die recht zahlreichen Möglichkeiten geben:

A. Simultane Verfahren:

a) Es wird beim zusammengesetzten Mikroskop eine Teilung am Ort des Zwischenbildes angebracht (Okularmikrometer). Das Verfahren ist sehr bequem, hat aber folgende Nachteile: Das Bild der Teilung bedeckt in der Regel die Mitte des Gesichtsfeldes und stört daher meist die Darstellung der wichtigsten Einzelheiten. Die Skala gibt kein Maß für die wahre Größe der Objekte; es muß vielmehr stets der Mikrometerwert für das benutzte Objektiv angegeben werden.

b) Die Teilung wird im Beleuchtungsstrahlengang angebracht und durch den Kondensor direkt ins Objekt abgebildet (vgl. hierzu auch Abb. 163). Wegen der für eine gute Abbildung meist nicht ausreichenden Korrektion des Kondensors ist das Ergebnis im allgemeinen unbefriedigend.

c) Die Teilung wird außerhalb der Achse des mikrophotographischen Geräts angebracht und durch eine spiegelnde Vorrichtung (z. B. einen Zeichenspiegel oder eine dem Vertikalilluminator ähnliche Anordnung) in das zu photographierende Bild projiziert. Hierbei lassen sich zu jeder beliebigen Kombination optischer Systeme passende und beschriftete Teilungen zeichnen, die weiß auf schwarzem Grund ausgeführt sein müssen, und an eine beliebige Stelle des Bildes bringen. Natürlich braucht bei diesem Verfahren die Einbelichtung der Skala nicht simultan zu erfolgen. Da zu ihrer Beleuchtung eine besondere Lampe notwendig ist, kann das vielmehr auch vor oder nach der Belichtung der eigentlichen Aufnahme geschehen. Das Verfahren nimmt also eine Übergangsstellung zur zweiten Gruppe ein.

B. Sukzessive Verfahren:

d) Die Teilung wird in Form eines Objektmikrometers an die Stelle des Objekts gebracht und vor bzw. nach der eigentlichen Aufnahme auf die gleiche Platte belichtet. Hierzu sind nur negative Objektmikrometer zu verwenden, d. h. Objektmikrometer mit hellen Strichen auf dunklem Grund. Das Verfahren eignet sich insbesondere bei Objekten, bei denen man die Skala an eine relativ dunkle Stelle des Objekts legen kann, da sich hier die hellen Striche besonders deutlich abheben. Für Objekte, bei denen solche dunklen Partien nicht vorkommen, ist es weniger geeignet.

e) Die Teilung wird als positives Objektmikrometer an die Stelle des Objekts gebracht, für sich auf eine besondere Platte aufgenommen und nachträglich in das Positiv einkopiert. Im einfachsten Fall kann man sogar auf die besondere Aufnahme verzichten und braucht bloß den Abbildungsmaßstab zu bestimmen und eine entsprechende Strecke in das fertige Bild einzuzeichnen, ein Verfahren, das wegen seiner Einfachheit vor allen anderen den Vorzug verdient und daher wohl auch in der Praxis am häufigsten angewandt wird (s. z. B. Abb. 164 bis 167).

Die Bestimmung des Abbildungsmaßstabs[1] in jedem einzelnen Fall ist natürlich eine immerhin zeitraubende, manchmal auch umständliche Angelegenheit. Man kann sich die Arbeit außerordentlich erleichtern, wenn man sich bei allen Aufnahmen stets an ganz bestimmte Abbildungsmaßstäbe hält, die zweckmäßigerweise nach einer bestimmten Reihe abgestuft sind. Man sucht sie für das Gerät, mit dem man arbeitet, einmal auf und notiert sich die notwendigen Zusammenstellungen von Objektiven und Okularen sowie die einzustellenden Kameraauszüge, so daß man in der Lage ist, jederzeit die betreffenden Abbildungsmaßstäbe zu reproduzieren.

---

[1] Über eine einfache Methode zur Bestimmung des Abbildungsmaßstabs s. S. 620 ff.

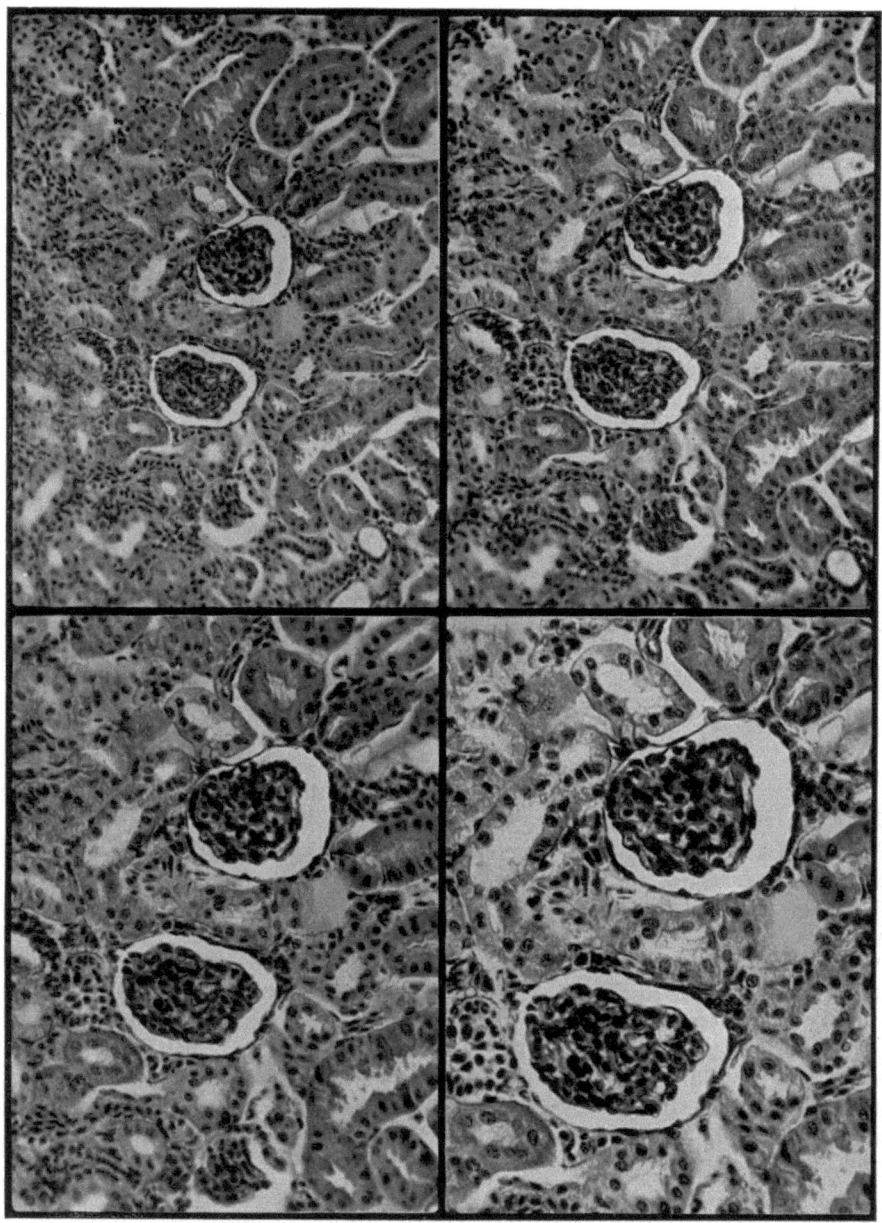

Abb. 57. Vier verschiedene Stufen aus der in Tabelle 12 dargebotenen Normreihe der Abbildungsmaßstabe: 200 1, 250 1, 300 1, 400:1. (Aus MICHEL *208*)

Eine empfehlenswerte Reihe mit drei Unterreihen von verschieden großer Abstufung ist in Tabelle 12 wiedergegeben. Sie ist so zusammengestellt, daß

a) zwei benachbarte Werte über die ganze Reihe hinweg im möglichst gleichen Verhältnis stehen;

b) dieses Verhältnis so gewahlt ist, daß mindestens ein, meist aber sogar mehrere Abbildungsmaßstäbe zu finden sind, wenn es sich darum handelt, ein

Individuum unter möglichst guter Ausnutzung des Plattenformats abzubilden (Abb. 57);
c) die Werte ganze Zahlen darstellen;
d) sich die Reihe durch Multiplikation mit 10, 100 usw. beliebig erweitern läßt.

Tabelle 12. **Die Normreihen der Abbildungsmaßstabe in der Mikrophotographie.**[1]

12er-Reihe	6er-Reihe	3er-Reihe	12er-Reihe	6er-Reihe	3er-Reihe	12er-Reihe	6er-Reihe	3er-Reihe	12er-Reihe	6er-Reihe	3er-Reihe
1	1	1	10	10	10	100	100	100	1000	1000	1000
1,2			12			120			1200		
1,5	1,5		15	15		150	150		1500	1500	
1,8			18			180			1800		
2	2	2	20	20	20	200	200	200	2000	2000	2000
2,5			25			250			2500		
3	3		30	30		300	300		3000	3000	
4			40			400			4000		
5	5	5	50	50	50	500	500	500	5000	5000	5000
6			60			600			6000		
7	7		70	70		700	700		7000	7000	
8,5			85			850			8500		

2. Okulare.

Bei den Okularen sind zwei verschiedene Neuerungen zu besprechen, die für den Mikrophotographen wenigstens zum Teil bereits eine gewisse Bedeutung erlangt haben, von denen aber zu erwarten ist, daß diese in Zukunft noch in ganz beträchtlichem Maß steigen wird. Die eine Neuerung betrifft Okulare, mit denen es möglich ist, innerhalb gewisser Grenzen eine **kontinuierliche Änderung des Abbildungsmaßstabs** des vom mikrophotographischen Gerät erzeugten Bildes vorzunehmen, ohne daß dabei eine Änderung der Bildschärfe eintritt. Es handelt sich dabei also um Okulare mit pankratischer Abbildung. Solche Okulare bzw. Zusätze zu Okularen fertigt bis jetzt die Firma E. Busch mit ihrem „Vario-Vorsatz" zum Gebrauch mit dem Kameramikroskop „Metaphot" und die Firma C. Zeiss mit ihrem „Pankratischen Projektionsokular" an.

Die zweite Neuerung stellt einen Okulartyp dar, mit dem es möglich ist, **die beiden Halbbilder bei Mikrostereoaufnahmen gleichzeitig nebeneinander aufzunehmen**, wodurch man z. B. erstmals in die Lage versetzt wird, lebende Objekte mit dem zusammengesetzten Mikroskop stereoskopisch aufzunehmen, ja sogar zu filmen.

a) Okulare zum stetigen Wechsel des Abbildungsmaßstabs.

α) **Der Vario-Vorsatz.** Der „Vario-Vorsatz" von Busch (vgl. 34) ist als Spezialzusatzgerät zu dem Kameramikroskop „Metaphot" entwickelt worden.

---

[1] Aus Michel (*208*).

Dieses Kameramikroskop (vgl. PÉTERFI, S. 181) hat bekanntlich eine feste Projektionsentfernung. Man ist infolgedessen stets nur auf die ganz bestimmten Abbildungsmaßstäbe beschränkt, die sich durch die Kombination der gerade vorhandenen Objektive und Okulare erzielen lassen. Zwischenwerte, wie sie sich bei jeder Kamera mit veränderlichem Balgenauszug ohne Schwierigkeiten einstellen lassen, sind nicht möglich. Diese Möglichkeit soll hier der „Vario-Vorsatz" schaffen. Das Gerät (Abb. 58) ist an einem besonderen Okularschieber befestigt, der statt des normalen Okularschiebers benutzt wird, und an dem sich auch der Verschluß befindet.

Abb. 58. Der „Vario-Vorsatz" für das BUSCH-„Metaphot". (Aus der BUSCH-Druckschrift M 210.)

In dem Schieber selbst werden die normalen Photookulare benutzt. Die eigentliche Variooptik besteht aus drei Linsen, die hinter dem Photookular angeordnet sind. Die erste dieser Linsen steht fest, die beiden anderen lassen sich über ein Getriebe mittels eines seitlich auf dem Schieber sitzenden Knopfes bewegen, wobei die eine Linse eine stetige, die andere zur Erhaltung der Bildschärfe eine unstetige Bewegung macht. Infolge der Verschiebung der Linsen ändert sich der mit Objektiv und Okular allein erzielbare Abbildungsmaßstab auf der Mattscheibe stetig um Faktoren, die zwischen 1,8 und 2,8 liegen, und die sich an einer an dem Knopf befindlichen Skala ablesen lassen. Um die Okulare bequem wechseln zu können, lassen sich die Linsen des „Vario-Vorsatzes" nach der Seite ausschwenken.

β) **Das Pankratische Projektionsokular.** Bei diesem Gerät (Abb. 59) wird das gleiche Prinzip der Abbildung benutzt wie bei dem veränderlichen System des pankratischen Kondensors (vgl. S. 507 ff.), d. h. das die abbildende Funktion ausübende System besteht aus zwei beweglichen Gliedern von unveränderlichem Abstand und sammelnder Wirkung und einem von beiden eingeschlossenen, feststehenden Glied mit zerstreuender Wirkung. Die drei Glieder sind so aufeinander abgestimmt, daß das von ihnen erzeugte Bild praktisch immer genau in der gleichen Ebene liegt, gleichgültig, welche Lage die Glieder

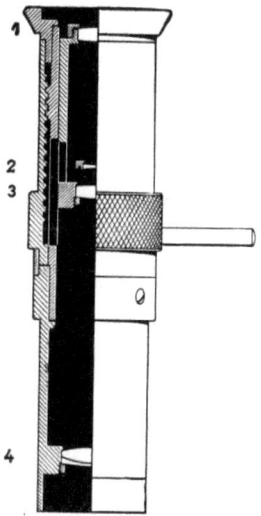

Abb. 59. Das ZEISSsche „Pankratische Projektionsokular" für die Kleinbildmikrophotographie und für die Mikrokinematographie. (Aus MICHEL 208.)

zueinander einnehmen. Bei der Verschiebung der beweglichen Glieder gegenüber dem feststehenden Glied ändert sich lediglich der Abbildungsmaßstab des erzeugten Bildes stetig, und zwar im Verhältnis 1:4. Wie jedes Okular, wird auch das „Pankratische Okular" durch eine Kollektivlinse ergänzt, die die Aufgabe hat, die Austrittspupille des Objektivs an die richtige Stelle im Okular abzubilden. Da der Ort dieses Bildes im Innern des pankratischen Systems liegt, läßt sich das Okular nicht ohne weiteres zur subjektiven Beobachtung benutzen.

Die zurzeit im Handel befindliche Ausführungsform des Geräts ist in erster Linie für mikrokinematographische Aufnahmen bestimmt. Bei Verwendung mit einer Schmalfilmkamera bildet es das vom Objektiv erzeugte Zwischenbild auf dem Film in Maßstäben ab, die zwischen 1 und 4 liegen. Soll es zu Aufnahmen auf Normalfilm benutzt werden, dann ist das Endbild durch eine feststehende, hinter dem pankratischen System angeordnete Zusatzlinse um den Faktor 2,5 × zu vergrößern. Ebenso können mit geeigneten Zusatzlinsen anderer Stärke größere Plattenformate ausgezeichnet werden. Da die ganze Anordnung aber gegen Justierfehler, die bei der Benutzung als Einzeloptik leicht gemacht werden, sehr empfindlich ist, wird das Gerät nicht einzeln zur Verwendung mit beliebigen mikrophotographischen Einrichtungen hergestellt. Es wird vielmehr zunächst nur fest an vollständigen Geräten an- oder gar eingebaut geliefert, und zwar vorderhand ausschließlich an mikrokinematographischen Geräten sowie eingebaut in ein neuartiges Photomikroskop mit Kleinbildkamera (vgl. S. 611 und Abb. 154).

b) Okulare zur Aufnahme von Mikrostereogrammen.

Neuerdings ist das Interesse an der Stereoskopie wieder beträchtlich gestiegen, weil sich durch Verwendung der seit einigen Jahren bekannten Großflächenpolarisatoren (Polarisationsfilter) zur Projektion stereoskopische Bilder auch einem großen Zuschauerkreis zugänglich machen lassen. Auch einer Wiedergabe von stereoskopischen Filmen steht damit nichts mehr im Wege. Natürlich wurde durch das Anwachsen des allgemeinen Interesses für die Stereoskopie auch das für die Mikrostereoskopie wieder geweckt. In der Tat gibt es viele Objekte, die sich wegen ihres verwickelten räumlichen Aufbaues nur im Raumbild gut darstellen lassen. Trotzdem begegnet man diesem in wissenschaftlichen Veröffentlichungen noch fast nie. Schuld daran mag wohl die Kompliziertheit tragen, die die Mehrzahl der stereomikrophotographischen Methoden auszeichnet, denn bei fast allen bekannten Methoden müssen die Halbbilder nacheinander aufgenommen werden. Erst durch die Einführung der Stereookulare ist es möglich geworden, auch mit dem zusammengesetzten Mikroskop die beiden Halbbilder gleichzeitig aufzunehmen und damit nicht nur unbewegliche Objekte, sondern auch lebende, bewegliche Mikroorganismen stereomikrophotographisch, ja sogar stereomikrokinematographisch zu erfassen.

Vor der ins Einzelne gehenden Besprechung der Stereookulare ist es angebracht, eine systematische Übersicht über die für mikroskopische Aufgaben überhaupt angewandten stereoskopischen Methoden zu geben, wobei wir uns eng an die von MICHEL (208) gebotene Darstellung anlehnen.

Die für die Mikrostereophotographie benutzten Methoden lassen sich in zwei große Gruppen einteilen, je nachdem, ob die von den zwei Projektionszentren aus erzeugten Halbbilder auf parallele oder auf gekreuzte Einstellebenen entworfen werden (Abb. 60).

Bei den Methoden, deren Kennzeichen die gekreuzten Einstellebenen sind, kann auf zwei Arten verfahren werden, um die notwendige Neigung der Einstellebenen gegen die optische Achse zu erzielen: entweder neigt man

    a) die Achse der Kamera gegen das Objekt (Abb. 61, links) oder
    b) das Objekt gegen die Achse der feststehenden Kamera (Abb. 61, rechts).

Im ersteren Fall muß die Kamera einmal von rechts und darauf von links auf das Präparat gerichtet werden. Beim Arbeiten mit durchfallendem Licht

Wichtige Fortschritte auf dem Gebiet der mikroskopischen Optik. 539

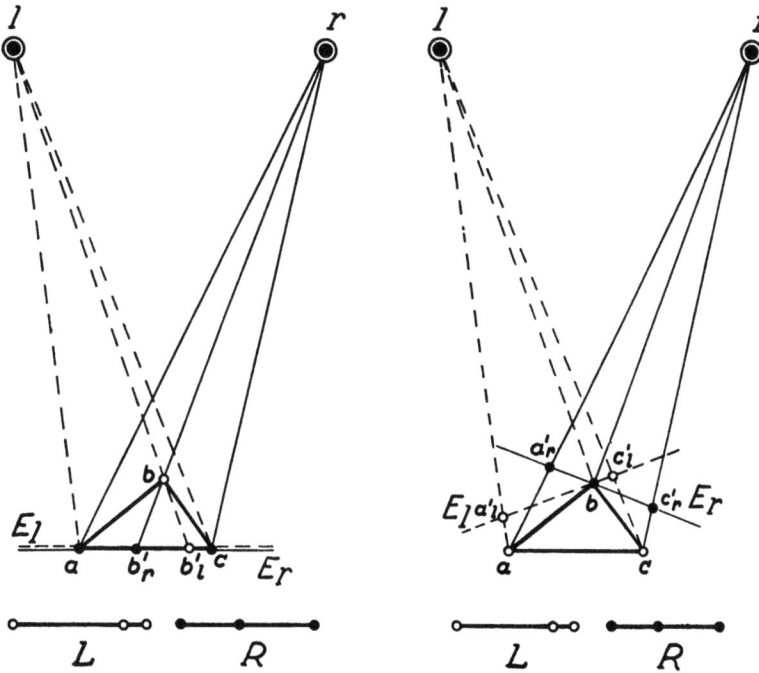

Abb. 60. Zur Entstehung der rechten und linken Halbbilder bei der Mikrostereoaufnahme. Links bei parallelen, rechts bei gekreuzten Einstellebenen. (Aus MICHEL 207.)

Das Objekt abc, als Querschnitt durch ein dreiseitiges Prisma gedacht, wird einmal von einem rechten Projektionszentrum r aus auf die Ebene E_r projiziert, wodurch das rechte Halbbild $ab_r'c$ bzw. $a_r'bc_r' = R$ entsteht. Das zweite Mal erfolgt die Projektion von dem linken Zentrum l aus, wodurch man das linke Halbbild $ab_l'c$ bzw. $a_l'bc_l' = L$ erhält.

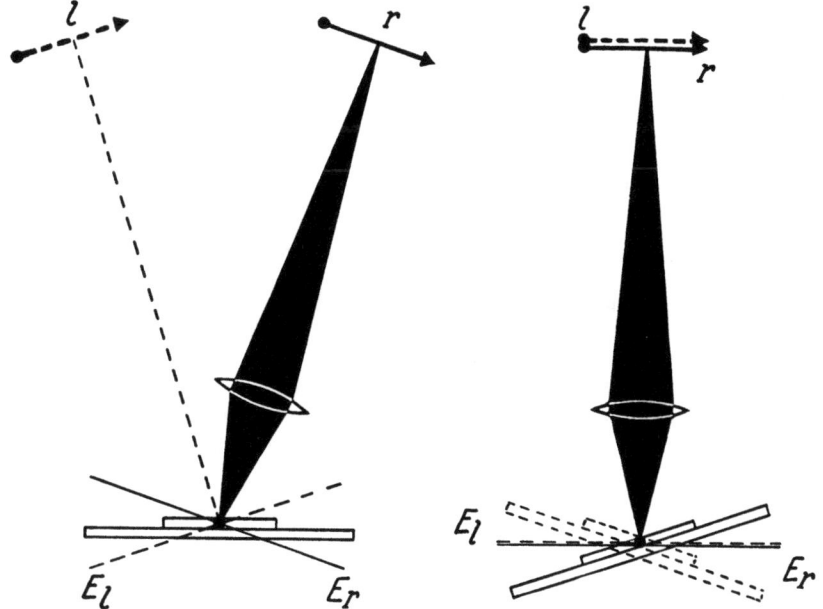

Abb. 61. Das Prinzip der Mikrostereoaufnahme mit gekreuzten Einstellebenen. (Aus MICHEL 207.) Links die Aufnahme mit geneigter Kamera (z. B. „Druner-Kamera" von ZEISS), rechts die Aufnahme mit geneigtem Objekt (z. B. stereoskopische Wippe, vgl. PÉTERFI, S. 263).

34 a*

muß selbstverständlich die Beleuchtungseinrichtung mit geneigt werden, was wegfällt, wenn man das Präparat neigt, z. B. mit einer sogenannten stereoskopischen Wippe. Den beiden Verfahren mit gekreuzten Einstellebenen ist als Nachteil gemeinsam, daß wegen der Neigung der Einstellebenen zur optischen Achse flache Objekte verzerrt und mit zunehmender Unschärfe nach den beiden Rändern abgebildet werden. Nur bei verhältnismäßig schwachen Vergrößerungen und bei ziemlich stark körperlichen Objekten sind einigermaßen befriedigende Resultate zu erwarten. Daher ist die Methode auch nur noch für Arbeiten unter diesen Bedingungen im Gebrauch, nämlich mit Hilfe der „Drüner-Kamera".

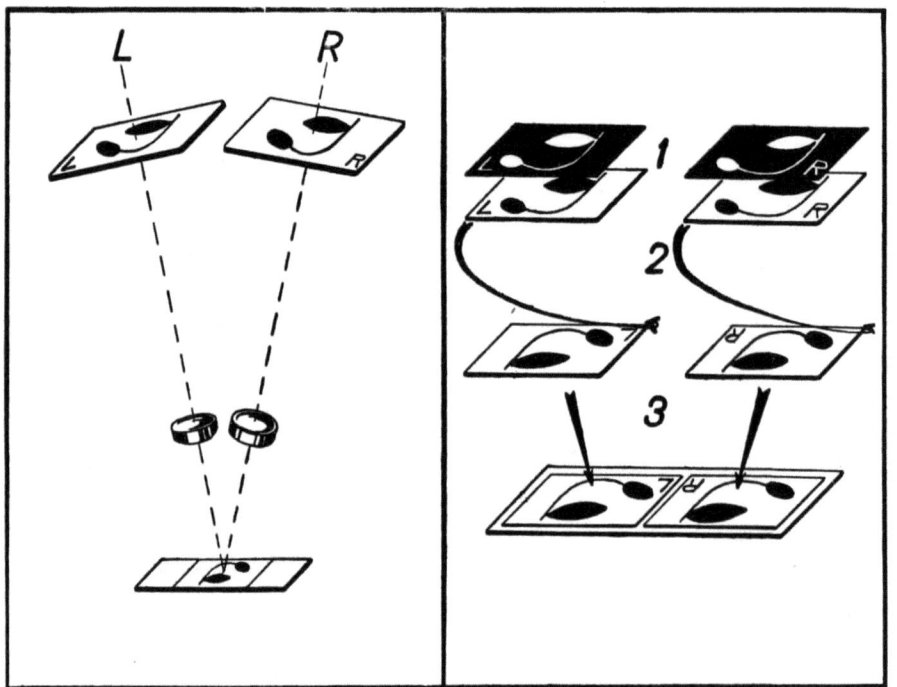

Abb. 62. Die Mikrostereoaufnahme mit dem einfachen Mikroskop I. Aufnahme mit der „Drüner-Kamera" (2 Platten). (Aus MICHEL *208*.)
Links die Aufnahme, rechts das Aufkleben der Bilder. *1* Negativ kopieren, *2* jedes Positiv um 180° drehen, *3* linkes Bild links und rechtes Bild rechts aufrecht aufkleben.

Bei diesem Gerät werden bekanntlich die Halbbilder nicht nacheinander, sondern gleichzeitig aufgenommen, da zwei Kammern nebeneinander angeordnet sind (Aufnahmeverfahren vgl. Abb. 62).

Die erwähnten Nachteile treten bei den durch die **Parallelität der Einstellebenen** gekennzeichneten Verfahren nicht auf, weshalb ihre Bedeutung auch weitaus größer ist. Auch hier lassen sich die Halbbilder auf zwei Arten erzeugen ·
    a) durch seitliches Verschieben des Objekts (Abb. 63, links) oder
    b) durch seitliches Verschieben der Austrittspupille des Objektivs (Abb. 63, rechts).

Die erste Art kommt bei Aufnahmen in schwachen Vergrößerungen mit Hilfe eines normalen mikrophotographischen Geräts und des einfachen Mikroskops zur Anwendung, da man dazu ein Objektiv mit großem Bildwinkel benötigt (Aufnahmeverfahren s. Abb. 64 und 65). Die zweite Art wird bei allen Mikrostereoaufnahmen mit dem zusammengesetzten Mikroskop benutzt, wo Objektive mit verhältnismäßig großer Apertur und kleinem Bildwinkel angewandt werden (Aufnahmeverfahren s. Abb. 66 bis 69). Sie bildet die Grundlage für das Verständnis der Stereookulare.

Eine einfache Überlegung lehrt, daß in jedem, auf gewöhnliche Weise erzeugten mikroskopischen Bild beide Halbbilder einer Stereoaufnahme enthalten sind. Bei der erwähnten Methode mittels Verschiebung der Pupille werden sie nacheinander eben dadurch voneinander isoliert, daß die Pupille, etwa durch Verschieben einer Blende, einmal nach rechts verlagert wird, wodurch das rechte

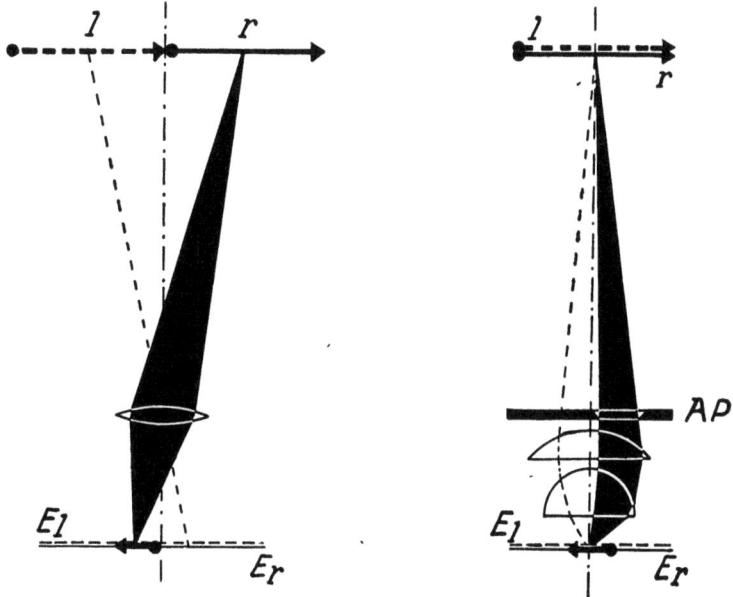

Abb. 63. Das Prinzip der Mikrostereoaufnahme mit parallelen, zusammenfallenden Einstellebenen. (Aus MICHEL 207.)
Links die Aufnahme durch Verschieben des Objekts (Methode für das einfache Mikroskop), rechts die Aufnahme durch Verschieben der Pupille (Methode für das zusammengesetzte Mikroskop).

Halbbild allein entsteht, und einmal nach links, wodurch das linke Halbbild für sich erzeugt wird. Um die Halbbilder gleichzeitig, isoliert voneinander und in der richtigen Lage nebeneinander erzeugen zu können, braucht man nur die Austrittspupille des Mikroskops so zu teilen, daß jeder Hälfte gleichzeitig die entsprechende Blende zugeordnet werden kann, und dafür zu sorgen, daß über dem Okular die Strahlengänge für die die einzelnen Halbbilder erzeugenden Pupillenhälften getrennt werden. Das kann einerseits durch ein über dem Okular in der Austrittspupille angeordnetes, achromatisches Biprisma, andererseits durch Teilung der Augenlinse selbst und Verschiebung ihrer Hälften gegeneinander geschehen. Die Wirkung der letzteren Maßnahmen ist aus Abb. 70 zu ersehen, die keiner weiteren Erklärung bedarf. Beide Möglichkeiten sind verwirklicht und die entsprechenden Geräte beschrieben worden [REINERT (255, 256), MICHEL (207)].

Das mit einem Biprisma ausgerüstete, von REINERT beschriebene Stereookular (Abb. 71) ist für Mikrostereoaufnahmen mit einer Aufsetzkamera, vorzugsweise mit der mit einer Kleinbildkamera ausgerüsteten ZEISSschen „Miflex" entwickelt worden. Es läßt sich mittels der Klemme K am Okularstutzen des

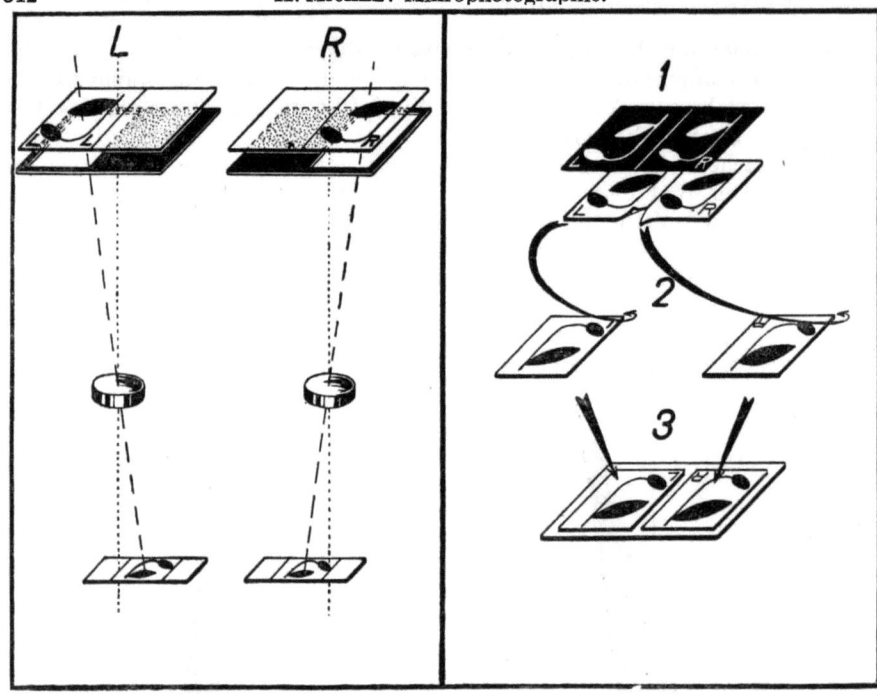

Abb. 64. Die Mikrostereoaufnahme mit dem einfachen Mikroskop II. Aufnahme mit fester Kassette (1 Platte). (Aus MICHEL *208*.)
Links die Aufnahme. *L* linkes Halbbild, Kassetten-Halbblende links, Präparat nach rechts *R* rechtes Halbbild; Kassetten-Halbblende rechts, Präparat nach links. Rechts das Aufkleben der Bilder *1* Negativ kopieren, *2* Kopie zerschneiden und jede Hälfte für sich um 180° drehen, *3* linkes Bild links und rechtes Bild rechts aufrecht aufkleben.

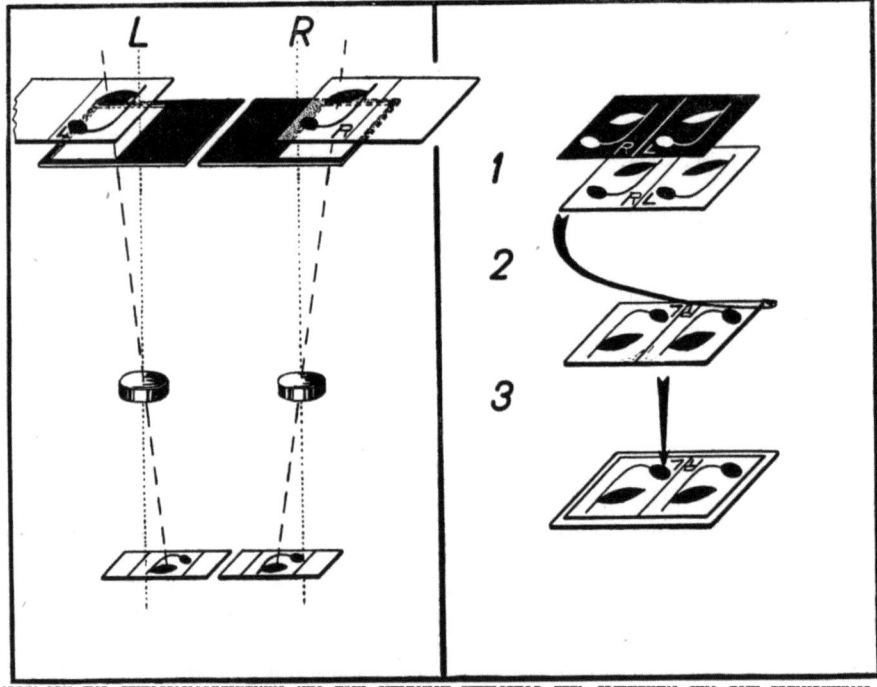

(1 Platte). (Aus MICHEL *208*.)
Links die Aufnahme. *L* linkes Halbbild; Platte nach links, so daß das Bild auf die rechte Plattenhälfte fällt; Multiplikator-Halbblende links; Präparat nach rechts. *R* rechtes Halbbild; Platte nach rechts, so daß das Bild auf die linke Plattenhälfte fällt; Multiplikator-Halbblende rechts; Präparat nach links. Rechts das Aufkleben der Bilder. *1* Negativ kopieren, *2* Positiv unzerschnitten um 180° drehen, *3* Positiv unzerschnitten aufkleben.

Wichtige Fortschritte auf dem Gebiet der mikoskopischen Optik.   543

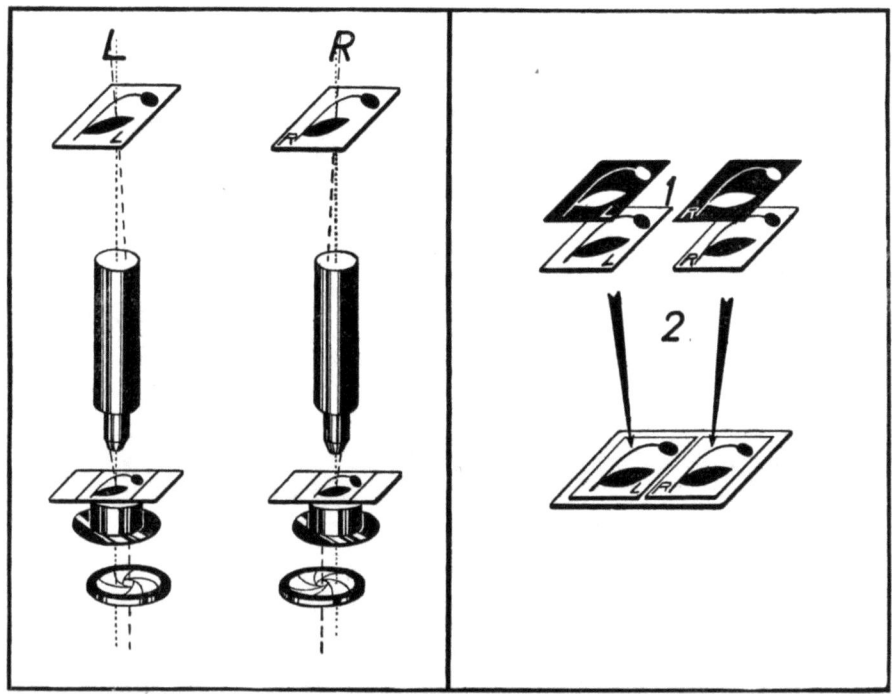

Abb. 66. Die Mikrostereoaufnahme mit dem aus Objektiv und Okular zusammengesetzten Mikroskop I. Aufnahme mit fester Kassette (2 Platten). (Aus MICHEL 208.)
Links die Aufnahme. *L* linkes Halbbild; Platte normal; Kondensorblende nach rechts *R* rechtes Halbbild; Platte normal, Kondensorblende nach links. Rechts das Aufkleben der Bilder. *1* Negative kopieren, *2* linkes Bild links, rechtes Bild rechts aufrecht aufkleben.

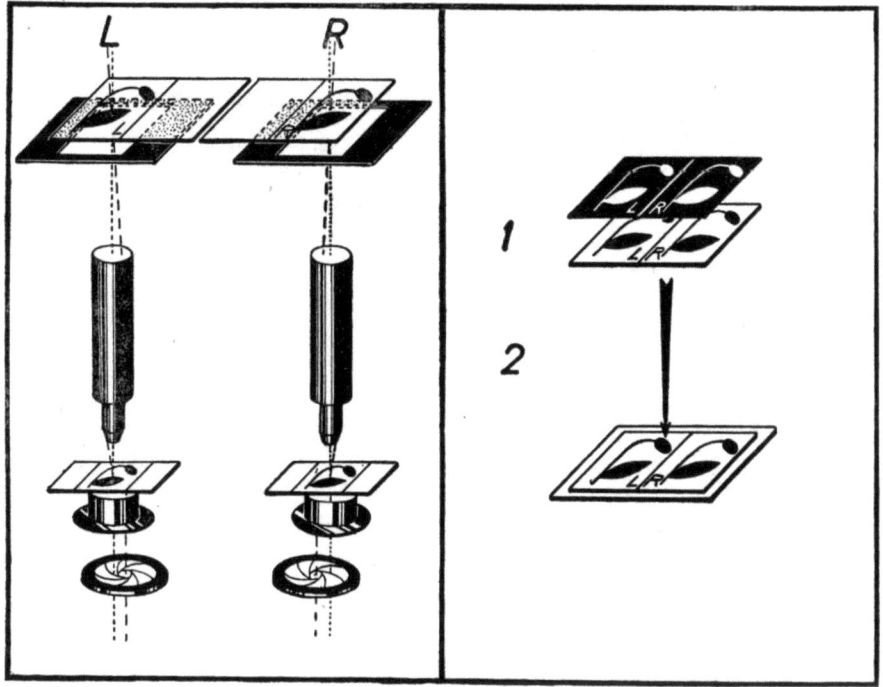

Abb. 67. Die Mikrostereoaufnahme mit dem aus Objektiv und Okular zusammengesetzten Mikroskop II. Aufnahme mit dem Multiplikator (1 Platte). (Aus MICHEL 208.)
Links die Aufnahme. *L* linkes Halbbild; Platte nach rechts, so daß das Bild auf linker Plattenhälfte entsteht; Mittelblende im Multiplikator; Kondensorblende nach rechts. *R* rechtes Halbbild; Platte nach links, so daß das Bild auf rechter Plattenhälfte entsteht; Mittelblende im Multiplikator; Kondensorblende nach links. Rechts das Aufkleben der Bilder. *1* Negativ kopieren, *2* Positiv unzerschnitten aufkleben.

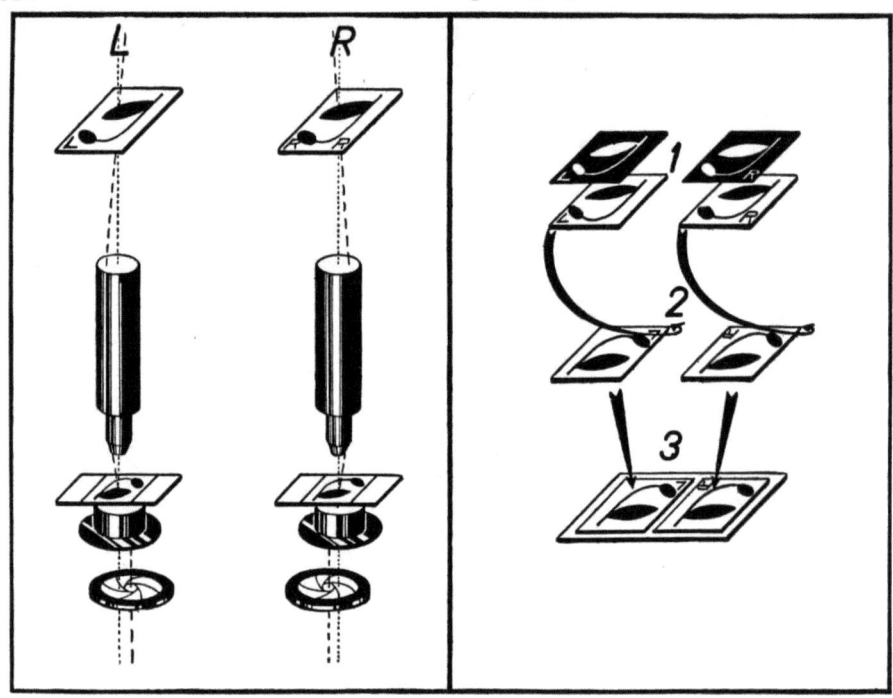

Abb. 68. Die Mikrostereoaufnahme mit dem aus Objektiv und Homal zusammengesetzten Mikroskop III. Aufnahme mit fester Kassette (2 Platten). (Aus MICHEL 208.)

Links die Aufnahme. *L* linkes Halbbild, Platte normal; Kondensorblende nach rechts. *R* rechtes Halbbild; Platte normal; Kondensorblende nach links. Rechts das Aufkleben der Bilder. *1* Negativ kopieren, *2* jedes Positiv für sich um 180° drehen, *3* linkes Bild links, rechtes Bild rechts aufrecht aufkleben.

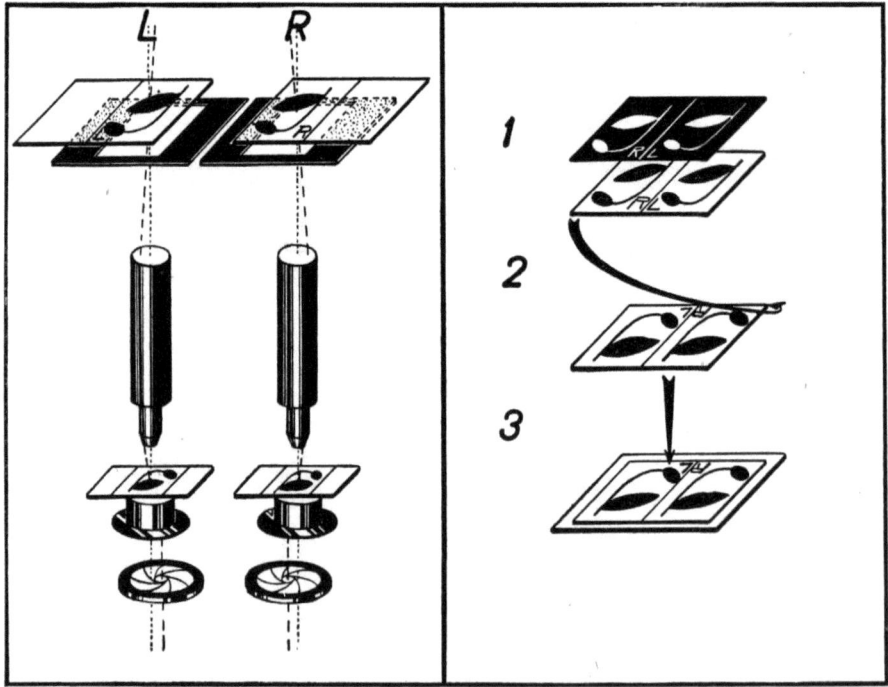

Abb. 69. Die Mikrostereoaufnahme mit dem aus Objektiv und Homal zusammengesetzten Mikroskop IV. Aufnahme mit Multiplikator (1 Platte). (Aus MICHEL 208.)

Links die Aufnahme. *L* linkes Halbbild; Platte nach links, so daß das Bild auf rechter Plattenhälfte entsteht; Mittelblende im Multiplikator, Kondensorblende nach rechts. *R* rechtes Halbbild, Platte nach rechts, so daß das Bild auf linker Plattenhälfte entsteht; Mittelblende im Multiplikator; Kondensorblende nach links. Rechts das Aufkleben der Bilder. *1* Negativ kopieren, *2* Positiv unzerschnitten um 180° drehen, *3* Positiv unzerschnitten aufkleben.

Mikroskops befestigen und besteht, wie bei einem Okular üblich, aus einer Kollektivlinse *1* und einer Augenlinse *3*. Zwischen beiden ist die Sehfeldblende *2* so angeordnet, daß sie von der Augenlinse bei einer optischen Kameralänge von 135 mm scharf abgebildet wird, wie es für die „Miflex"-Aufsetzkamera erforderlich ist. Die Größe der Blende ist so bemessen, daß auf dem Film infolge der durch das Biprisma *4* hervorgerufenen Teilung des Strahlenganges die zwei nebeneinander erzeugten Halbbilder gerade das Kleinbildformat ausfüllen. Die erhaltenen Bilder lassen sich entweder nach der bekannten Methode der Projektion mit polarisiertem Licht wiedergeben oder in vergrößertem Zustand in einem Stereoskop betrachten. Sie brauchen dazu nur in einem gewöhnlichen Vergrößerungsapparat vergrößert zu werden und ergeben ohne weitere Vorkehrungen ein orthomorphes Raumbild.

Um genau gleichbelichtete Halbbilder zu erhalten, wie sie für eine einwandfreie Stereobetrachtung erforderlich sind, ist es notwendig, daß die Austrittspupille durch die Kante des Biprismas sehr genau in zwei gleiche Hälften geteilt wird. Es muß also für die Pupille eine Zentriermöglichkeit gegenüber der Prismenkante vorgesehen sein. Diese ist dadurch erreicht, daß die Kollektivlinse *1* durch die Schraube *J* verschiebbar angeordnet wurde.

Die Herstellung einer Stereoaufnahme mit dem Okular geschieht auf folgende Weise: Nachdem mit normalen Okularen das für das aufzunehmende Objekt geeignete Objektiv ausgesucht und der Bildausschnitt einigermaßen festgelegt ist, wird das Stereookular in den Tubus eingesetzt, so ausgerichtet, daß die Prismenkante in der Richtung auf den Beobachter zu verläuft und festgeklemmt. Die Beleuchtung wird in der üblichen Weise unter strenger Beachtung der Grundsätze des KÖHLERschen Prinzips geregelt. Die Aperturblende wird so weit geöffnet, daß das Objektiv voll ausgeleuchtet ist. Besonders wichtig ist es, nunmehr eine genaue Halbierung der Pupille durch die Prismenkante zu erzielen. Am besten geschieht das durch Beobachten der Austrittspupille und Verstellen der Justierschrauben *J*. Bei Verwendung starker Objektive, wobei die Pupille meist sehr klein ist, nimmt man dazu zweckmäßigerweise eine Lupe zu Hilfe.

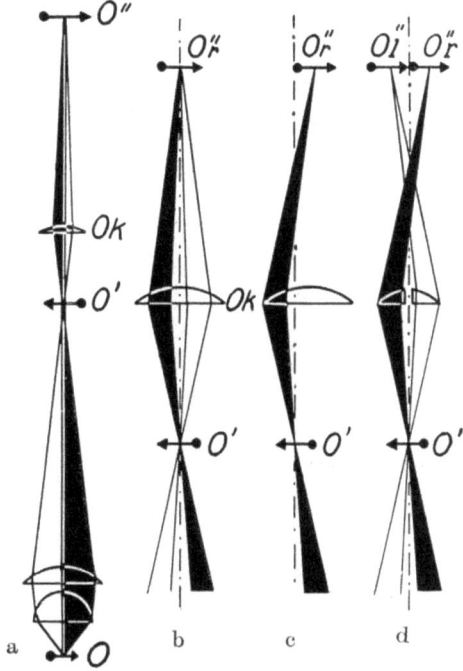

Abb. 70. Prinzip des Stereookulars mit geteilter Projektionslinse. (Aus MICHEL *207*.)

O Objekt, *O′* vom Objektiv entworfenes Zwischenbild, *Ok* Projektionslinse des Okulars, *O″* Endbild — a Strahlengang für das rechte (schwarz) und linke (weiß) Halbbild. b Oberer Teil von a stärker vergrößert. c Durch Verschieben der Linse *Ok* nach rechts verschiebt sich das rechte Halbbild O_r'' im gleichen Sinn. d Durch Ausschneiden eines mittleren Streifens aus der Linse *Ok* und Zusammenschieben der übrigbleibenden Linsensegmente werden beide Halbbilder O_r'' und O_l'' gleichzeitig nebeneinander in der Bildebene entworfen.

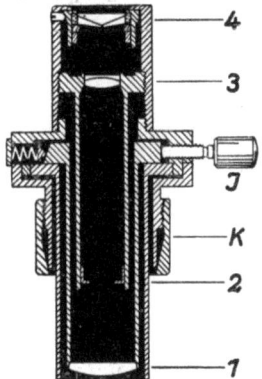

Abb. 71. Stereookular für Mikroaufnahmen nach REINERT. (Aus REINERT *255*.)

1 Kollektivlinse, *2* Sehfeldblende, *3* Augenlinse, *4* Biprisma, *K* Klemme, *J* Justierschrauben.

Besonders einfach wird die Einstellung, wenn an Stelle der Aperturblende Zweilochblenden verwendet werden, von denen einige von passender Größe zu dem Okular gehören. In diesem Fall braucht man lediglich darauf zu achten, daß in jeder Hälfte des Biprismas das vollständige Bild einer der Öffnungen der Lochblende erscheint. Nach diesen Einstellungen wird die Kamera aufgesetzt, das Bildpaar auf der Mattscheibe oder im Einstellokular scharf gestellt und die Aufnahme vorgenommen. Die erzielte Aufnahme braucht nachträglich nur noch so weit vergrößert zu werden, daß identische Punkte auf dem Bild einen Abstand von zirka 63 mm haben, um für die Betrachtung in einem normalen Stereoskop geeignet zu sein.

Das von MICHEL (207) angegebene Stereookular für mikrokinematographische Stereoaufnahmen arbeitet nach dem gleichen Grundprinzip wie das REINERTsche. Es unterscheidet sich aber von diesem dadurch, daß die Teilung der Strahlengänge für die beiden Halbbilder nicht durch ein Biprisma erfolgt, sondern dadurch, daß die abbildende Linse halbiert ist und die Hälften derart verschoben sind, daß die Bilder in der richtigen Lage nebeneinander auf dem Film entworfen werden. Der Aufbau im einzelnen geht aus Abb. 72 hervor. Die optische Einrichtung des Okulars wird aus der Kollektivlinse 7, der Gesichtsfeldblende 4 und der geteilten Projektionslinse 1 gebildet. Von den beiden Hälften dieser Linse steht die eine fest. Die andere läßt sich gegen erstere mittels der Schraube 2 verschieben, wodurch eine Möglichkeit geschaffen ist, beide Halbbilder auf dem Film genau zueinander einzustellen. Beide Hälften der Projektionslinse sind gemeinsam durch zwei Schrauben 3 und Gegenfeder zentrierbar, um das genaue Einpassen des Bildes in das Bildfenster der Kinokamera zu ermöglichen. Wie bei dem anderen Stereookular, ist auch die Kollektivlinse zentrierbar, damit die Austrittspupille symmetrisch in die Projektionslinse gelegt werden kann. Bei der Arbeit ist sinngemäß das gleiche zu beachten wie bei der mit dem vorher beschriebenen Stereookular.

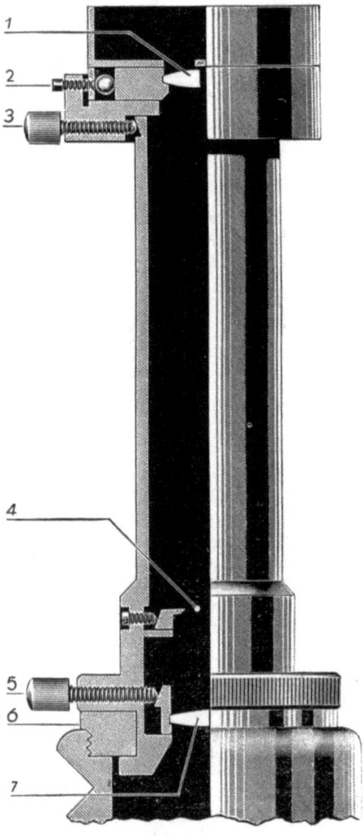

Abb. 72. Okular für Mikrostereokinematographie. (Aus MICHEL 207.)
1 geteilte Projektionslinse, *2* Justierschraube für die Einstellung des Bildmittenabstandes, *3* Zentrierschrauben zum Einjustieren des Bildes in das Filmfenster, *4* Sehfeldblende, *5* Zentrierschraube zum Justieren der Austrittspupille, *6* Gewindering, *7* Kollektivlinse.

3. Das Phasenkontrastverfahren.

Um eine befriedigende mikroskopische Beobachtung zu gewährleisten, und um befriedigende mikrophotographische Aufnahmen zu erhalten, ist es erforderlich, daß die Bildeinzelheiten in einem gewissen Kontrast zueinander stehen. Der notwendige Kontrast ist aber bei den wenigsten Objekten, die der mikroskopischen Untersuchung zugeführt werden sollen, von vornherein vorhanden. Vor allem bei den meisten Objekten, die in der Biologie und Medizin zur Untersuchung kommen, handelt es sich stets um mehr oder weniger vollkommen durchsichtige Objekte. Die Struktureinzelheiten unterscheiden sich voneinander nur durch unterschiedliche Brechzahl und Dicke, wodurch das Licht lediglich hinsichtlich seiner Phase, nicht aber hinsichtlich seiner Intensität geändert wird. Da Phasenänderungen sich normalerweise im Bild nicht auswirken, werden die betreffenden Einzelheiten natürlich sowohl für das Auge als auch für die photographische Platte unsichtbar bleiben. Sie können nur künstlich sichtbar gemacht werden, indem durch geeignete Behandlungsmethoden, die den Zustand des Objekts mehr oder weniger tiefgreifend ändern, Absorptionsunterschiede erzeugt werden. Diese ändern dann die Intensität des Lichts, wodurch eine Sichtbarmachung der Objektstrukturen ermöglicht wird.

In der Regel sind die Eingriffe, die bei derartigen Behandlungsmethoden notwendig sind, so schwer, daß der natürliche Zustand der lebenden Substanz weitgehend verändert wird. Eine Untersuchung lebender, wirklich ungeschädigter Objekte ist im allgemeinen nicht möglich. Auch die Vitalfärbung ist hier noch bezüglich ihrer Wirkung auf das Objekt umstritten; sie bedeutet jedenfalls immer einen Eingriff, dessen Folgen sich nicht ohne weiteres übersehen lassen.

Man kann nun zwar auch in Fällen, in denen jeder Eingriff am Objekt ausgeschlossen ist, Kontraststeigerungen in gewissem Maße hervorbringen. Das einfachste Mittel ist die Beschränkung auf Beleuchtungskegel von sehr kleiner Apertur. Allerdings ist damit meist nur eine ganz unzureichende Steigerung des Kontrasts verbunden. Das Bild wird außerdem durch Diffraktionssäume recht unklar. Ein anderes Mittel ist die Anwendung der Dunkelfeldbeleuchtung. Sie hat aber nur ein verhältnismäßig beschränktes Anwendungsgebiet.

Neuerdings ist nun von ZERNIKE (*328* bis *331*) ein Verfahren unter der Bezeichnung „Phasenkontrastverfahren" bekanntgemacht worden, dessen Anwendung bis jetzt so vielversprechende Erfolge gezeigt hat (vgl. Abb. 83 bis 87), daß es an dieser Stelle eingehend behandelt werden muß.

ZERNIKE geht bei seinen Betrachtungen von der ABBEschen Theorie aus, wie sie von LUMMER und REICHE im Prinzip abgeschlossen wurde. Danach (vgl. Abb. 73) wird das Objekt O als beugende Struktur aufgefaßt, von der die Abbildung der Lichtquelle L beeinflußt wird. Die von den Beugungsbildern L_o, $L_{\pm 1}$, $L_{\pm 2}$ der Lichtquelle in der Austrittspupille P des Objektivs ausgehenden, durch die Linien dargestellten Wellen erzeugen durch Interferenz das mit dem Objekt nach Struktur und Phase übereinstimmende mikroskopische Zwischenbild O'. Bei der theoretischen Betrachtung legt man aus Gründen der Einfachheit als Objekt immer ein regelmäßiges Gitter zugrunde. Für die ABBEsche Theorie wird der einfachen Erklärung halber als solches ein Absorptionsgitter (Amplitudengitter) gewählt. Demgegenüber betrachtet ZERNIKE ein Gitter, welches das Licht vollkommen ungeschwächt durchläßt, bei dem sich die „Stege" von den „Spalten" also nur dadurch unterscheiden, daß die Dicke oder die Brechzahl bei ersteren um ein geringes größer ist als bei letzteren. Derartige Gitter erteilen dem durchgehenden Licht nur Phasenänderungen. Sie werden daher als Phasengitter bezeichnet. Die Unterschiede, die zwischen beiden Arten von Gittern in ihrer Wirkung bestehen, und die Grundlagen des Phasenkontrastverfahrens lassen sich mit ZERNIKE [vgl. auch KÖHLER und LOOS (*167*)] am besten darstellen, wenn man die Wellenbewegung des Lichts nicht in der in der Optik üblichen Weise als Sinuskurve, sondern nach der in der Elektrotechnik allgemein gebräuchlichen Weise durch Vektordiagramme veranschaulicht.[1]

---

[1] Das Vektordiagramm stellt im vorliegenden Fall nichts anderes dar als den Grundkreis, aus dem heraus die übliche Form der Wellenbewegung nach einer Sinus-

Vergleicht man unter Benutzung dieser Methode ein Amplituden- und ein Phasengitter in ihrem Verhalten bei der mikroskopischen Abbildung, so ergibt sich, daß unter Voraussetzung identischer Gitterkonstante bei beiden Gittern die Verteilung der Beugungsbilder der Lichtquelle in der Austrittspupille des Mikroskopobjektivs gleich ist, wenn auch die Intensitätsverteilung im allgemeinen verschieden sein wird. Unter geeigneten Umständen kann sie aber ebenfalls gleich sein. Trotzdem unterscheiden sich bei beiden Gittern die nach der ABBEschen Theorie aus der Interferenz der von den Beugungsbildern herkommenden Strahlen entstehenden Bilder, da sie ja nach Struktur und Phase mit dem Objekt übereinstimmen müssen. Das Bild des Amplitudengitters zeigt überall gleiche Phase, aber über Stegen und Spalten verschiedene Amplitude. Diese Verhältnisse sind in Abb. 75a dargestellt. Der Vektor OP für die Wellen des einfallenden Lichts ist über den Spalten weder nach Größe noch Richtung verändert. Über den Stegen ist er wesentlich kleiner, da infolge der hier auftretenden Absorption die Amplitude und damit die Intensität stark verringert ist. Eine Phasenänderung hat nicht stattgefunden: Die Vektoren haben die ursprüngliche Richtung beibehalten. Bei dem Pha-

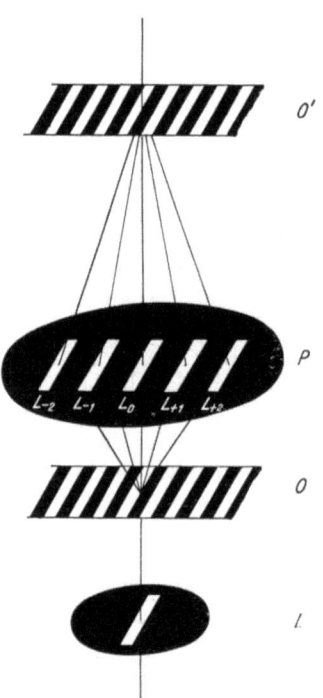

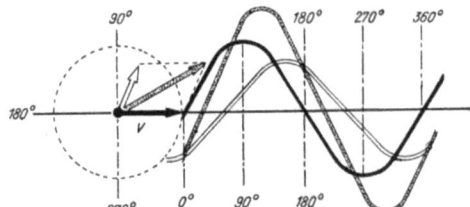

Abb. 73 Zur Erklärung des Abbildungsvorganges im Mikroskop nach der ABBEschen Theorie.

L Lichtquelle, O Objekt, L_0, $L_{\pm 1}$, $L_{\pm 2}$ Beugungsbilder der Lichtquelle in der Austrittspupille P des Objektivs, O' vom Objektiv entworfenes Bild des Objekts.

Abb. 74. Die Zusammensetzung von Wellenbewegungen in einem Vektordiagramm (links) und in einem Koordinatensystem mit Wellenlänge und Amplitude als Koordinaten (rechts).

sengitter (Abb. 75b) bleibt hingegen die Amplitude unverändert. Aber die Phase der durch die Stege tretenden Wellen erleidet gegen die durch die Spalte tretenden eine meist sehr kleine Verschiebung (Abb. 76). Ist nämlich die Anzahl der Wellenlängen innerhalb eines Steges von der Dicke d — senkrechter Lichtdurchtritt zur Vereinfachung vorausgesetzt —

$$z_1 = \frac{d}{\lambda_1}, \qquad (21)$$

kurve abgeleitet ist, indem man die mit gleichförmiger Geschwindigkeit auf dem Kreisumfang erfolgende Bewegung eines Teilchens (Abb. 74) in ein System aus zwei senkrecht zueinander stehenden Koordinaten projiziert, wobei die dem Radiusvektor v des Kreises entsprechende Ordinate die Amplitude, die einem Umlauf entsprechende Abszisse die Wellenlänge darstellt. Man kann nun die Lage jedes Punktes der Wellenbewegung, insbesondere des Anfangspunktes einer weiteren Welle relativ zur ersten, also eine Phasenverschiebung, dadurch kennzeichnen, daß man entweder — bei der Darstellung als Sinuskurve — den Bruchteil der Wellenlänge unmittelbar oder — im Vektordiagramm — diesen Bruchteil in Bruchteilen des Kreisumfanges als Winkel angibt, um den der Punkt gegen den Ausgangspunkt der ersten Welle verschoben

wobei λ_1 die Wellenlänge in dem Steg von der Brechzahl n ist, dann ist die Zahl der Schwingungen im Spalt ($n = 1$ angenommen)

$$z_0 = \frac{d}{\lambda_0}, \tag{22}$$

da $\lambda_1 = \dfrac{\lambda_0}{n}$ ist, gilt für (21)

$$z_1 = \frac{d}{\lambda_0} \cdot n. \tag{21a}$$

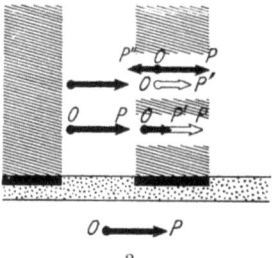 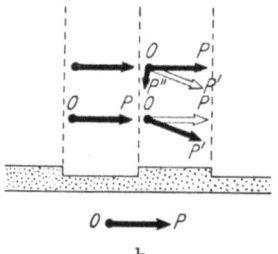

a b

Abb. 75. Der Einfluß eines absorbierenden (Amplituden-) Gitters (a) und der Einfluß eines verzögernden (Phasen-) Gitters (b) auf die Amplitude und Phase einer hindurchtretenden Wellenbewegung. [Nach KOHLER und LOOS (167), verändert.]

Der Unterschied $x = z_1 - z_0$ der Zahl der Schwingungen zwischen dem durch die Spalte und dem durch die Stege gegangenen Licht ist dann:

$$x = \frac{d}{\lambda_0}(n-1). \tag{23}$$

Der zu x gehörige Phasenwinkel in Bogengraden ist

$$\varphi = 360° \cdot x = 360° \cdot \frac{d}{\lambda_0}(n-1). \tag{24}$$

In Abb. 75b bleibt also der Vektor OP des einfallenden Lichts beim Durchtreten in seiner Länge sowohl bei den Spalten als auch bei den Stegen unverändert. Bei dem durch die Stege tretenden Licht ist er aber entsprechend der Phasenverschiebung um einen kleinen, in der Abbildung der Deutlichkeit halber zu groß gezeichneten Winkel im Sinne einer Beschleunigung gedreht. Die bei beiden Gittertypen über den Stegen gegenüber den Spalten entweder in ihrer Amplitude oder in ihrer Phase abgeänderten Schwingungen lassen sich nach ZERNIKE nun auch darstellen als Resultante aus der Superposition der ungeänderten Schwingung, wie sie über den Spalten vorliegt, und einer Komponente, die sich nach dem Parallelogramm der Kräfte aus der ungeänderten und der

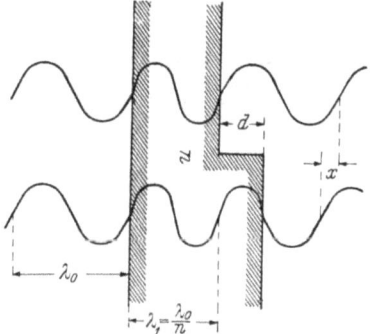

Abb. 76. Die Phasenverschiebung durch einen Steg von kleiner Dicke.
λ_0 Wellenlänge des einfallenden Lichts, λ_1 Wellenlänge im Medium von der Brechzahl n, d Dicke des Steges, x Betrag der Phasenverschiebung.

---

ist. Hierbei ist festgesetzt, daß eine Drehung gegen den Uhrzeiger eine Verzögerung bedeutet. Die Amplitude und die Phasenverschiebung der durch Interferenz aus den beiden vorher betrachteten Wellenzügen entstehenden dritten Welle läßt sich in beiden Darstellungsformen ermitteln. Besonders bequem ist das aber im Vektordiagramm, wo man aus den Vektoren der Ausgangswellen auf bekannte Weise ohne weiteres Amplitude und Phase der neuen Welle ermitteln kann (vgl. die Abb. 74).

abgeänderten Schwingung ermitteln läßt, wie das im oberen Teil der betreffenden Abbildungen dargestellt ist.

Die abgeänderte Schwingung OP' beim Amplitudengitter wird also in eine Schwingung zerlegt, deren Vektor OP nach Größe und Richtung gleich dem der durch die Spalten ungeändert durchgehenden Schwingung ist, und in eine, deren Vektor OP'' gleich der Differenz der unabgeänderten und der abgeänderten und dessen Richtung entgegengesetzt ist. Beim Phasengitter wird die abgeänderte Schwingung OP' in eine Schwingung zerlegt, deren Vektor OP ebenfalls wie beim Amplitudengitter nach Größe und Richtung mit dem der unabgeänderten Schwingung übereinstimmt, und in eine zweite, für deren Vektor OP'' sich Größe und Richtung aus der Phasenverschiebung ergeben, die die Welle im Steg erleidet. Je kleiner diese wird, um so kleiner wird der Vektor, und um so mehr nähert sich der die Phasenverschiebung kennzeichnende Winkel 90°.

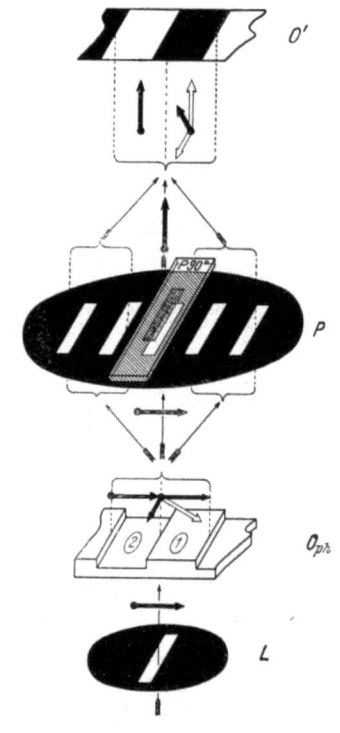

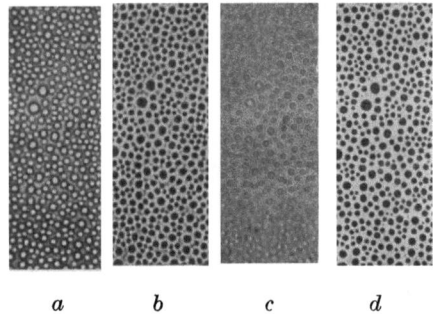

a   b   c   d

Abb. 77. Phasengitterähnliches Objekt bei verschiedener Einstellung. (Aus KOHLER und LOOS 167.)

a zu hohe Einstellung, b zu tiefe Einstellung, c richtige Einstellung bei gewöhnlicher Hellfeldbeobachtung, d richtige Einstellung bei Beobachtung nach dem Phasenkontrastverfahren.

Abb. 78. Schematische Darstellung zur Erklärung des Phasenkontrastverfahrens nach ZERNIKE.

L Lichtquelle, O_{ph} Phasengitter, P Austrittspupille des Objektivs mit einer das Beugungsbild 0 bedeckenden Phasenplatte P 90°, O' vom Objektiv nach dem Phasenkontrastverfahren entworfenes amplitudengitterähnliches Bild des Phasengitters O_{ph}.

Daß danach, wenn die beiden Komponenten nunmehr gesondert betrachtet werden, bei den sowohl über den Stegen als auch über den Spalten vorhandenen Schwingungen OP Phase und Amplitude unverändert sind, bedeutet, daß für sie an keiner Stelle des Objekts eine Phasenverschiebung eintritt. Diese Schwingungen verhalten sich also so, als wäre gar kein Objekt vorhanden. Es kann dann natürlich für sie auch keine Beugung wirksam sein, weshalb sie an der Entstehung der Spektren $L_{\pm 1}$, $L_{\pm 2}$ usw. unbeteiligt sind. Sie erzeugen lediglich das Spektrum L_0.

Die seitlichen Spektren entstehen dagegen aus den durch die Zerlegung erhaltenen zweiten Komponenten OP'' beim Amplitudengitter und beim Phasengitter. Beide verlaufen in annähernd senkrecht zueinander stehenden Richtungen. Das bedeutet, daß die Wellen, die beim Phasengitter die Spektren erzeugen, gegenüber den entsprechenden Wellen beim Amplitudengitter um 90° in der Phase verschoben sind. Aus diesem Unterschied erklärt sich die Unsichtbarkeit des Phasengitters. Sie ist allerdings niemals so vollkommen, wie es der Theorie nach sein müßte. Jede kleine Störung bedingt vielmehr, ,,daß die Schwingungen, welche das Bild aufbauen, sich gegenseitig nicht mehr genau kompensieren. Man sieht dann im Bild Intensitätswechsel, welche zwar dem Objekt nicht ähnlich sind, aber doch eine Andeutung der Struktur geben. Schon die endliche Öffnung des Mikroskops verursacht dies in geringem Maße. Deutlicher erscheint die Struktur des Phasengitters schon durch geringe Änderung der Fokusierung. Die Struktur zeigt sich um so deutlicher, je weiter die (Einstell-) Ebene von der richtigen Einstellung abweicht (Abb. 77). Kräftiger erscheint das Phasengitter, wenn man absichtlich in die Beugungsbilder in der hinteren Brennebene eingreift" (ZERNIKE *330*). Ein solcher Eingriff, wenn auch indirekter Art, ist schon die schiefe Beleuchtung. Es ist aber leicht einzusehen, daß auch ein direkter Eingriff möglich ist. Das kann z. B. dadurch geschehen, daß man die beim Phasengitter vorhandene Phasenverschiebung aufhebt, indem man künstlich in der Austrittspupille des Mikroskopobjektivs die Phase des direkten Licht-

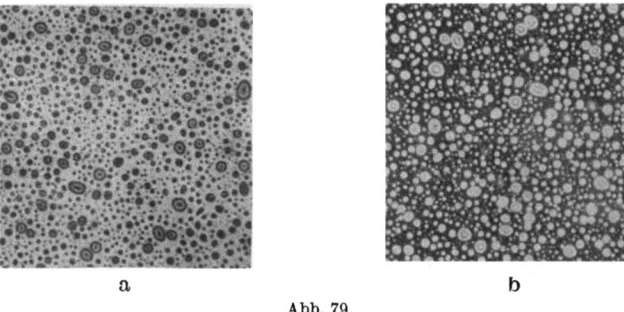

Abb. 79.
a positiver, b negativer Phasenkontrast. (Aus KÖHLER und LOOS *167*.)

quellenbildes um 90° ändert und damit Verhältnisse erzeugt, wie sie beim Amplitudengitter vorliegen. Das geschieht mit Hilfe einer ,,Phasenplatte" P 90°, die nur das Maximum L_0 in der Austrittspupille bedeckt, infolgedessen das Licht, das durch die Beugungsbilder $L_{\pm 1}$, $L_{\pm 2}$ usw. hindurchgeht, unverändert läßt. Das Verfahren ist in Abb. 78 dargestellt und durch Vektordiagramme erläutert. Das Phasengitter O_{ph} verleiht dem durch die Stege *1* gehenden Licht eine bestimmte Phasenverschiebung gegenüber dem durch die Spalten *2* gehenden. Der geänderte Vektor (weißer Pfeil) wird entsprechend dem Vorhergesagten zerlegt gedacht in eine Komponente, die dem Vektor des unverändert durch die Spalten gegangenen Lichts gleicht, und in eine Komponente, die gegen die erstere nahezu eine Phasenverschiebung von 90° aufweist (kleiner schwarzer Pfeil). In der Austrittspupille des Mikroskopobjektivs P bilden die durch die waagrechten Vektoren gekennzeichneten Schwingungen das Maximum Null. Durch Einschalten einer Phasenplatte P 90°, die gerade das Maximum Null bedeckt, wird den Schwingungen desselben eine Phasenverschiebung von 90° aufgeprägt, so daß der Vektor fast in die Richtung der in den abgebeugten Maxima vorhandenen Komponente fällt. An der Bildentstehung wirken bei den Spalten ausschließlich die auf diese Weise um 90° gedrehten Vektoren mit, bei den Stegen dagegen tritt die von den seitlichen Maxima kommende Komponente hinzu, und das Bild wird aus der Resultante beider aufgebaut. Diese hat jetzt fast die gleiche Phase wie der zu den Spalten gehörige Vektor, aber eine von ihm verschiedene Länge, genau wie bei einem Amplitudengitter. Das Bild O' des Phasengitters unter diesen Umständen muß also aussehen wie das eines Amplitudengitters. Im dargestellten Fall ist die das Bild der Stege erzeugende

Resultante kürzer als der den Spalten zugehörige Vektor: die Stege erscheinen dunkler als die Spalte. ZERNIKE spricht von „positivem Phasenkontrast" (Abb. 79 a). Durch geeignete Wahl der Phasenplatte kann man ebensogut das Umgekehrte erreichen. Die Stege erscheinen dann heller als die Spalten: „negativer Phasenkontrast" (Abb. 79 b). Aus einer genauen mathematischen Behandlung der Frage geht hervor, daß allein die Phasenkontrastmethode eine „Phasengitterstruktur möglichst genau wiedergibt".

Es erhebt sich nun noch die Frage, wo das Licht hinkommt, wenn beim positiven Phasenkontrast Teile des Objekts dunkler erscheinen als der Untergrund, die bei normaler Beobachtung gleich hell sind, oder beim negativen Phasenkontrast, woher das Licht genommen wird, wenn die betreffenden Teile heller als der Untergrund sind. Nach ZERNIKE ist diese Frage auf einfache Weise nur nach der RAYLEIGHschen Betrachtungsweise zu beantworten, nach der nicht die Beugung am Objekt, wie bei ABBE, sondern die Beugung an der Objektivöffnung berücksichtigt wird. Danach wird die vom Objektpunkt ausgehende Störwelle am Phasenstreifen gebeugt. Das bekannte Beugungsbild eines Spaltes erscheint dadurch im Bilde neben dem hellen (bzw. dunklen) Objektteilchen, durch Interferenz mit dem Hintergrund ist es in diesem Fall dunkel (bzw. hell). Helle Punkte werden daher mit dunklen Streifen, dunkle Punkte umgekehrt mit hellen Streifen senkrecht zum Phasenstreifen gesehen. Diese sind um so länger und schwächer, je schmäler das Phasenplättchen ist (Abb. 80). Diese Tatsache war insbesondere bei der praktischen Durchführung des Verfahrens zu beachten, denn eine derartige Helligkeitsverteilung hat natürlich bei der Beoachtung von Objekten der üblichen Art wegen der leicht möglichen Irrtümer große Nachteile. Es wurde daher statt eines geradlinigen Phasenstreifens ein ringförmiger vorgeschlagen. Bei ihm ist der Effekt über alle Richtungen verteilt und daher praktisch ohne Bedeutung, wenn man nicht die dadurch hervorgerufene weitere Kontraststeigerung als Vorteil ansehen will (vgl. Abb. 86).

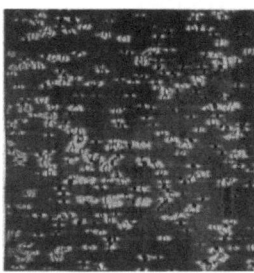

Abb. 80. Die Helligkeitsverteilung im Bild bei negativem Phasenkontrast mit spaltförmiger Blende. (Aus KOHLER und LOOS *167*.)

Das ringförmige Phasenplättchen ist auch noch aus einem anderen Grund wichtig: um das Phasenkontrastverfahren praktisch durchzuführen, ist es notwendig, ausschließlich das Licht des nullten Beugungsbildes der Lichtquelle in der Austrittspupille um 90° in der Phase zu verschieben. Als stellvertretende Lichtquelle dient nun bekanntlich im Mikroskop allgemein die Irisblende des Kondensors, die von diesem ins Unendliche abgebildet wird und deren Beugungsspektren in der Austrittspupille des Mikroskopobjektivs erscheinen. Bei einer solchen kreisförmigen Lichtquelle pflegen aber die abgebeugten Bilder im allgemeinen von dem direkten Bild nicht vollkommen getrennt zu sein, es sei denn, man macht die Blende sehr klein. Das ist aber aus den bekannten Gründen nicht zweckmäßig. Die Bilder würden sich also gegenseitig überdecken und somit wäre es unmöglich, durch eine Phasenplatte das direkte Bild allein zu beeinflussen. Mit einer spaltförmigen Lichtquelle, wie sie der Einfachheit halber bei der theoretischen Erklärung des Verfahrens vorausgesetzt wurde, wäre diese Schwierigkeit zu überwinden. Ihre Verwendung wird aber durch die oben behandelten, in Richtung senkrecht zum Spalt auftretenden Beugungseffekte sowie außerdem durch vielfach auftretende Azimuteffekte ausgeschlossen. Bei Verwendung einer ringförmigen Blende dagegen, die man ja leicht an Stelle der Kondensorblende anbringen kann, ist die Überdeckung zwischen dem nullten und einem benachbarten Maximum stets so klein, daß der Einfluß, der durch die Phasenplatte auf die abgebeugten Bilder ausgeübt wird, praktisch nicht in Erscheinung tritt. Diese Verhältnisse werden aus der Abb. 81 besonders deutlich.

Zur praktischen Anwendung des Verfahrens benötigt man im Grunde nur eine Ringblende für den Kondensor und eine gleichgestaltete Phasenplatte, deren Größe so abgestimmt sein muß, daß sie das von Kondensor und Objektiv zusammen entworfene direkte Bild der Ringblende in der Austrittspupille des Objektivs genau deckt. Da die Austrittspupille, also auch die Bilder der Lichtquelle, je nach dem Typus oft im Innern des Objektivs liegen und folglich nicht zugänglich sind, kann man die phasen-

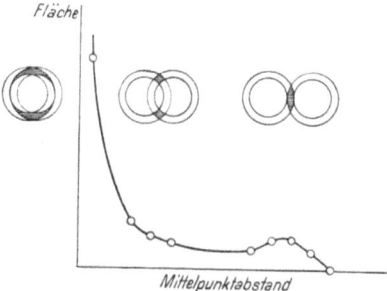

Abb. 81. Die Abhängigkeit der überdeckten Fläche zweier gleicher Ringe von ihrem Mittelpunktsabstand. (Aus KÖHLER und LOOS 167.)

verzögernde Schicht nicht auf einer besonderen, dem Objektiv zufügbaren Platte anbringen. Sie wird vielmehr gleich auf einer passend liegenden Linsenfläche im Objektiv selbst angeordnet. Das kann man ohne weiteres tun, da ihre Anwesenheit die Verwendbarkeit der Objektive für die gewöhnliche mikroskopische Beobachtung nicht wesentlich einschränkt. Zur Anwendung des Phasenkontrastverfahrens werden also bestimmte Objektive (die Anfertigung derselben und des notwendigen Zubehörs hat die Firma C. ZEISS, Jena, übernommen) mit einer Phasenplatte ausgerüstet. In diese muß vor jeder

Abb. 82. Mikroskopkondensor von ZEISS für das Phasenkontrastverfahren.

Beobachtung die Ringblende scharf abgebildet und genauestens mit ihr zur Deckung gebracht werden. Selbst kleine Fehler hierbei können sich schon merkbar störend auswirken. Deshalb verwendet man einen besonderen Kondensor (Abb. 82), dessen mechanische Einrichtung so beschaffen ist, daß die Blenden leicht zentriert und so ausgewechselt werden können, daß die die scharfe Abbildung gewährleistende Höheneinstellung gewahrt bleibt. Zur Kontrolle dieser Einstellungen beobachtet man die Austrittspupille des Mikroskops bzw. des Objektivs am zweckmäßigsten mit einem kleinen Hilfsmikroskop, das statt des Okulars in den Mikroskoptubus eingeschoben wird, und das ein Bestandteil des zur Ausübung des Verfahrens gelieferten Zubehörs ist.

Der Wert des Verfahrens für die Mikroskopie ist noch nicht voll abzusehen.

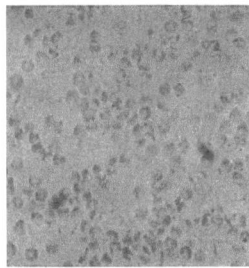 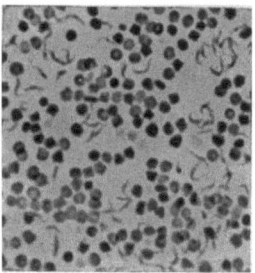

a   b

Abb. 83. Lebende Trypanosomen in Mauseblut, Ausschnitt aus einem Mikrofilm. (Aus KOHLER und LOOS 167.)
a Hellfeld, b positiver Phasenkontrast.

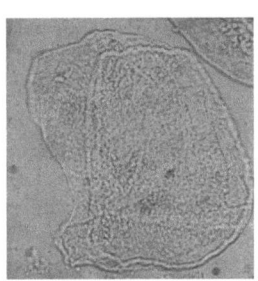 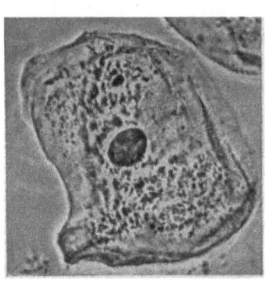

a   b

Abb. 84. Epithelzelle der Wangenschleimhaut. (Aus KOHLER und LOOS 167.)
a Hellfeld, b positiver Phasenkontrast.

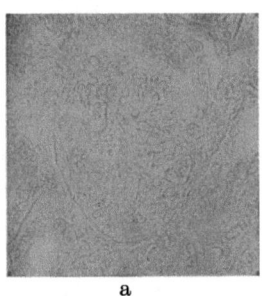 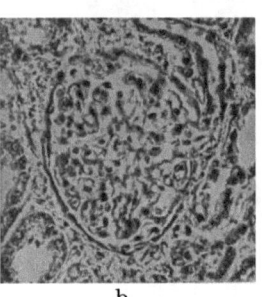

a   b

Abb. 85. Frischer Schnitt aus einer Niere in Wasser. (Aus KOHLER und LOOS 167.)
a Hellfeld, b positiver Phasenkontrast.

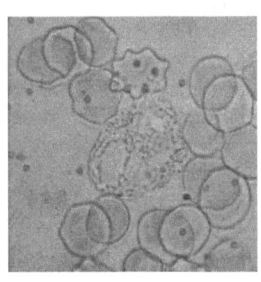 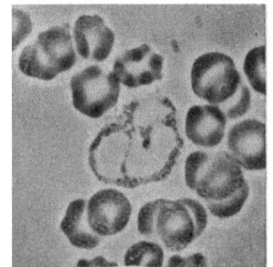

a   b

Abb. 86. Frisches menschliches Blut, Erythrozyten und ein Leukozyt. (Aus KOHLER und LOOS 167.)
a Hellfeld, b positiver Phasenkontrast.

Seine Anwendbarkeit scheint jedenfalls nach dem bisher Bekanntgewordenen recht groß zu sein, wie die Zusammenstellung der Abb. 83 bis 87 ohne weiteres zeigt. Es ist allerdings zu beachten, daß nicht jedes Objekt gleich gute Resultate erwarten läßt. Am besten werden solche Objekte dargestellt, bei denen die

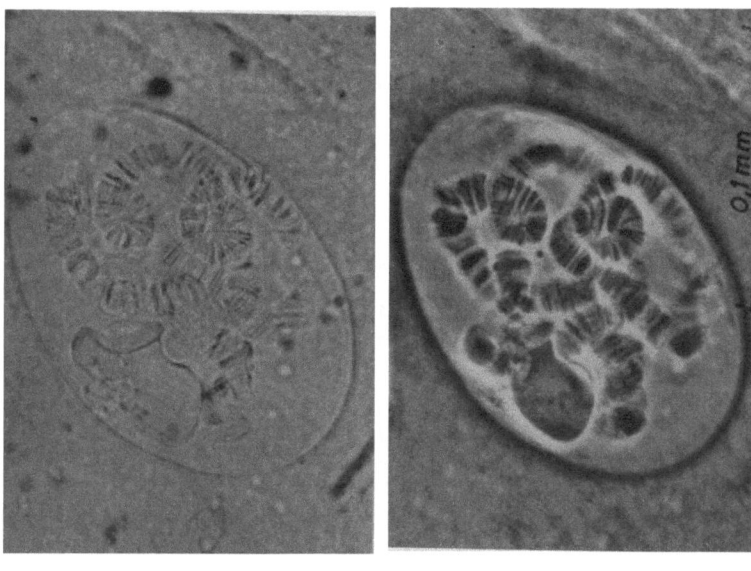

Abb. 87. Lebender Kern aus der Speicheldruse einer Chironomidenlarve. (Aus MICHEL *209*.)
a Hellfeld, b positiver Phasenkontrast.

Phasenänderungen, der Voraussetzung entsprechend, verhältnismäßig klein sind. Es dürfen also gewisse Dickenunterschiede nicht überschritten werden. Bei der Präparation für die Untersuchung muß man das berücksichtigen und darauf achten, daß z. B. bei Ausstrichen keine dicken Schichten entstehen, oder daß z. B. bei der Untersuchung von Zellen das zur Beobachtung bestimmte Objekt nicht von anderen, nicht interessierenden Objekten überdeckt wird.

V. Der mikrophotographische Apparat.
1. Das Mikroskopstativ.

Das Mikroskopstativ hat gegenüber dem seit langem üblichen Aufbau zum Teil grundlegende Änderungen erfahren, den neuen Anforderungen entsprechend, die an es gestellt werden mussen. Im neueren Mikroskopbau haben sich vor allem die folgenden Gesichtspunkte durchgesetzt.

Das Stativ soll so bequem wie möglich zu benutzen sein, gleichzeitig aber auch seinen Zweck so vollkommen wie möglich erfüllen. Man ist daher von dem mittels einer Kippe umlegbaren Mikroskop abgegangen, da sich bei ihm flüssige Präparate nicht gut auf dem ja ebenfalls geneigten Tisch beobachten lassen. Um trotzdem beim Einblicken in den Tubus eine bequeme Kopfhaltung sicherzustellen, ist man allgemein zu schrägen Tuben übergegangen. Da man nun aber für mikrophotographische Zwecke doch noch gerade Tuben, für Aufnahmen mit mikrophotographischen Objektiven sogar Tuben bzw. Trichter mit besonders weiter Öffnung benötigt, war es erforderlich, die Tuben und ihre Befestigung am Stativ so zu gestalten, daß sie sich leicht und schnell gegeneinander auswechseln lassen. Das eröffnete gleichzeitig die Möglichkeit, auch noch andere Tuben für besondere Zwecke vorzusehen, wie z. B. Tuben für binokulare Beobachtung, Tuben für Mikrophotographie mit einem seitlichen monokularen oder binokularen Beobachtungstubus usw. An dem bewährten Objektivwechsel durch Revolver wurde im allgemeinen festgehalten.

Neuartig an den Stativen, um die es sich hier handelt, ist aber vor allen Dingen die Lage der Einstellknöpfe. Man legte großen Wert darauf, diese Knöpfe so günstig wie möglich für die Bedienung anzuordnen. Das bedeutet, daß sowohl der Knopf für die grobe als auch der für die feine Einstellung unter die Ebene des Objekttisches verlegt werden mußten, was natürlich den Gesamtaufbau der Stative wesentlich beeinflußte.

Typische Vertreter dieser neuen Stativformen sind die Stative der L-Reihe von ZEISS, der als erster die neuartige Bauform einführte, sowie das Universalmikroskop „Z" von REICHERT. Ähnliche Tendenzen wurden bei dem großen Forschungsmikroskop „R" von BUSCH verfolgt. Den grundsätzlichen Aufbau der ZEISSschen „L-Stative" zeigt Abb. 88. Der wie üblich hufeisenförmige Fuß *1* trägt einen stabilen Zwischenträger *2*, an dem einerseits der Träger für den Objekttisch *3*, andererseits die den Tubusträger *4* haltenden Einstellvorrichtungen angeordnet sind. Am Tubusträger, der gleichzeitig als Handhabe für das Stativ dient, sitzt ein sogenannter Kopf, der oben eine neuartige Schnellwechselvorrichtung zum Anbringen der Tuben — im Bild ist ein Schrägtubus für ein-

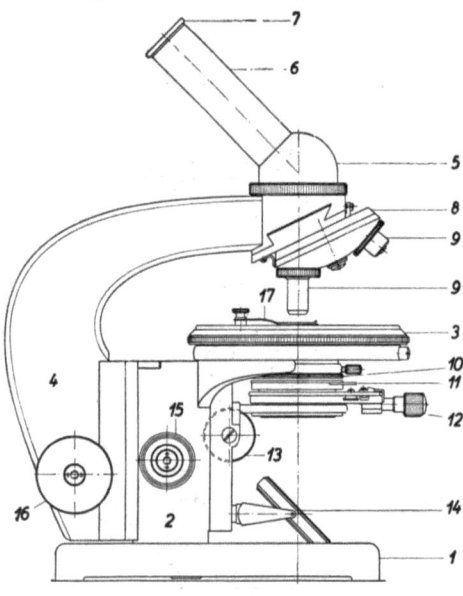

Abb. 88. Schematischer Aufbau eines modernen Mikroskopstativs (ZEISS-„L-Stativ"). (Aus der ZEISS-Druckschrift Mikro 492.)

1 Fuß, *2* Zwischenträger, *3* Objekttisch, *4* Tubusträger, *5* Schrägtubus, *6* Okularstutzen, *7* Okular, *8* Schlittenrevolver, *9* Objektive, *10* Kondensor, *11* Irisblende, *12* Vorrichtung zum seitlichen Verstellen der Irisblende, *13* Kondensortrieb, *14* Spiegel, *15* Feinbewegungsknopf, *16* Grobbewegungsknopf, *17* Tischfedern.

äugige Beobachtung gezeichnet —, unten eine schräge Schlittenführung besitzt. Letztere dient zum Anbringen der Wechselvorrichtungen *8* für die Objektive *9*. Unterhalb des Tisches ist der übliche, mit dem Knopf *13* in der Höhe einstellbare Beleuchtungsapparat *10, 11, 12* nebst dem Spiegel *14* angebracht. Die Antriebsknöpfe für die Feinbewegung *15* finden sich am Zwischenträger *2*, die für die Grobbewegung *16* am Tubusträger *4*. Für mikrophotographische Arbeiten, bei denen oft der Tubusträger der Stative ziemlich stark belastet wird (durch mikrophotographische Sondertuben, Aufsetzkammern usw.), ist es besonders angenehm, daß sich die Grobeinstellung durch gegenläufiges Anziehen der beiden Triebknöpfe so stark bremsen läßt, daß ein Absinken des Tubus, selbst bei längeren Belichtungszeiten, mit Sicherheit ausgeschlossen werden kann.

Besonders bemerkenswert ist unter den verschiedenen Typen der ZEISSschen L-Stative das große Universalstativ „Lu" (Abb. 89). Es zeichnet sich vor den anderen Stativen der Reihe dadurch aus, daß sowohl der Kopf als auch der

Tisch mit Tischträger und Beleuchtungsapparat nebst Triebkasten mittels einer sinnreichen Wechselvorrichtung angebracht sind. Infolgedessen lassen sie sich leicht abnehmen oder gegen andere entsprechende Einrichtungen auswechseln. Der Objekttisch ist bei abgenommenem Beleuchtungsapparat an

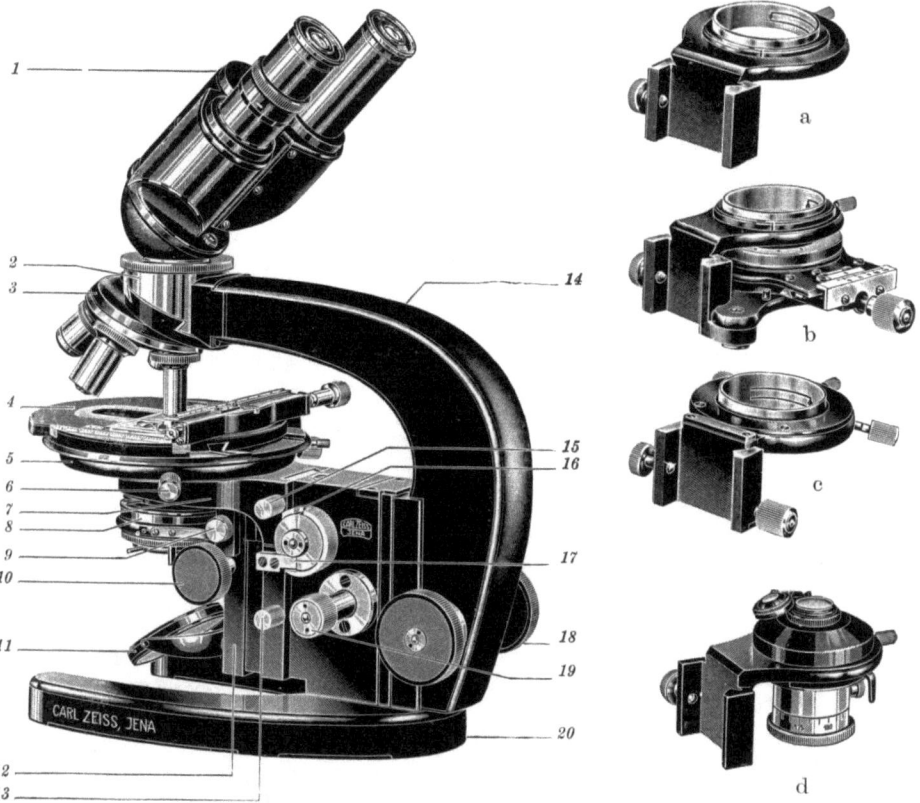

Abb. 89. Großes Universalmikroskop „Lu" von ZEISS mit binokularem Schrägtubus. (Aus der ZEISS-Druckschrift Mikro 542.)
1 Binokularer Schrägtubus, 2 abnehmbarer Tubusträgerkopf, 3 Schlittenrevolver, 4 Objekttisch, 5 Zentrierstück für den Tisch, 6 Zentrierschraube, 7 Tischträger, 8 Beleuchtungsapparat, 9 Klemmschraube, 10 Kondensortriebknopf, 11 Spiegel, 12 Kondensortriebkasten mit 13 Klemmschraube, 14 Tubusträger, 15 Klemmschraube für den Tischträger, 16 Marke für die Tischeinstellung, 17 Verriegelung des Tischtriebes, 18 Grobbewegungsknopf, 19 Feinbewegungsknopf, 20 Fuß.

Abb 90. Die verschiedenen Kondensoreinhänger des ZEISSschen „Lu"-Stativs. (Aus der ZEISS-Druckschrift Mikro 492.)
a Einfacher Einhänger „Wo" für Kondensoren mit angebauter Blende, b Einhänger „Wd" mit ABBEschem Beleuchtungsapparat, c zentrierbarer Einhänger „Wz" für Dunkelfeldkondensoren, d Polarisationsbeleuchtungsapparat „Wp".

seiner Klemmleiste in der Höhe grob verschiebbar, außerdem aber durch Zahn und Trieb einstellbar.

Am Beleuchtungsapparat lassen sich z. B. eine Schiebhülse für Kondensoren mit Irisblende, ein ABBEscher Beleuchtungsapparat, eine zentrierbare Schiebhülse, die vornehmlich für zentrierempfindliche Dunkelfeldkondensoren bestimmt ist, oder ein Polarisationsbeleuchtungsapparat anbringen (Abb. 90). Als Objektivwechsler wird bei allen L-Stativen im allgemeinen der Revolver (Abb. 91a) benutzt. Für manche Zwecke und gerade bei mikrophotographischen Arbeiten ist es zweckmäßiger, kleine Schlittenwechsler (Abb. 91b) zu verwenden.

Unter den verschiedenen Tuben sind für mikrophotographische Zwecke die geraden Tuben, die entweder fest (Abb. 92a) oder mit ausziehbarem Okularstutzen (Abb. 92b) versehen sein können, von Wichtigkeit. Sie werden stets dann benutzt, wenn mit dem zusammengesetzten Mikroskop gearbeitet wird. Da bei ihrer Anwendung allerdings das subjektive Beobachten der Präparate

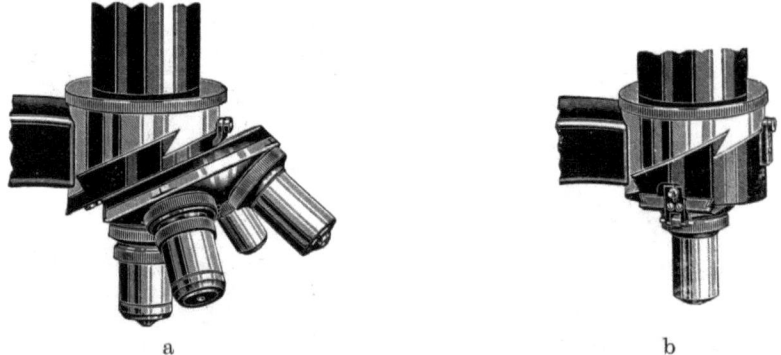

Abb. 91. Die Objektivwechsler der ZEISSschen „L-Stative". (Aus der ZEISS-Druckschrift Mikro 492.)
a Vierfacher Schlittenrevolver, b Objektivschlitten.

recht unbequem ist, sollte man besser einen mikrophotographischen Wechseltubus (Abb. 92c) benutzen. Er ist mit einem seitlichen Beobachtungsrohr ausgestattet, so daß man durch Ausschalten eines Prismas sehr schnell und bequem zwischen Beobachtung und Photographie wechseln kann, ohne am mikrophotographischen Gerät wesentliche Umänderungen vornehmen zu müssen.

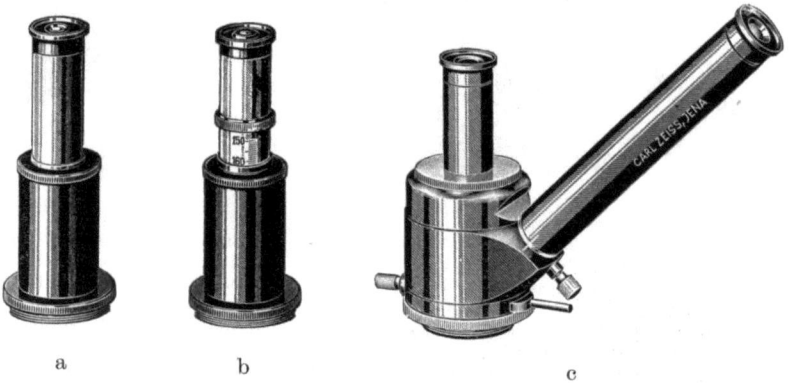

Abb. 92. Gerade, für mikrophotographische Zwecke geeignete Tuben zu den ZEISSschen „L-Stativen".
(Aus der ZEISS-Druckschrift Mikro 492.)
a Gerader fester Tubus, b gerader Tubus mit ausziehbarem Okularstutzen, c mikrophotographischer Wechseltubus mit seitlichem Beobachtungstubus.

Die lichtdichte Verbindung zwischen Mikroskoptubus und Kamera wird, wie üblich, durch einen sogenannten Lichtabschlußtrichter vermittelt, in den ein entsprechender Stutzen der Kamera eintaucht (vgl. Abb. 94). Bei Arbeiten mit mikrophotographischen Objektiven verwendet man den normalen Tubus überhaupt nicht mehr. Man bringt vielmehr einen besonderen Lichtabschlußtrichter (Abb. 93) unmittelbar am Stativkopf an. Die Objektive werden entweder am Revolver oder an einem Spezialschlitten befestigt. Infolge dieser Verwendungsweise ist man in der Lage, die mikrophotographischen Objektive

Der mikrophotographische Apparat.

mit verhältnismäßig kurzer Kameralänge zu verwenden. Man kann also auch mit kürzeren Brennweiten noch schwach vergrößerte Aufnahmen anfertigen, was bei Stativen der älteren Bauart, wo man auch in diesen Fällen auf einen normal langen, weiten Tubus angewiesen war, nicht möglich ist.

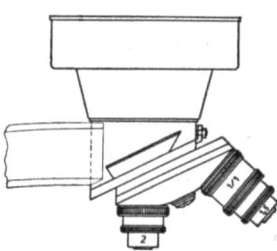

Abb. 93. Lichtabschlußtrichter bei der Verwendung mikrophotographischer Objektive. (Aus der ZEISS-Druckschrift Mikro 492.)

Abb. 94. ZEISS-„L-Stativ" auf Fußplatte für die Aufstellung auf einer horizontalen mikrophotographischen Einrichtung, mit mikrophotographischem Tubus mit seitlichem Beobachtungsrohr und mit Lichtabschlußtrichter für die lichtdichte Verbindung zwischen Mikroskop und Kamera. (Aus der ZEISS-Druckschrift Mikro 492.)

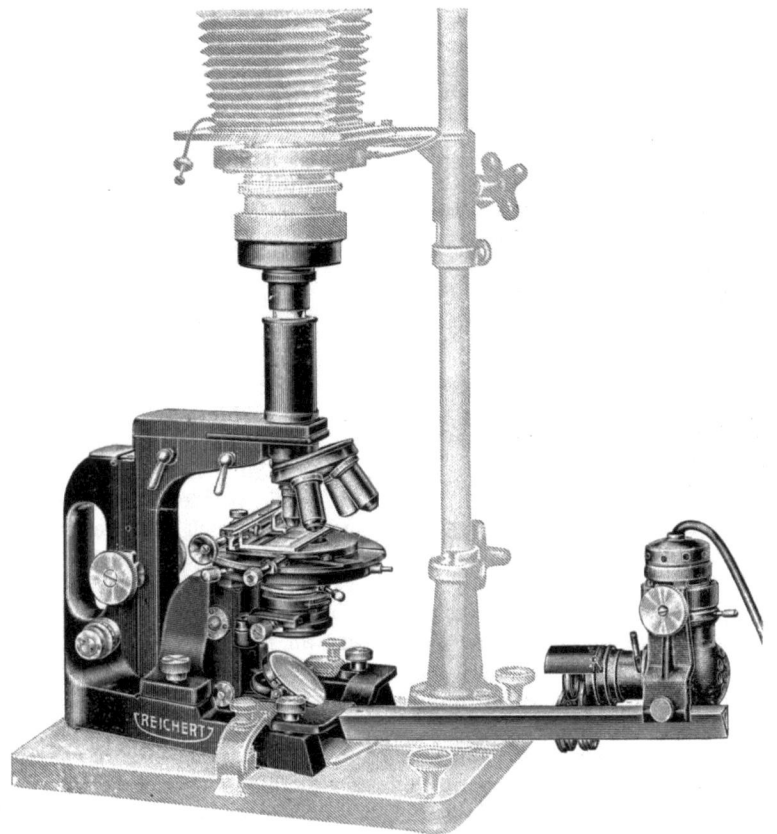

Abb. 95. Das REICHERTsche Universalmikroskop „Z" als zusammengesetztes Mikroskop mit geradem Tubus für Mikroaufnahmen mit durchfallendem Licht auf der Fußplatte einer vertikalen Kamera. (Aus der ZEISS-Druckschrift Mikro 492.)

Die Verwendung der Stative an mikrophotographischen Horizontal-Vertikal-Kammern, bei denen das Mikroskop gewöhnlich auf einer optischen Bank aufgestellt wurde, ist mit Hilfe besonders durchgebildeter Fußplatten (Abb. 94) möglich.

Das Universalmikroskop „Z" (Abb. 95 und 96) von REICHERT zeichnet sich dadurch aus, daß der als Griff ausgebildete und fest mit dem Fuß verbundene Zwischenträger nur den Tubusträger nebst den zur Einstellung notwendigen Bewegungsmechanismen trägt. Die Tischeinrichtung mit Beleuchtungsapparat dagegen ist für sich auf dem Fuß mit Rändelschrauben befestigt, so daß sie leicht abgenommen werden kann. An ihre Stelle können Spezialtische für große Objekte treten, die mit durchfallendem oder mit auffallendem (Abb. 96) Licht aufgenommen werden sollen. Die Tuben sind mit einer Schlittenkonstruktion auf dem Tubusträger befestigt, so daß sich für die Vielseitigkeit in der Verwendung verschiedenartiger Tuben ähnliche Möglichkeiten ergeben wie bei den ZEISSschen „Lu"-Stativen.

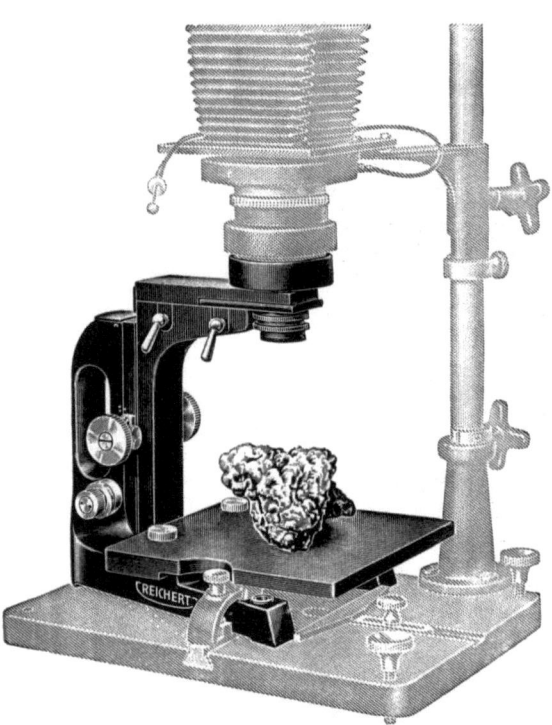

Abb. 96. Das REICHERTsche Universalmikroskop „Z" als einfaches Mikroskop mit Lichtabschlußtrichter und für Übersichtsaufnahmen mit auffallendem Licht auf einer Vertikalkamera. (Aus der REICHERT-Druckschrift Mikro 572.)

So gut durchgebildet die vorstehend beschriebenen Mikroskope auch sind, so stellen sie für mikrophotographische Zwecke doch immerhin nur einen, wenn auch wichtigen Teil der Ausrüstung dar. Um diese zu vervollständigen, muß man die Stative einerseits noch mit einer Beleuchtungseinrichtung, anderseits mit einer Kamera in Verbindung bringen. Im Zuge der Tendenz der modernen Entwicklung liegt es nun, wenn versucht wurde, einen der erwähnten Bestandteile, nämlich die Beleuchtungseinrichtung, organisch mit dem Stativ zu verschmelzen, um von dieser Seite her das Arbeiten mit dem Mikroskop noch mehr zu erleichtern. Es ist interessant, daß dieser Weg gleichzeitig und unabhängig voneinander von zwei Seiten beschritten wurde und zu Geräten geführt hat, die ohne Zweifel einen wirklichen Fortschritt im Mikroskopbau darstellen und die hier eingehender gewürdigt werden müssen, da sie auch für den Mikrophotographen von wesentlicher Bedeutung sind. Es handelt sich um die Mikroskope „Ortholux" und „Dialux" von LEITZ und „Lumipan" von ZEISS.

Allen drei Geräten ist als grundsätzlich neu gemeinsam, daß die Lichtquelle und die zu einem einwandfreien Beleuchtungsstrahlengang notwendigen Linsen fest im Fuß eingebaut sind. Infolgedessen ist man nicht mehr wie bei der Beleuchtung über einen Spiegel an eine bestimmte Stellung des Stativs gebunden. Man hat das ausgenutzt und die Geräte so gebaut, daß der Tubusträger, der bei allen drei Geräten im wesentlichen nach der von ZEISS erstmalig bei den Stativen der L-Reihe eingeführten Form gestaltet ist, in der Gebrauchsstellung vom Beobachter abgewandt ist. Das hat den Vorteil, daß Beleuchtungsapparat, Tischfläche und Einblick vollkommen frei vor dem Beobachter liegen, dieser also ungehindert am Präparat arbeiten und am Beleuchtungsapparat die notwendigen Handgriffe vornehmen kann.

„Ortholux" und „Dialux" von LEITZ sind im prinzipiellen Aufbau gleich. Letzteres ist aber wesentlich kleiner und handlicher als ersteres. Es entspricht in der Größe ungefähr einem normalen Forschungsmikroskop, während das „Ortholux"-Stativ (Abb. 97) in der Größe weit über das bei Mikroskopen sonst Übliche hinausgeht. Dadurch wird eine besonders hohe Stabilität erzielt, aller-

Abb. 97. Das große Mikroskop mit angebauter Lichtquelle „Ortholux" von LEITZ, für durchfallendes Licht eingerichtet. (Aus JOHN *141*.)

dings die Handlichkeit etwas beeinträchtigt. Die Beleuchtungseinrichtung ist bei beiden Stativen in den vom üblichen Hufeisenfuß abweichend kreuzförmig gestalteten Fuß eingebaut. Als Lichtquelle dient eine Niedervoltglühlampe 6 V, 5 A. Sie ist in einem sich nach hinten an den Fuß anschließenden Gehäuse untergebracht. In dem nach dem Beobachter weisenden Schenkel des Fußes befindet sich eine Hilfslinse und ein Spiegel, welcher die beleuchtenden Strahlen dem wie üblich unter dem Mikroskoptisch angebrachten Beleuchtungsapparat zuführt (Abb. 98a). Als solcher ist ein Zweiblendenkondensor (vgl. S. 506) vorgesehen. Am Kreuztisch ist die Lage der Bewegungsknöpfe bemerkenswert: sie sind nach unten gezogen, so daß bei ihrer Betätigung der Arm auf dem Arbeitstisch liegen bleiben kann. Aus dem Grund sind auch hier die Antriebsknöpfe für die Fein- und Grobbewegung sehr tief angeordnet. Beim „Ortholux" wirken beide auf den Tisch, beim „Dialux" gilt das nur für die Feinbewegung, während der Grobtrieb wie bei älteren Stativen allein am Tubus angreift. Im Gegensatz zum „Dialux", welches ausschließlich für die Beobachtung im durchfallenden Licht eingerichtet ist, bietet das Ortholux die Möglichkeit, mit der eingebauten Lichtquelle auch die Beleuchtung mit auffallendem Licht, etwa unter Zuhilfe-

a

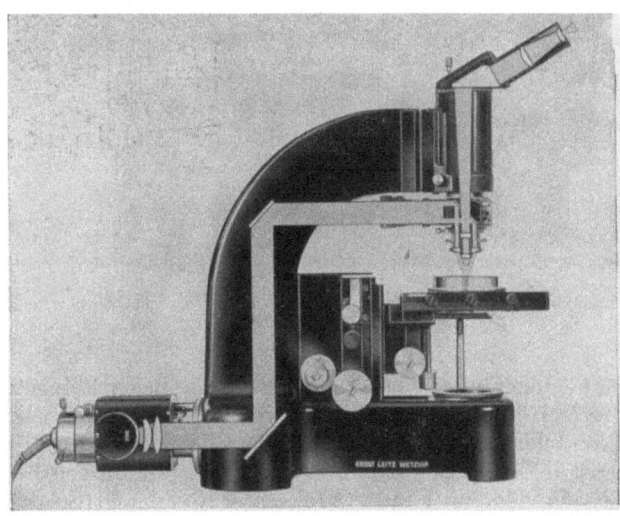

b

Abb. 98. Schematische Darstellung des Strahlenganges in dem „Ortholux" von LEITZ. (Aus der LEITZ-Druckschrift Mikro A, Nr. 7910.)
a Bei Durchlichtbeleuchtung, b bei Auflichtbeleuchtung.

nahme des „Ultropak", vorzunehmen. Zur Umlenkung des Lichts für diesen Zweck sind im Tubusträger zwei geeignet angeordnete Spiegel vorgesehen (Abb. 98b).

Das ZEISSsche „Lumipan" (Abb. 99) stellt eine Weiterentwicklung des L-Typus dar. Das eigentliche Stativ unterscheidet sich in nichts von einem gewöhnlichen Stativ dieser Art. Wie das Stativ „Lu" hat es einen abnehmbaren Tubusträgerkopf und wechselbare Kondensoreinhänger. Lediglich der Fuß ist andersartig gestaltet, da in ihm ein Teil der Beleuchtungseinrichtung eingebaut ist. Diese ist nur für Beleuchtung mit durchfallendem Licht bestimmt, da die Beleuchtung mit auffallendem mittels eines Epikondensors W (vgl. S. 503) bewirkt wird. Dabei kann aber die im Stativfuß eingebaute Niedervoltglühlampe von 8 V, 15 Watt in ihrer Normalfassung Verwendung finden. Im vorliegenden Fall ist die Lampe im Inneren des Fußes selbst untergebracht. Als Beleuchtungssystem dient das des bewährten „Pankratischen Kondensors" (vgl. S. 507ff.). Kollektor, feste Leuchtfeldblende und eine Zentrierlinse zum Zentrieren des Leuchtfeldes sind im Fuß selbst untergebracht. Auf seiner Oberfläche sitzt die Aperturblende, die sich in einem drehbaren Schlitten zum Erzeugen schiefer Beleuchtung, z. B. für Stereoaufnahmen, seitlich verschieben läßt. Ihr Randelring ist als Filterhalter (Durchmesser 33 mm) ausgebildet. Das eigentliche pankratische System ist mit dem Kondensor fest verbunden auf einem Kondensoreinhänger angebracht. Mit diesem läßt es sich am Kondensortriebkasten befestigen. Neben einem System mit Hellfeldkondensor allein ist auch eines vorgesehen (Abb. 100), das außer mit dem Hellfeldkondensor mit einem Kardioidkondensor für Dunkelfeldbeleuchtung und mit einem Kondensor zur Hellfeldbeleuchtung von Übersichtsbildern ausgerüstet ist.

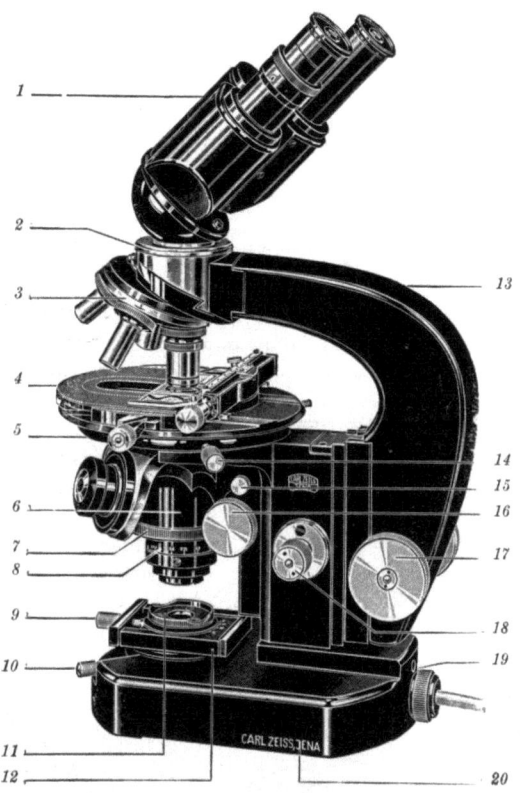

Abb. 99. Das ZEISSsche große Mikroskopstativ mit eingebauter Lichtquelle „Lumipan". (Aus der ZEISS-Druckschrift Mikro 546.)

1 Binokularer Schrägtubus, 2 abnehmbarer Tubusträgerkopf, 3 Schlittenrevolver, 4 Objekttisch, 5 Zentrierstuck des Objekttisches, 6 Kondensor mit pankratischem System, 7 Ring zum Einstellen der Kondensorapertur an Hand der Skala 8, 9 Stellschraube für schiefe Beleuchtung, 10 Zentrierschrauben zum Zentrieren des Leuchtfeldes, 11 Stellring, 12 Aperturblende, 13 Tubusträger, 14 Tischzentrierschraube, 15 Klemmschraube, 16 Kondensortriebknopf, 17 Grobbewegungsknopf, 18 Feinbewegungsknopf, 19 Lampe, 20 Fuß.

Die Kondensoren sind hierbei auf einer Revolverschale befestigt und lassen sich damit äußerst rasch und bequem wechseln. Die Abnehmbarkeit des pankratischen Kondensorsystems läßt die Möglichkeit offen, auch andere Kondensoren in normaler Verwendungsart an dem Stativ zu benutzen. Dabei kann die eingebaute Lampe durchaus als Mikroskopierlampe benutzt werden. Die am Mikroskopfuß angebrachte Blende, die beim pankratischen Kondensor Aperturblende ist, kann in diesem Fall die Aufgabe einer Leuchtfeldblende übernehmen, wenn der Kondensor mit einer entsprechenden Korrektionslinse ausgestattet wird.

Abb. 100. Kondensorrevolver mit pankratischem System vom ZEISSschen „Lumipan" (Aus der ZEISS-Druckschrift Mikro 546.)

Alle erwähnten Stative mit im Fuß eingebauter Beleuchtungseinrichtung lassen sich ausgezeichnet für mikrophotographische Arbeiten verwenden. Sie werden zu dem Zweck mit geraden Tuben bzw. mit einem mikrophotographischen Wechseltubus ausgestattet. Als Kamera ist besonders die Aufsetzkamera (vgl. den folgenden Abschnitt) zu empfehlen. die neuerdings mit Vorliebe in Verbindung mit einer Kleinbildkamera verwendet wird (Abb. 101). Aber auch die Verbindung der Stative mit einer Vertikalkamera kann von Vorteil sein, besonders wenn man größere Plattenformate den kleinen vorzieht, die naturgemäß für die Aufsetzkamera ausschließlich zur Anwendung kommen.

2. Die Aufsetz- und die Vertikalkamera.

Verwendet man gewöhnliche Mikroskopstative zu mikrophotographischen Arbeiten, dann benutzt man sie bekanntlich stets in Verbindung mit einer mikrophotographischen Kamera als Vorrichtung zum Auffangen des Bildes. Für solche Kammern gibt es zwei grundsätzlich verschiedene Anordnungsmöglichkeiten. Die eine ist die horizontale, die andere die vertikale Anordnung. Heute ist, abgesehen von Sonderfällen, auf die an dieser Stelle nicht eingegangen werden kann, für gewöhnlich ausschließlich die vertikale im Gebrauch. Bei ihr läßt sich die Kamera entweder unmittelbar auf den Tubus des Mikroskops setzen — Aufsetzkamera — oder sie wird an einem besonderen Stativ befestigt, mit dessen Hilfe sie in der erforderlichen Weise über das Mikroskop gebracht wird — Vertikalkamera im engeren Sinn. In der folgenden Tabelle sind zunächst die von den wichtigsten deutschen Firmen hergestellten Gerate beider Gruppen zusammengestellt.

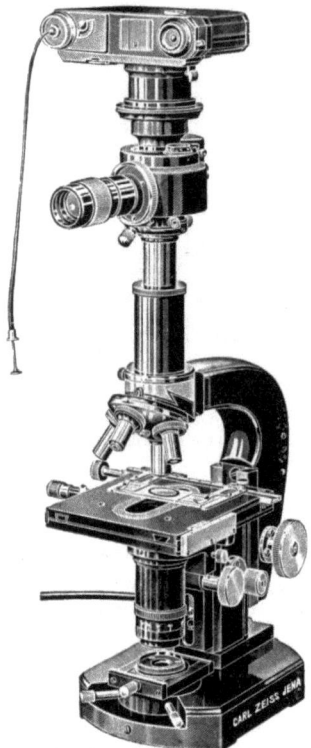

Abb. 101 Das ZEISSsche „Lumipan" in Verbindung mit einer Aufsetzkamera „Contax-Miflex". (Aus der ZEISS-Druckschrift Mikro 546.)

Diejenigen der angeführten Geräte, die ihrem grundsätzlichen Aufbau nach bei PÉTERFI schon beschrieben wurden, brauchen hier nicht mehr besonders behandelt zu werden. Dagegen ist es erforderlich, die neueren, die doch manchen Fortschritt gebracht haben, einer kurzen Betrachtung zu unterziehen.

Unter den Aufsetzkammern ist es die nach Angaben von REINERT (248) von C. ZEISS entwickelte Miflex, mit der einige wesentliche Neuerungen eingeführt wurden. Diese Kamera (Abb. 102 und 103) ist aus drei Bestandteilen, einem Hauptkörper, einem Kameraansatz und einem Beobachtungsansatz, zusammengesetzt. Der Hauptkörper besteht aus einem Gehäuse und einem von 1 bis $1/100$ Sekunde einstellbaren sowie mit Zeit- und Balleinstellung versehenen Verschluß. Im Inneren enthält das Gehäuse das Reflexprisma. Dieses ist wegklappbar. Sein Träger ist zu diesem Zweck so mit dem Verschluß gekuppelt, daß bei geschlosse-

Tabelle 13. Übersicht über im Handel befindliche Aufsetz- und Vertikalkameras.[1]

Typus	Für Plattenformat	BUSCH	LEITZ	REICHERT		ZEISS
Aufsetzkamera	4,5 × 6 cm	—	Macca (vgl. PÉTERFI, S. 173)	Kam VA	Gegen die bei PÉTERFI, S. 175, beschriebenen nur unwesentlich geändert	**Miflex** Wechselbare Kameraansätze für alle Formate. Beobachtungsansätze mit Mattscheibe od. Beobachtungsokular (vgl. S. 564 ff.). Nachfolger des „Phoku" (vgl. PÉTERFI, S. 167)
	6 × 9 cm	—	—	Kam VB		
	9 × 12 cm	—	Makam (vgl. PÉTERFI, S. 173)	Kam VC		
	6 × 6 cm Rollfilm	—	—	—		
	24 × 36 mm Kleinbild	—	Mifilmka	—		
Vertikalkamera	9 × 12 cm	**Citophot** (vgl. S. 568 ff.)	Ma IVb Aristophot	Kam S Kam RS		Vertikalkamera Standard
	13 × 18 cm	Makrophotokamera n. BISCHOFF	—	—		
	24 × 36 mm Kleinbild	—	Aristophot	—		

nem Verschluß das Prisma stets eingeschaltet ist, so daß die bilderzeugenden Strahlen in den seitlich mittels Überwurfmutter an einem am Gehäuse befindlichen Gewindestutzen angebrachten Beobachtungsansatz abgelenkt werden. Wird der Verschluß mit dem Auslöser betätigt, dann wird zunächst das Prisma aus dem Strahlengang geschwenkt, bevor er sich öffnet und nunmehr den Strahlen den Weg zur lichtempfindlichen Schicht freigibt (vgl. Schema Abb. 103). Platten oder auch Filme werden in einem Kameraansatz untergebracht, der in der gleichen Weise am Gehäuse zu befestigen ist wie der Beobachtungsansatz. Das Licht gelangt also im Gegensatz zu anderen ähnlichen Geräten bei der Aufnahme und bei der Beobachtung mit seiner vollen Intensität zur Wirkung, was zur Folge hat, daß einerseits die Belichtungszeiten sehr kurz bleiben, andererseits im Beobachtungsansatz das Bild in ungewöhnlicher Helligkeit erscheint. Es läßt sich daher in den meisten Fällen mit Leichtigkeit auf einer Mattscheibe beobachten und einstellen. Die Mattscheibeneinstellung hat vor allem den Vorzug, daß man das Bild bis zum Augenblick der Aufnahme mit beiden Augen betrachten kann. Die bisher bei Aufsetzkammern allein übliche Einstellung mit Einstellokular bedingt notwendigerweise stets nur einäugige Beobachtung. Eine solche wirkt aber bei länger dauernden Arbeiten recht ermüdend, weshalb sie oft als lästig und unbequem empfunden wird. Trotzdem ist sie nicht vollständig zu entbehren. Manche Objekte lassen sich auf der Mattscheibe nur ungenau scharf einstellen. Man benutzt dann eine Lupe und stellt statt auf einer matten auf

---

[1] Im vorliegenden Band beschriebene Geräte sind durch fetten Druck hervorgehoben.

einer blanken, mit einem Strichkreuz versehenen Scheibe scharf ein. Eine solche Scheibe ist zur „Miflex" vorgesehen. Da man beim Einstellen die Lupe stets

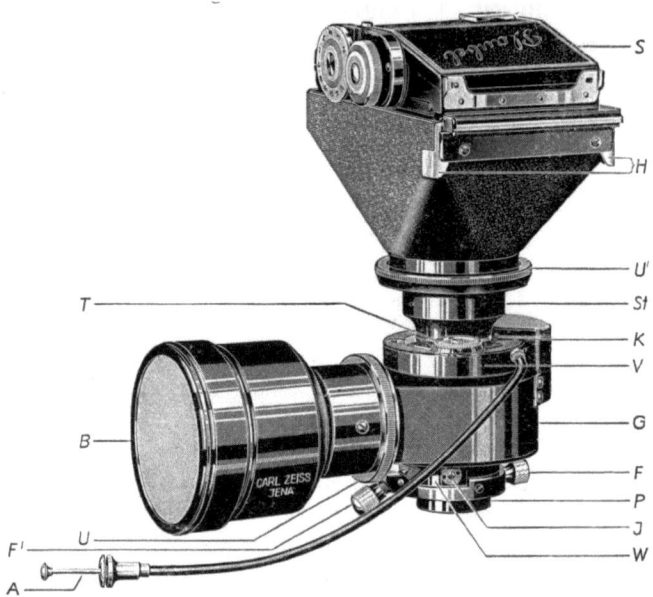

Abb. 102. Die ZEISSsche Aufsetzkamera „Miflex". (Aus der ZEISS-Druckschrift Mikro 503.)
S Kassette für Rollfilm 6×6 cm, H Schnapphaken zum Festhalten der Kassette, U Überwurfmutter, St Befestigungsstutzen für die Kamera, K Kupplungshebel zwischen Verschluß und Reflexionsprisma, V Verschluß, G Gehäuse, F und F' Klemmschrauben, P Ansetzring, J Justierschrauben am Gehäuse, W Widerlager, A Auslöser, B Beobachtungsmattscheibe, T Regulierrädchen für die Verschlußgeschwindigkeit.

fest auf die Einstellscheibe aufsetzen muß, kommt es häufig vor, daß man unbeabsichtigte Bewegungen der die Lupe haltenden Hand auf das Mikroskop überträgt. Damit wird natürlich eine sichere Einstellung vereitelt. Um von solchen Zufällen unabhängig zu werden, benutzt man besser eine Klarscheibe, an deren Fassung die Lupe mit einem besonderen Halter befestigt ist. Selbstverständlich kann man mit der Lupe niemals das ganze auf der Platte abgebildete Gesichtsfeld übersehen. Man benutzt sie deshalb auch nur wechselweise mit der Mattscheibe. Will man gleichzeitig die Nachteile der Mattscheibe — es kann ja auch in gewissen Fällen vorkommen, daß die Helligkeit des Mattscheibenbildes zur sicheren Orientierung nicht ausreicht — vermeiden und doch den gesamten auf die Platte kommenden Bildausschnitt überblicken, dann muß man ein Beobachtungsokular benutzen. Ein solches kann bei der „Mi-

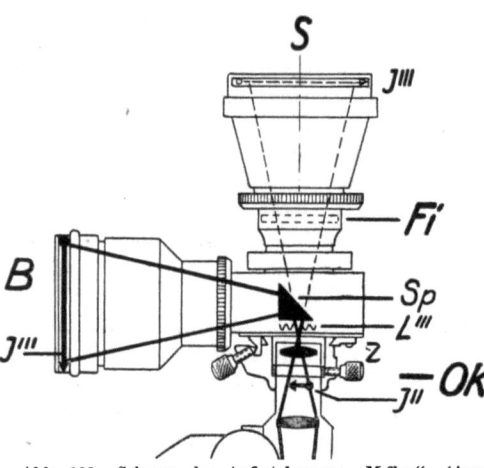

Abb. 103. Schema der Aufsetzkamera „Miflex". (Aus REINERT 248.)
Ok Okular, Fi Filter, S Kassette mit Platte, B Beobachtungsmattscheibe, J" vom Objektiv entworfenes Zwischenbild in der Okularblendenebene, Z Ansetznase, J''' Endbild auf der Mattscheibe und auf der Platte, L''' Lichtquellenbild in der Austrittspupille des Mikroskops, Sp Reflexionsprisma

flex" gegen den Mattscheibenbeobachtungsansatz ausgewechselt werden (vgl. Abb. 101). Es enthält eine Strichplatte mit eingezeichnetem Bildformat (24×36 mm) und Strichkreuz, auf welches das Okular jeweils vom Beobachter scharf einzustellen ist, bevor er die Einstellung des Bildes vornimmt.

Wie erwähnt, kann die „Miflex" mit Kameraansätzen für verschiedene Formate des Aufnahmematerials ausgestattet werden. Als Normalformat kann man das Format 6,5×9 cm ansehen. Auf ihm läßt sich ein kreisförmiges Bild von 5,5 cm Durchmesser unterbringen. Zwei solche Bilder haben also nebeneinander in dem üblichen Satzspiegel des Formats Din A 5 Platz. Außer dem Kameraansatz für das erwähnte Format gibt es Ansätze für Platten von 4,5×6 cm und 9×12 cm Größe. Das letztere Format kann allerdings für Aufsetzkammern allgemein nicht empfohlen werden, da der Aufbau dann das Mikroskop schon recht stark belastet. An allen drei Kameraansätzen wird die Platte in Blechkassetten angelegt. Am Ansatz 6,5×9 cm läßt sich auch mit Hilfe einer Spezial-Rollfilmkassette (vgl. Abb. 102) der gangbarste Rollfilm B II 8 verwenden, auf den 12 Bilder von 5,5 cm Durchmesser aufgenommen werden können. Die Benutzung von Rollfilm bietet besonders dann Vorteile, wenn es sich um Serienaufnahmen gleichartiger Objekte unter stets gleichen Bedingungen handelt, beispielsweise um Reihenaufnahmen von Serienschnitten. In diesem Fall genügt ja eine einmalige Bestimmung der Belichtungszeit für sämtliche Aufnahmen.

Hat man dagegen Aufnahmen von Objekten, die sich wesentlich voneinander unterscheiden, womöglich unter ganz verschiedenartigen Aufnahmebedingungen vorzunehmen, dann kommt, wenn nicht eine Kleinbildkamera benutzt wird, als Material ausschließlich die Platte in Betracht. Nur in diesem Fall läßt sich nämlich für jede Aufnahme durch eine Probeaufnahme die richtige Belichtungszeit feststellen. Das geschieht durch stufenweises Einschieben des Kassettenschiebers und entsprechende Abstufung der Belichtungszeit (vgl. auch PÉTERFI, S. 95 und 96). Zur Erleichterung dieser Arbeit tragen die Kassettenschieber der „Miflex" eine geeignete Teilung (Abb. 104).

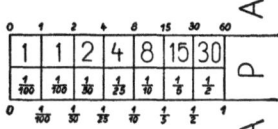

Abb. 104. Teilung eines Kassettenschiebers zur Ermittlung der Belichtungszeit. (Aus der ZEISS-Druckschrift Mikro 503.)

Da die „Miflex", wie jede Aufsetzkamera, keinen veränderlichen Auszug besitzt, muß man, um eine gewisse Variabilität in den Abbildungsmaßstäben zu erhalten, eine größere Reihe von Okularen anschaffen. Die Dimensionen der Miflex sind so gehalten, daß man durch eine einfache Multiplikation mit einem Kamerafaktor (1× bei dem Ansatz für 9×12-cm-Platten, $^1/_2$× bei allen übrigen) den Abbildungsmaßstab auf der Platte aus der Gesamtvergrößerung des Mikroskops ermitteln kann, welche ihrerseits als das Produkt aus Objektiv- und Okulareinzelvergrößerung bestimmt ist.

Bei der Benutzung schwacher Okulare in Verbindung mit der „Miflex" ist zu beachten, daß man durch die gegenüber dem Gebrauch bei visueller Beobachtung veränderte Einstellung bei der Projektion eines reellen Bildes mit normalen Objektiv-Okular-Zusammenstellungen auf die sehr nahe befindliche Einstellscheibe bei der Verbindung von Objektiven großer Apertur mit schwachen Okularen eine sehr merkliche Unterkorrektion und damit schlechte Bilder erhält. Zum Ausgleich wird am besten eine Tubusverlängerung vorgenommen (Tabelle 14).

Diese bewirkt man zweckmäßigerweise mit einem ausziehbaren Tubus, der mit einem Klemmring gehalten werden muß, damit er sich nicht durch das Gewicht der Aufsetzkamera von selbst zusammenschiebt. Noch besser aber ver-

Tabelle 14. Verlängerung des Tubus bei Benutzung von schwachen Okularen in Verbindung mit Objektiven mit der numerischen Apertur 0,65 und größer für mikrophotographische Zwecke.[1]

Okular (Lupenvergrößerung)	Tubusverlängerung in Millimetern
3 ×	14
4 ×	8
5 ×	5 (28)
7 ×	2 (10)
10 ×	0 (5)
12,5 ×	0 (3)
15 ×	0 (2)
20 ×	0 (0)

wendet man „Photookulare", d. h. Okulare, die mit einer einstellbaren Augenlinse ausgestattet sind. Meist haben sie, wie z. B. die WINKELschen „Photookulare", eine Teilung, an der man auf die benutzte Kameralänge einstellen kann. Bei der „Miflex" beträgt diese 130 mm.

Das Aufsetzen der Kamera auf das Mikroskop erfolgt mit Hilfe eines besonderen Aufsetzringes, der am Okularstutzen des Mikroskops festgeklemmt wird. Er kann dort bei der visuellen Beobachtung verbleiben, ohne zu stören. Dieser Ring muß in der Höhe so eingestellt werden, daß sein oberer Rand mit der oberen Fläche der Okularfassung in einer Ebene liegt, daß das Okular also nicht vorsteht. Um die Kamera aufzusetzen, faßt man sie am besten am Beobachtungsansatz und legt zunächst die an der Unterseite des Gehäuses befindliche Nase (Z in Abb. 103) in die Nut des Ansetzringes ein. Hierauf senkt man sie bis zum ordnungsmäßigen Sitz und klemmt sie mit der zu diesem Zweck vorgesehenen Klemmschraube (F' in Abb. 102) fest. Die Kamera ist auf diese Art vollkommen unverrückbar mit dem Mikroskop verbunden, so daß dieses in jeder Lage, also z. B. auch horizontal, benutzt werden kann. Trotzdem ist sie äußerst schnell und bequem von ihm abzunehmen.

Unter den Vertikalkammern in der üblichen Bauweise entspricht die „Vertikalkamera Standard" von ZEISS (Abb. 105), die an die Stelle der altbekannten HEGENER-Kamera (vgl. PÉTERFI, S. 58) getreten ist, im grundsätzlichen Aufbau weitgehend der schon bei PÉTERFI beschriebenen Kamera nach ROMEIS von REICHERT. Grundsätzlich neue Konstruktionselemente finden sich an der Kamera nicht, weshalb auf eine eingehendere Behandlung verzichtet werden kann. Dagegen sind zu dieser Kamera für die verschiedenen Aufnahmezwecke besonders viele Ergänzungs- und Zubehörteile entwickelt worden, von denen in Abb. 106 das „Makro-Dia-Stativ" dargestellt ist, das die Möglichkeit bietet, Übersichtsbilder sehr großer Präparate bei Beleuchtung mit durchfallendem Licht aufzunehmen.

Eigene und neuartige Wege geht dagegen BUSCH mit seinem „Citophot". Bei diesem Gerät ist zwar die eigentliche Kamera horizontal angeordnet. Trotzdem möchten wir das Gerät wegen seines allgemeinen, mit dem der vertikalen Geräte verwandten Aufbaues unter dieser Gruppe behandeln.

Bei der Konstruktion des „Citophot" war der leitende Gedanke der, alle die Vorteile und vielseitigen Möglichkeiten, welche für die mikrophotographische Arbeit durch die Einführung der Kameramikroskope (vgl. S. 572ff.) geschaffen waren, auch in einem mikrophotographischen Gerät zu bieten, mit welchem sich jedes gewöhnliche Mikroskop benutzen läßt. Hierbei ist natürlich vorauszusetzen, daß dieses Mikroskop für mikrophotographische Zwecke überhaupt geeignet ist. Das ist in der Tat mit dem „Citophot" gelungen, mit dem sich bei guter Stabilität sehr bequem arbeiten läßt.

Das Gerät (Abb. 107 und 108) ist auf einer schweren gußeisernen Grundplatte aufgebaut. Diese Platte dient zugleich als Standfläche für das Mikroskop, welches mit zwei Knacken festgeklemmt werden kann. Ein Anschlag sorgt

---

[1] Aus MICHEL (208). Für die Miflex gelten die eingeklammerten Zahlen. Die anderen gelten bei Kameraauszügen zwischen 25 und 50 cm.

Der mikrophotographische Apparat. 569

dafür, daß es jederzeit wieder an seinen richtigen Platz kommt, wenn es einmal zu anderen als zu mikrophotographischen Zwecken von der Einrichtung entfernt wurde. Der vom Mikroskop abgewandte Teil der Grundplatte trägt einen angegossenen stabilen Hohlträger für die Kamera und die Beleuchtungseinrichtung. Diese selbst kann in zwei verschiedenen Höhen in den Träger eingeführt werden.

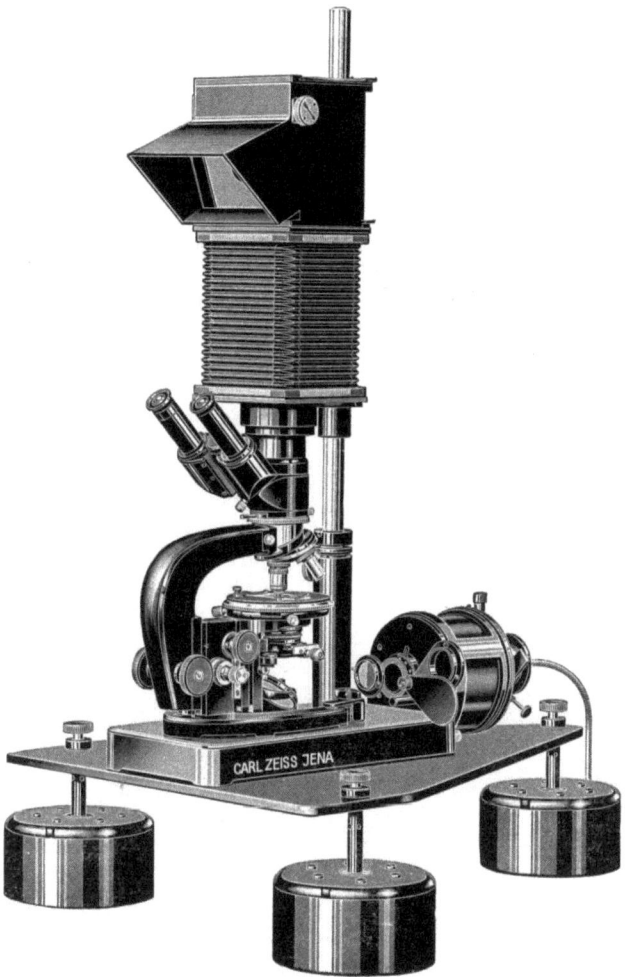

Abb. 105. Die ZEISSsche Vertikalkamera „Standard" mit Niedervoltlampe in Gehäuse und Spiegelreflexaufsatz auf erschütterungsdämpfender Aufstellung. Als Mikroskop ist ein Universalstativ „Lu" mit mikrophotographischem Wechseltubus mit seitlichem binokularem Beobachtungstubus auf der Grundplatte der Kamera aufgestellt. (Aus der ZEISS-Druckschrift Mikro 518.)

In der Stellung dicht über der Grundplatte treffen die beleuchtenden Strahlen bei einem auf dem Gerät aufgestellten Mikroskop auf den unter dem Tisch desselben angebrachten Spiegel, dienen also zur Beleuchtung mit durchfallendem Licht. Wird die Lampe in halber Höhe in dem Träger angeordnet, dann treten die beleuchtenden Strahlen in der Höhe eines am Mikroskop angebrachten Vertikalilluminators aus. Infolgedessen kann sowohl mit durchfallendem als auch mit auffallendem Licht ohne Schwierigkeiten gearbeitet werden. Man kann sich sogar beider Beleuchtungsarten gleichzeitig bedienen [HAUSER und MOHR (107)], wenn man zwei Beleuchtungseinrichtungen benutzt. Die Beleuchtungseinrichtung selbst besteht aus einem Gehäuse, in dem die Niedervoltglühlampe untergebracht ist, und das mit asphärischem Kollektor und als Leuchtfeldblende wirkender Irisblende ausgerüstet ist. Der Kollektor ist in der Achsenrichtung mittels eines Hebels verstellbar. Ebenso wird die Irisblende durch einen handlichen Hebel eingestellt. Um Licht- oder Wärmeschutzfilter anbringen zu können, sind vor den Lichtaustrittsöffnungen an der dem Mikroskop zugekehrten Wand des Trägers passende Halterahmen angebracht.

Die Kamera ist oben auf dem Träger angeordnet. Abweichend von allem bisher Gewohnten ist sie horizontal gelagert und mit einer sinnreich konstruierten Spiegelreflexeinrichtung ausgestattet. Die wesentliche Folge dieser Anordnung ist die Stabilität des Geräts. Die Mattscheibe, die zur Beobachtung und zur Einstellung des Bildes dient, liegt unmittelbar über dem oberen Tubusende des Mikroskops. Sie steht immer fest, weshalb eine besonders bequeme Beobachtung des Mattscheibenbildes gewährleistet ist. Unterhalb der Mattscheibe, aber über dem oberen Tubusende des Mikroskops befindet sich in einem Gehäuse ein um seine senkrechte Achse drehbares Umlenkprisma. Dicht hinter demselben ist ein Verschluß eingebaut. Die aus dem Mikroskop austretenden Strahlen werden also um 90° abgeknickt und gelangen bei geöffnetem Verschluß über

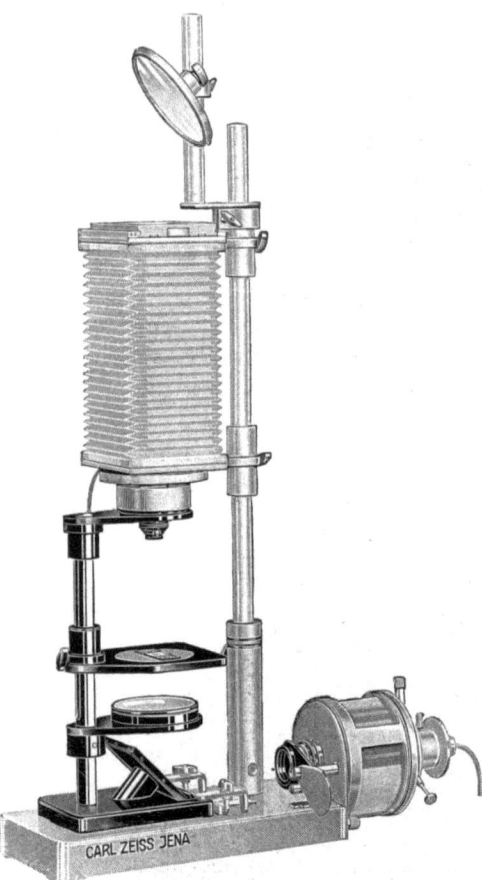

Abb. 106. Das „Makro-Dia-Stativ", ein Sonderstativ zur ZEISSschen Vertikalkamera „Standard" für Übersichtsaufnahmen sehr großer Schnitte mit durchfallendem Licht. (Aus der ZEISS-Druckschrift Mikro 518.)

einen wegklappbaren und einen festen Spiegel auf die Mattscheibe. Hier erfolgt in der üblichen Weise die Einstellung. Zur Aufnahme schließt man den Verschluß, klappt den beweglichen Spiegel aus dem Strahlengang im unteren Teil der Kamera aus und gibt damit den Weg zur Platte frei, die in ihrer Kassette an dem vom Beobachter abgewandten Ende der Kamera angebracht werden kann. Den Kassettenschieber hat man zweckmäßigerweise schon vor der endgültigen Einstellung aufgezogen, so daß man nunmehr durch Öffnen des Verschlusses die Belichtung der Platte (Format 9×12 und kleiner) bewirken kann.

Die mechanische Kameralänge von der Eintrittsfläche des Umlenkprismas bis zur Einstellebene läßt sich zwischen 37 cm und 59 cm verändern. Durch eine sinnreiche Triebbewegung bleiben bei der Veränderung der Kameralänge Mattscheiben- und Plattenebene immer konjugiert, d. h. die Entfernung zwischen der Austrittspupille des Mikroskops und der Mattscheibe und die Entfernung zwischen der Austrittspupille und der Platte bleiben immer genau gleich. Erreicht wird das dadurch, daß der die Platte tragende Teil der Kamera durch den den Auszug ändernden Trieb mit der doppelten Geschwindigkeit bewegt wird, wie der die Umlenkspiegel enthaltende Kasten.

Abb. 107. Das BUSCH-„Citophot" für Mikroaufnahmen mit durchfallendem Licht. (Aus WESSEL *312*.)

Um auch die visuelle Beobachtung im Mikroskop zu ermöglichen, solange dieses mit dem „Citophot" verbunden ist, läßt sich ein horizontaler Beobachtungstubus auf dem Tubus des Mikroskops anbringen (Abb. 107).

Außer zu Mikroaufnahmen mit durch- oder auffallendem Licht läßt sich das Gerät noch für andere Anwendungsarten der Photographie in Wissenschaft und Technik benutzen. Je nach dem Zweck sind hierzu besondere Zusatzgeräte erforderlich.

Übersichtsaufnahmen von großen Schnittpräparaten in geringen Abbildungsmaßstäben lassen sich mit mikrophotographischen Objektiven von passender Brennweite herstellen. Das Objektiv wird hierbei mit Hilfe eines Schlittens an die Stelle der unterhalb des Umlenkprismas mit einem entsprechenden Schlitten eingeschobenen Lichtabschlußhülse für das Mikroskop gebracht. Es kann eine

Brennweite zwischen 2,5 und 19 cm haben. Das Objekt wird auf einen großen Objekttisch gelegt, der mit Zahn und Trieb an einer Führungsplatte eingestellt werden kann. Diese Führungsplatte kann mit vier Kordelschrauben an der Stirnwand des Kameraträgers befestigt werden. Der Objekttisch wird mit für die Beleuchtung des Objekts geeigneten und zur Brennweite des Objektivs passenden, in Einlegeplatten untergebrachten Kondensoren verschiedener Durchmesser und Brennweiten ausgestattet.

Der gleiche Tisch mit einer glatten Verschlußplatte wird auch benutzt, wenn entsprechende Übersichtsaufnahmen bei Beleuchtung mit auffallendem Licht

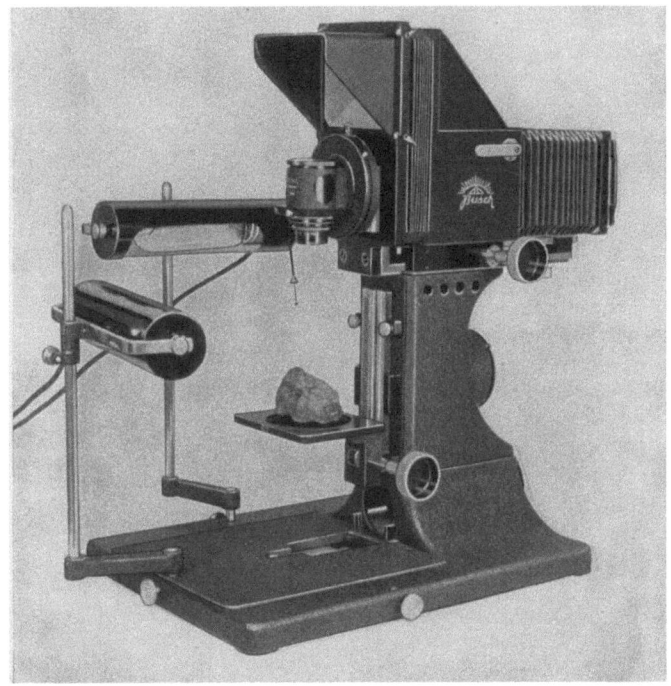

Abb. 108. Das BUSCH-,,Citophot", eingerichtet für Übersichtsaufnahmen größerer Objekte mit einem mikrophotographischen Objektiv, Beleuchtung mit auffallendem Licht durch Soffittenlampen. (Aus WESSEL *312*.)

angefertigt werden sollen. Die Beleuchtung erfolgt dann entweder mit verstellbaren Soffittenlampen, deren Halter auf der Grundplatte angebracht werden (Abb. 108) oder mit der normalen Beleuchtungslampe, die zum Gerät gehört. Zu diesem Zweck wird sie aus dem Kameraträger entfernt und mit Hilfe einer Klemme an einem wie bei den Soffittenlampen auf der Grundplatte befestigten Stativ aufgehängt. Die Klemmen wie das Stativ sind dabei weitgehend verstellbar, so daß das günstigste Azimut und der günstigste Einfallswinkel der Beleuchtung unschwer zu finden sind. Während mit dieser Lampe eine im wesentlichen streng einseitig gerichtete Beleuchtung zu erzielen ist, ergibt die mittels der Soffittenlampen eine mehr diffuse Beleuchtung, die sich vor allem für größere, gleichmäßig zu erhellende Flächen eignet.

3. Das Kameramikroskop und das Metallmikroskop.

Die Mikrophotographie hat gerade im Laufe des letzten Jahrzehnts dadurch ungeheuer an Bedeutung gewonnen, daß sich die mikroskopischen Untersuchungsverfahren, lange Zeit eine Domäne der biologischen Wissenschaften, mehr und mehr Eingang auch in die Laboratorien der Industrie verschafften. Heute gibt es kaum einen Zweig der Industrie, in dem nicht in der einen oder anderen Form das Mikroskop von Bedeutung ist. Diese Entwicklung bedingte nun auch eine besondere Richtung in der Entwicklung der mikrophotographischen Geräte. Benutzt sie der reine Wissenschaftler allein zum Festhalten seiner Forschungsergebnisse, so dienen sie im Industrielaboratorium außerdem und vielfach in der Hauptsache zur Kontrolle der Fertigung und zum protokollarischen Festhalten der verschiedenen Fertigungsstadien. Hierbei kommt es vor allem auf Schnelligkeit bei der Erledigung der Arbeiten und auf bequeme und sichere Bedienungsweise des Geräts an, da vielfach auch Ungeübte die mikrophotographischen Arbeiten auszuführen haben. Trotzdem wird für diese Fälle auch eine große Vielseitigkeit gefordert, da hier nicht nur eine einzige Untersuchungsart, wie z. B. in den biologischen Wissenschaften das durchfallende Licht, dominiert. Es ist vielmehr erforderlich, mehrere ganz verschiedenartige Beleuchtungsverfahren rasch wechselnd anwenden zu können. Derartige Ansprüche vermögen natürlich die früher ausschließlich üblichen horizontalen oder vertikalen Kammern, bei denen ein normales Arbeitsmikroskop zur Erzeugung des Bildes dient, nicht mehr restlos befriedigend zu erfüllen.

Neben den auch heute noch üblichen Geräten dieser Bauart ist daher ein neuartiger Typ mikrophotographischer Geräte entstanden, die sogenannten „Kameramikroskope". Unter dieser Bezeichnung, die wir hier im weitesten Sinne verstehen, faßt man mikrophotographische Geräte zusammen, deren Charakteristikum es ist, daß die drei, bei jedem derartigen Gerät zu unterscheidenden Bestandteile, die Beleuchtungseinrichtung, das Mikroskop und die Kamera, zu einer organischen Konstruktionseinheit zusammengefaßt sind. Das Mikroskop und der mikrophotographische Apparat sind also nicht mehr zwei verschiedene, beliebig kombinierbare Instrumente. Beide sind vielmehr als Teile eines ganzen, zusammengehörigen Geräts aufeinander abgestimmt und nicht mehr unabhängig voneinander zu verwenden. Das mag auf den ersten Blick nachteilig erscheinen. Tatsächlich war es aber nur auf diese Art möglich, allen Anforderungen zu genügen, die an derartig vielseitige Geräte gestellt werden müssen.

Unter den zur Zeit auf dem Markt befindlichen Typen der Kameramikroskope lassen sich zwei grundsätzlich verschiedene Formen unterscheiden. Die eine Form lehnt sich im Aufbau an das beim normalen Mikroskop Übliche an, d. h. das eigentliche Mikroskop schaut von oben auf das Objekt, gleichgültig ob dieses mit durchfallendem oder mit auffallendem Licht beleuchtet wird. Diese Form soll als „Aufrechtes Kameramikroskop" bezeichnet werden. Bei der Untersuchung mit auffallendem Licht, bei der man es häufig mit Anschliffen zu tun hat, deren Fläche zur optischen Achse des Mikroskops genau ausgerichtet sein muß, wird es allerdings meist als vorteilhaft angesehen, mit einem Mikroskop nach dem LE CHATELIER-Prinzip zu arbeiten. Hierbei wird das Objekt bekanntlich mit der zu betrachtenden Seite nach unten auf den Tisch des Instruments gelegt und mit einem umgekehrten Mikroskop, also mit einem Mikroskop, welches von unten auf das Objekt gerichtet ist, betrachtet. Wegen der Vorteile, die dieses Prinzip gerade für einen der Hauptbenutzerkreise der Kameramikroskope, nämlich den größten Teil der Industrielaboratorien bietet, ist die Mehrzahl mit einem umgekehrten Mikroskop ausgerüstet. Die Geräte dieser zweiten Gruppe der „Umgekehrten Kameramikroskope" können nun entweder mit einer senkrecht unter dem Mikroskop oder mit einer horizontal neben dem Mikroskop angeordneten Kamera ausgestattet sein. Hierbei ist im ersteren Fall die

Kameralänge meist unveränderlich oder nur innerhalb sehr enger Grenzen variabel. Im letzteren Fall dagegen weist sie stets eine sehr reichliche Ausziehmöglichkeit auf. Einen Überblick über die von den verschiedenen einschlägigen Firmen zurzeit geführten Geräte und ihre Verteilung auf die drei erwähnten Gruppen gibt die Tabelle 15.

Tabelle 15. Die verschiedenen Kameramikroskope.

	Aufrechtes Kameramikroskop	Umgekehrtes Kameramikroskop mit	
		vertikaler Kamera	horizontaler Kamera
BUSCH	—	„Metaphot" (S. 583)	—
FUESS	„Orthophot" (S. 582 f.)	—	—
HENSOLDT	„Polyphot"	—	—
LEITZ	„Panphot" (S. 574 ff.)	—	Großes Metallmikroskop „MM" (S. 587 ff.)
REICHERT	—	„MeF", „MeG" (S. 584 ff.)	Großes Metallmikroskop „Me A" (S. 587 ff.)
ZEISS	„Ultraphot" (S. 574 ff.)	„Met Mi IX" (S. 612)	Großes Metallmikroskop „Neophot" (S. 587 ff.)

Abb. 109. Das LEITZsche Kameramikroskop „Panphot" für Aufnahmen mit dem zusammengesetzten Mikroskop und durchfallendem Licht mit kombinierter Glühlampen-Bogenlampen-Beleuchtung (LEITZ).

a) **Das aufrechte Kameramikroskop.**

Das „Panphot"[1] von LEITZ und das „Ultraphot"[2] von ZEISS zeigen im wesentlichen den gleichen grundsätzlichen Aufbau (Abb. 109 und 110). Auf einer schweren Basis, die beim „Panphot" Rahmengestalt, beim „Ultraphot" Kastenform aufweist, ist eine kräftige Säule montiert. Diese Säule dient als Träger für die drei Bestandteile, aus denen sich, wie schon mehrfach erwähnt, jedes mikrophotographische Gerät zusammensetzt, nämlich die Beleuchtungseinrichtung, das Mikroskop und die Kamera. Mikroskop und Kamera werden bei beiden Geräten an eine, dem Beobachter zugekehrte, an die Tragsäule angearbeitete Fläche angehängt. Bei LEITZ geschieht dies mittels zweier kräftiger Kordelschrauben. Bei ZEISS ist die Fläche seitlich prismatisch ausgebildet, so daß sich die Mikroskopbestandteile beliebig aufsetzen, verschieben und abnehmen lassen (Abb. 111).

Das eigentliche Mikroskop besteht bei dem „Panphot" aus einem starken Trägerstück, dessen unterer Teil zur Aufnahme der Tische und Beleuchtungsapparate, dessen oberer zur Befestigung der verschiedenen Tuben dient. Beim

---

[1] Das „Panphot" wurde etwa im Jahre 1933 herausgebracht.
[2] Das „Ultraphot" erschien 1936.

Der mikrophotographische Apparat.

„Ultraphot" ist der Tischträger vom Tubusträger getrennt. Am Tischträger werden in der gleichen Weise wie bei dem ZEISSschen „Lu"-Stativ die Tische und die dort (S. 557 und Abb. 90) angeführten Beleuchtungsapparate angebracht. Der Tisch ist durch eine Triebbewegung einstellbar. Bei dem „Panphot" dient diese grundsätzlich zur groben Einstellung bei allen Fällen der Anwendung. Beim „Ultraphot" dagegen wird sie nur zur Einstellung benutzt, wenn mit auffallendem Licht gearbeitet wird. Im übrigen greift hier die Grobbewegung am Tubus an. Die Feinbewegung dagegen wirkt bei beiden Geräten ausschließlich auf den Tubus. Ihre Führung ist bei LEITZ in Kugeln, bei ZEISS in Rollen, den sogenannten „Nadeln" gelagert, wodurch auch bei starker Belastung des Tubus durch ergänzende Zusätze ein guter, spielfreier Gang erzielt wird. Normalerweise sind die Geräte mit einem besonders weiten Tubus ausgerüstet, der mit einem schrägen Beobachtungstubus entweder für die einäugige oder für die beidäugige Beobachtung ausgestattet ist. Da er sich leicht entfernen läßt, können für besondere Zwecke beliebige andere Tuben eingesetzt werden. So sind z. B. Polarisationstuben (LEITZ und ZEISS), Tuben für Übersichtsaufnahmen (ZEISS), Vergleichstuben (LEITZ und ZEISS) und Stereoskopische Doppeltuben (LEITZ und ZEISS) zum Präparieren vorgesehen.

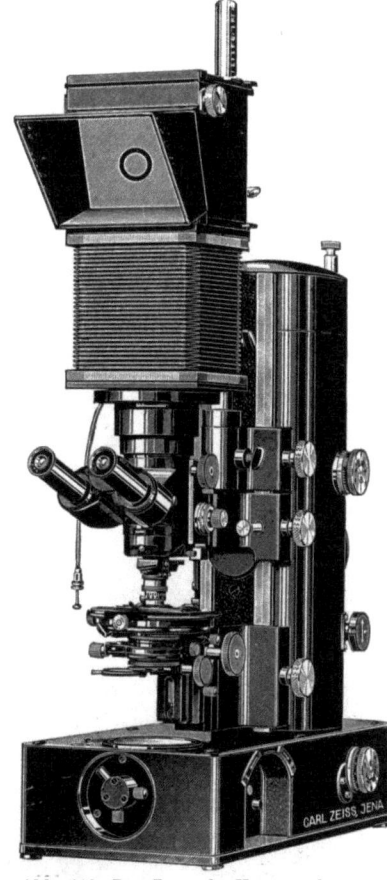

Abb. 110 Das ZEISSsche Kameramikroskop „Ultraphot" für Aufnahmen mit dem zusammengesetzten Mikroskop und durchfallendem Licht. (Aus MICHEL 208.)

Als Kamera dient in der Regel eine mit veränderlichem Auszug versehene Balgenkamera für das Format 9 × 12. Sie ist in ähnlicher Weise an der Tragsäule befestigt wie das Mikroskop. An ihrem unteren Ende ist ein Verschluß sowie eine Lichtabschlußhülse angebracht, die, in den entsprechenden Trichter am oberen Ende des Mikroskoptubus eingeführt, die lichtdichte Verbindung

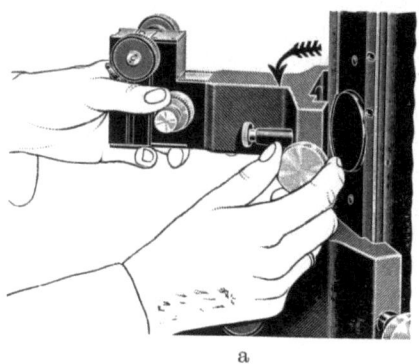
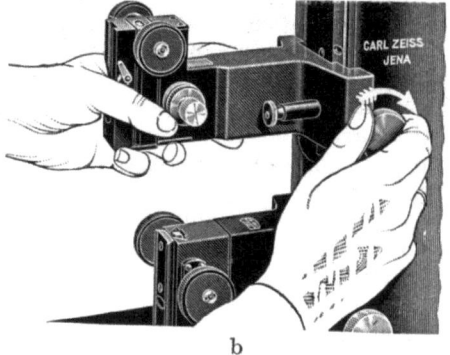

a b

Abb. 111. Das Ansetzen (a) und Festklemmen (b) der Mikroskopteile bei dem ZEISSschen „Ultraphot". (Aus der ZEISS-Druckschrift Mikro 532)

zwischen Mikroskop und Kamera herstellt. An ihrer Stelle lassen sich auch langbrennweitige mikrophotographische Objektive anbringen. Die Einstellung erfolgt in diesem Fall entweder durch Verstellung der Frontplatte der Kamera mittels Zahn und Trieb (LEITZ-,,Panphot") oder durch eine zwischengeschaltete besondere Einstellfassung (ZEISS-,,Ultraphot"). Zum bequemen Einstellen des Bildes ist die Kamera gewöhnlich durch einen **Spiegelreflexaufsatz** vervollkommnet. Dieser erlaubt es, das Bild auf einer für den mit dem Gerät Arbeitenden bequem zu beobachtenden Mattscheibe einzustellen. Während der Einstellung kann die Kassette schon geöffnet sein, da der Umlenkspiegel im Inneren des Aufsatzes das Licht zunächst von der Platte abhält. Erst wenn nach vollzogener Einstellung der Verschluß der Kamera geschlossen ist,

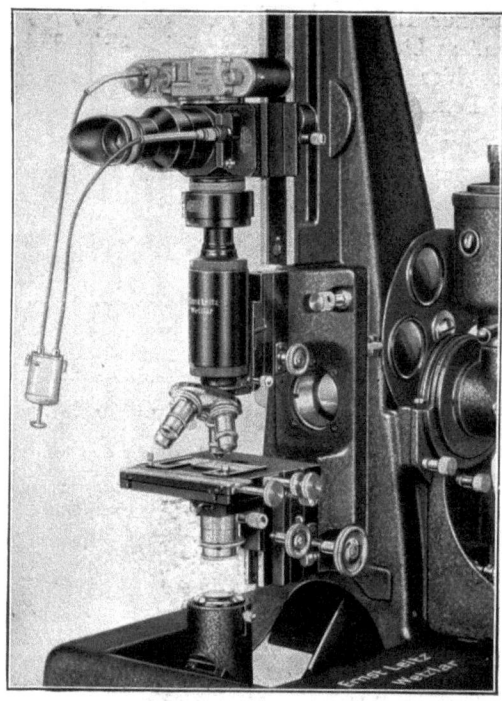

Abb. 112. Die Kleinbildkamera „Leica" mit Spiegelreflexansatz am „Panphot". (Aus der LEITZ-Druckschrift, Mikrophoto G, 7695 b.)

Abb 113. Die Verwendung einer Schmalfilmkamera „Movikon 16" am Kameramikroskop „Ultraphot". (Aus MICHEL *208*)

wird der Spiegel aus dem Strahlengang entfernt, worauf die Belichtung der Platte erfolgen kann. Sowohl beim „Panphot" als auch beim „Ultraphot" ist die Möglichkeit vorgesehen, statt der geschilderten mikrophotographischen Kamera eine andere Vorrichtung zum Auffangen des Bildes anzubringen. In diesem Zusammenhang ist besonders auf die Möglichkeit der Verwendung einer **Kleinbildkamera** (Abb. 112, Näheres vgl. S. 592 ff.) und einer **Kinoaufnahmekamera** (Abb. 113) hinzuweisen. Die letztere wird auf einem besonderen, der jeweilig benutzten Kamera angepaßten Halter aufgesetzt. Der Halter trägt meist, zwischen Okular und Kamera eingeschaltet, ein Beobachtungsrohr, durch das auch während der Aufnahme eine dauernde Beobachtung der Objekte ermöglicht wird. Das ist durch den Einbau eines geeigneten Strahlenteilungsmittels (durchlässig versilbertes Prisma bei LEITZ, besonders behandeltes Planplättchen bei ZEISS) erreicht.

Was den Kameramikroskopen aber erst ihre große Vielseitigkeit verleiht, ist die weitgehende Durchbildung ihrer **Beleuchtungseinrichtung**. Es ist

Der mikrophotographische Apparat.

unter Verwendung geeigneter Zusatzgeräte möglich, mit ihr leicht alle nur denkbaren, in der Mikroskopie vorkommenden oder benötigten Beleuchtungsarten anzuwenden.

Als Lichtquelle dient für gewöhnlich eine Glühlampe (LEITZ 6 V, 5 A, ZEISS 12 V, 8 A). Reicht deren spezifische Helligkeit, z. B. für Dunkelfeldaufnahmen, Aufnahmen ungünstiger Objekte mit auffallendem Licht oder bei mikrokinematographischen Arbeiten nicht aus, dann läßt sich auf einfache Weise eine Bogenlampe, gegebenenfalls auch eine andere Lichtquelle mit hoher Leuchtdichte anbringen. Die Glühlampe ist beim „Panphot" in einem

Abb. 114. Bogenlampengehäuse des „Ultraphot", geöffnet, mit herausgezogener Lampe. (Aus der ZEISS-Druckschrift Mikro 532.)
1 Säule des Ultraphot, *3* Deckel des Gehäuses, *4* Spiegel zur Beobachtung des Kraters, *5* Haube zum Abdecken der eingeschobenen Lampe, *7* Lampe, *10* Wasserkuvette, *11* Kollektor.

besonderen, mit Kollektor, Irisblende und einer Filterscheibe ausgerüsteten Gehäuse untergebracht, das seitlich an der Tragsäule des Geräts befestigt werden kann. In der gleichen Weise kann eine Bogenlampe benutzt werden. Statt der Glühlampe oder der Bogenlampe allein läßt sich auch eine Kombination beider Lichtquellen anwenden, die ebenso angeordnet wird wie das Glühlampengehäuse (vgl. die Abb. 109). Beim „Ultraphot" ist die Glühlampe in der Trägersäule selbst untergebracht. Dieses Gerät zeichnet sich außerdem dadurch aus, daß durch eine geeignete Kombination von Linsen und Blenden, die teils in der Trägersäule, teils im Fußkasten untergebracht sind, für alle Beleuchtungsarten eine streng nach dem KÖHLERschen Prinzip geregelte Beleuchtungsstrahlenführung möglich ist (Näheres vgl. S. 473 ff.). Die Bogenlampe wird bei diesem Gerät in einem besonderen Gehäuse untergebracht, das auch den Kollektor und eine Kühlküvette enthält, und das an die Tragersäule angehängt werden kann (Abb. 114).

Abb. 115 Das LEITZsche „Panphot" mit Großobjekttisch für Übersichtsaufnahmen großer Schnitte mit mikrophotographischem Objektiv und durchfallendem Licht (Aus der LEITZ-Druckschrift, Mikrophoto G, 7695 b.)

Zur Beleuchtung mit durchfallendem Licht bei Benutzung des zusammengesetzten Mikroskops benötigt man außer dem üblichen Mikroskopkondensor keine Zusatzgeräte weiter. Ebenso braucht man zur Beleuchtung der Objekte bei Übersichtsaufnahmen mit mikrophotographischen Objektiven, deren objektseitiges Sehfeld 25 bis 30 mm nicht überschreitet, nur den zur Brennweite des

Objektivs passenden Brillenglaskondensor. Sobald es sich aber darum handelt, Übersichtsaufnahmen mit langbrennweitigen Objektiven und verhältnismäßig großem Bildwinkel, wobei also der Durchmesser des objektseitigen Sehfeldes

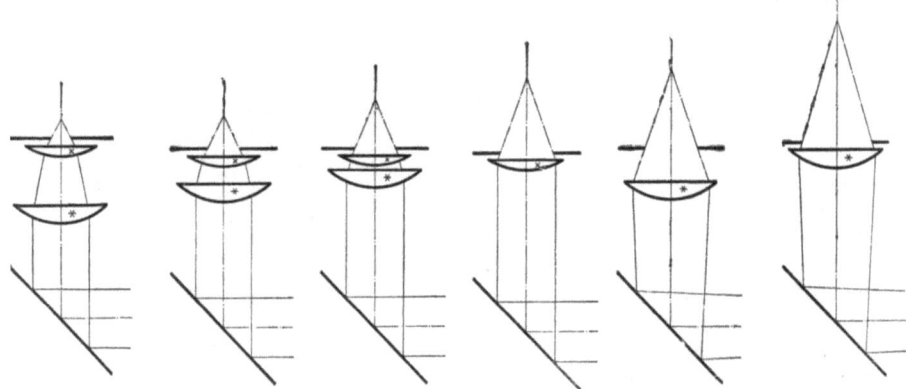

Abb. 116 Die Einstellung der Beleuchtungslinsen bei der Einrichtung nach Abb. 115 am „Panphot" bei verschiedenen Objektivbrennweiten (Aus der LEITZ-Druckschrift, Mikrophoto 7748.)

über das Maß von 30 mm hinausgeht, anzufertigen, braucht man an Stelle der Brillenglaskondensoren besondere, in ihrem Durchmesser der Größe des Sehfeldes angepaßte Linsen. Diese lassen sich natürlich nur an besonderen Tischen, den

Abb. 117. Das ZEISSsche „Ultraphot" mit dem Großobjekttisch für Übersichtsaufnahmen von großen Schnitten. (Aus der ZEISS-Druckschrift Mikro 527.)

sogenannten Großobjekttischen unterbringen. Dieser „Großobjekttisch" wird bei dem „Panphot" mit Hilfe eines Wechselstückes an der Stelle des Mikroskops angebracht (Abb. 115). Er ist mit einem Beleuchtungssystem aus zwei Linsen ausgerüstet, die entweder zusammen in verschiedenen Abständen oder einzeln zu benutzen sind, um die bei den verschiedenen Brennweiten der Objektive notwendige Höhenänderung des Strahlenvereinigungspunktes zu erreichen (Abb. 116).

Bei dem „Ultraphot" besteht der „Großobjekttisch" aus einem zylindrischen Gehäuse, dessen oberen Abschluß die Tischplatte bildet (Abb. 117). Er wird in die Lichtaustrittsöffnung des Fußkastens eingesetzt. Die Schnittweitenänderung wird durch das auf S. 487 ff. beschriebene Linsensystem bewirkt. Auch hier ist durch das Zusammenwirken zwischen der im Gerät selbst eingebauten Beleuchtungsanordnung und dem System des Großobjekttisches eine genaue Einhaltung der Regeln des KÖHLERschen Prinzips gewährleistet.

Der Auflichtbeleuchtung dienen je nach dem verfolgten Zweck ver-

Der mikrophotographische Apparat. 579

Tabelle 16. Die Auflichtbeleuchtungseinrichtungen der aufrechten Kameramikroskope.

	Beleuchtungsart	„Panphot" (LEITZ)	„Ultraphot" (ZEISS)
Für zusammengesetztes Mikroskop	Hellfeldbeleuchtung allein	„Opakilluminator" (vgl. Tabelle 4)	—
	Mit polarisiertem Licht	„Polarisations-Opakilluminator"	—
	Dunkelfeldbeleuchtung allein	„Ultropak" (vgl. Tabelle 4, sowie PÉTERFI, S. 239)	—
	Hellfeld- und Dunkelfeldbeleuchtung zum Wechseln sowie polarisiertes Licht	„Panopak" (vgl. Tabelle 4)	„Auflichtkondensor WK" (vgl. Tabelle 4 und Abb. 118)
Für einfaches Mikroskop	Hellfeldbeleuchtung	„Übersichtsilluminator" (vgl. Tabelle 6)	„Planglasilluminator" (vgl. Tabelle 6 und Abb. 121)
	Dunkelfeldbeleuchtung a) einseitig	—	„Schräglichtilluminator" mit Spiegel (vgl. Tabelle 6 und Abb. 120)
	b) mehrseitig oder allseitig	„Ringbeleuchtung" (vgl. Beschr. S. 510ff., Tabelle 6/7, Abb. 39 u. 40)	„Makrotisch" (vgl. Beschr. S. 514, Tabelle 6 und Abb. 43)

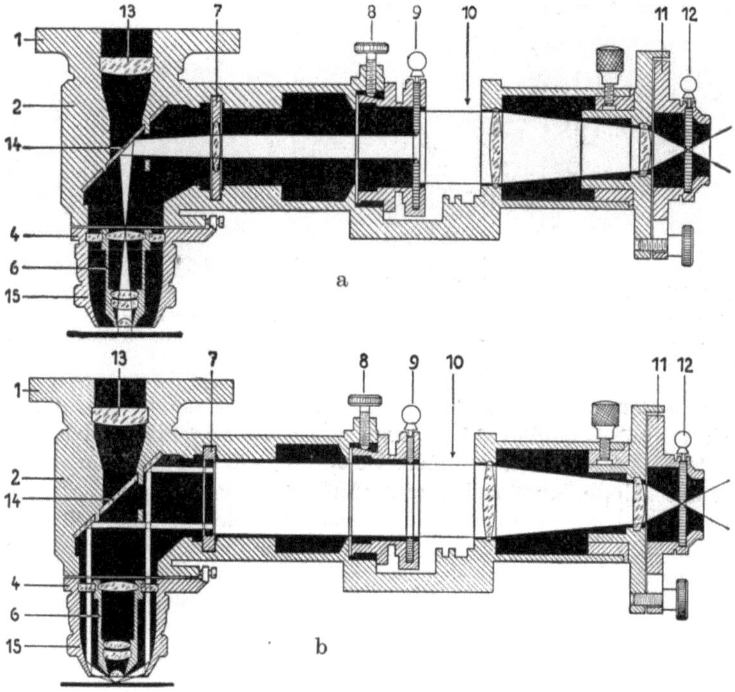

Abb. 118. Schema des „Auflichtkondensors WK" zum ZEISSschen „Ultraphot". (Aus der ZEISS-Druckschrift Mikro 523.)
a Für Hellfeldbeleuchtung, b für Dunkelfeldbeleuchtung.

schiedenartige Zusatzbeleuchtungseinrichtungen. Sie sind in der Tabelle 16 (S. 579) zusammengestellt.

Infolge ihrer Bauart lassen sich die vorstehend beschriebenen Kameramikroskope auch leicht für besondere Untersuchungsmethoden einrichten. Zum „Panphot" ist beispielsweise eine Sonderausführung als umgekehrtes Mikroskop speziell für die Zwecke des Gewebezüchters beschrieben worden (WEIZMANN 311).

Hier handelt es sich in der Hauptsache darum, die in den sogenannten „CARELL-Flaschen" auf dem Boden wachsenden Gewebekulturen sowohl mit auffallendem als auch mit durchfallendem Licht beobachten zu können, was nur mit einem umgekehrten Mikroskop möglich ist (Abb. 122). Wie bei einem Metallmikroskop nach LE CHATELIER ist der Objekttisch über dem Tubus angeordnet. Dieser besitzt einen Schrägtubus für die visuelle Beobachtung und einen seitlich angesetzten, horizontal abgeknickten Phototubus, hinter dem für Aufnahmezwecke die üblicherweise zu dem Gerät

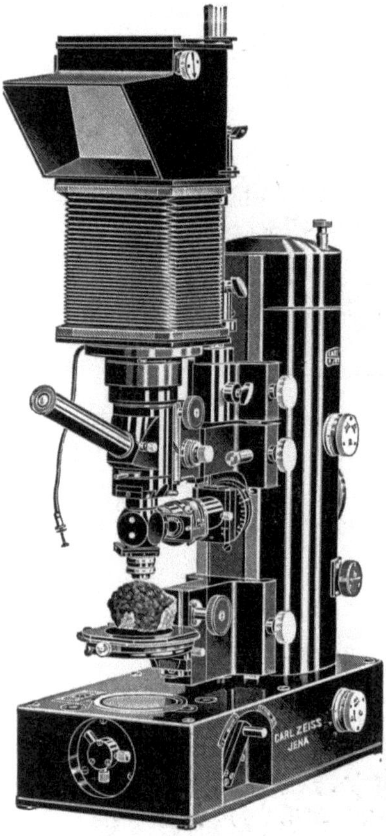

Abb. 119. Das ZEISSsche „Ultraphot" mit „Auflichtkondensor WK". (Aus der ZEISS-Druckschrift Mikro 533.)

Abb. 120. Auflichtbeleuchtungseinrichtung mit Spiegel zum ZEISSschen „Ultraphot". (Aus der ZEISS-Druckschrift Mikro 533.)

gehörige Kamera angebracht werden kann. Über dem Tisch, der durch einen Heiztisch vervollständigt werden kann, ist zur Durchlichtbeleuchtung ein Beleuchtungsapparat mit Sonderkondensor und eine Hilfslichtquelle angebracht, unter dem Tisch befindet sich zur Auflichtbeleuchtung ein „Ultropak".

Auch ZEISS hat zu seinem Gerät eine Zeitlang ein umgekehrtes Mikroskop, allerdings in der Hauptsache für metallkundliche Zwecke, geliefert, dessen Aufbau ganz ähnlich dem des oben erwähnten LEITZschen Geräts war. Zum Unterschied von diesem war es, seiner Bestimmung entsprechend, nur mit einer Auflichtbeleuchtung ausgestattet.

Wie schon erwähnt, lassen sich die behandelten Kameramikroskope auch mit einem Vergleichstubus (Abb. 123) ausrüsten, mit dem man in der Lage ist, zwei verschiedene Objekte gleichzeitig nebeneinander zu betrachten oder zu photographieren. Das Schema eines solchen Tubus ist in Abb. 124 dargestellt.

Zur Aufnahme der zwei Präparate sind zwei getrennte Tische (ZEISS) oder ein einheitlicher Tisch von entsprechender Größe vorgesehen. Die Gerate sind für

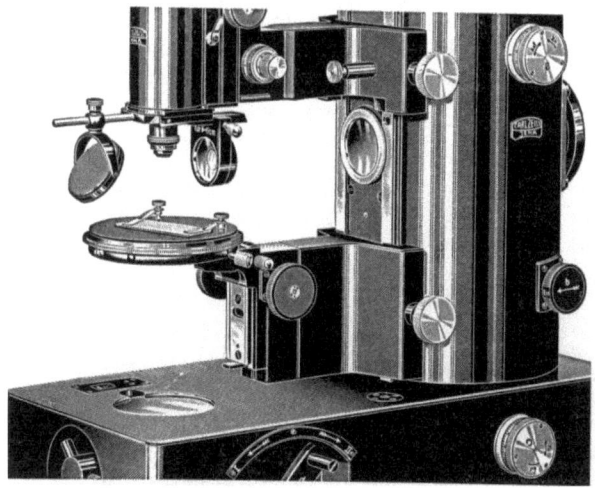

Abb. 121. Planglasilluminator für Übersichtsaufnahmen mit Hellfeldbeleuchtung fur das ZEISSsche „Ultraphot". (Aus der ZEISS-Druckschrift Mikro 533.)

Abb. 122. Das „umgekehrte Panphot" fur Zwecke des Gewebezuchters von LEITZ. (Aus WEIZMANN *311*.)

Beleuchtung mit durch- oder auffallendem Licht eingerichtet. Als Lichtquelle dient die vorhandene Lampe. Ihr Licht wird durch besondere Strahlenteilungssysteme den beiden Durchlicht- bzw. Auflichtkondensoren zugeführt.

Einen ganz ähnlichen Aufbau wie die vorstehend beschriebenen Geräte zeigt auch das Kameramikroskop „Polyphot" der Firma HENSOLDT.

Das „Orthophot" von R. FUESS, Berlin-Steglitz, dagegen weist eine grundsätzlich andere Anordnung der mikrophotographischen Kamera auf, als die beiden vorher beschriebenen Geräte (Abb. 125). Zwar ist das Mikroskop

Abb. 123. Das ZEISSsche Ultraphot als Vergleichsmikroskop für durchfallendes Licht

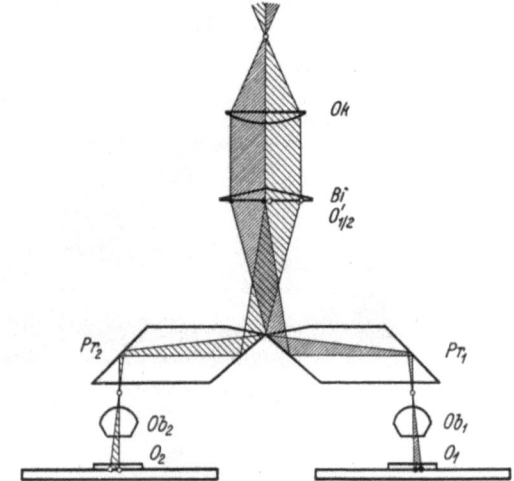

Abb. 124. Schematische Darstellung des Aufbaues eines Vergleichstubus. O_1 und O_2 zu vergleichende Objekte, Ob_1 und Ob_2 Objektive, Pr_1 und Pr_2 Prismen, O_1' und O_2' Zwischenbild, Bi Biprisma, Ok Okular.

Abb. 125. Das FUESSsche Kameramikroskop „Orthophot". (Aus der FUESS-Druckschrift 417 b.)

selbst noch aufrecht. Die Kamera ist aber nicht über ihm an einem besonderen Träger angebracht, sondern sie steht links neben dem Mikroskopstativ auf der Grundplatte des ganzen Geräts. Auf dieser selben Grundplatte ist rechts vom Mikroskop auch die Beleuchtungseinrichtung (Niedervoltlampe in Gehäuse und Kühlküvette nebst den üblichen Blenden und Linsen) untergebracht.

Der Tubus des Mikroskops ist unbeweglich an einem bogenförmigen, vom Beobachter abgewandten, kräftigen Träger befestigt, durch dessen unteren Teil der Beleuchtungsstrahlengang geführt wird. Am Tubus sitzen mehrere Okularstutzen, ein schräger für die visuelle Beobachtung, und nach links, nach hinten und nach rechts je ein horizontaler. Von diesen dient der linke zur Aufnahme des Okulars bei der Photographie, wobei die Strahlen über Spiegel auf die Mattscheibe bzw. die Platte geleitet werden. Der rechte Okularstutzen wird beim Projektionszeichnen, der nach hinten gerichtete zur Mikroprojektion benutzt.

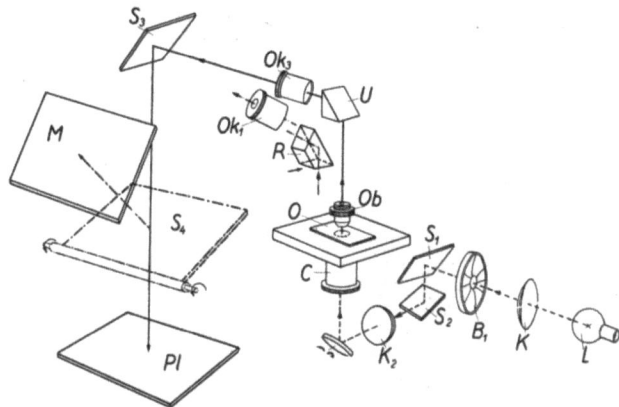

Abb. 126. Schema des Strahlenverlaufs bei Anwendung durchfallenden Lichts im „Orthophot". (Aus der FUESS-Druckschrift 417 b.)
L Lichtquelle, K Kollektor, B_1 Leuchtfeldblende, S_1, S_2 Umlenkspiegel, K_2 Zusatzkollektor, Pe Spiegel, C Mikroskopkondensor, O Objekt, Ob Objektiv, U Umlenkprisma, Ob_3 Photookular, S_3, S_4 Umlenkspiegel, M Mattscheibe, Pl Platte, R Reflexionsprisma, Ob_1 Beobachtungsokular.

Ein besonderer, auf der Grundplatte aufgestellter Träger hält den Objekttisch, der durch Grob- und Feinbewegung in der Höhe verstellbar ist.

Unterhalb des Tisches ist ein Durchlichtbeleuchtungsapparat der üblichen Art angebracht. Beleuchtung mit auffallendem Licht erfolgt über einen passenden Vertikalilluminator (Hellfeld mit Planglas oder Prisma) oder einen „Univertor"-Illuminator, mit dem man durch Umschalten der Reflexionselemente Hellfeldbeleuchtung mit Prisma oder Planglas und Dunkelfeldbeleuchtung erzeugen kann. Die Abb. 126 und 127 zeigen anschaulich den Strahlenverlauf in dem Gerät bei Durchlicht- und bei Auflichtbeleuchtung.

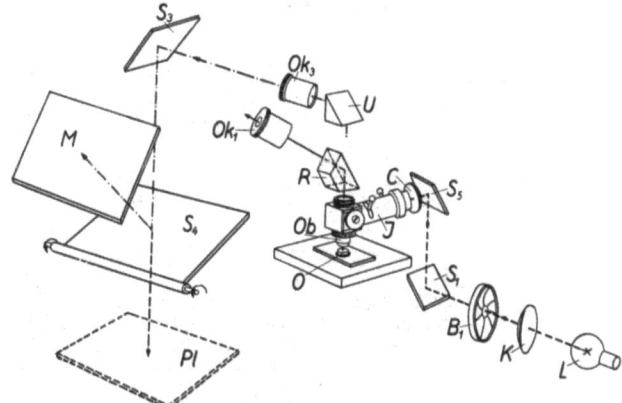

Abb. 127. Schema des Strahlenverlaufs bei Anwendung auffallenden Lichts im „Orthophot" (Aus der FUESS-Druckschrift 417 b.)
S_5 Umlenkspiegel, C Hilfslinse, J Illuminator, übrige Bezeichnung wie bei Abb. 126.

b) Das umgekehrte Kameramikroskop mit vertikaler Kamera.

Unter den umgekehrten Kameramikroskopen mit vertikal angeordneter Kamera ist das erste das „Metaphot" (vgl. hierüber die Beschreibung bei PÉTERFI, S. 181) der Firma BUSCH gewesen. Dieses Gerät hat überhaupt in gewisser Weise die Weiterentwicklung des mikrophotographischen Geräts zum Kameramikroskop eingeleitet. Später hat dann auch REICHERT ein gleiches Gerät unter der Bezeichnung ,,Me F" sowie eine kleinere und einfachere Ausgabe desselben unter der Bezeichnung ,,Me G" oder ,,Melabor" herausgebracht. Da alle Geräte dieser Gruppe weitgehend übereinstimmen, genügt es, eines von ihnen eingehend zu behandeln. Wir wählen zu diesem Zweck das REICHERTsche ,,Me F".

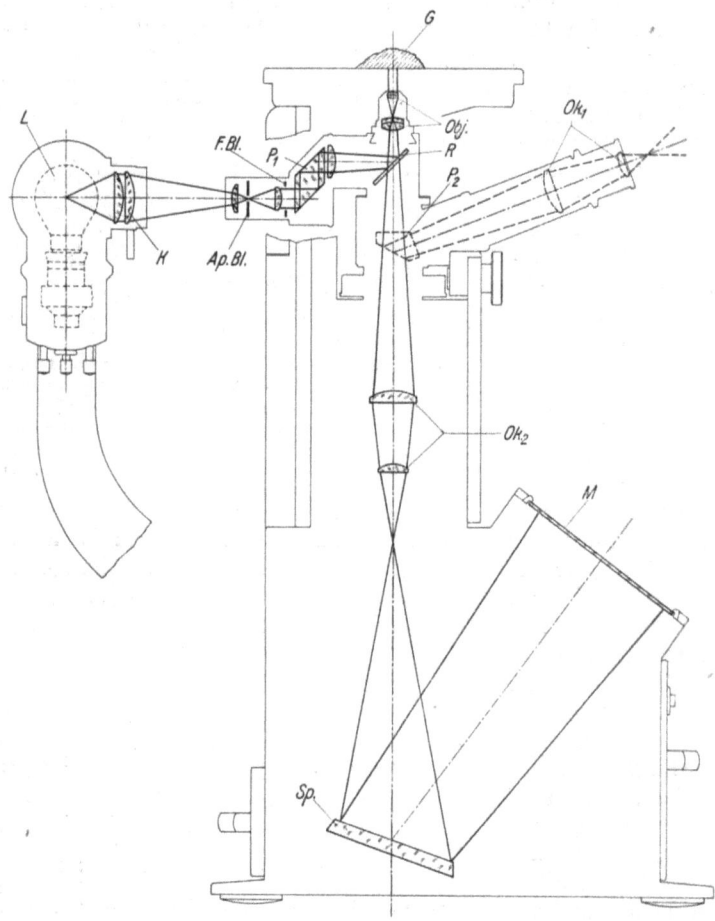

Abb. 128. Schematische Darstellung vom Aufbau eines umgekehrten Kameramikroskops (,,Me F" von REICHERT) für Arbeiten mit auffallendem Licht. (Nach der REICHERT-Druckschrift Mikro 517.)
L Lichtquelle, K Kollektor, $Ap\ Bl$ Aperturblende $F\ Bl$ Leuchtfeldblende, P_1 Prisma, Obj Objektiv, R Panglas, P_2 Ablenkprisma, Ok_1 Beobachtungsokular, Ok_2 Photookular, $Sp.$ Spiegel, M Mattscheibe.

Der prinzipielle Aufbau des Geräts geht aus der schematischen Abb. 128, Konstruktionseinzelheiten aus Abb. 129 hervor. Eine kräftige Grundplatte trägt ein sockelförmiges Gehäuse. Dieses dient gleichzeitig als Kamera und als Träger für das Mikroskop und die seitlich angesetzte Beleuchtungseinrichtung.

Das Mikroskop besteht aus einer rechteckigen Säule, an deren Hinterwand sich die Führung für die Bewegung des Objekttisches befindet. Der Antrieb der Tischverstellung erfolgt durch einen großen, am unteren Teil der Mikroskopsäule angebrachten Triebknopf. Der bewegliche Tischträger trägt für gewöhnlich einen viereckigen Kreuztisch. Es können aber auch andere, z. B. runde

Tische angebracht werden. Damit die Bewegung in beiden Richtungen leicht geht, ist das Gewicht des Tisches durch eine Gegenfeder im Tischtrager ausgeglichen. Um ein Absinken des Grobtriebes bei Überbelastung durch ein schweres Objekt zu verhindern, kann der Grobtrieb festgeklemmt werden. Da man

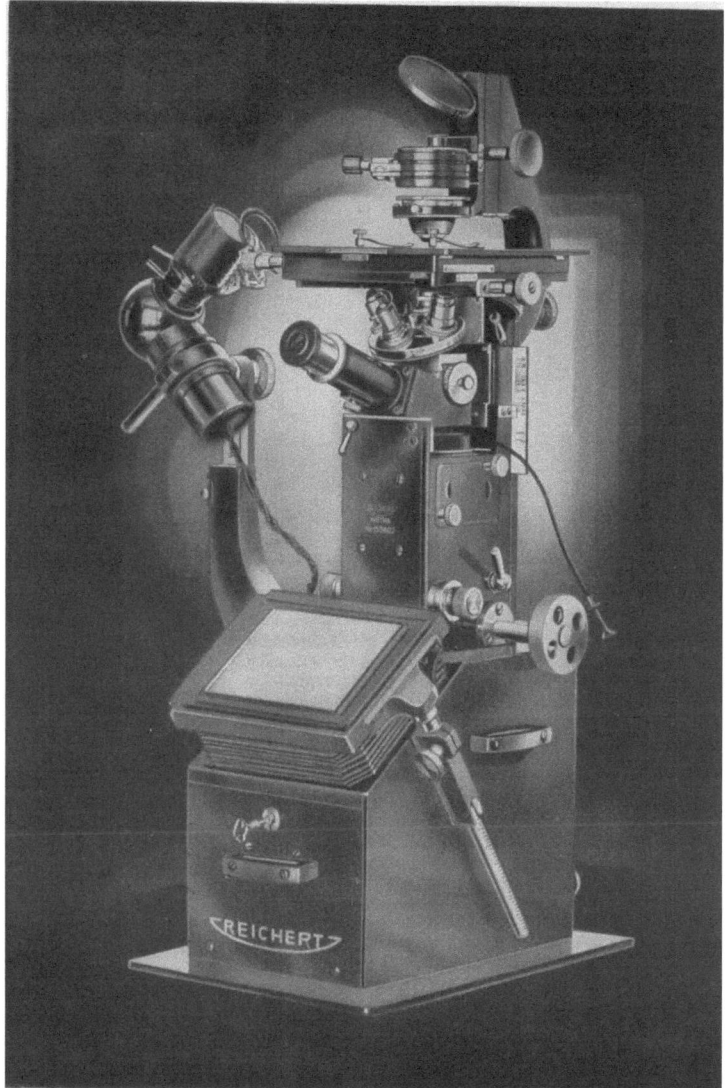

Abb. 129. Das umgekehrte Kameramikroskop „Me F" von REICHERT.

bei dem umgekehrten Mikroskop, wie es ja hier vorliegt, die annahernde grobe Einstellung nicht unter Kontrolle des Auges ausführen kann — man kann ja nicht sehen, wann das Objektiv dem Objekt bis zum Arbeitsabstand genähert ist —, erfolgt sie an Hand einer am Tischträger angebrachten Teilung. Auf ihr ist durch Strichmarken mit entsprechender Gravierung die richtige Stellung für jedes Objektiv vorgezeichnet. Feste Anschläge verhindern eine Beschadigung der Objektive durch zu tiefes Senken des Tisches.

Unter dem Tisch ist ein kurzer, abnehmbarer Tubus angebracht, der bei Verwendung langbrennweitiger mikrophotographischer Objektive durch entsprechende Anpaßteile ersetzt wird. Dieser Tubus trägt oberseits eine Schlittenführung, in die der Auflichtbeleuchtungsapparat oder ein Revolver für Durchlichtobjektive bzw. kurzbrennweitige mikrophotographische Objektive eingeführt werden können. Die dem Beobachter zugekehrte Seite des Tubus trägt einen schrägen Okularstutzen zur visuellen Beobachtung. Der Übergang von der Beobachtung zur Photographie erfolgt durch Herausziehen des Beobachtungstubus bis zu einem Anschlag, wobei das die Lichtstrahlen in ihn reflektierende Umlenkprisma aus dem Strahlengang entfernt wird. Der Tubus läßt sich auch durch einen solchen ersetzen, dessen Umlenkprisma durchlässig verspiegelt ist, so daß man in der Lage ist, z. B. bei der Aufnahme beweglicher Objekte, auch während der Aufnahme zu beobachten. Unter dem Tubus kann durch eine mit Deckel verschlossene Öffnung ein Analysator für Aufnahmen im polarisierten Licht in die Mikroskopsäule eingeführt werden. Die Feinbewegung, deren Antriebsknöpfe ebenfalls im unteren Teil der Mikroskopsäule angeordnet sind, wirkt nur auf den Tubus.

Dicht unterhalb des Tubus befindet sich der Verschluß. Im Inneren der rechteckigen Mikroskopsäule ist das zur Mikrophotographie dienende Photookular untergebracht. Dank einer geeignet konstruierten Befestigungseinrichtung läßt es sich verhältnismäßig leicht gegen andere Okulare auswechseln.

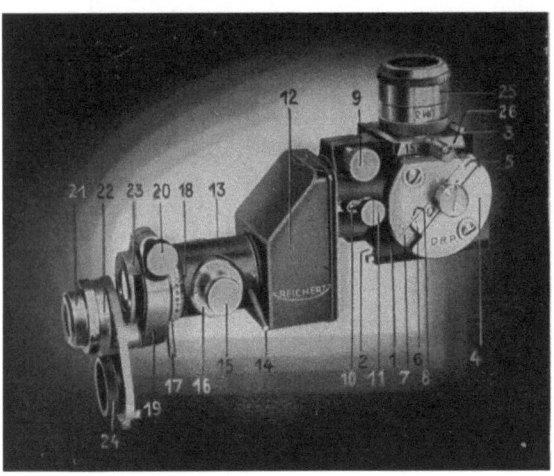

Abb. 130 Der kombinierte Illuminator zum REICHERTschen „Me F".
(Aus der REICHERT-Druckschrift Mikro 517.)

1 Gehäuse des Spiegeleinsatzes, *2* Schlittenführung zur Befestigung auf dem Mikroskopteil, *3* Schlittenführung für das Objektiv, *4* Scheibe des Spiegeleinsatzes, *5* Schieber des Spiegeleinsatzes, *6* Merkpunkt für die Stellung des Schiebers, *7* Indexpunktepaar für die Stellung des Schiebers bei Einschaltung des Zungenspiegels, *8* Einzelindexpunkt für die Stellung des Schiebers bei Einschaltung des Klarglasspiegels bzw. Ringspiegels, *9* Klemmschraube zur Befestigung des Beleuchtungsrohres, *10* Schieber zur Einstellung des Bildes der Feldirisblende im Gesichtsfeld, *11* Drehknopf zur Einschaltung der Zentralblende, *12* Gehäuse des Umlenkprismas, *13* Beleuchtungsrohr, *14* Stellstift der Feldirisblende, *15* Drehknopf des Ablenksystems, *16* Teilung für die Stellung des Ablenksystems, *17* Stellstift der Aperturirisblende, *18* Teilung für die Stellung der Aperturirisblende, *19* Klemmring zur Befestigung des Auflichtpolarisators, *20* Klemmschraube zur Befestigung des Auflichtpolarisators, *21* Nikol, *22* Teilung für die Stellung des Nikols, *23* Schlitz für Kompensatoren, *24* Sektorenblende, *25* Objektivfassung, *26* Schlitten zur Befestigung auf dem Universal-Opakilluminator.

Im Inneren des als Kamerakörper durchgebildeten Sockels des Geräts ist ein Oberflächenspiegel von passender Größe angebracht, der die bilderzeugenden Strahlen nach der Platte hin ablenkt. Diese wird in geeigneten Kassetten in einem Kassettenrahmen untergebracht, der einer pultähnlichen, schrägen Fläche an der Vorderwand des Sockels aufsitzt. Der Kassettenrahmen ist mit dem Sockel durch einen kurzen Balgen verbunden. Er wird durch seitlich sitzende Stangen geführt, von denen eine zum Bestimmen des Balgenauszugs mit einer Teilung versehen ist.

Als Lichtquelle wird für gewöhnlich eine Niedervoltglühlampe benutzt. Für besondere Fälle läßt sich auch eine Bogenlampe verwenden. Beide Lichtquellen werden in entsprechenden Gehäusen an der linken Seite des Geräts angebracht. Das der Glühlampe ist kugelförmig und mit Hohlspiegel und einstellbarem Kollektor ausgerüstet. Vor dem Kollektor sind vier Filterhalter und eine Fassung für Hilfslinsen angeordnet. Das Gehäuse für die Bogenlampe, das natürlich ebenfalls mit einem Kollektor sowie mit Haltern für Filter und Wasserküvetten ausgestattet ist, wird auf einer optischen Bank untergebracht. Diese ist auf einer Grundplatte gemeinsam mit dem Mikroskop in geeigneter Weise aufgestellt.

Zur Verwirklichung der verschiedenen Beleuchtungsverfahren sind besondere Beleuchtungsapparate zu dem Gerat entwickelt worden.

Der Beleuchtung mit auffallendem Licht beim zusammengesetzten Mikroskop dient der streng nach dem KOHLERschen Prinzip arbeitende ,,Universal-Opakilluminator" (Abb. 130), der mit einem Planglas und einer Spiegelzunge für die Hellfeldbeleuchtung sowie mit einem Ringspiegel für die Dunkelfeldbeleuchtung mit den ,,Epilum"-Objektiven ausgerüstet ist. Auch ein Polarisator ist vorgesehen. Zur Beleuchtung bei Übersichtsaufnahmen mit mikrophotographischen Objektiven sind besondere Apparate für senkrechte und für schräge Beleuchtung vorgesehen, die nach den für derartige Gerate allgemein geltenden Grundsatzen arbeiten (vgl. S. 489 und 496). Gegebenenfalls sind hier besondere Zusatzlinsen zur Lampe erforderlich.

Obgleich die umgekehrten Kameramikroskope in erster Linie für die Mikroskopie und Mikrophotographie mit auffallendem Licht gebaut sind, lassen sie sich doch auch für Arbeiten im durchfallenden Licht verwenden, wenn auch dann die Arbeitsweise etwas von der beim normalen Mikroskop üblichen abweicht. Da allerdings das Arbeiten selbst wegen des sehr hoch gelegenen Tisches und wegen der besonderen Anforderungen an die Präparate — diese müssen ja mit dem Deckglas nach dem Objektiv zu, also im vorliegenden Fall nach unten, auf den Mikroskoptisch gelegt werden — nicht gerade bequem ist, wird man sich wohl kaum ein derartiges Gerat anschaffen, wenn man vorwiegend mit durchfallendem Licht zu beleuchten hat. Man wird vielmehr nur dann diese Möglichkeit benutzen, wenn Arbeiten mit durchfallendem Licht nur gelegentlich neben jenen mit auffallendem Licht durchzuführen sind. Für derartige Falle ist das Gerät durch einen Halter zu ergänzen, an dem ein ABBEscher Beleuchtungsapparat mit Kondensor, Blendenmechanismus und Spiegel angebracht werden kann. Als Lichtquelle ist die vorhandene Glühlampe oder auch die Bogenlampe zu benutzen. Die Glühlampe wird so geneigt, daß das von ihr ausgestrahlte Licht über den Spiegel durch den Kondensor auf das Objekt gelangt. Bei der Bogenlampe verwendet man ein Umlenkspiegelsystem, um die Beleuchtungsstrahlen auf den Spiegel zu leiten. Selbstverständlich ist neben der Verwendung eines Hellfeldkondensors auch die eines Dunkelfeldkondensors ohne weiteres möglich.

c) Das umgekehrte Kameramikroskop mit horizontaler Kamera.

Die umgekehrten Kameramikroskope mit horizontaler Kamera gehen in ihrem grundsatzlichen Aufbau auf die großen metallographischen Spezialeinrichtungen zurück. Auf einer optischen Bank, an der hier bis jetzt noch in jedem Fall festgehalten wird, ist die Beleuchtungseinrichtung, das Mikroskopstativ und die Kamera nebeneinander angeordnet (Abb. 131). Die Konstruktion berücksichtigt vor allem alle neuzeitlichen Forderungen, die an Geräte für den Gebrauch im Industrielaboratorium gestellt werden müssen. Wenn auch die betreffenden Geräte der verschiedenen Herstellerfirmen sich in Einzelheiten unterscheiden, so beruht das nicht den grundsätzlichen Aufbau, in dem sie weitestgehende Übereinstimmung zeigen. Es genügt daher hier ebenfalls, eines derselben genauer zu beschreiben. Gewählt ist zu diesem Zweck das große Metallmikroskop „Neophot" von ZEISS.

Das Mikroskopstativ (Abb. 133) ist, den zu stellenden Ansprüchen entsprechend, besonders stabil gebaut. Es besteht aus einem prismatischen Gehäuse, das unten als Reiter für die optische Bank ausgebildet ist. An seiner hinteren Wand ist mittels einer kräftigen Schwalbenschwanzführung der Tischträger angebracht. Die Vorderwand trägt den Tubus zur visuellen Beobachtung, die

Abb. 131. Gesamtansicht des großen Metallmikroskops „MM", Modell 1939 von LEITZ.
(Aus der LEITZ-Druckschrift Metallo B, 7037 c.)

linke Seitenwand den photographischen Tubus. Außerdem ist an dieser Wand ein Getriebe angebracht, welches die Drehung der zu beiden Seiten der optischen Bank verlaufenden Fernbewegungsstangen auf die Achsen des Grob- bzw. Feintriebknopfes am Stativ überträgt. Diese Knöpfe sind an dem unteren Teil der rechten Seitenwand angeordnet. Der Triebknopf für die grobe Bewegung wirkt auf den Tischträger. Er läßt sich feststellen, im Fall ein besonders schweres Objekt untersucht wird und die Gefahr besteht, daß dessen Gewicht den Tischträger zum Absinken bringen könnte. Auf der Achse des Knopfes befinden sich Strichmarken für die Einstellung der verschiedenen Objektive. Das Gerät ist mit einem drehbaren großen Kreuztisch ausgerüstet. Es kann auch ein Gleittisch verwendet werden, der von manchen Benutzern sehr geschätzt wird. Das Prinzip eines solchen Tisches besteht darin, daß sich eine Tischplatte, durch eine Fettschicht von geeigneter Konsistenz gebremst, auf einer im vorliegenden Fall am Tischträger angeschliffenen Gleitfläche verschieben läßt. Die durch das Fett hervorgebrachte Bremsung bewirkt, daß man die feinsten Bewegungen ohne Zwischenschaltung von Trieben und ähnlichen Mechanismen unmittelbar mit der freien Hand auszuführen vermag. Beim vorliegenden Gerät wird allerdings die Verwendung dieser schönen Vorrichtung dadurch etwas beschränkt,

Der mikrophotographische Apparat. 589

daß durch die im Gerät eingebauten Prismen die Bewegungsrichtung des Tisches für den Beobachter um 90° gedreht ist. Infolgedessen findet man sich erst nach einiger Übung gut zurecht.[1]

Außer den Triebknöpfen ist an der rechten Seitenwand des Stativgehäuses eine Vorrichtung zu finden, mit deren Hilfe die für die verschiedenen Beleuchtungs-

Abb. 132. Das Mikroskopstativ des großen LEITZschen Metallmikroskops „MM", Modell 1939. (Nach der LEITZ-Druckschrift Metallo B, 7858 a.)
1 Prismenschieber für Hellfeld, 2 Planglasschieber für Hellfeld, 3 Suchobjektiv, 4 Analysator, 5 Monokulartubus, 6 Phototubus, 7 Binokulartubus, 8 Grobeinstellung für Objekttisch, 9 Mikrometerfeineinstellung, 10 Schaltung für Ferneinstellung, 11 Kreuzverschiebung für den Objekttisch, 12 Kondensorverstellung für Dunkelfeld, 13 Sehfeldblende, 14 Polarisator, 15 Halbblende, 16 Zentralblendenrevolver, 17 Schaltsegment für Hell- und Dunkelfeld mit Irisblende, 18 Lichteintrittsstutzen, 19 herausnehmbare Umlenkprismen, 20 Grobeinstellung für Objekttisch, 21 Mikrometerfeineinstellung, 22 Klemmschraube für optische Bank.

methoden vorgesehenen Beleuchtungsapparate befestigt werden. Von diesen ist der wichtigste der kombinierte Illuminator (Abb. 133). Er besteht im wesentlichen aus einem großen Vertikalilluminator mit eingebautem Planglas und Prisma, die gegeneinander ausgewechselt werden können, und einem Beleuchtungsrohr, das Apertur- und Leuchtfeldblende nebst den zur Regelung des Strahlengangs nach den in Abschnitt I, S. 481 erörterten Grundsätzen notwendigen Linsen enthält. Die Leuchtfeldblende ist zentrierbar. Die Aperturblende läßt sich zum Erzeugen schiefer Beleuchtung von beliebiger Neigung in verschiedenen Azimuten verschieben und drehen. Neben der Hellfeldbeleuchtung läßt sich am Illuminator auch Dunkelfeldbeleuchtung einstellen. Er ist hierzu durch einen Hohlspiegelkondensor zu ergänzen, dem das Licht über einen im Vertikalilluminatorgehäuse untergebrachten Ringspiegel zugeführt wird. Der Übergang von Hell- zu Dunkel-

---
[1] Dieser Mangel ist neuerdings beseitigt.

feldbeleuchtung und umgekehrt erfolgt durch Verschieben eines Hell-Dunkelfeldschiebers. Die Objektive, die hier benutzt werden, sind auf Unendlich und für nicht mit einem Deckglas bedeckte Objekte korrigiert. Sie werden nicht, wie das sonst allgemein üblich ist, mit Gewinde eingeschraubt, sondern mit einem genau passenden Zylinder in die Öffnung des Illuminators eingesetzt. Hierdurch ist eine besonders gute Zentrierung gewährleistet. Das Gerät läßt sich durch einen Polarisator und Analysator auch für Beobachtungen im polarisierten Licht ausbauen.

Das beschriebene Mikroskopstativ ist, wie schon erwähnt, etwa in der Mitte einer optischen Bank (Dreikantschiene) aufgestellt, auf der links die photographische Kamera und rechts die Beleuchtungseinrichtung ihren Platz haben. Die Schiene ist auf vier Federtöpfen, deren Konstruktion aus Abb. 134 hervor-

Abb. 133. Das Stativ des Zeissschen großen Metallmikroskops „Neophot".

geht, erschütterungsfrei aufgestellt. Die Aufstellung von erschütterungsempfindlichen Instrumenten, wie sie mikrophotographische Geräte der Natur der Sache nach sind, in Räumen, die nicht absolut frei von Erschütterungen gehalten werden können, mit Hilfe derartiger Federtöpfe hat sich hier wie auch bei allen anderen mikrophotographischen Geräten (vgl. auch Abb. 105) außerordentlich gut bewährt. Man ist teilweise sogar schon dazu übergegangen, Arbeitstische für die betreffenden Geräte mit eingebauten, federnden Aufstellungselementen zu bauen (LEITZ, ZEISS).

Als Kamera wird im allgemeinen eine Balgenkamera für das Format 13×18 cm benutzt. Ihr größter Auszug beträgt etwa 85 cm. Ihre Frontplatte ist für gewöhnlich mit einem Verschluß und einer in den Lichtabschlußtrichter am Tubus passenden Lichtabschlußhülse ausgerüstet. Sie kann durch eine Frontplatte mit Einstellfassung für langbrennweitige mikrophotographische Objektive ersetzt werden, wie sie bei Übersichtsaufnahmen größerer Werkstücke Verwendung finden. Die jeweils eingestellte Kameralänge läßt sich an einem neben der optischen Bank herlaufenden Maßstab ablesen.

Der Kassettenrahmen der Kamera ist zur Aufnahme von Holzdoppelkassetten für Platten vom Format 13×18 cm oder kleiner eingerichtet. Um vom Arbeitsplatz vor dem Mikroskop aus das Mattscheibenbild beobachten zu können, ist hinter dem Mattscheibenrahmen ein großer, allseitig beweglicher Beobachtungsspiegel angebracht (andere Firmen verwenden auch hier einen Spiegelreflexansatz, vgl. Abb. 131).

Als Hauptlichtquelle wird eine Bogenlampe benutzt, die am rechten Ende der optischen Bank aufgestellt ist. Zwischen Bogenlampe und Illuminator ist

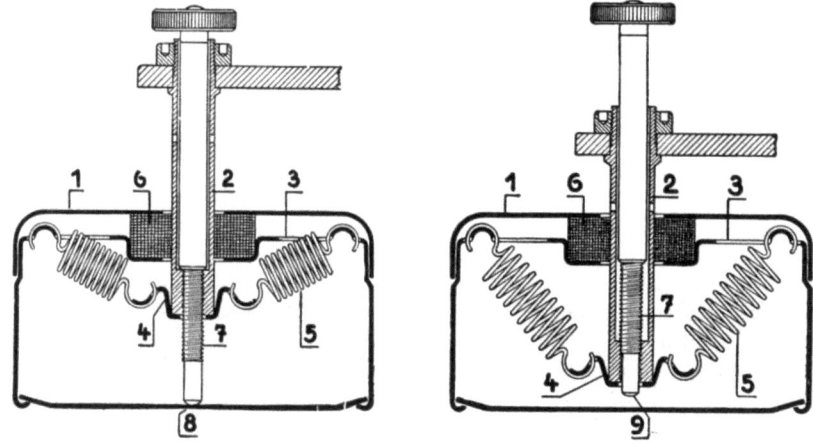

Abb. 134. ZEISSsche Federtöpfe zur erschütterungsdämpfenden Aufstellung optischer Geräte. (Aus KÖHLER *161*.)
1 Deckel, *2* am Gerät befestigter Tragstift, *3* Gehäuse, *4* Tragteller, *5* Federn, *6* Gummizwischenlage, *7* Entlastungsschraube, *8* Bodenblech, *9* Ende der Entlastungsschraube.

die Kollektorlinse, welche den Krater auf die Aperturblende des Illuminators abbildet, eine Kühlküvette, sowie eine Hilfslinse eingeschaltet. Die letztere wird bei Dunkelfeldbeobachtungen benötigt. Da die Bogenlampe für visuelle Beobachtungen eine viel zu große Helligkeit ergibt, verwendet man für diese zweckmäßigerweise eine Glühlampe. Eine solche, auf einem besonderen Reiter be-

Abb. 135. Der Planglasilluminator für Übersichtsaufnahmen zum ZEISSschen „Neophot"
(Aus MICHEL *208*.)

Abb. 136. Auflichtbeleuchtungseinrichtung mit Spiegel zur Beleuchtung größerer Objekte am ZEISSschen Metallmikroskop „Neophot". (Aus MICHEL *208*.)

festigt, kann vor der Aperturblende des Illuminators aufgestellt werden. Sie ist derart mit der Bogenlampe verbunden, daß sie erlischt, wenn bei dieser der Lichtbogen entzündet wird und umgekehrt. Bei Benutzung der Bogenlampe ist natürlich das Gehäuse der Glühlampe aus dem Strahlengang zu entfernen, was durch einfaches Kippen um eine horizontale Achse geschieht.

Zur Beleuchtung des Objekts bei Übersichtsaufnahmen mit mikrophotographischen Objektiven dient eine an die Stelle des großen Illuminators zu bringende besondere Beleuchtungseinrichtung (Abb. 135). Sie besteht aus einem Ansatzstück mit Gewinde für die Objektive (es lassen sich solche von 4,5, 6 und 9 cm Brennweite benutzen), an dem sich je nachdem, ob man Hellfeld- oder Dunkelfeldbeleuchtung zu erzielen wünscht, eine Fassung mit einem Planglas nebst der zur Objektivbrennweite passenden Beleuchtungslinse oder ein Halter mit Spiegel und ausklappbarer Mattscheibe anbringen läßt.

Schließlich läßt sich das Gerät auch zur Aufnahme von größeren Objekten in natürlicher Größe oder schwach vergrößert und schwach verkleinert ausbauen. Zu diesem Zweck wird an der Frontplatte der Kamera ein langbrennweitiges Photoobjektiv, z. B. ein Tessar $f = 16,5$ cm, gegebenenfalls in Einstellfassung, angebracht und ein Objekttisch (Abb. 136) zwischen Mikroskopstativ und Kamera aufgestellt, der dort ständig verbleiben kann, da er weggeschwenkt werden kann, wenn er nicht gebraucht wird. Der an der Trägersäule des Tisches angebrachte Spiegel wirft die von der Lampe kommenden Lichtstrahlen auf das Objekt, was natürlich nur möglich ist, wenn zuvor der Phototubus und der große Illuminator vom Gerät entfernt wurden. Der Spiegel ist weitgehend verstellbar, damit sich der für das Objekt günstigste Lichteinfall erzielen läßt.

4. Das Kleinbild[1] in der Mikrophotographie.
a) Grundlagen.

Stetig und unaufhaltsam hat sich im Laufe der jetzt reichlich hundertjährigen Entwicklung der Photographie das Aufnahmeformat verkleinert, bis vor einiger Zeit mit dem Kleinbildformat 24×36 mm eine Grenze erreicht wurde, die wesentlich weiter zu unterschreiten, heute für ernsthafte Zwecke in der Photographie nicht ratsam erscheint. Maßgebend für diesen Gang der Entwicklung war einerseits das, infolge der sich in Wissenschaft und Technik immer weiter ausbreitenden photographischen Methoden, in zunehmendem Maße auftretende Bedürfnis nach handlichen, leicht und bequem zu bedienenden und im Gebrauch wenig Unkosten verursachenden photographischen Geräten, andererseits die Fortschritte der Emulsionstechnik, welche erst die Voraussetzung für die allgemeine Anwendbarkeit kleiner Aufnahmeformate schufen. Besonders gefördert wurde schließlich die Verbreitung des Kleinformats durch die großen Fortschritte in der Farbenphotographie, die mit den in den letzten Jahren entwickelten subtraktiven Verfahren erzielt werden konnten.[2] Nicht zuletzt sind es diese gewesen, die der Kleinbildphotographie schließlich zur endgültigen Anerkennung als vollwertige Methode auch für wissenschaftliche Zwecke verholfen haben. Es gibt zwar immer noch einzelne Anwendungsgebiete innerhalb der wissenschaftlichen Photographie, auf denen man auf die Verwendung größerer Formate nicht verzichten kann. Erinnert sei hier z. B. an die Aufnahme von Gehirnschnitten. Abgesehen von solchen Ausnahmefällen aber, vermag die Kleinbildphotographie in der Tat die Aufnahme auf größere Formate vollwertig zu ersetzen.

Neben den vielen Vorteilen, die das Arbeiten nach der Kleinbildmethode nun zweifellos hat, weist sie natürlich auch einige Nachteile auf. Diese lassen sich aber bei entsprechender Einrichtung und Arbeitsweise auf ein Minimum reduzieren.

---

[1] Vgl. hierzu auch den Beitrag über die Kleinbildkamera im vorliegenden Band.
[2] Vgl. hierzu den Beitrag über die Farbenverfahren im vorliegenden Band.

Die wichtigsten und augenfälligsten Vorzüge der Kleinbildmethode sind der geringe Platzbedarf bei der Aufbewahrung der Negative, ihre Einfachheit, Handlichkeit und schnelle Betriebsbereitschaft sowie die außerordentlich kompendiös bauenden Geräte. Nicht zu unterschätzen ist auch die Bedeutung der sehr geringen Betriebskosten. Der Preis des allgemein verwendeten Kinorohfilms ist, auf das einzelne Bild umgerechnet, verschwindend gering, zumal wenn man den Film gleich in größeren Rollen einkauft. Man braucht es sich daher nicht zu überlegen, in zweifelhaften Fällen eine oder mehrere Aufnahmen mehr anzufertigen als sonst, z. B. mit verschiedenen Belichtungszeiten oder mit verschiedenen Blenden, mit veränderter Einstellung oder mit verschiedenen Filtern, um dann bei der Herstellung des Positivs dasjenige unter den Negativen zu verwenden, welches das Objekt am besten wiedergibt. Probeaufnahmen zur Bestimmung der Belichtungszeit entfallen auf diese Art natürlich vollständig. Besonders vorteilhaft an der Kleinbildmethode, vor allen Dingen bei der Mikrophotographie von Objekten von geringer Helligkeit — gedacht wird hier u. a. an Aufnahmen bei Dunkelfeldbeleuchtung, im polarisierten Licht, im auffallenden Licht und mit dem Lumineszenzmikroskop — ist die Tatsache, daß sich gegenüber einer Aufnahme mit dem gleichen Bildinhalt auf einem größeren Format die Belichtungszeit ganz erheblich verkürzt. Bekanntlich ist die Beleuchtungsstärke bei der Projektion eines Bildes auf einen Schirm umgekehrt proportional dem Quadrat des Abbildungsmaßstabs. Da man zur Erfassung eines bestimmten Bildausschnitts bei einer Kleinbildaufnahme nur etwa den 3,5. bis 4. Teil des Abbildungsmaßstabs braucht, den man zur Erfassung des gleichen Ausschnitts auf einer 9×12-Platte benötigt, kommt man dort mit dem zwölften bis sechzehnten Teil der für diese erforderlichen Belichtungszeit aus. Das bedeutet, daß in Fällen, wo man für Aufnahmen auf 9×12-Platten Belichtungszeiten von 15 Sekunden aufwenden muß, für solche auf das Kleinbildformat nur Zeiten von 1 Sekunde erforderlich sind. Abgesehen von der dadurch bedingten Zeitersparnis, wird die Arbeit auch insofern erleichtert, als man bei den allgemein sehr kurzen Belichtungszeiten weitgehend der Gefahr aus dem Wege geht, durch von außen kommende Erschütterungen verwackelte Bilder zu erhalten.

Als Nachteil der Kleinbildmethode kann man die Tatsache ansehen, daß man zur Erzielung optimaler Ergebnisse bei der Behandlung der Filme sehr viel sauberer und sorgfältiger arbeiten muß, als bei der Verarbeitung größerer Formate. Da die Negative stets vergrößert werden müssen, um betrachtungsfähige Bilder zu ergeben, würden sich ja Beschädigungen der Schicht, kleine Schmutzpartikelchen und ähnliche Unsauberkeiten ebenfalls vergrößern und infolgedessen auf dem Endbild sehr viel störender in Erscheinung treten, als wenn sich die gleichen Unsauberkeiten auf einer Platte finden, die nur kopiert zu werden braucht, um das Endbild zu ergeben. Diese Gefahr läßt sich indessen mit zweckentsprechenden Geräten für die Behandlung der belichteten Filme so weitgehend ausschalten, daß sie praktisch — natürlich einigermaßen sorgfältiges Arbeiten im Rahmen des Üblichen vorausgesetzt — kaum jemals Bedeutung erlangt.

Schließlich wird gegen das Kleinbildformat noch eingewandt, daß der Zwang, alle Bilder zu vergrößern, lästig ist, da das Vergrößern zuviel Zeit in Anspruch nehme. Dieser Einwand trifft aber durchaus nicht zu. Erstens nimmt das Vergrößern auch nicht mehr Zeit in Anspruch als das Kopieren, wenn man einen geeigneten Vergrößerungsapparat benutzt. Zweitens ist es durchaus nicht immer der Fall, daß die Bilder vergrößert werden müssen. Es gibt vielmehr eine große Anzahl von Objekten, die infolge ihrer geringen Ausdehnung im Bild auch auf das Kleinformat schon in der endgültigen Größe aufgenommen werden können.

Hier braucht man bloß etwa an Aufnahmen von Bakterien, von Blut oder von einzelnen Zellen bzw. Zellinhalten zu denken, wie sie gerade in der Cytologie sehr häufig vorkommen. In solchen Fällen unterscheidet sich allerdings die Aufnahmetechnik in keiner Weise von der auch bei größeren Formaten üblichen. Im vorliegenden Abschnitt wird deshalb auf sie nicht weiter eingegangen. In den Mittelpunkt wird vielmehr alles das gestellt werden, was für die Kleinbildmethode, zum Unterschied von den Aufnahmemethoden auf größere Formate, charakteristisch ist.

Dabei wird es sich nun nicht umgehen lassen, teilweise die Grenzen des Gebiets der Mikrophotographie zu überschreiten und Anwendungsformen der Kleinbildkamera mit in den Kreis des Besprochenen zu ziehen, die nicht mikro-, sondern makrophotographischer Art sind, deren Behandlung aber zur Vervollständigung des Überblicks über die zur Verwendung kommenden Geräte und Methoden, wenn nicht notwendig, so doch erwünscht ist.

Sowohl bezüglich der Geräte als auch bezüglich der Methoden läßt sich ja zwischen Mikro- und Makrophotographie keine scharfe Grenze ziehen. Das gilt in verstärktem Maße bei der Anwendung der Kleinbildphotographie. Definiert man mit KÖHLER und HAUSER (*112*) den Umfang des Gebietes der Mikrophotographie im Gegensatz zur Makrophotographie folgendermaßen: „Eine Mikrophotographie liegt dann vor, wenn eine Kontaktkopie oder eine Vergrößerung nach dem Negativ, aus der mittleren deutlichen Sehweite von 250 mm betrachtet, mehr Einzelheiten zeigt, als das aus derselben Entfernung betrachtete Objekt. Alle anderen Photographien gehören in das Gebiet der Makrophotographie", so sind natürlich beide Gebiete rein sachlich eindeutig gegeneinander abgegrenzt. Hinsichtlich der nachträglichen Vergrößerung des Negativs legt man zweckmäßigerweise in obiger Definition ganz bestimmte Werte zugrunde, um nicht durch eine willkürliche Auslegung wieder eine Unsicherheit hineinzutragen. Hierbei macht man sich am besten die Beobachtung zunutze, daß sich als das zweckmäßigste Bildformat für die Betrachtung aus der deutlichen Sehweite das Format 9×12 erwiesen hat. Größere Formate können vom Auge aus dieser Entfernung schon nicht mehr ganz überblickt werden. Sie werden deshalb erfahrungsgemäß ganz unwillkürlich weiter entfernt gehalten. Bei kleineren Formaten ist es umgekehrt. Um also vom Kleinbildformat 24×36 mm auf das Format 9×12 cm zu kommen, ist eine nachträgliche Vergrößerung des Originalnegativs um das 3,5- bis 4fache erforderlich. Diese Werte legt man demnach auch obiger Definition der Begriffe Makro- und Mikrophotographie, wenigstens in der Kleinbildphotographie, zugrunde.

Jedes dieser beiden Gebiete der wissenschaftlichen Anwendung der Photographie läßt sich seinerseits wiederum in zwei Gruppen einteilen. Diese Gruppen ergeben sich zwangsläufig und logisch aus den zu den einzelnen Aufgaben angewandten Geräten.

Diese Aufgaben können folgende sein:

a) Es sind große Gegenstände, z. B. auf Expeditionen Ansichten der bereisten Landschaften, Menschen in ihrer Tracht und Tätigkeit, größere Tiere, Pflanzenassoziationen, einzelne größere pflanzliche und tierische Individuen, geologische und meteorologische Erscheinungen usw., aufzunehmen. In der medizinischen Wissenschaft sind Krankheitsbilder als Belege und zu Vergleichszwecken festzuhalten. In der Technik handelt es sich vielfach darum, deren Erzeugnisse oder Teile davon, die besonderes Interesse erfordern, im Bild zu fixieren.

b) Neben diesen Aufnahmen, die eine größere Aufnahmeentfernung erfordern, sind ebensooft, für wissenschaftliche Zwecke vielfach aber noch öfter, Aufnahmen aus größerer Nähe notwendig. Das ist immer dann der Fall, wenn die Objekte zwar noch ziemlich stark verkleinert abgebildet werden, aber selbst doch so klein sind, daß sie aus der, mit den normalen, an der Kamera vorhandenen Mitteln erfaßbaren Aufnahmeentfernung nicht mehr zur Darstellung gebracht werden können. Beispiele für solche Aufgaben sind in großer Zahl behandelt worden. Zur Erläuterung seien die folgenden angeführt:

Einzelheiten bei Operationen, anthropologische Einzelheiten, kleinere Tiere und Pflanzen, Früchte, Samen, Schriftstücke, Münzen, prähistorische Gegenstande, Kristallstufen und hunderterlei andere Dinge.

Demgemäß kann man innerhalb der Makrophotographie der unter a erwähnten üblichen Art der Photographie — wir wollen sie im folgenden kurz als die „Normale Photographie" bezeichnen — die unter b erwähnten Gebiete als „Nahaufnahme" gegenüberstellen.

c) Die Nahaufnahme führt allmählich mit immer größerer Annäherung an das Objekt zur Mikrophotographie über. Vielfach kann das gleiche Objektiv, das zu der Nahaufnahme verwendet wurde, auch noch zur Mikroaufnahme benutzt werden, denn eine solche liegt ja definitionsgemäß dann vor, wenn die Annäherung ans Objekt so weit getrieben wird, daß das aus der deutlichen Sehweite betrachtete Bild mehr Einzelheiten zeigt als das aus der gleichen Entfernung betrachtete Objekt. Eine solche Mikroaufnahme wird also lediglich mit einem Objektiv ohne Okular angefertigt; sie stellt eine Aufnahme mit dem einfachen Mikroskop dar und soll der Kürze halber im folgenden nach dem allgemein eingebürgerten Sprachgebrauch als „Lupenaufnahme" bezeichnet werden. Gegenstände der Lupenaufnahme können die gleichen sein wie die der Nahaufnahme. Während aber bei der Nahaufnahme fast ausschließlich die Beleuchtung mit auffallendem Licht erfolgt, kann bei der Lupenaufnahme auch das durchfallende Licht schon eine Rolle spielen, z. B. wenn das Übersichtsbild eines Schnittpräparats von einem größeren Organ anzufertigen ist.

d) Schließlich ist aber das Hauptgebiet der „Mikrophotographie" doch immer noch die Aufnahme mikroskopischer Präparate mit Hilfe des zusammengesetzten Mikroskops, wobei die Kleinbildkamera lediglich die Stelle der mikrophotographischen Kamera vertritt, im übrigen die meisten mikroskopischen Geräte und Methoden unverändert angewandt werden können.

Tabelle 17. Die verschiedenen Aufnahmeverfahren bei der wissenschaftlichen Anwendung der Kleinbildkamera.

A. Die Makroaufnahme:

Aufnahmen, bei denen das fertige Bild bei der Betrachtung aus der deutlichen Sehweite von 250 mm weniger Einzelheiten zeigt, als sie das dargestellte Objekt bei der Betrachtung aus der gleichen Entfernung zeigen würde.

Normale Aufnahme:	Nahaufnahme:
Aufnahme meist weit entfernter Objekte in starker Verkleinerung. Abbildungsmaßstab $< 1:5$.	Aufnahme naher Objekte in geringer Verkleinerung. Abbildungsmaßstab $> 1:5$ bis höchstens $1:1$.

B. Die Mikroaufnahme:

Aufnahmen, bei denen das fertige Bild bei der Betrachtung aus der deutlichen Sehweite von 250 mm mehr Einzelheiten zeigt, als sie das dargestellte Objekt bei der Betrachtung aus der gleichen Entfernung zeigen würde.

Lupenaufnahme:	Aufnahme mit dem zusammengesetzten Mikroskop:
Aufnahme mit dem einfachen Mikroskop bei geringen Vergrößerungen. Abbildungsmaßstab $1:1$ bis etwa $50:1$.	Aufnahmen mit dem zusammengesetzten Mikroskop. Abbildungsmaßstab etwa $25:1$ bis etwa $3000:1$.

Diese Einteilung der Aufnahmeverfahren ist in Tabelle 17 (S. 595) der Übersicht halber noch einmal kurz zusammengestellt.

b) Die Aufnahmegeräte.

Die „Normale Aufnahme" herrscht überall dort vor, wo vorwiegend Gegenstände aufgenommen werden, die weiter als etwa 80 bis 100 cm vom Aufnahmegerät entfernt sind. Sie wird praktisch in allen Zweigen der Wissenschaft und Technik gebraucht (vgl. die Auswahl einschlägiger Arbeiten im Literaturverzeichnis: *1, 13, 20, 30, 40, 55, 57, 58, 61, 73, 89, 90, 101, 127, 128, 129, 130, 133, 170, 176, 199, 206, 228, 237, 263, 272, 302, 320* und *333*) und ist in ihrer Durchführung allgemein bekannt. Als Gerät dient die Kleinbildkamera in ihrer handelsüblichen Ausstattung, wie sie auf den S. 99 bis 233 dieses Bandes eingehend dargestellt ist. Alle im Handel befindlichen Modelle von Kleinbildkammern sind hier brauchbar, wenn auch diejenigen vorzuziehen sind, welche eine Vorrichtung zum Einstellen des Bildes aufweisen. Als solche ist entweder der Entfernungsmesser oder eine Spiegelreflexeinrichtung üblich. Welche von beiden den Vorzug verdient, läßt sich nicht allgemein verbindlich entscheiden. Das hängt einmal von der Art der zu bewältigenden Aufgaben ab. Zum anderen ist es aber auch weitgehend eine Sache des Geschmacks und der Gewöhnung. Während diese Art von Aufnahmen hier nur der Vollständigkeit halber erwähnt werden, müssen die übrigen in Tabelle 17 zusammengestellten Aufnahmearten eingehender behandelt werden.

Die Durchführung von „Nah-" und „Mikroaufnahmen" stellt dem Besitzer einer Kleinbildkamera in der Regel eine ganze Reihe von Problemen, mit denen sich derjenige, welcher nur normale Aufnahmen anfertigt, gar nicht zu befassen braucht. Wie aus der Bezeichnung schon hervorgeht, sollen durch die Nahaufnahme Objekte abgebildet werden, welche sich nahe an der Kamera befinden. Als Grenze zwischen der Nahaufnahme und der normalen Aufnahme wählt man zweckmäßigerweise die durch die Einstellfassung der Objektive begrenzte kürzeste Einstellentfernung. Die Objekte der Nahaufnahme können also nicht mehr in der üblichen Art durch Verstellen der Objektiveinstellvorrichtung scharf in der Ebene der lichtempfindlichen Schicht abgebildet werden. Hierzu sind vielmehr besondere Vorrichtungen erforderlich, die zusätzlich der Kamera angefügt werden müssen und vielfach auch dem besonderen Zweck der Aufnahme entsprechend gebaut sein müssen. Die notwendige Schärfe bei Nahaufnahmen erzielt man auf zwei verschiedene Arten:

a) Man verkürzt mit Hilfe geeigneter Vorsatzlinsen die Brennweite des Objektivs derart, daß sich die Einstellvorrichtung des Objektivs wieder benutzen läßt, oder daß bei einer bestimmten Stellung der Einstellvorrichtung für eine ganz bestimmte Einstellentfernung eingestellt ist.

b) Man verlängert durch Zwischenschalten geeignet dimensionierter Ringe zwischen Kameragehäuse und Objektiv den festen Auszug der Kamera und benutzt die Objektivverstellung selbst nur, um den Auszug in den durch sie gegebenen Grenzen noch weiter verändern zu können.

Die endgültige Scharfeinstellung läßt sich bei Nah- und auch bei schwachen Lupenaufnahmen dagegen nicht mehr durch Verstellen des Objektivs in seiner Einstellfassung erreichen. Die kleinen Verstellungen, die sich so erzielen lassen, wirken auf die Bildschärfe nur ganz unwesentlich ein, da bei den in Frage kommenden Objektentfernungen zu relativ kleinen Änderungen dieser Entfernung relativ große Änderungen der Bildweite notwendig sind.

Man stellt vielmehr zweckmäßigerweise stets so ein, daß man den Kameraauszug auf dasjenige Maß bringt, das zur Erzielung des erforderlichen Abbildungsmaßstabs notwendig ist und die gesamte Kamera in Richtung auf das Objekt zu bewegt, bis die optimale Schärfe erreicht ist.

Dabei läßt sich bei Aufnahmegeräten, bei denen nach dem Entfernungsmesserprinzip eingestellt wird, der eingebaute Entfernungsmesser nicht mehr unverändert benutzen, da sein Meßbereich gewöhnlich nicht über die Naheinstellgrenze des Objektivs hinausreicht. Um Nahaufnahmen trotzdem einstellen zu können, sind entweder besondere, zusätzlich zu verwendende kleine Entfernungsmesser entwickelt worden (ZEISS-IKON, „Contameter", vgl. die Abb. 48 auf S. 183), oder es werden zusätzliche Elemente in Verbindung mit dem vorhandenen Entfernungsmesser und einer zwischen Kamera und Objektiv geschalteten Zwischenschnecke benutzt (optisches Naheinstellgerät zur „Leica"). Erstere arbeiten in Zusammenhang mit Vorsatzlinsen nach dem folgenden Prinzip: Das Objektiv wird mit einer Vorsatzlinse versehen, die so konstruiert ist, daß bei Stellung der Objektiveinstellfassung auf Unendlich ein Objekt in einer bestimmten Entfernung — bei dem Contameter von ZEISS-IKON z. B. 50, 33 und 20 cm vom Objektiv — scharf in der Filmebene abgebildet wird. Zur Einstellung dieser Entfernung wird an der Kamera ein besonderer Entfernungsmesser angebracht, der durch auswechselbare Keile, die zu den Vorsatzlinsen abgestimmt sind, auf die gleichen Entfernungen eingestellt wird. Bei der Aufnahme bewegt man, wie schon erwähnt, die ganze Kamera solange auf das Objekt zu, bis die beiden Teilbilder im Entfernungsmesser zur Deckung kommen. Da man bei der Einstellung durch einen derartigen Entfernungsmesser gegenüber dem Objektiv natürlich mit einer gewissen Parallaxe zu rechnen hat, ist bei der Konstruktion auf deren Ausgleich Rücksicht genommen. Diesem Prinzip gegenüber hat das beim Naheinstellgerät zur „Leica" (Abb. 47, S. 182) benutzte den Vorteil, daß sich die Abbildungsmaßstäbe und die Einstellentfernung innerhalb des vorgesehenen Bereichs stetig ändern lassen (vgl. Tabelle 18). Im übrigen ist das Arbeitsprinzip das gleiche wie bei den Einrichtungen mit Vorsatzlinsen: es wird die Aufnahmeentfernung, bzw. der gewünschte Abbildungsmaßstab auf der Teilung der Schnecke eingestellt und die Kamera solange dem Objekt genähert, bis Koinzidenz der Bilder im Entfernungsmesser erfolgt.

Tabelle 18. Tiefenschärfe und Objektgrößen für das Naheinstellgerät zur „Leica".[1]

Abbildungs-maßstab	Tiefenschärfenbereich bei Blende							Objektgröße
	2	3,5	4,5	6,3	9	12,5	18	
1:17,5	4,3 cm	7,6 cm	9,7 cm	13,7 cm	19,6 cm	27,5 cm	40,5 cm	42,0 × 63,0 cm
1:16	3,6 „	6,4 „	8,2 „	11,5 „	16,5 „	23,1 „	33,8 „	38,4 × 57,6 „
1:14	2,8 „	4,9 „	6,3 „	8,9 „	12,7 „	17,7 „	25,9 „	33,6 × 50,4 „
1:12	2,1 „	3,6 „	4,7 „	6,6 „	9,4 „	13,1 „	19,1 „	28,8 × 43,2 „
1:10	1,5 „	2,6 „	3,3 „	4,6 „	6,6 „	9,2 „	13,4 „	24,0 × 36,0 „
1: 9	1,2 „	2,1 „	2,7 „	3,8 „	5,4 „	7,5 „	10,9 „	21,6 × 32,4 „
1: 8	1,0 „	1,7 „	2,2 „	3,0 „	4,3 „	6,0 „	8,7 „	19,2 × 28,8 „
1: 7	0,8 „	1,3 „	1,7 „	2,4 „	3,4 „	4,7 „	6,8 „	16,8 × 25,2 „
1: 6,5	0,7 „	1,1 „	1,5 „	2,1 „	2,9 „	4,1 „	5,9 „	15,6 × 23,4 „

Derartige Einstellgeräte sind selbstverständlich ausschließlich bei Nahaufnahmen mit dem Kameraobjektiv von üblicher Brennweite, zu dem sie abgestimmt sind, verwendbar. Ihr Anwendungsbereich ist also ziemlich beschränkt. Außerdem haben sie gewisse Nachteile. Man muß auf richtigen Parallaxenausgleich achten. Es fehlt die Sicherheit in der Beurteilung des im Bild erfaßten

---

[1] Aus der LEITZ-Liste Mikro-Leica Nr. 7754a.

Ausschnitts und der Einstellbereich ist nicht sehr groß. Für Mikroaufnahmen jeder Art sind sie überhaupt nicht zu gebrauchen.

Nun ist es aber schon bei der Nahaufnahme und in verstärktem Maße bei der Mikroaufnahme so, daß die Tiefenschärfe[1] mit wachsendem Abbildungsmaßstab rasch abnimmt. Das bedeutet, daß immer genauer eingestellt werden muß, wenn man wirklich mit Sicherheit die gewünschte Objektebene zur Abbildung bringen will. Die erforderliche Genauigkeit läßt sich ausschließlich mit Geräten erzielen, bei denen die Einstellung auf einer Einstellscheibe vorgenommen werden kann. Als Einstellscheibe ist bei Abbildungsmaßstäben, die in der Nachbarschaft von 1:1 liegen, ausschließlich die Mattscheibe zu benutzen, da nur mit ihr eine einwandfreie Definition der Bildebene möglich ist. Erst bei stärkeren Vergrößerungen läßt sich die Einstellung auch mit einer Klarscheibe durchführen, was besonders bei Mikroaufnahmen mit dem zusammengesetzten Mikroskop notwendig ist.

Zur Einstellung mit Einstellscheibe werden entweder Geräte benutzt, die nach dem Spiegelreflexprinzip aufgebaut sind, oder es wird das folgende Verfahren eingeschlagen. Die Einstellscheibe sitzt in einem besonderen Adapter, der die gleiche Befestigungsvorrichtung und die gleiche Höhe hat wie das Kameragehäuse. Der Adapter wird zum Einstellen zunächst an die Stelle der Kamera gebracht. Nach vollendeter Einstellung, die bei Aufnahmen in schwach vergrößertem Maßstab ausschließlich auf der Mattscheibe, bei solchen in stärker vergrößertem Maßstab nach der groben Einstellung auf der Mattscheibe endgültig auf einer Klarglasscheibe mit der Lupe (vgl. PÉTERFI, S. 91) erfolgt, wird der Adapter gegen die Kamera ausgewechselt. Da dieses Auswechseln selbstverständlich bei intensiver Arbeit sehr häufig vorgenommen werden muß, sollte es möglichst unter Vermeidung von Erschütterungen, außerdem aber rasch und bequem erfolgen können. Die einfachste Art ist die, daß jede Einstellscheibe für sich in einem entsprechenden Adapter sitzt, wie das bei den Geräten von ZEISS-IKON der Fall ist. Jeder Adapter (Abb. 137) trägt das gleiche Außenbajonett, welches sich an der Kamera zur Befestigung der langbrennweitigen Objektive befindet. Mit diesem werden sowohl die Kamera als auch die Einstellscheibenadapter auf einem entsprechenden Gegenstück am Haltearm des zur Aufnahme benutzten Stativs angesetzt. Sie können auf diese Weise also beliebig und rasch gegeneinander ausgetauscht werden (Abb. 138).

Abb. 137. Der Mattscheibenadapter für die „Contax". (ZEISS-IKON.)

Noch bequemer ist das Wechseln zwischen Kamerakörper und Mattscheibenadapter, wenn beide fest auf einer Platte sitzen, welche den Wechsel zwischen Mattscheibe und Kamera entweder nach Art eines Objektivrevolvers durch Drehen oder nach Art eines Schlittens durch Verschieben bewerkstelligen läßt. Solche Geräte sind zur Kleinbildkamera „Leica" von LEITZ unter dem Namen „Einstellrevolver" und „Wechselschlitten" herausgebracht worden. Ersterer (Abb. 139) besteht aus einer festen, runden Platte, auf der um eine Achse drehbar eine zweite Platte angeordnet ist. An der festen Platte ist das Objektiv, gegebenenfalls unter Einschaltung einer Schneckengangfassung zum Einstellen

---

[1] Es wäre ein Irrtum, anzunehmen, man könne wie in der Makrophotographie auch in der Mikrophotographie die Tiefenschärfe durch kleine Erstaufnahmen und nachträgliche Vergrößerung steigern. Das ist, wie A. KÖHLER (164) nachgewiesen hat, nicht der Fall. Die vergrößerten Kleinbildaufnahmen verhalten sich vielmehr in bezug auf die Tiefenschärfe in keiner Weise anders als eine Aufnahme, die unmittelbar in dem betreffenden Abbildungsmaßstab aufgenommen ist.

und von Zwischenringen zur Verlängerung des Auszugs, angebracht. Es sind hierzu zwei Befestigungsöffnungen für verschieden große Ausladung vorgesehen. Die Platte läßt sich ihrerseits mit Hilfe von in ihr vorgesehenen Stativgewindelöchern an beliebigen Stativen befestigen. Die drehbare Platte trägt den Mattscheibenadapter, zu dem auch eine Betrachtungslupe gehört, und eine Vorrichtung zum Befestigen des Kameragehäuses. Bei dem Wechselschlitten (Abb. 140) ist die feste Platte als Schlittenführung ausgebildet, in der sich die bewegliche Platte als Träger des Mattscheibenadapters und der Kamera verschieben läßt. Auch er ist mit Stativgewinde an allen geeigneten Stativen zu befestigen. Neben dem Gehäuse der Kleinbildkamera „Leica" läßt sich an diesen Einstellvorrichtungen auch ein Zusatzgerät für Einzelaufnahmen (Abb. 141) anbringen. Dieses stellt im Grunde nichts anderes dar, als einen Adapter, mit dem sich Kassetten für einzelne, ein einziges Bild aufnehmende Filmstückchen in der richtigen Entfernung anbringen lassen. Es kann unter Umständen für Probeaufnahmen sehr wichtig werden.

Abb. 138 Einstellkopf mit Objektiv und Mattscheibenadapter mit aufgesteckter Lupe zum Einstellen bei Nahaufnahmen. (ZEISS-IKON.)

Abb. 139. Die „Leica" auf Einstellrevolver. (Aus der LEITZ-Druckschrift Mikro-Leica, Nr. 7745 a.)

Abb. 140. Die „Leica" auf Wechselschlitten. (Aus der LEITZ-Druckschrift Mikro-Leica, Nr. 7745 a.)

Die beste Lösung der Einstellfrage bei sämtlichen hier behandelten Aufnahmearten ist indes die Einstellung mit einer **Spiegelreflexeinrichtung**. Einwandfreie Konstruktion vorausgesetzt, hat man bei Verwendung eines solchen Geräts unter allen Umständen die Gewähr, daß sowohl der Bildausschnitt

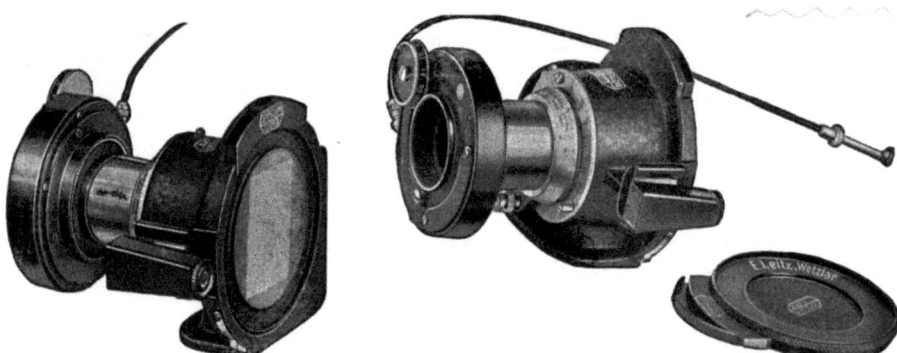

Abb. 141. Leica-Zusatzgerät für Einzelaufnahmen. (Aus der LEITZ-Druckschrift Mikro-Leica, Nr. 7745 a.)

als auch die Bildschärfe optimal eingestellt ist, und daß diese Einstellung nicht durch nachträglich notwendig werdende Handgriffe am Gerät, wie z. B. Auswechseln der Kamera gegen die Mattscheibe, beeinträchtigt wird. Diese Einstellmethode ist ohne besondere Zusatzgeräte ausschließlich bei Kammern möglich, die schon von Haus aus als Spiegelreflexkameras gebaut sind und die

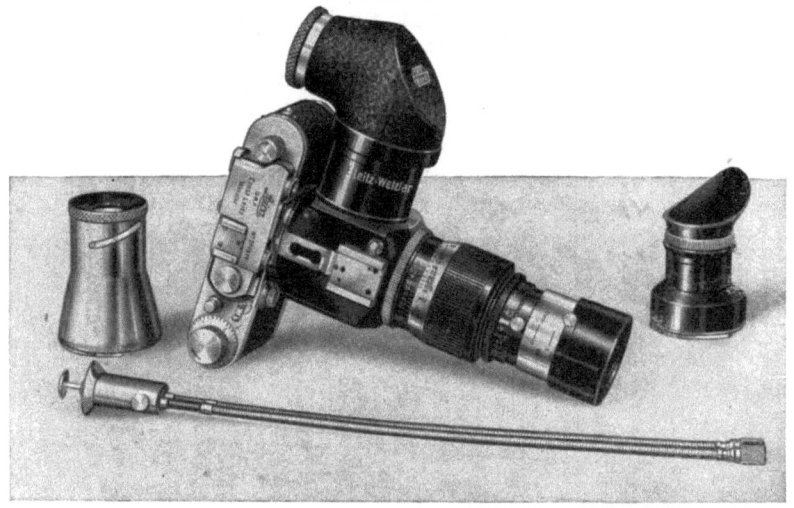

[[Abb. 142. Spiegelreflexeinrichtung zur Leica. (Aus der LEITZ-Druckschrift Mikro-Leica, Nr. 7745 a.)

sich aus diesem Grund auch sowohl für Nah- als auch für Mikroaufnahmen im weiteren Sinn ganz vorzüglich eignen. Zu ihrer Verwendung für den letzteren Zweck muß nur für eine geeignete Aufstellung der Geräts gesorgt werden.

Bei den verbreitetsten Kleinbildkameras, der „Leica" und der „Contax", dagegen mußten zur Ermöglichung einer Einstellung nach dem Spiegelreflexprinzip besondere zusätzliche Spiegelreflexansätze geschaffen werden. Ein solcher Ansatz wird zwischen Kamerakörper und Objektiv eingeschaltet (Abb. 142 und 143). In dem Gehäuse des Ansatzes befindet sich ein Spiegel (Abb. 143), der die Lichtstrahlen auf die genau zur Filmebene konjugierte Mattscheibe leitet. Das hier entstehende Bild wird durch eine Lupe entweder von oben oder über ein Reflexprisma von der Seite beobachtet. Damit bei der Beobachtung die Randpartien des Mattscheibenbildes annähernd so hell erscheinen wie die Mitte, ist teilweise an Stelle einer Mattscheibe eine auf der dem Objektiv zugekehrten Planfläche mattierte Plankonvexlinse verwendet worden (ZEISS-IKON). Die Belichtung erfolgt mit dem Verschluß der Kamera. Bevor dieser ausgelöst wird, wird der Reflexspiegel aus dem Strahlengang geklappt. Das geschieht entweder durch einen Doppelauslöser, bei dem durch einen Fingerdruck ein Auslöser erst den Spiegel wegklappt, worauf ein zweiter Auslöser den Verschluß betätigt (LEITZ), oder dadurch, daß der durch einen normalen Auslöser weggeklappte Spiegel

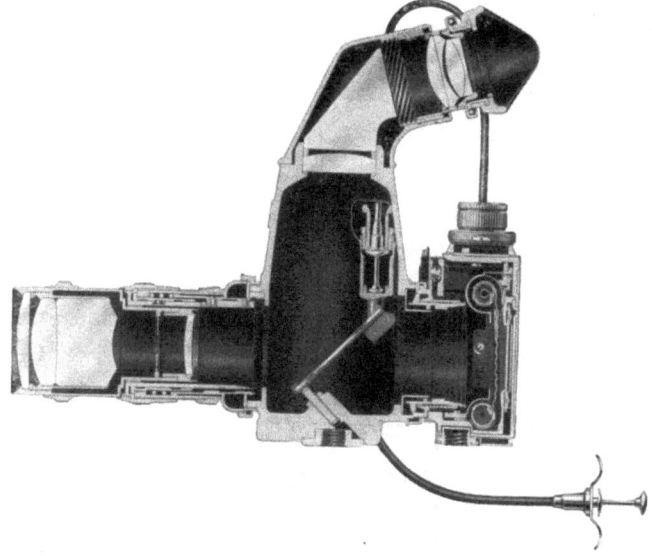

Abb. 143. Spiegelreflexansatz „Panflex" mit „Contax" und „Sonnar" 1.4, $f = 13,5$ cm von ZEISS-IKON im Schnitt. (Aus JACOBI *132*.)

in dem Augenblick, in dem er dem Licht den Weg zur Kamera freigibt, einen zwischen Spiegelreflexansatz und Kamera geschalteten weiteren Auslöser in Tätigkeit setzt, der seinerseits den Verschluß der Kamera betätigt (ZEISS-IKON). Die Einstellung erfolgt bei Nahaufnahmen auch hier durch Verschieben der ganzen Kamera aufs Objekt zu, bis das Bild auf der Mattscheibe scharf erscheint.

Durch die Zwischenschaltung des Spiegelreflexansatzes zwischen Kamera und Objektiv wird natürlich der Auszug verlängert. Diese Verlängerung ist so groß, daß mit Objektiven der Normalbrennweite schon Mikroaufnahmen etwa im Maßstab 2:1 entstehen. Für Nahaufnahmen muß man sich entweder zusätzlicher, die Brennweite verlängernder Vorsatzlinsen bedienen oder aber Objektive von langer Brennweite benutzen. Durch Einschalten von verlängernden Zwischenrohren lassen sich auch noch starkere Vergrößerungen erzielen. Tabelle 19 gibt eine Übersicht über diese Verhältnisse.

Selbstverständlich lassen sich derartige Spiegelreflexansätze ebenso wie für Nah- und Lupenaufnahmen auch für Mikroaufnahmen mit dem zusammengesetzten Mikroskop benutzen (vgl. Abb. 112 und 153). Hier ist es allerdings oft hinderlich, daß man die Mattscheibe nicht gegen eine Klarscheibe austauschen kann. Bei dem LEITZschen Spiegelreflexansatz ist statt dessen in der Mitte der Matt-

Tabelle 19.[1]

Objektiv-brennweite in Zentimetern		Mit Vorsatzlinsen						Objektiv mit Panflex allein[2]	Mit Zwischenrohren			
		Deltalinse 5×42	Deltalinse 3,5×42	Distarlinse 3×42	Distarlinse 2,5×42	Deltalinse 2×42	Distarlinse 1,5×42		Zwischenrohr 1×	Zwischenrohr 2×	Zwischenrohr 2×	Zwischenrohr 4×
5	Abbildungsmaßstab	1,0—1,2:1	1,2—1,4:1	—	—	1,35—1,5:1	—	1,6—1,9:1	2,0—2,3:1	3,0—3,3:1	3,0—3,3:1	4,8—5,5:1
	Kurzester Abstand[3]	11,5	10	—	—	8,5	—	7,8	7	6,4	6,4	5,8
8,5	Abbildungsmaßstab	1:5,7—9,8	1:2,7—3,4	1:2,3—2,8	1:2,0—2,4	1:1,7—2,0	1:1,6—1,8	1:1,2—1,3	1:2,1—1,0	1:8—1,2:1	1:8—1,2:1	3,0—2,9:1
	Kurzester Abstand[3]	75	37	31	27	23,5	21	16	13,5	11	11	8,5
13,5	Abbildungsmaßstab	—	—	—	—	1:6,8—15,7	1:4,2—6,3	1:1,6—2,0	1:1,3—1,5	1:2—1,0:1	1:2—1,0:1	2,0—1,3:1
	Kurzester Abstand[3]	—	—	—	—	155	90	37	32	26	26	22
18	Abbildungsmaßstab	—	—	—	—	—	—	1:2,3—2,8	1:1,7—2,0	1:1,1—1,2	1:1,1—1,2	1,5—1,4:1
	Kurzester Abstand[3]	—	—	—	—	—	—	64	54	44	44	35

[1] Aus JACOBI (132).
[2] Bei $f = 5$ cm mit Einstellkopf.
[3] In Zentimetern, gemessen vom Vorderrand der Fassung des Objektivs oder der Vorsatzlinse. Die Maßstabsgrenzen ergeben sich aus der Stellung des Objektivs, je nachdem, ob es am vorderen oder hinteren Anschlag steht. Bei $f = 5$ cm sind nur Werte für die Deltalinsen angegeben, da mit diesen die notwendigen Maßstabänderungen möglich sind. Es sind das die Vorsatzlinsen vom großen Contax-Reproduktionsgerät bzw. vom Einstellkopf.

Tabelle 20. **Entfernungen, Abbildungsmaßstäbe und Objektgröße für die verschiedenen Objektive bei Stellung auf ∞ in Verbindung mit dem Spiegelreflexgehause, Einstellrevolver und Wechselschlitten zur Leica.**[1]

	Objektive verschiedener Brennweiten von $f=2,8$ cm bis 13,5 cm	Abbildungsmaßstab	Objektabstand in Zentimetern	Bildfeldgröße in Millimetern
Spiegelreflexgehause	Hektor $f=$ 2,8 cm	2,2:1	13,2	10,8 × 16,1
	Elmar $f=$ 3,5 ,,	1,8:1	15,3	13,4 × 20,1
	,, $f=$ 5 ,,	1,2:1	21	20 × 30
	Hektor $f=$ 7,3 ,,	1:1,2	29,7	28,3 × 42,5
	Elmar $f=$ 9 ,,	1:1,4	37,4	34,6 × 51,8
	Hektor $f=$ 13,5 ,,	1:2,2	62,7	51,8 × 77,8
Einstellrevolver	Hektor $f=$ 2,8 cm	1: 3,2	15,5	76 × 114
	Elmar $f=$ 3,5 ,,	1: 4	21,9	96 × 143
	,, $f=$ 5 ,,	1: 5,9	42	142 × 213
	Hektor $f=$ 7,3 ,,	1: 8,4	77,3	201 × 302
	Elmar $f=$ 9 ,,	1:10,2	111	246 × 368
	Hektor $f=$ 13,5 ,,	1:15,3	235	368 × 552
Wechselschlitten	Hektor $f=$ 2,8 cm	1: 2,4	13,7	58,3 × 87,5
	Elmar $f=$ 3,5 ,,	1: 3	18,9	73 × 109,4
	,, $f=$ 5 ,,	1: 4,5	35,1	108 × 163
	Hektor $f=$ 7,3 ,,	1: 6,4	63,1	154 × 231
	Elmar $f=$ 9 ,,	1: 7,8	89,7	188 × 282
	Hektor $f=$ 13,5 ,,	1:11,7	187	282 × 423

Tabelle 21. **Entfernungen, Abbildungsmaßstäbe und Objektgröße für die Objektive 7,3, 9 und 13,5 cm in Verbindung mit den hierfur lieferbaren kurzen Stutzen und dem Spiegelreflexgehäuse, Einstellrevolver und Wechselschlitten zur Leica.**[1]

	Objektive verschiedener Brennweiten	Objektiveinstellung in Metern	Abbildungsmaßstab	Objektabstand in Zentimetern	Bildfeldgröße in Zentimetern
Spiegelreflexgehäuse	Hektor $f=$ 7,3 cm	∞	1: 1,4	30,2	3,4 × 5
	,, $f=$ 7,3 ,,	1,50	1: 1,3	29,9	3,1 × 4,7
	Elmar $f=$ 9 ,,	∞	1: 1,7	38,6	4,1 × 6,1
	,, $f=$ 9 ,,	1,00	1: 1,4	37,2	3,4 × 5
	Hektor $f=$ 13,5 ,,	∞	1: 2,5	66,6	6 × 9
	,, $f=$ 13,5 ,,	1,50	1: 2	60,6	4,8 × 7,2
Revolver	Hektor $f=$ 7,3 cm	1,50	1:18,4	150	44,2 × 66,2
	Elmar $f=$ 9 ,,	1,00	1: 9	100	21,6 × 32,4
	Hektor $f=$ 13,5 ,,	1,50	1: 9	150	21,6 × 32,4
Wechselschlitten	Hektor $f=$ 7,3 cm	∞	1:27,3	216	65,5 × 98,3
	,, $f=$ 7,3 ,,	1,50	1:11	96,5	26,4 × 39,6
	Elmar $f=$ 9 ,,	∞	1:33,3	318	80 × 120
	,, $f=$ 9 ,,	1,00	1: 7,1	83,7	17,1 × 25,7
	Hektor $f=$ 13,5 ,,	∞	1:50	700	120 × 180
	,, $f=$ 13,5 ,,	1,50	1: 7,6	132	18,3 × 27,4

scheibe eine kleine kreisförmige Stelle unmattiert gelassen, so daß man hier mit der Lupe einstellen kann. Doch ersetzt das nicht die Einstellung des ganzen Bildes mit der Klarscheibe. Um das Spiegelreflexprinzip beim zusammengesetzten Mikroskop anzuwenden, benutzt man daher in der Regel nicht die für Nah- und Lupenaufnahmen entwickelten Spiegelreflexansätze, sondern man

---

[1] Aus der LEITZ-Druckschrift Mikro-Leica, Nr. 7745 a.

kombiniert die Kleinbildkamera mit den Einstell- und Beobachtungsvorrichtungen der Aufsetzkamera (vgl. dort). Hierzu ist die Kleinbildkamera ja auch wegen ihrer sehr gedrängten Bauart besonders geeignet. Gegenüber der Verwendung der Spiegelreflexansätze bietet sich in diesem Fall noch der Vorteil, daß man kein besonderes Stativ zum Anbringen der Kamera und der Einstellvorrichtung braucht, denn hier trägt ja das Mikroskop selbst das photographische Gerät (vgl. Abb. 101).

Die Lupenaufnahme kann teilweise, und zwar soweit es sich um sehr kleine Abbildungsmaßstäbe handelt, ebenso wie die Nahaufnahme noch mit dem normalen Objektiv der Kleinbildkamera durchgeführt werden. Dieses ist dann natürlich unter Zwischenschaltung von Zwischenringen von geeigneter Länge mit der Kamera zu verbinden. Zu empfehlen ist die Verwendung normaler Objektive allerdings nicht. Diese sind ja meist unsymmetrisch gebaut und in ihrem Korrektionszustand auf die normale Verwendungsart, die Aufnahme weit entfernter Gegenstände, abgestimmt. Infolgedessen läßt die Bildqualität erheblich nach, wenn sie zur Herstellung vergrößerter Bilder benutzt werden, wo der Objektabstand wesentlich kleiner ist als die Bildweite. Sie müßten in diesem Fall also zum mindesten umgekehrt in der Kamera angebracht werden wie gewöhnlich. Das ist indessen fast nie möglich, weshalb man für Lupenaufnahmen besser die üblichen mikrophotographischen Objektive benutzt (vgl. S. 518ff.).

Abb 144 Das Bruststativ von ZEISS-IKON mit zwei Beleuchtungslampen und „Contax II" mit „Contameter". (Aus JACOBI *131*.)

Sie werden entweder ebenfalls mit geeigneten Zwischenringen oder Zwischenrohren an der Kamera befestigt oder aber an einem Mikroskopstativ angebracht, wie das sonst in der Mikrophotographie üblich ist. Das Okular ist in diesem Fall natürlich zu entfernen, der enge Tubus ebenfalls. An seiner Stelle muß ein weiter Tubus benutzt werden, der in geeigneter Weise mit der Kamera lichtdicht verbunden werden muß.

Die Kamera kann bei Nahaufnahmen, soweit das die Länge der Belichtungszeit überhaupt zuläßt, durchaus mit größter Sicherheit in der freien Hand gehalten werden. Vielfach leistet auch ein Bruststativ (ZEISS-IKON, Abb. 144) vorzügliche Dienste, wenn die Sicherheit der Kamerahaltung erhöht, aber die Beweglichkeit der Kamera erhalten werden soll. Ganz ohne eine solche Unterstützung wird man nie auskommen, wenn man gemeinsam mit der Kamera etwa eine Beleuchtungsvorrichtung halten muß, wie es z. B. bei medizinisch wichtigen Nahaufnahmen häufig der Fall sein kann. Die zur Scharfeinstellung notwendige Verschiebung der Kamera in Richtung auf das Objekt zu läßt sich bei Aufnahmen aus freier Hand oder vom Bruststativ mit Leichtigkeit durchführen.

In vielen Fällen ist es nun aber notwendig, bei Nahaufnahmen, insbesondere bei solchen, deren Abbildungsmaßstab nicht sehr von 1:1 verschieden ist, zur Erzielung einer ausreichenden Tiefenschärfe ganz erheblich abzublenden. Damit wird aber zwangsläufig die Belichtungszeit soweit heraufgesetzt, daß Aufnahmen aus der freien Hand unmöglich werden. Auch ist es vielfach notwendig, vor der Aufnahme die Einstellung des Bildes und die Auswahl des Bildausschnittes genau und mit vollständiger Sicherheit auf der Mattscheibe festzulegen. In allen derartigen oder ähnlichen Fällen kann man nur von einem geeigneten Stativ aus arbeiten. Die in der Photographie üblichen Dreibeinstative sind zur Not verwendbar. Bei ihrer Anwendung treten allerdings mannigfaltige Schwierigkeiten auf, die sich nur umgehen lassen, wenn dem Zweck der Arbeit besonders angepaßte Stative benutzt werden.

Bei einem nicht unerheblichen Teil der hier in Betracht kommenden Aufnahmen handelt es sich darum, der Kamera neben einem vollkommen festen Stand doch eine weitgehende Beweglichkeit nach allen Richtungen zu erhalten. Es können also in diesen Fällen nur Stative benutzt werden, die fest stehen, trotzdem aber weitestgehende Verstellmöglichkeiten bieten. Solche Stative gibt es in größerer Zahl. Für medizinische Nahaufnahmen bei Operationen oder von Krankheitsbildern usw. ist u. a. ein Stativ bestimmt, dessen Aufbau die Abb. 145 zeigt. Es besteht aus einem schweren Dreifuß, der eine kräftige Säule trägt. Auf ihr ist ein abgestützter, waagrechter Arm verschieb- und drehbar angeordnet. Er läßt sich somit in jede beliebige Stellung bringen und hier durch Klemmschrauben fixieren. Der waagrechte Arm trägt ein Gleitstück, das die Kamera und zwei beiderseits der Kamera angeordnete Reflektoren trägt.

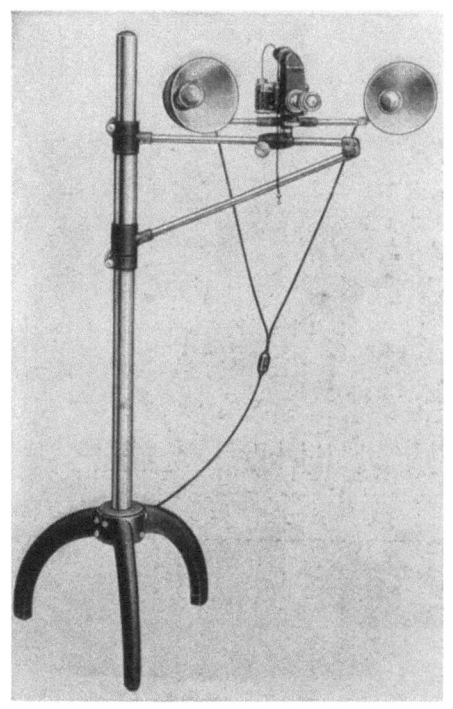

Abb. 145. Spezialstativ für medizinische Aufnahmen mit zwei Beleuchtungslampen. (ZEISS-IKON.)

Letztere sind für sich beweglich angebracht, so daß ihnen jede zur günstigsten Beleuchtung erforderliche Stellung gegeben werden kann. Dient dieses Stativ dem ganz speziellen Zweck der medizinischen Nahaufnahme, so sind im Gegensatz dazu die meisten anderen Stative für fast alle Arten von Nahaufnahmen, ja darüber hinaus auch für Lupenaufnahmen und behelfsmäßig sogar für Aufnahmen mit dem zusammengesetzten Mikroskop brauchbar. Die an sie zu stellenden Anforderungen scheint zurzeit am besten das von ZEISS-IKON entwickelte „Universalstativ" (SEIFERT 281) zu erfüllen, das im speziellen auf die bei der Contax vorliegenden Verhältnisse zugeschnitten ist, das sich aber sicher auch für andere Kleinbildkammern eignet. Es soll deshalb als Beispiel eines solchen Stativs eingehender behandelt werden.

Das Universalstativ (Abb. 146) besteht aus einem aus drei Teilen, einem Mittelstück und zwei Seitenarmen zusammensetzbaren Fuß und einer zweiteiligen Säule. Die Seitenarme des Fußes lassen sich in beliebiger Richtung am Mittelstück ansetzen und festschrauben. Die Säule ist in einer Bohrung des Mittelstückes zu befestigen. Falls es mit der Aufnahmeentfernung zu vereinbaren ist, braucht nur der untere Teil der Säule benutzt zu werden, was die Bedienung der Kamera, insbesondere bei der Scharfeinstellung, sehr erleichtert. Dieser Teil läßt sich auch durch ein entsprechendes Zwischenstück mit einem normalen Dreibeinstativ (Abb. 147) verbinden, so daß auch hier die Kamera weitgehend verstellbar angebracht werden kann. Auf die Säule wird ein Gleitstück geschoben, das als Träger der Kamera dient. Zu ihrer Befestigung ist eine Stativmutter angebracht, die zum Ausrichten drehbar ist. Nach dem Ausrichten wird diese Drehung geklemmt. Die Kamera kann entweder unmittelbar oder unter Zwischenschaltung von Zwischenstücken befestigt werden.

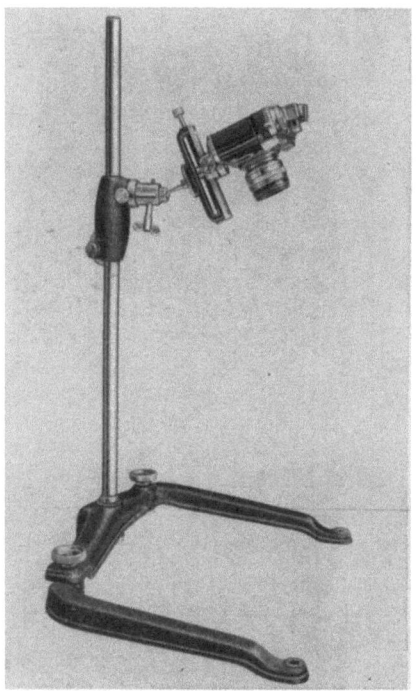
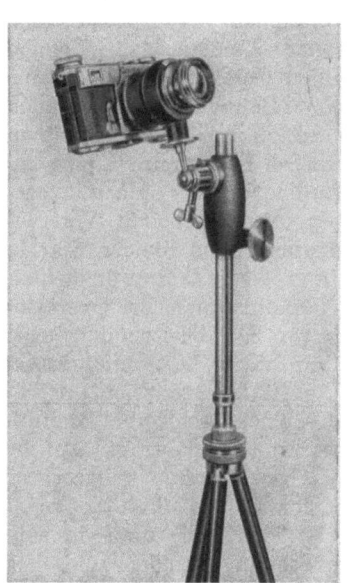

Abb. 146. Das ZEISS-IKON-Universalstativ mit Kugelgelenk und Einstellschlitten. (ZEISS-IKON.)

Abb. 147. Die Säule des ZEISS-IKON-Universalstativs auf einem Dreibeinstativ. (Aus SEIFERT 281)

Bei der Benutzung im Freien kann das Stativ mit drei Bodennägeln in der Erde festgesetzt werden. Im Laboratorium läßt es sich frei aufstellen oder mit drei Schrauben auf einem Grundbrett befestigen (Abb. 148). An diesem letzteren lassen sich ferner zwei, auf biegsamen Stielen sitzende, infolgedessen außerordentlich vielseitig verstellbare Beleuchtungslampen (Reflektorlampen) anbringen. Falls man die Einstellung mit einem optischen Naheinstellgerät („Contameter") vorzunehmen beabsichtigt, ist es notwendig, die Kamera unter Zwischenschaltung eines Einstellschlittens (s. Abb. 146) am Stativ zu befestigen, um die Bewegung der Kamera auf das Objekt zu, durch welche die Einstellung erfolgt, sicher vornehmen zu können. Auf diesem Einstellschlitten ist die Kamera mit Hilfe einer Spindel verstellbar, wodurch eine besondere Sicherheit der Einstellung gewährleistet werden soll. Soll die Einstellung aber nicht mit einem Naheinstellgerät, sondern auf der Mattscheibe erfolgen, dann muß zwischen Kamera und Objektiv ein Zwischenstück, der sogenannte „Einstellkopf", geschaltet werden. Dieser hat einerseits die Aufgabe, die Verbindung der Kamera mit dem Stativ herzustellen, die ja hier so beschaffen sein muß, daß sich Mattscheibenadapter und Kamera leicht gegeneinander austauschen lassen, ohne an der Stellung des Objektivs etwas zu verandern. Andererseits dient er zur Verlängerung des Kameraauszugs, die ja erforderlich ist, um auf größere Nahe einzustellen. Der Einstellkopf nimmt also einerseits den Mattscheibenadapter bzw. die Kamera, andererseits das Objektiv auf (vgl. Abb. 138). Dieses laßt sich mit einem eingebauten Schneckengang einstellen, an dem sich der eingestellte Abbildungsmaßstab an einer Teilung ablesen oder ein gewünschter Abbildungsmaßstab vorher einstellen läßt. Diese Teilung gilt für die Normalobjektive der Kleinbildkamera von 5 cm Brennweite. Die einmal festgelegte Einstellung kann durch eine Klemmschraube fixiert werden.

Abb. 148. Das ZEISS-IKON-Universalstativ auf Grundbrett mit Beleuchtungslampen, Mıkrotar an einem Zwischenrohr und Lupe mit Gewichtsausgleichring. (Aus SEIFERT 281.)

Abb. 149 Die Contax-Fassung fur Mıkroobjektive mit und ohne Objektiv. (Aus SEIFERT 281.)

Um der Kamera am Einstellkopf jede beliebige Lage zu verleihen, ist es notwendig, zwischen diesen und das Gleitstück des Stativs ein Kugelgelenk einzuschalten. Abbildungsmaßstäbe größer als 1:2 lassen sich erzielen, wenn zwischen Einstellkopf und Kamera Zwischenrohre zur weiteren Verlängerung des Auszugs geschaltet werden (vgl. Abb. 148). Es sind drei verschiedene Längen vorgesehen, mit denen man Lupenaufnahmen in Maßstäben von 1:1, 2:1 und 4:1 anfertigen kann. Sollen noch größere Abbildungsmaßstäbe erzielt werden, dann müssen in Verbindung mit den Zwischenrohren mikrophotographische Objektive verwendet werden, deren Brennweite kürzer ist als 5 cm. In Tabelle 22 ist eine Reihe solcher Objektive nebst den mit ihnen erzielbaren Abbildungsmaßstäben zusammengestellt. Soweit sie mit englischem Gewinde versehen sind, lassen sie sich durch einen Spezialring mit Bajonett (Abb. 149) in die Zwischenrohre oder in den Einstellkopf einsetzen. Die Einstellung geschieht mit Hilfe der schon besprochenen Adapter mit Matt- oder Klarglasscheibe.

Tabelle 22. Mit Objektiven kurzer Brennweite am Contax-Universalstativ erreichbare Abbildungsmaßstabe.

Brennweite	1 cm	1,5 cm	2 cm	3 cm
Wicorohr 1×	10:1	6:1	5:1	3:1
,, 2×	15:1	10:1	7,5:1	5:1
,, 4×	25:1	17:1	12:1	8:1

Selbstverständlich kann eine Kleinbildkamera auch noch an vielen Stativen von anderer Form angebracht werden. Es würde aber hier viel zu weit führen, auf alle diese Möglichkeiten einzugehen. Einige sind bei der Auswahl der Abbildungen berücksichtigt. Hier sollen lediglich noch diejenigen kurz berührt werden, die der Kamera eine ausschließlich senkrecht nach unten gerichtete Lage geben, da solche Stative weitaus am meisten gebraucht werden. Das

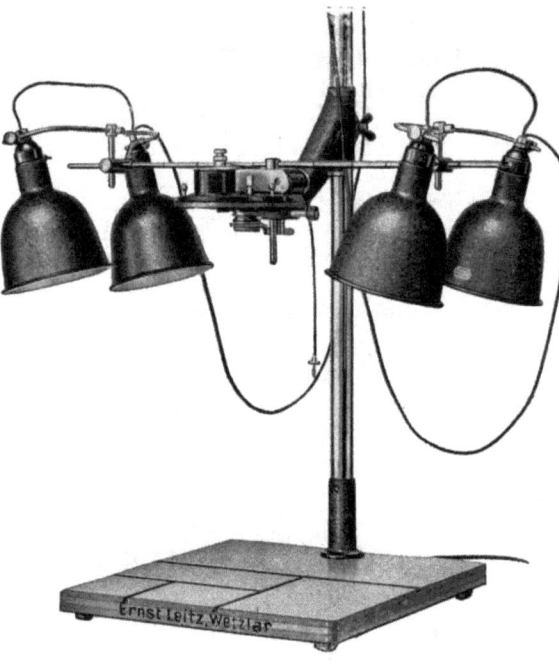

Abb. 150. Reproduktionseinrichtung mit vier Beleuchtungslampen für Auflichtbeleuchtung von LEITZ. (Aus der LEITZ-Druckschrift Mikro-Leica, Nr. 7745 a.)

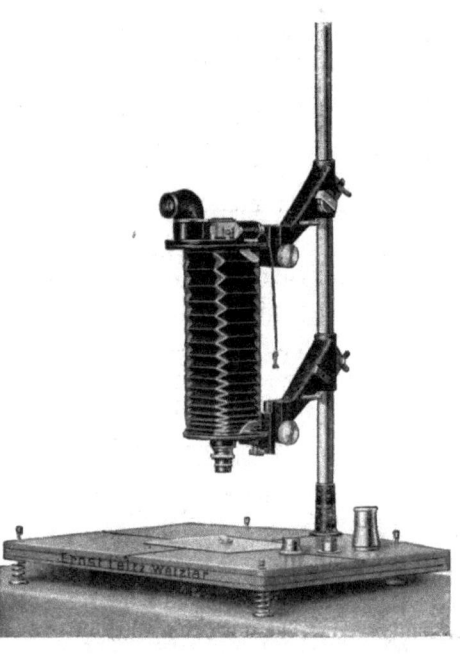

Abb. 151. Universal-Reproduktionsgerät zur Leica mit Balgen für Lupenaufnahmen. (Aus der LEITZ-Druckschrift Mikro-Leica, Nr. 7745 a.)

„Universalstativ" läßt natürlich eine derartige Kamerastellung ebenfalls zu. Z. B. kann man auf diese Weise die Kamera auch über einem Mikroskop anordnen und so eine behelfsmäßige mikrophotographische Einrichtung improvisieren.

Stative, die ausschließlich für die senkrechte Kameralage eingerichtet sind, werden nach dem Zweck, zu dem sie ursprünglich entwickelt wurden, unter der Bezeichnung „Reproduktionsgeräte" zusammengefaßt, obwohl ihr Anwendungsbereich natürlich weit über den der Reproduktion hinausgeht. Sind sie doch in gleicher Weise für alle im Laboratorium zu erledigenden Nah-, Lupen- und Mikroaufnahmen verwendbar.

Der grundsätzliche Aufbau (Abb. 150) ist bei allen derartigen Geräten der gleiche. Auf einem ausreichend großen Grundbrett ist eine senkrechte Säule angeordnet, an der sich ein Tragarm für die Kamera und das Objektiv, ein sogenannter Reproduktionsarm, in der Höhe verschieben läßt. Dieser ist so eingerichtet, daß sich alle Einstellvorrichtungen, besonders die mit Mattscheibeneinstellung, ohne weiteres benutzen lassen. Die Verwendung von Zwischenrohren ermöglicht eine weitgehende Variabilität in den Abbildungsmaßstaben, die durch die Heranziehung von Objektiven anderer, meist kürzerer Brennweite in der gleichen Art erweiterungsfähig ist, wie das bei der Besprechung des ZEISS-IKON-Universalstativs erwähnt wurde. Teilweise wird die Auszugsverlängerung auch durch einen zwischen einen besonderen Objektivträger und den Kameraträger geschalteten Balgen (LEITZ) bewirkt, so daß das ganze Gerät dann einer mikrophotographischen Vertikalkamera ähnlich wird (Abb. 151). Über die optischen Verhältnisse geben die Tabellen 23 und 24 Auskunft.

Der mikrophotographische Apparat.

Tabelle 23. Maßtabelle zum Universal-Reproduktionsgerat fur das Objektiv „Elmar" 5 cm.
Die angegebenen Maße dienen zur ungefähren Ermittlung des Maßstabes. Genaue Einstellung der besten Scharfe erfolgt jeweils mit dem zur Verfugung stehenden Schneckengang oder dem des Objektivs.

Maßstab zirka	Objektgroße zirka Zentimeter	Entfernung		Belichtungs- faktor siehe Gebrauchs- anweisung	Anordnung der Teile
		Objekt bis Mattscheibe = Strich- marke am oberen Arm zirka Zentimeter	Objekt bis Strichmarke am unteren Arm zirka Zentimeter		
1:18	43,2 × 64,8	105,8	—	—	
1:17	40,8 × 61,2	98,2	—	—	
1:16	38,4 × 57,6	93	—	—	
1:15	36 × 54	87,9	—	—	
1:14	33,6 × 50,4	82,8	—	—	
1:13	31,2 × 46,8	77,7	—	—	Oberer Tisch (Revolver), Objektiv und Zwischen- schnecke ohne Lederbalg
1:12	28,8 × 43,2	72,5	—	—	
1:11	26,4 × 39,6	67,4	—	—	
1:10	24 × 36	62,3	—	—	
1: 9	21,6 × 32,4	57,2	—	—	
1: 8	19,2 × 28,8	52,2	—	—	
1: 7	16,8 × 25,2	47,1	—	—	
1: 6	14,4 × 21,6	42,1	—	—	
1: 5	12 × 18	37,1	—	1,5 ×	Oberer Tisch (Revolver), Objektiv, Zwischenschnecke und Ring B ohne Balg
1: 4	9,6 × 14,4	32,2	—	1,5 ×	
1: 3	7,2 × 10,8	27,5	—	1,75 ×	Oberer Tisch (Revolver), Objektiv im Zwischen- ring B ohne Balg
1: 2,5	6 × 9	25,2	—	1,75 ×	
1: 2	4,8 × 7,2	23,2	—	2,3 ×	Oberer Tisch (Revolver), Objektiv im Zwischen- ring ohne Balg
1: 1,5	3,6 × 5,4	21,5	—	2,3 ×	
1: 1	24 × 36 mm	20,6	—	4 ×	
2: 1	12 × 18 mm	23,2	15,8	9 ×	Oberer und unterer Tisch mit Lederbalg, Objektiv- gehause umgekehrt im unteren Tisch einge- schraubt, so daß Optik um- gekehrt verwendet wird. Objektiv ohne Zwischen- schnecke
3: 1	8 × 12 „	27,6	15,1	16 ×	
4: 1	6 × 9 „	32,2	14,7	25 ×	
5: 1	4,8 × 7,2 „	37,1	14,4	36 ×	
6: 1	4 × 6 „	42,2	14,25	49 ×	
7: 1	3,4 × 5,1 „	47,1	14,1	64 ×	
8: 1	3 × 4,5 „	52,1	14	81 ×	
9: 1	2,7 × 4 „	57,2	13,95	100 ×	
10: 1	2,4 × 3,6 „	62,3	13,9	121 ×	

Zur Beleuchtung der Objekte kann man sich aller für derartige Zwecke geeigneten Einrichtungen bedienen, wie Makrotisch (S. 514), Ringbeleuchtung (S. 510) usw. Für gewöhnlich werden aber die Reproduktionsgerate mit beson-

Tabelle 24. **Tiefenschärfebereich für Abbildungen im Maßstab 1:18 bis 10:1 (größte zulassige Objektdicke) mit dem Universal-Reproduktionsgerät.**

Maßstab	Tiefenschärfenbereich in Millimetern			
	Blende 6,3	Blende 9	Blende 12,5	Blende 18
1:18	144,4	207,4	291,1	428,9
1:17	129,1	185,4	259,8	381,9
1:16	114,7	164,6	230,5	337,9
1:15	101,2	145,1	202,9	296,9
1:14	88,5	126,8	177,2	258,8
1:13	76,6	109,8	153,5	223,4
1:12	65,7	94,1	131,2	190,9
1:11	55,5	79,5	110,9	161,0
1:10	46,3	66,2	92,3	133,8
1: 9	37,9	54,2	75,4	109,2
1: 8	30,3	43,3	60,2	87,1
1: 7	23.5	33,7	46,8	67,6
1: 6	17,6	25,2	35,1	50,6
1: 5	12,6	18,0	25,0	36,1
1: 4	8,4	12,0	16,7	24,1
1: 3	5,0	7,2	10,0	14,4
1: 2	2,5	3,6	5,0	7,2
1: 1,5	1,58	2,25	3,12	4,5
1: 1	0,84	1,2	1,67	2,4
2: 1	0,32	0,45	0,63	0,90
3: 1	0,19	0,27	0,37	0,53
4: 1	0,13	0,19	0,26	0,38
5: 1	0,10	0,14	0,20	0,29
6: 1	0,08	0,12	0,16	0,23
7: 1	0,07	0,10	0,14	0,20
8: 1	0,06	0,08	0,12	0,17
9: 1	0,05	0,07	0,10	0,15
10: 1	0,04	0,06	0,09	0,13

deren, aus zwei oder vier Reflektorlampen bestehenden Beleuchtungseinrichtungen versehen (Abb. 150 und 152). Die Einzellampen sind dabei nach jeder Richtung zu verstellen sowie einzeln ein- und auszuschalten, damit sich alle zur optimalen Darstellung des Objekts wünschenswerten Beleuchtungseffekte erzielen lassen. Ist die Anwendung von durchfallendem Licht erforderlich, dann lassen sich die Geräte durch Durchleuchtungseinrichtungen ergänzen. Das sind Kästen oder Gestelle, deren Oberseite von einer Milchglasscheibe gebildet wird, welche von unten zu beleuchten ist. Das kann entweder durch besondere in die Kästen eingebaute Glühlampen geschehen (LEITZ, Abb. 39), oder es können die Reflektorlampen der Auflichtbeleuchtungsanordnung dazu verwendet werden (ZEISS-IKON, Abb. 152).

Nicht unerwähnt mag bleiben, daß sich die Einrichtung auch benutzen läßt, um die Kleinbildkamera über einem gewöhnlichen Mikroskop anzuordnen und auf diese Weise eine mikrophotographische Einrichtung für das zusammengesetzte Mikroskop zu schaffen. Eine solche Anordnung wird natürlich immer einen behelfsmäßigen Charakter behalten. Sie leistet aber immerhin ganz gute Dienste, wenn nur gelegentlich Mikroaufnahmen mit dem zusammengesetzten Mikroskop hergestellt werden sollen.

Wenn allerdings die Einrichtung vorwiegend dem Zweck der Mikrophotographie und besonders der mit dem zusammengesetzten Mikroskop dienen soll, dann ist es ganz entschieden vorzuziehen, die Kleinbildkamera in Verbindung mit einem Gerät zu benutzen, welches für derartige Zwecke besonders konstruiert worden ist. Entweder wird die Kamera also an Stelle der Plattenkamera an einen der üblichen mikrophotographischen Apparate angepaßt (Abb. 101, 112 und 153), oder sie wird ganz und gar mit einem eigens zu diesem Zweck geschaffenen Mikroskop verbunden (Abb. 154 und 155).

Die Anpassung der Kleinbildkamera ist im Grunde genommen bei jedem der üblichen mikrophotographischen Geräte möglich, sei das nun eine Aufsetzkamera, eine Vertikalkamera, ein aufrechtes oder ein umgekehrtes Kameramikroskop. Da das Grundsätzliche hierbei überall das gleiche ist, genügt es, dieses hier gemeinsam zu besprechen, im übrigen aber einige charakteristische Ausführungsformen im Bild vorzuführen. Es ist in jedem Fall dafür Sorge zu tragen, daß neben der Kamera eine Einstellvorrichtung, möglichst mit Einstellmöglichkeit auf der Mattscheibe und auf der Klarscheibe vorhanden ist. Am besten ist dieses Problem bei der Aufsetzkamera gelöst, wo ja sowieso seitlich eine Beobachtungs- und Einstellvorrichtung angebracht ist.

Zum Anbringen an alle anderen mikrophotographischen Geräte ist ein besonderer Halter erforderlich. Dieser trägt entweder eine Vorrichtung (z. B. Bajonett), an die die Kamera oder die Einstellscheiben wechselweise angebracht werden, oder eine der auf S. 598 näher beschriebenen Vorrichtungen, an denen die Kamera neben der Einstellvorrichtung angebracht ist (Einstellrevolver, Wechselschlitten, Spiegelreflexansatz). Außerdem ist es möglich, Zwischenrohre zur Auszugsverlängerung einzuschalten. Die lichtsichere Verbindung mit dem Mikroskop wird in jedem Fall durch eine der üblichen Lichtabschlußhülsen hergestellt, die in einen entsprechenden Trichter am Okulartubus des Mikroskops hineinragen.

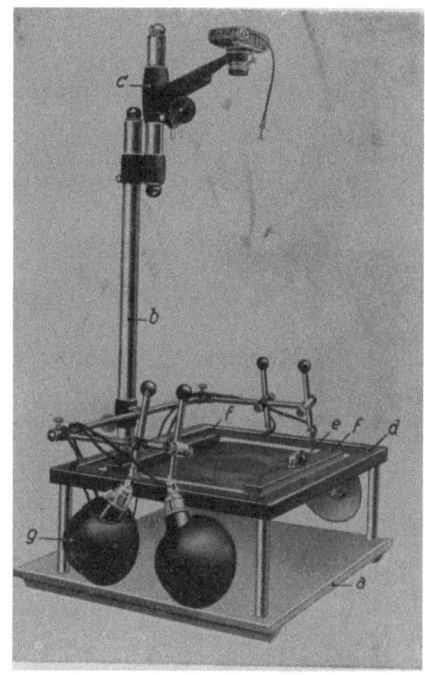

Abb. 152. Großes Reproduktionsgerat fur auf- und durchfallendes Licht. (ZEISS-IKON.)

Während also für mikrophotographische Zwecke bisher stets die Kleinbildkamera an vorhandene Mikroskope und mikrophotographische Apparate nachträglich angesetzt wurde, ist neuerdings ZEISS dazu übergegangen, besondere Geräte zu bauen, die von vornherein auf die Bedingungen der Kleinbildaufnahme zugeschnitten sind, die eine organische Einheit bilden, und die infolgedessen teilweise von den bisher gewohnten Formen mikrophotographischer Geräte erheblich abweichen.

Es handelt sich hier um zwei Geräte, um ein großes Forschungsmikroskop in der üblichen Mikroskopbauweise und um ein Metallmikroskop in der Bauform nach LE CHATELIER.

Das erstere (Abb. 154), auch als Photomikroskop bezeichnet, ist in seinem unteren Teil eine genaue Nachbildung des ZEISSschen „Lumipan". Die Lichtquelle, eine Niedervoltlampe, ist im Fuß eingebaut, der vordere Fußteil wird von dem Aperturblendenteil eingenommen. Tisch und Kondensor sind wie bei dem ZEISSschen Universalmikroskop „Lu" abnehmbar. Als Kondensor ist ein „Pankratischer Kondensor" vorgesehen. Neuartig ist das Oberteil des Mikroskops. Sein wesentliches Kennzeichen ist die Unterbringung des gesamten, zum Entwerfen eines reellen Bildes erforderlichen Wegs im Inneren des Tubusträgers. Auf diese Weise ist es gelungen, die Kleinbildkamera, die ja hier im wesentlichen als Kassette mit Verschluß dient, dem Mikroskop unmittelbar und organisch anzufügen. Unterhalb der Kamera ist das Beobachtungsokular in einem kurzen Tubus angeordnet. Dieser kann für monokulare oder für binokulare Beobachtung eingerichtet sein. In den Strahlengang des Mikroskops ist ein „Pankratisches Okular" eingefügt, mit dessen Hilfe die zweite Vergrößerungsstufe in weiten Grenzen (etwa im Verhaltnis 1:3) verändert werden kann. Es wirkt sowohl auf das auf

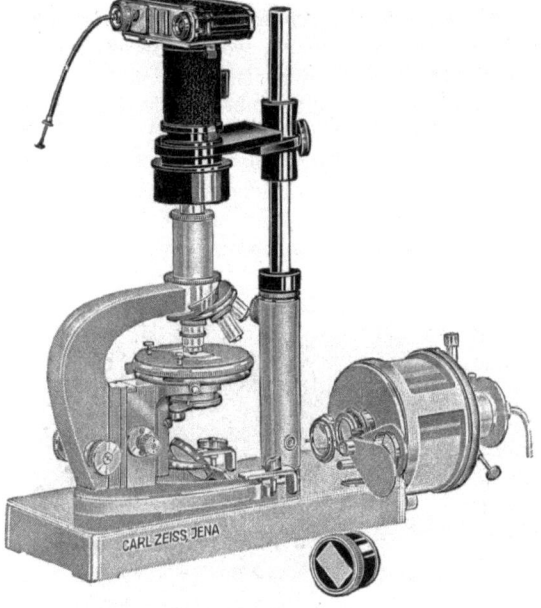

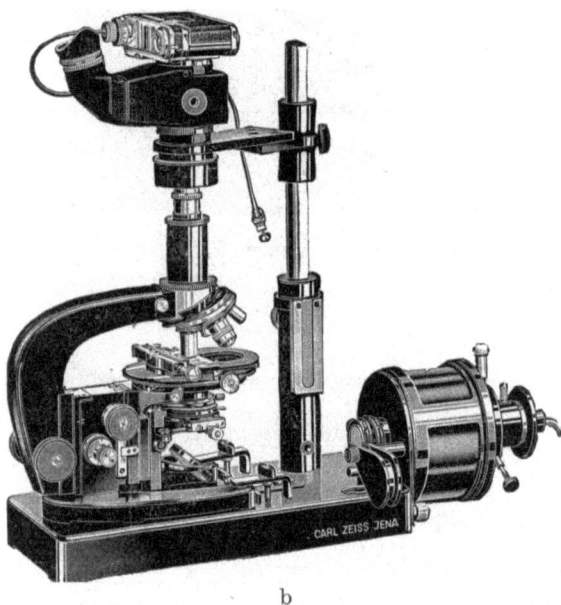

Abb. 153. a Die ZEISSsche mikrophotographische Vertikalkamera „Standard" mit Kleinbildkamera „Contax", b dieselbe mit zwischengeschaltetem Spiegelreflexansatz „Panflex". (Aus der ZEISS-Druckschrift Mikro 540.)

dem Film entworfene als auch auf das im Okular zu beobachtende Bild. Infolgedessen ließ sich im Okular eine Strichplatte anbringen, mit deren Hilfe sich sowohl die Schärfe als auch der Ausschnitt des Bilds einstellen läßt, so daß ein Austausch zwischen Kamera und Einstellscheibe entfallen kann.

Das Metallmikroskop (Abb. 155) folgt, wie gesagt, ganz der Bauart nach LE CHATELIER. Es ähnelt infolgedessen weitgehend den umgekehrten Metallmikroskopen mit aufrechter Kamera. Als Kamera wird in erster Linie eine Kleinbildkamera benutzt. Die Einstellung erfolgt auf einem Mattscheibenadapter. Im übrigen Bau sind keine Besonderheiten hervorzuheben.

c) **Die Wahl des Abbildungsmaßstabs und der Optik.**

Bei Mikroaufnahmen mit der Kleinbildkamera dürfen die besonderen Verhältnisse nicht außer acht gelassen werden, die infolge der fast stets notwendigen nachträglichen Vergrößerung beim Positivprozeß in bezug auf den Abbildungsmaßstab des auf dem Film entworfenen Bilds vorliegen, welches der Kürze halber das zweite Zwischenbild genannt werden soll. Bekanntlich soll bei der unmittelbaren Beobachtung im Mikroskop nach ABBE die Vergrößerung einen bestimmten Bereich weder unter- noch überschreiten. Für diesen Bereich, den Bereich der „förderlichen Vergrößerung", setzt ABBE nach theoretischen Betrachtungen (vgl. ABBE: Ges. Abh., S. 375 ff.) als Grenzen etwa das 500fache und das 1000fache der Apertur des zur Erzeugung des betreffenden Bilds benutzten Objektivs fest. Dementsprechend sind seitdem die Okularvergrößerungen ab-

Der mikrophotographische Apparat.

gestimmt, so daß bei der Beobachtung vom Benutzer des Mikroskops dieser Bereich weitgehend von selbst eingehalten werden muß. Anders ist das bei der Mikrophotographie. Hier kann man zunächst statt des Begriffs der förderlichen Vergrößerung den des „förderlichen Abbildungsmaßstabs" einführen. Sein Bereich wäre in Analogie zu dem der „förderlichen Vergrößerung" folgendermaßen zu definieren:

Der Bereich des förderlichen Abbildungsmaßstabs für ein Mikrophotogramm, welches aus der deutlichen Sehweite von 250 mm betrachtet werden soll, liegt zwischen dem 500fachen und 1000fachen Wert der Apertur des zur Aufnahme benutzten Objektivs.

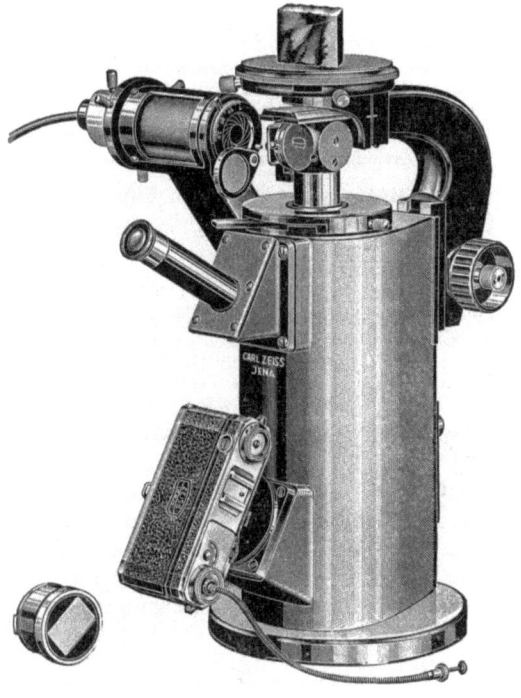

Abb. 154. Großes Photomikroskop mit angebauter Kleinbildkamera von C. ZEISS.

Abb. 155. Kleinbildmetallmikroskop „MetMi IX" von C. ZEISS.

Der Abbildungsmaßstab solcher Aufnahmen darf also diesen Bereich weder unter- noch überschreiten. Im ersteren Falle würde das Bild dem Betrachter bei weitem nicht alle Einzelheiten zeigen, die das Objektiv, seiner Apertur entsprechend, aufzulösen imstande ist. Im anderen Falle dagegen würde man zu sogenannten leeren Abbildungsmaßstäben kommen, d. h. zu Abbildungsmaßstaben, die über der Grenze liegen, wo eine Steigerung des Maßstabs dem Auge weitere Einzelheiten darzubieten in der Lage ist, wo vielmehr die Steigerung nur zu einem Auseinanderziehen des bereits sichtbaren Bildinhalts führt. Ja, es kann sogar der Fall eintreten, daß Einzelheiten sichtbar werden, die, als Resultat reiner Beugungs- und Interferenzerscheinungen entstehend, nichts über die wirkliche Objektstruktur auszusagen erlauben, aber bei Unkenntnis dieser Verhältnisse zu Mißdeutungen Anlaß geben können.

Für den Abbildungsmaßstab des zweiten Zwischenbildes bei der Kleinbildmikrophotographie folgt daraus, solange dieses nicht nachträglich vergrößert zu werden braucht, also das Endbild darstellt, daß er der oben angeführten Regel gemäß gewählt werden soll. Sobald aber eine nachträgliche Vergrößerung, die im allgemeinen das 3,5- bis 4fache beträgt, vorgenommen wird, muß der Abbildungsmaßstab des zweiten Zwischenbildes um diesen Faktor **kleiner** gewählt werden, als es die Regel über den förderlichen Abbildungsmaßstab verlangt. In solchen Fällen ist also dem Objektiv der Hauptanteil an der Vergrößerung zuzuweisen, während die durch Okular und Kameraauszug bewirkte weitere Vergrößerung um denjenigen Faktor kleiner zu wählen ist, der durch die nachträgliche Vergrößerung bedingt ist; das bedeutet für die Praxis, daß meist schwache Okulare, vor allem aber kurze Kameraauszüge gewählt werden müssen. Hierauf nehmen die einwandfrei gebauten Geräte im allgemeinen auch schon Rücksicht.

Als Beispiel mag folgendes dienen: Für die Beobachtung eines bestimmten Objekts im Mikroskop hat sich ein Objektiv 40 mit der Apertur 0,65 als am besten geeignet erwiesen. Mit ihm soll also auch die Aufnahme erfolgen. Der Bereich des förderlichen Abbildungsmaßstabs beträgt nach der ABBEschen Regel $500 \times 0{,}65$ bis $1000 \times 0{,}65$, d. i. $325:1$ bis $650:1$ für das aus der deutlichen Sehweite zu betrachtende Endbild. Um dieses zu erhalten, muß das mit der Kleinbildkamera aufgenommene zweite Zwischenbild nachträglich um das 3,5fache vergrößert werden. Das Bild auf der Mattscheibe bzw. dem Film darf also nur einen Maßstab von $\frac{325}{3{,}5} = 95:1$ bis $\frac{650}{3{,}5} = 190:1$ aufweisen. Dementsprechend ist das Okular und der Kameraauszug zu wählen. Würde man mit dem erwähnten Objektiv bei einer direkten Aufnahme auf das Format 9×12 den Abbildungsmaßstab $600:1$ z. B. mit einem Okular $10 \times$ und einer ungefähren Kameralänge von 37,5 cm erzielen, so müßte man für den zur Aufnahme aufs Kleinbildformat erforderlichen Abbildungsmaßstab von $170:1$ z. B. ein Okular $10 \times$ mit einer Kameralänge von etwa 11 cm wählen oder, da derartig kurze Auszüge vielfach Nachteile haben, ein Okular $7 \times$ mit einem Auszug von etwa 15 cm kombinieren. Durch die nachträgliche Vergrößerung im Vergrößerungsapparat wird das Positiv dann auf den endgültigen Maßstab von $600:1$ gebracht.

Bei der nachträglichen Vergrößerung hat man auch Gelegenheit, den endgültigen Abbildungsmaßstab so abzustimmen, daß er eine runde Zahl darstellt. Die Werte dafür wählt man zweckmäßigerweise nicht beliebig, sondern aus einer der auf S. 536 angeführten Normreihen.

Die vorstehenden Ausführungen gelten solange, wie die Bilder aus der deutlichen Sehweite betrachtet werden. Sind sie dagegen für die Betrachtung aus einer größeren Entfernung bestimmt, dann muß der Abbildungsmaßstab des Bildes über die Grenze des förderlichen hinaus gesteigert werden, wenn der Betrachter auch in diesem Fall alle Einzelheiten erkennen soll, die er bei einem aus der deutlichen Sehweite betrachteten Bild erkennt, dessen Abbildungsmaßstab innerhalb jener Grenzen liegt. Der Faktor Z dieser Übervergrößerung errechnet sich aus dem Betrachtungsabstand a' und der deutlichen Sehweite a zu

$$Z = \frac{a'}{a}, \qquad (25)$$

wobei beide Entfernungen im gleichen Maß zu messen sind.

Das Bild, das nach dem vorhergehenden Beispiel mit dem Maßstab $600:1$ dem Betrachter aus der deutlichen Sehweite ohne weiteres alle vom Objektiv überhaupt aufgelösten Einzelheiten zeigt, muß, wenn es ihm die gleichen Einzelheiten aus einer Entfernung von 3 m zeigen soll, um $300:25 = 12$fach übervergrößert werden. In einem solchen Fall wird man natürlich fraglos auf der Vergrößerung die Kornstruktur des Films aufgelöst erhalten, aber nur, wenn man es aus zu großer Nähe betrachtet. Da es hierfür aber nicht bestimmt ist, ist die Kornstruktur nicht störend.

Die Auswahl der Objektive und Okulare für bestimmte Abbildungsmaßstäbe hat unter Berücksichtigung der vorstehenden Gesichtspunkte zu geschehen. Man darf also vor allem nicht zu starke Okulare verwenden. Einen Überblick über die Kombinationen der am besten zu benutzenden Objektive

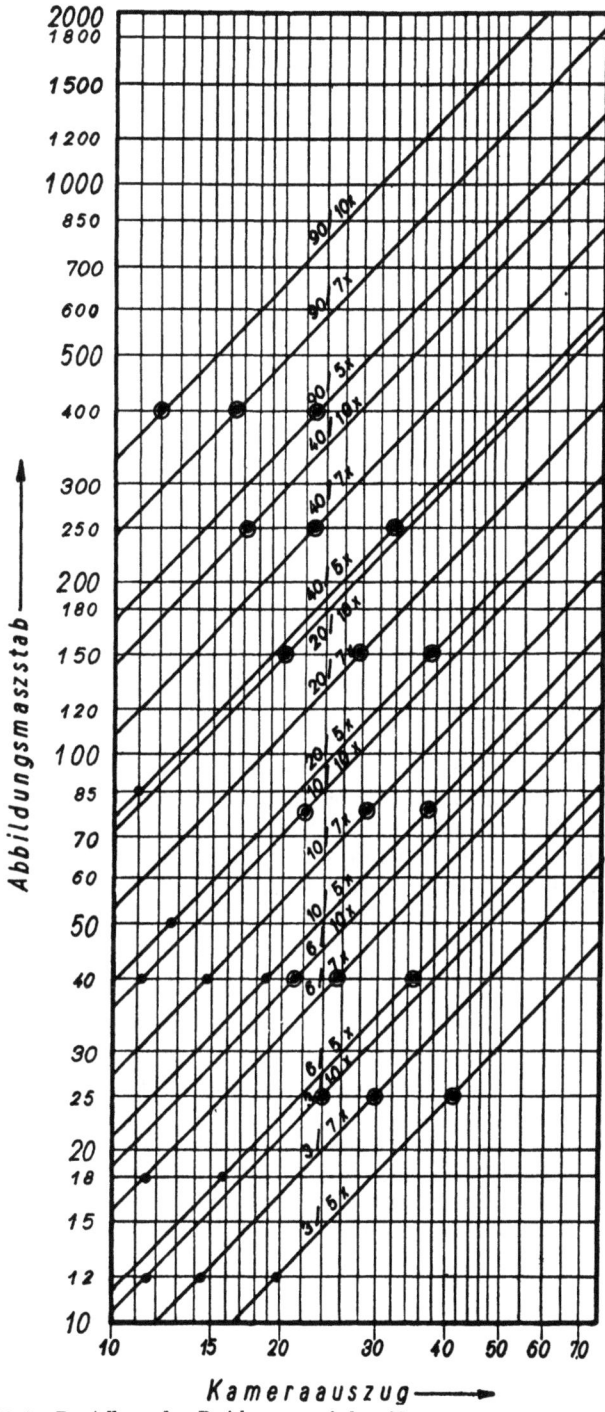

Abb. 156. Graphische Darstellung der Beziehungen zwischen Kameraauszug und Abbildungsmaßstab bei verschiedenen Objektiven und Okularen.

Die ● Punkte geben die untere, die ⊙ Punkte die obere Grenze des für die Mikrophotographie mit der Kleinbildkamera bei nachträglicher Vergrößerung auf das Format 9 × 12 einzuhaltenden forderlichen Abbildungsmaßstabs an.

und Okulare und die mit ihnen zu erzielenden, unter Berücksichtigung der nachträglichen Vergrößerung um den Faktor 4 verminderten förderlichen Abbildungsmaßstäbe gibt die Darstellung der Abb. 156.

d) Die Belichtungszeit und ihre Bestimmung.

Wie bei jeder mikrophotographischen Aufnahme, spielt bei der Kleinbildmikroaufnahme neben anderen Faktoren auch die **richtige Bemessung der Belichtungszeit** eine maßgebende Rolle. Es kann nicht oft genug betont werden, daß eine Schätzung der Belichtungszeit nach dem Mattscheibenbild ein Verfahren ist, das auf die Dauer in keiner Weise auch nur annehmbare Resultate gewährleistet. Es ist vielmehr sicher damit zu rechnen, daß es im entscheidenden Augenblick versagt. Das Kleinbildverfahren hat nun allerdings, wie schon hervorgehoben wurde, den Vorteil, daß man für jedes einzelne Objekt mehrere Aufnahmen in Form einer Belichtungsreihe mit abgestuften Belichtungszeiten anfertigen kann, wie das ja auch sonst in der Mikrophotographie mit Hilfe des Kassettenschiebers oder eines Multiplikators üblich ist (vgl. hierzu PÉTERFI, S. 95ff.). Man braucht nicht einmal, wie dort, nach der Exposition der Belichtungsreihe diese zu entwickeln, um erst nach der Beurteilung des Resultats die endgültige Aufnahme anzufertigen. Man kann sich vielmehr darauf beschränken, die verschieden belichteten Aufnahmen innerhalb des Filmstreifens zu entwickeln, da man sich ja beim Vergrößern unter den verschieden geschwärzten Negativen das am besten geeignete aussuchen kann.

Dieses Verfahren bedingt allerdings einen ziemlich großen Filmverbrauch, denn weniger als sechs bis acht verschiedene Belichtungszeiten führen oft nicht zum Ziel. Außerdem ist dann noch mit der Möglichkeit zu rechnen, daß die richtige Belichtungszeit beim erstenmal überhaupt nicht getroffen wird, so daß eine Wiederholung der Aufnahme unvermeidlich ist. Mit diesem Fall hat man besonders dann zu rechnen, wenn von dem Gewohnten abweichende Objekte mit wesentlich anderen Absorptionsverhältnissen oder unter besonderen Beleuchtungsbedingungen aufzunehmen sind. Daher hat man versucht, sich zur Bestimmung der Belichtungszeit einer objektiven Methode zu bedienen, wie sie die Anwendung eines Photoelements darstellt (BERTHELSEN *18*, WIELAND *313, 314*).

Um mit Hilfe eines solchen Photoelements die Belichtungszeit genau zu ermitteln, müßte man von Rechts wegen in der Bildebene die Helligkeit einer bestimmten, eng begrenzten, bildwichtigen Partie feststellen. Dann hätte man mit der Messung sämtliche Faktoren erfaßt, die vom Gerät und vom Objekt her die Belichtungszeit bestimmen, also Helligkeit der Lichtquelle, Einfluß des Lichtfilters, Apertur der Beleuchtung, Abbildungsmaßstab des Bildes und natürlich auch den Einfluß des Objekts. Nicht mit in die Messung gehen ein die Eigenschaften des Aufnahmematerials und die Einflüsse der nachträglichen Behandlung desselben bei der Entwicklung. Diese müssen berücksichtigt werden, indem die Meßwerte an Hand von Probeaufnahmen in die richtige Belichtungszeit umgerechnet werden, also eine Eichung des Meßgeräts vorgenommen wird. Diese Eichung ist jedesmal neu vorzunehmen, wenn ein andersartiges Aufnahmematerial benutzt wird, oder wenn die Art der Entwicklung verändert wird.

Leider läßt sich aber die Messung in der angeführten Weise in der Bildebene kaum jemals durchführen, da dort die Intensität des zur Verfügung stehenden Lichts in der Regel schon so gering ist, daß die Empfindlichkeit üblicher Meßgeräte nicht mehr ausreicht. Man muß deshalb trachten, den gesamten, aus dem Okular austretenden Lichtstrom zur Messung auszunutzen. Das erfolgt dadurch,

Der mikrophotographische Apparat. 617

daß das Photoelement so nahe an das Okular herangebracht wird, daß seine Fläche den Gesamtlichtstrom erfaßt. Nur auf diese Weise erhält man praktisch brauchbare Ausschläge. Allerdings muß man zwei, den Gebrauchswert der Methode herabmindernde Nachteile mit in Kauf nehmen:

a) Man ermittelt lediglich einen Mittelwert der Intensität für die gesamte Fläche des Bildes. Die Annahme WIELANDS (*313*), ,,als Ausgang für die Berechnung der Belichtungszeit ist die exakte Feststellung dieses Mittelwertes aber unbedingt notwendig", ist unzutreffend. Diese Bestimmung genügt zwar für die Praxis bei einer großen Zahl von Objekten, nämlich bei allen denen, die über die gesamte Fläche des Bildes annähernd die gleiche Beschaffenheit aufweisen, wie z. B. die meisten Schnittpräparate oder die Anschliffe undurchsichtiger Objekte. Sie muß aber notwendigerweise zu groben Fehlern führen, wenn das Objekt so beschaffen ist, daß zwischen seiner Helligkeit und der des freien Untergrundes große Unterschiede bestehen, und wenn der Beitrag des letzteren zum Gesamtlichtstrom den des ersteren wesentlich überwiegt. Das ist stets dann der Fall, wenn bei Hellfeldbeleuchtung ein nur einen beschränkten Teil des Gesamtsehfeldes einnehmendes Individuum aufgenommen wird oder ganz allgemein bei der Dunkelfeldbeleuchtung und vielfach beim Arbeiten mit polarisiertem Licht. In beiden Fällen interessiert einzig und allein die Helligkeit des Objekts. Der Meßwert wird aber überwiegend von der Helligkeit des freien Untergrundes bestimmt, so daß in solchen Fällen eine Korrektur aus der Erfahrung heraus notwendig wird. Noch besser fertigt man dann doch eine ausreichende Belichtungsreihe an und benutzt die Messung nur als rohen Anhaltspunkt für die kürzeste (bei Hellfeld) bzw. längste (bei Dunkelfeld) in Betracht kommende Belichtungszeit.

Abb. 157. Lichtelektrischer Belichtungsmesser ,,Tempiphot" auf dem seitlichen Beobachtungstubus eines Kameramikroskops. (Aus der LEITZ-Druckschrift Mikrophoto, Nr. 7475 b.)

b) Man erfaßt mit der Messung nicht mehr alle im Gerät liegenden, die Belichtungszeit beeinflussenden Faktoren, denn der Abbildungsmaßstab wird nicht berücksichtigt. Um diesen Nachteil auszugleichen, ist man gezwungen, an Hand von Faktoren den Meßwert in den Gebrauchswert umzurechnen.

Im einzelnen benutzen sowohl BERTHELSEN als auch WIELAND handelsübliche, für allgemein photographische Zwecke bestimmte Belichtungsmesser (,,Metraphot", ,,Tempiphot", ,,Tempophot"). Diese werden mit Hilfe eines Aufsetzrohres, des ,,Lichtschachtes" nach der Bezeichnung WIELANDS, so über dem Okular angebracht, daß ihre Zellenfläche in allen Fällen den aus dem Okular austretenden Lichtstrom voll erfaßt (Abb. 157). Am Belichtungsmesser wird die Empfindlichkeitseinstellung auf den DIN-Wert des verwendeten Negativmaterials eingestellt. Die Stellung des Blendensektors

Tabelle 25.

Präparat	Sehr hell	Normal bis dunkel
Blendensektor einstellen auf ...	$f:1,5$	$f:2,2$

hat mit der Abblendung im Mikroskop aber nichts zu tun. Diese geht ja unmittelbar in die Messung ein. Sie wird vielmehr dazu benutzt, um eine gewisse Korrektur für die Objekteigentümlichkeiten einzuführen. Nach WIELAND (*313*) stellt man entsprechend vorhergehender Tabelle 25 ein.

Die Lichtdrossel im Belichtungsmesser wird bei Benutzung der Bogenlampe und bei schwachen Objektiven auf den roten, bei Benutzung der Glühlampe und bei starken Objektiven auf den schwarzen Punkt eingestellt, d. h. ein- bzw. ausgeschaltet.

Die an dem so eingestellten Gerät auf der Belichtungszeitskala abgelesene Zeit soll für einen Auszug von 25 cm gelten. Die Belichtungszeit für andere Auszüge ist nach dem bekannten Gesetz, daß sich die Belichtungszeiten proportional dem Quadrat der Vergrößerung oder, was bei einem und demselben Okular gleichbedeutend ist, proportional dem Quadrat der Entfernung ändern, umzurechnen. Zur Erleichterung dieser Rechnungen hat WIELAND eine Zusammenstellung von Schaubildern herausgegeben, die neben einer Darstellung der mit den gebräuchlichsten Objektiv-Okular-Kombinationen bei Kameralängen von 25 bis 50 cm erreichbaren Abbildungsmaßstäbe eine Tabelle der für jede von 25 cm abweichende Kameralänge zu benutzenden Verlängerungsfaktoren enthält (Beispiel s. Abb. 158).

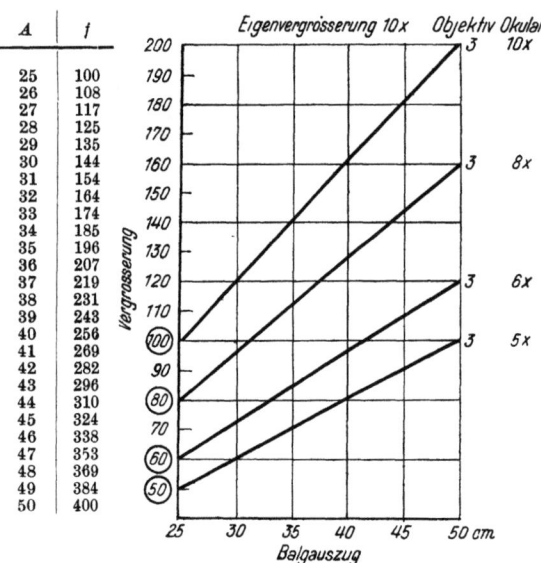

Abb. 158. Schaubild der erreichbaren Abbildungsmaßstäbe mit dem LEITZ-Objektiv Nr. 3 für durchfallendes Licht und mit den Okularen 5×, 6×, 8×, 10× mit einer Tabelle der Verlängerungsfaktoren f für Kameralängen A von 25 bis 50 cm. (Nach WIELAND *313*.)

Mit Rücksicht auf die beschränkte Empfindlichkeit der Photozellen wird die Messung am besten ohne Filter vorgenommen und der Ausgleich ebenfalls durch Faktoren bewirkt. Hinsichtlich dieser Faktoren verläßt man sich allerdings besser nicht auf irgendwelche Angaben. Man bestimmt sie am sichersten selbst an Hand einiger Probeaufnahmen für diejenigen Filter, die man für die mikrophotographische Arbeit benutzt.

Wenn man häufig Bestimmungen der Belichtungszeit bei stark wechselnden Abbildungsmaßstäben durchzuführen hat, wird es bald auffallen, daß die Anwendung der Verlängerungsfaktoren für die verschiedenen Kamerastellungen recht umständlich ist, vor allem, wenn auch noch Filterfaktoren zu berücksichtigen sind. Man wendet dann ein Verfahren an, das MICHEL (*208*) angegeben hat, und auf dem die Anweisung zu dem ZEISSschen elektrischen Belichtungsmesser (Abb. 159) beruht.

Dieses Verfahren geht, wie das WIELANDsche ja auch, auf den Gedanken zurück, daß sämtliche Faktoren, die die Helligkeit des vom Mikroskop auf eine Einstellscheibe projizierten Bildes beeinflussen, in zwei Gruppen eingeordnet werden können, von denen die eine diejenigen enthält, die sich immer mit einer an geeigneter Stelle angebrachten Photozelle erfassen lassen, während die andere die Faktoren enthält, die nach dem WIELANDschen Verfahren nicht restlos erfaßbar sind, und die infolgedessen durch die Verlängerungsfaktoren berücksichtigt werden müssen.

Zu der ersten Gruppe von Faktoren gehören die Art der Lichtquelle, ihre spezifische Helligkeit, die Kondensorapertur sowie das Präparat und das Objektiv. Die geeignetste Stelle, an der sich diese Faktoren erfassen lassen, ist nicht eine Ebene dicht über dem Okular; sondern das vom Objektiv entworfene Zwischenbild. Die zweite Gruppe enthält lediglich die Faktoren, welche einen Einfluß auf den Abbildungsmaßstab des Zwischenbilds ausüben, also die Stärke des Okulars und den Einfluß der Kameralänge. Diese lassen sich nicht ohne weiteres unmittelbar mit der Photozelle erfassen, da man die letztere nicht in der Endbildebene selbst benutzen kann. Der naheliegende Weg, ihren Einfluß als Verlängerungsfaktor nachträglich in Rechnung zu setzen (das WIELANDsche Verfahren), bedingt eine Bestimmung des Gesamtabbildungsmaßstabs. Diese ist im allgemeinen umständlich und zeitraubend, auf welchem Wege sie auch geschehen mag.

Sobald man nun aber bei der Mikrophotographie streng das KÖHLERsche Beleuchtungsprinzip einhält, d. h. eine Leuchtfeldblende vorschriftsmäßig einstellt, ergibt sich aus folgenden Erwägungen ein Verfahren, nach dem man unmittelbar bei der Messung mit der Zelle auch den Einfluß des Abbildungsmaßstabs berücksichtigen kann. Stellt man nämlich bei jeder einzelnen Aufnahme die Leuchtfeldblende so ein, daß ihr mit dem Bild des Objekts zusammenfallendes Bild auf der Einstellscheibe stets den gleichen Durchmesser hat, z. B. so, daß seine Öffnung genau das Bildformat umschließt (s. auch Abb. 161), so ist das Verhältnis zwischen dem Durchmesser des Leuchtfeldblendenbildes im Bild und seinem Durchmesser im Zwischenbild unmittelbar ein Maß für das Vergrößerungsverhältnis zwischen beiden. In der Ebene des Zwischenbildes im Mikroskop, in der die Messung stattfindet, wird der Durchmesser des Blendenbildes um den Anteil von Okularstärke und Kameralänge an dem Gesamtabbildungsmaßstab kleiner sein, es wird also mit der Größe dieses Anteils variieren. Da nun, solange der Sättigungsstrom noch nicht erreicht ist, der Ausschlag des Meßinstruments proportional zu der bestrahlten Fläche des Photoelements ist, erhält man auf diese Weise einen Meßwert, in dem tatsächlich sämtliche variablen Faktoren, welche bei der Mikrophotographie die Belichtungszeit beeinflussen, erfaßt sind.

Abb. 159. Okularphotozelle mit Meßinstrument von ZEISS. (Aus MICHEL 208.)

Zur Ausübung des Verfahrens benötigt man ein Meßinstrument, dessen Photozellenfläche sich annähernd in die Ebene des mikroskopischen Zwischenbildes bringen läßt. Das ist bei dem ZEISSschen Belichtungsmesser der Fall. Er besteht aus einer Okularphotozelle und einem empfindlichen Meßinstrument. Beide sind durch ein Kabel miteinander verbunden (Abb. 159). Die Photozelle wird zur Messung an Stelle des Okulars in den Tubus gesteckt, nachdem alle für die Aufnahmen notwendigen Einstellungen auf der Einstellscheibe vorgenommen wurden. Hierbei ist vor allem die richtige Einstellung der Leuchtfeldblende (Abb. 161) nicht zu vergessen, damit die Hauptvoraussetzung des Verfahrens erfüllt ist.

Das Meßinstrument ist nicht mit einer Skala der Belichtungszeiten, sondern mit einer willkürlichen Skala versehen. Man muß diese also bei Ingebrauchnahme des Belichtungsmessers zunächst an Hand des benutzten mikrophotographischen Geräts, des Aufnahmematerials und des Entwicklungsverfahrens eichen. Das geschieht durch Anfertigung einer Probebelichtungsreihe von einem beliebigen Objekt, das nach den Vorschriften des Verfahrens eingestellt wurde. Die aus der Probeaufnahmereihe ermittelte richtige Belichtungszeit ist dann bei Arbeiten unter den gleichen Bedingungen immer mit dem vor der Probeaufnahme mit dem Belichtungsmesser gemessenen Wert koordiniert. Um die Belichtungszeiten für andere Meßwerte leicht und schnell zu finden, ist dem Gerät

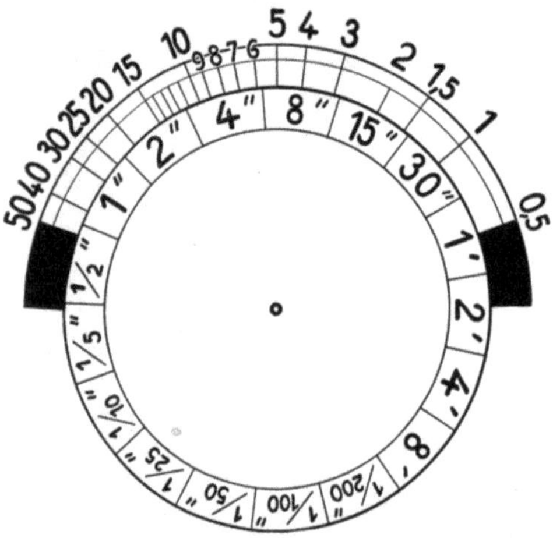

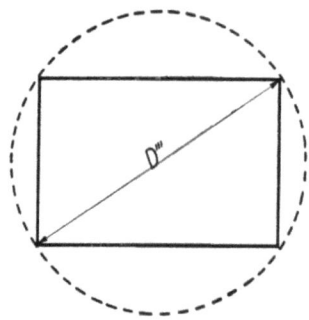

Abb. 160. Eichtabelle zum Zeissschen elektrischen Belichtungsmesser. (Aus Michel 208.)
Beispiel Ausschlag bei der Eichung auf Teilstrich 8. Aus der Probeaufnahme hierzu ermittelte richtige Belichtungszeit = 4". Der Bereich für 4" auf der drehbaren Scheibe wird gegenuber Teilstrich 8 eingestellt. Die Eichung ist erfolgt Bei einer anderen Aufnahme erhalt man einen Ausschlag des Zeigers auf Teilstrich 2. Aus der geeichten Tabelle entnimmt man als richtige Belichtungszeit 15".

Abb 161. Einstellung der Leuchtfeldblende bis zur Beruhrung der vier Bildecken D''' ist gleich der Bilddiagonalen. (Aus Michel 210.)

eine Tabelle beigegeben, deren eine Skala, mit den Belichtungszeiten von $1/200$ Sekunde bis 8 Minuten versehen, drehbar neben einer festen, der Teilung des Meßinstruments entsprechenden Skala angeordnet ist (Abb. 160). Stellt man die bei der Eichaufnahme als richtig gefundene Belichtungszeit auf den bei der Messung gefundenen Wert ein, so kann man für jeden anderen Meßwert sofort die Belichtungszeit ablesen.

Es mag hier angefügt sein, daß sich die nach Michel (208) beschriebene Einstellung der Leuchtfeldblende auch benutzen läßt, um mit für alle Fälle der mikrophotographischen Praxis hinreichender Genauigkeit den Abbildungsmaßstab verhältnismäßig leicht zu bestimmen (Michel 210). Da dieser gleich dem Verhältnis des Durchmessers des Leuchtfeldblendenbilds auf der Einstellscheibe zu dem dieses Bilds in der Objektebene ist, braucht man nur eine Beziehung zwischen dem letzteren und dem, meist an einer Teilung abzulesenden Durchmesser der Leuchtfeldblende herzustellen, um aus dem Durchmesser des Bilds auf der Mattscheibe und dem dazugehörigen Durchmesser der Blende selbst den Abbildungsmaßstab zu berechnen. Die wahre Größe des Leuchtfeldblendenbilds D' in der Objektebene ergibt sich aus dem Durchmesser der Leuchtfeldblende D

durch Multiplikation mit dem Verkleinerungsmaßstab $\frac{1}{\beta'}$, in dem sie durch das Beleuchtungssystem in die Objektebene abgebildet wird.

$$D' = D \cdot \frac{1}{\beta'} = \frac{D}{\beta'}. \qquad (26)$$

Der Faktor $\frac{1}{\beta'}$, der im wesentlichen von der Brennweite des verwendeten Kondensors und seinem Abstand von der Leuchtfeldblende abhängt, ließe sich natürlich für jeden Kondensor berechnen. Einfacher und genauer ist es, wenn man ihn für jeden in Frage kommenden Kondensor empirisch ermittelt, indem man mit einem Objektmikrometer direkt die Größe des Leuchtfeldblendenbildchens im Mikroskop ausmißt und β' nach (26) ausrechnet.

Der zu ermittelnde Abbildungsmaßstab β''' des Endbilds ist gleich dem Quotienten aus Leuchtfelddurchmesser im Bild D''' und Leuchtfelddurchmesser im Objekt D', also

$$\beta''' = \frac{D'''}{D'}. \qquad (27)$$

Setzt man hierin für D' aus (26) ein, dann ergibt sich

$$\beta''' = \frac{D''' \cdot \beta'}{D}. \qquad (28)$$

β' ist eine Konstante des Beleuchtungsapparats, die in den folgenden Tabellen deshalb als k bezeichnet ist, und die nur einmal bestimmt zu werden braucht. D''', der Durchmesser des Leuchtfeldblendenbildes auf der Einstellscheibe, kann leicht gemessen werden und D, der zugehörige Durchmesser der Leuchtfeldblende, wird an deren Teilung abgelesen. Der endgültige Abbildungsmaßstab ist dann auf einfachste Weise zu errechnen.

Noch einfacher wird die Bestimmung, wenn man die Leuchtfeldblendenöffnung so einstellt, daß ihr Bild auf der Einstellscheibe stets die gleiche Größe hat. Hierzu läßt man am besten den Rand des Blendenbildes die vier Bildecken möglichst genau berühren. Sein Durchmesser ist dann immer der gleiche, nämlich gleich der Diagonalen des Bildformats (Abb. 161). Auf diese Weise wird auch die Größe D''' zu einer Apparatkonstanten wie β', so daß sich beide zu einer Konstanten K zusammenziehen lassen, die, einmal für das benutzte Gerät festgelegt, Gültigkeit besitzt, solange kein Kondensorwechsel vorgenommen wird. Die Formel (28) geht dann über in

$$\beta''' = \frac{K}{D}, \qquad (29)$$

wonach zur Bestimmung eines Abbildungsmaßstabs nur noch die entsprechende Einstellung der Leuchtfeldblende und die Ablesung ihres Durchmessers an ihrer Teilung erforderlich ist. Die Division der Apparatkonstanten durch diesen Wert ergibt sofort den Abbildungsmaßstab. Jegliche Messung entfällt, ebenso der höchst lästige Wechsel zwischen dem Objekt und einem Objektmikrometer, der meistens daran schuld ist, daß die Bestimmung des Abbildungsmaßstabs unterbleibt.

Die Rechnung wird am zweckmäßigsten mit einem Rechenschieber mit reziproker Teilung durchgeführt, da man dann die Zunge mit ihrem Anfangspunkt dauernd auf dem Wert der Konstanten K eingestellt lassen kann. Man kann sich auch für alle diejenigen Konstanten, die für das benutzte Gerät in Frage kommen und die meist doch nicht sehr zahlreich sind, Funktionsleitern entwerfen, wie sie beispielsweise in Abb. 162 für zwei Kondensoren von ZEISS, die in Verbindung mit dem „Ultraphot" benutzt wurden, dargestellt sind.

Tabelle 26.
Leuchtfeldblendendurchmesser D, Leuchtfeldgröße im Objekt D', Abbildungsmaßstab des Leuchtfelds k und die Konstante $K = D''' \cdot k$ bei verschiedenen Kondensoren am Zeiss-Ultraphot bei $D''' = 140$ mm.

	D in Millimetern	D' in Millimetern	k	K
Kondensor 1,2	5	0,28	17,9	2500
Hinterlinse von Kondensor 1,2	5	0,81	6,2	870
Aplanatischer Kondensor 1,4	5	0,27	18,5	2600
„ 0,9	5	0,43	11,6	1620
„ 0,6	5	0,62	8,1	1130
„ 0,4	5	0,95	5,3	742
Achromatischer Kondensor	5	0,30	16,6	2330

Tabelle 27.
Leuchtfeldblendendurchmesser D, Leuchtfeldgröße im Objekt D', Abbildungsmaßstab des Leuchtfelds k und die Konstante $K = D''' \cdot k$ bei verschiedenen Kondensoren an der Zeiss-Contax-Standardkamera bei $D''' = 43$ mm.

	D in Millimetern	D' in Millimetern	k	K
Kondensor 1,2	5	0,22	22,7	980
Hinterlinse von Kondensor 1,2	5	0,70	7,15	307
Aplanatischer Kondensor 1,4	5	0,21	23,8	1020
„ 0,9	5	0,35	14,2	610
„ 0,6	5	0,50	10,0	430
„ 0,4	5	0,80	6,25	270
Achromatischer Kondensor 1,0	5	0,23	21,7	930

Tabelle 28.
Leuchtfeldblendendurchmesser D, Leuchtfeldgröße im Objekt D', Abbildungsmaßstab des Leuchtfelds k, die Konstante $K = D''' \cdot k$ und die Konstante $K_1 = K/\beta''$ (β'' = Abbildungsmaßstab des vom Objektiv entworfenen Zwischenbildes) bei den verschiedenen Objektiven am Zeiss-Neophot bei $D''' = 140$ mm.

	D in Millimetern	D' in Millimetern	k	K	K_1
Achromat 11×	3	0,91	3,30	462	
„ 18×	3	0,55	5,43	760	
„ 40×	3	0,25	12,00	1680	
„ 60×	3	0,17	18,00	2520	
„ 90×	3	0,11	27,00	3780	42
Apochromat 15×	3	0,62	4,50	630	
„ 30×	3	0,33	9,00	1260	
„ 60×	3	0,17	18,00	2520	
„ 90×	3	0,11	27,00	3780	
„ 10× (Winkel-Zeiss)	3	1,00	3,00	420	

Die Methode läßt sich gleicherweise auch bei Geräten anwenden, die eine Auflicht-Hellfeldbeleuchtung besitzen, sofern diese die Einstellung nach dem Köhlerschen Prinzip zuläßt. Hierbei ergeben sich allerdings für jedes einzelne Objektiv andere Konstanten k und K, da ja jedes Objektiv auch als Kondensor arbeitet (vgl. Tabelle 28, Spalte 4). Es beeinflußt infolgedessen aber auch die Abbildung der Leuchtfeldblende zweimal, denn in seiner Wirkung als Kondensor entwirft es im Präparat ein verkleinertes Bild, während im abbildenden Teil des Strahlengangs dieses entsprechend dem Maßstab, in dem das Objekt vergrößert abgebildet wird, vergrößert wird. Das Verhältnis zwischen Verkleinerung im beleuchtenden und der Vergrößerung im abbildenden Strahlengang ist nun stets das gleiche, unabhängig von der Stärke des Objektivs. Daher läßt sich dessen Einfluß ausscheiden, wenn die Konstanten K durch den Abbildungsmaßstab dividiert werden, in dem das betreffende Objektiv das Objekt vergrößert abbildet (Einzelvergrößerung des Objektivs). Auf diese Weise erhält man:

$$\frac{K}{\beta''} = K_1, \tag{30}$$

eine neue Konstante, welche für alle Objektive die gleiche Größe hat, wie aus Spalte 5 der Tabelle 28 hervorgeht. Ersetzt man in (29) K durch den sich aus (30) dafür ergebenden Wert

$$K = K_1 \cdot \beta'', \tag{31}$$

dann erhält man für den gesuchten Abbildungsmaßstab

$$\beta''' = \frac{K_1 \cdot \beta''}{D}. \tag{32}$$

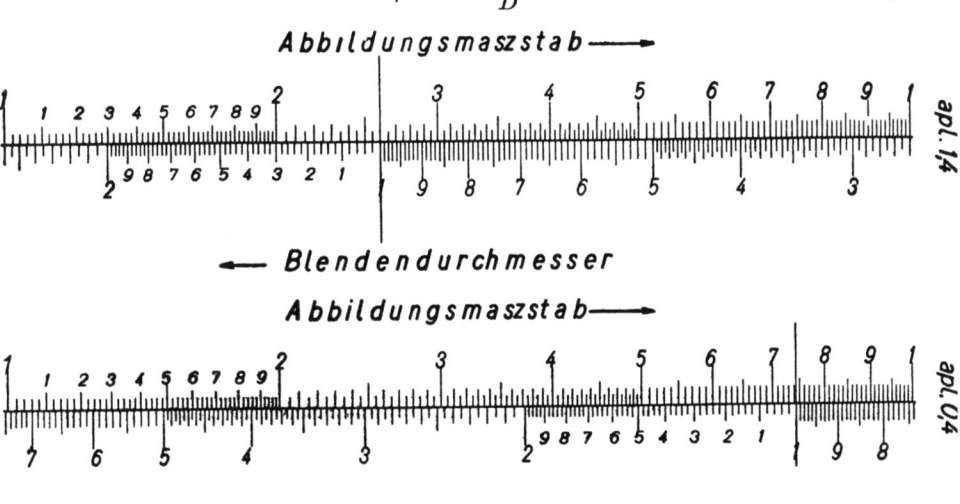

Abb. 162. Funktionsleitern zur Ermittlung des Abbildungsmaßstabs aus dem Leuchtfeldblendendurchmesser und der Konstanten K für $D''' = 140$ mm für die aplanatischen Kondensoren 1,4 und 0,4 von ZEISS am „Ultraphot". (Aus MICHEL 210.)

Das bedeutet, daß zur Bestimmung des Abbildungsmaßstabs des Endbilds der sich aus dem Quotienten aus der Konstanten und dem Blendendurchmesser ergebende Wert mit der Einzelvergrößerung des Objektivs zu multiplizieren ist.

Falls der Durchmesser der Leuchtfeldblende sich an deren Teilung zu ungenau ablesen läßt, was gerade bei den Beleuchtungseinrichtungen für Auflicht vielfach der Fall ist, kann man eine wesentlich größere Genauigkeit durch folgendes Verfahren erzielen: Man bringt in der Ebene der Leuchtfeldblende ein in $1/10$ mm geteiltes Mikrometer, am besten ein Kontrastmikrometer, an. Dieses wird bei richtiger Einstellung im Objekt, folglich auch auf der Mattscheibe genügend scharf abgebildet, so daß man hier unmittelbar den Wert für den der Größe D''' (Mattscheibendiagonale) koordinierten Wert von D ablesen kann (Abb. 163).

Natürlich läßt sich umgekehrt nach der Methode auch ein vorher festgelegter Abbildungsmaßstab einstellen. Hierzu wird aus (29) durch Umformen nach D und Einsetzen des Wertes für β''' der notwendige Durchmesser der Leuchtfeldblende ermittelt und eingestellt. Darauf braucht nur noch Objektiv, Okular und Kameralänge so gewählt zu werden, daß das Leuchtfeldblendenbild auf der Einstellscheibe den erforderlichen Durchmesser erhält, und der gewünschte Abbildungsmaßstab ist erzielt.

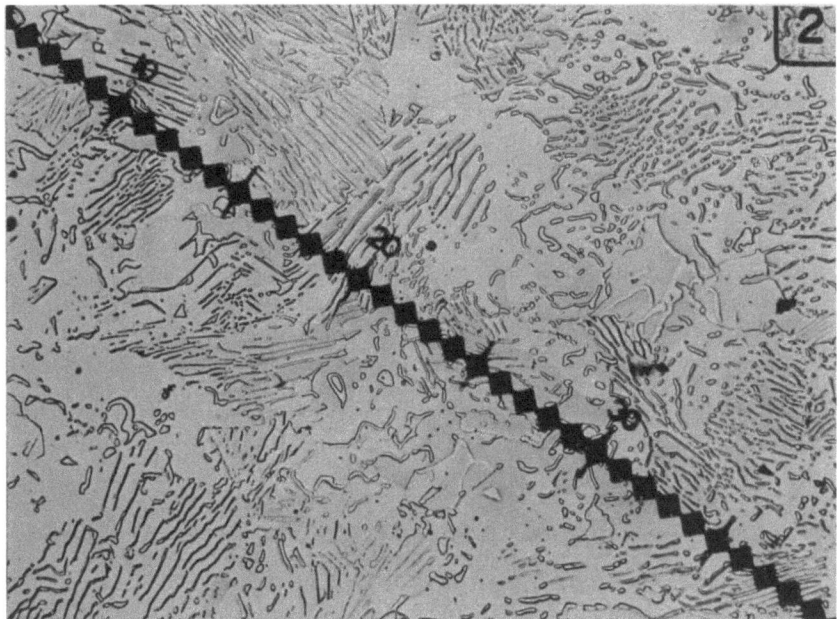

Abb. 163. Messung des Leuchtfeldblendendurchmessers D''' auf der Mattscheibe beim ZEISSschen Metallmikroskop „Neophot" mit Hilfe eines in der Leuchtfeldblende angebrachten Mikrometers. $D''' = 140$ mm, am Mikrometerbild auf der Mattscheibe abgelesener Wert für $D = 3,5$ mm, K_1 (vgl. Tabelle 28) = 42, achromatisches Objektiv 40, Homal VI Abbildungsmaßstab

$$\beta''' = \frac{K_1 \cdot \beta''}{D} = \frac{42 \cdot 40}{3,5} = 480.$$

Der Abbildungsmaßstab des vorliegenden Bildes beträgt 480:1. (Aus MICHEL 210.)

e) Mikroaufnahmen in natürlichen Farben.

Mikrophotographische Aufnahmen in natürlichen Farben waren zwar schon früher mit Hilfe der additiven farbenphotographischen Verfahren in hoher Qualität möglich. Infolge der vielen Nachteile, welche diesen Verfahren aber noch anhafteten, vermochten sie nicht, sich in größerem Maßstab einzuführen. Erst durch die modernen subtraktiven Verfahren (vgl. den Beitrag von HEYMER in diesem Band) hat die Farbenphotographie auch in der Mikrophotographie weitere Verbreitung gewonnen, denn, um es vorweg zu sagen, die Ergebnisse mit diesem Verfahren in der Mikrophotographie übertreffen alle Erwartungen.

Die Aufnahmematerialien sind bis jetzt nur als Kinofilm im Handel, deshalb muß man mit einer Kleinbildeinrichtung arbeiten. Es sind alle derartigen Geräte verwendbar.

Da man in der Mikrophotographie ausschließlich mit künstlichen Lichtquellen arbeitet, kommt lediglich das für Kunstlicht bestimmte Aufnahmematerial in Betracht. Dieses ist auf das Licht der Nitraphotlampen abgestimmt. Annähernd die gleiche Zusammensetzung desselben weisen auch die in der mikrophotographischen Technik viel benutzten Niedervoltlampen auf. Mit solchen rüstet man daher grundsätzlich die Geräte aus, die zur Herstellung farbiger Mikroaufnahmen dienen sollen. Es sind nur Ausnahmefälle, in denen, z. B. aus Gründen höherer spezifischer Helligkeit, andere Lichtquellen, wie etwa die Bogenlampe, verwendet werden müssen. In solchen Fallen müssen entsprechende Kompensationsfilter benutzt werden. Die AGFA empfiehlt z. B. für ihren Kunstlichtfilm in Verbindung mit einer Punktlichtlampe ihr Filter K 32, in Verbindung mit einer Bogenlampe ihr Filter K 27.

Bei Farbenaufnahmen sind selbstverständlich alle Farben aus dem sichtbaren Teil des Spektrums gleich wichtig. Die abbildende Optik darf deshalb keine merklichen Farbenfehler mehr aufweisen. Vor allem muß bei den Objektiv-Okular-Zusammenstellungen darauf geachtet werden, daß keine chromatische Vergrößerungsdifferenz auftritt, da dieser Fehler nach dem Bildrand zu sehr stark bemerkbar wurde. Das sekundare Spektrum, wie es bei achromatischen Objektiven noch vorhanden ist, ist weniger schädlich. Wenn man infolgedessen auch mit Objektiven von diesem Typus arbeiten kann, so sollte man wegen der allgemein besseren Korrektion Apochromate doch vorziehen. Allerdings muß man hier stets die Kompensationsokulare benutzen, um die chromatische Vergrößerungsdifferenz auszugleichen.

Auch die Wahl des Kondensors ist nicht gleichgültig. Gewöhnliche und aplanatische, also chromatisch unkorrigierte Kondensoren bilden die Leuchtfeldblende mit ziemlich breiten farbigen Rändern ab. Bedient man diese Blende nun nach den Vorschriften des KÖHLERschen Prinzips, dann kommt es infolge dieses für die Wirkung des Kondensors an sich belanglosen Fehlers oft vor, daß die farbige Aufnahme am Rande des Sehfeldes einen bläulichen oder rötlichen Farbstich erhält. Auch beim Ändern der Kondensoreinstellung um ganz geringe Beträge kann man beobachten, daß eine Änderung des Farbtons des gesamten Sehfelds von rötlichen nach bläulichen Farben auftritt. Um aus diesen Ursachen leicht mögliche Fehler von vornherein auszuschalten, ist es ratsam, chromatisch korrigierte Kondensoren, wie sie die „Achromatisch-aplanatischen Kondensoren" darstellen, zu benutzen.

Der Kondensorabblendung ist ebenfalls bei Farbaufnahmen erhöhte Aufmerksamkeit zu widmen. Es handelt sich ja hier ausschließlich um die Herstellung von Absorptionsbildern. Diese erhält man bekanntlich am reinsten und mit den leuchtendsten Farben bei weit geöffneten Beleuchtungsbüscheln. Der Kondensor soll also nur wenig abgeblendet werden. Man gehe möglichst nie unter zwei Drittel der Objektivaustrittspupille.

Bei Farbenaufnahmen ist die richtige Bemessung der Belichtungszeit von besonderer Wichtigkeit, da der Belichtungsspielraum des Aufnahmematerials nur gering ist. Schon verhältnismäßig kleine Abweichungen von der richtigen Belichtungszeit können den Farbton des Bildes derartig ändern, daß von einer natürlichen Wiedergabe der Farben keine Rede mehr sein kann. Da die Farbenfilme bis jetzt ausschließlich in den Entwicklungsanstalten der Lieferanten entwickelt werden, ist die Anfertigung von Probeaufnahmen, die vor der endgültigen Aufnahme entwickelt und beurteilt werden können, nicht möglich. Hier ist also zur Ermittlung der Belichtungszeit die Methode mit der Photozelle (S. 618ff.) besonders wertvoll. Zum Eichen des Meßgeräts braucht nur ein erster Film geopfert zu werden. Man fertigt auf ihm eine Probebelichtungsreihe von genügendem Umfang an, bei der man am besten auch die Abstände zwischen den Belichtungszeiten etwas enger wählt, als das sonst üblich ist.

Nach der Entwicklung des Films koordiniert man in der auf S. 620 beschriebenen Weise den zur Probeaufnahme gehörigen Meßwert mit der richtigen Belichtungszeit, worauf man bei weiteren Farbaufnahmen ohne weiteres in der üblichen Art mit dem Belichtungsmesser arbeiten kann. Zweckmäßig ist es, bei allen Aufnahmen außer mit der gemessenen Belichtungszeit T je eine Aufnahme anzufertigen, deren Belichtungszeit $1/2\,T$ und $2\,T$ beträgt, damit man sicher geht, wenigstens eine völlig richtig belichtete Aufnahme zu erhalten.

Ein weiteres bewährtes Verfahren zur Ermittlung der richtigen Belichtungszeit bei Farbaufnahmen besteht in der Anfertigung der Probeaufnahmen auf einem panchromatischen Schwarz-Weiß-Film von etwa der gleichen Empfindlichkeit wie der des Farbenfilms. Hierbei ist es notwendig, zunächst zwischen beiden Materialien eine genauere Beziehung herzustellen, als das durch die üblichen Angaben über die Empfindlichkeit in DIN-Graden möglich ist. Das geschieht dadurch, daß vom gleichen Objekt unter gleichen Bedingungen auf beide Filmsorten je eine wiederum ausreichend umfangreiche Belichtungsreihe angefertigt wird. Die auf dem Schwarz-Weiß-Film entwickelt man unter genau festgesetzten Bedingungen, die auch späterhin unbedingt eingehalten werden müssen, wahrend man den Farbenfilm in der üblichen Weise zum Entwickeln einschickt. Sind beide Aufnahmereihen fertiggestellt, dann werden sie verglichen, wobei möglichst genau das Verhältnis zwischen den beiden, jeweils am besten getroffenen Belichtungszeiten festgestellt wird. Dieses Verhältnis wird dann bei allen weiteren Farbenaufnahmen benutzt, um aus einer Belichtungsreihe auf Schwarz-Weiß-Film die Belichtungszeit für den Farbenfilm zu errechnen.

Schließlich kann man auch in ahnlicher Weise den Farbenfilm selbst schwarzweiß entwickeln (Rodinal 1:20, 4 Minuten) und aus derartig gewonnenen Probeaufnahmen die richtige Belichtungszeit entnehmen.

VI. Die Übermikroskopie.[1]

1. Die Möglichkeiten zur Steigerung des Auflösungsvermögens im Mikroskop.

Vielfach ist es üblich, die Leistungsfähigkeit eines Mikroskops oder eines mikrophotographischen Geräts durch die mit ihm zu erzielende Vergrößerung bzw. den Abbildungsmaßstab anzugeben. Da man rein geometrisch-optisch mit diesen Geräten ziemlich beliebig hohe Vergrößerungen erzielen kann, lassen sich gegebenenfalls hierbei imponierende Werte herausstellen. Die wirkliche Leistung des betreffenden Geräts läßt sich aber damit keineswegs beweisen. Schon PETZVAL sagt in diesem Zusammenhang: „Deshalb informiert uns auch derjenige, welcher von einem neuerfundenen Mikroskop des Optikers N. Nachricht gibt und weiter gar nichts sagt, als wieviel millionenmal es vergrößere, weniger von den Eigenschaften des Instruments als von dem Umfang seiner Sachkenntnis."[2]

Die Leistungsfähigkeit eines Mikroskops kann also nicht danach beurteilt werden, welche Vergrößerungen mit ihm erzielbar sind. Sie ist vielmehr nach

---

[1] Ein Überblick uber die moderne Entwicklung der Mikrophotographie ware heute unvollständig ohne die Behandlung der Übermikroskopie. Hierbei kann es sich allerdings nicht darum handeln, dieses Gebiet und die mit ihm zusammenhängenden Fragen erschopfend zu behandeln. Dazu wurde ein ganzes Buch von nicht geringem Umfang notwendig sein. Im Rahmen des vorliegenden Handbuchs ist eine solche erschöpfende Darstellung weder moglich noch am Platze. Wir mussen uns hier vielmehr darauf beschranken, dem Leser einen Überblick über den derzeitigen Stand des Gebiets als einem Teil der angewandten Photographie zu vermitteln. Ins Literaturverzeichnis wurde nicht nur die benutzte Literatur, sondern, soweit moglich, die gesamte Literatur bis zum Ende des Jahres 1940 aufgenommen.

[2] PETZVAL: Bericht uber die Ergebnisse einiger dioptrischer Untersuchungen, S. XII/XIII. Pest, 1843.

seinem Vermögen zu beurteilen, eng beieinanderliegende Einzelheiten noch getrennt wiederzugeben. Diese Fähigkeit, das sogenannte **Auflösungsvermögen**, hängt, wie man seit den klassischen Untersuchungen ABBES über die Grundlagen der mikroskopischen Abbildung[1] weiß, lediglich von zwei Größen ab. Es sind das einerseits die Wellenlänge des zur Beobachtung benutzten Lichts, andererseits die von ABBE neu eingeführte „Numerische Apertur" $n \cdot \sin \sigma$ (n = Brechzahl des Mediums zwischen Objekt und Objektiv, $\sin \sigma$ = Sinus des halben Objektivöffnungswinkels). Für das Auflösungsvermögen gilt dann die bekannte Formel:

$$d = \frac{\lambda}{n \cdot \sin \sigma}. \tag{33}$$

Aus ihr ersieht man, daß es zwei Wege zur Steigerung der Leistungsfähigkeit der Mikroskope gibt. Der eine besteht darin, daß man die Apertur der Objektive erhöht, der andere ist die Herabsetzung der Wellenlänge des zur Beobachtung benutzten Lichts.

Der erste Weg wurde auf Grund der ABBESchen Erkenntnisse bald systematisch begangen. Es dauerte daher auch nicht lange, bis man auf ihm nicht mehr weiter kam, denn bereits 1873 konnte ABBE feststellen, daß sich das Mikroskop hinsichtlich der Größe der Apertur und infolgedessen auch hinsichtlich der Höhe der nutzbaren Vergrößerung der erreichbaren Grenze soweit genähert habe, daß Fortschritte nach dieser Richtung kaum noch zu erwarten waren. Die Einführung des Prinzips der homogenen Immersion brachte zwar noch einen Schritt weiter. Aber der Mangel an sehr hochbrechenden, praktisch verwendbaren Immersionsflüssigkeiten setzte dem weiteren Ausbau dieses Prinzips wiederum rasch ein Ende. Bis heute ist es nicht gelungen, mit in der Praxis ohne Schwierigkeiten anwendbaren Immersionsflüssigkeiten über eine Apertur von 1,40 hinauszukommen. Lediglich mit der Monobromnaphthalinimmersion (ZEISS) von der Apertur 1,6 wurde diese Grenze überschritten. Größere Bedeutung hat das für die Mikroskopie allerdings nicht gehabt, denn es bestätigte sich das, was ABBE schon frühzeitig vorausgesehen hatte: es konnten keine als Einschlußmittel geeigneten Substanzen von genügend hoher Brechzahl aufgefunden werden. Er äußerte sich zu diesen Fragen folgendermaßen:

„.. und man kann sich sogar denken, dass die Technik mit der Zeit noch optisch verwendbare durchsichtige Körper zur Construktion der Objektive gewinnt, deren Brechungsindex unsere jetzigen Glasarten vielleicht weit übertrifft, und dass sich alsdann auch noch Flüssigkeiten von viel stärkerer Lichtbrechung, als wir jetzt kennen, finden möchten, um dem Immersionsprinzip von Neuem Spielraum zu gesteigerter Wirksamkeit zu eröffnen. Was wird aber mit all diesem gewonnen sein ? Man wird vielleicht an gewissen Objecten, wie Diatomeen, z. B. noch Anzeigen von Structuren entdecken, wo wir jetzt leere Flächen abgebildet sehen, man wird an anderen Gebilden, die uns jetzt nur die inhaltsärmsten Formen der durch einige wenige Diffractionsbüschel entworfenen typischen Bilder, Streifensysteme oder Felderzeichnungen, liefern, mit dem Wirksamwerden starker abgebeugter Strahlen Zeichnungen erblicken, welche etwas mehr von dem Inhalt des wirklichen Structurdetails wiederspiegeln; dem tieferen Eindringen in die wirkliche Beschaffenheit und Zusammensetzung der feineren Naturgebilde wird damit aber im Grossen und Ganzen wenig gedient sein, selbst wenn die Unterscheidungsgrenze des Mikroskope einmal die Hälfte ihres jetzigen Betrages erreichen sollte. Denn was von körperlichen Structuren wegen der Kleinheit seiner Maasse jetzt eine eigentliche Abbildung im strengen Sinne nicht mehr finden kann, wird auch dann, der Regel nach, noch in unvollständigen Bildern zur Wahrnehmung kommen, nur dass diese einen etwas höheren Grad der Ähnlichkeit als jetzt darbieten werden. Wenn man also nicht auf Conjecturen bauen will, die gänzlich aus dem Gesichtskreis unserer jetzigen Natur-

---

[1] E. ABBE: Beiträge zur Theorie des Mikroskops und der mikroskopischen Wahrnehmung. Schultzes Arch. **9**, 413 (1873). Abgedruckt in ABBE: Gesammelte Abhandlungen, Bd. I, S. 45ff. Jena, 1904.

kenntnis herausfuhren, so wird es sich in der Zukunft im gunstigen Falle darum handeln, dass mit einem unverhaltnismassigen Aufgebot von Mitteln ganz kleine Fortschritte erreicht werden, welche das Arbeitsfeld der Mikroskopie nur noch in minimalem Grade erweitern konnen — um so mehr, als jeder derartige Fortschritt, je grosser er ware, um so mehr in seiner Verwerthung fur die Aufgaben des wissenschaftlichen Studiums beschrankt sein wurde durch eine sehr erschwerende Bedingung. Eine bestimmte Grosse der numerischen Apertur kann namlich nur dann die entsprechende Leistung des Mikroskops ermoglichen, wenn das beobachtete Object von einem Medium umgeben ist, dessen Brechungscoefficient jener Apertur mindestens gleichkommt. Wenn ein Mikroskop der Zukunft die hohe Lichtbrechung des Diamanten in der hier betrachteten Rucksicht nutzbar machen wollte, woran aus anderen Grunden gewiss nicht zu denken ist —, so mussten eben auch alle Objecte der mikroskopischen Untersuchung ohne jede Zwischensubstanz in Diamant eingebettet sein.

Das Resultat dieser Erwagung ist also: so lange der Öffnungswinkel des Mikroskops diejenige specifische Function ubt, die Experiment und Theorie ihm gegenwartig zuzuschreiben zwingen, giebt es fur die Vervollkommnung des Mikroskops eine Schranke, die nach dem dermaligen Stand unserer Naturkenntnis als eine unubersteigliche angesehen werden muss; und die heutige Optik ist in ihren Leistungen dieser Schranke schon so nahe gekommen, dass in dem entscheidenden Punkt irgend ein grosser, principieller Fortschritt, der noch eine erhebliche Erweiterung des Gebietes unserer sinnlichen Wahrnehmung nach sich ziehen konnte, durchaus nicht mehr abzusehen ist. Diese Grenze aller optischen Beobachtung nach der Seite des Kleinen hin kann einigermaassen genau durch die halbe Grosse der Lichtwellen (in Luft) gekennzeichnet werden, insofern wenigstens, als die mikroskopische Wahrnehmung, nach dem Obigen, niemals Gebilde umfassen wird, deren Maasse in einem **erheblichen** Verhaltnis kleiner sind, als die halbe Wellenlange, obwohl letztere in einem geringen Verhaltnis — wie schon durch die heutigen Immersionslinsen geschieht — uberschritten werden kann.

Der wesentliche Inhalt dieses Schlusses erleidet auch durch die nachfolgende Erwagung, zu welcher obige Art der Bestimmung der Wahrnehmungsgrenze unmittelbar Anlass giebt, keine Einschrankung. Diese Bestimmung bezeichnet die Maasse des unserer Beobachtung Zuganglichen nicht absolut, sondern in Beziehung auf die Wellenlange des Lichtes, namlich immer desjenigen Lichtes, durch welches im einzelnen Fall die Abbildung vermittelt wird. Damit ist denn ein gewisser Spielraum offen gelassen, der sich in der That auch in einigem Umfang zu Gunsten der optischen Wahrnehmung ausnutzen lasst. Bei der Beobachtung mit weissem Licht dominiren in der Erzeugung des unserem Auge sichtbaren Bildes diejenigen Strahlen, welche im sichtbaren Spectrum die grossere Intensitat zeigen. Die maassgebende Wellenlange wird daher in der Regel dem hellen Grun entsprechen, also p. p. $0.55\,\mu$ gesetzt werden durfen. Etwas kleinere Wellenlangen, die der blauen Strahlen, macht die Beobachtung unter sogenannter monochromatischer Beleuchtung wirksam, deren Vortheile fur das Erkennen des feinsten Details die Mikroskopiker auch langst herausgefunden haben. Erheblich gunstiger noch werden die Bedingungen der Abbildung bei photographischer Fixierung der mikroskopischen Bilder, indem hierbei die violetten Strahlen von der Wellenlange p. p. $0,40\,\mu$ die ausschlaggebenden sind. In der That reicht denn auch, nach vielseitigen Erfahrungen, die Leistung der Objective, unter sonst gleichen Verhaltnissen, beim photographischen Gebrauch um ein Merkliches weiter als beim directen Beobachten. Nicht nur zeigt die photographische Aufnahme in der Nahe der Unterscheidungsgrenze noch etwas feineres Detail, als dem Auge direct sichtbar wird, es muß auch — und dies verleiht der Mikrophotographie fur schwierige Untersuchungen einen nicht zu unterschatzenden Werth — da, wo das zu Beobachtende nicht gerade dicht an der letzten Grenze des Erkennbaren liegt, doch aber die Conformitat des Bildes mit den korperlichen Objecten schon mehr oder minder problematisch wird, die photographische Aufnahme noch etwas grossere Garantie fur die Ähnlichkeit mit der wirklichen Beschaffenheit der Objecte darbieten, als das sichtbare Bild.

An sich hindert nichts, in dieser Richtung noch einen Schritt weiter zu gehen und mikroskopische Beobachtungen durch Lichtstrahlen vermittelt zu denken, welche beliebig weit jenseits der Grenze des sichtbaren Spectrums im Ultraviolett liegen. Kann man deren Bilder auch nicht direct sehen, so konnte man sie doch durch fluorescirende Substanzen sichtbar gemacht denken. Nur musste hierzu vor Allem die Optik fur die Construction der Objective in allen ihren Theilen Materialien zur Verfugung haben, welche mindestens die Durchsichtigkeit des Bergkrystalles fur die ultravioletten Strahlen besitzen, ohne dessen sonstige Eigenschaften, welche seine Verwendung fur solchen Zweck ausschliessen, und ebenso mussten fur die Einbettung der Objecte und für die Immersionsflüssigkeit Substanzen von gleicher Durchsichtigkeit aufgefunden werden.

Dieser Hinweis zeigt, wie weit man sogleich den sicheren Boden der Erfahrung verlassen musste, wenn man auf eine wesentliche Forderung der Mikroskopie von dieser Seite her rechnen wollte.

Das Ergebnis solcher Erwägungen lässt also in der Hauptsache keine Aussicht, dass die Zukunft Wünsche und Hoffnungen realisieren könnte, welche auf eine immer fortschreitende und ins Unbegrenzte gehende Verfeinerung unserer künstlichen Sehwerkzeuge gebaut sind. Nach Allem, was im Gesichtskreis unserer heutigen Wissenschaft liegt, ist der Tragweite unseres Sehorganes durch die Natur des Lichtes selbst eine Grenze gesetzt, die mit dem Rüstzeug unserer dermaligen Naturkenntniss nicht zu überschreiten ist. Es bleibt natürlich der Trost, dass zwischen Himmel und Erde noch so Manches ist, von dem sich unser Unverstand nichts träumen lässt. Vielleicht dass es in der Zukunft dem menschlichen Geist gelingt, sich noch Prozesse und Kräfte dienstbar zu machen, welche auf ganz anderen Wegen die Schranken überschreiten lassen, welche uns jetzt als unübersteiglich erscheinen müssen. Das ist auch mein Gedanke. Nur glaube ich, dass diejenigen Werkzeuge, welche dereinst vielleicht unsere Sinne in der Erforschung der letzten Elemente der Körperwelt wirksamer, als die heutigen Mikroskope unterstützen, mit diesen kaum etwas Anderes als den Namen gemeinsam haben werden."[1]

Der mit den Worten des letzten Absatzes in vorstehendem Zitat von ABBE gewissermaßen vorausgeahnte Fortschritt ist in der Tat in allerneuester Zeit erzielt worden. Nachdem schon lange A. KÖHLER die Herabsetzung der Wellenlänge des zur Abbildung mikroskopischer Objekte benutzten Lichts mit seinem Ultraviolettmikroskop und mit der Ultraviolettmikrophotographie mit Erfolg angestrebt hatte (vgl. hierüber den betreffenden Abschnitt bei PÉTERFI, dieses Handbuch, Bd. VI, Teil 2, S. 293 bis 306, sowie die in dem ZEISSschen Literaturverzeichnis (584) aufgeführten neueren Arbeiten von CASPERSSON, KÖHLER, LUCAS u. a.), **ist es neuerdings gelungen, auf ganz anderem Weg gleich um einige Größenordnungen weiter zu kommen.**

Bei den Arbeiten an der BRAUNschen Röhre erkannte man, daß sich Elektronenstrahlen durch elektrische oder magnetische Felder bündeln und ablenken lassen. Auf Grund der DE BROGLIEschen Hypothese (1924), daß jeder Korpuskularstrahlung ein Schwingungsvorgang zuzuordnen sei, dessen Wellenlänge durch

$$\lambda = \frac{h}{m \cdot v} = \frac{12{,}3}{\sqrt{U}} \text{ ÅE.} \qquad (34)$$

gegeben ist, sowie auf Grund einiger Arbeiten von BUSCH (1926 und 1927) wurde in den darauffolgenden Jahren die so angebahnte „geometrische Optik" der Elektronenstrahlen in Analogie zu der geometrischen Optik der Lichtstrahlen erweitert. Die hauptsächlichen Grundlagen dieser Wissenschaft stellen neben der DE BROGLIEschen Hypothese die Tatsachen dar, daß sich Elektronen- (Kathoden-) Strahlen im luftleeren Raum wie Lichtstrahlen geradlinig fortpflanzen und daß rotationssymmetrische, elektrische oder magnetische Felder bei geeigneter Ausbildung imstande sind, divergent von einem Punkt ausgehende Elektronenstrahlen wieder konvergent zu machen und in einem Punkt zu vereinigen, daß sie sich also den Elektronenstrahlen gegenüber verhalten wie eine positive Linse zu den Lichtstrahlen. Eine zusammenfassende Darstellung über die „Geometrische Elektronenoptik" findet sich bei BRÜCHE und SCHERZER (412). Da sich aus der DE BROGLIEschen Beziehung für die Wellenlänge der Elektronenstrahlen gegenüber den Lichtstrahlen ein um mehrere Größenordnungen kleinerer Wert errechnet, lag es nahe, Geräte zu bauen, welche, nach Art eines Lichtmikroskops wirkend, die sehr kurze Wellenlänge der Elektronenstrahlen zur Steigerung

---

[1] ABBE: „Die optischen Hülfsmittel der Mikroskopie". Braunschweig, 1878. Gesammelte Abhandlungen, Bd. I, S. 119—164.

Tabelle 29. Die deutschen Elektronenmikroskope.[1]

Hauptgattung	Gattung	Nr.	Namen	Entwicklungsstelle und Jahr	Eigenschaften und Ergebnisse
Emissionsmikroskop. Es dient zur Abbildung leitender Oberflächen in ihrer Elektroneneigenemission (Emissionseigenschaften von Kathoden, Umkristallisation von Metall im Glühzustande usw.)	Abbildungsmikroskop	1	Elektrisches Emissionsmikroskop von BRÜCHE und JOHANNSON	AEG., 1932	Mit diesem Gerät, das bereits eine relativ hohe Vergrößerung hatte, wurden die ersten Halbtonbilder erzielt. Mit ihm wurde bewiesen, daß das Elektronenmikroskop mehr zu zeigen vermag als das Lichtmikroskop. Dem Gerät liegt das elektronenoptische Immersionssystem zugrunde, das später auch zur Abbildung durchstrahlter Folien benutzt worden ist
		2	Magnetisches Emissionsmikroskop von KNOLL, HOUTERMANS und SCHULZE	Techn. Hochschule Berlin, 1932	Sehr bequemes Gerät für Kathodenuntersuchungen, das bis heute viel benutzt wird. Zweistufige Vergrößerung
	Projektionsmikroskop	3	Feldelektronen-Übermikroskop von MÜLLER (531)	SIEMENS-SCHUCKERT, 1937	Übermikroskop ohne Linsen. Beschränkte Anwendung auf feinste Drahtspitzen. Einfachstes Elektronenmikroskop
Durchstrahlungsmikroskop. Es dient zur Abbildung durchstrahlbarer Gegenstände meist in höherer Auflösung als lichtmikroskopischer Auflösung (verschiedenartige Objekte der organischen und anorganischen Natur)		4	Magnetisches Mikroskop von KNOLL und RUSKA	Techn. Hochschule Berlin, 1932	Zweistufiges Gerät, das durch Umkonstruktion eines Kaltkathoden-Oszillographen gewonnen wurde. Mit ihm wurden Umrißbilder von Netzen, aber auch einige Umrißbilder von Kaltkathoden erzielt
	Abbildungsmikroskop	5	Magnetisches Übermikroskop. Konstruktion von RUSKA (1934). Verbesserung und Überschreitung der Auflösungsgrenze durch KRAUSE (1937)	Techn. Hochschule Berlin, 1934/37	Mit dem Gerät, das eine Weiterentwicklung des Gerätes 4 ist, wurden die ersten übermikroskopischen Bilder erhalten
		6	Magnetisches Übermikroskop von RUSKA und v. BORRIES	SIEMENS & HALSKE, 1938	Technische Durchkonstruktion von 5 (Anfang 1941 gleiche Auflösung wie 8)
		7	Magnetisches Jochlinsen-Übermikroskop von STEUDEL und PENDZICH	AEG., 1940	Gerät mit besonders gearteten Linsen für sehr hohe Betriebsspannungen. Es erreichte bisher 135 kV

des Auflösungsvermögens ausnutzen. Wie aus Tabelle 29 hervorgeht, knüpft sich die Entwicklung derartiger „Elektronenmikroskope" oder „Übermikroskope"[1] im wesentlichen an die Namen KNOLL (477), RUSKA (477, 553 bis 557), v. BORRIES (383 bis 407), KRAUSE (481 bis 490), v. ARDENNE (337 bis 365), BRÜCHE (408 bis 419), MAHL (493 bis 506), BOERSCH (374 bis 382), wobei KRAUSE, RUSKA und v. BORRIES entschieden das Verdienst zukommt, dem Gedanken des Durchstrahlungselektronenübermikroskops gegenüber der Skepsis von optischer und auch elektronenoptischer Seite zur Anerkennung verholfen zu haben. Bei den von den Genannten entwickelten Geräten lassen sich nach der Art der angewandten Elektronenlinsen zwei Gruppen unterscheiden. Die meisten Geräte arbeiten mit magnetischen Linsen. Mit elektrischen Linsen sind nur wenige (Nr. 9 bis 11, Tabelle 29) ausgestattet.

Nachdem dank der genannten Arbeiten das Übermikroskop in Deutschland bereits einen gewissen Entwicklungsstand erreicht hatte, wurden auch im Ausland an verschiedenen Stellen nach den gleichen Prinzipien arbeitende Geräte mit übermikroskopischem Auflösungsvermö-

---

[1] Die nachstehende Darstellung zieht ausschließlich diejenigen Elektronenmikroskope in den Kreis ihrer Betrachtung, deren Auflösungsvermögen über das des Lichtmikroskops hinausgeht, auf die demgemäß die treffende Bezeichnung „Übermikroskop" angewandt werden kann. Es handelt sich dabei um die Durchstrahlungsmikroskope. Die in der Tabelle 29 mit aufgeführten Emissionselektronenmikroskope bleiben, als die Auflösung des Lichtmikroskops bis jetzt (1940) noch nicht überschreitend, unberücksichtigt.

Kategorie	Nr.	Bezeichnung	Herkunft/Jahr	Bemerkungen
Durchstrahlungsmikroskop. Es dient zur Abbildung durchstrahlbarer Gegenstände meist in höherer Auflösung als lichtmikroskopischer Auflösung (verschiedenartige Objekte der organischen und anorganischen Natur)	8	Abbildungsmikroskop (Magnetisches) Universal-Mikroskop von v. ARDENNE	v. ARDENNE, 1939	Das Gerät mit magnetischen Linsen erreichte sehr hohe Auflösung (3 mµ). Der Einsatz elektrischer Linsen ist möglich, jedoch sind Abbildungen mit elektrischen Linsen noch nicht bekannt geworden
	9	Abbildungsmikroskop Elektrisches Mikroskop von BEHNE	AEG., 1936	Vorläufer des elektrostatischen Übermikroskops. Es wurde zur Abbildung von Folien und Herstellung von Umrißbildern benutzt
	10	Abbildungsmikroskop Elektrisches (elektrostatisches) Übermikroskop von MAHL	AEG., 1939	Gerät besonderer Einfachheit in Aufbau und Betrieb
	11	Schattenmikroskop Elektrisches Schatten-Übermikroskop von BOERSCH	AEG., 1939	Einfachstes Durchstrahlungs-Übermikroskop. Einfache Wahl der Vergrößerung in weiten Grenzen
	12	Rastermikroskop Magnetisches Raster-Übermikroskop von v. ARDENNE	v. ARDENNE, 1937	Prinzip der Abrasterung wie beim Fernsehen (ältester Übermikroskopvorschlag von STINTZING)

[1] Aus BRÜCHE (419).

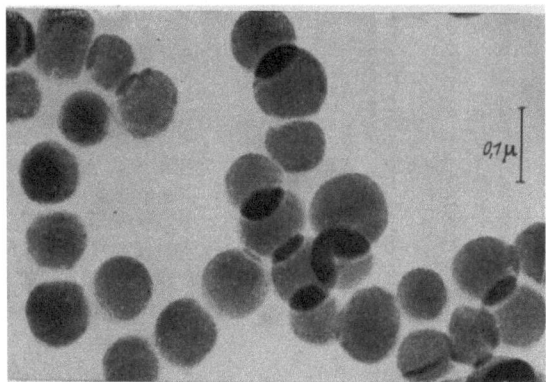

Abb. 164. Kalziumhydroxydscheiben, bei der Hydratation von Trikalziumsilikat in einem Isobutylalkohol-Wasser-Gemisch gebildet; Aufnahme mit dem „SIEMENS-Ubermikroskop"; Abbildungsmaßstab nachtraglich auf 100000 1 gebracht (Nach RADCZEWSKI, MULLER und EITEL 544)

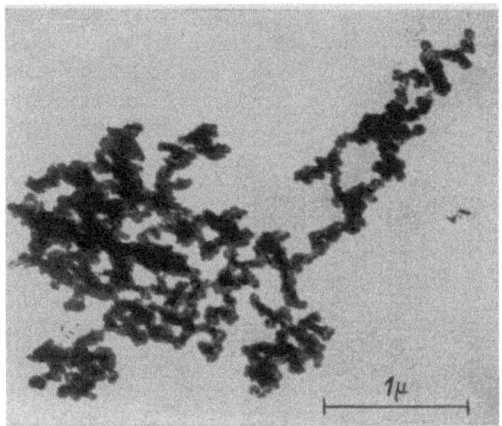

Abb. 165. Ruß aus einer Benzolflamme, Aufnahme mit dem elektrostatischen Übermikroskop der AEG.; Abbildungsmaßstab 20000.1. (Nach MAHL 498.)

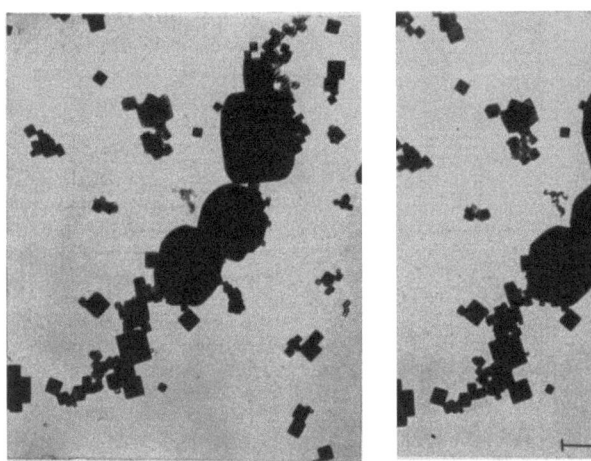

Abb. 166. Stereoaufnahme von Magnesiumoxydrauch, Aufnahme mit dem elektrostatischen Ubermikroskop der AEG, Abbildungsmaßstab 15500:1. (Nach MAHL 502.)

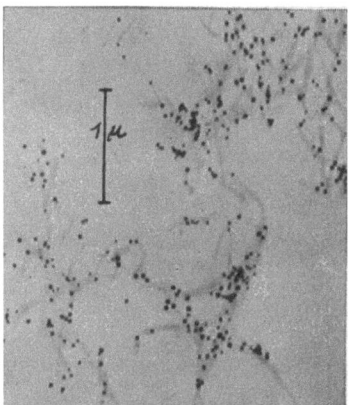

Abb. 167. Voluminose Rotflockung durch Adsorption primarer Goldteilchen an Tabakmosaikvirusaggregate; Aufnahme mit dem „SIEMENS-Übermikroskop"; Abbildungsmaßstab 15000:1 (Nach KAUSCHE u. RUSKA *464*.)

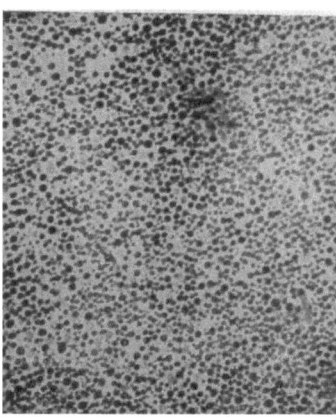

Abb. 168. Hochgereinigte Coliphagen-Suspension, lytisch stark wirksam bis $3 \cdot 10^{-15}$ g/cm³; Aufnahme mit dem „SIEMENS-Übermikroskop"; Abbildungsmaßstab 25000:1. (Nach PFANKUCH und KAUSCHE *535*.)

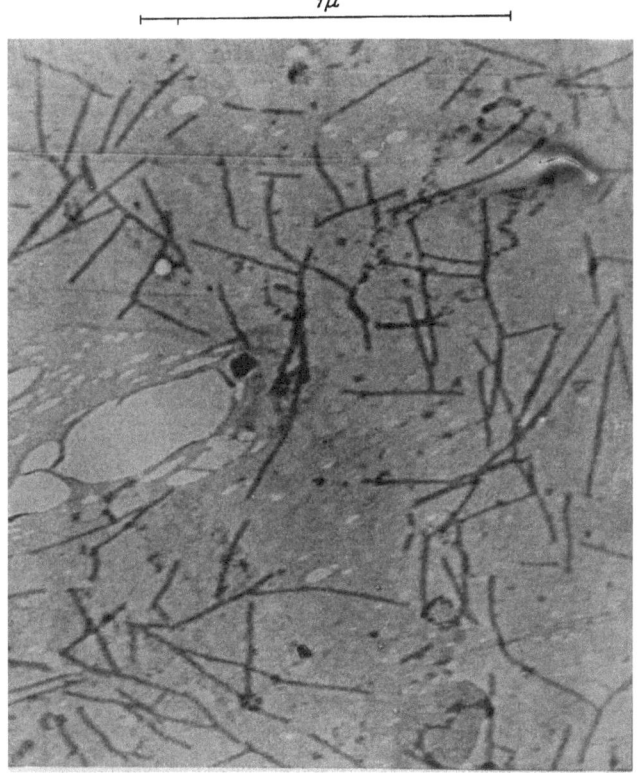

Abb. 169. Einzelstabe und Ketten von Tomatenmosaikvirus; Aufnahme mit dem Universal-Elektronenmikroskop von V. ARDENNE; Abbildungsmaßstab 50000:1. (Nach V. ARDENNE *363*.)

gen gebaut [MARTON (*504* bis *510, 513, 514*); MARTIN, WHELPTON und PARNUM (*499, 500, 501*); PREBUS und HILLIER (*542*); SIEGBAHN, zit. nach (*406*)].

Die Entwicklung der Geräte ist, insbesondere durch die Arbeiten von v. BORRIES und RUSKA im Laboratorium für Elektronenoptik von SIEMENS und HALSKE

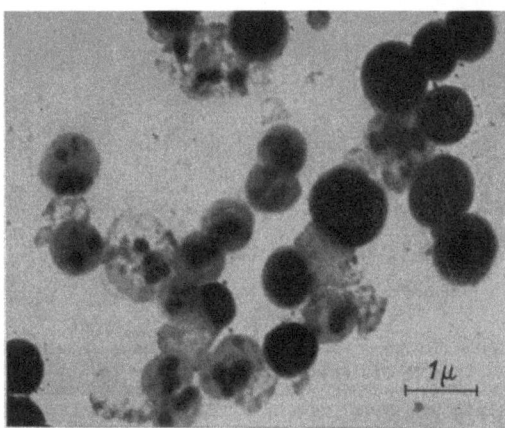

Abb. 170. Meningokokken Typ I, Stamm 101 Sacharow; Aufnahme mit dem elektrostatischen Übermikroskop der AEG.; Abbildungsmaßstab 10000:1. (Nach JAKOB und MAHL *460*.)

und durch die von BRUCHE, MAHL und BOERSCH im Forschungslaboratorium der AEG. derartig gefördert worden, daß sie das Stadium des laboratoriumsmäßigen Aufbaus bereits überwunden haben und zu technisch gut durchgearbeiteten und leicht zu bedienenden Hilfsmitteln bei der Erforschung sublichtmikroskopischer Strukturen geworden sind. Viele Arbeiten der letzten Jahre (vgl. die

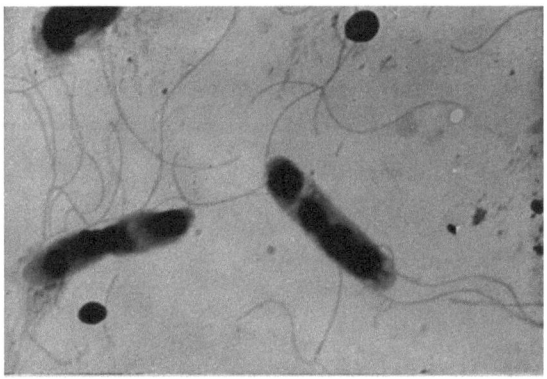

Abb. 171. *Bacterium paratyphi*-B, Stamm V_2, acht Tage alte Kultur; Aufnahme mit dem „SIEMENS-Übermikroskop"; Abbildungsmaßstab etwa 6500:1. (Nach PIEKARSKI und RUSKA *539*.)

entsprechenden Zitate im Literaturverzeichnis) haben gezeigt, daß sich durch ihre Anwendung auf zahlreichen Gebieten der Naturforschung wertvolle neue Erkenntnisse gewinnen lassen. Zur Erläuterung dessen sei auf die wenigen, dem Text eingefügten, mit Elektronenmikroskopen gewonnenen Abbildungen aus verschiedenen Wissensgebieten verwiesen, aus denen ohne nähere Erklärung der Wert der Übermikroskopie hervorgeht (vgl. Abb. 164 bis 174).

2. Das Übermikroskop.
a) Die abbildenden Elemente für das Übermikroskop.

Zur Abbildung mittels Elektronenstrahlen lassen sich, wie bereits gesagt, sowohl elektrische als auch magnetische, rotationssymmetrische Felder verwenden, die wegen ihrer Linsenwirkung auf Elektronenstrahlen allgemein als Elektronenlinsen bezeichnet werden. Die charakteristischen Unterschiede zwischen der elektrischen und der magnetischen Linse lassen sich nach BRUCHE (*412, 413, 416, 419*) am besten an deren einfachsten Formen, einem strom-

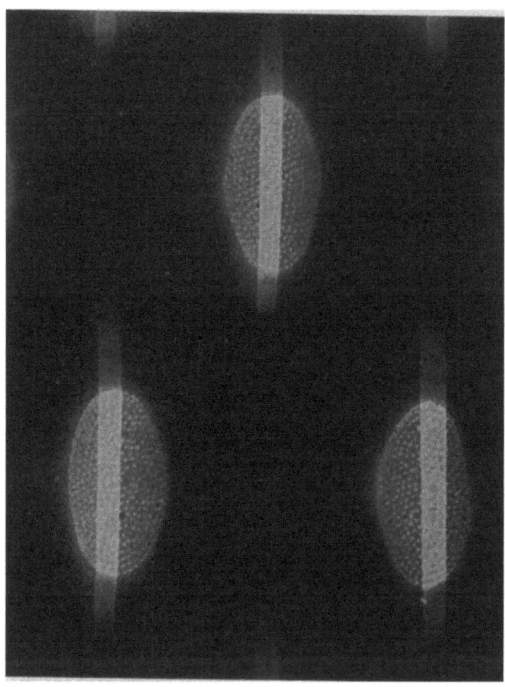

Abb. 172. Schalenstruktur von *Pleurosigma angulatum*; Aufnahme mit dem „SIEMENS-Übermikroskop"; Abbildungsmaßstab nachtraglich auf 100000:1 gebracht. (Nach MÜLLER und PASEWELDT *644*.)

durchflossenen bzw. aufgeladenen Ring erkennen (Abb. 175). Gelangt ein auf eine gewisse Geschwindigkeit beschleunigtes Elektron parallel zur Achse in das elektrische Feld eines positiv aufgeladenen Ringes (Abb. 175b), dann wird es zunächst nach der Achse zu gedrängt, dann von der Achse fortgezogen, um zuletzt wieder nach der Achse abgelenkt zu werden. Im Endeffekt resultiert also eine Ablenkung auf die Achse zu. Betrachtet man den gleichen Vorgang in dem magnetischen Feld eines stromdurchflossenen Ringes (Abb. 175c), so erkennt man, daß hier das Elektron einmal eine einfache Ablenkung nach der Achse zu erfährt; zum anderen aber wird es gleichzeitig aus der Ebene seiner ursprünglichen Richtung herausgedrängt, so daß es unter dem Einfluß des Feldes eine schraubenförmige Bahn durchläuft. Das Bild wird also gegenüber dem Objekt um einen bestimmten Winkel Ψ gedreht. Die Ursache dieser Erscheinung ist die Tatsache, daß die Kraftrichtung im magnetischen Feld senkrecht zur Feldrichtung steht.

Ähnlich wie einfache Glaslinsen, weisen derartige Elektronenlinsen eine ganze Reihe von Bildfehlern auf, die sich aber im Gegensatz zu jenen nicht durch

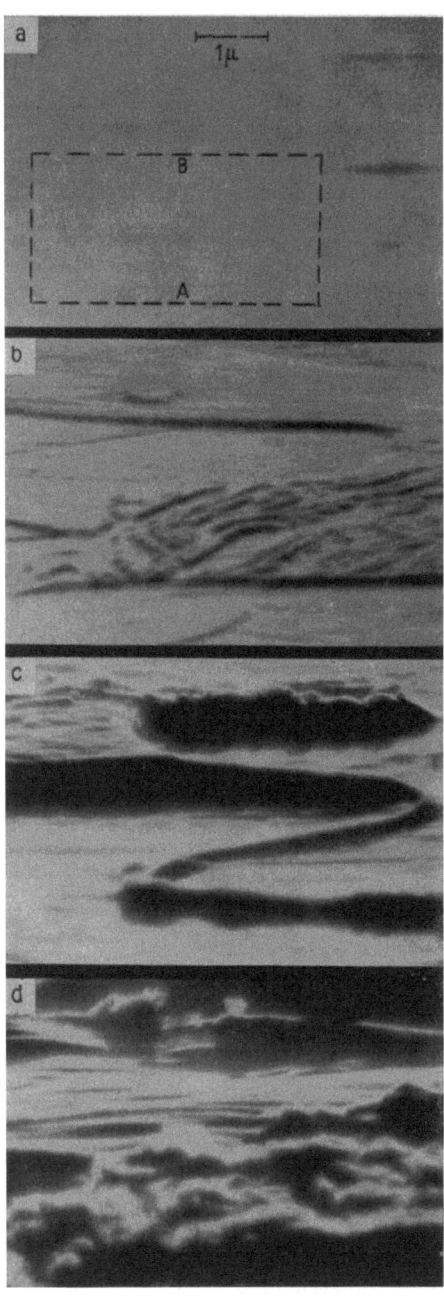

Abb. 173. Verschieden stark geätzter Schliff von Flußstahl mit 0,14% C; Aufnahme mit dem „SIEMENS-Übermikroskop"; Abbildungsmaßstab 10000·1. (Nach v. BORRIES und RUTTMANN 399.)

Kombination mehrerer Linsen beseitigen lassen. Man kann nur darauf sehen, durch besonders günstige Gestaltung der die Linse aufbauenden mechanischen Teile diese Fehler so klein wie möglich zu halten. Die wichtigsten dieser Fehler sind der chromatische und der Öffnungsfehler [vgl. hierzu u. a. die Arbeiten von v. ARDENNE (339, 348, 363); BECKER und WALLRAFF (367, 368); BRÜCHE und SCHERZER (412); GLASER (441, 442, 443); HILLIER (454); MARTON (522); REBSCH (549); RECKNAGEL (550, 551); VOIT (580) und WENDT (581)].

Sie können, wie gesagt, bis jetzt mit keinem Hilfsmittel beseitigt werden und sind daher für die Praxis des Elektronenmikroskops von großer Bedeutung. Um ihren Einfluß auf praktisch unschädliche Beträge zurückzudrängen, wendet man außerordentlich kleine Aperturen an. Trotzdem wird dadurch insbesondere der Öffnungsfehler nicht so weit verkleinert, daß sein Einfluß völlig ausgeschaltet würde. Er bleibt vielmehr immer noch so groß, daß man bei weitem nicht das nach der ABBEschen Betrachtungsweise auf Grund der angewandten Wellenlänge und Apertur zu erwartende Auflösungsvermögen erhält. Wie eine Reihe von zu diesen Fragen unternommenen Untersuchungen ergeben hat [vgl. u. a. v. ARDENNE (337, 363); v. BORRIES und RUSKA (393); HENNEBERG (449); REBSCH (548) und SCHERZER (572)], liegt nach den heutigen Kenntnissen das theoretisch erreichbare Auflösungsvermögen mit Elektronenmikroskopen etwa in der Größenordnung von hundert Wellenlängen der benutzten Strahlung, während es beim Lichtmikroskop in der Größenordnung einer Wellenlänge liegt (SCHERZER 572). Praktisch ist, wie bemerkt, allerdings auch dieses Auflösungsvermögen noch nicht erreicht.

Die Übermikroskopie.

Abb. 174. Oberflächenbild nach dem Abdruckverfahren von einer mit Salzsäure geätzten Aluminiumoberfläche, Durchstrahlungsaufnahme mit dem elektrostatischen Übermikroskop der AEG, Abbildungsmaßstab 8500:1. (Aus BRUCHE *419*.)

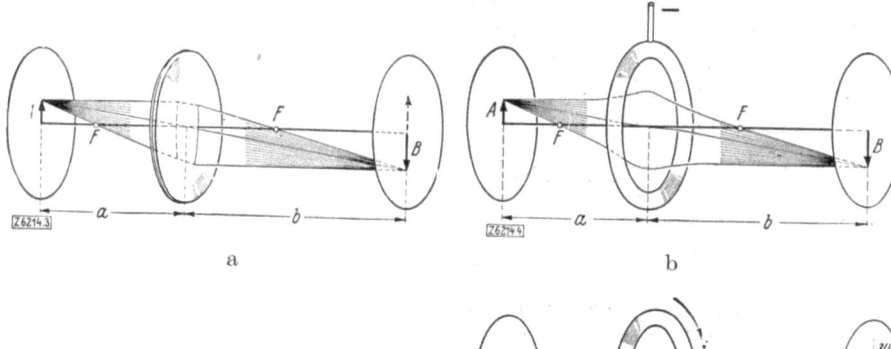

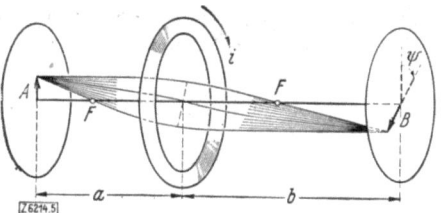

Abb. 175. Schematische Darstellung der Wirkungsweise verschiedener Linsenarten. (Nach BRUCHE *419*.)
a Glaslinse, b elektrische Linse (aufgeladener Ring), c magnetische Linse (Ringstrom). A Objekt, B Bild, F Brennpunkt, ψ Bilddrehungswinkel, a Gegenstandsweite, b Bildweite.

Um den dem tatsächlich erreichbaren Auflösungsvermögen angemessenen, immerhin beträchtlich hohen förderlichen Abbildungsmaßstab zu erzielen, braucht man Elektronenlinsen von relativ kleiner Brennweite. Mit der Herstellung solcher Linsen sind eine ganze Reihe von Schwierigkeiten verknüpft, die zu überwinden teilweise viel Mühe gemacht hat. Zunächst konnten die Schwierigkeiten für magnetische Linsen beseitigt werden.

Die einfachste magnetische Linse ist eine Stromschleife, bzw. eine stromdurchflossene Spule. Nach BUSCH beträgt die Brechkraft einer solchen „kurzen magnetischen Linse"

$$\frac{1}{f} = \frac{0{,}22}{U} \int_{-\infty}^{+\infty} \mathfrak{H}_z^2 \cdot dz. \tag{35}$$

Hierbei ist $\mathfrak{H}_z$ die Feldstärke längs der optischen Achse z und U das Beschleunigungspotential. Um die erforderlichen hohen Brechkräfte zu erhalten, ist es

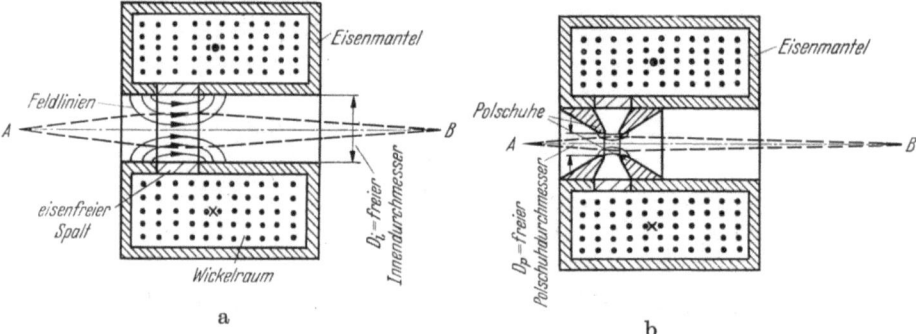

Abb. 176. Schema einer eisengekapselten Magnetspule mit Luftspalt (a) und einer Polschuhlinse für kurze Brennweiten (b). (Nach V. ARDENNE *363*.)

notwendig, die Feldstärke über einen kleinen Bereich sehr groß zu machen. Damit die Dimension der Spule durch Erhöhung der Amperewindungszahl nicht über das für ein „kurzes Feld" zulässige Maß hinaus anwächst, hat man zunächst den Teil des magnetischen Felds, der für den vorliegenden Zweck nicht gebraucht wird, durch eine Eisenkapselung aufzunehmen gesucht. Eine weitere Verkürzung des Felds im Innern der Spule konnte von KNOLL und RUSKA dadurch erreicht werden, daß der von der Kapselung freie Raum bis auf einen schwachen Luftspalt verkleinert wurde (Abb. 176a). Die Einführung von Polschuhen (Abb. 176b) an dieser Stelle durch RUSKA und v. BORRIES führte schließlich zu der heute allgemein beim magnetischen Übermikroskop angewandten Form der magnetischen Elektronenlinsen. Bei ihnen ist der Verkleinerung der Brennweite durch die Feldstärke in den Polschuhen (Sättigung) eine Grenze gesetzt. Die Konstruktion einer solchen Linse nach v. ARDENNE (*363*) ist in Abb. 177 dargestellt.

Neben diesen meistverwendeten magnetischen Linsen mit konzentrischer Anordnung der Wickelung ist eine neuerdings von KINDER und PENDZICH (*473*) angegebene magnetische Linse bemerkenswert, bei der die Zuführung des Kraftflusses nicht mehr rotationssymmetrisch durch eine eisengekapselte, zur Linse koaxiale Spule erfolgt, sondern durch eine oder zwei seitlich neben dem die Polschuhe enthaltenden Rohr angeordnete Spulen, deren Kraftfluß durch einen Eisenkern und sogenannte Eisenjoche den Polschuhen zugeführt wird (Abb. 178). An einem mit solchen Linsen ausgerüsteten Übermikroskop wurden bis jetzt die höchsten Strahlspannungen erreicht (*474*).

Die Brennweite der magnetischen Linse läßt sich verhältnismäßig einfach durch Änderung der Spulendurchflutung variieren. Infolgedessen ist man in der Lage, den Abbildungsmaßstab bei Anwendung solcher Linsen innerhalb

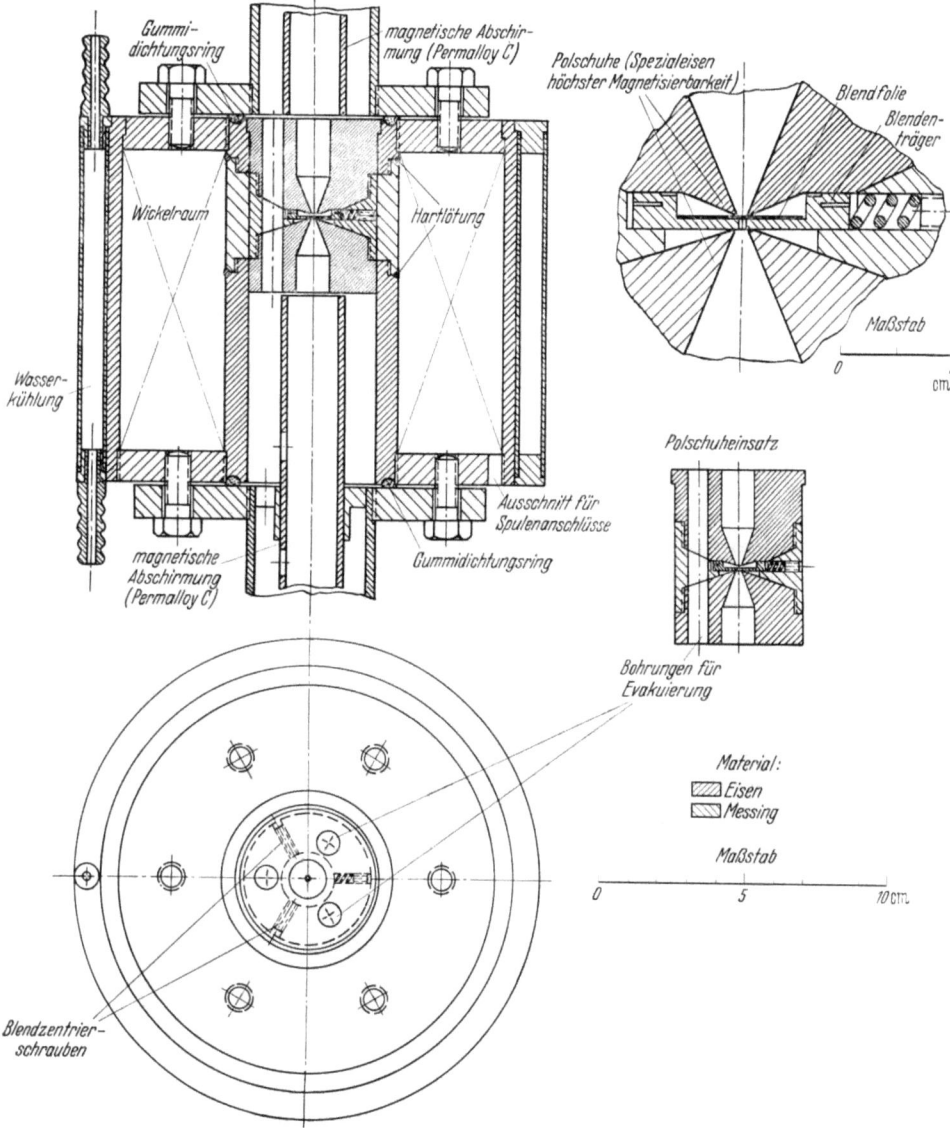

Abb. 177. Konstruktion einer magnetischen Polschuhlinse. (Nach v. ARDENNE 363.)

weiter Grenzen beliebig einstellen zu können. Das ist ein großer Vorzug, dem als Nachteil gegenübersteht, daß zur Erzeugung scharfer Bilder die Brennweite während des Betriebes sehr genau konstant gehalten werden muß. Hierzu muß die Konstanz sowohl der Strahlspannung als auch des Spulenstroms mit äußerster Genauigkeit eingehalten werden, was nur mit einem relativ hohen Aufwand an elektrischen Nebeneinrichtungen möglich ist.

640 K. MICHEL: Mikrophotographie.

Wesentlich später als die magnetische Linse konnte die elektrische in eine zur Benutzung für übermikroskopische Zwecke geeignete Form gebracht werden. Das gelang erst, nachdem MAHL und BOERSCH (*377, 379, 497*) die elektrische Einzellinse einer gründlichen Bearbeitung sowohl bezüglich ihrer hochspannungsmäßigen Durchbildung als auch in experimenteller Hinsicht unterzogen hatten. Ähnliche Untersuchungen führte dann auch v. ARDENNE (*350, 363*) durch. Auf Grund dieser Untersuchungen konnten elektrische Einzellinsen von ausreichend kurzen Brennweiten konstruiert werden. Den Aufbau einer solchen Linse zeigt schematisch Abb. 179. Sie besteht im Prinzip aus drei Blenden mit feinen kreisförmigen, zentralen Bohrungen. Die beiden äußeren Blenden A_1 und A_2 sind leitend verbunden und liegen am Anodenpotential. Die durch einen Hartgummiring isoliert von beiden angebrachte Mittelblende ist negativ zu ihnen aufgeladen. Das in einer solchen Anordnung entstehende Potentialfeld ist in Abb. 180 dargestellt.

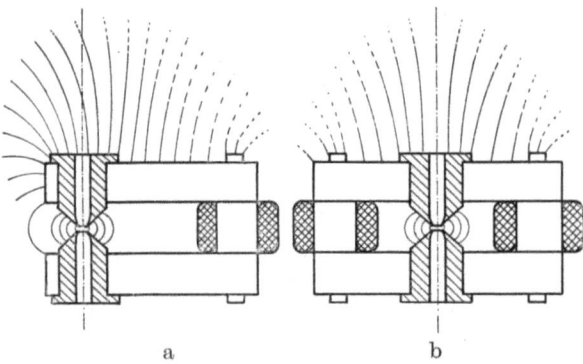

Abb. 178. Schema von magnetischen Jochlinsen. (Nach KINDER und PENDZICH *473*)

a Einjochlinse, b Doppeljochlinse.

Zur hochspannungsmäßigen Durchbildung dieser Linsen sind als besondere Maßnahmen die sorgfältigste Abrundung der Blendenränder, eine wulstartige Verdickung des Außenrandes der Mittelelektrode, Hochglanzpolitur und die Wahl des bestgeeigneten Elektrodenmaterials erforderlich. Zur Erfüllung der Forderung nach kurzen Brennweiten muß das Feld ausschließlich auf den zentralen Linsen-

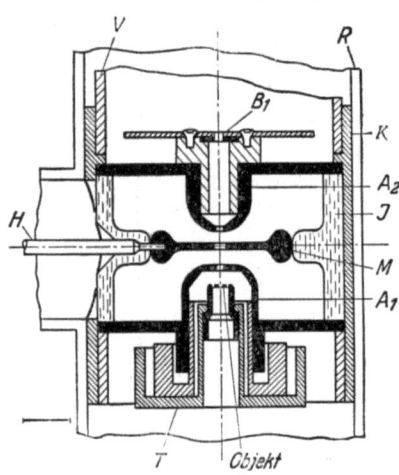
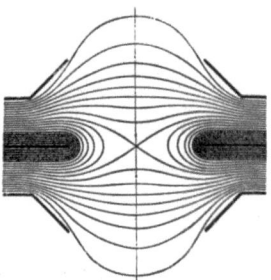

Abb. 179. Schema einer elektrostatischen Hochspannungseinzellinse. (Nach BOERSCH *379*.)

A_1, A_2 Außenelektroden, M Mittelelektrode, I Isolator, H Hochspannungszuführung, B_1 Blende mit Leuchtschirm, R Vakuumrohr, V Verbindungsrohr, K Linsenkapsel, T Kreuztisch.

Abb. 180. Potentialfeld einer elektrostatischen Einzellinse. (Aus BRÜCHE und SCHERZER *412*.)

teil beschränkt bleiben. Die Elektroden müssen also weitgehend einander genähert werden. Um das zu erreichen, sind die Außenelektroden gegen die Mittelelektrode zu eingebogen. Dank der erwähnten Maßnahmen zur Erreichung von Hochspannungssicherheit ist es sowohl BOERSCH und MAHL als auch v. ARDENNE gelungen, bei voller Spannungssicherheit Linsen von 2,5 mm

Brennweite herzustellen. In der Praxis des elektrostatischen Übermikroskops werden solche kurzen Brennweiten allerdings nicht angewandt. Die dort benutzten Brennweiten betragen 5,6 mm beim Objektiv und 3 mm bei der Projektionslinse.

Im Gegensatz zur magnetischen Linse ist bei der elektrischen Linse die Konstanthaltung der Brennweite ohne besonderen Aufwand möglich. Um das zu erreichen, ist die Mittelelektrode mit der Kathode kurzgeschlossen (vgl. das Schema, Abb. 191). Es ist hierdurch sogar gelungen, mit Wechselspannungen, bzw. mit pulsierender Gleichspannung zu scharfen Bildern mit übermikroskopischer Auflösung zu gelangen (MAHL *497*).

Allerdings ist es infolgedessen nicht mehr möglich, auf einfache Weise die Brennweite der Linsen und damit den Abbildungsmaßstab wie beim Betrieb mit magnetischen Linsen kontinuierlich zu ändern. Die elektrostatische Linse hat eine feste Brennweite. Um einen Wechsel des Abbildungsmaßstabs zu erreichen, muß man vielmehr die Linsen austauschen. In der Praxis wurde das so gelöst, daß zwei Linsen verschiedener Brennweite dicht beieinander angeordnet werden, die sich wechselweise einschalten lassen (vgl. S. 652 und Abb. 191).

Infolge der Fehler der Elektronenlinsen werden alle Strahlen, welche in einem durchstrahlten Objekt über einen gewissen Betrag hinaus abgebeugt werden, welche also die Apertur des Objektivs über ein bestimmtes Maß beanspruchen, nicht mehr in dem, dem Objektpunkt, von dem sie ausgehen, zugehörigen Bildpunkt vereinigt. Sie verteilen sich über das ganze Bild und setzen lediglich den Kontrast herab, indem sie eine Grundhelligkeit erzeugen, wenn nicht durch geeignete Maßnahmen dafür gesorgt wird, daß sie überhaupt nicht mehr ins Objektiv gelangen. Lediglich die dem ersten Beugungsmaximum angehörigen Strahlen tragen nach v. BORRIES und RUSKA [z. B. (*395*)] noch zur Entstehung des übermikroskopischen Bildes bei. Die Apertur des Objektivs wird also nicht in ihrer tatsächlichen Größe ausgenutzt, sondern nur mit einem Betrag, der nur wenig über die Größenordnung der Apertur der Beleuchtung hinausgeht. Diese Apertur beträgt ungefähr 0,001, ist also außerordentlich klein. Hieraus erklärt sich, daß trotz der den Elektronenlinsen anhaftenden Abbildungsfehler überhaupt eine brauchbare Abbildung zustande kommt.

Eine Folge der außerordentlich kleinen wirksamen Apertur ist eine im Vergleich mit dem Lichtmikroskop bei den erreichten Abbildungsmaßstäben **sehr große Tiefenschärfe**. Sie beträgt das 500- bis 1000fache der beim Lichtmikroskop möglichen. Daher wird ein auch seiner Tiefengliederung nach, in übermikroskopischen Dimensionen gerechnet, ausgedehntes Objekt in allen seinen Schichten scharf abgebildet. Das erschwert einerseits eine Analyse dieser Tiefengliederung, da deren Erkennen aus „optischen Schnitten" unmöglich gemacht wird, erleichtert sie aber anderseits dadurch, daß damit eine wesentliche Voraussetzung für die Herstellung von Stereoaufnahmen erfüllt ist (*352, 364, 406, 500*).

Der Kontrast übermikroskopischer Bilder beruht auf der unterschiedlichen Streuung der Elektronen in Stellen verschiedener Massendicke, wobei unter Massendicke das Produkt aus Objektdichte und Objektdicke zu verstehen ist. Punkte geringer Massendicke lenken die Elektronen wenig aus ihrer ursprünglich vorgegebenen Richtung ab. Je mehr die Massendicke zunimmt, um so mehr wächst auch die Zahl der abgestreuten Elektronen, die nach den obigen Ausführungen nicht mehr nach dem zugehörigen Bildpunkt gelangen, sondern bereits von der Objektivblende abgefangen werden oder nur die Grundhelligkeit des Bilds erzeugen. Die betreffenden Bildpunkte erscheinen dementsprechend dunkler.

642 K. Michel: Mikrophotographie.

Die Durchstrahlbarkeit eines Punkts von bestimmter Massendicke nimmt mit steigender Strahlspannung zu. Die Objekte erscheinen also bei höheren Strahlspannungen „durchsichtiger" als bei niedrigeren. Das bedeutet eine Verminderung des Kontrastes, die bei dickeren Objekten erwünscht sein kann, bei dünneren mit sowieso geringem Kontrast aber weniger gut ist. Hier sind demnach niedrige Strahlspannungen vorzuziehen (vgl. Abb. 181).

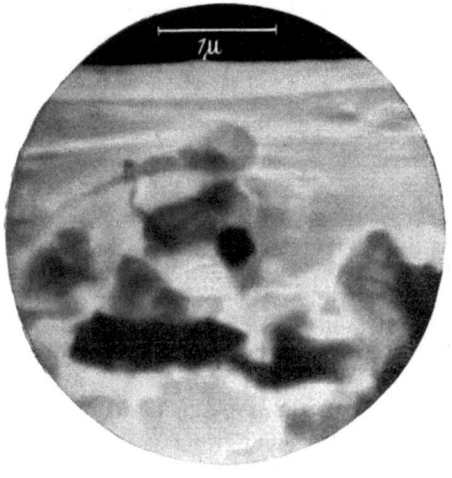
a

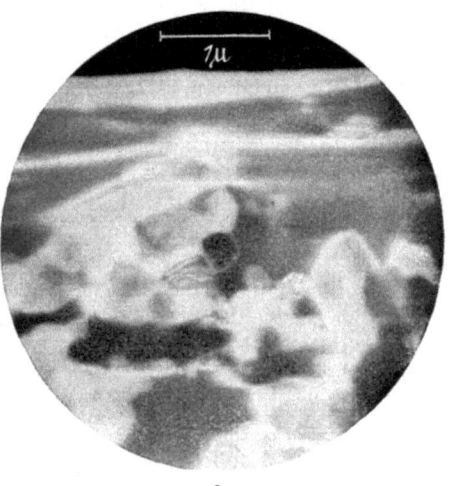
b

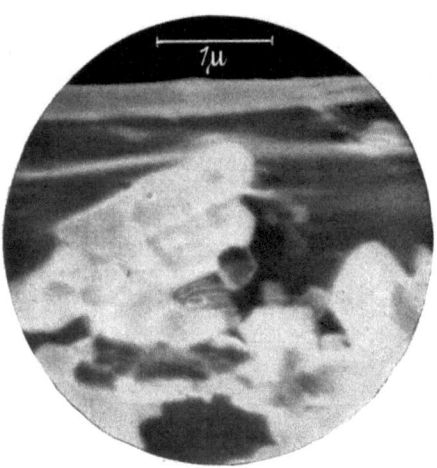
c

Abb. 181. Elektronenmikroskopisches Hellfeldbild des gleichen Objekts bei verschiedenen Strahlspannungen. (Nach v. Borries und Ruska *406*.)
a Bei 38 kV, b bei 63 kV, c bei 90 kV, Abbildungsmaßstab 15000 bis 16000:1.

b) Der grundsätzliche Aufbau des Übermikroskops.

Entsprechend der grundsätzlichen Übereinstimmung in der Wirkungsweise zwischen Glas- und Elektronenlinsen besteht auch in bezug auf den Aufbau und die Wirkungsweise eines Elektronenübermikroskops im Grundsätzlichen eine weitgehende Übereinstimmung mit den bei einem Lichtmikroskop vorliegenden Verhältnissen. Allerdings darf man bei einem Vergleich zwischen beiden Geräten nicht an ein Lichtmikroskop für die visuelle Beobachtung mit Hilfe des Okulars denken. Das menschliche Auge vermag ja von Elektronenstrahlen erzeugte Bilder ebensowenig unmittelbar wahrzunehmen, wie Bilder, welche etwa durch ultraviolettes Licht erzeugt werden. Wie hier, muß man auch dort dem Auge das Bild auf dem Umweg über einen Fluoreszenzschirm oder über die photographische Platte zugänglich machen. Als lichtmikroskopisches Vergleichsgerät wäre also etwa an einen mikrophotographischen Apparat zu denken. Der Aufbau und die Wirkungsweise eines solchen ist schematisch folgendermaßen darzustellen (Abb. 182a). Eine Lichtquelle (Leuchtfeldblende) wird von einem Kondensor in der Ebene des Objekts abgebildet. Das Objektiv entwirft von diesem ein vergrößertes Bild, das sogenannte Zwischenbild, welches seiner-

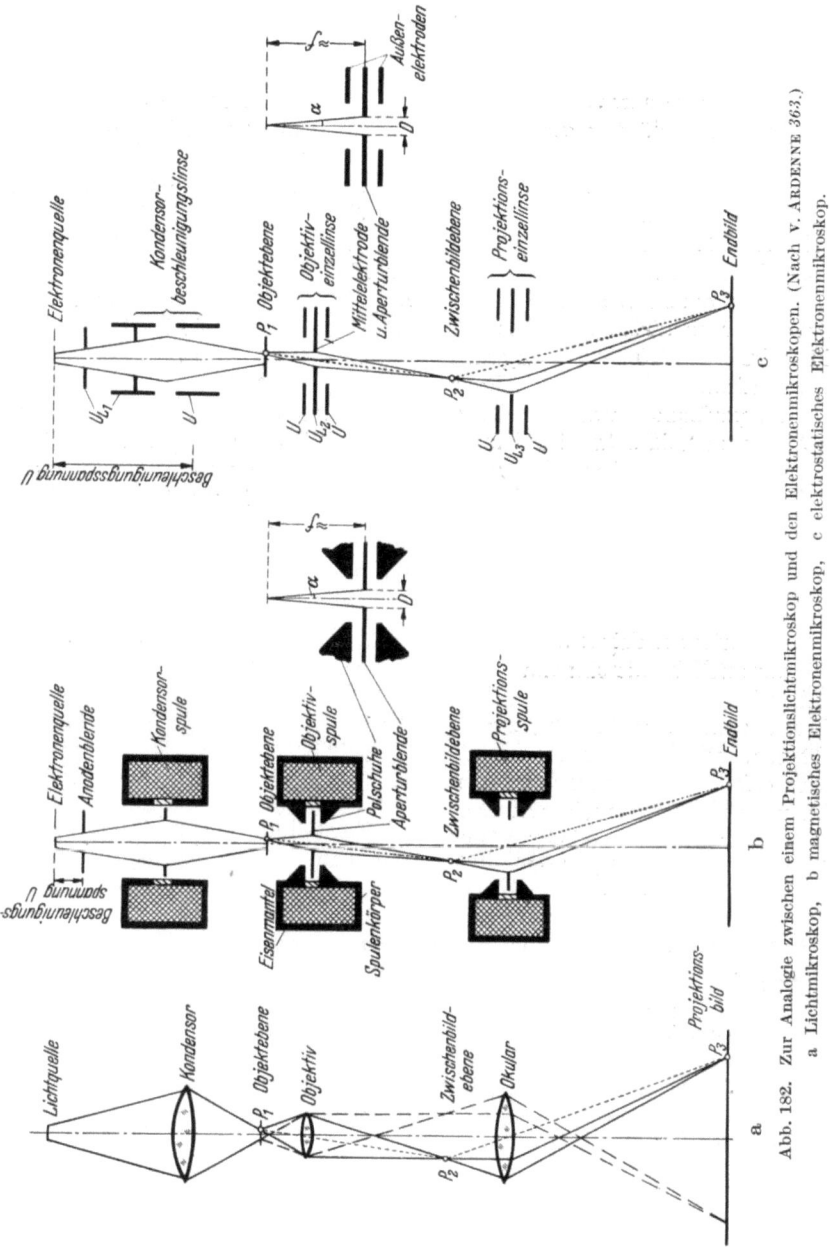

Abb. 182. Zur Analogie zwischen einem Projektionslichtmikroskop und den Elektronenmikroskopen. (Nach v. ARDENNE 363.) a Lichtmikroskop, b magnetisches Elektronenmikroskop, c elektrostatisches Elektronenmikroskop.

seits von dem als Projektionssystem benutzten Okular erneut vergrößert als Endbild auf einem Schirm (Mattscheibe oder photographische Platte) abgebildet wird. Dieses Schema trifft weitestgehend auf das Elektronenübermikroskop

41*

zu, wobei es gleichgultig ist, ob man das magnetische oder das elektrostatische Übermikroskop betrachtet, wenn auch natürlich in Einzelheiten gewisse Abweichungen vorliegen (Abb. 182 b und c). Als „Lichtquelle" dient eine Glühkathode. Die aus ihr austretenden Elektronen werden durch eine mit Hilfe geeignet angeordneter Elektroden angelegte, mehr oder weniger hohe Gleichspannung (zirka 50 000 bis 85 000 V) beschleunigt. Die beschleunigten Elektronenstrahlen werden nunmehr auf dem Objekt vereinigt. Die beim Lichtmikroskop dem Objektiv und dem Projektionsokular zufallende Aufgabe der Erzeugung eines dem Auflösungsvermögen gemäß vergrößerten Bildes des Objekts in zwei Stufen ist beim Übermikroskop entweder magnetischen oder elektrostatischen Abbildungssystemen übertragen. Zwischenbild und Endbild werden zwecks subjektiver Betrachtung auf einem Leuchtschirm entworfen. An die Stelle des letzteren kann eine photographische Platte gebracht werden. Das gesamte Gerät muß während der Benutzung unter einem sehr hohen Vakuum gehalten werden, da die Elektronen ja Luft kaum zu durchdringen vermögen. Zu jedem Übermikroskop gehören daher neben den Einrichtungen zum Erzeugen der Hochspannung auch Einrichtungen zum Herstellen und Aufrechterhalten des erforderlichen Vakuums. Beim magnetischen Übermikroskop kommen hierzu auch noch die Einrichtungen zum Konstanthalten der Spannung und des Spulenstromes.

Der Aufbau der Gerate ist in der Regel ein senkrechter, was sich von den ersten Versuchsgeräten an besonders bewährt hat. Die Elektronenquelle liegt, im Gegensatz zu der bei Lichtprojektionsmikroskopen gewöhnlich üblichen Anordnung, oben. Man kann infolgedessen die Hochspannung in besonders gunstiger Weise zuleiten. Der Hauptgrund für die Wahl und die Zweckmäßigkeit der genannten Anordnung liegt aber darin, daß der mit dem Gerät arbeitende Beobachter die auf den Leuchtschirmen entstehenden Bilder in natürlicher Haltung von oben betrachten kann. Es sind sowohl in der Ebene des Zwischenbilds als auch in der des Endbilds solche Leuchtschirme angebracht. Ersterer dient im wesentlichen zur Orientierung im Präparat. Er ist in der Mitte durchbohrt, um die für die Erzeugung des Endbilds notwendigen Strahlen durchtreten zu lassen. Die Betrachtung der auf den beiden Leuchtschirmen entstehenden Bilder erfolgt durch besondere Fenster, von denen meist mehrere vorgesehen sind, um gleichzeitig mehreren Beobachtern das Studium der Bilder zu ermöglichen. Zur genaueren Untersuchung und Einstellung des Endbilds ist oft ein lichtoptisches Hilfsmittel zusätzlich vorgesehen. Es kann das entweder eine Lupe oder ein eigens zu dem Zweck angebautes monokulares oder binokulares Mikroskop mit schwacher Vergrößerung sein.

Da das gesamte Gerät unter einem hohen Vakuum steht, dessen Herstellung geraume Zeit in Anspruch nimmt, was, wenn es bei jedem Wechsel des Objekts oder der Platte neu erfolgen müßte, den Lauf der Arbeit in lästiger Weise unterbrechen würde, wendet man besonders konstruierte Objekt- und Plattenschleusen an. Mit ihnen wird angestrebt, mit dem einzubringenden Gegenstand zusammen nur eine möglichst geringe Menge Luft ins Innere des Gerats gelangen zu lassen, die durch die dauernd in Betrieb befindliche Vakuumpumpe in kürzester Zeit wieder entfernt werden kann.

c) Das gewöhnliche Durchstrahlungsübermikroskop.

α) **Das magnetische Übermikroskop.** Das erste Übermikroskop, welches diesen Namen verdient, das Gerät von KNOLL und RUSKA, das spater von KRAUSE zu seinen Untersuchungen benutzt (*481* bis *490*) und dabei wesentlich verbessert wurde, war mit magnetischen Linsen ausgerüstet. Da sich das Prinzip bewährt hatte und man zunächst nicht an die Brauchbarkeit elektrischer Linsen für Übermikroskope glaubte, wurde auch bei allen weiterhin entwickelten Übermikroskopen [MARTON (*514, 520*); MARTIN, WHELPTON und PARNUM (*508*); RUSKA und v. BORRIES (*394*); PREBUS und HILLIER (*542*); SIEGBAHN, zit. nach (*406*); M. v. ARDENNE (*351*)] das magnetische Prinzip bevorzugt. Als am höchsten ent-

Abb. 183. Gesamtansicht des „SIEMENS-Übermikroskops". (Nach v. BORRIES und RUSKA *406*.)

wickeltes Gerät, sowohl was die Leistung als auch was die Bedienbarkeit anlangt, ist heute das Siemens-Übermikroskop nach v. BORRIES und RUSKA (*386, 389, 394, 396, 406, 554*) anzusehen. Es soll daher im folgenden als Beispiel für die magnetischen Übermikroskope beschrieben werden.

Das Gerät (Abb. 183) zeichnet sich durch einen hochgradig geschlossenen Aufbau aus. Die Vakuumanlage und ein Teil der elektrischen Einrichtung ist in einem schrankartigen „Hohlständer" und in einer darüber angebrachten

„Schutzwanne" untergebracht. Die letztere dient vornehmlich zur Abschirmung der Hochspannungszuführung. An dem Hohlständer ist ein tischartiger Anbau vorgesehen, auf dessen Stirnwand eine Schalttafel angeordnet ist, auf der sämtlichen Bedienungselemente vereinigt sind. Der Tisch trägt das eigentliche Elektronenübermikroskop (Abb. 184). Seine Länge ist im Rahmen des grundsätzlich Möglichen so gewählt, daß alle für die Bedienung beim Mikroskopieren erforderlichen Handgriffe vom Platze des Beobachters aus im Sitzen ausgeführt werden

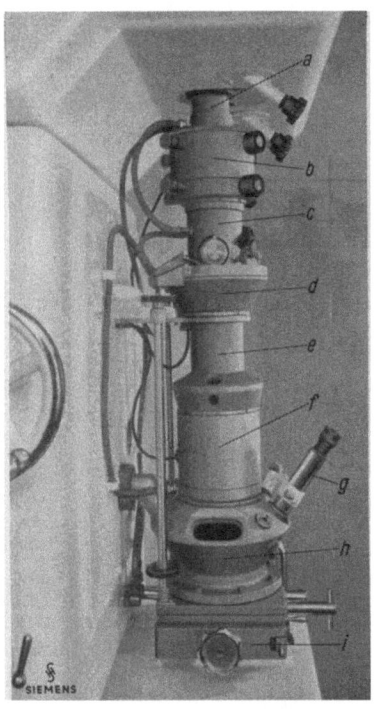 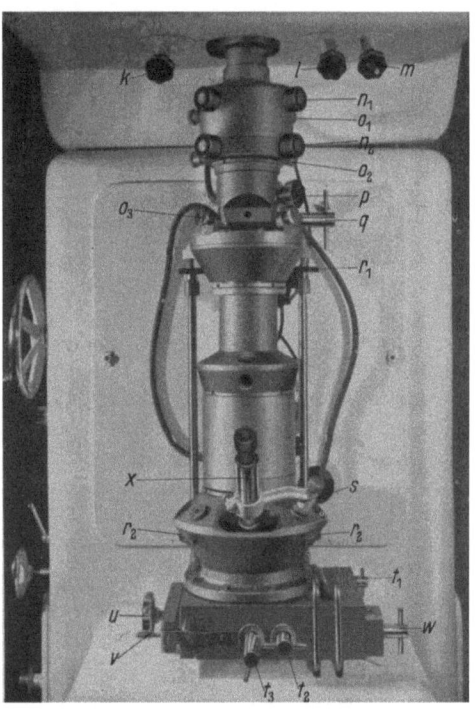

Abb. 184. Der Vakuumkörper des „Siemens-Übermikroskops", links von der Seite, rechts von vorn gesehen. (Nach v. Borries und Ruska *402*.)
a Elektronenstrahlrohr, *b* Kondensorspule, *c* Objektschleuse, *d* Objektivspule, *e* Objektivtubus, *f* Projektivspule, *g* Lichtmikroskop, *h* Projektivtubus, *i* Plattenschleuse, *k* Regler für Emission, *l* Schalter für Kathodenheizung und Steuerspannung, *m* Regler für Kathodenheizung, n_1, n_2 Stellschrauben für Schwenkung und Verschiebung des Bestrahlungsteils, o_1, o_2, o_3 Gegenfedern für Schwenkung und Verschiebung des Bestrahlungsteils sowie für Verschiebung des Objekts, *p* Triebschliff für axiale Objektverschiebung, *q* Drehgriff für Hahnküken der Objektschleuse, r_2, r_3 Handräder an den Drehsäulen zur Objektverschiebung, *s* Schwenkachse für Lichtmikroskop, t_1, t_2, t_3 Expositions-, Förder- und Knebelschliff der Plattenkassette, *w* Schalthahn der Plattenkassette, *x* Lichtmikroskop.

können. Die Beobachtung des Bildes kann sowohl auf dem Zwischenbild-Leuchtschirm als auch auf dem Endbild-Leuchtschirm vorgenommen werden. Der Abbildungsmaßstab des Zwischenbilds kann dabei zwischen 80:1 und 160:1, der des Endbilds zwischen 4000:1 und 40000:1 verändert werden. Das letztere kann außer mit dem Auge — es wurde Wert darauf gelegt, daß das Betrachtungsfenster so gestaltet wurde, daß eine beidäugige Betrachtung möglich ist — auch mit einem vor das Beobachtungsfenster schwenkbaren, vierfachen Einstellmikroskop betrachtet werden. Dadurch soll vor allem die Genauigkeit beim Einstellen erhöht werden. An dem Gerät (Abb. 184) sind, dem bereits geschilderten grundsätzlichen Aufbau entsprechend, eine „Beleuchtungseinrichtung",

Die Übermikroskopie. 647

eine Vorrichtung zur Aufnahme des Objekts und der bilderzeugende Teil zu unterscheiden. Erstere besteht aus dem Elektronenstrahlrohr a und einer Kondensorspule b. Das Objekt findet in der Objektschleuse c Platz. Der bilderzeugende Teil besteht aus einer ,,Objektivspule'' d und einer ,,Projektivspule'' f. Zwischen beiden ist der Zwischenbildleuchtschirm untergebracht. Den Abschluß des abbildenden Teils bildet die, auch den Endbildleuchtschirm enthaltende Plattenschleuse i.

Als Elektronenquelle dient eine leicht auswechselbare, haarnadelförmige Wolframdrahtglühkathode. Die von ihr ausgehenden Elektronen werden durch ein rotationssymmetrisches elektrisches Feld beschleunigt, das zwischen der Glühkathode, einer sie umgebenden durchbohrten ,,Steuerelektrode'' von schwach negativem Potential und einer koaxial angeordneten, ebenfalls durchbohrten Elektrode von stark positivem Potential (Anode) entsteht. Die Beschleunigungsspannung beträgt etwa 85 kV. Der Strahlstrom kann durch Veränderung der Spannung an der Steuerelektrode stetig vom Wert Null an geregelt werden. Er beträgt normalerweise 20 bis 50 μA und muß während des Betriebs sehr genau konstant gehalten werden (Konstanz 10^{-2}). Der aus dem Strahlerzeugungsrohr austretende Elektronenstrahl durchläuft die fest mit jenem verbundene, eisengekapselte Kondensorspule, welche ihn auf das Objekt fokussiert. Diese Spule wird gemeinsam mit der Anode des Strahlerzeugungsrohres von fließendem Wasser gekühlt. Der Gesamtaufbau

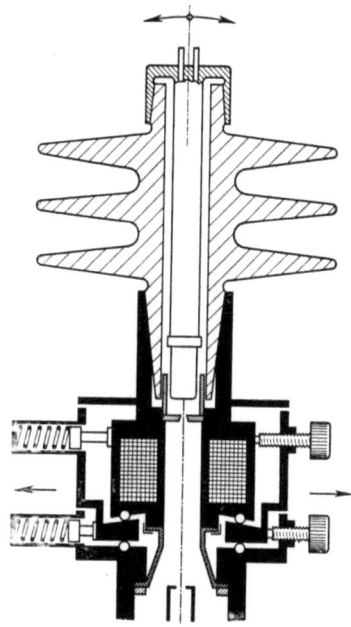

Abb. 185. Schematischer Schnitt durch die ,,Beleuchtungseinrichtung'' des ,,SIEMENS-Übermikroskops''. (Nach v. BORRIES und RUSKA 406.)

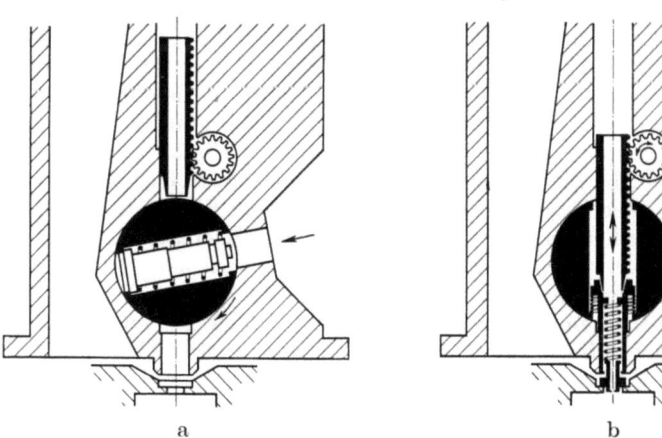

Abb. 186. Schematischer Schnitt durch die Objektschleuse des ,,SIEMENS-Übermikroskops''. (Nach v. BORRIES und RUSKA 406.)
a Einschleusstellung, b Betriebsstellung.

der ,,Beleuchtungseinrichtung'' geht aus Abb. 185 hervor. In mechanischer Beziehung wesentlich ist an ihr die Vorrichtung zur genauen Ausrichtung des Beleuchtungsstrahls zur optischen Achse des Gesamtsystems. Sie besteht aus zwei Schraubenpaaren mit Gegenfeder. Das eine ermöglicht eine Verschiebung des Beleuchtungsapparats in einer genau senkrecht zur optischen Achse liegenden Ebene. Das andere bewirkt eine Neigung desselben um das Objekt als Mittelpunkt, was z. B. zur Schrägstellung des Strahls für Dunkelfeldbeleuchtung (vgl. S. 655) von Bedeutung ist.

Das Objekt, das bei der Übermikroskopie auf einen über besondere „Objektträgerblenden" gespannten (vgl. S. 659), feinsten Trägerfilm aufgebracht wird, muß zur Vermeidung einer allzu langen Unterbrechung der Arbeit in das Gerät eingeschleust werden. Die zu dem Zweck konstruierte Objektschleuse des vorliegenden Geräts arbeitet folgendermaßen (Abb. 186): Senkrecht zur optischen Achse des Geräts ist ein vakuumsicherer Kegelschliff angebracht. In seinem Innenkegel liegt eine Bohrung senkrecht zur Kegelachse. Sie läßt sich durch Drehen des Kegels bis zu Anschlagen einerseits so stellen, daß sie mit der Geräteachse zusammenfällt, anderseits so, daß sie von außen zugänglich ist. Auf diese Weise kann sie als Schleusenraum zum Einführen des Objekts dienen. Die Objektträgerblende wird auf einer sogenannten Objektpatrone befestigt, die mit Hilfe eines Schlüssels in einem Halter der Objektschleuse angebracht wird. Nachdem durch Drehen des Schleusenkonus das Objekt eingeschleust ist — die geringe aus dem Schleusenraum ins Hochvakuum des Geräts gelangende Luftmenge ist nach kurzer Zeit wieder entfernt —, wird die Einschleuspatrone durch einen Trieb nach unten in Richtung auf die Objektivspule zu aus dem Schleusenraum heraus bewegt. Dabei legt sich die jetzt unten befindliche Fassung der Objektträgerblende federnd auf die Gleitfläche des Objektivpolschuhs auf. Dadurch soll eine absolut feste Lage des Objekts gegenüber dem Objektiv und infolgedessen Unempfindlichkeit gegen mechanische Erschütterungen gewährleistet werden, welche die Bildlage auf dem Leuchtschirm beeinflussen würden. Zum Aufsuchen einer für die Untersuchung geeigneten Stelle im Objekt ist eine Einrichtung vorgesehen, mit der dieses wie auf einem Kreuztisch in zwei Koordinaten senkrecht zur optischen Achse verschoben werden kann (Abb. 187). Die Bewegung erfolgt von zwei senkrecht neben dem Mikroskop gelagerten Stangen aus über Kniehebel gegen Federdruck. Selbstverständlich muß an der Bewegungsstelle für eine einwandfreie, das Vakuum nicht gefährdende Abdichtung gesorgt sein. Sie erfolgt durch einen Gummiring.

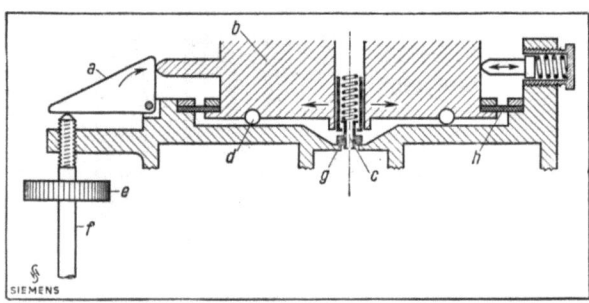

Abb. 187. Schematischer Schnitt durch die Einrichtung zur Objektverschiebung des „SIEMENS-Übermikroskops" (Nach v. BORRIES und RUSKA *402*.)
a Kniehebel, *b* Objektschleuse, *c* Patrone, *d* Laufkugel, *e* Verstellschraube, *f* Drehsäule, *g* Blendenfassung, *h* Gummidichtung.

Als Objektiv dient die magnetische Polschuhlinse nach v. BORRIES und RUSKA (Abb. 177). Der Spulenkörper ist von einem eisernen Mantel umgeben, der durch Wasser gekühlt wird. Der innere Zylinder der Spule nimmt den Polschuhträger auf, in dem die Polschuhe auswechselbar befestigt sind, zwischen denen die eigentliche „Linse" entsteht. Der durch diese Linse vom unteren Teil abgetrennte obere Teil des Innenraumes wird durch Bohrungen im Polschuhträger mit jenem luftdurchlässig verbunden, damit die am unteren

Teil angeschlossene Vakuumpumpe gleichzeitig auch den oberen mit evakuiert.

Als kleinste Brennweite ist bei einer Strahlspannung von 60 kV eine solche von 2 mm einzustellen. Die Abmessungen des Geräts sind so getroffen, daß der Abbildungsmaßstab des Zwischenbilds 160:1 beträgt. Bei Strahlspannungen von 85 kV ist die Brennweite etwas größer. Infolgedessen sinkt der Maßstab des Zwischenbilds entsprechend, und zwar auf 140:1. Noch geringere Abbildungsmaßstabe sind zu erreichen, wenn man durch Verwendung dickerer Objektträgerblenden die Objekte weiter vom Spulenfeld entfernt anordnet.

Das von der Objektivspule entworfene Zwischenbild kann auf einem durchbohrten Leuchtschirm beobachtet werden, und zwar gleichzeitig von drei Beobachtern. Mittels einer dort angebrachten Millimeterteilung läßt sich sein Abbildungsmaßstab bestimmen, indem man das Bild der Objektblende ausmißt. Da die Strecke zwischen Objekt und Zwischenbild besonders empfindlich

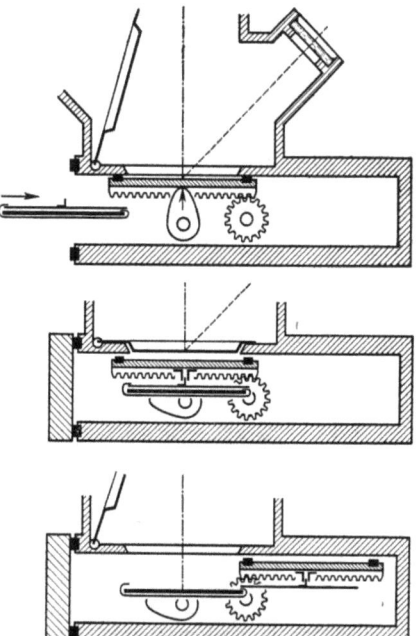

Abb. 188. Schema der Plattenschleuse des „SIEMENS-Übermikroskops". (Nach v. BORRIES und RUSKA 406.)

gegen magnetische Störfelder ist, wird sie gegen die Wirkung solcher Felder besonders gut abgeschirmt.

Abb. 189. Die Plattenschleuse des „SIEMENS-Übermikroskops". (Nach v. BORRIES und RUSKA 406.)

Die zweite Vergrößerungsstufe wird durch eine im Prinzip der Objektivspule gleiche Projektionsspule, auch „Projektiv" genannt, erreicht. Um die

Abbildungsmaßstäbe des Endbilds in weiten Grenzen verändern zu können, sind die Polschuheinsätze wechselbar. Es sind verschiedene solcher Einsätze für bestimmte Brennweitenbereiche vorgesehen. Ein solcher Bereich reicht z. B. von 1,1 bis 2,2 mm (Abbildungsmaßstab 240:1 bis 120:1), ein zweiter von 1,5 bis 5 mm (Abbildungsmaßstab 180:1 bis 50:1), so daß der Abbildungsmaßstab des Endbilds etwa zwischen 40000:1 und 20000:1 bzw. 28000:1 und 8000:1[1] verändert werden kann. Das Endbild wird wiederum auf einem Leuchtschirm sichtbar gemacht, der durch Fenster, ebenfalls von drei Beobachtern

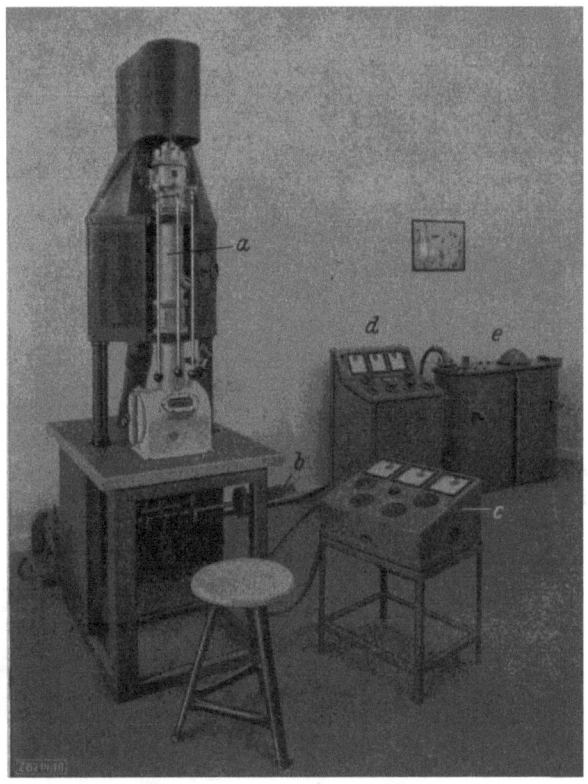

Abb. 190. Gesamtansicht des elektrostatischen Übermikroskops der AEG. (Nach BRÜCHE *419*.)
a eigentliches Mikroskop, *b* Bedienungshebel für die Plattenschleuse, *c* Schalttisch am Mikroskop, *d* Hauptschalttisch, *e* Ölgefäß mit Transformator, Ventil usw.

gleichzeitig, betrachtet werden kann. Hierzu kann auch das schon erwähnte vierfache Mikroskop benutzt werden. Der Leuchtschirm kann hochgeklappt werden, wodurch die durch die Plattenschleuse eingeführte photographische Platte zur Exposition freigegeben wird.

Die Plattenschleuse ist schematisch in Abb. 188, mit Konstruktionseinzelheiten in Abb. 189 dargestellt. Sie hat die Form eines flachen, rechteckigen Kastens, der durch je ein gummigedichtetes Schleusentor gegen die Außenluft und gegen das Vakuum des Geräts abgeschlossen werden kann. Die Arbeits-

---

[1] Die Zahlenangaben in den verschiedenen Arbeiten weichen etwas voneinander ab. Die angeführten stammen aus *604*.

weise ist folgende: Bei geschlossenem inneren Schleusentor kann das äußere geöffnet werden, worauf sich ein Kassettenträger herausziehen läßt. Nachdem dieser mit gefüllter und geschlossener Kassette beschickt ist, wird er in die Schleuse eingeschoben und das äußere Tor wird geschlossen. Beim Öffnen des inneren Schleusentors, das durch Lösen eines Knebels und durch Beiseiteschieben mittels Zahn und Trieb geschieht, wird der Kassettendeckel geöffnet, wodurch die lichtempfindliche Schicht der Platte zur Exposition freigelegt wird. Die Expositionszeit beträgt bei Verwendung normaler Platten etwa 1 bis 2 Sekunden. Für das Wechseln der Platte wird ein Zeitaufwand von etwa einer Minute angegeben.

Zum Betrieb des Geräts ist auf der einen Seite eine Einrichtung zur Erzeugung des erforderlichen hohen Vakuums, auf der anderen umfangreiches elektrisches Zubehör erforderlich. Die Herstellung des Vakuums geschieht in zwei Stufen. Das Vorvakuum wird mit einer umlaufenden Ölpumpe erzeugt. Es wird dann mit einer dreistufigen Quecksilberdiffusionspumpe auf die endgültige Höhe gebracht.

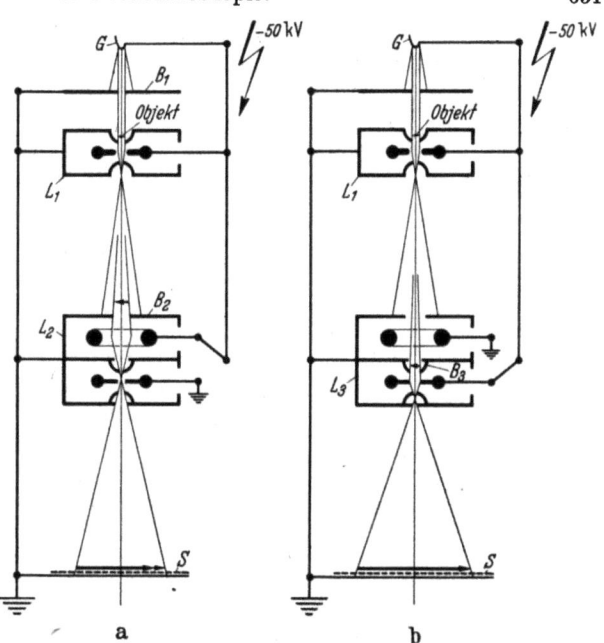

Abb. 191. Schaltschema des elektrostatischen Übermikroskops der AEG. bei Benutzung a der langbrennweitigen, b der kurzbrennweitigen Projektionslinse. (Nach MAHL 502.)

G Gluhkathode, B_1 Anodenblende, B_2 Gesichtsfeldblende für die langbrennweitige Projektionslinse L_2, B_3 Gesichtsfeldblende für die kurzbrennweitige Projektionslinse L_3, S Leuchtschirm, L_1 Objektivlinse.

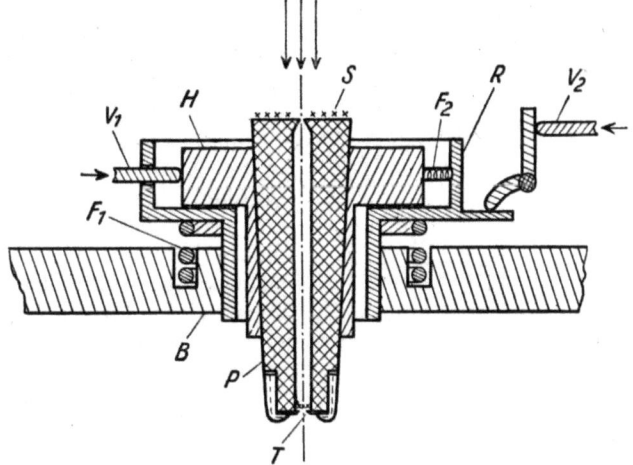

Abb. 192. Schematischer Schnitt durch den „Objekttisch" des elektrostatischen Übermikroskops der AEG. (Nach MAHL 497.)

B Buchse, F_1, F_2 Druckfedern, H waagrecht bewegliche Hülse, P Objektpatrone, R senkrecht beweglicher Trieb, S Kontrolleuchtschirm, T Objektträgerplättchen, V_1, V_2 Verstellschrauben.

Der Grad des Vakuums wird an der Farbe einer kurzzeitig einzuschaltenden Hochfrequenzentladung kontrolliert. An elektrischem Zubehör gehören zum Gerät:

1. Ein Akkumulator zum Erzeugen der regelbaren Heizspannung von 6 V zum Heizen der Glühkathode.
2. Eine Batterie für die regelbare negative Vorspannung von maximal 200 V für die Steuerelektrode.
3. Eine getrennt vom Übermikroskop aufgestellte Anlage zur Erzeugung einer zwischen 40 und 85 kV einstellbaren Gleichspannung für die Elektronenbeschleunigung mit dem Zubehör zum Einhalten der erforderlichen Spannungskonstanz. Sie besteht aus einem Spannungskonstanthalter, einem Hochspannungsstufentransformator, einem Ventilröhrengleichrichter und einer als Glättungseinrichtung dienenden Kondensatorwiderstandskette.
4. Ein Akkumulator für den Spulenstrom von 4 bis 5 A bei 60 V Spannung.

Mit dem SIEMENS-Übermikroskop, dessen Auflösungsgrenze zur Zeit mit 2,5 mμ angegeben wird (*406*), sind bereits zahlreiche Untersuchungen durchgeführt worden, die zum Teil wichtige neue Erkenntnisse vermitteln konnten.

β) **Das elektrostatische Übermikroskop.** Im Gegensatz zu dem magnetischen Übermikroskop, mit dem sich bereits eine größere Zahl von Entwicklungsstellen abgegeben hat, beschränkte sich die eingehendere Beschäftigung mit der Entwicklung eines Übermikroskops nach dem elektrostatischen Prinzip auf eine einzige Stelle, auf das Forschungsinstitut der AEG, wo von BRUCHE und seinen Mitarbeitern MAHL und BOERSCH auch dieser Modifikation des Übermikroskops eine Form gegeben wurde, die es für praktische Zwecke ebenso geeignet macht wie das magnetische Übermikroskop (vgl. *414, 415, 416, 419, 377, 381, 495, 497, 502*).

Bei dem im Prinzip gleichen Grundbauplan unterscheidet sich das elektrostatische Übermikroskop (Abb. 190) von dem magnetischen durch die Verwendung der elektrostatischen Elektronenlinsen. Wie aus dem Schema (Abb. 191) hervorgeht, liegen die beiden Außenelektroden der verwendeten Linsen am Anodenpotential, während die Mittelelektroden mit der Glühkathode kurzgeschlossen sind. Diese Maßnahme unterbindet zwar die Möglichkeit, auf elektrischem Wege die Linsenbrennweiten zu variieren. Sie hat aber den nicht zu unterschätzenden Vorteil, den Aufbau der ganzen Anlage wesentlich zu vereinfachen, denn die Brennweite der Einzellinse wird auf diese Art unabhängig von Spannungsschwankungen. Es brauchen also bezüglich Spannungskonstanz an die Hochspannungsanlage keine besonderen Anforderungen gestellt zu werden.

Um trotz des Fehlens einer Änderungsmöglichkeit der Linsenbrennweiten über eine ausreichende Zahl von Stufen in den Abbildungsmaßstäben zu verfügen, wurde die Projektionslinse zweiteilig gestaltet. Die beiden Einzellinsen

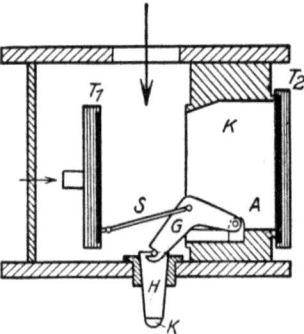
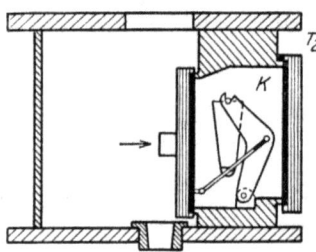
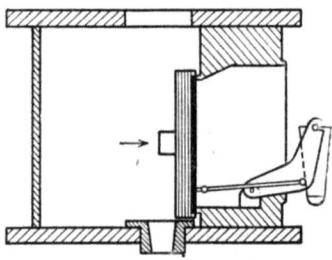

Abb. 193. Schema der Objektschleuse des elektrostatischen Übermikroskops der AEG. (Nach BRUCHE und GOLZ *417*.)

K Schleusenkammer, T_1 inneres Schleusentor, T_2 äußeres Schleusentor, *S* Schubstange, *G* Greifer, *A* Achse des Greifers, *H* Objekthalter, *K* Kappe.

weisen verschiedene Brennweite auf, so daß man auf diese Weise durch Umschalten zwei Stufen im Wechsel benutzen kann, wie das im Schema angedeutet ist.

Auch die Beleuchtungseinrichtung des elektrostatischen Geräts ist einfacher. Sie besteht aus der „Lichtquelle", ebenfalls einer haarnadelförmigen Wolframdrahtglühkathode mit WEHNELT-Elektrode und aus einer mit feiner Bohrung versehenen Anodenblende. Sie ist zur genauen Ausrichtung des Elektronenstrahls senkrecht zur optischen Achse verschiebbar und neigbar. Die Beschleunigungsspannung für die Elektronen beträgt 50 kV.

Eine besondere, dem Kondensor des Lichtmikroskops vergleichbare Elektronenlinse ist nicht vorgesehen. Man begnügt sich mit der Fokussierungswirkung der genannten Elektrodenanordnung.

Der aus dem Strahlerzeuger austretende Elektronenstrahl trifft also unmittelbar auf das Objekt. Dieses wird, wie in der Übermikroskopie üblich, auf Objektträgerblenden aufgebracht, die am unteren Ende einer konischen Patrone angeschraubt werden. Die Patrone trägt auf ihrer anderen Endfläche gleichzeitig den Kontrolleuchtschirm. Mit ihr wird nun das Objekt in den Objekthalter eingeschleust. Dieser ist in Abb. 192 dargestellt. Die Hülse, in welcher die Objektpatrone sitzt, ist kreuztischartig durch zwei Schrauben mit Gegenfeder senkrecht zur optischen Achse verstellbar, damit sich das Objekt leicht absuchen läßt. Zum Einstellen kann das Ganze parallel zur Achse verschoben werden. Die Schleuse für das Objekt (Abb. 193) arbeitet nach einem ganz anderen Prinzip als die bei dem beschriebenen magnetischen Übermikroskop. Sie besteht aus einem Schleusenraum von möglichst geringem Volumen, der durch ein inneres und ein

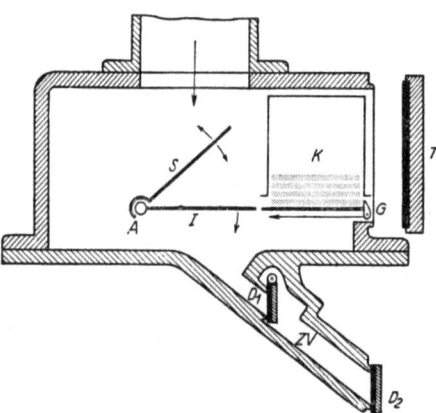

Abb. 194. Schema der Plattenschleuse des AEG-Übermikroskops. (Nach BRUCHE und GOLZ 417.) *T* Schleusentor, *K* Kassette, *G* Greifer, *I* Plattentisch, *S* Leuchtschirm, D_1 inneres Schleusentor, D_2 äußeres Schleusentor, *ZV* Schleusenraum

äußeres Tor geschlossen werden kann. Die Objektpatrone wird in einen zweiarmigen Greifer gehängt, der mit dem inneren Schleusentor durch Schubstangen verbunden ist. Nachdem das äußere Tor geschlossen ist, kann das innere geöffnet werden. Dabei bewegt sich der Greifer, von den Schubstangen angetrieben, um seine Achse und fuhrt die Objektpatrone in den unterhalb der Schleuse befindlichen Objekthalter. Beim Ausschleusen erfolgt das Umgekehrte: beim Schließen des inneren Tors wird der Greifer nach oben bewegt. Er erfaßt die Objektpatrone, hebt sie aus und bringt sie in den Schleusenraum. Nachdem dieser mit Luft gefüllt ist, wird das äußere Tor geöffnet, worauf sich nach dem Herausschwenken des Greifers die Objektpatrone gegen eine andere, mit einem neuen Präparat beschickte auswechseln läßt.

Auf die beschriebene Art gelingt es, das Objekt so nahe an die obere Außenelektrode der Objektivlinse zu bringen, daß in der ersten Stufe ein ausreichend vergrößertes Bild entsteht. Über die Objektiv- und Projektionslinse ist nichts Besonderes zu sagen. Ihre Konstruktion entspricht dem auf S. 640 gegebenen Schema. Magnetische Störfelder, die hier genau so stören wie beim magnetischen Übermikroskop, sind durch entsprechende Maßnahmen (Abschirmzylinder aus einem Material von hoher Permeabilität — Mu-Metall) unschädlich gemacht. Die Linsen sind in einem Eisengehäuse untergebracht.

Eine besondere Durchbildung hat die Photoeinrichtung (Plattenschleuse) erfahren. Maßgebend waren die folgenden Gesichtspunkte: Die Bedienung soll auch für den Ungeübten so einfach wie möglich sein, und es soll eine schnelle Folge von Aufnahmen gewährleistet werden. Die Lösung wurde nach folgendem Prinzip erreicht (Abb. 194): Eine mit 24, einzeln in besondere Rahmen geschobene Platten gefüllte Vorratskassette K wird ohne Schleusung vor Beginn der Arbeit in das noch nicht evakuierte Gerät durch die Tür T eingesetzt. Nach Öffnung der Kassette kann die Tür geschlossen und das Gerät durch Auspumpen in Betriebsbereitschaft gesetzt werden. Der Plattenstapel hat sich beim Herausziehen des Kassettendeckels nach unten gesenkt, wodurch der Rahmen der ersten Platte auf eine Gleitbahn zu liegen kommt. Um eine Aufnahme auszuführen, braucht der am Gerät Arbeitende, nachdem die Einstellung des Bilds erfolgt ist, nur die Achse mittels eines Handrads zu drehen. Dabei wird zunächst die photographische Platte durch die Greifer G unter den noch horizontal liegenden Leuchtschirm S befördert. Dann klappt der Schirm hoch, gibt die Platte zur Exposition frei und schlägt automatisch beim Weiterdrehen des Rads wieder zurück. Bei der Fortsetzung des Drehens wird die Ausschleusung der belichteten Platte bewirkt. Der die Platte tragende Tisch I neigt sich nach unten. Die Platte rutscht durch einen Spalt in den Schleusenraum ZV. Dieser wird mit dem durch Betätigen eines anderen Handrads geschlossenen inneren Tor vom Vakuum getrennt, worauf das äußere Schleusentor durch ein drittes Rad geöffnet und die Platte in einer vorher angesetzten Auffangkassette entnommen werden kann. Durch Schließen des äußeren und Öffnen des inneren Schleusentors wird das Gerät wieder betriebsbereit gemacht.

Die zum Betrieb des Geräts notwendige elektrische Hochspannungsanlage ist beim elektrostatischen Übermikroskop wegen des Fehlens der Vorrichtung zur Konstanthaltung der Beschleunigungsspannung verhältnismäßig einfach. Sie besteht aus einem Röntgentransformator, einer Ventilröhre zum Gleichrichten und einer Beruhigungskapazität.

d) Besondere Übermikroskopformen.

Die im vorhergegangenen Abschnitt beschriebenen Formen des Übermikroskops sind zwar die einzigen, mit denen übermikroskopische Auflösungen bei Forschungsarbeiten erzielt wurden, und die daher bereits stellenweise für solche Arbeiten systematisch eingesetzt werden. Das bei ihnen angewandte Prinzip ist aber nicht das einzige, nach dem sich eine übermikroskopische Auflösung überhaupt erreichen läßt. Es gibt vielmehr zu dem Zweck auch grundsätzlich andere Wege: Das „Elektronenschattenmikroskop" von BOERSCH (*375, 377, 379*) und das einen älteren Vorschlag von STINTZING[1] verwirklichende „Elektronenrastermikroskop" von v. ARDENNE (*338, 340, 363*) sind Geräte, mit denen ebenfalls übermikroskopische Auflösungen erzielt werden konnten.

Das erstere beruht auf dem Prinzip der Schattenprojektion. Fängt man den Schatten eines nahe an einer sehr kleinen Lichtquelle befindlichen Gegenstandes auf einem mehr oder weniger entfernten Schirm auf, dann erhält man ein vergrößertes Bild des betreffenden Gegenstandes. Sein Abbildungsmaßstab ist auf Grund des Strahlensatzes durch das Verhältnis der Entfernungen zwischen Lichtquelle und Schirm und Lichtquelle und Objekt bestimmt. Beim Elektronenschattenmikroskop wird als Lichtquelle das auf einen Durchmesser von nur etwa 6 mμ, also sehr stark verkleinerte Bild einer Kathode verwandt. Zur Abbildung wird ein zweistufig arbeitendes, im Prinzip mit dem des elektrostatischen Über-

---

[1] D.R.P. 485155.

mikroskops übereinstimmendes Abbildungssystem benutzt. Die mit diesem Gerät zu erreichende Auflösung hängt im wesentlichen von der Ausdehnung der „Lichtquelle" ab. Angaben von SCHERZER (572) ist zu entnehmen, daß die theoretisch erreichbare Grenze für das Auflösungsvermögen dieses Gerätes in der gleichen Größenordnung liegen muß wie bei den anderen Elektronenmikroskopen, da letzten Endes die gleichen Bedingungen maßgebend sind. Tatsächlich erreicht wurden etwa 50 mμ, zum Teil auch noch etwas weniger (bis 25 mμ). Die Qualität der Bilder ist durchaus mit der von Bildern zu vergleichen, die mit den üblichen Übermikroskopen gewonnen wurden.

Nach dem gleichen Prinzip ist übrigens auch von v. ARDENNE (349, 363) ein Röntgenstrahlenschattenmikroskop angegeben worden. Hierbei wird das Kathodenbild auf der Antikathode einer Röntgenröhre entworfen, wodurch dort in einer entsprechend kleinen Stelle Röntgenstrahlen ausgelöst werden, mit denen nunmehr die Schattenprojektion durchgeführt wird. Praktische Ergebnisse mit einer solchen Einrichtung sind nicht bekannt geworden.

Bei dem Elektronenrastermikroskop von v. ARDENNE wird ebenfalls ein — durch magnetische Polschuhlinsen — stark verkleinertes Bild der Kathode benutzt. Mit diesem Bild, der „Sonde", wird in nebeneinanderliegenden Zeilen das Objekt abgetastet. Hinter dem Objekt liegt die lichtempfindliche Schicht, die entsprechend den vom Objekt durchgelassenen Elektronen mehr oder weniger geschwärzt wird. Um eine Vergrößerung zu erzielen, wird die Platte synchron zur Sonde ebenfalls am Objekt vorbeibewegt. Der Abbildungsmaßstab ergibt sich aus dem Verhältnis der Plattenbewegung zur Sondenbewegung. Das Bild zeigt also eine Zeilenstruktur, die seine Qualität ungünstig beeinflussen muß. Für das Auflösungsvermögen gilt das gleiche wie beim Schattenmikroskop. Erreicht ist bis jetzt bei Abbildungsmaßstäben von 1500:1 etwa 40 bis 70 mμ, also etwas weniger als beim Schattenmikroskop. Eine praktische Anwendung hat sich bis jetzt weder für das eine noch für das andere Gerät gefunden.

e) Besondere Aufnahmeverfahren beim Übermikroskop.

α) **Dunkelfeldaufnahmen.** Der sowohl am magnetischen als auch am elektrischen Übermikroskop normalerweise eingestellte Strahlenverlauf entspricht, verglichen mit dem beim Lichtmikroskop, der Hellfeldbeleuchtung mit durchfallendem Licht. Man kann sich fragen, ob nicht auch ein der Dunkelfeldbeleuchtung analoger Strahlenverlauf herzustellen ist. Das würde bedeuten, daß der beleuchtende Strahl das Objekt unter einer solchen Neigung zur optischen Achse trifft, daß er, nachdem er das Objekt durchdrungen hat, nicht mehr unmittelbar an der Bildentstehung beteiligt ist. In der Tat ist es mit beiden Typen des Übermikroskops möglich, einen solchen Strahlenverlauf herzustellen. Beide haben sie eine Einrichtung, um den Bestrahlungsteil zur optischen Achse zu neigen. Hierdurch ergibt sich natürlich nur eine einseitige Dunkelfeldbeleuchtung. Nach v. BORRIES und RUSKA soll es aber auch möglich sein, durch Ringblenden im Kondensor Dunkelfeldbeleuchtung herzustellen. Die Bilder ähneln im Charakter dem vom Lichtmikroskop her Gewohnten. Dort, wo sich im Präparat keine Masse befindet, weisen sie völlige Dunkelheit auf. Mit steigender Massendicke im Präparat nimmt auch im Bild die Helligkeit zu. Übersteigt indessen die Massendicke einen gewissen Betrag, dann nimmt die Helligkeit wieder ab, weil dann die Elektronen so weitgehend zerstreut werden, daß das Objektiv wegen seiner geringen Apertur nicht mehr die zur Erzeugung der zu einer Einwirkung auf die Platte führenden Intensität notwendige Strahlenmenge aufzunehmen vermag. Das Auflösungsvermögen bei Dunkelfeldbeleuchtung erreicht beim Elektronenmikroskop das bei Hellfeldbeleuchtung nicht ganz.

β) **Stereoaufnahmen.** Infolge der außerordentlich kleinen Apertur zeigen die mit dem Übermikroskop aufgenommenen Bilder eine sehr große Tiefenschärfe. Infolgedessen ist es nicht möglich, über den räumlichen Aufbau der Objekte nach der Methode der optischen Schnitte, wie sie beim Lichtmikroskop üblich ist, Aufschluß zu erhalten. Dagegen fordert die über die gesamte Tiefe gleiche Schärfe geradezu dazu heraus, diesen Aufschluß durch Stereoaufnahmen zu gewinnen. Über Stereoaufnahmen mit dem Lichtmikroskop ist auf S. 538 ff. das Nötige gesagt. Es gilt mutatis mutandis auch für das Übermikroskop. Fur dieses Gerät eignet sich von den verschiedenen dort angeführten Methoden am besten die der Kreuzung der Einstellebenen durch Neigung des Objekts, zumal

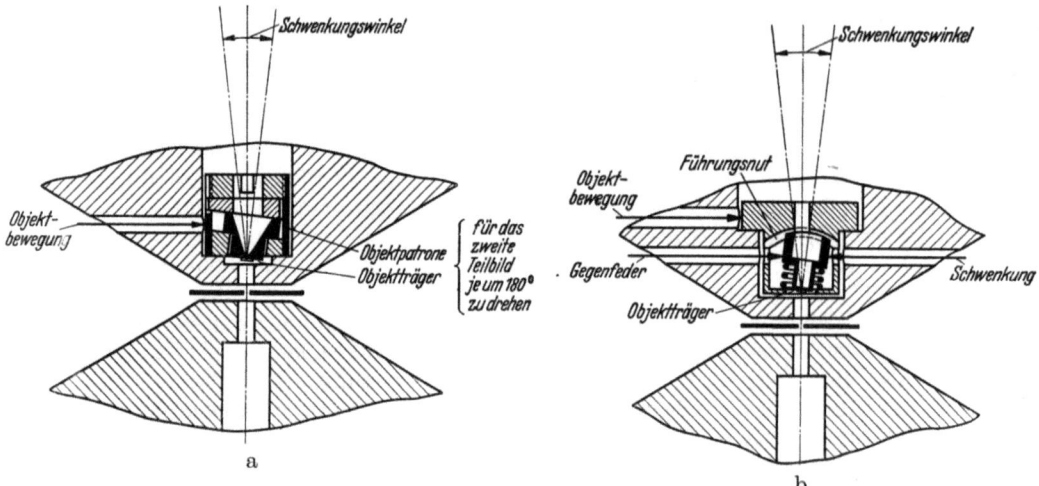

Abb 195. Einrichtungen zur Stereoubermikroskopie. (Nach v. ARDENNE *363*.)
a Objektpatrone mit geneigter Auflage des Objektträgers, b Objektschwenkeinrichtung des v. ARDENNEschen Universal-Elektronenmikroskops.

man ja nur unbewegliche Objekte untersucht, also die beiden Halbbilder nacheinander aufnehmen kann. Zur Neigung des Objekts wurden verschiedene Konstruktionen durchgeführt, je nachdem, ob beim Entwurf des Geräts von vornherein die Anfertigung von Stereoaufnahmen berücksichtigt war oder nicht (Abb. 195). Beim „SIEMENS-Übermikroskop" sind besondere Objektfassungen mit verschiedenen Stereowinkeln vorgesehen. „Der Objektträger wird mit ihnen schwach geneigt in die normale Einschleuspatrone eingeschraubt. Die Abstimmung ist so getroffen, daß der Objektmittelpunkt auf der optischen Achse liegt. Nachdem die Aufnahme des einen Halbbildes angefertigt ist, muß die Patrone ausgeschleust, das Objekt um 180° gedreht und wieder eingeschleust werden, bevor das zweite Halbbild mit dem gleichen Bildausschnitt aufgenommen werden kann.

Beim elektrostatischen Übermikroskop der AEG. ist nach MAHL zur Einstellung der Neigung des Objekts kein besonderer Aufwand notwendig. Sie wird in einfacher Weise durch den dort vorgesehenen, zur Scharfeinstellung des Objekts dienenden Vertikaltrieb des Objekttisches vorgenommen. Der Neigungswinkel läßt sich weitgehend ändern, wozu einige Anschlagstifte verstellt werden müssen. Für den vorliegenden Zweck erweist sich auch die Plattenschleuse dieses Geräts als vorteilhaft, da bei ihr zwischen den Aufnahmen der beiden Halbbilder keine Platten eingeschleust zu werden brauchen. Die Teilbilder lassen sich nicht nur betrachten. Sie können auch nach den in der Photogram-

Die Übermikroskopie. 657

metrie üblichen Verfahren (vgl. dieses Handbuch, Bd. VII) vermessen werden (*432*). Eine besonders weitgehend durchkonstruierte Objektschwenkeinrichtung hat v. ARDENNE an seinem Universalelektronenmikroskop eingebaut (Abb. 195b). Bei ihr kann die Schwenkung innerhalb des Vakuums vorgenommen werden, wobei der Objekthalter auf einer zylindrischen oder sphärischen Gleitfläche verschoben wird, deren Krümmungsmittelpunkt in der Objektebene liegt. Der Schwenkungswinkel kann bis $\pm 6°$ betragen. Er wird an einem mit entsprechender Teilung versehenen Knopf eingestellt. Bei der Konstruktion der Kamera ist hier auch Rücksicht darauf genommen, daß zwischen den Aufnahmen der zwei Teilbilder keine Platte aus- und eingeschleust werden muß.

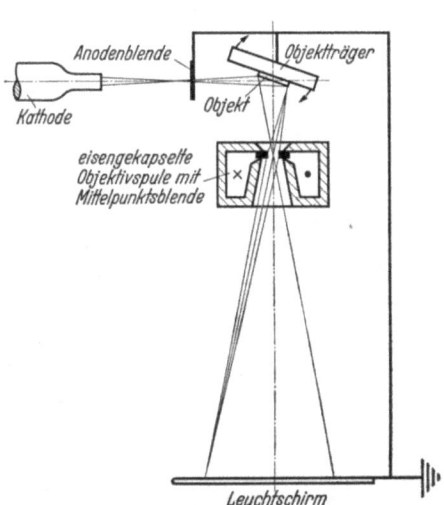
Abb. 196. Schema einer Einrichtung zur Oberflächenaufnahme mit rückgestrahlten Elektronen nach RUSKA. Winkel zwischen bestrahlendem und abbildendem Strahlengang 90° (Nach v BORRIES und RUSKA *406*)

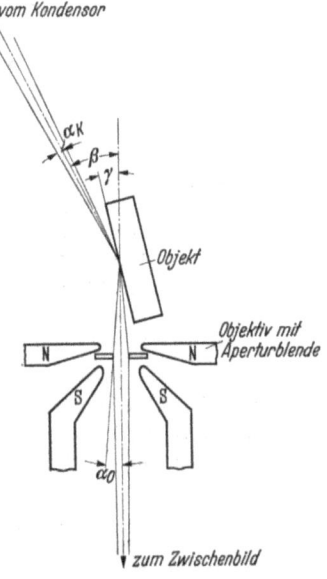
Abb. 197. Strahlengang bei der Abbildung von Oberflächen mit rückgestrahlten Elektronen nach v. BORRIES. (Nach v BORRIES und RUSKA *406*.)

Zu dem Zweck läßt sich die Platte vom Format $4,5 \times 6$ cm so verschieben, daß beide Teilbilder nebeneinander auf der gleichen Platte aufgenommen werden können.

γ) **Oberflächenaufnahmen.** Die Mikroskopie mit Elektronenstrahlen hat ihren Ausgangspunkt im Grunde von der Abbildung der Oberflächen der die Elektronen emittierenden Kathoden genommen. Die Emissionsmikroskope, wie die dazu verwendeten Geräte genannt wurden, vermochten allerdings keine übermikroskopische Auflösung zu erzielen. Oberflächenabbildungen mit übermikroskopischer Auflösung sind erst gelungen, nachdem das Durchstrahlungsübermikroskop eine gewisse Höhe erreicht hatte. Zurzeit sind für diese Aufgabe zwei grundsätzlich verschiedene Verfahren in Gebrauch. Das eine benutzt zur Abbildung schnelle Elektronen, welche von der abzubildenden Oberfläche in die optische Achse des Abbildungssystems reflektiert werden. Daraus geht hervor, daß mit ihm nur Oberflächen untersucht werden können, die Elektronen reflektieren. Das sind insbesondere Oberflächen von Metallen. Als Einfallswinkel wurden entweder 45° [E. RUSKA und H. O. MÜLLER (*557*), Abb. 196] oder 86° [v. BORRIES (*398*), Abb. 197] gewählt, wobei im ersten Fall der Winkel zwischen Beleuchtungs- und Abbildungsstrahlengang 90°, im zweiten Fall 8° beträgt.

Übermikroskopische Auflösung (bis etwa 25 bis 50 mµ) und Abbildungsmaßstäbe (bis 14000:1) wurden nur mit dem Verfahren nach v. BORRIES erzielt. Infolge des geringen Neigungswinkels zwischen Strahlengang und Objekt wird dieses streifend beleuchtet und in sehr schräger Projektion abgebildet. Das hat zur Folge, daß die Bilder in Richtung der optischen Achse sehr stark verzerrt erscheinen und überdies trotz der großen Tiefenschärfe nur ein mittlerer Streifen wirklich scharf erscheint. Die Struktur der Oberfläche macht zwar einen recht plastischen Eindruck, die wahre Form kann man aber natürlich nicht ohne weiteres aus dem Bild entnehmen. Dazu müßte man es gewissermaßen erst entzerren.

Grundsatzlich anders geht MAHL (503, 505) bei der Untersuchung von Oberflächen vor. Er benutzt dazu ein an sich bekanntes Abdruckverfahren, das darin besteht, auf der zu untersuchenden Oberfläche eine möglichst gleichmäßige „natürlich wachsende oder künstlich aufgebrachte Schicht" zu erzeugen, die nach dem Ablösen im gewöhnlichen Durchstrahlungsübermikroskop aufgenommen werden kann. Die Schicht enthält einen bis in allerfeinste Einzelheiten getreuen Abdruck der Oberflächenstruktur, die durch Abbildung im Übermikroskop nunmehr mit Leichtigkeit wiederzugeben ist. Das Verfahren fand insbesondere Anwendung auf die Untersuchung von Aluminiumoberflächen, wo sich natürlich wachsende Oberflachenfilme besonders leicht durch anodische Oxydation erzeugen und nach der Quecksilbermethode ablösen lassen. Bei anderen Metallen, z. B. Nickel, wurde zur Erzeugung der Filme ein thermisches Verfahren benutzt und der Oxydfilm galvanisch abgelöst. Um die Untersuchungsmethode auch auf andere Metalle sowie auf Nichtmetalle ausdehnen zu können, sind Filme aus künstlich aufgebrachten Stoffen, z. B. Zaponlack, benutzt worden. Mit ihnen läßt sich die Methode ebensogut durchführen wie mit den Oxydfilmen. Lediglich die Präparation bereitet zunächst noch größere Schwierigkeiten, da sich das Ablösen und Aufbringen der Filme auf die Objektblenden nicht ganz einfach bewerkstelligen läßt. Wie die veröffentlichten Bilder beweisen, ergibt diese Methode Resultate von ganz hervorragender Qualität (vgl. z. B. Abb. 174).

δ) **Die Aufnahme von Elektronenbeugungsdiagrammen.** Vielfach ist es erwünscht, zur Vervollständigung des Untersuchungsmaterials neben dem übermikroskopischen Bild eines untersuchten Objekts auch dessen Beugungsbilder zu besitzen. Die Erfüllung dieses Wunsches ist mit dem Übermikroskop leicht möglich, wenn die abbildenden Linsen ausgeschaltet werden. Damit für den Gang der Strahlen in der Projektionslinse genügend Platz ist, muß sie entweder vollständig entfernt werden, oder zum mindesten sind bei der magnetischen Linse die Polschuhe herauszunehmen. Infolge der sehr hohen Anforderungen, die der Beleuchtungsapparat der Geräte erfüllt, sind die Beugungsbilder sehr gut. Ein näheres Eingehen auf diese Anwendungsart des Übermikroskops muß hier unterbleiben. Über die Bedeutung der Beugung in dem Gerät sowie über Einzelheiten der Anfertigung von Beugungsdiagrammen mit ihm muß die Originalliteratur (BOERSCH 380, 389, 382; E. RUSKA 556) eingesehen werden.

3. Die übermikroskopische Technik.

Zur Untersuchung beliebiger Objekte mit dem Übermikroskop kann nicht ohne weiteres auf die in der Lichtmikroskopie benutzten Untersuchungsverfahren zurückgegriffen werden. Dazu ist das Verhalten der Objekte gegenüber den zur Abbildung benutzten Elektronenstrahlen im Vergleich mit ihrem Verhalten gegen Lichtstrahlen zu verschieden. Außerdem sind die besonderen Bedingungen zu berücksichtigen, welchen die Objekte im Elektronenmikroskop während der Untersuchung ausgesetzt werden.

Die Übermikroskopie. 659

Von Elektronen werden nur äußerst dünne Schichten durchdrungen. Eine Abbildung von dickeren Schichten ist also nicht mehr möglich. Ein Bild kommt überhaupt nur von Objekten zustande, welche Unterschiede in der Massendicke, dem Produkt aus Dichte und Dicke, aufweisen. Während der Untersuchung werden die Objekte einem sehr hohen Vakuum und einer intensiven Bestrahlung ausgesetzt. Letztere erwärmt sie unter Umständen beträchtlich. Lebende Objekte, deren Untersuchung im Vakuum ja sowieso nicht möglich ist, würden auch durch die Strahlung infolge von Ionisierungserscheinungen geschädigt und abgetötet werden. Der Untersuchungstechnik kommt also die Aufgabe zu, für die zu untersuchenden Objekte eine geeignete Unterlage möglichst geringer und gleichförmiger Massendicke zu schaffen und sie in einer für die Durchstrahlung geeigneten Form in sehr geringer Schichtdicke auf dieser Unterlage so zu befestigen, daß sie während der Bestrahlung im Vakuum keine unkontrollierbaren Veränderungen erleiden. Wenn man sichere Aussagen über irgendein Objekt im übermikroskopischen Bereich machen will, ist Voraussetzung, daß dieses auch wirklich rein vorliegt, denn Kontrollmöglichkeiten besonderer Art für die beobachteten Tatsachen sind ja nicht vorhanden. Durch Verunreinigungen wäre also die Gefahr von Täuschungen und Fehlschlüssen gegeben, weshalb vielfach auch den Reindarstellungsmethoden maßgebende Bedeutung eingeräumt werden muß.

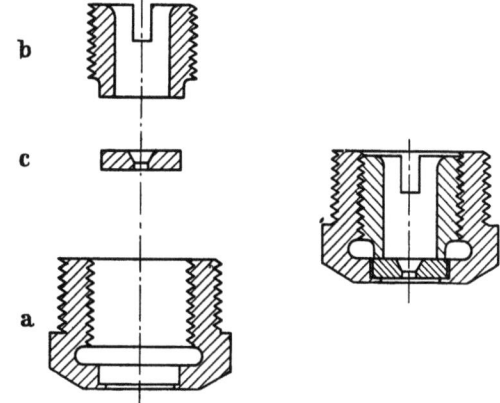

Abb 198 Objektblendenfassung a mit Objektblende c und Befestigungsschraube b zu dem „SIEMENS-Übermikroskop". (Nach v BORRIES und RUSKA 406.)

Als Objektträger hat sich nach dem Vorgang von MARTON (517) heute wohl allgemein ein sehr dünner Film aus Kollodium oder Zaponlack eingeführt, der über eine sogenannte Objektträgerblende gespannt wird. Diese Blende ist eine kleine runde Scheibe mit einer feinen zentralen Bohrung. Damit sie sich nach der Benutzung durch chemische Mittel oder durch Ausglühen leicht reinigen läßt, wird sie zweckmäßigerweise aus einem Edelmetall hergestellt. Sie wird in einem Halter befestigt (vgl. Abb. 198) und mit seiner Hilfe in das Übermikroskop eingeschleust.

Die Arbeitsweise zur Herstellung der Filme ist nach H. RUSKA (559, 569) die folgende: Von einem Glasstab läßt man einen kleinen Tropfen einer 1,5%igen Lösung von Kollodium in Amylazetat oder auch von Agfa-Zaponlack Z 116 (nach 406) vorsichtig auf die absolut ruhige Oberfläche von mit Amylacetat gesättigtem Wasser laufen. Hier breitet sich der Tropfen sofort zu einer dünnen Schicht aus. Durch Verdunsten des Amylacetats entsteht in kurzer Zeit aus ihr ein sehr dünner Film. Die Entstehung guter Filme ist an eine sehr hohe Sauberkeit des Wassers und der Arbeitsweise geknüpft. Um sie zu gewährleisten, hat H. RUSKA den in Abb. 199 abgebildeten Apparat angegeben. In dem oben erkennbaren Scheidetrichter befindet sich destilliertes Wasser, das mit einem Überschuß von Amylacetat versetzt ist. Aus ihm wird es in das darunter befindliche „Wasserbad" abgelassen, nachdem hier in einem Einsatz eine mit einer großen Anzahl von Objektträgerblenden beschickte Platte angeordnet wurde. Nun wird der Deckel des Wasserbades mit dem Scheidetrichter abgenommen

42*

und, wie oben erwähnt, ein Tropfen der Kollodiumlösung auf das Wasser gebracht. Nachdem sich der Film ausgebildet hat, läßt man das Wasser durch den unten befindlichen Hahn ab, wobei sich der Film auf die Objektträgerblenden senkt. Dort haftet er nach dem Trocknen fest.

Die zu untersuchenden Objekte sind in einer leicht verdunstenden Flüssigkeit aufgeschwemmt. Hierbei sind gegebenenfalls bei feinen Suspensionen Maßnahmen zu ergreifen, um eine Verklumpung oder Koagulation der Teilchen zu verhindern, wie Schütteln oder die Einwirkung von Ultraschall. Aus der so vorbereiteten Probe bringt man mit einer Platinöse oder einem ähnlichen Werkzeug, am besten unter der Kontrolle lichtmikroskopischer Beobachtung, einen kleinen Tropfen auf den Objektträgerfilm. Hierbei, wie überhaupt bei den vorbereitenden Arbeiten, dürfte auch die Anwendung des Mikromanipulators sehr große Dienste leisten. Den Tropfen läßt man eintrocknen. Auch dabei macht es oft große Mühe, die feine Verteilung zu erhalten. Um diese Schwierigkeit zu überwinden, hat v. ARDENNE (356) vorgeschlagen, die mit der Suspension beschickte Objektträgerblende während des Auftrocknens in rasche Vibrationen parallel zur Objektebene zu versetzen. Er hat zu dem Zweck ein kleines Hilfsgerät, den „Objektträgervibrator" empfohlen, bei dem die Schwingungen mit Hilfe einer elektrisch angeregten Stimmgabel oder eines Stahlstabs erzeugt werden, auf deren schwingenden Enden das Objekt befestigt wird.

Abb. 199. Gerät zur Herstellung der Objektträgerfilme. (Nach H. RUSKA 569.)
a Scheidetrichter, b Absperrhahn, c Foliengießschale, d Ablaßhahn, e Trägerblech für Objektblenden.

Sehr viele Objekte brauchen zur Untersuchung im Übermikroskop nicht noch einer Vorbehandlung unterworfen zu werden. Das gilt insbesondere für solche, die ohnehin aus kleinen oder gar submikroskopischen Teilchen bestehen, wie z. B. Bakterien, Viruskörper, staub-, rauch- und pulverförmige Substanzen usw. Solche Objekte sind daher auch bevorzugte Untersuchungsobjekte gewesen. Bei ihnen beschränkt sich die Vorbereitung auf die Reindarstellung oder Zerlegung in einzelne Größenklassen, wozu die entsprechenden Verfahren aus anderen Wissensgebieten Anwendung finden müssen, wie z. B. die Filtration und Ultrafiltration, das Zentrifugieren, Dialysieren, Fallen, Schlammen, Sedimentieren u. a.

Größere Objekte, die unmittelbar für die elektronenmikroskopische Durchstrahlung zu dick sind, müssen in geeigneter Weise aufbereitet werden. Die dazu notwendigen Verfahren richten sich natürlich weitgehend nach der Natur des gerade der Untersuchung zu unterwerfenden Objekts. In der Lichtmikroskopie spielt hier das Verfahren der Dünnschnitte eine große, man kann sagen beherrschende Rolle. Aber selbst die dünnsten Schnitte sind für die Untersuchung im Elektronenmikroskop bis auf wenige Ausnahmen noch zu dick. Um noch dünner zu schneiden, als es mit einem gewöhnlichen Mikrotom möglich ist, hat v. ARDENNE (343) ein Keilschnittmikrotom angegeben. Das Prinzip des Keilschnittverfahrens beruht auf der Herstellung eines im Querschnitt keilförmigen Schnittes, wobei man damit rechnet, an den dünnsten Stellen Dickenwerte zu erreichen, die für Elektronen bereits durchlässig sind. Eine ähnliche Methode hat der gleiche Verfasser auch zur Herstellung dünnster Schliffe (365) angegeben. Auch Methoden, wie die Mazeration (583), die Mikroveraschung, der fermentative Abbau, das Herauslösen bestimmter Stoffe oder das Zermahlen, sind vielfach mit Erfolg angewandt worden. Alle diese Methoden zur Verminderung der Massendicke werden in der Übermikroskopie weitaus häufiger eine Rolle spielen als etwa Methoden zur Lösung der entgegengesetzten Aufgabe, der Erhöhung der Massendicke. Doch kann auch das vorkommen. Hierzu ist man so vorgegangen, daß man Stoffe hoher Dichte an die betreffenden Objekte anzulagern versucht hat (Imprägnation mit Schwermetallsalzen 554, Anlagerung schwerer Atome 435 oder Radikale 457, 458 an die Moleküle der zu untersuchenden Substanz). Eine weitere Schwierigkeit, die bei Objekten geringer Massendicke auftritt, ist die, daß infolge des geringen Kontrasts die Scharfeinstellung auf dem Leuchtschirm nur mit großer Unsicherheit möglich ist. Man hilft sich dann nach dem Vorgang von H. RUSKA (559) so, daß man dem Objekt ein Metallkolloid beifügt und die sich kontrastreich abbildenden Teilchen dieses Hilfsobjektes zur Einstellung benutzt.

Die Verfahren zur Abbildung von Oberflächen im Elektronenmikroskop wurden bereits erwähnt (s. S. 657 f.). Handelt es sich dabei darum, Gefügebilder von Metallen zu erhalten, dann ist es notwendig, diese vor der Anwendung der betreffenden Verfahren der in der Metallographie üblichen Schleif-, Polier- und Ätzbehandlung zu unterziehen, um zunächst das Gefüge überhaupt darzustellen.

VII. Literaturverzeichnis.

1. Literatur zur Mikrophotographie Kapitel I bis VI.[1]

1. ADENSAMER, W.: Wunderliche Gestalten unter den Schnecken. Photogr. u. Forsch. 3, 11—18 (1939/40).
2. ALBRECHT, K.: Das Metaphot und seine Zusatzgeräte. Bl. Unters.- u. Forsch.-Instr. 7, 1—11 (1933).

---

[1] Es wurde angestrebt, die Literatur über Mikrophotographie seit dem Erscheinen des PÉTERFIschen Beitrages „Mikrophotographie" in diesem Handbuch möglichst vollständig zusammenzustellen. Es sind daher, mit Ausnahme solcher Arbeiten, die nur eine werbende Beschreibung bestimmter Geräte bieten, alle Arbeiten aufgenommen, von denen Verf. Kenntnis erhielt, auch wenn sie für die Abfassung des Textes nicht unmittelbar zu benutzen waren. Unter den Arbeiten zum Thema „Kleinbildphotographie" konnte nur eine mehr oder weniger willkürliche Auswahl getroffen werden. Als leitender Gesichtspunkt war hierbei maßgebend, die vielseitige Verwendbarkeit der Kleinbildkamera in Erscheinung treten zu lassen.

3. Auer, A.: Die Verwendung des Rollfilms und die Messung der Belichtungszeit in der Mikrophotographie. Z. wiss. Mikroskop. mikroskop. Techn. **56**, 259—264. (1939).
4. Baecker, R: Einfache Bestimmung der Vergrößerung von Mikrophotographien. Z. wiss. Mikroskop. mikroskop. Techn. **54**, 101, 102 (1937).
5. Baird, Th. T.: Polarized light in photomicrography; its principles and applications. J. biol. photogr. Assoc. **5**, 43—57 (1936).
6. Baker, J. R.: Methods of stereomicrography. Photographic J. **76**. 275—279 (1936).
7. Barnard, H. E. and F. V. Welch: Practical Photo-micrographie, III. Edition. London: E. Arnold u. Co., 1936.
8. Barta, E.: Der Mikroilluminator. Z. wiss. Mikroskop. mikroskop. Techn. **52**, 276—292 (1936).
9. Barthelmes, H.: Die Mikrophotographie farbloser Objekte unter Verwendung selbst angefertigter Kontrastfilter. Mikrokosmos **34**. 54—56 (1940).
10. Becher, K.: Die Verwendung von Bromsilberpapier zur schnellen und billigen Anfertigung von Mikrophotographien. Bl. Unters.- u. Forsch.-Instr. **9**, 22—25 (1935).
11. Beck, C.: Mikroskope illumination with transmitted light. J. Roy. Microsc. Soc. **53**, 1—8 (1933).
12. Beckmann, H. W. A.: Mikrobiologie und Mikrophotographie. Bl. Unters.- u. Forsch.-Instr. **11**, 6—8 (1937).
13. Beil, F.: Das Lupenaufnahmegerät in der gerichtlichen Medizin. Photogr. u. Forsch. **2**, 42—52 (1937/38).
14. Beiser, W.: Mikrophotographische Quellungsuntersuchungen von Fichten- und Buchenholz an Mikrotomschnitten im durchfallenden Licht und an Holzklötzchen im auffallenden Licht. Kolloid-Z. **65**, 203—211 (1933).
15. Belin, N. B. M.: L'évolution de la technique photomicrographique. Collect. actual. Sci. et Ind. **86**, Nr. 744 (1939).
16. Benedek, T.: Use and application of photomicrography in mycology. J. biol. photogr. Assoc. **8**, 73—80 (1939).
17. Benedicks, C. und P. Sederholm: Prufung des großen Metallmikroskops von Carl Zeiss, Jena. Z. wiss. Mikroskop. mikroskop. Techn. **48**, 99—109 (1931).
18. Berthelsen, H.: Eine objektive Methode zur Bestimmung der genauen Expositionszeit bei der Mikrophotographie. Z. wiss. Mikroskop. mikroskop. Techn. **51**, 383—387 (1934).
19. Bettin, H.: Mikroskop und Kamera. Halle a. S.: W. Knapp, 1938.
20. Biebl, R.: Über die Pflanzendecke des Großglockners. Photogr. u. Forsch. **1**, 153—160 (1935/36).
21. Binkon, H.: Mikrophotographie mit infraroten Strahlen. Dissertation. Basel, 1933.
22. Bishop, F. W. and V. Downing: Versatile photomicrographic unit. Photo-Technique **2**, 48—50 (1940).
23. Blumenthal, A.: Das Zeiss-Neophot und seine Anwendung. Zeiß-Nachr. **1**, 19—26 (1935).
24. Boegehold, H.: Die Verbesserung des Bildfeldes der Mikroskopobjektive (Planachromate). Z. wiss. Mikroskop. mikroskop. Techn. **55**, 17—25 (1938).
25. Boersch, H.: Zur Bilderzeugung im Mikroskop. Z. techn. Physik **19**, 337, 338 (1938).
26. Bohne, G.: Zur photographischen Reproduktion von Fingerspuren auf ebenen Glasflachen, besonders bei stärkeren Vergrößerungen. Z. wiss. Mikroskop. mikroskop. Techn. **53**, 249—259 (1936).
27. Bott, R.: Lange Brennweiten am Einstellrevolver. Leica **5**, 41, 42 (1935/36).
28. Brandt, O. und H. Freund: Momentaufnahmen von Schwebepartikeln in schwingenden Gasen. Bl. Unters.- u. Forsch.-Instr. **9**, 57—59 (1935).
29. Brandt, P.: Farbige Mikro- und Makrophotographie. Gebrauchsphotographie **47**, 214, 215 (1940).
30. Breitenecker, L.: Verwendbarkeit und Vorteile der Kleinbildphotographie in der Medizin. Photogr. u. Forsch. **1**, 100—110 (1935/36).
31. Buchthal, F. und G. G. Knappeis: Eine Blitzlichtlampe zur Herstellung von Momentaufnahmen in der Mikrophotographie. Z. wiss. Mikroskop. mikroskop. Techn. **52**, 37—44 (1935).
32. — — Der Einfluß von Korngröße, Kornabstand und Kornverteilung auf die Vergrößerungsfahigkeit von Mikrophotographien biologischer Objekte. Z. wiss. Photogr., Photophysik, Photochem. **35**, 177—192 (1936).

33. Büttner, H. E. und L. Mohr: Zur Frage der Vereinfachung des Unterrichts in der medizinischen Mikroskopie. (Mit Bemerkungen uber ein einfaches mikrophotographisches Verfahren.) Z. wiss. Mikroskop. mikroskop. Techn. **53**, 273—278 (1936).
34. Busch, E. (Rathenow): Starr und doch elastisch: Das Vario-Okular. Bl. Unters.- u. Forsch.-Instr. **9**, 40—44 (1935).
35. — Das Busch-Citophot, eine neuartige mikro- und makroskopische Kamera. Bl. Unters.- u. Forsch.-Instr. **10**, 1—8 (1936).
36. — Druckschriften: M 60/II (Citophot), M 159 (Makro-Photo-Kamera nach Bischoff), M 172 (Forschungsmikroskop „R"), M 209 (Univertor und Vertikal-Illuminator), M 210 (Metaphot), Dr 331/II (Spiegelkondensor), M 336 (Gerate zur Auflicht-Mikroskopie).
37. Butterfield, J. V.: An illuminating system for large transparent sections in photomicrography. J. biol. photogr. Assoc. **6**, 155—161 (1938).
38. Cermak, A.: Eine neue Mikro-Aufsatzkamera fur verschiedene Bildformate. Mikrokosmos **28**, 69, 70 (1934/35).
39. — Fortschritte im Aufbau von Metallmikroskopen. Gießereipraxis **60**, 8, 9 (1939).
40. Christiansen, W.: Das Leica-Kleinbildverfahren im Dienste des Zuchters. Der Zuchter **5**, 213 (1933).
41. Chubb, W. C.: Photomicrography in colour. Metallurgia (Manchester) **18**, 113—115 (1939).
42. Clay, R. S.: A review of the mechanical improvements of microscopes in the last forty years. J. Roy. microsc. Soc. **58**, 1—29 (1938).
43. Cohrs, L.: Mikrophotographie oder Zeichnung? Bl. Unters.- u. Forsch.-Instr. **10**, 33—37 (1936).
44. Crook, W. J.: A method for photographing petrographic thin sections at low magnifications. Amer. Mineralogist **23**, 114—116 (1938).
45. Croucher, D.: Ocular photomicrographic and diagrams. Brit. J. physiol. Opt. **8**, 120—127 (1934).
46. Dear, P. S.: Adapting miniature cameras to petrographic photomicrography. J. Amer. ceram. Soc. **22**, 279—281 (1939).
47. Deckart, M.: Über die Eignung der verschiedenen Formen des Abbeschen Beleuchtungsapparates für Mikrophotographie und Mikroprojektion. Mikroskopie f. Naturfreunde **9**, 197—199 (1931).
48. — Herstellung von Kuhlkuvetten fur Mikrophotographie und Mikroprojektion. Mikroskopie f. Naturfreunde **9**, 318—320 (1931).
49. — Zur Frage der Brauchbarkeit von leichten „Aufsetz-Kameras" fur Mikrophotographie. Mikroskopie f. Naturfreunde **11**, 69, 70 (1933).
50. — Beleuchtung fur Aufnahmen im auffallenden Licht bei schwacher Vergroßerung. Mikroskopie f. Naturfreunde **12**, 105—107 (1934).
51. Diemer, G.: Versuche zur Mikrophotographie im Ultrarot. Zeiß-Nachr. **2**, 113—121 (1937).
52. Dillmann, F.: Die Mikrophotographie von Textilien. Kunstseide u. Zellwolle **22**, 348—350 (1940).
53. Doehner, H.: Ein neuer Beleuchtungstisch fur Makro- und Mikrophotographie. Z. wiss. Mikroskop. mikroskop. Techn. **49**, 471—473 (1932).
54. Dohrer, H.: Filterfarben in der Mikrophotographie. Mikrokosmos **29**, 187—190 (1935/36).
55. Du Mesnil de Rochemont, R.: Zur Technik der Mundhohlenphotographie. Klin. Wschr. **16**, 1207—1209 (1937).
56. Ebert, K.: Mikrophotographische Übersichtstafeln mit einfachen Hilfsmitteln. Munchener med. Wschr. **80**, 936, 937 (1933).
57. Egger, F.: Der praktische Arzt und die Kleinbildphotographie. Photogr. u. Forsch. **1**, 264—271 (1935/36).
58. Ehrenberg, K.: Streifzuge durch einige palaontologische Arbeitsgebiete als Beitrag zu dem Thema: Photographie und Forschung. Photogr. u. Forsch. **1**, 202—215 (1935/36).
59. Ehrhardt, J. B.: Photographic adventures with the darkfield microscope. Amer. Photogr. **24**, 88—92 (1940).
60. Ehringhaus, A.: Das Mikroskop, seine wissenschaftlichen Grundlagen und seine Anwendung, 2. Aufl. Leipzig und Berlin: B. G. Teubner, 1938.
61. Eidmann, H. A.: Die Photographie im Dienste der Entomologie. Bl. Unters.- u. Forsch.-Instr. **12**, 49—57 (1938).
62. Emmermann, C.: Weitere Mitteilungen uber die Spiegelreflexeinrichtung. Leica **5**, 11—14 (1935/36).

63. Ext, W.: Das Busch-Soffittenlampenstativ und die Leica. Bl. Unters.- u. Forsch.-Instr. 10, 56—59 (1936).
64. Fesefeld, H.: Eine neue Beleuchtungseinrichtung für Werkstoffaufnahmen bei Makrovergrößerungen. Bl. Unters.- u. Forsch.-Instr. 13, 55—60 (1940).
65. — Die neue Polarisationseinrichtung am Metaphot. Bl. Unters.- u. Forsch.-Instr. 14, 11—16 (1940).
66. Fiedler, E.: Technische Aufnahmen mit der Busch-Soffitten-Beleuchtungseinrichtung. Bl. Unters.- u. Forsch.-Instr. 9, 29—31 (1935).
67. Fischer, K.: Optik und Mechanik am modernen Mikroskop. Z. Instrumentenkunde 55, 145—157 (1935).
68. — Erwiderung auf die vorstehende Entgegnung von Herrn G. Stade (vgl. Nr. 295 dieses Verzeichnisses) zum Aufsatz „Optik und Mechanik am modernen Mikroskop". Z. Instrumentenkunde 55, 421, 422 (1935).
69. Flugge, J.: Die Systemwahl bei der Mikrophotographie. Z. wiss. Mikroskop. miskroskop. Techn. 48, 367—369 (1931).
70. — Das „Metaphot", ein neues mikrophotographisches Gerät mit vereinfachter Bedienung und vermindertem Raumbedarf. Bl. Unters.- u. Forsch.-Instr. 5, 49—56 (1931).
71. — Ein Jahrhundert mikroskopischer Abbildungslehre. Bl. Unters.- u. Forsch.-Instr. 6, 1—4 (1934).
72. — Betriebsgerechte Mikrophotographie im Dienste der Glastechnik. Bl. Unters.- u. Forsch.-Instr. 9, 60—62 (1935); Glastechn. Ber. 13, 151—155 (1935).
73. Förster, M.: Die Photographie in der Augenheilkunde. Photogr. u. Forsch. 1, 181—189 (1935/36).
74. Foster, L. V.: The correlation of microscope objektives and eyepieces. J. biol. photogr. Assoc. 2, 140—150 (1934); Ber. wiss. Biologie 30, 4 (1934).
75. — A polarizing vertical illuminator. J. opt. Soc. America 28, 124—126 (1938).
76. — A study of polarized vertical illumination. J. opt. Soc. America 28, 127—129 (1938).
77. — The intelligent use of numerical aperture. J. biol. photogr. Assoc. 8, 60—68 (1939).
78. Franke, K.: Die Technik photographischer Aufnahmen bei mikroskopischen und fluoreszenzmikroskopischen Lebendbeobachtungen. Abderhalden, Handbuch der biologischen Arbeitsmethoden, Abt. V, Teil 10, Lfg. 444, S. 970—986, 1935.
79. Franzheim, L.: Das Mikroskop als Feind des Urkundenfälschers. Z. wiss. Mikroskop. mikroskop. Techn. 53, 178—182 (1936).
80. Freund, H.: „Panphot", ein neues mikroskopisch-mikrophotographisches Gerät. Z. wiss. Mikroskop. mikroskop. Techn. 50, 441—446 (1933).
81. — „Panphot", ein neuer Mikroskoptyp. Z. Instrumentenkunde 55, 416—419 (1935).
82. — „Panphot", ein neues mikroskopisch-mikrophotographisches Gerät, II. Mitt. Z. wiss. Mikroskop. mikroskop. Techn. 52, 59—64 (1935).
83. — „Panphot", ein neues mikroskopisch-mikrophotographisches Gerät. III. Mitt. Z. wiss. Mikroskop. mikroskop. Techn. 53, 50—56 (1936).
84. — Zur Geschichte des Metallmikroskops. Gießerei 23, 491—502 (1936) und Gießerei 25, 429, 430 (1938); Ref.: Z. wiss. Mikroskop. mikroskop. Techn. 53, 322—325 (1936).
85. — Das Kameramikroskop als mikrophotographischer Apparat. Int. Fachz. Gesamtgeb. Mikroskop. u. Mikrophotogr. 1, 25—30 (1937).
86. Freitag, H.: Der Leica-Einstellrevolver. Photogr. Chron. 45, 359, 360 (1938).
87. Fuess, R. (Berlin-Steglitz): Druckschrift 417, Ausg. b („Orthophot").
88. Funk, H. und H. Steps: Mikrophotographie von Röntgenleuchtschirmen im Eigenlicht. Photogr. Korresp. 70, 97, 98 (1934); Zeiß-Nachr. 1, H. 8, 12—16 (1935).
89. Gelbke, W.: Nebelkammeraufnahmen mit der Contax. Photogr. u. Forsch. 2, 169—176 (1937/38).
90. Gerlach. H. P.: Die Kleinbildphotographie in der Zahnheilkunde. Zahnarztl. Rdsch. 42, 1219—1223 (1933).
91. Gimesi, F.: Das Mikrophotographieren mit Kleinkameras. Z. wiss. Mikroskop. mikroskop. Techn. 50, 419—427 (1933).
92. Glien, R.: Die histologische Untersuchung der von Tieren stammenden Nahrungsmittel. Photogr. u. Forsch. 3, 54—62 (1939/40).
93. Goosmann, Ch.: Über die Verwendung von Polarisationsfiltern bei Diatomeen-Aufnahmen. Zeiß-Nachr. 2, 317—319 (1939).

94. GRABNER, A.: Die Farbenphotographie von Fluoreszenzerscheinungen an mikroskopischen Präparaten. Photogr. Korresp. 69, 15—17 (1933).
95. GRAF, J. H.: Determining exposure time of photomicrographs with the instoscope exposure meter and a circular slide rule for cinephotomicrographic exposures. J. biol. photogr. Assoc. 6, 161—171 (1938).
96. GRATON, L. C. and E. B. DANE: Precision all-purpose microcamera. J. opt. Soc.America 27, 355—376 (1937); J. Roy. Microsc. Soc. 58, 84 (1938).
97. HAITINGER, M.: Fluoreszenz-Mikroskopie. Ihre Anwendung in der Histologie und Chemie. Leipzig: Akad. Verlagsges. m. b. H., 1938.
98. HANDOVSKY, H.: Serienaufnahmen von lebenden Objekten mit dem „Metaphot" von BUSCH. Bl. Unters.- u. Forsch.-Instr. 7, 33—37 (1933).
99. HANNA, G. D.: An Illuminator fur opaque objects. J. Roy. Microsc. Soc. 57, 11—14 (1937).
100. HANSEN, K.: Zweifarben-Mikrophotographien. Mikroskopie f. Naturfreunde 9, 61 (1931).
101. — Die Kleinbildkamera in der Mikrophotographie. Mikrokosmos 29, 124—126 (1935/36).
102. HARDING, R. B.: Rapid method of determining enlarging and reducing proportions. J. biol. photogr. Assoc. 5, 149—151 (1937).
103. HARVEY, E. N. and A. L. LOOMIS: High speed photomicrography of living cells subjected to supersonic vibrations. J. gen. Physiol. 15, 147—153 (1931).
104. HASTINGS, W. S.: A suspended photomicrographic camera. J. biol. photogr. Assoc. 8, 55—59 (1939); Ref.: Monthly Abstr. Bull. 26, 178 (1940).
105. HAUSER, F.: Über mikroskopische Momentphotographie und Kinematographie menschlicher Kapillargefäße. Kinotechnik 11, 427—430 (1929).
106. — Grundlinien der Beleuchtung mit auffallendem Licht. Zeiß-Nachr. 1, H. 1, 12—18 (1932).
107. — und L. MOHR: Über gleichzeitige Anwendung von auffallendem und durchfallendem Licht. Zeiß-Nachr. 1, H. 4, 30—38 (1933).
108. — Der Epikondensor W als Hilfsmittel der Luminenszenzmikroskopie. Zeiß-Nachr. 2, 10—16 (1936).
109. — Anwendungen der Auflichtmikroskopie unter Berucksichtigung der Oberflachenprufung. Techn. Zbl. prakt. Metallbearb. 47, 431—436 (1937); Ref.: Chem. Zbl. 108 II, 2036 (1937).
110. — Überblick uber die Beleuchtungsverfahren in der Mikroskopie und Mikrophotographie. Z. physik. chem. Unterricht 51, 228—237 (1938).
111. — Beleuchtung in durch- und auffallendem Licht. Zeiß-Nachr. 3, 19—34 (1939).
112. — Das Arbeiten mit auffallendem Licht in der Mikroskopie, Mikro- und Makrophotographie. In ABDERHALDEN, Handbuch der biologischen Arbeitsmethoden, Abt. II, Teil 3, 3717—3849 (1939).
113. HEARD, O. O.: Direct photo-micrographic half-tone negatives for color reproduction. J. biol. photogr. Assoc. 5, 57—63 (1936).
114. HEIM L. und F. SKELL: Anleitung zur Mikrophotographie, auch mit einfachen Einrichtungen, mit zweckmaßigster Beleuchtung mit einem neuen, wenig kostspieligen Apparat fur den taglichen Gebrauch auf dem Mikroskopiertisch. Jena: G. Fischer, 1931.
115. HEIMSTÄDT, O.: Aspharische Spiegellinsen fur Spiegelkondensoren. Z. wiss. Mikroskop. mikrosk. Techn. 49, 253 (1932).
116. — Mikroskopokulare mit negativer Brennweite. Z. wiss. Mikroskop. mikrosk. Techn. 49, 231 (1932).
117. HELLSTRÖM, H.: Über die Anwendung des Epikondensors W in der biologischen Luminenszenzmikroskopie. Zeiß-Nachr. 2, 28—32 (1936).
118. HERZOG, A.: Mikroskopische Bilder fur den Chemiker. Zeiß-Nachr. 2, 149—180 (1938).
119. HILTSCHER, R.: Die Verwendung des „Metaphots" zu polarisationsoptischen Untersuchungen des raumlichen Spannungszustandes. Bl. Unters.- u. Forsch.-Instr. 12, 62—64 (1938).
120. HIRT, A.: Intravitalmikroskopie im Luminenszenzlicht. Zeiß-Nachr. 2, 358—374 (1939).
121. — Die Luminenszenzmikroskopie und ihre Bedeutung fur die medizinische Forschung. Zeiß-Nachr. 3, 82—106 (1939).
122. HEYSE, E.: Über Anwendung von polarisiertem Licht zur Erzielung von Reflexfreiheit bei Auflichtbeleuchtung. Zeiß-Nachr. 1, H. 7, 1—6 (1934).
123. — Über Mikrophotographie mit photographischen Systemen. Z. wiss. Mikroskop. mikrosk. Techn. 57, 5—18 (1940).

124. HÓRA, J.: Contameter-Aufnahmen im wissenschaftlichen Tierexperiment. Photogr. u. Forsch. **1**, 308—312 (1935/36).
125. HOFFMANN, E.: Notiz uber den Nachweis kleinster Virusarten durch die Lichtbildmethode mittels Hell-Dunkelfeld-Kondensor. Dermatol. Z. **74**, 308 (1937).
126. HOFFMANN, K.: Über eine neue Lichtquelle fur die Ultramikroskopie, die Hg-Hochstdrucklampe. Kolloid-Z. **83**, 9—13 (1938).
127. HOFMANN, R.: Unterwasseraufnahmen mit einer Tiefseekamera in der Kieler Bucht. Kieler Meeresforschungen **2**, 352, 353 (1938).
128. HRYNTSCHAK, TH.: Die Kleinbildphotographie in der Urologie. Photogr. u. Forsch. **1**, 236—251 (1935/36).
129. HUBER, J. A.: Fruchte und Samen im Kleinbild. Photogr. u. Forsch. **2**, 212—220 (1937/38).
130. JACK, A. und O. BORNHOFEN: Die Leica als Hilfsmittel in Eisenhütten-Forschungsanstalten. Z. wiss. Mikroskop. mikroskop. Techn. **53**, 193—200 (1936).
131. JACOBI, W. F. H.: Ein Spezialstativ und andere Gerate fur medizinische Aufnahmen. Photogr. u. Forsch. **1**, 272—275 (1935/36).
132. — Ein Spiegelreflexansatz fur Nahaufnahmen mit der Contax. Photogr. u. Forsch. **2**, 261—264 (1937/38).
133. JACOBI, A.: Lichtbildaufnahmen von Bernsteineinschlussen. Photogr. u. Forsch. **2**, 10—16 (1937/38).
134. JANSEN, P. C.: Microfotografische Technik. Antwerpen: „De Sikkel", 1936.
135. JELLEY, E. E.: Recent developments in photomicrography. Photographic J. **74**, 419—423 (1934).
136. JÖRG, M. E.: Insekten-Photographie in auffallendem Licht mit Zeiß-Geräten. Zeiß-Nachr. **2**, 326—339 (1939).
137. JOHN, K.: Über einige neuere Hilfsgerate fur die Mikroskopie und ihre Anwendung in der Mikrophotographie. Z. wiss. Mikroskop. mikroskop. Techn. **54**, 414—419 (1937).
138. — Der Zweiblendenkondensor nach BEREK. Z. Instrumentenkunde **59**, 463—466 (1939).
139. — Das „Ultraphot", ein neues universelles mikrophotographisches Gerat. Z. Instrumentenkunde **59**, 273—280 (1939).
140. — Ein neues Universalgerät („Orthophot"). Z. wiss. Mikroskop. mikroskop. Techn. **56**, 371—376 (1939).
141. — Neue Fortschritte im Mikroskopbau. I. Das große Forschungsmikroskop „Ortholux" von LEITZ (Bericht). Z. Instrumentenkunde **59**, 358—360 (1939).
142. — Die Entwicklung der mikrophotographischen Apparatur. Z. Instrumentenkunde **59**, 301—314 (1939).
143. — Praparat und Mikrophotogramm. Bl. Unters.- u. Forsch.-Instr. **13**, 7—15 (1939).
144. — Über den Einfluß der Bildfeldwolbung mikroskopischer Systeme auf die Ergebnisse der Mikrophotographie in naturlichen Farben mittels des Agfa-Color-Neu-Filmmaterials. Z. wiss. Photogr., Photophysik Photochem. **38**, 110—113 (1939).
145. — Der Farbenfilm bei mikrophotographischen Aufnahmen. Photogr. Korresp. **75**, 37—40 (1939).
146. — Über die absolute Farbentreue bei Aufnahmen mit modernen Farbfilmen. Photogr. Korresp. **75**, 113—119 (1939).
147. — Neue Erfahrungen bei Farbaufnahmen mit der Mikrokamera. Z. angew. Photogr. Wiss. Techn. **1**, 120—124 (1939).
148. — Über ein neues mikrophotographisches Universalgerat (Bericht). Z. Instrumentenkunde **60**, 349—355 (1940).
149. — Nachtragliche Bemerkungen zum Aufsatz uber Mikrophotographie mit Agfa-Color-Neu-Film. Photogr. Korresp. **76**, 23—26 (1940).
150. — BUSCH-Optik bei farbigen Aufnahmen mikroskopischer Objekte. Bl. Unters.- u. Forsch.-Instr. **13**, 52—54 (1940).
151. JOSEPH, H.: Kleinbildkamera und feinste Zellstrukturen. Photogr. u. Forsch. **1**, 4—10 (1935/36).
152. KAISER, H.: Der Einheitsopakilluminator und das Universalkameramikroskop „MeF", zwei neue Hilfsgerate fur den Mikroskopiker und Mikrophotographen. Photogr. Korresp. **69**, 139—147 (1934).
153. KAISER, M.: Die Hilfsgerate zur Leica-Kamera in der wissenschaftlichen Medizin. Wiener klin. Wschr. **48**, 826 (1935).

154. KIENAST, H.: Das „Metaphot" als Hilfsmittel bei der Papierprüfung. Bl. Unters.- u. Forsch.-Instr. **8**, 40—43 (1934).
155. — Die Mikrophotographie im Fabrikbetrieb. Bl. Unters.- u. Forsch.-Instr. **11**, 33—38 (1937).
156. KISSER, J.: Forstbotanische Studien an Zweigen und Knospen. Photogr. u. Forsch. **3**, 1—9 (1939/40).
157. KLEIN, L. M.: Das große REICHERTsche Universalmikroskop „Z". Z. wiss. Mikroskop. mikroskop. Techn. **54**, 421—427 (1937).
158. KLUGHARDT, A.: Warum werden die unsymmetrischen Mikrophoto-Objektive „verkehrt" gefaßt? Bl. Unters.- u. Forsch.-Instr. **10**, 12—15 (1936).
159. KOCH, W.: Eine einfache Vorrichtung zur Mikrophotographie und zur Photographie kleiner lebender Objekte. Z. wiss. Mikroskop. mikroskop. Techn. **53**, 37—42 (1936).
160. KÖHLER, ALEX.: Die Photographie im Dienste der Mineralogie und Gesteinskunde. Photogr. u. Forsch. **1**, 170—180 (1935/36).
161. KÖHLER, A.: Erschütterungsfreie Apparateaufstellung. Zeiß-Nachr. **1**, H. 1, 26—28 (1932).
162. — Die Beleuchtung mit „parallelem" Licht. Zeiß-Nachr. **1**, H. 3, 8—10 (1933).
163. — Über neue Systeme für Mikrophotographie und Mikroprojektion. Z. Instrumentenkunde **55**, 407—415 (1935).
164. — Über die Beeinflussung der Tiefenschärfe durch kleine Erstaufnahmen und nachträgliche Vergrößerung. Zeiß-Nachr. **1**, H. 10, 14—19 (1936).
165. — Abbildung und Auflösungsvermögen im Mikroskop. Zeiß-Nachr. **3**, 2—19 (1939).
166. — Der Diffraktionsapparat nach ABBE. Forsch. Gesch. Optik **3**, 25—78 (1940).
167. — und W. LOOS: Das Phasenkontrastverfahren und seine Anwendungen in der Mikroskopie. Naturwiss. **29**, 49—61 (1941).
168. KÖNIG, M.: Die Grundlagen und die Bedeutung der Farbenphotographie auf Agfacolor-Kunstlichtfilm für die praktische und wissenschaftliche Dermatologie. Z. angew. Photogr. Wiss. Techn. **2**, 51—57 (1940).
169. KÖSTER, W.: Die Bedeutung des Mikroskops für die Erforschung des Aufbaues der Metalle. Metallwirtsch., Metallwiss., Metalltechn. **16**, 129—136 (1937).
170. KOLLARITS, B.: Die Anwendung des Contaxverfahrens in der Dermatologie. Photogr. u. Forsch. **1**, 256—263 (1935/36).
171. KRAFT, P.: Neue optische Wege in der Mikrophotographie und Mikroskopie im Dienste der Geologie und Paläontologie. Z. dtsch. geol. Ges. **84**, 651, 652 (1932).
172. KRÖNING, F.: Aus der Praxis der Mikrophotographie und Mikroskopie. Zeiß-Nachr. **3**, 34—38 (1939).
173. KROGH-CHRISTOFFERSEN, A.: Das Mikrophotographieren ohne photographische Geräte. Z. wiss. Mikroskop. mikroskop. Techn. **56**, 301—308 (1939).
174. KROMPECHER, J.: Praktische Bestimmung der Belichtungszeit beim Mikrophotographieren. Magyar Biol. Kutatóintézet Munkái (Arb. ung. biol. Forsch.-Inst. **11**, 242—244 (1939) (ungarisch mit deutscher Zusammenfassung).
175. KRUSZYŃSKI, J.: Vereinfachte Methode zur Bestimmung des Maßstabes auf Mikrophotographien, besonders bei Anwendung eines dunklen Feldes oder des auffallenden Lichtes. Z. wiss. Mikroskop. mikroskop. Techn. **54**, 411—413 (1938).
176. KRUTZSCH, C. H.: Untersuchungen von Wirbelringen. Photogr. u. Forsch. **2**, 53—62 (1937/38).
177. KUNDIG, W.: Zweifarben-Mikrophotographie. Mikroskopie f. Naturfreunde **9**, 243—247 (1931).
178. KUHL, W.: Anwendung der Kleinfilmkamera „Leica" zur Aufnahme kleiner Objekte im Maßstab 1:1. Z. wiss. Mikroskop. mikroskop. Techn. **48**, 227—234 (1931).
179. — Eine neue Verwendungsart der „Leica" für Aufnahmen kleiner Objekte in starker Vergrößerung; zugleich eine Möglichkeit, mit den Leicaobjektiven Elmar 1:3,5, 5 cm und 1:3,5, 3,5 cm stark vergrößerte Aufnahmen auf Platten (6×9 und 9×12 cm) zu erzielen. Z. wiss. Mikroskop. mikroskop. Techn. **49**, 372—380 (1932).
180. LAU, E.: Erhöhung des Auflösungsvermögens von Mikroskop und Fernrohr. Physik. Z. **38**, 446—449 (1937).
181. LAUBENHEIMER, K.: Lehrbuch der Mikrophotographie und Mikroprojektion, 2. umgearbeitete Aufl. Berlin und Wien: Urban & Schwarzenberg, 1931.

182. LAUBENHEIMER, K.: Neuzeitliche mikrophotographische Universalapparate. Z. Infektionskrankh., parasit. Krankh. Hyg. Haustiere **33**, 392 (1935).
183. LAMBERTINI, G.: Di un metodo pratico per eseguire microfotografie in assenza della comuni macchine microfotografiche. Monitore Zool. ital. **46**, 39—42 (1935).
184. LANGENBRUCH, H.: Kriminalistische Ultraviolett-Reflex-Mikrophotographie mit einer nach Angaben des Verfassers hergestellten Optik. Arch. Kriminol. **99**, 15, 16, 119—121 (1936).
185. LEITZ, E. (Wetzlar): Druckschriften: Mikro A Nr. 7896 (Dialux), 7910 (Ortholux), 7738 (Grundzuge der neuen Beleuchtungseinrichtung am Mikroskop) Mikro D Nr. 2494c, (Spiegelkondensoren), Mikro-Leica Nr. 7745a (Leica in Wissenschaft und Technik); Mikrophoto G Nr. 7475b (Aufsetzkameras), 7360a (Ringbeleuchtung), 7584a (Makrophotographische Einrichtung), 7600b (Mikrophotographischer Apparat MA IVb), 7695b, 7696b, 7846a (Panphot), 7748 (Panphot-Gebrauchsanweisung), 7824a (Leica-Kamera in der Mikrophotographie); Metallo B Nr. 7037c (Optik in der Metallindustrie), 7762a (Metallmikroskope), 7858a (Metallmikroskop MM, Modell 1939).
186. LEVIN, E.: Photoaufnahmen mikroskopischer Präparate ohne Apparatur, sowie eine einfache und billige Methode, um Literaturbelege zu gewinnen. Z. wiss. Mikroskop. mikroskop. Techn. **55**, 470, 471 (1938).
187. LLOYD, D. J. and R. H. MARRIOTT: Interpretation of photomicrographs. J. int. Soc. Leather Trades Chemists **16**, 57—93 (1932).
188. LOSSEN, F.: Mikrophotographisches Arbeitsgerät. Z. wiss. Mikroskop. mikroskop. Techn. **49**, 229—231 (1932).
189. LUCAS, F. F.: Late developments in microscopy. J. Franklin Inst. **217**, 661—707 (1934); Ref.: Z. wiss. Mikroskop. mikroskop. Techn. **53**, 445 (1937).
190. MAGDEBURG, E.: Serienaufnahmen mit der Kleinbildkamera und Contameter. Photogr. u. Forsch. **1**, 90—94 (1935/36).
191. MAIER, E.: Photographic record of Petri dishes. J. biol. photogr. Assoc. **7**, 129, 130 (1939).
192. MALMQUIST, D.: Mikrophotographische Aufnahmen von Achsenbildern opaker Mineralien im Ultrarot. Zbl. Mineral., Geol., Palaont., Abt. A, Jahrg. 1935, 209—213 (1935).
193. MARTIN, L. C. and T. R. WILKINS: Examination of the principles of orthostereoscopic photomicrography and some applications. J. opt. Soc. America **27**, 340—349 (1937).
194. MASSOPUST, L. C.: The use of infrared plate in photomicrography. J. biol. photogr. Assoc. **5**, 20—24 (1936).
195. McKAY, H. C.: Routine record photomicrography. J. biol. photogr. Assoc. **4**, 86—94 (1935).
196. McWHORTER, F. P.: Application of fine grain processing and condenser illumination enlarging to photomicrography. Stain Technol. **14**, 87—96 (1939).
197. MELCZER, N. und T. VENKEI-WLASSICS: Die Quecksilberhochdrucklampe als Lichtquelle fur Fluoreszenzmikroskopie und Mikrophotographie. Z. wiss. Mikroskop. mikroskop. Techn. **56**, 202—210 (1939).
198. — — Bemerkungen zu unserer Arbeit „Die Quecksilberhochdrucklampe als Lichtquelle fur Fluoreszenzmikroskopie und Mikrophotographie". Z. wiss. Mikroskop. mikroskop. Techn. **56**, 453 (1939).
199. MERZ, A.: Lichtbogenaufnahmen mit der Contax. Photogr. u. Forsch. **2**, 191—195 (1937/38).
200. MÉSZÁROS, K.: Eine einfache Einrichtung zur Kapillarmikrophotographie der Lippenschleimhaut und der Conjunctiva bulbi. Z. wiss. Mikroskop. mikroskop. Techn. **49**, 305—312 (1932).
201. MEKLER, F. A.: Negative enlargement in photomicrography. J. biol. photogr. Assoc. **7**, 21—26 (1938).
202. METZNER, P.: Einfache Einrichtung zur Fluoreszenzmikrophotographie. Biol. generalis (Wien) **6**, 415—432 (1930).
203. MICHEL, K.: Ein Vergroßerungsrechenstab fur die Mikrophotographie. Z. wiss. Mikroskop. mikroskop. Techn. **52**, 293—305 (1935).
204. — Vom Flohglas zum Elektronenmikroskop. Deutsches Museum (Abhandlungen und Berichte) **9**. Berlin: VDI-Verlag, 1937.
205. — Ein neues Kameramikroskop. Pharmaz. Ztg. **82**, 807—810 (1937).
206. — Die Kleinbildphotographie in der Mikroskopie. Zeiß-Nachr. **3**, 121—129 (1939).
207. — Der plastische Mikrofilm. Zeiß-Nachr. **3**, 240—249 (1940).

208. MICHEL, K.: Grundzüge der Mikrophotographie. Zeiß-Nachr., Sonderh. 4 (1940).
209. — Die Darstellung von Chromosomen mittels des Phasenkontrastverfahrens. Naturwiss. **29**, 61, 62 (1941).
210. — Eine einfache Methode zur Bestimmung des Abbildungsmaßstabes bei Mikrophotographien. Zeiß-Nachr. **4**, 27—33 (1941).
211. MOHR, L.: 40 Jahre KÖHLERsches Prinzip. Zeiß-Nachr. **1**, H. 5, 1—6 (1933).
212. MURRAY, J. A.: Stereo-Photomicrography by objects displacements at right angles to the optic axis. J. Roy. Microsc. Soc. **55**, 83—85 (1935).
213. MUTCHLER, W. and H. O. WILLIER: A note on rapid photomicrography. Trans. Amer. Soc. Metals **26**, 279—288 (1938).
214. NAUMANN, H.: Zur Mikrophotographie im Infrarot. Bl. Unters. u. Forsch.-Instr. **7**, 38—40 (1933).
215. — Stereo-Mikrophotographie. Bl. Unters. u. Forsch.-Instr. **8**, 33—37 (1934).
216. — Über Mikrophotographie im Infrarot. Z. Instrumentenkunde **54**, 236—245 (1934).
217. — Mikroskopie und Farbenfilm. Bl. Unters. u. Forsch.-Instr. **10**, 53—56 (1937).
218. NIKLITSCHEK, A.: Zur Praxis der Auflicht-Mikroskopie und -Mikrophotographie. Zeiß-Nachr. **1**, H. 7, 31—35 (1934).
219. — Studien an Schneekristallen mit dem Auflichtmikroskop. Zeiß-Nachr. **1**, H. 6, 8—12 (1934).
220. — Lebende Kleinwassertiere unter dem Mikroskop. Zeiß-Nachr. **1**, H. 8, 26—33 (1935).
221. — Mikrophotographie. Mikrokosmos (Buchbeilage). Stuttgart: Frankh, 1937.
222. NURNBERGER, F.: Infrarotmikrophotographie. Int. Fachz. Gesamtgeb. Mikroskop. u. Mikrophotogr. **1**, 21—25 (1937).
223. OEHLINGER, S.: Die Mikrophotographie in der Chemie. Photogr. u. Forsch. **1**, 161—167 (1936).
224. — Mikrophotographie in natürlichen Farben. Int. Fachz. Gesamtgeb. Mikroskop. u. Mikrophotogr. **1**, 19, 20 (1937).
225. — Rationelle Mikrofotografie mit der Exakta-Kamera. Magdeburg-Sudenburg: Gerh. Isert, 1937; Ref.: Z. wiss. Mikroskop. mikroskop. Techn. **54**, 447 (1938).
226. — Lupenphotographische Aufnahme von Samen. Bl. Unters. u. Forsch.-Instr. **14**, 8—11 (1940).
227. OELZE, F. W.: Methodik der Dunkelfeldmikroskopie. ABDERHALDEN, Handbuch der biologischen Arbeitsmethoden, Abt. XII, Teil 2, H. 3, S. 413—482. 1934; Ref.: Z. wiss. Mikroskop. mikroskop. Techn. **51**, 397 (1934).
228. PESTA, O.: Versuche mit der Kleinbildkamera für Zwecke des Musealzoologen. Photogr. u. Forsch. **2**, 75—83 (1937/38).
229. PÉTERFI, T.: Wissenschaftliche Anwendungen der Photographie; Mikrophotographie. Handbuch der wissenschaftlichen und angewandten Photographie, Bd. VI, Teil 2. Berlin: Springer, 1933.
230. PFEIFFER, H.: Das „Metaphot" als Universalinstrument für mikroskopische, sowie mikro- und makrophotographische Arbeiten im auffallenden und durchfallenden Licht. Z. wiss. Mikroskop. mikroskop. Techn. **49**, 100—103 (1932).
231. — Der neue Universal-Vertikalilluminator „Univertor" der EMIL BUSCH A. G. Z. wiss. Mikroskop. mikroskop. Techn. **49**, 103—107 (1932).
232. — Neuere auflichtmikroskopische Untersuchungen an biologischen Objekten. Bl. Unters. u. Forsch.-Instr. **8**, 29—32 (1934).
233. PICHT, J.: Bemerkungen zum Phasenkontrastverfahren von ZERNIKE. Verh. dtsch. physik. Ges. **18**, 20, 21 (1937).
234. — Zum Phasenkontrastverfahren von ZERNIKE. Angew. Chem. **50**, 220 (1937).
235. POLENSKI, H.: Zur Photographie von Fingerabdrücken. Bl. Unters. u. Forsch.-Instr. **12**, 6, 7 (1938).
236. POOLE, H. H.: Photomicrography for the professional and amateur. Amer. Photogr. **31**, 262—268 (1937).
237. PREISSECKER, O.: Die Kleinbildphotographie in der Zahnheilkunde. Photogr. u. Forsch. **1**, 252—255 (1935/36).
238. PUSCH, R.: Verbesserungen an Metallmikroskopen. Stahl u. Eisen **56**, 1362 bis 1365 (1936).
239. RACK, E.: Ein einfacher Makroaufnahmeapparat (Bilder mit weißem Hintergrund). Z. Anat. Entw.gesch. **99**, 646—648 (1933).
240. RAMSTHALER, P.: Über ein neues Universalmikroskop. Z. wiss. Mikroskop. mikroskop. Techn. **50**, 63—72 (1933).

241. RAMSTHALER, P.: Über ein neues Auflicht-Immersions-Objektiv. Z. wiss. Mikroskop. mikroskop. Techn. **51**, 179—183 (1934).
242. — Über ein Mikroskopzusatzsystem mit Aperturblende. Z. wiss. Mikroskop. mikroskop. Techn. **51**, 184—187 (1934).
243. — Über einen neuen Opakilluminator. Z. wiss. Mikroskop. mikroskop. Techn. **54**, 318—327 (1937).
244. REICHERT, C. (Wien): Druckschriften: Mikro 517 (MeF), 398 (Epilum-Einrichtung), 352 (Schraglicht-Illuminator), 315 (Auflicht-Spiegelkondensoren), 550 (Dunkelfeldkondensoren), 6058 (Mikrophotographischer Apparat nach ROMEIS), 6111 (Aufsetzkameras), 6128 (Mikrophotographische Kamera), 572 (Universalmikroskop „Z"), Me 2658 (Metallmikroskop „MeA").
245. REINERT, G. G.: Beiträge zur Technik der Ultrarotphotographie. Zeiß-Nachr. **1**, H. 4, 13—19 (1933).
246. — Die Mikrophotographie mit langwelligem Licht. Z. wiss. Mikroskop. mikroskop. Techn. **50**, 344—352 (1933).
247. — Die Verwendung von Farbfiltern in der Mikrophotographie und ein neuer praktischer Filterhalter. Z. wiss. Mikroskop. mikroskop. Techn. **51**, 253—262 (1934).
248. — Eine neue aufsetzbare Mikrokamera. Zeiß-Nachr. **1**, H. 7, 37—40 (1934).
249. — Die Anwendung ultraroter Strahlen in der Mikrophotographie. Mikrokosmos **28**, 36—38 (1934/35).
250. — Mikrophotographie mit der Rollfilmkamera. Mikrokosmos **29**, 163—165 (1935/36).
251. — Praktische Mikrofotografie. Halle a. d. S.: W. Knapp, 1937.
252. — Eine neue Universal-Aufsetzkamera für Mikrophotographie. Prakt. Mikroskop. **12**, H. 10, 221—224.
253. — Die neuen mikrophotographischen Zubehörteile zur Contax. Photogr. u. Forsch. **2**, 130—136 (1937).
254. — Farbige Mikrophotographie mit der Kleinbildkamera. Photogr. u. Forsch. **2**, 229—232 (1938).
255. — Das neue Zeiß-Raumbild-Mikroskop-Okular. Z. Instrumentenkunde **60**, 11—14 (1940).
256. — Über eine neue Methode zur räumlichen Mikrophotographie. Mikrokosmos **33**, 21—23 (1940/41).
257. RENNERS, T.: Verwendung der „Leica" für Aufnahmen im vergrößerten Maßstab und für mikroskopische Aufnahmen. Mikroskopie f. Naturfreunde **12**, 36—39 (1934).
258. REUMUTH, H.: Mikroskopische Arbeitsmethoden in der Kunstseidenindustrie. Kunstseide u. Zellwolle **19**, 78—85 (1937).
259. REYNIERS, J. A.: A special camera for routine photomicrography. J. Lab. clin. Med. **20**, 979, 980 (1935); Ref.: Ber. wiss. Biol. **35**, 118 (1935).
260. RICHARDS, O. W.: A nomogram for the resolving power of microscope objectives. Trans. Amer. microscop. Soc. **57**, 316—318 (1938).
261. RIEGER, F.: Der mikroskopische Apparat nach Dr. SKELL. Mikroskopie f. Naturfreunde **9**, 58 (1931).
262. RÖMER, E.: Mikro-Raumbildaufnahmen mit einfachen Mitteln. Raumbild **2**, 245 (1936).
263. ROEPKE, W.: Die Leica-Photographie im Dienste der Entomologen. Entomol. Rdsch. **52**, 137—141 (1935).
264. RÖSCH, S.: Kennzeichen des Vergrößerungsgrades bei Mikrophotogrammen. Z. wiss. Mikroskop. mikroskop. Techn. **50**, 273—284 (1933).
265. — Kritische Betrachtung der neueren Farbenphotographie als Forschungs- und Unterrichtsmittel des Mineralogen. Fortschr. Mineral., Kristallogr. Petrogr. **23**, 150 (1939); Ref.: Chem. Zbl. **110 II**, 1653 (1939).
266. ROMEIS, B.: Ein Hilfsapparat beim Photographieren kleiner Objekte. Z. wiss. Mikroskop. mikroskop. Techn. **48**, 354—358 (1931).
267. ROYER, G. L. and M. E. WISSEMANN: Colour photomicrography of biological specimens. J. biol. photogr. Assoc. **8**, 115—118 (1940); Ref.: Monthly Abst. Bull. **26**, 332 (1940).
268. SAYCE, L. A.: Standardization in microphotography. F. I. D. Communicationes **6**, 32—35 (1939); Ref.: Monthly Abst. Bull. **26**, 180 (1940).
269. SCHAFMEISTER, P. und G. MOLL: Die Verwendbarkeit polarisierten Lichtes bei der Gefügeuntersuchung von Eisen und Stahl. Techn. Mitt. Krupp **5**, 9—16 (1937).

270. Scheminzky, F.: Die Photographie als Hilfsmittel der Physiologie. Photogr. u. Forsch. **1**, 11—22 (1935/36).
271. — Naphtholgrun als Filterfarbstoff fur die Zwecke der Capillarmikroskopie und Capillarmikrophotographie. Klin. Wschr. **19**, 1263—1265 (1940).
272. Schleusing, H.: Die Kleinbildkamera in Lehre und Forschung. Photogr. u. Forsch. **1**, 4—8 (1935/36).
273. Schloemann, Ed. und Er. Trabert: Die Mikrophotographie als Hilfsmittel bei der Untersuchung von Photopapieren. Z. wiss. Mikroskop. mikroskop. Techn. **54**, 145—158 (1937).
274. Schmidt, L.: Photomacrography. (Enlarged photography without the use of a compound microscope.) J. biol. photogr. Assoc. **6**, 47—61 (1937).
275. Schnarf, K.: Zur Verwendung des Kleinformates in der mikrophotographischen Praxis. Photogr. u. Forsch. **3**, 76—80 (1935).
276. Schochardt, M.: Zur Praxis der Lumineszenzmikroskopie mit dem Epikondensor W. Zeiß-Nachr. **2**, 16—22 (1936).
277. Schulz, H.: Mikroskopie im Dienste der Glastechnik. Glashutte **66**, 727—729 (1936).
278. Schultze, W.: Großformat oder Kleinformat in der wissenschaftlichen Photographie. Munchener med. Wschr. **79 I**, 21 (1932).
279. Schuhmacher, J.: Die Herstellung von Farbfiltern fur mikrophotographische Aufnahmen. Mikrokosmos **27**, 166, 167 (1933/34).
280. Schwarz, W.: Die Welt in Farben. Mikroaufnahmen schwarzweiß und farbig. Photogr. Rdsch. Mitt. **77**, 376—378 (1940).
281. Seifert, W.: Das neue Universalstativ fur die „Contax". Photogr. u. Forsch. **2**, 25—32 (1937/38).
282. Šikl, H.: Vereinfachte Berechnung der Belichtungszeit fur die Mikrophotographie im durchfallenden Lichte. Z. wiss. Mikroskop. mikroskop. Techn. **53**, 295—302 (1936).
283. Singh, T. C. N.: An adapter for photomicrography with box-cameras. Bot. Gaz. **94**, 621, 622 (1933).
284. Skell, F.: Stereomikrophotographie. Mikroskopie f. Naturfreunde **11**, 97—107 (1933).
285. Smakula, A.: Über die Erhohung der Lichtstarke optischer Gerate. Z. Instrumentenkunde **60**, 33—36 (1940).
286. Šmirous, K.: Farbenmikrophotographie von Dunnschliffen im polarisierten Licht. Int. Fachz. Gesamtgeb. Mikroskop. u. Mikrophotogr. **1**, 20, 21 (1937).
287. Smith, R. L.: Demonstration of the Vickers projection microscope. Trans. opt. Soc. **32**, 73—77 (1931).
288. Smith, A. E. C.: Short-focus anastigmatic objectives and their use. J. photomicrograph. Soc. **44**, 56 (1936); Ref.: Monthly Abstr. Bull. **26**, 189 (1940).
289. Staar, G.: Über kriminalistische Schriftuntersuchung im Auflicht-Dunkelfeld und Hellfeld. Zeiß-Nachr. **2**, 41—49 (1936).
290. Stach, E.: Zur Auflichtmikroskopie der Zemente. Tonind.-Ztg. **61**, 318, 319 (1937); Ref.: Chem. Zbl. **108 I**, 5020 (1937).
291. Stade, G.: Über optimale mikroskopische Abbildung. Bl. Unters. u. Forsch.-Instr. **8**, 38—40 (1934).
292. — Über die Gultigkeit der Berekschen Theorie bei der Abbildung im Mikroskop. Z. Physik **89**, 286—307 (1934).
293. — Kombiniertes Auf- und Durchlicht im Mikroskop. Bl. Unters. u. Forsch.-Instr. **9**, 33—38 (1935).
294. — Untersuchung rauher Objekte im auffallenden Hellfeld. Bl. Unters. u. Forsch.-Instr. **9**, 62—65 (1935).
295. — Entgegnung auf die Arbeit von Herrn K. Fischer: „Optik und Mechanik am modernen Mikroskop (vgl. Nr. 67 dieses Verzeichnisses)". Z. Instrumentenkunde **55**, 420 (1935).
296. — „Metaphot" und Schweißtechnik. Bl. Unters. u. Forsch.-Instr. **10**, 41—44 (1936).
297. — und H. Staude: Mikrophotographie. Leipzig: Akad. Verlagsges., 1939.
298. Stöckler, H.: Nahaufnahmen mit der Kleinbildkamera. Leica **1**, 76—79 (1931/32).
299. Strugger, S.: Die Anwendung der Lumineszenzmikroskopie in der Botanik. Zeiß-Nachr. **3**, 69—82 (1939).
300. Stüger, J.: Die „Leica" als Registriergerat in der wissenschaftlichen Technik. Leica **5**, 108—111 (1935/36).
301. Theis, E. R. and E. J. Serfass: Ultraviolet light and photomicrography. J. Amer. Leather Chemists Assoc. **33**, 67—79 (1938).

302. THIENEMANN, A.: Die Verwendung der „Leica" bei limnologischen Exkursionen und Forschungsreisen. Verh. int. Ver. theor. u. angew. Limnologie **5**, 564 (1931).
303. THIESSEN, P. A. und C. STÜBER: Die Verwendung des Agfacolor-Neu-Films bei Mikroaufnahmen im polarisierten Licht. Z. angew. Photogr. Wiss. Techn. **1**, 2—9 (1939).
304. TIRION, C. J.: Neues Verfahren zur Untersuchung von Schriftfälschungen mit Hilfe einer Stereomikrokamera mit stark erhöhter Tiefenwirkung. Arch. Kriminol. **103**, 35—41 (1938).
305. — Photographie und gerichtliche Schriftbegutachtung. Photogr. u. Forsch. **3**, 91—96 (1939/40).
306. URSINUS, O.: Eine Weiterentwicklung des „Metaphots". Bl. Unters. u. Forsch.-Instr. **12**, 20—23 (1938).
307. VIEWEG, R. und W. WEIGEL: Das Mikroskop als Hilfsmittel der Kunststoffforschung. Bl. Unters. u. Forsch.-Instr. **11**, 38—44 (1937).
308. VONWILLER, P.: Über den heutigen Stand der Mikroskopie im auffallenden Licht. Z. wiss. Mikroskop. mikroskop. Techn. **49**, 289—304 (1932).
309. — Studien uber mikroskopische Chirurgie. Z. wiss. Mikroskop. mikroskop. Techn. **53**, 159—169 (1936).
310. VORNATSCHER, J.: Ein Beitrag zur Mikrophotographie mit der „Contax". Photogr. u. Forsch. **2**, 117—129 (1937).
311. WEITZMANN, G.: Der „umgekehrte Panphot", ein Universalinstrument fur den Gewebszuchter und Zellforscher. Z. wiss. Mikroskop. mikroskop. Techn. **57**, 58—66 (1940).
312. WESSEL, H.: Das BUSCH-„Citophot". Bl. Unters. u. Forsch.-Instr. **12**, 57—61 (1938).
313. WIELAND, M.: Ein Meßverfahren zur Bestimmung der Belichtungszeit fur die mikrophotographische Aufnahme. Z. wiss. Mikroskop. mikroskop. Techn. **53**, 183—192 (1936).
314. — Anleitung zur Bestimmung der Belichtungszeit fur die mikrophotographische Aufnahme mit dem lichtelektrischen Belichtungsmesser. Wetzlar: Techn. Padagogischer Verlag, 1936.
315. WIELAND, W. F.: Anwendung der Mikrophotographie fur Metalluntersuchungen. Camera (Philadelphia) **54**, 1—11 (1937); Ref.: Chem. Zbl. **108 II**, 2425 (1937).
316. WILMAN, CH. W.: Notes on low-power stereoscopic photomicrography. Photographic. J. **77**, 491—496 (1937).
317. WIMMER, CHR.: Zur Mikrophotographie von Fluoreszenzerscheinungen in pflanzlichen Geweben. Photogr. u. Forsch. **1**, 22—28 (1935).
318. WOLFF, M.: Momentaufnahmen stark lichtempfindlicher Tiere in schwacher Vergroßerung. Bl. Unters. u. Forsch.-Instr. **5**, 39—44 (1931).
319. — Über Negativmaterialien fur mikrophotographische Zwecke. Bl. Unters. u. Forsch.-Instr. **9**, 1—7 (1935).
320. — Contax-Nah- und Lupenaufnahmen im Dienste der angewandten Zoologie. Photogr. u. Forsch. **1**, 327—335 (1935/36).
321. — Ein einfaches Verfahren zur sicheren Fokusierung starker Objektive. Zeiß-Nachr. **2**, 314—316 (1939).
322. — Über eine Methode zur optischen Differenzierung von Muskulatur in ungefärbten Totalpraparaten von Gliedertieren. Zeiß-Nachr. **2**, 399—407 (1939).
323. WRIGHTON, H.: A new light source for microscopy. J. Roy. Microsc. Soc. **57**, 260, 261 (1937).
324. WYCHERLEY, S. R.: Photomicrography and record photography with dufaycolor. J. Roy. Microsc. Soc. **58**, 244—249 (1938).
325. ZALESKY, S.: Histologische Schnittpräparate und ihre Verwendung fur die Mikrophotographie. Bl. Unters. u. Forsch.-Instr. **11**, 21—25 (1937).
326. ZEISS, C. (Jena): Literatur uber Lumineszenzmikroskopie. Druckschrift Mikro 537 Lit.
327. — Druckschriften: Mikro 505 (Einfuhrung in die optischen Grundlagen der Mikroskopie und Mikrophotographie im auffallenden Licht), 544 (Beleuchtungsapparate und Kondensoren fur Mikroskope), 521 (Pankratischer Kondensor), 407 (Dunkelfeldbeleuchtung mit Kardioid-Kondensor), 476 (Auflichtgerate), 89 (Vertikal-Illuminatoren), 492 (Stative „L"), 541, 546 (Stativ „Lp", Lumipan), 542 (Stativ „Lu", Gebrauchsanweisung), 367 (Objektive und Okulare fur Mikroskope), 538 (Planachromate), 502, 503 (Miflex), 532, 533 (Ultraphot), 518, 528 (Vertikalkamera „Standard"), 540 (Kleinbild-Mikrophotographie), 530 (Mikrophotographische Einrichtungen fur ultra-

violettes Licht), 514 (Mikrotare), 517 (Vergrößerungsrechenstab), 390 (Homale), 424 (Multiplikator), 257 (Stereoskopkamera nach DRÜNER), 500, 511 (Neophot), 548, 552 (Metallmikroskop IX).
328. ZERNIKE, F.: Diffraction Theory of the Knife-edge Test and its improved Form, the Phase-contrast Method. Monthly Notices Roy. astronom. Soc. 94, 377—384 (1934).
329. — Beugungstheorie des Schneidenverfahrens und seiner verbesserten Form, der Phasenkontrastmethode. Physika 1, 689—704 (1934).
330. — Das Phasenkontrastverfahren bei der mikroskopischen Beobachtung. Z. techn. Physik 16, 454—457 (1935).
331. — Phasenkontrastverfahren. D.R.P. Nr. 636168/1936.
332. ZIELER, W.: Illumination systems for photomicrography by transmitted light. J. biol. photogr. Assoc. 2, 16—22 (1933).
333. ZIENER, TH.: Farbaufnahmen von Spannungen im Glas. Photogr. u. Forsch. 3, 107—109 (1940).
334. ZILLEN, E.: Mikrophotographie in infrarotem Licht. Umschau Wiss. Techn. 37, 28, 29 (1932).
335. — Einiges über die Mikrophotographie der Bernstein-Inklusen. Zeiß-Nachr. 1, H. 9, 9—14 (1935).

2. Literatur zu Kapitel VI.

336. ACKERMANN, A.: Die mikroskopischen Formen des Eisenrostes. Kolloid-Z. 90, 26—28 (1940).
337. ARDENNE, M. V.: Die Grenzen des Auflosungsvermögens des Elektronenmikroskops. Z. Physik 108, 338—352 (1938).
338. — Das Elektronen-Rastermikroskop. Theoretische Grundlagen. Z. Physik 108, 553—572 (1938).
339. — Die durch Elektronenstreuung im Objekt verursachten Abbildungsfehler des Elektronenmikroskops und ihr Verhältnis zueinander. Z. Physik 111, 152—157 (1938).
340. — Das Elektronen-Rastermikroskop. Z. techn. Physik 19, 407—416 (1938).
341. — Die Verwendung der Elektronensonde für Mikromanipulationen. Naturwiss. 26, 562 (1938).
342. — Was kann die naturwissenschaftliche Forschung von der Elektronen-Übermikroskopie erwarten? Mikrokosmos 32, 172—174 (1938/39).
343. — Die Keilschnittmethode, ein Weg zur Herstellung von Mikrotomschnitten mit weniger als 10^{-3} mm Stärke für elektronenmikroskopische Zwecke. Z. wiss. Mikroskop. mikroskop. Techn. 56, 8—23 (1939).
344. — Intensitätsfragen und Auflösungsvermögen des Elektronenmikroskops. Z. Physik 112, 744—752 (1939).
345. — Das Auflösungsvermögen photographischer Schichten für Elektronenstrahlung. Z. Physik 114, 379—388 (1939).
346. — Einkristall-Leuchtschirme und Übermikroskopie. Z. techn. Physik 20, 235—239 (1939).
347. — Über die Möglichkeit der Untersuchung lebender Substanz mit Elektronenmikroskopen. Z. techn. Physik 20, 239—242 (1939).
348. — Zur Größe des Öffnungsfehlers beim Elektronenmikroskop. Z. techn. Physik 20, 289, 290 (1939).
349. — Zur Leistungsfähigkeit des Elektronen-Schattenmikroskops und über ein Röntgenstrahlen-Schattenmikroskop. Naturwiss. 27, 485, 486 (1939).
350. — Über eine elektrostatische Hochspannungslinse kurzer Brennweite. Naturwiss. 27, 614, 615 (1939).
351. — Über ein Universal-Elektronenmikroskop für Hellfeld-, Dunkelfeld- und Stereobild-Betrieb. Z. Physik 115, 339—368 (1940).
352. — Stereo-Übermikroskopie mit dem Universal-Elektronenmikroskop. Naturwiss. 28, 248—252 (1940).
353. — Ergebnisse einer neuen Elektronen-Übermikroskop-Anlage. Naturwiss. 28, 113—127 (1940).
354. — Abbildung feinster Einzelteilchen, insbesondere von Molekülen, mit dem Universal-Elektronenmikroskop. Z. physik. Chem., Abt A 187, 1—12 (1940).
355. — Untersuchung des Feinbaues hochmolekularer Stoffe mit dem Universal-Elektronenmikroskop. I. Der Aufbau von β-Polyoxymethylenkristallen. Z. physik. Chem., Abt. B 45, 465—473 (1940).
356. — Der Objektträger-Vibrator, ein neues Hilfsgerät der Übermikroskopie und Mikroskopie. Kolloid-Z. 93, 158—163 (1940).

357. Ardenne, M. v. und D. Beischer: Untersuchung von Metalloxyd-Rauchen mit dem Universal-Elektronenmikroskop. Z. Elektrochem. angew. physik. Chem. 46, 270—277 (1940).
358. — — Untersuchungen von Katalysatoren mit dem Universal-Elektronenmikroskop. Angew. Chem. 53, 103—107 (1940).
359. — Analyse des Feinbaus stark und sehr stark belichteter Bromsilberkorner mit dem Universal-Elektronenmikroskop. Z. angew. Photogr. Wiss. Techn. 2, 14—20 (1940).
360. — und D. Beischer: Untersuchung des Feinbaues hochmolekularer Stoffe mit dem Universal-Elektronenmikroskop. II. Zur Morphologie von Kautschuk und Buna. Kautschuk 16, 55—60 (1940).
361. — K. Endell und U. Hofmann: Untersuchungen feinster Fraktionen von Bentoniten und Tonboden mit dem Universal-Elektronenmikroskop. Ber. dtsch. keram. Ges. 21, 209—227 (1940).
362. — Eigenschaften und Ergebnisse des Universal-Elektronenmikroskops. Forsch. u. Fortschr. 16, 194, 195 (1940).
363. — Elektronenubermikroskopie. Physik. Technik, Ergebnisse. Berlin: Springer, 1940.
364. — Über das Auftreten von Schwärzungslinien bei der elektronenmikroskopischen Abbildung kristalliner Lamellen. Z. Physik 116, 736—738 (1940).
365. — Die Keilschliffmethode, ein Weg zur Herstellung von Objektschichten mit weniger als 10^{-3} mm Stärke fur elektronenmikroskopische Zwecke. Z. wiss. Mikroskop. mikroskop. Techn. 57, 291—297 (1940).
366. — H. Friedrich-Freksa und G. Schramm: Elektronenmikroskopische Untersuchung der Pracipitinreaktion von Tabakmosaikvirus mit Kaninchenantiserum. Arch. ges. Virusforsch. 2, 80—86 (1941).
367. Becker, H. und A. Wallraff: Die Bildfeldwolbung bei magnetischen Linsen. Arch. Elektrotechn. 33, 491—505 (1939).
368. — — Über Bildfehlermessungen an einer eisengekapselten Linse mit veranderlichem Luftspalt. Arch. Elektrotechn. 34, 230—236 (1940).
369. Beischer, D. und F. Krause: Das Elektronenmikroskop als Hilfsmittel der Kolloidforschung. Angew. Chem. 50, 933—934 (1937).
370. — — Das Elektronenmikroskop als Hilfsmittel der Kolloidforschung. Naturwiss. 25, 825—829 (1937).
371. — Das Elektronenmikroskop als neues Hilfsmittel der Kolloidforschung. Forsch. u. Fortschr. 14, 296—298 (1938).
372. — und F. Krause: Das Elektronenmikroskop in der Kolloidchemie. Angew. Chem. 51, 331—335 (1938).
373. — Bestimmung der Kristallitgroße in Metall- und Metalloxyd-Rauchen aus Rontgen- und Elektronenbeugungsdiagrammen und aus Elektronenmikroskopbildern. Z. Elektrochem. angew. physik. Chem. 44, 375—385 (1938).
374. Boersch, H.: Über das primare und sekundäre Bild im Elektronenmikroskop. I. Eingriffe in das Beugungsbild und ihr Einfluß auf die Abbildung. Ann. Physik 26, 631—644 (1936).
375. — Über das primare und sekundare Bild im Elektronenmikroskop. II. Strukturuntersuchung mittels Elektronenbeugung. Ann. Physik 27, 75—80 (1936).
376. — Das Schattenmikroskop, ein neues Elektronenmikroskop. Naturwiss. 27, 418 (1939).
377. — Das Elektronen-Schattenmikroskop. I. Z. techn. Physik 20, 346—350 (1939).
378. — Das Problem der Bildentstehung. Jb. AEG-Forsch. 7, 27—33 (1940).
379. — Das Elektronen-Schattenmikroskop. Jb. AEG-Forsch. 7, 34—42 (1940).
380. — Beugungsversuche mit sehr feinen Elektrohenstrahlen. Z. Physik 116, 469—479 (1940).
381. — Fresnelsche Elektronenbeugung. Naturwiss. 28, 709—711 (1940).
382. — Fresnelsche Beugungserscheinungen im Übermikroskop. Naturwiss. 28, 711, 712 (1940).
383. Borries, B. v. und E. Ruska: Das Elektronenmikroskop und seine Anwendungen. Z. Ver. dtsch. Ing. 79, 519—524 (1935).
384. — — Angewandte Elektronenoptik. Querschnitt und Umriß. Z. Ver. dtsch. Ing. 80, 989—993 (1936).
385. — — Angewandte Elektronenoptik. Z. Ver. dtsch. Ing. 80, 1075—1083 (1936).
386. — — Der Stand des Übermikroskops. Z. Ver. dtsch. Ing. 82, 937—941 (1938).
387. — — Aufnahmen mit dem Siemens-Übermikroskop. Umschau Wiss. Techn. 42, 818—822 (1938).

388. Borries, B. v., E. Ruska und H. Ruska: Bakterien und Virus in übermikroskopischer Aufnahme. Klin. Wschr. 17, 921—925 (1938).
389. — — Vorläufige Mitteilung über Fortschritte im Bau und in der Leistung des Übermikroskops. Wiss. Veröff. Siemens-Werken 17, 99—106 (1938).
390. — — und H. Ruska: Übermikroskopische Bakterienaufnahmen. Wiss. Veröff. Siemens-Werken 17, 107—111 (1938).
391. — — Über die Bildentstehung im Übermikroskop. Z. techn. Physik 19, 402—407 (1938).
392. — — Das Übermikroskop als Fortsetzung des Lichtmikroskops. Verh. Ges. dtsch. Naturforsch. u. Ärzte, 95. Verslg., S. 72—77. Stuttgart, 1938.
393. — — Versuche, Rechnungen und Ergebnisse zur Frage des Auflösungsvermögens beim Übermikroskop. Z. techn. Physik 20, 225—235 (1939).
394. — — Aufbau und Leistung des Siemens-Übermikroskops. Z. wiss. Mikroskop. mikroskop. Techn. 56, 317—333 (1939).
395. — —. Eigenschaften der übermikroskopischen Abbildung. Naturwiss. 27, 281—287 (1939).
396. — — Ein Übermikroskop für Forschungsinstitute. Naturwiss. 27, 577—582 (1939).
397. — — Der Einfluß der Strahlspannung auf das übermikroskopische Bild. Z. Physik 116, 249—256 (1940).
398. — — Sublichtmikroskopische Auflösungen bei der Abbildung von Oberflächen im Übermikroskop. Z. Physik 116, 370—378 (1940).
399. —· und W. Ruttmann: Metallographische Untersuchungen mit dem Übermikroskop an Stahl, Gußeisen und Messing. Wiss. Veröff. Siemens-Werken, Werkstoff-Sonderheft, S. 342—362 (1940).
400. — E. Ruska und H. O. Müller: Übermikroskopische Abbildung mittels magnetostatischer Linsen. Naturwiss. 28, 350, 351 (1940).
401. — — Der Einfluß von Elektroneninterferenzen auf die Abbildung von Kristallen im Übermikroskop. Naturwiss. 28, 366, 367 (1940).
402. — — Die Technik des Siemens-Übermikroskops. Siemens-Z. 20, 217—227 (1940).
403. — und G. A. Kausche: Übermikroskopische Bestimmung der Form und Größenverteilung von Goldkolloiden. Kolloid-Z. 90, 132—141 (1940).
404. — und E. Ruska: Entwicklung und Einsatz eines neuen Forschungsverfahrens. Dtsch. Techn. 8, 172—175, 177, 178 (1940).
405. — — Neue Wege der Mikroskopie. Vierjahresplan 4, 504—507 (1940).
406. — — Mikroskopie hoher Auflösung mit schnellen Elektronen. Ergebn. exakt. Naturwiss. 19, 237—322 (1940).
407. — und S. Janzen: Abbildung feinbearbeiteter technischer Oberflächen im Übermikroskop. Z. Ver. dtsch Ing. 85, 207—211 (1941).
408. Brüche, E.: Elektronenmikroskopische Abbildung mit lichtelektrischen Elektronen. Z. Physik 86, 448—450 (1933).
409. — Elektronenoptik und Elektronenmikroskopie. AEG-Mitt. 1934, 45—47.
410. — und W. Knecht: Die elektronenoptische Beobachtung von Umwandlungen des Eisens bei Temperaturen zwischen 500 und 1000° C. Z. techn. Physik 15, 461—463 (1934).
411. — Das Elektronenmikroskop und seine Anwendung, insbesondere zum Studium der dünnen Schichten auf Metallen. Kolloid-Z. 69, 389—394 (1939).
412. — und O. Scherzer: Geometrische Elektronenoptik. Berlin: Springer, 1934.
413. — Übersicht über die experimentelle Elektronenoptik und ihre Anwendung. Z. techn. Physik 17, 588—593 (1936).
414. — und E. Haagen: Ein neues, einfaches Übermikroskop und seine Anwendung in der Bakteriologie. Naturwiss. 27, 809—811 (1939).
415. — 10 Jahre Entwicklung. Jb. AEG-Forsch. 7, 2—8 (1940).
416. — Das Zweipolsystem als Ziel rein elektrischer Abbildungsgeräte. Jb. AEG-Forsch. 7, 9—14 (1940).
417. — und E. Gölz: Einschleusung von Objekt und Platte. Jb. AEG-Forsch. 7, 60—66 (1940).
418. — Über die Verwendung elektrischer und magnetischer Felder in der Elektronenoptik. Telegr.- Fernseh-Techn. 29, 1—5 (1940).
419. — Zur Entwicklung des Elektronen-Übermikroskops mit elektrostatischen Linsen. Z. Ver. dtsch. Ing. 85, 221—228 (1941).
420. Burgers, W. G. and J. J. A. Ploos van Amstel: Electronoptical observation of metal surfaces. I. Iron: Formation of the "Crystal-Pattern" on activation. Physica 4, 5—14 (1937).

421. Burgers, W. G. and J. J. A. Ploos van Amstel: Electronoptical observation of metal surfaces. II. Phenomena observed on transition of α into γ iron. Physica 4, 15—22 (1937).
422. Burgers, W.: Unmittelbare Beobachtung von Gefugeumbildungen bei hohen Temperaturen mit Hilfe des Elektronenmikroskops. Z. Metallkunde 29, 250, 251 (1937).
423. — und J. J. A. Ploos van Amstel: Elektronenoptische Beobachtungen der Zwillingsbildung in Nickeleisen. Metallwirtsch., Metallwiss., Metalltechn. 17, 648—650 (1938).
424. — — Das Elektronenmikroskop als Hilfsmittel bei metallographischen Untersuchungen. Philips' techn. Rdsch. 1, 313—317 (1936).
425. Burton, E. F., J. Hillier and A. Prebus: A report on the development of the electron supermicroscope at Toronto. Physic. Rev. 56, 1171, 1172 (1939).
426. — — — The contribution of the electron microscope to medicine. Canad. med. Assoc. J. 42, 116—119 (1940).
427. Busch, H.: Grundlagen und Entwicklung der Elektronenoptik. Z. techn. Physik 17, 584—588 (1936).
428. Dosse, J.: Elektronenstrahl-Mikroskope. Umschau Wiss. Techn. 44, 548—553 (1940).
429. Driest, E. und H. Müller: Elektronenmikroskopische Aufnahmen (Elektronenmikrogramme) von Chitinobjekten. Z. wiss. Mikroskop. mikroskop. Techn. 52, 53—57 (1935).
430. Eitel, W.: Die Bedeutung der Elektronenmikroskopie fur die mineralogische Forschung. Fortschr. Mineral., Kristallogr. Petrogr. 23, 115—120 (1939).
431. —, H. O. Muller und O. E. Radczewski: Übermikroskopische Untersuchungen an Tonmineralien. Ber. dtsch. keram. Ges. 20, 165—180 (1939).
432. — und E. Gotthardt: Über die stereophotogrammetrische Dickenmessung kleinster Kristalle nach ubermikroskopischen Aufnahmen. Naturwiss. 28, 367 (1940).
433. — und C. Schusterius: Die Auswertung ubermikroskopischer Bilder zur Bestimmung der Kornverteilung von Tonen. Naturwiss. 28, 300—303 (1940).
434. — — Die Bestimmung wirksamer Oberflachen von Tonteilchen mit dem Übermikroskop. Chem. d. Erde 13, 322—325 (1940).
435. — und O. E. Radczewski: Zur Kennzeichnung des Tonminerals Montmorillonit im ubermikroskopischen Bilde. Naturwiss. 28, 397—399 (1940).
436. Endell, K., H. Reininger, H. Jensch und P. Csaki: Über die Bedeutung der Quellfahigkeit toniger Bindemittel fur Gießereisande. Gießerei 27, 465—475 (1940).
437. Fleischer, K.: Das Elektronen-Übermikroskop. Techn. Zbl. prakt. Metallbearb. 50, 197, 198 (1940).
438. Frank, F. und H. Ruska: Übermikroskopische Untersuchung der Blaustruktur der Vogelfeder. Naturwiss. 27, 229, 230 (1939).
439. Friess, H. und H. O. Müller: Staube und Rauche im Übermikroskop. Gasmaske 11, 1—9 (1939).
440. Frühbrodt, E. und H. Ruska: Untersuchungen uber Bakterienstrukturen, unter besonderer Berucksichtigung der Bakterienmembran und der Kapsel. Arch. Mikrobiol. 11, 137—154 (1940).
441. Glaser, W.: Über ein von spharischer Aberration freies Magnetfeld. Z. Physik 116, 19—33 (1940).
442. — Die Farbabweichung bei Elektronenlinsen. Z. Physik 116, 56—67 (1940).
443. — Über den Öffnungsfehler der Elektronenlinsen. Z. Physik 116, 734—755 (1940).
444. Gölz, E.: Untersuchungen uber die Spannungsfestigkeit der Elektrodenmetalle fur die Linse des Übermikroskops. Jb. AEG-Forsch. 7, 57—59 (1940).
445. Gröttrup, H.: Entwicklung und Stand der Elektronenmikroskopie. Z. wiss. Mikroskop. mikroskop. Techn. 55, 289—296 (1938).
446. Haagen, E.: Die Bedeutung des Elektronenmikroskops fur die experimentelle Virusforschung. Jb. AEG-Forsch. 7, 88—90 (1940).
447. Hatscheck, P.: Neuere Fortschritte der angewandten Elektronenoptik. Kinotechn. 18, 223—226 (1936).
448. — Von der Elektronenlinse zum Übermikroskop. Gebrauchsphotographie 47, 140, 141 (1940).
449. Henneberg, W.: Über das Auflosungsvermogen des Elektronenmikroskops fur durchstrahlte Objekte. Z. Instrumentenkunde 55, 300—305 (1935).
450. — Das Elektronenmikroskop. Elektrotechn. Z. 56, 853—856 (1935).

451. HENNEBERG, W.: Zur Entwicklungsgeschichte des Übermikroskops. Das Übermikroskop mit elektrostatischen Linsen. Dtsch. Techn. 8, 436, 441, 442 (1940).
452. — Das Übermikroskop mit elektrostatischen Linsen. Elektrotechn. Z. 61, 773—776 (1940).
453. HERZOG, R.: Neuere Ergebnisse der Elektronenoptik unter besonderer Berücksichtigung der Anwendungen. Verh. dtsch. physik. Ges. 18, 33, 34 (1937).
454. HILLIER, H.: The effect of chromatic error on electron microscope images. Canad. J. Res., Sect. A 17, 64—69 (1939).
455. HILLIER, J.: Fresnel diffraction of electrons as a contour phenomanon in electron supermicroscope images. Physic. Rev. 58, 842 (1940).
456. HOFFMANN, K.: Grundzuge der optischen Abbildung durch Elektronen und Anwendungen (Elektronenmikroskopie). Kolloid-Z. 89, 59—76 (1939).
457. HUSEMANN, E. und H. RUSKA: Versuche zur Sichtbarmachung von Glykogenmolekulen. J. prakt. Chem. 156, 1—10 (1940).
458. — — Die Sichtbarmachung von Molekulen des p-Jodbenzoylglycogens. Naturwiss. 28, 534 (1940).
459. JAKOB, A.: Über das elektrostatische Übermikroskop und seine Leistungsfähigkeit. Z. ges. Krankenhauswes. 1941, 8—11.
460. — und H. MAHL: Anwendung des Übermikroskops in der Bakteriologie, insbesondere fur Versuche der Kapseldarstellung. Jb. AEG-Forsch. 7, 77—87 (1940).
461. — — Strukturdarstellung bei Bakterien, insbesondere die Kapseldarstellung bei Anaerobiern mit dem elektrostatischen Elektronen-Übermikroskop. Arch. exp. Zellforsch. 24, 87—104 (1940).
462. KALDEN, H.: Arbeiten mit dem Übermikroskop. Chemiker-Ztg. 64, 129—133 (1940).
463. KAUSCHE, G. A., E. PFANKUCH und H. RUSKA: Die Sichtbarmachung von pflanzlichem Virus im Übermikroskop. Naturwiss. 27, 292—299 (1939).
464. — und H. RUSKA: Die Sichtbarmachung der Adsorption von Metallkolloiden an Eiweißkorpern. I. Die Reaktion kolloides Gold-Tabakmosaikvirus. Kolloid-Z. 89, 21—26 (1939).
465. — — Die Struktur der „kristallinen Aggregate" des Tabakmosaikvirusproteins. Biochem. Z. 303, 221—230 (1939).
466. — und E. PFANKUCH: Isolierung und ubermikroskopische Abbildung eines Bakteriophagen. Naturwiss. 28, 46 (1940).
467. — Untersuchungen zum Problem der biologischen Charakterisierung phytopathogener Virusproteine. Arch. ges. Virusforsch. 1, 362—372 (1940).
468. — Über den Mechanismus der Goldsolreaktion beim Protein des Tabakmosaik- und Kartoffel-X-Virus. Biol. Zbl. 60, 179—199 (1940).
469. — und H. RUSKA: Über den Nachweis von Molekulen des Tabakmosaikvirus in den Chloroplasten viruskranker Pflanzen. Naturwiss. 28, 303 (1940).
470. — — Zur Frage der Chloroplastenstruktur. Naturwiss. 28, 303, 304 (1940).
471. — Ergebnisse und Probleme der experimentellen Virusforschung bei Pflanzen (mit ubermikroskopischen Aufnahmen). Ber. dtsch. bot. Ges. 58, 220—222 (1940).
472. KEMPKENS, K.: Das neue elektrostatische Übermikroskop. Umschau Wiss. Techn. 44, 345, 346 (1940).
473. KINDER, E. und A. PENDZICH: Eine neue magnetische Linse kleiner Brennweite. Jb. AEG-Forsch. 7, 23—26 (1940).
474. — Zur Übermikroskopie mit höheren Spannungen. Z. techn. Physik 21, 222 bis 225 (1940).
475. — Einige ubermikroskopische Beobachtungen an Magnesiumoxydkristallen. Z. techn. Physik 22, 21, 22 (1941).
476. KLEMPERER, O. und W. D. WRIGHT: Untersuchung von Elektronenlinsen. Proc. physic. Soc. 51, 376, 377 (1939); Ref.: Chem. Zbl. 110/II, 2354 (1939).
477. KNOLL, M. und E. RUSKA: Das Elektronenmikroskop. Z. Physik 78, 318—339 (1932).
478. — — Beitrag zur geometrischen Elektronenoptik I und II. Ann. Physik 12, 607—661 (1932).
479. — und R. THEILE: Elektronenabtaster zur Strukturabbildung von Oberflachen und dunnen Schichten. Z. Physik 113, 260—280 (1939).
480. KOCH, L. und A. LEHMANN: Übermikroskopische Untersuchung von geglätteten Aluminiumflachen. Wiss. Veroff. Siemens-Werken, Werkstoff-Sonderheft, S. 363—371 (1940).

481. Krause, F.: Elektronenoptische Aufnahmen von Diatomeen mit dem magnetischen Elektronenmikroskop. Z. Physik **102**, 417—422 (1936).
482. — Das magnetische Elektronenmikroskop und seine Anwendung in der Biologie. Naturwiss. **25**, 817—825 (1937).
483. — Das magnetische Elektronenmikroskop und seine Anwendung fur die biologische Forschung. Angew. Chem. **50**, 932, 933 (1937).
484. — Neuere Untersuchungen mit dem magnetischen Elektronenmikroskop. Beitrage zur Elektronenoptik, S. 55—61. Leipzig: J. A. Barth, 1937.
485. — Aufnahmen von Viren mit dem Elektronenmikroskop. Naturwiss. **26**, 122 (1938).
486. — Das Elektronenmikroskop, seine Leistung und seine Anwendung. Umschau Wiss. Techn. **42**, 769—771 (1938).
487. — Entgegnung zu vorstehenden Bemerkungen des Herrn E. Ruska. Naturwiss. **26**, 760 (1938) (vgl. Nr. 555 dieses Verzeichnisses).
488. — Leistung und neuere Anwendungen des magnetischen Elektronenmikroskops. Elektrotechn. Z. **59**, 851—853 (1938).
489. — Das magnetische Elektronenmikroskop und seine Anwendung in der Biologie, Kolloidchemie und Medizin. Radiologica **3**, 122—145 (1938).
490. — Die Anwendung des Elektronenmikroskops in Biologie und Medizin. Arch. exp. Zellforsch. **22**, 668—672 (1939).
491. Kronig, R.: Die theoretischen Grundlagen der Elektronenoptik. Nederl. Tijdschr. Natuurkunde **7**, 171—178 (1940).
492. Lembke, A., H. Ruska und J. Christophersen: Vergleichende mikroskopische und ubermikroskopische Beobachtungen an den Erregern der Tuberkulose. Klin. Wschr. **19**, 217—220 (1940).
493. Mahl, H.: Elektronenoptische Abbildungen von emittierenden Drahten. Z. Physik **98**, 321—323 (1935).
494. — Abbildung von Mineralien mit dem Elektronenmikroskop. Z. Kristallogr., Mineral. Petrogr., Abt. B **46**, 289—292 (1935).
495. — Über das elektrostatische Elektronenmikroskop hoher Auflosung. Z. techn. Physik **20**, 316, 317 (1939).
496. — Diatomeenaufnahmen mit dem elektrischen Übermikroskop. Naturwiss. **27**, 417 (1939).
497. — Das elektrostatische Elektronen-Übermikroskop. Jb. AEG-Forsch. **7**, 43—54 (1940).
498. — Anwendung des Übermikroskops in der Kolloidchemie und Metallurgie. Jb. AEG-Forsch. **7**, 67—76 (1940).
499. — Metallkundliche Untersuchungen mit dem elektrostatischen Übermikroskop. Z. techn. Physik **21**, 17, 18 (1940).
500. — Stereoskopische Aufnahmen mit dem elektrostatischen Ubermikroskop. Naturwiss. **28**, 264 (1940).
501. — Orientierungsbestimmung von Aluminium-Einzelkristallen auf ubermikroskopischem Wege. Metallwirtsch., Metallwiss., Metalltechn. **19**, 1082—1085 (1940).
502. — Über das elektrostatische Elektronen-Übermikroskop und einige Anwendungen in der Kolloidchemie. Kolloid-Z. **91**, 105—117 (1940).
503. — Ein plastisches Abdruckverfahren zur ubermikroskopischen Untersuchung von Metalloberflachen. Metallwirtsch., Metallwiss., Metalltechn. **19**, 488—491 (1940).
504. — Übermikroskopische Elektronenbilder von durchstrahlten Objekten und von Metalloberflachen. Z. angew. Photogr. Wiss. Techn. **2**, 58—63 (1940).
505. — Übermikroskopische Untersuchungen an oxydischen Oberflachenfilmen. Korros. u. Metallschutz **17**, 1—5 (1941).
506. — Über das plastische Abdruckverfahren zur ubermikroskopischen Untersuchung von Oberflächen. Z. techn. Physik **22**, 33—38 (1941).
507. — Über das elektrostatische Elektronen-Übermikroskop und einige neue Ergebnisse auf metallurgischem Gebiet. Z. Metallkunde **33**, 68—73 (1941).
508. Martin, L. C., R. V. Whelpton and D. H. Parnum: A new electron microscope. J. sci. Instruments **14** 14—24 (1937).
509. — The electron microscope. Nature (London) **142**, 1062—1065 (1938).
510. —, D. H. Parnum and G. S. Speak: A report on experimental work on the development of the electron microscope. J. Roy. Microsc. Soc. **59**, 203—216 (1939).
511. — The optics of the electron microscope. J. Roy. Microsc. Soc. **59**, 217—231 (1939).

512. MARTIN, L. C.: Der gegenwartige Entwicklungsstand des Elektronenmikroskops. J. Soc. Glass Technol. 24, 97—100 (1940); Ref.: Chem. Zbl. 111/II, 2650 (1940).
513. MARTON, L.: Electron microscopy of cytological objects. Nature (London) 1, 911 (1934).
514. — Le microscope électronique et ses applications. Rev. Opt. Amée 4, 129—145 (1934).
515. — Le microscope électronique. Premiers essais d'application à la biologie. Ann. Soc. sci. Bruxelles, Sér. II 1934, 92—106.
516. — La microscopie électronique des objets biologiques. Bull. Acad. roy. Méd. Belgique, I 20, 439—446 (1934); II 21, 553—564 (1935); III 21, 606—617 (1935).
517. — La microscopie électronique des objets biologiques. Bull. Acad. roy. Méd. Belgique, Cl. Sci. 22, 1336—1344 (1936).
518. — Quelques considérations concernant le pouvoir séparateur en microscope électronique. Physica 3, 959—967 (1936).
519. — La microscopie électronique des objets biologiques. Bull. Acad. roy. Méd. Belgique, Cl. Sci. 23, 672—675 (1937).
520. — A new electron microscope (vorlaufige Mitt.). Physic. Rev. 57, 1073 (1940).
521. — A new electron microscope. Physic. Rev. 58, 57—60 (1940).
522. — Feldmessungen und mogliche Korrekturen der Aberration fur magnetische Elektronenlinsen. Bull. Amer. physic. Soc. 14, 5 (1939); Ref.: Chem. Zbl. 111/I, 171 (1940).
523. MATOSSI, F. und O. MATOSSI-RIECHEMEYER: Anwendung der Elektronenoptik, insbesondere das Elektronenmikroskop. Z. physik. chem. Unterricht 53, 144—156 (1940).
524. MATTHIAS, A.: Entwicklungsarbeiten am elektromagnetischen Elektronenmikroskop. Ges. Freunden Techn. Hochschule Berlin, Ber. 1939, 97—104; Ref.: Chem. Zbl. 111/II, 2650 (1940).
525. MELCHERS, G., G. SCHRAM, H. TRURNIT und H. FRIEDRICH-FREKSA: Die biologische, chemische und elektronenmikroskopische Untersuchung eines Mosaikvirus aus Tomaten. I/III. Biol. Zbl. 60, 524—556 (1940).
526. McMILLAN, H. J. and G. H. SCOTT: A magnetic electron microscope of simple design. Rev. sci. Instruments 8, 288—290 (1937).
527. MELDAU, R.: Untersuchung feinster Trockenstaube im Übermikroskop. Z. Ver. dtsch. Ing. 84, 677, 678 (1940).
528. — Feinstaube in sublichtmikroskopischem Gebiet. Z. Ver. dtsch. Ing. „Verfahrenstechnik" 4, 103—106 (1940).
529. — und M. TEICHMULLER: Zur Morphologie feinster Bleioxydsublimate. 1. Mitt. Z. Elektrochem. angew. physik. Chem. 47, 95—97 (1941).
530. MIDDEL, V., R. REICHMANN und G. A. KAUSCHE: Übermikroskopische Untersuchung der Struktur von Bentoniten. Wiss. Veroff. Siemens-Werken, Werkstoff-Sonderheft, S. 334—341 (1940).
531. MULLER, E. W.: Weitere Beobachtungen mit dem Feldelektronenmikroskop. Z. Physik 108, 668—680 (1938).
532. MÜLLER, H. O.: Grundlagen und Entwicklung des Übermikroskops. Elektrotechn. Z. 59, 1189—1194 (1938).
533. O'DANIEL, H. und O. E. RADCZEWSKI: Elektronen-Mikroskopie und -Beugung hochdisperser Mineralien an demselben Praparat. Naturwiss. 28, 626—630 (1940).
534. PFANKUCH, E. und G. A. KAUSCHE: Über die Dimerisation von Tabakmosaikvirus. Biochem. Z. 306, 68—70 (1940).
535. — Isolierung und ubermikroskopische Abbildung eines Bakteriophagen. Naturwiss. 28, 46 (1940).
536. PFEIFFER: Neue Erfolge der Elektronen-Übermikroskopie. Mikrokosmos 33, 179—181 (1940).
537. PICHT, J.: Bemerkungen zu einigen Fragen der Elektronenoptik (Elektronenlinse, mit Zwischennetz, Elektronenspiegel, Immersionslinse). Ann. Physik 36, 249—264 (1939).
538. — Einfuhrung in die Theorie der Elektronenoptik. Leipzig: J. A. Barth, 1939.
539. PIEKARSKI, G. und H. RUSKA: Übermikroskopische Untersuchungen an Bakterien unter besonderer Berücksichtigung der sogenannten Nukleoide. Arch. Mikrobiol. 10, 302—321 (1939).
540. — — Übermikroskopische Darstellung von Bakteriengeißeln. Klin. Wschr. 18, 383—386 (1939).

541. PIEKARSKI, G.: Haben Bakterien einen Zellkern? Umschau Wiss. Techn. **43**, 700—702 (1939).
542. PREBUS, A. und J. HILLIER: Konstruktion eines magnetischen Elektronenmikroskops mit hohem Auflosungsvermogen. Canad. J. Res., Sect. A **17**, 49—63 (1939); Ref.: Chem. Zbl. **110/II**, 2354 (1939).
543. RAMBERG, E. G. and G. A. MORTON: Electron optics. J. appl. Physics **10**, 465—478 (1939).
544. RADCZEWSKI, O. E., H. O. MÜLLER und W. EITEL: Zur Hydratation des Trikalziumsilikats. Naturwiss. **27**, 807 (1939).
545. — — — Zur Hydratation des Trikalziumaluminats. Naturwiss. **27**, 837, 838 (1939).
546. — — — Übermikroskopische Untersuchung der Erstausscheidung von Calciumcarbonat aus waßriger Losung. Zbl. Mineral., Geol., Palaont., Abt. A, Jahrg. 1940, 8—19 (1940).
547. — — — Übermikroskopische Untersuchung der Hydratation des Kalkes. Zement **28**, 693—697 (1939).
548. REBSCH, R.: Das theoretische Auflösungsvermogen des Elektronenmikroskops. Ann. Physik **31**, 551—560 (1938).
549. — Über den Öffnungsfehler der Elektronenlinsen. Z. Physik **116**, 729—733 (1940).
550. RECKNAGEL, A.: Über Fehler von Elektronenlinsen. Jb. AEG-Forsch. **7**, 15—22 (1940).
551. — Über die spharische Aberration bei elektronenoptischer Abbıldung. Z. Physik **117**, 67—73 (1940).
552. RUCHARDT, E.: Neuere Entwicklung und neuere Ergebnisse der Elektronenmikroskopie. Munch. med. Wschr. **85**, 1832—1837 (1938).
553. RUSKA, E.: Über ein magnetisches Objektiv fur das Elektronenmikroskop. Z. Physik **89**, 90—128 (1934).
554. — Über Fortschritte im Bau und in der Leistung des magnetischen Elektronenmikroskops. Z. Physık **87**, 580—602 (1934).
555. — Bemerkungen zu der Arbeit von F. KRAUSE: Das magnetische Elektronenmikroskop und seine Anwendung in der Biologie. Naturwiss. **26**, 759—760 (1938) (vgl. Nr. 487 dieses Verzeichnisses).
556. — Aufnahme von Elektronenbeugungsdiagrammen ım Übermikroskop. Wıss. Veroff. Siemens-Werken, Werkstoff-Sonderheft, S. 372—379 (1940).
557. — und H. O. MÜLLER: Über Fortschritte beı der Abbıldung elektronenbestrahlter Oberflächen. Z. Physik **116**, 366—369 (1940).
558. RUSKA, H.: Unsichtbares wird sichtbar. Kosmos **35**, 346—350 (1938).
559. — Übermikroskopische Untersuchungstechnik. Naturwiss. **27**, 287—292 (1939).
560. — Übermikroskopische Darstellung organıscher Struktur (vom Großenbereich der Zelle bis zum Ultravirus). Arch. exp. Zellforsch. **22**, 673—680 (1939).
561. — Neuere Ergebnisse der Übermikroskopıe. Forsch. u. Fortschr. **15**, 371, 372 (1939).
562. —, B. V. BORRIES und E. RUSKA: Die Bedeutung der Übermikroskopie fur dıe Virusforschung. Arch. ges. Virusforsch. **1**, 155—169 (1939).
563. — Übermikroskopische Bilder zu Strukturproblemen. Verh. dtsch. zool. Ges. **12**, Suppl. 295—302 (1939).
564. — Die Sichtbarmachung der bakteriophagen Lysen im Übermikroskop. Naturwiss. **28**, 45 (1940).
565. — und C. WOLPERS: Zur Struktur des Liquorfıbrıns. Klin. Wschr. **19**, 295 (1940).
566. — Untersuchungsmethoden und Ergebnisse der Übermikroskopie. Nederl. Tijdschr. Natuurkunde **7**, 179—191 (1940).
567. — Über Strukturen von Zellulosefasern. Kolloıd-Z. **92**, 276—285 (1940).
568. — und M. KRETSCHMER: Übermikroskopische Untersuchungen uber den Abbau von Zellulosefasern. Kolloid-Z. **93**, 163—166 (1940).
569. — Bedeutung und Ergebnisse der Übermikroskopie. Siemens-Z. **20**, 228—234 (1940).
570. — und E. FRÜHBRODT: Die Übermikroskopie als Untersuchungsverfahren. Biologe **9**, 69—75 (1940).
571. SCHERZER, O.: Die Aufgaben der theoretischen Elektronenoptik. Z. techn. Physik **17**, 593—596 (1936).
572. — Das theoretisch erreichbare Auflösungsvermogen des Elektronenmikroskops. Z. Physik **114**, 427—434 (1939).

573. SCHOON, TH. und H. W. KOCH: Untersuchungen uber Kautschukfullstoffe. I. Teilchengroße und Trachtausbildung von Rußen und deren Einfluß auf die Eigenschaften der Kautschukmischung. Kautschuk 17, 1—7 (1941).
574. SCOTT, G. H. und D. M. PACKER: Das Elektronenmikroskop als analytisches Werkzeug zur Lokalisation von Mineralien in biologischen Geweben. Anatom. Rev. 74, 17—29 (1939); Ref.: Chem. Zbl. 110/II, 2824 (1939).
575. — — Eine Elektronenmikroskopiestudie uber Magnesium und Calcium im quergestreiften Muskel. Anatom. Rev. 74, 31—45 (1939); Ref.: Chem. Zbl. 110/II, 3448 (1939).
576. SOMMERFELD, A. und O. SCHERZER: Über das Elektronenmikroskop. Munch. med. Wschr. 81, 1859—1860 (1934).
577. — — Über das Elektronenmikroskop. Zeiß-Nachr. 1, H. 9, 14—19 (1935).
578. THIESSEN, P. A.: Grenzen des Sichtbaren. Mikroskopie, Ultramikroskopie und Übermikroskopie. Vierjahresplan 4, 503, 504 (1940).
579. TRURNIT, H. und H. FRIEDRICH-FREKSA: Die elektronenmikroskopische Untersuchung des „Tomatenmosaikvirus, Dahlem 1940." Biol. Zbl. 60, 546—556 (1940).
580. VOIT, H.: Über die elektronenoptischen Bildfehler dritter Ordnung. Z. Instrumentenkunde 59, 71—82 (1939).
581. WENDT, G.: Chromatische Abweichung elektronenoptischer Abbildungssysteme. Z. Physik 116, 436—443 (1940).
582. WESTPHAL, W.: Fortschritte der Elektronenmikroskopie. Docentra 59, 218—220 (1938).
583. WOLPERS, C. und H. RUSKA: Strukturuntersuchungen zur Blutgerinnung. Klin. Wschr. 18, 1077—1081, 1111—1117 (1939).
584. ZEISS, C.: Literatur uber Mikrophotographie mit ultraviolettem Licht. Druckschrift Mikro 530 Lit.
585. ZWORYKIN, V. K.: Elektronenoptische Systeme und ihre Anwendung. Z. techn. Physik 17, 170—183 (1936).
586. — An electron microscope for the research laboratory. Science (New York) 92, 51—53 (1940).
587. ZAHN, H.: Versuche zur Übermikroskopie der Wolle. Melliand Textilber. 21, 505—508 (1940).

Nachtrag zu 1. Literatur zur Mikrophotographie (Kapitel I—V).[1]
588. FESEFELD, H.: Die „Mikroflex", eine neue Stativ-Aufsetzkamera. Bl. Unters.- u. Forsch.-Instr. 15, 15—19 (1941).
589. HAUSER, F.: Über eine Anwendung des T-Belages in der Auflicht-Mikrophotographie. Zeiß-Nachr. 4, 34, 35 (1941).
590. — Zur Auflosung durch das Mikroskop. Zeiß-Nachr. 4, 69—76 (1941).
591. KÖHLER, A.: Die Grenzen des Auflosungsvermogens des Mikroskops bei Hellfeld und Dunkelfeld fur einfache Spaltgitter und fur Kreuzgitter. Z. Instrumentenkde. 61, 247—261 (1941).
592. LOOS, W.: Das Phasenkontrastverfahren nach ZERNIKE als biologisches Forschungsmittel. Klin. Wschr. 20, 849—853 (1941).
593. — Das Phasenkontrastverfahren. Umschau 45, 635—637 (1941).

Nachtrag zu 2. Literatur zu Kapitel VI.
594. ARDENNE, M. V.: Die Anwendung des Objektträger-Vibrators zur Herstellung von Emulsionen. Angew. Chemie 54, 144—146 (1941).
595. — Zur Bestimmung des Auflosungsvermogens von Elektronenmikroskopen. Physik. Z. 42, 72—74 (1941).
596. — Über eine elektronenmikroskopische Untersuchung der Struktur reflexmindernder Schichten und uber die Bemessung solcher Schichten. Z. angew. Photogr. 3, 13—16 (1941).
597. — und M. HOFMANN: Elektronenmikroskopische und rontgenographische Untersuchung uber die Struktur von Rußen. Z. physik. Chemie 50, 1—12 (1941).
598. — Erhitzungs-Übermikroskopie mit dem Universal-Elektronenmikroskop. Kolloid-Z. 97, 257—272 (1941).
599. — und H. H. WEBER: Elektronenmikroskopische Untersuchung des Muskeleiweißkörpers „Myosin". Kolloid-Z. 97, 322—325 (1941).
600. — Elektronen-Übermikroskopie lebender Substanz. Naturwiss. 29, 521—523 (1941).

---

[1] Die Nachtrage umfassen die Literatur bis zum Ende des Jahres 1941.

601. ARDENNE, M. v. und H. FRIEDRICH-FREKSA: Die Auskeimung der Sporen von *Bacillus vulgatus* nach vorheriger Abbildung im 200-kV-Universal-Elektronenmikroskop. Naturwiss. **29**, 523—528 (1941).
602. — Über Versuche zur Sichtbarmachung molekularer Rauhigkeiten an gegen die Gitterebenen geneigt verlaufenden Kristallkanten im Universal-Elektronenmikroskop. Naturwiss. **29**, 780, 781 (1941).
603. — Elektronen-Übermikroskop mit wahlweise einschaltbarer Elektronensonde zur Herstellung von Elektronenbeugungsdiagrammen bestimmter kleiner Bezirke des Gesichtsfeldes. Z. Physik **117**, 515—523 (1941).
604. — Zur Prüfung von kurzbrennweitigen Elektronenlinsen. Eine einfache Methode und ihre Ergebnisse. Z. Physik **117**, 602—611 (1941).
605. — Über ein 200-kV-Universal-Elektronenmikroskop mit Objektabschattungsvorrichtung. Z. Physik **117**, 657—688 (1941).
606. — Ergänzung zu den Arbeiten „Zur Prüfung von kurzbrennweitigen Elektronenlinsen" und „Über ein 200-kV-Universal-Elektronenmikroskop mit Objektabschattungsvorrichtung". Z. Physik **118**, 384—388 (1941).
607. — und H. AUGUSTIN: Elektronenmikroskopische Darstellung des Lepraerregers *(Mycobacterium Leprae)*. Klin. Wschr. **20**, 753—755 (1941).
608. — und FR. KIERMEIER: Die Herstellung von Emulsionen in kleinen Mengen mit dem Objektträger-Vibrator. Fette u. Seifen **48**, 619—621 (1941).
609. — Neuere Arbeiten am Universal-Elektronenmikroskop. Forsch. u. Fortschr. **18**, 32—35 (1942).
610. BEISCHER, D.: Neuere Methoden zur Erforschung der Struktur kolloider Systeme. Kolloid-Z. **96**, 127—135 (1941).
611. BORRIES, B. v.: Die Übermikroskopie. Stahl u. Eisen **61**, 725—735 (1941).
612. BRÜCHE, E.: Das elektrostatische Übermikroskop, eine deutsche wissenschaftliche Leistung. Vierjahresplan **5**, 377—379 (1941).
613. DOSSE, J.: Strenge Berechnung magnetischer Linsen mit unsymmetrischer Feldform nach $H = \dfrac{H_0}{1 + \left(\dfrac{z}{a}\right)^2}$. Z. Physik **117**, 316—321 (1941).
614. — Zur Ausmessung des Feldes magnetischer Elektronenlinsen. Z. Physik **117**, 437—443 (1941).
615. EITEL, W.: Neuere Ergebnisse der Erforschung der Zemente. Angew. Chemie **54**, 185—192 (1941).
616. ELOD, E.: Die Struktur der Wollfaser. Kolloid-Z. **96**, 284—301 (1941).
617. FRANZ, E., L. WALLNER und E. SCHIEBOLD: Beitrag zur Deutung übermikroskopischer Aufnahmen von Faserpräparaten. Kolloid-Z. **97**, 36, 37 (1941).
618. GLASER, W.: Strenge Berechnung magnetischer Linsen der Feldform $H = \dfrac{H_0}{1 + \left(\dfrac{z}{a}\right)^2}$. Z. Physik **117**, 285—315 (1941).
619. GOBRECHT, R.: Experimentelle Untersuchungen über den Öffnungsfehler elektrostatischer Linsen. Arch. Elektrotechn. **35**, 672—685 (1941).
620. HALL, C. E. und A. L. SCHOEN: Die Anwendung des Elektronenmikroskops zur Erforschung photographischer Erscheinungen. J. opt. Soc. Amer. **31**, 281—285 (1941). Ref.: Chem. Zbl. **112/II**, 1584 (1941).
621. HARVEY, G. G. und L. J. SULLIVAN: Ein magnetisches Elektronenmikroskop. Physic. Rev. **59**, 929 (1941). Ref.: Chem. Zbl. **113/I**, 83 (1942).
622. HASS, G. und H. KEHLER: Über eine temperaturbeständige und haltbare Trägerschicht für Elektroneninterferenzaufnahmen und übermikroskopische Untersuchungen. Kolloid-Z. **95**, 26—29 (1941).
623. — Untersuchungen an elektrolytisch erzeugten und getemperten Aluminiumoxydschichten mittels Elektronen-Interferenzen und im Übermikroskop. Kolloid-Z. **97**, 29—35 (1941).
624. HEERING, H., I. v. GIZYCKI und A. KIRSECK: Ruß-Untersuchungen mit dem Übermikroskop. Kautschuk **17**, 55—62 (1941).
625. HENNEBERG, W.: Elektronenmikroskop, Übermikroskop und Metallforschung. Stahl u. Eisen **61**, 769—777 (1941).
626. HESS, K., H. KIESSIG und J. GUNDERMANN: Röntgenographische und elektronenmikroskopische Untersuchung der Vorgänge beim Vermahlen von Cellulose. Z. Physik Chemie B **49**, 64—82 (1941).
627. HOFMANN, U., A. ROGOSS und F. SINKEL: Die Struktur der Kolloide des feinkristallinen Kohlenstoffes. Kolloid-Z. **96**, 231—237 (1941).

628. JAKOB, A.: Die Darstellung morphologischer Einzelheiten von Tumor-Ascites-zellen (EHRLICHsches Ascitescarcinom der Maus) mit dem elektrostatischen Elektronen-Übermikroskop. Klin. Wschr. 20, 719, 720 (1941).
629. KINDER, E.: Über das magnetische Jochlinsen-Übermikroskop und einige Anwendungen in der Kolloidchemie. Kolloid-Z. 95, 326—336 (1941).
630. KOCH, H. W.: Teilchengröße und Teilchengestalt in Goldsolen. (Vergleichende Untersuchungen mit dem Übermikroskop und dem Spaltultramikroskop.) Z. Elektrochemie 47, 717—721 (1941).
631. KOCH, L. und A. LEHMANN: Übermikroskopische Untersuchung von geglätteten Aluminiumoberflächen. Aluminium 23, 304—309 (1941).
632. KUHN, E.: Übermikroskopische Untersuchungen an natürlichen und künstlichen Zellulosefasern. Melliand Textilber. 22, 249, 250 (1941).
633. MAHL, H.: Elektronenstrahlschaden bei übermikroskopischen Untersuchungen an Zellulosefasern. Kolloid-Z. 96, 7—10 (1941).
634. — Übermikroskopische Beobachtungen an Aluminium-Ätzstrukturen. Zbl. Mineralogie A, Jahrg. 1941, 182—192 (1941).
635. — Übermikroskopischer Nachweis von metallischen Ausscheidungen mit dem Abdruckverfahren. Metallwirtsch. 20, 983—986 (1941).
636. MARTON, L., J. W. MCBAIN und R. D. VOLD: Elektronenmikroskopische Untersuchung von geronnenen Fasern von Natriumlaurat. J. Amer. chem. Soc. 63, 1990—1993 (1941). Ref.: Chem. Zbl. 112/II, 3047, 3048 (1941).
637. MELDAU, R.: Zur Kenntnis des Luftplanktons. Staub H. 14, 317—329 (1940).
638. — und M. TEICHMÜLLER: Zur Morphologie feinster Bleioxydsublimate. 2. Mitt. Z. Elektrochemie 47, 191—196 (1941).
639. — — Zur Morphologie feinster Bleioxydsublimate. 3. Mitt. Z. Elektrochemie 47, 630—634 (1941).
640. — — Zur Morphologie feinster Bleioxydsublimate. 4. Mitt. Z. Elektrochemie 47, 634—636 (1941).
641. — — Übermikroskopische Beobachtungen an schwinggemahlenen Kohlenstauben verschiedenen Inkohlungsgrades. Öl u. Kohle 37, 751—755 (1941).
642. MENKE, W.: Untersuchungen über den Feinbau des Protoplasmas mit dem Universal-Elektronenmikroskop. Protoplasma 35, 115—130 (1940).
643. MÜLLER, H. O. und E. RUSKA: Ein Übermikroskop für 220-kV-Strahlspannung. Kolloid-Z. 95, 21—25 (1941).
644. — und C. W. A. PASEWALDT: Der Feinbau der Test-Diatomee *Pleurosigma angulatum* W. SM. nach Beobachtungen und stereoskopischen Aufnahmen im Übermikroskop. Naturwiss. 30, 55—60 (1942).
645. PREBUS, A.: Verbesserte Polschuhkonstruktion der Objektivlinse eines magnetischen Elektronenmikroskops. Canad. J. Res., Sect. A 18, 175—177 (1940). Ref.: Chem. Zbl. 112/II, 2469 (1941).
646. RADCZEWSKI, O. E. und H. RICHTER: Elektronenmikroskopische Untersuchung von Kieselsäuresolen. Kolloid-Z. 96, 1—7 (1941).
647. RECKNAGEL, A.: Theorie des elektrischen Elektronenmikroskops für Selbststrahler. Z. Physik 117, 689—708 (1941).
648. RIEDEL, G. und H. RUSKA: Übermikroskopische Bestimmung der Teilchenzahl eines Sols über dessen aerodispersen Zustand. Kolloid-Z. 96, 86—96 (1941).
649. SCHERZER, O.: Die unteren Grenzen der Brennweite und des chromatischen Fehlers von magnetischen Elektronenlinsen. Z. Physik 118, 461—466 (1941).
650. SCHMIEDER, F.: Übermikroskopische Untersuchung des Zusammenhangs zwischen Deckkraft und Kristallgröße bei Pigmenten. Kolloid-Z. 95, 29—33 (1941).
651. SCHOOEN, TH. und E. BEGER: Einfluß von Trägerstruktur und Herstellungsverfahren auf Pt-Katalysatoren. Z. physik. Chemie A 189, 171—182 (1941).
652. — und H. KLETTE: Der Aufbau typischer Adsorbentien. Naturwiss. 29, 652, 653 (1941).
653. STANLEY, W. M. und TH. F. ANDERSON: Eine Studie an gereinigten Viren mit dem Elektronenmikroskop. J. Biol. Chemistry 139, 325—338 (1941). Ref.: Chem. Zbl. 112/II, 1980 (1941).
654. ZAHN, H.: Übermikroskopische Aufnahmen von isolierten Spindelzellen der Schafwolle. Melliand Textilber. 22, 305—308 (1941).

Tabellenverzeichnis.

Zu MERTÉ, Das photographische Objektiv seit dem Jahre 1929.

		Seite
Tabelle 1:	Brechzahlen und ν-Werte neuer Glasarten nach A. P. Nr. 2150694 .	2
„ 2:	Brechzahlen für Lithiumfluorid	5
„ 3:	Brechzahlen für geschmolzenen Quarz	5
„ 4:	UV-Durchlassigkeit eines Lithiumfluoridstuckes von 15,02 mm Dicke	6
„ 5:	Durchlassigkeit von Homosil	6
„ 6:	Reflexionsfaktoren und Durchlassigkeitszahlen fur neue Farb- und Lichtfiltergläser von SCHOTT & GEN.	7
„ 7:	Brechzahlen fur sichtbares und ultrarotes Gebiet einiger Schmelzungen von SCHOTT & GEN	13
„ 8:	Lage von Reflexbildern des Objektivs 4/10	82

Objektivzusammenstellung 3. Unverkittete Drillingslinsen 19
Objektivzusammenstellung 4. Objektive aus einer einfachen und einer verkitteten Sammellinse, die eine einfache Zerstreuungslinse, von dieser durch Luft getrennt, einschließen 21
Objektivzusammenstellung 5. Weitere aus der Grundform der TAYLORschen Drillingslinse ableitbare Objektive, deren Glieder teils aus einfachen, teils aus verkitteten Glaslinsen bestehen 25
Objektivzusammenstellung 7. Doppelobjektive mit gestorter Symmetrie 30
Objektivzusammenstellung 8. Photographische Objektive besonders großen Öffnungsverhaltnisses 35
    1. Abkommlinge oder Verwandte des „PETZVAL"-Objektivs 35
    2. Abkommlinge oder Verwandte der TAYLORschen Drillingslinse 41
    3. „Ernostare" und Abkommlinge oder Verwandte des „Ernostars" 47
    4. „Sonnare" und Abkömmlinge oder Verwandte des „Sonnars" 54
    5. Abkommlinge oder Verwandte des GAUSS-Doppelobjektivs 61
    6. Linsenformen, die bisher fur Objektive besonders großen Öffnungsverhaltnisses selten verwandt wurden 71
Objektivzusammenstellung 9. Teleobjektive 75
Objektivzusammenstellung 10. Neuartige Weitwinkelobjektive 83
Objektivzusammenstellung 11. Lichtbildlinsen mit optischen Zusätzen 92

Zu PRITSCHOW, Die Kleinbildkamera.

Tabelle 1:	Die Tiefenscharfe bei kurzer und langer Brennweite	108
„ 2:	Optisch wirksame Öffnung des Objektivs	124
„ 3:	Beziehung zwischen Brennweite und Vergrößerungsfaktor bei „Fernobjektiven"	132
„ 4:	Beziehung zwischen Brennweite und Verkleinerungsfaktor bei Weitwinkelobjektiven	134
„ 5:	Das Kleinbildformat	134
„ 6:	Bildwinkel bei der Brennweite $f = 50$ mm	134
„ 7:	Beziehung zwischen Brennweite und Bildwinkel	134
„ 8:	Beziehung zwischen Brennweite und Fernoptik	134
„ 9:	Blendenzahl und Belichtungszeit	135
„ 10:	Blendenzahl und Belichtungszeit	136
„ 11:	Abhängigkeit der Tiefenschärfe von der Brennweite	139
„ 12:	Tiefenscharfetabelle fur die Normalbrennweite $f = 50$ mm	143

			Seite
Tabelle	13:	Axiale Verschiebungswerte Δ für $f = 50$ mm	145
„	14:	Werte der Objektivverstellung Δ für die Brennweite 28 bis 180 mm und die Entfernungen 20 bis 0,25 m	146
„	15:	Beziehung zwischen Objektivverstellung und Entfernungsmesser	168
„	16:	Belichtungszeitverlängerung bei Nahaufnahmen	183
„	17:	Tiefe nach vorn und hinten bei Einstellung auf 5 m	206
„	18:	Tiefe bei Einstellung auf 3 m	206
„	19:	Leicaverschluß	221
„	20:	Verschlußzeiten	223
„	21:	Balgenlose Kleinbildkamera mit Mattscheibenentfernungsmesser und Schlitzverschluß	225
„	22:	Balgenlose Kleinbildkamera mit Objektiv in Ausziehtubus und Schlitzverschluß	226
„	23:	Balgenkamera mit Scherenspreizen und Objektiv im Zentralverschluß	227
„	24:	Balgenkamera mit Knick- bzw. Scherenspreizen und Objektiv im Zentralverschluß	228

Zu NIDETZKY, Elektrische Belichtungsmesser.

Tabelle	1:	Zusammenhang zwischen Schwärzung und Lichtdurchlässigkeit	238
„	2:	Abnahme der Randbelichtung in der Kamera nach $\cos^4 \varepsilon$	241
„	3:	Kennbelichtungen (Luxsekunden) im Sensitometer nach DIN 4512, bei denen sich die Schwärzungen 0,1 über dem Schleier ergeben	245
„	4:	Deutsche Belichtungsmesser	266
„	5:	Wirksamer Bildwinkel	282

Zu HAASE, Die Polarisationsfilter und das polarisierte Licht in der Photographie.

Tabelle	1:	Brechzahlen und Polarisationswinkel verschiedener Stoffe	288
„	2:	Zusammenhang der Aperturen und der Verhältnisse Länge zu Breite bei THOMPSONschen Prismen	294
„	3:	Maße verschiedener Polarisationsprismen	296
„	4:	Durchlässigkeiten und Polarisationsgrad von ZEISS-Einkristall-Herapathitfiltern (Bernotare)	300
„	5:	Durchlässigkeiten und Polarisationsgrad von MARKS-Polarisatoren für linear polarisiertes Licht, parallel und senkrecht zur Schwingungsrichtung	301
„	6:	Durchlässigkeiten und Polarisationsgrad von ZEISS-IKON-Polarisationsfolien für weißes Licht	304
„	7:	Durchlässigkeiten und Polarisationsgrad für weißes Licht von KÄSEMANN-Filtern	305

Zu HEYMER, Die neuere Entwicklung der Farbenphotographie.

Tabelle	1:	Schematische Übersicht der Farbenverfahren in symbolischer Darstellung	343
„	2:	Eichwerte des energiegleichen Spektrums	353
„	3:	Eichwerte für das Spektrum der Normalbeleuchtung A	354
„	4:	Eichwerte für das Spektrum der Normalbeleuchtung B	355
„	5:	Auswahlwellenlängen für das energiegleiche Spektrum	359
„	6:	Farbfehler bei gleicher Gradation, aber verschiedener Deckung der Teilbilder	367
„	7:	Farbtemperaturen verschiedener Lichtquellen	376
„	8:	Filter für Agfacolor-Kornraster	393
„	9:	Dimensionen von Linsenrasterfilmen	400
„	10:	Übersicht der für den „Agfacolor"-Linsenraster-Kleinbildfilm eingerichteten Objektive	407
„	11:	Übersicht der Verfahren zur Erzeugung subtraktiver Bilder	422
„	12:	Anordnung der Schichtfärbung-S und Sensibilisierung bzw. Kopierlichtfarbe K in Mehrschichtenfilmen	438
„	13:	Aufbau des Agfa-Tripo III-Films	440
„	14:	Filter für Agfacolor-Umkehrfilme	450
„	15:	Übersicht der aufgeführten Verfahren und Geräte nach Anwendungsgebieten	454

Zu MICHEL, Mikrophotographie.

			Seite
Tabelle	1:	Übersicht über die Anwendung der verschiedenen Beleuchtungsarten	473
„	2:	Eigenschaften des Planglas- und Prismen-Illuminators	482
„	3:	ZEISS-Hellfeldkondensoren zur Beleuchtung bei der Mikrophotographie als Beispiel für die verschiedenen Typen von Hellfeldkondensoren	501
„	4:	Übersicht über die wichtigsten im Handel befindlichen Auflichtbeleuchtungseinrichtungen für das zusammengesetzte Mikroskop	502
„	5:	Übersicht über gebräuchliche Dunkelfeldkondensoren und deren Eigenschaften	504
„	6:	Übersicht über gangbare Beleuchtungseinrichtungen für Übersichtsaufnahmen mit auffallendem Licht	505
„	7:	Optische Daten für photographische Aufnahmen mit der Ringbeleuchtung	512
„	8:	Die ZEISSschen „Planachromate"	519
„	9:	Untere Grenze der förderlichen Vergrößerung für verschiedene Öffnungsverhältnisse	524
„	10:	Mikrophotographische Objektive	525
„	11:	Übersicht über die ZEISSschen „Mikrotare"	526
„	12:	Die Normreihen der Abbildungsmaßstäbe in der Mikrophotographie	536
„	13:	Übersicht über im Handel befindliche Aufsetz- und Vertikalkameras	565
„	14:	Verlängerung des Tubus bei Benutzung von schwachen Okularen in Verbindung mit Objektiven mit der numerischen Apertur 0,65 und größer für mikrophotographische Zwecke	568
„	15:	Die verschiedenen Kameramikroskope	574
„	16:	Die Auflichtbeleuchtungseinrichtungen der aufrechten Kameramikroskope	579
„	17:	Die verschiedenen Aufnahmeverfahren bei der wissenschaftlichen Anwendung der Kleinbildkamera	595
„	18:	Tiefenschärfe und Objektgrößen für das Naheinstellgerät zur „Leica"	597
„	19:	Daten für Nahaufnahmen mit dem „Panflex"	602
„	20:	Entfernungen, Abbildungsmaßstäbe und Objektgröße für die verschiedenen Objektive bei Stellung auf ∞ in Verbindung mit dem Spiegelreflexgehäuse, Einstellrevolver und Wechselschlitten zur „Leica"	603
„	21:	Entfernungen, Abbildungsmaßstäbe und Objektgröße für die Objektive 7,3, 9 und 13,5 cm in Verbindung mit den hierfür lieferbaren kurzen Stutzen und dem Spiegelreflexgehäuse, Einstellrevolver und Wechselschlitten zur Leica	603
„	22:	Mit Objektiven kurzer Brennweite am Contax-Universalstativ erreichbare Abbildungsmaßstäbe	607
„	23:	Maßtabelle zum Universal-Reproduktionsgerät für das Objektiv „Elmar" 5 cm	609
„	24:	Tiefenschärfebereich für Abbildungen im Maßstab 1:18 bis 10:1 mit dem Universal-Reproduktionsgerät	610
„	25:	Einstellung der Korrektur für die Objekteigenschaften beim Belichtungsmesser „Tempiphot" für Mikroaufnahmen	617
„	26:	Leuchtfeldblendendurchmesser D, Leuchtfeldgröße im Objekt D', Abbildungsmaßstab des Leuchtfeldes k und die Konstante $K = D''' \cdot k$ bei verschiedenen Kondensoren am ZEISS-Ultraphot bei $D''' = 140$ mm	622
„	27:	Leuchtfeldblendendurchmesser D, Leuchtfeldgröße im Objekt D', Abbildungsmaßstab des Leuchtfeldes k und die Konstante $K = D''' \cdot k$ bei verschiedenen Kondensoren an der ZEISS-Contax-Standardkamera bei $D''' = 43$ mm	622
„	28:	Leuchtfeldblendendurchmesser D, Leuchtfeldgröße im Objekt D', Abbildungsmaßstab des Leuchtfeldes k, die Konstante $K = D''' \cdot k$ und die Konstante $K_1 = K/\beta''$ bei den verschiedenen Objektiven am ZEISS-Neophot bei $D''' = 140$ mm	622
„	29:	Die deutschen Elektronenmikroskope	630

Sachverzeichnis.

Bemerkung. Es bedeutet: Ein Stern * hinter der Seitenzahl einen Hinweis auf eine Abbildung, (B) hinter einem Geratenamen, daß es sich um einen Belichtungsmesser, (K), daß es sich um eine Kleinbildkamera und (Obj), daß es sich um ein **photographisches** Objektiv handelt.

ABBEsches Prisma 295*.
ABBEsche Theorie 548.
Abbildungsmaßstab, Bestimmung aus dem Leuchtfeldblendendurchmesser 620 f.
—, Bestimmung mit dem Vergrößerungsrechenstab 532.
—, Einstellung 623.
—, forderlicher 613.
—, graphische Darstellung der Beziehungen zum Kameraauszug bei verschiedenen Okularen 615.
—, Okulare zum stetigen Wechsel desselben 536.
—, Tafel uber die Beziehungen zur Bildweite bei verschiedenen Brennweiten 529.
—, Tafel uber die Beziehungen zum Objekt-Bildabstand bei verschiedenen Brennweiten 530.
—, Wahl bei Kleinbildmikroaufnahmen 612.
Abbildungsmaßstäbe, Normreihe 534, 536.
—, Tabelle der mit kurzbrennweitigen mikrophotographischen Objektiven am Contax-Universalstativ erreichbaren 607.
Abblendung des Kondensors bei farbigen Mikroaufnahmen 625.
Abdruckverfahren zur Untersuchung von Oberflachen mit dem Übermikroskop 658.
Absorptionsgitter 547.
Abziehfilm 111.
„Actino A" und „B" (Bel) 263, 266, 269.
Agfa-Bipackfilm, Darstellung der spektralen Empfindlichkeitsverteilung 415.
— -Farbentafel fur Farbenphotographie Tafel I, S. 368.
— -Pantachromverfahren 397, 402, 439, Aufnahme mit Linsenrasterzweipack 419, 439, Bipackkassette dazu 417, Kopieren 439.
— -Seriometer 273*.
Agfacolor-Filmraster 391 f.
— -Kornrasterfilm 387, 391 f.*, Filter dazu 393.

Agfacolor-Linsenrasterfilm 397, 400, Belichtungszeit 408, Eigenschaften 405, Empfindlichkeit 406, Objektive dazu 407.
— -Linsenrasterverfahren 404, fur Kleinbilder 407, Filter fur Kleinbildkameras, 408, Wirkungsweise des Leicafilters 401*, fur Schmalfilm 405.
Agfacolor-Neu-Film 405, 428, 444, Ausgleichsfilter 450.
Agfacolor- (Neu-) Verfahren 446, 449, mit Umkehrfarbentwicklung 449, Arbeitsweise Tafel III, S. 448.
— -Negativ-Positiv-Farbentwicklungsverfahren 451, Arbeitsweise Tafel III, S 448, additive Kopiermaschine 453, Blendenbandkopiermaschine 453, Rasterkopiermaschine 453.
Agfacolor-Platte 391 f.
ALBADA-Sucher 158.
Allseitige Beleuchtung 468.
„Amatcolor"-Verfahren 414.
Amplitudenbedingung fur reflexmindernde Schichten 10.
Amplitudengitter 547.
Analysator, Filter- 315.
Andruckplatte 124.
Apertur der Elektronenlinsen 636.
—, Numerische 469.
Apostilb 237.
ASKANIA-Kamera 416, 417*.
Auffallendes Licht 467, 471, 472, bei Hellfeldbeleuchtung am zusammengesetzten Mikroskop 479, bei Hellfeldbeleuchtung am einfachen Mikroskop 489, bei Dunkelfeldbeleuchtung am zusammengesetzten Mikroskop 493, bei Dunkelfeldbeleuchtung am einfachen Mikroskop 496.
— —, Beleuchtung damit am Kameramikroskop 578, 583, 587.
— —, Übersichtsaufnahmen damit am BUSCH-„Citophot" 572.
Auflicht-Beleuchtungseinrichtung 502, 503, 509.
Auflichtmikroskopie, Polarisiertes Licht bei der 318.
Auflosungsgrenze des Übermikroskops 652.

Auflosungsvermögen des Übermikroskops 636.
—, Moglichkeiten zur Steigerung im Mikroskop 626.
— des photographischen Objektivs 33.
Aufnahmeverfahren, verschiedene, bei der wissenschaftlichen Anwendung der Kleinbildkamera 595.
Aufsetzkamera 564 ff*.
— „Miflex" 566*.
—, Kombination mit der Kleinbildkamera 564*, 604.
Aufsichtsbilder mit Farbrastern 412.
Aufsichtssucher 154.
Aufstellung, Federtopfe zur erschutterungsdampfenden 569*, 591*.
Ausbeuteverteilungskurve 258.
— und Lichtwahler 260*, 261*.
Ausbeuteverteilungsfläche 280.
Auswahlwellenlängen fur das energiegleiche Spektrum 359.
Auswaschrelief 421, 429.
Auswaschverfahren der EASTMAN-KODAK COMP. 431.
Auswechseloptik 152.
— und Entfernungsmesser 153.
— und Verschluß 152.
Azimut 468.
Azimuteffekt 469*.

„Baby-Box" (K) 206.
„Baldina" (K) 228.
„Bantam" (K) 120, 227.
„Bantam-Spezial" (K) 180, 227.
„Beira" (K) 195, 227.
„Beirette" (K) 228.
Beleuchtung, allseitige 468, 493.
— mit auffallendem Licht 467.
— mit auffallendem Licht am Kameramikroskop 578, 583, 587.
—, Dunkelfeld- 468, 472, 491.
—, —, bei auffallendem Licht mit begrenztem Azimut 495, allseitig 493.
— mit durchfallendem Licht 466.
— — — am Kameramikroskop 577, 583, 587.
—, Grundbegriffe bei der mikrophotographischen 468.
—, allgemeine Anforderungen an Anordnungen fur Hellfeld- 473, Dunkelfeld- 491.
—, Hellfeld- 468, 472, 473.
— mit kombiniertem auf- und durchfallendem Licht 500.
— mit Planglas 480, 484.
— mit Prisma 480, 484.
Beleuchtungsapparate am modernen Stativ 557*.
—, tabellarische Übersicht gebräuchlicher — 501 ff.
Beleuchtungsarten 465.
—, Anwendung der verschiedenen — 471.
—. Wiedergabe der Objektfarben bei verschiedenen — 470.

Beleuchtungseinrichtung am Mikroskop fur auffallendes Licht 502, 503, 509.
—, allgemeine Anforderungen an eine Hellfeld- 473, an eine Dunkelfeld- 491.
— fur durchfallendes Licht 506.
— des Kameramikroskops 576.
— fur Übersichtsaufnahmen 505.
Beleuchtungsfalle, wichtige 239.
Beleuchtungsstärke 237.
— eines Photoelements in Abhangigkeit vom Bildwinkel 259.
— auf der lichtempfindlichen Schicht 240.
Beleuchtungsverfahren, Übersicht uber die mikrophotographischen — 465 ff.
Belichtung 238.
—, Einfluß des Abstands Blendenebene-Schicht 240, der Blendenflache 241, der Absorption und Reflexion im Objektiv 241.
Belichtungsmesser 195, 234 ff.
—, Bauteile 258 ff.
—, Stufung der Belichtungszeiten 263.
—, wirksamer Bildwinkel 258.
—, Stufung der Blendenzahlen 263.
— an der „Brillant"-Kamera 236.
—, Eichen 280.
—, Eichkurven 282*.
—, Eichwert 250, 267, 280, 282.
—, elektrischer 234 ff.
—, —, Grundschaltung 251*.
—, —, an der Kleinbildkamera 195 ff., Schema der Verbindung mit der Kleinbildkamera 196*.
—, —, Meßwerk 260 ff., 262*.
—, —, der „Contax" 197, 259, 269*, der „Contaflex" 266, 270*, der „Super-Ikonta" 270*.
—, —, zum Kopieren und Vergrößern 272 ff.
—, —, fur Kinozwecke 271.
—, —, Umschaltung des Meßbereichs 264.
— fur Farbenphotographie 378 f.
—, optischer 235.
—, —, an der Kleinbildkamera 199.
—, Rechenhilfen 262.
—, Schatten- nach RÜST 267*.
—, Übersicht uber deutsche — 266, 267.
— mit Vergleichslichtquelle 236, 276.
— von Weston 270*, 271.
—, Zusatzphotoelement 264, 265*.
Belichtungsmessung, Aufgaben und Grenzen 247 ff.
—, Grenzfalle fur die — 248.
—, Grundlagen 237 ff.
—, Unsicherheitsfaktoren 249.
Belichtungsregler 276.
—, vollselbsttatige 277.
—, halbselbsttätige 279*.
Belichtungstafeln 235.
Belichtungszeit, Bestimmung bei Mikroaufnahmen 616 ff., bei Mikroaufnahmen in naturlichen Farben 625.
—, Stufung am Belichtungsmesser 263.

Belichtungszeit, Teilung am Kassettenschieber zu deren Bestimmung 567.
— fur Agfacolor-Linsenrasterfilm 408.
BERMPOHL-Kamera 383*.
,,Bernotar" (Zeiß) 298ff., 299*.
—, Durchlassigkeit 298, 299, 300.
—, Polarisationsgrad 300.
—, Trubung 300.
BERTHON-SIEMENS-Linsenrasterverfahren 397, 403, 410.
— — —, Schema des Kopiervorganges 411*.
Bestandigkeit des Selenphotoelements 257.
Bildeinstellung 186.
— durch Beobachtung des Luftbildes 194.
Bildfarbstoffe, Anforderungen fur das Siebverfahren 425.
Bildfeld der Kleinbildkamera 134.
Bildformat 119ff.
—, quadratisches 121.
Bildkrummung 515, 516*.
Bildscharfe, Einstellung auf — 144.
Bildweite, graphische Darstellung der Beziehungen zum Abbildungsmaßstab 529.
Bildwinkel, wirksamer 282.
—, —, des Belichtungsmessers 258.
Bildzahlung durch Friktionswalze 116.
,,Biogon" (Obj) 90, 133.
,,Biotar" (Obj) 60, 133.
Bipack 345, 413, 418.
Bipackfilm, Aufbau 415*.
—, Aufnahmegerate 416*, 417*.
—, spektrale Empfindlichkeitsverteilung 415*.
—, Kopieren 417.
Bipackkassette zum Agfa-Pantachromverfahren 417*.
Blende, kritische 15.
Blendenflecke bei photographischen Objektiven 12.
Blendenvorwahl 193, 194.
Blendenzahlen, zulassige Abweichungen 249.
—, Stufung am Belichtungsmesser 263.
,,Bobette" (K) 104.
Brechzahlen einiger Glaser im sichtbaren und ultraroten Gebiet 14.
— und v-Werte neuer Glasarten 2.
Brennweite, kritische 15.
—, Objektive mit veranderlicher — 91ff.
BREWSTERsches Gesetz 288.
Brillantsucher 154.
,,Brillant"-Kamera 163, 189, 190, 195.
— —, Belichtungsmesser mit Vergleichslichtquelle an der — 236.
Brillanz 242.
Brillenglaskondensor 485*.
,,Brownie-Reflex" (K) 107.
Bruststativ 604*.
BUSCH-Zweifarbenfilm 385*.

Carbrodruck 432.
Chromatische Korrektion bei Photoobjektiven im Ultraroten 14.
,,Cinecolor"-Verfahren 385, 435.
,,Citophot" 568ff., Übersichtsaufnahmen mit durchfallendem Licht 571, mit auffallendem Licht damit 572.
,,Coloprint"-Verfahren 408, 430.
,,Color-Temperature-Meter" 376.
,,Compur-Rapid"-Verschluß 216, 217.
,,Contaflex" (K) 116, 154, 162*, 163, 205*, 225.
— -Belichtungsmesser 266, 270*.
,,Contameter" 183*, 326, 597, 606.
,,Contax" (K) 53, 117, 172*, 179, 183, 186, 197*, 203f., 211, 224*, 226, 324*, 405, 407, 600, 605.
— -Belichtungsmesser 197*, 198*, 259, 269*.
— -Kurzspule 118.
— -Objektive 131*, 132*, 133*.
—, Polarisationsvorsatz zur Reflexbeseitigung 308.
— -Spule 118*.
— -Stereosystem 324.
— -Stereovorsatz,,Stereotar C" 211, 324*.
— -Universalstativ 605ff.*, Tabelle der mit kurzbrennweitigen mikrophotographischen Objektiven erreichbaren Abbildungsmaßstabe 607.
,,Contax"-Verschluß 220, 221.
,,Cooke Varo Lens" 96.

Dampfung des Himmelslichts durch Polarisationsfilter 313*.
Daguerreotypie 100.
DAPEI-Meßraster 188.
Deformation von Linsenflachen 31.
,,Dialux"-Mikroskop 561.
Dichroismus 296.
—, kunstlicher 297.
—, Polier- 297.
Dichte 238.
Dichtemessung, Maskenverfahren nach MCADAM dazu 370.
Diffusionsfestigkeit der Farbstoffe fur Farbentwicklung 446.
Diffusion, kontrollierte 448.
Direkt-Farbenentwicklung 444.
DIN-Grad 126, 245.
— —, Umrechnung in Scheinergrade 263.
Dispersionsverlauf einiger Glaser im sichtbaren und ultraroten Gebiet 13*.
,,Dollina" (K) 227.
Doppelbelichtung, Verhinderung 125f.
Doppelkondensor, Komplementär- 315.
Doppelobjektive mit gestorter Symmetrie 30ff.
Dreipack 344, 345, 413.
Dreipackanordnungen 414.
Dreifarbenphotographie durch Kombination von Bipack mit anderen Verfahren 418.

Dreifarbenverfahren, additive 339, 340.
—, subtraktive 339, 340.
Drillingsobjektive, unverkittete 19f.
Druner-Kamera 539, 540.
„Dufaycolor"-Verfahren 387, 394ff.
Dunkelfeldaufnahmen mit dem Übermikroskop 655.
Dunkelfeldbeleuchtung 468, 472, 491.
— mit auffallendem Licht, allseitige 493, mit begrenztem Azimut 495.
— mit durchfallendem Licht 491, 495.
Dunkelfeldkondensor 491, 504.
— am Lumipan (Zeiß) 563*.
Durchfallendes Licht 466, 470, 471.
— — bei Hellfeldbeleuchtung am zusammengesetzten Mikroskop 478, am einfachen Mikroskop 483.
— — bei Dunkelfeldbeleuchtung am zusammengesetzten Mikroskop 491, am einfachen Mikroskop 495.
— —, Beleuchtungseinrichtung dazu 506.
— —, Beleuchtung damit am Kameramikroskop 577, 583, 587.
Durchleuchtungseinrichtungen zu den Reproduktionsgeraten 610*.
Durchlässigkeit der Zeiss-Polarisationsfilter „Bernotar" 298, 299, 300.
— der Polarisationsfilter nach Käsemann 305.
— der Marks-Polarisationsfilter 301, 302.
— der Vielkristall-Polarisationsfilter nach Land, Zocher und Zeiss-Ikon 303.
—, Abhängigkeit vom Durchblickwinkel bei Polarisationsfiltern 306, 307.
Durchlassigkeitszahlen neuer Farb- und Lichtfiltergläser 7ff.
Durchsichtssucher 155.
Duto-Linse 97.

Eichen des Belichtungsmessers 280.
Eichkurve des Belichtungsmessers 282*.
Eichreiz 349.
Eichreizkurve 348, 350.
Eichreizwerte des energiegleichen Spektrums 353f.
Eichtabelle zur Okularphotozelle 620*.
Eichung, Spektrum- 349.
Eichwert des Belichtungsmessers 250, 267, 280, 282*.
Eichwerte für das Spektrum der Normalbeleuchtung A 354, der Normalbeleuchtung B 355.
Einfallswinkel 469.
Einkristall-Polarisationsfilter 298.
Einstellfrontlinse 130*, 148*.
Einstellrevolver zur Leica 598, 599*.
Einstellung auf Bildschärfe durch Objektivverstellung 144, durch Frontlinsenverschiebung 147.
Einstellupe 103, 187.
Einstellvorrichtungen fur Kleinbildaufnahmen 598*, 611.
—, Vereinigung aller — 184.

Einzelschichtdicken 368.
Elektrischer Belichtungsmesser 234ff.
Elektrische Einrichtung des Siemens-Übermikroskops 651.
— Elektronenlinsen 635, 640*, 652.
— Leistung des Selenphotoelements 255.
„Elektro-Bewi" (B) 235, 259, 263, 264, 266, 269*.
Elektronenbeugungsdiagramm 658.
Elektronenlinsen, Apertur 636.
—, elektrische 635, 640*, 652.
—, Fehler 636.
—, magnetische 635*.
Elektronenmikroskop, Auflösungsvermögen 636.
—, Übersicht über deutsche Typen 630, 631.
Elektronenrastermikroskop 654.
Elektronenschattenmikroskop 654.
Elektronenstrahlen, geometrische Optik 629.
Elektrostatisches Übermikroskop 652ff.
— —, Beleuchtungseinrichtung 653.
— —, Objektschleuse 652*, 653.
— —, Objekttisch 651*, 653.
— —, Plattenschleuse 653*, 654.
— —, Schaltschema 651*.
„Elmar" (Obj) 24, 132.
Empfindlichkeit des Agfacolor-Linsenrasterfilms 406.
— der Schicht 243.
— des Selenphotoelements 252.
Empfindlichkeitsverlust bei Feinkornentwicklung 247.
Energieverteilung, relative spektrale 352.
Entfernungsmesser 164ff.
—, Anforderungen 164.
— und Auswechseloptik 153.
— mit reeller Bildebene 179, 181*.
—, Drehkeil- 173, 174*.
— der Leica 165, 166*, 167*.
— mit verschiebbarer Negativlinse 177.
— und Objektivverstellung 168ff.
—, Raumbild- 181*.
—, Schwenkkeil- 170, 171*.
—, Spiegel-Basis- 164.
Entwicklung, optimale 246.
„Eos" (B) 263, 266, 268*.
Epilampe 495.
Ermüdungserscheinungen von Selenphotoelementen 257.
„Ernostar" (Obj) und Abkömmlinge 28, 47ff.
Erschütterungsdämpfende Aufstellung mit Federtöpfen 569*, 591*.
„Exakta" (K) 21.
„Excelsior" (B) 266.

Farbungspolarisationsfilter 304.
Farbaufnahmen, Gleitkassetten fur — 382.
—, Kleinbildkamera für — 382.
— im polarisierten Licht 318.
Farbatlas, Ostwaldscher 364.

Farbauszuge, Filter fur — nach Kleinbildfarbfilmen 430, 451.
Farbbezeichnungen 339.
Farbdichte 369.
Farbdreieck 348.
— nach DIN 5033 351*.
Farbentwicklung, Chemie der — 444.
—, Agfacolor-Negativ-Positiv-, Tafel III, S. 448.
—, Allgemeines 442.
—, Direkt- 444.
—, Komponenten- 445.
Farbenfilm fur die Kleinbildkamera 113.
Farbenlehre in der Farbenphotographie 346 ff.
—, Grenzen der Anwendbarkeit 365.
Farbenmeßverfahren, vereinfachte analytische 363, synthetische 364, Helligkeits- 364.
Farbenphotographie, Agfa-Farbentafel 366, Tafel I, S. 368.
—, Allgemeine 339.
—, Belichtungsmesser fur — 378 f.
—, Objektive fur — 379.
—, Raster fur —, maßstablicher Vergleich, Tafel II, S. 400.
Farbenphotographische Verfahren 380 ff.
— —, kombinierte 345.
— —, Systematik 339 ff.
— —, Übersicht in symbolischer Darstellung 343*.
Farbenverfahren nach BREWSTER 386.
—, Drei-, additive 339, 340, subtraktive 339, 340.
—, „Agfacolor"-Linsenraster- 404, 405, 407, „Agfacolor"-Neu- 446, mit Umkehrfarbenentwicklung 441, Negativ-Positiv- 451, „Amatcolor"- 414, „Auswaschrelief-, EASTMAN-KODAK" 431, „Chromatone"- 434, „Cinecolor"- 385, 435, „Coloprint"- 408, 426, 430, „Colorcraft"- 435, „Coloratura"- 435, „Dascolour"- 435, „Dufaycolor"- 387, 394 ff., „Dunningcolor"- 435, „Duxochrom"- 422, 429, „Filmcolor"- 387, „Finlay"- 387, „Francita-Realita"- 386, „Gasparcolor"- 438, „Harriscolor"- 435, Linsenraster- 397, „Magnacolor"- 435, „Morgana"- 384, „Multicolor"- 435, „Pinatypie"- 426, „Photocolor"- 435, „Polychromide"- 435, „Prizmacolor"- 435, „Raycol"- 385, „Sennettcolor"- 435, „Sirius"- 435, „Spectracolor"- 435, „Technicolor"- 418, 433, „Ufacolor"- 435, „Uvachromie"- 426, „Uvatypie"- 422, 429, „Vivex"- 432.
Farbentafel 365.
—, Agfa- 366, Tafel I, S. 368.
Farbglaser, neue, Durchlässigkeitszahlen und Reflexionsfaktoren 7 ff.
Farbkörper 348*.
Farbige Mikroaufnahmen 624.
Farbortbestimmung bei Selbstleuchtern 352, bei Korperfarben 352.

Farbraster, Aufsichtsbilder mit — 412.
Farbraum 361.
Farbsetzverfahren 421.
Farbstoffchemische Verfahren 424.
— — mit Silbertonung und Beizfarbung 434.
Farbstoffraster 342.
Farbtemperaturen verschiedener Lichtquellen 376.
Farbtilgverfahren 421.
Farbverschiebungen beim Linsenrasterverfahren 403.
Farbwiedergabe, Bedingungen bei additiver 371, bei subtraktiver 374.
—, Beurteilung durch Vergleich 365.
—, Einfluß von Lichtquelle und Filter 375.
—, Prufung 365.
—, Prufung auf Grund der Farbenlehre 371.
Federtöpfe zur erschutterungsdampfenden Aufstellung 569*, 591*.
Fehler von Elektronenlinsen 636.
Fehlerkurven von Photoobjektiven 17.
Feldstecherpolarisationsfilter zur Reflexbeseitigung 309*.
Feinkornentwicklung, Empfindlichkeitsverlust bei 247.
Fernobjektive, Brennweite und Vergrößerungsfaktor 132.
Fernrohrsucher mit virtuellem Bild 155, 156*.
— mit reellem Bild 156, 157*.
FEUSSNERsches Prisma 295*, 296.
— Doppelprisma 295*, 296.
Film-Andruckplatte 115.
Film als Bildträger der Kleinbildkamera 110.
— -empfindlichkeit, Graphische Darstellung der Steigerung 112*.
— -fortschaltung 113, 114*.
— -fuhrung 125, der Agfa-„Karat" 117*.
—, Erster „Leica"- 112.
— -patrone 118, 119*.
—, perforierter 120*, 121*.
—, Planlage 106, 122 ff.
—, Ruckspulung 118.
— -Schaltwerk 114*.
—, unperforierter 120, 121*.
— -wolbung 123*, 124.
Filter fur Agfacolor-Neu-Film 450.
— fur Agfacolor-Kornraster 393.
— fur Agfacolor-Linsenrasterverfahren fur Schmalfilm 405*.
— Agfacolor-Leica-Linsenraster-, Wirkungsweise 401*.
— -analysator 315*.
—, Einfluß auf die Farbwiedergabe 375.
— fur Farbauszuge nach Kleinbildfarbfilmen 430, 451.
— zur Erhöhung der Farbsättigung 377.
—, Interferenzlicht- 329 f.*.

44*

Filter, Kompensations-, für farbige Mikroaufnahmen 625.
— -polarisator 315*.
—, Polarisations- 298 ff., 498.
— -wechsel, Spreizverfahren mit — 341, 342.
„Finlaychrome"-Platte 394.
Finlay-Raster 393.
„Flektoskop" 159*.
Flußspat 5.
Fortschaltung des Films 113, 114*.
Fortschritte in der mikroskopischen Optik 514 ff.
Friktionswalze zur Bildzählung 116.

GAUSS-Objektiv 60.
— —, Abkömmlinge 61 ff.
Gebrauchsempfindlichkeit 246.
Geometrische Optik der Elektronenstrahlen 629.
Glasarten, optische, Brechzahlen und ν-Werte für neue — 2.
—, —, von SCHOTT 1923 3, 1937 4.
Glasplattensatz 291.
— nach METZNER 293*.
Gleitkassetten für Farbaufnahmen 382.
Gleittisch 588.
Gradationsabstimmung 366.
Grauäquivalenzverfahren 360.
Grauskala 366.
„Großobjekttisch" für „Panphot" 578*, für „Ultraphot" 489, 578*.
„Große Ringbeleuchtung" 513*.
Grundfarben, Absorptionskurven 339*.

HAIDINGERsche Lupe 295*.
„Hector" (Obj) 41, 133*.
HEFNER-Kerze 237.
„Heliar" (Obj) 24, 41, 130, 147.
Hellfeld-Beleuchtung 468, 472, Allgemeine Anforderungen an Einrichtungen für — 473, Beleuchtungsanordnungen für zusammengesetztes Mikroskop 478, für einfaches Mikroskop 483.
— -Kondensoren 501.
Herapathit 298.
Hilfsmikroskop für das Phasenkontrastverfahren 533.
Hintergrundwahl bei Mikroaufnahmen mit auffallendem Licht 499.
„Homal" 515.
„Horvex" (B) 259, 263, 265*, 266, 268*, Lichtwähler und AV-Kurven 261*, für Kinozwecke 271, mit Zusatzphotoelement 265*.
„Hypergon" (Obj) 81.

„Ikoflex" (K) 21, 163.
„Ikonta" (K) 175.
„Ikophot" (B) 259, 263, 266, 269*.
Illuminator, Schräglicht- 495.
—, Vertikal- 482*.
Interferenzlichtfilter 329 f.*.

Jochlinsen, magnetische 638*.
„Jos-Pe-Kamera" 382.
„Jubilette" (K) 228.

Kamera, älteste deutsche 101.
—, Aufsetz- 564 ff., „Miflex" 566*.
— -auszug, Graphische Darstellung der Beziehungen zum Abbildungsmaßstab bei verschiedenen Okularen 615*.
—, Schema der Verbindung mit einem Belichtungsmesser 196*.
— -länge, optische 519.
—, Lage 159.
—, vollselbsttätige 247.
— nach STEINHEIL und KOBELL 101, 102*.
Kameramikroskop 572 ff., 321.
—, aufrechtes 574 ff.
—, umgekehrtes mit vertikaler Kamera 583 ff., mit horizontaler Kamera 587 ff.
— „Metaphot" (BUSCH) 583.
— „Me F" (REICHERT) 584*.
— „Me G" (REICHERT) 584.
— „Metmi IX" (ZEISS) 612, 613*.
— „Neophot" (ZEISS) 588 ff.*.
— „Orthophot" (FUESS) 582 f.*.
— „Panphot" (LEITZ) 574 ff.*.
— „Polyphot" (HENSOLDT) 582.
— „Ultraphot" (ZEISS) 575 ff.*.
—, Beleuchtungseinrichtung 576.
—, Beleuchtung mit Auflicht 578, 583*, 587, mit Durchlicht 577, 583*, 587.
— in Verbindung mit einer Kinoaufnahmekamera 576*.
— mit Kleinbildkamera 576*.
—, Spiegelreflexaufsatz 574*, 575*, 576.
— mit Vergleichsmikroskop 580, 582*.
„Karat" (K) 202*, 203*, 227.
Kennbelichtung 245.
Kennzeichnung des photographischen Objektivs 15.
„Kern-SS"-Stereokleinbildkamera 214.
„Kine-Exakta" (K) 191, 192*, 193*, 205.
— —, Nacht- 61.
— —, Verschluß 221, 225.
Kinoaufnahmekamera am Kameramikroskop 576*.
Kinofilmfarbverfahren mit Strahlenteilung 384 ff.
„Kipro-Anastigmat" (Obj) 47.
Kleinbildaufnahme, Einstellvorrichtungen 598*, 611.
— von PIAZZI SMYTH 102.
—, Vergrößerung 109.
Kleinbildkamera 32, 99 ff.
—, Aufbau und Gliederung 200 ff.
—, verschiedene Aufnahmeverfahren bei der wissenschaftlichen Anwendung in Kombination mit der Aufsetzkamera 584*, 595*, 604.

Kleinbildkamera, besondere Bauformen 208.
— mit Belichtungsmesser 195.
— mit elektrischem Belichtungsmesser 195f., mit optischem Belichtungsmesser 199.
—, Bildfeld 134.
—, Definition des Begriffes 104.
— für Einzelaufnahmen 119, 120*.
— für Farbaufnahmen 382.
—, Farbenfilm für — 113.
— mit Federwerk 209*.
—, Film als Bildträger 110.
— am Kameramikroskop 576*.
—, Kombination mit gewöhnlichen mikrophotographischen Geräten 610*.
—, Optik der — 127ff.
—, kurzbrennweitige Objektive 133*.
—, langbrennweitige Objektive 131*.
—, normalbrennweitige Objektive 131*.
—, Reproduktionsgeräte für die — 608*.
—, Sucheinrichtungen der — 154ff.*.
— mit Spiegelreflexeinrichtung 158*, 159*, 162*, 191*, 192*, 193*, 204.
—, Spiegelreflexzusatzeinrichtung 600*, 601*.
—, Stereo- 210, 214.
— von VOIGTLÄNDER 101, 103*.
—, Verschlüsse 215ff., 221, 225.
— mit Zentralverschluß 201f.
Kleinbildkamera „Amourette" 115, „Ansco" 115, „Baldina" 228, „Bantam" 227, „Beira" 195, 227, „Beirette" 228, „Contaflex" 116, 154, 162*, 163, 205*, 225, „Contax" 53, 117, 172*, 179, 183, 186, 197*, 203f., 211, 224*, 226, 234*, 405, 407, 600, 605, „Dollina" 227, „Eka" 115, „Jubilette" 228, „Karat" 227, „Kine-Exakta" 225, „Kodak" 110, 111, 207, „Leica" 24, 41, 97, 105, 112, 117*, 119*, 125*, 141*, 153, 156, 161, 165, 166*, 184, 186, 202f., 204*, 218*, 226, 382, 405, 407, 597, 598, 599, 600, „Nettax" 226, „Peggy" 227, „Retina" 227, „Retinette" 227, „Robot" 225, „Sico" 115, „Super-Nettel" 226, „Tenax" 225, „Welti" 228, „Weltini" 228, „Weltix" 228, „Vito" 228.
Kleinbildmethode, Nachteile 593, Vorteile 104, 593.
Kleinbildmikroaufnahme 592ff., Wahl des Abbildungsmaßstabs 612, Auswahl der Objektive und Okulare 614, Durchführung 596.
Kleinbildphotographie, Geräte für die wissenschaftliche Anwendung 596ff.*.
Kleinbildtechnik, Theorie der — 107.
Kodak-Auswaschrelief-Verfahren 431.
„Kodachrom"-Film 443, Aufbau 447*.
— -Schmalfilm 404.

„Kodachrom"-Verfahren 446, 447, Tafel III, S. 448.
„Kodacolor"-Linsenrasterfilm 397, 400.
— -Linsenrasterverfahren 403.
KÖHLERsches Prinzip 474, 481, 487, 577.
Körperfarben 360.
„Kolibri" (K) 206.
Kollimatorsucher 157.
Kollektor 475.
Komponentenentwicklung 445.
Kontrast im Übermikroskop 641.
—, Phasen- 546ff.
Kondensor 477, 479.
—, Brillenglas- 485*.
—, Dunkelfeld- 491, 504, 509, am Lumipan 563*.
—, Hellfeld- 501.
—, Komplementär-Doppel- 315.
—, Pankratischer — 507*, für Dunkelfeld 509.
— für das Phasenkontrastverfahren 553*.
— -revolver 563*.
—, Zweiblenden- 479, 506*.
Kopie, farbige Papier- 449.
Kopierapparat „Magnetor" mit Belichtungsmesser 274*.
Kopiermaschine für das Agfacolor-Negativ-Positiv-Verfahren 453.
Kopiervorgang, Schema des — beim BERTHON-SIEMENS-Linsenrasterverfahren 411*.
Kopieren von Agfa-Bipack-Film 417.
—, Belichtungsmesser zum — 272ff.*.
— von Linsenrasterfilm 409*.
— beim Pantachromverfahren 439*.
Koordinaten, LUTHER- 356*.
Kornraster 391*.
— -film, Agfacolor 387.
— -platten 387*.
— -verfahren, Wiedergabe des Farbtones 393.
Korrektion, chromatische, im Ultraroten 14.
Kupplungskomponente 445.
Kurzschlußstrom des Selenphotoéléments 254*.

L-Stativ von ZEISS 556.
Leerlaufspannung und Kurzschlußstrom des Selenphotoelements 254*.
„Leica" 24, 41, 97, 105, 112, 117*, 119*, 125*, 141*, 153, 156, 161, 165, 166*, 184, 186, 202f., 204*, 218*, 226, 382, 405, 407, 597, 598, 599, 600.
— -B-Kassette 118*.
—, Belichtungsmesser L. C. 60 zur — 263, 266, 268*.
— -Einstellrevolver 598, 599*.
— -Zusatzgerät für Einzelaufnahmen 599, 600*.
—, erstes Modell von BARNACK 105*.
— mit Federwerk 210*.
— -Filter für das Agfacolor-Linsenrasterverfahren 402, Wirkungsweise 401*.
— -Objektive 132*, 133*.

„Leica"-Polarisationsvorsatz zur Reflexbeseitigung 308*.
— mit Schnellaufzug 209.
— fur Stereoaufnahmen 211.
— -Spezialkassette für 250 Aufnahmen 119*.
—, Tiefenschärfetabellen zum Naheinstellgerät 597, zum Universalreproduktionsgerät 610.
— -Verschluß 220, 221.
—, Wechselschlitten 598, 599*.
Leuchtdichte 237.
—, Messung der mittleren — des Objekts 247.
Leuchtfeldblende, Bestimmung des Abbildungsmaßstabs bei Mikroaufnahmen aus dem Durchmesser der — 620f.*.
Lichtabfall gegen den Bildrand 241.
Lichtfilterglaser, Durchlässigkeitszahlen und Reflexionsfaktoren neuer — 7f.
Lichtfilter, Interferenz- 329f.*.
Lichtquellen, Farbtemperaturen 376.
— -farbe, Einfluß auf die Farbwiedergabe 375.
Lichtschwachungseinrichtung mit Polarisationsfiltern 313.
Lichtstärke des Objektivs 135.
Lichttechnische Grundbegriffe 237.
Lichtverluste durch Absorption und Reflexion 136.
Lichtwahler 258ff., 259*.
— und Ausbeuteverteilungskurve 258, 260*, 261*.
LIEBERKÜHN-Spiegel 494*.
Linsenflächen, Deformation von — 31.
Linsenraster 342.
—, Moiré 410*.
Linsenrasterfilm, Dimensionen 400, Herstellung 399, 400*, Kopieren 409*, Lichthof 401*.
Linsenrasterfilter fur Agfacoloraufnahmen mit Kleinbildkamera 408.
Linsenrasterverfahren 388, 397.
—, BERTHON-SIEMENS- 397, 403, 410, Schema des Kopiervorgangs 411*.
—, Farbverschiebungen 403.
—, Prinzip 398, Tafel II, S. 400.
—, Projektionshelligkeit 411.
Linsenraster-Zweipack beim Agfa-Pantachromverfahren 419, 439.
Lithiumfluorid 2.
—, Brechzahlen 5.
—, UV-Durchlässigkeit 6.
Lochraster 342.
„Lumipan"-Mikroskop 563*.
Lupenaufnahme 595.
—, Gerate dazu 604*.
LUTHER-Koordinaten 356*.
Lux 237.
Luxsekunden 238.

„Magnar"-Vorschaltfernrohr 12, 96.
Magnetische Elektronenlinse 635.
— Polschuhlinse 638.

„Majus" (B) 274, 275*.
Makro-Ringbeleuchtung 510.
— -Diastativ 568, 570*.
Makrotisch 514*.
MALUSsches Gesetz 290.
Marken mit veränderlichem Kontrast 314*.
MARKS-Polarisationsfilter 301f.
Maskenverfahren nach MCADAM zum Messen der Dichte 370.
Mattscheibenadapter 598*.
Mattscheibeneinstellung 186ff.
—, Anforderungen bei der Kleinbildkamera 190.
Mehrschichtenfilm 345, 413, 447*.
Meßbereich, Umschaltung beim elektrischen Belichtungsmesser 264.
Meßwerk des elektrischen Belichtungsmessers 260ff., 262*.
„Me F"-Kameramikroskop 584f.*.
„Me G"-Kameramikroskop 584.
Metallmikroskop 572ff., „MM" von LEITZ 588*, 589*, „Neophot" von ZEISS 588ff.*, „IX" von ZEISS 612*.
„Metaphot"-Kameramikroskop 536, 583.
„Milar" 483, 525.
„Miflex"-Aufsetzkamera 566*.
Mikroaufnahme, Bestimmung des Abbildungsmaßstabs aus dem Leuchtfeldblendendurchmesser 620f.*.
—, Durchfuhrung der Kleinbild- 596.
—, farbige 624f., Kompensationsfilter 625, Wahl und Abblendung des Kondensors 625, Belichtungszeit 625.
—, Hintergrundwahl bei auffallendem Licht 499*.
—, Reflexbeseitigung durch Polarisation 498*.
„Mikro-Glyptar" 483, 525.
„Mikroluminar" 483, 525.
Mikrophotographie, Definition des Umfanges 594.
—, Normreihe von Abbildungsmaßstaben 534, 536*.
—, Tuben dazu 557, 558*.
Mikroskopische Optik, Fortschritte 514ff.
Mikroskop-Objektiv 514ff.
— -Stativ 555ff., „L" von ZEISS 556*, „Universal-Z" von REICHERT 560*, „Lumipan" von ZEISS 563*, „Dialux" und „Ortholux" von LEITZ 561*.
Mikrostereoskopische Methoden, systematische Übersicht 538ff.*.
Mikrostereokinematographie 328.
—, Okular dazu 546*.
Mikrostereoaufnahmen, Okular dazu 538ff., 541*.
„Mikrotar" 97, 483, 525, 526*, 527*, 528.
MIKUT-Kamera 383*.
— -Projektionseinrichtung 384*.
Mischbildentfernungsmesser 168.
MITCHELL-Kamera 416.
Moiré 389*.
— bei Linsenrastern 410*.
MROZ-Kamera 382.

Nahaufnahme 595.
—, Durchfuhrung mit der Kleinkamera 596.
Naheinstellgerät, optisches 182.
— zur „Leica" 182*, Tiefenschärfetabelle dazu 597.
— zur „Contax" 183*.
„Nectric"-Kamera 383.
Neophanfilter 377.
„Neophot"-Metallmikroskop 588ff.*.
„Nettax"-Kleinbildkamera 176, 226.
Netzhautphotographie, reflexfreie 318.
„Neupolar" 483, 525.
NIKOLsche Prismen 293, 294*, 296.
Normalbeleuchtung A, Eichwerte fur das Spektrum 354.
— B, Eichwerte fur das Spektrum 355.
Normalkinefilm 112*, 119.
Normreihe von Abbildungsmaßstaben fur die Mikrophotographie 534, 536*.

Oberflachenuntersuchung mit dem Übermikroskop 657, Abdruckverfahren dazu 658.
Objekt-Bild-Abstand, Bestimmung mit dem Vergroßerungsrechenstab 532.
— — —, Beziehungen zum Abbildungsmaßstab 530*.
— — —, Messung 533*.
— -farben, Wiedergabe bei verschiedenen Beleuchtungsarten 470.
— -trägerfolie fur das Übermikroskop 659.
— -trägervibrator 660.
— -umfang 240.
Objektive fur das Agfacolor-Linsenrasterverfahren 407.
—, Auflosungsvermogen 33.
—, Wahl fur Kleinbildmikroaufnahmen 614.
—, „Contax"- 131*, 132*, 133*.
—, Doppel- mit gestorter Symmetrie 30ff.
—, unverkittete Drillings- 19f.
— fur Farbenphotographie 379, 407.
—, „GAUSS"- 60, Abkommlinge 61ff.
— der Kleinbildkamera 127ff., kurzbrennweitige 133*, langbrennweitige 131*.
—, „Leica"- 132*, 133*.
—, Lichtstarke 135.
— hochster Lichtstarke 34ff.
—, mikrophotographische 518, Anwendung 518, Übersicht 525, 526, 527*, Vergroßerungstabellen 529*, 530*.
—, PETZVAL- und Abkommlinge 35.
—, photographische, Bauarten 16ff., Blendenflecke 12, mit veranderlicher Brennweite 91ff., Kennzeichnung 15, großten Öffnungsverhältnisses 32ff., Prufungsverfahren 14f., Spiegelbilder 92*, im Schlitzverschluß 128, neue Herstellungsverfahren und Werkstoffe 2, vom Typ der TAYLORschen Drillingslinse 24ff., 41ff., vom Tessartyp 20ff.

Objektive, Tele- 75ff., Verzeichnung derselben 76.
—, Weitwinkel- 79ff., Beziehung zwischen Brennweite und Verkleinerungsfaktor bei — 134.
—, Wirkungsgrad 242.
— im Zentralverschluß 128.
—, optische Zusatze 91ff.
Ojektivfassung 128.
— mit Einstellfrontlinse 130*.
Objektivverstellung und Entfernungsmesser 168ff.
Öffnungsverhaltnis, erreichbare Grenze 33.
Öffnungswinkel 469.
Okulare zum stetigen Wechsel des Abbildungsmaßstabs 536f.*.
—, komplanatische 515.
—, Wahl fur Kleinbildmikroaufnahmen 614.
— fur Mikrostereoaufnahmen 538ff., 541*, 546*.
— fur Mikrostereokinematographie 546*.
—, Pankratische Projektions- 537f.*.
—, periplanatische 515.
—, Photo- 568.
Okularphotozelle 619*, Eichtabelle dazu 620*.
„Ombrux" (B) 263, 266.
Optimalfarben 361, 362.
Optischer Belichtungsmesser 235.
— — der Kleinbildkamera 199.
Optische Kameralange 519.
— Zusätze zu photographischen Objektiven 91ff.
„Ortholux"-Mikroskop 561*.
„Orthometar" (Obj) 133*.

Pankratischer Kondensor 507*.
Pankratisches Projektionsokular 537*.
Panoramakamera 208.
„Panphot"-Kameramikroskop 574ff.*, Großobjekttisch 578, umgekehrtes Mikroskop 580*.
Papierbilder, farbige 456.
Pantachromverfahren 397, 402, 417*, 419, 439.
Parallaxe, Entstehung 161*.
— bei zweiaugigen Kameras 162.
—, Spreizverfahren mit raumlicher — 341, 344.
—, Sucher- 160.
„Peggy" (K) 126, 227.
Phasenbedingung bei reflexmindernden Schichten 10.
Phasengitter 547.
Phasenkontrast, positiver 551*, negativer 552*.
Phasenkontrastverfahren nach ZERNIKE 314, 546ff.*, Anwendungsmoglichkeiten 553, Hilfsmikroskop 553, Kondensor 553*.
Phasenplatte 551.
„Photar" 483, 525.

Photoelement zur Bestimmung der Belichtungszeit bei Mikroaufnahmen 616ff.
„Photomikroskop" 538, 611ff.*.
Photookulare 568.
Photostrom bei dem Selenphotoelement 254.
Pigmentfarbenkörper 363.
Planachromate 97, 517*, 519.
Planglas, Beleuchtung mit — 480, 484.
Planlage des Films 106, 122ff,
Polarimetrie 318.
Polarisationsbrille für Stereoprojektion 323.
Polarisationsfilter 6, 286ff., 298ff., 498.
—, Anwendung einzelner — zur Reflexbeseitigung 307ff.*.
—, — mehrerer 313ff.
—, — in der Mikroskopie 315ff.
— zur Dämpfung des Himmelsblaues 313*.
—, Abhängigkeit der Durchlässigkeit vom Durchblickwinkel 306*, 307.
—, Färbungs- 304.
— als Lichtschwächungseinrichtungen 313.
— nach KÄSEMANN 305.
—, MARKS- 301.
— in Spannungsprüfbrillen 321, 322*.
—, Vielkristall-, nach LAND, ZOCHER und ZEISS-IKON 302f.
Polarisationsgrad 290, 292*, 293*.
— der „Bernotare" 300.
— der KÄSEMANN-Polarisationsfilter 305.
— der MARKS-Polarisationsfilter 301.
— der Vielkristallpolarisationsfilter 304.
Polarisationsprismen 293ff.*.
Polarisationsvorsatz zur Reflexbeseitigung 308*.
Polarisationsvorrichtungen 291.
Polarisationswinkel verschiedener Stoffe 288.
Polarisator, Filter- 315*.
—, Zerstreuungs- 305.
Polarisiertes Licht in der Auflichtmikroskopie 318*.
— —, Farbaufnahmen damit 318.
— —, Stereoprojektion damit 305, 318, 323ff.*.
Polaroid-Folie 303.
Polschuhlinsen, magnetische 638*.
„Polyphot"-Kameramikroskop 582.
„Primoplan" (Obj) 47.
„Prinsen" (B) 263, 266, 268*.
Prisma, Auflichtbeleuchtung mit — 480, 484*.
Projektionshelligkeit bei dem Linsenrasterverfahren 411.
„Punktometer" (B) 273.

Quarz, geschmolzener, Brechzahlen und Durchlässigkeit 5, 6.
Quellrelief 421.

Rastermikroskop, Elektronen- 654.

Rasterverfahren zur Farbenphotographie 342, 344, 387.
—, Farbstoff- 342.
—, Farbtrennung 388.
—, FINLAY- 393.
—, Kopierproblem 389.
—, Korn- 391*.
—, Projektionshelligkeit 390.
—, Richt- 342.
Raster für Farbenphotographie, maßstablicher Vergleich Tafel II, S. 400.
„R-Biotar" (Obj) 33, 73.
Rechenhilfen am Belichtungsmesser 262.
RECKMEIER-Kamera 383.
Reflexbeseitigung durch Polarisation mit Polarisationsfiltern 307ff.*, in der Mikrophotographie 498*.
Reflexfreie Netzhautphotographie 318.
Reflexionsfaktoren neuer Farb- und Lichtfiltergläser 7ff.
Reflexionsverluste, Verminderung 6, 136.
„Reflex-Korelle" (K) 47.
Reflexmindernde Schichten 10.
Reflexsucher 107.
Registerhaltigkeit der Teilbilder beim Dreifarbenfilm 386.
Remission 352, 359.
Reproduktionsgeräte zur Kleinbildkamera 608, Durchleuchtungskasten dazu 610.
„Retina" (K) 226.
„Retinette" (K) 227.
„Rex" (B) 259, 261*, 263, 264, 266, 269*.
Richtraster 342.
Ringbeleuchtung 510ff.
„Robot" (K) 24, 61, 205, 207, 209*, 221, 222*, 225.
Röntgenstrahlenschattenmikroskop 655.
Röntgenkinematographie 33.
Roll-Cassette von NADAR 114.
„Rolleiflex" (K) 21, 96, 122, 163, 189, 190.
Rollenfenster 106.
Rotationsverschluß 221.

Sättigung 359.
Schattenbelichtungsmesser nach RUST 276*.
Schattenmikroskop, Elektronen- 654.
—, Röntgenstrahlen- 655.
Scheinergrade 126.
Schlitzverschluß 128, 219, 220*, Vorlaufwerk 221.
Schräglicht-Illuminator 495.
Schwärzung 238.
Schwärzungskurve 242, 243*.
Schwarzgehalt 359.
Schwingungsrichtung, Bestimmung bei Polarisatoren 289.
Selenphotoelement, Aufbau 251.
—, Beständigkeit 257.
—, Eigenschaften 254.
—, elektrische Leistung 255*.
—, Empfindlichkeit 252, 256.
—, Ermüdungserscheinungen 257.

Selenphotoelement, Geschichtliches 252.
—, Kurzschlußstrom 254*.
—, Leerlaufspannung 254*.
—, Photostrom 254.
—, Temperaturabhängigkeit 257.
Siebverfahren, Anforderungen an die Bildfarbstoffe 425.
— für die Aufnahme 344*, 413.
—, Übersicht 422.
— für die Wiedergabe 345*, 420.
SIEMENS-Übermikroskop 645ff., Beleuchtungseinrichtung 647, Objektiv 648, Objektschleuse 647, Objektverschiebung 648, Plattenschleuse 649, Projektiv 649.
Silberfarbbleichfilm 427.
—, Arbeitsgang bei der Fertigstellung Tafel II, S. 400.
—, Aufbau Tafel II, S. 400.
Silberfarbbleichverfahren 436ff.
„Sixtus" (B) 259, 260*, 262*, 263, 266, 268*, 271.
„Skopar" (Obj) 130*.
SMYTHsche Linse 34.
Spannungsoptik 319.
Spannungsprüfer 321, 322*.
Spektrumeichung 349.
Sperrschicht 251.
Spiegel-Basisentfernungsmesser 164, 166*, 167*, 169*.
Spiegelbilder bei photographischen Objektiven 12*.
Spiegelreflexaufsatz zum Kameramikroskop 576.
Spiegelreflexkamera, einäugige 160.
—, Kleinbild- 158*, 159*, 162*, 191, 192*, 193*, 204.
Spiegelreflexeinrichtung zur Kleinbildkamera 600*, 601*.
Spiegelreflexsucher 154, 158*, 159* 162*.
Spiegelsucher 154.
Spreizverfahren 341ff.
— für die Aufnahme 341.
— mit Filterwechsel 341, 342, 382.
—, Raster- 342, 344.
— mit räumlicher Parallaxe 341, 344, 382.
— mit optischer Strahlenteilung 341*, 344, 382.
— für die Wiedergabe 342.
„Standard"-Vertikalkamera für Mikrophotographie 568.
Steinsalz 5.
Stereoaufnahmen mit dem Übermiskroskop 656.
— mit vergrößerter Basis 211.
Stereofilm 326f.
Stereokleinbildkamera 210, 214.
„Stereolyt" 211.
Stereookular für Mikrokinematographie 546*.
— für Mikrophotographie 541*.
Stereoprojektion, episkopische 328.
— mit Hilfe der Großflächenpolarisatoren 538.

Stereoprojektion, Mikro- 328.
— mit polarisiertem Licht 305, 318, 323ff.*.
—, Röntgen- 329.
—, Vorpolarisation bei der — 325*, 326
Stereoprojektionsapparat 323*, 326*.
Stereoprojektionsvorsatz „Sterikon C II" 325*, 326.
Stereosystem zur „Contax" 324f.*.
Stereoskopische Wippe 539, 540.
„Stereotar C" zur „Contax" 211, 324*.
Stereovorsatz zur „Contax" 211, 324*.
— zur „Leica" 211.
Stilb 237.
Strichraster 342.
„Sonnar" (Obj) 53, 73, 127, 131*, 132*, Abkömmlinge 54ff.
Sonnenblende 137*.
Sucher-Einrichtungen der Kleinbildkamera 154ff.
— -parallaxe 160.
—, Durchsichts- 155.
—, Reflex- 107.
„Summar" (Obj) 64, 127, 161, 483, 525.
„Summitar" (Obj) 64), 127, 132*.
„Superb" (K) 163.
„Super-Baldina" (K) 228.
„Super-Nettel" (K) 175*, 226.

Tageslicht-Kassette 118.
— -patrone 119*.
TAYLORsche Drillingslinse, Abkömmlinge 24ff., 41ff.
T-Belag von ZEISS 11*, 12, 64.
Technicolor-Verfahren 386.
Teilung des Kassettenschiebers zur Bestimmung der Belichtungszeit 567*.
„Tele-Longar" (Obj) 96.
Teleobjektive 75ff., Verzeichnung derselben 76.
„Tele-Tessar" (Obj) 132*.
„Telyt" (Obj) 133*.
„Tenax" (K) 121, 205, 207, 209, 225.
„Tessar" (Obj) 20, 24, 41, 131*, 133*.
—, IR- 24.
—, Objektive vom Typ des — 20ff.
Teststern nach NUTTING und YEWELL 14, 15*.
„Thambar" (Obj) 07.
Tiefenschärfe 108.
—, Abhängigkeit von der Brennweite 139.
—, Bestimmung 138.
— -tabelle 143, zum Naheinstellgerät der „Leica" 597, zum Universal-Reproduktionsgerät 610.
— im Übermikroskop 641.
„Topogon" (Obj) 81, Aufnahme damit 80*, 81*.
„T-Optik" 241, 312, 380.
„Transfokator" (Obj) 96.
Trichroma-Kamera 382.
„Triotar" (Obj) 131*, 132*.
Triplet 13, 14.
„Trix" 236.
Trübung der „Bernotare" 300.

Trübung der Vielkristallpolarisationsfilter 303.
Tuben für Mikrophotographie 557, 558*.
Tubusverlängerung zum Ausgleich von Unterkorrektion bei kurzen Kameraauszügen in der Mikrophotographie 567f.

Übermikroskop 635ff.
—, Aufbau 642.
—, Auflösungsvermögen 636, 652.
—, Dunkelfeldaufnahmen 655.
—, elektrostatisches 652ff., Beleuchtungseinrichtung 653, Objekttisch 651*, 653, Objektschleuse 652*, 653, Plattenschleuse 653*, 654, Schaltschema 651*.
—, Kontrast 641.
—, magnetisches 644ff.
—, Oberflächenuntersuchungen damit 657, nach dem Abdruckverfahren 658.
—, SIEMENS- 645ff.*, Beleuchtungseinrichtung 647*, elektrische Einrichtung 651, Objektiv 648, Objektschleuse 647*, 648, Objektverschiebung 648*, Plattenschleuse 649*, 650, Projektiv 649, Vakuumeinrichtung 651.
—, Tiefenschärfe 641.
Übermikroskopische Technik 658.
Übersichtsaufnahmen mit auffallendem Licht 489, 496, 572.
— am „Citophot" 571, 572.
— mit durchfallendem Licht 483, 495, 571.
—, Beleuchtungseinrichtung 505.
„Ultraphot"-Kameramikroskop 575ff.*.
—, Beleuchtungsanordnung 488.
—, Großobjekttisch 489, 578*.
Ultrarotphotographie 12, 14*.
Umgekehrtes Mikroskop am „Panphot" 580*.
Umkehr-Farbentwicklung Tafel III, S. 448.
„Unette" (K) 104.
Universalstativ zur „Contax" 605ff., Tabelle der mit kurzbrennweitigen mikrophotographischen Objektiven erreichbaren Abbildungsmaßstäbe 607.
Universalsucher 156, 157*.

Vakuumeinrichtung des Übermikroskops 651.
„Vario-Neo-Kino"-Objektiv 96.
„Vario-Vorsatz" 536f.*.
Vergleichsmaßstab im mikrophotographischen Bild, Verfahren zum Abbilden 533ff.

Vergleichsmikroskop am Kameramikroskop 580, 582*.
Vergrößern, Bestimmung der Belichtungszeit mit elektrischem Belichtungsmesser beim — 272ff.
Vergrößerung der Kleinbildaufnahme 109, 593.
Vergrößerungsrechenstab 528ff.*.
—, Bestimmung des Abbildungsmaßstabs damit 532, des Objekt-Bildabstands 532.
Vergrößerungstabellen für mikrophotographische Objektive 529*, 530*, für Nahaufnahmen 597, 602, 603, 607, 609, 610, für Kleinbildmikrophotographie 615.
Verschluß und Auswechseloptik 152.
— der Kleinbildkamera 215ff., 221, 225.
—, Rotations- 221*.
—, Zentral-, Kleinbildkamera mit — 201f.
Vertikal-Illuminator 482*.
Vertikalkamera 568ff.
— „Standard" 568, 569*, 570*.
Verzeichnung der Teleobjektive 76.
Vignettierung 241, 380.
„Vinten-Kamera" 416.
„Vito" (K) 155*, 199*, 200*, 224*, 228.
Vollfarben 362.
Vorlaufwerk 221.
Vorsatzlinsen 150.
Vorschaltfernrohr „Magnar" 12, 96.

Wechselblenden für Hell- und Dunkelfeld oder für Hellfeld und Phasenkontrast 314*.
Weichheit, künstlerische 24.
Weichzeichner 97.
„Welti" (K) 228.
„Weltini" (K) 228.
„Weltix" (K) 228.
Weitwinkelobjektive 79ff.
—, Brennweite und Verkleinerungsfaktor 134.
Weitwinkelreihenmeßkammer 82.
WESTON-Belichtungsmesser 270*, 271.
Wirkungsgrad des Objektivs 242.

„Xenon" (Obj) 64, 132.

Zentralverschluß 128, 215, 216*, 217*, 218*.
Zusatzphotoelement zum elektrischen Belichtungsmesser 264, 265*.
Zweiblendenkondensor 479, 506*.
Zweifarbenfilmverfahren von BUSCH 385*.

TECHNIK
Neue Fachbücher-Schau

2. Ausgabe   DN 1943 / 11–29   **Herbst 1943**

An unsere Geschäftsfreunde!

Bei den Luftangriffen auf Hamburg ist auch unser Betrieb mit seinem schonen, **großen Geschäftshaus und samtlichen Lagern, Kundenkarteien usw total vernichtet worden**. Ein fast unersetzliches, großes Lager an technischer Fachliteratur **und eine Aufbauarbeit von 54 Jahren** stetigen Aufstieges zur wohl größten technischen Fachbuchhandlung des Reiches sind damit jäh den Brand- und Sprengbomben des Feindes zum Opfer gefallen. Leider haben wir auch nach bisherigen Feststellungen vier Mitarbeiter als Opfer der Angriffe zu beklagen. **Doch wir arbeiten weiter!** Schon vor dem Angriff konnten wir uns eine geeignete Ausweichstelle in der Nahe Hamburgs sichern, und haben dort unseren gesamten inneren Betrieb im Neuaufbau. Auch unsere Verkaufs-Abteilung ist in schonen, großen Verkaufsräumen in Hamburg 1, Monckebergstr. 3, eroffnet worden.

Wir führen alle Bestellungen in gewohnter Weise aus.

Teilen Sie uns mit, welche Fortsetzungsbezuge und Zeitschriften Sie von uns oder in unserem Auftrag erhalten haben, damit wir Sie umgehend wieder in unsere Karteien einreihen konnen. Geben Sie uns auf alle Fälle Ihr Interessengebiet an, damit wir Sie uber die betreffende Fachliteratur unterrichten konnen!

In wieweit unsere Fachbuchhandlung bemuht ist, trotz schwerster Schicksalsschläge ihren Kunden auch in Zukunft ein fachkundiger Berater fur technisches Schrifttum zu sein, ersehen Sie aus der Tatsache, daß wir Ihnen heute bereits wieder unser Verzeichnis „Technik" zugehen lassen konnen. Wie bisher konnen aus Raummangel nur die wichtigsten Neuerscheinungen und sonstige Titel aufgenommen werden, da eine luckenlose Aufnahme samtlicher Erscheinungen unserer z. Zt nicht erscheinenden Zeitschrift NTB (Monatsbericht über die technischen Literaturgebiete) für spater wieder vorbehalten bleibt.

Wir erwarten gern Ihre Aufträge und führen sie in den jetzt üblichen Lieferfristen aus bzw. merken vor.

Im Oktober 1943   **BOYSEN + MAASCH**

Erscheinungen seit März 1943

1. Allgemeines

Eignungsprüfung und Arbeitseinsatz von W. Moede, VIII, 211 S., mit Abb., Lexikon-Format 1943, E6, 11,— RM, geb 12,20 RM.

Die Arbeitsversuche als charaktologisches Prüfverfahren, von R. Pauli, 40 S., 8°, 1943, B 3, 2,— RM

Taschenbuch fur Erfinderbetreuer, herausg. vom Hauptamt f. Technik, 110 S. 8°. 1943, 3,60 RM

Zwischen Förderturm und Feuerschiff. Kreuz und quer durchs Land der Technik von Willy Mobus, 1941, 250 S., mit Abb., gr. 8° geb. 6,90 RM.

Technisches Lesebuch für Ausländer. Herausg. vom Technisch-Wirtschaftl. Beratungsdienst u. Ausschuß f. Uebers. dt. Normen u. Lieferbedinggn. (TWB-AFUe) beim Reichskuratorium f. Wirtschaftlichkeit, Berlin 208 S. mit Abb., 1943, 8°, geb. 2,— RM.

2. Mathematik

Praxis der Differentialgleichungen. Eine Einf. 100 S. mit Abb., 8°, 1943 G 15, 5,— RM.

BOYSEN + MAASCH   ♦   **FACHBUCHHANDLUNG**
HAMBURG 1, Mönckebergstraße 3
ANRUF: Sa.-Nr. 32 54 51   Postscheck 2031

3. Physik

Die Elementarteilchen. Individualität und Wechselwirkung. Von L de Broglie 1943 279 S, 8°, geb 7,80 RM

Laplace Transformation. Eine Einf f Physiker, Elektro-, Maschinen- und Bauingenieure von E Hameister 147 S mit Abb gr 8° 1943, O2, 9,— RM

Grundlagen der Lehre vom Schuß [Ballistik] von K Jochmann, XVI, 248 S mit 139 Abb., gr. 8°, 1943, A2, 9,— RM

Wissenschaftliche Abhandlungen aus den Jahren 1886—1932 mit angefügten verbindenden und erläuternden Bemerkungen und einem Vorwort von P Lenard 4° 1943, Band 2 Phosphoreszenz Mit Abb XII 609 S H 29 15,— RM, geb 17 70

Mechanik, kl Ausg (Grundbegriffe — Statik starrer Körper-Festigkeitslehre von Menge-Zimmermann, 3 Aufl 1942, 103 S, gr 8°, J 1, 1,60 RM

4. Chemie

Vitamine, Hormone, Fermente von R Abderhalden, 260 S 8°, 1943 U 8 1,80 RM

Kraftstoffwirtschaft der Welt, von K Birk [Erw Neuaufl] — [1943] 72 S mit Abb. 4°, 1, - RM

Blüchers Auskunftsbuch für die chemische Industrie. 16-neubearb Aufl, 1943 gr 8°, G 15, geb 30,— RM

Untersuchungsverfahren für feste Brennstoffe. von H Bruckner VI. 264 S mit Abb gr 8° 1943, O 2, geb 18,— RM

Gestaltung von Kunstharz Preßteilen. Aufgest vom VDI-Fachausschuß f Kunst- und Preßstoffe (2 Aufl) 22 S mit Abb 4° 1943, VI 2,— RM

Die heterogenen Schmelzgleichgewichte silikalischer Mehrstoffsysteme, von W Eitel, VI, 108 S mit 184 Abb, gr 8°, 1943 B3, 6.— RM

Lehrbuch der chemischen Physik von A Eucken, 2 Aufl 1943, gr 8° A 1 II Bd Makrozustände der Materie 1 Tl bd Allgemeine Grundlagen, Gase 521 S mit 65 Abb 29,— RM

Adsorptionsmethoden im chemischen Laboratorium von Gerhard Hesse 1943 152 S mit 21 Abb kl 8°, G 15, 8,— RM

Praktikum der gewerblichen Chemie von M Hessenland, 3 Aufl 1943 327 S. mit 55 Abb, gr 8°, L 7 13,80 RM

Enzyklopädie der technischen Chemie (Ullmann) 10 Bde, 2 Aufl, Neudruck 1940, gr. 8°, 348,— RM

Theoretische Chemie. von K Wolf Eine Einf vom Standpunkt e gestalthaften Atomlehre 1943, gr. 8° Band 3 Das gebundene Molekül Mit Abb VIII S., B 3 12,— RM

Grundriß der Kunststofftechnologie, von R Houwink X, 322 S mit Abb, gr. 8°, 1943, A1, 9,— RM, geb 10,— RM

Chemisch-technische Arbeitsgänge von Apparaturen übersichtliche Zusammenstellung der wichtigsten Arbeitsgänge und Apparaturen in der chemischen Technik von B A Matthias, 160 S mit vielen Zahlentafeln gr 8° 1943, C4, geb 15 — RM

Aus der Praxis des Gummifachwerkers. Von K Mau mit 174 Abb, 1943, 279 S, gr. 8° U 5 25,— RM, geb 30,— RM 4

Lehrbuch der organischen Chemie von J Schmidt, 4 neubearb Aufl 932 S mit Abb, gr 8°, 1943, E 6, 45,30 RM, geb 49,— RM

Einführung in die Chemie auf einfachster Grundlage. Von P Tustu M Schimmels, gr 8° 1943,
Teil 1 Grundlagen der Chemie Wichtige Grund- und Werkstoffe u ihre Verbindungen XVI, 354 S mit Abb, Z 1, geb. 9,60 RM

Chemie
von Dr. Haevecker

(Sämtl Anordnungen der Reichstellen für Chemie, Industrielle Fettversorgung, Mineralöl, Milcherzeugnisse. Oele und Fette) Grundwerk einschließl neuester Lieferung u 1 Sammelmappe RM 15.— Ergänzungslieferungen je Seite 4 Rpfg Ergänzungsmappen (nach Bedarf) RM 2,—

---

5. Bergbau — 6. Steine und Erden

Grundlagen und neuere Erkenntnisse der angewandten Braunkohlenpetrographie von M. Schardt, XII, 208 S, 34 S Abb. gr 8° 1943 H 13, 18,— RM geb 19,80 RM

BOYSEN + MAASCH, Hamburg 1, Mönckebergstraße 3

Die Rohstoffe zur Glaserzeugung. von R. Schmidt, 471 S. mit Abb., gr. 8⁰, 1943, ⁰A 1, 45,— RM.

Das neue Sammelwerk!

Sozialwirtschaftliches Handbuch für die Industrie der Steine und Erden

Herausgegeben von der Sozialwirtsch. Abt. der Wirtschaftsgruppe Steine und Erden bearb. von Dr. C. A. Werner, Dr. H. Kaulbach und Assesor J. Lehmann
Loseblatt-Werk in Ganzleinen-Ordner mit mechanischer Heftung 470 Seiten, 1942, 16,— RM
Ergänzungslieferungen je Seite RM —,15
Der Pflege und Steigerung menschlicher Leistung kommt in der Industrie der Steine und Erden als einer trotz aller Fortschritte in der Mechanisierung immer noch in hohem Grade arbeitsintensiven Industrie besondere Wichtigkeit zu. Die Betriebe der Industrie der Steine und Erden, die heute besonders unter dem Mangel an eingearbeitetem Personal leiden, sparen bei Benutzung des Handbuches Zeit und Arbeit.

---

7. Eisen und Metall

Das betriebliche Leistungsertüchtigungswerk in der Eisen- und Metallindustrie von O. Becker 1943, 52 S., 4⁰, V 50, 2,80 RM

Das betriebliche Berufserziehungswerk in der Eisen- und Metallindustrie. 52 S. mit Abb., 8⁰, 1943, V 50, 2,80 RM

Eignung und Anwendung von Leichtmetallen für Schweißkonstruktionen. Autogenschweißung von Aluminiumknetlegierungen. Von W. Bleicher, 36 S. mit Abb. 8⁰, 1943, M 5 1,15 RM

Das ballistische Galvanometer von J. Bubert 37 S. mit Abb., Dm A1, 1943, 2,80 RM

Berufsausbildung des Mechanikers. von Durst 291 S. mit 375 Abb., gr. 8⁰, 1943, F 8 geb. 4,80 RM

Der neuzeitliche Metall-Facharbeiter. Lehrbuch für Werkzeugmacher, Maschinenbauer, Mechaniker, Dreher, Schlosser und verwandte Berufe Vorbereitungsbuch für Facharbeiter- und Meisterprüfung von E. Glaser 164 S., 8⁰, 1942, 3,90 RM

Unterteilte Fertigung im Rohrleitungsbau, Hinweise und Hilfsmittel zur Leistungssteigerung von P. Holl, 142 S. mit Abb., gr. 8⁰, 1943 O2, 6,— RM

Einführung in die Metallkunde, von W. Guertler Bd 1 Reine Metalle und Legierungen, 334 S. mit 138 Abb., 8⁰, 1943, B3, 7,50 RM
Bd. 2: Die Zustandsschaubilder binärer Legierungen. 238 S. mit 139 Abb., 8⁰, 1943, B3 5,50 RM.

Die Bearbeitung des Aluminiums von Hermann Zerbrug g, 3. Aufl. 1943, 210 S. mit 176 Abb., gr. 8⁰, A 1, 5,50 RM

Grundlagen einer Theorie der ferromagnetischen Hysterese und der Koerzitiv-Kraft von M. Kersten VIII, 88 S. mit Abb. 8⁰, 1943, H 29, 4,80 RM

Kunststoffe im technischen Korrosionsschutz, Handbuch für Vinidur und Oppanol hsg. von Dr. W. Kranich, 1943, 140 S. mit 231 Abb. gr. 8⁰, L 7, 30,— RM

Praktische Verzahnungstechnik. Von W. Krumme, 195 S. mit 158 Abb., 8⁰ 1943, H 52, 8,40 RM

Jahrbuch der Metalle 1943, 900 S. mit vielen Abb. und Tabellen, gr. 8⁰, 1943 N10, geb. 24,— RM.

Die Notlaufeigenschaften der Gleitlagermetalle in Maschinen der Feinmechanik. Von H. Lupfert, 28 S. mit Abb., 4⁰, 1943, V 4, 5,— RM

Erfahrungen aus dem Schnitt- und Stanzwerkzeugbau von K. Oehme, 87 S. mit 156 Abb., 8⁰, 1943 H 52, 2,— RM

Leistungssteigerung in der Fertigung durch Automatisierung. 78 S. mit 190 Abb., 1943, V 4, 4,— RM

Berechnung, Eigenschaften und Herstellungen von Kegelschraubgetrieben mit Palloidverzahnungen von W. Lindner, 37 S. mit Abb. 8⁰ 1943, V 4, 4,— RM

Eisenguß von J. Nitsche 32 S. mit Abb., gr. 8⁰, 1942, 2,50 RM

Prüfung und Bewertung der Zerspanbarkeit bei Zinklegierungen von H. Schallbroch, u. W. Bieling 64 S. mit 81 Abb., 4⁰, 1942, K 13, 7,80 RM

Giesserei-Taschen-Jahrbuch 1943. bearb. von M. Schied, 1943, 525 S., kl. 8⁰ E 2, 2,50 RM

Die Zersetzungserscheinungen der Metalle, eine Einführung in die Korrosion der Metalle, von G. Schikorr, 239 S. mit 104 Abb., gr. 8⁰, 1943, B 3, 15,— RM geb. 16,50 RM.

BOYSEN + MAASCH, Hamburg 1, Mönckebergstraße 3

Die Herstellung von Metallkörpern aus Metallpulvern, Sintermetallkunde und Metallpulverkunde von F. S k a u p y. 3. völlig umgearb. u verm Aufl VIII, 250 S mit 99 Abb., 8⁰, 1943 V 5 12,— RM.

Beanspruchungsmechanismus und Gestaltfestigkit von Nabensitzen. Von A T h u m, 36 S. mit Abb, 4⁰, 1942, V 4, 3,75 RM

Schweißen der Eisenwerkstoffe, von K' L Z e y e n und W L o h m a n n, XII, 490 S mit 359 Abb, gr 8⁰, 1943, V 12, geb 31,— RM

8. Maschinenbau und Betrieb

Werkstoffsparen im Zahnradgetriebebau. Von F Altmann, 51 S mit Abb, 8⁰, 1942, V 4, 2,— RM.

Die neuzeitliche Stückzeitermittlung im Maschinenbau, von R T o e l l n e r, 8 verm. und verb Aufl, X, 191 S. mit Abb gr 8⁰, 1943, K 16, 9,— RM

Maschinenzeichnen, von H H a r d e n s e t t, 180 S mit 300 Abb , 8⁰, 1943, M 2, 6,— RM

Der Kühlanlagenmonteur. prakt. Handbuch f Werkleute, Monteure u Reparateure von M. H u f s c h m i d t. 307 S. mit Abb, 8⁰, 1943, S 57, geb. 10,— RM

Schraubenherstellung von Dr E. L i c k t e i g 1943, 253 S , mit 168 Abb , V 12. gr. 8 , 18,— RM

Werkstoffsparen bei Tragkonstruktionen. Grundplatten und Rahmen im Maschinenbau und Feingerätebau. Von F. Mayr u H W o g e r b a u e r, 58 S mit Abb, 8⁰, 1942, V 4, 2,— RM.

Der Flussigkeitsantrieb von Werkzeugmaschinen, von R S p i e s, 123 S , 8⁰, 1943, H 23, 12,— RM

9. Verkehr

a) Kraftfahrtechnik

Benzinschwund v H K o e f o e d, neue Untersuchung. ub d Verluste b d Lagerg u. Handhabg. v. Benzin u. damit zugesetzten Stoffen Mit Abb 1943, 103 S 8" U 5 8,90 RM.

Der Gasgenerator. Fach- und Schulungsbuch uber Einbau und Wirkungsweise Inbetriebsetzung und Wartung v. Fahrzeuggeneratorenanlagen für Kraftfahrzeugtechniker u. -handwerker, Halter u Fahrer v Generatorfahrzeugen, f. Einbau-, Reparatur- u Autoelektrikwerkstätten Von W K r o l l 208 S mit Abb, 8⁰, 1943 geb. 10,— RM

Reparaturhandbuch für Lastwagen und Omnibusse. Ein Hilfsbuch zur Leistungssteigerung d. Ausbesserungswerkstatten. Drei Bande von E. M a y e r - S i d d u H. M u l l e r Zus 804 S mit 600 Abb., 4⁰ 1942, U 5, geb 80,— RM

Untersuchungen an Saugrohren. Von G R e y l 1943 4⁰.
Teil 1 Rechnerische und graphische Behandlung d Stromungsvorgange in Saugrohren. IV, 71 S mit Abb., V 4, 7,— RM

Die Verbrennungskraftmaschine herausg von H L i s t
Heft 14: Verschleiß, Betriebszahlen und Wirtschaftlichkeit von Verbrennungskraftmaschinen von C E n g l i s c h IX, 240 S mit Abb 4⁰, 1943, S 29 25,80 RM

Schlepper — Jahrbuch 1944, 440 S. mit 250 Abb , 8⁰, 1943, geb 18,— RM

Die Kalkulation der Kraftfahrzeuginstandsetzung von L P v Well 3 verb u erweit. Aufl., 94 S , 8⁰, 1943, K 32, 3,60 RM

b) Flugtechnik

Der Flugmotor, Teil 1 Theoretische Grundlagen, Teil 2 Gestaltung der Ti Werkstelle, von C B o h n e. 2 neubearb. Aufl 172 S mit 162 Abb , 8⁰, 19 . V 22 4,— RM.

Der Flugmotor, Teil 3. Neuzeitliche Flugmotoren, 2 neubearb Aufl , 82 S mit Abb., 8 , 1941, V 22, 2,50 RM.

Der Flugzeug-Schreiner von Th. E i p p e r 109 S kl 8⁰, 1943, M 5, 3,50 RM

Schwimmwerk (Sammlung: Entwurf und Berechnung von Flugzeugen) von A Otto, 103 S mit 117 Abb und 6 Tafeln, gr. 8⁰, 1942, V 22, 6,— RM.

c) Eisenbahntechnik

Das Einrechnen von Bogenweichen und Bogenkreuzungen, 2 uberarb u erw Aufl. VII, 106 S. 1943, V 28, 1,50 RM.

Das Lagerwesen der Deutschen Reichsbahn von O H o f f m a n n, 300 S , 8⁰ 1943, E 2, 6,20 RM.

BOYSEN + MAASCH, Hamburg 1, Mönckebergstraße 3

Handbuch der Eisenbahnbautechnik
Band 1: Eisenbahnbau

von Reichsbahnrat Karl Wolter, RBD Wuppertal, 361 Seiten mit 593 Abbildungen Format 19×27 cm, 1943 E 2, gebunden 18,— RM

Das Buch ist für den Bautechniker bestimmt und gibt das geistige Rustzeug für seine Tagesarbeit, vor allem die zeichnerischen Grundlagen. Es behandelt: Bahnkörper, Gleis- und Weichenberechnungen Schutzanlagen und Einfriedigungen Entwerfen von Bahnhofsanlagen, Richtlinien für die Bearbeitung von Entwürfen, Güterbahnhöfe, Privatgleisanschlüsse, Güterschuppen Uebernachtungs-, Aufenthalts-, Umkleide-, Wasch- und Baderäume, Garagenbau Sammlung von Gleisentwurfen, Verschiebebahnhöfe, Bau einer neuen Reichbahnstrecke, Wege und Straßenbau

d) Schiffstechnik

Kriegschiffbau von H Evers, 2 verbess Aufl 486 S mit 295 Abb, gr 8⁰ 1943, S 28, geb 22,— RM

e) Fernmelde- und Funktechnik

Grundzüge der Fernmeldetechnik, von I Kleemann, 2 erw Aufl, 351 S mit 166 Abb, gr 8⁰, 1943 O2, geb 7,— RM

Theoretische Grundlagen und Anwendungen der Modulation in der elektrischen Nachrichtentechnik. Von E Prokott 204 S mit Abb, gr 8⁰ 1943, H. 29 geb. 16,— RM.

Mathematische Grundbegriffe für Fernmeldetechniker von Franz Rinkow, 2 Aufl. 1943, 175 S, V 60, gr. 8⁰, 6,— RM

10. Elektrotechnik

Elektrische Meßgeräte. Genauigkeit und Einflußgrößen Von R Langbein und G. Werkmeister, XII, 226 S, 8⁰, 1943, A 1, geb 15,— RM

Führer durch die Elektrizitätswirtschaft. Von J Lienert VII, 136 S 8⁰, 1943 S 29, 4,80 RM

Prüfung und Bewertung elektrotechnischer Isolierstoffe von R Nitsche und G Pfestorf, 329 S mit 190 Abb, gr 8⁰ 1940, S 28, geb 34,80 RM

Das Elektro-Maschinenbauer-Handwerk, Instandsetzung, Neuentwicklung und Umbau elektr. Maschinen, Transformatoren und Apparate, von F Raskop, 384 S mit vielen Abb, 8⁰, 1943, K 16, geb 15,— RM

Einführung in die Quantentheorie der Wellenfelder von G Wentzel, IV, 208 S 4⁰, 1943, D 8. 20,— RM

Uhr und Strom, ein Handbuch über elektrische Uhren, 208 S mit 150 Abb, gr 8⁰ 1943, O 2, geb 9,— RM

11. Textil

Handbuch für Textilingenieure und Textilpraktiker, Bd 1 3 Aufl 346 S mit Abb kl. 8⁰, 1943, geb. 8,50 RM.

Textilfachkunde von A Naupert gr. 8⁰. 1943
Teil 1 Vom Spinnstoff zum Faden, 5 Aufl. mit 89 Abb, VI. 79 S T 4, 1 90 RM

Seidenbauforschung. Veröffentlchgn. d. Reichsforschungsanstalt f Kleintierzucht Fachbereich: Seidenbau, Celle 109 S mit Abb XXXII S Abb gr 8⁰ 12,60 RM

Betriebswirtschaftslehre und Betrieborganisation für Textilbetriebe. Von E Wedekind. X, 129 S mit Abb, kl 8⁰, 1943, geb 5,80 RM

Zellwolle- und Kunstseide-Ring. 4. Forschungstagung 124 S mit 226 Abb und 71 Zahlentafeln. 4⁰, 1943, V 5, 12,— RM

Zellwolle, ihre Herstellung, Verarbeitung, Verwendung und Wirtschaft, von H G Bodenbender, 810 S mit 295 Abb. und 64 Tabellen, 8⁰, 1943, C 4, geb 18 —

15. Photo und Film

Handbuch der wissenschaftlichen und angewandten Photographie. Herausgegeben von Michel gr 8⁰, 1943, Ergänzungswerk.
Band 1. Objektive Kleinbildkam Elektrische Belichtungsmesser Polarisationsfilter. Farbenphotographie Mikrophotographie 698 S mit 555 Abb, S 29, 96,— RM geb. 98,40 RM.

BOYSEN + MAASCH, Hamburg 1, Mönckebergstraße 3

Film und Farbe. Vorträge geh. auf d. gemeinsamen Jahrestagg. „Film und Farbe" in Dresden, 123 S mit Abb., 4⁰, geb 12,50 RM
Grundzüge der Mikrophotographie 2 verb Aufl 129 S mit Abb 8⁰ F 6 4,— RM
Farbfilmtechnik Eine Einführung für Filmschaffende von R Schmidt und A Koch. 128 S mit Abb. XVI S Abb, 8⁰, 1943, geb 9 75 RM

17. Bau

Lohnstop und Höchstlöhne im Baugewerbe. Von C Birkenholz, 195 S gr 8⁰ 1942, E 2, 3,80 RM.
Laboratoriumsbuch für die Zementindustrie von K Charisius VIII, 176 S mit Abb., gr 8⁰, 1943, K 13, 11,80 RM geb 13,80 RM
Die vereinfachte Trägerrostberechnung mit Berücksichtigung verdrehungssteifer Trägerquerschnitte von F Geiger 68 S mit Abb, 8⁰, 1943, L 23. 3,40 RM
Gußeisen als Baustoff. Von K. Josch 79 S mit Abb gr 8⁰, F 8, 3,60 RM

Soeben erscheint:

Die baupolizeilichen Verordnungen des Deutschen Reiches und Preußens

Reichsbaurecht und Preuß. Landesbaurecht Loseblattsammlung aller einschlägigen Gesetze, Verordnungen, der Ministerialerlasse und Richtlinien mit Erläuterung von G Kayser Ministerialdirigent im Preuß Finanzministerium 3 Auflage XL, 832 Seiten Taschenformat In Halbleinenordner RM 13,50 Die Ausgabe enthält nunmehr neben den vollständigen im Text besonders bezeichneten preuß. Vorschriften das gesamte Reichsbaurecht, auch die höchstrichterlichen Entscheidungen sind nahezu lückenlos berücksichtigt.

Anweisung für die Bemessung von Plattenbrücken im Straßenbau von 2,00 bis 12,00 m Sichtweite (A Pst) von K Lassanske und Pohl, 112 S mit Abb 4⁰, 1943, E 2, 10,80 RM
Praktische Berechnung durchlaufender Träger. Zahlentafeln mit Einflußlinien für beliebige Felderzahl und beliebige Spannweiten usw, von J Lührs, 18 S mit Abb., 8⁰, 1943, E 2, 5,— RM
Zahlentafeln für die gewichts- und litermäßige Beschickung der Betonmischmaschinen. Von P Mertz 206 S. mit Fig. 4⁰, 1943. Z 2, 10,— RM

Baustoffkontigentierung
von Dr Massar

Grundwerk einschließl neuester Lieferung und 3 Sammelmappen RM 25,—
Ergänzungslieferungen je Seite 4 Rpfg Ergänzungsmappen (nach Bedarf) RM 2,—

Festkraftstoffe im Baubetrieb, von W. Ostwald 18 S 8⁰. 1943, E 2 2,40 RM
Betriebsicherheit und Leistungssteigerung durch die Unfallverhütung der Bau-Berufsgenossenschaft von P Rolpff und A Flohr, 221 S mit Abb, 8⁰, 1943 geb 13,50 RM
Aufmaß und Abrechnung aller Bauarbeiten nach den Vorschriften der Verdingungsordnung für Bauleistungen. (VOB) Anh Reichsautobahnen und Kulturbauten 7 Aufl. 480 S mit Abb, 8⁰, 1942, B 48, 7,20 RM
Zement-Kalender 1943. 464 S. mit Abb kl 8⁰ 1943, Z 1, geb 2,— RM

18. Baunebengewerbe

Ueber die Heizung und Lüftung von Großräumen. Von A Kollmar 55 S 8⁰, M 5, 1,75 RM
Der Baustukkateur von J Koenig, 188 S mit 168 Abb, 8⁰ 1943, V 50 7,50 RM geb 8,50 RM
Die Grundschule im Wasserleitungs- und Heizungsbau. Von R Wiolewski 54 S. mit Abb 8⁰, 1943, M 5, 1,80 RM

BOYSEN + MAASCH, Hamburg 1, Mönckebergstraße 3

19. Nahrung und Genuß

Der Mühlenbetrieb von O Kubovsky. 150 S mit Abb, 8⁰, 1943, 16,— RM

Die Frischwaren-Anordnung mit Durchführungsvorschriften, Preisbildung bei Obst, Gemüse, Südfrüchten und Trockenfrüchten Erläutert von Louis Zentgraf und Schenk, 8⁰, 1943 G 25, geb 9,75 RM

Fischhandel und Fischindustrie von M Stahmer 3) neubearb Aufl 600 S mit Abb, gr 8⁰ 1943, geb 27,— RM

Betriebskontrolle und Meßwesen in der Rubenzuckerindustrie unter besond. Berücksichtigung physikalisch-chemischer Methoden. Von F Todt, VIII, 128 S mit Abb 8⁰, 1943, B 15, 7,20 RM

22. Wirschaftliches

Die Bewirtschaftung der Wohnlager und Werkkuchen, das Rechnungswerk für Unterbringung und Verpflegung von K Bayer 114 S davon 90 S Formular-Anhang, Din A 4, 1942, L 23, 10,50 RM

Bewertung der Arbeit. Bewertungsunterlagen und Wertzahl-Merkmale Bearb Junkers Flugzeug- und Motorenwerke A G. Dessau 44 Bl 8⁰, 1943, D 27, 1,20 RM

Die Bewertung der Arbeit. Eine Darst ihrer Probleme Bearb im Auftr d Arbeitswiss. Inst. d. Deutschen Arbeitsfront Berlin 285 S 1 Tafel 8,-, 1942 7,50 RM geb. 9,— RM.

Kommentar der RPO und LSO und weitere Erlasse. Die Preisbildung bei öffentlichen Aufträgen Loseblattausg hsg von Hess-Zeidler. 3 Aufl 1943, H 11, Grundwerk mit Sammelordner 25.— RM. Nachträge Seite 0,06 RM

Die deutsche Wirtschaftsorganisation. Kommentar über d Gesetzgebg zur Organisation d. gewerblichen Wirtschaft Von F Homann 304 S 1 Tafel 8⁰, 1943, E 2, 7,80 RM

Die Normalkalkulation. Ihr Aufbau und ihre rationelle Anwendung (Mit 20 Formularvorlagen) Von O Kottmann VIII 83 S mit Abb 8⁰ P 12 2,60 RM

Verantwortliche Betriebsformung von H H Kunze, 2 erw Aufl, 250 S mit Abb, 8⁰, 1943, A 15, geb 4,50 RM

Ueber den Umgang mit Zahlen, von A Schwarz 219 St. mit Abb. gr. 8⁰, 1943, O 2, 3,50 RM.

Anfang 1944 erscheint·

Das Kriegsschädenrecht

Bearbeitet von Dr Dr H. Megow

Dieses Sammelwerk mit ergänzenden Nachlieferungen in der bewährten Form der Loseblattsammlung gliedert sich nach folgenden Gesichtspunkten: A) Allgemeine Grundlagen und Uebersicht über das Kriegsschadenrecht B) Sachschäden C) Nutzungsschäden D) Personenschäden E) Mitteilungen des Präsidenten des Reichsverwaltungsgerichts in Kriegsschadensachen F) Entscheidungen und Beschlüsse des Reichsverwaltungsgerichts in Kriegsschädensachen G) Schrifttum H) Steuerfragen-Sachregister

Das Schiffahrtsschädenrecht

Bearbeitet von Amtsgerichtsrat Radetzky-Bremen Mitglied des Kriegsschadenamts f d Seeschiffahrt, Zweigstelle Bremen

ist in das Werk einbezogen Damit wird das „Kriegsschadenrecht" auch für dieses Spezialgebiet ein Nachschlagewerk von Rang

Preis des Grundwerks mit Sammelmappen und Register etwa 40.— RM

Preis der Nachlieferungen je Druckseite (Din A 5) 4 Rpfg

Es ist monatlich mit etwa 200 Seiten im Durchschnitt zu rechnen

---

Vom Schätzen des Leistungsgrades, ein Beitrag zur systematischen Ausbildung von Zeitstudienmännern im Industriebetrieb von E Kupke, 100 S mit Abb, 8⁰ 1943 6,— RM

Industrielle Frauenarbeit. Ein psychol.-pädagog Beitr zur Aufgabe d Leistungssteigerung. Von M Moers. 128 S gr 8⁰,, L 24, 6,— RM

Die wirtschaftliche Mengenteilung des nationalen Bedarfs eines Erzeugnisses. Von H. Schmidt, 58 S mit Abb, 8⁰, 1943, S 28, 6,60 RM

BOYSEN + MAASCH, Hamburg 1, Mönckebergstraße 3

Werdende Großraumwirtschaft. Die Phasen ihrer Entwicklung in Südosteuropa. Von O Schulmeister 181 S, gr 8⁰, J 15, geb 6,50 RM

Geschäfts- und Buchungsgänge für Industriebetriebe auf Grund der neuen Kontenpläne. 2 überarb Aufl von K. Zeiger 76 S, 2 Pl gr 8⁰, H 11, 2,80 RM

Der Wirtschaftsaufbau im neuen Europa

Herausgeber Dr Ernst Hickmann, Berlin Loseblatt-Werk, in Halbleinenordner mit Hebelmechanik Gesamtwerk, einschließlich 9 Nachlieferung RM 35,— Nachlieferungen (jeweils etwa 100 Seiten umfassend und monatlich erscheinend) pro Seite RM —,04

Das bekannte und in seiner Art einzigartige Sammelwerk gibt aus der Feder namhafter Sachkenner einen Gesamtüberblick über die Entwicklungen, die sich zur Zeit innerhalb Europas auf dem Gebiet der wirtschaftlichen Neuerung vollziehen Es ersetzt eine ganze Bibliothek, die überdies stets auf den neuesten Stand gebracht wird und sollte in keiner Fachbücherei eines Wirtschaftsunternehmen fehlen In diesem Handbuch findet man die Gesamtdarstellungen der Maßnahmen, welche die einzelnen europäischen Länder auf den verschiedensten Gebieten wirtschaftlicher Tätigkeit eingeleitet haben, belegt durch die wichtigsten Verordnungen und Gesetze im Wortlaut in deutscher Uebersetzung Das reichhaltige Anschriftsmaterial ermöglicht es, direkt mit den für die einzelnen Gebiete zuständigen Dienststellen Europas in Verbindung zu treten

Die zuerst in Bearbeitung stehenden Hauptgruppen aus dem Inhalt

Der Aufbau der Organisation der gewerblichen Wirtschaft Organisation und Ordnung der Ernährungswirtschaft, Grundlagen des Arbeitsrechts und der Arbeitserfassung, Zwischenstaatlicher Zahlungsverkehr, Europäische Wirtschaftsstatistik, Europäische Wirtschaftspresse, Handelskammern und wirtschaftliche Vereinigungen im Ausland, Europäische Postüberwachung, Europäisches Preiswesen, Auftragsverlagerungen nach Belgien, Niederlande, Frankreich und dem Generalgouvernement

---

Boysen + Maasch / Techn. Fachbuchhandlung / Hamburg 1
Mönckebergstraße 3

MIX
Papier aus verantwortungsvollen Quellen
Paper from responsible sources
FSC® C105338

If you have any concerns about our products,
you can contact us on
ProductSafety@springernature.com

In case Publisher is established outside the EU,
the EU authorized representative is:
**Springer Nature Customer Service Center GmbH
Europaplatz 3, 69115 Heidelberg, Germany**

Printed by Libri Plureos GmbH
in Hamburg, Germany